Civil Engineering

04 다빈출 핵심600선
- 별책부록 반복학습의 지름길
- 각 과목별 다빈출 핵심문제 Pick remember 600선을 장소와 시간에 구애없이 반복학습을 통해 시험장에서 생생하게 연상될 수 있도록 하였다.

05 체크업과 출제연도
- ☐☐☐ 체크업을 활용
- 문제마다 "☐☐☐ 기10,23"를 두어 체크업을 통해 실력평가를 하도록 하였고, 출제 경향을 파악하여 사전·사후에 학습관리를 하도록 하였다.

06 즉석 즉답 시간 활용
- 문제 하단에 |해 ③| 을 표시
- |해답|을 문제 하단에 두어 즉시 문제의 정답을 확인할 수 있도록 하여 속도전에서 스피드 마스터할 수 있도록 하였다.

▼ 3단계 : 과년도 실전 테스트   ▼ 4단계 : [별책부록] 핵심문제 600선

계산기 사용법

01 소수점 자리 세팅법

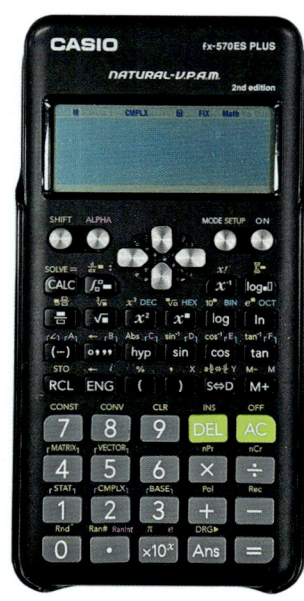

계산기는 사용하기 전 소수점 자리를 사전에 세팅한 후 사용한다.

[입력결과 화면]

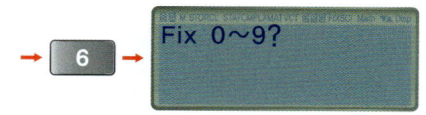

[입력결과 화면]

02 계산 문제 결코 포기하지 마세요.

계산문제 [11회분]에 대한 평균출제 빈도수

항목 (문항수)	전기설비		전기기기		전기이론		합계[평균]	
	문항	%	문항	%	문항	%	문항	%
660	82/220	37	40/220	18	8/220	4	130/660	20
20문항	7문항(35%)		4문항(20%)		1문항(5%)		12/60	20

- 60문항 중 12문항 출제(20%)는 합격을 좌우합니다.
- 계산기 사용법(SOLVE 기능 포함)은 아주 간단합니다.
- 계산기의 기능을 알면 확실한 점수를 얻을 수 있습니다.
- 각 문제별 3문제 정도면 계산기의 기능을 완전히 숙지합니다.

03 [계산기 f_x 570 ES] 사용법

$$H = \frac{10 \times 5}{2 \times 0.1} = 250$$

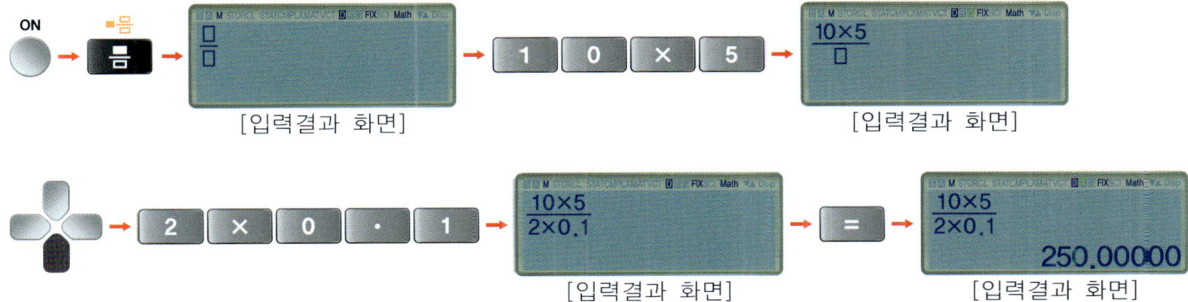

$$\varepsilon = \frac{253-220}{220} \times 100 = 15\%$$

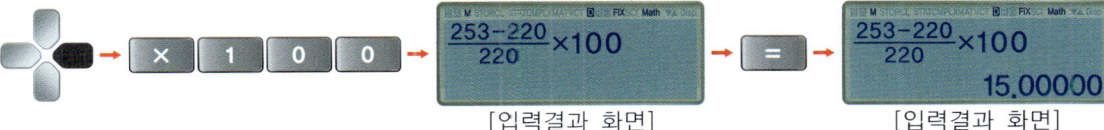

SOLVE 계산기 사용법

$$\varepsilon_{max} = \sqrt{3^2 + 4^2} = 5$$

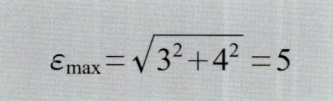

04 [계산기 $f_x 570\ ES$] SOLVE 사용법

$$s = \frac{1800 - N}{1800} \times 100 = 5\% \quad \therefore N = ?$$

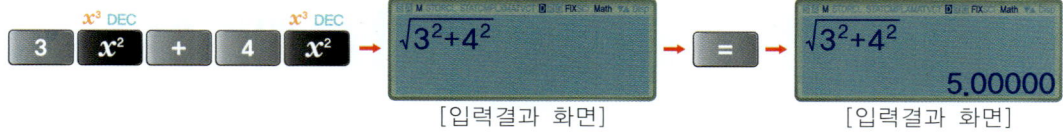

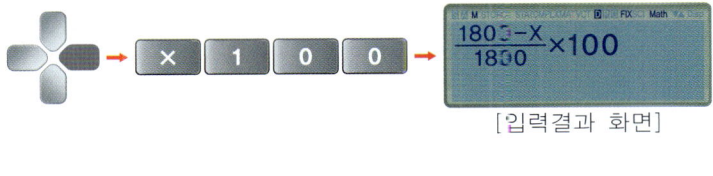

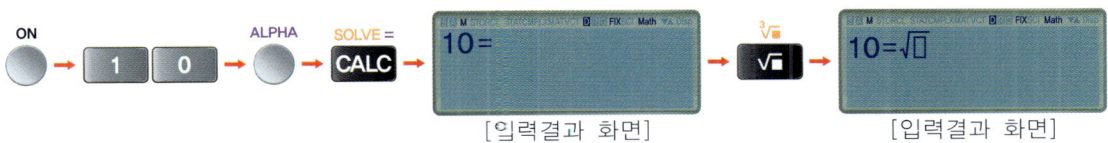

$$10 = \sqrt{8^2 + X_L^2} \quad \therefore X_L = ?$$

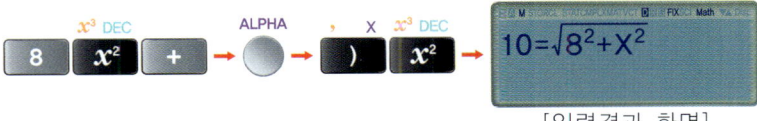

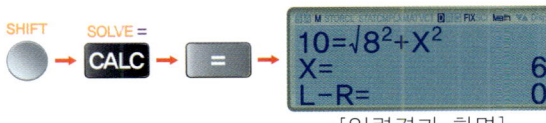

수강생을 위한 무료 학습관리 시스템

혜택1 픽리멤버 600선 무료동영상 3개월 제공
혜택2 CBT시험과 동일한 환경 CBT 실전테스트

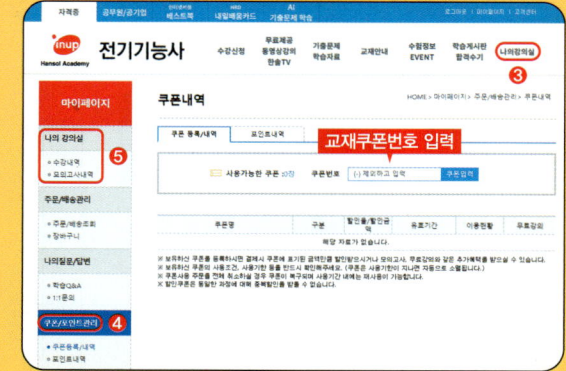

01 사이트 접속
인터넷 주소창에 https://www.inup.co.kr 을 입력하여 한솔아카데미 홈페이지에 접속합니다.

02 회원가입 로그인
홈페이지 우측 상단에 있는 **회원가입** 또는 아이디로 **로그인**을 한 후, **전기기능사** 사이트로 접속을 합니다.

03 나의 강의실
나의강의실로 접속하여 왼쪽 메뉴에 있는 [쿠폰/포인트관리]-[쿠폰등록/내역]을 클릭합니다.

04 쿠폰 등록
도서에 기입된 **인증번호 12자리** 입력(-표시 제외)이 완료되면 [나의강의실]에서 학습가이드 관련 응시가 가능합니다.

■ 모바일 동영상 수강방법 안내

❶ QR코드 이미지를 모바일로 촬영합니다.
❷ 회원가입 및 로그인 후, 쿠폰 인증번호를 입력합니다.
❸ 인증번호 입력이 완료되면 [나의강의실]에서 강의 수강이 가능합니다.

※ QR코드를 찍을 수 있는 앱을 다운받으신 후 진행하시길 바랍니다.

2026 CBT 최신판 시험대비
전기기능사 필기 필독서

Speed Master

전기기능사
3단계 핵심 및 과년도 문제해설

김승철 · 신면순 · 오용환 · 이승원 공저

본 교재의 구성
1단계 핵심요약 핵심문제 스피드 마스터
2단계 과목별 과년도문제 스피드 마스터
3단계 전과목 과년도 실전 스피드 마스터
4단계 별책부록 PICK REMEMBER 600

동영상강좌 : www.inup.co.kr
샘플강의 : 전기기능사 OPEN

한솔아카데미

2026 합격플랜 전기기능사 기본서 + Pick Remember 600선

3주/4주 완전합격플랜

3주 합격플랜

주차	일차	단계	중요 학습 내용	학습한 날	부족	완료
1주차	1일차	1단계	전기설비 : 001 – 012	월 일	☐	☐
	2일차		전기설비 : 013 – 026	월 일	☐	☐
	3일차		전기설비 : 027 – 041	월 일	☐	☐
	4일차		전기기기 : 001 – 012	월 일	☐	☐
	5일차		전기기기 : 013 – 024	월 일	☐	☐
	6일차		전기기기 : 025 – 034	월 일	☐	☐
	7일차		전기이론 : 001 – 012	월 일	☐	☐
2주차	8일차		전기이론 : 013 – 026	월 일	☐	☐
	9일차		전기이론 : 027 – 040	월 일	☐	☐
	10일차	2단계	전기설비 : 01 – 05	월 일	☐	☐
	11일차		전기기기 : 01 – 05	월 일	☐	☐
	12일차		전기이론 : 01 – 05	월 일	☐	☐
	13일차		전기설비 : 01 – 05(반복)	월 일	☐	☐
	14일차		전기기기 : 01 – 05(반복)	월 일	☐	☐
3주차	15일차		전기이론 : 01 – 05(반복)	월 일	☐	☐
	16일차	3단계	2단계 부록, 2021년 – 2022년	월 일	☐	☐
	17일차		2023년 – 2025년	월 일	☐	☐
	18일차		2021년 – 2025년(전체)	월 일	☐	☐
	19일차		2021년 – 2025년(전체)	월 일	☐	☐
	20일차	Final	전체(틀린 부분만 확인)	월 일	☐	☐
	21일차		전체(틀린 부분만 확인)	월 일	☐	☐

4주 합격플랜

주차	일차	단계	중요 학습 내용	학습한 날	부족	완료
1주차	1일차	1단계	전기설비 : 001 – 012	월 일	☐	☐
	2일차		전기설비 : 013 – 026	월 일	☐	☐
	3일차		전기설비 : 027 – 041	월 일	☐	☐
	4일차		설비(전체)(스피드마스터)	월 일	☐	☐
	5일차		전기기기 : 001 – 012	월 일	☐	☐
	6일차		전기기기 : 013 – 024	월 일	☐	☐
	7일차		전기기기 : 025 – 034	월 일	☐	☐
2주차	8일차		기기(전체)(스피드마스터)	월 일	☐	☐
	9일차		전기이론 : 001 – 012	월 일	☐	☐
	10일차		전기이론 : 013 – 026	월 일	☐	☐
	11일차		전기이론 : 027 – 040	월 일	☐	☐
	12일차		이론(전체)(스피드마스터)	월 일	☐	☐
	13일차	2단계	전기설비 : 01 – 05	월 일	☐	☐
	14일차		전기설비 : 01 – 05(반복)	월 일	☐	☐
3주차	15일차		설비 전체(스피드마스터)	월 일	☐	☐
	16일차		전기기기 : 01 – 05	월 일	☐	☐
	17일차		전기기기 : 01 – 05(반복)	월 일	☐	☐
	18일차		기기 전체(스피드마스터)	월 일	☐	☐
	19일차		전기이론 : 01 – 05	월 일	☐	☐
	20일차		전기이론 : 01 – 05(반복)	월 일	☐	☐
	21일차		이론 전체(스피드마스터)	월 일	☐	☐
	22일차		2단계 전체(틀린 부분만)	월 일	☐	☐
4주차	23일차	3단계	2단계 부록, 2021년	월 일	☐	☐
	24일차		2022년 – 2023년	월 일	☐	☐
	25일차		2024년 – 2025년	월 일	☐	☐
	26일차		전체(틀린 부분만 확인)	월 일	☐	☐
	27일차	Final	전체(틀린 부분만 확인)	월 일	☐	☐
	28일차		전체(틀린 부분만 확인)	월 일	☐	☐

머리말

용기를 내어라
나다.
두려워하지 말라

전기기능사를 취득하기 위한 도전자가 많다 보니 또한 수험서도 많은 종류가 서점에 준비되어 있습니다.

저자는 여러분이 자격증의 필요성을 느끼고 계실 때 그 필요성에 충실히 임할 수 있는 방법을 제시해야 된다고 생각합니다. 반드시 자격증을 취득하는데 지름길을 만들어 주어야 된다고 생각합니다.

그래서 전기기능사 필기를 가장 단시간에 마스터하여 수험자의 목적을 달성할 수 있도록 편집하였습니다. 혹여 오류가 있다면 신속히 보완하여 더욱 좋은 책으로 거듭날 수 있도록 항상 조언을 부탁드립니다.

앞으로도 꾸준히 라이센스(license)에 도전하십시오. 그리고 "한솔아카데미가 답이다."와 함께 하십시요. 반드시 계획했던 모든 꿈을 이루실 겁니다.

> **본 교재의 특징**
> - 1단계는 핵심요약 및 핵심문제로 구성하여 출제범위를 단시간에 숙지하도록 하였습니다.
> - 2단계는 과년도 기출 문제를 각 과목(전기설비 300선, 전기기기 300선, 전기이론 300선)을 연상법으로 문제해결 능력을 기르도록 하였습니다.
> - 3단계는 CBT 복원문제 5개년(10회분(600선))을 실전 테스트 하도록 하여 전 과정을 스피드 마스터 하도록 하였습니다.
> - 별책부록 Pick Remember는 다출제 문제(전기설비 200선, 전기기기 200선, 전기이론 200선)를 기억하도록 하였습니다.

한 권의 책이 나올 수 있도록 최선을 다해 도와주신 여러 교수님, 후배님들께 진심으로 감사드립니다. 전기기능사 자격증을 취득하는 과정에서 필요 사항을 건의 해주고, 방향 설정을 해주신 교수님들께도 감사드립니다.

무엇보다 한권의 책이 나올 수 있도록 최선을 다해 도와주신 한솔아카데미 편집부 직원 여러분, 이 책의 얼굴을 예쁘게 디자인 해주신 강수정 실장님, 한 시간을 하루처럼 편집에 정성을 쏟아주신 안주현 부장님, 언제나 가교 역할을 해 주시는 최상식 이사님, 항상 큰 그림을 그려 주시는 이종권 사장님, 사랑받는 수험서로 출판될 수 있도록 아낌없이 지원해 주신 한병천 대표이사님께 감사드립니다.

저자 드림

기초학습 알아두기

1 그리스어 표기와 읽기

표기법	알파벳	읽기	표기법	알파벳	읽기
α	alpha	알파	ξ	xi	크사이
β	beta	베타	π	pi	파이
γ	gamma	감마	ρ	rho	로
δ	delta	델타	σ	sigma	시그마
ϵ	epsilon	엡실론	τ	tau	타우
ζ	zeta	지타	ϕ	phi	파이
η	eta	이타	χ	chi	카이
θ	theta	시타	ψ	psi	프사이
λ	lambda	람다	ω	omega	오메가
μ	mu	뮤			

2 10의 거듭제곱 표기법

10의 제곱	10의 거듭제곱	단위의 표기
$10 = 10^1$	$0.1 = 10^{-1}$	$1cm = 10mm$
$100 = 10^2$	$0.01 = 10^{-2}$	$1m = 100cm = 1000mm$
$1000 = 10^3$	$0.001 = 10^{-3}$	$1km = 1000m = 10 \times 10^6 mm$
$10000 = 10^4$	$0.0001 = 10^{-4}$	$1km \cdot m = 10^6 m \cdot mm$
$100000 = 10^5$	$0.00001 = 10^{-5}$	
$1000000 = 10^6$	$0.000001 = 10^{-6}$	

3 미터법 접두사

기호	접두어	10^n
T	테라(tera)	10^{12}
G	기가(giga)	10^9
M	메가(mega)	10^6
k	킬로(kilo)	10^3
m	밀리(milli)	10^{-3}
μ	마이크로(micro)	10^{-6}
n	나노(nano)	10^{-9}
p	피코(pico)	10^{-12}

4 전기량에 사용되는 단위와 기호

물리량	단위		기호
전류(current)	Ampere[A]	암페어	I
전압(voltage)	Volt[V]	볼트	V
저항(resistance)	Ohm[Ω]	옴	R
주파수(frequency)	Hertz[Hz]	헤르츠	f
커패시턴스(capacitance)	Farad[F]	패럿	C
인덕턴스(inductance)	Herry[H]	헨리	L
전력(power)	Watt[W]	와트	P

- 전류의 단위 : $1[A] = 10^{-3}[mA]$
- 저항의 단위 : $1[Ω] = 10^3[kΩ]$

  A : 암페어(ampere),   V : 볼트(voltage)
  J : 줄(joule),   C : 쿨롱(coulom)
  Ω : 옴(Ohm),   ℧ : 모(mho)

전기기능사 출제기준

중직무분야	전기, 전자	자격종목	전기기능사	적용기간	2024.1.1 ~ 2026.12.31

○ 직무내용 : 전기에 필요한 장비 및 공구를 사용하여 회전기, 정지기, 제어장치 또는 빌딩, 공장, 주택 및 전력시설 물의 전선, 케이블, 전기기계 및 기구를 설치, 보수, 검사, 시험 및 관리하는 직무이다.

필기검정방법	객관식	문제수	60	시험시간	1시간

필기과목명	주요항목	세부항목
전기이론, 전기기기, 전기설비	1. 전기의 성질과 전하에 의한 전기장	1. 전기의 본질 2. 정전기의 성질 및 특수 현상 3. 콘덴서(커패시터) 4. 전기장과 전위
	2. 자기의 성질과 전류에 의한 자기장	1. 자석에 의한 자기현상 2. 전류에 의한 자기현상 3. 자기회로
	3. 전자력과 전자유도	1. 전자력 2. 전자유도
	4. 직류회로	1. 전압과 전류 2. 전기저항
	5. 교류회로	1. 정현파 교류회로 2. 3상 교류회로 3. 비정현파 교류회로
	6. 전류의 열작용과 화학작용	1. 전류의 열작용 2. 전류의 화학작용
	7. 변압기	1. 변압기의 구조와 원리 2. 변압기 이론 및 특성 3. 변압기 결선 4. 변압기 병렬운전 5. 변압기 시험 및 보수
	8. 직류기	1. 직류기의 원리와 구조 2. 직류발전기의 종류 및 특성 3. 직류전동기의 종류 및 특성 4. 직류전동기의 이론 및 용도 5. 직류기의 시험법
	9. 유도전동기	1. 유도전동기의 원리와 구조 2. 유도전동기의 속도제어 및 용도
	10. 동기기	1. 동기기의 원리와 구조 2. 동기발전기의 이론 및 특성 3. 동기발전기의 병렬운전 4. 동기전동기의 운전

필기과목명	주요항목	세부항목
전기이론, 전기기기, 전기설비	11. 정류기 및 제어기기	1. 정류용 반도체 소자 2. 정류회로의 특성 3. 제어 정류기 4. 사이리스터의 응용회로 5. 제어기 및 제어장치
	12. 보호계전기	1. 보호계전기의 종류 및 특성
	13. 배선재료 및 공구	1. 전선 및 케이블 2. 배선재료 3. 전기설비에 관련된 공구
	14. 전선접속	1. 전선의 피복 벗기기 2. 전선의 각종 접속방법 3. 전선과 기구단자와의 접속
	15. 배선설비공사 및 전선혀용 전류 계산	1. 전선관시스템 2. 케이블트렁킹시스템 3. 케이블덕팅시스템 4. 케이블트레이시스템 5. 케이블공사 6. 저압 옥내배선 공사 7. 특고압 옥내배선 공사 8. 전선 허용전류
	16. 전선 및 기계기구의 보안 공사	1. 전선 및 전선로의 보안 2. 과전류 차단기 설치공사 3. 각종 전기기기 설치 및 보안공사 4. 접지공사 5. 피뢰설비 설치공사
	17. 가공인입선 및 배전선 공사	1. 가공인입선 공사 2. 배전선로용 재료와 기구 3. 장주, 건주(전주세움) 및 가선(전선설치) 4. 주상기기의 설치
	18. 고압 및 저압 배전반 공사	1. 배전반 공사 2. 분전반 공사
	19. 특수장소 공사	1. 먼지가 많은 장소의 공사 2. 위험물이 있는 곳의 공사 3. 가연성 가스가 있는 곳의 공사 4. 부식성 가스가 있는 곳의 공사 5. 흥행장, 광산, 기타 위험 장소의 공사
	20. 전기응용시설 공사	1. 조명배선 2. 동력배선 3. 제어배선 4. 신호배선 5. 전기응용기기 설치공사

CONTENTS

1단계　Pick Remember CBT 핵심

제1과목 | 전기설비

✓ 01 | 전기설비의 일반사항
- 001 전기설비의 기초 ········· 1-5
- 002 전선의 종류 ··········· 1-7
- 003 절연전선 ············· 1-10
- 004 케이블 ·············· 1-12
- 005 전선의 접속 ··········· 1-13
- 006 테이프와 스위치 ········ 1-17
- 007 전기설비용 계기 및 게이지 ··· 1-21
- 008 전기설비의 공구 ········· 1-23

✓ 02 | 가공·지중 배전선
- 009 가공인입선과 이웃연결 인입선 ··· 1-25
- 010 지지선 (Guy wire) ······· 1-28
- 011 가공 배전선로 ·········· 1-31
- 012 장주 (pole fittings) ······ 1-33
- 013 지중전선의 매설방식 ······ 1-36
- 014 활선작업 ············· 1-37

✓ 03 | 수·변전 설비 (배선 설비)
- 015 개폐 장치 ············· 1-39
- 016 조상 설비 ············· 1-43
- 017 과전류 차단기 ·········· 1-45
- 018 누전 차단기 (ELB) ······· 1-47
- 019 피뢰기와 변전소 ········· 1-48
- 020 변압기 (Tr ; Transformer) ··· 1-50
- 021 계기용 변성기의 종류 ····· 1-53
- 022 수전설비 용량의 산출 ····· 1-54
- 023 배전반 및 분전반 ········ 1-56
- 024 접지 공사 ············· 1-59
- 025 애자 ················ 1-62

✓ 04 | 배선 공사
- 026 합성 수지관 공사 ········ 1-65
- 027 금속관 공사 ············ 1-68
- 028 금속제 가요 전선관 공사 ··· 1-73
- 029 케이블트렁킹 시스템 ······ 1-76
- 030 케이블덕팅 시스템 ······· 1-78
- 031 케이블 공사 ············ 1-81
- 032 덕트 공사 ············· 1-83

✓ 05 | 특수 장소와 전기시설
- 033 먼지 (분진) 위험 장소 ····· 1-85
- 034 위험물 등이 존재하는 위험 장소 ··· 1-88
- 035 전시회, 쇼 및 공연장의 전기설비 ··· 1-90
- 036 부식성 가스와 불연성 먼지가 있는 장소 · 1-92
- 037 특수 시설 및 장소의 전기설비 ···· 1-94

✓ 06 | 전기응용 시설 공사
- 038 조명 설비 공사 ·········· 1-95
- 039 조명 설계 ············· 1-98
- 040 자동화재 탐지설비 ······· 1-100
- 041 옥내배선 및 일반용 조명 기구의 기호 ·· 1-101

제2과목 | 전기기기

✓ 01 | 직류기
001 직류 발전기의 원리와 구조 …… 1-105
002 직류 발전기의 이론 …………… 1-108
003 직류 발전기의 종류와 특성 …… 1-111
004 직류 전동기의 이론 …………… 1-114
005 직류 전동기의 특성과 운전 …… 1-116
006 직류기의 손실, 효율 및 변동률 … 1-119
007 특수 직류기 …………………… 1-121

✓ 02 | 동기기
008 동기 발전기의 원리와 구조 …… 1-123
009 동기 발전기의 이론 …………… 1-126
010 동기 발전기의 특성 곡선 ……… 1-129
011 전압 변동률과 손실 …………… 1-132
012 동기 발전기 병렬 운전 ………… 1-133
013 난조와 제동 권선 ……………… 1-135
014 동기 전동기의 이론 …………… 1-136
015 동기 전동기의 특성 …………… 1-138
016 동기 조상기 …………………… 1-140

✓ 03 | 변압기
017 변압기의 원리 ………………… 1-141
018 변압기의 기본 이론 …………… 1-144
019 변압기의 정격과 전압 변동률 … 1-147
020 변압기의 손실과 효율 ………… 1-149
021 변압기 절연유의 특징 ………… 1-152
022 특수 변압기 …………………… 1-154
023 보호 계전기 …………………… 1-156
024 변압기의 3상 결선 …………… 1-159

✓ 04 | 유도 전동기
025 유도 전동기의 종류와 특징 …… 1-163
026 유도 전동기의 특성 …………… 1-165
027 3상 유도 전동기의 특성 ……… 1-170
028 유도 전동기의 기동법 ………… 1-173
029 유도 전동기의 제동법과 역회전 … 1-176
030 단상 유도 전동기의 기동방식 … 1-177

✓ 05 | 전기기기 응용
031 정류 회로 ……………………… 1-179
032 전력용 반도체 소자1 ………… 1-182
033 전력용 반도체 소자2 ………… 1-184
034 전력 변환 장치 ………………… 1-187

제3과목 | 전기이론

✓ 01 | 정전기 회로
001 전기의 본질 …………………… 1-191
002 정전기 현상 …………………… 1-193
003 쿨롱의 법칙과 유전율 ………… 1-194
004 콘덴서와 정전용량(condenser) … 1-196
005 콘덴서의 접속 ………………… 1-198
006 정전에너지 …………………… 1-201
007 전기장(전계)과 전위 …………… 1-202

CONTENTS

✓ 02 | 자기 회로

- 008 자석에 의한 자기 현상 ·············· 1-207
- 009 자성체 ··································· 1-210
- 010 자기에 관한 쿨롱의 법칙 ············ 1-211
- 011 자기장의 세기를 구하는 법칙 ······ 1-214
- 012 자기 회로와 자기 저항 ··············· 1-219
- 013 전자력 ··································· 1-220
- 014 전자 유도 작용의 원리 ··············· 1-224
- 015 인덕턴스 (inductance) ··············· 1-226
- 016 코일의 저장에너지 (자기에너지) ····· 1-229
- 017 히스테리시스 곡선 ····················· 1-230

✓ 03 | 직류 회로

- 018 전기회로의 구성 ······················· 1-231
- 019 배율기와 분류기 ······················· 1-233
- 020 컨덕턴스와 전압강하 ················· 1-234
- 021 직렬 접속 (저항의 접속) ············· 1-235
- 022 병렬 접속 (저항의 접속) ············· 1-236
- 023 전기저항 ································ 1-239
- 024 전지의 접속 ···························· 1-242
- 025 키르히호프의 법칙 ····················· 1-244
- 026 휘트스톤 브리지 ······················· 1-245
- 027 전력과 전력량 ························· 1-246
- 028 전류의 발열 작용 ····················· 1-249
- 029 열전 효과 ······························· 1-251
- 030 패러데이 법칙 ························· 1-252
- 031 전지 (battery) ························· 1-254

✓ 04 | 교류 회로

- 032 교류 회로의 기초 ····················· 1-257
- 033 정현파 (사인파) 교류의 크기 ········ 1-259
- 034 복소수의 표시 ························· 1-262
- 035 $R-L-C$ 직렬회로 ···················· 1-265
- 036 직렬 공진회로의 특성 ················ 1-269
- 037 $R-L-C$ 병렬회로 ···················· 1-270
- 038 교류전력과 역률 ······················· 1-272
- 039 비정현파 교류 회로 ··················· 1-274
- 040 3상 교류 회로 ·························· 1-276

2단계 CBT 과목별 스피드 마스터

제1과목 | 전기설비

- 01 과년도 기출 핵심문제 ·················· 2-5
- 02 과년도 기출 핵심문제 ·················· 2-16
- 03 과년도 기출 핵심문제 ·················· 2-27
- 04 과년도 기출 핵심문제 ·················· 2-38
- 05 과년도 기출 핵심문제 ·················· 2-49

제2과목 | 전기기기

- 01 과년도 기출 핵심문제 ·················· 2-63
- 02 과년도 기출 핵심문제 ·················· 2-75
- 03 과년도 기출 핵심문제 ·················· 2-86
- 04 과년도 기출 핵심문제 ·················· 2-97
- 05 과년도 기출 핵심문제 ·················· 2-109

제3과목 | 전기이론

- 01 과년도 기출 핵심문제 ·············· 2-123
- 02 과년도 기출 핵심문제 ·············· 2-135
- 03 과년도 기출 핵심문제 ·············· 2-147
- 04 과년도 기출 핵심문제 ·············· 2-160
- 05 과년도 기출 핵심문제 ·············· 2-172

부 록 | 문제를 보면 답이 보인다

- 01 전기설비 ························· 2-185
- 02 전기기기 ························· 2-190
- 03 전기이론 ························· 2-193

3단계 CBT 과년도 실전 테스트

- 2021년 제1회 시행 ·············· 3-9
- 2021년 제2회 시행 ·············· 3-20
- 2022년 제1회 시행 ·············· 3-32
- 2022년 제2회 시행 ·············· 3-44
- 2023년 제1회 시행 ·············· 3-55
- 2023년 제2회 시행 ·············· 3-66
- 2024년 제1회 시행 ·············· 3-78
- 2024년 제2회 시행 ·············· 3-90
- 2025년 제1회 시행 ·············· 3-101
- 2025년 제2회 시행 ·············· 3-113

한솔아카데미 홈페이지(www.inup.co.kr)에서 CBT 시험대비 필기 문제를 **실전처럼 온라인 TEST**로 하실 수 있습니다.

■ CBT 과년도 기출 실전 테스트 (10회)

- CBT 실전 테스트 1회 (21년 제3회)
- CBT 실전 테스트 2회 (21년 제4회)
- CBT 실전 테스트 3회 (22년 제3회)
- CBT 실전 테스트 4회 (22년 제4회)
- CBT 실전 테스트 5회 (23년 제3회)
- CBT 실전 테스트 6회 (23년 제4회)
- CBT 실전 테스트 7회 (24년 제3회)
- CBT 실전 테스트 8회 (24년 제4회)
- CBT 실전 테스트 9회 (25년 제3회)
- CBT 실전 테스트 10회 (25년 제4회)

별책부록 Pick Remember 핵심문제 600선

- 01 1Pick Remember 전기설비 200선 ···· 2
- 02 2Pick Remember 전기기기 200선 ···· 78
- 03 3Pick Remember 전기이론 200선 ···· 156

전기기능사 학습안내

有備無患
도전이 빠르면 합격도 빠릅니다

❶ **신분증** 지참은 반드시 필수입니다.
❷ **계산기**의 건전지 확인도 필수입니다.
❸ **60문제 출제** : 36개 이상 맞으면 합격

1단계 — 핵심이론과 문제 중심

- **1차적으로 핵심이론과 문제 중심에 접근한다.**
  - 핵심문제를 먼저 풀어본 후에 핵심이론을 1회독(정독)한다.
  - 외우려 하지 말고 자연스럽게 풀어본다.
  - 핵심문제를 3회독하면 이론과 문제의 내용이 파악될 것이다.
    즉, 어떻게 문제가 구성되어 있으며, 출제경향의 파악이 중요하다.

2단계 — 과년도 문제 완독

- **2차적으로 핵심 과년도 문제 중심으로 접근한다.**
  - 과목별로 핵심문제를 풀고 [답] 확인 후 틀린 문제는 반드시 다시 풀어본다.
  - 3회독을 권하고 싶다. 체크한다.
  - 2단계에서 과목별 문제를 마스터한다.

3단계 — CBT 복원문제 테스트

- **연습용 답안카드를 이용해서 반복적인 연습을 한다.**
  - 틀리는 부분은 핵심이론과 핵심문제에서 해결되도록 한다.
  - 수시로 CBT 모의고사를 통해서 실전에 익숙하도록 한다.
  - 체크된 부분과 걱정되는 과목은 반드시 점검한다.

별책부록 — 반복적인 연습

- **다빈출 핵심문제로 늘 소지하고 다닌다.**
  - 미진한 부분은 어느 과목인지, 어느 부분인지를 반드시 체크한다.
  - 미진한 과목이나 미진한 부분은 집중적으로 시간투자를 한다.

1단계

핵심 / 이론 / 문제

Pick Remember
CBT 핵심 스피드 마스터

- 제1과목 **전기설비**
- 제2과목 **전기기기**
- 제3과목 **전기이론**

1 과목

전기설비

01 전기설비의 일반 사항
02 가공·지중 배전선
03 수·변전 설비(배선 설비)
04 배선 공사
05 특수 장소와 전기시설
06 전기응용 시설 공사

CHAPTER 01 전기설비의 일반 사항

001 전기설비의 기초

■ 전압의 의미와 구분
• 전압의 구분에 따른 기준

구분	교류(AC)	직류(DC)
저압	1[kV] 이하 전압	1.5[kV] 이하 전압
고압	1[kV] 초과 전압	1.5[kV] 초과 전압
	AC, DC 모두 7[kV] 이하의 전압	
특고압	AC, DC 모두 7[kV] 초과의 전압	

■ 전압에 따른 지중 케이블 종류

전압	사용 가능한 케이블
저압	• 미네랄 인슐레이션(MI) 케이블
저압 고압 (공통)	• 알루미늄피 케이블 • 클로로프렌 외장 케이블 • 비닐 외장 케이블 • 폴리에틸렌 외장 케이블
고압	• 콤바인 덕트(CD) 케이블
특고압	• 동심 중성선 차수형 전력 케이블(CN-CV) • 동심 중성선 수밀형 전력 케이블(CN-CV-W)

■ 설비 불평형률
• 설비 불평형률(단상 3선식)

$$\frac{\text{중성선과 전압측선간에 접속되는 설비용량의 차}}{\text{총 설비용량의 } \frac{1}{2}} \times 100$$

• 설비 평형률의 제한

단상 3선식	40[%] 이하
3상 3선식, 3상 4선식	30[%] 이하

• 중성선에는 부하 불평형에 의한 중성선 단선 시 부하 양측 단자 전압의 심한 불평형이 발생할 수 있으므로 중성선에는 과전류 차단기를 시설하지 않고 구리선으로 직결한다.

□□□ 10①, 18①

01 전압을 저압, 고압 및 특고압으로 구분할 때 교류에서 "저압"이란?

① 1,000[V] 초과의 전압
② 1,500[V] 초과의 전압
③ 1,000[V] 이하의 전압
④ 1,500[V] 이하의 전압

| 해③ | 전압의 구분

구분	교류(AC)	직류(DC)
저압	1[kV] 이하 전압	1.5[kV] 이하 전압
고압	1[kV] 초과 전압	1.5[kV] 초과 전압
	AC, DC 모두 7[kV] 이하의 전압	
특고압	AC, DC 모두 7[kV] 초과의 전압	

∴ 저압 : 교류전압 ; 1[kV]=1,000[V] 이하의 전압

□□□ 13④, 20①, 23①

02 전압의 구분에서 저압 직류 전압은 몇 [V] 이하인가?

① 400 　　② 600
③ 1,000 　　④ 1,500

| 해④ | 전압의 구분

구분	교류(AC)	직류(DC)
저압	1[kV] 이하 전압	1.5[kV] 이하 전압
고압	1[kV] 초과 전압	1.5[kV] 초과 전압
	AC, DC 모두 7[kV] 이하의 전압	
특고압	AC, DC 모두 7[kV] 초과의 전압	

∴ 저압 : 직류 전압 ; 1.5[kV]=1,500[V] 이하의 전압

□□□ 86,99,00,05,08②,15④,19①

03 다음 중 특별고압은?

① 1,000[V] 이하
② 1,500[V] 이하
③ 1,000[V] 초과, 7,000[V] 이하
④ 7,000[V] 초과

|해④| 전압의 구분

구분	교류(AC)	직류(DC)
저압	1[kV] 이하 전압	1.5[kV] 이하 전압
고압	1[kV] 초과 전압	1.5[kV] 초과 전압
	AC, DC 모두 7[kV] 이하의 전압	
특고압	AC, DC 모두 7[kV] 초과의 전압	

□□□ 07②,11①

04 다음 중 고압에 속하는 것은?

① 교류 1,000[V]   ② 직류 1,000[V]
③ 교류 1,500[V]   ④ 직류 1,500[V]

|해③| 전압의 구분

구분	교류(AC)	직류(DC)
저압	1[kV] 이하 전압	1.5[kV] 이하 전압
고압	1[kV] 초과 전압	1.5[kV] 초과 전압
	AC, DC 모두 7[kV] 이하의 전압	
특고압	AC, DC 모두 7[kV] 초과의 전압	

□□□ 02,25①

05 저압 수전의 단상 3선식에서 중성선과 각 전압측 전선간의 부하는 평형이 되도록 하는 것을 원칙으로 한다. 다만, 부득이한 경우 설비 불평형률을 몇 [%]까지로 하는가?

① 20
② 30
③ 40
④ 50

|해③| 설비 평형률의 제한

단상 3선식	40[%]
3상 3선식, 3상 4선식	30[%]

□□□ 13④

06 지중전선로에 사용되는 케이블 중 고압용에만 속하는 케이블은?

① 콤바인 덕트(CD) 케이블
② 폴리에틸렌 외장 케이블
③ 클로로프렌 외장 케이블
④ 비닐 외장 케이블

|해①| 콤바인 덕트(CD) 케이블
고압 이상의 지중전선로에서 사용하는 케이블로, 관로와 케이블 외장을 겸한 폴리에틸렌 덕트 안에 여러 케이블 심선을 삽입한 관이다.

002 전선의 종류

1 전선
■ 전선의 종류
나전선, 절연전선, 코드전선, 저압 케이블, 고압 케이블, 특고압 케이블, 전력용 케이블, 제어용 케이블 등 다양한 종류가 있다.

■ 전선의 구비 조건
- 전도율이 클 것
- 기계적인 강도가 클 것
- 내식성이 클 것
- 가요성이 클 것
- 접속이 쉬울 것
- 비중(중량)이 작을 것
- 선, 판 등으로 가공하기 쉬울 것
- 값이 싸고 대량 생산이 가능할 것

■ 전선의 색상에 따른 상(문자) 구분

상(문자)	색상
L1	갈색
L2	검은색
L3	회색
N(중성도체)	파란색
보호도체	녹색 – 노란색

■ 전선의 공칭 단면적
- 단위는 $[\text{mm}^2]$로 표시한다.
- 연선의 굵기를 나타내는 것이다.
- 소선 수와 소선의 지름으로 나타낸다.
- 전선의 공칭 단면적은 실제 단면적과 일치하지 않을 수 있다.

2 전선의 구조에 따른 분류
■ 단선
- 전선의 단면이 원형인 1개의 도체로 된 전선
- 한 가닥의 도체로 구성된 것으로 송전선로에는 사용되지 않는다.

■ 연선
- 1본의 중심선 위에 6배수의 층수 배수만큼 증가하는 구조로 된 전선
- 단선을 여러 가닥으로 꼬아서 구성한 것으로 송전선로와 배전선로에 많이 사용된다.
- 연선의 공칭 단면적
  - 연선의 소선 총수 : $N = 3n(n+1) + 1$ [가닥]
  - 연선의 바깥지름 : $D = (2n+1)d$ [mm]
  - 단면적 : $S = aN = \dfrac{\pi d^2}{4} N$ $[\text{mm}^2]$

  여기서, n : 층수(가운데 한 가닥은 층수에 포함되지 않는다.)
  d : 소선의 지름
  a : 소선 한 가닥의 단면적
  D : 연선의 바깥지름

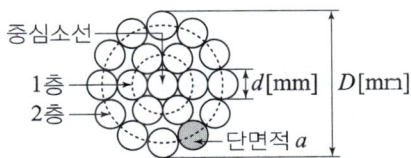

3 전선의 재료에 따른 분류
■ 연동선
- 연동선은 전선으로 가요성이 크고 전기저항이 작고 부드러운 성질이 있어 구부리기가 용이하므로 주로 저압 옥내배선에 사용된다.
- 연동 전선의 최소 굵기 : 옥내배선 공사 시 연동선을 사용할 경우 최소 굵기는 $2.5[\text{mm}^2]$ 이상으로 한다.

■ 경동선
- 인장강도(1.38[kN])가 커서 가공선로에 사용된다.
- 전기울타리는 목장, 논밭 등 옥외 전선로에서 전선은 지름 2[mm] 이상의 경동선이 사용된다.

□□□ 14③

01 인입용 비닐 절연전선의 공칭 단면적 8[mm²] 되는 연선의 구성은 소선의 지름이 1.2[mm]일 때 소선수는 몇 가닥으로 되어 있는가?

① 3　　　　② 4
③ 6　　　　④ 7

|해 ④|

소선수 $N = \dfrac{A}{a}$

• $A = 8[\text{mm}^2]$
• $a = \dfrac{\pi d^2}{4} = \dfrac{\pi \times 1.2^2}{4} = 1.13[\text{mm}^2]$

∴ 소선수 $N = \dfrac{8}{1.13} = 7$가닥

□□□ 96,99,03,15②,20①,24②

02 전선의 재료로서 구비해야 할 조건이 아닌 것은?

① 기계적 강도가 클 것
② 가요성이 풍부할 것
③ 고유저항이 클 것
④ 비중이 작을 것

|해 ③|

• 고유저항이 작을 것
• 고유저항이 작아야 전선에 전류가 잘 흐른다.

□□□ 08②,19①,21①

03 목장의 전기울타리에 사용하는 경동선의 지름은 최소 몇 [mm] 이상이어야 하는가?

① 1.6　　　　② 2.0
③ 2.6　　　　④ 3.2

|해 ②| 전기울타리는 목장, 논밭 등 옥외에서
• 전선은 지름 2[mm] 이상의 경동선일 것
• 전선은 인장강도 1.38[kN] 이상의 것

□□□ 14①,16①,20①,24②

04 연선 결정에 있어서 중심 소선을 뺀 층수가 2층이다. 소선의 총수 N은 얼마인가?

① 45　　　　② 39
③ 19　　　　④ 9

|해 ③| 연선의 소선 총수

$N = 3n(n+1) + 1$
$n = 2$(층)
∴ $N = 3 \times 2(2+1) + 1 = 19$

□□□ 13③

05 전선의 공칭 단면적에 대한 설명으로 옳지 않는 것은?

① 소선 수와 소선의 지름으로 나타낸다.
② 단위는 [mm²]로 표시한다.
③ 전선의 실제 단면적과 같다.
④ 연선의 굵기를 나타내는 것이다.

|해 ③|

전선의 공칭 단면적은 전선의 실제 단면적과 일치하지 않는다.

□□□ 09②,21①,23①

06 한국전기설비규정(KEC)에 의한 보호도체의 색상으로 알맞은 것은?

① 갈색　　　　② 검은색
③ 회색　　　　④ 녹색-노란색

|해 ④| 전선 식별

보호도체의 색상은 [녹색-노란색]으로 표시하여야 한다.

□□□ 14①,16①,24②
07 옥내배선 공사 시 연동선을 사용할 경우 전선의 최소 굵기[mm²]는?

① 1.5
② 2.5
③ 4
④ 6

| 해 ② | 옥내배선공사 시 연동선의 최소 굵기
옥내배선 공사 시 연동선을 사용할 경우 최소 굵기는 2.5[mm²] 이상으로 한다.

□□□ 06①
08 다음 중 1.6[mm] 19가닥의 경동 연선의 바깥지름[mm]은?

① 11
② 10
③ 9
④ 8

| 해 ④ | 연선의 바깥지름
$D = (1+2n)d$
- 층수 $n = 2 (\because 19$가닥일 때$)$
- 소선의 지름 $d = 1.63 [mm]$
∴ $D = (1 + 2 \times 2) \times 1.6 = 8$

□□□ 00,05
09 옥내배선에 많이 사용하는 전선으로 가요성이 크고 전기 저항이 작은 구리선은?

① 경동선
② 단선
③ 연동선
④ 강심 알루미늄선

| 해 ③ |
- 연동선 : 전기 저항이 작고, 부드러운 성질이 있어서 주로 옥내배선에 사용한다.
- 경동선 : 인장강도가 커서 가공선로에 사용한다.

003 절연전선

절연전선
◎ 절연전선은 나전선에 고무나 비닐 등의 절연물을 피복하여 전기적으로 절연한 것

약호	전선의 종류
OW	옥외용 비닐 절연전선
DV	인입용 비닐 절연전선
NR	450/750[V] 일반용 단심 비닐 절연전선
RB	450/750[V] 이하 고무 절연전선
NV	비닐 절연 네온전선
NRV	고무 절연 비닐 시스 네온전선
NRC	고무 절연 클로로프렌 외장 네온전선
NF	450/750[V] 일반용 유연성 단심 비닐 절연전선
NFI	300/500[V] 기기 배선용 유연성 단심 비닐 절연전선
H	경동선
ACSR	강심 알루미늄 연선

- 옥외용 비닐 절연전선(OW전선)
  단심의 경동선 또는 경동 연선 위에 내구성이 좋은 비닐을 피복한 것
- 인입용 비닐 절연전선(DV전선)
  경동선 또는 경동 연선에 비닐 피복을 한 다심의 전선
- 450/750[V] 일반용 단심 비닐 절연전선(NR전선)
  단선 또는 연선의 경동선이나 연동선에 비닐로 피복하여 널리 이용
- 450/750[V] 이하 고무 절연전선(RB전선)
  천연고무를 사용해서 절연 피복 후 종이를 감고 방습용 도장을 한 것

□□□ 16③, 23②

01 450/750[V] 일반용 단심 비닐 절연전선의 약호는?

① NRI ② NF
③ NFI ④ NR

해④	전선의 약호
NR	450/570[V] 일반용 단심 비닐 절연전선
NF	450/750[V] 일반용 유연성 단심 비닐 절연전선
NFI	300/500[V] 기기 배선용 유연성 단심 비닐 절연전선
NRI	300/500[V] 기기 배선용 단심 비닐 절연전선

□□□ 14④

02 나전선 등의 금속선에 속하지 않는 것은?

① 경동선(지름 12[mm] 이하의 것)
② 연동선
③ 동합금선(단면적 35[mm^2] 이하의 것)
④ 경알루미늄선(단면적 35[mm^2] 이하의 것)

| 해③ | 나전선의 종류

- 연동선
- 아연도금강선
- 경동선(지름 12[mm] 이하의 것에 한한다.)
- 동합금선(단면적 25[mm^2] 이하의 것에 한한다.)
- 경알루미늄선(단면적 35[mm^2] 이하의 것에 한한다.)
- 알루미늄 합금선(단면적 35[mm^2] 이하의 것에 한한다.)
- 알루미늄 복강선(지름 5.0[mm] 이하의 것에 한한다.)
- 아연도철근(기타 방청도금을 한 철선을 포함한다.)

정답 003 01 ④ 02 ③

☐☐☐ 06③,12①,14①,15①,18③,21②
03 인입용 비닐 절연전선을 나타내는 약호는?

① OW   ② EV
③ DV   ④ NV

해 ③	전선 약호
OW	옥외용 비닐 절연전선
EV	폴리에틸렌 절연 비닐 시스 케이블
DV	인입용 비닐 절연전선
NV	비닐 절연 네온전선

☐☐☐ 06③,12①,14①,15①,18③,22①
04 옥외용 비닐 절연전선의 약호는?

① OW   ② DV
③ NR   ④ VV

해 ①	전선 약호
OW	옥외용 비닐 절연전선
DV	인입용 비닐 절연전선
NR	450/750[V] 일반용 단상 비닐 절연전선
VV	0.6/1[kV] 비닐 절연 비닐 시스 케이블

☐☐☐ 07②,18③,24①
05 절연전선의 피복에 "154[kV] NRV"라고 표기되어 있다. 여기서 "NRV"는 무엇을 나타내는 약호인가?

① 형광등 전선
② 고무 절연 폴리에틸렌 시스 네온전선
③ 고무 절연 비닐 시스 네온전선
④ 폴리에틸렌 절연 비닐 시스 네온전선

| 해 ③ | NRV
- 고무 절연 비닐 시스 네온 전선
- N : 네온전선, R : 고무 절연, V : 비닐 외장

☐☐☐ 15④
06 ACSR 약호의 품명은?

① 경동연선   ② 중공연선
③ 알루미늄선   ④ 강심 알루미늄 연선

| 해 ④ | ACSR
강심 알루미늄 연선 약호의 품명

☐☐☐ 기 14②
07 다음 중 300/500[V] 기기 배선용 유연성 단심 비닐 절연전선을 나타내는 약호는?

① NF   ② NFI
③ NR   ④ NRC

해 ②	전선의 약호
NF	450/750[V] 일반용 유연성 단심 비닐 절연전선
NFI	300/500[V] 기기 배선용 유연성 단심 비닐 절연전선
NR	450/570[V] 일반용 단심 비닐 절연전선
NRC	고무 절연 클로로프렌 외장 네온 전선

004 케이블

■ **케이블** cable
- 여러 가닥의 전선을 절연하여 피복을 입힌 전선
- 케이블은 산업현장에서 전기 배선으로 자주 사용된다.
- 케이블은 전선이 외부 환경으로부터 보호되기 때문에 단선이나 연선보다 안전하다.

■ **케이블의 종류**

약호	케이블 종류
CN-CV-W	동심 중성선 수밀형 전력 케이블
VV	0.6/1[kV] 비닐 절연 비닐 시스 케이블
EV	폴리에틸렌 절연 비닐 시스 케이블
EE	폴리에틸렌 절연 폴리에틸렌 시스 케이블
AWR	고무시스 용접용 케이블
RN	고무 절연 클로로프렌 외장 케이블
CV	가교 폴리에틸렌 절연 비닐 외장 케이블
MI	미네랄 인슐레이션 케이블

■ **캡타이어 케이블** captire cable
- 외장이 천연고무 혼합물
- 클로로프렌 캡타이어 케이블 : 외장이 클로로프렌 고무 혼합물
- 비닐 캡타이어 케이블 : 외장이 비닐 혼합물

■ **절연전선·케이블의 허용온도**

염화비닐(PVC)	70[℃]
가교폴리에틸렌(XLPE)과 에틸렌프로필렌고무혼합물(EPR)	90[℃]

□□□ 07③,09②,15②,20②
01 저압 회로에 사용하는 0.6/1[kV] 비닐 절연 비닐 시스 케이블의 약칭으로 옳은 것은?

① VV   ② EV
③ EP   ④ CV

|해①| 전선 약호가 VV
0.6/1[kV] 비닐 절연 비닐 시스 케이블

□□□ 12②
02 전선 약호가 CN-CV-W인 케이블의 품명은?

① 동심 중성선 수밀형 전력 케이블
② 동심 중성선 차수형 전력 케이블
③ 동심 중성선 수밀형 저독성 난연 전력 케이블
④ 동심 중성선 차수형 저독성 난연 전력 케이블

|해①| CN-CV-W
- 동심 중성선 수밀형(수분 침투 방지형) 전력 케이블
- CN-CV : 동심 중성선 케이블 차수형
- W : 수분 침투 방지형

□□□ 12③,22②
03 폴리에틸렌 절연 비닐 시스 케이블의 약호는?

① DV   ② EE
③ EV   ④ OW

|해③| 전선 약호

DV	인입용 비닐 절연전선
EE	폴리에틸렌 절연 폴리에틸렌 시스 케이블
EV	폴리에틸렌 절연 비닐 시스 케이블
OW	옥외용 비닐 절연전선

□□□ 13②,17②,20①
04 해안 지방의 송전용 나전선에 가장 적당한 것은?

① 철선   ② 강심 알루미늄선
③ 구리선   ④ 알루미늄 합금선

|해③| 구리선 사용
해안 지방의 송전용 나전선은 내식성이 우수한 구리선을 사용

005 전선의 접속

1 전선의 접속방법

트위스트 접속	6[mm²] 이하 가는 단선의 접속
브리타니아 접속	10[mm²] 이상 굵은 단선의 접속

- 트위스트 접속 : 6[mm²] 이하의 가는 단선을 직접 접속할 때 적합하다.

■ 브리타니아 접속
- 10[mm²] 이상의 굵은 단선의 접속에 적합하다.
- 단선을 직접 서로 꼬아서 접속하는 형태가 아닌 별도의 조인트선과 첨선을 이용한 접속방법
- 전선지름의 약 20배 정도로 피복을 벗긴다.

■ 쥐꼬리 접속 종단접속
- 박스 내에서 가는 전선을 접속할 때 적합하다.
- 굵기가 같은 가는 단선을 2, 3가닥 모아 서로 접속할 때 이용하는 접속법
- 박스용 커넥터, 와이어 커넥터를 사용하면 커넥터(접속기) 자체가 절연물이므로 테이프 감기가 필요 없다.
- 접속방법 : 박스용 커넥터를 끼워 주는 방법과 접속한 부분에 테이프를 감는 방법

■ 와이어 커넥터 wire connector 접속
- 납땜과 테이프가 필요 없이 접속할 수 있고 누전의 염려가 없다.
- 정크션 박스 내에서 사용되는 전선 접속방식
- 전선 접속 및 절연을 동시에 할 수 있는 접속기구

2 전선 접속 시 주의 사항
- 전선의 전기저항을 증가시키지 않아야 한다.
- 접속부분의 전선의 세기(인장강도)를 20[%] 이상 감소시키지 않아야 한다.
- 접속부분의 전선의 세기(인장강도)를 80[%] 이상 유지되도록 한다.
- 접속부분은 와이어 커넥터 등 접속기구를 사용하거나 납땜을 한다.
- 알루미늄 전선과 구리선의 접속 시 전기적인 부식이 생기지 않도록 한다.

3 알루미늄의 전선의 접속방법
- 직선접속, 분기접속, 종단접속
- 서로 다른 도체(구리와 알루미늄 전선)의 접속은 전용 접속기를 이용할 것
- 알루미늄 전선의 접속방법은 트위스트 접속은 하지 않는다.

4 동전선의 접속방법
■ 슬리브 접속방법
- 옥내배선에서 직선접속 및 분기접속하는 방법으로 주로 사용
- 전선 접속 시 사용되는 슬리브의 종류
  - S형 : 직선접속용 슬리브
  - E형 : 종단 겹침용 슬리브
  - P형 : 직선 겹침용 슬리브
- 슬리브의 종류 : S형, E형, P형

■ 동전선의 종단접속
- 구리선 압착 단자 접속
- 비틀어 꽂음형 전선 접속기 접속
- 종단 겹침용 슬리브(E형)접속
- 직접 겹침용 슬리브(P형)접속
- 꽂음형 커넥터 접속

■ 동관단자
전선과 기계기구의 단자를 접속할 때 사용하는 것으로 전선을 접속하는 재료로써 납땜을 하는 것이다.

5 두 개 이상의 전선을 병렬로 사용하는 경우
- 병렬로 사용하는 각 전선의 굵기는 구리선 50[mm²] 이상 또는 알루미늄 70[mm²] 이상으로 한다.
- 병렬로 사용하는 전선에는 각각에 퓨즈를 설치하지 말 것
- 같은 극의 각 전선은 동일한 터미널 러그에 완전히 접속할 것
- 같은 극인 각 전선의 터미널 러그는 동일한 도체에 2개 이상의 리벳 또는 2개 이상의 나사로 접속할 것
- 같은 재료, 같은 길이 및 같은 굵기의 것을 사용할 것

□□□ 07④,09③,11①,14④,20①,24②

01 전선을 접속하는 경우 전선의 강도는 몇 [%] 이상 감소시키지 않아야 하는가?

① 10 　　　② 20
③ 40 　　　④ 80

> |해②| 전선 접속 시 주의점
> • 접속부분의 전선의 세기(인장강도)를 20[%] 이상 감소시키지 않아야 한다.
> • 접속부분의 전선의 세기(인장강도)를 80[%] 이상 유지되도록 한다.

□□□ 07④,09③,11①

02 다음 중 나전선 상호간 또는 나전선과 절연전선 접속 시 접속부분의 전선의 세기는 일반적으로 어느 정도 유지해야 하는가?

① 80[%] 이상　　② 70[%] 이상
③ 60[%] 이상　　④ 50[%] 이상

> |해①| 전선 접속 시 주의점
> • 접속부분의 전선의 세기(인장강도)를 20[%] 이상 감소시키지 않아야 한다.
> • 접속부분의 전선의 세기(인장강도)를 80[%] 이상 유지되도록 한다.

□□□ 06①②

03 10[mm²] 이상 굵은 단선의 분기접속은 어떤 접속을 하여야 하는가?

① 브리타니아 접속
② 쥐꼬리 접속
③ 트위스트 접속
④ 슬리브 접속

> |해①| 전선의 접속법
> | 트위스트 접속 | 6[mm²] 이하 가는 단선의 접속 |
> |---|---|
> | 브리타니아 접속 | 10[mm²] 이상 굵은 단선의 접속 |

□□□ 08②④,09④,12②,15②③,18③,19①

04 전선의 접속에 대한 설명으로 틀린 것은?

① 접속부분의 전기저항을 20[%] 이상 증가
② 접속부분의 인장강도를 80[%] 이상 유지
③ 접속부분에 전선 접속기구를 사용함
④ 알루미늄 전선과 구리선의 접속 시 전기적인 부식이 생기지 않도록 함

> |해①| 전선 접속 시 주의점
> • 접속부분의 전선의 세기(인장강도)를 20[%] 이상 감소시키지 않아야 한다.
> • 접속부분의 전선의 세기(인장강도)를 80[%] 이상 유지되도록 한다.
> • 전기적인 저항을 증가시키지 말 것

□□□ 13④,14①,23①

05 단선의 직선접속방법 중에서 트위스트 직선접속을 할 수 있는 최대 단면적은 몇 [mm²] 이하인가?

① 2.5　　　② 4
③ 6　　　　④ 10

> |해③| 전선의 접속법
> | 트위스트 접속 | 6[mm²] 이하 가는 단선의 접속 |
> |---|---|
> | 브리타니아 접속 | 10[mm²] 이상 굵은 단선의 접속 |

□□□ 07④,09①,22①

06 다음 중 단선의 브리타니아 직선접속에 사용되는 것은?

① 조인트선　　② 파라핀선
③ 바인드선　　④ 에나멜선

> |해①| 조인트선
> 단선의 브리타니아 직접접속 시 두 선을 포개고 그 위를 조인트선으로 감는다.

정답 005　01 ②　02 ①　03 ①　04 ①　05 ③　06 ①

☐☐☐ 13③,22②

07 옥내배선에서 주로 사용하는 직선접속 및 분기접속방법은 어떤 것을 사용하여 접속하는가?

① 동선압착단자 ② 슬리브
③ 와이어 커넥터 ④ 꽂음형 커넥터

| 해② | 슬리브 접속방법
- 옥내배선에서 직선접속 및 분기접속에 주로 사용하는 방법
- 슬리브의 종류 : S형, E형, P형

☐☐☐ 08①,12③,16②,20①

08 전선 접속방법 중 트위스트 직선접속의 설명으로 옳은 것은?

① $6[mm^2]$ 이하의 가는 단선인 경우에 적용된다.
② $6[mm^2]$ 이상의 굵은 단선인 경우에 적용된다.
③ 연선의 직선접속에 적용된다.
④ 연선의 분기접속에 적용된다.

| 해① | 전선의 접속법

트위스트 접속	$6[mm^2]$ 이하 가는 단선의 접속
브리타니아 접속	$10[mm^2]$ 이상 굵은 단선의 접속

☐☐☐ 06①,08②③,09④,15①,20②

09 박스 내에서 가는 전선을 접속할 때의 접속방법으로 가장 적합한 것은?

① 트위스트 접속 ② 쥐꼬리 접속
③ 브리타니아 접속 ④ 슬리브 접속

| 해② | 쥐꼬리 접속(종단접속)
- 굵기가 같은 가는 단선을 2, 3가닥 모아 서로 접속할 때 이용하는 접속법
- 접속방법 : 박스용 커넥터를 끼워 주는 방법과 접속한 부분에 테이프를 감는 방법

☐☐☐ 06④,09①

10 절연전선 상호간의 접속에서 옳지 않은 것은?

① 납땜 접속을 한다.
② 슬리브를 사용하여 접속한다.
③ 와이어 커넥터를 사용하여 접속한다.
④ 굵기가 $6[mm^2]$ 이하인 것은 브리타니아 접속을 한다.

| 해④ | 전선의 접속법

트위스트 접속	$6[mm^2]$ 이하 가는 단선의 접속
브리타니아 접속	$10[mm^2]$ 이상 굵은 단선의 접속

☐☐☐ 11③,12④,14①,15④

11 옥내배선 공사 작업 중 접속함에 쥐꼬리 접속을 할 때 필요한 것은?

① 커플링 ② 와이어 커넥터
③ 로크 너트 ④ 부싱

| 해② | 쥐꼬리 접속(종단접속)
- 굵기가 같은 가는 단선을 2, 3가닥 모아 서로 접속할 때 이용하는 접속법
- 박스용 커넥터, 와이어 커넥터를 사용하면 커넥터(접속기) 자체가 절연물이므로 테이프 감기가 필요 없다.

☐☐☐ 06③,10①,11①,14④,24②

12 전선과 기구단자 접속 시 누름 나사를 덜 조였을 때 발생할 수 있는 현상과 거리가 먼 것은?

① 과열 ② 화재
③ 절전 ④ 전파잡음

| 해③ | 불완전 접속(나사를 덜 죄었을 경우)
누전, 감전, 화재 위험, 전기저항이 증가하여 과열 발생, 전파 잡음

□□□ 06①,14④

13 다음 중 알루미늄 전선의 접속방법으로 적합하지 않은 것은?

① 직선접속 ② 분기접속
③ 종단접속 ④ 트위스트 접속

|해 ④|
- 알루미늄 전선의 접속방법
  · 직선접속, 분기접속, 종단접속
- 서로 다른 도체(구리와 알루미늄 전선)의 접속은 전용 접속기를 이용할 것
  · 알루미늄 전선의 접속방법은 트위스트 접속은 하지 않는다.

□□□ 14③,15①

14 전선 접속 시 S형 슬리브 사용에 대한 설명으로 틀린 것은?

① 전선의 끝은 슬리브의 끝에서 조금 나오는 것이 바람직하다.
② 슬리브는 전선의 굵기에 적합한 것을 선정한다.
③ 열린 쪽 홈의 측면을 고르게 눌러서 밀착시킨다.
④ 단선은 사용 가능하나 연선접속 시에는 사용 안 한다.

|해 ④| S형 슬리브 접속
단선, 연선 어느 것에든 모두 사용할 수 있다.

□□□ 06③,10①,11①②,14④

15 전선과 기구 단자 접속 시 나사를 덜 죄었을 경우 발생할 수 있는 위험과 거리가 먼 것은?

① 누전 ② 화재 위험
③ 과열 발생 ④ 저항 감소

|해 ④| 불완전 접속(나사를 덜 죄었을 경우)
누전, 감전, 화재 위험, 전기저항이 증가하여 과열 발생, 전파 잡음

□□□ 08③,11③,15③

16 다음 중 동전선의 접속에서 직선접속에 해당하는 것은?

① 직선맞대기용 슬리브(B형)에 의한 압착접속
② 비틀어 꽂는형의 전선접속기에 의한 접속
③ 종단겹침용 슬리브(E형)에 의한 접속
④ 동선압착단자에 의한 접속

|해 ①| 동전선의 접속에서 직선접속
직선맞대기용 슬리브(B형)에 의한 압착접속

□□□ 11③,12④,15④

17 정션 박스 내에서 절연전선을 쥐꼬리 접속한 후 접속과 절연을 위해 사용되는 재료는?

① 링형 슬리브 ② S형 슬리브
③ 와이어 커넥터 ④ 터미널 러그

|해 ③| 와이어 커넥터(wire connector)
정션 박스 내에서 전선 접속 및 절연을 동시에 할 수 있는 접속 기구

□□□ 06②④,07②,10③,12②,19④

18 전선을 접속하는 재료로써 납땜을 하는 것은?

① 박스형 커넥터 ② S형 슬리브
③ 와이어 커넥터 ④ 동관단자

|해 ④| 동관단자
전선과 기계기구의 단자를 접속할 때 납땜을 사용

006 테이프와 스위치

1 테이프의 종류

■ **리노 테이프** lino tape

접착력은 떨어지나 절연성, 내온성, 내유성이 좋아 연피 케이블의 접속에는 반드시 사용되는 테이프이다.

■ **자기융착 테이프** 셀로폰 테이프
- 전선 접속에서 비닐 외장 케이블 및 클로로프렌 외장 케이블의 접속 등에 사용
- 합성수지와 합성고무를 주성분으로 만든 판상의 것을 압연하여 적당한 격리물과 함께 감아서 만든 테이프로 셀로폰 테이프라고도 한다.

■ **면 테이프** black tape

거즈 테이프(gauze tape)에 접착성의 고무 혼합물을 양면에 합침시킨 전기용 절연 테이프이다.

2 스위치 switch

■ **안전 스위치**

나이프 스위치를 금속제의 함 내부에 장치하고, 외부에서 헌들을 조작하여 개폐할 수 있도록 만든 것으로 금속상자 개폐기라고도 한다.

■ **타임 스위치** time switch

조명용 백열전등을 호텔 또는 여관 객실의 입구에 설치할 때나 일반 주택 및 아파트 각 실의 현관에 설치할 때 사용되는 스위치

■ **로터리 스위치** rotary switch

저항선 또는 전구를 직렬이나 병렬로 접속 변경하여 발열량 또는 광도를 조절할 수 있는 스위치

■ **캐노피 스위치** canopy switch

전등의 점멸상태가 문자 또는 색별 표시가 되지 않는 스위치

■ **플로트레스 스위치** 부동 스위치 ; floatless switch
- 물탱크의 물의 양에 따라 동작하는 자동 스위치
- 급·배수 회로 공사에서 탱크의 유량을 자동 제어하는 데 사용되는 수위조절 스위치

■ **3로 스위치 배선도** 3 way switch

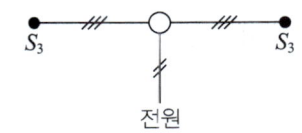

- 1개 등을 2개소에서 점멸하기 위해서는 3로 스위치 2개가 필요하다. 전원선 외에 두 스위치를 연결하는 연락선(트래블러) 2가닥이 필요하므로, 스위치와 스위치 사이의 배관에는 최소 3가닥의 전선이 필요하다.
- 3로 스위치 점멸 기호 : ●₃

◎ **콘센트**(outlet)

콘센트의 도면기호	방수형 콘센트
●	●WP

3 플러그 plug

■ **코드 접속기**

코드 상호간 또는 캡타이어 케이블 상호 또는 이들 상호를 접속하는 경우에는 코드 접속기·접속함 기타의 기구를 사용할 것

■ **멀티탭** multi tap

하나의 콘센트에 두 개 이상의 플러그를 꽂아 사용할 수 있는 기구

멀티탭

■ **테이블탭** table tap

코드의 길이가 짧을 때 연장하여 사용한다.

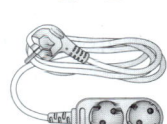

테이블탭

◎ **리셉터클** Receptacle
- 220[V] 옥내배선에서 백열전구를 노출로 설치할 때 사용하는 기구
- 코드 없이 천장이나 벽에 직접 붙이는 일종의 소켓
- 주로 천장 조명이나 글로브 조명 시 안에 부착하여 사용

□□□ 06②,09④,10④,13②
01 점착성은 없으나 절연성, 내온성 및 내유성이 있어 연피 케이블 접속에 사용되는 테이프는?
① 고무 테이프   ② 리노 테이프
③ 비닐 테이프   ④ 자기융착 테이프

|해②| 리노 테이프
점착성은 없으나 절연성, 내온성, 내유성이 있으므로 연피 케이블 접속 시 사용

□□□ 06①②,15④,18④
02 급수용으로 수조의 수면 높이에 의해 자동적으로 동작하는 스위치는?
① 펜던트 스위치   ② 플로트 스위치
③ 캐노피 스위치   ④ 텀블러 스위치

|해②| 플로트레스 스위치(부동 스위치 ; floatless switch)
• 플로트 스위치
• 물탱크의 물의 양에 따라 동작하는 자동 스위치
• 급·배수 회로 공사에서 탱크의 유량을 자동 제어하는 데 사용되는 수위조절 스위치

□□□ 06③,11①,18③,24①
03 조명용 백열전등을 호텔 또는 여관 객실의 입구에 설치할 때나 일반 주택 및 아파트 각 실의 현관에 설치할 때 사용되는 스위치는?
① 타임 스위치   ② 누름버튼 스위치
③ 토글 스위치   ④ 로터리 스위치

|해①| 타임 스위치(센서등)의 설치

관광 숙박업에 이용되는 객실의 입구등	1분 이내 소등
일반 주택 및 아파트 각 호실의 현관등	3분 이내 소등

□□□ 06②,09④,10④,13②
04 연피 케이블의 접속에 반드시 사용되는 테이프는?
① 고무 테이프   ② 비닐 테이프
③ 리노 테이프   ④ 자기융착 테이프

|해③| 리노 테이프
점착성은 없으나 절연성, 내온성, 내유성이 있으므로 연피 케이블 접속 시 사용

□□□ 98,99,19②
05 합성수지와 합성고무를 주성분으로 만든 판상의 것을 압연하여 적당한 격리물과 함께 감아서 만든 테이프로 셀로폰 테이프라고도 불리는 것은?
① 비닐 테이프   ② 고무 테이프
③ 리노 테이프   ④ 자기융착 테이프

|해④| 자기융착 테이프(셀로폰 테이프)
• 자기융착 테이프(셀로폰 테이프)에 대한 설명이다.
• 비닐 외장 케이블 및 클로로프렌 외장 케이블의 접속 등에 사용

□□□ 06①②,15④,18④
06 물탱크의 물의 양에 따라 동작하는 자동 스위치는?
① 부동 스위치   ② 압력 스위치
③ 타임 스위치   ④ 3로 스위치

|해①| 플로트레스 스위치(부동 스위치 ; floatless switch)
• 물탱크의 물의 양에 따라 동작하는 자동 스위치
• 급·배수 회로 공사에서 탱크의 유량을 자동 제어하는 데 사용되는 수위조절 스위치

07 코드 상호, 캡타이어 케이블 상호 접속 시 사용하여야 하는 것은?

① 와이어 커넥터 ② 코드 접속기
③ 케이블 타이 ④ 테이블 탭

|해②| 코드 접속기

코드 상호간 또는 캡타이어 케이블 상호 또는 이들 상호를 접속하는 경우에는 코드 접속기·접속함 기타의 기구를 사용할 것

08 옥내에 시설하는 사용전압이 400[V] 이상인 저압의 이동 전선은 0.6/1[kV] EP 고무 절연 클로로프렌 캡타이어 케이블로서 단면적이 몇 [mm²] 이상이어야 하는가?

① 0.75[mm²] ② 2[mm²]
③ 5.5[mm²] ④ 8[mm²]

|해①| 전구선

전구선은 단면적 0.75[mm²] 이상의 0.6/1[kV] EP 고무 절연 클로로프렌 캡타이어 케이블일 것

09 전환 스위치의 종류로 한 개의 전등을 두 곳에서 전등을 자유롭게 점멸할 수 있는 스위치는?

① 펜던트 스위치 ② 3로 스위치
③ 코드 스위치 ④ 단로 스위치

|해②| 3로 스위치(3 way switch)

1개 등을 2개소에서 점멸하기 위해서는 3로 스위치 2개가 필요하다. 전원선 외에 두 스위치를 연결하는 연락선(트래블러) 2가닥이 필요하므로, 스위치와 스위치 사이의 배관에는 최소 3가닥의 전선이 필요하다.

10 220[V] 옥내배선에서 백열전구를 노출로 설치할 때 사용하는 기구는?

① 리셉터클 ② 테이블 탭
③ 콘센트 ④ 코드 커넥터

|해①| 리셉터클(Receptacle)

• 220[V] 옥내배선에서 백열전구를 노출로 설치할 때 사용하는 기구
• 코드 없이 천장 조명이나 글로브 조명 안에 부착하여 사용

11 하나의 콘센트로 2 또는 3가지의 기구를 사용할 수 있는 기구의 명칭은?

① 멀티탭 ② 테이블탭
③ 아이언 플러그 ④ 코드 접속기

|해①| 멀티탭

하나의 콘센트에 2 또는 3가지의 기계기구를 끼워서 사용할 때 이용

12 가정용 전등에 사용되는 점멸 스위치를 설치하여야 할 위치에 대한 설명으로 가장 적당한 것은?

① 접지측 전선에 설치한다.
② 중성전에 설치한다.
③ 부하의 2차측에 설치한다.
④ 전압측 전선에 설치한다.

|해④| 점멸 스위치

• 가전 등의 점멸, 전열의 열조절 등의 옥내 소형 스위치로서 텀블러, 로터리 스위치 등이 있다.
• 점멸 스위치의 설치 위치는 반드시 전압측 전선에 설치하여야 한다.

□□□ 06③,13②,15②,21①

13 전등 1개를 2개소에서 점멸하고자 할 때 3로 스위치는 최소 몇 개 필요한가?

① 4개 ② 3개
③ 2개 ④ 1개

|해②| 3로 스위치(3 way switch)
1개의 전등을 서로 다른 2곳에서 자유롭게 점멸하기 위해서는 3로 스위치는 2개가 필요하다.

□□□ 10④,12③,13③,17④,18③,19①,20③,21④,23①

14 전등 한 개를 2개소에서 점멸하고자 할 때 옳은 배선은?

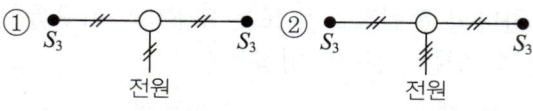
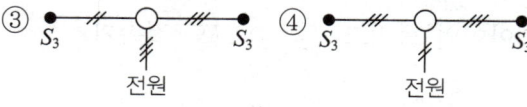

|해④| 3로 스위치(3 way switch) 배선도
1개 등을 2개소에서 점멸하기 위해서는 3로 스위치 2개가 필요하다. 전원선 외에 두 스위치를 연결하는 연락선(트래블러) 2가닥이 필요하므로, 스위치와 스위치 사이의 배관에는 최소 3가닥의 전선이 필요하다.

□□□ 09①,12③

15 다음 중 방수형 콘센트의 심벌은?

① ⏀E   ② ●
③ ⏀WP   ④ ⏀

|해③| 방수형 콘센트의 심벌
• ⏀WP
• WP(Water Proof ; 방수)

□□□ 07④

16 다음 심벌의 명칭은?

① 과전압계전기   ② 환풍기
③ 콘센트   ④ 룸에어콘

|해③|
전기 배선용 기호 : 콘센트

□□□ 11③

17 다음 중 3로 스위치를 나타내는 그림 기호는?

① ●EX   ② ●₃
③ ●2P   ④ ●15A

|해②| 3로 스위치로 나타내는 기호

□□□ 14②

18 전기 배선용 도면을 작성할 때 사용하는 콘센트 도면 기호는?

① ⏀   ② ●
③ ○   ④ ▢

|해①| 전기 배선용 기초
① : 콘센트 기호
② : 점멸기 기호
③ : 백열등 기호
④ : 점검구 기호

007 전기설비용 계기 및 게이지

1 측정용 계기

절연저항 측정	메거(절연저항) 측정기
접지저항 측정	어스테스트(접지저항) 측정기

■ 절연저항계 메거
- 옥내에 시설하는 저압 전로와 대지 사이의 절연 저항 측정에 사용되는 계기
- 절연저항계는 사용전압보다 한 단계 높은 절연저항계를 사용한다.

■ 저압 전로의 절연 저항

전로의 사용전압[V]	DC 시험전압[V]	절연 저항[MΩ]
SELV 및 PELV	250	0.5
PELV, 500[V] 이하	500	1.0
500[V] 초과	1,000	1.0

■ 접지저항 측정
- 어스테스터 : 전기공사에서 접지저항을 측정할 때 사용하는 측정기
- 콜라우시 브리지법 : 전극을 정삼각형 배치하고 극간 저항값에 의해 대지저항률을 구하는 방법

■ 충전 유무 조사 네온 검전기
전력기기 또는 전로 등의 충전 유무를 조사하여 감전재해를 방지하기 위해 사용

2 측정용 게이지

■ 와이어 게이지
전선의 굵기를 측정할 때 사용하는 공구

■ 버니어 캘리퍼스 vernier calipers
어미자와 아들자의 눈금을 이용하여 물체의 두께, 깊이, 안지름 및 바깥지름 등을 측정용으로 사용하는 공구

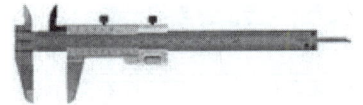

■ 마이크로미터
전선의 굵기, 철판, 절연지 등의 두께를 측정하는 기구

□□□ 08④,10①,13③

01 어미자와 아들자의 눈금을 이용하여 두께, 깊이, 안지름 및 바깥지름 측정용에 사용하는 것은?

① 버니어 캘리퍼스
② 스패너
③ 와이어 스트리퍼
④ 잉글리시 스패너

|해 ①| 버니어 캘리퍼스(vernier calipers)
어미자와 아들자의 눈금을 이용하여 원형으로 된 것의 지름, 원통의 안지름 등을 측정하는 데 주로 사용

□□□ 15③ 23①,24②

02 접지저항 측정방법으로 가장 적당한 것은?

① 절연저항계
② 전력계
③ 교류의 전압, 전류계
④ 콜라우시 브리지

|해 ④| 콜라우시 브리지법
전극을 정삼각형 배치하고 극간 저항값에 의해 대지저항률을 구하는 방법

☐☐☐ 07③,11③,19②
03 전기공사에서 접지저항을 측정할 때 사용하는 측정기는 무엇인가?
① 검류기　② 변류기
③ 메거　④ 어스테스터

| 해④ | 어스테스터(접지저항계)
접지저항을 측정할 때 사용하는 공구

☐☐☐ 12①
04 네온 검전기를 사용하는 목적은?
① 주파수 측정　② 충전 유무 조사
③ 전류 측정　④ 조도를 조사

| 해② | 충전 유무 조사 : 네온 검전기
전력기기 또는 전로 등의 충전 유무를 조사하여 감전재해를 방지하기 위해 사용

☐☐☐ 07①,09②④,19②,23①
05 다음 중 전선의 굵기를 측정하는 것은?
① 프레셔 툴　② 스패너
③ 파이어포트　④ 와이어 게이지

| 해④ | 와이어 게이지
전선의 굵기를 측정할 때 사용하는 공구

☐☐☐ 11②④,19②,22①
06 옥내의 저압 전로와 대지 사이의 절연저항 측정에 알맞은 계기는?
① 회로 시험기　② 접지 측정기
③ 네온 검전기　④ 메거 측정기

| 해④ | 저항 측정용 계기

절연저항 측정	메거(절연저항) 측정기
접지저항 측정	어스테스트(접지저항) 측정기

☐☐☐ 11②④,19②,22①
07 다음 중 옥내에 시설하는 저압 전로와 대지 사이의 절연저항 측정에 사용되는 계기는?
① 멀티테스터　② 메거
③ 어스테스터　④ 훅 온 미터

| 해② | 저항 측정용 계기

절연저항 측정	메거(절연저항) 측정기
접지저항 측정	어스테스트(접지저항) 측정기

☐☐☐ 기 12③
08 500[V] 이하 옥내배선의 절연저항 측정에 가장 알맞은 절연저항계는?
① 250[V] 메거　② 500[V] 메거
③ 1,000[V] 메거　④ 1,500[V] 메거

| 해② | 전로의 절연 저항

전로의 사용전압[V]	DC 시험전압[V]	절연 저항[MΩ]
SELV 및 PELV	250	0.5
PELV, 500[V] 이하	500	1.0
500[V] 초과	1,000	1.0

- PELV, 500[V] 이하의 옥내배선 절연저항계는 500[V] 절연 저항계를 사용한다.

008 전기설비의 공구

■ 전기설비용 공구와 용도

공구명	공구용도
클리퍼 (clipper)	펜치로 절단하기 힘든 굵은 전선이나 케이블을 절단할 때 사용되는 공구
와이어 스트리퍼 (wire stripper)	옥내배선 공사에서 절연전선의 피복을 벗길 때 사용하면 편리한 공구
피시 테이프 (fish tape)	전선관에 전선을 넣을 때 사용하는 평각강철선
철망 그립 (pulling grip)	전선관에 여러 가닥의 전선을 넣을 때 사용하는 공구
오스터 (ostar)	금속관 공사에서 금속 전선관의 나사를 낼 때 사용하는 공구
리머 (Reamer)	금속관을 가공할 때 절단된 내부를 매끈하게 하기 위하여 사용하는 공구
히키 (hickey)	금속관 배관 공사를 할 때 금속관을 구부리는 데 사용하는 공구
파이프 커터 (pipe cutter)	쇠톱처럼 금속관의 절단이나 프레임 파이프의 절단에 사용하는 공구
프레셔 툴 (Pressure tool)	전선 접속시 사용하는 압착단자 등을 압착시키기 위한 공구
녹아웃 펀치 (knockout punch)	배전반 및 분전반과 연결된 배관을 변경하거나 캐비닛에 구멍을 넓히기 위한 공구
홀소 (hole saw)	녹아웃 펀치와 같은 용도로 배전반이나 분전반 등에 구멍을 뚫을 때 사용 공구
드라이브이트 툴 (driveit tool)	큰 건물의 공사에서 콘크리트에 구멍을 뚫어 드라이브 핀을 경제적으로 고정하는 공구
토치 램프 (torch lamp)	전선관의 굽힘 작업을 할 때 관을 가열하여 구부릴 때 사용하는 도구

□□□ 08②,19②

01 전선에 압착단자 접촉 시 사용되는 공구는?

① 와이어 스트리퍼 ② 프레셔 툴
③ 클리퍼 ④ 니퍼

| 해② | 프레셔 툴
전선 접속 시 사용하는 압착단자 등을 압착시키기 위한 공구

□□□ 14④,19④

02 배전반 분전반과 연결된 배관을 변경하거나 이미 설치되어 있는 캐비닛에 구멍을 뚫을 때 필요한 공구는?

① 오스터 ② 클리퍼
③ 토치 램프 ④ 녹아웃 펀치

| 해④ | 녹아웃 펀치(노크아웃 펀치)
배전반 및 분전반과 연결된 배관을 변경하거나 캐비닛에 구멍을 넓히기 위한 공구

□□□ 10③,11①

03 녹아웃 펀치와 같은 용도로 배전반이나 분전반 등에 구멍을 뚫을 때 사용하는 것은?

① 클리퍼(clipper)
② 홀소(hole saw)
③ 프레스 툴(pressure tool)
④ 드라이브이트 툴(driveit tool)

| 해② | 홀소(hole saw)
녹아웃 펀치와 같은 용도로 배전반이나 분전반 등에 구멍을 뚫을 때 사용 공구

□□□ 06②③,10④,18①,19③

04 피시 테이프(fish tape)의 용도는?

① 전선을 테이핑하기 위해서 사용
② 전선관의 끝마무리를 위해서 사용
③ 전선관에 전선을 넣을 때 사용
④ 합성 수지관을 구부릴 때 사용

| 해③ | 피시 테이프(fish tape)
전선관에 전선을 넣을 때 사용하는 평각강철선

정답 008 01 ② 02 ④ 03 ② 04 ③

☐☐☐ 06③,12②,14①,15④,21①
05 펜치로 절단하기 힘든 굵은 전선의 절단에 사용되는 공구는?
① 파이프 렌치 ② 파이프 커터
③ 클리퍼 ④ 와이어 게이지

| 해 ③ | 클리퍼(clipper)
펜치로 절단하기 힘든 굵은 전선이나 케이블을 절단할 때 사용되는 공구

☐☐☐ 99,01,06,08②
06 금속관에 여러 가닥의 전선을 넣을 때 매우 편리하게 넣을 수 있는 방법으로 쓰이는 것은?
① 비닐전선 ② 철망 그리프
③ 전지선 ④ 호밍사

| 해 ② | 철망 그리프
전선관에 여러 가닥의 전선을 넣을 때 사용하는 공구

☐☐☐ 09②,16①,24①
07 금속관을 가공할 때 절단된 내부를 매끈하게 하기 위하여 사용하는 공구의 명칭은?
① 리머 ② 프레셔 툴
③ 오스터 ④ 녹아웃 펀치

| 해 ① | 리머(Reamer)
금속관을 가공할 때 절단된 내부를 매끈하게 하기 위하여 사용하는 공구

☐☐☐ 09①,16②,21②
08 옥내배선 공사에서 절연전선의 피복을 벗길 때 사용하면 편리한 공구는?
① 드라이버 ② 플라이어
③ 압착펜치 ④ 와이어 스트리퍼

| 해 ④ | 와이어 스트리퍼
절연전선의 피복을 벗길 때 사용하면 편리한 공구

☐☐☐ 06③,12②,14①,15④,21①
09 굵은 전선이나 케이블을 절단할 때 사용되는 공구는?
① 클리퍼 ② 펜치
③ 나이프 ④ 플라이어

| 해 ① | 클리퍼(clipper)
펜치로 절단하기 힘든 굵은 전선이나 케이블을 절단할 때 사용되는 공구

☐☐☐ 09①
10 전기공사에 사용하는 공구와 작업내용이 잘못된 것은?
① 토치 램프 – 합선 수지관 가공하기
② 홀쏘 – 구멍을 뚫을 때 사용
③ 와이어 스트리퍼 – 전선 피복 벗기기
④ 피시 테이프 – 전선관 보호

| 해 ④ |
피시 테이프 – 전선관에 한 가닥의 전선을 넣을 때 사용

☐☐☐ 15③
11 큰 건물의 공사에서 콘크리트에 구멍을 뚫어 드라이브 핀을 경제적으로 고정하는 공구는?
① 스패너 ② 드라이브이트 툴
③ 오스터 ④ 녹아웃 펀치

| 해 ② | 드라이브이트 툴
큰 건물의 공사에서 콘크리트에 구멍을 뚫어 드라이브 핀(못)을 경제적으로 고정하는 공구

CHAPTER 02 가공·지중 배전선

009 가공인입선과 이웃연결 인입선

1 용어의 정의

■ **가공인입선** service drop
가공전선로의 지지물에서 다른 지지물을 거치지 않고 수용장소의 붙임점에 이르는 가공전선

■ **이웃연결** 인입선
한 수용장소의 인입선에서 분기하여 다른 지지물을 거치지 않고 다른 수용장소의 인입구로 연결되는 전선

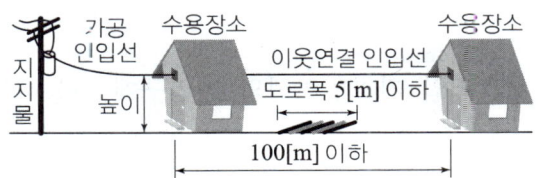

■ 이웃연결 인입선의 시설
- 인입선에서 분기하는 점으로부터 100[m]를 초과하는 지역에 미치지 아니할 것
- 폭 5[m]를 초과하는 도로를 횡단하지 아니할 것
- 옥내를 통과하지 아니할 것

■ 저압인입선의 접속점 선정
- 인입선은 장력에 충분히 견딜 것
- 인입선이 외상을 받을 우려가 없을 것
- 인입선이 옥상을 가급적 통과하지 않도록 시설할 것
- 가공 배전선로에서 최단 거리로 인입선이 시설될 수 있을 것
- 인입선은 타 전선로 또는 약전류 전선로와 충분히 이격시킬 것

■ **엔트런스 캡** entrance cap
- 저압 가공인입선의 인입구에 사용하는 부속품이다.
- 금속관 공사에서 금속관 끝부분에 사용하여 빗물 침입을 방지한다.

2 전선의 높이

◎ 지표상 : 땅바닥에서부터
◎ 노면상 : 육교나 다리 등의 표면 부분부터

■ 저압 가공인입선 전선의 높이

구분	저압 인입선
도로를 횡단하는 경우 • 교통에 지장이 없을 때	노면상 5[m] 이상 • 노면상 3[m] 이상
철도 또는 궤도를 횡단하는 경우	레일면상 6.5[m] 이상
횡단보도교의 위에 시설하는 경우	노면상 3[m] 이상
상기 이외의 경우 • 교통에 지장이 없을 때	지표상 4[m] 이상 • 지표상 2.5[m] 이상

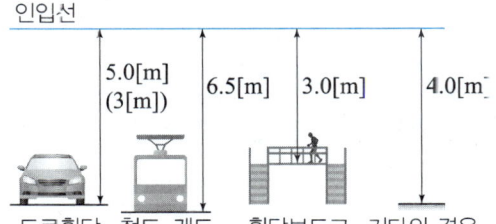

시설장소에 따른 가공인입선의 높이

■ 저압·고압 가공전선의 높이

구분	가공전선의 높이
도로를 횡단하는 경우	지표상 6[m] 이상
철도 또는 궤도를 횡단하는 경우	레일면상 6.5[m] 이상
횡단보도교의 위에 시설하는 경우	노면상 3.5[m] 이상
상기 이외의 경우 • 교통에 지장이 없을 때(저압)	지표상 5[m] 이상 • 지표상 4[m]까지

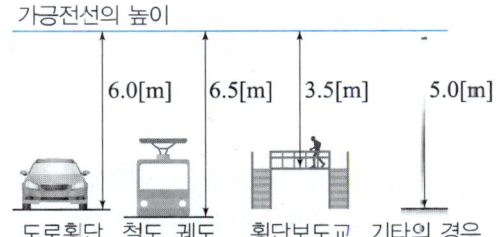

시설장소에 따른 가공전선의 높이

□□□ 14①,15③,20②

01 가공전선로의 지지물에서 다른 지지물을 거치지 아니하고 수용장소의 붙임점에 이르는 가공전선을 무엇이라 하는가?

① 옥외 전선
② 이웃연결 인입선
③ 가공인입선
④ 관등회로

| 해 ③ |
가공인입선의 용어 정의이다.

□□□ 06②,07②,08①③,11②③,19①

02 한 수용장소의 인입선에서 분기하여 지지물을 거치지 아니하고 다른 수용장소의 인입구에 이르는 부분의 전선을 무엇이라 하는가?

① 가공전선
② 가공지지선
③ 가공인입선
④ 이웃연결 인입선

| 해 ④ |
이웃연결 인입선의 용어 정의다.

□□□ 09①,11①④,13①,14③,15③

03 이웃연결 인입선 시설 제한규정에 대한 설명으로 잘못된 것은?

① 분기하는 점에서 100[m]를 넘지 않아야 한다.
② 폭 5[m]를 넘는 도로를 횡단하지 않아야 한다.
③ 옥내를 통과해서는 안 된다.
④ 분기하는 점에서 고압의 경우에는 200[m]를 넘지 않아야 한다.

| 해 ④ | 저압 이웃연결 인입선의 제한 사항
• 옥내를 통과하지 아니할 것
• 지름 2.6[mm] 이상의 인입용 비닐 절연전선일 것
• 폭 5[m]를 초과하는 도로를 횡단하지 아니할 것
• 인입선에서 분기하는 점으로부터 100[m]를 초과하는 지역에 미치지 아니할 것

□□□ 09④,10②,12③,13③,14②

04 일반적으로 저압 가공인입선이 도로를 횡단하는 경우 노면상 설치높이는 몇 [m] 이상이어야 하는가?

① 3[m]
② 4[m]
③ 5[m]
④ 6.5[m]

| 해 ③ | 저압 가공인입선의 시설

도로를 횡단하는 경우	노면상 5[m] 이상
철도 또는 궤도를 횡단하는 경우	레일면상 6.5[m] 이상
횡단보도교의 위에 시설하는 경우	노면상 3[m] 이상

□□□ 07③,08②,10①,13②,19①

05 저압 가공인입선의 인입구에 사용하는 부속품은?

① 플로어 박스
② 링 리듀서
③ 엔트런스 캡
④ 노멀 밴드

| 해 ③ | 엔트런스 캡
저압 가공 인입선의 인입구에 사용하여 관 내로 스며드는 빗물 침입을 방지한다.

□□□ 07①,10①

06 금속관 공사를 할 때 엔트런스 캡의 사용으로 옳은 것은?

① 금속관이 고정되어 회전시킬 수 없을 때 사용
② 저압 가공인입선의 인입구에 사용
③ 배관의 직각의 굽은 부분에 사용
④ 조명 기구가 무거울 때 조명 기구 부착용으로 사용

| 해 ② | 엔트런스 캡
저압 가공 인입선의 인입구에 사용하여 관 내로 스며드는 빗물 침입을 방지한다.

정답 01 ③ 02 ④ 03 ④ 04 ③ 05 ③ 06 ②

□□□ 09④,10②,12③,13③
07 저압 가공인입선이 횡단보도교 위에 시설되는 경우 노면상 몇 [m] 이상의 높이에 설치되어야 하는가?

① 3　　　　　② 4
③ 5　　　　　④ 6

해①	저압 가공인입선의 전선의 높이
횡단보도교의 위에	노면상 3[m] 이상
도로를 횡단하는 경우	노면상 5[m] 이상
철도 또는 궤도 횡단	레일면상 6.5[m] 이상
상기 이외의 경우	지표상 4[m] 이상

□□□ 14④,15①④
08 저압 인입선 공사 시 저압 가공인입선이 철도 또는 궤도를 횡단하는 경우 레일면상에서 몇 [m] 이상 시설하여야 하는가?

① 3　　　　　② 4
③ 5.5　　　　④ 6.5

해④	저압 가공인입선의 시설
도로를 횡단하는 경우	노면상 5[m] 이상
철도 또는 궤도를 횡단하는 경우	레일면상 6.5[m] 이상
횡단보도교의 위에 시설하는 경우	노면상 3[m] 이상
상기 이외의 경우	지표상 4[m] 이상

□□□ 12①
09 저압 이웃연결 인입선은 인입선에서 분기하는 점으로부터 몇 [m]를 넘지 않는 지역에 시설하고 폭 몇 [m]를 넘는 도로를 횡단하지 않아야 하는가?

① 50[m], 4[m]　　② 100[m], 5[m]
③ 150[m], 6[m]　　④ 200[m], 8[m]

| 해② | 저압 이웃연결 인입선의 시설 |

- 인입선에서 분기하는 점으로부터 100[m]를 초과하는 지역에 미치지 아니할 것
- 폭 5[m]를 초과하는 도로를 횡단하지 아니할 것

□□□ 14④,15①④
10 저·고압 가공전선이 철도 또는 궤도를 횡단하는 경우 높이는 궤도면상 몇 [m] 이상이어야 하는가?

① 10　　　　② 8.5
③ 7.5　　　　④ 6.5

해④	저압·고압 가공전선의 높이
도로를 횡단하는 경우	지표상 6[m] 이상
철도 또는 궤도를 횡단하는 경우	레일면상 6.5[m] 이상
횡단보도교의 위에 시설하는 경우	노면상 3.5[m] 이상 (절연전선 3[m])

□□□ 기 14①
11 저압 구내 가공인입선으로 DV전선 사용 시 전선의 길이가 15[m] 이하인 경우 사용할 수 있는 최소 굵기는 몇 [mm] 이상인가?

① 1.5　　　　② 2.0
③ 2.6　　　　④ 4.0

| 해② | 저압 가공인입선 |

- 지름 2.6[mm] 이상의 인입용 비닐 절연전선(DV)일 것
- 인장강도 2.30[kN] 이상의 것
■ 지지물 간 거리가 15[m] 이하인 경우
- 인장강도 1.25[kN] 이상의 것
- 지름 2[mm] 이상의 인입용 비닐 절연전선(DV)일 것

010 지지선 Guy wire

◎ 지지선 : 전주에 걸리는 장력의 반대 방향에 설치하여 전주가 넘어지는 것을 방지하는 철선

1 지지선의 일반 사항

- 가공전선로의 지지물로 사용하는 철탑은 지지선을 사용하여 그 강도를 분담시켜서는 안 된다.
- 구형애자 : 지지선의 중간 부분에 넣어 지지하고 절연하기 위해 사용되는 애자
- 궁지지선 : 비교적 장력이 작고 타 종류의 지지선을 시설할 수 없는 경우에 적용되는 지지선
- Y지지선 : 다단의 크로스 암이 설치되고 또한 장력이 클 때와 H주일 때 보통 지지선을 2단으로 부설하는 지지선
- 수평지지선 : 토지 상황이나 기타 사유로 인하여 보통 지지선을 시설할 수 없을 때 전주와 전주 간 또는 전주와 지지기둥 간에 시설할 수 있는 지지선

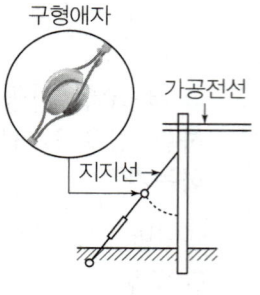

2 지지선의 시설

■ 가공전선로의 지지물에 시설하는 지지선
- 지지선의 안전율은 2.5 이상일 것
- 허용인장하중의 최저는 4.31[kN]으로 한다.

■ 지지선의 높이

도로 횡단하는 경우	일반적인 경우	지표상 5[m] 이상
	교통에 지장의 우려가 없는 경우	지표상 4.5[m] 이상
보도의 경우		지표상 2.5[m] 이상

■ 지지선에 연선을 사용할 경우
- 소선은 3가닥 이상의 연선일 것
- 소선의 지름이 2.6[mm] 이상의 금속선을 사용할 것

■ 지중부분 및 지표상 0.3[m]까지의 부분에는 내식성이 있는 것 또는 아연도금을 한 철봉을 사용하고 쉽게 부식되지 않는 전주 버팀대에 견고하게 붙일 것

■ 저압 가공전선로의 지지물은 목주인 경우에는 풍압하중의 1.2배의 하중을 가질 것

■ 지지선의 시설에서 가공전선로의 직선 부분은 5° 이하의 수평각도를 이루는 곳을 포함한다.

---

01 가공전선로의 지지물에 시설하는 지지선에서 맞지 않은 것은?

① 지지선의 안전율은 2.5 이상일 것
② 지지선의 안전율이 2.5 이상일 경우에 허용 인장 하중의 최저는 4.31[kN]으로 한다.
③ 소선의 지름이 1.6[mm] 이상의 구리선을 사용한 것일 것
④ 지지선에 연선을 사용할 경우에는 소선 3가닥 이상의 연선일 것

| 해 ③ | 지지선에 사용하는 연선
소선의 지름이 2.6[mm] 이상의 금속선을 사용한 것일 것

02 지지선을 사용목적에 따라 형태별로 분류한 것으로, 비교적 장력이 적고 다른 종류의 지지선을 시설할 수 없는 경우에 적용하며, 지지선용 전주 버팀대를 지지물 근원 가까이 매설하여 시설하는 것은?

① 수평지지선 ② 공통지지선
③ 궁지지선   ④ Y지지선

| 해 ③ | 궁지지선
- 비교적 장력이 적고 다른 종류의 지지선을 시설할 수 없는 경우에 적용
- 지지선용 전주 버팀대를 지지물 근원 가까이 매설하여 시설하는 것

□□□ 01,04,06④,07①④,08①,09①,10①,11③,18①,19③

03 지지선의 중간에 넣는 애자의 명칭은?

① 구형애자 ② 곡핀애자
③ 인류애자 ④ 핀애자

| 해① | 구형애자
지지선의 중간 부분에 넣어 사용되는 애자

□□□ 07④,08④

04 가공전선로의 지지물에 설치하는 지지선의 안전율은 얼마 이상이어야 하는가?

① 2 ② 2.5
③ 3 ④ 3.5

| 해② | 가공전선로의 안전율

지지물 기초의 안전율	2.0 이상
지지선의 안전율	2.5 이상

□□□ 13②

05 지지선의 시설에서 가공전선로의 직선 부분이란 수평각도 몇 도까지인가?

① 2 ② 3
③ 5 ④ 6

| 해③ | 전선로의 직선 부분
5° 이하의 수평각도를 이루는 곳을 포함한다.

□□□ 08④,11②,14③,18②,23①,24①

06 가공전선로의 지지물에 지지선을 사용해서는 안 되는 곳은?

① 목주 ② A종 철근 콘크리트주
③ A종 철주 ④ 철탑

| 해④ | 지지물의 철탑
가공전선로의 지지물로 사용하는 철탑은 지지선을 사용하여 그 강도를 분담시켜서는 안 된다.

□□□ 09④,12②

07 도로를 횡단하여 시설하는 지지선의 높이는 지표상 몇 [m] 이상이어야 하는가?

① 5[m] ② 6[m]
③ 8[m] ④ 10[m]

| 해① | 지지선의 높이

| 도로
횡단하는
경우	일반적인 경우	지표상 5[m] 이상
	교통에 지장의 우려가 없는 경우	지표상 4.5[m] 이상
보도의 경우		지표상 2.5[m] 이상

□□□ 14①,19④,23②

08 토지의 상황이나 기타 사유로 인하여 보통지지선을 시설할 수 없을 때 전주와 전주 간 또는 전주와 지지기둥 간에 시설할 수 있는 지지선은?

① 보통지지선 ② 수평지지선
③ Y지지선 ④ 궁지지선

| 해② | 수평지지선
토지의 상황이나 기타 사유로 인하여 보통지지선을 시설할 수 없을 때 전주와 전주 간 또는 전주와 지지기둥 간에 시설할 수 있는 지지선

□□□ 06①,09④,12③

09 비교적 장력이 적고 타 종류의 지지선을 시설할 수 없는 경우에 적용되는 지지선은?

① 공동지지선 ② 궁지지선
③ 수평지지선 ④ Y지지선

| 해② | 궁지지선
• 비교적 장력이 적고 다른 종류의 지지선을 시설할 수 없는 경우에 적용
• 지지선용 전주 버팀대를 지지물 근원 가까이 매설하여 시설하는 것

정답 010 03 ① 04 ② 05 ③ 06 ④ 07 ① 08 ② 09 ②

□□□ 10③,15②,16③

10 전기설비기술기준의 판단기준에서 가공전선로의 지지물에 하중이 가하여지는 경우에 그 하중을 받는 지지물의 기초의 안전율은 얼마 이상인가?

① 0.5 ② 1
③ 1.5 ④ 2

해④	가공전선로의 안전율
지지물 기초의 안전율	2.0 이상
지지선의 안전율	2.5 이상

□□□ 14②,19①

11 가공전선로의 지지물에 시설하는 지지선은 지표상 몇 [cm]까지의 부분에 내식성이 있는 것 또는 아연도금을 한 철봉을 사용하여야 하는가?

① 15 ② 20
③ 30 ④ 50

| 해③ | 가공전선로의 지지물에 시설하는 지지선 지중부분 및 지표상 0.3[m](30[cm])까지의 부분에는 내식성(아연도금을 한 철봉)이 있는 것

□□□ 10①,14③,20①

12 가공전선로의 지지물에 시설하는 지지선에 연선을 사용할 경우 소선수는 몇 가닥 이상이어야 하는가?

① 3가닥 ② 5가닥
③ 7가닥 ④ 9가닥

| 해① | 지지선에 사용하는 연선
• 소선(素線) 3가닥 이상의 연선일 것
• 지지선의 안전율은 2.5 이상일 것
• 소선의 지름이 2.6[mm] 이상의 금속선을 사용할 것

□□□ 13①

13 저압 가공전선로의 지지물이 목주인 경우 풍압하중의 몇 배에 견디는 강도를 가져야 하는가?

① 2.5 ② 2.0
③ 1.5 ④ 1.2

| 해④ | 목주인 경우 풍압하중
저압 가공전선로의 지지물은 목주인 경우에는 풍압하중의 1.2배의 하중을 가지는 것

□□□ 22②

14 가공전선로의 지지물에 시설하는 지지선의 허용 인장하중은 몇 [kN] 이상이어야 하는가?

① 1.31 ② 2.31
③ 3.31 ④ 4.31

| 해④ | 지지선의 허용인장하중
지지선의 안전율은 2.5 이상이고 허용 인장하중은 최저 4.31[kN]으로 한다.

Remember

지지선 시설 기준
• 안전율 : 2.5 이상이어야 한다.
• 허용 인장하중 : 최저 4.31[kN]이다.
• 연선 사용 시 : 3가닥 이상의 소선으로 구성되어야 한다.
• 도로 횡단 높이 : 지표상 5[m] 이상으로 설치해야 한다.

011 가공 배전선로

◎ **가공 배전선로** : 발전소로부터 송전된 전기를 전기 사용자에게 배전하는 선로로서 공중에 설치된 배전선로

1 가공 배전선로 지지물
- 지지물에는 목주, 철주, 철근 콘크리트주 및 철탑 등이 사용된다.
- 지지물의 기초 안전율은 2.0 이상일 것
- 가공전선로의 지지물에 취급자가 오르고 내리는 데 사용하는 발판 볼트 등을 지표상 1.8[m] 미만에 시설하여서는 안 된다.

■ **배전선로 기기설치 공사**
- 전주에 승주 및 발판 못 볼트는 지상 1.8[m] 지점에서 180° 방향에서 0.45[m]씩 양쪽으로 설치한다.

2 고압 및 특고압 가공전선로의 지지물 간 거리 제한

지지물의 종류	경 간[m]	
	가공전선로	보안공사 시
A종 철근 콘크리트주	150[m] 이하	100[m] 이하
B종 철근 콘크리트주	250[m] 이하	150[m] 이하
철탑	600[m] 이하	400[m] 이하

■ **저·고압 가공전선을 병행 설치하는 경우 상호 간격**
- 저압 가공전선을 고압 가공전선의 아래로 하고 별개의 완금류에 시설할 것
- 저압 가공전선과 고압 가공전선 사이의 간격은 0.5[m]일 것
- 특고압 가공전선과 저고압 가공전선의 병행 설치 : 간격은 1.2[m] 이상일 것

■ **철근 콘크리트주의 갑종 풍압하중**

풍압을 받는 구분	1[m²]에 대한 풍압
목주	588[Pa]
철주(원형)	588[Pa]
철근 콘크리트주(원형)	588[Pa]
철탑(원형)	588[Pa]

□□□ 10③, 11①, 15①, 20②, 23①

01 일반적으로 가공전선의 지지물에 취급자가 오르고 내리는 데 사용하는 발판 볼트 등은 지표상 몇 [m] 미만에 시설하여서는 아니 되는가?

① 0.75[m] ② 1.2[m]
③ 1.8[m]   ④ 2.0[m]

|해 ③| 가공전선로 지지물의 발판 볼트
가공전선로의 지지물에 취급자가 오르고 내리는 데 사용하는 발판 볼트 등을 지표상 1.8[m] 미만에 시설하여서는 아니 된다.

□□□ 10③, 11①, 15①, 20②, 23①

02 배전선로 기기설치 공사에서 전주에 승주 시 발판 못 볼트는 지상 몇 [m] 지점에서 180° 방향에서 몇 [m]씩 양쪽으로 설치하여야 하는가?

① 1.5[m], 0.3[m]   ② 1.5[m], 0.45[m]
③ 1.8[m], 0.3[m]   ④ 1.8[m], 0.45[m]

|해 ④| 배전선로 기기설치 공사
전주 승주용 발판 볼트는 지상 1.8[m]를 시작으로 0.45[m] 간격으로 서로 반대 방향에 엇갈리게 설치한다.

□□□ 09②, 16①②, 19①, 21②

03 고압 가공전선로의 지지물로 철탑을 사용하는 경우 지지물 간 거리는 몇 [m] 이하이어야 하는가?

① 150   ② 300
③ 500   ④ 600

|해 ④| 고압 및 특고압 가공전선로의 지지물 간 거리 제한

지지물의 종류	지지물 간 거리[m]	
	가공전선로	보안공사 시
A종 철근 콘크리트주	150[m] 이하	100[m] 이하
B종 철근 콘크리트주	250[m] 이하	150[m] 이하
철탑	600[m] 이하	400[m] 이하

☐☐☐ 12④

04 고압 보안공사 시 고압 가공전선로의 지지물 간 거리는 철탑의 경우 얼마 이하이어야 하는가?

① 100[m]   ② 150[m]
③ 400[m]   ④ 600[m]

|해③| 고압 및 특고압 보안공사 시 지지물 간 거리 제한

지지물의 종류	지지물 간 거리[m]	
	가공전선로	보안공사 시
A종 철근 콘크리트주	150[m] 이하	100[m] 이하
B종 철근 콘크리트주	250[m] 이하	150[m] 이하
철탑	600[m] 이하	400[m] 이하

☐☐☐ 09③,19②,23①

05 저압 가공전선과 고압 가공전선을 동일 지지물에 시설하는 경우 상호 간격은 몇 [cm] 이상이어야 하는가?

① 20[cm]   ② 30[cm]
③ 40[cm]   ④ 50[cm]

|해④| 저압 고압 가공전선의 병행 설치 경우 간격
저압 가공전선과 고압 가공전선 사이의 간격은 0.5[m] 이상일 것

☐☐☐ 10③,15②,16③

06 가공전선로의 지지물에 하중이 가하여지는 경우에 그 하중을 받는 지지물의 기초의 안전율은 일반적으로 얼마 이상이어야 하는가?

① 1.5   ② 2.0
③ 2.5   ④ 4.0

|해②| 가공전선로의 안전율

지지물 기초의 안전율	2.0 이상
지지선의 안전율	2.5 이상

☐☐☐ 08①,13①,18②,19①

07 가공전선로의 지지물이 아닌 것은?

① 목주
② 지지선
③ 철근 콘크리트주
④ 철탑

|해②| 가공전선로의 지지물
목주, 철주, 철근 콘크리트주, 철탑

☐☐☐ 14②

08 가공 배전선로 시설에는 전선을 지지하고 각종 기기를 설치하기 위한 지지물이 필요하다. 이 지지물 중 가장 많이 사용되는 것은?

① 철주   ② 철탑
③ 강관 전주   ④ 철근 콘크리트주

|해④| 철근 콘크리트주
66[kV] 이하의 배전선로에서 주로 많이 사용

☐☐☐ 10②,20②

09 철근 콘크리트주가 원형의 것인 경우 갑종 풍압하중 [Pa]은? (단, 수직 투명면적 1[m²]에 대한 풍압임.)

① 588[Pa]   ② 882[Pa]
③ 1,039[Pa]   ④ 1,412[Pa]

|해①| 갑종 풍압하중

풍압을 받는 구분	1[m²]에 대한 풍압
목주	588[Pa]
철주(원형)	588[Pa]
철근 콘크리트주(원형)	588[Pa]
철탑(원형)	588[Pa]

정답 011   04 ③ 05 ④ 06 ② 07 ② 08 ④ 09 ①

012 장주 pole fittings

◎ 장주 : 지지물에 전선 그 밖의 기구를 고정시키기 위해 완목, 완금, 애자 등을 정치하는 것

■ 완금의 표준 길이

전선 조수	특고압	고압	저압
2조	1,800[mm]	1,400[mm]	900[mm]
3조	2,400[mm]	1,800[mm]	1,400[mm]

- 전주 버팀대 : 논이나 기타 지반이 약한 곳에 건주 공사 시 전주의 넘어짐을 방지하기 위해 시설하는 것

■ 전주의 땅에 묻히는 깊이

- 전체 길이가 16[m] 이하, 설계하중이 6.8[kN] 이하의 것
  - 전체의 길이가 15[m] 이하인 경우 : 땅에 묻히는 깊이는 전장의 $\frac{1}{6}$ 이상으로 할 것
  - 전체의 길이가 15[m]를 초과하는 경우 : 땅에 묻히는 깊이는 2.5[m] 이상으로 할 것
- 전주의 땅에 묻히는 매설 깊이

전주의 전체 길이 16[m] 이하, 설계하중 6.8[kN] 이하	
길이 15[m] 초과인 전주	최소 깊이 2.5[m] 이상
전체 길이 15[m] 초과 16[m] 이하 설계하중 6.8[kN] 이하	최소 깊이 2.5[m] 이상
길이 15[m] 이하인 전주	최소 깊이 전체 길이의 $\frac{1}{6}$ 이상
전체 길이 14[m] 이상 20[m] 이하, 설계하중 6.8[kN] 초과 9.8[kN] 이하	2.5[m]+30[cm]

- 밴드(장주용 자재)

암 밴드 (완금 밴드)	철근 콘크리트주에 완금을 고정시키기 위해 사용하는 밴드
행거 밴드	주상 변압기를 철근 콘크리트주에 고정시키기 위해 사용하는 밴드

■ 래크 rack
저압 가공 배전선로 전주의 수직 배선에 사용되는 전선 지지용 자재

□□□ 11②,12④,13③,15④,16②,18③,19③,24①

01 A종 철근 콘크리트주의 전장이 12[m]인 경우에 땅에 묻히는 깊이는 최소 몇 [m] 이상으로 해야 하는가? (단, 설계하중은 6.8[kN] 이하이다.)

① 2.0 ② 3.0
③ 3.5 ④ 4.0

해①	전주의 묻히는 매설 깊이
전주의 전체 길이 16[m] 이하, 설계하중 6.8[kN] 이하	
길이 15[m] 초과인 전주	최소 깊이 2.5[m] 이상
길이 15[m] 이하인 전주	최소 깊이 전체 길이의 $\frac{1}{6}$ 이상

∴ 최소 깊이 = $\frac{1}{6} \times 12 = 2.0$[m]

□□□ 07③,09②,18②

02 고압 가공전선로의 전선의 조수가 3조일 때 완금의 길이는?

① 1,200[mm] ② 1,400[mm]
③ 1,800[mm] ④ 2,400[mm]

| 해③ | 완금의 길이 |

전선 조수	특고압	고압	저압
2조	1,800[mm]	1,400[mm]	900[mm]
3조	2,400[mm]	1,800[mm]	1,400[mm]

□□□ 14③

03 특고압(22.9kV-Y) 가공전선로의 완금 접지 시 접지도체는 어느 곳에 연결하여야 하는가?

① 변압기 ② 전주
③ 지지선 ④ 중성선

| 해④ | 중성선 |

특고압(22.9kV-Y) 가공전선로의 완금 접지 시 접지도체는 Y결선의 중성선과 연결한다.

□□□ 98,99,00,03,05,06③

04 지지물에 전선 그 밖의 기구를 고정하기 위하여 완금, 완목, 애자 등을 장치하는 것을 무엇이라 하는가?

① 건주 ② 가선
③ 장주 ④ 지지물 간 거리

| 해③ | 장주
지지물에 전선 그 밖의 기구를 고정하기 위하여 완금, 완목, 애자 등을 장치하는 것

□□□ 09③,11③,13④,14,20②,22①

05 전주의 길이별 땅에 묻히는 표준 깊이에 관한 사항이다. 전주의 길이가 16[m]이고, 설계하중이 6.8[kN] 이하의 철근 콘크리트주를 시설할 때 땅에 묻히는 표준 깊이는 최소 얼마 이상이어야 하는가?

① 1.2[m] ② 1.4[m]
③ 2.0[m] ④ 2.5[m]

| 해④ | 전주의 묻히는 매설 깊이

전주의 전체 길이 16[m] 이하, 설계하중 6.8[kN] 이하	
길이 15[m] 초과인 전주	최소 깊이 2.5[m] 이상
길이 15[m] 이하인 전주	최소 깊이 전체 길이의 $\frac{1}{6}$ 이상

□□□ 13①,20①

06 논이나 기타 지반이 약한 곳에 전주 공사 시 전주의 넘어짐을 방지하기 위해 시설하는 것은?

① 완금 ② 전주 버팀대
③ 완목 ④ 행거 밴드

| 해② | 전주 버팀대(근가)
논이나 지반이 약한 곳에 전주를 시설할 때 전주의 기울어짐을 방지하기 위해 설치하는 지지시설이다.

□□□ 15②,19①

07 저압 2조의 전선을 설치 시 크로스 완금의 표준 길이[mm]는?

① 900 ② 1,400
③ 1,800 ④ 2,400

| 해① | 완금의 길이

전선 조수	특고압	고압	저압
2조	1,800[mm]	1,400[mm]	900[mm]
3조	2,400[mm]	1,800[mm]	1,400[mm]

□□□ 11②④,12④,13③,15④,16②,18③,19③

08 전주의 길이가 15[m] 이하인 경우 땅에 묻히는 깊이는 전주 길이의 얼마 이상으로 하여야 하는가?

① 1/2 ② 1/3
③ 1/5 ④ 1/6

| 해④ | 전주의 묻히는 매설 깊이

전주의 전체 길이 16[m] 이하, 설계하중 6.8[kN] 이하	
길이 15[m] 초과인 전주	최소 깊이 2.5[m] 이상
길이 15[m] 이하인 전주	최소 깊이 전체 길이의 $\frac{1}{6}$ 이상

□□□ 09③,11③,13④,14④,20②,22①

09 전주의 길이가 16[m]인 지지물을 건주하는 경우에 땅에 묻히는 최소 깊이는 몇 [m]인가? (단, 설계하중이 6.8[kN] 이하이다.)

① 1.5 ② 2.0
③ 2.5 ④ 3.5

| 해③ | 전주의 묻히는 매설 깊이

전주의 전체 길이 16[m] 이하, 설계하중 6.8[kN] 이하	
길이 15[m] 초과인 전주	최소 깊이 2.5[m] 이상
길이 15[m] 이하인 전주	최소 깊이 전체 길이의 $\frac{1}{6}$ 이상

04 ③ 05 ④ 06 ② 07 ① 08 ④ 09 ③

□□□ 06④,22②
10 저압 배전선로에서 전선을 수직으로 지지할 때 사용되는 장주용 자재명은?

① 경완철 ② 래크
③ LP애자 ④ 현수애자

| 해② | 래크(rack)
저압 가공 배전선로 전주의 수직 배선에 사용되는 전선 지지용 자재

□□□ 06②,18①
11 철근 콘크리트주의 길이가 16[m]이고 설계하중이 7.8[kN]인 것을 지반이 약한 곳에 시설하는 경우, 그 묻히는 깊이를 다음 보기 항과 같이 하였다. 옳게 시공된 것은?

① 1[m] ② 1.8[m]
③ 2[m] ④ 2.8[m]

| 해④ | 전주의 땅에 묻히는 매설 깊이

전체 길이 15[m] 초과 16[m] 이하 설계하중 6.8kN 이하	2.5[m] 이상
전체 길이 14[m] 이상 20[m] 이하, 설계하중 6.8[kN] 초과 9.8[kN] 이하	2.5[m]+30[cm]

∴ 묻히는 깊이 : 2.5+0.30 = 2.8[m]

□□□ 07②,09①
12 철근 콘크리트주에 완금을 고정시키려면 어떤 밴드를 사용하는가?

① 암 밴드 ② 지지선 밴드
③ 래크 밴드 ④ 행거 밴드

| 해① | 암 밴드(완금 밴드)
철근 콘크리트주에 완금을 고정시키기 위해 사용하는 밴드

□□□ 24②
13 래크(rack) 배선을 사용하는 전선로는?

① 저압 지중전선로
② 저압 가공전선로
③ 고압 지중전선로
④ 고압 가공전선로

| 해② | 래크(rack)
저압 가공 배전선로 전주의 수직 배선에 사용되는 전선 지지용 자재

□□□ 02,03,04,05,06③,08③,09①
14 주상 변압기를 철근 콘크리트 전주에 설치할 때 사용되는 것은?

① 앵커 ② 암 밴드
③ 암타이 밴드 ④ 행거 밴드

| 해④ | 밴드(장주용 자재)

암 밴드 (완금 밴드)	철근 콘크리트주에 완금을 고정시키기 위해 사용하는 밴드
행거 밴드	주상 변압기를 철근 콘크리트주에 고정시키기 위해 사용하는 밴드

013 지중전선의 매설방식

지중전선로는 전선에 케이블을 사용하고 매설방식으로는 직접 매설식, 관로식, 암거식에 의하여 시설한다.

■ **직접 매설식**
- 직접 매설식 지중전선로는 철근 콘크리트제 트로프 등을 이용하여서 케이블을 직접 매설하는 방식
- 직접 매설식의 매설 깊이

중량물의 압력을 받을 우려가 있는 장소	1.0[m] 이상
기타 장소	0.6[m] 이상

■ **관로식** 맨홀방식
지중함과 관로를 통해 매설하는 방식

■ **암거식** 터널방식
터널 내에 선반을 설치하여 케이블을 설치

☐☐☐ 07①,15①,19①,23①
01 다음 중 지중전선로의 매설방법이 아닌 것은?

① 관로식 ② 암거식
③ 직접 매설식 ④ 행거식

|해④| 지중전선로의 매설방법
전선에 케이블을 사용하고 관로식, 암거식, 직접 매설식 방법에 의한다.

☐☐☐ 10④,11③,14①,15③,20②
02 지중전선로를 직접 매설식에 의하여 시설하는 경우 차량의 압력을 받을 우려가 있는 장소의 매설 깊이는?

① 0.6[m] 이상 ② 0.8[m] 이상
③ 1.0[m] 이상 ④ 1.2[m] 이상

|해③| 직접 매설식의 매설 깊이

중량물의 압력을 받을 우려가 있는 장소	1.0[m] 이상
기타 장소	0.6[m] 이상

정답 013 01 ④ 02 ③

014 활선작업

■ 활선작업 hotline work 의 공구

활선작업은 전기가 흐르는 상태(송전 중)에서 전선이나, 애자, 변압기 등을 교체하는 작업

- 와이어 통(wire tong) : 배전선로 공사에서 충전되어 있는 활선을 움직이거나 작업권 밖으로 밀어낼 때, 또는 활선을 다른 장소로 옮길 때 사용하는 활선공구

- 데드 엔드 커버(dead end cover) : 인류 또는 내장주의 선로에서 활선 작업을 할 때 작업자가 현수애자 등에 접촉하여 발생하는 사고를 예방하기 위한 절연 덮개
- 전선 피박기 : 활성 상태에서 전선의 피복을 벗기는 공구
- 애자 커버 : 활선작업 시 작업자의 부즈의로 접촉되더라도 안전사고가 발생하지 않도록 사용되는 절연 덮개

□□□ 11②

01 지중 배전선로에서 케이블을 개폐기와 연결하는 몸체는?

① 스틱형 접속단자
② 엘보 커넥터
③ 절연 캡
④ 접속플러그

|해②| 엘보 커넥터(Elbow Connector)
지중 버전선로에서 케이블을 개폐기와 연결하는 몸체로 주로 지하 전력 케이블 시스템에서 사용된다.

□□□ 06④, 07①, 08②, 19①

02 배전선로 공사에서 충전되어 있는 활선을 움직이거나 작업권 밖으로 밀어낼 때 또는 활선을 다른 장소로 옮길 때 사용하는 활선 공구는?

① 피박기
② 활선커버
③ 데드 엔드 커버
④ 와이어 통

|해④| 와이어 통(wire tong)
배전선로 공사에서 충전되어 있는 활선을 음직이거나 작업권 밖으로 밀어낼 때 또는 활선을 다른 장소로 옮길 때 사용하는 절연봉(활선 공구)

□□□ 08①, 11①, 20②

03 절연전선으로 가설된 배전선로에서 활선 상태인 경우 전선의 피복을 벗기는 것은 대우 곤란한 작업이다. 이런 경우 활선 상태에서 전선의 피복을 벗기는 공구는?

① 전선 피박기
② 애자 커버
③ 와이이 통
④ 데드 엔드 커버

|해①| 전선 피박기
활선 상태에서 전선의 피복을 벗기는 공구

□□□ 07②

04 다음 중 인류 또는 내장주의 선로에서 활선 공법을 할 때 작업자가 현수애자 등에 접촉되어 생기는 안전사고를 예방하기 위해 사용하는 것은?

① 활선 커버
② 가스개폐기
③ 데드 엔드 커버
④ 프로텍터 차단기

|해③| 데드 엔드 커버(절연커버)
활선작업을 할 때 작업자가 현수애자 등에 접촉되어 생기는 안전사고를 예방하기 위한 절연 덮개

정답 014 01 ② 02 ④ 03 ① 04 ③

| memo |

CHAPTER 03 수·변전 설비 배선 설비

015 개폐 장치

◎ 수·변전설비 : 전력회사로부터 전기를 공급받기 위한 수전설비와 전기 기계기구(전등, 전동기 등) 등에 알맞은 전압으로 변성하기 위한 변전설비(변압기)를 말한다.

1 단로기 DS ; Disconnecting Switch

■ 고압이상에서 기기의 점검, 수리 시 무전압, 무전류 상태로 전로에서 독단으로 전로의 접속 또는 분리하는 것을 주목적으로 사용하는 수·변전기기

■ 단로기의 기능
- 전압개폐만 가능하다.
- 부하전류 개폐기능, 고장전류 차단능력, 아크 소호 기능은 갖지 않는다.

2 차단기 CB ; Circuit Breaker

차단기는 변전소의 수전 인입구, 송배전선의 인출구, 변압기 군의 1차측 및 2차측, 모선의 연결부 등에 설치된다.

■ 차단기의 종류

구분	명칭	약호
고압 및 특고압	유입 차단기	OCB(Oil Circuit Breaker)
	진공 차단기	VCB(Vacuum Circuit Breaker)
	공기 차단기	ABB(Air Blast circuit Breaker)
	가스 차단기	GCB(Gass Circuit Breaker)
고압	자기 차단기	MBB(Magnetic Blast circuit Breaker)
저압	기중 차단기	ACB(Air Circuit Breaker)

■ 유입 차단기 OCB
- 차단기 개방 시 발생하는 아크를 절연유의 냉각 작용을 이용하여 소호하는 차단기

■ 진공 차단기 VCB
- 진공에서의 높은 절연내력을 이용하여 이상 상태 발생 시 아크 생성물을 소호하는 차단기

■ 공기 차단기 ABB
- 압축공기를 불어 넣어 전로를 차단하는 차단기로 변전소에 사용되는 주요 기기이다.

■ 가스 차단기 GCB
- 공기나 절연유 대신에 절연능력과 소호능력이 뛰어난 불활성 가스인 SF_6를 이용한 차단기
- SF_6가스의 성질

구분	특성
일반특성	무색, 무취, 무독성
소호능력	공기의 100배(우수)
비중	공기의 약 5배(무겁다)
절연내력	공기의 3배(높다)

■ 자기 차단기 MBB
- 차단기 개방 시 발생하는 아크에 직각방향으로 자계를 가하여 아크를 소호실로 밀어 넣어 차단하는 장치

■ 기중 차단기 ACB
- 저압의 교류 또는 직류 차단기로 많이 사용
- 자연 공기 내에서 개방할 때 접촉자가 떨어지면서 자연 소호되는 방식을 가진 차단기

■ 차단기의 정격차단용량
3상의 경우 : $P_s = \sqrt{3} \times 정격전압 \times 정격차단 전류$

3 인입 개폐기

■ 부하 개폐기 LBS ; Load Break Switch
수·변전 설비의 인입구 개폐기로 많이 사용되며, 전력 퓨즈(PF)의 용단 시 결상을 방지하는 목적으로 사용되는 개폐기

■ 선로 개폐기 LS ; Line Switch
66[kV] 이상에서 인입구 개폐기로 보수 점검 시 전로 개폐를 위하여 설치 사용

■ 자동 고장 구분 개폐기 ASS ; Automatic Section Switch
수용가 구내에 지락, 단락사고 시 즉시 회로를 분리 목적으로 설치 사용

□□□ 15①
01 고압 이상에서 기기의 점검, 수리 시 무전압, 무전류 상태로 전로에서 단독으로 전로의 접속 또는 분리하는 것을 주목적으로 사용되는 수·변전기기는?

① 기중 부하 개폐기 ② 단로기
③ 전력 퓨즈 ④ 컷아웃 스위치

| 해② | 단로기(DS)
고압 이상에서 기기의 보수, 점검 또는 선로로부터 기기를 분리, 회로를 변경할 때 사용하는 개폐장치다.

□□□ 18①
02 단로기의 기능으로 가장 적합한 것은?

① 전압 개폐만 가능하다.
② 부하전류 개폐기능을 가지고 있다.
③ 고장전류 차단기능을 가지고 있다.
④ 아크 소호기능을 가지고 있다.

| 해① | 단로기(DS)의 기능
- 전압 개폐만 가능하다.
- 부하전류 개폐기능, 고장전류 차단능력, 아크 소호기능을 갖지 않는다.

□□□ 06④,08③,19①
03 변전소에 사용되는 주요 기기로서 ABB는 무엇을 의미 하는가?

① 유입 차단기 ② 자기 차단기
③ 공기 차단기 ④ 진공 차단기

| 해③ | 차단기의 약호

공기 차단기	ABB
유입 차단기	OCB
자기 차단기	MBB
진공 차단기	VCB

□□□ 07③,11④,19①
04 수·변전 설비에서 차단기의 종류 중 가스 차단기에 들어가는 가스의 종류는?

① CO_2 ② LPG
③ SF_6 ④ LNG

| 해③ | 가스 차단기(GCB)
공기나 절연류 대신에 절연능력과 소호능력이 뛰어난 불활성 가스인 SF_6를 이용한 차단기이다.

□□□ 07④,08③,10③,13③,18②,19②,21①
05 가스 절연 개폐기나 가스 차단기에 사용되는 가스인 SF_6의 성질이 아닌 것은?

① 연소하지 않는 성질이다.
② 색깔, 독성, 냄새가 없다.
③ 절연유의 1/140로 가볍지만 공기보다 무겁다.
④ 공기의 2.5배 정도로 절연내력이 낮다.

| 해④ | 가스인 SF_6의 성질
같은 압력에서 공기의 3배 정도로 절연내력을 갖는다.

□□□ 06①,09①
06 선로의 도중에 설치하여 회로에 고장 전류가 흐르게 되면 자동적으로 고장 전류를 감지하여 스스로 차단하는 차단기의 일종으로 단상용과 3상용으로 구분되어 있는 것은?

① 리클로저 ② 선로용 퓨즈
③ 섹셔널 라이저 ④ 자동구간 개폐기

| 해① | 리클로저(Recloser ; 자동 개폐로 차단기)
- 배전선로 보호를 위하여 설치하는 보호 장치
- 낙뢰, 강풍 등에 의해 가공 배전선로 사고 시 신속하게 고장 구간을 차단하고, 사고점의 아크를 소멸시킨 후 즉시 재투입이 가능한 개폐장치

□□□ 14①,23②
07 교류 차단기에 포함되지 않는 것은?

① GCB ② HSCB
③ VCB ④ ABB

| 해② |
■ 직류 고속도 차단기
 • 기호 : HSCB
 • 직류 전기철도의 급전계통에 사용된다.
■ 교류 차단기

GCB	가스 차단기
VCB	진공 차단기
ABB	공기 차단기

□□□ 07①,19①
08 자연 공기 내에서 개방할 때 접촉자가 떨어지면서 자연 소호되는 방식을 가진 차단기로 저압의 교류 또는 직류 차단기로 많이 사용되는 것은?

① 유입 차단기 ② 자기 차단기
③ 가스 차단기 ④ 기중 차단기

| 해④ | 기중 차단기(ACB)
 • 저압의 교류 또는 직류 차단기로 많이 사용
 • 자연 공기 내에서 개방할 때 접촉자가 떨어지면서 자연 소호되는 방식을 가진 차단기

□□□ 07④,08③,10③,13③,19②,21①,24②
09 가스 차단기에 사용되는 가스인 SF_6의 성질이 아닌 것은?

① 같은 압력에서 공기의 2.5~3.5배의 절연내력이 있다.
② 무색, 무취, 무해 가스이다.
③ 가스 압력 3~4[kgf/cm^2]에서 절연내력은 절연유 이상이다.
④ 소호능력은 공기보다 2.5배 정도 낮다.

| 해④ | 가스인 SF_6의 성질
소호능력은 공기보다 100배 정도 뛰어나다.

□□□ 06④,19①
10 다음 중 용어와 약호가 바르게 짝지어진 것은?

① 유입 차단기 – ABB
② 공기 차단기 – ACB
③ 가스 차단기 – GCB
④ 자기 차단기 – OCB

| 해③ | 차단기의 종류

구분	명칭	약호
고압 및 특고압	유입 차단기	OCB
	공기 차단기	ABB
	가스 차단기	GCB
	진공 차단기	VCB
그압	자기 차단기	MBB
저압	기중 차단기	ACB

□□□ 08③,12②,18②
11 수·변전 시설의 인입구 개폐기로 많이 사용되고 있으며 전력 퓨즈의 용단 시 결상을 방지하는 목적으로 사용되는 개폐기는?

① 부하 개폐기
② 선로 개폐기
③ 자동 고장 구분 개폐기
④ 기중 부하 개폐기

| 해① | 부하 개폐기(LBS ; Load Break Switch)
수·변전 설비의 인입구 개폐기로 많이 사용되며, 전력 퓨즈(PF)의 용단 시 결상을 방지하는 목적으로 사용되는 개폐기

□□□ 06①,09①,18②

12 배전선로 보호를 위하여 설치하는 보호 장치는?

① 기중 차단기
② 진공 차단기
③ 자동 개폐로 차단기
④ 누전 차단기

| 해 ③ | 리클로저(Recloser ; 자동 개폐로 차단기)
• 배전선로 보호를 위하여 설치하는 보호 장치
• 낙뢰, 강풍 등에 의해 가공 배전선로 사고 시 신속하게 고장 구간을 차단하고, 사고점의 아크를 소멸시킨 후 즉시 재투입이 가능한 개폐장치

□□□ 16③

13 차단기 문자 기호 중 "OCB"는?

① 진공 차단기   ② 기중 차단기
③ 자기 차단기   ④ 유입 차단기

| 해 ④ | 수변전실의 교류 차단기

종류	문자 기호
진공 차단기	VCB
기중 차단기	ACB
자기 차단기	MBB
유입 차단기	OCB

□□□ 15①

14 정격전압 3상 24[kV], 정격차단전류 300[A]인 수전설비의 차단용량은 몇 [MVA]인가?

① 17.26   ② 28.34
③ 12.47   ④ 24.94

| 해 ③ | 정격 차단용량

$P_s = \sqrt{3} \times 정격전압 \times 정격차단$
$\quad = \sqrt{3} \times 24 \times 10^3 \times 300 \times 10^{-6}$
$\quad = 12.47[MVA]$

□□□ 14②,19②,23②

15 인입 개폐기가 아닌 것은?

① ASS   ② LBS
③ LS   ④ UPS

| 해 ④ |
■ 인입 개폐기

ASS	자동 고장 구분 개폐기
LBS	부하 개폐기
LS	선로 개폐기
COS	컷아웃 스위치

■ UPS : 무정전 전원공급장치

016 조상 설비

◎ 조상 설비 : 양질의 전력을 공급하기 위하여 적정 전압을 유지하고, 전력 설비의 효율적 이용을 위해서는 전력 계통에서의 무효 전력 조정이 필요한데 이를 위해 사용하는 설비

1 조상 설비

■ 조상 설비의 설치목적
- 무효전력을 조정하여 역률 개선에 의한 전력손실 경감
- 전압의 조정과 송전 계통의 안정도 향상

■ 조상 설비의 종류
전력용 콘덴서, 분로 리액터, 동기 조상기, 정지형 무효 전력 보상 장치(SVC)

2 전력용 콘덴서 진상용 콘덴서

전력 계통에 사용되는 병렬 콘덴서로, 위상이 앞선 진상 전류를 공급하여 역률을 개선하고 전압강하를 경감하며 부하 설비 용량을 증가시키는 역할을 한다.

■ 전력용 콘덴서의 용량

$$Q_c = P\left(\frac{\sqrt{1-\cos\theta_1^2}}{\cos\theta_1} - \frac{\sqrt{1-\cos\theta_2^2}}{\cos\theta_2}\right)$$

3 전력용 콘덴서의 구성

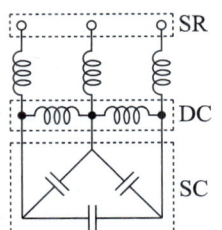

■ 방전 코일 DC : Discharge Coil
전력용 콘덴서를 회로로부터 개방하였을 때 전하가 잔류함으로써 일어나는 위험의 방지와 재투입할 때 콘덴서에 걸리는 과전압의 방지를 위하여 방전 코일을 설치한다.

■ 진상용 콘덴서 SC
- 진상용 콘덴서의 설치목적
 · 수·변전 설비 중에서 동력설비 회로의 역률을 개선할 목적으로 사용
- 진상용 콘덴서 설치방법
 · 부하측에 분산하여 설치하는 방식이 가장 효과적이다.
 · 부하의 수가 많으면 이에 대응하여 소용량 대용량의 콘덴서가 필요해 설치비용이 많이 든다.

□□□ 10①,16②
01 역률 개선의 효과로 볼 수 없는 것은?

① 감전사고 감소
② 전력손실 감소
③ 전압강하 감소
④ 설비 용량의 이용률 증가

|해①| 역률 개선의 효과
- 전압강하 감소
- 전력손실 감소
- 전력 계통의 안정
- 설비 용량의 이용률 증가

□□□ 11②,18②
02 설치면적과 설치비용이 많이 들지만 가장 이상적이고 효과적인 진상용 콘덴서 설치방법은?

① 수전단 모선에 설치
② 수전단 모선과 부하측에 분산하여 설치
③ 부하측에 분산하여 설치
④ 가장 큰 부하측에만 설치

|해③| 진상용 콘덴서 설치방법
- 각각의 부하에 분산하여 개별적으로 설치하는 방식이 가장 효과적이다.
- 부하의 수가 많으면 이에 대응하여 소용량, 대용량의 콘덴서가 필요해 설치비용이 많이 든다.

□□□ 11②,19③

03 전력용 콘덴서를 회로로부터 개방하였을 때 전하가 잔류함으로써 일어나는 위험의 방지와 재투입할 때 콘덴서에 걸리는 과전압의 방지를 위하여 무엇을 설치하는가?

① 직렬 리액터   ② 전력용 콘덴서
③ 방전 코일   ④ 피뢰기

|해③| 방전 코일(DC ; Discharge Coil)
- 콘덴서의 잔류 전하를 방전하여 인축의 감전사고를 예방한다.
- 전력용 콘덴서를 회로로부터 개방하였을 때 전하가 잔류함으로써 일어나는 위험의 방지와 재투입할 때 콘덴서에 걸리는 과전압의 방지를 위하여 방전 코일을 설치한다.

□□□ 10④

04 무효전력을 조정하는 전기 기계기구는?

① 조상 설비   ② 개폐 설비
③ 차단 설비   ④ 보상 설비

|해①| 조상 설비의 설치목적
- 무효전력을 조정하여 역률 개선에 의한 전력손실 경감
- 전압의 조정과 송전 계통의 안정도 향상

□□□ 13④

05 아래 심벌이 나타내는 것은?

① 저항
② 진상용 콘덴서
③ 유입 개폐기
④ 변압기

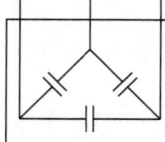

|해②|
진상용 콘덴서의 복선도 심볼

□□□ 14②,16①,22②,24②

06 수·변전 설비 중에서 동력설비 회로의 역률을 개선할 목적으로 사용되는 것은?

① 전력 퓨즈   ② MOF
③ 지락 계전기   ④ 진상용 콘덴서

|해④| 진상용 콘덴서(SC)의 설치목적
수·변전 설비 중에서 동력설비 회로의 역률을 개선할 목적으로 사용

□□□ 14④

07 150[kW]의 수전설비에서 역률을 80[%]에서 95[%]로 개선하려고 한다. 이때 전력용 콘덴서의 용량은 몇 [kVA]인가?

① 63.2   ② 126.4
③ 144.5   ④ 157.6

|해①| 전력용 콘덴서의 용량

$$Q_c = P\left(\frac{\sqrt{1-\cos\theta_1^2}}{\cos\theta_1} - \frac{\sqrt{1-\cos\theta_2^2}}{\cos\theta_2}\right)$$

- 개선 전 역률 $\cos\theta_1 = 0.8$
- 개선 후 역률 $\cos\theta_2 = 0.95$

$$\therefore Q_c = 150\left(\frac{\sqrt{1-0.8^2}}{0.8} - \frac{\sqrt{1-0.95^2}}{0.95}\right)$$
$$= 63.2[\text{kVA}]$$

또는

$$Q_c = P\left(\sqrt{\frac{1}{\cos^2\theta_1}-1} - \sqrt{\frac{1}{\cos^2\theta_2}-1}\right)$$
$$= 150\left(\sqrt{\frac{1}{0.80^2}-1} - \sqrt{\frac{1}{0.95^2}-1}\right)$$
$$= 63.2[\text{kVA}]$$

017 과전류 차단기

1 과전류 차단기
과전류 차단기란 전로에 단락 전류나 과부하 전류가 생겼을 때 자동적으로 전로를 차단하는 장치

■ 과전류 차단기의 설치장소
- 간선의 전원측 전선
- 분기점 등 보호상 또는 보안상 필요한 곳
- 전선 및 기계 기구를 보호하기 위한 인입구
- 발전기, 변압기, 전동기, 정류기 등의 기계 기구를 보호하는 곳

■ 과전류 차단기의 제한장소
- 접지 공사의 접지도체
- 다선식 전로의 중성선
- 전로의 일부에 접지 공사를 한 저압 가공전선의 접지측 전선

■ 고압 전로에 사용하는 퓨즈
- 포장 퓨즈 : 정격전류의 1.3배의 전류에 견디고 또한 2배의 전류로 120분 안에 용단되는 것
- 비포장 퓨즈 : 정격 전류의 1.25배의 전류에 견디고 또한 2배의 전류로 2분 안에 용단되는 것

■ 주택용 배선용 차단기

정격 전류의 구분	시간	부동작 전류	동작류
63[A] 이하	60분	1.13배	1.45배
63[A] 초과	120분	1.13배	1.45배

■ 저압 전로에 사용하는 범용의 퓨즈

정격 전류의 구분	시간	정격 전류의 배수	
		불용단전류	용단전류
16[A] 이상 63[A] 이하	60분	1.25배	1.6배
63[A] 초과 160[A] 이하	120분	1.25배	1.6배

2 분기 회로
■ 분기 회로의 정의
- 분전반에서 부하까지의 말단 선로
- 간선에서 분기하여 분기 과전류 차단기를 거쳐서 부하에 이르는 사이의 배선을 분기 회로라 한다.

■ 분기 회로의 개폐기 및 과전류 차단기
- 분기회로의 보호장치는 분기회로의 분기점으로부터 3[m]까지 이동하여 설치할 수 있다.

---

01 과전류 차단기를 꼭 설치해야 하는 곳은?
① 접지 공사의 접지도체
② 저압 옥내 간선의 전원측 전로
③ 다선식 선로의 중성선
④ 전로의 일부에 접지 공사를 한 저압 가공 전로의 접지측 전선

|해②| 과전류 차단기 제한장소
- 접지 공사의 접지도체
- 다선식 전로의 중성선
- 전로의 일부에 접지 공사를 한 저압 가공전선의 접지측 전선

02 다음 중 과전류 차단기를 시설해야 할 곳은?
① 접지 공사의 접지도체
② 인입선
③ 다선식 전로의 중성선
④ 저압 가공전로의 접지측 전선

|해②| 과전류 차단기 제한장소
- 접지 공사의 접지도체
- 다선식 전로의 중성선
- 전로의 일부에 접지 공사를 한 저압 가공전선의 접지측 전선

□□□ 08②,11②

03 저압 개폐기를 생략하여도 무방한 개소는?

① 부하 전류를 끊거나 흐르게 할 필요가 있는 개소
② 인입구, 기타 고장, 점검, 측정 수리 등에서 개로할 필요가 있는 개소
③ 퓨즈의 전원측으로 분기 회로용 과전류 차단기 이후의 퓨즈가 플러그 퓨즈와 같이 퓨즈교환 시에 충전부에 접촉될 우려가 없을 경우
④ 퓨즈에 근접하여 설치한 개폐기인 경우의 퓨즈 전원측

|해③| 저압 개폐기를 생략하여도 무방한 개소
퓨즈의 전원측으로 분기 회로용 과전류 차단기 이후의 퓨즈가 플러그 퓨즈와 같이 퓨즈교환 시에 충전부에 접촉될 우려가 없을 경우는 생략할 수 있다.

□□□ 13②,15④

04 저압 옥내 간선으로부터 분기하는 곳에 설치하여야 하는 것은?

① 지락 차단기　② 과전류 차단기
③ 누전 차단기　④ 과전압 차단기

|해②| 과전류 차단기
저압 옥내 간선으로부터 분기하는 곳에 설치하여야 하는 차단기로 전선과 기계 기구를 과전류로부터 보호한다.

□□□ 06④,13②,19①

05 간선에서 분기하여 분기 과전류 차단기를 거쳐 부하에 이르는 사이의 배선을 무엇이라 하는가?

① 간선　　　② 인입선
③ 중성선　　④ 분기 회로

|해④| 분기 회로
간선에서 분기하여 분기 과전류 차단기를 거쳐 부하에 이르는 사이의 배선

□□□ 기 23①

06 과전류 차단기로서 저압 전로에 사용하는 100[A] 주택용 배선용 차단기를 120분 동안 시험할 때 부동작 전류와 동작 전류는 각각 정격 전류의 몇 배인가?

① 1.05배, 1.3배　② 1.05배, 1.45배
③ 1.13배, 1.3배　④ 1.13배, 1.45배

|해④| 주택용 배선용 차단기

정격 전류의 구분	시간	부동작 전류	동작 전류
63[A] 이하	60분	1.13배	1.45배
63[A] 초과	120분	1.13배	1.45배

□□□ 06②,18④

07 과전류 차단기로 시설하는 퓨즈 중 고압 전로에 사용하는 비포장 퓨즈는 정격 전류의 몇 배의 전류에 견디어야 하는가?

① 1.3　　　② 1.25
③ 2.0　　　④ 2.52

|해②| 고압 전로에 사용하는 퓨즈

포장 퓨즈	정격 전류의 1.3배의 전류
비포장 퓨즈	정격 전류의 1.25배의 전류

□□□ 11①,13③,17②,22①

08 저압 옥내 분기 회로에 개폐기 및 과전류 차단기를 시설하는 경우 원칙적으로 분기점에서 몇 [m] 이하에 시설하여야 하는가?

① 3　　　② 5
③ 8　　　④ 12

|해①| 분기 회로의 개폐기 및 과전류 차단기
분기회로의 보호장치는 분기회로의 분기점으로부터 3[m]까지 이동하여 설치할 수 있다.

018 누전 차단기 ELB

1 누전 차단기
- 옥내배선 공사에서 대지 전압 150[V]를 초과하고 300[V] 이하 저압 전로의 인입구에 반드시 시설해야 하는 **지락** 차단장치
- 금속제 외함을 가지는 사용전압이 50[V]를 초과하는 저압의 기계기구로서 사람이 쉽게 접촉할 우려가 있는 곳에 시설하는 차단기
- 전로에 지락(누전)이 발생했을 때 이를 감지하고, 자동적으로 회로를 차단하는 장치
- 누전차단기의 사용 목적
  · 감전사고 방지
  · 누전화재 보호
  · 전기 설비 및 전기기기 보호
- 접지도체
  · 원칙적으로 450/750[V] 일반용 단심 비닐 절연 전선을 사용한다.
  · 누전 차단기가 동작했을 경우는 접지 전용선 또는 접지도체가 차단되는 일이 없도록 시설하여야 한다.

2 전동기 과부하 보호장치의 종류
· 열동 계전기
· 전동기용 퓨즈
· 유도형 계전기
· 정지형 계전기
· 전동기 보호용 배선용 차단기

□□□ 08②,18②,19②
01 차단기에서 ELB는?

① 유입 차단기　② 진공 차단기
③ 배전용 차단기　④ 누전 차단기

| 해④ | 누설 차단기(ELB)
- ELB(Earth Leakage Breaker)
- 누설 전류로 인한 전기적 결함을 감지하고 차단하도록 설계된 차단기

□□□ 16③,21①
02 누전 차단기의 설치목적은 무엇인가?

① 단락　② 단선
③ 지락　④ 과부하

| 해③ | 누전 차단기(ELB)의 설치 목적
- 옥내배선 공사에서 대지 전압 150[V]를 초과하고 300[V] 이하 저압 전로의 인입구에 반드시 시설해야 하는 지락 차단장치
- 전로에 지락(누전)이 발생했을 때 이를 감지하고, 자동적으로 회로를 차단하는 장치

□□□ 11②
03 전동기 과부하 보호장치에 해당되지 않는 것은?

① 전동기용 퓨즈
② 열동 계전기
③ 전등기 보호용 배선용 차단기
④ 전동기 기동장치

| 해④ | 전동기 과부하 보호장치의 종류
- 전동기용 퓨즈
- 열동 계전기
- 전동기 보호용 배선용 차단기
- 유도형 계전기
- 정지형 계전기

□□□ 06①
04 옥내배선 공사에서 대지 전압 150[V]를 초과하고 300[V] 이하 저압 전로의 인입구에 반드시 시설해야 하는 지락 차단장치는?

① 퓨즈　② 누전 차단기
③ 배선용 차단기　④ 커버나이프 스위치

| 해② | 누전 차단기(ELB)
옥내배선 공사에서 대지 전압 150[V]를 초과하고 300[V] 이하 저압 전로의 인입구에 반드시 시설해야 하는 지락 차단장치

019 피뢰기와 변전소

1 피뢰기 LA ; Lightning Arrester
- 이상전압(낙뢰 또는 개폐 시 발생하는 전압)으로부터 전력 설비 기기를 보호하는 장치

■ 피뢰기의 심볼

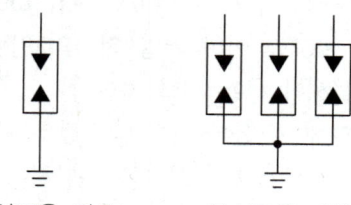

단선도용 기호   복선도용 기호

■ 피뢰장치의 설치장소
고압 또는 특고압 가공전선로에서 공급을 받는 수용장소의 인입구 또는 이와 근접한 곳에 시설해야 하는 것
- 발전소 변전소 또는 이에 준하는 장소의 가공전선 인입구 및 인출구
- 고압 및 특고압 가공전선로로부터 공급을 받는 수용장소의 인입구
- 가공전선로와 지중전선로의 접속되는 곳
- 가공전선로에 접속하는 배전용 변압기의 고압측 및 특별 고압측

■ 피뢰기의 구비 조건
- 방전내량이 클 것
- 제한 전압이 낮을 것
- 속류의 차단능력이 클 것
- 충격 방전개시 전압이 낮을 것
- 상용주파 방전개시 전압이 높을 것

■ 피뢰기의 접지
고압 및 특고압의 전로에 시설하는 피뢰기 접지저항 값은 10[Ω] 이하로 하여야 한다.

2 변전소 Electrical substation
■ 변전소는 발전소에서 생산된 전력의 전압이나 전류를 여러 가지 목적에 따라 변성하거나 배분하기 위하여 설치한 시설

■ 변전소의 역할
- 전압의 변성과 조성
- 전력의 집중과 배분
- 전력 조류의 제어
- 전력 계통 보호
- 역률 개선

□□□ 19②

01 피뢰기가 구비해야 할 조건 중 잘못 설명된 것은?
① 충격 방전개시 전압이 낮을 것
② 방전내량이 작으면서 제한 전압이 높을 것
③ 상용주파 방전개시 전압이 높을 것
④ 속류의 차단능력이 충분할 것

|해②| 피뢰기의 구비 조건
- 방전내량이 클 것
- 제한 전압이 낮을 것
- 충격 방전개시 전압이 낮을 것
- 상용주파 방전개시 전압이 높을 것
- 속류의 차단능력이 클 것

□□□ 07①,08②,18②

02 변전소의 역할에 대한 내용이 아닌 것은?
① 전압의 변성
② 전력 생산
③ 전력의 집중과 배분
④ 역률 개선

|해②| 변전소의 역할
- 전압의 변성과 조성
- 전력의 집중과 배분
- 전력 조류의 제어
- 전력 계통 보호
- 역률 개선

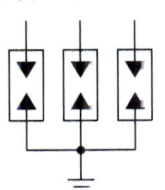

□□□ 10②

03 수전 전력 500[kW] 이상인 고압 수전설비의 인입구에 낙뢰나 혼촉 사고에 의한 이상전압으로부터 선로의 기기를 보호할 목적으로 시설하는 것은?

① 단로기(DS)
② 배선용 차단기(MCCB)
③ 피뢰기(LA)
④ 누전 차단기(ELB)

| 해 ③ | 피뢰기(LA)의 목적
고압 수전설비의 인입구에서 낙뢰나 혼촉 사고에 의한 이상전압으로부터 선로의 기기를 보호한다.

□□□ 08④,10④,18②

04 고압 또는 특고압 가공전선로에서 공급을 받는 수용장소의 인입구 또는 이와 근접한 곳에 시설해야 하는 것은?

① 계기용 변성기   ② 과전류 계전기
③ 접지 계전기   ④ 피뢰기

| 해 ④ | 피뢰기(LA ; Lightning Arrester)
고압 또는 특고압 가공전선로에서 공급을 받는 수용장소의 인입구 또는 이와 근접한 곳에 시설해야 하는 것

□□□ 16③,18②,24②

05 피뢰기의 약호는?

① LA   ② PF
③ SA   ④ COS

| 해 ① | 피뢰기(LA ; Lightning Arrester)
피뢰기는 낙뢰 및 회로의 개폐 시 발생하는 과전압을 일시적으로 대지로 방류시켜 계통에 설치된 기기 및 선로를 보호하기 위하여 설치한다.

□□□ 12②,17⑤,18③,19④,22②

06 다음의 심벌 명칭은 무엇인가?

① 파워퓨즈
② 단로기
③ 피뢰기
④ 고압 컷아웃 스위치

| 해 ③ | 피뢰기(LA)의 복선도
이상전압 발생 시 대지로 방전하여 설비를 보호하는 기기를 표시하는 심벌

020 변압기 Tr ; Transformer

◎ 변압기 : 전압을 변성시켜 주는 기기

1 변압기의 장소에 따른 분류
변압기는 사용 장소에 따라 소형 변압기, 주상 변압기, 전력용 변압기로 나눈다.

- **소형 변압기**
  전자 기기에 전원용으로 사용되는 변압기
- **주상 변압기**
  전주 위에 설치한 변압기로 변전소에서 보내오는 높은 전압을 낮은 전압으로 바꾸는 데 사용
- **전력용 변압기**
  송·변전 계통의 변전소 산업 시설을 보유한 대전력 공장 및 일반 자가용 수용가에서 필요한 대용량 변압기

2 변압기의 종류
- **몰드 변압기**
  코일 주위에 전기적 특성이 큰 에폭시 수지를 고진공으로 침투시키고, 다시 그 주위를 기계적 강도가 큰 에폭시 수지로 몰딩한 변압기
- **유입 변압기, 건식 변압기**
  - 1차가 22.9[kV−Y]의 배전선로, 2차가 220/380[V] 부하 공급 시 변압기 결선 방식
  - 3상 4선식 220/380[V] : Y−Y 결선으로 중성선 이용

- **행거 밴드**
  - 주상 변압기를 철근 콘크리트주에 고정시키기 위해 사용하는 밴드

3 컷아웃 스위치 COS : cut out switch
- 배전용 변압기의 1차측에 설치하여 단락사고나 지락사고 보호용으로 사용
- 과전류 차단용으로 주로 변압기의 1차측의 변압기 보호와 변압기 개폐를 위해 사용하는 스위치

- **변압기 저압측 중성점에 접지 공사하는 목적**
  고저압 혼촉 시 저압측 전위 상승을 억제하기 위해서다.

4 계전기
- **차동 계전기** DCR
  - 발전기나 변압기의 내부 고장 보호에 사용되는 계전기로 유입 및 유출하는 전류의 차에 의해 동작
- **비율 차동 계전기** 전기적 보호
  - 변압기, 동기기 등의 층간 단락 등의 내부 고장 보호에 사용되는 계전기
  - 사용목적 : 변압기 내부 주보호용
- **부흐홀츠 계전기**
  - 변압기 주탱크와 콘서베이터 사이에 설치되는 것으로서 변압기 내부 고장에 대한 보호용으로 사용하는 계전기

---

01 주상 변압기의 1차측 보호 장치로 사용하는 것은?
① 컷아웃 스위치   ② 자동구분개폐기
③ 캐치홀더   ④ 리클로저

| 해 ① | 컷아웃 스위치(COS : cut out switch)
과전류 차단용으로 주로 변압기의 1차측의 변압기 보호와 변압기 개폐를 위해 사용

02 발전기나 변압기의 내부 고장 보호에 사용되는 계전기는?
① 차동 계전기   ② 접지 계전기
③ 과전압 계전기   ④ 역상 계전기

| 해 ① | 차동 계전기
발전기나 변압기의 내부 고장 보호용으로 사용되는 계전기

□□□ 06①
03 1차가 22.9[kV-Y]의 배전선로이고, 2차가 220/380[V] 부하 공급 시는 변압기 결선을 어떻게 하여야 하는가?

① Δ-Y
② Y-Δ
③ Y-Y
④ Δ-Δ

해③	배전 방식에 의한 간선		
저압 간선	3상 4선식 220/380[V]	Y-Y결선
특별 고압 간선	3상 4선식 22.9[kV]	다중 접지식

□□□ 10①,21②
04 코일 주위에 전기적 특성이 큰 에폭시 수지를 고진공으로 침투시키고, 다시 그 주위를 기계적 강도가 큰 에폭시 수지로 몰딩한 변압기는?

① 건식 변압기
② 유입 변압기
③ 몰드 변압기
④ 타이 변압기

| 해③ | 몰드 변압기
코일 주위에 전기적 특성이 큰 에폭시 수지를 고진공으로 침투시키고, 다시 그 주위를 기계적 강도가 큰 에폭시 수지로 몰딩한 변압기

□□□ 14①
05 자가용 전기설비의 보호 계전기의 종류가 아닌 것은?

① 과전류 계전기
② 과전압 계전기
③ 부족전압 계전기
④ 부족전류 계전기

| 해④ | 자가용 전기설비의 보호 계전기 종류
• 과전류 계전기(OCR)
• 과전압 계전기(OVR)
• 부족전압 계전기(UVR)
■ 부족전류 계전기(UCR) : 자가용 전기설비의 보호 목적보다는 제어 목적으로 사용

□□□ 10①,12②,20①
06 배전용 기구인 COS(컷아웃 스위치)의 용도로 알맞은 것은?

① 배전용 변압기의 1차측에 시설하여 변압기의 단락 보호용으로 쓰인다.
② 배전용 변압기의 2차측에 시설하여 변압기의 단락 보호용으로 쓰인다.
③ 배전용 변압기의 1차측에 시설하여 배전 구역 전환용으로 쓰인다.
④ 배전용 변압기의 2차측에 시설하여 배전 구역 전환용으로 쓰인다.

| 해① | COS(컷아웃 스위치)의 용도
배전용 변압기의 1차측에 설치하여 단락사고나 지락사고 보호용으로 사용

□□□ 02,03,04,05,06③,08③,09①
07 주상 변압기를 철근 콘크리트주에 설치할 때 사용되는 것은?

① 앵커
② 암 밴드
③ 암타이 밴드
④ 행거 밴드

해④	밴드(장주용 자재)	
암 밴드 (완금 밴드)	철근 콘크리트주에 완금을 고정시키기 위해 사용하는 밴드
행거 밴드	주상 변압기를 철근 콘크리트주에 고정시키기 위해 사용하는 밴드

□□□ 16①,19①,21②
08 변압기 저압측 중성점에 접지 공사를 하는 이유는?

① 전류 변동의 방지
② 전압 변동의 방지
③ 전력 변동의 방지
④ 고저압 혼촉 방지

| 해④ | 변압기 저압측 중성점에 접지 공사하는 목적
고·저압 혼촉 시 저압측 전위 상승을 억제하기 위해서다.

□□□ 21②, 22①

09 변압기, 동기기 등의 층간 단락 등의 내부 고장 보호에 사용되는 계전기는?

① 비율 차동 계전기
② 접지 계전기
③ 과전압 계전기
④ 역상 계전기

| 해① | 비율 차동 계전기
발전기, 변압기, 동기기 등 주요 전력설비의 내부 사고 보호용으로 사용되고 있다.

□□□ 12①

10 변압기의 보호 및 개폐를 위해 사용되는 특고압 컷아웃 스위치는 변압기 용량의 몇 [kVA] 이하에 사용되는가?

① 100[kVA]   ② 200[kVA]
③ 300[kVA]   ④ 400[kVA]

| 해③ | 특고압 컷아웃 스위치 변압기 용량
특고압 컷아웃 스위치(COS)는 변압기 용량의 300[kVA] 이하에서 사용된다.

□□□ 21②

11 변압기 주탱크와 콘서베이터 사이에 설치되는 것으로서 내부 고장에 대한 보호용으로 사용하는 계전기이다. 오일의 분해 가스나 유류를 검출하여 경보하거나 차단기를 동작시키는 계전기는 어떤 것인가?

① 과전류 계전기   ② 부족전압 계전기
③ 차동 계전기   ④ 부흐홀츠 계전기

| 해④ | 부흐홀츠 계전기
변압기 주탱크와 콘서베이터 사이에 설치되는 것으로서 변압기 내부 고장에 대한 보호용으로 사용하는 계전기

□□□ 13②, 23④

12 그림의 전자 계전기 구조는 어떤 형의 계전기인가?

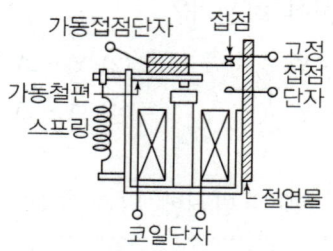

① 힌지형   ② 플런저형
③ 가동코일형   ④ 스프링형

| 해① | 힌지형(hinge type) 전자 계전기
코일에 흐르는 전류에 의해 발생한 자계에 의해 고정철심 및 가동철심이 자화되어 그 상호간에 흡인력이 생기며, 이 흡입력이 스프링의 반발력보다 커지면 동작한다.

021 계기용 변성기의 종류

- **계기용 변압기** PT
  - 높은 전압을 낮은 전압으로 변성하는 기기이다.
  - 수·변전 설비의 고압회로에 걸리는 전압을 표시하기 위해 전압계를 시설할 때 고압회로와 전압계 사이에 시설하는 변압기

- **계기용 변류기** CT ; Current Transformer
  회로의 대전류를 소전류로 변성하여 계기나 계전기에 공급하기 위한 목적으로 사용

- **전력 수급용 계기용 변성기** MOF
  계기용 변압기(PT)와 변류기(CT)를 조합한 것으로 전력 수급용 전력량을 측정하기 위해 사용한다.

- **영상 변류기** ZCT
  고압 전로에 지락사고가 생겼을 때 지락 전류를 검출하는 데 사용

□□□ 14③,20②,23②
01 고압 전로에 지락사고가 생겼을 때 지락 전류를 검출하는 데 사용하는 것은?
① CT ② ZCT
③ MOF ④ PT

|해②| 영상 변류기(ZCT)
지락 전류를 감지하기 위해 설치된다.

□□□ 06④,08④,18①
02 고압 전기회로의 전기 사용량을 적산하기 위한 계기용 변압 변류기의 약자는?
① ZPCT ② MOF
③ DCS ④ DSPF

|해②| 전력 수급용 계기용 변성기(MOF)
전력 공급과 소비를 정밀하게 측정하기 위해 고전압과 고전류를 저전압과 저전류로 변환하는 장치

□□□ 15②
03 수·변전 설비 구성기기의 계기용 변압기(PT) 설명으로 맞는 것은?
① 높은 전압을 낮은 전압으로 변성하는 기기이다.
② 높은 전류를 낮은 전류로 변성하는 기기이다.
③ 회로에 병렬로 접속하여 사용하는 기기이다.
④ 부족전압 트립코일의 전원으로 사용된다.

|해①| 계기용 변압기(PT)
고전압을 저전압으로 변성하여 계측기나 계전기 전압 측정을 위해 사용하는 기기

□□□ 13①,14④,22①
04 수·변전 설비의 고압회로에 걸리는 전압을 표시하기 위해 전압계를 시설할 때 고압회로와 전압계 사이에 시설하는 것은?
① 관통형 변압기 ② 계기용 변류기
③ 계기용 변압기 ④ 권선형 변류기

|해③| 계기용 변압기(PT)
수·변전 설비의 고압회로에 걸리는 전압을 표시하기 위해 전압계를 시설할 때 고압회로와 전압계 사이에 시설하는 것

□□□ 07③,14①,19②
05 계기용 변류기의 약호는?
① CT ② WH
③ CB ④ DS

|해①| 계기용 변류기(CT ; Current Transformer)
회로의 대전류를 소전류로 변성하여 계기나 계전기에 공급하기 위한 목적으로 사용

CT	계기용 변류기
WH	전력량계
CB	차단기
DS	단로기

정답 021 01 ② 02 ② 03 ① 04 ③ 05 ①

022 수전설비 용량의 산출

1 수용률 demand factor

- 수용률을 적용하여 설비 용량으로부터 사용 최대 수용 전력을 결정한다.
- 수용률 = $\dfrac{최대\ 수용\ 전력}{총\ 부하\ 설비\ 용량} \times 100$

■ 간선의 수용률

건축물의 종류	수용률
주택, 기숙사, 여관, 호텔, 병원, 창고	50[%]
학교, 사무실, 은행	70[%]

■ 부등률 diversity factor

- 여러 개의 수용가가 있을 때, 수용가 간 수요 전력의 관계를 나타낸다.
- 부등률 = $\dfrac{각각의\ 최대\ 수용\ 전력의\ 합[kW]}{합성\ 최대\ 수용\ 전력[kW]} \geq 1$

■ 부하율 load factor

부하율 = $\dfrac{부하의\ 평균\ 전력}{최대\ 수용\ 전력} \times 100$

2 건축물별 표준부하

건물명	표준부하
공장, 연회장, 교회, 극장	10[VA/m²]
학교, 호텔, 병원, 여관	20[VA/m²]
은행, 상점, 이발소, 미용원	30[VA/m²]
주택, 아파트	40[VA/m²]

□□□ 08③

01 $\dfrac{부하의\ 평균\ 전력(1시간\ 평균)}{최대\ 수용\ 전력(1시간\ 평균)} \times 100[\%]$의 관계를 가지고 있는 것은?

① 부하율 ② 부등률
③ 수용률 ④ 설비율

|해①|
- 부하율 = $\dfrac{부하의\ 평균\ 전력}{최대\ 수용\ 전력} \times 100[\%]$
- 수용률 = $\dfrac{최대\ 수요\ 전력}{부하\ 설비\ 용량\ 합계} \times 100[\%]$

□□□ 08④,11④

02 각 수용가의 최대 수용 전력이 각각 5[kW], 10[kW], 15[kW], 22[kW]이고, 합성 최대 수용 전력이 50[kW]이다. 수용가 상호간의 부등률은 얼마인가?

① 1.04 ② 2.34
③ 4.25 ④ 6.94

|해①|

부등률 = $\dfrac{각각의\ 최대\ 수용\ 전력의\ 합[kW]}{합성\ 최대\ 수용\ 전력[kW]}$

$= \dfrac{5+10+15+22}{50} = 1.04$

□□□ 09②,18②

03 어떤 수용가의 설비 용량이 각각 1[kW], 2[kW], 3[kW], 4[kW]인 부하설비가 있다. 그 수용률이 60[%]인 경우 그 최대 수용 전력은 몇 [kW]인가?

① 3   ② 6
③ 30 ④ 60

|해②|

수용률 = $\dfrac{최대\ 수용\ 전력}{수용\ 설비\ 용량}$

최대 수용 전력 = 수용률 × 수용 설비 용량

∴ 최대 수용 전력 = $\dfrac{60}{100} \times (1+2+3+4) = 6[kW]$

□□□ 06④,14①

04 학교, 사무실, 은행의 간선 굵기 선정 시 수용률은 몇 [%]를 적용하는가?

① 50[%] ② 60[%]
③ 70[%] ④ 80[%]

|해③| 간선의 수용률

건축물의 종류	수용률
주택, 기숙사, 여관, 호텔, 병원, 창고	50[%]
학교, 사무실, 은행	70[%]

정답 022 01 ① 02 ① 03 ② 04 ③

05 설비 용량 600[kW], 부등률 1.2, 수용률 0.6일 때 합성 최대 전력[kW]은?

① 240[kW] ② 300[kW]
③ 432[kW] ④ 833[kW]

| 해 ② |

합성 최대 전력 = $\dfrac{\text{최대 수용 전력의 합}}{\text{부등률}}$

- 부등률 = $\dfrac{\text{각각의 최대 수용 전력의 합[kW]}}{\text{합성 최대 수용 전력[kW]}}$
- 수용률 = $\dfrac{\text{최대 수용 전력}}{\text{수용 설비 용량}}$
- 최대 수용 전력 = 수용률 × 수용 설비 용량
  최대 수용 전력 = 0.6 × 600 = 360[kW]

∴ 합성 최대 전력 = $\dfrac{360}{1.2}$ = 300[kW]

06 배선설계를 위한 전등 및 소형 전기 기계기구의 부하 용량 산정 시 건축물의 종류에 대응한 표준부하에서 원칙적으로 표준부하를 20[VA/m²]으로 적용하여야 하는 건축물은?

① 교회, 극장 ② 학교, 음식점
③ 은행, 상점 ④ 아파트, 미용원

| 해 ② | 건축물별 표준부하

건물명	표준부하
공장, 연회장, 교회, 극장	10[VA/m²]
학교, 호텔, 병원, 여관	20[VA/m²]
은행, 상점, 이발소, 미용원	30[VA/m²]
주택, 아파트	40[VA/m²]

023 배전반 및 분전반

1 배전반 및 분전반의 정의

■ **배전반** switch board
전기 계통의 중추적인 역할을 하며, 기기나 회로를 감시 제어하기 위한 계기류, 계전기류 등을 한곳에 집중하여 시설한 것

◎ 큐비클형(cubicle type : 폐쇄식 배전반) : 점유 면적이 좁고 운전, 보수에 안전하므로 공장, 빌딩 등의 전기실에 많이 사용되며, 큐비클형(cubicle type)이라고 불리는 배전방식

■ **분전반** panel board
간선에서 각 기계 기구로 배선하는 전선을 분기하는 곳에 주 개폐기, 분기 개폐기 및 자동 차단기를 설치하기 위하여 시설한 것

■ 배전반, 분전반 및 제어반의 기호

그림 기호	배전반 기호	분전반 기호	제어반 기호
□	⊠	◨	⋈

2 배전반 및 분전반의 제반사항

■ 배전반 및 분전반의 설치장소
- 안정된 장소
- 노출된 장소
- 개폐기를 쉽게 조작할 수 있는 장소
- 전기회로를 쉽게 조작할 수 있는 장소

■ 배전반 및 분전반의 설치요건
- 강판제인 경우 두께 1.2[mm] 이상일 것
- 차단기 등에 전압 표시 명판을 붙여 놓을 것
- 분전반의 이면에는 배선 및 기구를 배치하지 말 것
- 거터의 폭은 전선의 굵기에 알맞도록 충분히 할 것
- 난연성 합성수지로 제작된 것은 1.5[mm] 이상의 내아크일 것

■ 수전설비의 배전반 등의 최소 유지거리

구분	앞면 또는 조작 계측면	뒷면 또는 점검면	열상호간 (점검하는 면)
특고압 배전반	1.7[m]	0.8[m]	1.4[m]
고압 배전반	1.5[m]	0.6[m]	1.2[m]
저압 배전반	1.5[m]	0.6[m]	1.2[m]

3 배선 기구의 접속방법

■ 한 분전반에 사용전압이 각각 다른 분기 회로가 있을 때 분기 회로를 쉽게 식별하기 위한 방법
과전류 차단기 가까운 곳에 각각 전압을 표시하는 명판을 붙여 놓는다.

■ 점등 점멸용 점멸 스위치를 시설할 때
반드시 전기적 안전을 위하여 전압측 전선에 시설하여야 한다.

■ 소켓, 리셉터클 등에 전선을 접속할 때
전압측 전선을 중심 접촉면에, 접지측 전선을 속 베이스에 연결하여야 한다.

□□□ 11④,15①,19①

01 배전반 및 분전반을 넣은 강판제로 만든 함의 최소 두께는?

① 1.2[mm] 이상　② 1.5[mm] 이상
③ 2.0[mm] 이상　④ 2.5[mm] 이상

| 해① | 강판제로 만든 함
배전반 및 분전반을 넣은 강판제로 만든 함의 두께는 1.2[mm] 이상이다.

□□□ 12④,16③

02 배전반을 나타내는 그림 기호는?

① 　②
③ 　④ [S]

| 해② |
① 분전반　② 배전반
③ 제어반　④ 스위치

□□□ 06①④,18①,19③,23②

03 점유 면적이 좁고 운전, 보수에 안전하므로 공장, 빌딩 등의 전기실에 많이 사용되며, 큐비클형(cubicle)이라고 불리는 배전방식은?

① 라이브프런트식
② 데드 프런트식
③ 포스트형
④ 폐쇄식

|해 ④| 큐비클형(cubicle type : 폐쇄식 배전반) 점유 면적이 좁고, 운전 보수가 안전하여 공장 및 빌딩 등의 전기실에 많이 사용되는 배전반

□□□ 10③,21①

04 수전설비의 저압 배전반을 배전반 앞에서 계측기를 판독하기 위하여 앞면과 최소 몇 [m] 이상 유지하는 것을 원칙으로 하고 있는가?

① 0.6[m]
② 1.2[m]
③ 1.5[m]
④ 1.7[m]

|해 ③| 수전설비의 배전반 등의 최소 유지거리

구분	앞면 또는 조작 계측면
특고압 배전반	1.7[m]
고압 배전반	1.5[m]
저압 배전반	1.5[m]

□□□ 06③,07④,11③,13④,14③,15④,18①,19①,21②,22②

05 배전반 및 분전반의 설치장소로 적합하지 않은 곳은?

① 전기회로를 쉽게 조작할 수 있는 장소
② 개폐기를 쉽게 조작할 수 있는 장소
③ 안정된 장소
④ 은폐된 장소

|해 ④| 배전반 및 분전반의 설치장소 노출된 장소

□□□ 13②

06 옥내 분전반의 설치에 관한 내용 중 틀린 것은?

① 분전반에서 분기 회로를 위한 배관의 상승 또는 하강이 용이한 곳에 설치한다.
② 분전반에 넣는 금속제의 함 및 이를 지지하는 구조물은 접지를 하여야 한다.
③ 각층가다 하나 이상을 설치하나, 회로수가 6 이하인 경우 2개층을 담당할 수 있다.
④ 분전반에서 최종 부하까지의 거리는 40[m] 이내로 하는 것이 좋다.

|해 ④| 분전반에서 최종 부하까지의 거리는 30[m] 이내로 하는 것이 좋다.

□□□ 08①,09②

07 한 분전반에 사용전압이 각각 다른 분기 회로가 있을 때 분기 회로를 쉽게 식별하기 위한 방법으로 가장 적합한 것은?

① 차단기별로 분리해 놓는다.
② 차단기나 차단기 가까운 곳에 각각 전압을 표시하는 명판을 붙여 놓는다.
③ 왼쪽은 고압측 오른쪽은 저압측으로 분류해 놓고 전압 표시는 하지 않는다.
④ 분전반을 철거하고 다른 분전반을 새로 설치한다.

|해 ②|
■한 분전반에 사용전압이 각각 다른 분기 회로가 있을 때 분기 회로를 쉽게 식별하기 위한 방법
•과전류 차단기 가까운 곳에 각각 전압을 표시하는 명판을 붙여 놓는다.

☐☐☐ 96,98,00,03,06①④,18①,19③

08 점유 면적이 좁고 운전, 보수에 안전하며 공장, 빌딩 등의 전기실에 많이 사용되는 배전반은 어떤 것인가?

① 데드 프런트형   ② 수직형
③ 큐비클형   ④ 라이브 프런트형

|해③| 큐비클형(cubicle type : 폐쇄식 배전반)
점유 면적이 좁고, 운전 보수가 안전하여 공장 및 빌딩 등의 전기실에 많이 사용되는 배전반

☐☐☐ 12③

09 분전반에 대한 설명으로 틀린 것은?

① 배선과 기구는 모두 전면에 배치하였다.
② 두께 1.5[mm] 이상의 난연성 합성수지로 제작하였다.
③ 강판제의 분전함은 두께 1.2[mm] 이상의 강판으로 제작하였다.
④ 배선은 모두 분전반 이면으로 하였다.

|해④|
분전반의 이면에는 배선 및 기구를 배치하지 말 것

024 접지 공사

1 접지

접지는 전로에 높은 전압의 침입 등에 의한 사람에게 위해를 주거나 물건의 손상 방지를 위해 설치한다.

■ 접지의 목적
- 감전의 방지
- 이상전압의 억제
- 전로의 대지 전압의 저하
- 보호 계전기의 동작 확보

■ 접지 시스템
- 접지 시스템의 구분 : 계통접지, 보호접지, 피뢰시스템접지
- 접지 시스템의 구성요소 : 접지극, 접지도체, 보호도체, 주접지단자
- 접지도체 : 접지극과 주접지단자 사이를 접속하는 도체

■ 접지 공사의 방법
- 접지극의 매설 깊이는 동결 깊이를 감안하여 지표면으로부터 0.75[m] 이상으로 한다.
- 접지도체는 지하 0.75[m]부터 지표상 2[m]까지 부분은 합성수지관 또는 몰드를 덮을 것
- 접지극의 매설 : 사람이 접촉될 우려가 있는 곳은 지표면에서 지하 0.75[m] 이상의 깊이에 매설하여야 한다.
- 접지도체를 철주 기타의 금속체를 따라서 시설하는 경우에는 접지극을 철주의 밑면으로부터 0.3[m] 이상의 깊이에 매설하는 경우 이외에는 접지극을 지중에서 그 금속체로부터 1[m] 이상 떼어 매설하여야 한다.
  - 수도관로를 접지극으로 사용하는 경우 : 지중에 매설되어 있고 대지와의 전기저항값이 3[Ω] 이하의 값을 유지되어야 한다.
  - 접지 공사의 접지도체는 [녹색-노란색]으로 표시하여야 한다.

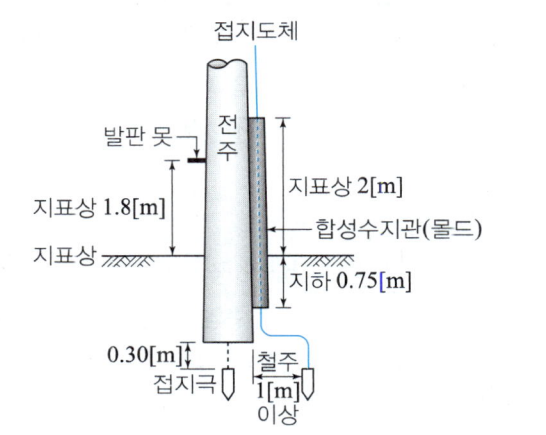

• 절연내력시험 전압

최대 사용전압	시험 전압	최저 시험 전압
~7,000[V] 이하	1.5배	500[V]
7,001~25,000[V] 이하 (다중접지)	0.92배	-
7,000[V] 초과(비접지)	1.25배	10,500[V]
60[kV]~170[kV](직접접지)	0.72배	-

■ 접지도체의 최소 단면적

구분	큰 고장전류가 흐르지 않는 경우	피뢰시스템기 접속되는 경우
구리	6[mm²] 이상	16[mm²] 이상
철제	50[mm²] 이상	50[mm²] 이상

2 접지저항

■ 접지저항 저감 대책
- 접지극을 깊게 매설한다.
- 접지판의 면적을 증가시킨다.
- 접지봉의 연결 개수를 증가시킨다.
- 토양의 고유저항을 화학적으로 저감시킨다.

■ 접지저항 측정방법
- 콜라우시 브리지법 : 전극을 정삼각형 배치하고 극간 저항값에 의해 대지저항을 구하는 방법
- 어스테스터(접지저항계) : 접지저항을 측정할 때 사용하는 공구

□□□ 15②,22②
01 접지 공사에서 접지도체를 철주, 기타 금속체를 따라 시설하는 경우 접지극은 지중에서 그 금속체로부터 몇 [cm] 이상 떼어 매설하나?

① 30
② 60
③ 75
④ 100

| 해 ④ | 접지극
접지도체를 철주 기타의 금속체를 따라서 시설하는 경우에는 접지극을 철주의 밑면으로부터 0.3[m] 이상의 깊이에 매설하는 경우 이외에는 접지극을 지중에서 그 금속체로부터 100[cm](1[m]) 이상 떼어 매설하여야 한다.

□□□ 11④,14②,18④,24①
02 지중에 매설되어 있는 금속제 수도관로를 접지 공사의 접지극으로 사용할 수 있다. 이때 수도관로는 대지와의 전기저항치가 얼마 이하여야 하는가?

① 1[Ω]
② 2[Ω]
③ 3[Ω]
④ 4[Ω]

| 해 ③ | 접지 공사의 접지극 사용
지중에 매설되어 있고 대지와의 전기저항값이 3[Ω] 이하의 값을 유지되어야 접지극으로 사용할 수 있다.

□□□ 15②,22②
03 접지저항값에 가장 큰 영향을 주는 것은?

① 접지도체 굵기
② 접지 전극 크기
③ 온도
④ 대지저항

| 해 ④ | 대지저항(soil resistivity)
• 대지를 상대로 하여 나타내는 저항
• 접지저항에 가장 중요하고 큰 영향을 미치는 저항이다.

□□□ 07②,09①,11③,19①,23②
04 다음 중 접지의 목적으로 알맞지 않은 것은?

① 감전의 방지
② 전로의 대지 전압 상승
③ 보호 계전기의 동작 확보
④ 이상전압의 억제

| 해 ② | 접지의 목적
• 감전의 방지
• 이상전압의 억제
• 전로의 대지 전압의 저하
• 보호 계전기의 동작 확보

□□□ 10③,12①
05 사람이 접촉될 우려가 있는 곳에 시설하는 경우 접지극은 지하 몇 [cm] 이상의 깊이에 매설하여야 하는가?

① 30
② 45
③ 50
④ 75

| 해 ④ | 접지극의 매설
접지극은 지표면에서 지하 75[cm](0.75[m]) 이상의 깊이에 매설하여야 한다.

□□□ 11③
06 최대 사용전압이 70[kV]인 중성점 직접 접지식 전로의 절연내력시험 전압은 몇 [V]인가?

① 35,000[V]
② 42,000[V]
③ 44,800[V]
④ 50,400[V]

| 해 ④ | 절연내력시험 전압
60[kV]~170[kV](직접 접지) : 0.72배
• 전로의 절연내력시험 전압
  = 최대 사용전압×0.72
  = 70,000[V]×0.72 = 50,400[V]

07 접지 공사의 접지도체는 특별한 경우를 제외하고는 어떤 색으로 표시를 하여야 하는가?

① 적색　　　　　② 파란색
③ 녹색-노란색　　④ 검은색

| 해 ③ |
접지 공사의 접지도체는 [녹색-노란색]으로 표시한다.

08 접지저항 측정방법으로 가장 적당한 것은?

① 절연저항계
② 전력계
③ 교류의 전압, 전류계
④ 콜라우시 브리지법

| 해 ④ | 콜라우시 브리지법
전극을 정삼각형 배치하고 극간 저항값에 의해 대지저항률을 구하는 방법

09 전기공사에서 접지저항을 측정할 때 사용하는 측정기는 무엇인가?

① 검류기　　　　② 변류기
③ 메거　　　　　④ 어스테스터

| 해 ④ | 어스테스터(접지저항계)
접지저항을 측정할 때 사용하는 공구

10 접지전극의 매설 깊이는 몇 [m] 이상인가?

① 0.6　　　　② 0.65
③ 0.7　　　　④ 0.75

| 해 ④ | 접지전극의 매설 깊이
동결 깊이를 감안하여 지표면으로부터 지하 0.75[m] 이상으로 한다.

11 접지저항 저감 대책이 아닌 것은?

① 접지봉의 연결 개수를 증가시킨다.
② 접지판의 면적을 감소시킨다.
③ 접지극을 깊게 매설한다.
④ 토양의 고유저항을 화학적으로 저감시킨다.

| 해 ② | 접지저항 저감 대책
• 접지극을 깊게 매설한다.
• 접지판의 면적을 증가시킨다.
• 접지봉의 연결 개수를 증가시킨다.
• 토양의 고유저항을 화학적으로 저감시킨다.

12 접지사고 발생 시 다른 선로의 전압을 상전압 이상으로 되지 않으며, 이상전압의 위험도 없고 선로나 변압기의 절연 레벨을 저감시킬 수 있는 접지 방식은?

① 저항 접지　　　② 비 접지
③ 직접 접지　　　④ 소호 리액터 접지

| 해 ③ |
중성점 접지 방식 중 직접 접지에 대한 설명이다.

025 애자

1 애자

■ 애자가 갖추어야 할 성질
- 애자는 절연성, 난연성 및 내수성이 있는 것일 것
  - 절연성 : 전기를 통하지 못하게 하는 성질
  - 난연성 : 불에 잘 타지 아니하는 성질
  - 내수성 : 수분을 막아 견디어 내는 성질

■ 애자 공사의 시설 기준(전선과 조영재 사이의 간격)

사용전압	전선과 조영재 사이의 간격	건조한 장소
400[V] 이하	25[mm] 이상	25[mm] 이상
400[V] 초과	45[mm] 이상	

- 전선 상호간의 간격 : 0.06[m](60[mm]) 이상
- 전선을 조영재의 윗면 또는 옆면에 따라 붙일 경우 : 2[m] 이하
- 사용전압이 400[V]초과인 경우 전선의 지지점 간의 거리 : 6[m] 이하

◎ 조영물 : 기둥, 지붕, 벽 등을 가진 시설물

■ 관등회로의 애자 공사 시설

관등회로의 사용전압	전선 지지점 간의 거리	전선과 조영재의 거리
400[V] 초과 600[V] 이하	2[m] 이하	• 건조한 장소 : 25[mm] 이상
600[V] 초과 1[kV] 이하	1[m] 이하	• 습기가 많은 장소 : 45[mm] 이상

- 전선 상호간의 거리 : 60[mm] 이상
- 전선과 조영재의 거리 : 25[mm] 이상

- 애자 배선방법과 제한 사항
- 전선은 절연전선을 사용해야 한다.
- 옥외용 비닐 절연전선(OW) 및 인입용 비닐 절연전선(DV)은 제외한다.
- 캡타이어 케이블 또는 케이블을 사용하여 시설하여야 한다.

2 애자의 종류와 구비 조건

■ 애자의 구비 조건
- 절연내력이 클 것
- 누설 전류가 적을 것
- 기계적 강도가 클 것
- 정전용량이 작을 것
- 경제적일 것

■ 애자의 종류
- 구형애자 : 가공전선로 지지선의 중간에 넣어 사용되는 애자
- 현수애자 : 송전 철탑 등에서 전선을 인류하거나 분기할 경우 사용하는 애자
- 놉(노브) 애자 : 옥내배선의 은폐, 또는 건조하고 전개된 곳의 노출 공사에 사용하는 애자
- 지지애자 : 발전소, 변전소 등에서 모선이나 단로기 등을 지지하기 위한 애자
- 핀애자 : 가공전선로의 직선 부분을 지지하기 위한 애자

□□□ 09②,10④,19①

01 다음 중 애자 공사에 사용되는 애자의 구비 조건과 거리가 먼 것은?

① 광택성　　② 절연성
③ 난연성　　④ 내수성

|해①| 애자의 구비 조건
사용하는 애자는 절연성, 난연성 및 내수성이 있는 것이어야 한다.

□□□ 10②③,12①,15①

02 애자 공사에 의한 저압 옥내배선에서 전선 상호간의 간격은 몇 [cm] 이상이어야 하는가?

① 2.5[cm]　　② 6[cm]
③ 10[cm]　　④ 12[cm]

|해②|
애자 공사에서 전선 상호간의 간격은 6[cm](0.06[m]) 이상일 것

□□□ 13③,20②

03 주로 저압 가공전선로 또는 인입선에 사용되는 애자로서 주로 앵글베이스 스트랩과 스트랩볼트 인류바인드선(비닐 절연 바인드선)과 함께 사용하는 애자는?

① 고압 핀 애자 ② 저압 인류 애자
③ 저압 핀 애자 ④ 라인포스트 애자

| 해 ② | 저압 인류 애자
• 주로 저압 가공전선로 또는 인입선에 사용되는 애자
• 주로 앵글베이스 스트랩과 스트랩볼트 인류바인드선(비닐 절연 바인드선)과 함께 사용하는 애자

□□□ 08②,09③,16②,19②,23②,24①

04 애자 공사를 건조한 장소에 시설하고자 한다. 사용전압이 400[V] 이하인 경우 전선과 조영재 사이의 간격은 최소 몇 [mm] 이상이어야 하는가?

① 25[mm] 이상 ② 45[mm] 이상
③ 60[mm] 이상 ④ 120[mm] 이상

| 해 ① | 애자 공사의 전선과 조영재 사이의 간격

사용전압	간격	건조한 장소
400[V] 이하	25[mm]	25[mm]
400[V] 초과	45[mm]	

□□□ 01,04,08②

05 인류하는 곳이나 분기하는 곳에 사용하는 애자는?

① 구형애자 ② 가지애자
③ 새클애자 ④ 현수애자

| 해 ④ | 현수애자
송전 철탑 등에서 전선을 인류하거나 분기할 경우 사용하는 애자

□□□ 13①,14②

06 애자 공사에 대한 설명 중 틀린 것은?

① 사용전압이 400[V] 이하이면 전선과 조영재의 간격은 25[mm] 이상일 것
② 사용전압이 400[V] 이하이면 전선 상호간에 간격은 60[mm] 이상일 것
③ 사용전압이 400[V] 초과이면 전선과 조영재 사이의 간격은 45[mm] 이상일 것
④ 전선을 조영재의 옆면에 따라 붙일 경우 전선 지지점 간의 거리는 3[m] 이하일 것

| 해 ④ | 애자 공사의 전선과 조영재 사이의 간격

사용전압	간격	건조한 장소
400[V] 이하	25[mm] 이상	25[mm] 이상
400[V] 초과	45[mm] 이상	

전선 상호간의 간격 : 0.06[m](60[mm]) 이상
윗면 또는 옆면에 따라 붙일 경우 : 2[m] 이하
∴ 전선의 지지점 간의 거리는 전선을 조영재의 윗면 또는 옆면에 따라 붙일 경우에는 2[m] 이하일 것

□□□ 06①,08②,09③,16②,19②

07 애자 공사에 의한 저압 옥내배선에서 잘못된 것은?

① 전선과 조영재 사이의 이격 거리는 400[V] 초과인 경우에는 45[mm] 이상일 것
② 전선 상호간의 거리가 60[mm]이다.
③ 전선과 조영재 사이의 이격 거리는 사용전압이 400[V] 이하인 경우에는 55[mm] 이상일 것
④ 절연성, 내연성 및 내구성이 있어야 한다.

| 해 ③ | 애자 공사의 전선과 조영재 사이의 간격

사용전압	간격	건조한 장소
400[V] 이하	25[mm] 이상	25[mm] 이상
400[V] 초과	45[mm] 이상	
전선 상호간의 간격 : 60[mm] 이상		

정답 03 ② 04 ① 05 ④ 06 ④ 07 ③

□□□ 08②,09③,16②,19②

08 건조한 장소의 저압 옥내배선(400[V] 이하)에 600[V] 비닐 절연전선을 사용하여 애자 노출 공사를 할 경우 최소의 전선 상호간격과 조영재 사이의 간격은?

① 30[mm], 15[mm] ② 60[mm], 25[mm]
③ 60[mm], 30[mm] ④ 100[mm], 40[mm]

| 해②| 애자 공사의 전선과 조영재 사이의 간격

사용전압	간격	건조한 장소
400[V] 이하	25[mm]	2.5[cm](25[mm])
400[V] 초과	45[mm]	

전선 상호간의 간격 : 0.06[m](60[mm]) 이상

□□□ 18③

09 발전소, 변전소나 개폐소의 모선, 단로기 기타의 기기를 지지하거나 연가용 철탑 등에서 점퍼선을 지지하기 위해서 사용되는 애자의 종류는 무엇인가?

① 지지애자 ② 현수애자
③ 핀애자   ④ 구형애자

| 해①| 지지애자

발전소, 변전소 등에서 모선이나 단로기 등을 지지하기 위한 애자

□□□ 11④,14①,18④

10 애자 공사에서 전선의 지지점 간 거리는 전선을 조영재의 윗면 또는 옆면에 따라 붙일 경우에는 몇 [m] 이하인가?

① 1   ② 1.5
③ 2   ④ 3

| 해③| 애자 공사 시설 조건

전선의 지지점 간의 거리는 전선을 조영재의 윗면 또는 옆면에 따라 붙일 경우에는 2[m] 이하일 것

□□□ 11②

11 옥내배선의 은폐, 또는 건조하고 전개된 곳의 노출 공사에 사용하는 애자는?

① 현수애자   ② 놉(노브) 애자
③ 장간애자   ④ 구형애자

| 해②| 놉(노브) 애자

옥내배선의 은폐, 또는 건조하고 전개된 곳의 노출 공사에 사용하는 애자

□□□ 11①

12 전선로의 직선 부분을 지지하는 애자는?

① 핀애자   ② 지지애자
③ 가지애자   ④ 구형애자

| 해①| 핀애자

가공전선로의 직선 부분을 지지하기 위한 애자

□□□ 15②,20①

13 애자 공사 시 사용할 수 없는 전선은?

① 고무 절연전선
② 폴리에틸렌 절연전선
③ 플루오르 수지 절연전선
④ 인입용 비닐 절연전선

| 해④| 애자 공사 시 전선

옥외용 비닐 절연전선(OW) 및 인입용 비닐 절연전선(DV)은 제외한다.

□□□ 06④,07①④,08①,09①,10①,11③,19③

14 지지선의 중간에 넣는 애자의 명칭은?

① 구형애자   ② 곡핀애자
③ 인류애자   ④ 핀애자

| 해①| 구형애자

가공전선로 지지선의 중간에 넣어 사용되는 애자

CHAPTER 04 배선 공사

026 합성 수지관 공사

■ 배선 공사방법

종류	공사방법
전선관 시스템	합성 수지관 공사, 금속관 공사, 가요 전선관 공사
케이블트렁킹시스템	합성수지 몰드 공사, 금속 몰드 공사, 금속트렁킹 공사
케이블덕팅시스템	플로어 덕트 공사, 셀룰러 덕트 공사, 금속 덕트 공사
애자 공사	애자 공사

■ 합성 수지관의 특징
- 내부식성이 우수하다.
- 기계적 강도가 약하다.
- 중량이 가볍고 시공이 용이하다.
- 절연성이 우수하고 녹슬지 않는다.

■ 합성 수지관 PVC 의 배선
- 합성 수지관 배선은 절연전선(옥외용 비닐 절연전선을 제외한다.)을 사용하여야 한다.
- 합성 수지관 내에서 전선에 접속점이 없도록 할 것
- 합성 수지관 배선은 중량물의 압력 또는 심한 기계적 충격을 받는 장소에 시설하여서는 안 된다.
- 합성 수지관의 배선에 사용되는 관 및 박스, 기타 부속품은 온도변화에 의한 신축을 고려해야 한다.

- 전선을 연선으로 사용하지 않아도 되는 경우
- 짧고 가는 합성 수지관에 넣은 것
- 단면적 10[mm²](알루미늄선은 단면적 16[mm²]) 이하의 것

■ 합성 수지관의 시설 기준
- 합성 수지관의 삽입 깊이
  - 접착제를 사용하는 경우에는 0.8배 이상
  - 접착제 사용하지 않을 시 : 관을 삽입하는 깊이를 관의 바깥지름의 1.2배 이상
- 지지점 간의 거리 : 합성 수지관을 새들 등으로 지지하는 경우 지지점 간의 거리는 1.5[m] 이하로 한다.

■ 경질 비닐 전선관 VE, 합성수지제 전선관
- 금속관에 비해 절연성, 내식성이 우수하다.
- 전선관 한 개의 표준 길이는 4[m]이다.
- 규격 : 관의 안지름 크기에 가까운 숫자를 짝수 [mm]로 한다.
  - 관 안지름 : 14, 16, 22, 28, 36, 42, 54, 70, 82, 100[mm]의 짝수

◎ 커플링 : 합성수지 전선관 공사에서 관 상호간 접속에 필요한 부속품

□□□ 09④,15④,18③,21①,23②

01 합성 수지관 배선에서 경질 비닐 전선관의 굵기에 해당되지 않는 것은? (단, 관의 호칭을 말한다.)

① 14　　② 16
③ 18　　④ 22

|해③| 경질 비닐 전선관의 호칭
관 안지름 : 14, 16, 22, 28, 36, 42, 54, 70, 82, 100[mm]의 짝수

□□□ 16③

02 합성수지 전선관 공사에서 관 상호간 접속에 필요한 부속품은?

① 커플링　　② 커넥터
③ 리이머　　④ 노멀 밴드

|해①| 커플링
합성수지 전선관 공사에서 관 상호간 접속에 필요한 부속품

□□□ 11④,12①
03 경질 비닐 전선관의 설명으로 틀린 것은?
① 1본의 길이는 3.6[m]가 표준이다.
② 굵기는 관 안지름의 크기에 가까운 짝수 [mm]로 나타낸다.
③ 금속관에 비해 절연성이 우수하다.
④ 금속관에 비해 내식성이 우수하다.

해①	1본의 길이
경질 비닐 전선관	4[m] 표준
합성 수지관	4[m] 표준
금속 전선관	3.6[m] 표준

□□□ 06④,12②,15①,16①,22②,23②
04 합성 수지관 상호 접속 시에 관을 삽입하는 깊이는 관 바깥지름의 몇 배 이상으로 하여야 하는가? (단, 접착제는 사용하지 않는다.)
① 0.6   ② 0.8
③ 1.0   ④ 1.2

해④	합성 수지관
합성 수지관 상호간 및 박스와는 관을 삽입하는 깊이를 관의 바깥지름의 1.2배(접착제를 사용하는 경우에는 0.8배) 이상으로 한다.	

□□□ 10④,13①
05 합성 수지관 공사의 특징 중 옳은 것은?
① 내열성   ② 내한성
③ 내부식성   ④ 내충격성

해③	합성 수지관의 특징
• 내부식성이 우수하다.	
• 기계적 강도가 약하다.	
• 중량이 가볍고 시공이 용이하다.	

□□□ 10④,13①,20②
06 합성수지 전선관의 장점이 아닌 것은?
① 절연이 우수하다.
② 기계적 강도가 높다.
③ 내부식성이 우수하다.
④ 시공하기 쉽다.

해②	합성 수지관의 특징
• 내부식성이 우수하다.	
• 기계적 강도가 약하다.	
• 중량이 가볍고 시공이 용이하다.	

□□□ 09④,11②
07 접착제를 사용하여 합성 수지관을 삽입해 접속할 경우 관의 깊이는 합성 수지관 바깥지름의 최소 몇 배인가?
① 0.8배   ② 1.2배
③ 1.5배   ④ 1.8배

해①	합성 수지관
• 접착제를 사용하는 경우에는 0.8배 이상	
• 접착제 사용하지 않을 시 : 관을 삽입하는 깊이를 관의 바깥지름의 1.2배 이상	

□□□ 08③,10①,12③,16①,19①
08 합성 수지관을 새들 등으로 지지하는 경우에는 그 지지점 간의 거리를 몇 [m] 이하로 하여야 하는가?
① 1.5[m] 이하   ② 2.0[m] 이하
③ 2.5[m] 이하   ④ 3.0[m] 이하

해①	합성 수지관 공사
합성 수지관을 새들 등으로 지지하는 경우 지지점 간의 거리는 1.5[m] 이하로 한다.	

□□□ 08①,18②

09 합성 수지관 배선에 대한 설명으로 틀린 것은?

① 합성 수지관 배선은 절연전선을 사용하여야 한다.
② 합성 수지관 내에서 전선에 접속점을 만들어서는 안 된다.
③ 합성 수지관 배선은 중량물의 압력 또는 심한 기계적 충격을 받는 장소에 시설하여서는 안 된다.
④ 합성 수지관의 배선에 사용되는 관 및 박스, 기타 부속품은 온도변화에 의한 신축을 고려할 필요가 없다.

| 해④ | 합성 수지관의 배선
합성 수지관의 배선에 사용되는 관 및 박스, 기타 부속품은 온도변화에 의한 신축을 고려해야 한다.

□□□ 기 13②

10 합성수지제 전선관의 호칭은 관 굵기의 무엇으로 표시하는가?

① 홀수인 안지름　② 짝수인 바깥지름
③ 짝수인 안지름　④ 홀수인 바깥지름

| 해③ | 합성수지(경질 비닐) 전선관의 호칭
관 안지름 : 14, 16, 22, 28, 36, 42, 54, 70, 82, 100[mm]의 짝수

□□□ 기 08③,10①,12③,16①,19③

11 합성 수지관 공사에서 관의 지지점 간 거리는 최대 몇 [m]인가?

① 1　② 1.2
③ 1.5　④ 2

| 해③ |
합성 수지관 공사에서 관의 지지점 간의 거리는 1.5[m] 이하로 한다.

□□□ 11④,12①,14①

12 경질 비닐 전선관 1본의 표준 길이는?

① 3[m]　② 3.6[m]
③ 4[m]　④ 4.6[m]

| 해③ | 1본의 길이

경질 비닐 전선관	4[m] 표준
합성 수지관	4[m] 표준
금속관	3.6[m] 표준

□□□ 97,04

13 합성 수지관 1본의 길이는 몇 [m]인가?

① 3.0　② 3.6
③ 4.0　④ 5.0

| 해③ | 1본의 길이

경질 비닐 전선관	4[m] 표준
합성 수지관	4[m] 표준
금속관	3.6[m] 표준

027 금속관 공사

◎ 금속관 공사 : 전개된 장소나 은폐된 장소 어느 곳에서나 시설이 가능하며 물기가 있는 장소, 폭연성 먼지가 있는 장소 등에도 시설할 수 있다.

❶ 금속관 공사의 시설 조건
- 전선은 절연전선(옥외용 비닐 절연전선을 제외한다.)일 것
- 전선은 금속관 안에서 접속점이 없도록 할 것
- 금속관을 콘크리트에 매설할 경우 관의 두께는 1.2[mm] 이상일 것
- 금속관 상호간의 접속은 커플링이나 나사 없는 커플링을 이용하여 접속할 것
- 전선은 연선일 것. 다만 다음의 것은 적용하지 않는다.
  · 짧고 가는 금속관에 넣은 것
  · 단면적 10[mm^2](알루미늄선은 단면적 16[mm^2]) 이하의 것

❷ 금속 전선관
- 금속 전선관 배선
- 기계적 충격에 강하고 전선을 관 안에 넣거나 빼기가 쉽다.
- 금속 전선관 한 개의 표준 길이는 3.6[m]이다.

■ 금속 전선관의 종류

종류	규격[mm]	관의 호칭
후강 전선관	16, 22, 28, 36, 42, 54, 70, 82, 92, 104	관의 근사 안지름 짝수(내경)
박강 전선관	19, 25, 31, 39, 51, 63, 75	관의 근사 바깥지름 홀수(외경)

❸ 금속 전선관의 구부리기
- 굴곡 반지름(R)은 안지름의 6배 이상으로 한다.

$$R = 6d + \frac{D}{2}$$

여기서, d : 관의 안지름, D : 관의 바깥지름

- 구부러진 금속관의 각도
- 360°가 초과하면 안 되므로 중간에 풀박스나 정크션 박스 등을 접속하여 시설한다.
- 교류 회로의 금속관 배선 : 전자적 불평형을 방지하기 위해 반드시 왕복선을 1개의 금속관 내에 넣어 전선관의 과열을 막아야 한다.

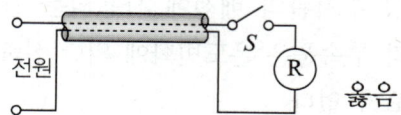

옳음

❹ 금속관 공사 부속품
- 엔트런스 캡 : 저압 가공인입선의 인입구에 사용하는 부속품으로 금속관 공사에서 금속관 끝부분에 사용하여 빗물 침입을 방지한다.
- 오스터(Oster) : 금속관 공사에서 금속 전선관 바깥지름에 나사를 낼 때 사용하는 공구
- 유니버설 엘보 : 철근 콘크리트 건물에 노출 금속관 공사를 할 때 직각으로 굽히는 곳에 사용되는 금속관 재료
- 로크 너트(Lock nut) : 금속관 공사에서 관을 박스에 고정시킬 때 사용하는 공구
- 링 리듀서(ring reducer) : 금속관 공사에서 녹아웃의 지름이 금속관의 지름보다 큰 경우에 구멍을 작게 하기 위해 사용하는 재료
- 히키(hickey) : 금속관 배관 공사를 할 때 금속관을 구부리는 데 사용하는 공구
- 파이프 커터(pipe cutter) : 쇠톱처럼 금속관의 절단이나 프레임 파이프의 절단에 사용하는 공구
- 절연 부싱 : 관 끝단에 부착하여 전선의 절연 피복을 보호하기 위한 기구
- 절연 부싱을 사용하는 이유 : 전선관 끝에서 전선의 인입 및 교체 시 발생하는 전선 피복의 손상을 방지하고 전선과 보호관의 절연성을 높이기 위해서다.

☐☐☐ 06②,13③,14②,16③,20②,23②

01 금속 전선관의 종류에서 후강 전선관 규격 [mm]이 아닌 것은?

① 16　　② 19
③ 28　　④ 36

|해②| 금속 전선관 공사에서 사용되는 관

종류	규격[mm]
후강 전선관 (짝수)	16, 22, 28, 36, 42, 54, 70, 82, 92, 104
박강 전선관 (홀수)	19, 25, 31, 39, 51, 63, 75

☐☐☐ 06①,18①,19③

02 금속관 배관 공사에서 절연 부싱을 사용하는 이유는?

① 박스 내에서 전선의 접속을 방지
② 관이 손상되는 것을 방지
③ 관 단에서 전선의 인입 및 교체 시 발생하는 전선의 손상방지
④ 관의 인입구에서 조영재의 접속을 방지

|해③| 절연 부싱을 사용하는 이유
전선관 끝에서 전선의 인입 및 교체 시 발생하는 전선 피복의 손상을 방지하고 전선과 보호관의 절연성을 높이기 위해서다.

☐☐☐ 11①,19②

03 금속관 공사에서 금속관을 콘크리트에 매설할 경우 관의 두께는 몇 [mm] 이상의 것이어야 하는가?

① 0.8[mm]　　② 1.0[mm]
③ 1.2[mm]　　④ 1.5[mm]

|해③| 관의 두께
콘크리트에 매입하는 관의 두께는 1.2[mm] 이상

☐☐☐ 06①,08④,20③

04 교류 전등 공사에서 금속관 내에 전선을 넣어 연결한 방법 중 옳은 것은?

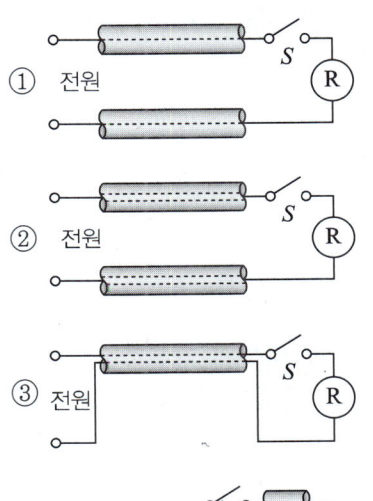

|해③| 교류 금속관 공사
전자적 불평형을 방지하기 위해 반드시 왕복선을 1개의 금속관 내에 넣어 전선관의 과열을 막아야 한다.

☐☐☐ 기 14④

05 금속관 공사에 의한 저압 옥내배선에서 잘못된 것은?

① 전선은 절연전선일 것
② 금속관 안에서는 전선의 접속점이 없도록 할 것
③ 알루미늄 전선은 단면적 16[mm^2] 초과 시 연선을 사용할 것
④ 옥외용 비닐 절연전선을 사용할 것

|해④| 금속관 공사
전선은 절연전선(옥외용 비닐 절연전선을 제외한다.)일 것

□□□ 10①,12④,15①

06 폭연성 먼지 또는 화약류의 가루가 전기설비가 발화원이 되어 폭발할 우려가 있는 곳에 시설하는 저압 옥내전기설비의 저압 옥내배선 공사는?

① 금속관 공사
② 합성 수지관 공사
③ 가요 전선관 공사
④ 애자 공사

| 해① | 금속관 공사

폭연성 먼지 또는 화약류의 가루가 전기설비가 발화원이 되어 폭발할 우려가 있는 곳에 시설하는 저압 옥내전기설비의 시설방법

□□□ 06②,13③,14②,16③,21②

07 박강 전선관의 표준 굵기가 아닌 것은?

① 16[mm]
② 19[mm]
③ 25[mm]
④ 39[mm]

| 해① | 금속 전선관 공사에서 사용되는 관

종류	규격[mm]
박강 전선관	19, 25, 31, 39, 51, 63, 75(바깥지름)
후강 전선관	16, 22, 28, 36, 42, 54, 70, 82, 92, 104(안지름)

□□□ 12④,15②

08 금속관을 구부리는 경우 곡률의 안측 반지름은?

① 전선관 안지름이 3배 이상
② 전선관 안지름의 6배 이상
③ 전선관 안지름의 8배 이상
④ 전선관 안지름의 12배 이상

| 해② | 금속관을 구부리는 경우

곡선반지름은 안지름의 6배 이상이어야 한다.

□□□ 09④

09 다음 그림과 같이 금속관을 구부릴 때 일반적으로 A와 B의 관계식은?

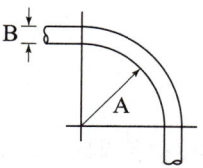

A : 구부러지는 금속관 안측의 반지름
B : 금속관 안지름

① A=2B
② A≥B
③ A=5B
④ A≥6B

| 해④ | 금속 전선관

구부려지는 금속관 안지름(A)은 금속관 안지름(B)의 6배 이상으로 한다.

∴ A≥6B

□□□ 08①,10②③,11③,12③④,15④,20②

10 가연성 가스가 존재하는 저압 옥내전기설비 공사방법으로 옳은 것은?

① 가요 전선관 공사
② 애자 공사
③ 금속관 공사
④ 금속 몰드 공사

| 해③ | 금속관 공사

가연성 가스 및 인화성 물질이 있는 곳의 저압 옥내배선 공사방법

□□□ 10①,16③,19②

11 금속관을 구부릴 때 그 안쪽의 반지름은 관 안지름의 최소 몇 배 이상이 되어야 하는가?

① 4
② 6
③ 8
④ 10

| 해② | 금속 전선관 구부림 반지름

안쪽의 반지름은 관 안지름의 6배 이상으로 하여야 한다.

□□□ 10③

12 금속 전선관을 직각 구부리기 할 때 굴곡 반지름 r은? (단, d는 금속 전선관의 안지름, D는 금속 전선관의 바깥지름이다.)

① $r = 6d + \dfrac{D}{2}$ ② $r = 6d + \dfrac{D}{4}$

③ $r = 2d + \dfrac{D}{6}$ ④ $r = 4d + \dfrac{D}{6}$

| 해 ① | 금속 전선관의 구부리기
구부림 부분의 안쪽 반지름
$r = 6d + \dfrac{D}{2}$

□□□ 06③,08①,09③,10④,11②,12④,15②,19④

13 금속관 공사에서 녹아웃의 지름이 금속관의 지름보다 큰 경우에 사용하는 재료는?

① 로크 너트   ② 부싱
③ 커넥터   ④ 링 리듀서

| 해 ④ | 링 리듀서
금속관을 박스에 고정할 때 녹아웃의 구멍이 금속관보다 커서 로크 너트만으로 고정하기 어려울 때 녹아웃 구멍을 작게 하기 위해 사용하는 공구

□□□ 11③,13③,22①

14 금속관 공사를 노출로 시공할 때 직각으로 구부러지는 곳에는 어떤 배선 기구를 사용하는가?

① 유니온 커플링   ② 아웃렛 박스
③ 픽스쳐 히키   ④ 유니버셜 엘보

| 해 ④ | 유니버셜 엘보
철근 콘크리트 건물에 노출 금속관 공사를 할 때 직각으로 굽히는 곳에 사용되는 금속관 재료

□□□ 06③,13③,14②,16③,21①

15 다음 중 금속 전선관의 호칭을 맞게 기술한 것은?

① 박강, 후강 모두 안지름으로 [mm]로 나타낸다.
② 박강은 안지름, 후강은 바깥지름으로 [mm]로 나타낸다.
③ 박강은 바깥지름, 후강은 안지름으로 [mm]로 나타낸다.
④ 박강, 후강 모두 바깥지름으로 [mm]로 나타낸다.

| 해 ③ | 금속 전선관 공사에서 사용되는 관

종류	관의 호칭	규격[mm]
박강 전선관	홀수 (외경) 관의 바깥지름	19, 25, 31, 39, 51, 63, 75
후강 전선관	짝수 (내경) 관의 안지름	16, 22, 28, 36, 42, 54, 70, 82, 92, 104

□□□ 07④

16 금속관을 조영재에 따라서 시설하는 경우는 새들 또는 행거 등으로 견고하게 지지하고 그 간격을 몇 [m] 이하로 하는 것이 가장 바람직한가?

① 2   ② 3
③ 4   ④ 5

| 해 ① |
금속관은 조영재에 따라서 시설하는 경우 2[m] 이하마다 새들 또는 행거 등으로 견고하게 지지한다.

□□□ 07②

17 배관의 직각 굴곡 부분에 사용하는 것은?

① 로크 너트   ② 절연 부싱
③ 플로어박스 ④ 노멀 밴드

| 해 ④ | 노멀 밴드(normal band)
배관의 직각 굴곡 부분에 사용되는 것으로 특히 콘크리트 매입 배관의 직각 굴곡부분에 사용된다.

□□□ 07①,08③,09③,12①,14③,16②,18②,21①,23②

18 금속 전선관 작업에서 나사를 낼 때 필요한 공구는 어느 것인가?

① 파이프 벤더 ② 볼트클리퍼
③ 오스터 ④ 파이프 렌치

|해③| 오스터(Oster)
금속관 공사에서 금속 전선관 바깥지름 끝에 나사를 낼 때 사용하는 공구

□□□ 07③,10①,19①

19 저압 가공인입선의 인입구에 사용하는 부속품은?

① 플로어 박스 ② 링리듀서
③ 엔트런스 캡 ④ 노말 밴드

|해③| 엔트런스 캡
저압 가공 인입선의 인입구에 사용하여 관 내로 스며드는 빗물 침입을 방지한다.

□□□ 19②

20 금속 전선관을 직각 구부리기 할 때 굽힘 반지름[mm]은? (단, 내경은 18[mm], 외경은 22[mm]이다.

① 113 ② 115
③ 119 ④ 121

|해③| 금속 전선관의 구부리기
$R = 6d + \dfrac{D}{2}$
- 관의 안지름 $d = 18[mm]$
- 관의 바깥지름 $D = 22[mm]$
∴ $R = 6 \times 18 + \dfrac{22}{2} = 119[mm]$

□□□ 12②

21 금속관 공사에 사용되는 부품이 아닌 것은?

① 새들 ② 덕트
③ 로크 너트 ④ 링 리듀서

|해②| 덕트
주로 공장이나 빌딩 등에서 많은 전선이 입·출하는 곳에 사용된다.

정답 **027** 18 ③ 19 ③ 20 ③ 21 ②

028 금속제 가요 전선관 공사

◎ 금속제 가요 전선관 : 설비장소에 굴곡이 많거나 금속관 공사를 시공하기 어려울 때 사용하는 배선

1 시설 조건
- 전선은 절연전선(옥외용 비닐 절연전선을 제외한다.)일 것
- 가요 전선관 안에는 전선에 접속점이 없도록 할 것
- 가요 전선관은 2종 금속제 가요 전선관일 것
- 전선은 연선일 것. 다만 다음의 것은 적용하지 않는다.
  - 단면적 10[mm^2](알루미늄선은 단면적 16[mm^2]) 이하의 것
- 사용전압 400[V] 이하의 저압에만 사용한다.

2 금속제 가요 전선관의 지지·접속
- 가요 전선관 상호의 접속은 커플링으로 하여야 한다.
- 가요 전선관에 박스 또는 캐비닛의 접속은 접속기로 접속하여야 한다.
- 가요 전선관의 접속

가요 전선관 상호 접속	스플릿 커플링
가요 전선관과 금속관의 상호 접속	콤비네이션 커플링

■ 가요 전선관 구부리기 곡선 반지름

1종 가요 전선관	관 안지름의 6배 이상	
2종 가요 전선관	자유로운 경우	관 안지름의 3배 이상
	어려운 경우	관 안지름의 6배 이상

- 1종 가요 전선관 : 노출장소나 점검 가능한 은폐장소로서 건조한 장소에 사용할 수 있다.
- 2종 가요 전선관 : 저압 옥내배선 공사를 실시하는 모든 장소에 시설가능하다.

■ 가요 전선관을 새들 등으로 지지하는 경우의 지지점 간의 거리

시설의 구분	지지점 간의 거리
사람이 접속될 우려가 있는 것	1[m]
조영재의 측면 또는 하면에 수평방향으로 시설할 것	1[m]

■ 2종 가요 전선관의 굵기 선정

전선본수	1	2	3	4	5	6
단면적 2.5[mm^2]일 때 굵기	10[mm]	15[mm]	15[mm]	17[mm]	24[mm]	24[mm]

■ 앵글 박스 커넥터
건물의 모서리(직각)에서 가요 전선관을 박스에 연결할 때 필요한 접속용 공구

□□□ 09③, 10④

01 건물의 모서리(직각)에서 가요 전선관을 박스에 연결할 때 필요한 접속기는?

① 스트렛 박스 커넥터
② 앵글 박스 커넥터
③ 플렉시블 커플링
④ 콤비네이션 커플링

| 해② | 앵글 박스 커넥터
건물의 모서리(직각)에서 가요 전선관을 박스에 연결할 때 필요한 접속용 공구

□□□ 11①

02 사람이 접촉될 우려가 있는 것으로서 가요 전선관을 새들 등으로 지지하는 경우 지지점 간의 거리는 얼마 이하이어야 하는가?

① 0.3[m] 이하
② 0.5[m] 이하
③ 1[m] 이하
④ 1.5[m] 이하

| 해③ | 가요 전선관 지지점 간의 거리

시설의 구분	지지점 간의 거리
사람이 접속될 우려가 있는 것	1[m]
조영재의 측면 또는 하면에 수평방향으로 시설할 것	1[m]

□□□ 11③

03 가요 전선관 공사에 다음의 전선을 사용하였다. 맞게 사용한 것은?

① 알루미늄 35[mm²]의 단선
② 절연전선 16[mm²]의 단선
③ 절연전선 10[mm²]의 연선
④ 알루미늄 25[mm²]의 단선

| 해③ | 금속제 가요 전선관 공사의 시설조건
- 전선은 절연전선(OW전선은 제외)일 것
- 전선은 연선일 것. 다만, 단면적 10[mm²](알루미늄선은 단면적 16[mm²]) 이하의 것은 적용하지 않는다.

□□□ 06④,08④,10①,18①,19③

04 가요 전선관과 금속관의 상호 접속에 쓰이는 재료는?

① 스플릿 커플링
② 콤비네이션 커플링
③ 스트레이트 박스 커넥터
④ 앵글 박스 커넥터

| 해② | 가요 전선관의 접속

콤비네이션 커플링	가요 전선관과 금속관의 상호 접속
스플릿 커플링	가요 전선관 상호 접속

□□□ 12②,14②

05 제1종 금속제 가요 전선관의 두께는 최소 몇 [mm] 이상이어야 하는가?

① 0.8   ② 1.2
③ 1.6   ④ 2.0

| 해① | 제1종 금속제 가요 전선관
두께 : 0.8[mm] 이상

□□□ 09①,14①,15④

06 노출장소 또는 점검 가능한 장소에 제2종 가요 전선관을 시설하고 제거하는 것이 자유로운 경우의 곡률 반지름은 안지름의 몇 배 이상으로 하여야 하는가?

① 2배   ② 3배
③ 4배   ④ 6배

| 해② | 가요 전선관 구부리기 곡선 반지름

1종 가요 전선관		관 안지름의 6배 이상
2종 가요 전선관	자유로운 경우	관 안지름의 3배 이상
	어려운 경우	관 안지름의 6배 이상

□□□ 10④,13②,15④

07 전선의 도체 단면적이 2.5[mm²]인 전선 3본을 동일 관 내에 넣는 경우의 2종 가요 전선관의 최고 굵기는?

① 10[mm]   ② 15[mm]
③ 17[mm]   ④ 24[mm]

| 해② | 2종 가요 전선관의 굵기 선정

전선본수	1	2	3	4	5	6
단면적 2.5[mm²] 일 때 굵기	10 [mm]	15 [mm]	15 [mm]	17 [mm]	24 [mm]	24 [mm]

□□□ 09③,12②,14②,15④

08 1종 가요 전선관을 구부릴 경우의 곡률 반지름은 관 안지름의 몇 배 이상으로 하여야 하는가?

① 3배   ② 4배
③ 5배   ④ 6배

| 해④ | 가요 전선관 구부리기 곡선 반지름

1종 가요 전선관		관 안지름의 6배 이상
2종 가요 전선관	자유로운 경우	관 안지름의 3배 이상
	어려운 경우	관 안지름의 6배 이상

정답 028   03 ③   04 ②   05 ①   06 ②   07 ②   08 ④

□□□ 06④,09②,11④,12③,20②

09 가요 전선관의 상호 접속은 무엇을 사용하는가?

① 콤비네이션 커플링 ② 스플릿 커플링
③ 더블 커넥터   ④ 앵글 커넥터

해②	가요 전선관의 접속
스플릿 커플링	가요 전선관 상호 접속
콤비네이션 커플링	가요 전선관과 금속관의 상호 접속

□□□ 12④,20①

10 가요 전선관에 대한 설명으로 잘못된 것은?

① 가요 전선관의 상호 접속은 커플링으로 하여야 한다.
② 가요 전선관과 금속관 배선 등과 연결하는 경우 적당한 구조의 커플링으로 완벽하게 접속하여야 한다.
③ 가요 전선관을 조영재의 측면에 새들로 지지하는 경우 지지점 간의 거리는 1[m] 이하이어야 한다.
④ 1종 가요 전선관을 구부리는 경우의 곡률 반지름은 관 안지름의 10배 이상으로 하여야 한다.

해④	가요 전선관 구부리기 곡선 반지름	
1종 가요 전선관	관 안지름의 6배 이상	
2종 가요 전선관	자유로운 경우	관 안지름의 3배 이상
	어려운 경우	관 안지름의 6배 이상

□□□ 06②

11 금속제 가요 전선관을 새들 등으로 지지하여 조영재의 측면에 수평방향으로 시설하는 경우 지지점 간의 거리는 몇 [m] 이하로 하여야 하는가?

① 1   ② 1.2
③ 1.5   ④ 2.0

| 해① |
가요 전선관을 조영재의 측면에 새들로 지지하는 경우 지지점 간의 거리는 1[m] 이하이어야 한다.

□□□ 10③,18②

12 가요 전선관 공사방법에 대한 설명으로 잘못된 것은?

① 전선을 옥외용 비닐 절연전선을 제외한 절연전선을 사용한다.
② 일반적으로 전선은 연선을 사용한다.
③ 가요 전선관 안에는 전선의 접속점이 없도록 한다.
④ 사용전압 400[V] 이하의 저압의 경우에만 사용한다.

| 해④ |
옥내배선의 사용전압이 400[V] 초과인 경우에는 전동기에 접속하는 부분으로서 가요성을 필요로 하는 부분에 사용할 수 있다.

029 케이블트렁킹 시스템 KEC 232.20

◎ 케이블트렁킹 시스템 : 건축물에 고정되는 본체부와 제거할 수 있거나 개폐할 수 있는 커버로 이루어지며, 절연전선, 케이블 및 코드를 완전하게 수용할 수 있는 구조의 배선 설비

1 합성수지 몰드 공사 KEC 232.20

■ 사용전압
옥내배선의 사용전압이 400[V] 이하일 것

■ 합성수지 몰드 선정
- 전선은 절연전선(옥외용 비닐 절연전선을 제외한다.)일 것
- 합성수지 몰드는 홈의 폭 및 깊이가 35[mm] 이하, 두께는 2[mm] 이상의 것
- 사람이 쉽게 접촉할 우려가 없도록 시설하는 경우에는 폭이 50[mm] 이하, 두께 1[mm] 이상의 것을 사용할 수 있다.

2 금속 몰드 공사 KEC 232.22

- 전선은 절연전선(옥외용 비닐 절연전선을 제외한다.)일 것
- 금속 몰드 안에는 전선에 접속점이 없도록 할 것
- 금속 몰드의 사용전압이 400[V] 이하로 옥내의 건조한 장소로 전개된 장소 또는 점검할 수 있는 은폐장소에 한하여 시설할 수 있다.
- 금속 몰드의 지지점 간의 거리는 1.5[m] 이하가 되도록 할 것

□□□ 07③, 11③, 12②, 13④, 22②
01 금속 몰드의 사용전압은 몇 [V] 이하일 때 옥내의 건조한 장소에 시설할 수 있는가?

① 100 ② 200
③ 300 ④ 400

|해④| 옥내의 건조한 장소
금속 몰드의 사용전압이 400[V] 이하일 때 옥내의 건조한 장소로 시설할 수 있다.

□□□ 14②, 20①
02 다음 ( ) 안에 들어갈 내용으로 알맞은 것은?

사람의 접촉 우려가 있는 합성수지제 몰드는 홈의 폭 및 깊이가 (㉮)[mm] 이하로 두께는 (㉯)[mm] 이상의 것이어야 한다.

① ㉮ 35, ㉯ 1 ② ㉮ 50, ㉯ 1
③ ㉮ 35, ㉯ 2 ④ ㉮ 50, ㉯ 2

|해③| 합성수지 몰드 선정
- 합성수지 몰드는 홈의 폭 및 깊이가 35[mm] 이하, 두께는 2[mm] 이상의 것
- 사람이 쉽게 접촉할 우려가 없도록 시설하는 경우에는 폭이 50[mm] 이하, 두께 1[mm] 이상의 것을 사용할 수 있다.

□□□ 07③, 11③, 19①
03 합성수지 몰드 공사는 사용전압이 몇 [V] 이하의 배선을 사용하는가?

① 200[V] ② 400[V]
③ 600[V] ④ 800[V]

|해②| 합성수지 몰드 공사
옥내배선의 사용전압이 400[V] 이하일 것

□□□ 15①
04 금속 몰드의 지지점 간의 거리는 몇 [m] 이하로 하는 것이 가장 바람직한가?

① 1 ② 1.5
③ 2 ④ 3

|해②|
금속 몰드의 지지점 간의 거리는 1.5[m] 이하가 되도록 한다.

정답 **029** 01 ④ 02 ③ 03 ② 04 ②

□□□ 15①

05 합성수지 몰드 공사에서 틀린 것은?

① 전선은 절연전선일 것
② 합성수지 몰드 안에는 접속점이 없도록 할 것
③ 합성수지 몰드는 홈의 폭 및 깊이가 65[mm] 이하일 것
④ 합성수지 몰드와 박스 기타의 부속품과는 전선이 노출되지 않도록 할 것

> |해 ③| 합성수지 몰드
> 홈의 폭 및 깊이가 35[mm] 이하, 두께는 2[mm] 이상의 것일 것

□□□ 14④, 23①

06 옥내의 건조하고 전개된 장소에서 사용전압이 400[V] 초과인 경우에는 사용할 수 없는 배선 공사는?

① 애자 공사　② 금속 덕트 공사
③ 버스 덕트 공사　④ 금속 몰드 공사

> |해 ④| 금속 몰드 공사
> 금속 몰드의 사용전압이 400[V] 이하로 옥내의 건조한 장소로 전개된 장소에 시설할 수 있다.

□□□ 16②, 24①

07 건축물에 고정되는 본체부와 제거할 수 있거나 개폐할 수 있는 커버로 이루어지며 절연전선, 케이블 및 코드를 완전하게 수용할 수 있는 구조의 배선 설비의 명칭은?

① 케이블 래더　② 케이블 트레이
③ 케이블 트렁킹　④ 케이블 브라킷

> |해 ③|
> 케이블 트렁킹(cable trunking)에 대한 정의이다.

□□□ 기 14③

08 사용전압 400[V] 초과, 건조한 장소로 점검할 수 있는 은폐된 곳에 저압 옥내배선 시 공사할 수 있는 방법은?

① 합성수지 몰드 공사
② 금속 몰드 공사
③ 버스 덕트 공사
④ 라이팅 덕트 공사

> |해 ③| 저압 옥내배선 시 공사
> 사용전압 400[V] 초과, 건조한 장소로 점검할 수 있는 은폐된 곳은 애자 공사, 금속 덕트 공사, 버스 덕트 공사로 하여야 한다.
> [KEC] 애자 공사·합성수지몰드 공사 또는 금속 몰드 공사

030 케이블덕팅 시스템 KEC 232.30

◎ 케이블덕팅 시스템 : 절연전선 및 케이블 등을 인입하거나 교체할 수 있는 단면이 비원형인 폐쇄 배선시스템

① 금속 덕트 공사 KEC 232.31

■ 금속 덕트 심볼 : MD(Metal Duct) MD

■ 금속 덕트 공사의 시설 조건
- 금속 덕트 안에는 전선에 접속점이 없도록 할 것
- 전선은 절연전선(옥외용 비닐 절연전선을 제외한다.)일 것
- 금속 덕트 안에는 전선의 피복을 손상할 우려가 있는 것을 넣지 않을 것
- 금속 덕트에 넣은 전선의 단면적의 합계는 덕트의 내부 단면적의 20[%] 이하일 것
- 폭이 40[mm] 이상, 두께가 1.2[mm] 이상인 철판 또는 동등 이상의 기계적 강도를 가지는 금속제의 것으로 견고하게 제작된 것

■ 금속 덕트의 시설
- 덕트의 끝부분은 막을 것
- 덕트 안에 먼지가 침입하지 아니하도록 할 것
- 덕트 상호간은 견고하고 또한 전기적으로 완전하게 접속할 것
- 덕트를 조영재에 붙이는 경우에는 덕트의 지지점 간의 거리를 3[m] 이하로 하고 견고하게 붙일 것
- 덕트의 본체와 구분하여 뚜껑을 설치하는 경우에는 쉽게 열리지 아니하도록 시설할 것

② 플로어 덕트 공사 KEC 232.32

◎ 플로어 덕트 공사 : 사무실, 빌딩 등의 바닥에 덕트를 매입해 바닥에서 배선을 끌어내는 방법

■ 플로어 덕트 공사의 기준
- 플로어 덕트 배선의 사용전압은 400[V] 이하로 제한한다.
- 전선은 절연전선(옥외용 비닐 절연전선을 제외한다.)일 것
- 전선은 연선일 것. 다만 단면적 10[mm²](알루미늄선은 단면적 16[mm²] 이하) 이하인 것은 그러하지 아니한다.
- 덕트의 끝부분은 막을 것
- 덕트 상호간 및 덕트와 박스 및 인출구와는 견고하고 또한 전기적으로 완전하게 접속할 것
- 덕트 및 박스 기타의 부속품은 물이 고이는 부분이 없도록 시설하여야 한다.

■ 부속품
- 아이언플러그 : 박스의 플러그 구멍을 메우는 것으로 전열 기구의 전원에 사용

③ 셀룰러 덕트 공사 KEC 232.33

◎ 셀룰러 덕트 공사 : 부하 용량의 증가에 따라 배선의 용량, 회로의 증가 및 부하의 위치 변경에 용이하게 대처할 수 있는 배선 설비

■ 시설기준
- 전선은 절연전선(옥외용 비닐 절연전선을 제외한다.)일 것
- 전선은 연선일 것. 다만 단면적 10[mm²](알루미늄선은 단면적 16[mm²] 이하) 이하인 것은 그러하지 아니한다.
- 셀룰러 덕트 안에는 전선에 접속점을 만들지 아니할 것

■ 셀룰러 덕트 및 부속품
- 강판으로 제작할 것
- 덕트의 끝부분은 막을 것
- 부속품의 판 두께는 1.6[mm] 이상일 것
- 덕트 끝과 안쪽면은 전선의 피복이 손상하지 아니하도록 매끈한 것일 것
- 덕트의 안쪽면 및 외면은 방청을 위하여 도금 또는 도장을 한 것일 것

■ 셀룰러 덕트의 선정

덕트의 최대 폭	덕트의 판 두께
150[mm] 이하	1.2[mm]
200[mm] 초과	1.6[mm]

□□□ 07③,09③,14②
01 다음 중 금속 덕트 공사방법과 거리가 가장 먼 것은?

① 덕트의 끝부분은 열어 놓을 것
② 금속 덕트는 3[m] 이하의 간격으로 견고하게 지지할 것
③ 금속 덕트의 뚜껑은 쉽게 열리지 않도록 시설할 것
④ 금속 덕트 상호간은 견고하고 또한 전기적으로 완전하게 접속할 것

|해①| 금속 덕트의 시설
• 덕트의 끝부분은 막을 것
• 덕트 안에 먼지가 침입하지 아니하도록 할 것

□□□ 10②,23②,24②
02 금속 덕트에 넣은 전선의 단면적(절연피복의 단면적 포함)의 합계는 덕트 내부 단면적의 몇 [%] 이하로 하여야 하는가? (단, 전광표시 장치·출퇴 표시 등 기타 이와 유사한 장치 또는 제어회로 등의 배선만을 넣는 경우가 아니다.)

① 20[%] ② 40[%]
③ 60[%] ④ 80[%]

|해①| 금속 덕트 공사에서 제어회로 등에 배선만
• 넣는 경우 : 50[%] 이하
• 넣지 않는 경우 : 20[%] 이하

□□□ 13①
03 금속 덕트 배선에 사용하는 금속 덕트의 철판 두께는 몇 [mm] 이상이어야 하는가?

① 0.8 ② 1.2
③ 1.5 ④ 1.8

|해②| 금속 덕트
폭 40[mm] 이상, 두께 1.2[mm] 이상인 철근

□□□ 09④,10①,12①,13②
04 절연전선을 동일 금속 덕트 내에 넣을 경우 금속 덕트의 크기는 전선의 피복절연물을 포함한 단면적의 총합계가 금속 덕트 내 단면적의 몇 [%] 이하가 되도록 선정하여야 하는가? (단, 제어회로 등의 배선에 사용하는 전선만을 넣는 경우이다.)

① 30% ② 40%
③ 50% ④ 60%

|해③| 절연전선

금속덕트 내 단면적	20[%] 이하
제어회로 등의 배선일 때	50[%] 이하

□□□ 07④,12②,16②
05 플로어 덕트 공사의 설명 중 옳지 않은 것은?

① 덕트 상호간 접속은 견고하고 전기적으로 완전하게 접속하여야 한다.
② 덕트의 끝부분은 막는다.
③ 덕트 및 박스 기타 부속품은 물이 그이는 부분이 없도록 시설하여야 한다.
④ 전선은 옥외용 비닐 절연전선을 사용한다.

|해④|
전선은 절연전선(옥외용 비닐 절연전선을 제외한다.)일 것

□□□ 11②,22②
06 플로어 덕트 공사에서 금속제 박스는 강판의 몇 [mm] 이상되는 것을 사용하여야 하는가?

① 2.0 ② 1.5
③ 1.2 ④ 1.0

|해①| 플로어 덕트 공사
플로어 덕트 공사에 사용하는 금속제 박스는 두께가 2[mm] 이상인 강판으로 견고하게 제작되어야 한다.

☐☐☐ 13④
07 셀룰러 덕트 공사 시 덕트 상호간을 접속하는 것과 셀룰러 덕트 끝에 접속하는 부속품에 대한 설명으로 적합하지 않은 것은?

① 알루미늄 판으로 특수 제작할 것
② 부속품의 판 두께는 1.6[mm] 이상일 것
③ 덕트 끝과 내면은 전선의 피복이 손상하지 않도록 매끈한 것일 것
④ 덕트의 안쪽면과 외관은 녹을 방지하기 위하여 도금 또는 도장을 한 것일 것

| 해 ① |
강판으로 제작한 것일 것

☐☐☐ 08④
08 그림과 같은 심벌의 명칭은?

① 금속 덕트
② 버스 덕터
③ 피드 버스 덕트
④ 플러그인 버스 덕트

MD

| 해 ① | 금속 덕트 심볼
MD(Metal Duct)

☐☐☐ 10③
09 플로어 덕트 부속품 중 박스의 플러그 구멍을 메우는 것의 명칭은?

① 덕트 서포트   ② 아이언 플러그
③ 덕트 플러그   ④ 인서트 마커

| 해 ② | 플로어 덕트 부속품 아이언 플러그 박스의 플러그 구멍을 메우는 것으로 전열 기구의 전원에 사용

☐☐☐ 10④,16③,22①
10 금속 덕트를 조영재에 붙이는 경우에는 지지점 간의 거리는 최대 몇 [m] 이하로 하여야 하는가?

① 1.5   ② 2.0
③ 3.0   ④ 3.5

| 해 ③ |
덕트를 조영재에 붙이는 경우에는 덕트의 지지점 간의 거리를 3[m]로 한다.

☐☐☐ 16①
11 플로어 덕트 배선의 사용전압은 몇 [V] 이하로 제한되는가?

① 220   ② 400
③ 600   ④ 700

| 해 ② | 플로어 덕트 공사
플로어 덕트 배선의 사용전압은 400[V] 이하로 제한한다.

☐☐☐ 기 09④,10①,12①,13②
12 금속 덕트 공사에 있어서 전광표시장치, 출퇴표시장치 등 제어회로용 배선만을 공사할 때 절연전선의 단면적은 금속 덕트 내 몇 [%] 이하이어야 하는가?

① 80   ② 70
③ 60   ④ 50

| 해 ④ | 금속 덕트 공사에서 제어회로 등에 배선만
• 넣는 경우 : 50[%] 이하
• 넣지 않는 경우 : 20[%] 이하

031 케이블 공사 KEC 232.51

■ 케이블 공사 시설기준
- 전선은 케이블 및 캡타이어 케이블일 것
- 전선을 조영재의 아랫면 또는 옆면에 따라 붙이는 경우에는 전선의 지지점 간의 거리를 케이블은 2[m] 이하로 하고 캡타이어 케이블은 1[m] 이하로 한다.
- 중량물의 압력 또는 심한 기계적 충격을 받을 우려가 있는 곳에 포설하는 케이블에는 적당한 방호 장치를 할 것
- 케이블을 조영재에 지지하는 경우에 이용하는 재료 : 새들, 클리트(Cleat), 스테이플러
- 터미널 캡 : 전선관에서 애자 공사와 같은 노출 공사로 연결될 때 전선관 끝에서 꺼낼 전선의 보호를 위해 사용하는 전선관 부속 재료

□□□ 09①,12④,20②
01 케이블을 조영재에 지지하는 경우 이용되는 것으로 맞지 않는 것은?
① 새들 ② 클리트
③ 스테이플러 ④ 터미널 캡

|해④| **터미널 캡**
전선관에서 애자 공사와 같은 노출 공사로 연결될 때 전선관 끝에서 꺼낼 전선의 보호를 위해 사용하는 전선관 부속 재료

□□□ 15③
02 연피 없는 케이블을 배선할 때 직각 구부리기(L형)는 대략 굴곡 반지름을 케이블의 바깥지름의 몇 배 이상으로 해야 하는가?
① 3 ② 4
③ 6 ④ 10

|해③| 연피가 없는 케이블을 배선할 때 직각 구부리기는 굴곡 반지름은 케이블 바깥지름의 6배 이상으로 하여야 한다.

□□□ 12③,16②,20①,24②
03 가공전선에 케이블을 사용하는 경우에는 케이블은 조가선에 행거를 사용하여 조가한다. 사용전압이 고압일 경우 그 행거의 간격은?
① 50[cm] 이하 ② 50[cm] 이상
③ 75[cm] 이하 ④ 75[cm] 이상

|해①| **조가선의 행거 간격**
- 케이블은 조가선에 행거로 시설할 것
- 이 경우에는 사용전압이 고압인 때에는 행거의 간격은 50[cm] 이하로 한다.

□□□ 11④,12②,14②,22①
04 캡타이어 케이블을 조영재의 옆면에 따라 시설하는 경우 지지점 간의 거리는 얼마 이하로 하는가?
① 2[m] ② 3[m]
③ 1[m] ④ 1.5[m]

|해③| **캡타이어 케이블 공사**
- 캡타이어 케이블은 전선의 지지점 간의 거리는 1[m] 이하로 한다.
- 전선을 조영재의 아랫면 또는 옆면에 따라 붙이는 경우에는 전선의 지지점 간의 거리를 케이블은 2[m] 이하로 한다.

□□□ 기 11①,12①,22①
05 케이블을 구부리는 경우는 피복이 손상되지 않도록 하고 그 굽은 부분의 곡선 반지름은 원칙적으로 케이블이 단심인 경우 완성품 바깥지름의 몇 배 이상이어야 하는가?
① 4 ② 6
③ 8 ④ 10

|해③| **케이블 구부림 반지름**
- 케이블 바깥지름의 6배
- 단심인 경우 : 케이블 바깥지름의 8배

□□□ 11③,12②,14②

06 케이블 공사에 의한 저압 옥내배선에서 케이블을 조영재의 아랫면 또는 옆면에 따라 붙이는 경우에는 전선의 지지점 간 거리는 몇 [m] 이하이어야 하는가?

① 0.5　　② 1
③ 1.5　　④ 2

| 해④ | 케이블 공사
- 캡타이어 케이블은 전선의 지지점 간의 거리는 1[m] 이하로 한다.
- 전선을 조영재의 아랫면 또는 옆면에 따라 붙이는 경우에는 전선의 지지점 간의 거리를 케이블은 2[m] 이하로 한다.

□□□ 16③

07 케이블 공사에서 비닐 외장 케이블을 조영재의 옆면에 따라 붙이는 경우 전선의 지지점 간의 거리는 최대 몇 [m]인가?

① 1.0　　② 1.5
③ 2.0　　④ 2.5

| 해③ | 케이블 공사
- 캡타이어 케이블은 전선의 지지점 간의 거리는 1[m] 이하로 한다.
- 전선을 조영재의 아랫면 또는 옆면에 따라 붙이는 경우에는 전선의 지지점 간의 거리를 케이블은 2[m] 이하로 한다.

□□□ 11①,12①,22②

08 콘크리트 직매용 케이블 배선에서 일반적으로 케이블을 구부릴 때 피복이 손상되지 않도록 그 굽은 부분 안쪽의 반지름은 케이블 바깥지름의 몇 배 이상으로 하여야 하는가? (단, 단심이 아닌 경우이다.)

① 2배　　② 3배
③ 6배　　④ 12배

| 해③ | 콘크리트 직매용 케이블 배선
케이블을 구부릴 때에는 피복이 손상되지 않도록 그 굴곡부분 안쪽의 반지름은 케이블의 바깥지름의 6배(단심에 있어서는 8배) 이상으로 하여야 한다.

정답 06 ④　07 ③　08 ③

032 덕트 공사

◎ 덕트 공사(버스 덕트와 라이팅 덕트 공사)에는 나전선을 사용한다.

1 버스 덕트 공사 KEC 232.61

■ 버스 덕트 공사의 시설 기준
- 덕트(환기형의 것은 제외한다.)의 끝부분은 막을 것
- 덕트 상호간 및 전선 상호간은 견고하고 또한 전기적으로 완전하게 접속할 것
- 덕트를 조영재에 붙이는 경우에는 덕트의 지지점 간의 거리를 3[m] 이하로 하고 견고하게 붙일 것(수직으로 붙이는 경우에는 6[m] 이하)
- 습기가 많은 장소 또는 물기가 있는 장소에 시설하는 경우에는 옥외용 버스 덕트를 사용하고 버스 덕트 내부에 물이 침입하여 고이지 아니하도록 할 것

■ 버스 덕트의 종류
- 피더 버스 덕트 : 도중에 부하를 접속하지 아니한 것
- 플러그인 버스 덕트 : 도중에 부하 접속용으로 꽂음 플러그를 만든 것
- 트롤리 버스 덕트 : 도중에 이동 부하를 접속할 수 있도록 트롤리 접촉식 구조로 한 것

2 라이팅 덕트 공사 KEC 232.71
- 덕트의 끝부분은 막을 것
- 덕트는 조영재에 견고하게 붙일 것
- 덕트의 지지점 간의 거리는 2[m] 이하로 할 것
- 덕트는 조영재를 관통하여 시설하지 아니할 것
- 덕트의 개구부(開口部)는 아래로 향하여 시설할 것
- 덕트 상호간 및 전선 상호간은 견고하게 또는 전기적으로 완전히 접속할 것

□□□ 06③, 20①
01 버스 덕트 공사에서 도중에 부하를 접속할 수 있도록 제작한 덕트는?
① 피더 버스 덕트
② 플러그인 버스 덕트
③ 트롤리 버스 덕트
④ 이동 부하 버스 덕트

|해②| 버스 덕트의 종류
- 피더 버스 덕트 : 도중에 부하를 접속하지 아니한 것
- 플러그인 버스 덕트 : 도중에 부하 접속용으로 꽂음 플러그를 만든 것
- 트롤리 버스 덕트 : 도중에 이동 부하를 접속할 수 있도록 트롤리 접촉식 구조로 한 것

□□□ 15③, 19②
02 다음 중 버스 덕트가 아닌 것은?
① 플로어 버스 덕트
② 피더 버스 덕트
③ 트롤리 버스 덕트
④ 플러그인 버스 덕트

|해①| 버스 덕트(Bus Duct)의 종류
피더 버스 덕트(Feeder bus duct), 플러그인 버스 덕트(Plug in bus duct), 트롤리 버스 덕트(Trolly bus duct)

□□□ 09②
03 다음 중 덕트 공사의 종류가 아닌 것은?
① 금속 덕트 공사 ② 버스 덕트 공사
③ 케이블 덕트 공사 ④ 플로어 덕트 공사

|해③| 덕트 공사의 종류
금속 덕트 공사, 버스 덕트 공사, 플로어 덕트 공사

□□□ 16②

04 라이팅 덕트 공사에 의한 저압 옥내배선의 시설 기준으로 틀린 것은?

① 덕트의 끝부분은 막을 것
② 덕트는 조영재에 견고하게 붙일 것
③ 덕트의 개구부는 위로 향하여 시설할 것
④ 덕트는 조영재를 관통하여 시설하지 아니할 것

| 해③ | 라이팅 덕트 공사
덕트의 개구부(開口部)는 아래로 향하여 시설할 것

□□□ 08①, 23①, 24①

05 버스 덕트 공사에 의한 저압 옥내배선 공사에 대한 설명으로 틀린 것은?

① 덕트 상호간 및 전선 상호간은 견고하고 또한 전기적으로 완전하게 접속할 것
② 덕트를 조영재에 붙이는 경우에는 덕트의 지지점 간의 거리를 6[m] 이하로 할 것
③ 덕트(환기형의 것을 제외한다.)의 끝부분은 막을 것
④ 습기가 많은 장소 또는 물기가 있는 장소에 시설하는 경우에는 옥외용 버스 덕트를 사용할 것

| 해② | 버스 덕트 공사
덕트를 조영재에 붙이는 경우에는 덕트의 지지점 간의 거리를 3[m] 이하로 하고 또한 견고하게 붙일 것

□□□ 08①, 11④

06 버스 덕트 공사에서 덕트를 조영재에 붙이는 경우에는 덕트의 지지점 간의 거리를 몇 [m] 이하로 하여야 하는가?

① 3
② 4.5
③ 6
④ 9

| 해① | 버스 덕트 공사
덕트를 조영재에 붙이는 경우에는 덕트의 지지점 간의 거리를 3[m] 이하로 하고 또한 견고하게 붙일 것

□□□ 11③, 14③

07 라이팅 덕트 공사에 의한 저압 옥내배선 시 덕트의 지지점 간의 거리는 몇 [m] 이하로 해야 하는가?

① 1.0
② 1.2
③ 2.0
④ 3.0

| 해③ | 라이팅 덕트 공사
덕트의 지지점 간의 거리는 2[m] 이하로 할 것

CHAPTER 05 특수 장소와 전기시설

033 먼지(분진) 위험 장소 KEC 242.2

■ 특수 장소의 공사방법

특수 장소	공사방법
폭연성 먼지(분진) 위험 장소	케이블 공사, 금속관 공사
가연성 분진 위험 장소 (분진 : 먼지, 소맥분)	케이블 공사, 금속관 공사, 합성 수지관 공사
가연성 가스, 인화성 액체 증기 등의 위험 장소	케이블 공사, 금속관 공사
위험물이 존재하는 장소	케이블 공사, 금속관 공사, 합성 수지관 공사
화약류 저장소	케이블 공사, 금속관 공사

1 폭연성 먼지 위험 장소 KEC 242.2.1

■ 폭연성 먼지 분진
- 마그네슘, 알루미늄, 티탄, 지르코늄 등의 먼지가 쌓여 있는 상태에서 불이 붙었을 때에 폭발할 우려가 있는 것을 말한다.

■ 금속관 공사
폭연성 먼지 또는 화약류의 가루(분말)가 전기설비가 발화원이 되어 폭발할 우려가 있는 곳에 시설하는 저압 옥내전기설비의 시설방법이다.

- 폭발성 먼지가 있는 위험 장소에 금속관 공사에 의할 경우 관 상호 및 관과 박스 기타의 부속품이나 풀박스 또는 전기 기계기구와는 5턱 이상의 나사 조임으로 접속한다.
- 폭연성 먼지(분진)가 있는 장소의 공사 : 폭연성 먼지, 화약류 가루가 존재하는 곳의 저압 옥내배선 공사는 금속관 공사, 케이블 공사(미네럴인슐레이션(MI) 케이블 공사, 개장된 케이블 공사)

2 가연성 먼지 위험 장소 KEC 242.2.2

■ 가연성(소맥분, 전분 기타)의 먼지가 존재하는 곳의 저압 옥내배선 공사방법
합성수지 공사, 금속관 공사, 케이블 공사에 의할 것

3 가연성 가스 등의 위험 장소 KEC 242.2.3

- 가스 증기 위험 장소란 가연성 가스 또는 인화성 물질의 증기가 누출되거나 체류하여 전기설비가 발화원이 되어 폭발할 우려가 있는 곳
- 가연성 가스가 존재하는 저압 옥내전기설비 공사방법으로 금속관 공사를 한다.

---

01 화약류의 가루가 전기설비가 발화원이 되어 폭발할 우려가 있는 곳에 시설하는 저압 옥내배선의 공사방법으로 가장 알맞은 것은?

① 금속관 공사　　② 애자 공사
③ 버스 덕트 공사　④ 합성수지 몰드 공사

|해①| 금속관 공사
폭연성 먼지 또는 화약류의 가루가 전기설비가 발화원이 되어 폭발할 우려가 있는 곳에 시설하는 저압 옥내전기설비의 시설방법

02 옥내에 시설하는 사용전압이 400[V] 이상인 저압의 이동 전선을 0.6/1[kV] EP 고무 절연 클로로프렌 캡타이어 케이블로써 단면적이 몇 [mm²] 이상이어야 하는가?

① 0.75[mm²]　　② 2[mm²]
③ 5.5[mm²]　　④ 8[mm²]

|해①| 400[V] 이상인 저압의 이동 전선
단면적 0.75[mm²] 이상의 0.6/1[kV] EP 고무 절연 클로로프렌 캡타이어 케이블일 것

☐☐☐ 09③,11①③,14④,18④,22①

03 가연성 먼지에 전기설비가 발화원이 되어 폭발의 우려가 있는 곳에 시설하는 저압 옥내배선 공사방법이 아닌 것은?

① 금속관 공사 ② 케이블 공사
③ 애자 공사 ④ 합성 수지관 공사

| 해③ | 가연성(소맥분, 전분 기타)의 먼지가 존재하는 곳의 저압 옥내배선 공사방법
합성수지 공사, 금속관 공사, 케이블 공사에 의할 것

☐☐☐ 12④

04 티탄을 제조하는 공장으로 먼지가 쌓여진 상태에서 착화된 때에 폭발할 우려가 있는 곳에 저압 옥내배선을 설치하고자 한다. 알맞은 공사방법은?

① 합성수지 몰드 공사
② 라이팅 덕트 공사
③ 금속 몰드 공사
④ 금속관 공사

| 해④ | 금속관 공사
폭연성 먼지(마그네슘·알루미늄·티탄·지르코늄) 또는 화약류의 가루가 전기설비가 발화원이 되어 폭발할 우려가 있는 곳에 시설하는 저압 옥내전기설비의 시설방법

☐☐☐ 07③,08①③④,10②,11④,12③,13①,14①②,18②,21①,23①

05 폭발성 먼지가 있는 위험 장소의 금속관 공사에 있어서 관 상호 및 관과 박스 기타의 분속품이나 풀박스 또는 전기 기계기구는 몇 턱 이상의 나사 조임으로 시공하여야 하는가?

① 2턱 ② 3턱
③ 4턱 ④ 5턱

| 해④ | 5턱 이상의 나사 조임으로 접속하는 방법
폭발(폭연)성 먼지가 존재하는 곳

☐☐☐ 12③,21②

06 폭연성 먼지가 존재하는 곳의 금속관 공사 시 전동기에 접속하는 부분에서 가요성을 필요로 하는 부분의 배선에는 방폭형의 부속품 중 어떤 것을 사용하여야 하는가?

① 플렉시블 피팅
② 먼지 플렉시블 피팅
③ 먼지 방폭형 플렉시블 피팅
④ 안전 증가 플렉시블 피팅

| 해③ | 먼지 방폭형 플렉시블 피팅
폭연성 먼지가 존재하는 곳의 금속관 공사 시 전동기에 접속하는 부분에서 가요성을 필요로 하는 부분의 배선에 사용

☐☐☐ 09③,11①③,14④,18④,21②

07 가연성 먼지(소맥분, 전분, 유황 기타 가연성 먼지 등)로 인하여 폭발할 우려가 있는 저압 옥내설비 공사로 적절하지 않는 것은?

① 케이블 공사 ② 금속관 공사
③ 합성 수지관 공사 ④ 플로어 덕트 공사

| 해④ | 가연성의 먼지(소맥분, 전분 기타)가 존재하는 곳의 저압 옥내배선 공사방법
합성수지 공사, 금속관 공사, 케이블 공사에 의할 것

☐☐☐ 08①,10②③,11③,12③④

08 가연성 가스가 새거나 체류하여 전기설비가 발화원이 되어 폭발할 우려가 있는 곳에 있는 저압 옥내전기설비의 시설방법으로 가장 적합한 것은?

① 애자 공사 ② 가요 전선관 공사
③ 셀룰러 덕트 공사 ④ 금속관 공사

| 해④ | 금속관 공사
가연성 가스 및 인화성 물질이 있는 곳의 저압 옥내 배선 공사방법

정답 03 ③ 04 ④ 05 ④ 06 ③ 07 ④ 08 ④

09 소맥분, 전분 기타 가연성의 먼지가 존재하는 곳의 저압 옥내배선 공사방법에 해당되는 것으로 짝지어진 것은?

① 케이블 공사, 애자 공사
② 금속관 공사, 콤바인 덕트관, 애자 공사
③ 케이블 공사, 금속관 공사, 애자 공사
④ 케이블 공사, 금속관 공사, 합성 수지관 공사

| 해④ | 가연성의 먼지(소맥분, 전분 기타)이 존재하는 곳의 저압 옥내배선 공사방법
합성수지 공사, 금속관 공사, 케이블 공사에 의할 것

10 가연성 가스가 존재하는 저압 옥내전기설비 공사방법으로 옳은 것은?

① 가요 전선관 공사
② 합성 수지관 공사
③ 금속관 공사
④ 금속 몰드 공사

| 해③ | 금속관 공사
가연성 가스 및 인화성 물질이 있는 곳의 저압 옥내배선 공사방법

11 소맥분, 전분 기타 가연성의 먼지가 존재하는 곳의 저압 옥내배선 공사방법 중 적당하지 않은 것은?

① 애자 공사   ② 합성 수지관 공사
③ 케이블 공사   ④ 금속관 공사

| 해① | 가연성의 먼지(소맥분, 전분 기타)가 존재하는 곳의 저압 옥내배선 공사방법
합성수지 공사, 금속관 공사, 케이블 공사에 의할 것

12 폭연성 먼지가 존재하는 곳의 저압 옥내배선 공사 시 공사방법으로 짝지어진 것은?

① 금속관 공사, MI 케이블 공사, 개장된 케이블 공사
② CD 케이블 공사, MI 케이블 공사, 금속관 공사
③ CD 케이블 공사, MI 케이블 공사, 제1종 캡타이어 케이블 공사
④ 개장된 케이블 공사, CD 케이블 공사, 제1종 캡타이어 케이블 공사

| 해① | 폭연성 먼지(분진)가 있는 장소의 공사
폭연성 먼지, 화약류 가루가 존재하는 곳의 저압 옥내배선 공사는 금속관 공사, 케이블 공사(미네럴 인슐레이션(MI) 케이블 공사, 개장된 케이블 공사)

13 가스 증기 위험 장소의 공사방법으로 적합하지 않은 것은?

① 옥내배선은 금속관 공사 또는 합성 수지관 공사로 할 것
② 전선관 부품 및 전선 접속함에는 내압 폭발 방지 구조의 것을 사용할 것
③ 금속관 공사로 할 경우 관 상호 및 관과 박스는 5턱 이상의 나사 조임으로 견고하게 접속할 것
④ 금속관과 전동기의 접속 시 가요성을 필요로 하는 짧은 부분의 배선에는 안전증가방폭 구조의 플렉시블 피팅을 사용할 것

| 해① | 가스 증기 위험 장소의 공사방법
옥내배선은 금속관 공사, 케이블 공사 등에 의한다.

034 위험물 등이 존재하는 위험 장소

1 위험물 등이 존재하는 위험 장소 KEC 242.4

■ 셀룰로이드, 성냥, 석유류 등 기타 가연성 위험 물질을 제조 또는 저장하는 장소의 배선
- 공사 방법은 금속관 공사, 합성 수지관(CD관 제외) 공사, 케이블 공사에 의할 것
- 두께가 2[mm] 이상의 합성수지제 전선관을 사용할 것
- 금속관은 박강 전선관 또는 이와 동등 이상의 강도가 있는 것을 사용할 것
- 합성 수지관 공사에 사용하는 합성 수지관 및 박스 기타 부속품은 손상될 우려가 없도록 시설할 것

■ 이동 전선은 접속점이 없는 0.6/1[kV] EP고무 절연 클로로프렌 캡타이어 케이블 또는 0.6/1[kV] 비닐 절연 비닐캡타이어 케이블을 사용한다.

■ 통상의 사용 상태에서 불꽃 또는 아크를 일으키거나 온도가 현저히 상승할 우려가 있는 전기 기계기구는 위험물에 착화할 우려가 없도록 시설할 것

2 화약류 저장소 등의 위험 장소 KEC 242.5

■ 화약류 저장소 안에는 전기설비를 시설해서는 안 된다.
- 전로에 대지 전압은 300[V] 이하일 것
- 전기 기계기구는 전폐형의 것일 것
- 케이블을 전기 기계기구에 인입할 때에는 인입구에서 케이블이 손상될 우려가 없도록 시설할 것

■ 화약류 저장 장소의 배선 공사에서 전용 개폐기로부터 화약류 저장소의 인입구까지는 케이블을 사용한 지중전선로로 공사한다.

01 셀룰로이드, 성냥, 석유류 등 기타 가연성 위험물질을 제조 또는 저장하는 장소의 공사 방법으로 잘못된 것은?

① 금속관 공사 ② 합성 수지관 공사
③ 플로어 덕트 공사 ④ 케이블 공사

> |해 ③| 위험물 등이 존재하는 장소의 공사
> - 셀룰로이드·성냥·석유류 기타 타기 쉬운 위험한 물질을 제조하거나 저장하는 곳
> - 금속관 공사, 합성 수지관(CD관 제외) 공사, 케이블 공사를 한다.

□□□ 07③④,08③,09①,13②④,16①②,20①

02 성냥을 제조하는 공장의 공사방법으로 적당하지 않는 것은?

① 금속관 공사
② 케이블 공사
③ 합성 수지관 공사
④ 금속 몰드 공사

> |해 ④| 위험물 등이 존재하는 장소의 공사
> - 셀룰로이드·성냥·석유류, 기타 타기 쉬운 위험한 물질을 제조하거나 저장하는 곳
> - 금속관 공사, 합성 수지관 공사, 케이블 공사를 한다.

□□□ 07②,09④,10④,11②,12①,15③,19④,22①

03 화약류 저장소에서 백열전등이나 형광등 또는 이들에 전기를 공급하기 위한 전기설비를 시설하는 경우 전로의 대지 전압[V]은?

① 100[V] 이하 ② 150[V] 이하
③ 220[V] 이하 ④ 300[V] 이하

> |해 ④| 화약류 저장소에서 전기설비의 시설 전로에 대한 대지 전압은 300[V] 이하일 것

정답 034 01 ③ 02 ④ 03 ④

□□□ 07③④,08③,09①,13②④,16①②

04 성냥, 석유류, 셀룰로이드 등 기타 가연성 물질을 제조 또는 저장하는 장소의 공사방법으로 적당하지 않은 공사는?

① 케이블 공사
② 방습형 플렉시블 공사
③ 합성 수지관 공사
④ 금속관 공사

| 해② | 위험물 등이 존재하는 장소의 공사
• 셀룰로이드·성냥·석유류 기타 타기 쉬운 위험한 물질을 제조하거나 저장하는 곳
• 금속관 공사, 합성 수지관 공사, 케이블 공사를 한다.

□□□ 07③④,08③,09①,13②④,16①②,21①

05 셀룰로이드, 성냥, 석유류 등 기타 가연성 위험 물질을 제조 또는 저장하는 장소에 시설해서는 안 되는 공사는?

① 애자 공사
② 케이블 공사
③ 합성 수지관 공사
④ 금속관 공사

| 해① | 위험물 등이 존재하는 장소의 공사
• 셀룰로이드·성냥·석유류 기타 타기 쉬운 위험한 물질을 제조하거나 저장하는 곳
• 금속관 공사, 합성 수지관 공사, 케이블 공사를 한다.

□□□ 06①,15②④

06 화약고의 배선 공사 시 개폐기 및 과전류 차단기에서 화약고 인입구까지는 어떤 배선 공사에 의하여 시설하여야 하는가?

① 합성 수지관 공사로 지중선로
② 금속관 공사로 지중선로
③ 합성수지 몰드 지중선로
④ 케이블사용 지중선로

| 해④ | 화약류 저장장소의 배선 공사
케이블을 전기 기계기구에 인입할 때에는 인입구에서 케이블이 손상될 우려가 없도록 시설할 것

□□□ 06①,12②,15④,18①

07 화약류 저장장소의 배선 공사에서 전용 개폐기에서 화약류 저장소의 인입구까지는 어떤 공사를 하여야 하는가?

① 케이블을 사용한 옥측전선로
② 금속관을 사용한 지중전선로
③ 케이블을 사용한 지중전선로
④ 금속관을 사용한 옥측전선로

| 해③ | 화약류 저장장소의 배선 공사
• 전용 개폐기에서 화약류 저장소의 인입구까지는 케이블을 사용한 지중전선로로 하여야 한다.
• 케이블을 전기 기계기구에 인입할 때에는 인입구에서 케이블이 손상될 우려가 없도록 시설할 것

정답 034   04 ② 05 ① 06 ④ 07 ③

035 전시회, 쇼 및 공연장의 전기설비

- **전시회, 쇼 및 공연장의 전기설비** KEC 242.6
- 적용범위 : 전시회, 쇼 및 공연장 기타 이들과 유사한 장소에 시설하는 저압 전기설비에 적용한다.
- 사용전압 : 무대·무대마루 밑·오케스트라 박스·영상실 기타 사람이나 무대 도구가 접촉할 우려가 있는 곳에 시설하는 저압 옥내배선, 전구선 또는 이동 전선은 사용전압이 400[V] 이하이어야 한다.
- 전용 개폐기 및 과전류 차단기 : 무대·무대마루 밑·오케스트라 박스 및 영상실의 전로에는 전용 개폐기 및 과전류 차단기를 시설하여야 한다.

- **터널, 갱도, 기타 이와 유사한 장소의 배선방법**
- 저압의 경우 케이블 공사, 금속관 공사, 합성수지관 공사, 금속제 가요 전선관 공사, 애자 공사에 의할 것
- 사람이 상시 통행하는 터널 안의 배선의 시설 저압의 경우 케이블 공사, 금속관 공사, 합성수지관 공사, 금속제 가요 전선관 공사, 애자 공사에 의할 것

- **교통 신호등**
- 교통 신호등 제어장치의 2차측 배선의 최대 사용전압은 300[V] 이하이어야 한다.
- 교통 신호등 회로의 사용전압이 150[V]를 넘는 경우는 전로에 지락이 생겼을 경우 자동적으로 전로를 차단하는 누전 차단기를 시설할 것

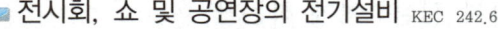

01 교통 신호등의 제어장치로부터 신호등의 전구까지의 전로에 사용하는 전압은 몇 [V] 이하인가?

① 60 ② 100
③ 300 ④ 440

|해 ③| 교통 신호등 사용전압
교통 신호등 제어장치의 2차측 배선의 최대 사용전압은 300[V] 이하이어야 한다.

02 무대, 오케스트라 박스, 영사실, 기타 사람이나 무대 도구가 접촉할 우려가 있는 장소에 시설하는 저압 옥내배선, 전구선 또는 이동 전선은 사용전압이 몇 [V] 이하이어야 하는가?

① 60[V] ② 110[V]
③ 220[V] ④ 400[V]

|해 ④| 이동 전압 400[V] 이하
전시회, 쇼 및 공연장(무대·무대마루 밑·오케스트라 박스·영사실) 기타 이들과 유사한 장소의 이동 전선의 사용전압은 400[V] 이하이어야 한다.

03 흥행장에 시설하는 전구선이 아크 방전 등에 접근하여 과열될 우려가 있을 경우 어떤 전선을 사용하는 것이 바람직한가?

① 비닐 피복전선 ② 내열성 피복전선
③ 내약품성 피복전선 ④ 내화학성 피복

|해 ②|
열에 충분히 견딜 수 있는 내열성 피복 전선을 사용하여야 한다.

04 인체 보호용 누전 차단기의 정격 감도 전류 및 동작시간은 각각 어떻게 되는가?

① 10[mA] 이하, 0.3초 이내
② 30[mA] 이하, 0.3초 이내
③ 10[mA] 이하, 0.03초 이내
④ 30[mA] 이하, 0.03초 이내

|해 ④| 인체 감전 보호용 누전 차단기[KEC 142.7]
정격 감도 전류는 30[mA] 이하, 동작시간은 0.03[초] 이하의 전류 동작형에 한한다.

05 터널·갱도 기타 이와 유사한 장소에서 사람이 상시 통행하는 터널 내의 공사 방법으로 적절하지 않은 것은?

① 라이팅 덕트 공사
② 금속제 가요 전선관 공사
③ 합성 수지관 공사
④ 애자 공사

| 해 ① | 터널, 갱도 기타 이와 유사한 장소의 공사 방법
저압의 경우 케이블 공사, 금속관 공사, 합성 수지관 공사, 금속제 가요 전선관 공사, 애자 공사에 의할 것

06 사람이 상시 통행하는 터널 내 공사의 사용전압이 저압일 때 공사방법으로 틀린 것은?

① 금속관 공사
② 금속 덕트 공사
③ 합성 수지관 공사
④ 금속제 가요 전선관 공사

| 해 ② | 사람이 상시 통행하는 터널 내 공사
• 저압의 경우 케이블 공사, 금속관 공사, 합성 수지관 공사, 금속제 가요 전선관 공사, 애자 공사에 의할 것
• 고압의 경우 케이블 공사

07 한국전기설비규정(KEC)에서 교통 신호등 회로의 사용전압이 몇 [V]를 넘는 경우에는 지락 발생 시 자동적으로 전로를 차단하는 장치를 시설하여야 하는가?

① 50
② 100
③ 150
④ 200

| 해 ③ | 교통 신호등의 누전 차단기 장치 시설
교통 신호등 회로의 사용전압이 150[V]를 넘는 경우는 전로에 지락이 생겼을 경우 자동적으로 전로를 차단하는 누전 차단기를 시설할 것

08 흥행장의 저압 공사에서 잘못된 것은?

① 무대, 무대 밑, 오케스트라 박스 및 영사실의 전로에는 전용 개폐기 및 과전류 차단기를 시설할 필요가 없다.
② 흥행장에 시설하는 전구선이 아크 등에 접근하여 과열될 우려가 있을 경우 내열성 피복전선을 사용한다.
③ 플라이 덕트는 조영재 등에 견고하게 시설하여야 한다.
④ 사용전압 400[V] 이하의 이동 전선은 0.6/1[kV] EP 고무 절연 클로로프렌 캡타이어 케이블을 사용한다.

| 해 ① | 흥행장의 저압 공사
무대·무대마루 밑·오케스트라박스·영사실의 전로에는 개폐기 및 과전류 차단기를 시설해야 한다.

036 부식성 가스와 불연성 먼지가 있는 장소

- **부식성 가스 등이 있는 장소의 공사**
  - 부식성 가스 또는 위험물 등이 있는 장소에 시설하는 경우에는 통상의 사용 상태에서 부식이나 감전·화재·폭발의 위험이 없도록 시설할 것
    - 전등 시설 허용, 애자 공사 시 절연전선 사용 (DV전선 제외)
    - 부식성 가스 등이 있는 장소에는 금속제 가요 전선관을 사용할 수 없다.
- **불연성 먼지가 많은 장소의 공사**
  - 애자 공사, 금속 전선관 공사, 합성수지 전선관 공사
  - 합성수지 전선관은 두께가 2.0[mm] 이상일 것

□□□ 13③, 20②

01 다음 보기 중 금속관, 애자, 합성수지 및 케이블 공사가 모두 가능한 특수 장소를 옳게 나열한 것은?

> ㉮ 화약고 등의 위험 장소
> ㉯ 부식성 가스가 있는 장소
> ㉰ 위험물 등이 존재하는 장소
> ㉱ 불연성 먼지가 많은 장소
> ㉲ 습기가 많은 장소

① ㉮, ㉯, ㉰ ② ㉯, ㉰, ㉱
③ ㉯, ㉱, ㉲ ④ ㉮, ㉱, ㉲

| 해③ |
- 애자 공사의 사용금지 : 화약고 등의 위험한 장소, 위험물 등의 위험한 장소
- 금속관, 애자, 합성수지, 케이블 공사에 필요한 장소 : 부식성 가스가 있는 장소, 불연성 먼지가 많은 장소, 습기가 많은 장소

□□□ 10④, 13④

02 부식성 가스 등이 있는 장소에 전기설비를 시설하는 방법으로 적합하지 않은 것은?

① 애자 공사 시 부식성 가스의 종류에 따라 절연전선인 DV전선을 사용한다.
② 애자 공사에 의한 경우에는 사람이 쉽게 접촉될 우려가 없는 노출장소에 한한다.
③ 애자 공사 시 부득이 나전선을 사용하는 경우에는 전선과 조영재와의 거리를 4.5[cm] 이상으로 한다.
④ 애자 공사 시 전선의 절연물이 상해를 받는 장소는 나전선을 사용할 수 있으며, 이 경우는 바닥 위 2.5[m] 이상 높이에 시설한다.

| 해① | 부식성 가스 등이 있는 장소
애자 공사 시 절연전선인 DV전선(인입용 비닐 절연전선)을 사용해서는 안 된다.
참고 DV : 인입용 비닐 절연전선

□□□ 10①, 12①

03 부식성 가스 등이 있는 장소에 시설할 수 없는 공사는?

① 애자 공사
② 제1종 금속제 가요 전선관 공사
③ 케이블 공사
④ 캡타이어 케이블 공사

| 해② | 부식성 가스 등이 있는 장소의 공사
- 부식 우려로 제1종 금속제 가요 전선관을 사용할 수 없다.
- 부식성 가스 등이 있는 장소의 공사 : 애자 공사, 금속관 공사, 합성 수지관 공사, 2종 금속제 가요 전선관 공사, 케이블 공사, 캡타이어 케이블 공사

□□□ 08④,09①
04 부식성 가스 등이 있는 장소에서 시설이 허용되는 것은?

① 과전류 차단기   ② 전등
③ 콘센트   ④ 개폐기

|해②| 부식성 가스가 있는 장소
- 부식이나 감전 화재 폭발의 위험이 없도록 한다.
- 전등 시설 허용, 애자공사 시 절연전선 사용 (DV전선 제외)

□□□ 06②,09①,14①,20②
05 불연성 먼지가 많은 장소에 시설할 수 없는 저압 옥내배선의 방법은?

① 금속관 공사
② 두께가 1.2[mm]인 합성 수지관 공사
③ 금속제 가요 전선관 공사
④ 애자 공사

|해②| 불연성 먼지가 많은 장소의 배선
- 애자 공사, 금속 전선관 공사, 합성수지 전선관 공사
- 합성수지 전선관은 두께가 2.0[mm] 이상일 것

037　특수 시설 및 장소의 전기설비

1 전기울타리 KEC 241.1

■ 사용전압
전로의 사용전압은 250[V] 이하이어야 한다.

■ 전기울타리 시설
- 전기울타리는 사람이 쉽게 출입하지 아니하는 곳에 시설할 것
- 전선은 인장강도 1.38[kV] 이상의 것 또는 지름 2[mm] 이상의 경동선일 것
- 전선과 다른 시설물 또는 수목과의 간격은 0.3[m] 이상일 것

2 전기 부식방지 회로의 전압
- 전기 부식방지 회로의 사용전압은 직류 60[V] 이하일 것
- 지중에 매설하는 양극의 매설 깊이는 0.75[m] 이상일 것

3 아크 용접기
- 용접 변압기는 절연 변압기일 것
- 용접 변압기의 1차측 전로의 대지 전압은 300[V] 이하일 것

4 엘리베이터
엘리베이터 덤웨이터 등의 승강로 내에 시설하는 사용전압이 400[V] 이하인 저압 옥내배선

□□□ 21②

01 전기울타리용 전원 장치에 전원을 공급하는 전로의 사용전압은 얼마 이하인가?

① 200[V]　　② 250[V]
③ 300[V]　　④ 350[V]

|해 ②| 전기울타리 사용전압
전기울타리용 전원 장치에 전원을 공급하는 전로의 사용전압은 250[V] 이하이어야 한다.

□□□ 10④

02 지중 또는 수중에 시설되는 금속체의 부식을 방지하기 위한 전기 부식방지용 회로의 사용전압은?

① 직류 60[V] 이하
② 교류 60[V] 이하
③ 직류 750[V] 이하
④ 교류 600[V] 이하

|해 ①| 전기 부식방지 회로의 사용전압
전기 부식방지 회로의 사용전압은 직류 60[V] 이하일 것

□□□ 11④, 22①

03 엘리베이터 장치를 시설할 때 승강기 내부에서 사용하는 전등 및 전기 기계기구에 사용할 수 있는 최대 전압은?

① 110[V] 이하　　② 220[V] 이하
③ 400[V] 이하　　④ 440[V] 이하

|해 ③|
엘리베이터·덤웨이터 등의 승강로 내에 시설하는 사용전압이 400[V] 이하인 저압 옥내배선

□□□ 11①

04 저압 옥외 조명시설에 전기를 공급하는 가공전선 또는 이중 전선에서 분기하여 전등 또는 개폐기에 이르는 배선에 사용하는 절연전선의 단면적은 몇 [mm^2] 이상이어야 하는가?

① 2.0[mm^2]　　② 2.5[mm^2]
③ 6[mm^2]　　④ 16[mm^2]

|해 ②| 저압 옥외 조명 시설, 개폐기에 이르는 배선 절연전선의 단면적은 2.5[mm^2] 이상으로 한다.

CHAPTER 06 전기응용 시설 공사

038 조명 설비 공사

1 조명의 설비
조명이란 전기 에너지를 빛으로 바꾸는 광원

■ 조명 설계 시 고려해야 할 사항
- 적당한 조도일 것
- 적당한 그림자가 있을 것
- 균등한 광속 발산도 분포일 것
- 휘도 차이에 따른 균제도(최소, 최대)를 확보할 것

■ 조명의 용어와 단위

구분	정의	단위
조도	빛을 받는 면의 밝기	럭스[lx]
광도	광원에서 어떤 방향에 대한 밝기	칸델라[cd]
광속	광원 전체의 밝기	루멘[lm]
휘도	어느 면을 어느 방향에서 보았을 때의 발산 광속	스틸브[sb]

■ 완전 확산면 perfect diffusing surface
확산 반사 중 면의 휘도가 어느 방향에서 보더라도 같은 표면을 완전 확산면이라 한다.

2 기구 배치에 의한 조명 방식의 분류
■ 전반 조명 General Lighting
실내 전체를 균일하게 조명하는 방식으로 광원을 일정한 간격으로 배치하며 공장, 학교, 사무실 등에서 채용되는 조명 방식

■ 국부 조명 Local Lighting
작업면상의 필요한 장소, 즉 어떠한 한정된 공간에만 부분 조명하는 방식으로 옷가게 등의 매칭이 잘 되는 높은 정밀도를 요구하는 장소 등에서 채용

◎ 다운라이트(Down Light) 조명 방식 : 천장에 작은 구멍을 뚫고 그 속에 광원을 매입하는 조명 방식

3 조명 기구의 배광에 의한 조명 방식의 분류
■ 직접 조명
발산 광속 중 90~100[%]가 아래 방향을 직접 조명하는 방식으로 공장, 스포트라이트 등에 사용

■ 간접 조명
발산 광속 중 90~100[%]가 천장이나 윗벽을 직접 조명하는 방식으로 입원실, 고급 회의실 등 특별한 경우에만 사용되고, 하향 광속이 10[%] 정도로 하여 거의 대부분의 광속을 상방향으로 확산시키는 방식

■ 반직접 조명
발산 광속 중 상향 광속이 10~40[%]가 되고, 하향 광속이 60~90[%] 정도로 하여 하향 광속은 작업면에 직사시키고, 상향 광속은 천장, 벽면 등에 관사시키고 있는 반사광으로 작업면의 조도를 증가시키는 방식

■ 반간접 조명
광속 중 상향 광속이 60~90[%]가 되고, 하향 광속이 10~40[%] 정도인 조명 방식

■ 전반 확산 조명
- 하향 광속으로 직접 작업면에 직사하고 상부 방향으로 향한 빛이 천장과 상부의 벽을 부분 반사하여 작업면에 조도를 증가시키는 조명 방식
- 상향 광속과 하향 광속이 거의 40~60[%]로 동일하므로 하향 광속은 직접 작업면에 직사시키고, 상향 광속의 반사광으로 작업면의 조도를 증가시키는 방식

■ 조명 기구의 배광에 의한 조명 방식

구분	하향 광속
직접 조명 방식	90~100[%]
반직접 조명 방식	60~90[%]
전반 확산 조명 방식	40~60[%]
간접 조명 방식	10[%] 이하
반간접 조명 방식	10~40[%]

01 조명 기구의 배광에 의한 분류 중 40~60[%] 정도의 빛이 위쪽과 아래쪽으로 고루 향하고 가장 일반적인 용도를 가지고 있으며 상·하 좌우로 빛이 모두 나오므로 부드러운 조명이 되는 조명 방식은?

① 직접 조명 방식
② 반직접 조명 방식
③ 전반 확산 조명 방식
④ 반간접 조명 방식

해③	조명 기구의 배광에 의한 조명 방식
구분	하향 광속
직접 조명 방식	90~100[%]
반직접 조명 방식	60~90[%]
전반 확산 조명 방식	40~60[%]
간접 조명 방식	10[%] 이하
반간접 조명 방식	10~40[%]

02 완전 확산면은 어느 방향에서 보아도 무엇이 동일한가?

① 광속
② 휘도
③ 조도
④ 광도

| 해② | 완전 확산면
어느 방향으로 보아도 동일한 휘도를 가진 면

03 조명공학에서 사용되는 칸델라(cd)는 무엇의 단위인가?

① 광도
② 조도
③ 광속
④ 휘도

| 해① | 칸델라(cd)
조명공학에서 광도를 정량화하는 데 사용되는 측정 단위

04 실내 전체를 균일하게 조명하는 방식으로 광원을 일정한 간격으로 배치하며 공장, 학교, 사무실 등에서 채용되는 조명 방식은?

① 국부 조명
② 전반 조명
③ 직접 조명
④ 간접 조명

| 해② | 전반 조명(General Lighting)
• 실내 전체를 균일하게 조명하는 방식
• 광원을 일정한 간격으로 배치하는 방식
• 공장, 학교, 사무실 등에서 채용되는 조명 방식

05 조명 설계 시 고려해야 할 사항 중 틀린 것은?

① 적당한 조도일 것
② 휘도 대비가 높을 것
③ 균등한 광속 발산도 분포일 것
④ 적당한 그림자가 있을 것

| 해② | 조명 설계 시 고려해야 할 사항
• 적당한 조도일 것
• 적당한 그림자가 있을 것
• 휘도 차이에 따른 균제도(최소, 최대)를 확보할 것
• 균등한 광속 발산도 분포일 것

06 하향 광속으로 직접 작업면에 직사하고 상부 방향으로 향한 빛이 천장과 상부의 벽을 부분 반사하여 작업면에 조도를 증가시키는 조명 방식은?

① 직접 조명
② 반직접 조명
③ 반간접 조명
④ 전반 확산 조명

| 해④ |
전반 확산 조명에 대한 설명이다.

07 우수한 조명의 조건이 되지 못하는 것은?

① 조도가 적당할 것
② 균등한 광속 발산도 분포일 것
③ 그림자가 없을 것
④ 광색이 적당할 것

| 해 ③ | 우수한 조명의 조건
- 조도가 적당할 것
- 광색이 적당할 것
- 적당한 그림자가 있을 것
- 균등한 광속 발산도 분포일 것

08 천장에 작은 구멍을 뚫어 그 속에 등기구를 매입시키는 방식으로 건축의 공간을 유효하게 하는 조명 방식은?

① 코브 방식   ② 코퍼 방식
③ 밸런스 방식   ④ 다운라이트 방식

| 해 ④ | 다운라이트(Down Light) 방식
천장에 작은 구멍을 뚫고 그 속에 광원을 매입하는 조명 방식

09 조명 기구를 배광에 따라 분류하는 경우 특정한 장소만을 고조도로 하기 위한 조명 기구는?

① 직접 조명 기구
② 전반확산 조명 기구
③ 광천장 조명 기구
④ 반직접 조명 기구

| 해 ① | 직접 조명 기구
발산 광속 중 90~100[%]가 아래 방향으로 향하게 하여 작업면을 직접 조명하는 기구

10 조명 기구를 반간접 조명 방식으로 설치하였을 때 위(상방향)로 향하는 광속의 양[%]은?

① 0~10   ② 10~40
③ 40~60   ④ 60~90

| 해 ④ | 광속의 양

간접 조명	상방향 90~100[%], 하방향 10[%]
반직접 조명	상방향 10~40[%], 하방향 60~90[%]
반간접 조명	상방향 60~90[%], 하방향 10~40[%]

039 조명 설계

■ 조명 기구의 용량 표시 용량 40[W]

등의 종류	표시 기호	용량 표시
수은등	H	H40[W]
나트륨등	N	N40[W]
메탈 할라이드등	M	M40[W]
형광등	F	F40[W]

■ 조도의 코사인 법칙

평면 위의 조도 $E = \dfrac{I}{r^2}\cos\theta$

여기서, I : 광도, r : 거리, θ : 기울기 각도

■ 광원의 등수

- $F \cdot U \cdot N = A \cdot E \cdot D = \dfrac{A \cdot E}{M}$

광원의 등수 $N = \dfrac{A \cdot E \cdot D}{F \cdot U}$

여기서, A : 실내의 면적, E : 평균 조도
D : 감광보상률, F : 등 1개의 광속
U : 조명률, $M = \dfrac{1}{D}$: 유지율(보수율)

■ 실지수

$K = \dfrac{X \cdot Y}{H(X+Y)}$

여기서, X : 가로 길이, Y : 세로 길이
H : 광원의 작업면상 높이

- 등 간격
  - 등과 등 간격 : 전반 조명인 경우, $S \leq 1.5 H_o [\text{m}]$
  - 등과 벽 간격 : $S' \leq \dfrac{H_o}{2} [\text{m}]$
- 광원의 높이
  - 직접 조명 : $H = \dfrac{2}{3} H_o [\text{m}]$
  - 간접 조명 : $H = \dfrac{4}{5} H_o [\text{m}]$
  여기서, H_o : 작업면에서 천장까지의 높이

□□□ 07①,18③,23②

01 실내 전반 조명을 하고자 한다. 작업대로부터 광원의 높이가 2.4[m]인 위치에 조명 기구를 배치할 때 벽에서 한 기구 이상 떨어진 기구에서 기구 간의 거리는 일반적인 경우 최대 몇 [m]로 배치하여 설치하는가? (단, $S \leq 1.5H$를 사용하여 구하도록 한다.)

① 1.8　　② 2.4
③ 3.2　　④ 3.6

|해 ④| 등과 등 간격
전반 조명인 경우 $S \leq 1.5 H_o [\text{m}]$
∴ $S = 1.5 \times 2.4 = 3.6 [\text{m}]$

□□□ 13①③

02 60[cd]의 점광원으로부터 2[m]의 거리에서 그 방향과 직각인 면과 30° 기울어진 평면 위의 조도[lx]는?

① 11　　② 13
③ 15　　④ 19

|해 ②| 평면 위의 조도(조도의 코사인 법칙)
$E = \dfrac{I}{r^2}\cos\theta$
$I = 60[\text{cd}]$, $r = 2[\text{m}]$, $\theta = 30°$
∴ $E = \dfrac{60}{2^2}\cos 30° = 13.0 [\text{lx}]$

□□□ 15②,18②

03 전주 외등 설치 시 백열전등 및 형광등의 조명 기구를 전주에 부착하는 경우 부착한 점으로부터 돌출되는 수평거리는 몇 [m] 이내로 하여야 하는가?

① 0.5　　② 0.8
③ 1.0　　④ 1.2

|해 ③| 조명 기구를 전주에 부착하는 경우 부착한 점으로부터 돌출되는 수평거리는 1.0[m] 이내로 하여야 한다.

정답 039　01 ④　02 ②　03 ③

04 조명 기구의 용량 표시에 관한 설명이다. 다음 중 F40의 설명으로 알맞은 것은?

① 수은등 40[W]
② 나트륨등 40[W]
③ 메탈 할라이드등 40[W]
④ 형광등 40[W]

해④	조명 기구의 용량 표시
등의 종류	표시 기호
수은등	H
나트륨등	N
메탈 할라이드등	M
형광등	F

∴ 형광등 40[W] : F 40[W]

05 가로 20[m], 세로 18[m], 천장의 높이 3.85[m], 작업면의 높이 0.85[m], 간접 조명 방식인 호텔 연회장의 실지수는 약 얼마인가?

① 1.16　　② 2.16
③ 3.16　　④ 4.16

| 해③ |

실지수 $K = \dfrac{X \cdot Y}{H(X+Y)}$

- $X = 20[m]$, $Y = 18[m]$
- $H = 3.85 - 0.85 = 3.0[m]$

∴ $K = \dfrac{20 \times 18}{3.0(20+18)} = 3.16$

06 작업면에서 천장까지의 높이가 3[m]일 때 직접 조명인 경우의 광원의 높이는 몇 [m]인가?

① 1　　② 2
③ 3　　④ 4

| 해② | 직접 조명의 광원의 높이

$H = \dfrac{2}{3} H_o = \dfrac{2}{3} \times 3 = 2[m]$

07 실내 면적 100[m²]인 교실에 전광속이 2,500[lm]인 40W 형광등을 설치하여 평균조도를 150[lx]로 하려면 몇 개의 등을 설치하면 되겠는가? (단, 조명률은 50%, 감광 보상률은 1.25로 한다.)

① 15개　　② 20개
③ 25개　　④ 30개

| 해① |

$N = \dfrac{A \cdot E \cdot D}{F \cdot U}$

- $A = 100[m^2]$
- $E = 150[lx]$
- $D = 1.25$
- $F = 2,500[m]$
- $U = 50\% = 0.5$

∴ $N = \dfrac{100 \times 150 \times 1.25}{2,500 \times 0.5} = 15$ 개

040 자동화재 탐지설비

◎ 자동화재 탐지설비 : 화재의 발생을 초기에 자동적으로 탐지하여 소방 대상물의 관계자에게 화재의 발생을 통보해 주는 설비이다.

■ 자동화재 탐지설비의 구성 요소
감지기, 수신기, 중계기, 발신기 및 음향장치

■ 화재 감지기의 특성
- 차동식 스포트형 감지기 : 주위 온도가 일정 상승률 이상이 되는 경우에 작동하는 것으로 일정한 장소의 열에 의하여 작동하는 화재 감지기
- 차동식 분포형 감지기 : 주위 온도가 일정 상승률 이상으로 변동하는 경우에 동작하는 감지기로 넓은 지역의 온도의 변화에 의해서 동작하는 감지기
- 광전식 연기 감지기 : 광량의 변화로 작동하는 감지기
- 이온화식 연기 감지기 : 이온 전류가 변화하여 작동하는 감지기

■ 화재 감지기 회로의 배선
화재 감지기 회로의 배선에 사용하는 전선의 단면적은 1.5[mm²] 이상 절연선으로 사용한다.

■ 비상 콘센트
- 화재 시 소방대가 조명 기구나 파괴용 기구, 배연기 등 소화 활동 및 인명 구조 활동에 필요한 전원으로 사용하기 위해 설치하는 장치
- 비상 콘센트의 기호 : ⊙⊙

01 자동화재 탐지설비는 화재의 발생을 초기에 자동적으로 탐지하여 소방 대상물의 관계자에게 화재의 발생을 통보해 주는 설비이다. 이러한 자동화재 탐지설비의 구성 요소가 아닌 것은?

① 수신기 ② 비상 경보기
③ 발신기 ④ 중계기

| 해② | 자동화재 탐지설비의 구성 요소
수신기, 중계기, 감지기, 발신기 및 음향 장치

02 자동화재 탐지설비의 구성 요소가 아닌 것은?

① 비상 콘센트 ② 발신기
③ 수신기 ④ 감지기

| 해① | 자동화재 탐지설비의 구성 요소
수신기, 중계기, 감지기, 발신기 및 음향 장치

03 주위 온도가 일정 상승률 이상이 되는 경우에 작동하는 것으로 일정한 장소의 열에 의하여 작동하는 화재 감지기는?

① 차동식 스포트형 감지기
② 차동식 분포형 감지기
③ 광전식 연기 감지기
④ 이온화식 연기 감지기

| 해① | 차동식 스포트형 감지기
주위 온도가 일정 상승률 이상이 되는 경우에 작동하는 것으로 일정한 장소의 열에 의하여 작동하는 화재 감지기

04 아래의 그림 기호가 나타내는 것은?

① 비상 콘센트
② 형광등
③ 점멸기
④ 접지저항 측정용 단자

| 해① | 비상 콘센트
- 화재 시 소화활동을 용이하게 하기 위한 설비
- 그림 기호

비상 콘센트	형광등
⊙⊙	⊂⊃
점멸기	접지저항 측정용 단자
●	⊗

041 옥내배선 및 일반용 조명 기구의 기호

■ 일반 배선 기호 심벌

명칭	그림 기호
천장 은폐 배선	———
바닥 은폐 배선	— — —
노출 배선	--------
점검구	 ○

■ 콘센트

명칭	그림 기호
비상 콘센트	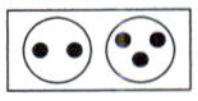 ⊙⊙
점멸기	 ●
개폐기	S
배선용 차단기	B
누전 차단기	E
교류 차단기	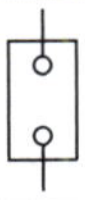 (기호)

■ 접점 기호

명칭	그림 기호 (a접점 / b접점)
수동 조작 접점 (복귀형)	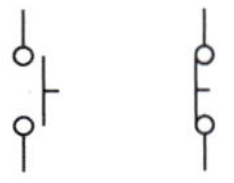 a접점 / b접점
한시 계전기 접점 (한시 동작형)	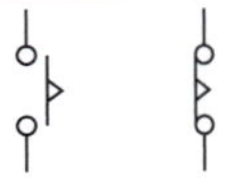 a접점 / b접점

□□□ 99,01,05,06④,07②,08③,09①,09③,16⑤,19①

01 다음 그림 기호의 명칭은?

———

① 천장 은폐 배선 ② 바닥 은폐 배선
③ 노출 배선 ④ 바닥면 노출 배선

| 해 ① | 천장은폐 배선
———

□□□ 14④,19②,20④,23④

02 아래의 그림 기호가 나타내는 것은?

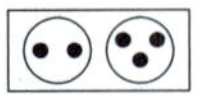

⊙⊙

① 비상 콘센트 ② 형광등
③ 점멸기 ④ 접지저항 측정용 단자

| 해 ① | 비상 콘센트
• 화재 시 소화활동을 용이하게 하기 위한 설비
• 비상 콘센트의 심벌 ⊙⊙

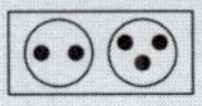

□□□ 15①,17③,22①,24①

03 실링 · 직접부착등을 시설하고자 한다. 배선도에 표기할 그림 기호로 옳은 것은?

① ⊢Ⓝ ② ○ 
③ ⒸⓁ ④ ⓇⓇ

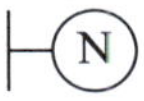

| 해 ③ | 일반용 조명 : 실링 · 직접부착
• 그림 기호 : ⒸⓁ 
• 실링 · 직접부착등은 천장에 직접 부착하는 조명

□□□ 10②,20③

04 다음 중 교류 차단기의 단선도 심벌은?

① (단선 기호) ② (복선 기호)
③ (단선 기호) ④ (복선 기호)

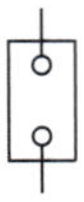

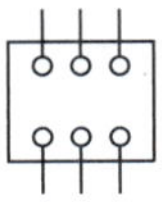

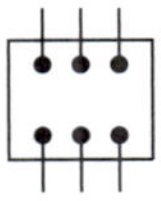

| 해 ① | 차단기와 개폐기의 심벌
① 교류 차단기의 단선도 심벌
② 교류 차단기의 복선도 심벌
③ 유입 개폐기의 단선도 심벌
④ 유입 개폐기의 복선도 심벌

□□□ 07③,14④,18④
05 배선용 차단기의 심벌은?

① B ② E
③ BE ④ S

| 해① | 배선용 차단기
그림 기호 : B

□□□ 13①
06 아래 그림 기호가 나타내는 것은?

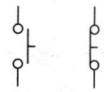

① 한시 계전기 접점
② 전자 접속기 접점
③ 수동 조작 접점
④ 조작 개폐기 잔류 접점

| 해③ | 접점 기호

수동 조작 접점 (복귀형)		한시 계전기 접점 (한시 동작형)	
a접점	b접점	a접점	b접점

2 과목
전기기기

01 직류기
02 동기기
03 변압기
04 유도 전동기
05 전기기기 응용

CHAPTER 01 직류기

001 직류 발전기의 원리와 구조

1 직류기의 분류
- **직류기** : 직류 발전기, 직류 전동기
- **직류 발전기** : 타여자 발전기, 자여자 발전기
- **자여자 발전기** : 직권 발전기, 분권 발전기, 복권 발전기

2 직류 발전기의 원리
- 기계적(회전) 에너지를 직류 전기 에너지로 바꾸는 기기를 발전기라 하며, 전자기 유도 현상과 플레밍의 오른손 법칙으로 설명할 수 있다.
- 발전기에서 발생된 교류를 직류로 변환시키는 방법은 슬립링(slip ring) 대신에 반원 형태의 2개의 정류자편을 설치하면 된다.
- 전자기 유도 현상 : 자기의 시간적 변화에 의해 전기적 성질이 발현되는 현상을 전자기 유도 현상이라 하며, 이때 발생한 기전력을 유도기전력이라 한다.
- 플레밍의 오른손 법칙 : 교류 발전기에서 전기자 도체가 회전할 때 발생하는 기전력의 방향을 플레밍의 오른손 법칙으로 설명할 수 있다.

$$\text{기전력 } e = Blv$$

여기서, 자속밀도 $B[\text{Wb/m}^2]$, 도체의 길이 $l[\text{m}]$, 회전자 속도 $v[\text{m/s}]$

3 직류 발전기의 구조
■ **계자** magnetic field
- 계자는 자속(자기력선속)을 발생시키는 역할을 하는 부분으로 계자 철심과 계자 권선으로 구성되어 있다.
- 철심에 권선을 감고 전류를 흘려서 공극(air gap)에 필요한 자속을 만든다.
- 계자 철심 : 직류 발전기에서 자속을 만드는 부분

■ **전기자** armature
- 직류 발전기 전기자의 주된 역할은 기전력을 유도한다.
- 전기자 철심 : 철손의 80[%] 정도는 히스테리시스손으로 이를 감소시키기 위해서 규소 강판을 수어 사용한다.

■ **전기자 철심의 특성**

규소 강판 사용	히스테리시스손 감소
성층 철심	와류손 감소
규소 강판 성층 사용	철손 감소

■ **정류자** commutator
직류 발전기에서 브러시와 접촉하여 전기자 권선에 유도되는 교류기 전력을 정류해서 직류로 만드는 부분

■ **브러시** brush
- 정류자와 접촉하여 전기자 권선과 외부 회로를 연결시켜 주는 부분
- 브러시의 구비 조건
 - 접촉저항을 가질 것
 - 전기저항이 적을 것
 - 기계적 강도가 클 것
 - 정류자와 잘 접촉되어 마찰저항이 적을 것

■ **직류 발전기의 구조 모형**

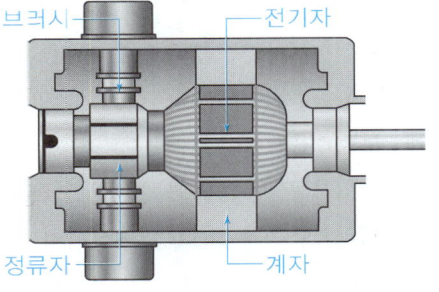

□□□ 08②,14②,23①
01 철심에 권선을 감고 전류를 흘려서 공극(air gap)에 필요한 자속을 만드는 것은?

① 정류자 ② 계자
③ 회전자 ④ 전기자

| 해 ② |
• 계자 : 자속을 발생시키는 역할을 하는 부분으로 계자 철심과 계자 권선으로 구성
• 계자 철심 : 계자 권선을 고정시키는 역할과 함께 계자 권선에서 발생된 자속을 한곳으로 집중시키는 통로 역할을 한다.

□□□ 08①,09③④,18②
02 직류기에서 브러시의 역할은?

① 기전력 유도
② 자속 생성
③ 정류작용
④ 전기자 권선과 외부 회로 접속

| 해 ④ | 브러시(brush)
회전하는 정류자 표면과 마찰 접촉을 하면서 전기자 권선과 외부 회로를 연결시켜 발전기에서 발생된 기전력을 외부 전기 회로에 전달하는 역할

□□□ 08①,09③④,15①,23①
03 정류자와 접촉하여 전기자 권선과 외부 회로를 연결하는 역할을 하는 것은?

① 계자 ② 전기자
③ 브러시 ④ 계자 철심

| 해 ③ | 브러시(brush)
회전하는 정류자 표면과 마찰 접촉을 하면서 전기자 권선과 외부 회로를 연결시켜 발전기에서 발생된 기전력을 외부 전기 회로에 전달하는 역할을 한다.

□□□ 08②,14②
04 직류 발전기에서 자속을 만드는 부분은 어느 것인가?

① 계자 철심 ② 정류자
③ 브러시 ④ 공극

| 해 ① |
• 계자 : 자속을 발생시키는 역할을 하는 부분으로 계자 철심과 계자 권선으로 구성
• 계자 철심 : 계자 권선을 고정시키는 역할과 함께 계자 권선에서 발생된 자속을 한곳으로 집중시키는 통로 역할을 한다.

□□□ 10②,11①,14③
05 직류 발전기의 철심을 규소 강판으로 성층하여 사용하는 주된 이유는?

① 브러시에서의 불꽃 방지 및 정류 개선
② 맴돌이 전류손과 히스테리시스손의 감소
③ 전기자 반작용의 감소
④ 기계적 강도 개선

| 해 ② | 전기자 철심
히스테리시스 손실과 맴돌이 전류 손실을 줄이기 위해서 0.35~0.5[mm]의 규소 강판을 성층하여 만든다.

□□□ 13①,21②
06 직류 발전기 전기자의 주된 역할은?

① 기전력을 유도한다.
② 자속을 만든다.
③ 정류작용을 한다.
④ 회전자와 외부 회로를 접속한다.

| 해 ① | 직류 발전기의 구조의 역할

계자	자속(자기력선속)을 발생시키는 역할
전기자	기전력을 발생시키는 역할

정답 001 01 ② 02 ④ 03 ③ 04 ① 05 ② 06 ①

07 전기 기계에 있어 와전류손(eddy current loss)을 감소하기 위한 적합한 방법은?

① 규소 강판에 성층 철심을 사용한다.
② 보상 권선을 설치한다.
③ 교류 전원을 사용한다.
④ 냉각 압연한다.

해 ①	전기자 철심의 특성
규소 강판 사용	히스테리시스손 감소
성층 철심	와류손 감소
규소 강판 성층 사용	철손 감소

08 전기기기의 철심 재료로 규소 강판을 많이 사용하는 이유로 가장 적당한 것은?

① 와류손을 줄이기 위해
② 맴돌이 전류를 없애기 위해
③ 히스테리시스손을 줄이기 위해
④ 구리손을 줄이기 위해

해 ③	전기자 철심의 특성
규소 강판 사용	히스테리시스손 감소
성층 철심	와류손 감소
규소 강판 성층 사용	철손 감소

09 직류기의 3대 요소가 아닌 것은?

① 전기자   ② 계자
③ 공극   ④ 정류자

| 해 ③ | 직류기의 구성 3대 요소
계자, 전기자, 정류자

10 전기 기계의 철심을 성층하는 가장 적절한 이유는?

① 기계손을 적게 하기 위하여
② 표유부하손을 적게 하기 위하여
③ 히스테리시스손을 적게 하기 위하여
④ 와류손을 적게 하기 위하여

해 ④	전기자 철심의 특성
규소 강판 사용	히스테리시스손 감소
성층 철심	와류손 감소
규소 강판 성층 사용	철손 감소

11 자속밀도 0.8[Wb/m²]인 자계에서 길이 50[cm]인 도체가 30[m/s]로 회전할 때 유기되는 기전력 [V]은?

① 8   ② 12
③ 15   ④ 24

| 해 ② | 기전력 $e = Blv$
- 자속밀도 $B = 0.8[\text{Wb/m}^2]$
- 도체의 길이 $l = 50[\text{cm}] = 0.50[\text{m}]$
- 회전자 속도 $v = 30[\text{m/s}]$
∴ $e = 0.80 \times 0.50 \times 30 = 12[\text{V}]$

002 직류 발전기의 이론

1 직류 발전기의 유도기전력

- 전기자의 회전속도(주변 속도) $v = \dfrac{\pi DN}{60}[\text{m/s}]$

- 유도기전력 $E = \dfrac{PZ}{60a}\phi N[\text{V}]$

  여기서, D : 전기자 직경, N : 회전수[rpm],
  P : 자극의 수, Z : 전기자 도체의 총수,
  a : 병렬 회로의 수

■ 중권과 파권의 비교

항목	중권(병렬권)	파권(직렬권)
전기자의 병렬 회로수	$a = P$	$a = 2$
브러시수	$b = P$	$b = 2$

2 직류 발전기의 전기자 반작용

발전기의 전기자 권선에서 발생된 전류가 자기력을 발생하여 계자의 자기력선속 분포에 영향을 주는 현상을 전기자 반작용이라 한다.

■ 전기자 반작용의 영향
- 코일이 자극의 중성축에 있어도 전압을 발생하여 브러시에 불꽃을 발생시킨다.
- 계자의 자기력선속을 감소시켜 기전력을 감소시킨다.
- 전기자 반작용에 의한 중심축의 이동
  · 직류 발전기 : 회전방향과 같은 방향으로 이동
  · 직류 전동기 : 회전방향과 반대방향으로 이동

■ 전기자 반작용의 방지 방법
- 보극을 설치한다.
- 보상 권선을 설치한다.
- 브러시의 위치를 전기적 중성축으로 이동시킨다.

3 직류 발전기의 정류작용 整流作用

■ 직류기의 정류 곡선의 특징

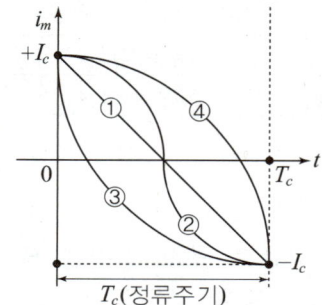

① 직선 정류
② 정현파 정류
③ 과 정류
④ 부족 정류

직선 정류	이상적인 정류 곡선
정현파 정류	이상적인 정류 곡선
과 정류	정류 초기에 브러시 전단부에서 불꽃 발생
부족 정류	정류 말기에 브러시 후단에서 불꽃 발생

■ 정류를 좋게 하는 방법
- 전압 정류 : 보극을 설치하면 정류를 개선하여 전압 정류의 역할을 한다.
- 저항 정류 : 탄소질 브러시와 같이 접촉저항이 큰 브러시를 사용한다.

□□□ 07①④,09③,11③④

01 직류 발전기에서 유기기전력 E를 바르게 나타낸 것은? (단, 자속은 ϕ, 회전속도는 N이다.)

① $E \propto \phi N$ ② $E \propto \phi N^2$
③ $E \propto \dfrac{\phi}{N}$ ④ $E \propto \dfrac{N}{\phi}$

| 해 ① |
유기기전력 $E = \dfrac{PZ}{60a}\phi N$, $E \propto \phi N$
유기기전력 E는 자속 ϕ과 회전속도 N에 비례

□□□ 07②③,15②,16③,18②

02 8극 파권 직류 발전기의 전기자 권선의 병렬 회로수 a는 얼마로 하고 있는가?

① 1 ② 2
③ 6 ④ 8

| 해 ② | 중권과 파권의 비교

항목	중권(병렬권)	파권(직렬권)
전기자의 병렬 회로수	$a = P$	$a = 2$

03 다중 중권의 극수 P인 직류기에서 전기자 병렬 회로수 a는 어떻게 되는가?

① $a = P$
② $a = 2$
③ $a = 2P$
④ $a = 3P$

| 해① | 중권과 파권의 비교 |

항목	중권(병렬권)	파권(직렬권)
전기자의 병렬 회로수	$a = P$	$a = 2$

∴ 중권 : 전기자 병렬 회로수 a는 극수 P와 같게 된다.

04 10극의 직류 파권 발전기의 전기자 도체수 400, 매극의 자속수 0.02[Wb], 회전수 600[rpm] 일 때 기전력은 몇 [V]인가?

① 200
② 220
③ 380
④ 400

| 해④ |

유도기전력 $E = \dfrac{PZ}{60a}\phi N$

- $P = 10$, $Z = 400$, $\phi = 0.02$[Wb], $N = 600$[rpm]
- 파권 : $a = 2$

∴ $E = \dfrac{10 \times 400 \times 0.02 \times 600}{60 \times 2} = 400$[V]

05 직류 발전기에서 전압 정류의 역할을 하는 것은?

① 보극
② 탄소 브러시
③ 전기자
④ 리액턴스 코일

| 해① | 전압 정류

보극을 설치하면 정류를 개선하여 전압 정류의 역할을 한다.

06 직류기에서 보극을 두는 가장 주된 목적은?

① 기동 특성을 좋게 한다.
② 전기자 반작용을 크게 한다.
③ 정류작용을 돕고 전기자 반작용을 약화시킨다.
④ 전기자 자속을 증가시킨다.

| 해③ | 직류기에서 보극의 역할

일반적으로 직류기에 보극을 설치하여 정류작용을 양호하게 하고, 전기자 반작용을 약화시킨다.

07 보극이 없는 직류기의 운전 중 중성점의 위치가 변하지 않는 경우는?

① 무부하일 때
② 전부하일 때
③ 중부하일 때
④ 과부하일 때

| 해① |

- 직류기의 운전 중 중성점의 위치가 변하지 않는 경우는 전기자 반작용이 없는 상태이다.
- 전기자 반작용이 발생하지 않는 상태는 무부하 상태 시이다.

08 다음 중 직류 발전기의 전기자 반작용을 없애는 방법으로 옳지 않은 것은?

① 보상 권선 설치
② 보극 설치
③ 브러시 위치를 전기적 중성점으로 이동
④ 균압환 설치

| 해④ | 전기자 반작용 해결 방법

- 계자 기자력을 크게 한다.
- 보극과 보상 권선을 설치한다.
- 브러시 위치를 전기적 중성점으로 이동시킨다.

☐☐☐ 11②,14③,22②

09 직류 발전기에서 전기자 반작용을 없애는 방법으로 옳은 것은?

① 브러시 위치를 전기적 중성점이 아닌 곳으로 이동시킨다.
② 보극과 보상 권선을 설치한다.
③ 브러시의 압력을 조정한다.
④ 보극은 설치하되 보상 권선은 설치하지 않는다.

> |해②| 전기자 반작용 해결 방법
> • 계자 기자력을 크게 한다.
> • 보극과 보상 권선을 설치한다.
> • 브러시 위치를 전기적 중성점으로 이동시킨다.

☐☐☐ 07②,19①

10 직류기에서 전기자 반작용을 방지하기 위한 보상 권선의 전류방향은 어떻게 되는가?

① 전기자 권선의 전류방향과 같다.
② 전기자 권선의 전류방향과 반대이다.
③ 계자 권선의 전류방향과 같다.
④ 계자 권선의 전류방향과 반대이다.

> |해②| 보상 권선
> 계자의 자극 면에 보상 권선을 설치하고, 전기자 권선의 전류방향과 반대방향으로 전류를 흘려보내 전기자의 기자력을 없애도록 하는 역할을 한다.

☐☐☐ 10④

11 직류기에 있어서 불꽃 없는 정류를 얻는 데 가장 유효한 방법은?

① 보극과 탄소 브러시
② 탄소 브러시와 보상 권선
③ 보극과 보상 권선
④ 자기포화와 브러시 이동

> |해①| 직류 발전기의 정류 품질의 향상
> • 전압 정류 : 보극을 설치하면 정류를 개선하여 전압 정류의 역할을 한다.
> • 저항 정류 : 탄소질 브러시와 같이 접촉저항이 큰 브러시를 사용한다.

☐☐☐ 15④,21①

12 직류 발전기 전기자 반작용의 영향에 대한 설명으로 틀린 것은?

① 브러시 사이에 불꽃을 발생시킨다.
② 주자속이 찌그러지거나 감소된다.
③ 전기자 전류에 의한 자속이 주자속에 영향을 준다.
④ 회전방향과 반대방향으로 자기적 중성축이 이동된다.

> |해④| 전기자 반작용에 의한 중성축의 이동
> • 직류 발전기 : 회전방향과 같은 방향으로 이동
> • 직류 전동기 : 회전방향과 반대방향으로 이동

☐☐☐ 15③,23④

13 다음의 정류 곡선 중 브러시의 후단에서 불꽃이 발생하기 쉬운 것은?

① 직선 정류 ② 정현파 정류
③ 과 정류   ④ 부족 정류

> |해④| 직류기의 정류 곡선의 특징
>
> | 직선 정류 | 이상적인 정류 곡선 |
> |---|---|
> | 정현파 정류 | 이상적인 정류 곡선 |
> | 과 정류 | 정류 초기에 브러시 전단부에서 불꽃 발생 |
> | 부족 정류 | 정류 말기에 브러시 후단에서 불꽃 발생 |

003 직류 발전기의 종류와 특성

1 타여자 발전기 separately excited generator
- 외부의 직류 전원을 이용하여 계자 자속을 여자시키는 방법을 타여자(separately excited)방식이라 한다.
- 계자 권선이 전기자와 접속되어 있지 않은 직류기
- 계자 철심에 전류 자기가 없어도 발전되는 직류기

2 자여자 발전기 self excited generator
계자 권선과 전기자 권선과의 접속 방법에 따라 직권 발전기, 분권 발전기, 복권 발전기로 분류된다.
- 직권 발전기 : 계자 권선과 전기자 권선이 직렬로 접속된 것
- 분권 발전기 : 계자 권선과 전기자 권선이 병렬로 접속된 것
- 복권 발전기 : 전기자(A), 분권 계자 권선(F)과 직권 계자 권선(F_s)을 가지고 있다.
- 평복권 발전기 : 무부하 전압과 전부하 전압이 같은 특성을 갖는 발전기로 부하의 변동에 대한 단자 전압의 변동이 가장 적은 직류 발전기
- 과복권 발전기 : 직류 발전기에서 급전선의 전압 강하 보상으로 사용
- 차동 복권 발전기 : 수하 특성을 가지므로 전기용접용 발전기로 가장 적합

■ 직류 발전기 특성 곡선
- 부하 포화 곡선 : 단자 전압, 계자 전류의 관계
- 무부하 포화 곡선 : 계자 전류, 유기기전력의 관계
- 무부하 특성 곡선 : 계자 전류, 무부하 단자 전압의 관계
- 외부 특성 곡선 : 단자 전압, 부하 전류의 관계

■ 직권 발전기의 외부 특성
- 전기자 전류[V] : $I_a = I_f = I$
- 단자 전압[A] : $V = E - I_a(R_a + R_f)$
- 유도 기전력[V] : $E = V + I_a(R_a + R_f)$
  I_a : 전기자 전류, I_f : 계자 전류, I : 부하전류
  R_a : 전기자 저항, R_f : 직권 계자저항

■ 분권 발전기의 외부 특성
- 전기자 전류 : $I_a = I + I_f$
- 단자 전압 : $V = E - I_a R_a$
- 유도 기전력 : $E = V + I_a R_a$

■ 전압 확립 voltage build up 현상
분권 발전기는 잔류 자속에 의해서 잔류 전압을 만들고 이때 여자 전류가 잔류 자속을 증가시키는 방향으로 흐르면, 여자 전류가 점차 증가하면서 단자 전압이 상승하는 현상을 전압 확립 현상이라 한다.

■ 외분권 복권 발전기의 외부 특성
- 전기자 전류 $I_a = I + I_{fp}$
- 유도 기전력 $E = V + I_a(R_a + R_{fs})$
- 분권 계자 전류 $I_{fp} = \dfrac{V}{R_{fp}}$

  I : 부하 전류, V : 단자 전압, R_a : 전기자 저항
  R_{fs} : 직권 계자 저항, R_{fp} : 분권 계자 저항

3 직류 발전기의 병렬 운전
■ 균압선 균압모선 균압고리
- 복권 발전기의 병렬 운전을 안전하게 하기 위해서 두 발전기의 전기자와 직권 권선의 접촉점을 서로 연결하는 낮은 저항의 도선
- 직류 복권 발전기의 브러시 손상을 막고 안정된 병렬 운전을 위해 직권, 복권, 평복권 발전기에 균압선을 설치한다.

■ 병렬 운전 목적
한 대의 발전기로 부하에 공급하는 전력량이 부족할 때 사용

■ 병렬 운전을 위한 조건
- 극성이 같을 것
- 단자 전압이 같을 것
- 외부 특성 곡선이 수하 특성일 것
- 두 대의 발전기 직권 계자를 병렬로 접속하는 균압선을 설치한다.

□□□ 09②,14①
01 타여자 발전기와 같이 전압 변동률이 적고 자여자이므로 다른 여자 전원이 필요 없으며, 계자 저항기를 사용하여 전압 조정이 가능하므로 전기 화학용 전원, 전지의 충전용, 동기기의 여자용으로 쓰이는 발전기는?

① 분권 발전기　　② 직권 발전기
③ 과복권 발전기　④ 차동 복권 발전기

|해①| 직류 분권 발전기 용도
- 타여자 발전기와 같이 전압 변동률이 작지만 자여자이므로 다른 여자 전원이 필요 없다.
- 계자 저항기를 사용한 전압 조정이 가능하므로 전기 화학용 전원, 전지의 충전용, 동기기 여자용으로 적합하다.

□□□ 06③,07①,09④,11③,21②
02 계자 철심에 잔류 자기가 없어도 발전되는 직류기는?

① 분권기　　② 직권기
③ 복권기　　④ 타여자기

|해④| 타여자 발전기
- 계자 권선이 전기자와 접속되어 있지 않은 직류기
- 계자 철심에 전류 자기가 없어도 발전되는 직류기

□□□ 08①,14②
03 급전선의 전압 강하 보상용으로 사용되는 것은?

① 분권기　　② 평복권기
③ 과복권기　④ 차동 복권기

|해③| 과복권기
- 전부하 전압이 무부하 전압보다 높은 특성
- 직류 발전기에서 급전선의 전압 강하 보상으로 사용

□□□ 09②,14①
04 전압 변동률이 적고 자여자이므로 다른 전원이 필요 없으며, 계자 저항기를 사용한 전압 조정이 가능하므로 전기 화학용, 전지의 충전용 발전기로 가장 적합한 것은?

① 타여자 발전기　　② 직류 복권 발전기
③ 직류 분권 발전기　④ 직류 직권 발전기

|해③| 직류 분권 발전기 용도
- 타여자 발전기와 같이 전압 변동률이 작지만 자여자이므로 다른 여자 전원이 필요 없다.
- 계자 저항기를 사용한 전압 조정이 가능하므로 전기 화학용 전원, 전지의 충전용, 동기기의 여자용으로 적합하다.

□□□ 08②,10④,15②
05 부하의 저항을 어느 정도 감소시켜도 전류는 일정하게 되는 수하 특성을 이용하여 정전류를 만드는 곳이나 아크 용접 등에 사용되는 직류 발전기는?

① 직권 발전기　　② 분권 발전기
③ 가동 복권 발전기　④ 차동 복권 발전기

|해④| 차동 복권 발전기
부하의 저항을 어느 정도 감소시켜도 전류는 일정하게 되는 수하 특성을 이용하여 정전류를 만드는 곳이나 아크 용접 등에 사용되는 직류 발전기

□□□ 12②,16③
06 계자 권선이 전기자와 접속되어 있지 않은 직류기는?

① 직권기　　② 분권기
③ 복권기　　④ 타여자기

|해④| 타여자 발전기
- 계자 권선이 전기자와 접속되어 있지 않은 직류기
- 계자 철심에 전류 자기가 없어도 발전되는 직류기

정답 003　01 ①　02 ④　03 ③　04 ③　05 ④　06 ④

□□□ 08③,12④,22①

07 직류 발전기의 무부하 특성 곡선은?

① 부하 전류와 무부하 단자 전압과의 관계이다.
② 계자 전류와 부하 전류와의 관계이다.
③ 계자 전류와 무부하 단자 전압과의 관계이다.
④ 계자 전류와 회전력과의 관계이다.

> |해 ③| 직류 발전기 특성 곡선
> • 부하 포화 곡선 : 단자 전압, 계자 전류의 관계
> • 무부하 포화 곡선 : 계자 전류, 유기기전력의 관계
> • 무부하 특성 곡선 : 계자 전류, 무부하 단자 전압의 관계
> • 외부 특성 곡선 : 단자 전압, 부하 전류의 관계

□□□ 07③,09④,12②,13①,18②

08 복권 발전기의 병렬 운전을 안전하게 하기 위해서 두 발전기의 전기자와 직권 권선의 접촉점에 연결하여야 하는 것은?

① 균압선   ② 집전환
③ 안정저항   ④ 브러시

> |해 ①| 균압선
> 직권과 복권의 경우 두 발전기의 직권 계자를 병렬로 접속하는 균압선을 설치한다.

□□□ 07④,08④,09②,12③,23③

09 전기자 저항 0.1[Ω], 전기자 전류 104[A], 유도기전력 110.4[V]인 직류 분권 발전기의 단자 전압[V]은?

① 110   ② 106
③ 102   ④ 100

> |해 ④| 분권 발전기의 단자 전압
> $V = E - I_a R_a$
> $= 110.4 - 104 \times 0.1 = 100[V]$

□□□ 10③,12①,20①

10 정격 전압 250[V], 정격 출력 50[kW]의 외분권 복권 발전기가 있다. 분권계자 저항이 25[Ω]일 때 전기자 전류는?

① 100[A]   ② 210[A]
③ 2,000[A]   ④ 2,010[A]

> |해 ②| 외분권 복권 발전기
> 전기자 전류 $I_a = I + I_{fp}$
> • 부하 전류 $I = \dfrac{P}{V} = \dfrac{50 \times 10^3}{250} = 200[A]$
> • 분권 계자 전류 $I_{fp} = \dfrac{V}{R_{fp}} = \dfrac{250}{25} = 10[A]$
> ∴ $I_a = 200 + 10 = 210[A]$

□□□ 12③,13④

11 직류 발전기 중 무부하 전압과 전부하 전압이 같도록 설계된 직류 발전기는?

① 분권 발전기   ② 직권 발전기
③ 평복권 발전기   ④ 차동 복권 발전기

> |해 ③| 평복권 발전기
> 무부하 전압과 전부하 전압이 같은 특성을 가지는 것을 평복권 발전기라 한다.

□□□ 06④,10①,18②,22①

12 분권 발전기의 회전방향을 반대로 하면?

① 전압이 유기된다.
② 발전기가 소손된다.
③ 고전압이 발생한다.
④ 잔류 자기가 소멸된다.

> |해 ④|
> 분권 발전기의 회전방향을 역회전할 경우 계자 전류에 의한 자속이 잔류 자속과 반대방향으로 발생하여 잔류자기(자속)를 소멸시키므로 역회전해서는 안 된다.

004 직류 전동기의 이론

■ 직류 전동기의 원리
- 직류 전동기는 직류(DC) 전원을 사용하는 전동기로 직류 전기 에너지를 회전 에너지로 변환하는 기기
- 플레밍의 왼손법칙은 전동기의 회전 방향을 결정하는 원리이다.
- 직류 전동기는 고정자, 회전자, 브러시 및 정류자로 구성된다.

■ 직류 전동기의 종류
직류 전동기는 직류 발전기와 구조가 같다.
- 타여자 전동기 : 전원의 극성을 반대로 하면 회전 방향을 바꿀 수 있고 속도를 광범위하게 조정할 수 있으므로 엘리베이터, 압연기 등에 널리 이용된다.
- 직권 전동기 : 직권 전동기는 전기자 권선과 계자 권선이 전원에 직렬로 접속
- 분권 전동기 : 분권 전동기는 전기자 권선과 계자 권선이 전원에 병렬로 접속
- 분권 전동기는 부하에 의한 속도 변화가 적고 계자를 조정하여 광범위한 속도 제어가 가능하기 때문에 정속도 및 가감 속도 전동기로 사용된다.

■ 직류 전동기의 용도
- 가정에서 사용하는 장난감, 면도기와 같은 소형 전동기와 기중기, 전동차 등에서 사용하는 대형 전동기까지 다양한 종류가 있다.

■ 분권 전동기의 용도
- 분권 전동기는 부하에 의한 속도 변화가 적고 계자를 조정하여 광범위한 속도 제어가 가능하기 때문에 정속도 및 가감 속도 전동기로 사용한다.

■ 직류 전동기의 역기전력
$$E = V - I_a R_a$$

■ 직류 전동기의 토크 회전력
- 토크는 전동기를 회전시키기 위해 필요한 힘
$$T = 0.975 \frac{P}{N} [\text{kg} \cdot \text{m}] = 9.55 \frac{P}{N} [\text{N} \cdot \text{m}]$$

P : 출력, N : 회전수

■ 분권 전동기의 토크
$$T = K\phi I_a [\text{N} \cdot \text{m}]$$

K : 비례상수, ϕ : 자속, I_a : 전기자 전류
- 토크($T[\text{N} \cdot \text{m}]$)는 전기자 전류($I_a$)에 비례한다.

■ 직류 자여자 전동기의 역회전
- 전류의 방향과 계자의 극성 중 하나만 바뀔 때 힘의 방향이 바뀌기 때문에 전기자 전류나 계자 전류 중 하나만 방향을 바꿔주어야 역회전할 수 있다.
- 자여자 전동기는 전원 극성을 반대로 연결했을 때 전기자 전류의 방향과 계자 전류에 의한 자속의 방향이 동시에 바뀌면서 회전은 바뀌지 않는다.

□□□ 06②④, 08①③, 10①, 14②, 19①
01 다음 중 토크(회전력)의 단위는?

① [rpm] ② [W]
③ [N·m] ④ [N]

| 해③ | 직류 전동기의 토크(회전력)
$T = 0.975 \frac{P}{N} [\text{kg} \cdot \text{m}]$
$= 9.55 \frac{P}{N} [\text{N} \cdot \text{m}]$

□□□ 15④, 19②, 24②
02 100[V], 10[A], 전기자 저항 1[Ω], 회전수 1,800[rpm]인 전동기의 역기전력은 몇 [V]인가?

① 90 ② 100
③ 110 ④ 186

| 해① | 직류 전동기의 역기전력
$E = V - I_a R_a$
단자 전압 $V = 100[\text{V}]$, 전기자 전류 $I_a = 10[\text{A}]$
∴ $E = 100 - 10 \times 1 = 90[\text{V}]$

정답 004 01 ③ 02 ①

□□□ 07①,10④,12④,14④

03 직류 분권전동기의 회전방향을 바꾸기 위해 일반적으로 무엇의 방향을 바꾸어야 하는가?

① 전원 ② 주파수
③ 계자 저항 ④ 전기자 전류

> |해 ④| 직류 전동기의 역회전
> 전기자 전류의 방향이나 계자의 극성을 반대로 하여 회전방향을 바꾼다.

□□□ 07①,10④,12④,14④,16②,24②

04 직류 전동기의 회전방향을 바꾸기 위해서는 어떻게 하면 되는가?

① 전원의 극성을 바꾼다.
② 전류의 방향이나 계자의 극성을 바꾸면 된다.
③ 차동 복권을 가동 복권으로 한다.
④ 발전기로 운전한다.

> |해 ②| 직류 전동기의 역회전
> 전류의 방향과 계자의 극성 중 하나만 바뀔 때 힘의 방향이 바뀌기 때문에 전기자 전류나 계자 전류 중 하나만 방향을 바꿔주어야 역회전할 수 있다.

□□□ 09①,11①,14②,18②

05 다음 중 정속도 전동기에 속하는 것은?

① 유도 전동기
② 직권 전동기
③ 교류 정류자 전동기
④ 분권 전동기

> |해 ④| 분권 전동기의 용도
> 분권 전동기는 부하에 의한 속도 변화가 적고 계자를 조정하여 광범위한 속도 제어가 가능하기 때문에 정속도 및 가감속도 전동기로 사용된다.

□□□ 06②,08①③,10①,14②,18①

06 직류 전동기의 출력이 50[kW], 회전수가 1,800[rpm]일 때 토크는 약 몇 [kg·m]인가?

① 12 ② 23
③ 27 ④ 31

> |해 ③|
> $$T = 0.975 \frac{P[\text{W}]}{N[\text{rpm}]} = 0.975 \frac{50 \times 10^3[\text{W}]}{1,800[\text{rpm}]} = 27[\text{kg}\cdot\text{m}]$$

□□□ 06①,07③,18②

07 각각 계자 저항기가 있는 직류 분권 전동기와 직류 분권 발전기가 있다. 이것을 직결하여 전동 발전기로 사용하고자 한다. 이것을 기동할 때 계자 저항기의 저항은 각각 어떻게 조정하는 것이 가장 적합한가?

① 전동기 : 최대, 발전기 : 최소
② 전동기 : 중간, 발전기 : 최소
③ 전동기 : 최소, 발전기 : 최대
④ 전동기 : 최소, 발전기 : 중간

> |해 ③| 직류 분권 전동기와 발전기의 계자 저항
>
> | | 계자전류를 | 계자 저항기의 저항은 |
> |---|---|---|
> | 전동기 | 최대일 때 | 최소 |
> | 발전기 | 최소일 때 | 크게 |

□□□ 06②,10②,22②

08 분권 전동기에 대한 설명으로 옳지 않은 것은?

① 토크는 전기자 전류의 자승에 비례한다.
② 부하 전류에 따른 속도 변화가 거의 없다.
③ 계자 회로에 퓨즈를 넣어서는 안 된다.
④ 계자 권선과 전기자 권선이 전원에 병렬로 접속되어 있다.

> |해 ①| 분권 전동기의 토크
> $T = K\phi I_a$
> 토크($T[\text{N}\cdot\text{m}]$)는 전기자 전류(I_a)에 비례한다.

005 직류 전동기의 특성과 운전

1 직권 전동기의 특성
- 부하 전류가 증가할 때 속도가 크게 감소된다.
- 전동기 기동시 기동 토크가 크다.
- 무부하 운전이나 벨트를 연결한 운전은 위험하다.
- 계자 권선과 전기자 권선이 직렬로 접속되어 있다.

■ 직권 전동기 용도
- 기동 토크가 크기 때문에 전동차, 권상기, 크레인 등과 같이 토크의 변동이 심한 부하에 많이 사용

■ 직권 전동기의 주의할 점
- 무부하 상태에서 전동기를 작용시키면 부하 전류가 0이 되기 때문에 회전 속도 $N=\infty$ 이 되어 매우 위험하다.
- 따라서 직권 전동기는 무부하 운전이나 벨트가 풀리면 갑자기 고속으로 회전하기 때문에 벨트 운전을 해서는 안 되는 전동기이다.

■ 직권 전동기의 속도 및 토크 특성

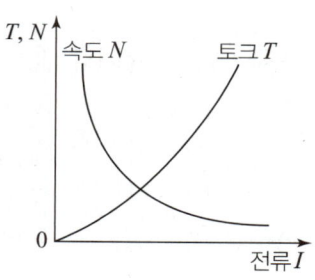

$$\tau \propto I^2 \propto \frac{1}{N^2}$$

■ 분권 전동기의 속도 및 토크 특성

$$\tau \propto I \propto \frac{1}{N}$$

■ 직류 전동기의 최저 절연 저항값

$$R = \frac{\text{정격 전압}[V]}{1{,}000 + \text{정격 출력}[kW]}$$

2 직류 전동기의 운전
■ (직류, 직권) 전동기의 속도 제어

회전 속도 $N = K \dfrac{V - I_a R_a}{\phi}$ [rpm]

- 전동기의 속도를 제어하기 위해서는 계자의 자기력선속(ϕ), 전기자 권선의 저항(R_a), 단자 전압(V)를 변화시키면 된다.

■ (직류, 직권) 전동기의 속도 제어
- 계자 제어법 : 정출력 가변 속도 제어에 적합하다.
- 저항 제어법 : 전력 손실이 크고, 속도 제어의 폭이 좁아서 소형 전동기에 적합하다.
- 전압 제어법 : 워드 레오너드 방식, 일그너 방식, 직·병렬 제어 방식, 정토크 제어, 초퍼제어방식이 있으나 설비 비용이 많이 드는 단점이 있다.

■ 직류 전동기의 제동
- 회전하는 운동에너지를 제거하여 전동기가 속도를 줄일 수 있도록 한 과정을 제동이라 한다.
- 발전 제동 : 전동기를 발전기로 운전하여 회전부분의 운동에너지를 전기 회로 중의 저항에서 열로 소비시키면서 제동하는 방법이다.
- 역전 제동(플러깅 제동) : 제동 방법 중 급정지하는데 가장 좋은 제동방법
- 회생 제동 : 전동기의 제동에서 전동기가 가지는 운동 에너지를 전기 에너지로 변환시키고 이것을 전원에 변환하여 전력을 회생시킴과 동시에 제동하는 방법

■ 직류 전동기의 기동
- 기동 전류를 제한하기 위한 장치를 기동 저항기라 한다.
- 기동할 때 전기자 전류를 제한하는 가감 저항기를 기동기라 한다.

■ 기동
- 기동 토크가 클 것
- 기동 전류가 작을 것

□□□ 06①,11④,15①,20①

01 직류 직권 전동기의 특징에 대한 설명으로 틀린 것은?

① 부하 전류가 증가하면 속도가 크게 감소된다.
② 기동 토크가 작다.
③ 무부하 운전이나 벨트를 연결한 운전은 위험하다.
④ 계자 권선과 전기자 권선이 직렬로 접속되어 있다.

| 해② | 직권 전동기
속도를 조절할 수 있는 전동기로서 기동 토크(회전력)가 크기 때문에 토크의 변동이 심한 부하에 많이 사용하고 있다.

□□□ 12③,16③

02 직류 전동기의 최저 절연저항값[MΩ]은?

① 정격 전압[V] / (1,000+ 정격 출력[kW])
② 정격 출력[kW] / (1,000+ 정격 입력[kW])
③ 정격 입력[kW] / (1,000+ 정격 출력[kW])
④ 정격 전압[V] / (1,000+ 정격 입력[kW])

| 해① | 직류 전동기의 최저 절연저항값

$$R \geq \frac{\text{정격 전압[V]}}{1,000+ \text{정격 출력[kW]}}[\text{M}\Omega]$$

• 직류기의 권선과 외함 사이의 절연저항

□□□ 07④,08①,13②

03 워드 레오너드 속도 제어는?

① 저항제어   ② 계자제어
③ 전압제어   ④ 직·병렬제어

| 해③ | 직류 전동기의 전압 제어법
워드 레오너드 방식, 일그너 방식, 직·병렬제어 방식, 정토크 제어, 초퍼 제어 방식

□□□ 06①,09①,11②,13③,22①

04 직류 전동기에서 무부하가 되면 속도가 대단히 높아져서 위험하기 때문에 무부하 운전이나 벨트를 연결한 운전을 해서는 안 되는 전동기는?

① 직권 전동기   ② 복권 전동기
③ 타여자 전동기 ④ 분권 전동기

| 해① | 직권 전동기의 주의할 점
• 무부하 상태에서 전동기를 작용시키면 부하 전류가 0이 되기 때문에 회전속도 $N=\infty$이 되어 매우 위험하다.
• 따라서 직권 전동기는 무부하 운전이나 벨트가 풀리면 갑자기 고속으로 회전하기 때문에 벨트 운전을 해서는 안 되는 전동기다.

□□□ 06①,07③,08②,11③,13①,15④,16②,19①

05 급정지 하는 데 가장 좋은 제동법은?

① 발전 제동   ② 회생 제동
③ 단상 제동   ④ 역전 제동

| 해④ | 직류 전동기의 역전 제동
전동기를 전원에 접속된 상태에서 전기자의 접속을 반대로 하고, 회전방향과 반대방향으로 토크를 발생시켜서 급속히 정지하거나 역전시키는 방법

□□□ 11④,15①,22①

06 정격 속도에 비하여 기동 회전력이 가장 큰 전동기는?

① 타여자기   ② 직권기
③ 분권기   ④ 복권기

| 해② | 직권 전동기
속도를 조절할 수 있는 전동기로서 기동 토크(회전력)가 크기 때문에 토크의 변동이 심한 부하에 많이 사용하고 있다.

□□□ 06①,09①,11②④,13③,21②,24②

07 직류 직권 전동기에서 벨트를 걸고 운전하면 안 되는 가장 큰 이유는?

① 벨트가 벗겨지면 위험속도로 도달하므로
② 손실이 많아지므로
③ 직결하지 않으면 속도 제어가 곤란하므로
④ 벨트가 마멸 보수가 곤란하므로

> |해①| 직권 전동기의 주의할 점
> - 직권 전동기는 무부하 시 속도가 위험할 정도로 상승하므로, 벨트가 벗겨질 경우 무부하 상태가 되어 매우 위험하기 때문이다.
> - 따라서 직권 전동기는 무부하 운전이나 벨트가 풀리면 갑자기 고속으로 회전하기 때문에 벨트 운전을 해서는 안 되는 전동기다.

□□□ 12①,15②,21①

08 직류 전동기의 속도 제어법이 아닌 것은?

① 전압 제어법   ② 계자 제어법
③ 저항 제어법   ④ 주파수 제어법

> |해④| 직류 전동기의 속도 제어법
> 계자 제어법, 저항 제어법, 전압 제어법

□□□ 09①,11①,14②

09 정속도 전동기로 공작기계 등에 주로 사용되는 전동기는?

① 직류 분권 전동기
② 직류 직권 전동기
③ 직류 차동 복권 전동기
④ 단상 유도 전동기

> |해①| 분권 전동기의 용도
> 분권 전동기는 부하에 의한 속도 변화가 적고 계자를 조정하여 광범위한 속도 제어가 가능하기 때문에 정속도 및 가감속도 전동기로 사용된다.

□□□ 07③,08②,13①,15②

10 직류 전동기의 전기적 제동법이 아닌 것은?

① 발전 제동   ② 회생 제동
③ 역전 제동   ④ 저항 제동

> |해④| 직류 전동기의 제동
> - 발전 제동
> - 역전 제동(플러깅 제동)
> - 회생 제동
> - 유도 전동기의 제동
> - 역상 제동(플러깅 제동)

□□□ 06③,10②③,15④,18①

11 직류 분권 전동기의 계자 저항을 운전 중에 증가시키면 회전속도는?

① 증가한다.   ② 감소한다.
③ 변화 없다   ④ 정지한다.

> |해①| 직류 분권 전동기의 계자 제어 방법
> 회전속도 $N = K \dfrac{V - I_a R_a}{\phi}$ [rpm]
> - 전기자 계자 권선의 저항(R_a)을 증가시키면 계자 전류의 감소로 자속(ϕ)도 감소하므로 회전속도(N)는 반비례하여 증가한다.

□□□ 07④,13②,20①

12 전압 제어에 의한 속도 제어가 아닌 것은?

① 정지형 레오너드식
② 일그너식
③ 직병렬 제어
④ 회생제어

> |해④| 직류 전동기의 전압 제어법
> 워드 레오너드 방식, 일그너 방식, 직·병렬제어 방식, 정토크 제어, 초퍼 제어 방식

006 직류기의 손실, 효율 및 변동률

■ 직류기의 손실
- 무부하손(고정손) : 철손(히스테리시스손), 맴돌이 전류손(와전류손), 기계손(풍손)
- 부하손(가변손) : 구리손(동손, 저항손), 표유부하손

◎ 철손을 감소시키기 위해서 얇은 규소 강판을 여러 장 겹쳐서 철심을 제작한다.

■ 직류기의 효율
- 실측효율

$$\eta = \frac{출력}{입력} \times 100$$

- 발전기의 규약 효율

$$\eta_G = \frac{출력}{출력+손실} \times 100 = \frac{Q}{Q+L} \times 100$$

- 전동기의 규약 효율

$$\eta_M = \frac{입력-손실}{입력} \times 100$$

- 최대효율 조건
  - 전부하인 경우 : 고정손 = 가변손
  - $\left(\frac{1}{m}\right)$ 부하인 경우 : 고정손 = $\left(\frac{1}{m}\right)^2 \times$ 가변손

■ 발전기의 전압 변동률

$$\epsilon = \frac{V_o - V_n}{V_n} \times 100$$

V_o : 무부하 단자 전압, V_n : 전부하 정격 전압

전압 변동률 ϵ	단자 전압	발전기
$-\epsilon$	$V_o < V_n$	과복권 발전기
$+\epsilon$	$V_o > V_n$	타여자 발전기, 분권 발전기
$\epsilon = 0$	$V_o = V_n$	평복권 발전기

■ 전동기의 속도 변동률

$$\epsilon = \frac{N_o - N_n}{N_n} \times 100$$

N_o : 무부하에서 회전수[rpm]
N_n : 정격부하에서 회전수[rpm]

□□□ 12②,22②

01 직류기의 손실 중 기계손에 속하는 것은?

① 풍손　　　② 와전류손
③ 히스테리시스손　　④ 표유부하손

> |해 ①| 직류기의 손실
> - 무부하손 : 철손(히스테리시스손), 맴돌이 전류손(와전류손), 기계손(풍손)
> - 부하손 : 구리손(동손, 저항손), 표유부하손

□□□ 08④,10③

02 직류 전동기에 있어 무부하일 때의 회전수는 n_0은 1,200[rpm], 정격부하일 때의 회전수는 n_n은 1,150[rpm]이라 한다. 속도 변동률은?

① 약 3.45[%]　　② 약 4.16[%]
③ 약 4.35[%]　　④ 약 5.0[%]

> |해 ③| 속도 변동률
> $$\epsilon = \frac{N_o - N_n}{N_n} \times 100$$
> $$= \frac{1,200 - 1,150}{1,150} \times 100 = 4.35[\%]$$

□□□ 08④,09①,10①,20①,24①

03 출력 10[kW], 효율 90[%]인 기기의 손실은 약 몇 [kW]인가?

① 0.6　　② 1.1
③ 2　　④ 2.5

> |해 ②|
> 기기의 손실 = 입력 - 출력
> - 효율 $\eta = \frac{출력}{입력} \times 100$에서
>   입력 = $\frac{출력}{효율} = \frac{10}{0.90} = 11.1$[kW]
> - 출력 = 10[kW]
>   ∴ 손실 = 11.1 - 10 = 1.1[kW]

□□□ 08②,09③④,12①,16②③

04 발전기를 정격 전압 220[V]로 운전하다가 무부하로 운전하였더니, 단자 전압이 253[V]가 되었다. 이 발전기의 전압 변동률은 몇 [%]인가?

① 15[%] ② 25[%]
③ 35[%] ④ 45[%]

| 해① | 전압 변동률

$$\epsilon = \frac{V_o - V_n}{V_n} \times 100 = \frac{253 - 220}{220} \times 100 = 15[\%]$$

□□□ 06④,08②,09③④,10②,12①,16②,23①

05 무부하에서 119[V]되는 분권 발전기의 전압 변동률이 6[%]이다. 정격 전부하 전압은 약 몇 [V]인가?

① 110.2 ② 112.3
③ 122.5 ④ 125.3

| 해② | 전압 변동률

$$\epsilon = \frac{V_o - V_n}{V_n} \times 100 = \frac{119 - V_n}{V_n} \times 100 = 6\%$$

$$\therefore V_n = \frac{V_o}{\epsilon + 1} = \frac{119}{0.06 + 1} = 112.3[V]$$

[참고] SOLVE 사용

∴ 정격 전압 $V_n = 112.3[V]$

□□□ 07③,10②,16②,17③,23②

06 전기 기계의 효율 중 발전기의 규약 효율 η_G는? (단, 입력 P, 출력 Q, 손실 L로 표현한다.)

① $\eta_G = \frac{P-L}{P} \times 100$ ② $\eta_G = \frac{P-L}{P+L} \times 100$

③ $\eta_G = \frac{Q}{P} \times 100$ ④ $\eta_G = \frac{Q}{Q+L} \times 100$

| 해④ | 발전기의 규약 효율

$$\eta_G = \frac{출력}{출력+손실} \times 100 = \frac{Q}{Q+L} \times 100$$

□□□ 12②

07 직류 전동기에서 전부하 속도가 1,500[rpm], 속도 변동률이 3[%]일 때 무부하 회전속도는 몇 [rpm]인가?

① 1,455 ② 1,410
③ 1,545 ④ 1,590

| 해③ | 속도 변동률 $\epsilon = \frac{N_o - N_n}{N_n} \times 100$

• 전부하 시 회전수 $N_n = 1,500[\text{rpm}]$

$$\therefore N_o = N_n + \frac{N_n \cdot \epsilon}{100}$$

$$= 1,500 + \frac{1,500 \times 3}{100} = 1,545[\text{rpm}]$$

[참고] SOLVE 사용

$$3 = \frac{N_o - 1,500}{1,500} \times 100$$

∴ 무부하(회전속도 $N_o = 1,545[\text{rpm}]$)

□□□ 07③,10②,15②,16②,19①,21②,24②

08 직류 전동기의 규약 효율을 표시하는 식은?

① $\frac{출력}{출력+손실} \times 100[\%]$

② $\frac{출력}{입력} \times 100[\%]$

③ $\frac{입력-손실}{입력} \times 100[\%]$

④ $\frac{입력}{출력+손실} \times 100[\%]$

| 해③ |

• 직류 전동기의 규약 효율
$$\eta_M = \frac{입력-손실}{입력} \times 100[\%]$$

• 직류 발전기의 규약 효율
$$\eta_G = \frac{출력}{출력+손실} \times 100[\%]$$

007 특수 직류기

■ 특수 직류기의 종류
단극 발전기, 승압기, 전기 동력계, 기동기

■ 스테핑 전동기 stepping motor, 직류 스테핑 모터
- 입력되는 펄스의 값에 의해 일정한 각도만큼 회전하도록 만든 전동기
- 스테핑 모터, 펄스 모터라고 한다.

■ 직류 스테핑 모터 DC stepping motor, 스테핑 전동기
- 교류 동기 서보 모터에 비하여 효율이 좋고 큰 토크를 발생한다.
- 큰 토크를 발생하여 입력되는 각 전기 신호에 따라 규정된 각도만큼씩 회전한다.
- 축 방향으로 자화된 영구 자석으로서 보통 회전자 톱니가 50개인 것이 많이 사용된다.
- 특수 전기기기로 공작기계, 로봇제어 등의 매우 정밀한 위치 제어에 사용된다.

□□□ 12④
01 다음 중 특수 직류기가 아닌 것은?
① 고주파 발전기   ② 단극 발전기
③ 승압기   ④ 전기 동력계

|해①| 특수 직류기
단극 발전기, 승압기, 전기 동력계, 기동기

□□□ 15④,22③
02 입력으로 펄스 신호를 가해 주고 속도를 입력 펄스의 주파수에 의해 조절하는 전동기는?
① 전기 동력계   ② 서보 전동기
③ 스테핑 전동기   ④ 권선형 유도 전동기

|해③| 스테핑 전동기=직류 스테핑 모터
- 입력되는 펄스의 값에 의해 일정한 각도만큼 회전하도록 만든 전동기
- 스테핑 모터, 펄스 모터라고 한다.

□□□ 06①,15①
03 직류 스테핑 모터(DC stepping motor)의 특징 설명 중 가장 옳은 것은?
① 교류 동기 서보 모터에 비하여 효율이 나쁘고 토크 발생도 작다.
② 이 전동기는 입력되는 각 전기 신호에 따라 계속하여 회전한다.
③ 이 전동기는 일반적인 공작기계에 많이 사용된다.
④ 이 전동기의 출력을 이용하여 특수 기계의 속도, 거리, 방향 등을 정확하게 제어가 가능하다.

|해④| 직류 스테핑 모터=스테핑 전동기
- 교류 동기 서보 모터에 비하여 효율이 좋고 큰 토크를 발생한다.
- 각 전기 신호에 따라 규정된 각도만큼씩 회전한다.
- 전동기의 출력을 이용하여 특수 기계의 속도, 거리, 방향 등을 정확하게 제어가 가능하다.
- 특수 전기기기로 공작기계, 로봇제어 등의 매우 정밀한 위치 제어에 사용된다.

□□□ 08①
04 자동제어 장치의 특수 전기기기로 사용되는 전동기는?
① 전기 동력계
② 3상 유도 전동기
③ 직류 스테핑 모터
④ 초동기 전동기

|해③| 직류 스테핑 모터=스테핑 전동기
특수 전기기기로 공작기계, 로봇제어 등의 매우 정밀한 위치 제어에 사용된다.

| memo |

CHAPTER 02 동기기 synchronous machine

008 동기 발전기의 원리와 구조

1 동기 발전기의 원리

교류 기전력의 발생
- 계자를 회전시키면 고정 권선에 자속이 쇄교되어 플레밍의 오른손 법칙에 따라 사인파 교류 기전력이 발생된다.
- 회전자의 회전속도를 동기속도라 하며, 동기속도로 돌아가는 발전기를 동기 발전기라 한다.

교류 발전기의 주파수

$$f = \frac{p}{2}\frac{N_s}{60} = \frac{N_s \cdot p}{120} [\text{Hz}]$$

동기속도

$$N_s = \frac{120f}{p}[\text{rpm}] = \frac{2f}{p}[\text{rps}]$$

여기서, f : 주파수, p : 극수

■ rps revolutions per second
회전기의 회전속도를 나타내는 단위로 1초 동안의 회전수를 말한다.

2 동기 발전기의 구조

동기 발전기의 회전 계자형
전기자를 고정자로 하고, 계자극을 회전자로 한 것으로 자극 N, S를 회전시키는 동기 발전기

회전 계자형이 사용되는 이유
- 고전압에 견딜 수 있게 전기자 권선을 절연하기가 쉽다.
- 전기자 단자에 발생한 고전압을 슬립링 없이 간단하게 외부 회로에 인가할 수 있다.
- 기계적으로 튼튼하게 만들 수 있으며 계자 회로가 직류 저전압이므로 소요 전력이 적다.

우산형 발전기
- 저속 발전기에 주로 사용된다.
- 축방향 길이가 짧아 높이가 낮고, 경제적이며 조립이 용이하다.

3 동기 발전기의 전기자 권선

매극 매상의 슬롯수

$$q = \frac{\text{총 홈수(slot수)}}{\text{극수} \times \text{상수}} = \frac{Q}{p \times m}$$

동기 발전기의 권선법
- 권선법의 종류 : 단절권, 분포권, 2층권, 중권(병렬권), 고상권, 폐로권
- 분포권 : 매극 매상의 코일은 2개 이상의 슬롯으로 분산하여 감은 것

동기 발전기의 권선을 분포권으로 사용하는 이유
- 누설 리액턴스가 작다.
- 열을 분산시켜 과열을 방지한다.
- 유도기전력이 집중권에 비해 적다.
- 집중권에 비해 고조파를 제거하여 좋은 파형을 얻을 수 있다.

동기 발전기의 전기자 권선을 단절권으로 하는 이유
코일의 사용량이 줄어 들고 고조파를 제거하여 좋은 파형을 얻을 수 있다.

3상 동기 발전기의 상간 접속을 Y 결선으로 하는 이유
- 중성점을 접지할 수 있다.
- 선간전압이 상전압의 $\sqrt{3}$ 배가 된다.
- 선간전압에 제3고조파가 나타나지 않는다.
- 같은 선간전압의 결선에 비하여 절연이 용이하다.
- 최대효율 조건(전부하인 경우) : 고정손 = 가변손

□□□ 06④,09②,10③④,11②③,20②

01 극수가 10, 주파수가 50[Hz]인 동기기의 매분 회전수는?

① 300[rpm]   ② 400[rpm]
③ 500[rpm]   ④ 600[rpm]

| 해 ④ | 1분당 회전수

$$N_s = \frac{120f}{p} [\text{rpm}]$$

• 주파수 $f = 50[\text{Hz}]$
• 극수 $p = 10$

$$\therefore N_s = \frac{120 \times 50}{10} = 600[\text{rpm}]$$

□□□ 05,07①,08③,20①

02 플레밍(Fleming)의 오른손 법칙에 따르는 기전력이 발생하는 기기는?

① 교류 발전기   ② 교류 전동기
③ 교류 정류기   ④ 교류 용접기

| 해 ① | 교류 발전기

계자를 회전시키면 고정 권선에 자속이 쇄교되어 플레밍의 오른손 법칙에 따라 사인파 교류 기전력이 발생한다.

□□□ 13②,16③,18②,24②

03 6극 36슬롯 3상 동기 발전기의 매극 매상당 슬롯수는?

① 2   ② 3
③ 4   ④ 5

| 해 ① |

매극 매상의 슬롯수 $q = \dfrac{\text{슬롯수}(Q)}{\text{극수}(p) \times \text{상수}(m)}$

슬롯수$(Q) = 36$, 극수 $= 6$, 상수 : 3상

$$\therefore q = \frac{36}{6 \times 3} = 2$$

□□□ 09③,12④,16②

04 극수 10, 동기속도 600[rpm]인 동기 발전기에서 나오는 전압의 주파수는 몇 [Hz]인가?

① 50   ② 60
③ 80   ④ 120

| 해 ① | 동기속도

$$N_s = \frac{120f}{p} [\text{rpm}]$$

• p인 동기 발전기의 주파수

$$f = \frac{N_s \cdot p}{120} = \frac{600 \times 10}{120} = 50[\text{Hz}]$$

참고 SOLVE 사용 $600 = \dfrac{120f}{10}[\text{rpm}]$ $X = f = 50$

□□□ 06④,12①,18①

05 우산형 발전기의 용도는?

① 저속 대용량기   ② 저속 소용량기
③ 고속 대용량기   ④ 고속 소용량기

| 해 ① | 우산형 발전기

• 저속 발전기에 주로 사용된다.
• 축방향 길이가 짧아 높이가 낮고, 경제적이며 조립이 용이하다.

□□□ 06④,09②,10③④,11②③

06 6극, 1,200[rpm] 동기 발전기로 병렬 운전하는 극수 4의 교류 발전기의 회전수는 몇 [rpm]인가?

① 3,600[rpm]   ② 2,400[rpm]
③ 1,800[rpm]   ④ 1,200[rpm]

| 해 ③ | 1분당 회전수

$$N_s = \frac{120f}{p} [\text{rpm}]$$

• 주파수 $f = \dfrac{N_s p}{120} = \dfrac{1,200 \times 6}{120} = 60[\text{Hz}]$

• 극수 $p = 4$일 때 회전수

$$\therefore N_s = \frac{120 \times 60}{4} = 1,800[\text{rpm}]$$

정답 008 01 ④ 02 ① 03 ① 04 ① 05 ① 06 ③

□□□ 06①,15②,18②,22①,23①

07 동기 발전기의 전기자 권선을 단절권으로 하면?

① 고조파를 제거한다.
② 절연이 잘 된다.
③ 역률이 좋아진다.
④ 기전력을 높인다.

| 해 ① | 동기 발전기의 단절권
코일의 사용량이 줄어 들고 고조파를 제거하여 좋은 파형을 얻을 수 있다.

□□□ 11③,14④,19②,24①

08 동기기의 전기자 권선법이 아닌 것은?

① 전절권 ② 분포권
③ 2층권   ④ 중권

| 해 ① |
• 동기 발전기의 권선법 : 단절권, 분포권, 이층권, 중권(병렬권), 고상권, 폐로권
• 동기기의 권선법은 고조파를 줄이기 위하여 전절권이 아닌 단절권을 사용한다.

□□□ 07①④,21①

09 동기 발전기의 권선을 분포권으로 사용하는 이유로 옳은 것은?

① 파형이 좋아진다.
② 권선의 누설 리액턴스가 커진다.
③ 집중권에 비하여 합성 유기기전력이 높아진다.
④ 전기자 권선이 과열되어 소손되기 쉽다.

| 해 ① | 동기 발전기의 권선을 분포권으로 할 경우
• 집중권에 비해 고조파를 제거하여 좋은 파형을 얻을 수 있다.
• 누설 리액턴스가 작다.
• 유기기전력이 집중권에 비해 적다.
• 열을 분산시켜 과열을 방지한다.

□□□ 07①,09①,13①②,15③,22②

10 동기속도 3,600[rpm], 주파수 60[Hz]의 동기 발전기의 극수는?

① 2극   ② 4극
③ 6극   ④ 8극

| 해 ① | 동기속도
$N_s = \dfrac{120f}{p}$[rpm]
$\therefore$ 극수 $p = \dfrac{120f}{N_s} = \dfrac{120 \times 60}{3,600} = 2$[극]

□□□ 기 16④

11 3상 동기 발전기의 상간 접속을 Y 결선으로 하는 이유 중 틀린 것은?

① 중성점을 이용할 수 있다.
② 선간전압이 상전압의 $\sqrt{3}$ 배가 된다.
③ 선간전압에 제3고조파가 나타나지 않는다.
④ 같은 선간전압의 결선에 비하여 절연이 어렵다.

| 해 ④ | Y 결선
같은 선간전압의 결선에 비하여 절연이 용이하다.

□□□ 07①,09①,13①②,15③

12 동기속도 30[rps]인 교류 발전기 기전력의 주파수가 60[Hz]가 되려면 극수는?

① 2   ② 4
③ 6   ④ 8

| 해 ② | 동기속도[rps]일 때
$n_s = \dfrac{2f}{p}$[rps]에서
극수 $p = \dfrac{2f}{n_s}$
• 주파수 $f = 60$[Hz]
• 동기속도 $n_s = 30$[rps]
$\therefore$ 극수 $p = \dfrac{2 \times 60}{30} = 4$[극]

009 동기 발전기의 이론

❶ 동기 발전기의 전기자 반작용
전기자 자속(ϕ_a)이 계자자속(ϕ_f)에 영향을 미치는 현상

■ 교차자화작용
- 역률 1일 때의 반작용으로 파형의 일그러짐이 생긴다.

■ 증자작용
- 전기자 전류(I)가 무부하 유도기전력(E)보다 90°($\pi/2[rad]$) 앞서는 경우

■ 감자작용
- 전기자 전류가 무부하 유도기전력보다 90°($\pi/2[rad]$) 뒤지(늦)는 경우
- 전기자 반작용의 결과 감자현상이 발생될 때 반작용 리액턴스의 값은 증가한다.

■ 동기 발전기의 전기자작용

역률각이 90° 늦을 때	감자작용
역률각이 90° 앞설 때	증자작용

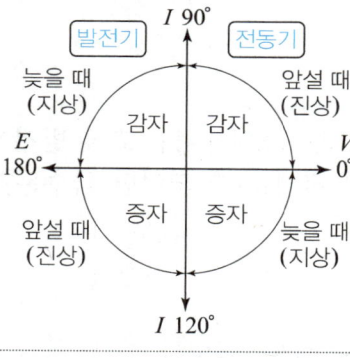

❷ 동기 발전기의 등가회로
등가회로란 복잡하게 구성된 실제 회로를 전기적 특성을 유지하면서 단순한 형태로 표현하여 해석을 쉽게 한 이론적인 회로

■ 동기 발전기의 단락 전류의 제한

돌발 단락 전류의 제한	누설 리액턴스
영구 단락 전류의 제한	동기 리액턴스

■ 3상 발전기 정격 용량

$$P_a = \sqrt{3}\,VI\,[\text{VA}]$$

터빈 발전기의 정격 전류 $I = \dfrac{P_a}{\sqrt{3}\,V}$

❸ 동기 발전기의 출력
비돌극기(원통형) 회전자를 가진 동기 발전기의 출력

$$P = VI\cos\theta = \frac{EV}{X_S}\sin\delta\,[\text{W}]$$

V : 단자 전압, E : 유기기전력
X_S : 동기 리액턴스, δ : 부하각

- 동기 발전기의 출력은 유도기전력 E와 단자 전압 V의 곱에 비례하고, $\sin\delta$에도 비례한다.

■ 발전기 출력이 최대일 때의 부하각 δ

비돌극형(원통형) 발전기	$\delta = 90°$
돌극형 발전기	$\delta = 60°$

□□□ 11②, 13①, 14①, 16②

01 동기 발전기에서 전기자 전류가 기전력보다 90°만큼 위상이 앞설 때의 전기자 반작용은?

① 교차자화작용　② 감자작용
③ 편차작용　　　④ 증자작용

|해④| 동기(교류) 발전기의 전기자 반작용
3상 교류(동기) 발전기에 전기자 전류가 유기기전력(무부하 전압)보다 위상이 $\dfrac{\pi}{2}[rad](90°)$만큼 앞서면 증자작용을 하여 기전력을 증가시킨다.

□□□ 12③

02 동기 발전기의 전기자 반작용 현상이 아닌 것은?

① 포화작용　　② 증자작용
③ 감자작용　　④ 교차자화작용

> |해 ①| 동기 발전기의 전기자 반작용
> • 교차자화작용　• 감자작용　• 증자작용

□□□ 07③,13①,14①,16②,21①

03 3상 교류 발전기의 기전력에 대하여 $\frac{\pi}{2}$[rad] 뒤진 전기자 전류가 흐르면 전기자 반작용은?

① 횡축 반작용으로 기전력을 증가시킨다.
② 증자작용을 하여 기전력을 증가시킨다.
③ 감자작용을 하여 기전력을 감소시킨다.
④ 교차자화작용으로 기전력을 감소시킨다.

> |해 ③| 동기 발전기의 전기자 반작용
> • 증자작용 : 전기자 전류가 무부하 유도기전력 보다 $\pi/2$[rad] 앞서는 경우
> • 감자작용 : 전기자 전류가 무부하 유도기전력 보다 $\pi/2$[rad] 뒤지(늦)는 경우

□□□ 11②,13①,14①,16②,20①

04 3상 동기 발전기에서 전기자 전류가 무부하 유도기전력보다 $\pi/2$[rad] 앞선 경우(X_C만의 부하)의 전기자 반작용은?

① 횡축반작용　　② 증자작용
③ 감자작용　　　④ 편자작용

> |해 ②| 동기 발전기의 전기자 반작용
> • 증자작용 : 전기자 전류가 무부하 유도기전력 보다 $\pi/2$[rad] 앞서는 경우
> • 감자작용 : 전기자 전류가 무부하 유도기전력 보다 $\pi/2$[rad] 뒤지(늦)는 경우

□□□ 07③,16②,18②,23①

05 3상 동기 발전기에 무부하 전압보다 90° 뒤진 전기자 전류가 흐를 때 전기자 반작용은?

① 감자작용을 한다.
② 증자작용을 한다.
③ 교차자화작용을 한다.
④ 자기여자작용을 한다.

> |해 ①| 동기(교류) 발전기의 전기자 반작용
> 3상 교류(동기) 발전기에 전기자 전류가 유기기전력(무부하 전압)보다 위상이 90°$\left(\frac{\pi}{2}\text{[rad]}\right)$ 뒤지면 감자작용을 하여 기전력을 감소시킨다.

□□□ 13②

06 3상 66,000[kVA], 22,900[V] 터빈 발전기의 정격 전류는 약 몇 [A]인가?

① 8,734　　② 3,367
③ 2,882　　④ 1,664

> |해 ④|
> ■ 3상 발전기 정격 용량 $P_a = \sqrt{3}\,VI$[VA]에서
> ■ 터빈 발전기의 정격 전류 $I = \dfrac{P_a}{\sqrt{3}\,V}$
> • $P_a = 66,000$[kVA] $= 66,000 \times 10^3$[VA]
> • 단자 전압 $V = 22,900$[V]
> $I = \dfrac{66,000 \times 10^3}{\sqrt{3} \times 22,900} = 1,664$[A]

□□□ 14②

07 동기 발전기에서 비돌극기의 출력이 최대가 되는 부하각(power angle)은?

① 0°　　② 45°
③ 90°　　④ 180°

> |해 ③| 발전기의 출력이 최대일 때 부하각 δ
> • 비돌극형(원통형) 발전기 : $\delta = 90°$
> • 돌극형 발전기 : $\delta = 60°$

□□□ 09④,11③

08 비돌극형 동기 발전기의 단자 전압(1상)을 V, 유도기전력(1상)을 E, 동기 리액턴스 X_S, 부하각을 δ라고 하면, 1상의 출력(W)은? (단, 전기자 저항 등은 무시한다.)

① $\dfrac{EV}{X_S}\sin\delta$ ② $\dfrac{E^2}{2X_S}\cos\delta$

③ $\dfrac{EV}{X_S}\cos\delta$ ④ $\dfrac{E^2}{2X_S}\sin\delta$

|해①| 동기 발전기 1상의 출력

$P = \dfrac{VE}{X_S}\sin\delta$ [W]

V : 단자 전압, E : 유기기전력(유도기전력)
X_S : 동기 리액턴스, δ : 부하각

□□□ 06④,07④,08③④,09②,11②,19①,21①,24①

09 동기 발전기의 돌발 단락 전류를 주로 제한하는 것은?

① 누설 리액턴스 ② 동기 임피던스
③ 권선 저항 ④ 동기 리액턴스

|해①| 동기 발전기

| 돌발 단락 전류의 제한 | 누설 리액턴스 |
| 영구 단락 전류의 제한 | 동기 리액턴스 |

□□□ 13③

10 동기 전동기의 부하각(load angle)은?

① 공급전압 V와 역기전압 E와의 위상각
② 역기전압 E와 부하전류 I와의 위상각
③ 공급전압 V와 부하전류 I와의 위상각
④ 3상전압의 상전압과 선간전압과의 위상각

|해①| 1상 동기 전동기의 출력

$P = \dfrac{VE\sin\delta}{X_s}$ [W]

위상각 δ : 공극전압(V)과 역기전압(E)과의 위상각

□□□ 16①

11 3상 교류 발전기의 기전력에 대하여 90° 늦은 전류가 통할 때의 반작용 기자력은?

① 자극축과 일치하고 감자작용
② 자극축보다 90° 빠른 증자작용
③ 자극축보다 90° 늦은 감자작용
④ 자극축과 직교하는 교차자화작용

|해①| 동기 발전기의 감자작용

• 동기 발전기에 리액터 부하를 연결하면, 전류가 기전력보다 90° 늦은 위상이 된다.
• 도체 코일의 중심축과 자극의 중심축과 일치할 때 발생한다.
• 자속이 감소한다는 뜻으로 전기자 자속이 계자 자속과 반대방향일 때 발생한다.

□□□ 08②

12 동기 발전기의 전기자 반작용 중에서 전기자 전류에 의한 자기장의 축이 항상 주자속의 축과 수직이 되면서 자극편 왼쪽에 있는 주자속은 증가시키고, 오른쪽에 있는 주자속은 감소시켜 편차작용을 하는 전기자 반작용은?

① 증자작용 ② 감자작용
③ 교차자화작용 ④ 직축반작용

|해③| 동기 발전기의 전기자 반작용

교차자화작용 : 전기자 전류에 의한 자속은 자극편의 한쪽은 증가시키고, 반대쪽은 감소시켜서 주자속을 한쪽으로 기울게 하는 편자작용을 말한다.

010 동기 발전기의 특성 곡선

■ 무부하 포화 곡선
계자 전류(I_f)와 단자 전압(V)의 관계

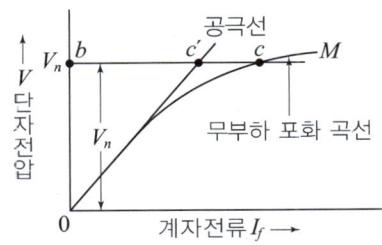

■ 무부하 포화 곡선의 포화계수(포화율)(σ)
- 계자 전류에 비례해서 단자 전압이 증가하는 구간 (bc')에 대한 단자 전압의 상승이 급격히 둔화되는 구간(cc')의 비

    포화계수(포화율) $\sigma = \dfrac{cc'}{bc'}$

■ 외부 특성 곡선
- 부하 전류(I)와 단자 전압(V)의 관계
- 동기 발전기의 역률 및 계자 전류가 일정할 때 단자 전압과 부하 전류와의 관계를 나타낸다.

■ 단락 곡선
- 계자 전류(I_f)와 단락 전류(I_s)의 관계
- 단락 곡선은 계자 전류의 증감에 따라 단락 전류의 변화를 나타낸다

■ 단락 곡선이 직선인 이유
- 철심이 포화할 때 기전력은 더 이상 증가하지 않지만 전기자 반작용의 영향으로 동기 임피던스인 동기 리액턴스가 오히려 감소하기 때문에 단락 전류가 계속 직선적으로 증가하는 특성을 갖는다.

■ 동기 임피던스
- 동기 임피던스 $Z_s = \dfrac{\text{유도 기전력}(E_o)}{\text{단락 전류}(I_s)}$
- 동기 임피던스는 전기자 반작용과 누설 때문에 발생하는 전압강하를 종합적으로 나타낸 값이다.

■ 단락비 short circuit ratio
- 단락비는 동기기의 특성을 결정하는 중요한 상수이다.

$$K_s = \dfrac{\text{단락 전류}(I_s)}{\text{정격 전류}(I_n)} = \dfrac{100}{\%Z_s}$$

- 단락 전류 $I_s = K_s \cdot I_n$

■ %동기 임피던스 $\%Z_s$

$$\%Z_s = \dfrac{Z_s I_n}{E_n} \times 100 = \dfrac{I_n}{I_s} \times 100 = \dfrac{1}{K_s} \times 100$$

- 단락비 K_s 역수를 %로 나타낸 것이다.

■ 단락비의 특성 비교

단락비가 큰 동기 발전기	단락비가 작은 동기 발전기
• 공극이 크다.	• 공극이 좁다.
• 안정도가 좋다.	• 안정도가 낮다.
• 단락 전류가 크다.	• 단락 전류가 작다.
• 전압 변동률이 작다.	• 전압 변동률이 크다.
• 전기자 반작용이 작다.	• 전기자 반작용이 크다.
• 동기 임피던스가 작다.	• 동기 임피던스가 크다.

■ 동기기의 자기 여자 현상 방지법
- 발전기를 병렬 운전한다.
- 병렬로 리액터를 설치한다.
- 발전기 및 변압기를 설치한다.
- 단락비가 큰 기기를 채택한다.

■ 동기기 운전시 안정도 증진시키는 방법
- 단락비를 크게 한다.
- 플라이휠 효과를 크게 한다.
- 회전부의 관성 모멘트를 크게 한다.
- 속응 여자 방식을 채용한다.
- 동기 리액턴스를 작게 한다.
- 조속기의 동작을 신속히 한다.
- 역상 및 영상 임피던스를 크게 한다.

□□□ 15③,18②,23②

01 정격이 10,000[V], 500[A], 역률 90[%]의 3상 동기 발전기의 단락 전류 I_s[A]는? (단, 단락비는 1.3으로 하고, 전기자 저항은 무시한다.)

① 450 ② 550
③ 650 ④ 750

| 해③ |
단락비 $K_s = \dfrac{\text{단락 전류}(I_s)}{\text{정격 전류}(I_n)}$

∴ 단락 전류 $I_s = K_s \cdot I_n = 1.3 \times 500 = 650[A]$

□□□ 07④,08④,09①,13③,18②,22②

02 단락비가 1.2인 동기 발전기의 %동기 임피던스는 약 몇 [%]인가?

① 68   ② 83
③ 100 ④ 120

| 해② | %동기 임피턴스
$\%Z_s = \dfrac{1}{K_s} \times 100[\%] = \dfrac{1}{1.2} \times 100 = 83.33[\%]$

□□□ 06①③,07②,08③,09④,12④,16③,22①

03 단락비가 큰 동기기는?

① 안정도가 높다.
② 기기가 소형이다.
③ 전압 변동률이 크다.
④ 전기자 반작용이 크다.

| 해① | 단락비가 큰 동기 발전기의 특징
- 안정도가 좋다.
- 전압 변동률이 작다.
- 전기자 반작용이 작다.
- 단락 전류가 크다.
- 동기 임피던스가 작다.
- 공극이 크다.

□□□ 06③,07①,09②,10④,20②

04 동기 발전기의 역률 및 계자 전류가 일정할 때 단자 전압과 부하 전류와의 관계를 나타내는 곡선은?

① 단락 특성 곡선 ② 외부 특성 곡선
③ 토크 특성 곡선 ④ 전압 특성 곡선

| 해② | 동기 발전기의 특성 곡선
- 무부하 포화 곡선 : 계자 전류(I_f)와 단자 전압(V)의 관계
- 외부 특성 곡선 : 부하 전류(I)와 단자 전압(V)의 관계
- 단락 곡선 : 계자 전류(I_f)와 단락 전류(I_s)의 관계

□□□ 09④,10②

05 철심이 포화할 때 동기 발전기의 동기 임피던스는?

① 증가한다.   ② 감소한다.
③ 일정하다.   ④ 주기적으로 변한다.

| 해② | 동기 임피던스
- 동기 임피던스 $Z_s = \dfrac{\text{유도 기전력}(E_o)}{\text{단락 전류}(I_s)}$
- 철심의 자기 포화가 발생하면 유도 기전력은 더 이상 증가하지 않지만 전기자 반작용의 영향으로 동기 임피던스인 동기 리액턴스에서 인덕턴스(L)가 오히려 감소하여 동기 임피던스는 감소한다.

□□□ 14④,15②,22②

06 동기기 운전 시 안정도 증진법이 아닌 것은?

① 단락비를 크게 한다.
② 회전부의 관성을 크게 한다.
③ 속응 여자 방식을 채용한다.
④ 역상 및 영상 임피던스를 작게 한다.

| 해④ |
역상 및 영상 임피던스를 크게 한다.

□□□ 11③,20②,21③

07 동기발전기의 무부하포화곡선을 나타낸 것이다. 포화계수에 해당하는 것은?

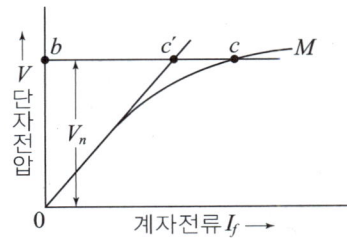

① $\dfrac{ob}{oc}$ ② $\dfrac{bc'}{bc}$

③ $\dfrac{cc'}{bc'}$ ④ $\dfrac{cc'}{bc}$

| 해③ | 무부하 포화곡선의 포화계수(σ)

- 계자전류에 비례해서 단자전압이 증가하는 구간(bc')에 대한 단자전압의 상승이 급격히 둔화되는 구간(cc')의 비무부하 포화곡선의 포화계수(σ)
- 계자전류에 비례해서 단자전압이 증가하는 구간(bc')에 대한 단자전압의 상승이 급격히 둔화되는 구간(cc')의 비

즉, $\sigma = \dfrac{cc'}{bc'}$

□□□ 14③,19②,24①

08 어떤 변압기에서 임피던스 강하가 5[%]인 변압기가 운전 중 단락되었을 때 그 단락 전류는 정격 전류의 몇 배인가?

① 5 ② 20
③ 50 ④ 200

| 해② |

%동기 임피던스 : $\%Z_s = \dfrac{I_n}{I_s} \times 100$

∴ $\dfrac{\text{단락 전류 } I_s}{\text{정격 전류 } I_n} = \dfrac{100}{\%Z_s} = \dfrac{100}{5} = 20$

□□□ 06③,07①,09②,10④,17②,20①

09 동기 발전기의 무부하 포화 곡선에 대한 설명으로 옳은 것은?

① 정격 전류와 단자 전압의 관계이다.
② 정격 전류와 정격 전압의 관계이다.
③ 계자 전류와 정격 전압의 관계이다.
④ 계자 전류와 단자 전압의 관계이다.

| 해④ | 동기 발전기의 특성 곡선

- 무부하 포화 곡선 : 계자 전류(I_f)와 단자 전압(V)의 관계
- 외부 특성 곡선 : 부하 전류(I)와 단자 전압(V)의 관계
- 단락 곡선 : 계자 전류(I_f)와 단락 전류(I_s)의 관계

□□□ 06①,20①

10 동기기의 3상 단락 곡선이 직선이 되는 이유는?

① 무부하 상태이므로
② 자기 포화가 있으므로
③ 전기자 반작용이므로
④ 누설 리액턴스가 크므로

| 해③ | 단락 곡선이 직선인 이유

- 단락 곡선은 계자 전류의 증감에 따라 단락 전류의 변화를 나타낸다.
- 철심이 포화가 발생하면 기전력은 더 이상 증가하지 않는 전기자 반작용의 영향으로 동기 임피던스인 동기 리액턴스가 오히려 감소하기 때문에 단락 곡선은 거의 직선형태로 나타난다.

011 전압 변동률과 손실

1 동기 발전기의 전압 변동률

$$\text{전압 변동률 } \epsilon = \frac{V_o - V_n}{V_n} \times 100$$

V_o : 무부하 단자 전압
V_n : 정격 전압

- 전압 변동률이 작을수록 좋다.
- 전압 변동률이 작은 발전기는 전기자 반작용이 작고 단락비가 큰 기계가 된다.

2 동기기의 손실 loss

■ 동기기의 무부하손 고정손
- 철손 : 철심의 철손, 히스테리시스손, 와류손
- 기계손 : 풍손, 베어링 마찰손, 브러시 마찰손

■ 부하손 가변손
- 구리손 : 전기자 저항손, 계자 저항손, 브러시 손
- 표류 부하손 : 전기자 반작용, 누설자속

□□□ 16①②,22①
01 동기기의 손실에서 고정손에 해당되는 것은?
① 계자 철심의 철손
② 브러시의 전기손
③ 계자 권선의 저항손
④ 전기자 권선의 저항손

| 해① | 동기기의 손실
■ 무부하손(고정손)
- 철손 : 철심의 철손, 히스테리시스손, 와류손
- 기계손 : 풍손, 베어링 마찰손, 브러시 마찰손
■ 부하손(가변손)
- 구리손 : 전기자 저항손, 계자 저항손, 브러시 손
- 표류부하손 : 전기자 반작용, 누설자속

□□□ 06④,08②,09③④,10②,12①,15①,16②,20①,24①
02 직류 발전기의 정격 전압 100[V], 무부하 전압 109[V]이다. 이 발전기의 전압 변동률 ϵ[%]은?
① 1　　　　② 3
③ 6　　　　④ 9

| 해④ | 전압 변동률
$$\epsilon = \frac{V_o - V_n}{V_n} \times 100$$
- 무부하 단자 전압 $V_o = 109[V]$
- 전부하 단자 전압 $V_n = 100[V]$
∴ $\epsilon = \frac{109 - 100}{100} \times 100 = 9[\%]$

□□□ 16①②
03 동기기 손실 중 무부하손(no load loss)이 아닌 것은?
① 풍손　　　　② 와류손
③ 전기자 구리손　　④ 베어링 마찰손

| 해③ | 동기기의 무부하손(고정손)
- 철손 : 히스테리시스손, 와류손
- 기계손 : 풍손, 베어링 마찰손, 브러시 마찰손

□□□ 06④,08②,09③④,10②,12①,15①,16②
04 발전기를 정격 전압 220[V]로 전부하 운전하다가 무부하로 운전하였더니 단자 전압이 242[V]가 되었다. 이 발전기의 전압 변동률[%]은?
① 10　　　　② 14
③ 20　　　　④ 25

| 해① | 전압 변동률
$$\epsilon = \frac{V_o - V_n}{V_n} \times 100 = \frac{242 - 220}{220} \times 100 = 10[\%]$$

012 동기 발전기 병렬 운전

- **동기 발전기에 필요한 병렬 운전 조건**
  - 기전력의 크기가 같을 것
  - 기전력의 위상이 같을 것
  - 기전력의 파형이 같을 것
  - 기전력의 주파수가 같을 것

- **동기 발전기의 병렬 운전 조건**

조건이 다를 경우	발생
기전력의 크기가	무효 횡류(무효 순환 전류)
기전력의 위상이	유효 순환 전류(동기화 전류)
기전력의 주파수가	단자 전압의 진동
기전력의 파형이	고조파 순환 전류

- **원동기에 필요한 병렬 운전 조건**
  - 균일한 각속도를 가질 것
  - 적당한 속도 조정률을 가질 것

- **동기 검정기** synchroscope
  두 계통의 전압의 위상을 측정 또는 표시하는 장치

- **무효 순환 전류**
  - 발전기 A, B 2대의 기전력의 위상은 일치하고 크기만 다를 때
  - 무효 순환 전류(무부하의 경우)

$$I_c = \frac{E_r}{2Z_s}$$

  E_r : 유도기전력의 차
  Z_s : 동기 임피던스

- **유효 순환 전류**

$$I_c = \frac{E}{Z_s}\sin\frac{\theta}{2} = \frac{E}{X_s}\sin\frac{\theta}{2}$$

  E : 유도기전력
  X_s : 동기 리액턴스

07③, 08②③④, 10③, 12①③, 14②, 16②

01 동기 발전기의 병렬 운전 조건이 아닌 것은?

① 기전력의 주파수가 같은 것
② 기전력의 크기가 같을 것
③ 기전력의 위상이 같을 것
④ 발전기의 회전수가 같을 것

|해④| 동기 발전기에 필요한 병렬 운전 조건
- 기전력의 크기가 같을 것
- 기전력의 위상이 같을 것
- 기전력의 주파수가 같을 것
- 기전력의 파형이 같을 것

14①

02 병렬 운전 중인 두 동기 발전기의 유도기전력이 2,000[V], 위상차 60°, 동기 리액턴스 100[Ω]이다. 유효 순환 전류[A]는?

① 5   ② 10
③ 15   ④ 20

|해②| 유효 순환 전류

$$I_s = \frac{E}{X_s}\sin\frac{\theta}{2} = \frac{2,000}{100}\sin\frac{60°}{2} = 10[A]$$

06②, 08①, 11④, 18①, 23②

03 동기 발전기를 계통에 병렬로 접속시킬 때 관계없는 것은?

① 주파수   ② 위상
③ 전압   ④ 전류

|해④| 동기 발전기에 필요한 병렬 운전 조건
- 전압이 같을 것
- 위상이 같을 것
- 주파수가 같을 것
- 파형이 같을 것

□□□ 11①,13④,22②

04 동기 발전기의 병렬 운전 중에 기전력의 위상차가 생기면?

① 위상이 일치하는 경우보다 출력이 감소한다.
② 부하 분담이 변한다.
③ 무효 순환 전류가 흘러 전기자 권선이 과열된다.
④ 동기화력이 생겨 두 기전력의 위상이 동상이 되도록 작용한다.

> |해 ④| 동기 발전기의 병렬 운전 조건 중 유도기전력의 위상차가 생기면 : 위상차에 의해 유효 순환 전류(동기화 전류)가 흘러 동기화력에 의해 위상이 일치화된다.

□□□ 11①,12②,13①④,16①

05 동기기를 병렬 운전할 때 순환 전류가 흐르는 원인은?

① 기전력의 저항이 다른 경우
② 기전력의 위상이 다른 경우
③ 기전력의 전류가 다른 경우
④ 기전력의 역률이 다른 경우

> |해 ②| 동기 발전기의 병렬 운전 조건
>
> | 조건이 다를 경우 | 발생 |
> |---|---|
> | 기전력의 크기가 | 무효 횡류(무효 순환 전류) |
> | 기전력의 위상이 | 유효 순환 전류(동기화 전류) |
> | 기전력의 주파수가 | 단자 전압의 진동 |
> | 기전력의 파형이 | 고조파 순환 전류 |

□□□ 10①,13②,14①,20②

06 동기 임피던스 5[Ω]인 2대의 3상 동기 발전기의 유도기전력에 100[V]의 전압 차이가 있다면 무효 순환 전류[A]는?

① 10   ② 15
③ 20   ④ 25

> |해 ①| 무효 순환 전류
> $$I_c = \frac{E_r}{2Z_s} = \frac{100}{2 \times 5} = 10[A]$$

□□□ 08②,15②

07 동기 발전기의 병렬 운전에서 한쪽의 계자 전류를 증대시켜 유기기전력을 크게 하면 어떤 현상이 발생하는가?

① 주파수가 변화되어 위상각이 달라진다.
② 두 발전기의 역률이 모두 낮아진다.
③ 속도 조정률이 변한다.
④ 무효 순환 전류가 흐른다.

> |해 ④| 동기 발전기의 병렬 운전 조건 중 기전력의 크기가 다를 경우 : 무효 순환(무효 횡류) 전류를 없애기 위해서는 발전기의 계자 전류를 조정하여 유도 전압의 크기를 같게 하면 된다.

□□□ 07②07③,08②③④,10③,12①③

08 동기 발전기 2대를 병렬 운전하고자 할 때 필요로 하는 조건이 아닌 것은?

① 발생 전압의 주파수가 서로 같아야 한다.
② 각 발전기에서 유도되는 기전력의 크기가 같아야 한다.
③ 발전기에서 유도된 기전력의 위상이 일치해야 한다.
④ 발전기의 용량이 같아야 한다.

> |해 ④| 동기 발전기에 필요한 병렬 운전 조건
> • 기전력의 크기가 같을 것
> • 기전력의 위상이 같을 것
> • 기전력의 주파수가 같을 것
> • 기전력의 파형이 같을 것

013 난조와 제동 권선

1 난조 hunting

◎ 난조 : 동기기가 정상 운전상태를 벗어나 축이 흔들리는 상태를 의미

■ 난조의 원인
- 부하의 변동이 심한 경우
- 부하 토크의 주기적인 변동이 있는 경우
- 관성모멘트가 작은 경우(플라이휠 효과 부족)
- 전원 전압 및 주파수의 주기적인 변동이 있는 경우

■ 동기 발전기의 난조 방지법
- 단락비를 크게 한다.
- 플라이휠(flywheel)을 설치한다.
- 제동 권선(Damper Winding)을 자극 면에 설치한다.
- 속응 여자방식을 채용한다.

2 제동 권선 damper winding

■ 3상 동기기에 제동 권선을 설치하는 주된 목적(역할)은 난조 방지이다.
■ 난조를 방지하기 위한 대책은 자극 면에 유도 전동기의 농형 권선과 같은 제동 권선을 설치한다.

---

01 동기 발전기의 난조를 방지하는 가장 유효한 방법은?

① 회전자의 관성을 크게 한다.
② 제동 권선을 자극 면에 설치한다.
③ X_s를 작게 하고 동기화력을 크게 한다.
④ 자극수를 적게 한다.

|해②| 동기 발전기의 난조 방지법
- 제동 권선(Damper Winding)을 자극 면에 설치한다.
- 단락비를 크게 한다.
- 플라이휠을 설치한다.

---

02 3상 동기기의 제동 권선의 역할은?

① 난조 방지   ② 효율 증가
③ 출력 증가   ④ 역률 개선

|해①| 제동 권선
난조를 방지하기 위한 대책은 자극 면에 유도 전동기의 농형 권선과 같은 제동 권선을 설치한다.

---

03 동기 전동기에서 난조를 방지하기 위하여 자극 면에 설치하는 권선을 무엇이라 하는가?

① 제동 권선   ② 계자 권선
③ 전기자 권선 ④ 보상 권선

|해①| 제동 권선
난조를 방지하기 위한 대책은 자극 면에 유도 전동기의 농형 권선과 같은 제동 권선을 설치한다.

---

04 병렬 운전 중인 동기 발전기의 난조를 방지하기 위하여 자극 면에 유도 전동기의 농형 권선과 같은 권선을 설치하는 데 이 권선의 명칭은?

① 계자 권선   ② 제동 권선
③ 전기자 권선 ④ 보상 권선

|해②| 제동 권선
난조를 방지하기 위한 대책은 자극 면에 유도 전동기의 농형 권선과 같은 제동 권선을 설치한다.

정답 013 01 ② 02 ① 03 ① 04 ②

014 동기 전동기의 이론

- **동기 전동기의 회전 속도**
  - 동기 전동기는 철극형 회전 계자형의 구조이며, 동기 속도로 회전하는 전동기이다.
  - 동기 속도(회전수) : $N_s = \dfrac{120f}{p}$[rpm]
    f : 주파수, p : 극수

- **동기 전동기의 전기자 반작용**
  - 동기 전동기는 동기 발전기의 경우에 비해 반대가 된다.

감자작용	전동기에 가해 준 공급 전압에 대하여 앞선 전류
증자작용	전동기에 가해 준 공급 전압에 대하여 뒤진 전류
교차자화작용	전동기에 가해 준 공급 전압에 대하여 위상이 같은 전류

- **동기 전동기의 기동법**
  - 자기 기동법
    - 제동 권선에 의한 기동 토크를 이용하여 동기 전동기를 기동시키는 방법
    - 동기 전동기를 자기 기동법으로 기동시킬 때 계자 회로는 단락시킨다.
    - 동기 전동기의 자기 기동법에서 계자 권선을 단락하는 이유는 고전압 유도에 의한 절연 파괴 위험 방지를 위해서다.

- **3상 동기 전동기의 토크**
  - 동기 전동기의 토크와 공급전압의 관계
    $T \propto V$
  - 토크(T)는 공급 전압(V)에 비례한다.
  - 유도 전동기의 토크와 공급전압의 관계
    $T \propto V^2$
  - 토크(T)는 공급 전압(V)의 제곱(V^2)에 비례한다.

□□□ 06②④,10④,11②,19①

01 60[Hz]의 동기 전동기가 2극일 때 동기속도는 몇 [rpm]인가?

① 7,200 ② 4,800
③ 3,600 ④ 2,400

| 해 ③ |

1분당 회전수 $N_s = \dfrac{120f}{p}$[rpm]
- 주파수 $f = 60$[Hz]
- 극수 $p = 2$[극]
  ∴ $N_s = \dfrac{120 \times 60}{2} = 3,600$[rpm]

□□□ 10①,14④,20②

02 동기 전동기 전기자 반작용에 대한 설명이다. 공급 전압에 대한 앞선 전류의 전기자 반작용은?

① 감자작용 ② 증자작용
③ 교차자화작용 ④ 편자작용

| 해 ① | 동기 전동기
- 감자작용 : 공급 전압에 대한 앞선 전류
- 증자작용 : 공급 전압에 대한 뒤진 전류

□□□ 09②,12②,20①

03 동기 전동기를 자기 기동법으로 기동시킬 때 계자 회로는 어떻게 하여야 하는가?

① 단락시킨다.
② 개방시킨다.
③ 직류를 공급한다.
④ 단상 교류를 공급한다.

| 해 ① | 자기 기동법
동기 전동기의 자기 기동법에서 계자 권선을 단락하는 이유는 고전압 유도에 의한 절연 파괴 위험 방지를 위해서다.

□□□ 11④,14③,21②,23②,24②

04 동기 전동기의 자기 기동법에서 계자 권선을 단락하는 이유는?

① 기동이 쉽다.
② 기동 권선으로 이용
③ 고전압 유도에 의한 절연 파괴 위험 방지
④ 전기자 반작용을 방지한다.

> |해③| 자기 기동법
> 동기 전동기의 자기 기동법에서 계자 권선을 단락하는 이유는 고전압 유도에 의한 절연 파괴 위험 방지를 위해서다.

□□□ 13④,21①

06 다음 중 제동 권선에 의한 기동 토크를 이용하여 동기 전동기를 기동시키는 방법은?

① 저주파 기동법 ② 고주파 기동법
③ 기동 전동기법 ④ 자기 기동법

> |해④| 동기 전동기의 기동법
> 자기 기동법 : 제동 권선에 의한 기동 토크를 이용하는 방법

□□□ 10③,14①,15③

05 3상 동기 전동기의 토크에 대한 설명으로 옳은 것은?

① 공급 전압 크기에 비례한다.
② 공급 전압 크기의 제곱에 비례한다.
③ 부하각 크기에 반비례한다.
④ 부하각 크기의 제곱에 비례한다.

> |해①|
> ■ 유도 전동기의 토크와 공급 전압의 관계
> $T \propto V^2$
> ・토크(T)는 공급 전압(V)의 제곱(V^2)에 비례한다.
> ■ 동기 전동기의 토크와 공급 전압의 관계
> $T \propto V$
> ・토크(T)는 공급 전압(V)에 비례한다.

015 동기 전동기의 특성

- **동기 전동기의 부하각** 위상각
  - 위상각 δ : 공극전압(V)와 역기전력(E)의 위상각

- **출력**
  - 1상 동기 전동기의 출력 : $P = \dfrac{VE\sin\delta}{X_s}$ [W]
  - 3상 동기 전동기의 출력 : $P = \dfrac{3VE\sin\delta}{X_s}$ [W]

- **위상 특성 곡선** V곡선
  - 동기 전동기의 계자 전류(I_f)를 가로축에, 전기자 전류(I_a)를 세로축으로 하여 나타낸 V곡선

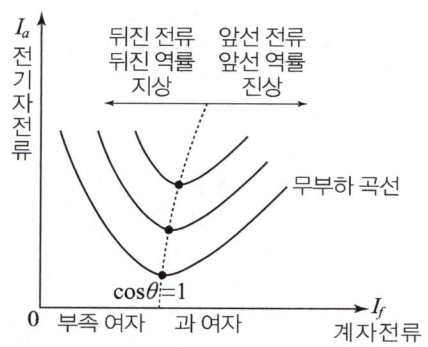

- **위상 특성 곡선의 특징**
  - 부하가 클수록 V곡선은 위쪽으로 이동한다.

- 계자 전류를 조정하여 역률을 조정할 수 있다.
- 전기자전류(I_a)가 최저점(최소)일 때 역률($\cos\theta$)은 1이 된다.

- **동기 전동기의 장점**
  - 부하의 역률을 조정 할 수 있다.
  - 부하의 변화로 속도가 변하지 않는다.
  - 공극이 넓으므로 기계적으로 견고하다.
  - 공극 전압의 변화에 대한 토크의 변화가 적다.
  - 정속도 전동기이고, 저속도에서 특히 전부하 효율이 양호하다.

- **동기 전동기의 단점**
  - 속도 제어가 어렵다.
  - 난조가 발생하기 쉽다.
  - 계자를 여자시키기 위한 직류 전원 장치, 동기화 장치가 필요하고 가격이 비싸다.

- **동기 전동기의 용도**
  - 소용량 : 전기 시계, 오실로 그래프, 전송 사진
  - 저속도 대용량 : 비교적 저속이고, 대용량인 동기 전동기는 시멘트 공장의 분쇄기, 각종 압축기 및 송풍기, 제지용 쇄목기 등에 사용되고 있다.

---

01 그림은 동기기의 위상 특성 곡선을 나타낸 것이다. 전기자 전류가 가장 작게 흐를 때의 역률은?

① 1
② 0.9[진상]
③ 0.9[지상]
④ 0

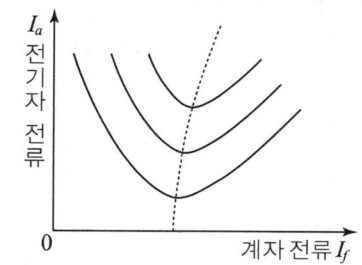

| 해 ① | 동기 전동기
전기자 전류(I_a)가 최소일 때 역률은 $\cos\theta = 1$이 된다.

02 동기 전동기의 특징으로 잘못된 것은?

① 일정한 속도로 운전이 가능하다.
② 난조가 발생하기 쉽다.
③ 역률을 조정하기 힘들다.
④ 공극이 넓어 기계적으로 견고하다.

| 해 ③ | 동기 전동기의 특징
계자 권선의 직류 여자 전류를 조정하여 역률을 조정할 수 있어서 역률=1로 운전할 수 있고 계통의 역률을 개선할 수 있다.

□□□ 08④,09②,10②

03 동기 전동기의 용도로 적당하지 않은 것은?

① 분쇄기 ② 압축기
③ 선풍기 ④ 크레인

| 해④ | 동기 전동기 용도
비교적 저속이고, 대용량인 동기 전동기는 시멘트 공장의 분쇄기, 각종 압축기 및 송풍기, 제지용 쇄목기 등에 사용되고 있다.

□□□ 14③

04 3상 동기 전동기의 출력(P)을 부하각으로 나타낸 것은? (단, V는 1상 단자 전압, E는 역기전력, X_s는 동기 리액턴스, δ는 부하각이다.)

① $P = 3VE\sin\delta \,[\text{W}]$
② $P = \dfrac{3VE\sin\delta}{X_s}\,[\text{W}]$
③ $P = \dfrac{3VE\cos\delta}{X_s}\,[\text{W}]$
④ $P = 3VE\cos\delta \,[\text{W}]$

| 해② | 3상 동기 전동기의 출력
$$P = \dfrac{3VE\sin\delta}{X_s}\,[\text{W}]$$

□□□ 09②,12②③,15④,21②

05 다음 중 역률이 가장 좋은 전동기는?

① 반발 기동 전동기
② 동기 전동기
③ 농형 유도 전동기
④ 교류 정류자 전동기

| 해② | 동기 전동기의 특징
계자 권선의 직류 여자 전류를 조정하여 역률을 조정할 수 있어서 역률=1로 운전할 수 있고 계통의 역률을 개선할 수 있다.

□□□ 12②③,15④

06 동기 전동기의 특징과 용도에 대한 설명으로 잘못된 것은?

① 진상, 지상의 역률 조정이 된다.
② 속도 제어가 원활하다.
③ 시멘트 공장의 분쇄기 등에 사용된다.
④ 난조가 발생하기 쉽다.

| 해② | 동기 전동기의 단점
속도 제어가 어렵다.

□□□ 기 13④,20②

07 동기 전동기에 대한 설명으로 옳지 않은 것은?

① 정속도 전동기로 비교적 회전수가 낮고 큰 출력이 요구되는 부하에 이용한다.
② 난조가 발생하기 쉽고, 속도 제어가 간단하다.
③ 전력계통의 전류세기, 역률 등을 조정할 수 있는 동기 조상기로 사용된다.
④ 가변 주파수에 의해 정밀속도 제어 전동기로 사용된다.

| 해② |
동기 전동기는 난조가 발생하기 쉽고, 속도 제어가 어렵다.

□□□ 11④,12③,14③

08 동기 전동기의 여자 전류를 변화시켜도 변하지 않는 것은? (단, 공급 전압과 부하는 일정하다.)

① 역률 ② 역기전력
③ 속도 ④ 전기자 전류

| 해③ | 동기 전동기 속도
공급주파수와 극수로 결정되는 동기속도로 회전하기 때문에 정상 운전 시 주파수가 변하지 않는 한 부하와 상관없이 일정한 속도로 운전할 수 있다.

016 동기 조상기 synchronous phase modifier

- ■ 동기 조상기 개념
  동기 전동기의 특성을 이용하여 송전선로의 전압을 일정하게 하고 역률을 개선하기 위해 부하에 병렬로 접속한 무부하의 동기 전동기를 동기 조상기라 한다.

- ■ 동기 조상기 V곡선
  - 동기 조상기 계자를 **과** 여자로 해서 운전하면 앞선 전류가 흘러서 **콘**덴서(커패시터)로 작용
  - 동기 조상기 계자를 **부족** 여자로 해서 운전하면 **리액터**로 작용

□□□ 07②,12①,13②,16①
01 동기 전동기를 송전선의 전압 조정 및 역률 개선에 사용한 것을 무엇이라 하는가?
① 댐퍼   ② 동기 이탈
③ 제동 권선   ④ 동기 조상기

| 해④ | 동기 조상기
동기 전동기의 특성을 이용하여 송전 선로의 전압을 일정하게 하고 역률을 개선하기 위해 부하에 병렬로 접속한 무부하의 동기 전동기

□□□ 07②,12①,13②,15②,16①,21①
02 전력 계통에 접속되어 있는 변압기나 장거리 송전 시 정전 용량으로 인한 충전 특성 등을 보상하기 위한 기기는?
① 유도 전동기   ② 동기 발전기
③ 유도 발전기   ④ 동기 조상기

| 해④ | 동기 조상기
V곡선에서 위상 특성을 이용해서 전력 계통의 전압 조정과 역률을 개선하기 위하여 송전 계통에 접속한 무부하의 동기 전동기

□□□ 07①,09①,10④,16②,21①
03 동기 조상기의 계자를 부족 여자로 하여 운전하면?
① 콘덴서로 작용   ② 뒤진 역률 보상
③ 리액터로 작용   ④ 저항손의 보상

| 해③ | 동기 조상기 V곡선
- 계자를 과 여자로 해서 운전하면 콘덴서로 작용
- 계자를 부족 여자로 해서 운전하면 리액터로 작용

□□□ 기 14④,20①
04 동기 조상기를 과 여자로 사용하려면?
① 리액터로 작용
② 저항손의 보상
③ 일반부하의 뒤진 전류 보상
④ 콘덴서로 작용

| 해④ | 동기 조상기의 계자

부족 여자로 운전	리액터로 작용
과 여자로 운전	콘덴서(커패시터)로 작용

정답 **016** 01 ④ 02 ④ 03 ③ 04 ④

CHAPTER 03 변압기 transformer

017 변압기의 원리

■ 변압기란
- 발전소에서 고전압의 전기를 만들어 보내주면 우리가 사용할 수 있도록 규격에 맞게 전기를 변환시켜주는 장치이다.

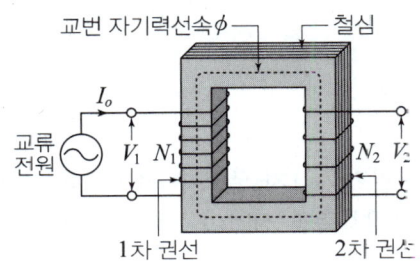

■ 변압기의 작동 원리
- 변압기는 철심과 2개 또는 3개 이상의 권선으로 되어 있으며 1개 또는 2개 이상의 회로에서 교류전력을 받아 전자유도작용에 의하여 전압과 전류를 변성하여 다른 1개 또는 2개 이상의 회로에 동일 주파수의 교류전력을 공급하는 기기이다.

■ 전자유도작용
- 변압기의 기본 원리는 패러데이의 전자 유도 법칙과 렌츠의 법칙으로 설명할 수 있다.
- 전자 유도 법칙으로 유도 기전력이 발생하며, 렌츠의 법칙은 유도 기전력의 방향을 결정하여 준다.

■ 변압기의 유도 기전력

$$E = 4.44 f N \phi \text{ [V]}$$

- 자속 $\phi = \dfrac{E}{4.44 f N}$ [Wb]

∴ 변압기의 자속(ϕ)은 전압(E)에 비례하고 주파수(f)에 반비례한다.

■ 권수비 전압비, turn ratio
- 권수비는 압기에서 고압쪽 권선과 저압 쪽 권선에 감겨있는 코일 수의 비
- 변압비는 변압기에서 나오는 전압과 들어가는 전압의 비율

$$a = \dfrac{V_1}{V_2} = \dfrac{N_1}{N_2} = \dfrac{I_2}{I_1} = \dfrac{E_1}{E_2} = \sqrt{\dfrac{Z_1}{Z_2}} = \sqrt{\dfrac{P_1}{P_2}}$$

1차 전압 $V_1 = a V_2$ [V]	2차 전압 $V_2 = \dfrac{V_1}{a}$ [V]
1차 전류 $I_1 = \dfrac{I_2}{a}$ [A]	2차 전류 $I_2 = a I_1$ [A]
1차 저항 $R_1 = a^2 \cdot R_2$ [Ω]	2차 저항 $R_2 = \dfrac{R_1}{a^2}$ [Ω]
1차 환산 임피던스 $Z_1 = a^2 Z_2$ [Ω]	

■ 주파수와 최대 자속 밀도 관계
- 전압 일정시 주파수(f)와 자속밀도(B)와 관계

$$f \propto \dfrac{1}{B}$$

■ 주파수와 철심과의 관계
- 히스테리손 $P_h \propto \dfrac{E^2}{f}$: 전압의 제곱에 비례하고 주파수에 반비례한다.
- 와류손 $P_e \propto E^2$: 와류손은 주파수와 무관하다.

■ 변압기의 용도
- 변압기는 주로 전압을 변동하고 싶을 때 사용
- 교류 전압의 변환, 교류 전류의 변환, 임피던스의 변환

□□□ 06②,07②,14④,20①

01 변압기의 원리는 어느 작용을 이용한 것인가?
① 전자유도작용 ② 정류작용
③ 발열작용 ④ 화학작용

| 해① | 변압기의 작동 원리
변압기는 1개 또는 2개 이상의 회로에서 교류전력을 받아, 전자유도작용에 의해 전압 및 전류를 변성하여 다른 1개 또는 2개 이상의 회로에 동일 주파수의 교류 전력을 공급하는 전기기기다.

□□□ 07①④,09③,12④,16①,18②,20②

02 1차 전압 3,300[V], 2차 전압 220[V]인 변압기의 권수비(turn ratio)는 얼마인가?
① 15 ② 220
③ 3,300 ④ 7,260

| 해① | 권수비
$$a = \frac{V_1}{V_2} = \frac{N_1}{N_2} = \sqrt{\frac{Z_1}{Z_2}} = \sqrt{\frac{R_1}{R_2}} = \frac{I_2}{I_1}$$
$$\therefore a = \frac{V_1}{V_2} = \frac{3,300}{220} = 15$$

□□□ 06①,10④,21②

03 권수비가 100인 변압기에 있어서 2차측의 전류가 1,000[A]일 때, 이것을 1차측으로 환산하면?
① 16[A] ② 10[A]
③ 9[A] ④ 6[A]

| 해② | 권수비
$$a = \frac{V_1}{V_2} = \frac{N_1}{N_2} = \frac{E_1}{E_2} = \sqrt{\frac{Z_1}{Z_2}} = \frac{I_2}{I_1}$$
• 권수비 $a = \frac{I_2}{I_1} = \frac{1,000}{I_1} = 100$
∴ 1차측 전류 $I_1 = \frac{I_2}{a} = \frac{1,000}{100} = 10[A]$

□□□ 07①④,09③,16①③,19②,23①

04 1차 권수 3,000, 2차 권수 100인 변압기에서 이 변압기의 전압비는 얼마인가?
① 20 ② 30
③ 40 ④ 50

| 해② | 권수비(전압비)
$$a = \frac{V_1}{V_2} = \frac{N_1}{N_2} = \frac{E_1}{E_2} = \sqrt{\frac{Z_1}{Z_2}} = \sqrt{\frac{R_1}{R_2}} = \frac{I_2}{I_1}$$
∴ 전압비 $a = \frac{N_1}{N_2} = \frac{3,000}{100} = 30$

□□□ 06①,13③,14③④,22②

05 변압기의 1차 권회수 80회, 2차 권회수 320회일 때 2차측의 전압이 100[V]이면 1차 전압[V]은?
① 15 ② 25
③ 50 ④ 100

| 해② | 권수비
$$a = \frac{V_1}{V_2} = \frac{N_1}{N_2} = \frac{E_1}{E_2} = \sqrt{\frac{Z_1}{Z_2}} = \frac{I_2}{I_1}$$
• $a = \frac{N_1}{N_2} = \frac{80}{320} = 0.25$
• $a = \frac{V_1}{V_2} = \frac{V_1}{100} = 0.25$
∴ 1차 전압 $V_1 = aV_2 = 0.25 \times 100 = 25$

□□□ 07①④,09③,16①

06 변압기의 2차 저항이 0.1[Ω]일 때 1차로 환산하면 360[Ω]이 된다. 이 변압기의 권수비는?
① 30 ② 40
③ 50 ④ 60

| 해④ | 권수비
$$a = \frac{V_1}{V_2} = \frac{N_1}{N_2} = \frac{E_1}{E_2} = \sqrt{\frac{Z_1}{Z_2}} = \sqrt{\frac{R_1}{R_2}} = \frac{I_2}{I_1}$$
∴ $a = \sqrt{\frac{R_1}{R_2}} = \sqrt{\frac{360}{0.1}} = 60$

□□□ 06①,13④,14④,18①,24②

07 1차 전압이 13,200[V], 2차 전압 220[V]의 단상 변압기의 1차에 6,000[V]의 전압을 가하면 2차 전압은 몇 [V]인가?

① 100
② 200
③ 1,000
④ 2,000

| 해① | 권수비

$$a = \frac{V_1}{V_2} = \frac{N_1}{N_2} = \frac{E_1}{E_2} = \sqrt{\frac{Z_1}{Z_2}} = \frac{I_2}{I_1}$$

- $a = \dfrac{V_1}{V_2} = \dfrac{13,200}{220} = 60$

- $a = \dfrac{V_1}{V_2} = \dfrac{6,000}{V_2} = 60$

∴ 2차 전압 $V_2 = \dfrac{V_1}{a} = \dfrac{6,000}{60} = 100[\text{V}]$

참고 SOLVE 사용

□□□ 11③,13②,23②

08 변압기의 자속에 관한 설명으로 옳은 것은?

① 전압과 주파수에 반비례한다.
② 전압과 주파수에 비례한다.
③ 전압에 반비례하고 주파수에 비례한다.
④ 전압에 비례하고 주파수에 반비례한다.

| 해④ | 변압기의 유도기전력
$E = 4.44fN\phi[\text{V}]$에서

- 자속 $\phi = \dfrac{E}{4.44fN}[\text{Wb}]$

∴ 변압기의 자속(ϕ)은 전압(E)에 비례하고 주파수(f)에 반비례한다.

□□□ 기 16③

09 변압기의 권수비가 60일 때 2차측 저항이 0.1[Ω]이다. 이것을 1차로 환산하면 몇 [Ω]인가?

① 310
② 360
③ 390
④ 410

| 해② |

권수비 $a = \dfrac{V_1}{V_2} = \dfrac{N_1}{N_2} = \dfrac{E_1}{E_2} = \sqrt{\dfrac{Z_1}{Z_2}} = \sqrt{\dfrac{R_1}{R_2}} = \dfrac{I_2}{I_1}$

- 권수비 $a = \sqrt{\dfrac{R_1}{R_2}} = 60$

$a^2 = \dfrac{R_1}{R_2} = 60^2 = 3,600$

∴ $R_1 = 3,600 \times R_2 = 3,600 \times 0.1 = 360[\Omega]$

018 변압기의 기본 이론

1 변압기의 구조

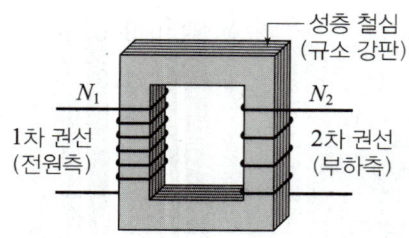

■ 변압기의 구조 형성
- 변압기는 1개의 공통된 자기 회로인 철심과 2개 이상의 전기 회로인 권선이 서로 교차되어 변압기의 구조를 형성하고 있다.
- 변압기의 철심은 전자유도작용에 필요한 자속이 흐를 수 있는 자기 회로를 구성하여 준다.
- 변압기는 철심과 권선을 배치하는 방식에 따라 내철형, 외철형과 권철심형으로 구분된다.

■ 변압기의 구조
변압기는 한쪽의 권선에 공급된 교류 전력을 전자유도작용에 의하여 다른 쪽의 권선에 동일한 주파수의 교류 전력으로 변성하는 전기기기다.
- 1차측(primary) 권선 : 전원이 공급되는 전원측
- 2차측(secondary) 권선 : 부하가 접속되는 부하측

■ 변압기의 철심
- 변압기의 철심에는 철손을 적게 하기 위하여 철이 96~97[%], 규소가 3~4[%] 정도가 되는 냉각 압연된 강판을 사용한다.
- 점적률 : 변압기의 철심에서 실제 철의 단면적과 철심의 유효 면적과의 비

■ 이상 변압기 ideal transformer
- 권선의 저항, 누설자속, 철손 등이 없다고 가정한 변압기
- 전압은 권선비에 의해, 전류는 권선비의 역비율에 의해, 임피던스는 권선비의 제곱에 의해 변화된다.

2 변압기의 여자 전류
- 변압기의 2차쪽을 개방하고, 1차쪽에 사인파 교류전압을 인가하였을 때 1차측 권선에는 작은 무부하 전류가 흐른다. 이 무부하 전류를 여자 전류라 한다.
- 2차 개방 시 1차측에 흐르는 여자 전류는 여자 어드미턴스에 의해 결정된다.
- 여자 전류 $I = YV$ [A]
- 여자 어드미턴스 $Y = \dfrac{I}{V}$ [℧]
- 여자 어드미턴스 : 변압기 2차측 개방 시험을 통해 구할 수 있다.

■ 변압기의 여자 전류가 일그러지는 이유
변압기에는 철심의 자기 포화와 히스테리시스 현상이 있기 때문에 변압기의 여자 전류가 일그러진다.

3 변압기의 등가회로
- 2차의 전기 회로와 자기 회로를 합하여 하나의 전기 회로로 변환시킨 것을 등가회로(equivalent circuit)라 한다.
- 복잡한 전기 회로를 등가 임피던스를 사용하여 간단히 변화시킨 회로를 말한다.

■ 1차측으로 환산한 2차 유기기전력

$$E_1 = aE_2 = \dfrac{N_1}{N_2} E_2 \,[\text{V}]$$

■ 1차측으로 환산한 2차 전류

$$I_1 = \dfrac{1}{a} I_2 = \dfrac{N_2}{N_1} I_2 \,[\text{A}]$$

■ 전압 일정 시 주파수와 철손과의 관계

주파수 증가	주파수 감소
• 철손 감소	• 철손 증가
• 여자 전류 감소	• 여자 전류 증가
• 히스테리시스손 감소	• 히스테리시스손 증가

□□□ 07④,09②,10①,11②,20①
01 일정 전압 및 일정 파형에서 주파수가 상승하면 변압기 철손은 어떻게 변하는가?

① 증가한다.
② 감소한다.
③ 불변이다.
④ 어떤 기간 동안 증가한다.

| 해②| 전압 일정 시 주파수와 철손과의 관계

주파수 증가	주파수 감소
• 철손 감소	• 철손 증가
• 여자 전류 감소	• 여자 전류 증가
• 히스테리시스손 감소	• 히스테리시스손 증가

□□□ 07④,09②,10①,11②,21③
02 변압기의 부하와 전압이 일정하고 주파수만 높아지면 어떻게 되는가?

① 철손 감소   ② 철손 증가
③ 구리손 증가   ④ 구리손 감소

| 해①| 전압 일정 시 주파수와 철손과의 관계

주파수 증가	주파수 감소
• 철손 감소	• 철손 증가
• 여자 전류 감소	• 여자 전류 증가
• 히스테리시스손 감소	• 히스테리시스손 증가

□□□ 14②,19②
03 복잡한 전기 회로를 등가 임피던스를 사용하여 간단히 변화시킨 회로는?

① 유도회로   ② 전개회로
③ 등가회로   ④ 단순회로

| 해③| 등가회로(equivalent circuit)
2개의 독립된 회로를 하나의 전기 회로로 변환시킨 것을 변압기에서의 등가회로라 한다.

□□□ 10③
04 변압기의 무부하인 경우에 1차 권선에 흐르는 전류는?

① 정격 전류   ② 단락 전류
③ 부하 전류   ④ 여자 전류

| 해④| 변압기의 여자 전류
변압기의 2차쪽 단자를 개방하고 1차쪽 단자에 정현파 교류전압을 인가하면 1차쪽 권선어는 무부하 전류가 흐른다. 이때 무부하 전류를 여자 전류라고 한다.

□□□ 15④
05 변압기의 2차측을 개방하였을 경우 1차측에 흐르는 전류는 무엇에 의하여 결정되는가?

① 저항   ② 임피던스
③ 누설 리액턴스 ④ 여자 어드미턴스

| 해④| 변압기의 여자 전류
• 변압기의 2차쪽을 개방하고, 1차쪽에 사인파 교류전압을 인가하였을 때 1차측 권선에는 작은 무부하 전류를 여자 전류라 한다.
• 2차 개방 시 1차측에 흐르는 여자 전류는 여자 어드미턴스에 의해 결정된다.

□□□ 07②,09②,21①
06 변압기의 여자 전류가 일그러지는 이유는 무엇 때문인가?

① 와류(맴돌이 전류) 때문에
② 자기 포화와 히스테리시스 현상 때문에
③ 누설 리액턴스 때문에
④ 선간의 정전 용량 때문에

| 해②|
변압기에는 철심의 자기 포화와 히스테리시스 현상이 있기 때문에 변압기의 여자 전류가 일그러진다.

□□□ 07④,09②,10①,11②,21①

07 변압기의 부하 전류 및 전압이 일정하고 주파수만 낮아지면?

① 철손이 증가한다.
② 구리손이 증가한다.
③ 철손이 감소한다.
④ 구리손이 감소한다.

|해①| 전압 일정 시 주파수와 철손과의 관계

주파수 증가	주파수 감소
• 철손 감소	• 철손 증가
• 여자 전류 감소	• 여자 전류 증가
• 히스테리시스손 감소	• 히스테리시스손 증가

□□□ 기 16③

08 변압기의 철심에서 실제 철의 단면적과 철심의 유효 면적과의 비를 무엇이라고 하는가?

① 권수비   ② 변류비
③ 변동률   ④ 점적률

|해④| 점적률
• 철의 실제 단면적과 철심의 유효 단면적과의 비
• 보통 유효 단면적이 실제 단면적의 95[%] 정도 된다.

□□□ 06①,14④,15②,21②

09 변압기에서 2차측이란?

① 부하측   ② 고압측
③ 전원측   ④ 저압측

|해①| 변압기의 구조
• 1차측 : 전원이 공급되는 전원측
• 2차측 : 부하가 접속되는 부하측

□□□ 06①,14④,15②,20②

10 다음 중 변압기의 1차측이란?

① 고압측   ② 저압측
③ 전원측   ④ 부하측

|해③| 변압기의 구조
• 1차측 : 전원이 공급되는 전원측
• 2차측 : 부하가 접속되는 부하측

019 변압기의 정격과 전압 변동률

1 변압기의 정격

■ 정격 rating
정격이란 변압기의 명판(name plate)에 기록되어 있는 용량, 전압, 전류, 주파수 등을 뜻하는 것으로 변압기의 사용 한도를 나타내는 것이다.

■ 정격 용량 rated capacity
- 단위는 [VA], [kVA], [MVA]로 나타낸다.
- 정격 용량[VA] = 정격 2차 전압[V] × 정격 2차 전류[A]

■ 정격 전압 rated voltage
- 정격 2차 전압에 권수비(a)를 곱한 것이 된다.
- 정격 1차 전압 = 정격 2차 전압 × 권수비

■ 정격 1차 전류
$I_1n = [A] = \dfrac{1}{권선비} \times$ 정격 2차 전류[A]

2 변압기의 전압 변동률 voltage regulation

- 전압 변동률이 작을수록 좋다.

$$\epsilon = \dfrac{V_{20} - V_{2n}}{V_{2n}} \times 100$$

V_{20} : 2차 무부하 전압
V_{2n} : 정격 2차 전압

- 백분율 전압 강하일 때 전압 변동률
$\epsilon = p\cos\theta \pm q\sin\theta$ (지상 : $+\sin\theta$, 진상 : $-\sin\theta$)

■ 최대 전압 변동률
- 역률 $\cos\theta = 1$일 때 $\epsilon_{max} = p$

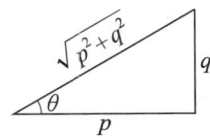

- 역률 $\cos\theta \neq 1$일 때
$\epsilon_{max} = \sqrt{p^2 + q^2}$
$= \sqrt{(\%저항 강하)^2 + (\%리액턴스 강하)^2}$
∴ 역률 $\cos\theta = \dfrac{p}{\sqrt{p^2 + q^2}}$

□□□ 06③,13②,14②,18①

01 변압기 명판에 나타내는 정격에 대한 설명이다. 틀린 것은?

① 변압기의 정격 출력 단위는 [kW]이다.
② 변압기 정격은 2차측을 기준으로 한다.
③ 변압기의 정격은 용량, 전류, 전압, 주파수 등으로 결정된다.
④ 정격이란 정해진 규정에 적합한 범위 내에서 사용할 수 있는 한도이다.

| 해① | 변압기 명판
정격 용량(출력) 단위 : [VA], [kVA], [MVA]

□□□ 14④

02 변압기의 정격 출력으로 맞는 것은?

① 정격 1차 전압 × 정격 1차 전류
② 정격 1차 전압 × 정격 2차 전류
③ 정격 2차 전압 × 정격 1차 전류
④ 정격 2차 전압 × 정격 2차 전류

| 해④ | 변압기의 정격 출력(용량)
= 정격 2차 전압(V_{2n}) × 정격 2차 전류(I_{2n})

□□□ 06③④,07②,10①③,13④,14①,21①

03 변압기에서 퍼센트 저항 강하 3[%], 리액턴스 강하 4[%]일 때 역률 0.8(지상)에서의 전압 변동률은?

① 2.4[%] ② 3.6[%]
③ 4.8[%] ④ 6[%]

| 해③ | 전압 변동률
$\epsilon = p\cos\theta \pm q\sin\theta$
(지상 : $+\sin\theta$, 진상 : $-\sin\theta$)
- 역률 $\cos\theta = 0.8$에서 $\theta = \cos^{-1}(0.8) = 36.87°$
∴ $\sin\theta = \sin 36.87° = 0.6$
∴ $\epsilon = 3 \times 0.8 + 4 \times 0.6 = 4.8$[%]

□□□ 10④,19①

04 변압기의 정격 1차 전압이란?

① 정격 출력일 때의 1차 전압
② 무부하에 있어서의 1차 전압
③ 정격 2차 전압 × 권수비
④ 임피던스 전압 × 권수비

| 해③ | 정격 전압
정격 1차 전압 = 정격 2차 전압 × 권수비(a)

□□□ 06②,09④,16①,19②

05 퍼센트 저항 강하 3[%], 리액턴스 강하 4[%]인 변압기의 최대 전압 변동률[%]은?

① 1　　　　　② 5
③ 7　　　　　④ 12

| 해② | 최대 전압 변동률
$$\epsilon_{max} = \sqrt{(\%\text{저항강하})^2 + (\%\text{리액턴스강하})^2}$$
$$= \sqrt{p^2 + q^2} = \sqrt{3^2 + 4^2} = 5[\%]$$

□□□ 06③,13②,14②

06 변압기를 운전하는 경우 특성의 악화, 온도 상승에 수반되는 수명의 저하, 기기의 소손 등의 이유 때문에 지켜야 할 정격이 아닌 것은?

① 정격 전류　　② 정격 전압
③ 정격 저항　　④ 정격 용량

| 해③ | 지켜야 할 변압기의 정격
• 변압기의 명판에 기재되어 있다.
• 용량에 대한 사용 한도와 함께 전압, 전류, 주파수 및 역률을 지정한다.
• 정격 용량, 정격 전압, 정격 전류, 정격 주파수, 정격 역률이라 결정한다.

□□□ 15④

07 변압기에 대한 설명 중 틀린 것은?

① 전압을 변성한다.
② 전력을 발생하지 않는다.
③ 정격 출력은 1차측 단자를 기준으로 한다.
④ 변압기의 정격 용량은 피상전력으로 표시한다.

| 해③ | 변압기의 정격 출력
변압기의 부하는 항상 2차측에 접속하므로 정격 출력은 2차측 단자를 기준으로 한다.

□□□ 기 06④,07②,10③,13④,14①,21①

08 퍼센트 저항 강하 1.8[%] 및 퍼센트 리액턴스 강하 2[%]인 변압기가 있다. 부하의 역률이 1일 때의 전압 변동률은?

① 1.8[%]　　　② 2.0[%]
③ 2.7[%]　　　④ 3.8[%]

| 해① | 변압기의 전압 변동률
$$\epsilon = \frac{V_{20} - V_{2n}}{V_{2n}} \times 100 = p\cos\theta \pm q\sin\theta$$
• 역률 $\cos\theta = 1$ 이면 $\theta = \cos^{-1}(1) = 0°$
∴ $\sin 0° = 0$
∴ $\epsilon = 1.8 \times 1 + 2 \times 0 = 1.8[\%]$

정답　04 ③　05 ②　06 ③　07 ③　08 ①

020 변압기의 손실과 효율

■ 변압기 손실
변압기가 1차 쪽에서 2차 쪽으로 전력을 전달할 때 변압기의 내부에는 전력의 손실이 발생한다. 이 때 발생하는 손실을 변압기 손실이라고 한다.

```
         ┌ 무부하손 ┬ 철손 : 히스테리시스손, 맴돌이 전류손
         │         ├ 유전체손 : 절연물
손실 ────┤         └ 표유 무부하손 : 매우 적음
         │
         └ 부하손 ──┬ 구리손 : 1차권선, 2차권선
                   └ 표유 부하손
```

- 변압기의 손실 : 변압기의 무부하손(철손)과 부하손(구리손)
- 변압기는 회전부분이 없기 때문에 기계손이 없다.

① 무부하손 no-load loss 고정손
■ 히스테리시스손 80[%] + 맴돌이 전류손 20[%] + 유전체손 + 표유무부하손
- 철손 : 변압기에서 발생하는 손실은 대부분 철손이다.
- 히스테리시스손 : 철심의 히스테리시스 현상에 의해 생기는 손실
- 맴돌이 전류손 : 철심 단면에 유도되는 맴돌이 전류로 인해 생기는 손실
- 유전체손 : 전압이 높을 때 절연물의 유전체로 인해 생기는 손실
- 표유무부하손 : 매우 적음

② 부하손 load loss
■ 구리(동)손 + 표유부하손
- 구리손 : 1, 2차 권선 저항에 의해 발생하는 손실
- 표유부하손 : 맴돌이 전류에 의하여 발생하는 손실
- 단락 시험 : 구리손, 전압 변동률, %전압 강하

③ 변압기의 단락시험
- 변압기의 임피던스 전압 : 정격 전류가 흐를 때 변압기 내부의 임피던스에 의한 전압 강하

■ 변압기의 무부하 시험
무부하 시험 : 철손

④ 변압기의 효율 efficiency
■ 실측 효율
$$\eta = \frac{1차쪽\ 전력계에\ 나타난\ 전력(출력)}{2차쪽\ 전력계에\ 나타난\ 전력(입력)} \times 100$$

■ 규약 효율
- $\eta = \dfrac{출력[kW]}{출력[kW] + 전체\ 손실[kW]} \times 100$
- 손실은 무부하손(철손)과 부하손(구리손)
- $\eta = \dfrac{출력}{출력 + 철손 + 동손} \times 100$

■ 최대효율
철손과 구리(동)손이 같을 때($P_i = P_c$) 최대 효율이 된다.

□□□ 09③, 11②

01 변압기의 손실에 해당되지 않는 것은?

① 구리손　② 와전류손
③ 히스테리시스손　④ 기계손

| 해 ④ | 변압기의 기계손
- 변압기는 회전부분이 없기 때문에 기계손이 없다.
- 변압기의 손실의 대부분은 철손과 동손(구리손)이다.

□□□ 08④, 16③

02 변압기의 무부하 시험, 단락 시험에서 구할 수 없는 것은?

① 구리손　② 철손
③ 절연내력　④ 전압 변동률

| 해 ③ | 변압기의 시험

무부하 시험	철손, 여자 전류, 여자 어드미턴스
단락 시험	구리손, 전압 변동률, 임피던스 전압

□□□ 06②,11④,15③,19①,23②

03 변압기의 임피던스 전압에 대한 설명으로 옳은 것은?

① 여자 전류가 흐를 때의 2차측 단자 전압이다.
② 정격 전류가 흐를 때의 2차측 단자 전압이다.
③ 정격 전류에 의한 변압기 내부 전압 강하이다.
④ 2차 단락 전류가 흐를 때의 변압기 내의 전압 강하이다.

> |해 ③| 변압기의 임피던스 전압이란
> 정격 전류가 흐를 때 변압기 내부의 임피던스에 의한 전압 강하

□□□ 06②,11④,15③,22②

04 변압기의 임피던스 전압이란?

① 정격 전류가 흐를 때의 변압기 내의 전압 강하
② 여자 전류가 흐를 때의 2차측 단자 전압
③ 정격 전류가 흐를 때의 2차측 단자 전압
④ 2차 단락 전류가 흐를 때의 변압기 내의 전압 강하

> |해 ①| 변압기의 임피던스 전압
> 정격 전류가 흐를 때 변압기 내부의 임피던스에 의한 전압 강하

□□□ 07①,12①,14②,16①,19①

05 변압기의 규약 효율은?

① $\dfrac{출력}{입력}$ ② $\dfrac{출력}{입력-손실}$

③ $\dfrac{출력}{출력+손실}$ ④ $\dfrac{입력+손실}{입력}$

> |해 ③| 변압기의 규약 효율
> $\eta = \dfrac{출력}{출력+전체\ 손실} \times 100$

□□□ 07①,15①

06 3상 4극 60[MVA], 역률 0.8, 60[Hz], 22.9 [kV] 수차 발전기의 전부하 손실이 1,600[kW] 이면 전부하 효율[%]은?

① 90 ② 95
③ 97 ④ 99

> |해 ③| 전부하 효율
> $\eta = \dfrac{출력(P_2)}{입력(P_1)} = \dfrac{출력[kW]}{출력[kW]+전체\ 손실[kW]} \times 100$
> • 출력 $P = P_a \cos\theta = 60 \times 10^3 \times 0.8 = 48,000[kW]$
> • 손실 = 1,600[kW]
> ∴ $\eta = \dfrac{48,000}{48,000+1,600} \times 100 = 97[\%]$

□□□ 09③,11②,23①

07 다음 중 변압기 무부하손의 대부분을 차지하는 것은?

① 유전체손 ② 구리손
③ 철손 ④ 저항손

> |해 ③| 변압기의 손실
> ■ 변압기의 무부하손(철손)과 부하손(동손)
> • 무부하손 : 철손(히스테리시스손+맴돌이 전류손)
> • 부하손 : 구리손, 표유부하손

□□□ 15②

08 변압기의 효율이 가장 좋을 때의 조건은?

① 철손 = 구리손 ② 철손 = 1/2구리손
③ 구리손 = 1/2철손 ④ 구리손 = 2철손

> |해 ①| 변압기의 규약 효율
> $\eta = \dfrac{출력}{출력+전체\ 손실} \times 100$
> • 변압기의 최대 효율 조건 : 무부하손(철손)과 부하손(동손)이 같을 때

정답 03 ③ 04 ① 05 ③ 06 ③ 07 ③ 08 ①

□□□ 07①,12①,14②,16①,18②

09 정격 2차 전압 및 정격 주파수에 대한 출력[kW]과 전체 손실[kW]이, 주어졌을 때 변압기의 규약 효율을 나타내는 식은?

① $\dfrac{입력[kW]}{입력[kW] - 전체\ 손실[kW]} \times 100[\%]$

② $\dfrac{출력[kW]}{출력[kW] + 전체\ 손실[kW]} \times 100[\%]$

③ $\dfrac{출력[kW]}{입력[kW] - 철손[kW] - 동손[kW]} \times 100[\%]$

④ $\dfrac{출력[kW] - 철손[kW] - 동손[kW]}{입력[kW]} \times 100[\%]$

|해②| 변압기의 규약 효율

$\eta = \dfrac{출력[kW]}{출력[kW] + 전체\ 손실[kW]} \times 100[\%]$

$= \dfrac{출력}{출력 + 전체\ 손실(철손+동손)} \times 100[\%]$

021 변압기 절연유의 특징

- **변압기유**transformer oil**의 구비 조건**
  - 절연내력이 클 것
  - 인화점이 높을 것
  - 응고점이 낮을 것
  - 점도가 낮을 것
  - 냉각 효과가 클 것
  - 비열과 열전도도가 클 것
  - 고온에서 화학 반응이 없을 것

- **변압기유의 열화 방지법**
  - 열화의 원인 : 변압기의 호흡작용에 의한 고온의 절연 유지가 외부 공기와의 접촉에 의해 열화가 발생
  - 변압기유의 열화방지(劣化防止) 방법
    - 콘서베이터(conservator)의 설치목적 : 변압 기름의 열화방지를 위해 설치
    - 질소 봉입기 : 대용량 변압기에 사용
    - 브리더(흡습 호흡기) : 실리카겔 같은 흡습제 사용

- **변압기 냉각 방식**
  - 건식 풍냉식 : 건식 변압기에 송풍기를 사용하여 강제로 통풍
  - 유입 자냉식 : 기름의 대류작용으로 열을 외기에 발산
  - 유입 풍냉식 : 방열기에 붙은 유입 변압기에 송풍기를 붙여 강제 통풍
  - 유입 송유식 : 기름을 펌프를 이용하여 외부에 있는 냉각 장치로 보내어 냉각

- **변압기의 절연방식에 따른 분류**
  - 몰드 변압기
  - 기름을 사용하지 않기 때문에 가연의 위험이 적다.
  - 건식 자냉식, 건식 풍냉식, 건식 밀폐 자냉식, 건식 밀폐 풍냉식
  - 유입 변압기
  - 절연과 냉각의 목적으로 절연유를 사용한 방식
  - 유입 자냉식, 유입 풍냉식, 유입 수냉식, 송유 자냉식, 송유 풍냉식, 송유 수냉식

- **변압기의 건조방법** 변압기의 권선과 철심을 건조하는 방법
  - 열풍법 : 송풍의 전열기를 써서 열풍을 변압기에 불어 넣어 건조하는 방법
  - 단락법 : 변압기의 1차 또는 2차 권선의 한쪽 권선을 단락시켜 건조하는 방법
  - 진공법 : 변압기에 증기를 집어넣고 진공 펌프로 건조하는 방법

- **변압기의 온도 상승 시험법**
  - 단락 시험법 : 변압기의 권선을 단락하고 전 손실에 해당하는 부하 손실을 공급해서 온도 상승 시험법으로 가장 널리 사용된다.
  - 실부하 시험 : 변압기에 전부하를 걸어서 온도가 올라가는 상태를 시험하는 것으로 전력이 많이 소비되므로 소형기에만 적용된다.
  - 반환부하 시험 : 전력소비 없이 온도가 올라가는 원인이 되는 철손과 구리손만 공급하여 시험하는 것이다.

- **변압기의 절연내력 시험**
  - 가압 시험 : 온도 상승 시험 직후에 해야 하며, 가압시간은 1분
  - 유도 시험 : 권선의 층간 절연내력 시험
  - 유도 시험의 시험시간

  $$t = 60 \times \frac{2 \times 정격\ 주파수}{시험\ 주파수}[\text{sec}]$$

  - 충격 시험 : 변압기에 충격파 전압 절연 파괴 시험

◎ 절연내력 시험 : 변압기유 중에 설치되어 있는 전극에 사용주파수의 교류전압을 절연이 파괴될 때까지 올려 절연 파괴 전압을 측정하는 시험으로 30[kV] 이상이면 좋다.

- **변압기 절연물의 열화 측정 방법**
  - 유도 정접 시험
  - 유중 가스 분석
  - 절연저항 시험
  - 흡수 전류나 잔류 전류 측정법

□□□ 07②④,08③,13③,15①②,16②,21②
01 변압기유의 구비해야 할 조건으로 틀린 것은?

① 점도가 낮을 것   ② 인화점이 높을 것
③ 응고점이 높을 것   ④ 절연내력이 클 것

|해③| 변압기유의 구비 조건
- 절연내력이 클 것
- 인화점이 높을 것
- 응고점이 낮을 것
- 점도가 작을 것
- 냉각효과가 클 것
- 비열과 열전도도가 클 것
- 고온에서 화학 반응이 없을 것

□□□ 06④,08②,10④
02 변압기의 콘서베이터의 사용목적은?

① 일정한 유압의 유지
② 과부하로부터 변압기 보호
③ 냉각 장치의 효과를 높임
④ 변압 기름의 열화 방지

|해④| 변압기의 콘서베이터의 사용목적
가열된 변압 기름이 공기와 접촉하므로 산화작용에 의하여 기름을 열화시키는 것을 방지하기 위해 사용하는 장치

□□□ 06④,08②,10④
03 변압기유의 열화 방지를 위해 사용하는 장치는?

① 부싱   ② 발열기
③ 주름 철판   ④ 콘서베이터

|해④| 변압기의 콘서베이터의 사용목적
가열된 변압 기름이 공기와 접촉하므로 산화작용에 의하여 기름을 열화시키는 것을 방지하기 위해 사용하는 장치

□□□ 07③,09②,24②
04 변압기유의 열화방지와 관계가 가장 먼 것은?

① 브리더   ② 콘서베이터
③ 불활성 질소   ④ 부싱

|해④| 변압기유의 열화방지(劣化防止) 방법
- 콘서베이터 설치 : 기름의 열화방지 위해 설치
- 질소 봉입기 : 대용량 변압기에 사용
- 브리더(흡습 호흡기) : 실리카겔 같은 흡습제 사용
- ∴ 부싱(bushing) : 변압기 부싱은 변압기 권선의 인출선을 끌어내는 절연단자

□□□ 11④,15②
05 변압기의 절연내력 시험법이 아닌 것은?

① 유도 시험   ② 가압 시험
③ 단락 시험   ④ 충격전압 시험

|해③| 변압기의 절연내력 시험
- 가압 시험 : 온도 상승 시험 직후에 해야 하며, 가압시간은 1분
- 유도 시험 : 권선의 층간 절연내력 시험
- 충격 시험 : 변압기에 충격파 전압 절연 파괴 시험

022 특수 변압기

1 계기용 변성기 instrument transformer

계기용 변압기는 전압의 변성에, 계기용 변류기는 전류의 변성에 사용한다.

■ 계기용 변압기 PT ; potential transformer
- 고전압을 직접 전압계로 측정하는 것은 위험하기 때문에 고전압을 강하하여 저전압으로 측정할 수 있도록 하기 위한 변압기
- 계기용 변압기는 1차측을 측정하고자 하는 회로에 병렬로 접속하고, 2차측은 전압계 또는 전력계의 전압 권선에 접속한다.

■ 계기용 변류기 CT ; current transformer
- 변류기는 고압쪽 선로의 전류를 감시하고, 측정하는 대에만 사용된다.
- 변류기(CT) 개방시 2차측을 단락하는 이유
  · 2차측의 전류계 교환 시에는 절연 보호를 위해 반드시 2차측을 단락시켜야 한다.
- 변류기(CT)의 사용 중 2차측을 개방하면
  · 1차측 부하 전류가 모두 여자 전류가 되어 2차 권선에 고전압이 유도되어 변류기의 절연을 파괴하고 소손될 수 있다.

2 기타 변압기

■ 3권선 변압기
- 1상에 대해서 3개의 다른 독립된 권선으로 구성되어 있다.
- 3차 권선에 조상기를 접속하여 송전선의 전압 조정과 역률 개선에 사용된다.
- 3차 권선에 진상용 콘덴서를 설치하면 1차 회로의 역률을 개선할 수 있다.

■ 주상 변압기
- 주상 설치형 변압기는 한전 배전 선로에 설치되어 주로 고압을 저압으로 낮추기 위해 전주 위에 설치되는 변압기
- 주상 변압기에 여러 개의 탭을 만드는 것은 부하 변동에 따른 배전 선로 전압 조정을 위해서다.

■ 아크용 변압기
아크 용접용 (누설)변압기의 특징
- 누설 리액턴스가 크다.
- 전압 변동률이 크다.
- 역률($\cos\theta$)이 낮다.
- 권선의 저항이 크다.

□□□ 13③

01 아크 용접용 변압기가 일반 전력용 변압기와 다른 점은?

① 권선의 저항이 크다.
② 누설 리액턴스가 크다.
③ 효율이 높다.
④ 역률이 좋다.

> |해②| 아크 용접용(누설) 변압기의 특징
> - 누설 리액턴스가 크다.
> - 전압 변동률이 크다.
> - 역률($\cos\theta$)이 낮다.

□□□ 15①, 23②

02 사용 중인 변류기의 2차를 개방하면?

① 1차 전류가 감소한다.
② 2차 권선에 110[V]가 걸린다.
③ 개방단의 전압은 불변하고 안전하다.
④ 2차 권선에 고압이 유도된다.

> |해④|
> 변류기(CT)의 사용 중 2차측을 개방하면 1차측 부하 전류가 모두 여자 전류가 되어 2차 권선에 고전압이 유도되어 변류기의 절연을 파괴하고 소손될 수 있다.

□□□ 14③,15①
03 주상 변압기의 고압측에 탭을 여러 개 만드는 이유는?

① 역률 개선　　② 단자 고장 대비
③ 선로 전류 조정　④ 선로 전압 조정

> |해 ④| 주상 변압기
> 주상 변압기에 여러 개의 탭을 만드는 것은 부하 변동에 따른 배전선로 전압 조정을 위해서이다.

□□□ 10④,19①,20③
04 변류기 개방 시 2차측을 단락하는 이유는?

① 2차측 절연 보호
② 2차측 과전류 보호
③ 측정오차 감소
④ 변류비 유지

> |해 ①| 변류기(CT) 개방 시 2차측을 단락하는 이유
> 2차측의 전류계 교환 시에는 절연 보호를 위해 반드시 2차측을 단락시켜야 한다.

□□□ 06②,08③,18①
05 계기용 변압기의 2차측 단자에 접속하여야 할 것은?

① O.C.R　　　② 전압계
③ 전류계　　　④ 전열부하

> |해 ②| 계기용 변압기
> 계기용 변압기는 1차측을 측정하고자 하는 회로에 병렬로 접속하고, 2차측은 전압계 또는 전력계의 전압 권선에 접속한다.

□□□ 14③
06 3권선 변압기에 대한 설명으로 옳은 것은?

① 한 개의 전기 회로에 3개의 자기 회로로 구성되어 있다.
② 3차 권선에 조상기를 접속하여 송전선의 전압 조정과 역률 개선에 사용된다.
③ 3차 권선에 단권변압기를 접속하여 송전선의 전압 조정에 사용된다.
④ 고압 배전선의 전압을 10[%] 정도 올리는 승압용이다.

> |해 ②| 3권선 변압기
> • 3차 권선에 조상기를 접속하여 송전선의 전압 조정과 역률 개선에 사용된다.
> • 3차 권선에 진상용 콘덴서를 설치하면 1차 회로의 역률을 개선할 수 있다.

□□□ 16①
07 회전 변류기의 직류측 전압을 조정하려는 방법이 아닌 것은?

① 직렬 리액턴스에 의한 방법
② 여자 전류를 조정하는 방법
③ 동기 승압기를 사용하는 방법
④ 부하 시 전압 조정 변압기를 사용하는 방법

> |해 ②|
> 회전 변류기는 구조적으로 권선수가 고정되어 있어 변압비가 일정하므로, 여자 전류를 조정하여 직류측 전압을 바꾸는 것은 불가능하다.

023 보호 계전기

1 보호 계전기의 종류

차동 계전기 DCR differential realy
- 변압기, 동기 발전기 등의 층간 단락 등의 내부 고장보호에 사용되는 계전기
- 변압기 고장 시 유입 전류와 유출 전류가 같을 때는 동작하지 않으나 전류차가 발생하면 동작하는 계전기

비율 차동 계전기 RDR ratio differential realy
- 변압기, 발전기 내부 고장에 대해 보호용으로 사용되는 계전기
- 변압기나 발전기 고장으로 인해 입력 전류와 유출 전류에 차가 생기고 이 불평형 전류가 어떤 비율 이상이 되었을 때 동작하는 계전기

부흐홀쯔 계전기 Buchholz Relay, 변압기의 기계적 보호방식
- 부흐홀츠 계전기로 보호되는 기기 : 변압기
- 부흐홀츠 계전기의 설치위치 : 변압기 본체(주 탱크)와 컨서베이터 사이에 설치
- 변압기의 내부에서 발생한 고정으로 인한 온도 상승 시 발생하는 유증기를 검출하여 경보 및 차단을 하기 위한 계전기
  · 컨서베이터(conservator) : 기름과 공기의 접촉을 끊어 열화를 방지하도록 변압기 위에 설치한 기름통

보호 계전기의 기능상 분류
- 차동 계전기, 거리 계전기, 주파수 계전기, 과전류 계전기, 과전압 계전기, 방향 계전기

보호 계전기의 동작시간 분류
- 순한시 계전기 : 최소 동작 전류 이상의 전류가 흐르면 즉시 동작하는 계전기
- 정한시 계전기 : 정해진 값 이상의 전류가 흘렀을 때 동작 전류의 크기에는 관계없이 정해진 시간이 경과한 후에 동작하는 계전기
- 반한시 계전기 : 정해진 값 이상의 전류가 흘렀을 때 동작하는 시간과 전류값이 서로 반비례하여 동작하는 계전기
- 정한시-반한시 계전기 : 어느 전류값까지는 반한시 계전기의 성질을 띠지만 그 이상의 전류가 흐르는 경우 정한시 계전기의 성질을 띠는 계전기

동작 원리에 따른 보호 계전기 구분
- 유도형(induction type) : 보호 계전기를 동작 원리에 따라 구분할 때 입력된 전기량에 의한 전자력으로 회전 원판을 이동시켜 출력된 값을 얻는 계전기
- 정지형(Soild state type) : 트렌지스터형
- 디지털형(Digital type)

보호 계전기 시험회로 결선 시 유의 사항
- 직류는 극성 확인이 필요하나 교류는 반주기 마다 방향이 변화하므로 극성이 없어 극성 확인이 필요 없다.

2 기타 계전기

과전류 계전기 OCR : Over current relay
- 계전기에 흐르는 부하전류가 설정값을 초과할 때 동작하는 계기
- 전기회로에서 단락사고를 예방하기 위해 설치

거리 계전기 distance relay
- 계기가 설치된 위치에서 고장점까지의 임피던스에 비례하여 동작하는 보호 계전기
- 고장점까지의 거리를 판별할 수 있는 계전기

선택지락 계전기 SGR selective ground relay
- 비접지계통 다회선에서 지락사고가 발생한 접지 고장 회선만 선택하여 차단하는 보호 계전기

재폐로 계전기 reclosing relay
- 낙뢰, 수목 접촉, 일시적인 섬락 등 순간적인 사고로 계통에서 분리된 구간을 신속히 계통에 투입시킴으로써 계통의 안정도를 향상시키고 정전 시간을 단축시키기 위해 사용되는 계전기

열동 계전기 THR
- 전류의 발열작용을 이용한 시한 계전기
- 전동기의 과부하, 단락 등으로 인한 온도 상승에 따른 모터 보호장치로 사용

□□□ 06②,07③,09②,10①③④,11②④,15②③,16①,24①
01 전력용 변압기의 내부 고장보호용 계전 방식은?

① 역상 계전기 ② 차동 계전기
③ 접지 계전기 ④ 과전류 계전기

> |해②| 차동 계전기
> - 변압기, 동기 발전기 등의 층간 단락 등의 내부 고장보호에 사용되는 계전기
> - 변압기 고장 시 유입 전류와 유출 전류가 같을 때는 동작하지 않으나 전류차가 발생하면 동작하는 계전기

□□□ 10②,13②,16③
02 고장 시의 불평형 차전류가 평형 전류의 어떤 비율 이상으로 되었을 때 동작하는 계전기는?

① 과전압 계전기 ② 과전류 계전기
③ 전압 차동 계전기 ④ 비율 차동 계전기

> |해④| 비율 차동 계전기
> - 변압기, 발전기 내부 고장에 대해 보호용으로 사용되는 계전기
> - 변압기나 발전기 고장으로 인해 입력전류와 출력전류에 차가 생기고 이 불평형 전류가 어떤 비율 이상이 되었을 때 동작하는 계전기

□□□ 09③,11③
03 낙뢰, 수목 접촉, 일시적인 섬락 등 순간적인 사고로 계통에서 분리된 구간을 신속하게 계통에 투입시킴으로써 계통의 안정도를 향상시키고 정전 시간을 단축시키기 위해 사용되는 계전기는?

① 차동 계전기 ② 과전류 계전기
③ 거리 계전기 ④ 재폐로 계전기

> |해④|
> 재폐로 계전기(reclosing relay ; 再閉路繼電器)에 대한 설명이다.

□□□ 09②,11③,14②
04 보호 계전기 시험을 하기 위한 유의 사항이 아닌 것은?

① 시험 회로 결선 시 교류와 직류 확인
② 영점의 정확성 확인
③ 계전기 시험 장비의 오차 확인
④ 시험 회로 결선 시 교류의 극성 확인

> |해④| 보호 계전기 시험 회로 결선 시 유의 사항
> 직류는 극성 확인이 적용되나 교류는 반주기 마다 방향이 변화하므로 극성이 없어 극성 확인이 필요 없다.

□□□ 12①,15④,16②,18②,23①
05 부흐홀츠 계전기의 설치위치는?

① 변압기 주탱크 내부
② 콘서베이터 내부
③ 변압기의 고압측 부싱
④ 변압기 본체와 콘서베이터 사이

> |해④| 부흐홀츠 계전기
> 변압기 본체(주탱크)와 콘서베이터 사이에 설치

□□□ 08①,20①
06 선택지락 계전기의 용도는?

① 단일회선에서 접지전류의 대소의 선택
② 단일회선에서 접지전류의 방향의 선택
③ 단일회선에서 접지사고 지속시간의 선택
④ 다회선에서 접지고장 회선의 선택

> |해④| 선택지락 계전기(SGR)의 용도
> 비접지계통 다회선에서 지락사고가 발생한 접지 고장 회선만 선택하여 차단하는 보호 계전기

정답 023 01 ② 02 ④ 03 ④ 04 ④ 05 ④ 06 ④

□□□ 09①,10①

07 보호 계전기를 동작 원리에 따라 구분할 때 해당되지 않는 것은?

① 유도형　　② 정지형
③ 디지털형　④ 저항형

| 해 ④ | 보호 계전기를 동작 원리에 따라 구분
- 유도형(induction type)
- 정지형(soild state type)
- 디지털형(digital type)

□□□ 08④,13③,21①

08 보호를 요하는 회로의 전류가 어떤 일정한 값(정정값) 이상으로 흘렀을 때 동작하는 계전기는?

① 과전류 계전기　② 과전압 계전기
③ 차동 계전기　　④ 비율 차동 계전기

| 해 ① | 과전류 계전기(OCR)
- 계전기에 흐르는 부하전류가 설정값을 초과할 때 동작하는 계기
- 전기회로에서 단락사고를 예방하기 위해 설치

□□□ 06④,09①,13①,15①,22②

09 부흐홀츠 계전기로 보호되는 기기는?

① 변압기　　② 유도 전동기
③ 직류 발전기　④ 교류 발전기

| 해 ① | 부흐홀츠 계전기
- 변압기 내부 고장으로 인한 온도 상승 시 발생하는 유증기를 검출하여 경보 및 차단을 하기 위한 계전기
- 변압기 주탱크와 콘서베이터 사이에 설치

□□□ 09④,12①

10 보호 계전기의 기능상 분류로 틀린 것은?

① 차동 계전기　② 거리 계전기
③ 저항 계전기　④ 주파수 계전기

| 해 ③ | 보호 계전기의 기능상 분류
차동 계전기, 거리 계전기, 주파수 계전기, 과전류 계전기, 과전압 계전기, 방향 계전기

□□□ 14①

11 계전기가 설치된 위치에서 고장점까지의 임피던스에 비례하여 동작하는 보호 계전기는?

① 방향 단락 계전기
② 거리 계전기
③ 단락회로 선택 계전기
④ 과전압 계전기

| 해 ② |
보호 계전기 중 거리 계전기에 대한 설명이다.

□□□ 09①,10①

12 보호 계전기를 동작 원리에 따라 구분할 때 입력된 전기량에 의한 전자력으로 회전 원판을 이동시켜 출력된 값을 얻는 계기는?

① 유도형　　② 정지형
③ 디지털형　④ 저항형

| 해 ① |
보호 계전기를 동작 원리에 따라 구분 중 유도형에 대한 설명이다.

정답　07 ④　08 ①　09 ①　10 ③　11 ②　12 ①

024 변압기의 3상 결선

■ Δ–Δ 결선 delta-delta connection
- 중성점 접지를 할 수 없다.
- 외부에 고조파 전압이 나오지 않으므로 통신 장해의 염려가 없다.
- 60[kV] 이하의 저전압, 대전류용인 배전용 변압기에만 주로 사용된다.
- 단상 변압기 3대 중 1대의 고장이 생겼을 때 2대로 V 결선하여 사용할 수 있다.

■ Δ–Y 결선 delta-star connection
- 발전소용 변압기와 같이 낮은 전압을 높은 전압으로 올리는 승압용 변압기로 사용
- 제3고조파에 의한 장해가 적고 1차 변전소의 승압용으로 사용한다.
- 1, 2차 전압 및 전류 간의 위상차는 $\frac{\pi}{6}$[rad] $=\frac{180°}{6}=30°$가 발생한다.

■ Y–Δ 결선 star-delta connection
수전단 발전소용 변압기 결선에 주로 사용하고 있으며 한쪽은 Y 결선으로 중성점을 접지할 수 있고 다른 한쪽은 Δ 결선으로 제3고조파에 의한 장해를 없애 주는 3상 결선 방식으로 높은 전압을 낮은 전압으로 강압할 때 사용

■ Y–Y 결선 star-star connection
- 중성점이 접지되어 있이 않으면 제3고조파 통로가 없어 기전력 파형은 제3고조파를 포함하는 왜형파가 된다.
- 중성점이 접지되어 있으면 접지선을 통하여 저3고조파 전류가 흘러 통신장애를 일으킨다.

■ V–V 결선 V-V connection
- Δ–Δ 결선으로 3상 변압을 하는 경우에 한 대의 변압기가 고장 나면 고장 난 변압기를 제거하고, 남은 두 대의 변압기를 이용하여 3상 전력을 계속 공급할 수 있는 결선 방식
- 변압기 V 결선의 특징
- 고장 시 응급처치 방법으로 쓰인다.
- 단상 변압기 2대로 3상 전력을 공급한다.
- 부하 증가 시 예상되는 지역에 시설한다.
- V 결선 시 출력은 Δ 결선 시 출력의 $\frac{\sqrt{3}\,VI}{3\,VI}$
= 0.577로 57.7[%]밖에 안 된다.
- 변압기 V 결선의 이용률
$=\frac{\sqrt{3}\,P}{2P}=\frac{\sqrt{3}\,VI}{2\,VI}$
$=\frac{\sqrt{3}}{2}=0.866=86.6[\%]$

□□□ 16②

01 변압기의 결선에서 제3고조파를 발생시켜 통신선에 유도장해를 일으키는 3상 결선은?

① Y–Y   ② Δ–Δ
③ Y–Δ   ④ Δ–Y

|해①| 변압기 Y–Y 결선의 단점
- 중성점이 접지되어 있지 않으면 제3고조파 통로가 없어 기전력 파형은 제3고조파를 포함하는 왜형파가 된다.
- 중성점이 접지되어 있으면 접지선을 통하여 제3고조파 전류가 흘러 통신장애를 일으킨다.

□□□ 12③,15④,22①,23②

02 변압기 V 결선의 특징으로 틀린 것은?

① 고장 시 응급처치 방법으로도 쓰인다.
② 단상 변압기 2대로 3상 전력을 공급한다.
③ 부하 증가가 예상되는 지역에 시설한다.
④ V 결선 시 출력은 Δ결선 시 출력과 그 크기가 같다.

|해④| 변압기 V 결선의 단점
V 결선 시 출력은 Δ 결선 시 출력의
$\frac{\sqrt{3}\,VI}{3\,VI}=0.577$로 57.7[%]밖에 안 된다.

□□□ 14①

03 송·배전 계통에 거의 사용되지 않는 변압기 3상 결선 방식은?

① Y-△　　② Y-Y
③ △-Y　　④ △-△

> |해②| Y-Y 결선 방식
> 부하의 불평형에 의해 중성점 전위가 변동하여 3상 변압이 불평형을 일으키므로 Y-Y 결선은 송배전 계통에 거의 사용되지 않는 결선 방식이다.

□□□ 16②,22①

04 20[kVA]의 단상 변압기 2대를 사용하여 V-V 결선으로 하고 3상 전원을 얻고자 한다. 이때 여기에 접속시킬 수 있는 3상 부하의 용량은 약 몇 [kVA]인가?

① 34.6　　② 44.6
③ 54.6　　④ 66.6

> |해①| V 결선의 출력(3상 부하용량)
> $P_V = \sqrt{3} \times P$
> $= \sqrt{3} \times 20 = 34.6 [\text{kVA}]$

□□□ 07①,08①,13④,21①

05 3상 변압기의 병렬 운전이 불가능한 결선 방식으로 짝지은 것은?

① △-△와 Y-Y　　② △-Y와 △-Y
③ Y-Y와 Y-Y　　④ △-△와 △-Y

> |해④| 병렬 운전 불가능 결선 방식
> • △-△ 결선과 △-Y 결선
> • Y-Y 결선과 △-Y 결선
> • 위상차가 30°만큼 발생하므로 병렬 운전할 수 없다.

□□□ 06①,09④,19①,22①

06 변압기 2대를 V 결선했을 때의 이용률은 몇 [%]인가?

① 57.7[%]　　② 0.7[%]
③ 86.6[%]　　④ 100[%]

> |해③| 변압기 V 결선의 이용률
> $\dfrac{\sqrt{3}\,VI}{2VI} = \dfrac{\sqrt{3}}{2} = 0.866 = 86.6[\%]$

□□□ 14②,24①

07 3상 100[kVA], 13,200/200[V] 변압기의 저압측 선전류의 유효분은 약 몇 [A]인가? (단, 역률은 80[%]이다.)

① 100　　② 173
③ 230　　④ 260

> |해③| 저압측 선전류의 유효분
> $I_{2e} = I_2 \cos\theta [\text{A}]$
> • 변압기의 용량 $P_a = \sqrt{3}\,VI [\text{kVA}]$
> • 선전류 $I_2 = \dfrac{P_a}{\sqrt{3}\,V_2} = \dfrac{100 \times 10^3}{\sqrt{3} \times 200} = 288.68[\text{A}]$
> ∴ $I_{2e} = 288.68 \times 0.80 = 230.94[\text{A}]$

□□□ 10④,15③,19②

08 변압기를 △-Y로 연결할 때 1, 2차 간의 위상차는?

① 30°　　② 45°
③ 60°　　④ 90°

> |해①| 변압기를 △-Y로 결선하면
> 1, 2차 전압 및 전류 간의 위상차는 $\dfrac{\pi}{6}[\text{rad}]$
> $= \dfrac{180°}{6} = 30°$가 발생한다.

□□□ 15①,22②,24①
09 낮은 전압을 높은 전압으로 승압할 때 일반적으로 사용되는 변압기의 3상 결선 방식은?
① $\Delta - \Delta$　　② $\Delta - Y$
③ $Y - Y$　　④ $Y - \Delta$

|해②| $\Delta - Y$ 결선 방식
발전소용 변압기와 같이 낮은 전압을 높은 전압으로 올리는 승압용 변압기로 사용

□□□ 기 13③
10 수전단 발전소용 변압기 결선에 주로 사용하고 있으며 한쪽은 중성점을 접지할 수 있고 다른 한쪽은 제3고조파에 의한 영향을 없애 주는 장점을 가지고 있는 3상 결선 방식은?
① $Y - Y$　　② $\Delta - \Delta$
③ $Y - \Delta$　　④ V

|해③|
변압기의 3상 결선 방식 중 $Y - \Delta$ 결선 방식에 대한 설명이다.

□□□ 06④,11①
11 3상 전원에서 2상 전원을 얻기 위한 변압기의 결선 방법은?
① Δ　　② Y
③ V　　④ T

|해④| 스코트 결선(T 결선)
3상 전원에서 2상 전원을 얻기 위한 방법이다.

| memo |

CHAPTER 04 유도 전동기 Induction Motor

025 유도 전동기의 종류와 특징

■ 유도 전동기의 특징
- 변압기와 같이 1차 권선과 2차 권선이 있고, 전자 유도작용으로 2차 권선에 전력을 공급하는 회전 기기다.
- 유도 전동기는 구조가 간단하고 튼튼하며 고장이 적어 유지 보수가 비교적 쉽다.

■ 단상 유도 전동기
- 단상으로 결선된 고정자와 농형 회전자를 사용한다.
- 단상 유도 전동기의 용도 : 대부분이 400[W] 이하인 소형기인데 가정용 전기기구인 선풍기, 전기세탁기, 우물펌프 등은 단상 유도 전동기를 내장하고 있다.

■ 3상 유도 전동기
- 회전하는 자석을 원판이 따라서 돌아가는 원리를 이용한다.
- 반드시 회전하는 자계가 존재해야 원판에 회전력이 발생한다.

■ 유도 전동기의 용도
- 가정용 : 선풍기, 세탁기, 보일러 등에 사용
- 산업용 : 펌프, 공작기계, 엘리베이터, 에스컬레이터, 압축기, 크레인 등에 사용

■ 유도 전동기의 구조
- 고정자 철심 : 고정자의 권선을 감는 지지물로서 자기 저항이 적으며, 자기력선속의 통로 역할을 한다.
- 고정자 권선
  - 이층권, 중권, 전절권 또는 단절권으로 한다.
  - 1극 1상 홈수 : $N_{sp} = \dfrac{홈수(\text{slot})}{극수 \times 상수}$
- 농형 회전자 : 회전자의 홈이 축 방향에 평행하지 않고, 조금씩 비뚤어져 있는 홈으로 만드는 것은, 회전자는 고정자의 자속을 끊을 때 발생하는 소음을 억제하는 효과가 있다.
- 권선형 회전자 : 회전자 권선은 슬립링(slip ring) 위에 놓여진 브러시를 통해 회전자 전류를 측정할 수 있다.

■ 유도 전동기가 가정에서 널리 사용되는 이유
- 교류전류를 생활 주변에서 쉽게 얻을 수 있기 때문이다.
- 유도 전동기는 구조가 튼튼하고, 가격이 저렴하며 취급과 운전이 쉽다.
- 가정에서 사용하는 선풍기, 냉장고, 에어컨 등과 같이 작은 동력을 필요로 하는 곳에 주로 사용된다.

---

01 고압 전동기 철심의 강판 홈(slot)의 모양은?

① 반폐형 ② 개방형
③ 반구형 ④ 밀폐형

| 해 ② | 전동기의 강판 홈(slot) 모양
- 고압 전동기용 : 개방형
- 저압 전동기용 : 반폐형

02 단상 유도 전압 조정기의 단락 권선의 역할은?

① 철손 경감 ② 절연 보호
③ 전압 조정 용이 ④ 전압 강하 경감

| 해 ④ | 단상 유도 전압 조정기의 단락 권선
직렬 권선에 부하 전류가 흐를 때 누설 리액턴스 때문에 발생하는 전압 강하 방지를 위해 분로 권선에 직각으로 감아 주는 3차 권선

□□□ 13③,20②

03 단상 유도 전동기에서 보조 권선을 사용하는 주된 이유는?

① 역률 개선을 한다.
② 회전 자장을 얻는다.
③ 속도 제어를 한다.
④ 기동 전류를 줄인다.

|해②| 단상 유도 전동기의 보조 권선을 사용하는 이유
- 주 권선과 직각으로 배치한 보조 권선을 이용하여 2상 교류의 회전 자장(자계)을 얻는다.
- 단상 전동기를 가동하기 위해서는 반드시 교번 자계를 회전 자계로 바꾸어 줄 수 있는 기동 권선인 보조 권선이 필요하다.

□□□ 15④,20①

04 유도 전동기가 많이 사용되는 이유가 아닌 것은?

① 값이 저렴
② 취급이 어려움
③ 전원을 쉽게 얻음
④ 구조가 간단하고 튼튼함

|해②| 유도 전동기가 가정에서 널리 사용되는 이유
- 교류전류를 생활 주변에서 쉽게 얻을 수 있기 때문이다.
- 가정에서 사용하는 선풍기, 냉장고, 에어콘 등과 같이 작은 동력을 필요로 하는 곳에 주로 사용된다.
- 유도 전동기는 구조가 튼튼하고, 가격이 저렴하며 취급과 운전이 쉽다.

□□□ 12③,22①

05 농형 회전자에 비뚤어진 홈을 쓰는 이유는?

① 출력을 높인다.
② 회전수를 증가시킨다.
③ 소음을 줄인다.
④ 미관상 좋다.

|해③| 농형 회전자
회전자의 홈이 축 방향에 평행하지 않고, 조금씩 비뚤어져 있는 홈으로 만드는 것은 회전자는 고정자의 자속을 끊을 때 발생하는 소음을 억제하는 효과가 있다.

□□□ 11④

06 4극 고정자 홈수 36의 3상 유도 전동기의 홈 간격은 전기각으로 몇 도인가?

① 5°
② 10°
③ 15°
④ 20°

|해④|
- 전기각 $\alpha = \dfrac{\pi}{\text{상수} \times \text{매극 매상의 홈수}}$
- 매극 매상의 홈수 $= \dfrac{\text{총홈수}}{\text{극수} \times \text{상수}} = \dfrac{36}{4 \times 3} = 3$
- $\therefore$ 전기각 $\alpha = \dfrac{\pi}{3 \times 3} = \dfrac{180°}{9} = 20°$

026 유도 전동기의 특성

1 유도 전동기의 슬립

슬립 silp

- 3상 유도 전동기는 회전 자계의 동기속도(N_s)와 회전자의 속도(N) 사이에 차이가 생기는 값으로 전동기의 속도를 나타낸다.
- 속도의 차이($N_s - N$)와 동기속도(N)의 비를 슬립이라 한다.

$$s = \frac{N_s - N}{N_s} \times 100 [\%]$$

N_s : 동기속도[rpm], 회전자 속도 : N[rpm]

- 동기속도

$$N_s = \frac{120f}{p} [\text{rpm}]$$

- 회전자 속도

$$N = (1-s)N_s = (1-s)\frac{120f}{p}[\text{rpm}]$$

- 회전자 주기

$$T = \frac{1}{f}[\text{s}]$$

f : 주파수, p : 극수

유도 전동기의 슬립(s) 범위

$0 < s < 1$

$s=1$일 때	동기속도 $N=0$	기동 시 정지상태
$s=0$일 때	동기속도 $N=N_s$	무부하 시 등기속도의 회전상태

- 유도 전동기에서 $s=1$일 때 슬립이 가장 크다.

유도 전동기의 전부하에서 슬립
- 소용량 유도 전동기 : $5 \sim 10[\%]$
- 중용량 및 대용량 유도 전동기 : $2.5 \sim 5[\%]$

유도 전동기의 슬립 측정 방법
회전계법, 직류 밀리 볼트계법, 수화기법, 스트로보 스코우프법

유도 전동기의 전력 변환
- 2차 입력, 2차 저항손(구리손)과 슬립 관계
- 2차 구리(저항)손 : $P_{c2} = sP_2 = s\dfrac{P_o}{1-s}$[W]
- 2차 입력(동기와트) $P_2 = \dfrac{P_{c2}}{s}$
- 슬립 $s = \dfrac{P_{c2}}{P_2} = \dfrac{2차\ 전체\ 저항손}{2차\ 전체\ 입력}$
- 2차 입력, 2차 기계적 출력과 슬립 관계
- 2차 출력(기계적 출력)

$$P_o = P_2 - P_{c2} = P_2 - sP_2$$
$$= I_2^2\left(\frac{1-s}{s}\right)r_2 = I_2^2 R[\text{W}]$$
$$= (1-s)P_2 = (1-s)(1차\ 입력 - 1차\ 손실)$$
$$= \frac{N}{N_s}P_2[\text{W}]$$

- 회전자 회로의 주파수 : $f_2 = sf_1$

  f_1 : 전원의 주파수

  f_2 : 2차에 유도되는 기전력의 주파수

- 1상의 유도기전력의 실횻값

$$E = 4.44 K_w f N \phi [\text{V}]$$

유도 전동기의 원선도 작성 시험
- 저항 측정 시험 : 1차 구리손을 구할 수 있다.
- 무부하 시험 : 여자 전류, 철손을 구할 수 있다.
- 구속 시험(단락 시험) : 2차 구리손을 구할 수 있다.

2 3상 유도 전동기

3상 유도 전동기의 회전원리
- 회전자의 회전속도가 증가하면 도체를 관통하는 자속수는 감소한다.
- 3상 교류전압을 고정자에 공급하면 고정자 내부에서 회전 자기장이 발생된다.
- 부하를 회전시키기 위해서는 회전자의 속도는 동기속도 이하로 운전되어야 한다.

3상 유도 전동기의 출력

$$P = \sqrt{3}\ VI\cos\theta \cdot \eta [\text{W}]$$

□□□ 12②
01 유도 전동기에 대한 설명 중 옳은 것은?

① 유도 발전기일 때의 슬립은 1보다 크다.
② 유도 전동기의 회전자 회로의 주파수는 슬립에 반비례한다.
③ 전동기 슬립은 2차 구리손을 2차 입력으로 나눈 것과 같다.
④ 슬립은 크면 클수록 2차 효율은 커진다.

|해③|
- 2차 구리손 $P_{c2} = sP_2$[W]
∴ 유도 전동기 슬립 $s = \dfrac{2차 구리손(P_{c2})}{2차 입력(P_2)}$
- 유도 전동기의 슬립 범위
  $0 < s < 1$
- 회전자 회로의 주파수 $f_2 = sf_1$

□□□ 08①②,09①,13④,14③,16①
02 회전수 1,728[rpm]인 유도 전동기의 슬립[%]은? (단, 동기속도는 1,800[rpm]이다.)

① 2 ② 3
③ 4 ④ 5

|해③| 슬립
$s = \dfrac{N_s - N}{N_s} \times 100$
∴ $s = \dfrac{1,800 - 1,728}{1,800} \times 100 = 4[\%]$

□□□ 09①,12①,13①,14②,19②,21①
03 3상 유도 전동기의 1차 입력 60[kW], 1차 손실 1[kW], 슬립 3[%]일 때 기계적 출력[kW]은?

① 57 ② 75
③ 95 ④ 100

|해①| 기계적 출력(2차 출력)
$P_o = (1-s)P_2 = (1-s)(1차 입력 - 1차 손실)$[kW]
$= (1-0.03) \times (60-1) = 57.23$[kW]

□□□ 06③,07①②,09④,10②,11①,14③
04 3상 유도 전동기에서 원선도 작성에 필요한 시험은?

① 전력 시험   ② 부하 시험
③ 전압 측정 시험   ④ 무부하 시험

|해④| 원선도 작성 시험
- 저항 측정 시험 : 1차 구리손을 구할 수 있다.
- 무부하 시험 : 여자 전류, 철손을 구할 수 있다.
- 구속 시험(단락 시험) : 2차 구리손을 구할 수 있다.

□□□ 06①②,08④,09②,10③,14②,15①
05 유도 전동기의 무부하 시 슬립은 얼마인가?

① 4 ② 3
③ 1 ④ 0

|해④| 유도 전동기의 특징
- 정지상태 : $s = 1$(전동기의 회전수 $N = 0$)
- 무부하 시 슬립 : $s = 0$($N_s = N$)
- 슬립의 범위 : $0 < s < 1$

□□□ 10③,15①,16③
06 주파수 60[Hz]의 회로에 접속되어 슬립 3[%], 회전수 1,164[rpm]으로 회전하고 있는 유도 전동기의 극수는?

① 4   ② 6
③ 8   ④ 10

|해②|
- 회전수 $N = (1-s)N_s = (1-s)\dfrac{120f}{p}$[rpm]에서
  극수 $p = \dfrac{120f}{N_s}$, 동기속도 $N_s = \dfrac{N}{1-s}$
- $N_s = \dfrac{1,164}{1-0.03} = 1,200$[rpm]
∴ 극수 $p = \dfrac{120 \times 60}{1,200} = 6$

정답 **026** 01 ③ 02 ③ 03 ① 04 ④ 05 ④ 06 ②

07 3상 유도 전동기의 회전원리를 설명한 것 중 틀린 것은?

① 회전자의 회전속도가 증가하면 도체를 관통하는 자속수는 감소한다.
② 회전자의 회전속도가 증가하면 슬립도 증가한다.
③ 부하를 회전시키기 위해서는 회전자의 속도는 동기속도 이하로 운전되어야 한다.
④ 3상 교류전압을 고정자에 공급하면 고정자 내부에서 회전 자기장이 발생된다.

| 해② | 회전속도(N)와 슬립(s)
- 슬립 $s = \dfrac{N_s - N}{N_s} \times 100$
- 회전자의 회전속도(N)가 증가하면 슬립(s)은 감소한다.

08 정지상태에 있는 3상 유도 전동기의 슬립값은?

① ∞   ② 0
③ 1   ④ −1

| 해③ | 유도 전동기의 특징
- 정지상태 : $s=1$(전동기의 회전수 $N=0$)
- 무부하 시 슬립 : $s=0(N_s = N)$; 동기 속도로 회전상태
- 슬립의 범위 : $0 < s < 1$

09 회전자 입력 10[kW], 슬립 4[%]인 3상 유도 전동기의 2차 구리손은 몇 [kW]인가?

① 0.4   ② 1.8
③ 4.0   ④ 9.6

| 해① | 2차 구리손
$P_{c2} = sP_2 = 0.04 \times 10 = 0.4 [\text{kW}]$

10 50[Hz], 6극인 3상 유도 전동기의 전부하에서 회전수가 955[rpm]일 때 슬립[%]은?

① 4   ② 4.5
③ 5   ④ 5.5

| 해② | 슬립
$s = \dfrac{N_s - N}{N_s} \times 100$

- 동기속도 $N_s = \dfrac{120f}{p} = \dfrac{120 \times 50}{6} = 1,000 [\text{rpm}]$

∴ $s = \dfrac{1,000 - 955}{1,000} \times 100 = 4.5 [\%]$

11 전부하 슬립 5[%], 2차 저항손 5.26[kW]인 3상 유도 전동기의 2차 입력은 몇 [kW]인가?

① 2.63[kW]   ② 5.26[kW]
③ 105.2[kW]   ④ 226.5[kW]

| 해③ |
- 2차 구리손 $P_{c2} = sP_2$ 에서
- $P_{c2} =$ 2차 구리손 = 2차 저항손 $= 5.26 [\text{kW}]$

∴ 2차 입력 $P_2 = \dfrac{P_{c2}}{s} = \dfrac{5.26}{0.05} = 105.2 [\text{kW}]$

12 유도 전동기에서 원선도 작성 시 필요하지 않은 시험은?

① 구속 시험   ② 무부하 시험
③ 저항 측정   ④ 슬립 측정

| 해④ | 원선도 작성 시험
- 저항 측정 시험 : 1차 구리손을 구할 수 있다.
- 무부하 시험 : 여자 전류, 철손을 구할 수 있다.
- 구속 시험(단락 시험) : 2차 구리손을 구할 수 있다.

□□□ 06①②,08④,09②,10③,14②,15①,23②

13 유도 전동기에서 슬립이 0이란 것은 어느 것과 같은가?

① 유도 전동기가 동기속도로 회전한다.
② 유도 전동기가 정지상태이다.
③ 유도 전동기의 전부하 운전상태이다.
④ 유도 제동기의 역할을 한다.

| 해① | 유도 전동기의 슬립(s) 범위
$0 < s < 1$
- $s=1$일 때 : 동기속도 $N=0$; 전동기 정지상태
- $s=0$일 때 : 동기속도 $N=N_s$; 전동기 동기속도로 회전상태, 무부하 시 슬립

□□□ 10③,15①,16③

14 슬립이 4[%]인 유도 전동기에서 동기속도가 1,200[rpm]일 때 전동기의 회전속도[rpm]은?

① 697 ② 1,051
③ 1,152 ④ 1,321

| 해③ |
- 회전수 $N=(1-s)N_s=(1-s)\dfrac{120f}{p}$[rpm]
∴ $N=(1-s)N_s=(1-0.04)\times 1,200 = 1,152$[rpm]

□□□ 06①②,08④,09②,10③,14②,15①

15 유도 전동기에서 슬립이 가장 큰 상태는?

① 무부하 운전 시
② 경부하 운전 시
③ 정격부하 운전 시
④ 기동 시

| 해④ | 유도 전동기의 슬립
$s=\dfrac{N_s-N}{N_s}\times 100$
- 기동 시는 회전자 속도 $N=0$일 때이며 슬립 $s=1$이 된다.

□□□ 06①②,08④,09②,10③,14②,15①,19①

16 유도 전동기에서 슬립이 1이면 전동기의 속도 N은?

① 동기속도보다 빠르다.
② 정지이다.
③ 불변이다.
④ 동기속도와 같다.

| 해② | 유도 전동기의 슬립(s) 범위
$0 < s < 1$
- $s=1$일 때 : 동기속도 $N=0$; 전동기 정지상태
- $s=0$일 때 : 동기속도 $N=N_s$; 전동기 동기속도로 회전상태, 무부하 시 슬립

□□□ 08①,09①,13④,14③,16①,18②

17 유도 전동기의 동기속도 N_s, 회전속도 N일 때 슬립은?

① $s=\dfrac{N_s-N}{N}$ ② $s=\dfrac{N-N_s}{n}$
③ $s=\dfrac{N_s-N}{N_s}$ ④ $s=\dfrac{N_s+N}{N_s}$

| 해③ |
슬립 $s=\dfrac{N_s-N}{N_s}\times 100$[%]

□□□ 09③

18 200[V], 10[kW], 3상 유도 전동기의 전부하 전류는 약 몇 [A]인가? (단, 효율과 역률은 각각 85[%]이다.)

① 30[A] ② 40[A]
③ 50[A] ④ 60[A]

| 해② | 3상 유도 전동기의 전부하 전류(I)
$P=\sqrt{3}\,VI\cos\theta\cdot\eta$[W]에서
∴ $I=\dfrac{P}{\sqrt{3}\,V\cos\theta\,\eta}$[A]
$=\dfrac{10\times 10^3}{\sqrt{3}\times 200\times 0.85\times 0.85}=40$[A]

정답 13 ① 14 ③ 15 ④ 16 ② 17 ③ 18 ②

19 주파수가 60[Hz]인 3상 4극의 유도 전동기가 있다. 슬립이 3[%]일 때 이 전동기의 회전수는 몇 [rpm]인가?

① 1,200 ② 1,526
③ 1,746 ④ 1,800

| 해 ③ |

슬립 $s = \dfrac{N_s - N}{N_s} \times 100$

- 동기속도 $N_s = \dfrac{120f}{p} = \dfrac{120 \times 60}{4} = 1,800[\text{rpm}]$
- 슬립 $s = 3[\%]$

$\therefore N = N_s - \dfrac{N_s \cdot s}{100}$

$= 1,800 - \dfrac{1,800 \times 3}{100} = 1,746[\text{rpm}]$

참고 SOLVE 사용

$s = \dfrac{1,800 - N}{1,800} \times 100 = 3[\%]$

$\therefore$ 전동기의 회전수 $N = 1,746[\text{rpm}]$

20 15[kW], 60[Hz], 4극의 3상 유도 전동기가 있다. 전부하가 걸렸을 때의 슬립이 4[%]라면 이 때의 2차(회전자)측 구리손은 약 [kW]인가?

① 1.2 ② 1.0
③ 0.8 ④ 0.6

| 해 ④ | 2차 동손(구리손)

$P_{c2} = s P_2 = s \dfrac{P_o}{1-s}$

- 2차 입력 $P_2 = \dfrac{P_o}{1-s}[\text{kW}]$
- $s = 4[\%] = \dfrac{4}{100} = 0.04$

$P_2 = \dfrac{15}{1 - 0.04} = 15.625[\text{kW}]$

$\therefore P_{c2} = 0.04 \times 15.625 = 0.625[\text{kW}]$

21 슬립이 0.05이고 전원 주파수가 60[Hz]인 유도 전동기의 회전자 회로의 주파수[Hz]는?

① 1 ② 2
③ 3 ④ 4

| 해 ③ | 유도 전동기의 회전자 회로의 주파수

$f_2 = sf_1 = 0.05 \times 60 = 3[\text{Hz}]$

22 단상 유도 전동기의 정회전 슬립이 s이면 역회전 슬립은?

① $1-s$ ② $1+s$
③ $2-s$ ④ $2+s$

| 해 ③ |

- 정회전 슬립에 의한 회전자 속도

$s = \dfrac{N_s - N}{N_s} \Rightarrow N = (1-s)N_s$

- 역회전 슬립에 의한 회전자 속도

$s' = \dfrac{N_s + N}{N_s} = \dfrac{N_s + (1-s)N_s}{N_s} = \dfrac{N_s(2-s)}{N_s}$

$= (2-s)$

$\therefore$ 역회전 슬립 $s' = (2-s)$

027 3상 유도 전동기의 특성

■ 유도 전동기의 2차 전류

$$I_2 = \frac{E_2}{\sqrt{\left(\dfrac{r_2}{s}\right)^2 + x_2^2}}$$

E_2 : 2차 유도기전력, r_2 : 2차 권선 저항
x_2 : 2차 권선 누설 리액턴스

■ 등가 부하저항

$$R_2 = \left(\frac{1-s}{s}\right) r_2$$

■ 3상 유도 전동기의 토크
- 토크 $\tau = \dfrac{P}{2\pi \dfrac{N}{60}} = 9.55 \dfrac{P}{N} [\text{N}\cdot\text{m}]$
- 토크 $\tau = E_2^2$

■ 출력 특성 곡선
유도 전동기에 기계적 부하를 걸었을 때 출력에 따라 속도(1), 효율(2), 토크(3), 슬립(4) 등의 변화를 나타내는 곡선

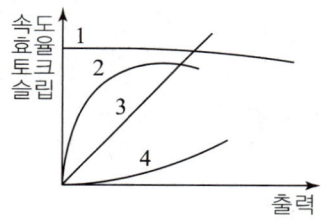

■ 비례추이 proportional shift
토크-속도 곡선이 2차 합성저항의 변화에 비례하여 이동하는 것을 토크-속도곡선이 비례추이 한다고 한다.
- 비례추이 할 수 없는 것 : 출력, 효율, 구리손, 동기 속도
- 비례추이 할 수 있는 것 : 토크, 1차 전류, 1차 입력, 역률, 동기와트(2차 입력)
- 슬립$(s) \propto$ 2차 저항(r_2)

■ 유도 전동기의 손실
- 유도 전동기가 회전하고 있을 때 생기는 구리손
- 유도 전동기에서는 구리손을 저항손이라 한다.
- 1차측 고정자에 교류전류가 입력되면 권선 저항에 의해 발생하는 손실(구리손)
- 2차측의 회전자의 권선 저항에 의해 발생하는 손실(구리손)

■ 유도 전동기의 효율
- 효율 $\eta = \dfrac{출력}{입력} \times 100 = \dfrac{입력 - 손실}{입력} \times 100$
- 효율 $\eta = \dfrac{출력}{출력 + 손실} \times 100$
- 1차 효율 $\eta = \dfrac{P}{\sqrt{3}\, VI\cos\theta}$
- 출력 $P = \sqrt{3}\, VI\cos\theta\, \eta$
- 2차 효율 : $\eta_2 = 1 - s = \dfrac{N}{N_s} = \dfrac{N}{\dfrac{120f}{p}}$

---

01 다음 중 유도 전동기에서 비례추이를 할 수 있는 것은?

① 출력 ② 2차 구리손
③ 효율 ④ 역률

|해④| 유도 전동기
- 비례추이 할 수 없는 것 : 출력, 효율, 구리손
- 비례추이 할 수 있는 것 : 토크, 1차 전류, 1차 입력, 역률

02 3상 유도 전동기의 토크는?

① 2차 유도기전력의 2승에 비례한다.
② 2차 유도기전력에 비례한다.
③ 2차 유도기전력과 무관하다.
④ 2차 유도기전력의 0.5승에 비례한다.

|해①| 3상 유도 전동기의 토크
토크 $\tau \propto E_2^2$
∴ 2차 유도기전력(E_2)의 2승(E_2^2)에 비례한다.

03 유도 전동기가 회전하고 있을 때 생기는 손실 중에서 구리손이란?

① 브러시의 마찰손   ② 베어링의 마찰손
③ 표유부하손   ④ 1차, 2차 권선의 저항손

|해④| 유도 전동기가 회전하고 있을 때 생기는 구리손
- 유도 전동기에서는 구리손을 저항손이라 한다.
- 1차측 고정자에 교류전류가 입력되면 권선 저항에 의해 발생하는 손실(구리손)
- 2차측의 회전자의 권선 저항에 의해 발생하는 손실(구리손)

04 슬립 $S=5[\%]$, 2차 저항 $r_2=0.1[\Omega]$인 유도 전동기의 등가 저항 $R[\Omega]$은 얼마인가?

① 0.4   ② 0.5
③ 1.9   ④ 2.0

|해③| 유도 전동기의 등가 저항
- $R_2 = \left(\dfrac{1-s}{s}\right) r_2$
- 슬립 $s = 5[\%] = 0.05$
  $R_2 = \left(\dfrac{1-0.05}{0.05}\right) \times 0.1 = 1.9[\Omega]$

05 유도 전동기에서 비례추이를 적용할 수 없는 것은?

① 토크   ② 1차 전류
③ 부하   ④ 역률

|해③| 유도 전동기
- 비례추이 할 수 없는 것 : 출력, 효율, 2차 구리손
- 비례추이 할 수 있는 것 : 토크, 1차 입력, 1차 전류, 2차 전류, 역률, 2차 입력(동기와트)

06 일정한 주파수의 전원에서 운전하는 3상 유도 전동기의 전원 전압이 80[%]가 되었다면 토크는 약 몇 [%]가 되는가? (단, 회전수는 변하지 않은 상태로 한다.)

① 55   ② 64
③ 76   ④ 82

|해②| 3상 유도 전동기의 토크
- 토크 $\tau \propto E_2^2$ (공급 전압)
- $\tau = E_2^2 = (0.80 E_2)^2 = 0.64 E_2$ ∴ 64[%]

07 3상 유도 전동기의 2차 저항을 2배로 하면 그 값이 2배로 되는 것은?

① 슬립   ② 토크
③ 전류   ④ 역률

|해①| 유도 전동기의 비례추이의 원리
- 최대 토크를 발생하는 슬립(s)은 2차 저항(r_2)에 비례한다.
  $s \propto r_2$
  ∴ 유도 전동기 2차 저항(r_2)을 2배로 하면 슬립(s)도 2배가 된다.

08 유도 전동기에 기계적 부하를 걸었을 때 출력에 따라 속도, 토크, 효율, 슬립 등이 변화를 나타낸 출력 특성 곡선에서 슬립을 나타내는 곡선은?

① 1
② 2
③ 3
④ 4

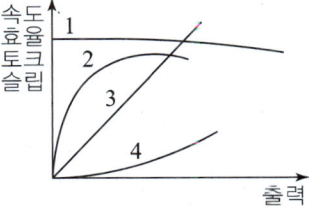

|해④| 유도 전동기의 출력 특성 곡선
- 속도(1), 효율(2), 토크(3), 슬립(4)

09 유도 전동기의 2차에 있어 E_2가 127[V], r_2가 0.03[Ω], x_2가 0.05[Ω], s가 5[%]로 운전하고 있다. 이 전동기의 2차 전류 I_2는?
(단, s는 슬립, x_2는 2차 권선 1상의 누설 리액턴스, r_2는 2차 권선 1상의 저항, E_2는 2차 권선 1상의 유기기전력이다.)

① 약 201[A] ② 약 211[A]
③ 약 221[A] ④ 약 231[A]

| 해 ② | 유도 전동기의 2차 전류

$$I_2 = \frac{E_2}{\sqrt{\left(\frac{r_2}{s}\right)^2 + x_2^2}}$$

$E_2 = 127[V]$, $r_2 = 0.03[Ω]$, $s = 5[\%]$, $x_2 = 0.05[Ω]$

$$\therefore I_2 = \frac{127}{\sqrt{\left(\frac{0.03}{0.05}\right)^2 + 0.05^2}} = 211[A]$$

---

10 3상 유도 전동기의 정격 전압을 V_n[V], 출력을 P[kW], 1차 전류를 I_1[A], 역률을 $\cos\theta$라 하면 효율을 나타내는 식은?

① $\dfrac{P \times 10^3}{3 V_n I_1 \cos\theta} \times 100[\%]$

② $\dfrac{3 V_n I_1 \cos\theta}{P \times 10^3} \times 100[\%]$

③ $\dfrac{P \times 10^3}{\sqrt{3} V_n I_1 \cos\theta} \times 100[\%]$

④ $\dfrac{\sqrt{3} V_n I_1 \cos\theta}{P \times 10^3} \times 100[\%]$

| 해 ③ |
출력 $P = \sqrt{3} V_n I \cos\theta \cdot \eta$

$\therefore$ 효율 $\eta = \dfrac{P \times 10^3}{\sqrt{3} V_n I \cos\theta} \times 100$

---

11 220[V]/60[Hz], 4극 3상 유도 전동기가 있다. 슬립 5[%]로 회전할 때 출력 17[kW]를 낸다면, 이때의 토크는 약 [N·m]인가?

① 56.2[N·m] ② 95.5[N·m]
③ 191[N·m]   ④ 935.8[N·m]

| 해 ② |

토크 $\tau = \dfrac{P}{2\pi \dfrac{N}{60}} = 9.55 \dfrac{P}{N}$[N·m]

• $P = 17[kW] = 17 \times 10^3[W]$
• 회전자의 속도

$N = (1-s)N_s = (1-s)\dfrac{120f}{p}$

$= (1 - 0.05) \times \dfrac{120 \times 60}{4} = 1,710$[rpm]

$\therefore \tau = 9.55 \times \dfrac{17 \times 10^3}{1,710} = 95$[N·m]

---

12 200[V], 50[Hz], 8극, 15[kW] 3상 유도 전동기에서 전부하 회전수가 720[rpm]이라면 이 전동기의 2차 효율은?

① 86[%]   ② 96[%]
③ 98[%]   ④ 100[%]

| 해 ② | 2차 효율

$\eta_2 = 1 - s = \dfrac{N}{N_s} = \dfrac{N}{\dfrac{120f}{p}}$

$\therefore \eta_2 = \dfrac{720}{\dfrac{120 \times 50}{8}} = 0.96 = 96[\%]$

028 유도 전동기의 기동법

① 농형 유도 전동기의 기동법
- 전전압 기동법 : 전동기의 전원에 정격 전압을 그대로 가해 주는 방법
- Y－Δ 기동법 : Y－Δ 기동으로 하면 기동 전류는 전전압으로 기동할 때보다 $\frac{1}{3}$로 된다.

  ∴ 기동 전류 : $\frac{I_Y}{I_\Delta} = \frac{1}{3}$배 감소

- 기동 보상법 : 약 15[kW] 이상의 전동기에서 기동 전류를 제한하려는 경우 사용
- 리액터 기동법 : 전동기 1차에다 리액터를 접속하여 사용
- 콘드로파법 : 기동 보상기법 + 리액터 기동법을 혼합하여 사용

② 권선형 유도 전동기의 기동법
- 권선형 유도 전동기의 기동 시 2차측에 저항을 접속하는 이유
  - 기동 토크가 증가하고, 기동 전류는 감소하며 기동 전압은 감소한다.
  - 운전점이 동기 속도에서 멀어지기 때문에 역률이 개선된다.
- 권선형 유도 전동기의 기동법 종류
- 2차 저항 기동법, 게르게스법

- 3상 권선형 유도 전동기의 속도-토크 특성
- 권선형 회전자를 이용하는 유도 전동기는 비례추이의 원리를 이용하여 기동 시에 큰 토크를 얻고, 기동 전류도 안전하게 억제할 수 있다.

③ 유도 전동기의 속도 제어
유도 전동기의 속도를 변화시키기 위해서는 극수(p)나 전원 주파수(f)를 변경하거나 전압(V)의 크기를 조절하여 제어할 수 있다.

■ 농형 유도전동기의 속도제어법
- 극수 변환법 : 유도 전동기의 속도는 극수에 반비례하기 때문에 권선 구성을 바꿔 극수를 변환하며 단계적으로 속도를 제어하는 법
- 주파수 변환법 : 선박의 전기 추진용 유도 전동기, 인견 공장의 포트 모터 등에 이용
- 주파수 제어법(VVVF) : 인버터를 이용해 주파수를 변환하여 속도를 제어하는 법
- 전압 제어법(1차 전압 제어법)

■ 3권선형 유도전동기의 속도제어법
- 2차 여자법 : 회전자에 슬립 주파수의 전압을 공급하여 속도제어하는 방식
- 2차 저항 기동법 : 비례추이 특성을 이용한 기동법
- 종속법

---

01 권선형에서 비례추이를 이용한 기동법은?
① 리액터 기동법 ② 기동 보상기법
③ 2차 저항 기동법 ④ Y－Δ 기동법

| 해③ | 권선형 유도 전동기의 기동법
2차 저항법 : 권선형 유도 전동기의 회전자 슬립링을 통해 외부에 가감 저항기를 접속하여 기동 시에 비례추이 특성을 이용하는 기동법

02 다음 중 유도 전동기의 속도 제어에 사용되는 인버터 장치의 약호는?
① CVCF ② VVVF
③ CVVF ④ VVCF

| 해② | 3상 유도 전동기 속도 제어 방법
가변 전압 가변 주파수(VVVF) 제어법 : 인버터를 이용한 가변 전압 가변 주파수를 변환하여 속도를 제어하는 법

□□□ 12①④

03 5.5[kW], 200[V] 유도 전동기의 전전압 기동 시의 기동 전류가 150[A]이었다. 여기에 Y-Δ 기동 시 기동 전류는 몇 [A]가 되는가?

① 50 ② 70
③ 87 ④ 95

|해①| Y-Δ 기동법
기동 전류 : $\frac{I_Y}{I_\Delta} = \frac{1}{3}$배 감소
∴ 기동 전류 : $\frac{I_Y}{I_\Delta} = \frac{1}{3} \times 150 = 50[A]$

□□□ 09②,12③,18②

04 인견 공업에 사용되는 포트 전동기의 속도 제어는?

① 극수 변환에 의한 제어
② 1차 회전에 의한 제어
③ 주파수 변환에 의한 제어
④ 저항에 의한 제어

|해③| 주파수 변환에 의한 속도 제어
선박의 전기 추진용 유도 전동기, 인견 공장의 포터 모터 등에 이용

□□□ 16①,22②

05 3상 유도 전동기의 속도 제어 방법 중 인버터(inverter)를 이용한 속도 제어법은?

① 극수 변환법 ② 전압 제어법
③ 초퍼 제어법 ④ 주파수 제어법

|해④| 3상 유도 전동기 속도 제어 방법
• 주파수 제어법 : 벡터제어, 센서리스 벡터 제어, VVVF제어
• 가변 전압 가변 주파수(VVVF) 제어법 : 인버터를 이용한 가변 전압 가변 주파수를 변환하여 속도를 제어하는 법

□□□ 07③,08③,09①,10④,12①④,15④,18②,21①

06 다음 중 농형 유도 전동기의 기동법이 아닌 것은?

① Y-Δ 기동법 ② 리액터 기동법
③ 2차 저항법 ④ 기동 보상법

|해③|
■ 농형 유도 전동기의 기동법
• 전전압 기동법
• Y-Δ 기동법
• 리액터 기동법
• 기동 보상기법
■ 권선형 유도 전동기의 기동법 : 2차 저항 기동법

□□□ 12①,15①,18①

07 3상 농형 유도 전동기의 Y-Δ 기동 시의 기동전류를 전전압 기동 시와 비교하면?

① 전전압 기동전류의 $\frac{1}{3}$로 된다.
② 전전압 기동전류의 $\sqrt{3}$ 배로 된다.
③ 전전압 기동전류의 3배로 된다.
④ 전저압 기동전류의 9배로 된다.

|해①| 3상 농형 유도 전동기 Y-Δ 기동법
Y-Δ 기동으로 하면 기동 전류는 전전압으로 기동할 때보다 $\frac{1}{3}$로 된다.

□□□ 10③,12①

08 유도 전동기의 회전자에 슬립 주파수의 전압을 공급하여 속도 제어를 하는 것은?

① 2차 저항법 ② 2차 여자법
③ 자극수 변환법 ④ 인버터 주파수 변환법

|해②| 2차 여자법
권선형 유도 전동기의 속도 제어방식으로 회전자 기전력과 같은 슬립 주파수 전압을 회전자에 가하여 속도를 제어하는 방식

09 권선형 유도 전동기 기동 시 회전자측에 저항을 넣는 이유는?

① 기동 전류 증가
② 기동 토크 감소
③ 회전수 감소
④ 기동 전류 억제와 토크 증대

|해④| 권선형 유도 전동기의 기동법
권선형 회전자를 이용하는 유도 전동기는 비례추이의 원리를 이용하여 기동 시에 큰 토크를 얻고, 기동 전류도 안전하게 억제할 수 있다.

10 3상 권선형 유도 전동기의 기동 시 2차측에 저항을 접속하는 이유는?

① 기동 토크를 크게 하기 위해
② 회전수를 감소시키기 위해
③ 기동 전류를 크게 하기 위해
④ 역률을 개선하기 위해

|해①| 권선형 유도 전동기의 기동법
권선형 회전자를 이용하는 유도 전동기는 비례추이의 원리를 이용하여 기동 시에 큰 토크를 얻고, 기동 전류도 안전하게 억제할 수 있다.

11 교류 전동기를 기동할 때 그림과 같은 기동 특성을 가지는 전동기는? (단, 곡선 (1)~(5)는 기동 단계에 대한 토크 특성 곡선이다.)

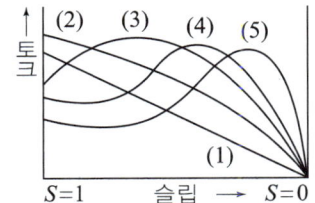

① 반발 유도 전동기
② 2중 농형 유도 전동기
③ 3상 분권 정류자 전동기
④ 3상 권선형 유도 전동기

|해④| 3상 권선형 유도 전동기의 속도-토크 특성
권선형 회전자를 이용하는 유도 전동기는 비례추이의 원리를 이용하여 기동 시에 큰 트크를 얻고, 기동 전류도 안전하게 억제할 수 있다.

12 비례추이를 이용하여 속도 제어가 되는 전동기는?

① 권선형 유도 전동기
② 농형 유도 전동기
③ 직류 분권 전동기
④ 동기 전동기

|해①| 권선형 유도 전동기의 기동법
권선형 회전자를 이용하는 유도 전동기는 비례추이의 원리를 이용하여 기동 시에 큰 토크를 얻고, 기동 전류도 안전하게 억제할 수 있다.

13 유도 전동기 권선법 중 맞지 않는 것은?

① 고정자 권선은 단층 파권이다.
② 고정자 권선은 3상 권선이 쓰인다.
③ 소형 전동기는 보통 4극이다.
④ 홈수는 24개 또는 36개이다.

|해①| 유도 전동기 권선법
고정자의 권선 : 이층권, 중권, 전절권 또는 단절권으로 한다.
■ 동기 발전기의 권선법
단절권, 분포권, 이층권, 중권(병렬권), 고상권, 폐로권

029 유도 전동기의 제동법과 역회전

- **유도 전동기의 제동법**
  - **역상** 제동(급제동)
  - 3상 유도 전동기를 운전 중 급하게 정지할 때 사용
  - 3선중 2선의 접속을 변경하여 회전자의 방향을 반대로 하여 역회전 제동하는 방법
  - 발전 제동 : 1차 권선을 전원에서 분리하여 직류 여자 전류를 통해 발전기로 동작시킨 제동 방법
  - 회생 제동 : 전원에서 분리하여 발전기로 동작시켜 발생된 유도기전력을 전원 전압보다 크게 하여 발생 전력을 전원으로 되돌리는 제동 방법
- **3상 유도 전동기의 회전방향을 바꾸기 위한 방법**
  전동기의 1차 권선에 있는 3개의 단자 중 어느 2개의 단자를 서로 바꾸어 주면 회전방향이 반대가 되어 역회전된다.

□□□ 07③,08②,13①,15②
01 유도 전동기의 제동법이 아닌 것은?
① 3상 제동   ② 발전 제동
③ 회생 제동   ④ 역상 제동

|해①| 유도 전동기의 제동법
- 발전 제동
- 역상 제동(플러깅 제동)
- 회생 제동

□□□ 06③,11③,15④,16②
02 3상 유도 전동기의 운전 중 급속 정지가 필요할 때 사용하는 제동방식은?
① 단상 제동   ② 회생 제동
③ 발전 제동   ④ 역상 제동

|해④| 역상 제동(유도 전동기의 제동 방법)
- 역상 제동(플러깅 제동)
- 전동기의 회전을 급속하게 정지시키는 경우에 사용한다.

□□□ 06③,11③
03 전동기의 회전방향을 바꾸는 역회전의 원리를 이용한 제동 방법은?
① 역상 제동   ② 유도 제동
③ 발전 제동   ④ 회생 제동

|해①| 역상 제동(급제동)
- 3상 유도 전동기를 운전 중 급하게 정지해야 할 때 사용
- 3선 중 2선의 접속을 변경하여 회전자의 방향을 반대로 하여 역회전 제동하는 방법

□□□ 기 07①,11①,13④,15①,16②,18②,23②,24①
04 3상 유도 전동기의 회전방향을 바꾸기 위한 방법으로 옳은 것은?
① 전원의 전압과 주파수를 바꾸어 준다.
② Δ-Y 결선으로 결선법을 바꾸어 준다.
③ 기동 보상기를 사용하여 권선을 바꾸어 준다.
④ 전동기의 1차 권선에 있는 3개의 단자 중 어느 2개의 단자를 서로 바꾸어 준다.

|해④| 3상 유도 전동기의 회전방향을 바꾸기 위한 방법
전동기의 1차 권선에 있는 3개의 단자 중 어느 2개의 단자를 서로 바꾸어 주면 회전방향이 반대가 되어 역회전된다.

030 단상 유도 전동기의 기동방식

■ **단상 유도 전동기의 용도**
대부분이 400[W] 이하인 전동기로 선풍기, 헤어드라이기, 세탁기, 우물펌프 등은 단상 유도 전동기다.

■ **단상 유도 전동기의 종류와 특징**
- **반발 기동형** : 단상 유도 전동기 중 기동 토크가 가장 큰 방식으로 회전자와 연결된 브러시의 단락에 의한 반발력으로 기동하는 방식
- **콘덴서 기동형** : 구조가 간단하고 역률(90[%] 이상)과 효율이 좋기 때문에 큰 기동 토크를 요하지 않고 속도를 조정할 필요가 있는 가정용 선풍기, 세탁기, 냉장고 등에 사용된다.
- **분상 기동형** : 위상이 서로 다른 두 전류에 의해 회전 자계를 발생시켜 기동하는 방식
- **셰이딩 코일(shading coil)형**
  · 운전 중에도 셰이딩 코일에 전류가 흐르기 때문에 역률과 효율은 모두 낮고 속도 변동률이 크다.
  · 구조가 간단하고 견고하기 때문에 전축, 선풍기, 10[W] 이하의 소형 전동기에 널리 사용된다.

■ **단상 유도 전동기의 기동 토크의 크기**
반발 기동형 > 반발 유도형 > 콘덴서 기동형 > 분상 기동형 > 셰이딩 코일형

□□□ 06②④,07④,16①,18①
01 다음 중 역률이 가장 좋은 단상 유도 전동기는?
① 셰이딩 코일형   ② 분상형 전동기
③ 반발형 전동기   ④ 콘덴서형 전동기

|해④| 콘덴서 기동형 전동기
구조가 간단하고 역률(90[%] 이상)과 효율이 좋기 때문에 큰 기동 토크를 요하지 않고 속도를 조정할 필요가 있는 가정용 선풍기, 세탁기, 냉동기 등에 사용된다.

□□□ 08①,13①
02 단상 유도 전동기 기동장치에 의한 분류가 아닌 것은?
① 분상 기동형   ② 콘덴서 기동형
③ 셰이딩 기동형   ④ 회전 계자형

|해④| 단상 유도 전동기의 기동방식
반발 기동형, 반발 유도형, 콘덴서 기동형, 분상 기동형, 셰이딩 코일형

□□□ 12③,13④
03 기동 토크가 대단히 작고 역률과 효율이 낮으며 전축, 선풍기 등 수[W] 이하의 소형 전등기에 널리 사용되는 단상 유도 전동기는?
① 반발 기동형   ② 셰이딩 코일형
③ 모노사이클릭형   ④ 콘덴서형

|해②| 셰이딩 코일형 유도 전동기의 특징
· 운전 중에도 셰이딩 코일에 전류가 흐르기 때문에 역률과 효율은 모두 낮고 속도 변동률이 크다.
· 구조가 간단하고 견고하기 때문에 전축, 선풍기, 10[W] 이하의 소형 전동기에 널리 사용된다.

□□□ 06②④,07④,14④,16①,23①,24①
04 역률과 효율이 좋아서 가정용 선풍기, 전기 세탁기, 냉장고 등에 주로 사용되는 것은?
① 분상 기동형 전동기
② 반발 기동형 전동기
③ 콘덴서 기동형 전동기
④ 셰이딩 코일형 전동기

|해③| 콘덴서 기동형 전동기
구조가 간단하고 역률(90[%] 이상)과 효율이 좋기 때문에 큰 기동 토크를 요하지 않고 속도를 조정할 필요가 있는 가정용 선풍기, 세탁기, 냉장고 등에 사용된다.

□□□ 06④,15①,22①
05 선풍기, 가정용 펌프, 헤어드라이기 등에 주로 사용되는 전동기는?

① 단상 유도 전동기 ② 권선형 유도 전동기
③ 동기 전동기 ④ 직류 직권 전동기

> |해①| 단상 유도 전동기의 용도
> 대부분이 400[W] 이하인 전동기로 선풍기, 헤어드라이기, 세탁기, 우물펌프 등은 단상 유도 전동기다.

□□□ 08②,10①,11②④,13④,15②,16③,19①,21②,23②
06 다음 중 단상 유도 전동기의 기동 방법 중 기동 토크가 가장 큰 것은?

① 분상 기동형 ② 반발 유도형
③ 콘덴서 기동형 ④ 반발 기동형

> |해④| 반발 기동형
> 단상 유도 전동기 중 기동 토크(300[%] 이상)가 가장 큰 방식의 기동법이다.

□□□ 08②,10①,11②④,13④,15②,16③
07 다음 단상 유도 전동기 중 기동 토크가 큰 것부터 옳게 나열한 것은?

| (ㄱ) 반발 기동형 | (ㄴ) 콘덴서 기동형 |
| (ㄷ) 분상 기동형 | (ㄹ) 셰이딩 코일형 |

① (ㄱ) > (ㄴ) > (ㄷ) > (ㄹ)
② (ㄱ) > (ㄹ) > (ㄴ) > (ㄷ)
③ (ㄱ) > (ㄷ) > (ㄹ) > (ㄴ)
④ (ㄱ) > (ㄴ) > (ㄹ) > (ㄷ)

> |해①| 단상 유도 전동기의 기동 토크의 크기
> 반발 기동형 > 반발 유도형 > 콘덴서 기동형 > 분상 기동형 > 셰이딩 코일형

□□□ 12③,13④
08 셰이딩 코일형 유도 전동기의 특징을 나타낸 것으로 틀린 것은?

① 역률과 효율이 좋고 구조가 간단하여 세탁기 등 가정용 기기에 많이 쓰인다.
② 회전자는 농형이고 고정자의 성층 철심은 몇 개의 돌극으로 되어 있다.
③ 기동 토크가 작고 출력이 수 10[W] 이하의 소형 전동기에 주로 사용된다.
④ 운전 중에도 셰이딩 코일에 전류가 흐르고 속도 변동률이 크다.

> |해①| 셰이딩 코일형 유도 전동기의 특징
> • 운전 중에도 셰이딩 코일에 전류가 흐르기 때문에 효율과 역률은 모두 낮고 속도 변동률이 크다.
> ■ 콘덴서 기동형 : 역률과 효율이 좋고 구조가 간단하여 가정용 선풍기, 냉장고 등에 사용

□□□ 13③
09 용량이 작은 전동기로 직류와 교류를 겸용할 수 있는 전동기는?

① 셰이딩 전동기
② 단상 반발 전동기
③ 단상 직권 정류자 전동기
④ 리니어 전동기

> |해③| 단상 직권 정류자 전동기
> 직류와 교류 겸용 전동기로 만능 전동기라고도 한다.

CHAPTER 05 전기기기 응용

031 정류 회로

1 다이오드의 정류 회로

■ 단상 반파 정류 회로 반파 정현파

- 직류 전압 평균값 $E_d = \dfrac{\sqrt{2}\,E}{\pi} = 0.45E\,[\text{V}]$
- 직류 전류 평균값

$$I_d = \dfrac{E_c}{R} = \dfrac{\dfrac{\sqrt{2}\,E}{\pi}}{R} = \dfrac{\sqrt{2}}{\pi}\dfrac{E}{R}\,[\text{A}]$$

■ 단상 전파 정류 회로 전파 정현파
- 브리지 회로를 이용하는 방법

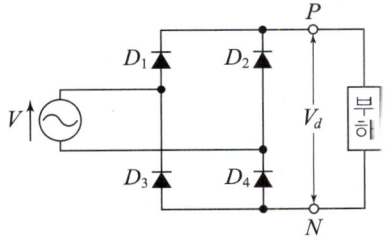

- 직류분 전압 $E_d = \dfrac{2}{\pi}V_m = \dfrac{2\sqrt{2}}{\pi}E = 0.9E\,[\text{V}]$

■ 3상 정류 회로 직류 전압
- 3상 반파 정류 회로의 직류 전압

$E_d = \dfrac{3\sqrt{6}}{2\pi}V_P = 1.17V_P\,[\text{V}]$; V_p : 상전압

- 3상 전파 정류 회로의 직류 전압

$E_d = \dfrac{3\sqrt{2}}{\pi}V_l = 1.35V_l\,[\text{V}]$; V_l : 선간전압

- 3상 전파 정류 회로의 출력 전압 최댓값

$E_m = \sqrt{2}\,E\,[\text{V}]$

■ 맥동률과 맥동 주파수
- 맥동 주파수 : $f_o =$ 기본파의 주파수 × 상수 × k
- 정류상수 k (반파 : 1, 전파 : 2)
- 정류 방식별 맥동률[%]

정류 방식	단상 반파 정류	단상 전파 정류	3상 반파 정류	3상 전파 정류
전압(E_d)	0.45E	0.9E	$1.17V_P$	$1.35V_l$
맥동률	121[%]	48[%]	17[%]	4[%]

맥동률은 단상보다는 3상, 반파보다는 전파일수록 작아진다.

2 사이리스터의 정류 회로

■ 단상 반파 정류 회로 반파 정현파
직류분 전압

$E_d = \dfrac{\sqrt{2}}{\pi}E\left(\dfrac{1+\cos\alpha}{2}\right) = 0.45E\left(\dfrac{1+\cos\alpha}{2}\right)$

■ 단상 전파 정류 회로 전파 정현파
- 저항만의 부하 시 정류 전압

$E_d = \dfrac{2\sqrt{2}}{\pi}E\left(\dfrac{1+\cos\alpha}{2}\right) = 0.45E(1+\cos\alpha)$

- 유도성 부하 시 정류 전압

$E_d = \dfrac{2\sqrt{2}}{\pi}E\cos\alpha = 0.9E\cos\alpha$

■ 3상 전파 정류 회로ㄴ

직류 전압 : $E_d = \dfrac{3\sqrt{2}}{2\pi}E\cos\alpha = 1.35E\cos\alpha$

---

01 3상 제어 정류 회로에서 점호각의 최댓값은?

① 30° ② 150°
③ 180° ④ 210°

해②	3상 정류 회로 점호각 범위
R부하인 경우	0~150°
L부하인 경우	90°~150°

02 반파 정류 회로에서 변압기 2차 전압의 실횻치를 E[V]라 하면 직류전류 평균치는? (단, 정류기의 전압 강하는 무시한다.)

① $\dfrac{E}{R}$

② $\dfrac{1}{2}\dfrac{E}{R}$

③ $\dfrac{2\sqrt{2}}{\pi}\dfrac{E}{R}$

④ $\dfrac{\sqrt{2}}{\pi}\dfrac{E}{R}$

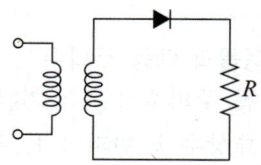

|해④| 단상 반파 정류 회로

• 직류전압 평균치 $E_o = \dfrac{\sqrt{2}E}{\pi} = 0.45E$[V]

• 직류전류 평균치 $I_d = \dfrac{E_o}{R} = \dfrac{\frac{\sqrt{2}E}{\pi}}{R} = \dfrac{\sqrt{2}}{\pi}\dfrac{E}{R}$[A]

03 3상 전파 정류 회로에서 전원 250[V]일 때 부하에 나타나는 전압[V]의 최댓값은?

① 약 177 ② 약 292
③ 약 354 ④ 약 433

|해③| 3상 전파 정류 회로의 출력 전압 최댓값

$E_m = \sqrt{2}E = \sqrt{2} \times 250 = 354$[V]

04 60[Hz] 3상 반파 정류 회로의 맥동 주파수는?

① 60[Hz] ② 120[Hz]
③ 180[Hz] ④ 360[Hz]

|해③| 맥동 주파수

f_o = 기본파의 주파수 × 상수 × k
정류상수 k(반파 : 1, 전파 : 2)
∴ $f_o = 60 \times 3 \times 1 = 180$[Hz]

05 단상 전파 정류 회로에서 $\alpha = 60°$일 때 정류 전압은? (단, 전원측 실횻값 전압은 100[V]이며, 유도성 부하를 가지는 제어 정류기다.)

① 약 15[V] ② 약 22[V]
③ 약 35[V] ④ 약 45[V]

|해④|

단상 전파 정류 회로(유도성 부하)

정류 전압 $E_d = \dfrac{2\sqrt{2}}{\pi}E\cos\alpha = 0.9E\cos\alpha$
$= 0.9 \times 100\cos 60° = 45$[V]

06 단상 반파 정류 회로의 전원 전압 200[V], 부하 저항이 20[Ω]이면 부하 전류는 약 몇 [A]인가?

① 4   ② 4.5
③ 6   ④ 6.5

|해②| 단상 반파 정류 회로 직류전류 평균값

• $I_d = \dfrac{E_o}{R} = \dfrac{\frac{\sqrt{2}E}{\pi}}{R} = \dfrac{\sqrt{2}}{\pi}\dfrac{E}{R}$[A]

∴ $I_d = \dfrac{\sqrt{2}}{\pi}\dfrac{200}{20} = 4.50$[A]

07 다음 정류 방식 중에서 맥동 주파수가 가장 많고 맥동률이 가장 작은 정류 방식은 어느 것인가?

① 단상 반파식 ② 단상 전파식
③ 3상 반파식   ④ 3상 전파식

|해④| 정류 방식별 맥동률[%]

정류	단상 반파	단상 전파	3상 반파	3상 전파
맥동률	121[%]	48[%]	17[%]	4[%]

• 맥동률은 단상보다는 3상, 반파보다는 전파일수록 작아진다.

08 3상 전파 정류 회로에서 출력 전압의 평균 전압값은? (단, [V]는 선간전압의 실횻값이다.)

① 0.45[V]   ② 0.9[V]
③ 1.17[V]   ④ 1.35[V]

| 해④ | 전파 정류 회로 전압 |

단상 반파	$E_o = \dfrac{\sqrt{2}E}{\pi} = 0.45E[V]$
단상 전파	$E_o = \dfrac{2\sqrt{2}E}{\pi} = 0.9E[V]$
3상 반파	$E_d = \dfrac{3\sqrt{6}\,V_P}{2\pi} = 1.17V_P[V]$
3상 전파	$E_d = \dfrac{3\sqrt{2}\,V_l}{\pi} = 1.35V_l[V]$

09 $e = \sqrt{2}E\sin\omega t[V]$ 정현파 전압을 가했을 때 직류 평균값 $E_{do} = 0.45E[V]$인 회로는?

① 단상 반파 정류 회로
② 단상 전파 정류 회로
③ 3상 반파 정류 회로
④ 3상 전파 정류 회로

| 해① | 정류 회로 직류분 전압 평균치

- 단상 반파 $E_d = \dfrac{\sqrt{2}}{\pi}E = 0.45E[V]$
- 단상 전파 $E_d = \dfrac{2\sqrt{2}}{\pi}E = 0.9E[V]$

10 단상 전파 정류 회로에서 교류 입력이 100[V]이면 직류 출력은 약 몇 [V]인가?

① 45   ② 67.5
③ 90   ④ 135

| 해③ | 단상 전파 정류 회로

$E_o = \dfrac{2\sqrt{2}E}{\pi} = 0.90E[V] = 0.90 \times 100 = 90[V]$

11 다음 그림에 대한 설명으로 틀린 것은?

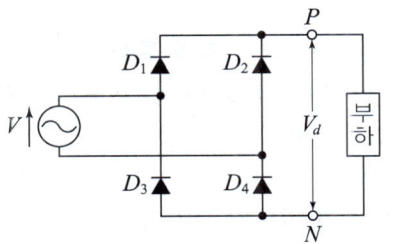

① 브리지(bridge) 회로라고도 한다.
② 실제의 정류기로 널리 사용된다.
③ 반파 정류 회로라고도 한다.
④ 전파 정류 회로라고도 한다.

| 해③ | 정류기

■ 전파 정류 회로
- 다이오드 4개를 사용하는 회로로 브리지(bridge) 회로를 이용하는 방법
- 실제 정류 회로로 널리 사용된다.

■ 반파 정류 회로
- 다이오드 1개를 사용하는 정류 회로

12 상전압 300[V]의 3상 반파 정류 회로의 직류 전압은 약 몇 [V]인가?

① 520[V]   ② 350[V]
③ 260[V]   ④ 50[V]

| 해② | 3상 반파 정류 회로의 직류 전압

$E_d = \dfrac{3\sqrt{6}}{2\pi}V_P = 1.17V_P = 1.17 \times 300 = 351[V]$

032 전력용 반도체 소자 1 Power Semiconductor device

전력용 반도체 소자의 특징
- 전기 에너지를 활용하기 위해 직류와 교류의 변환, 전압과 주파수 변환 등의 제어를 수행하는 반도체를 말한다.
- 일반적인 반도체 소자와 비교하면 고내압화, 대전류화, 고주파수화된 것이 특징이다.

1 반도체 소자
- 반도체 정류 소자는 게르마늄(Ge), 실리콘(Si), 산화구리(CuO), 셀렌(Se) 등으로 만드는 반도체로 전자 제품에 반드시 내장되기 때문에 매우 중요한 부품이다.

p형 반도체
- 전하를 옮기는 다수 반송자(캐리어 ; carrier)로 정공(hole)이 많이 존재하는 반도체다.
- 양의 전하를 가지는 정공이 다수 캐리어로써 이동해서 전류가 생긴다.
- ◎ 정공(hole) : 결합전자의 이탈로 생성되는 전자의 빈자리를 정공이라 한다.

n형 반도체
- 전하를 옮기는 다수 캐리어로 자유전자가 사용되는 반도체다.
- 음의 전하를 가지는 자유전자가 다수 캐리어로써 이동해서 전류가 생긴다.

pn 접합 정류소자 실리콘 정류소자
- 교류를 직류로 만드는 정류작용을 한다.
- 온도가 높아지면 순방향 및 역방향 전류가 모두 증가한다.
- 역방향 전압을 가하면 약간의 전류만이 흐른다.
- 순방향 전압은 p형에 (+), n형에 (−) 전압을 가함을 말한다.
- 정류비가 클수록 정류 특성은 좋다.

2 다이오드 diode
교류를 직류로 변화시켜 주는 대표적인 정류소자다.

다이오드의 직렬·병렬 접속

다이오드의 직렬	전류 일정	과전압으로부터 보호
다이오드의 병렬	전압 일정	과전류로부터 보호

애벌런치 항복 avalanche breakdown
- 애벌런치 항복 전압은 온도 증가에 따라 증가한다.
- 일반적인 pn 접합 다이오드에서 과도한 역방향 바이어스에 의해서 일어나는 현상

제너 다이오드 zener diode : 정전압 다이오드
- 다이오드의 역방향 기능을 이용한 소자이고, 전압을 일정하게 유지하기 위해서 이용되는 다이오드
- 제너효과를 이용하여 전압을 일정하게 유지하는 작용을 하는 것을 정전압 다이오드라 한다.

□□□ 13②,16③,23①

01 전압을 일정하게 유지하기 위해서 이용되는 다이오드는?

① 발광 다이오드 ② 포토 다이오드
③ 제너 다이오드 ④ 바리스터 다이오드

| 해 ③ | 제너 다이오드(zener diode) 다이오드의 역방향 기능을 이용한 소자이고 일정한 전압을 얻기 위한 것이다.

□□□ 09②,12②

02 반도체 정류 소자로 사용할 수 없는 것은?

① 게르마늄 ② 비스무트
③ 실리콘 ④ 산화구리

| 해 ② |
- 반도체 정류 소자 : 게르마늄(Ge), 실리콘(Si), 산화구리(CuO), 셀렌(Se)
- 비스무트(bismuth) : 의약품으로 사용된다.

□□□ 09①,13③

03 p형 반도체의 전기 전도의 주된 역할을 하는 반송자는?

① 전자   ② 정공
③ 가전다   ④ 5가 불순물

|해②| p형 반도체
- p형 반도체는 정공(hole)이 많이 존재하는 반도체다.
- 양의 전하를 가지는 정공이 다수 캐리어로써 이동해서 전류가 흐른다.

□□□ 10③,22①,24①

04 다이오드를 사용한 정류 회로에서 다이오드를 여러 개 직렬로 연결하여 사용하는 경우의 설명으로 가장 옳은 것은?

① 다이오드를 과전류로부터 보호할 수 있다.
② 다이오드를 과전압으로부터 보호할 수 있다.
③ 부하출력의 맥동률을 감소시킬 수 있다.
④ 낮은 전압 전류에 적합하다.

|해②| 다이오드의 직렬·병렬 접속

다이오드의 직렬	전류 일정	과전압으로부터 보호
다이오드의 병렬	전압 일정	과전류로부터 보호

□□□ 08①,24②

05 반도체 내에서 정공은 어떻게 생성되는가?

① 결합전자의 이탈
② 자유전자의 이동
③ 접합불량
④ 확산용량

|해①| 정공(hole)
결합전자의 이탈로 생성되는 전자의 빈자리를 정공이라 한다.

□□□ 12④,15③

06 애벌런치 항복 전압은 온도 증가에 따라 어떻게 변화하는가?

① 감소한다.
② 증가한다.
③ 증가했다 감소한다.
④ 무관하다.

|해②| 애벌런치 항복(avalanche breakdown)
- 애벌런치 항복 전압은 온도 증가에 따라 증가한다.
- 일반적인 pn 접합 다이오드에서 과도한 역방향 바이어스에 의해서 일어나는 현상이다.

□□□ 15②

07 pn 접합 정류소자의 설명 중 틀린 것은? (단, 실리콘 정류소자인 경우다.)

① 온도가 높아지면 순방향 및 역방향 전류가 모두 감소한다.
② 순방향 전압은 p형에 (+), n형에 (−) 전압을 가함을 말한다.
③ 정류비가 클수록 정류 특성은 좋다.
④ 역방향 전압에서는 극히 작은 전류만이 흐른다.

|해①| pn 접합 정류소자(실리콘 정류소자)
- 온도가 높아지면 순방향 및 역방향 전류가 모두 증가한다.
- 역방향 전압을 가하면 약간의 전류만이 흐른다.

033 전력용 반도체 소자 2

1 실리콘 제어 정류기 SCR ; silicon controlled rectifier
직류 및 교류 제어용 소자

■ SCR의 특성
- SCR의 기호
- P-N-P-N접합의 4층 구조 반도체 소자의 총칭
- 인버터 회로에 이용될 수 있다.
- 역저지 3단자 사이리스터의 대표적이다.
- 게이트 단자를 통해 고속도 스위칭작용을 할 수 있다.
- 정류 기능이 있어 정방향의 전류는 제어할 수 있지만 역방향의 전류는 제어할 수 없다.

■ SCR Turn off 조건
- SCR에 흐르는 전류를 유지 전류 이하로 한다.
- 순방향 Anode 극성을 부(-)로 한다.

2 GTO gate turn-off Thyristor
- GTO의 기호

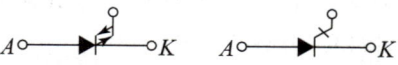

- 역저지 3단자 소자로 전력용 반도체 소자의 일종
- 자기 소호(Turn-off) 제어용 소자
- 고전압 및 전류 처리 기능이 뛰어남

3 트라이액 TRIAC
- TRIAC의 기호 :
- 초퍼나 인버터로 사용할 수 없는 소자
- 2개의 SCR를 역병렬로 접속한 구조의 반도체 소자로 3단자 양방향성 사이리스터(SCR) 소자
- 교류 회로에서 양방향 점호(ON) 및 소호(턴 오프, OFF)를 이용하여 위상제어를 할 수 있는 소자

4 IGBT insulated gate bipolar transistor
- IGBT의 기호

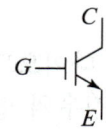

- 대전류·고전압의 전기량을 제어할 수 있는 자기 소호형 소자

5 MOSFET
- 모스펫 기호

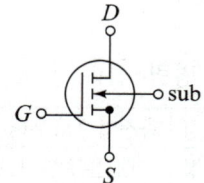 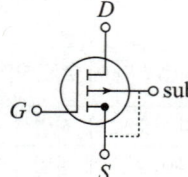

- 미소한 입력으로 큰 전력을 제어할 수 있다.

□□□ 13③,22①
01 다음 중 전력 제어용 반도체 소자가 아닌 것은?
① LED   ② TRIAC
③ GTO   ④ IGBT

|해 ①|
■ 전력제어용 반도체 소자
SCR, TRIAC, GTO, SSS, IGBT, BJT(바이폴라 접합 트랜지스터)
■ LED(발광 다이오드) : 전류를 가하면 빛을 발하는 반도체

□□□ 09④,13②,14②
02 양방향성 3단자 사이리스터의 대표적인 것은?
① SCR   ② SSS
③ DIAC   ④ TRIAC

|해 ④| 사이리스터의 특성

사이리스터	사이리스터의 특성
SCR	3단자 단방향성(정류작용)
GTO	3단자 단방향성(턴 오프 가능 소자)
DIAC	2단자 양방향성(교류제어)
TRIAC	3단자 양방향성(전류제어)

□□□ 09④,13②,14②,15①,20①,21②

03 다음 중 2단자 사이리스터가 아닌 것은?

① SCR   ② DIAC
③ SSS   ④ Diode

| 해① | 사이리스터의 특성 |

사이리스터	사이리스터의 특성
SCR	3단자 단방향성
GTO	3단자 단방향성
TRIAC	3단자 양방향성
DIAC	2단자 양방향성
SSS	2단자 양방향성

□□□ 09④,13②,14②,21②

04 다음 사이리스터 중 3단자 형식이 아닌 것은?

① SCR   ② GTO
③ DIAC ④ TRIAC

| 해③ | 사이리스터의 특성 |

사이리스터	사이리스터의 특성
SCR	3단자 단방향성
GTO	3단자 단방향성
TRIAC	3단자 양방향성
DIAC	2단자 양방향성
SSS	2단자 양방향성

□□□ 06①,07②,08③,14①,16①

05 다음 중 자기 소호 기능이 가장 좋은 소자는?

① SCR   ② GTO
③ TRIAC ④ LASCR

| 해② | GTO(게이트 턴 오프) 사이리스터
- 전력용 반도체 소자의 일종
- 자기 소호(Turn-off) 제어용 소자
- 고전압 및 전류 처리 기능이 뛰어남

□□□ 06①,09①,12①,19②

06 실리콘 제어 정류기(SCR)에 대한 설명으로 적합하지 않은 것은?

① 정류작용을 할 수 있다.
② P-N-P-N 구조로 되어 있다.
③ 정방향 및 역방향의 제어 특성이 있다.
④ 인버터 회로에 이용될 수 있다.

| 해③ | SCR의 특성
- P-N-P-N 접합의 4층 구조 반도체 소자의 총칭
- 역저지 3단자 사이리스터의 대표적이다.
- 게이트 단자를 통해 고속도 스위칭작용을 할 수 있다.
- 정류 기능이 있어 정방향의 전류는 제어할 수 있지만 역방향의 전류는 제어할 수 없다.

□□□ 07④,10①

07 다음 그림과 같은 기호의 소자 명칭은?

① SCR
② TRIAC
③ IGBT
④ GTO

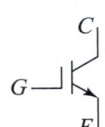

| 해③ | 전력용 반도체 소자

소자	기호
SCR	
TRIAC	
GTO	
IGBT	
다이오드	

08 게이트(gate)에 신호를 가해야만 작동되는 소자는?

① SCR   ② MPS
③ UJT   ④ DIAC

|해①| 실리콘 제어 정류기(SCR)
- SCR 구조는 양극(anode), 음극(cathode), 게이트(gate) 단자로 구성되어 있다.
- 게이트(gate) 단자를 통해 SCR를 도통시키거나 제어할 수 있다.

09 역병렬 결합의 SCR의 특성과 같은 반도체 소자는?

① PUT   ② UJT
③ DIAC   ④ TRIAC

|해④| 트라이액(TRIAC)
- 2개의 SCR를 역병렬로 접속한 구조의 반도체 소자로 3단자 양방향성 사이리스터(SCR) 소자
- 교류 회로에서 양방향 점호(ON) 및 소호(턴 오프, OFF)를 이용하여 위상제어를 할 수 있는 소자
- TRIAC의 기호 : $T_1 \dashv\!\!\vdash T_2$, G

10 직류 전동기의 제어에 널리 응용되는 직류-직류 전압 제어장치는?

① 초퍼   ② 인버터
③ 전파 정류 회로   ④ 사이크로 컨버터

|해①| 초퍼(Chopper)
- 직류 전압을 입력하여 크기가 다른 직류 전압을 출력으로 얻는 데 사용
- 직류 전동기의 속도 제어에 널리 사용

11 트라이액[TRIAC]의 기호는?

①    ②

③ 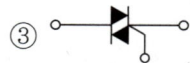   ④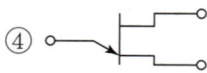

|해③|
① DIAC   ② SCR
③ TRIAC   ④ EUJT

12 역저지 3단자에 속하는 것은?

① SCR   ② SSS
③ SCS   ④ TRIAC

|해①| 실리콘 제어 정류기(SCR)
역저지 3단자 사이리스터의 대표적이다.

13 다음 중 SCR 기호는?

① 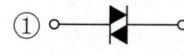   ②

③    ④

|해②|
① TRIAC   ② SCR
③ 다이오드   ④ 제너 다이오드

034 전력 변환 장치

1 전력 변환 장치

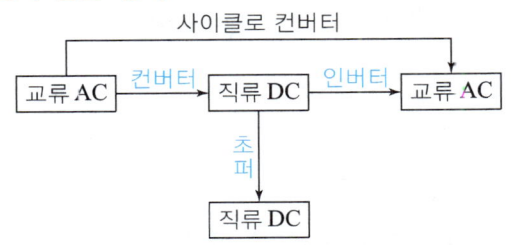

컨버터	교류 AC를 직류 DC로 변환하는 장치
인버터(역변환장치)	직류 DC를 교류 AC로 변환하는 장치
초퍼	직류 DC를 다른 직류 DC로 변환하는 장치
사이클로 컨버터	교류 AC를 다른 교류 AC로 변환하는 장치

■ 컨버터 converter : 정류기, 순변환장치
  교류를 직류로 변환하는 전력 변환 장치

■ 인버터 inverter : 역변환장치
- 직류전류를 교류전류로 변환해 주는 전력 변환 장치
- 이용 : 초고속 전동기에 이용
- 속도 제어용 전원이나 형광등의 고주파 점등에 이용
- 인버터 제어 : 반도체 사이리스터(SCR)에 의한 전동기의 속도 제어 중 주파수 제어

■ 사이클로 컨버터 cyclo converter
- 주파수가 서로 다른 교류전류를 다른 교류전류로 변환하는 장치

■ 주파수 컨버터 cyclo converter
- 주파수가 서로 다른 교류 전류를 다른 교류 전류로 변환하는 장치

■ 초퍼 chopper
- 전류를 ON-OFF를 반복하는 것을 통해 직류 또는 교류의 전원으로부터 임의의 전압이나 인위적으로 만들어 내는 전원 회로의 제어방식
- 직류 전압기, 전동차용 주전동기의 제어 등에 이용
- 초퍼 평균전압 : $E_2 = \dfrac{T_{on}}{T_{on}+T_{off}}E_1 = \dfrac{T_{on}}{T}E_1$

2 전력 변환 기기

정류기	교류(AC) 전압을 직류(AC) 전압으로 변화하는 데 사용
인버터	직류(DC) 전류를 교류(AC) 전류로 변화하는 데 사용
콘덴서	전압을 평탄화하는 데 사용
변압기	교류(AC) 전압을 다른 교류(AC) 전압으로 변화하는 데 사용
초퍼	고정 직류전류를 다른 가변 직류전류로 변환하는 장치

□□□ 08④, 13①
01 직류를 교류로 변환하는 장치는?
① 정류기　　　② 충전기
③ 순변환 장치　④ 역변환 장치

|해④| 전력 변환 장치
- 역변환 장치(인버터) : 직류전류를 교류전류로 변환하는 장치
- 정류기(컨버터) : 교류전류를 직류전류로 변환하는 장치
- 초퍼 : 직류전류를 다른 직류전류로 변환하는 장치

□□□ 06②, 08②, 09④, 10③, 14①④
02 직류를 교류로 변환하는 장치로서 초고속 전동기의 속도 제어용 전원이나 형광등의 고주파 점등에 이용되는 것은?
① 인버터　　　② 컨버터
③ 변성기　　　④ 변류기

|해①| 인버터
- 직류전류를 교류전류로 변환해 주는 전력 변환 장치
- 이용 : 초고속 전동기의 속도 제어용 전원이나 형광등의 고주파 점등에 이용

□□□ 07④,15④
03 반도체 사이리스터에 의한 전동기의 속도 제어 중 주파수 제어는?
① 초퍼 제어　　② 인버터 제어
③ 컨버터 제어　　④ 브리지 정류 제어

|해②| 인버터 제어
반도체 사이리스터(SCR)에 의한 전동기의 속도 제어 중 주파수 제어

□□□ 13④
04 직류 전동기의 제어에 널리 응용되는 직류-직류 전압 제어장치는?
① 인버터　　② 컨버터
③ 초퍼　　　④ 전파 정류

|해③| 초퍼(chopper) 제어
• 초퍼는 직류 전압을 입력으로 하여 크기가 다른 직류 전압을 출력으로 얻어 내는 데 사용된다.
• 직류 전동기의 속도 제어에 널리 사용된다.

□□□ 08②,09④,10③,14①④,23①
05 인버터(inverter)란?
① 교류를 직류로 변환　② 직류를 교류로 변환
③ 교류를 교류로 변환　④ 직류를 직류로 변환

|해②| 인버터
직류전류를 교류전류로 변환해 주는 전력 변환 장치

□□□ 06④,16①
06 직류 전압을 직접 제어하는 것은?
① 브리지형 인버터　② 단상 인버터
③ 3상 인버터　　　④ 초퍼형 인버터

|해④| 초퍼형 인버터
직류 전압을 직접 제어한다.

□□□ 06②,08②,09④,10③,14①④,21②
07 직류를 교류로 변환하는 장치는?
① 컨버터　　② 초퍼
③ 인버터　　④ 정류기

|해③| 인버터
• 직류전류를 교류전류로 변환해 주는 전력 변환 장치
• 이용 : 초고속 전동기의 속도 제어용 전원이나 형광등의 고주파 점등에 이용

□□□ 13①
08 ON, OFF를 고속도로 변환할 수 있는 스위치이고 직류 변압기 등에 사용되는 회로는 무엇인가?
① 초퍼 회로　　② 인버터 회로
③ 컨버터 회로　④ 정류기 회로

|해①| 초퍼 회로(chopper 제어)
• 직류는 변압기를 사용하여 전압의 크기를 변환시킬 수 없으므로 초퍼를 사용하여 직류의 전압을 변환할 수 있다.
• 초퍼는 직류 전압을 입력하여 크기가 다른 직류 전압을 출력으로 얻어 내는 데 사용된다.

□□□ 08②,09④,10③,14
09 인버터의 용도로 가장 적합한 것은?
① 교류-직류 변환
② 직류-교류 변환
③ 교류-증폭교류 변환
④ 직류-증폭직류 변환

|해②| 인버터
직류전류를 교류전류로 변환해 주는 전력 변환 장치

정답 **034**　03 ②　04 ③　05 ②　06 ④　07 ③　08 ①　09 ②

3 과목

전기이론

01 정전기 회로
02 자기 회로
03 직류 회로
04 교류 회로

전기이론

01 정전기 회로
02 자기 회로
03 지류 회로
04 교류 회로

CHAPTER 01 정전기 회로

001 전기의 본질

1 원자 atom 와 분자

원자의 구조
- 원자는 원자핵과 그 주위를 돌고 있는 여러 개의 전자로 이루어졌다.
- 원자핵 : 양성자와 중성자로 이루어져 있다.
- 양성자 : 양(+)전기를 띠고, 전자의 개수와 같다.
- 중성자 : 전기적으로 중성 이다.
- 전자 : 음(-)전기를 띠고 양성자의 수와 같다.

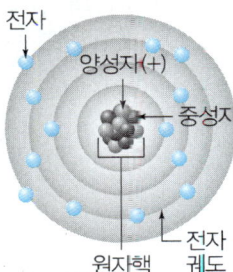
원자의 구조

원자의 특성

원자		전기적 성질	질량[kg]	특징
원자핵	양성자	양전하(+)	1.673×10^{-27}	양(+)전기를 띠고, 전자의 개수와 같음.
	중성자	중성	1.675×10^{-27}	전기적으로 중성
전자		음전하(-)	9.109×10^{-31}	음(-)전기를 띠고, 양성자의 수와 같고, 원자핵 주위를 돌고 있음.

분자 molecule
- 분자는 물질의 성질을 가진 최소 단위다.
- 서로 다른 종류 또는 같은 종류의 원자가 결합하여 하나의 단위가 되어 분자를 구성한다.

자유전자
- 원자핵의 구속력을 벗어나서 물질 내에서 자유롭게 이동할 수 있는 것
- 자유전자 과잉은 (-)대전상태, 부족상태는 (+)대전 상태라 한다.

전자의 운동 에너지
$W = eV$ [J]
전하 e [C]가 전위차 V [V]를 가진 두 점 사이를 이동할 때 전자가 얻는 에너지

2 물질의 구분
물질은 전류를 흐르게 하는 특성에 따라서 도체, 부도체 그리고 반도체 등으로 구분한다.

도체 conductor
- 소량의 에너지만으로도 전자의 이동이 자유로워 전류가 잘 흐르는 물체
- 금속재료 중에서는 은(Ag), 구리(Cu), 금(Au), 알루미늄(Al) 순으로 전류가 잘 흐른다.
- 가격 등 경제성을 고려해서 현재 구리로 된 전선을 가장 많이 사용하고 있다.

반도체 non-conductor
일정한 양 이상의 에너지가 공급되어야만 전자의 이동이 일어나 전류가 흐르는 물체

부도체 semiconductor
- 마찰이나 강한 전기장이 있어야만 전자의 이동이 발생하기 때문에 전류가 흐르기 어려운 물체
- 부도체에서는 자유전자가 쉽게 생기지 않으므로 전류가 흐르기 어렵다.

유전체 dielectrics
- 절연체 중에서 플라스틱, 고무, 종이, 운모 등과 같이 전기적으로 분극 현상이 일어나는 둘길
- 커패시터와 같이 전하를 저장할 필요가 있을 때 유전체를 사용

3 전자볼트 electron Volt ; 1eV
- 전자 하나가 1[V]의 전위를 가질 때 필요한 일의 양
- 핵물리학에서는 1[J]의 값이 지나치지 커서 작은 단위인 전자볼트를 사용한다.
- $1[eV] = 1.602 \times 10^{-19}$ [J]
- $1[J] = 6.25 \times 10^{18}$ [eV]

분극작용 성극작용
볼타 전지로부터 전류를 얻게 되면 양극의 표면이 수소 기체에 의해 둘러싸이게 되는 작용

□□□ 13④
01 다음 중 가장 무거운 것은?
① 양성자의 질량과 중성자의 질량의 합
② 양성자의 질량과 전자의 질량의 합
③ 원자핵의 질량과 전자의 질량의 합
④ 중성자의 질량과 전자의 질량의 합

> |해③| 원자핵의 질량 : 양성자 질량 + 중성자 질량
> ∴ 원자핵의 질량 + 전자의 질량
> • 전자의 질량 : 9.109×10^{-31}[kg]
> • 양성자 질량 : 1.673×10^{-27}[kg]
> • 중성자 질량 : 1.675×10^{-27}[kg]

□□□ 10④,12②,20④
02 "물질 중의 자유전자가 과잉된 상태"란?
① (−)대전상태   ② 발열상태
③ 중성상태   ④ (+)대전상태

> |해①| 대전
> • 어떤 물질이 전기적인 현상을 띠는 것으로 마찰, 박리, 유동, 접촉대전이 있다.
> • 자유전자가 다른 물체로 이동하면 그 물체는 중성상태에서 (+)대전상태가 되고 반대는 (−)대전이 된다.
> • 자유전자 과잉은 (−)대전상태, 부족상태는 (+)대전상태라 한다.

□□□ 10①,15②,19③
03 1[eV]는 몇 [J]인가?
① 1   ② 1×10^{-10}
③ 1.16×10^4 ④ 1.602×10^{-19}

> |해④| 전자볼트(electron Volt ; 1[eV])
> • $1[J] = 6.25 \times 10^{18}[eV]$
> ∴ $1[eV] = \dfrac{1}{6.25 \times 10^{18}} = 1.60 \times 10^{-19}[J]$

□□□ 00,02,07③,15③
04 원자핵의 구속력을 벗어나서 물질 내에서 자유로이 이동할 수 있는 것은?
① 중성자   ② 양자
③ 분자   ④ 자유전자

> |해④| 자유전자(free electron)
> • 하나의 원자에서 다른 원자로 자유롭게 이동하는 전자
> • 원자핵에서 구속에서 이탈하여 자유로이 이동할 수 있는 전자

□□□ 16③
05 정상상태에서의 원자를 설명한 것으로 틀린 것은?
① 양성자와 전자의 극성은 같다.
② 원자는 전체적으로 보면 전기적으로 중성이다.
③ 원자를 이루고 있는 양성자의 수는 전자의 수와 같다.
④ 양성자 1개가 지니는 전기량은 전자 1개가 지니는 전기량과 크기가 같다.

> |해①| 원자의 구조
> • 원자는 원자핵과 그 주위를 돌고 있는 여러 개의 전자로 이루어졌다.
> • 원자핵 : 양성자와 중성자로 이루어져 있다.
> • 양성자 : 양(+)전기를 띠고, 전자의 개수와 같다.
> • 중성자 : 전기적으로 중성이다.
> • 전자 : 음(−)전기를 띠고 양성자의 수와 같다.

002 정전기 현상

- **정전기의 발생 원리**
  중성이었던 물체가 다른 물체와 마찰하면 전자의 이동에 의하여 전기적인 성질을 갖는 양(+)전기를 띤 양전하와 음(-)전기를 띤 음전하로 변한다.

- **대전** electrification
  - 어떤 물질이 정상 상태보다 전자의 수가 많거나 적어져서 전기를 띠는 현상
  - 절연체를 서로 마찰시켰을 때 이들 물체에 전기를 띠게 되는 현상

- **전하의 종류**
  - 물체가 띠고 있는 정전기의 양을 전하라 한다.
  - 전하는 생성되거나 소멸하는 것이 아니라 전자의 이동으로 전기의 성질이 변화하는 것이다
  - 양(+)전기를 띠는 양(+)전하와 음(-)전기를 띠는 음전하가 있다.

- **전하의 특성**
  - 같은 종류의 전하 사이에서는 서로 반발(척력)이 작용하고, 다른 종류의 전하 사이에서는 흡인(인력)이 작용한다.
  - 전하의 가장 안정한 상태를 유지하려는 성질이 있다.
  - 전하의 양을 전하량 또는 전기량이라고 한다.
  - 전하의 단위는 쿨롱(coulomb ; C)인 [C]을 사용한다.

□□□ 99,07②,14③,14④

01 어떤 물질이 정상 상태보다 전자수가 많아져 전기를 띠게 되는 현상을 무엇이라 하는가?

① 충전   ② 방전
③ 대전   ④ 분극

|해③| 대전
- 물체가 정상 상태보다 전자수가 많아져 전기를 띠는 현상
- 절연체를 서로 마찰시키면 이들 물체에 전기를 띠게 되는 현상

□□□ 07②,14③④,20②,23①

02 일반적으로 절연체를 서로 마찰시키면 이들 물체는 전기를 띠게 된다. 이와 같은 현상은?

① 분극   ② 정전
③ 대전   ④ 코로나

|해③| 대전
- 물체가 정상 상태보다 전자수가 많아져 전기를 띠는 현상
- 절연체를 서로 마찰시켰을 때 이들 물체에 전기를 띠게 되는 현상

□□□ 07②,08③,11③,18①

03 전하의 성질에 대한 설명 중 옳지 않은 것은?

① 전하는 가장 안정한 상태를 유지하려는 성질이 있다.
② 같은 종류의 전하끼리는 흡인하고 다른 종류의 전하끼리는 반발한다.
③ 낙뢰는 구름과 지면 사이에 모인 전기가 한꺼번에 방전되는 현상이다.
④ 대전체의 영향으로 비대전체에 전기가 유도된다.

|해②|
같은 종류의 전하 사이에서는 서로 반발(척력)하고, 다른 종류의 전하 사이에서는 흡인(인력)한다.

□□□ 16③

04 다음 설명 중 틀린 것은?

① 같은 부호의 전하끼리는 반발력이 생긴다.
② 정전 유도에 의하여 작용하는 힘은 반발력이다.
③ 정전용량이란 콘덴서가 전하를 축적하는 능력을 말한다.
④ 콘덴서에 전압을 가하는 순간은 콘덴서는 단락 상태가 된다.

|해②|
정전 유도에 의하여 작용하는 힘은 서로 반대의 극성인 전하에 의한 힘이므로 흡인력이다.

003 쿨롱의 법칙과 유전율

1 쿨롱의 법칙 Coulomb's law

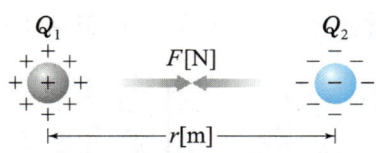

두 전하 사이의 전기력

진공 중에서 일정한 거리(r)를 두고 떨어져 있는 두 전하(Q_1, Q_2)가 서로에게 작용하는 전기력의 크기

$$F = k\frac{Q_1 \cdot Q_2}{r^2}$$

$$= \frac{1}{4\pi\epsilon_o}\frac{Q_1 \cdot Q_2}{r^2} = 9 \times 10^9 \frac{Q_1 \cdot Q_2}{r^2}[C]$$

• 정전계의 쿨롱계수 $k = \dfrac{1}{4\pi\epsilon_o} = 9 \times 10^9$

여기서, F : 정전력 또는 전기력[N]
k : 정전계의 쿨롱계수
Q_1, Q_2 : 전하량[C]
ϵ_o : 공기의 유전율[F/m]
r : 두 전하 사이의 거리[m]

• 힘의 세기
두 전하 사이에 작용하는 힘의 크기는 두 전하량 (Q_1, Q_2)의 곱에 비례하고, 거리(r)의 제곱에 비례한다.

• 두 전하 사이에 작용하는 힘을 전기력 또는 정전기력이라 한다.
• 반발력과 흡인력
같은 종류의 두 전하 사이에는 반발력이 작용하고, 서로 다른 종류의 전하 사이에는 흡인력이 작용한다.

2 유전율 permittivity

■ 진공의 유전율

$$\epsilon_o = 8.855 \times 10^{-12}[F/m]$$

■ 비유전율 relative permittivity
• 진공의 유전율(ϵ_o)에 대한 다른 매질 유전율의 비율이다.
• 각종 유전체의 비유전율

유전체	비유전율	유전체	비유전율	유전체	비유전율
진공	1	호박	2.8	석면	4.8
공기	1.00059	수정	3.6	운모	5~9
종이	1.2~3	절연유	2.2~2.4	글리세린	40
고무	2~3	폴리에틸렌	2.3	증류수	80
테플론	2.03	산화티탄자기	100	염화비닐	5~9

□□□ 11③,14②,19①

01 진공 중의 두 점전하 $Q_1[C]$, $Q_2[C]$가 거리 r[m] 사이에서 작용하는 정전력[N]의 크기를 옳게 나타낸 것은?

① $9 \times 10^9 \times \dfrac{Q_1 Q_2}{r^2}$ ② $6.33 \times 10^4 \times \dfrac{Q_1 Q_2}{r^2}$

③ $9 \times 10^9 \times \dfrac{Q_1 Q_2}{r}$ ④ $6.33 \times 10^4 \times \dfrac{Q_1 Q_2}{r}$

| 해① | 쿨롱의 법칙(정전력)

$$F = \frac{1}{4\pi\epsilon_0} \times \frac{Q_1 Q_2}{r^2} = 9 \times 10^9 \times \frac{Q_1 Q_2}{r^2}[N]$$

□□□ 09③,10④,11③,14①②,16①②③,18④

02 진공 중에서 $10^{-4}[C]$과 $10^{-8}[C]$의 두 전하가 10[m]의 거리에 놓여 있을 때, 두 전하 사이에 작용하는 힘[N]은?

① 9×10^2 ② 1×10^4
③ 9×10^{-5} ④ 1×10^{-8}

| 해③ | 쿨롱의 법칙 : 정전기력

$$F = 9 \times 10^9 \frac{Q_1 \cdot Q_2}{r^2}[N]$$

$$= 9 \times 10^9 \frac{10^{-4} \times 10^{-8}}{10^2} = 9 \times 10^{-5}[N]$$

□□□ 02,05
03 두 점전하 사이에 작용하는 정전력의 크기는 두 전하의 곱에 비례하고 전하 사이의 거리의 제곱에 반비례하는 법칙은?

① Coulomb's law
② Ohm's law
③ Kirchhoff's law
④ Joule's law

| 해① |
| 쿨롱의 법칙에 대한 설명이다. |

□□□ 12③,15④,17②,21①
04 쿨롱의 법칙에서 2개의 점전하 사이에 작용하는 정전력의 크기는?

① 두 전하의 곱에 비례하고 거리에 반비례한다.
② 두 전하의 곱에 반비례하고 거리에 비례한다.
③ 두 전하의 곱에 비례하고 거리의 제곱에 비례한다.
④ 두 전하의 곱에 비례하고 거리의 제곱에 반비례한다.

| 해④ |
• 쿨롱의 법칙 : 두 전하 사이에 작용하는 힘
• 정전력 $F = 9 \times 10^9 \dfrac{Q_1 \cdot Q_2}{r^2}$
• 두 전하의 곱($Q_1 \times Q_2$)에 비례하고 거리의 제곱(r^2)에 반비례한다.

□□□ 10③,23②
05 진공 중에서 비유전율 ϵ_r의 값은?

① 1
② 6.33×10^4
③ 8.855×10^{-12}
④ 9×10^9

| 해① |
• 진공의 비유전율 $\epsilon_r = 1$
• 진공의 유전율 $\epsilon_o = 8.854 \times 10^{-12} [\text{F/m}]$

□□□ 08②,14①,18②
06 다음 중 비유전율이 가장 큰 것은?

① 종이
② 염화 비닐
③ 운모
④ 산화티탄 자기

| 해④ | 유전율(permittivity)
• 각종 유전체의 비유전율

유전체의 종류	비유전율
산화티탄 자기	100
운모	5~9
염화 비닐	5~9
종이	1.2~3
공기	1.00

□□□ 08②
07 유전율의 단위는?

① [F/m]
② [V/m]
③ [C/m²]
④ [H/m]

| 해① | 유전율
• $\epsilon_c = 8.854 \times 10^{-12} [\text{F/m}]$
• 유전율의 단위 : [F/m]

□□□ 09④
08 비유전율이 9인 물질의 유전율은 약 얼마인가?

① $80 \times 10^{-12} [\text{F/m}]$
② $80 \times 10^{-6} [\text{F/m}]$
③ $1 \times 10^{-12} [\text{F/m}]$
④ $1 \times 10^{-6} [\text{F/m}]$

| 해① |
$\epsilon = \epsilon_o \cdot \epsilon_s$
$= 8.855 \times 10^{-12} \times 9 \fallingdotseq 80 \times 10^{-12} [\text{F/m}]$

004 콘덴서와 정전용량 condenser

1 콘덴서 condenser

■ 콘덴서의 역할
- 전하를 축적하는 작용을 하기 위해 만들어진 전기 소자
- 유전체를 사이에 두고 양면에 금속판을 설치한 전기적 구조물로 주로 전하를 저장하고 유지하는 역할을 하며, 전압을 조절하는 기능을 수행한다.
- 전기분야에서 콘덴서와 커패시터(capacitor)는 실질적으로 같은 말이다.

■ 콘덴서의 종류
- 바리콘(varicon) : 바리콘이라고 불리는 가변 콘덴서는 전기 용량값을 바꿀 수 있는 축전지
- 전해 콘덴서 : 양극과 음극의 극성을 가지고 있어서 직류회로에서만 사용 가능한 콘덴서
- 세라믹 콘덴서 : 비유전율이 큰 산화티탄 등을 유전체로 사용한 것으로 극성이 없으며 가격에 비해 성능이 우수하여 널리 사용되고 있는 콘덴서
- 마일러 콘덴서 : 얇은 폴리에스터 필름을 양측에서 금속으로 삽입하여 원통형으로 감은 것

2 정전용량

$$C = \frac{Q}{V}[\text{F}] \Rightarrow Q = C \cdot V [\text{C}]$$

Q : 전하량[C], V : 전위차[V]

- 정전용량(C)은 기본적으로 도체에 흐르는 전위(V)와 전하(Q)의 비례상수를 말한다.
- 1[V](볼트)의 전압을 걸었을 때 1[C](쿨롱)의 전하(Q)가 축적된다면 이를 1[F](패럿)이라 한다.
- 콘덴서의 정전용량은 콘덴서 절연체의 분극현상과 절연체의 유전율에 의해 축적 되는 전하의 양(정전용량)을 말한다.
- 정전용량의 단위는 F(Farad ; 패럿), 기호는 ─┤├─ 이다.
- $C = 1[\text{F}] = 10^3[\text{mF}] = 10^6[\mu\text{F}] = 10^9[\text{nF}]$

■ 평행판 콘덴서의 정전용량

$$C = \epsilon \frac{A}{d}[\text{F}]$$

ϵ : 유전율[F/m]
A : 극판의 단면적[m²], d : 극판 간의 거리[m]

□□□ 09④,10①,20②

01 어느 회로 소자에 일정한 크기의 전압으로 주파수를 증가시키면서 흐르는 전류를 관찰하였다. 주파수를 2배로 하였더니 전류의 크기가 2배로 되었다. 이 회로 소자는?

① 저항 ② 코일
③ 콘덴서 ④ 다이오드

| 해③ | 콘덴서(condenser) ; 畜電器 ; capacitor)
- 축전기(畜電器), 커패시터(capacitor)라고도 호칭한다.
- 전하를 축적하거나, 직류 신호를 차단하고 교류 신호를 통과시키는 기능을 지닌 전자부품으로 전자회로를 구성하고 있다.

□□□ 03,06①,09①,15④,20①

02 콘덴서 중 극성을 가지고 있는 콘덴서로서 교류 회로에 사용할 수 없는 것은?

① 마일러 콘덴서 ② 마이카 콘덴서
③ 세라믹 콘덴서 ④ 전해 콘덴서

| 해④ | 전해 콘덴서
- 케미콘이라고도 부른다.
- 콘덴서 중 양극과 음극의 극성을 가지고 있는 콘덴서로서 직류 회로만 사용 가능하고 교류 회로에는 사용할 수 없다.
- 소형 대용량의 콘덴서를 얻을 수 있으나 고주파 특성과 온도 안정성이 나쁜 단점이 있다.

□□□ 06①,09①,15④

03 비유전율이 큰 산화티탄 등을 유전체로 사용한 것으로 극성이 없으며 가격에 비해 성능이 우수하여 널리 사용되고 있는 콘덴서의 종류는?

① 전해 콘덴서   ② 세라믹 콘덴서
③ 마일러 콘덴서 ④ 마이카 콘덴서

|해②|
- 전해 콘덴서 : 양극과 음극의 극성을 가지고 있는 콘덴서로서 직류 회로만 사용
- 세라믹 콘덴서 : 비유전율이 큰 산화티탄 등을 유전체로 사용한 것
- 마일러 콘덴서 : 얇은 폴리에스터 필름을 양측에서 금속으로 삽입하여 원통형으로 감은 것
- 마이카 콘덴서 : 운모(mica)와 금속 박막으로 되어있거나 운모 위에 은을 발라서 전극으로 만든 것

□□□ 11③,12②,21②,24②

04 용량을 변화시킬 수 있는 콘덴서는?

① 바리콘   ② 전해 콘덴서
③ 마일러 콘덴서 ④ 세라믹 콘덴서

|해①| 바리콘(varicon)
바리콘이라고 불리는 가변 콘덴서는 전기 용량값을 바꿀 수 있는 축전지

□□□ 07①②,23②

05 $1[\mu F]$의 콘덴서에 $100[V]$의 전압을 가할 때 충전 전하량은 몇 $[C]$인가?

① 1×10^{-4} ② 1×10^{-5}
③ 1×10^{-8} ④ 1×10^{-9}

|해①| 전하량
$Q = CV = 1\times 10^{-6} \times 100 = 1\times 10^{-4}[C]$
참고 마이크로 $\mu = 10^{-6}$

□□□ 12④,13④,15①,16②,20①

06 $4[F]$와 $6[F]$의 콘덴서를 병렬 접속하고 $10[V]$의 전압을 가했을 때 축적되는 전하량 $Q[C]$는?

① 19   ② 50
③ 80   ④ 100

|해④| 전하량 $Q = C_o V$
병렬 접속 시 합성 정전용량
$C_o = C_1 + C_2 = 4+6 = 10[F]$
$\therefore Q = 10 \times 10 = 100[C]$

□□□ 08①,11①,19②

07 어떤 콘덴서에 $1,000[V]$의 전압을 가하였더니 $5\times 10^{-3}[C]$의 전하가 축적되었다. 이 콘덴서의 용량은?

① $2.5[\mu F]$ ② $5[\mu F]$
③ $250[\mu F]$ ④ $5,000[\mu F]$

|해②| 전하량 $Q = CV$에서
$\therefore$ 정전용량
$C = \dfrac{Q}{V} = \dfrac{5\times 10^{-3}}{1,000} = 5\times 10^{-6}[F] = 5[\mu F]$
($\because$ 마이크로 $\mu = 10^{-6}$)

□□□ 10④,22②

08 정전용량(electrostatic capacity)의 단위를 나타낸 것으로 틀린 것은?

① $1[pF] = 10^{-12}[F]$ ② $1[nF] = 10^{-7}[F]$
③ $1[\mu F] = 10^{-6}[F]$ ④ $1[mF] = 10^{-3}[F]$

|해②|
정전용량
$C = \dfrac{Q}{V}[F]$
- 정전용량 : 단위[패럿 F]
$1[F] = 10^3[mF] = 10^6[\mu F] = 10^9[nF] = 10^{12}[pF]$

005 콘덴서의 접속

1 콘덴서의 병렬 접속

■ 2개의 병렬 접속

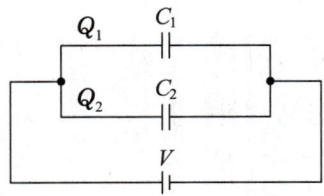

- 합성 정전용량 : 각 정전용량의 합
  $C_o = C_1 + C_2$
- $Q_1 = C_1 V$
- $Q_2 = C_2 V$
  ∴ $Q = Q_1 + Q_2 = C_1 V_1 + C_2 V_2$

■ 전하량 분배

$Q_1 = C_1 V = C_1 \times \dfrac{Q}{C_1 + C_2} = \dfrac{C_1}{C_1 + C_2} Q$ [C]

$Q_2 = C_2 V = C_2 \times \dfrac{Q}{C_1 + C_2} = \dfrac{C_2}{C_1 + C_2} Q$ [C]

- 전하량(전기량)은 정전용량에 비례하여 분배
- 음(−)전기를 띠는 음전하가 있다.

■ 3개 병렬 접속

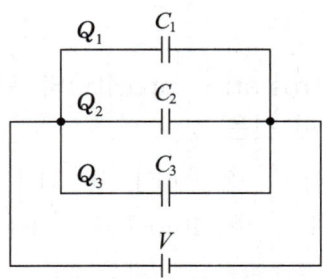

- 병렬 합성 정전용량
  ∴ $C_o = C_1 + C_2 + C_3$
- $Q = Q_1 + Q_2 + Q_3$

2 콘덴서의 직렬 접속

■ 2개의 직렬 접속

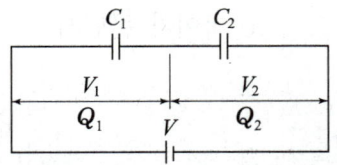

- 직렬 합성 정전용량
  $C_o = \dfrac{Q}{V} = \dfrac{1}{\dfrac{1}{C_1} + \dfrac{1}{C_2}} = \dfrac{C_1 \cdot C_2}{C_1 + C_2}$

- 전하량
  $Q = C_o V = \dfrac{C_1 C_2}{C_1 + C_2} V$

- 전압 : 전압은 콘덴서의 정전용량에 반비례
  $Q = C_1 V_1 = C_2 V_2$

  $V_1 = \dfrac{Q}{C_1} = \dfrac{1}{C_1} \times \dfrac{C_1 C_2}{C_1 + C_2} V = \dfrac{C_2}{C_1 + C_2} V$

  $V_2 = \dfrac{Q}{C_2} = \dfrac{1}{C_2} \times \dfrac{C_1 C_2}{C_1 + C_2} V = \dfrac{C_1}{C_1 + C_2} V$

■ 3개 직렬 접속

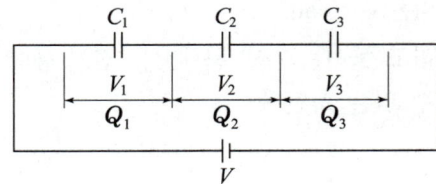

- 직렬 합성 정전 용량
  $C_o = \dfrac{1}{\dfrac{1}{C_1} + \dfrac{1}{C_2} + \dfrac{1}{C_3}} = \dfrac{C_1 \cdot C_2 \cdot C_3}{C_1 C_2 + C_2 C_3 + C_3 C_1}$

  $Q = C_1 V_1 = C_2 V_2 = C_3 V_3$
  ∴ $Q = Q_1 = Q_2 = Q_3$

□□□ 06④,07①,09②
01 3[F]와 6[F]의 콘덴서를 병렬로 접속했을 때의 합성 정전용량은 몇 [F]인가?

① 2
② 4
③ 6
④ 9

|해④| 콘덴서 병렬 연결의 합성 정전용량

$C_o = C_1 + C_2 = 3 + 6 = 9 \, [\text{F}]$

□□□ 13①②,14②
02 정전용량이 같은 콘덴서 10개가 있다. 이것을 직렬 접속할 때의 값은 병렬 접속할 때의 값보다 어떻게 되는가?

① 1/10로 감소한다.
② 1/100로 감소한다.
③ 10배로 증가한다.
④ 100배로 증가한다.

|해②| 콘덴서의 정전용량 $C[\text{F}]$일 때
- 직렬 접속 : $C_{직렬} = \dfrac{1}{\frac{1}{C} \times 10} = \dfrac{C}{10} [\text{F}]$
- 병렬 접속 : $C_{병렬} = 10C [\text{F}]$

$\therefore \dfrac{C_{직렬}}{C_{병렬}} = \dfrac{\frac{C}{10}}{10C} = \dfrac{1}{100}$ 배로 감소

□□□ 07②,14③
03 정전용량 $C_1 = 120[\mu\text{F}]$, $C_2 = 30[\mu\text{F}]$가 직렬로 접속되었을 때 합성 정전용량은 몇 [μF]인가?

① 14
② 24
③ 50
④ 150

|해②|
- 콘덴서의 직렬 접속

$C_o = \dfrac{1}{\frac{1}{C_1} + \frac{1}{C_2}} = \dfrac{C_1 C_2}{C_1 + C_2} = \dfrac{120 \times 30}{120 + 30} = 24 [\mu\text{F}]$

□□□ 06②,08④,10①③,11②,12③④,13③④,14①,15①,16②,23①
04 정전용량 C_1, C_2를 병렬로 접속하였을 때의 합성 정전용량은?

① $C_1 + C_2$
② $\dfrac{1}{C_1 + C_2}$
③ $\dfrac{1}{C_1} + \dfrac{1}{C_2}$
④ $\dfrac{C_1 C_2}{C_1 + C_2}$

|해①| 합성 정전용량
- 콘덴서의 병렬 접속 시
$C_o = C_1 + C_2$
- 콘덴서의 직렬 접속 시
$C_o = \dfrac{1}{\frac{1}{C_1} + \frac{1}{C_2}} = \dfrac{C_1 C_2}{C_1 + C_2}$

□□□ 11②,15④
05 다음 설명 중에서 틀린 것은?

① 리액턴스는 주파수의 함수이다.
② 콘덴서는 직렬로 연결할수록 용량이 커진다.
③ 저항은 병렬로 연결할수록 저항값이 작아진다.
④ 코일은 직렬로 연결할수록 인덕턴스가 커진다.

|해②| 콘덴서(커패시터)의 연결
- 병렬 접속 시 합성 정전용량은 콘덴서의 정전용량을 모두 합한 값이 된다.
  ∴ 콘덴서의 병렬 접속은 정전용량이 크게 된다.
- 직렬 접속 시 합성 정전용량의 역수가 각 정전용량의 역수의 합과 같다.
  ∴ 콘덴서의 직렬 접속은 정전용량이 감소된다.

정답 005 01 ④ 02 ② 03 ② 04 ① 05 ②

□□□ 08④,09①,14①,18②

06 30[μF]과 40[μF]의 콘덴서를 병렬로 접속한 다음 100[V] 전압을 가했을 때 전 전하량은 몇 [C]인가?

① 17×10^{-4}[C]   ② 34×10^{-4}[C]
③ 56×10^{-4}[C]   ④ 70×10^{-4}[C]

|해④| 전 전하량 $Q = C_o V = C_1 V + C_2 V$

[방법1]
$Q = 30 \times 10^{-6} \times 100 + 40 \times 10^{-6} \times 100 = 70 \times 10^{-4}$

[방법2]
$C_o = 30 + 40 = 70[\mu F] = 70 \times 10^{-6}[F]$
∴ $Q = 70 \times 10^{-6} \times 100 = 70 \times 10^{-4}[C]$

□□□ 06②,08④,10①③,11②,12③④,13③④,14①,15①,16②

08 2[μF], 3[μF], 5[μF]인 3개의 콘덴서가 병렬로 접속되었을 때의 합성 정전용량[μF]은?

① 0.97   ② 3
③ 5   ④ 10

|해④| 콘덴서의 병렬 연결 시 합성 정전용량

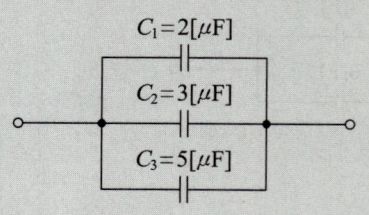

• 합성 정전용량 $C_o = 2 + 3 + 5 = 10[\mu F]$

□□□ 97,00,04,06②,08④,10①③,11②,12③④,13③④,14①,15①,16②

07 다음 회로의 합성 정전용량[μF]은?

① 5
② 4
③ 3
④ 2

|해④| 콘덴서의 합성 정전용량

• 콘덴서의 병렬 연결 시 정전용량
$C_o = 2 + 4 = 6[\mu F]$

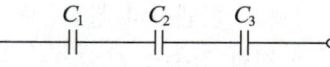

• 콘덴서의 직렬 연결 시 정전용량
$C_o = \dfrac{3 \times 6}{3 + 6} = 2[\mu F]$

□□□ 07②,14③

09 그림에서 $C_1 = 1[\mu F]$, $C_2 = 2[\mu F]$, $C_3 = 2[\mu F]$일 때 합성 정전 용량은 몇 [μF]인가?

① 1/2   ② 1/5
③ 3   ④ 5

|해①| 콘덴서의 직렬 접속 시 합성 정전용량

$C_o = \dfrac{1}{\dfrac{1}{C_1} + \dfrac{1}{C_2} + \dfrac{1}{C_3}}$

$= \dfrac{1}{\dfrac{1}{1} + \dfrac{1}{2} + \dfrac{1}{2}} = \dfrac{1}{\dfrac{4}{2}} = \dfrac{2}{4} = \dfrac{1}{2}[\mu F]$

정답 06 ④ 07 ④ 08 ④ 09 ①

006 정전에너지 electrostatic energy

■ 콘덴서에 축적되는 정전에너지

$$W = \frac{1}{2}QV = \frac{1}{2}CV^2 = \frac{Q^2}{2C}[J]$$

■ 단위 체적당 축적되는 에너지 축척에너지

• $W = \frac{1}{2}CV^2 = \frac{1}{2}\epsilon\frac{A}{d}(E \cdot d)^2$
$= \frac{1}{2}\epsilon E^2 A d[J]$

• 정전에너지 밀도
$w = \frac{1}{2}ED = \frac{1}{2}\epsilon E^2 = \frac{1}{2}\frac{D^2}{\epsilon}[J/m^3]$

■ 정전 흡인력 단위면적당 정전 흡인력
콘덴서가 충전되면 양 극판 사이의 양(+), 음(-) 전하에 의해 흡인력이 발생한다.

$$F = \frac{1}{2}\epsilon E^2 = \frac{1}{2}\epsilon\left(\frac{V}{d}\right)^2 [N/m^2]$$

□□□ 05,06④,08①
01 10[μF]의 콘덴서에 45[J]의 에너지를 축적하기 위하여 필요한 충전 전압[V]은?

① 3×10^2 ② 3×10^3
③ 3×10^4 ④ 3×10^5

|해②| 콘덴서의 저장에너지

$W = \frac{1}{2}QV = \frac{1}{2}CV^2[J]$

[방법1]
전압 $V = \sqrt{\frac{2W}{C}}$
$= \sqrt{\frac{2 \times 45}{10 \times 10^{-6}}} = 3,000 = 3 \times 10^3 [V]$

[방법2]
$45 = \frac{1}{2} \times 10 \times 10^{-6} \times V^2$

참고 SOLVE 사용 ∴ $V = 3,000 = 3 \times 10^3 [V]$

□□□ 98,00,02,03,06③,10②,12④
02 정전 흡인력에 대한 설명 중 옳은 것은?

① 정전 흡인력은 전압의 제곱에 비례한다.
② 정전 흡인력은 극판 간격에 비례한다.
③ 정전 흡인력은 극판 면적의 제곱에 비례한다.
④ 정전 흡인력은 쿨롱의 법칙으로 직접 계산한다.

|해①| 정전 흡인력

• 콘덴서의 두 극판 사이에서 작용하는 잡아당기는 흡인력이다.
• $F = \frac{1}{2}\epsilon E^2 = \frac{1}{2}\epsilon\frac{V^2}{d^2}[N/m^2]$
∴ 정전 흡인력(F)은 전압의 제곱(V^2)에 비례한다.

□□□ 04,11①③,12①②,15④,16①,22②
03 어떤 콘덴서에 전압 20[V]를 가할 때 전하 800[μC]이 축적되었다면 이때 축적되는 에너지는?

① 0.008[J] ② 0.16[J]
③ 0.8[J]   ④ 160[J]

|해①| 콘덴서에 축적되는 에너지

$W = \frac{1}{2}QV[J]$

• $Q = 800[\mu C] = 800 \times 10^{-6}[C]$
∴ $W = \frac{1}{2} \times 800 \times 10^{-6} \times 20 = 0.008[J]$

007 전기장 전계 과 전위

1 전기장과 전기력선

전기장 electric field
- 전기장은 임의의 대전체에 의한 양(+)전하와 음(-)전하 사이에 전기적인 힘이 작용하는 공간이다.
- 전기장의 크기는 전하의 크기에 대한 전기력이라고 정의한다.
- 전기장의 모양은 전기력선으로 알 수 있다.

전기장의 특징
- 도체 표면의 전기장은 그 표면에 수직이다.
- 대전된 구(球)의 내부 전기장은 0이다.
- 대전(帶電)된 무한장 원통의 내부 전기장은 0이다.
- 대전된 도체 내부의 전하(電荷) 및 전기장은 모두 0이다.

전기력선의 성질
- 같은 부호의 전기력선은 반발한다.
- 다른 자기력선과 교차하지 않는다.
- 전기력선의 밀도는 전기장의 크기를 나타낸다.
- 전기력선은 등전위면과 수직(직각)으로 교차한다.
- 전기력선의 접선 방향이 그 점의 전장의 방향이다.
- 전기력선은 양(+)전하에서 나와 음(-)전하에서 끝난다.
- 전기력선은 양(+)전하로부터 멀어지는 방향으로 뻗어나가게 그린다.

전기력선의 총수
가우스의 정리 : 임의의 폐 곡면 내의 전체 전하량이 있을 때 이 폐곡면을 통해서 나오는 전기력선의 총수
$$N = \frac{전하}{유전율} = \frac{Q}{\epsilon}$$

등전위면
전기장 내에서 전위가 같은 점들을 연결했을 때 그 선을 이루는 면을 등전위면이라 한다.
- 등전위면은 전기력선과 수직으로 교차한다.
- 등전위면의 간격이 좁을수록 전기장의 세기가 강하다.
- 전기장 안에서 전하는 등전위면과 수직으로 힘을 받는다.

2 전기장의 세기

전기장의 방향
- 전기장의 방향은 양(+)전하에서 나가서 음(-)전하로 들어오는 방향이다.

전기장의 세기(E)
- 1개의 전하에 의한 전기장의 세기
- 전기장 중에 놓인 $+1[C]$의 전하에 작용하는 힘이 $1[N]$인 경우의 전기장의 세기(E)를 의미한다.
- $E = \dfrac{V}{d}$ [V/m]

$$= k\frac{Q}{r^2} = \frac{1}{4\pi\epsilon_o\epsilon_s}\frac{Q}{r^2} = 9\times 10^9 \frac{Q}{r^2}[V/m]$$

$$= \frac{F}{Q}[N/C]$$

- $k = \dfrac{1}{4\pi\epsilon_o\epsilon_s} = 9\times 10^9$

$\epsilon_o = 8.854\times 10^{-12}[F/m]$, $\epsilon_s = 1$

- 전속밀도 $D = \epsilon_o\epsilon_s E [C/m^2]$

$$\text{전기장의 세기} \quad E = \frac{D}{\epsilon_o\epsilon_s}\ [V/m]$$

- 전기장의 세기의 단위 : [V/m]

전위와 전위차
- 한 점에서 단위 전하가 가지는 전기적인 위치 에너지를 전위라 한다.
- 두 점간의 전기적 위치에너지의 차를 전위차 또는 전압이라 한다.
- 전하 $Q[C]$의 전위차에 의한 에너지(W)
$W = Q \cdot V [J]$
- 전위차 : $V = \dfrac{W}{Q}$ [V]
- 전위차(전압)

$$V = k\frac{Q}{r} = \frac{1}{4\pi\epsilon_o}\frac{Q}{r}$$

$$= 9\times 10^9 \frac{Q}{r} = 9\times 10^9 Q\left(\frac{1}{r_Q} - \frac{1}{r_P}\right)$$

- 전위차의 단위 : [J/C], [V;volt]

01 다음 중 전기력선의 성질로 틀린 것은?

① 전기력선은 양전하에서 나와 음전하에서 끝난다.
② 전기력선의 접선방향이 그 점의 전장의 방향이다.
③ 전기력선의 밀도는 전기장의 크기를 나타낸다.
④ 전기력선은 서로 교차한다.

| 해④ | 전기력선
전기력선은 도중에서 나누어지지 않고 다른 자기력선과 교차하지 않는다.

02 평행판 전극에 일정 전압을 가하면서 극판의 간격을 2배로 하면 내부 전기장의 세기는 어떻게 되는가?

① 4배로 커진다.   ② 1/2배로 작아진다.
③ 2배로 커진다.   ④ 1/4배로 작아진다.

| 해② | 전장의 세기

$E = \dfrac{\text{전위차 } V}{\text{간격 } d}$ [V/m]

- $E = \dfrac{V}{2d} = \dfrac{1}{2}\dfrac{V}{d}$ [V/m]

∴ 간격이 $2d$이면 전장의 세기(E)는 $\dfrac{1}{2}$ 비로 작아진다.

03 전장 중에 단위정전하를 놓을 때 여기에 작용하는 힘과 같은 것은?

① 전하   ② 전장의 세기
③ 전위   ④ 전속

| 해② | 전장의 세기(전계의 세기)
전계 중에 단위전하를 놓았을 때 그것에 작용하는 힘

04 등전위면과 전기력선의 교차 관계는?

① 30°로 교차한다.
② 45°로 교차한다.
③ 직각으로 교차한다.
④ 교차하지 않는다.

| 해③ | 등전위면의 특징
등전위면은 전기력선과 수직(직각)으로 교차한다.

05 유전율 ϵ의 유전체 내에 있는 전하 Q[C]에서 나오는 전기력선 수는?

① Q ② $\dfrac{Q}{\epsilon_o}$
③ $\dfrac{Q}{\epsilon}$ ④ $\dfrac{Q}{\epsilon_s}$

| 해③ | 가우스의 법칙(Gauss's law)

전기력선의 수 $N = \dfrac{\text{전하}(Q)}{\text{유전율}(\epsilon)}$

06 비유전율 2.5의 유전체 내부의 전속밀도가 2×10^{-6}[C/m²]되는 점의 전기장의 세기는 약 몇 [V/m]인가?

① 18×10^4 ② 9×10^4
③ 6×10^4 ④ 3.6×10^4

| 해② |

전속밀도 $D = \epsilon E = \epsilon_0 \epsilon_s E$ 에서

- 진공의 유전율 $\epsilon_o = 8.855 \times 10^{-12}$ [F/m]

∴ 전기장의 세기

$E = \dfrac{D}{\epsilon_o \epsilon_s} = \dfrac{2 \times 10^{-6}}{8.855 \times 10^{-12} \times 2.5}$

$= 90,344 ≒ 9 \times 10^4$ [V/m]

07 전기장(電氣場)에 대한 설명으로 옳지 않은 것은?

① 대전(帶電)된 무한장 원통의 내부 전기장은 0이다.
② 대전된 구(球)의 내부 전기장은 0이다.
③ 대전된 도체 내부의 전하(電荷) 및 전기장은 모두 0이다.
④ 도체 표면의 전기장은 그 표면에 평행이다.

|해④|
도체 표면의 전기장은 그 표면에 수직이다.

08 전기력선의 성질 중 맞지 않는 것은?

① 전기력선은 양(+)전하에서 나와 음(-)전하에서 끝난다.
② 전기력선의 접선방향이 전장의 방향이다.
③ 전기력선은 도중에 만나거나 끊어지지 않는다.
④ 전기력선은 등전위면과 교차하지 않는다.

|해④| 전기력선
등전위면과 수직(직각)으로 교차한다.

09 다음 설명 중 잘못된 것은?

① 양전하를 많이 가진 물질은 전위가 낮다.
② 1초 동안에 1[C]의 전기량이 이동하면 전류는 1[A]이다.
③ 전위차가 높으면 높을수록 전류는 잘 흐른다.
④ 전류의 방향은 전자의 이동방향과는 반대방향으로 정한다.

|해①| 전위
전기적인 에너지이므로 양전하를 많이 가진 물질은 전위가 높다.

10 그림과 같이 공기 중에 놓인 2×10^{-8}[C]의 전하에서 2[m] 떨어진 점 P와 1[m] 떨어진 점 Q와의 전위차는?

① 80[V]
② 90[V]
③ 100[V]
④ 110[V]

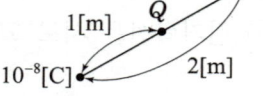

|해②| 전위차(전압)
$$V_{QP} = 9 \times 10^9 \frac{Q}{r} = 9 \times 10^9 Q \left(\frac{1}{r_Q} - \frac{1}{r_P}\right)$$
$$= 9 \times 10^9 \times 2 \times 10^{-8} \left(\frac{1}{1} - \frac{1}{2}\right) = 90[V]$$

11 표면 전하밀도 σ[C/m²]로 대전된 도체 내부의 전속밀도는 몇 [C/m²]인가?

① ϵ_o
② 0
③ σ
④ E/ϵ_o

|해②| 전기력선
대전된 도체 내부에 존재하지 않는다. 따라서 도체 내부에서는 전계(E)가 0이다.
∴ 도체 내부의 전속밀도 $D = \epsilon_o E = 0$이다.

12 2[C]의 전기량이 두 점 사이를 이동하여 48[J]의 일을 하였다면 이 두 점 사이의 전위차는 몇 [V]인가?

① 12
② 24
③ 48
④ 64

|해②| $W = Q \cdot V$[J]에서
∴ 전위차 $V = \frac{W}{Q} = \frac{48[J]}{2[C]} = 24[V]$

□□□ 08④,11④,13④,16③,23①

13 전기력선에 대한 설명으로 틀린 것은?

① 같은 부호의 전기력선은 흡인한다.
② 전기력선은 서로 교차하지 않는다.
③ 전기력선은 도체의 표면에 수직으로 출입한다.
④ 전기력선은 양전하의 표면에서 나와서 음전하의 표면에서 끝난다.

|해①| 전기력선의 성질
전기력선은 같은 종류의 전하에서 나오므로 항상 서로 밀어내는 반발력이 작용하고, 교차하지 않는다.

□□□ 07②,13④,15①

14 전기장의 세기 단위로 옳은 것은?

① [H/m]   ② [F/m]
③ [AT/m]   ④ [V/m]

|해④| 전기장의 세기
$E = \dfrac{V}{d}$ [V/m] $= \dfrac{F}{Q}$ [N/C]
전기장의 세기에 대한 단위거리당 전압을 의미 [V/m]한다.

□□□ 07③,18②,23①

15 10[V/m]의 전장에 어떤 전하를 놓으면 0.1[N]의 힘이 작용한다. 전하의 양은 몇 [C]인가?

① 10^2 ② 10^{-4}
③ 10^{-2} ④ 10^4

|해③| 전기장의 세기
$E = \dfrac{F}{Q}$ [N/C]에서
∴ 전하량 $Q = \dfrac{F}{E} = \dfrac{0.1}{10} = 0.01 = 10^{-2}$ [C]

□□□ 96,00,16②,19②

16 3[V]의 기전력으로 300[C]의 전기량이 이동할 때 몇 [J]의 일을 하게 되는가?

① 1,200   ② 900
③ 600   ④ 100

|해②| 일에너지
∴ $W = Q \cdot V$ [J] $= 300 \times 3 = 900$ [J]

□□□ 13①,14①

17 14[C]의 전기량이 이동해서 560[J]의 일을 했을 때 기전력은 얼마인가?

① 40[V]   ② 140[V]
③ 200[V]   ④ 240[V]

|해①|
기전력(전압) : V [V]
• 에너지 W [J] $= Q$ [C] $\times V$ [V]에서
∴ $V = \dfrac{W}{Q} = \dfrac{560}{14} = 40$ [V]

□□□ 01,02,03

18 다음 중 가우스의 정리를 이용하여 구하는 것은 어느 것인가?

① 전위
② 전기장(전계)의 세기
③ 전기장(전계)의 에너지
④ 전하간의 힘

|해②| 가우스의 정리(Gauss theorem)
• 전기장 세기와 전하의 분포 사이의 관계를 나타낸 정리이다.
• 특정 폐곡면을 통해 흐르는 전기선속은 그 폐곡면 내부의 총 전하량에 비례한다.

□□□ 07④,08④,09②,12①,15②

19 $Q[C]$의 전기량이 도체를 이동하면서 한 일을 $W[J]$이라 했을 때 전위차 $V[V]$를 나타내는 관계식으로 옳은 것은?

① $V = QW$
② $V = W/Q$
③ $V = Q/W$
④ $V = 1/(QW)$

| 해② |

$W = Q \cdot V [J]$

$\therefore V = \dfrac{W}{Q} [V]$

□□□ 01,02,03

20 10[cm] 떨어진 2장의 금속 평행판 사이의 전위차 500[V]일 때 이 평행판 안에서 전위의 기울기는?

① 5[V/m]
② 50[V/m]
③ 500[V/m]
④ 5,000[V/m]

| 해④ | 전위의 기울기(potential gradient)

$G = \dfrac{\Delta V}{\Delta l} [V/m, N/C]$

・$\Delta V = 500[V]$, $\Delta l = 10[cm] = 10 \times 10^{-2}[m]$

$\therefore G = \dfrac{500}{10 \times 10^{-2}} = 5{,}000 [V/m]$

CHAPTER 02 자기 회로

008 자석에 의한 자기 현상

1 자석의 종류
자석은 자기장이 발생하는 유형에 따라서 영구자석, 전자석, 초전도 자석으로 구분한다.

■ **영구자석** permanent magnet
외부에서 전기 에너지 등을 공급받지 않고도 영구적으로 안정된 자기장을 발생 및 유지하는 자석

■ **영구자석의 재료의 구비조건**
- 재료가 안정할 것
- 가격이 저렴할 것
- 열처리가 용이할 것
- 잔류자기와 보자력이 모두 클 것
- 전기적 기계적 성질이 양호할 것

■ **전자석** electromagnet
전류를 흘려주면 자성을 띠는 자석을 전자석이라 한다.

■ **전자석의 특징** electromagnet
- 전류의 방향이 바뀌면 전자석의 극도 바뀐다.
- 코일의 감은 수가 많을수록 강한 자석이 된다.
- 전류를 많이 공급하면 포화현상으로 자기력이 일정해진다.
- 같은 전류라도 코일 속에 철심을 넣으면 더 강한 전자석이 된다.

2 자석의 성질
같은 극끼리는 서로 반발력이 작용하고, 서로 다른 극끼리는 흡인력이 작용한다.

■ **일반적인 자석의 특징**
- 자석은 쇠붙이를 끌어당기는 성질이 있다.
- 자석은 남북을 가리키는 성질이 있다.
- 자석에는 N극과 S극이 있다.
- 자석의 자극으로부터 자기력선이 나온다.
- 자석의 같은 극끼리는 서로 반발하고 다른 극끼리는 끌어당긴다.
- 자석은 고온이 되면 자력이 감소되고 저온이 되면 자력이 증가된다.

■ **자기력선** line of magnetic force **의 특징**
자기장 안의 각 점에서 자기력의 방향을 나타내는 선으로 자력선이라고도 한다.

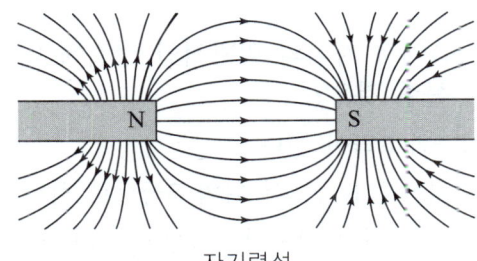

자기력선

- 자기장의 모양을 나타낸 선이다.
- 자기력선은 서로 교차하지 않는다.
- 자력이 강할수록 자기력이 강하다.
- 자석의 N극에서 시작하여 S극에서 끝난다.
- 자기장의 크기는 그 점에 있어서 자기력선의 밀도를 나타낸다.
- 자기장의 방향은 그 점을 통과하는 자기력선의 방향으로 표시한다.
- 자기력선의 밀도가 높은 곳이 그렇지 않은 곳보다 자기력이 강하다.
- 자극 m [Wb]에서 자력선의 총수 $N = \dfrac{m}{\mu} = \dfrac{m}{\mu_0 \mu_s}$ 개 자력선이 발생한다.

□□□ 08②,12①,13①③
01 자석의 성질로 옳은 것은?

① 자석은 고온이 되면 자력이 증가한다.
② 자기력선에는 고무줄과 같은 장력이 존재한다.
③ 자력선은 자석 내부에서도 N극에서 S극으로 이동한다.
④ 자력선은 자성체는 투과하고, 비자성체는 투과하지 못한다.

|해②| 자석의 성질
- 자석은 고온이 되면 자석의 성질이 없어진다.
- N극에서 나온 자기력선은 반드시 S극에서 끝난다.
- 자기력선은 비자성체를 투과한다.
- 자기력선에는 고무줄과 같은 장력이 존재한다.

□□□ 08②,12①,13①③
02 다음에서 자석의 일반적인 성질에 대한 설명으로 틀린 것은?

① N극과 S극이 있다.
② 자력선은 N극에서 나와 S극으로 향한다.
③ 자력이 강할수록 자기력선의 수가 많다.
④ 자석은 고온이 되면 자력이 증가한다.

|해④| 자석
자석은 고온이 되면 자력이 감소되고 저온이 되면 자력이 증가한다.

□□□ 16③
03 공기 중에서 m[Wb]의 자극으로부터 나오는 자속수는?

① m ② $\mu_o m$
③ $1/m$ ④ m/μ_o

|해①|
- 공기 중에서 m[Wb]의 자극으로 나오는 자속수 : $\phi = m$[Wb]

□□□ 08②,12①,13①③
04 자석에 대한 성질을 설명한 것으로 옳지 않은 것은?

① 자극은 자석의 양 끝에서 가장 강하다.
② 자극이 가지는 자기량은 항상 N극이 강하다.
③ 자석에는 언제나 두 종류의 극성이 있다.
④ 같은 극성의 자석은 서로 반발하고, 다른 극성은 서로 흡인한다.

|해②| 자석
자극은 N극과 S극으로 나뉘고 두 극의 세기는 서로 같다.

□□□ 13②,14①④
05 자력선의 성질을 설명한 것이다. 옳지 않은 것은?

① 자력선은 서로 교차하지 않는다.
② 자력선은 N극에서 나와 S극으로 향한다.
③ 진공 중에서 나오는 자력선의 수는 m개이다.
④ 한 점의 자력선 밀도는 그 점의 자장의 세기를 나타낸다.

|해③| 자력선의 총수
- 공기 중에서 m[Wb]의 자극으로 나오는 자속수 : m
- 자기력선의 총수 $N = \dfrac{1}{4\pi\mu_o} \cdot \dfrac{m}{r^2} 4\pi r^2 = \dfrac{m}{\mu_o}$

□□□ 06④,08③,09③,12②,14③,18②,19④
06 자기력선의 설명 중 맞는 것은?

① 자기력선은 자석의 N극에서 시작하여 S극에서 끝난다.
② 자기력선은 상호간에 교차한다.
③ 자기력선은 자석의 S극에서 시작하여 N극에서 끝난다.
④ 자기력선은 가시적으로 보인다.

| 해① |
- 자기력선은 도중에서 나누어지지 않고 다른 자기력선과 교차하지 않는다.
- 자기력선은 비가시적이다.

□□□ 06④,08②③,09③,12②,14③,20②

07 다음 중 자기력선(line of magnetic force)에 대한 설명으로 옳지 않은 것은?

① 자석의 N극에서 시작하여 S극에서 끝난다.
② 자기장의 방향은 그 점을 통과하는 자기력선의 방향으로 표시한다.
③ 자기력선은 상호간에 교차한다.
④ 자기장의 크기는 그 점에 있어서 자기력선의 밀도를 나타낸다.

| 해③ |
자기력선은 도중에서 나누어지지 않고 다른 자기력선과 교차하지 않는다.

009 자성체 magnetic substance

- **강자성체** : $\mu_s \gg 1$
  - 자석을 가까이 대기만 해도 자화되어 강한 힘으로 자석을 끌어당기게 되는 것을 강자성체라 한다.
  - 강자성체는 투자율(μ)이 가장 크기 때문에 자기 저항을 상당히 감소시킨다.
  - 강자성체 물체 : 철(Fe), 코발트(Co), 니켈(Ni), 망간(Mn)
  - ◎ 자기차폐 magnetic shielding
  - 전도성 또는 자성물질로 만들어진 장벽으로 장을 막음으로써 공간에서 전기 자기장을 감소시키는 것
  - 강자성체는 자속을 잘 흡수하기 위해서 자기차폐 효과를 가지고 있다.

- **상자성체** : $\mu_s > 1$
  상자성체 물체 : 알루미늄(Al), 백금(Pt), 주석(Sn), 공기, 액체 산소

- **반자성체** : $\mu_s < 1$

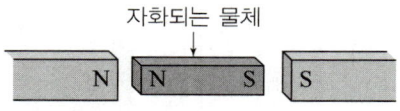

  - 형성되는 자기력의 방향이 외부 자기장과 반대 방향으로 자석에 반발하는 성질
  - 반자성체 물체 : 금(Au), 은(Ag), 아연(Zn), 납(Pb), 구리(Cu), 안티몬(Sb), 비스무트(Bi)

□□□ 09②,10②,15①,22①

01 물질에 따라 자석에 반발하는 물체를 무엇이라 하는가?

① 비자성체 ② 상자성체
③ 반자성체 ④ 가역성체

| 해③ | 반자성체
형성되는 자기력의 방향이 외부 자기장과 반대방향으로 자석에 반발하는 성질

□□□ 06③,13③,14③,18②

02 다음 중 강자성체가 아닌 것은 어느 것인가?

① 철 ② 코발트
③ 니켈 ④ 텅스텐

| 해④ | 자성체의 종류
- 강자성체 : 철, 코발트, 니켈, 망간 등
- 반자성체 : 수은, 금, 은, 납(Pb), 구리(Cu), 안티몬(Sb), 비스무트(Bi), 아연(Zn), 크롬 등
- 상자성체 : 액체 산소, 공기, 백금, 주석, 알루미늄 등

□□□ 12③,13④,15②

03 자기 회로에 강자성체를 사용하는 이유는?

① 자기 저항을 감소시키기 위하여
② 자기 저항을 증가시키기 위하여
③ 공극을 크게 하기 위하여
④ 주자속을 감소시키기 위하여

| 해① | 자기 저항 $R_m = \dfrac{l}{\mu A}$
- 자석을 가까이 대기만 해도 자화되어 강한 힘으로 자석을 끌어당기게 되는 것을 강자성체라 한다.
- 강자성체는 투자율(μ)이 가장 크기 때문에 자기 저항을 상당히 감소시킨다.

□□□ 02,05,09②,10②,15①,22②

04 다음 중 반자성체는?

① 안티몬 ② 알루미늄
③ 코발트 ④ 니켈

| 해① | 자성체의 종류
- 반자성체 : 수은, 금, 은, 납(Pb), 구리(Cu), 안티몬(Sb), 비스무트(Bi), 아연(Zn), 크롬 등
- 상자성체는 액체 산소, 공기, 백금, 주석, 알루미늄 등
- 강자성체 : 철, 코발트, 니켈, 망간 등

010 자기에 관한 쿨롱의 법칙

1 쿨롱의 법칙 Coulomb's law 과 투자율

두 개의 자극이 서로 밀거나 잡아당기는 힘은 자극의 세기에 비례하고 거리의 제곱에 반비례하는 법칙을 자기에 관한 쿨롱의 법칙이라 한다.

■ 투자율 magnetic permeability
- 자성체가 자성을 띠는 정도로 자성체에서 자속이 잘 통과하는 정도를 나타내는 상수이다.
- 투자율 $\mu = \mu_o \mu_s = 4\pi \times 10^{-7} \mu_s$ [H/m]
- 진공 및 공기 투자율

$$\mu_o = 4\pi \times 10^{-7} [H/m]$$

- 진공 및 공기에서의 투자비율 : $\mu_s = 1$

■ 진공 중에서의 자기력

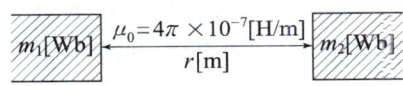

$$F = k\frac{m_1 m_2}{r^2} = \frac{1}{4\pi \mu_o}\frac{m_1 m_2}{r^2} = 6.33 \times 10^4 \frac{m_1 m_2}{r^2}$$

여기서, m_1, m_2 : 자극의 세기[Wb]
r : 자극 간의 거리[m]
μ_o : 진공투자율

2 자기장의 세기 magnetic field intensity

■ 자기장의 세기 자계의 세기
- m[Wb] 자극으로부터 r[m] 거리에 있는 자기장의 세기

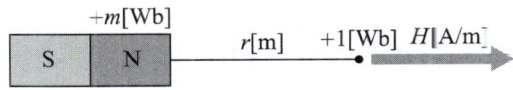

$$H = \frac{F}{m} = \frac{1}{4\pi \mu_o \mu_s}\frac{m}{r^2} [A/m]$$

$$= 6.33 \times 10^4 \frac{m}{r^2 \mu_s} [AT/m]$$

- 자기장 안에 m의 자극이 있을 때 자기력
$F = m \cdot H$ [N]
- 자기장과 자속밀도의 관계
자속밀도 $B = \mu H = \mu_o \mu_s H$ [Wb/m²]
- 공기 중에서 $+m$[Wb]의 자극으로부터 나오는 총 자기력선 수

자극의 세기	매질	자기력선의 총수
m[Wb]	공기(진공)	$N = \frac{m}{\mu_o} = \frac{m}{4\pi \times 10^{-7} [H/m]}$
	투자율 μ	$N = \frac{m}{\mu} = \frac{m}{\mu_o \mu_s}$

□□□ 08②,13①

01 다음 중 자장의 세기에 대한 설명으로 잘못된 것은?

① 자속밀도에 투자율을 곱한 것과 같다.
② 단위자극에 작용하는 힘과 같다.
③ 단위길이당 기자력과 같다
④ 수직 단면의 자력선 밀도와 같다.

|해①| 자속밀도 $B = \mu H$
- 자장의 세기 $H = \frac{자속밀도(B)}{투자율(\mu)}$
∴ 자속밀도를 투자율로 나눈 값과 같다.

□□□ 09④,12①②,15④

02 진공 속에서 1[m]의 거리를 두고 10^{-3}[Wb]와 10^{-5}[Wb]의 자극이 놓여 있다면 그 사이에 작용하는 힘[N]은?

① $4\pi \times 10^{-5}$[N] ② $4\pi \times 10^{-4}$[N]
③ 6.33×10^{-5}[N] ④ 6.33×10^{-4}[N]

|해④| 자기에 관한 쿨롱의 법칙
$$F = \frac{1}{4\pi \mu_o}\frac{m_1 m_2}{r^2} = 6.33 \times 10^4 \frac{m_1 m_2}{r^2} [N]$$
$$= 6.33 \times 10^4 \times \frac{10^{-3} \times 10^{-5}}{1^2} = 6.33 \times 10^{-4} [N]$$

☐☐☐ 09④,12①②,15④,19②,21①

03 진공 중에 두 자극 m_1, m_2를 r[m]의 거리에 놓았을 때 작용하는 힘 F의 식으로 옳은 것은?

① $F = \dfrac{1}{4\pi\mu_o} \times \dfrac{m_1 m_2}{r}$ [N]

② $F = \dfrac{1}{4\pi\mu_o} \times \dfrac{m_1 m_2}{r^2}$ [N]

③ $F = 4\pi\mu_o \times \dfrac{m_1 m_2}{r}$ [N]

④ $F = 4\pi\mu_o \times \dfrac{m_1 m_2}{r^2}$ [N]

|해②| 자기에 관한 쿨롱의 법칙

$F = \dfrac{1}{4\pi\mu_o} \dfrac{m_1 \cdot m_2}{r^2}$ [N] $= 6.33 \times 10^4 \dfrac{m_1 \cdot m_2}{r^2}$

• 진공의 투자율 $\mu_o = 4\pi \times 10^{-7}$ [H/m]

☐☐☐ 06①,08④,10④,15②,23①

04 공기 중에서 자기장의 세기가 100[AT/m]인 점에 8×10^{-2}[Wb]의 자극을 놓을 때 이 자극에 작용하는 자기력은?

① 8×10^{-4}[N]   ② 8[N]
③ 125[N]   ④ 1,250[N]

|해②| 자기력

$F = m \cdot H$ [N]
$= 8 \times 10^{-2} \times 100 = 8$ [N]

☐☐☐ 08③,23①

05 진공의 투자율 μ_o[H/m]은?

① 6.33×10^4 ② 8.55×10^{-12}
③ $4\pi \times 10^{-7}$ ④ 9×10^9

|해③| 진공의 투자율

$\mu_o = 4\pi \times 10^{-7}$ [H/m]

☐☐☐ 11④,14①④,16③,20②

06 공기 중에 +1[Wb]의 자극에서 나오는 자력선의 수는 몇 개인가?

① 6.33×10^4 ② 7.958×10^5
③ 8.855×10^3 ④ 1.256×10^6

|해②| 자력선의 총수

$N = \dfrac{m}{\mu} = \dfrac{m}{\mu_o \mu_s}$

• 자극의 세기 $m = 1$[Wb]
• 진공 중의 투자율 $\mu_o = 4\pi \times 10^{-7}$[H/m]
• 비투자율 $\mu_s = 1$

∴ $N = \dfrac{1}{4\pi \times 10^{-7} \times 1} = 795,774 = 7.958 \times 10^5$

☐☐☐ 09③

07 다음 중 자기장 내에서 같은 크기 m[Wb]의 자극이 존재할 때 자기장의 세기가 가장 큰 물질은?

① 초합금   ② 페라이트
③ 구리   ④ 니켈

|해③| 반자성체

• 자극이 존재할 때 자기장의 세기가 가장 크다.
• 금, 은, 아연, 구리, 크롬 등이 있다.

☐☐☐ 12①②③,15④

08 2개의 자극 사이에 작용하는 힘의 세기는 무엇에 반비례하는가?

① 전류의 크기   ② 자극 간의 거리의 제곱
③ 자극의 세기   ④ 전압의 크기

|해②| 자기력에 의한 쿨롱의 법칙

$F = \dfrac{1}{4\pi\mu_o} \dfrac{m_1 \cdot m_2}{r^2} = 6.33 \times 10^4 \dfrac{m_1 \cdot m_2}{r^2}$ [N]

두 자극의 곱($m_1 \times m_2$)에 비례하고 거리의 제곱(r^2)에 반비례한다.

09 공기 중에서 m[Wb]의 자극으로부터 나오는 자력선의 총수는 얼마인가? (단, μ는 물체의 투자율이다.)

① m　　　　　② $\mu \cdot m$
③ m/μ　　　　④ μ/m

|해③|

- 자력선의 총수 $N = \dfrac{m}{\mu} = \dfrac{m}{\mu_o \mu_s} = \dfrac{m}{\mu_o}$

  (진공일 때 투자율 $\mu_s = 1$)

- 자기력선의 총수 $N = \dfrac{1}{4\pi\mu_o} \cdot \dfrac{m}{r^2} \cdot 4\pi r^2 = \dfrac{m}{\mu_o}$

- 공기 중에서 m[Wb]의 자극으로 나오는 자속수
  : $\phi = m$

10 진공 중에서 같은 크기의 두 자극을 1[m] 거리에 놓았을 때 작용하는 힘이 6.33×10^4[N]이 되는 자극의 단위는?

① 1[N]　　　　② 1[J]
③ 1[Wb]　　　④ 1[C]

|해③| 자극의 세기

[방법1]

$F = k\dfrac{m_1 m_2}{r^2} = 6.33 \times 10^4 \dfrac{m^2}{r^2}$[N]에서

$m = \sqrt{\dfrac{Fr^2}{6.33 \times 10^4}}$

$= \sqrt{\dfrac{6.33 \times 10^4 \times 1^2}{6.33 \times 10^4}} = 1$[Wb]

참고 SOLVE 사용

[방법2]

$6.33 \times 10^4 = 6.33 \times 10^4 \dfrac{m^2}{1^2}$[N]

∴ 자극의 세기 : $m = 1$[Wb]
　자극(m)의 단위 : Wb

11 다음 설명 중 틀린 것은?

① 앙페르의 오른나사 법칙 : 전류의 방향을 오른나사가 진행하는 방향으로 하면, 이때 발생되는 자기장의 방향은 오른나사의 회전방향이 된다.
② 렌츠의 법칙 : 유도기전력은 자신의 발생 원인이 되는 자속의 변화를 방해하려는 방향으로 발생한다.
③ 패러데이의 전자 유도 법칙 : 유도기전력의 크기는 코일을 지나는 자속의 매초 변화량과 코일의 권수에 비례한다.
④ 쿨롱의 법칙 : 두 자극 사이에 작용하는 자력의 크기는 양 자극의 세기의 곱에 비례하며, 자극 간의 거리의 제곱에 비례한다.

|해④| 정자계의 쿨롱의 법칙

$F = \dfrac{1}{4\pi\mu_o} \dfrac{m_1 \cdot m_2}{r^2}$[N]

- 두 자극 사이에 작용하는 힘은 양 자극의 세기의 곱(m_1, m_2)에 비례하며, 양 자극 간의 거리의 제곱(r^2)에 반비례한다.

011 자기장의 세기를 구하는 법칙

❶ 앙페르의 오른나사 법칙

- 전류에 의해 만들어지는 자기장의 자기력선 방향을 간단하게 알아내는 법칙
- 전류의 방향은 엄지손가락과 같은 오른나사의 진행 방향으로 흐른다.
- 자기력선(자장)의 방향은 도선을 쥔 나머지 네 손가락의 방향, 오른나사가 회전하는 방향과 같다.

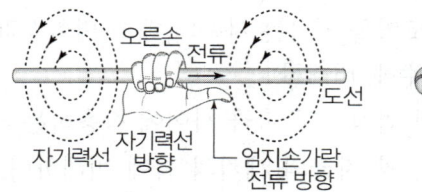

- 직선 전류에 의한 자기장과 솔레노이드 내부의 자기장은 앙페르 법칙을 이용해 구한다.

❷ 비오-사바르 Bio-Savart 의 법칙

- 전류에 의해 발생되는 자장의 세기(자계의 세기)를 알아내는 법칙
- 비오-사바르 법칙은 원형 전류 중심에서의 자기장의 세기를 구하는데 이용된다.

■ 비오-사바르의 법칙 정의

- I[A]의 전류가 흐르고 있는 도체의 미소 부분 Δl의 전류에 의해 이 부분에서 r[m]떨어진 P점의 자장(자기장)의 세기를 알아내는 법칙

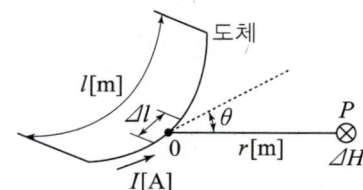

$$\Delta H = \frac{I \Delta l \sin\theta}{4\pi r^2} [\text{AT/m}]$$

여기서, ΔH : P점의 미소 자기장 세기[AT/m]
      I : 도체의 전류[A]
      Δl : 도체의 미소부분[m]
      r : 거리[m]
      θ : Δl과 P점을 연결하는 방향이 Δl과 이루는 각[rad]

❸ 자기장의 세기 자장세기, 자계의 세기

■ 원형 코일 중심의 자기장의 세기

$$H = \frac{N \cdot I}{2r} [\text{AT/m}]$$

여기서, N : 코일권수
      I : 전류[A]
      r : 반지름[m]

■ 환상 솔레노이드 내부 자기장 세기

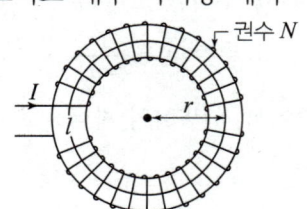

$$H = \frac{N \cdot I}{l} = \frac{N \cdot I}{2\pi r} [\text{AT/m}]$$

여기서, N : 코일권수
      I : 전류[A]
      r : 반지름[m]
      l : 평균자로의 길이[m]

■ 전류에 의한 자기장의 세기

- 무한장 솔레노이드에 의한 자기장 세기
- 철심의 평균 반지름으로 계산한 평균 둘레

$$H = \frac{N \cdot I}{l} = n_o I [\text{AT/m}]$$

여기서, N : 코일권수
      I : 전류[A]
      r : 반지름[m]
      $l = 2\pi r$: 자계의 경로[m]
      $n_o = \frac{N}{l}$: 단위길이당 코일 감은 횟수[T/m]

- 무한장 직선 전류에 의한 자기장 세기

$$H = \frac{I}{2\pi r} [\text{AT/m}]$$

여기서, I : 전류[A]
      r : 반지름[m]

□□□ 06①,07②,08④,11①,12③,13③,14④

01 전류에 의한 자계의 세기와 관계가 있는 법칙은?

① 옴의 법칙
② 렌츠의 법칙
③ 키르히호프의 법칙
④ 비오-사바르의 법칙

|해④| 자기장의 세기를 구하는 법칙
- 앙페르의 오른나사 법칙
- 비오-사바르(Bio-Savart)의 법칙

□□□ 89,99,01,02,05,06①③,07②,08④,09①,11①,12③,13③,14④

02 비오-사바르의 법칙과 가장 관계가 깊은 것은?

① 전류가 만드는 자장의 세기
② 전류와 전압의 관계
③ 기전력과 자계의 세기
④ 기전력과 자속의 변화

|해①| 비오-사바르의 법칙
전류에 의해 발생되는 자장의 세기(자계의 세기)를 알아내는 법칙

□□□ 06④,08②,10④,12③,13③

03 단위길이당 권수 100회인 무한장 솔레노이드에서 10[A]의 전류가 흐를 때 솔레노이드 내부의 자장[AT/m]은?

① 10   ② 100
③ 1,000   ④ 10,000

|해③| 무한장 솔레노이드 내부의 자장
- 무한장 솔레노이드 : 철심과 그것을 감은 코일이 일자로 무한히 긴 형태
- $H = \dfrac{NI}{l} = n_o I$ [AT/m]
- 단위길이당 권수 $N_o = 100$회
- ∴ $H = 100 \times 10 = 1,000$ [AT/m]
- ∵ 원의 둘레 : $\pi d = 2\pi r = l$

□□□ 12③,14④,17②

04 그림과 같이 I[A]의 전류가 흐르고 있는 도체의 미소부분 Δl의 전류에 의해 이 부분이 r[m] 떨어진 지점 P의 자기장 ΔH[A/m]는?

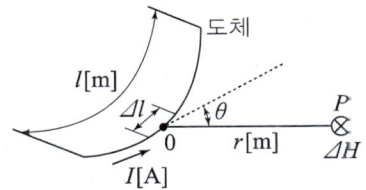

① $\Delta H = \dfrac{I^2 \Delta l \sin\theta}{4\pi r^2}$
② $\Delta H = \dfrac{I \Delta l^2 \sin\theta}{4\pi r}$
③ $\Delta H = \dfrac{I^2 \Delta l \sin\theta}{4\pi r}$
④ $\Delta H = \dfrac{I \Delta l \sin\theta}{4\pi r^2}$

|해④| 비오-사바르의 법칙
- I[A]의 전류가 흐르고 있는 도체의 미소 부분 Δl의 전류에 의해 이 부분에서 r[m] 떨어진 P점의 자장(자기장)의 세기를 알아내는 법칙
- $\Delta H = \dfrac{I \Delta l \sin\theta}{4\pi r^2}$ [AT/m]

□□□ 07④,08③,12③,13①,15③④,20②

05 전류에 의해 만들어지는 자기장의 자기력선 방향을 간단하게 알아내는 방법은?

① 플레밍의 왼손 법칙
② 렌츠의 자기유도 법칙
③ 앙페르의 오른나사 법칙
④ 패러데이의 전자 유도 법칙

|해③| 앙페르의 오른나사 법칙
- 전류에 의해 발생되는 자기장에서 자력선의 방향을 간단하게 알아내는 법칙
- 전류의 방향은 엄지손가락과 같은 오른나사의 진행방향으로 흐른다.
- 자기력선의 방향은 도선을 쥔 나머지 네 손가락의 방향, 오른나사가 회전하는 방향과 같다.

□□□ 07④,08③,12③,13①,15③④

06 전류에 의해 발생되는 자기장에서 자력선의 방향을 간단하게 알아내는 법칙은?

① 오른나사의 법칙   ② 플레밍의 왼손 법칙
③ 주회적분의 법칙   ④ 줄의 법칙

| 해① | 각 법칙의 원리 |

렌츠의 법칙	유도 기전력의 방향
플레밍의 오른손 법칙	자기장 내의 도체운동에 의한 유도기전력의 방향 (발전기의 원리)
플레밍의 왼손 법칙	자기장 내의 도체에 흐르는 전류에 의한 힘의 방향 (전동기의 원리)
앙페르의 오른 나사 법칙	자기장의 자기력선 방향
비오-사바르의 법칙	자기장(자계)의 세기

□□□ 15③

07 1[cm]당 권선수가 10인 무한길이 솔레노이드에 1[A]의 전류가 흐르고 있을 때 솔레노이드 외부 자계의 세기[AT/m]는?

① 0   ② 5
③ 10   ④ 20

| 해① | 무한길이 솔레노이드에 의한 자계
- 외부자계 $H=0$[AT/m]이다.
- 내부자계 $H=n_o I$[AT/m]

□□□ 04,06③,07③,09②③④,11①,13②,16②,20②

08 반지름 50[cm], 권수 10[회]인 원형 코일에 0.1[A]의 전류가 흐를 때, 이 코일 중심의 자계의 세기 H는?

① 1[AT/m]   ② 2[AT/m]
③ 3[AT/m]   ④ 4[AT/m]

| 해① | 원형 코일 중심의 자계(자기장)의 세기
$$H=\frac{NI}{2r}=\frac{10\times 0.1}{2\times 0.5}=1[AT/m]$$

□□□ 06③,07③,09②③④,11①,13②,16②

09 환상 솔레노이드 내부의 자기장의 세기에 관한 설명으로 옳은 것은?

① 자장의 세기는 권수에 반비례한다.
② 자장의 세기는 권수, 전류, 평균 반지름과는 관계가 없다.
③ 자장의 세기는 평균 반지름에 비례한다.
④ 자장의 세기는 전류에 비례한다.

| 해④ |
- 환상 솔레노이드의 자기장(자계)의 크기
$$H=\frac{코일의\ 감긴\ 수\times 전류}{자기\ 회로의\ 평균\ 깊이}$$
$$=\frac{N\times I}{l}=\frac{N\times I}{2\pi r}[AT/m]$$
- r : 원 중심에서 철심부분의 중심까지의 거리
- 자장의 세기(H)는 전류(I)와 권수(N)에 비례한다.

□□□ 07④,08③,12③,13①,15③④

10 전류의 방향과 자장의 방향은 각각 나사의 진행방향과 회전방향에 일치한다와 관계가 있는 법칙은?

① 플레밍의 왼손 법칙
② 앙페르의 오른나사 법칙
③ 플레밍의 오른손 법칙
④ 키르히호프의 법칙

| 해② | 앙페르의 오른나사 법칙
- 전류에 의해 발생되는 자기장에서 자력선의 방향을 간단하게 알아내는 법칙
- 전류의 방향은 엄지손가락과 같은 오른나사의 진행방향으로 흐른다.
- 자기력선의 방향은 도선을 쥔 나머지 네 손가락의 방향, 오른나사가 회전하는 방향과 같다.

□□□ 07②,11①③,12③,13④,15①,16②

11 반지름 5[cm], 권수 100회인 원형 코일에 15[A]의 전류가 흐르면 코일중심의 자장의 세기는 몇 [AT/m]인가?

① 750　　　　② 3,000
③ 15,000　　　④ 22,500

| 해③ | 원형 코일 중심의 자장의 세기

$H = \dfrac{NI}{2r}$ [AT/m]

- 반지름 $r = 5[\text{cm}] = 0.05[\text{m}]$

∴ $H = \dfrac{100 \times 15}{2 \times 0.05} = 15,000$ [AT/m]

□□□ 00,01,07①,19①,23①

12 무한장 직선 도체에 전류를 통했을 때 10[cm] 떨어진 점의 자계의 세기가 2[AT/m]라던 전류의 크기는 약 몇 [A]인가?

① 1.26　　　② 2.16
③ 2.84　　　④ 3.14

| 해① | 직선(무한정) 도체에 의한 자장(자계)의 세기

$H = \dfrac{I}{2\pi r}$ [AT/m] 에서

[방법1]
전류 $I = H \cdot 2\pi r$
    $= 2 \times 2\pi \times 0.10 = 1.26$ [A]

[방법2] SOLVE 사용

$\dfrac{I(전류)}{2\pi \times 0.10} = 2$ [AT/m]

∴ 전류 $I = 1.2566 = 1.26$ [A]

□□□ 11①,13④,16②

13 반지름 0.2[m], 권수 50회의 원형 코일이 있다. 코일 중심의 자기장의 세기가 850[AT/m]이었다면 코일에 흐르는 전류의 크기는?

① 0.68[A]　　　② 6.8[A]
③ 10[A]　　　　④ 20[A]

| 해② | 원형 코일 중심의 자장의 세기

$H = \dfrac{NI}{2r}$ [AT/m]

- 반지름 $r = 0.2$ [m]

[방법1] 전류 $I = \dfrac{H \cdot 2r}{N} = \dfrac{850 \times 2 \times 0.2}{50} = 6.8$ [A]

[방법2] SOLVE 사용

- $H = \dfrac{50 \times I}{2 \times 0.2} = 850$ [AT/m]

∴ $I = 6.8$ [A]

□□□ 06①③,07②,08④,11①,12③,13③,14④

14 전류에 의해 발생되는 자장의 크기는 전류의 크기와 전류가 흐르고 있는 도체와 고찰하려는 점까지의 거리에 의해 결정된다. 이러한 관계를 무슨 법칙이라 하는가?

① 비오-사바르의 법칙
② 플레밍의 왼손 법칙
③ 쿨롱의 법칙
④ 패러데이의 법칙

| 해① | 비오-사바르의 법칙(Biot-Savart law)

전류에 의해 발생되는 자장의 세기(자계의 세기)를 알아내는 법칙

□□□ 06④,08④,10④,12③,13③,19②

15 평균길이 10[cm], 권수 10회인 흰상 솔레노이드에 3[A]의 전류가 흐르면 그 내부의 자장의 세기 [AT/m]는?

① 300　　　② 30
③ 3　　　　④ 0.3

| 해① | 환상 솔레노이드 내부 자장의 세기

$H = \dfrac{코일의\ 감긴\ 수 \times 전류}{자기\ 회로의\ 평균\ 깊이} = \dfrac{N \times I}{l}$ [AT/m]

- 평균 자로의 길이 $l = 10[\text{cm}] = 0.10[\text{m}]$

∴ $H = \dfrac{N \times I}{l} = \dfrac{10 \times 3}{0.10} = 300$ [AT/m]

정답 011　11 ③　12 ①　13 ②　14 ①　15 ①

□□□ 06④,08②,10④,12③,13③,19②,22②

16 평균 길이 40[cm]의 환상 철심에 200회의 코일을 감고, 여기에 5[A]의 전류를 흘렸을 때 철심 내의 자기장의 세기는 몇 [AT/m]인가?

① 25×10^2[AT/m]　② 2.5×10^2[AT/m]
③ 200[AT/m]　④ 8,000[AT/m]

| 해① | 환상 솔레노이드의 자계의 크기

$$H = \frac{코일의\ 감긴\ 수 \times 전류}{자기회로의\ 평균\ 깊이}$$
$$= \frac{N \times I}{l} = \frac{N \times I}{2\pi r}[\text{AT/m}]$$
$$\therefore H = \frac{N \times I}{l} = \frac{200 \times 5}{0.40} = 2,500 = 25 \times 10^2[\text{AT/m}]$$

□□□ 06②,18①

17 긴 직선 도선에 I의 전류가 흐를 때 이 도선으로부터 r만큼 떨어진 곳의 자장의 세기는?

① 전류 I에 반비례하고 r에 비례한다.
② 전류 I에 비례하고 r에 반비례한다.
③ 전류 I의 제곱에 반비례하고 r에 반비례한다.
④ 전류 I에 반비례하고 r의 제곱에 반비례한다.

| 해② | 직선(무한정)도체에 의한 자장(자계)의 세기

$$H = \frac{I}{2\pi r}[\text{AT/m}]$$

∴ 도선에 흐르는 전류(I)에 비례하고 도선으로부터의 거리(r)에 반비례한다.

□□□ 06④,08②,10④,12③,13③,24②

18 자화력(자기장의 세기)을 표시하는 식과 관계가 되는 것은?

① NI　② μIl
③ $\dfrac{NI}{\mu}$　④ $\dfrac{NI}{l}$

| 해④ | 자화력(자기장의 세기)

$$H = \frac{코일의\ 감긴\ 수 \times 전류}{자기회로의\ 평균\ 깊이} = \frac{N \times I}{l}[\text{AT/m}]$$

□□□ 99,05,06③,07③,09②③④,11①,13②,16②

19 반지름 r, 권수 N인 원형 코일에 전류 I[A]가 흐를 때 그 중심의 자장의 세기의 식은?

① $\dfrac{N \cdot I}{2r}$　② $\dfrac{I}{N}$
③ $\dfrac{N \cdot I}{4r}$　④ $\dfrac{N \cdot I}{2}\pi r$

| 해① | 원형코일 중심의 자장(자계)의 크기

$$H = \frac{N \cdot I}{2r}[\text{AT/m}]$$

r : 도체와 중심거리(원형 코일의 반경)[m]

□□□ 98,05

20 다음 식은 전류에 의한 자기장의 세기에 관한 법칙을 설명한 것이다. 어떤 법칙인가?

$$\Delta H = \frac{I\Delta l}{4\pi r^2}\sin\theta[\text{AT/m}]$$

① 렌츠의 법칙
② 가우스의 법칙
③ 스타인 메츠의 실험식
④ 비오-사바르의 법칙

| 해④ | 비오-사바르의 법칙
- I[A]의 전류가 흐르고 있는 도체의 미소 부분 Δl의 전류에 의해 이 부분에서 r[m] 떨어진 P점의 자장(자기장)의 세기를 알아내는 법칙
- $\Delta H = \dfrac{I\Delta l \sin\theta}{4\pi r^2}[\text{AT/m}]$

정답　16 ①　17 ②　18 ④　19 ①　20 ④

012 자기 회로와 자기 저항

■ 자기회로 magnetic circuit
자속(ϕ)이 통과하는 폐회로를 자기회로라 한다.
- 자기장의 세기 : 단위 길이당 기자력

$$H = \frac{N \cdot I}{l} [AT/m]$$

■ 기자력 magnetic motive force
- N회 감긴 코일에 자속(ϕ)을 유도시킬 수 있는 힘

$$F = N \cdot I = R_m \phi [AT]$$

■ 자기 저항 Reluctance
- 자속(ϕ)의 발생을 방해하는 성질의 정도
- 자로의 길이(l)에 비례하고 자로의 단면적(A)과 투자율(μ)에 반비례한다.

$$\text{자기 저항 } R_m = \frac{N \cdot I}{\phi} = \frac{l}{\mu A} [AT/Wb]$$

- 자기 저항의 단위 : [AT/Wb]

■ 자기 회로의 옴 Ohm 법칙

$$\text{자속 } \phi = \frac{F}{R_m} [Wb]$$

---

01 자기 회로의 길이 l [m], 단면적 A [m²], 투자율 μ [H/m]일 때 자기 저항 R [AT/Wb]을 나타내는 것은?

① $R = \frac{\mu l}{A}$ [AT/Wb]

② $R = \frac{A}{\mu l}$ [AT/Wb]

③ $R = \frac{\mu A}{l}$ [AT/Wb]

④ $R = \frac{l}{\mu A}$ [AT/Wb]

| 해④ | 자기 저항 $R = \frac{l}{\mu A}$ [AT/Wb]

---

02 단면적 5[cm²], 길이 1[m], 비투자율 10^3인 환상 철심에 600회의 권선을 감고 이것에 0.5[A]의 전류를 흐르게 한 경우 기자력은?

① 100[AT] ② 200[AT]
③ 300[AT] ④ 400[AT]

| 해③ | 기자력(magnetomotive force)
- 자기 회로 내에 자속이 생성되게 하는 힘
- $F = N \cdot I = 600 \times 0.5 = 300$ [AT]

---

03 자기 저항의 단위는?

① [AT/m] ② [Wb/AT]
③ [AT/Wb] ④ [Ω/AT]

| 해③ |
자기 저항 : 자속(ϕ)의 흐름을 방해

$$R_m [AT/Wb] = \frac{\text{기자력 } F[AT]}{\text{자속 } \phi [Wb]} = \frac{l}{\mu A} [AT/Wb]$$

---

04 자기 저항 1,000[AT/Wb]의 자로에 40,000[AT]의 기자력을 가할 때 생기는 자속[Wb]은 다음 중 어느 것인가?

① 40 ② 30
③ 20 ④ 10

| 해① | 자기 회로의 옴 법칙

$$\phi = \frac{F}{R_m} = \frac{40,000}{1,000} = 40 [Wb]$$

013 전자력 electromagnetic force

◎ 전자력 : 자기장 내에 도체를 놓고 전류를 흘리면 전류에 의해 도체가 받는 힘

■ 플레밍의 왼손 법칙
• 플레밍의 왼손 법칙은 직류 전동기의 원리에 적용되는 법칙이다.

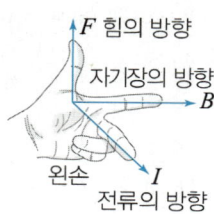 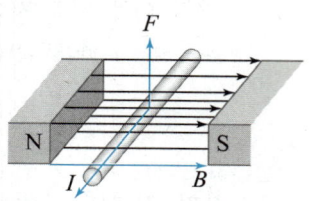

• 엄지(F) : 힘(전자력)의 방향, 도체가 자기장에서 받는 힘
• 검지(B) : 자기장의 방향
• 중지(I) : 전류의 방향
• 자기장 내의 도선에 전류가 흐를 때 도선이 받는 힘의 방향을 나타낸다.

■ 직선 도체에 작용하는 전자력의 크기
자속밀도 $B[\text{Wb/m}^2]$가 평등 자기장 내에 자기장과 직각방향으로 길이 1[m]인 도체를 놓고 1[A]의 전류를 흘리면 도체에 작용하는 힘

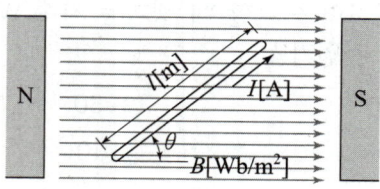

$$F = BIl\sin\theta [\text{N}]$$

여기서, B : 자속밀도[Wb/m²]
I : 도체에 흐르는 전류[A]
l : 도체의 길이[m]
θ : 자장과 도체가 이루는 각

■ 전자력의 크기와 방향
• 평행한 두 도체가 r[m]만큼 떨어져 있고 각 도체에 흐르는 전류가 I_1, I_2일 때

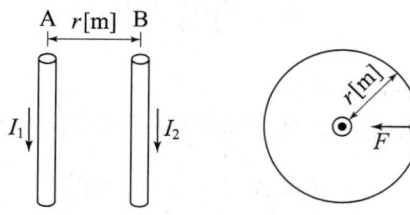

• 평행한 도체 사이에 작용하는 전자력의 크기

$$F = \frac{\mu I_1 I_2}{2\pi r} = \frac{4\pi \times 10^{-7} I_1 I_2}{2\pi r}$$
$$= \frac{2 I_1 I_2}{r} \times 10^{-7} = 2 \times 10^{-7} \frac{I_1 I_2}{r} [\text{N/m}]$$

• 평행 도체(전류) 사이에 작용하는 전자력의 방향
 · 전류가 같은 방향으로 흐를 때 : 흡인력 작용
 · 전류가 서로 반대방향 흐를 때 : 반발력 작용

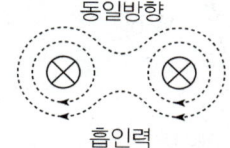 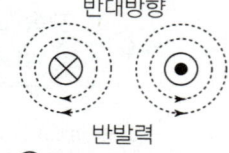

⊗ 전류가 들어가는 방향 ⊙ 전류가 나오는 방향

■ 자기모멘트 magnetic moment 와 토크
• 자석의 세기를 나타낼 때 사용되는 이론으로 자석의 길이에 자석의 양끝 자기의 세기를 곱한 값으로 자기모멘트를 구할 수 있다.
• 자기모멘트

$$M = m \cdot l [\text{Wb} \cdot \text{m}]$$

m : 자극의 세기[Wb], l : 자극의 길이[m]

• 토크 : 막대자석의 회전력
$$T = MH\sin\theta [\text{N} \cdot \text{m}] = mlH\sin\theta [\text{N} \cdot \text{m}]$$

□□□ 14③④,20④,22①

01 공기 중에서 5[cm] 간격을 유지하고 있는 2개의 평행 도선에 각각 10[A]의 전류가 동일한 방향으로 흐를 때 도선 1[m]당 발생하는 힘의 크기 [N]는?

① 4×10^{-4} ② 2×10^{-5}
③ 4×10^{-5} ④ 2×10^{-4}

|해①| 평형한 두 전류간에 작용하는 힘

$$F = \frac{2I_1 I_2}{r} \times 10^{-7} [\text{N/m}]$$

간격 $r = 5[\text{cm}] = 0.05[\text{m}]$

$$\therefore F = \frac{2 \times 10^2}{0.05} \times 10^{-7} \times 1[\text{m}] = 4 \times 10^{-4} [\text{N}]$$

□□□ 13①,15①,16②

02 평등 자장 내에 있는 도선에 전류가 흐를 때 자장의 방향과 어떤 각도로 되어 있으면 작용하는 힘이 최대가 되는가?

① 30°   ② 45°
③ 60°   ④ 90°

|해④| 전자력 크기

$F = BIl\sin\theta$

θ : 자장의 방향과 직각일 때 가장 크다.

$\therefore \theta = 90°$

□□□ 07②,14④

03 자속밀도 0.5[Wb/m²]의 자장 안에 자장과 직각으로 20[cm]의 도체를 놓고 이것에 10[A]의 전류를 흘릴 때 도체가 50[cm] 운동한 경우의 한 일은 몇 [J]인가?

① 0.5   ② 1
③ 1.5   ④ 5

|해①| 운동한 일 $W = F \cdot r$

전자력의 세기

$F = BIl\sin\theta = 0.5 \times 10 \times 0.20 \sin 90° = 1[\text{N}]$

$\therefore W = 1 \times 0.50 = 0.50 [\text{J}]$

□□□ 11②,15②

04 서로 가까이 나란히 있는 두 도체에 전류가 반대 방향으로 흐를 때 각 도체 간에 작용하는 힘은?

① 흡인한다.
② 반발한다.
③ 흡인과 반발을 되풀이한다.
④ 처음에는 흡인하다가 나중에는 반발한다.

|해②| 두 도체에 전류가 흐를 때

• 전류방향과 반대(왕복 도체)일 때 : 반발력 작용
   ←⊕ ⊕→

• 같은 전류방향일 때 : 흡인력 작용
   ⊕→ ←⊖

□□□ 06②,10①,15①,16②

05 공기 중에서 자속밀도 3[Wb/m²]의 평등 자장 속에 길이 10[cm]의 직선 도선을 자장의 방향과 직각으로 놓고 여기에 4[A]의 전류를 흐르게 하면 이 도선이 받는 힘은 몇 [N]인가?

① 0.5   ② 1.2
③ 2.8   ④ 4.2

|해②| 전자력의 크기

$F = BIl\sin\theta$

• $l = 10[\text{cm}] = 0.10[\text{m}]$
• θ : 자장의 방향과 직각 ∴ 90°

$\therefore F = 3 \times 4 \times 0.10 \sin 90° = 1.2 [\text{N}]$

□□□ 06②,10②,15①,16②,18③,21①

06 자속밀도 2[Wb/m²]의 평등 자장 안에 길이 20[cm]의 도선을 자장과 60°의 각도로 놓고 5[A]의 전류를 흘리면 도선에 작용하는 힘은 몇 [N]인가?

① 0.1   ② 0.75
③ 1.732   ④ 3.46

|해③| 전자력의 크기

$F = BIl\sin\theta = 2 \times 5 \times 0.20 \sin 60° = 1.732 [\text{N}]$

정답 013   01 ①   02 ④   03 ①   04 ②   05 ②   06 ③

07 다음 중 전동기의 원리에 적용되는 법칙은?

① 렌츠의 법칙
② 플레밍의 오른손 법칙
③ 플레밍의 왼손 법칙
④ 옴의 법칙

| 해③ | 플레밍의 법칙 |

구분	왼손 법칙	오른손 법칙
방향	힘(전자력)의 방향	유도기전력의 방향
적용	전동기의 원리	발전기의 원리

08 전자력의 방향과 관계가 없는 것은?

① 렌츠의 법칙
② 패러데이의 법칙
③ 플레밍의 오른손 법칙
④ 플레밍의 왼손 법칙

| 해② | 법칙의 원리 |

렌츠의 법칙	유도기전력의 방향
패러데이의 법칙	유도기전력의 크기
플레밍의 오른손 법칙	자기장 내의 도체운동에 의한 유도기전력의 방향 (발전기의 원리)
플레밍의 왼손 법칙	자기장 내의 도체에 흐르는 전류에 의한 힘의 방향(전동기의 원리)

09 자극의 세기가 20[Wb]인 길이 15[cm]의 막대자석의 자기모멘트는 몇 [Wb·m]인가?

① 0.45   ② 1.5
③ 3.0   ④ 6.0

| 해③ | 자기모멘트(자기 쌍극자 모멘트)
$M = m \cdot l = 20 \times 0.15 = 3.0 [Wb \cdot m]$

10 플레밍의 왼손 법칙에서 전류의 방향을 나타내는 손가락은?

① 엄지   ② 검지
③ 중지   ④ 약지

| 해③ | 플레밍의 왼손 법칙
• 엄지 : 힘(전자력)의 방향 F
• 검지(집게손가락) : 자기장(자속밀도)의 방향 B
• 중지(가운데손가락) : 전류의 방향 I

11 플레밍의 왼손 법칙에서 엄지손가락이 뜻하는 것은?

① 자기력선속의 방향
② 힘의 방향
③ 기전력의 방향
④ 전류의 방향

| 해② | 플레밍의 왼손 법칙
• 엄지 : 힘(전자력)의 방향 F
• 검지(집게손가락) : 자기장(자속밀도)의 방향 B
• 중지(가운데손가락) : 전류의 방향 I

12 자장 내에 있는 도체에 전류를 흘리면 힘(전자력)이 작용하는데, 이 힘의 방향은 어떤 법칙으로 정하는가?

① 플레밍의 오른손 법칙
② 플레밍의 왼손 법칙
③ 렌츠의 법칙
④ 앙페르의 오른나사 법칙

| 해② |
플레밍의 왼손 법칙의 정의이다.

13 그림과 같은 자극 사이에 있는 도체에 전류(I)가 흐를 때 힘은 어느 방향으로 작용하는가?

① 가
② 나
③ 다
④ 라

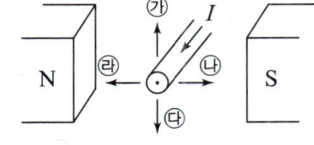

| 해① | 플레밍의 왼손 법칙

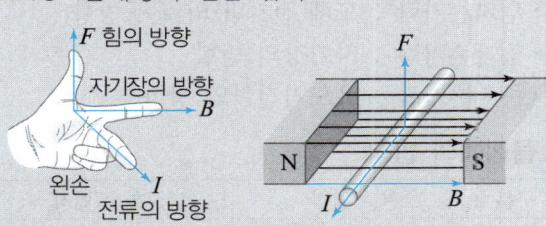

- 엄지(F) : 힘(전자력)의 방향, 도체가 자기장에서 받는 힘
- 검지(B) : 자기장의 방향
- 중지(I) : 전류의 방향

14 자극의 세기 4[Wb], 자축의 길이 10[cm]의 막대자석이 100[AT/m]의 평등자장 내에서 20[N·m]의 회전력을 받았다면 이때 막대자석과 자장과의 이루는 각도는?

① 0°
② 30°
③ 60°
④ 90°

| 해② | 막대자석의 회전력

$T = mlH\sin\theta$[N·m]에서

- $m = 4$[Wb]
- $l = 10$[cm] $= 0.10$[m]
- $H = 100$[AT/m]

$20 = 4 \times 0.10 \times 100 \sin\theta$[N·m]

참고 SOLVE 사용 ∴ $\theta = 30°$

또는 $\theta = \sin^{-1}\dfrac{T}{mlH}$

$= \sin^{-1}\dfrac{20}{4 \times 0.10 \times 100} = 30°$

15 자속밀도 $B = 0.2$[Wb·m²]의 자장 내에 길이 2[m], 폭 1[m], 권수 5회의 구형 코일이 자장과 30°의 각도로 놓여 있을 때 코일이 받는 회전력은? (단, 이 코일에 흐르는 전류는 2[A]이다.)

① $\sqrt{\dfrac{3}{2}}$ [N·m]
② $\dfrac{\sqrt{3}}{2}$ [N·m]
③ $2\sqrt{3}$ [N·m]
④ $\sqrt{3}$ [N·m]

| 해③ | 구형(평면) 코일이 받는 회전력

$T = NBabI\cos\theta$
$= 5 \times 0.2 \times 2 \times 1 \times 2\cos 30°$
$= 2\sqrt{3}$[N·m]

16 평행한 두 도선 간의 전자력은?

① 거리 r에 비례한다.
② 거리 r에 반비례한다.
③ 거리 r^2에 비례한다.
④ 거리 r^2에 반비례한다.

| 해② | 전자력

- 자계 속에 도체를 놓고 전류를 흐르게 하면 힘이 발생하는데 이 힘을 전자력이라 한다.
- 평행한 두 전류 간에 작용하는 힘

$F = \dfrac{\mu I_1 I_2}{2\pi r} = \dfrac{4\pi \times 10^{-7} I_1 I_2}{2\pi r} = \dfrac{2 I_1 I_2}{r} \times 10^{-7}$[N/m]

∴ 전자력은 거리에 반비례한다.

014 전자 유도 작용의 원리

- **전자 유도** electromagnetic induction
  자속이 시간에 따라 변화할 때 도체에 자속의 역방향으로 기전력이 발생하는 현상

- **패러데이의 법칙** Faraday's law : 유도기전력의 크기
  - 전자가 유도현상에 의해서 발생되는 전압의 세기를 수학적으로 정리한 법칙이다.
  - 전자가 유도현상에 의해 발생되는 유도기전력은 자속의 시간당 변화율에 비례한다.
  - 유도기전력 $e = N\dfrac{\Delta\phi}{\Delta t}$ [V]
    여기서, N : 코일 권수, $\Delta\phi$: 자속의 변화량
    Δt : 시간의 변화량

- **렌츠의 법칙** Lenz's law : 유도기전력의 방향
  - 유도기전력은 자신이 발생 원인이 되는 자속의 변화를 방해하려는 방향으로 발생한다.
  - 기전력의 방향(−) $e = -N\dfrac{\Delta\phi}{\Delta t}$ [V]
  - (−)는 자속(ϕ)의 증가 또는 감소를 방해하는 방향

- **플레밍의 오른손 법칙** : 유도기전력의 방향
  발전기에서 유도기전력의 방향과 크기를 결정하는 법칙이다.

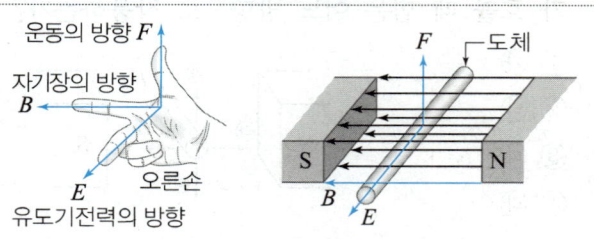

- 플레밍의 오른손 법칙(발전기 원리)
  - 엄지손가락 : 도체(전자력)의 운동방향
  - 집게손가락 : 자기장의 방향
  - 중지손가락 : 유도기전력의 방향

- **플레밍의 법칙**

구분	왼손 법칙	오른손 법칙
방향	자기장 내의 도체에 흐르는 전류에 의한 힘(전자력)의 방향	자기장 내의 도체운동에 의한 유도기전력의 방향
적용	전동기의 원리	발전기의 원리

- **교류발전기의 유도기전력의 크기**

$$e = Blv\sin\theta$$

여기서, B[Wb/m²] : 자속밀도
l[m] : 도체의 길이
v[m/sec] : 도체의 운동 속도
θ : 자기장의 방향

□□□ 97,98,99,03,04,06②,09④,10④,12①,13④,14②,22②
01 발전기의 유도 전압의 방향을 나타내는 법칙은?
① 패러데이의 법칙
② 렌츠의 법칙
③ 오른나사의 법칙
④ 플레밍의 오른손 법칙

| 해④ | 플레밍의 법칙

구분	왼손 법칙	오른손 법칙
방향	자기장 내의 도체에 흐르는 전류에 의한 힘의 방향	자기장 내의 도체운동에 의한 유도기전력의 방향
적용	전동기의 원리	발전기의 원리

□□□ 06②,09④,10④,12①,13④,14②
02 도체가 운동하여 자속을 끊었을 때 기전력의 방향을 알아내는 데 편리한 법칙은?
① 렌츠의 법칙
② 패러데이의 법칙
③ 플레밍의 왼손 법칙
④ 플레밍의 오른손 법칙

| 해④ | 플레밍의 법칙

구분	왼손 법칙	오른손 법칙
방향	전자력(힘)의 방향	유도기전력의 방향
적용	전동기의 원리	발전기의 원리

□□□ 06②,09④,10④,12①,13④,14②
03 플레밍의 오른손 법칙에서 셋째 손가락의 방향은?

① 운동방향
② 자속밀도의 방향
③ 유도기전력의 방향
④ 자력선의 방향

| 해③ | 플레밍의 오른손 법칙(유도기전력의 방향)
- 오른손 엄지 : 도체(전자력)의 운동 방향
- 오른손 검지(둘째 손가락) : 자기장의 방향
- 오른손 중지(셋째 손가락) : 유도기전력(전류)의 방향

□□□ 06④,08①,11②,16②③
04 다음은 어떤 법칙을 설명한 것인가?

전류가 흐르려고 하면 코일은 전류의 흐름을 방해한다. 또, 전류가 감소하면 이를 계속 유지하려고 하는 성질이 있다.

① 쿨롱의 법칙
② 렌츠의 법칙
③ 패러데이의 법칙
④ 플레밍의 왼손 법칙

| 해② | 렌츠의 법칙(유도기전력의 방향)
- 유도기전력의 방향을 정의한 법칙이다.
- 전류가 흐르려고 하면 코일은 전류의 흐름을 방해한다.
- 유도기전력은 자신이 발생 원인이 되는 자속의 변화를 방해하려는 방향으로 발생한다.

□□□ 11②③,12④,15③④
05 패러데이의 전자 유도 법칙에서 유도기전력의 크기는 코일을 지나는 (㉮)의 매초 변화량과 코일의 (㉯)에 비례한다.

① ㉮ 자속, ㉯ 굵기
② ㉮ 자속, ㉯ 권수
③ ㉮ 전류, ㉯ 권수
④ ㉮ 전류, ㉯ 굵기

| 해② | 패러데이의 전자 유도 법칙
유도기전력의 크기는 코일을 지나는 자속($\Delta\phi$)의 매초 변화량과 코일의 권수(N)에 비례한다.

□□□ 11①,13②,15③,21②
06 권수가 200인 코일에서 0.1초 사이에 0.4[Wb]의 자속이 변화한다면, 코일에 발생되는 기전력은?

① 8[V]
② 200[V]
③ 800[V]
④ 2,000[V]

| 해③ | (유도)기전력
$$e = N\frac{\Delta\phi}{\Delta t} = 200 \times \frac{0.4}{0.1} = 800[V]$$

□□□ 13③
07 자속밀도 B[Wb/m²]되는 균등한 자계 내에 길이 l[m]의 도선을 자계에 수직인 방향으로 운동시킬 때 도선에 e[V]의 기전력이 발생한다면 이 도선의 속도[m/s]는?

① $Ble\sin\theta$
② $Ble\cos\theta$
③ $\dfrac{Bl\sin\theta}{e}$
④ $\dfrac{e}{Bl\sin\theta}$

| 해④ |
유도기전력 : $e = Blv\sin\theta$
∴ 속도 $v = \dfrac{e}{Bl\sin\theta}$

□□□ 06④,08①,11②,16②③
08 유도기전력은 자신이 발생 원인이 되는 자속의 변화를 방해하려는 방향으로 발생한다. 이것을 나타내는 법칙은?

① 렌츠의 법칙
② 플레밍의 오른손 법칙
③ 패러데이의 법칙
④ 줄의 법칙

| 해① |
렌츠의 법칙(유도기전력의 방향)에 관한 설명이다.

015 인덕턴스 inductance

1 자기 자체 인덕턴스 self-inductance

■ 자기 유도기전력의 크기
- 자속(ϕ)의 변화율에 비례

  유도기전력 $e = -N\dfrac{\Delta\phi}{\Delta t}$ [V]

- 전류(I)의 변화율에 비례

  유도기전력 $e = -L\dfrac{\Delta I}{\Delta t}$ [V]

■ 자기 인덕턴스
- 인덕턴스의 기호는 L이고, 단위는 [H ; 헨리]이다.
- 1[H] : 1초 동안에 1[A]의 전류에 의한 1[Wb]의 자속이 유도되는 비율을 1[H]라 한다.
- 자기 인덕턴스 $L = \dfrac{N\phi}{I}$ [H] ; $N\phi = LI$
- 기자력 $F = N \cdot I = R_m\phi$ [AT]
  - 자속 $\phi = \dfrac{N \cdot I}{R_m}$, 자기저항 $R_m = \dfrac{l}{\mu A}$ [AT/Wb]

■ 자기 인덕턴스의 크기

$$L = \dfrac{N\phi}{I} = \dfrac{N}{I}\dfrac{NI}{R_m} = \dfrac{N^2}{R_m} = \dfrac{\mu A N^2}{l} \text{ [H]}$$

여기서, μ : 투자율[H/m]
　　　　A : 철심단면적[m^2]
　　　　N : 코일의 감은 횟수
　　　　ϕ : 자속[Wb]
　　　　l : 자로의 길이[m]
　　　　ϕ : 자속[Wb]
　　　　I : 인가된 전류[A]

- 자기 인덕턴스의 특징 : $L \propto N^2$

2 상호 인덕턴스 mutual inductance

■ 상호 유도기전력의 크기

$$e = -N_2\dfrac{\Delta\phi}{\Delta t} = -M\dfrac{\Delta I}{\Delta t} \text{ [V]}$$

여기서, N_2 : 2차 코일 권수, M : 상호 인덕턴스
　　　　$\pm$(+ : 가극성, − : 감극성)

■ 상호 인덕턴스 크기

$$M = \dfrac{N_2\phi_2}{I_1} \text{ [H]}$$

- 상호 인덕턴스의 단위 : 헨리[H]
- 상호 인덕턴스는 변압기에 응용된다.

■ 완전 결합시 상호 인덕턴스
환상 코일에서의 상호 인덕턴스

$$M = \dfrac{N_1 N_2}{R_m} = \dfrac{\mu A N_1 N_2}{l} = \dfrac{\mu_o \mu_s A N_1 N_2}{l}$$

■ 자기 인덕턴스와 상호 인덕턴스의 관계

$$M = k\sqrt{L_1 L_2} \text{ [H]}$$

- 결합계수 $k = \dfrac{M}{\sqrt{L_1 L_2}}$
- 결합계수 $k = 1$: 누설자속이 없는 경우
  여기서, L_1, L_2 : 두 코일의 자기 인덕턴스

3 코일의 접속방법

■ 직렬 접속 시 합성 인덕턴스

구분	가동 접속방법	차동 접속방법
	자속의 방향이 같은 방향	자속의 방향이 반대 방향
코일의 접속	(그림)	(그림)
합성 인덕턴스	$L_{가동} = L_1 + L_2 + 2M$ [H]	$L_{차동} = L_1 + L_2 - 2M$ [H]

■ 가동·차동 합성값을 이용한 상호 인덕턴스
- 가동 : $L_{가동} = L_1 + L_2 + 2M$ [H]
- 차동 : $L_{차동} = L_1 + L_2 - 2M$ [H]

$$M = \dfrac{L_{가동} - L_{차동}}{4}$$

□□□ 06④,07①,12③,14③,19②,23①

01 자체 인덕턴스가 100[H]가 되는 코일에 전류를 1초 동안 0.1[A]만큼 변화시켰다면 유도기전력 [H]은?

① 1[V]   ② 10[V]
③ 100[V] ④ 1,000[V]

| 해② | 유도기전력

$$e = L\frac{\Delta I}{\Delta t} = 100 \times \frac{0.1}{1} = 10[V]$$

□□□ 15②

02 다음 ( ) 안에 들어갈 알맞은 내용은?

자기 인덕턴스 1[H]는 전류의 변화율이 1[A/s] 일 때, ( )가(이) 발생할 때의 값이다.

① 1[N]의 힘   ② 1[J]의 에너지
③ 1[V]의 기전력 ④ 1[Hz]의 주파수

| 해③ | 자기 인덕턴스 L
- 인덕턴스의 기호는 L이고, 단위는 헨리[H]이다.
- 1[헨리 H] : 1초 동안에 1[A]의 전류가 변할 때 1[V]의 유도기전력을 발생시키는 코일의 자기인덕턴스 용량

□□□ 11②,12③,13④,15②,21④

03 단면적 $A[m^2]$, 자로의 길이 $l[m]$, 투자율 μ, 권수 N회인 환상 철심의 자체 인덕턴스[H]는?

① $\dfrac{\mu A N^2}{l}$ ② $\dfrac{A l N^2}{4\pi\mu}$
③ $\dfrac{4\pi A N^2}{l}$ ④ $\dfrac{\mu l N^2}{A}$

| 해① | 자체 인덕턴스

$$L = \frac{N\phi}{I} = \frac{NNI}{IR_m} = \frac{N^2}{R_m} = \frac{N^2}{\frac{l}{\mu A}} = \frac{\mu A N^2}{l}[H]$$

□□□ 06③,07③,08②,14④,16①,22②,23②

04 권선수 50회인 코일에 5[A]의 전류가 흘렀을 때 10^{-3}의 자속이 코일 전체를 쇄교하였다면 이 코일의 자체 인덕턴스는?

① 10[mH] ② 20[mH]
③ 30[mH] ④ 40[mH]

| 해① | 자체 인덕턴스 $L = \dfrac{N\phi}{I}$

$$\therefore L = \frac{50 \times 10^{-3}}{5} = 0.01[H] = 0.01 \times 10^3 = 10\,mH$$

□□□ 06②,09②,13④,15③,17④,19②,24①

05 자체 인덕턴스 L_1, L_2, 상호 인덕턴스 M인 두 코일을 같은 방향으로 직렬 연결한 경우 합성 인덕턴스는?

① $L_1 + L_2 + M$ ② $L_1 + L_2 - M$
③ $L_1 + L_2 + 2M$ ④ $L_1 + L_2 - 2M$

| 해③ |
- 합성 인덕턴스(가동접속 ; 같은 방향)
  가동 : $L_{가동} = L_1 + L_2 + 2M[H]$
- 합성 인덕턴스(차동접속 ; 반대방향)
  차동 : $L_{차동} = L_1 + L_2 - 2M[H]$

□□□ 09③,18①,24②

06 자기 인덕턴스가 각각 50[mH]와 80[mH]이고, 상호 인덕턴스가 60[mH]인 2개의 코일이 직렬로 가동 접속되었을 때, 합성 인덕턴스는? (단, 자기력선에 의한 영향을 서로 받는 경우다.)

① 200 ② 10
③ 30   ④ 250

| 해④ |
합성 인덕턴스(가동접속 ; 같은 방향)
$$L_{가동} = L_1 + L_2 + 2M[mH]$$
$$= 50 + 80 + 2 \times 60 = 250[mH]$$

□□□ 07⑤,12①,23①

07 감은 횟수 200회의 코일 P와 300회의 코일 S를 가까이 놓고 P에 1[A]의 전류를 흘릴 때 S와 쇄교하는 자속이 4×10^{-4}[Wb]이었다면 이들 코일 사이의 상호 인덕턴스는?

① 0.12[H] ② 0.12[mH]
③ 0.08[H] ④ 0.08[mH]

| 해① | 상호 인덕턴스

$$M = \frac{N_2 \phi_2}{I_1} = \frac{300 \times 4 \times 10^{-4}[\text{Wb}]}{1[\text{A}]} = 0.12[\text{H}]$$

□□□ 06③,08②,13①,15④,17①

08 L_1, L_2 두 코일이 접속되어 있을 때, 누설자속이 없는 이상적인 코일 간의 상호 인덕턴스는?

① $M = \sqrt{L_1 + L_2}$ ② $M = \sqrt{L_1 - L_2}$
③ $M = \sqrt{L_1 L_2}$ ④ $M = \sqrt{\frac{L_1}{L_2}}$

| 해③ | 상호 인덕턴스

$M = k\sqrt{L_1 L_2}$

• 누설자속이 없는 결합계수 $k = 1$
∴ $M = \sqrt{L_1 L_2}$[H]

□□□ 06③,08②,10④,13③,15④

09 자체 인덕턴스가 40[mH]와 90[mH]인 두 개의 코일이 있다. 두 코일 사이에 누설자속이 없다고 하면 상호 인덕턴스는?

① 50[mH] ② 60[mH]
③ 65[mH] ④ 130[mH]

| 해② | 상호 인덕턴스 $M = k\sqrt{L_1 L_2}$

결합계수 $k = 1$: 누설자속이 없는 경우
∴ $M = 1 \times \sqrt{40 \times 90} = 60$[mH]

□□□ 11③,12②,15①,22①

10 자체 인덕턴스가 각각 160[mH], 250[mH]의 두 코일이 있다. 두 코일 사이의 상호 인덕턴스가 150[mH]이면 결합계수는?

① 0.5 ② 0.62
③ 0.75 ④ 0.86

| 해③ | 상호 인덕턴스

$M = k\sqrt{L_1 L_2}$[H]에서

∴ 결합계수 $k = \frac{M}{\sqrt{L_1 L_2}} = \frac{150}{\sqrt{160 \times 250}} = 0.75$

□□□ 06④,12④,20①

11 자체 인덕턴스가 각각 L_1, L_2[H]인 두 원통 코일이 서로 직교하고 있다. 두 코일 사이의 상호 인덕턴스[H]는?

① $L_1 + L_2$ ② $L_1 L_2$
③ 0 ④ $\sqrt{L_1 L_2}$

| 해③ | 상호 인덕턴스

$M = k\sqrt{L_1 L_2}$

직각 교차하므로 자속이 없는 이상적인 결합계수 $k = 0$
∴ $M = 0 \times \sqrt{L_1 L_2} = 0$[H]

□□□ 14①,16②,19②,20①

12 환상 솔레노이드에 감겨진 코일에 권회수를 3배로 늘리면 자체 인덕턴스는 몇 배로 되는가?

① 3 ② 9
③ 1/3 ④ 1/9

| 해② | 환상 솔레노이드의 자체 인덕턴스

$$L = \frac{N\phi}{I} = \frac{NNI}{IR_m} = \frac{N^2}{R_m} = \frac{N^2}{\frac{l}{\mu A}} = \frac{\mu A N^2}{l}[\text{H}]$$

∴ $L \propto N^2$ ∴ $L = 3^2 = 9$배

016 코일의 저장에너지 자기에너지

■ 자기 인덕턴스에 축적되는 에너지

$$W = \frac{1}{2}LI^2 [\text{J}]$$

여기서, L : 자기 인덕턴스, I : 전류

■ 단위체적당 축적되는 에너지

$$W = \frac{1}{2}BH = \frac{1}{2}\mu H^2 = \frac{1}{2\mu}B^2 [\text{J/m}^3]$$

여기서, B : 자속밀도[Wb/m²]
H : 자장의 세기[AT/m]
μ : 투자율[H/m]

---

01 L[H]의 코일에 I[A]의 전류가 흐를 때 저축되는 에너지[J]를 나타내는 것은?

① $\frac{1}{2}LI$ ② LI^2
③ LI ④ $\frac{1}{2}LI^2$

|해 ④| 자기 인덕턴스의 축적에너지

$$W = \frac{1}{2}LI^2 [\text{J}]$$

여기서, L : 자기 인덕턴스, I : 전류

---

02 자체 인덕턴스 0.1[H]의 코일에 5[A]의 전류가 흐르고 있다. 축적되는 전자 에너지는?

① 0.25[J]   ② 0.5[J]
③ 1.25[J]   ④ 2.5[J]

|해 ③| 코일에 축적되는 에너지(전자 에너지)

$$W = \frac{1}{2}LI^2[\text{J}] = \frac{1}{2} \times 0.1 \times 5^2 = 1.25[\text{J}]$$

---

03 자기 인덕턴스에 축적되는 에너지에 대한 설명으로 가장 옳은 것은?

① 자기 인덕턴스 및 전류에 비례한다.
② 자기 인덕턴스 및 전류에 반비례한다.
③ 자기 인덕턴스에 비례하고 전류의 제곱에 비례한다.
④ 자기 인덕턴스에 반비례하고 전류의 제곱에 반비례한다.

|해 ③| 코일에 축적되는 에너지

$$W = \frac{1}{2}LI^2[\text{J}]$$

• 축적되는 에너지(W)는 자기 인덕턴스(L)에 비례한다.
• 축적되는 에너지(W)는 전류(I)의 제곱에 비례한다.

---

04 자체 인덕턴스 20[mH]의 코일에 30[A]의 전류를 흘릴 때 저축되는 에너지는?

① 15[J]   ② 3[J]
③ 9[J]   ④ 18[J]

|해 ③| 자기 인덕턴스 축적에너지

$$W = \frac{1}{2}LI^2[\text{J}]$$

• $L = 20[\text{mH}] = 20 \times 10^{-3}[\text{H}]$

$$\therefore W = \frac{1}{2} \times 20 \times 10^{-3} \times 30^2 = 9[\text{J}]$$

정답 016 01 ④ 02 ③ 03 ③ 04 ③

017 히스테리시스 곡선

■ 히스테리시스 곡선 B-H곡선, 자화곡선

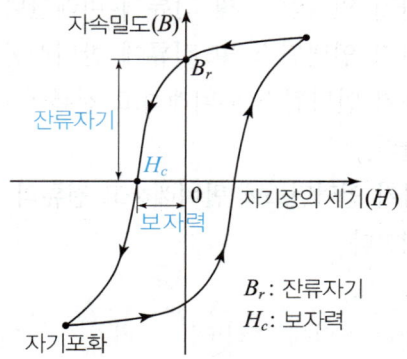

- 가로축(횡축) : 자기장의 세기(H)
- 세로축(종축) : 자속밀도(B)

■ 히스테리시스 곡선의 특징
- 히스테리시스 곡선은 자성체의 자기장 세기(H)의 변위를 자속 밀도(B)의 변화로 나타낸 것
- 가로축(횡축)과 만나는 점은 보자력(H_c)
- 세로축(종축)과 만나는 점은 잔류자기(B_r)

■ 히스테리시스 손실 스타인메츠의 실험식

$$P_h = \eta f B_m^{1.6} [\text{W/m}^3]$$

여기서, η : 히스테리시스상수, f : 주파수
B_m : 최대 자속밀도

□□□ 04①,06②,07②③,08④,10①,11④,13②

01 히스테리시스 곡선의 (ㄱ)가로축(횡축)과 (ㄴ)세로축(종축)은 무엇을 나타내는가?

① (ㄱ) 자속밀도, (ㄴ) 투자율
② (ㄱ) 자기장의 세기, (ㄴ) 자속밀도
③ (ㄱ) 자화의 세기, (ㄴ) 자기장의 세기
④ (ㄱ) 자기장의 세기, (ㄴ) 투자율

| 해② | 히스테리시스 곡선
- 히스테리시스 곡선은 자성체의 자기장 세기(H)의 변위를 자속 밀도(B)의 변화로 나타낸 것
- 가로축(횡축)과 만나는 점은 보자력
- 세로축(종축)과 만나는 점은 잔류자기

□□□ 08④,22①

02 자기 히스테리시스 곡선의 횡축과 종축은 어느 것을 나타내는가?

① 자기장의 크기와 자속밀도
② 투자율과 자속밀도
③ 투자율과 잔류자기
④ 자기장의 크기와 보자력

| 해① | 자기 히스테리시스 곡선
- 자속밀도(B) : 종축(세로방향)과 만나는 점 ; 잔류자기
- 자기장(자계)의 세기(H) : 횡축(가로방향)과 만나는 점 ; 보자력(保磁力 ; coercive force)

□□□ 04①,06②,07②③,08④,10①,11④,13②,18①,21①

03 히스테리시스 곡선이 횡축과 만나는 점의 값은 무엇을 나타내는가?

① 자속밀도   ② 자화력
③ 보자력   ④ 잔류자기

| 해③ | 히스테리시스 곡선
- 가로축(횡축)과 만나는 점은 보자력
- 세로축(종축)과 만나는 점은 잔류자기

□□□ 07④,15①

04 히스테리시스손은 최대 자속밀도의 몇 승에 비례하는가?

① 1.1   ② 1.6
③ 2.6   ④ 3.2

| 해② | 히스테리시스 손실(스타인메츠의 실험식)

$$P_h = \eta f B_m^{1.6} [\text{W/m}^2]$$

- η : 히스테리시스 상수
- B_m : 최대 자속밀도
- f : 주파수

정답 017 01 ② 02 ① 03 ③ 04 ②

CHAPTER 03 직류 회로

018 전기회로의 구성

◎ 전기가 흐를 수 있는 회로를 전기회로라 한다. 전기회로에는 저항, 건전지, 스위치 등의 전기 소자가 전선으로 연결되어 있다.

1 전류 I ; electric current
- 양(+) 또는 음(-)의 전하가 일정한 방향으로 이동하는 현상을 전류(電流)라 한다.
- 전류는 시간당 어느 한 지점을 지나는 전하량, 즉 1초당 1쿨롱과 동등한 전하의 흐름의 비율

  전류 $I = \dfrac{Q}{t}[\text{A}]$ ⇒ 전하량(전기량) : $Q = I \cdot t [\text{C}]$

  여기서, Q : 전하량(전기량)[C], t : 시간(sec)
- 전류의 기호 : I, 전류의 단위 : [A ; 암페어]

2 전압 V ; voltage
- 전압은 단위 양(+)전하를 음(-)전위에서 더 높은 양(+)전위로 움직이는 데 필요한 일
- 전원으로부터 전하량(Q)을 이동시키는 데 필요한 에너지(W)

  전압 $V = \dfrac{W}{Q}[\text{V}]$ ⇒ $W = Q \cdot V [\text{J}] = V \cdot Q [\text{J}]$

  여기서, V[V] : 볼트(V)의 단위로 전압
  W[J] : 줄(J) 단위로 일 또는 에너지
  Q[C] : 쿨롱(C) 단위로 전하량

■ 기전력 electromotive force
- 전류를 계속 흐르게 하려면 전압을 연속적으로 만들어 주는 힘을 기전력이라 한다.
- 기전력의 단위는 전압의 단위와 같은 볼트[V]를 사용한다.
- 기전력의 기호 : E(e) [V : 볼트]

3 저항 R ; resistance
- 도체에 전류가 흐를 때 전류의 흐름을 방해하는 정도를 나타내는 상수

  저항 $R = \dfrac{전압}{전류} = \dfrac{V[\text{V}]}{I[\text{A}]}[\Omega]$ ⇒ $V = R \cdot I [\text{V}]$

  여기서, R[Ω] : 옴(Ω)단위로 저항
  V[V] : 볼트(V) 단위로 전압
  I[A] : 암페어(A) 단위로 전류
- 전기회로에 1[V]의 전압을 가했을 때 1[A]의 전류가 흐르는 회로의 저항을 1[Ω]이라 한다.

4 옴의 법칙

■ 옴의 법칙 Ohm's law
옴의 법칙은 전기회로에서 도체에 흐르는 전류(I)의 크기가 일정하면 전압(V)의 크기에 비례하고, 전압(V)이 일정하다면 저항(R)의 크기에 반비례한다.

■ 전류와 전압과 저항의 관계
- 전류(I) : $I = \dfrac{V}{R}$
- 전압(V) : $I = \dfrac{V}{R}$ ⇒ $V = I \cdot R$
- 저항(R) : $V = I \cdot R$ ⇒ $R = \dfrac{V}{I}$

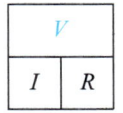 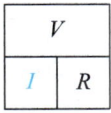 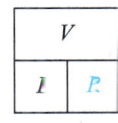

전압 $V = IR$ 전류 $I = \dfrac{V}{R}$ 저항 $R = \dfrac{V}{I}$

참고 전류의 단위 : $1[\text{A}] = 10^3[\text{mA}]$
저항의 단위 : $1[\Omega] = 10^{-3}[\text{k}\Omega]$

참고 A : 암페어(ampere), V : 볼트(voltage)
J : 줄(joule), C : 쿨롱(coulomb)
Ω : 옴(ohm), $\mho$: 모(mho)

□□□ 09①,21①
01 전류를 계속 흐르게 하려면 전압을 연속적으로 만들어 주는 어떤 힘이 필요하게 되는데, 이 힘을 무엇이라 하는가?

① 자기력　　　② 전자력
③ 기전력　　　④ 전기장

> |해③| 기전력(electromotive force)
> 전류(전기 에너지)를 발생시키고 지속적으로 흐르게 하는 원인(원동력)으로써 전압과 같은 의미로 사용

□□□ 06④,09①,10②,11④,12②,13②,20①
02 어떤 전지에서 5[A]의 전류가 10분간 흘렀다면 이 전지에서 나온 전기량은?

① 0.83[C]　　　② 50[C]
③ 250[C]　　　④ 3,000[C]

> |해④| 전기량 $Q[C]=I[A]\cdot t[\sec]$
> $t=10분\times 60=600초$
> ∴ $Q=5\times 600=3,000[C]$

□□□ 07③,08①,12①,16②
03 "회로에 흐르는 전류의 크기는 저항에 (㉮)하고, 가해진 전압에 (㉯)한다." ( ) 안에 알맞은 내용을 바르게 나열한 것은?

① ㉮ - 비례, ㉯ - 비례
② ㉮ - 비례, ㉯ - 반비례
③ ㉮ - 반비례, ㉯ - 비례
④ ㉮ - 반비례, ㉯ - 반비례

> |해③| 옴의 법칙
> • 전류의 힘 $I=\dfrac{V}{R}$
> • 전류의 크기는 전압에 비례하고 저항에 반비례한다.

□□□ 06④,09①,10②,11④,12②,13②
04 1[AH]는 몇 [C]인가?

① 7,200　　　② 3,600
③ 1,200　　　④ 60

> |해②|
> [Ah]=전류[A]×시간[h]
> 전기량 $Q[C]=A[A]\cdot t[\sec]$
> ∴ $Q=1\times 60\times 60=3,600[C]$

□□□ 07③,08①,12①,19②
05 전류가 전압에 비례하고 저항에 반비례한다. 다음 중 어느 것과 가장 관계가 있는가?

① 키르히호프의 제1법칙
② 키르히호프의 제2법칙
③ 옴의 법칙
④ 중첩의 원리

> |해③| 옴의 법칙에서
> • 전류의 힘 $I=\dfrac{V}{R}$
> • 전류의 크기는 전압(V)에 비례하고 저항(R)에 반비례한다.

□□□ 07③,08①,12①
06 옴의 법칙을 바르게 설명한 것은?

① 전류의 크기는 도체의 저항에 비례한다.
② 전류의 크기는 도체의 저항에 반비례한다.
③ 전압은 전류에 반비례한다.
④ 전압은 전류의 2승에 비례한다.

> |해②| 옴의 법칙
> • 전류의 힘 $I=\dfrac{V}{R}$
> • 전류의 크기는 전압(V)에 비례하고 저항(R)에 반비례한다.

019 배율기와 분류기

■ 직류전압과 전류의 측정

배율기	전압계와 직렬 접속
분류기	전류계와 병렬 접속

■ 배율기 multiplier
- 전압계의 측정범위를 넓히기 위한 목적으로 전압계에 직렬로 접속하는 저항기
- 전압계의 측정범위를 넓히기 위해 내부 저항(R_v)의 전압계에 직렬로 연결하는 저항기
- 배율기의 배율 $m = 1 + \dfrac{R_m}{R_v}$

  ⇒ 배율기의 저항 $R_m = (m-1)R_v\,[\Omega]$

■ 분류기 shunt
- 전류계의 측정범위를 확대시키기 위하여 전류계와 병렬로 접속하는 것
- 전류계의 측정범위를 확대하기 위해 내부 저항의 전류계에 병렬로 연결하는 것
- 분류기의 배율 $m = 1 + \dfrac{R_A}{R_S}$

  ⇒ 분류기의 저항 $R_S = \dfrac{R_A}{m-1}\,[\Omega]$

□□□ 07②, 09③, 11④, 12③, 13④, 19①

01 다음 (㉮)과 (㉯)에 들어갈 내용으로 알맞은 것은?

> 배율기는 (㉮)의 측정범위를 넓히기 위한 목적으로 사용하는 것으로서, 회로에 (㉯)로 접속하는 저항기를 말한다.

① ㉮ 전압계, ㉯ 병렬   ② ㉮ 전류계, ㉯ 병렬
③ ㉮ 전압계, ㉯ 직렬   ④ ㉮ 전류계, ㉯ 직렬

| 해③ | 배율기
전압계의 측정범위를 확대하기 위해 내부 저항(R_v)의 전압계에 직렬로 연결하는 저항기(R_m)

□□□ 07②, 09③, 11④, 12③, 13④

02 전류계의 측정범위를 확대시키기 위하여 전류계와 병렬로 접속하는 것은?

① 분류기   ② 배율기
③ 검류기   ④ 전위차계

| 해① | 배율기와 분류기

배율기	전압계의 측정	전압계와 직렬 접속
분류기	전류계의 측정	전류계와 병렬 접속

□□□ 07②, 09③, 11④, 12③, 13④

03 전압계의 측정범위를 넓히기 위한 목적으로 전압계에 직렬로 접속하는 저항기를 무엇이라 하는가?

① 전위차계(potentiometer)
② 분압기(voltage divider)
③ 분류기(shunt)
④ 배율기(multiplier)

| 해④ | 배율기와 분류기

배율기	전압계의 측정	전압계와 직렬 접속
분류기	전류계의 측정	전류계와 병렬 접속

□□□ 02, 16②

04 최대눈금 1[A], 내부 저항 10[Ω]의 전류계로 최대 101[A]까지 측정하려면 몇 [Ω]의 분류기가 필요한가?

① 0.01   ② 0.02
③ 0.05   ④ 0.1

| 해④ | 분류기의 저항
$R_S = \dfrac{R_A}{m-1} = \dfrac{10}{\frac{101}{1}-1} = \dfrac{10}{100} = 0.1\,[\Omega]$

정답 019   01 ③   02 ①   03 ④   04 ④

020 컨덕턴스와 전압강하

■ **컨덕턴스** conductance ; G
전류가 흐르기 쉬운 정도를 나타내는 상수로 저항의 역수이다.

$$G = \frac{1}{R[\Omega]} = \frac{I}{V}[\mho] \Rightarrow R = \frac{1}{G[\mho]}[\Omega]$$

여기서, G : 모($\mho$) 단위로 컨덕턴스
V : 볼트(V) 단위로 전압

■ **전압강하** voltage drop
저항에 전류가 흐를 때 저항에 생기는 전위차를 전압강하라 한다.

□□□ 06②,23①
01 0.2[$\mho$]의 컨덕턴스를 가진 저항체에 3[A]의 전류를 흘리려면 몇 [V]의 전압을 가하면 되겠는가?
① 5
② 10
③ 15
④ 20

| 해③ | 컨덕턴스(G)는 저항(R)의 역수
• 컨덕턴스 $G = \frac{1}{R} = \frac{I}{V}$
∴ $V = \frac{I}{G} = \frac{3[A]}{0.2[\mho]} = 15[V]$

□□□ 99,03,06④,11②
02 24[V]의 전원 전압에 의하여 6[A]의 전류가 흐르는 전기회로의 컨덕턴스[$\mho$]는?
① 0.25[$\mho$]
② 0.4[$\mho$]
③ 2.5[$\mho$]
④ 4[$\mho$]

| 해① | 컨덕턴스(G)는 저항(R)의 역수
• 컨덕턴스 $G = \frac{1}{R} = \frac{I}{V}$
• 저항 $R = \frac{V}{I}$
∴ $G = \frac{I}{V} = \frac{6[A]}{24[V]} = 0.25[\mho]$

□□□ 16③,23①
03 0.2[$\mho$]의 컨덕턴스 2개를 직렬로 접속하여 3[A]의 전류를 흘리려면 몇 [V]의 전압을 공급하면 되는가?
① 12
② 15
③ 30
④ 45

| 해③ |
$V = I \cdot R = I \cdot \frac{1}{G} = \frac{I}{G}$
• $G = \frac{G_1 G_2}{G_1 + G_2} = \frac{0.2 \times 0.2}{0.2 + 0.2} = 0.1[\mho]$
• $I = 3[A]$
∴ $V = \frac{I}{G} = \frac{3}{0.1} = 30[V]$

□□□ 99,01
04 전기 저항의 역수는?
① 컨덕턴스
② 저항률
③ 서셉턴스
④ 고유 저항

| 해① | 컨덕턴스는 전기 저항의 역수
$G = \frac{1}{R}[\mho]$

□□□ 01
05 2[$\mho$]의 컨덕턴스에 50[V]의 전압을 가하면 흐르는 전류[A]는?
① 100[A]
② 50[A]
③ 25[A]
④ 0.02[A]

| 해① |
$I = G \cdot V = 2 \times 50 = 100[A]$

정답 020 01 ③ 02 ① 03 ③ 04 ① 05 ①

021 직렬 접속 저항의 접속

- 직렬 접속 : 전류는 일정
- 저항 R_1, R_2일 때

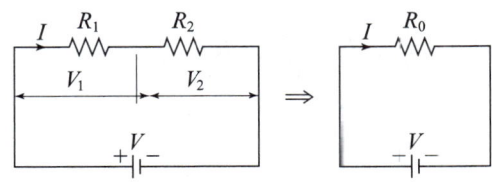

- 합성저항 : 각각의 저항값의 합
  $R_o = R_1 + R_2$
- 전류는 일정 : 전류의 흐름은 동일
  $I = \dfrac{V}{R_o} = \dfrac{V}{R_1 + R_2}$, $I_1 = \dfrac{V_1}{R_1}$, $I_2 = \dfrac{V_2}{R_2}$
  $I = I_1 = I_2 = \dfrac{V}{R_o} = \dfrac{V_1}{R_1} = \dfrac{V_2}{R_2}$
- 전압의 분배 : 전압(V)은 전류(I)가 일정하므로 저항(R)에 비례하여 배분
  $V_1 = IR_1 = \dfrac{R_1}{R_1 + R_2} \times V$
  $V_2 = IR_2 = \dfrac{R_2}{R_1 + R_2} \times V$
  ∴ 전압 $V = V_1 + V_2$

- 저항 R_1, R_2, R_3일 때
- 합성저항
  $R_o = R_1 + R_2 + R_3 [\Omega]$
- 전류(I) : 전류는 모든 저항에서 똑같이 흐른다.
  $I = \dfrac{V}{R_o}$
  $\quad = \dfrac{V}{R_1 + R_2 + R_3}$
- 전압(V) : 전류(I)가 일정하므로 저항(R)에 비례하여 배분된다.
  $V_1 = IR_1 = \dfrac{R_1}{R_1 + R_2 + R_3} V$
  $V_2 = IR_2 = \dfrac{R_2}{R_1 + R_2 + R_3} V$
  $V_3 = IR_3 = \dfrac{R_3}{R_1 + R_2 + R_3} V$
  ∴ $V = V_1 + V_2 + V_3$
  $\quad = IR_1 + IR_2 + IR_3$
- 전압강하는 저항에 비례하여 분배
  $R_1 : R_2 : R_3 = V_1 : V_2 : V_3$

---

01 R_1, R_2, R_3의 저항 3개를 직렬 접속했을 때의 합성저항값은?

① $R = R_1 + R_2 \cdot R_3$
② $R = R_1 \cdot R_2 + R_3$
③ $R = R_1 \cdot R_2 \cdot R_3$
④ $R = R_1 + R_2 + R_3$

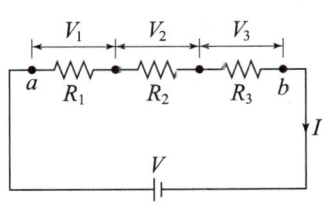

|해 ④| 직렬 합성저항
$R_o = R_1 + R_2 + R_3$

02 3[Ω]의 저항 5개, 4[Ω]의 저항 5개, 5[Ω]의 저항 3개가 있다. 이들을 모두 직렬 접속할 때 합성저항[Ω]은?

① 75
② 50
③ 45
④ 35

|해 ②| 직렬 합성저항
$R_o = R_1 + R_2 + R_3$
∴ $R_o = 3 \times 5 + 4 \times 5 + 5 \times 3 = 50 [\Omega]$

022 병렬 접속 저항의 접속

❶ 병렬 접속 공급 전압(V)은 일정

■ 저항이 R_1, R_2일 때

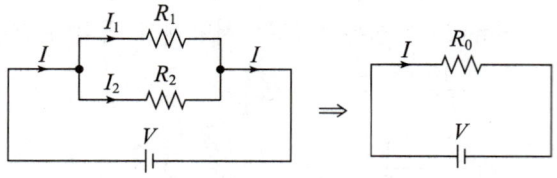

■ 합성저항

$$R_o = \frac{두\ 저항의\ 곱}{두\ 저항의\ 합} = \frac{1}{\frac{1}{R_1} + \frac{1}{R_2}} = \frac{R_1 R_2}{R_1 + R_2}$$

• 전압 $V = R_o \cdot I = \frac{R_1 R_2}{R_1 + R_2} I$

■ 전류의 분배

전류는 각 저항의 크기에 반비례하여 흐른다.

• 전류 $I_1 = \frac{V}{R_1} = \frac{1}{R_1} \times \frac{R_1 R_2}{R_1 + R_2} I = \frac{R_2}{R_1 + R_2} I$

• 전류 $I_2 = \frac{V}{R_2} = \frac{1}{R_2} \times \frac{R_1 R_2}{R_1 + R_2} I = \frac{R_1}{R_1 + R_2} I$

∴ 전류 $I = I_1 + I_2$

■ 저항이 R_1, R_2, R_3일 때

• 병렬 접속의 합성저항

$$R_o = \frac{세\ 저항의\ 곱}{두\ 저항들의\ 곱의\ 합}$$
$$= \frac{1}{\frac{1}{R_1} + \frac{1}{R_2} + \frac{1}{R_3}} = \frac{R_1 R_2 R_3}{R_1 R_2 + R_2 R_3 + R_3 R_1}$$

• 전류는 각 저항의 크기에 반비례

$$I_1 : I_2 : I_3 = \frac{1}{R_1} : \frac{1}{R_2} : \frac{1}{R_3}$$

$$I_1 = \frac{V}{R_1},\ I_2 = \frac{V}{R_2},\ I_3 = \frac{V}{R_3}$$

❷ 직·병렬 접속

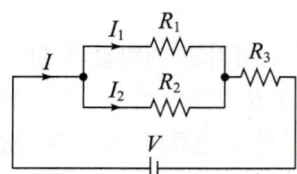

■ 회로의 합성저항

• 병렬회로의 합성저항

$$R_{o1} = \frac{R_1 \times R_2}{R_1 + R_2}$$

• 직렬회로의 합성저항

$$R_o = R_{o1} + R_3$$

■ 전류

• 전류 $I = \frac{V}{R_o}$

• 전류는 저항에 반비례

$$I_1 = \frac{R_2}{R_1 + R_2} I$$

$$I_2 = \frac{R_1}{R_1 + R_2} I$$

∴ $I = I_1 + I_2$

□□□ 11③,12④

01 그림과 같은 회로에서 4[Ω]에 흐르는 전류[A] 값은?

① 0.6
② 0.8
③ 1.0
④ 1.2

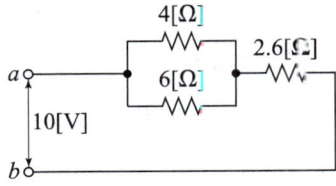

| 해④ |

병렬 접속 시 전류분배는 저항에 반비례
- 병렬회로의 합성저항

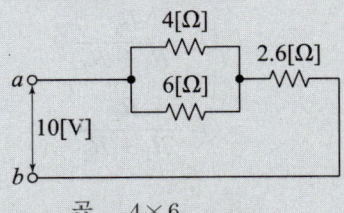

$R_1 = \dfrac{곱}{합} = \dfrac{4 \times 6}{4+6} = 2.4[\Omega]$

- 직렬회로의 합성저항

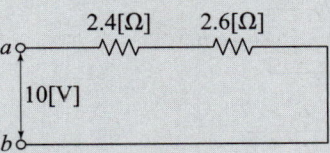

$R_0 = 2.4 + 2.6 = 5[\Omega]$

- 전 전류 $I = \dfrac{V}{R} = \dfrac{10}{5} = 2[A]$
- 4[Ω]에 흐르는 전류는 반비례 배분

$\therefore I_4 = \dfrac{R_6}{R_4+R_6}I = \dfrac{6}{4+6} \times 2 = 1.2[A]$

□□□ 07④,09②,11②,21②

02 4[Ω], 6[Ω], 8[Ω]의 3개 저항을 병렬 접속할 때 합성저항은 약 몇 [Ω]인가?

① 1.8
② 2.5
③ 3.6
④ 4.5

| 해① | 병렬 접속에서 합성저항

$R_o = \dfrac{1}{\dfrac{1}{R_1}+\dfrac{1}{R_2}+\dfrac{1}{R_3}} = \dfrac{1}{\dfrac{1}{4}+\dfrac{1}{6}+\dfrac{1}{8}} = 1.8[\Omega]$

□□□ 07③,12①,14①④

03 그림과 같이 R_1, R_2, R_3의 저항 3개를 직·병렬 접속되었을 때 합성저항은?

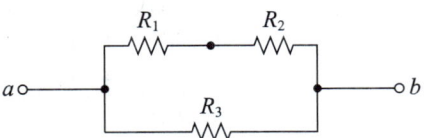

① $R = \dfrac{(R_1+R_2)R_3}{R_1+R_2+R_3}$
② $R = \dfrac{(R_2+R_3)R_1}{R_1+R_2+R_3}$
③ $R = \dfrac{(R_1+R_3)R_2}{R_1+R_2+R_3}$
④ $R = \dfrac{R_1R_2R_3}{R_1+R_2+R_3}$

| 해① | 직렬·병렬 접속
- 직렬저항의 등가회로
  각 저항의 합 : $R = R_1 + R_2$

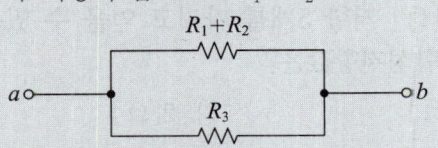

- 병렬 연결의 합성저항

$R_o = \dfrac{곱}{합} = \dfrac{(R_1+R_2) \times R_3}{(R_1+R_2)+R_3}$

□□□ 16①,23②

04 동일한 저항 4개를 접속하여 얻을 수 있는 최대 저항값은 최소 저항값의 몇 배인가?

① 2
② 4
③ 8
④ 16

| 해④ |

- 직렬저항 시 합성저항 : 크다.
  $R_{max} = R+R+R+R = 4R$
- 병렬저항 시 합성저항 : 작다.
  $R_{min} = \dfrac{1}{\dfrac{1}{R}+\dfrac{1}{R}+\dfrac{1}{R}+\dfrac{1}{R}} = \dfrac{1}{\dfrac{1}{R} \times 4} = \dfrac{1}{\dfrac{4}{R}} = \dfrac{R}{4}$

$\therefore \dfrac{R_{max}}{R_{min}} = \dfrac{4R}{\dfrac{R}{4}} = \dfrac{4 \times 4R}{R} = \dfrac{16R}{R} = 16$

□□□ 07①,09③,21①

05 그림과 같은 회로에서 합성저항은 몇 [Ω]인가?

① 6.6
② 7.4
③ 8.7
④ 9.4

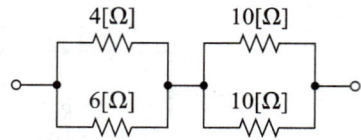

| 해② | 합성저항

$$R = \frac{R_1 \cdot R_2}{R_1 + R_2} + \frac{R_3 \cdot R_4}{R_3 + R_4}$$
$$= \frac{4 \times 6}{4+6} + \frac{10 \times 10}{10+10} = 2.4 + 5 = 7.4[\Omega]$$

□□□ 07④,09②,11②

06 10[Ω] 저항 5개를 가지고 얻을 수 있는 가장 작은 합성저항값은?

① 1[Ω]   ② 2[Ω]
③ 4[Ω]   ④ 5[Ω]

| 해② | 합성저항값

• 모두 병렬로 연결하면 가장 작은 합성저항값을 얻는다.

$$\therefore R_o = \frac{1}{\frac{1}{R_1} + \frac{1}{R_2} + \cdots + \frac{1}{R_n}} = \frac{1}{\left(\frac{1}{10}\right) \times 5} = 2[\Omega]$$

또는 $R_o = \frac{\text{저항}}{\text{저항 개수}} = \frac{10}{5} = 2[\Omega]$

• 직렬 저항 $R_o = 10 \times 5 = 50[\Omega]$

□□□ 07③,11③,12④

07 저항 R_1, R_2의 병렬회로에서 R_2에 흐르는 전류가 I일 때 전 전류는?

① $\frac{R_1 + R_2}{R_1}I$ ② $\frac{R_1 + R_2}{R_2}I$
③ $\frac{R_1}{R_1 + R_2}I$ ④ $\frac{R_2}{R_1 + R_2}I$

| 해① |

전류는 저항에 반비례한다.

$$I = \frac{R_1}{R_1 + R_2} I_{\text{전전류}}$$

$$\therefore I_{\text{전전류}} = \frac{R_1 + R_2}{R_1} I$$

□□□ 07③,12①,14①④

08 2개의 저항 R_1, R_2를 병렬 접속하면 합성저항 [Ω]은?

① $\frac{1}{R_1 + R_2}$ ② $\frac{R_1}{R_1 + R_2}$
③ $\frac{R_1 \times R_2}{R_1 + R_2}$ ④ $\frac{R_2}{R_1 + R_2}$

| 해③ | 병렬 연결의 합성저항

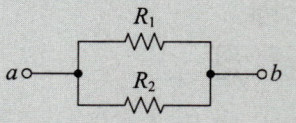

$$\therefore R_o = \frac{\text{곱}}{\text{합}} = \frac{R_1 \times R_2}{R_1 + R_2}$$

□□□ 07③,12④

09 그림에서 2[Ω]의 저항에 흐르는 전류는 몇 [A]인가?

① 3
② 4
③ 5
④ 6

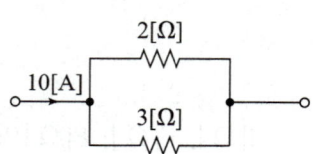

| 해④ | 병렬회로

• 전류는 저항에 반비례하여 배분
• 2[Ω]에 흐르는 전류

$$I_2 = \frac{R_3}{R_2 + R_3} I_{\text{전전류}} = \frac{3}{2+3} \times 10 = 6[A]$$

023 전기저항 electric resistance

1 고유저항과 전기저항

■ 고유저항 specific resistance, 저항률

- 고유저항 $\rho[\Omega \cdot m]$은 단면적 $1[m^2]$, 길이 $1[m]$의 임의의 도체 양단 사이의 저항값

$$\text{고유저항 } \rho = R[\Omega]\frac{A[m^2]}{l[m]} = R\frac{A}{l}[\Omega \cdot m]$$

- 고유저항값

연동선의 고유 저항	경동선의 고유저항
$\rho = \frac{1}{58}[\Omega \cdot mm^2/m]$	$\rho = \frac{1}{55}[\Omega \cdot mm^2/m]$

■ 전기저항 electric resistance

- 도체에서 전류의 흐름을 방해하는 정도를 나타내는 물리량
- 단면적 $A[m^2]$, 길이 $l[m]$인 도체의 저항 $R[\Omega]$을 나타내는 식
- 도체의 저항

$$R = \frac{l}{kA} = \rho\frac{l}{A} = \rho\frac{l}{\pi r^2} = \rho\frac{4l}{\pi D^2}[\Omega]$$

여기서, k : 전도율, ρ : 고유저항

■ 절연저항

- 절연저항 $R = \frac{\text{전압}(V)}{\text{누설 전류}(I_l)}$

- 절연저항은 전압에 비례하고, 누설 전류에 반비례하므로 절연저항이 크면 클수록 좋다.

■ 전도율 conductivity ; 전도도

- 전압을 걸었을 때 얼마나 전류를 잘 흐르게 하는가에 대한 척도
- 전기 전도도는 전기저항의 역수
- 전도율 $\sigma = \frac{1}{\rho[\Omega \cdot m]} = \frac{1}{\rho}[℧/m]$

2 도체의 저항 온도 계수

■ 온도 계수

- 정(+)의 온도 계수
  도체의 값이 온도 상승에 따라 저항이 증가하는 것
- 부(-)의 온도 계수
  반도체와 같이 온도 상승에 따라 저항이 감소하는 것
- 부(-)의 온도특성 물질 : 탄소, 전해액, 반도체, 서미스터

■ 온도 $T[℃]$의 $R_T[\Omega]$의 값

$$R_T = R_t\{1 + \alpha_o(T-t)\}[\Omega]$$

여기서, α_o : 온도 계수

■ 저항-온도 특성

- 온도가 상승하면 도체는 저항이 증가하지만 반도체는 저항이 감소하는 특성이 있다.
- 저항의 온도 계수는 온도 변화에 따라 물질의 저항 값이 변화하는 비율을 나타낸다.

□□□ 01,05,06①,08④
01 고유저항 ρ의 단위로 맞는 것은?

① $[\Omega]$ ② $[\Omega \cdot m]$
③ $[AT/Wb]$ ④ $[\Omega^{-1}]$

|해②|

도체의 저항 : $R = \rho\frac{l}{A}[\Omega]$

∴ 고유저항 $\rho = R[\Omega]\frac{A[m^2]}{l[m]} = R\frac{A}{l}[\Omega \cdot m]$

□□□ 98,99,04,10②,11①,16①
02 $1[\Omega \cdot m]$는?

① $10^3[\Omega \cdot cm]$ ② $10^6[\Omega \cdot cm]$
③ $10^3[\Omega \cdot mm^2/m]$ ④ $10^6[\Omega \cdot mm^2/m]$

|해④|

- $1[\Omega \cdot m] = 10^2[\Omega \cdot cm] = 10^3[\Omega \cdot mm]$
- $1[\Omega \cdot m] = 1[\Omega \cdot m^2/m] = 10^6[\Omega \cdot mm^2/m]$
  ∴ $1[m] = 10^3[mm]$, $1[m^2] = 10^6[mm^2]$

□□□ 04,10④,20②,24②
03 도체의 전기저항에 대한 설명으로 옳은 것은?

① 길이와 단면적에 비례한다.
② 길이와 단면적에 반비례한다.
③ 길이에 비례하고 단면적에 반비례한다.
④ 길이에 반비례하고 단면적에 비례한다.

| 해③ | 도체의 전기저항

$$R = \rho \frac{l}{A} [\Omega]$$

- 도체에서 전류의 흐름을 방해하는 정도를 나타내는 물리량
- l : 도체의 길이, A : 도체의 단면적, ρ : 고유저항
∴ 길이(l)에 비례하고 단면적(A)에 반비례한다.

□□□ 03,04,11②,15④
04 다음 중 저항값이 클수록 좋은 것은?

① 접지저항   ② 절연저항
③ 도체저항   ④ 접촉저항

| 해② | 절연저항
- 절연저항 $R = \dfrac{전압(V)}{누설\ 전류(I_l)}$
- 절연저항은 전압에 비례하고, 누설 전류에 반비례하므로 절연저항이 크면 클수록 좋다.

□□□ 09②,14③
05 다음 중 전도율을 나타내는 단위는?

① $[\Omega]$ ② $[\Omega \cdot m]$
③ $[\mho \cdot m](모 \cdot m)$ ④ $[\mho/m](모/m)$

| 해④ | 전도율(전도도 ; conductivity)
- 전도율 $\sigma = \dfrac{1}{\rho[\Omega \cdot m]} = \dfrac{1}{\rho}[\mho/m]$
- 고유저항 : $\rho[\Omega \cdot m]$
- 전도율의 단위 : $[\mho \cdot m]$

□□□ 05,07④,08②④,10③,12③,15①,24①
06 동선의 길이를 2배로 늘리면 저항은 처음의 몇 배가 되는가? (단, 동선의 체적은 일정함.)

① 2배   ② 4배
③ 8배   ④ 16배

| 해② |
도체의 저항 : $R = \rho \dfrac{l}{A}$ 에서
- 길이 : $2l$
- 동선의 길이를 2배로 늘리면 체적이 일정할 때 면적은 $\dfrac{1}{2}A$로 준다.

$$R = \rho \dfrac{2l}{\dfrac{A}{2}} = \rho \dfrac{4l}{A}$$

∴ 저항이 4배로 증가

□□□ 06③,09①
07 다음 중 저저항 측정에 사용되는 브리지는?

① 휘트스톤 브리지   ② 빈 브리지
③ 맥스웰 브리지   ④ 켈빈 더블 브리지

| 해④ | 켈빈 더블 브리지
$10^{-5} \sim 1[\Omega]$ 정도의 저저항 정밀측정에 사용

□□□ 05,09①,11③,14④
08 다음 중 저항의 온도 계수가, 부(-)의 특성을 가지는 것은?

① 경동선   ② 백금선
③ 텅스텐   ④ 서미스터

| 해④ | 부의(-)의 온도 계수
- 반도체와 같이 온도 상승에 따라 저항이 감소하는 것
- 부(-)의 온도 계수 특성 : 탄소, 전해액, 반도체, 서미스터

□□□ 14④,22②
09 전구를 점등하기 전의 저항과 점등한 후의 저항을 비교하면 어떻게 되는가?

① 점등 후의 저항이 크다.
② 점등 전의 저항이 크다.
③ 변동 없다.
④ 경우에 따라 다르다.

|해①|
- 도체는 온도가 상승하면 도체저항이 증가한다.
- 전구의 필라멘트는 부하로서 도체다.
  ∴ 점등한 후의 저항은 증가한다.

□□□ 10①
10 주위온도 0[℃]에서의 저항이 20[Ω]인 연동선이 있다. 주위온도가 50[℃]로 되는 경우 저항은? (단, 0[℃]에서 연동선의 온도 계수는 $\alpha_o = 4.3 \times 10^{-3}$이다.)

① 약 22.3[Ω]   ② 약 23.3[Ω]
③ 약 24.3[Ω]   ④ 약 25.3[Ω]

|해③| 저항
$R_T = R_t \{1 + \alpha_o(T-t)\}[\Omega]$
$= 20\{1 + 4.3 \times 10^{-3}(50-0)\} = 24.3[\Omega]$

□□□ 09①,11③,14④
11 다음 중에서 일반적으로 온도가 높아지게 되면 전도율이 커져서 온도 계수가 부(-)의 값을 가지는 것이 아닌 것은?

① 구리   ② 반도체
③ 탄소   ④ 전해액

|해①| 부의(-)의 온도 계수
- 반도체와 같이 온도 상승에 따라 저항이 감소하는 것
- 부(-)의 온도 계수 특성 : 탄소, 전해액, 반도체, 서미스터

□□□ 07④,08②,10③,12③,15①
12 어떤 도체의 길이를 n배로 하고 단면적을 $1/n$로 하였을 때의 저항은 원래 저항보다 어떻게 되는가?

① n배로 된다.   ② n^2배로 된다.
③ $\sqrt{n}$배로 된다.   ④ $1/n$배로 된다.

|해②| 도체의 저항 : $R = \rho \dfrac{l}{A}$에서
- 길이 : nl, 면적 : $\dfrac{1}{n}A$
- $R_o = \rho \dfrac{nl}{\frac{1}{n}A} = \rho \dfrac{n^2 l}{A}$ ∴ 저항이 n^2배로 된다.

□□□ 07④,08②,10③,12③,15①
13 구리선의 길이를 2배, 반지름을 1/2로 할 때 저항은 몇 배가 되는가?

① 2   ② 4
③ 6   ④ 8

|해④| 도체의 저항 $R = \rho \dfrac{l}{A}[\Omega]$
- $R = \rho \dfrac{2l}{\pi\left(\dfrac{r}{2}\right)^2} = \rho \dfrac{2l}{\pi \dfrac{r^2}{4}} = \rho \dfrac{8l}{\pi r^2} = \rho \dfrac{8l}{A}[\Omega]$
∴ 저항(R)은 길이의 8배다.

□□□ 10③,11③,13①
14 권선 저항과 온도와의 관계는?

① 온도와는 무관하다.
② 온도가 상승함에 따라 권선 저항은 감소한다.
③ 온도가 상승함에 따라 권선 저항은 증가한다.
④ 온도가 상승함에 따라 권선의 저항은 증가와 감소를 반복한다.

|해③| 권선 저항(금속체)과 온도와의 관계

금속체	비례 관계	온도가 상승하면 저항값도 상승한다.
반도체	반비례 관계	온도가 상승하면 저항값은 작아진다.

024 전지의 접속

- **전지의 직렬 접속**
  - 큰 전류를 얻을 목적으로 여러 개의 전지를 직렬 또는 병렬로 접속하여 1조로 사용한다.

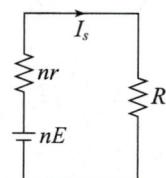

$$\text{부하 전류 } I = \frac{nE}{nr+R}[A]$$

여기서, n : 전지의 직렬개수
R : 부하 저항[Ω]
r : 내부 저항[Ω]
E : 전지의 기전력[V]

- **전지의 병렬 접속**
  - 기전력 E(전압)은 불변이면서 저항값만 $\frac{r}{m}$배로 감소시킨다.

$$\text{부하 전류 } I = \frac{E}{\frac{r}{m}+R}[A]$$

여기서, m : 전지의 병렬개수
R : 부하 저항[Ω]
r : 내부 저항[Ω]
E : 전지의 기전력[V]

□□□ 09①, 20①

01 규격이 같은 축전지 2개를 병렬로 연결하였다. 다음 설명 중 옳은 것은?

① 용량과 전압이 모두 2배가 된다.
② 용량과 전압이 모두 1/2배가 된다.
③ 용량은 불변이고 전압은 2배가 된다.
④ 용량은 2배가 되고 전압은 불변이다.

|해④| 전지 m개 병렬 연결될 때

기전력(전압)은 일정, 내부 저항은 $\frac{1}{m}$배로 감소, 용량은 m배로 증가

∴ 용량은 2배가 되고, 전압은 불변이다.

□□□ 12①, 14①③

02 기전력 1.5[V], 내부 저항 0.1[Ω]인 전지 4개를 직렬로 연결하고 이를 단락했을 때의 단락 전류[A]는?

① 10 ② 12.5
③ 15 ④ 17.5

|해③| 전지 4개 직렬 연결될 때

- 기전력 n배 증가, 내부 저항 n배 증가, 용량 일정

$$I = \frac{nE}{nr+R}[A]$$

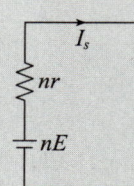

- 직렬 연결수 $n = 4$개
- 기전력 $E = 1.5[V]$
- 내부 저항 $r = 0.1[Ω]$
- 단락된 경우 부하 저항 $R = 0$

$$\therefore I = \frac{4 \times 1.5}{4 \times 0.1 + 0} = 15[A]$$

□□□ 10①, 12④

03 내부 저항이 0.1[Ω]인 전지 10개를 병렬 연결하면, 전체 내부 저항은?

① 0.01[Ω] ② 0.05[Ω]
③ 0.1[Ω]   ④ 1[Ω]

|해①| 병렬로 연결 전체 내부 저항

$$r_o = \frac{1}{\frac{1}{r} \times m} = \frac{r}{m}$$

$$= \frac{0.1}{10} = 0.01[Ω]$$

□□□ 12①,14③,23②

04 기전력 1.5[V], 내부 저항 0.2[Ω]인 전지 5개를 직렬로 접속하여 단락시켰을 때의 전류[A]는?

① 1.5[A] ② 2.5[A]
③ 6.5[A] ④ 7.5[A]

| 해④ | 전류

$$I = \frac{nE}{nr+R}[A]$$

• 직렬 연결수 $n=5$개
• 기전력 $E=1.5[V]$
• 내부 저항 $r=0.2[Ω]$
• 단락된 경우 부하 저항 $R=0$

$$\therefore I = \frac{5 \times 1.5}{5 \times 0.2 + 0} = 7.5[A]$$

□□□ 12②,15①

05 기전력이 $V_0[V]$, 내부 저항이 $r[Ω]$인 n개의 전지를 직렬 연결하였다. 전체 내부 저항은 얼마인가?

① r/n ② nr
③ r/n^2 ④ nr^2

| 해② | 직렬로 연결될 때 전체 내부 저항
$r_o = r_1 - r_2 + r_3 \cdots r_n = n \times r = nr$

□□□ 10①,12④

06 내부 저항이 0.1[Ω]인 전지 10개를 병렬 연결하면, 전체 내부 저항은?

① 0.01[Ω] ② 0.05[Ω]
③ 0.1[Ω]   ④ 1[Ω]

| 해① |
• 전지 n개 병렬 연결될 때
  기전력 일정, 내부 저항 $\frac{1}{m}$배
• 전체 내부 저항 $r_o = \frac{r}{m} = \frac{0.1}{10} = 0.01[Ω]$

□□□ 06①,07①,09④,22②

07 기전력 1.5[V], 내부 저항 0.15[Ω]의 전지 10개를 직렬로 접속한 전원에 저항 4.5[Ω]의 전구를 접속하면 전구에 흐르는 전류는 몇 [A]가 되겠는가?

① 0.25 ② 2.5
③ 5   ④ 7.5

| 해② | 전지 n개 직렬 접속될 때
• 기전력 n배 증가, 내부 저항 n배 증가, 용량 일정

$$\therefore 전류\ I = \frac{nE}{nr+R}[A]$$
$$= \frac{10 \times 1.5}{10 \times 0.15 + 4.5} = 2.5[A]$$

□□□ 09①,20①

08 기전력 4[V], 내부 저항 0.2[Ω]의 전지 10개를 직렬로 접속하고 두 극 사이에 부하 저항을 접속하였더니 4[A]의 전류가 흘렀다. 이때 외부 저항은 몇 [Ω]이 되겠는가?

① 6 ② 7
③ 8 ④ 9

| 해③ | 전지 n개 직렬 접속될 때
기전력 n배 증가, 내부 저항 n배 증가, 용량 일정
$\therefore$ 전류 $I = \frac{nE}{nr+R}[A]$에서

또는 $R = \frac{nE}{I} - nr = \frac{10 \times 4}{4} - 10 \times 0.2 = 8[Ω]$

$I = \frac{4 \times 10}{10 \times 0.2 + R} = 4[A]$

참고 SOLVE 사용 $\therefore R = 8[Ω]$

025 키르히호프의 법칙 Kirchhoff's law

◎ 옴의 법칙을 응용한 것으로 복잡한 회로의 전륫값과 전압값을 키르히호프의 법칙으로 구할 수 있다.

■ 키르히호프의 1법칙 전류에 관한 법칙 : KCL
임의의 폐회로망에서 접속점에 흘러들어오는 전류의 합은 흘러나가는 전류의 합과 같다.
Σ 유입 전류 = Σ 유출 전류
$i_1 + i_4 = i_2 + i_3 + i_5$

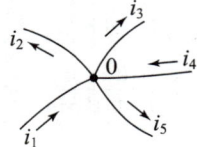

■ 키르히호프의 2법칙 전압에 관한 법칙 : KVL
임의의 폐회로에 존재하는 기전력의 총합은 각 회로 소자에서 발생하는 전압강하의 총합과 같다.
Σ 기전력 = Σ 전압강하

□□□ 08④, 09③, 14④, 15①, 16①
01 "회로의 접속점에서 볼 때, 접속점에 흘러 들어오는 전류의 합은 흘러 나가는 전류의 합과 같다."라고 정의되는 법칙은?

① 키르히호프의 제1법칙
② 키르히호프의 제2법칙
③ 플레밍의 오른손 법칙
④ 앙페르의 오른나사 법칙

|해①|
- 키르히호프의 제1법칙 : 전류에 관한 법칙
  유입되는 전류의 총 합과 유출되는 전류의 총 합은 같다.
- 키르히호프의 제2법칙 : 전압에 관한 법칙
  기전력의 합 = 전압 강하의 합

□□□ 08④, 09③, 14④, 15①, 16①
02 임의의 폐회로에서 키르히호프의 제2법칙을 가장 잘 나타낸 것은?

① 기전력의 합 = 합성저항의 합
② 기전력의 합 = 전압 강하의 합
③ 전압 강하의 합 = 합성저항의 합
④ 합성저항의 합 = 회로 전류의 합

|해②|
- 키르히호프의 제1법칙 : 전류(I)에 관한 법칙
  유입되는 전류의 총합 = 유출되는 전류의 총합
- 키르히호프의 제2법칙 : 전압(V)에 관한 법칙
  기전력의 합 = 전압 강하의 합

□□□ 08④, 09③, 14④, 15①, 16①
03 키르히호프의 법칙을 맞게 설명한 것은?

① 제1법칙은 전압에 관한 법칙이다.
② 제1법칙은 전류에 관한 법칙이다.
③ 제1법칙은 회로망의 임의의 한 폐회로 중의 전압 강하의 대수 합과 기전력의 대수 합은 같다.
④ 제2의 법칙은 회로망에 유입하는 전류의 합은 유출하는 전류의 합과 같다.

|해②|
- 키르히호프의 제1법칙 : 전류(I)에 관한 법칙
  유입되는 전류의 총합 = 유출되는 전류의 총합
- 키르히호프의 제2법칙 : 전압(V)에 관한 법칙
  기전력의 합 = 전압 강하의 합

026 휘트스톤 브리지 Wheatstone bridge

◎ 미지의 저항을 정밀하게 측정하기 위해서 휘트스톤 브리지 회로가 사용된다.

■ 휘트스톤 브리지 회로의 평형조건
$P \times R = Q \times X$

■ 미지의 저항
$X = \dfrac{P \times R}{Q}$

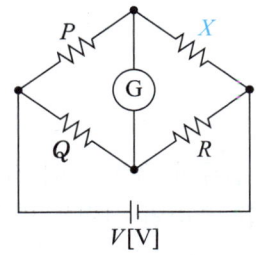

□□□ 05,09②,12③

01 회로에서 검류계의 지시기가 0일 때 저항 X는 몇 $[\Omega]$인가?

① $10[\Omega]$
② $40[\Omega]$
③ $100[\Omega]$
④ $400[\Omega]$

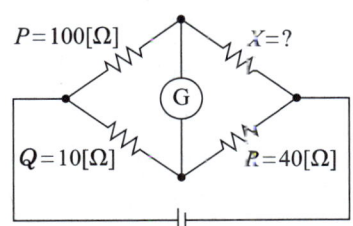

|해④| 휘트스톤 브리지 회로 평형상태
$P \times R = Q \times X$
$\therefore X = \dfrac{P \times R}{Q} = \dfrac{100 \times 40}{10} = 400[\Omega]$

□□□ 12②,14①②

02 그림의 브리지 회로에서 평형이 되었을 때의 C_x는?

① $0.1[\mu F]$
② $0.2[\mu F]$
③ $0.3[\mu F]$
④ $0.4[\mu F]$

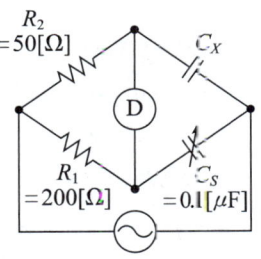

|해④| 브리지 회로 평형상태
$R_1 \times \dfrac{1}{jwC_X} = R_2 \times \dfrac{1}{jwC_S}$ 에서
$\dfrac{R_1}{C_X} = \dfrac{R_2}{C_S}$
$\therefore C_X = \dfrac{R_1}{R_2} \times C_S = \dfrac{200}{50} \times 0.1 = 0.4[\mu F]$

□□□ 03,12②,14①②

03 그림에서 평형조건이 맞는 식은?

① $C_1 R_1 = C_2 R_2$
② $C_1 R_2 = C_2 R_1$
③ $C_1 C_2 = R_1 R_2$
④ $1/(C_1 C_2) = R_1 R_2$

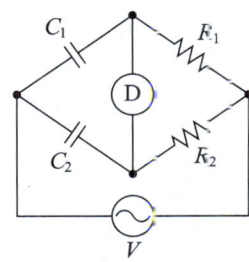

|해①| 휘트스톤 브리지 평형조건(4개의 다이아몬드)
$R_1 \times \dfrac{1}{jwC_2} = R_2 \times \dfrac{1}{jwC_1}$ 에서
$\dfrac{R_1}{C_2} = \dfrac{R_2}{C_1}$
$\therefore C_1 R_1 = C_2 R_2 (\because$ 콘덴서는 옆변을 곱$)$

□□□ 04,06①,09②,12①

04 브리지 회로에서 미지의 인덕턴스 L_x를 구하면?

① $L_X = \dfrac{R_2}{R_1} L_S$
② $L_X = \dfrac{R_1}{R_2} L_S$
③ $L_X = \dfrac{R_S}{R_1} L_S$
④ $L_X = \dfrac{R_1}{R_S} L_S$

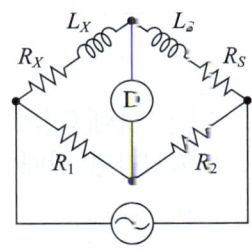

|해②| 맥스웰 브리지 회로
$R_2 L_X = R_1 L_S \Rightarrow \dfrac{L_X}{L_S} = \dfrac{R_1}{R_2}$
$\therefore L_X = \dfrac{R_1}{R_2} L_S$

정답 026 01 ④ 02 ④ 03 ① 04 ②

027 전력과 전력량

1 전력 electric power

- 전력은 전기가 1초 동안에 한 일의 양[J/s]이다.
- $P = \dfrac{W}{t} = \dfrac{V \cdot Q}{t} = \dfrac{V \cdot I \cdot t}{t} = V \cdot I$

  $= V\left(\dfrac{V}{R}\right) = \dfrac{V^2}{R} = I^2 R$ [W : 와트]

- 최대 전력 ; 조건 $r = R$일 때

  $P_m = \dfrac{E^2}{4r} = \dfrac{E^2}{4R}$ [W]

  여기서, E : 기전력[V], r : 내부 저항[Ω]
  R : 부하 저항[Ω]

2 전력량

전기기에 전류가 흐르면 전력을 소비하게 되는데 일정 시간 동안 소모되는 전력의 크기를 전력량이라고 한다.

- 전력량
  - $W = H = I^2 R t = V I t = Pt$ [J]
  - $W = P[\text{W}] \cdot t[\text{sec}] = P \cdot t$ [W·sec] $= P \cdot t$ [J]

- 전력량과 단위

1[W·s]	1[W]의 전력에서 1[s] 동안 한일 : 1[J]
1[Wh]	1[W]의 전력에서 1[h] 동안 한일 : 3,600[W·s, J]
1[kWh]	1[kW]의 전력에서 1[h] 동안 한일 : 3.6×10^6[J] = 860[kcal]

□□□ 07①,10③

01 저항 300[Ω]의 부하에서 90[kW]의 전력이 소비되었다면 이때 흐르는 전류는?

① 약 3.3[A] ② 약 17.3[A]
③ 약 30[A]   ④ 약 300[A]

| 해② |
- 전력 $P = I^2 R$[W]
- 전류 $I = \sqrt{\dfrac{P}{R}}$ [A] $= \sqrt{\dfrac{90 \times 10^3 [\text{W}]}{300[\Omega]}} = 17.3$ [A]

□□□ 11①,13③,15③

02 3분 동안에 180,000[J]의 일을 하였다면 전력은?

① 1[kW]   ② 30[kW]
③ 1,000[kW] ④ 3,240[kW]

| 해① | 전력
$P = \dfrac{W}{t}$ [W : 와트]

$\therefore P = \dfrac{180,000[\text{J}]}{3 \times 60[\text{sec}]} = 1,000[\text{W}] = 1$[kW]

($\because$ [kW] = 10^3[W])

□□□ 08③,11②,13①,14①

03 20[A]의 전류를 흘렸을 때 전력이 60[W]인 저항에 30[A]를 흘리면 전력은 몇 [W]가 되겠는가?

① 80   ② 90
③ 120   ④ 135

| 해④ | 전력
$P = I^2 R$ [W]

- $I = 20$[A]일 때 전력 $P = 60$[W]이면, $I' = 30$[A]일 때의 전력 P'는 얼마
- $R = \dfrac{P}{I^2} = \dfrac{60}{20^2} = 0.15$[Ω]

$\therefore P' = (I')^2 R = 30^2 \times 0.15 = 135$ [W]

□□□ 06③,07④,08③,12④,14④,16③

04 5[Wh]는 몇 [J]인가?

① 720   ② 1,800
③ 7,200   ④ 18,000

| 해④ |
5[Wh] = 5[W] × 1[h]
- 1[h] = 60[min] = 60[min] × 60[sec] = 3,600[sec]
- 1[W·s] = 1[J]

$\therefore$ 5[W·h] = 5 × 3,600초
   = 18,000[W·sec] = 18,000[J]

정답 027 01 ② 02 ① 03 ④ 04 ④

□□□ 06④,07④,08③,12④,14④,16③

05 전력량 1[Wh]와 그 의미가 같은 것은?

① 1[C] ② 1[J]
③ 3,600[C] ④ 3,600[J]

| 해④ |
전력량 1[W·h]
- 1[h](시간) = 60[m](분) × 60[s](초) = 3,600[s]
∴ 1[W·h] = 1[W] × 3,600[sec]
= 3,600[W·s] = 3,600[J]

□□□ 08②,10②,16①,20②

06 기전력 50[V], 내부 저항 $r=5[\Omega]$인 전원이 있다. 이 전원에 부하를 연결하여 얻을 수 있는 최대 전력은 몇 [W]인가?

① 50 ② 75
③ 100 ④ 125

| 해④ | 최대 전력
$$P_{max} = \frac{E^2}{4r}[W] = \frac{50^2}{4 \times 5} = 125[W]$$
(∵ 최대 전력 조건 : 내부 저항(r)과 부하 저항(R)이 같을 때)

□□□ 08③,11②,12②,13①②,14①③,15②

07 리액턴스가 10[Ω]인 코일에 직류전압 100[V]를 하였더니 전력 500[W]를 소비하였다. 이 코일의 저항은 얼마인가?

① 5[Ω] ② 10[Ω]
③ 20[Ω] ④ 25[Ω]

| 해③ | 전력
$P = \frac{V^2}{R}$ 에서
∴ 저항 $R = \frac{V^2}{P} = \frac{100^2}{500} = 20[\Omega]$

□□□ 08③,11②,12②,13①②,14①③,15②

08 4[Ω]의 저항에 200[V]의 전압을 인가할 때 소비되는 전력은?

① 20[W] ② 400[W]
③ 2.5[kW] ④ 10[kW]

| 해④ | 소비 전력
$$P = V \cdot I = I^2 R = \frac{V^2}{R}$$
$$P = \frac{V^2}{R} = \frac{200^2}{4} = 10,000[W] = 10[kW]$$

□□□ 06,09③,10②,12①

09 다음 중 전력량 1[J]과 같은 것은?

① 1[cal] ② 1[W·s]
③ 1[kg·m] ④ 1[N·m]

| 해② | 전력량
$W = P[W] \cdot t[sec] = P \cdot t[W \cdot sec] = P \cdot t[J]$

□□□ 08③,11②,12②,13①②,14①③,15②,23②

10 200[V], 500[W]의 전열기를 220[V] 전원에 사용하였다면 이때의 전력은?

① 400[W] ② 500[W]
③ 550[W] ④ 605[W]

| 해④ | 전력
$P = V \cdot I = I^2 R = \frac{V^2}{R}$ 에서
- 백열전구, 전열기의 전력, 전압에 대해 적용 전력 $P = \frac{V^2}{R}[W]$
- 저항 $R = \frac{V^2}{P} = \frac{200^2}{500} = 80[\Omega]$
∴ 전력 $P = \frac{V^2}{R} = \frac{220^2}{80} = 605[W]$

□□□ 10②,12①

11 전력량의 단위는?

① [C] ② [W]
③ [W·s] ④ [Ah]

| 해③ |
- 전력량 = 전력 × 시간
  $W = P[W] \times t[sec] = W \cdot t[W \cdot s]$
- $1[W \cdot s] = 1[J]$

□□□ 06③④,07④,08③,12④,14④,16③

12 1[W·sec]와 같은 것은?

① 1[J] ② 1[F]
③ 1[kcal] ④ 860[kWh]

| 해① |
$1[W \cdot s] = 1[W] \times [sec]$
$= 1[W \cdot sec] = 1[J]$

□□□ 08③,11②,12②,13①②,14①③,15②,22①

13 220[V]용 100[W] 전구와 200[W] 전구를 직렬로 연결하여 220[V]의 전원에 연결하면?

① 두 전구의 밝기가 같다.
② 100[W]의 전구가 더 밝다.
③ 200[W]의 전구가 더 밝다.
④ 두 전구 모두 안 켜진다.

| 해② |
직렬 연결에서 전류(I)가 일정하므로 저항(R)이 큰 쪽이 전력이 크다.
- 전력 $P = I^2R = \dfrac{V^2}{R} \Rightarrow R = \dfrac{V^2}{P}[\Omega]$
- 저항 $R_{100} = \dfrac{220^2}{100} = 484[\Omega]$
- 저항 $R_{200} = \dfrac{220^2}{200} = 242[\Omega]$
∴ $R_{100} > R_{200}$이므로 100[W]의 전구가 더 밝다.

□□□ 16②,19②

14 전력과 전력량에 관한 설명으로 틀린 것은?

① 전력은 전력량과 다르다.
② 전력량은 와트로 환산된다.
③ 전력량은 칼로리 단위로 환산된다.
④ 전력은 칼로리 단위로 환산할 수 없다.

| 해② | 전력량
$W = H = I^2Rt = VIt = Pt[J]$ ($\because 1[J] = 0.24[cal]$)
- 전력
$P = \dfrac{W}{t} = \dfrac{VQ}{t} = \dfrac{VIt}{t} = VI[W : 와트]$

11 ③ 12 ① 13 ② 14 ②

028 전류의 발열 작용

■ **줄열** Joule's heat
- 전기회로에서 저항(R)에 전류(I)를 t초 동안 흐를 때 그 도체에 발생하는 열
- 줄열을 이용한 가전제품 : 전기다리미, 전기난로, 헤어드라이기

■ **열에너지와 전기 에너지의 단위**
- $1[cal] = 4.186[J] = 4.2[J]$
- $1[J] = 1[W \cdot s] = 0.24[cal]$
- $1[kWh] = 860[kcal] = 3.6 \times 10^6[J]$

■ **줄의 법칙** Joule's law
- 도선 내에 흐르는 전류와 일정시간 동안 발생하는 열의 양은 전류의 세기의 제곱과 도체의 저항에 비례한다는 법칙을 줄의 법칙이라 한다.
- 열에너지

$$H = Pt = VIt = I^2Rt = \frac{I^2Rt}{4.186}[cal]$$
$$= 0.24 I^2 Rt = 0.24 \frac{V^2}{R} t = 0.24 W [cal]$$
$$= C \cdot m(t_2 - t_1)[cal]$$

여기서, P : 전력[W], t : 시간[sec]
  C : 비열, m : 질량[g]
  W : 콘덴서의 축척 에너지(전력량)[J]
  t_1, t_2 : 온도[℃]

- 열용량 $Q = Cm \Delta t [cal]$
- 비열 $C = 1[kWh] = 860[kcal]$

■ **전선의 허용 전류** allowable current
- 전선에 일정량 이상의 전류가 흘러서 온도가 높아지면 절연물을 열화하여 절연성을 극도로 악화시킨다. 그러므로 도체에 안전하게 흘릴 수 있는 최대 전류를 허용 전류라 한다.
- 허용 전류 $I[A] = \sqrt{\frac{P}{R}}$

여기서, P : 허용 전력(소비 전력)[W]
  R : 저항[Ω]

---

01 전류에 의한 자기장과 직접적으로 관련이 없는 것은?

① 줄의 법칙
② 플레밍의 왼손 법칙
③ 비오-사바르의 법칙
④ 앙페르의 오른나사의 법칙

해①	각 법칙의 목적
줄의 법칙	전류의 발열작용
플레밍의 왼손 법칙	전동기의 원리 (자기장과 힘)
플레밍의 오른손 법칙	발전기의 원리 (자기장과 유도 기전력)
비오-사바르의 법칙	자기장의 크기를 알아내 법칙
앙페르의 오른나사 법칙	자기장의 자기력선 방향을 알아내는 법칙

02 전선에 안전하게 흘릴 수 있는 최대 전류를 무슨 전류라 하는가?

① 과도 전류
② 전도 전류
③ 허용 전류
④ 맥동 전류

| 해③ | 허용 전류
- 전선이나 케이블에 흘릴 수 있는 전류의 최댓값
- 전선에 따라 허용 전류를 반드시 지켜야 한다.

03 전류의 발열작용과 관계가 있는 것은?

① 옴의 법칙
② 키르히호프의 법칙
③ 줄의 법칙
④ 플레밍의 법칙

| 해③ | 줄의 법칙
전열선에 전류를 흘려 주면 전기 에너지가 열로 변환하는 전류의 열작용과의 관계를 줄의 법칙이라 한다.

정답 **028** 01 ① 02 ③ 03 ③

□□□ 06③,12③,15①,16②,20①

04 500[Ω]의 저항에 1[A]의 전류가 1분 동안 흐를 때에 발생하는 열량은 몇 [cal]인가?

① 3,600
② 5,000
③ 6,200
④ 7,200

| 해④ | 줄의 법칙 : 열에너지

$$H = \frac{I^2 Rt}{4.186} = 0.24 I^2 R t \,[\text{cal}]$$
$$= 0.24 \times 1^2 \times 500 \times 60\,[\text{sec}]$$
$$= 7,200\,[\text{cal}]$$

□□□ 97,08①,18②

05 100[V], 5[A]의 전열기를 사용하여 2[l]의 물을 20[℃]에서 100[℃]로 올리는 데 필요한 시간 [sec]은 약 얼마인가? (단, 열량은 전부 유효하게 사용됨.)

① 1.33×10^3
② 1.34×10^4
③ 1.35×10^5
④ 1.36×10^6

| 해① | 열량

$$H = 0.24 P \cdot t = 0.24 V \cdot I \cdot t = C \cdot m \cdot (t_2 - t_1)$$

• 물의 비열 $C = 1$
• 질량 $m = 2[l] = 2[\text{kg}] = 2,000[\text{g}]$

$$\therefore t = \frac{C \cdot m \cdot (t_2 - t_1)}{0.24 V \cdot I} = \frac{1 \times 2,000 \times (100 - 20)}{0.24 \times 100 \times 5}$$
$$= 1,333 = 1.33 \times 10^3\,[\text{sec}]$$

□□□ 07③,09②

06 1[cal]는 약 몇 [J]인가?

① 0.24
② 0.4186
③ 2.4
④ 4.186

| 해④ | 환산방법

• $1[\text{cal}] = 4.186[\text{J}] = 4.2[\text{J}]$
• $1[\text{J}] = \dfrac{1}{4.184} = 0.239[\text{cal}]$

□□□ 07④,09②

07 100[μF]의 콘덴서에 1,000[V]의 전압을 가하여 충전한 뒤 저항을 통하여 방전시키면 저항에 발생하는 열량은 몇 [cal]인가?

① 3
② 5
③ 12
④ 43

| 해③ | 열량(콘덴서와 저항을 연결 시)

$$H = 0.24 W\,[\text{cal}]$$

• 콘덴서의 축적에너지

$$W = \frac{1}{2} C V^2 = \frac{1}{2} \times (100 \times 10^{-6}) \times 1,000^2 = 50[\text{J}]$$

$$\therefore H = 0.24 \times 50 = 12[\text{cal}]$$

□□□ 03,11④,12③,15④,16③,22②

08 3[kW]의 전열기를 정격 상태에서 20분간 사용하였을 때의 열량은 몇 [kcal]인가?

① 430
② 520
③ 610
④ 860

| 해④ | 열량

$$H = 0.24 I^2 Rt = 0.24 Pt$$

• 전력 $P = I^2 R = 3[\text{kW}]$
• $t = 20$분 $= 20 \times 60 = 1,200$초

$$\therefore H = 0.24 \times 3 \times 1,200 = 864[\text{kcal}]$$

□□□ 00,03,05,06④,07①,10③,11②,15③,16①

09 저항이 있는 도선에 전류가 흐르면 열이 발생한다. 이와 같이 전류의 열작용과 가장 관계가 깊은 법칙은?

① 패러데이의 법칙
② 키르히호프의 법칙
③ 줄의 법칙
④ 옴의 법칙

| 해③ | 줄의 법칙

도체에 전류를 흘렸을 때 도체에 발생하는 열량에 관한 법칙으로 어떤 도체에 일정 시간 동안 전류를 흘리면 도체에 열이 발생된다.

정답 04 ④ 05 ① 06 ④ 07 ③ 08 ④ 09 ③

029 열전 효과 thermoelectric effect

■ **펠티에 효과** 전열 효과, Peltier effect
- 서로 다른 종류의 안티몬과 비스무트의 두 금속을 접속하여 여기에 전류를 통해 그 접점에서 열의 발생 또는 흡수가 일어난다. 줄열과 달리 전류의 방향에 따라 열의 흡수와 발생이 다르게 나타나는 현상
- 펠티에 효과는 전자 냉동 분야에 사용

■ **제벡 효과** 열전 효과, Seebeck effect
- 두개의 서로 다른 금속의 접속점에 온도차를 주면 열기전력이 생기는 현상
- 제벡 효과는 용광로 속의 온도나 기름의 온도를 측정할 때 사용

■ **톰슨 효과** Thomson effect
- 도체인 막대기 양 끝을 다른 온도로 유지하고 전류를 흘릴 때 줄열 이외에 발열 또는 흡열이 일어나는 현상

■ **중간금속의 효과**
- 열전대를 구성하는 두 금속의 한쪽 접점은 서로 접해 있고, 반대편 접점은 제3의 금속과 연결되어 있을 때, 두 접점이 같은 온도라면 기전력이 발생하지 않는다는 법칙
- 금속 A와 B로 만든 열전쌍과 접점 사이에 임의의 금속 C를 연결해도 C의 양 끝의 접점의 온도를 똑같이 유지하면 회로의 열기 전력은 변화하지 않는다.

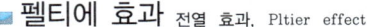

01 종류가 다른 두 금속을 접합하여 폐회로를 만들고 두 접합점의 온도를 다르게 하면 이 폐회로에 기전력이 발생하여 전류가 흐르게 되는 현상을 지칭하는 것은?

① 줄의 법칙(Joule's law)
② 톰슨 효과(Thomson effect)
③ 펠티에 효과(Peltier effect)
④ 제벡 효과(Seebeck effect)

| 해④ |
제벡 효과(Seebeck effect)에 대한 설명이다.

02 제벡 효과에 대한 설명으로 틀린 것은?

① 두 종류의 금속을 접속하여 폐회로를 만들고, 두 접속점에 온도의 차이를 주면 기전력이 발생하여 전류가 흐른다.
② 열기전력의 크기와 방향은 두 금속 점의 온도차에 따라서 정해진다.
③ 열전쌍(열전대)은 두 종류의 금속을 조합한 장치이다.
④ 전자 냉동기, 전자 온풍기에 응용된다.

| 해④ | 제벡 효과
- 펠티에 효과는 전자 냉동 분야에 사용
- 제벡 효과 : 용광로 속의 온도나 기름의 온도를 측정할 때 사용

03 두 금속을 접속하여 여기에 전류를 흘리면 줄열 외에 그 접점에서 열의 발생 또는 흡수가 일어나는 현상은?

① 펠티에 효과   ② 제벡 효과
③ 홀 효과   ④ 줄 효과

| 해① | 펠티에 효과
- 두 종류의 금속 접합부에 전류를 흘리면 전류의 방향에 따라 줄열 이외의 열의 흡수 또는 발생하는 현상
- 펠티에 효과는 전자 냉동 분야에 사용
- 제벡 효과 : 용광로 속의 온도나 기름의 온도를 측정할 때 사용

030 패러데이 법칙 Faraday's law

■ 패러데이 법칙 Faraday's law
- 같은 전기량에 의해서 여러 가지 화합물이 전해될 때 석출되는 물질의 양은 각 물질의 화학당량(원자량/원자가 K)에 비례한다는 법칙이다.

$$화학당량\ K = \frac{원자량}{원자가}[g/c]$$

- 전기분해에 의해서 석출되는 물질의 양은 전해액을 통과한 총전기량에 비례한다.

$$석출량\ W = K \cdot Q = K \cdot I \cdot t [g]$$

여기서, W : 석출량[g]
K : 전기 화학당량[g/C]
Q : 전하량[C]
I : 전류[A]
t : 시간[sec]

■ 전기 화학당량 K [g/C]
- 1[C]의 전기량에 의해서 전극에서 석출되는 물질의 양을 나타낸 것으로 전기 화학당량은 석출량에 비례한다.

- 어떤 물질이든 물질 1[g]당량을 전기분해하여 석출하는 데 필요한 전기량은 물질의 종류에 관계없이 같다.
- 전해질이나 전극이 어떤 것이라도 같은 전기량이면 항상 같은 화학당량의 물질을 석출한다.

$$F = \frac{1[g]당량}{K}$$

■ 전기분해 electrolysis
- 전기분해 : 전해액에 전류가 흘러 화학변화를 일으키는 현상
- 전리 : 황산구리($CuSO_4$)가 물에 녹아 양이온과 음이온으로 분리되는 현상
- 전해액 : 전류가 흐르면 화학적 변화가 나타나 양이온과 음이온으로 전리되는 수용액이다.
- 황산구리의 전해액에 2개의 구리판을 넣어 전극으로 하고 전기분해하면,
  - 점차로 양극(+)의 구리판은 얇아진다.
  - 반대로 음극(-)의 구리판은 새롭게 구리가 되어 두터워진다.

□□□ 11②③,12④,15③④,20①

01 전기분해를 통하여 석출된 물질의 양은 통과한 전기량 및 화학당량과 어떤 관계인가?
① 전기량과 화학당량에 비례한다.
② 전기량과 화학당량에 반비례한다.
③ 전기량에 비례하고 화학당량에 반비례한다.
④ 전기량에 반비례하고 화학당량에 비례한다.

|해①| 전기분해에 관한 패러데이의 법칙
- 같은 전기량에 의해서 여러 가지 화합물이 전해될 때 석출되는 물질의 양은 각 물질의 화학당량(원자량/원자가 K)에 비례한다.
- 전기분해에 의해서 석출되는 물질의 양은 전해액을 통과한 총전기량에 비례한다.

□□□ 11④,16①

02 황산구리($CuSO_4$)의 전해액에 2개의 동일한 구리판을 넣고 전원을 연결하였을 때 구리판의 변화를 옳게 설명한 것은?
① 2개의 구리판 모두 얇아진다.
② 2개의 구리판 모두 두터워진다.
③ 양극쪽은 얇아지고, 음극쪽은 두터워진다.
④ 양극쪽은 두터워지고, 음극쪽은 얇아진다.

|해③| 황산구리($CuSO_4$)의 전해액
황산구리의 전해액에 2개의 동일한 구리판을 넣고 전원을 연결하면 음극에는 구리이온이 부착되어 음극판은 두터워지고, 양극판은 (SO_4^{2-})와 구리가 합성되어 구리판이 얇아진다.

☐☐☐ 08④,11①,19①
03 니켈의 원자가는 2이고 원자량은 58.70이다. 이때 화학당량의 값은?

① 29.35   ② 58.70
③ 60.70   ④ 117.4

|해①| 화학당량
$$K = \frac{원자량}{원자가}$$
$$= \frac{58.70}{2} = 29.35$$

☐☐☐ 10③,16②,20②,24②
04 황산구리 용액에 10[A]의 전류를 60분간 흘린 경우 이때 석출되는 구리의 양은? (단, 구리의 전기 화학당량은 0.3293×10^{-3}[g/C]임.)

① 약 1.97[g]   ② 약 5.93[g]
③ 약 7.82[g]   ④ 약 11.86[g]

|해④| 석출되는 구리의 양
$$W = K \cdot Q = K \cdot I \cdot t$$
$$= 0.3293 \times 10^{-3} \times 10 \times 60 \times 60 = 11.86[g]$$

☐☐☐ 06②,09①,11②
05 패러데이 법칙에서 전기분해에 의해서 석출되는 물질의 양은 전해액을 통과한 무엇과 비례하는가?

① 총전해질   ② 총전압
③ 총전류   ④ 총전기량

|해④| 패러데이 전기분해법칙
- 전기분해에 의해서 석출되는 물질의 양은 전해액을 통과한 총전기량과 같으며, 그 물질의 화학당량에 비례한다.
- 전기분해에서 석출되는 물질의 양
 $W = K \cdot Q = K \cdot I \cdot t$
 (K : 전기 화학당량(g/C), Q : 총전기량(C))

☐☐☐ 10③,16②,23②
06 초산은($AgNO_3$) 용액에 1[A]의 전류를 2시간 동안 흘렸다. 이때 은의 석출량[g]은? (단, 은의 전기 화학당량은 1.1×10^{-3}[g/C]이다.)

① 5.44   ② 6.08
③ 7.92   ④ 9.84

|해③| 패러데이 법칙에서
- 석출량 $W = K \cdot Q = K \cdot I \cdot t$
- $t = 2(시간) \times 60(분) \times 60(초) = 7,200$초
∴ $W = 1.1 \times 10^{-3} \times 1 \times 7,200 = 7.92[g]$

☐☐☐ 11②③,12④,15③④
07 전기분해를 하면 석출되는 물질의 양은 통과한 전기량에 관계가 있다. 이것을 나타낸 법칙은?

① 옴의 법칙   ② 쿨롱의 법칙
③ 앙페르의 법칙   ④ 패러데이의 법칙

|해④| 전기분해에 관한 패러데이의 법칙
- 전기분해에 의해서 석출되는 물질의 양은 전해액을 통과한 총전기량에 비례한다.
- 같은 전기량에 의해서 여러 가지 화합물이 전해될 때 석출되는 물질의 양은 각 물질의 화학당량(원자량/원자가 K)에 비례한다.

☐☐☐ 11②③,12④,15③④,22②
08 "같은 전기량에 의해서 여러 가지 화합물이 전해될 때 석출되는 물질의 양은 그 물질의 화학당량에 비례한다." 이 법칙은?

① 렌츠의 법칙   ② 패러데이의 법칙
③ 앙페르의 법칙   ④ 줄의 법칙

|해②| 전기분해에 관한 패러데이의 법칙
같은 전기량에 의해서 여러 가지 화합물이 전해될 때 석출되는 물질의 양은 각 물질의 화학당량(원자량/원자가 K)에 비례한다.

031 전지 battery

■ 전지의 원리
- 묽은황산 용액에 구리(Cu)와 아연(Zn) 판을 넣으면, 아연은 구리보다 이온이 되는 성질이 강하므로 전해액 중에 용해되어 양이온이 되며, 아연판은 음전기를 띠게 된다.
- 묽은황산 용액(H_2SO_4)은 전리되어 수소이온 H^+의 일부는 구리판에 부착하여 수소 기체가 발생한다.
- 황산구리($CuSO_4$)의 전해액
  황산구리의 전해액에 2개의 동일한 구리판을 넣고 전원을 연결하면 음극에는 구리이온이 부착되어 음극판은 두터워지고, 양극판은(SO_4^{2-})와 구리가 합성되어 구리판이 얇아진다.

■ 분극현상 성극작용
- 볼타 전지로부터 전류를 흐르게 되면 양극의 표면이 수소 기체가 생겨서 둘러싸게 되어서 전류의 흐름을 방해하는 작용
- 분극작용 방지대책 : 전지의 기전력을 저하시키는 분극작용을 막기 위해 사용되는 물질을 감극제라 한다.
- 감극제 : 분극 작용에 의한 기체를 제거하여 전극의 작용을 활발하게 유지시키는 산화물

■ 국부작용 local action
- 전극의 불순물로 인하여 기전력이 감소하는 현상
- 국부작용 방지대책 : 수은으로 도금한다.

■ 1차 전지와 2차 전지
- 1차 전지는 재충전이 불가능한 건전지
- 1차 건전지로 가장 많이 사용되는 망간 건전지는 리모컨, 구내전화, 완구 등에 사용된다.
- 1차 전지 종류 : 망간 전지, 알칼리 전지, 페이퍼 전지, 수은 전지, 산화은 전지
- 2차 전지의 종류 : 납축전지, 니켈 카드뮴 전지, 리튬 이온 전지, 리튬 폴리머 전지

■ 납축전지 lead storage battery
- 납축전지의 전해액(H_2SO_4) : 묽은황산(비중 1.23~1.26)의 전해액 속에 양극으로 이산화 납(PbO_2), 음극으로 납(Pb)을 마주 보게 배치하여 방전할 때 화학반응으로 2[V]의 전기를 발생시킨다.
- 납축전지의 방전과 충전시의 화학식
  양극(PbO_2) + 전해액($2H_2SO_4$) + 음극(Pb)
  방전 ↓ ↑ 충전
  양극($PbSO_4$) + 물($2H_2O$) + 음극($PbSO_4$)
- 납축전지가 방전되면 음극과 양극은 황산납($PbSO_4$)으로 변한다.

■ 납축전지의 용량과 단위
- 납축전지의 용량 : $Q[Ah]$ = 전류(I) × 시간(t)
- 납축전지의 단위 : [Ah](ampere hour)

---

01 전지(battery)에 관한 사항이다. 감극제(depolarizer)는 어떤 작용을 막기 위해 사용되는가?

① 분극작용 ② 방전
③ 순환 전류 ④ 전기분해

|해①| 감극제(depolarizer)
전지의 기전력을 저하시키는 분극작용을 막기 위해 사용되는 물질을 감극제라 한다.

02 1차 전지로 가장 많이 사용되는 것은?

① 니켈-카드뮴 전지
② 연료 전지
③ 망간 전지
④ 납축전지

|해③| 1차 전지
망간 전지가 가장 많이 사용된다.

03 용량이 45[Ah]인 납축전지에서 3[A]의 전류를 연속하여 얻는다면 몇 시간 동안 이 축전지를 이용할 수 있는가?

① 10시간　　　　② 15시간
③ 30시간　　　　④ 45시간

|해②| 축전지의 용량
$Q = $ 방전전류 $\times$ 방전시간 $= A \cdot h$
$\therefore$ 방전시간 $h = \dfrac{Q}{A} = \dfrac{45}{3} = 15$ 시간

04 전지저항이나 전해액 저항측정에 쓰이는 것은?

① 휘트스톤 브리지　　② 전위차계
③ 콜라우시 브리지　　④ 메거

|해③| 저항을 측정하는 방법이나 측정계기

콜라우시 브리지	• 전지의 내부 저항 • 전해액의 저항
휘트스톤 브리지	• 수천옴의 가는 전선의 저항
메거	• 옥내전선 등의 절연저항
켈빈 더블 브리지	• 굵은 나전선의 저항

05 묽은황산(H_2SO_4) 용액에 구리(Cu)와 아연(Zn)판을 넣었을 때 아연판은?

① 수소기체를 발생한다.
② 음극이 된다.
③ 양극이 된다.
④ 황산아연으로 변한다.

|해②| 화학 전지의 원리를 나타내는 볼타 전지
묽은황산(H_2SO_4) 용액에 구리(Cu)와 아연(Zn) 판을 넣으면, 아연은 구리보다 이온이 되는 성질이 강하므로 전해액 중에 용해되어 양이온이 되며, 아연판은 음전기를 띠게 된다.

06 알칼리 축전지의 대표적인 축전지로 널리 사용되고 있는 2차 전지는?

① 망간 전지　　　② 산화은 전지
③ 페이퍼 전지　　④ 니켈 카드뮴 전지

|해④|
• 1차 전지 : 망간 전지, 알칼리 전지, 페이퍼 전지, 수은전지, 산화은전지
• 2차 전지 : 납전지, 니켈 카드뮴 전지, 리튬 이온 전지, 리튬 폴리머 전지

07 (가), (나)에 들어갈 내용으로 알맞은 것은?

"2차 전지의 대표적인 것으로 납축전기가 있다. 전해액으로 비중 약 (㉮) 정도의 (㉯)을 사용한다."

① ㉮ 1.15~1.21, ㉯ 묽은황산
② ㉮ 1.25~1.36, ㉯ 질산
③ ㉮ 1.01~1.15, ㉯ 질산
④ ㉮ 1.23~1.26, ㉯ 묽은황산

|해④| 납축전지의 전해액
묽은황산(비중 1.23~1.26)을 사용한다.

08 납축전지의 전해액으로 사용되는 것은?

① H_2SO_4　　　② H_2O
③ PbO_2　　　④ $PbSO_4$

|해①| 납축전지
양극(PbO_2) + 전해액($2H_2SO_4$) + 음극(Pb)
　　　　　방전 ↓ ↑ 충전
양극($PbSO_4$) + 물($2H_2O$) + 음극($PbSO_4$)

□□□ 11④,16①

09 황산구리($CuSO_4$) 전해액에 2개의 구리판을 넣고 전원을 연결하였을 때 음극에서 나타나는 현상으로 옳은 것은?

① 변화가 없다.　　② 구리판이 두터워진다.
③ 구리판이 얇아진다.　④ 수소 가스가 발생한다.

|해②|
- 음극에서는 환원반응이 진행되어 구리판이 두터워진다.
- 양극에서는 산화반응이 진행되어 구리판이 얇아진다.

□□□ 12①

10 10[A]의 전류로 6시간 방전할 수 있는 축전지의 용량은?

① 2[Ah]　　　② 15[Ah]
③ 30[Ah]　　④ 60[Ah]

|해④| 축전지의 용량
Q = 방전전류 × 방전시간
　 = $A \cdot H$ = 10 × 6 = 60[Ah]

□□□ 13②,14④

11 납축전지가 완전히 방전되면 음극과 양극은 무엇으로 변하는가?

① $PbSO_4$　　　② $PbSO_{42}$
③ H_2SO_4　　　④ Pb

|해①| 납축전지
양극(PbO_2) + 전해액($2H_2SO_4$) + 음극(Pb)
　　　　방전↓↑충전
양극($PbSO_4$) + 물($2H_2O$) + 음극($PbSO_4$)
- 황산납($PbSO_4$) : 완전히 방전되면 음극과 양극은 황산납으로 변한다.

□□□ 09④,13④,18①

12 묽은황산(H_2SO_4)용액에 구리(Cu)와 아연(Zn)판을 넣으면 전지가 된다. 이때 양극(+)에 대한 설명으로 옳은 것은?

① 구리판이며 수소 기체가 발생한다.
② 구리판이며 산소 기체가 발생한다.
③ 아연판이며 산소 기체가 발생한다.
④ 아연판이며 수소 기체가 발생한다.

|해①| 전지의 원리
- 묽은황산 용액에 구리(Cu)와 아연(Zn)판을 넣으면, 아연은 구리보다 이온이 되는 성질이 강하므로 전해액 중에 용해되어 양이온이 되며, 아연판은 음전기를 띠게 된다.
- 묽은황산 용액은 전리되어 수소이온 H^+의 일부는 구리판에 부착하여 수소 기체가 발생한다.

CHAPTER 04 교류 회로

032 교류 회로의 기초

❶ 사인파 교류의 표현 방법

■ 라디안 rad 각

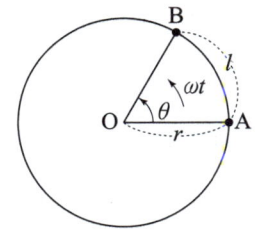

- 각도 : $\pi[\text{rad}] = 180° \Rightarrow \theta = \dfrac{l}{r}[\text{rad}]$
- 라디안 $l = 각도 \times \dfrac{2\pi}{360°} = \theta \times \dfrac{\pi}{180°}$

■ 각속도 angular velocity

- t초 동안 선분 $\overline{OA}$가 $\theta[\text{rad}]$ 회전했을 때의 각속도 ω
  $\omega = \dfrac{\theta}{t}[\text{rad/s}] \Rightarrow \theta = \omega t$
- 사인파 교류전압 : $v = V_m \sin\theta = V_m \sin\omega t\,[V]$
- 사인파 교류전류 : $i = I_m \sin\theta = I_m \sin\omega t\,[A]$

❷ 주기 period 와 주파수 frequency

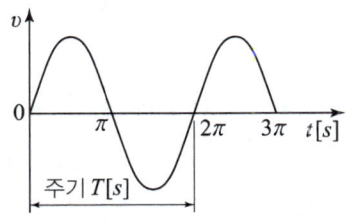

사인파 교류의 주기

- 주기 : 1사이클 변화하는 데 걸리는 시간을 주기(T)라 한다.

- 주파수 : 단위 $f[\text{hertz} : 헤르츠 ; \text{Hz}]$
- 주파수 $f[\text{Hz}]$는 1초 동안에 반복되는 사이클의 수
- 주기 $T = \dfrac{1}{f}[s]$
- 주파수 $f = \dfrac{1}{T} = \dfrac{1}{\frac{2\pi}{\omega}} = \dfrac{\omega}{2\pi}[\text{Hz}]$
- 각속도 $\omega = 2\pi f$
  $= \dfrac{2\pi}{T}[\text{rad/sec}] \Rightarrow f = \dfrac{\omega}{2\pi}$

❸ 위상 phase 과 위상차 phase difference

위상차 : 주파수가 동일한 2개 이상의 교류 사이의 시간적인 차이

■ 위상차의 표시

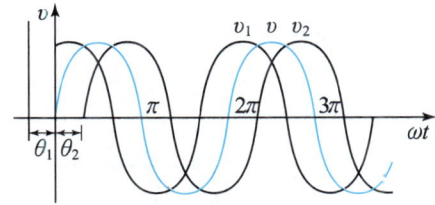

- 기준 : $v = V_m \sin\omega t\,[V]$
- $v_1 = V_m \sin(\omega t + \theta_1)$: v_1은 v보다 위상이 θ_1만큼 앞선다.(θ_1 앞섬)
- $v_2 = V_m \sin(\omega t - \theta_2)$: v_2는 v보다 위상이 θ_2만큼 뒤진다.(θ_2 뒤짐)

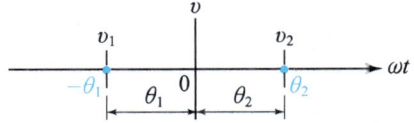

□□□ 06④,07②,08②,10③,11④,12①③,14④,15①

01 $e = 100\sin\left(314t - \dfrac{\pi}{6}\right)$[V]인 파형의 주파수는 약 몇 [Hz]인가?

① 40   ② 50
③ 60   ④ 80

|해②|
주파수 $f = \dfrac{\omega}{2\pi}$
• 각속도 $\omega = 2\pi f = 314$ ∴ 주파수 $f = \dfrac{314}{2\pi} = 50$[Hz]

□□□ 06②③,11①,12④,23②

02 다음 전압과 전류의 위상차는 어떻게 되는가?
$v = \sqrt{2}\,V\sin\left(wt - \dfrac{\pi}{3}\right)$[V], $i = \sqrt{2}\,I\sin\left(wt - \dfrac{\pi}{6}\right)$[A]

① 전류가 π/3만큼 앞선다.
② 전압이 π/3만큼 앞선다.
③ 전압이 π/6만큼 앞선다.
④ 전류가 π/6만큼 앞선다.

|해④| 위상차
$\theta = \theta_v - \theta_i = \dfrac{\pi}{3} - \dfrac{\pi}{6} = \dfrac{\pi}{6}$
∴ 전류(i)가 전압(v)보다 $\dfrac{\pi}{6}$(30°)만큼 앞선다.

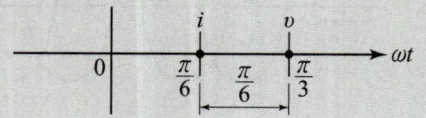

□□□ 06②③,11①,12④

03 $v = V_m\sin(wt + 30°)$[V], $i = I_m\sin(wt - 30°)$[A]일 때 전압을 기준으로 할 때 전류의 위상차는?

① 60° 뒤진다.   ② 60° 앞선다.
③ 30° 뒤진다.   ④ 30° 앞선다.

|해①| 위상차
$\theta = \theta_i - \theta_v = +30° - (-30°) = 60°$
∴ 전류(i)가 전압(v)보다 60° 뒤진다.

□□□ 06④,08②,10③,11④,12①③,14④

04 $e = 141\sin\left(120\pi t - \dfrac{\pi}{3}\right)$인 파형의 주파수는 몇 [Hz]인가?

① 10   ② 15
③ 30   ④ 60

|해④| 정현파 교류전압의 주파수
• 각속도 $\omega = 2\pi f$ → $120\pi = 2\pi f$
∴ 주파수 $f = \dfrac{\omega}{2\pi} = \dfrac{120\pi}{2\times\pi} = 60$[Hz]

□□□ 08②,10④,21②

05 주파수 100[Hz]의 주기는 몇 초인가?

① 0.05   ② 0.02
③ 0.01   ④ 0.1

|해③|
주기 $T = \dfrac{1}{f[\text{Hz}]}$[sec] ∴ 주기 $T = \dfrac{1}{100} = 0.01$[sec]

□□□ 14①,22①

06 $\dfrac{\pi}{6}$[rad]는 몇 도인가?

① 30°   ② 45°
③ 60°   ④ 90°

|해①|
π[rad] = 180° ∴ $\dfrac{\pi}{6}$[rad] = $\dfrac{180}{6}$ = 30°

□□□ 98,06④,08②,10③,11④,12①③,14④

07 각 속도 $\omega = 100\pi$[rad/s]일 때 주파수 f[Hz]는?

① 50[Hz]   ② 60[Hz]
③ 300[Hz]   ④ 360[Hz]

|해①|
각속도 $w = 2\pi f$[rad/s]
∴ 주파수 $f = \dfrac{w}{2\pi}$[Hz] = $\dfrac{100\pi}{2\pi}$ = 50[Hz]

정답 01 ② 02 ④ 03 ① 04 ④ 05 ③ 06 ① 07 ①

033 정현파 사인파 교류의 크기

❶ 순싯값 v : instantaneous value
- 전압의 순싯값 : $v = V_m \sin \omega t [\text{V}]$
- 전류의 순싯값 : $i = I_m \sin \omega t [\text{A}]$

❷ 최댓값 V_m : maximum value
순싯값 중에서 가장 큰 값이 진폭이다.
- V_{av}일 때 최댓값 $V_m = \dfrac{V_{av}\pi}{2}[\text{V}]$
- 교류전압의 최댓값 $V_m = \sqrt{2}\,V[\text{V}]$
- 교류전류의 최댓값 $I_m = \sqrt{2}\,I[\text{A}]$

❸ 평균값 V_{av} : average value
순싯값의 반주기에 대해 평균한 값(정현파 기준)이다.
- 교류전압의 평균값
$$V_{av} = \dfrac{2}{\pi}V_m = 0.637\,V_m[\text{V}]$$
- 교류전류의 평균값
$$I_{av} = \dfrac{2}{\pi}I_m = 0.637\,I_m[\text{A}]$$

❹ 실횻값 V : effective value
- 일반적인 교류전압계의 지싯값
- 직류의 크기와 같은 일을 하는 교류의 크깃값
- 일반적인 교류의 크기를 나타낼 때 사용
$$V = \sqrt{1\text{주기 동안의 }(\text{순싯값})^2\text{의 평균값}}\,[\text{V}]$$
- 전압의 실횻값
$$V = \dfrac{V_m}{\sqrt{2}} = \dfrac{\sqrt{2}}{2}V_m = 0.707\,V_m[\text{V}]$$
- 전류의 실횻값
$$I = \dfrac{I_m}{\sqrt{2}} = \dfrac{\sqrt{2}}{2}I_m = 0.707\,I_m[\text{A}]$$
- 사인파 교류의 크기

교류의 크기	전류의 크기	전압의 크기
순싯값	$i = I_m \sin \omega t$	$v = V_m \sin \omega t$
평균값	$I_a = \dfrac{2}{\pi}I_m$	$V_a = \dfrac{2}{\pi}V_m$
최댓값	$I_m = \sqrt{2}\,I$	$V_m = \sqrt{2}\,V$
실횻값	$I = \dfrac{I_m}{\sqrt{2}}$	$V = \dfrac{V_m}{\sqrt{2}}$

□□□ 09④,13②

01 어떤 사인파 교류전압의 평균값이 191[V]이면 최댓값은?

① 150[V] ② 250[V]
③ 300[V] ④ 400[V]

|해③|
평균값 $V_{av} = \dfrac{2}{\pi}V_m \Rightarrow V_m = \dfrac{V_{av}\pi}{2}[\text{V}]$
∴ 최댓값 $V_m = \dfrac{V_{av}\pi}{2} = \dfrac{191 \times \pi}{2} = 300[\text{V}]$

참고 SOLVE 사용
$191 = \dfrac{2}{\pi}V_m$ ∴ $V_m = 300[\text{V}]$

□□□ 10③,14③,15②,23①,24①

02 전기저항 25[Ω]에 50[V]의 사인파 전압을 가할 때 전류의 순싯값은?
(단, 각속도 $\omega = 377[\text{rad/sec}]$임.)

① $2\sin 377t\,[\text{A}]$ ② $2\sqrt{2}\sin 377t\,[\text{A}]$
③ $4\sin 377t\,[\text{A}]$ ④ $4\sqrt{2}\sin 377t\,[\text{A}]$

|해②| 전류의 순싯값
$i = I_m \sin \omega t$
- $I_m = \sqrt{2}\,I[\text{A}]$, $I = \dfrac{V}{R} = \dfrac{50[\text{V}]}{25[\Omega]} = 2[\text{A}]$
∴ $I_m = 2\sqrt{2}$
∴ $i = 2\sqrt{2}\sin 377t[\text{A}]$

☐☐☐ 02,03,13④,15④,24①

03 $i = I_m \sin\omega t(A)$인 사인파 교류에서 ωt가 몇 도일 때 순싯값과 실횻값이 같게 되는가?

① 30° ② 45°
③ 60° ④ 90°

| 해② | 사인파 교류

- 순싯값 $i = I_m \sin\omega t(A)$
- 실횻값 $I = \dfrac{I_m}{\sqrt{2}} \rightarrow I_m = \sqrt{2}\,I$
- 문제조건 : 순싯값 i = 실횻값 I

$i = I_m \sin\omega t = \sqrt{2}\,I\sin\omega t = I$

$\sin\omega t = \dfrac{1}{\sqrt{2}}$

$\therefore \omega t = \sin^{-1}\dfrac{1}{\sqrt{2}} = 45°$

☐☐☐ 15④,19②

04 가정용 전등 전압이 200[V]이다. 이 교류의 최댓값은 몇 [V]인가?

① 70.7 ② 86.7
③ 141.4 ④ 282.8

| 해④ |

실횻값 $V = \dfrac{V_m}{\sqrt{2}}$

$\therefore$ 최댓값 $V_m = \sqrt{2}\,V = \sqrt{2} \times 200 = 282.8[V]$

☐☐☐ 07④,09①,10④,12②,13③

05 최댓값이 V_m[V]인 사인파 교류에서 평균값 V_{av}[V] 값은?

① $0.557\,V_m$ ② $0.637\,V_m$
③ $0.707\,V_m$ ④ $0.866\,V_m$

| 해② |

평균값 $V_{av} = \dfrac{2}{\pi}V_m = 0.637\,V_m[A]$

☐☐☐ 99,01,06③,08③④,09④

06 $e = 141.4\sin(100\pi t)$[V]의 교류전압이다. 이 교류의 실횻값은 몇 [V]인가?

① 100 ② 110
③ 141 ④ 282

| 해① |

실횻값 $V = \dfrac{V_m}{\sqrt{2}}$

- 교류전압의 최댓값 $V_m = 141.4[V]$

$\therefore V = \dfrac{141.4}{\sqrt{2}} = 100[V]$

☐☐☐ 08②,10②,15②,21②

07 저항 50[Ω]인 전구에 $e = 100\sqrt{2}\sin\omega t$[V]의 전압을 가할 때 순시전류[A]의 값은?

① $\sqrt{2}\sin\omega t$ ② $2\sqrt{2}\sin\omega t$
③ $5\sqrt{2}\sin\omega t$ ④ $10\sqrt{2}\sin\omega t$

| 해② | 순시전류

$i = \dfrac{e}{R}$

$= \dfrac{100\sqrt{2}\sin\omega t}{50} = 2\sqrt{2}\sin\omega t[A]$

☐☐☐ 10③,14③,15②

08 $e = 200\sin(100\pi t)$[V]의 교류전압에서 $t = 1/600$초일 때, 순싯값은?

① 100[V] ② 173[V]
③ 200[V] ④ 346[V]

| 해① | 순싯값

$e = 200\sin(100\pi t)$[V]

- 라디안 $\pi = 180°$

$e = 200\sin\left(100\pi \times \dfrac{1}{600}\right)$

$= 200\sin\dfrac{\pi}{6} = 200\sin\dfrac{180°}{6} = 100[V]$

□□□ 98,01,02,07③,18①
09 교류 100[V]의 최댓값은 약 몇 [V]인가?

① 90 ② 100
③ 111 ④ 141

| 해④ |
사인파 교류의 최댓값 $V_m = \sqrt{2}\,V$[V]
- 실횻값 $V = 100$[V]
∴ $V_m = \sqrt{2} \times 100 = 141$[V]

□□□ 15②
10 실횻값 5[A], 주파수 f[Hz], 위상 60°인 전류의 순싯값 i[A]를 수식으로 옳게 표현한 것은?

① $i = 5\sqrt{2}\sin\left(2\pi ft + \dfrac{\pi}{2}\right)$
② $i = 5\sqrt{2}\sin\left(2\pi ft + \dfrac{\pi}{3}\right)$
③ $i = 5\sin\left(2\pi ft + \dfrac{\pi}{2}\right)$
④ $i = 5\sin\left(2\pi ft + \dfrac{\pi}{3}\right)$

| 해② |
$i = I_m \sin(\omega t + \theta)$
- 최댓값 $I_m = \sqrt{2}\,I = \sqrt{2} \times 5 = 5\sqrt{2}$[V]
- 각속도 $\omega = 2\pi f$
- 위상각 $\theta = 60° = \dfrac{\pi}{3}$
∴ $i = 5\sqrt{2}\sin\left(2\pi ft + \dfrac{\pi}{3}\right)$

□□□ 07④,09①,10④,12②,13③,21①
11 최댓값 10[A]인 교류전류의 평균값은 약 몇 [A]인가?

① 0.2 ② 0.5
③ 3.14 ④ 6.37

| 해④ |
평균값 $I_{av} = \dfrac{2}{\pi}I_m = 0.637 \times 10 = 6.37$[A]

□□□ 01,05,07④,09①,10④,12②,13③
12 어떤 정현파 교류의 최댓값이 $V_m = 220$[V]이면 평균값 V_a는?

① 약 120.4[V] ② 약 125.4[V]
③ 약 127.3[V] ④ 약 140.1[V]

| 해④ |
평균값 $V_a = \dfrac{2}{\pi}V_m = \dfrac{2}{\pi} \times 220 = 140.1$[V]

034 복소수의 표시

■ 복소수의 정의
$\overline{A} = a \pm jb$

- 복소수는 실수부($\pm a$)와 허수부($\pm jb$)로 구성된 벡터양이다.
- 거리와 방향을 나타내는 것은 벡터다.
- 허수부의 허수단위 : $j = \sqrt{-1}$
- 복소수의 절댓값
$$\overline{A} = \sqrt{(실수부)^2 + (허수부)^2}$$
$$= \sqrt{a^2 + b^2}$$
- 복소수의 위상
$$\theta = \tan^{-1}\left(\frac{b}{a}\right)$$

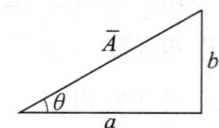

■ 임피던스 impedance
- 합성 임피던스 $Z_o = \sqrt{(실수부)^2 + (허수부)^2}$
- 임피던스 $\dot{Z} = R + jX_L = \dfrac{V}{I}$
- 실수부 : 저항(R)
- 허수부 : 리액턴스(X_L)
- 전류 $I = \dfrac{V}{\dot{Z}} = \dfrac{V}{\sqrt{R^2 + X_L^2}}$

■ 어드미턴스 admittance
- 임피던스 $\dot{Z} = R + jX$

어드미턴스($\dot{Y}$)는 임피던스의 역수 $\left(\dfrac{1}{\dot{Z}}\right)$

$$Y = \frac{1}{\dot{Z}} = \frac{1}{R+jX} = \frac{R}{R^2+X^2} + j\frac{-X}{R^2+X^2}$$

- 어드미턴스 $\dot{Y} = G + jB$
  - 실수부 : 컨덕턴스 $G = \dfrac{R}{R^2+X^2}$
  - 허수부 : 서셉턴스 $B = \dfrac{-X}{R^2+X^2}$

- 어드미턴스는 임피던스의 역수
- 임피던스 $\dot{Z} = \dfrac{\dot{V}}{\dot{I}} = R + jX_L [\Omega]$
- 어드미턴스 $\dot{Y} = \dfrac{1}{\dot{Z}} = G + jB [\mho]$

■ 시정수 시상수, time constant
- 정상 전류의 63.2[%]에 도달하는 시간
  - $R-L$ 직렬회로의 시정수 : $\tau = \dfrac{L(인덕터)}{R(저항)}$ [sec]
  - $R-C$ 직렬회로의 시정수 : $\tau = RC$ [sec]

□□□ 15③

01 복소수에 대한 설명으로 틀린 것은?

① 실수부와 허수부로 구성된다.
② 허수를 제곱하면 음수가 된다.
③ 복소수는 $A = a + jb$의 형태로 표시한다.
④ 거리와 방향을 나타내는 스칼라 양으로 표시한다.

| 해④ | 복소수
- 벡터량 : 힘이나 속도와 같이 크기와 방향으로 표시되는 물리량
- 스칼라양 : 길이나 온도 등과 같이 크기라는 하나의 요소만으로 표시되는 물리량

□□□ 12④, 21②

02 다음 중 복소수의 값이 다른 것은?

① $-1+j$ ② $-j(1+j)$
③ $(-1-j)/j$ ④ $j(1+j)$

| 해② |
- $-1+j = j-1$
- $-j(1+j) = -j+1$
- $\dfrac{-1-j}{j} = -\dfrac{1}{j} + 1 = -1+j = j-1$
- $j(1+j) = j + j \times j = j-1$

□□□ 06①,15④,20①
03 $I=8+j6$[A]로 표시되는 전류의 크기 I는 몇 [A]인가?

① 6 ② 8
③ 10 ④ 12

| 해③ | 복소수의 전류
$$I=\sqrt{(실수부)^2+(허수부)^2}$$
$$=\sqrt{8^2+6^2}=10[\Omega]$$

□□□ 03,05,07②,15④
04 $R=6[\Omega]$, $X_C=8[\Omega]$일 때 임피던스 $Z=6-j8[\Omega]$으로 표시되는 것은 일반적으로 어떤 회로인가?

① RC 직렬회로 ② RL 직렬회로
③ RC 병렬회로 ④ RL 병렬회로

| 해① | 임피던스 $\dot{Z}=6-j8[\Omega]$
- $R-C$ 직렬회로 : $\dot{Z}=R-jX_C$, $-j$: 용량성
- $R-L$ 직렬회로 : $\dot{Z}=R+jX_C$, $+j$: 유도성

□□□ 16①
05 $R-L$ 직렬회로에서 서셉턴스는?

① $\dfrac{R}{R^2+X_L^2}$ ② $\dfrac{X_L}{R^2-X_L^2}$

③ $\dfrac{-R}{R^2+X_L^2}$ ④ $\dfrac{-X_L}{R^2+X_L^2}$

| 해④ |
- $R-L$ 직렬회로의 임피던스
$$\dot{Z}=R+jX_L[\Omega]$$
∴ 컨덕턴스(실수부) : $G=\dfrac{R}{R^2+X^2}=\dfrac{R}{R^2+X_L^2}$
∴ 서셉턴스(허수부) : $B=\dfrac{-X}{R^2+X^2}=\dfrac{-X_L}{R^2+X_L^2}$

□□□ 12①,13②,19②
06 $Z_1=5+j3[\Omega]$과 $Z_2=7-j3[\Omega]$이 직렬 연결된 회로에 $V=36[V]$를 가한 경우의 전류[A]는?

① 1[A] ② 3[A]
③ 6[A] ④ 10[A]

| 해② |
- 전류 $I=\dfrac{V}{Z}=\dfrac{V}{\sqrt{R^2+X_L^2}}$
  ∴ $Z=R+jX_L$
  (실수부는 저항, 허수부는 리액턴스)
- 직렬 접속의 합성 임피던스
- $Z=Z_1+Z_2=R+jX_L$
  $=(5+7)+j(3-3)=12+j0$
  ∴ $I=\dfrac{36}{\sqrt{12^2+0^2}}=3[A]$

□□□ 07①④,10③④,18①,21②
07 $R-L$ 직렬회로의 시정수 t[s]는?

① $\dfrac{R}{L}$[s] ② $\dfrac{L}{R}$[s]
③ RL[s] ④ $\dfrac{1}{RL}$[s]

| 해② | $R-L$ 직렬회로의 시정수
$$\tau=\dfrac{L(인덕터)}{R(저항)}[s]$$

□□□ 07①④,10③,10④,19②
08 $R=5[\Omega]$, $L=2[H]$인 직렬회로의 시상수는 몇 [sec]인가?

① 0.1 ② 0.2
③ 0.3 ④ 0.4

| 해④ | $R-L$ 직렬회로의 시상수(시정수)
$$\tau=\dfrac{L(인덕터)}{R(저항)}=\dfrac{2[H]}{5[\Omega]}=0.4[s]$$

□□□ 09①,10③,20①

09 저항 2[Ω]과 3[Ω]을 직렬로 접속했을 때의 합성 컨덕턴스는?

① 0.2[℧]   ② 1.5[℧]
③ 5[℧]   ④ 6[℧]

| 해① |
합성 컨덕턴스 $G_o = \dfrac{1}{R_o}[℧]$
합성저항 $R_o = R_1 + R_2 = 2 + 3 = 5[\Omega]$
∴ $G_o = \dfrac{1}{5} = 0.20[℧]$

□□□ 09①,10③

10 2[Ω]의 저항과 3[Ω]의 저항을 직렬로 접속할 때 합성 컨덕턴스는 몇 [℧]인가?

① 5   ② 2.5
③ 1.5   ④ 0.2

| 해④ |
합성 컨덕턴스 $G_o = \dfrac{1}{R_o}[℧]$
합성저항 $R_o = R_1 + R_2 = 2 + 3 = 5[\Omega]$
∴ $G_o = \dfrac{1}{5} = 0.2[℧]$

□□□ 07④,10③,10④

11 $R = 10[k\Omega]$, $C = 5[\mu F]$의 직렬회로에 110[V]의 직류 전압을 인가했을 때 시상수 τ는?

① 5[ms]   ② 50[ms]
③ 1[sec] ④ 2[sec]

| 해② | $R-C$ 직렬회로 시상수(시정수)
$\tau = R \cdot C$
$= 10 \times 10^3 \times 5 \times 10^{-6} = 0.05[s] = 50[ms]$
• k[kilo] : 10^3, μ[micro] : 10^{-6}, m[milli] : 10^{-3}

□□□ 12①,13②

12 임피던스 $Z_1 = 12 + j16[\Omega]$과 $Z_2 = 8 + j24[\Omega]$이 직렬로 접속된 회로에 전압 $V = 200[V]$를 가할 때 이 회로에 흐르는 전류[A]는?

① 2.35[A]   ② 4.47[A]
③ 6.02[A]   ④ 10.25[A]

| 해② |
• 전류 $I = \dfrac{V}{Z} = \dfrac{V}{\sqrt{R^2 + X_L^2}}$
  ∵ $Z = R + jX_L$
  (실수부는 저항, 허수부는 리액턴스)
• 직렬 접속의 합성 임피던스
• $Z = Z_1 + Z_2 = R + jX_L$
  $= (12+8) + j(16+24) = 20 + j40$
∴ $I = \dfrac{200}{\sqrt{20^2 + 40^2}} = 4.47[A]$

□□□ 10④,18①

13 임피던스 $Z = 6 + j8[\Omega]$에서 컨덕턴스는?

① 0.06[℧]   ② 0.08[℧]
③ 0.1[℧]   ④ 1.0[℧]

| 해① |
임피던스 $Z = R + jX$
어드미턴스 $Y = G + jB$
• 실수부 : 컨덕턴스
  $G = \dfrac{R}{R^2 + X^2} = \dfrac{6}{6^2 + 8^2} = 0.06[℧]$

035 $R-L-C$ 직렬회로

❶ $R-L$ 직렬회로

■ 유도 리액턴스
$$X_L = \omega L = 2\pi f L [\Omega]$$

■ $R-L$ 직렬회로의 전압과 전류의 위상차
$$\theta = \tan^{-1}\frac{X_L}{R}$$
$$= \tan^{-1}\frac{\omega L}{R} = \tan^{-1}\frac{2\pi f L}{R} [\text{rad}]$$

■ $R-L$ 직렬회로의 합성 임피던스 Z
$$Z = \sqrt{(\text{저항 성분})^2 + (\text{유도 리액턴스 성분})^2}$$
$$= \sqrt{R^2 + X_L^2} = \sqrt{R^2 + (\omega L)^2} [\Omega]$$
$$= \sqrt{R^2 + (2\pi f L)^2} [\Omega]$$

■ 코일(인덕터)에 흐르는 전류
$$I = \frac{V_L}{X_L} = \frac{V_L}{\omega L} = \frac{V_L}{2\pi f L} [\text{A}]$$

■ 전류의 크기
$$I = \frac{V}{Z} = \frac{V}{\sqrt{R^2 + X_L^2}} = \frac{V}{\sqrt{R^2 + (\omega L)^2}} [\text{A}]$$

❷ $R-C$ 직렬회로

■ 용량 리액턴스
$$X_C = \frac{1}{\omega C} = \frac{1}{2\pi f C} [\Omega]$$
여기서, C : 커패시터

■ 위상차
$$\theta = \tan^{-1}\frac{X_C}{R} = \tan^{-1}\frac{1}{\omega CR}$$
$$= \tan^{-1}\frac{1}{2\pi f CR} [\text{rad}]$$

■ $R-C$ 직렬회로의 임피던스
$$Z = \sqrt{(\text{저항 성분})^2 + (\text{용량 리액턴스 성분})^2}$$
$$= \sqrt{R^2 + X_C^2} = \sqrt{R^2 + \left(\frac{1}{\omega C}\right)^2} [\Omega]$$

■ 전류와 전압의 크기
- 전류 $I_C = \dfrac{V}{X_C} = \omega CV [\text{V}]$
- 전압 $V = X_C I_C = \dfrac{I_C}{\omega L} [\text{A}]$

❸ $R-L-C$ 직렬회로

■ 전류와 전압의 크기
- 전류 $I = \dfrac{V}{\sqrt{R^2 + (X_L - X_C)^2}} [\text{A}]$
- 전압 $V = I\sqrt{R^2 + (X_L - X_C)^2} [\text{V}]$

여기서, R : 저항
$X_L = \omega L$: 유도 리액턴스
$X_C = \dfrac{1}{\omega C}$: 용량 리액턴스

■ 위상차
$$\theta = \tan^{-1}\frac{X_L - X_C}{R} = \tan^{-1}\frac{\omega L - \frac{1}{\omega C}}{R}$$

■ 임피던스
$$Z = \sqrt{R^2 + (X_L - X_C)^2} = \sqrt{R^2 + \left(\omega L - \frac{1}{\omega C}\right)^2}$$

■ 합성 리액턴스 : $\left(\omega L - \dfrac{1}{\omega C}\right)$

- 유도성 회로 : $\omega L > \dfrac{1}{\omega C}$; 전류가 전압보다 위상이 뒤진다.
- 용량성 회로 : $\omega L < \dfrac{1}{\omega C}$; 전류가 전압보다 위상이 앞선다.
- 직렬 공진상태 : $\omega L = \dfrac{1}{\omega C}$; 전류와 전압의 위상이 같다.

■ 임피던스 부하에 따른 역률
$$\cos\theta = \frac{R}{Z} = \frac{R}{\sqrt{R^2 + (X_L - X_C)^2}}$$

01 $R-L$ 직렬회로에서 전압과 전류의 위상차 $\tan\theta$는?

① $\dfrac{L}{R}$ ② ωRL
③ $\dfrac{\omega L}{R}$ ④ $\dfrac{R}{\omega L}$

| 해 ③ | $R-L$ 직렬회로에서 전압과 전류의 위상차

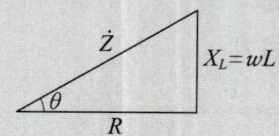

- $\tan\theta = \dfrac{X_L}{R} = \dfrac{wL}{R}$
- 위상차 $\theta = \tan^{-1}\left(\dfrac{X_L}{R}\right) = \tan^{-1}\left(\dfrac{\omega L}{R}\right)$

02 $R-L$ 직렬회로에서 임피던스 Z의 크기를 나타내는 식은?

① $R^2 + X_L^2$ ② $R^2 - X_L^2$
③ $\sqrt{R^2 + X_L^2}$ ④ $\sqrt{R^2 - X_L^2}$

| 해 ③ | $R-L$ 직렬회로의 합성 임피던스
$Z = \sqrt{(저항성분)^2 + (유도 리액턴스성분)^2}$
$= \sqrt{R^2 + X_L^2} = \sqrt{R^2 + (\omega L)^2}$

03 저항 9[Ω], 용량 리액턴스 12[Ω]의 직렬회로의 임피던스는 몇 [Ω]인가?

① 3 ② 15
③ 21 ④ 32

| 해 ② | $R-C$ 직렬회로의 임피던스
$Z = \sqrt{(저항성분)^2 + (용량 리액던스성분)^2}$
$= \sqrt{R^2 + X_C^2} = \sqrt{9^2 + 12^2} = 15[\Omega]$

04 자기 인덕턴스 10[mH]의 코일에 50[Hz], 314[V]의 교류전압을 가했을 때 몇 [A]의 전류가 흐르는가? (단, 코일의 저항은 없는 것으로 하며, $\pi = 3.14$로 계산한다.)

① 10 ② 31.4
③ 62.8 ④ 100

| 해 ④ | 인덕터에 흐르는 전류
$I = \dfrac{V_L}{\omega L} = \dfrac{V_L}{2\pi f L}[A]$
$= \dfrac{314}{2 \times 3.14 \times 50 \times (10 \times 10^{-3})} = 100[A]$
($\because 1[mH] = 10^{-3}[H]$)

05 5[mH]의 코일에 220[V], 60[Hz]의 교류를 가할 때 전류는 약 몇 [A]인가?

① 43[A] ② 58[A]
③ 87[A] ④ 117[A]

| 해 ④ | 코일에 흐르는 전류
$I = \dfrac{V_L}{X_L} = \dfrac{V_L}{wL} = \dfrac{V_L}{2\pi f L}$
- $V_L = 220[V]$
- $X_L = 2\pi f L = 2\pi \times 60 \times 5 \times 10^{-3} = 1.88[\Omega]$
  ($\because m = 10^{-3}$)
$\therefore$ 전류 $I = \dfrac{220}{1.88} = 117[A]$

06 $R = 3[\Omega]$, $\omega L = 8[\Omega]$, $\dfrac{1}{\omega C} = 4[\Omega]$인 $R-L-C$ 직렬회로의 임피던스는 몇 [Ω]인가?

① 5 ② 8.5
③ 12.4 ④ 15

| 해 ① | $R-L-C$ 직렬회로의 임피던스
$Z = \sqrt{R^2 + (X_L - X_C)^2} = \sqrt{R^2 + \left(\omega L - \dfrac{1}{\omega C}\right)^2}$
$= \sqrt{3^2 + (8-4)^2} = 5[\Omega]$

□□□ 09③,18②,22①

07 저항 8[Ω]과 유도 리액턴스 6[Ω]이 직렬로 접속된 회로에 200[V]의 교류전압을 인가하는 경우 흐르는 전류[A]와 역률[%]은 각각 얼마인가?

① 20[A], 80[%]　② 10[A], 60[%]
③ 20[A], 60[%]　④ 10[A], 80[%]

|해①|

전류 $I = \dfrac{V}{Z}$

- $\dot{Z} = R + jX_L = 8 + j6$
- $Z = \sqrt{R^2 + X_L^2} = \sqrt{8^2 + 6^2} = 10[\Omega]$
- $\therefore I = \dfrac{V}{Z} = \dfrac{200}{10} = 20[A]$
- $\therefore$ 역률 $\cos\theta = \dfrac{R}{Z} = \dfrac{8}{10} = 0.8 = 80[\%]$

□□□ 11④,15②,22②

08 자기 인덕턴스가 0.01[H]인 코일에 100[V], 60[Hz]의 사인파 전압을 가할 때 유도 리액턴스는 약 몇 [Ω]인가?

① 3.77　② 6.28
③ 12.28　④ 37.68

|해①| 유도 리액턴스

$X_L = wL = 2\pi f L$

- 주파수 $f = 60[Hz]$
- 인덕턴스 $L = 0.01[H]$
- $\therefore X_L = 2\pi \times 60 \times 0.01 = 3.77[\Omega]$

□□□ 08④,10②

09 저항 5[Ω], 유도 리액턴스 30[Ω], 용량 리액턴스 18[Ω]인 $R-L-C$ 직렬회로에 130[V]의 교류를 가할 때 흐르는 전류[A]는?

① 10[A], 유도성　② 10[A], 용량성
③ 5.9[A], 유도성　④ 5.9[A], 용량성

|해①| $R-L-C$ 직렬회로

- 전류 $I = \dfrac{V}{\sqrt{R^2 + (X_L - X_C)^2}}[A]$
- 유도 리액턴스 $X_L = 30[\Omega]$, 용량 리액턴스 $X_C = 18[\Omega]$
- $\therefore I = \dfrac{130}{\sqrt{5^2 + (30-18)^2}} = 10[A]$
- 임피던스 $Z = R + j(X_L - X_C)$
  $= 5 + j(30-18) = 5 + j12$
- $\therefore +j$: 유도성

□□□ 07③,19①

10 저항 4[Ω], 유도 리액턴스 8[Ω], 용량 리액턴스 5[Ω]이 직렬로 된 회로에서의 역률은 얼마인가?

① 0.8　② 0.7
③ 0.6　④ 0.5

|해①| 임피던스 부하에 따른 역률

$\cos\theta = \dfrac{R}{Z} = \dfrac{R}{\sqrt{R^2 + (X_L - X_C)^2}}$

- 유도 리액턴스 $X_L = 8[\Omega]$, 용량 리액턴스 $X_C = 5[\Omega]$
- $\cos\theta = \dfrac{4}{\sqrt{4^2 + (8-5)^2}} = 0.8$

□□□ 13③

11 $R = 4[\Omega]$, $X_L = 15[\Omega]$, $X_C = 12[\Omega]$의 $R-L-C$ 직렬회로에서 100[V]의 교류전압을 가할 때 전류와 전압의 위상차는 약 얼마인가?

① 0°　② 37°
③ 53°　④ 90°

|해②| 위상차

$\theta = \tan^{-1}\dfrac{X_L - X_C}{R} = \tan^{-1}\dfrac{15-12}{4} = 37°$

12 $R=15[\Omega]$인 RC 직렬회로에 80[Hz], 100[V]의 전압을 가하니 4[A]의 전류가 흘렀다면 용량 리액턴스는?

① 10　　　② 15
③ 20　　　④ 25

| 해③ |
- $R-C$ 직렬회로의 합성 임피던스
  $Z=\sqrt{(\text{저항성분})^2+(\text{용량 리액던스성분})^2}$
  $=\sqrt{R^2+X_C^2}$
- 전류 $I=\dfrac{V}{Z}$에서 $Z=\dfrac{V}{I}=\dfrac{100}{4}=25[\Omega]$
  $\therefore X_C=\sqrt{Z^2-R^2}=\sqrt{25^2-15^2}=20[\Omega]$

참고 SOLVE 사용 : $25=\sqrt{15^2+X_C^2}$
$\therefore$ 용량 리액턴스 $X_C=20[\Omega]$

14 $R=8[\Omega]$, $L=19.1[mH]$의 직렬회로에 5[A]가 흐르고 있을 때 인덕턴스(L)에 걸리는 단자 전압의 크기는 약 몇 [V]인가? (단, 주파수는 60[Hz]이다.)

① 12　　　② 25
③ 29　　　④ 36

| 해④ | 인덕턴스에 흐르는 전류
$I=\dfrac{V_L}{X_L}=\dfrac{V_L}{wL}=\dfrac{V_L}{2\pi fL}$

- 유도 리액턴스 $X_L=\omega L=2\pi fL[\Omega]$
- $V_L=X_LI=2\pi fLI[V]$
- $L=19.1[mH]=19.1\times10^{-3}[H]$
  $\therefore V_L=2\times\pi\times60\times19.1\times10^{-3}\times5=36[V]$
  $(\because 1[mH]=10^{-3}[H])$

13 그림의 회로에서 전압 100[V]의 교류전압을 가했을 때 전력은?

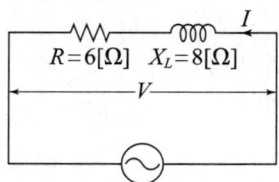

① 10[W]　　　② 60[W]
③ 100[W]　　　④ 600[W]

| 해④ |
전류 $I=\dfrac{V}{Z}=\dfrac{V}{\sqrt{R^2+X_L^2}}$

- 합성 임피던스 $Z=\sqrt{R^2+X_L^2}$
- $I=\dfrac{100}{\sqrt{6^2+8^2}}=10[A]$
  $\therefore$ 전력 $P=I^2R=10^2\times6=600[W]$

15 저항 8[Ω]과 코일이 직렬로 접속된 회로에 200[V]의 교류전압을 가하면 20[A] 전류가 흐른다. 코일의 리액턴스는 몇 [Ω]인가?

① 2　　　② 4
③ 6　　　④ 8

| 해③ |
- $R-L$ 직렬회로의 임피던스
  $Z=\sqrt{R^2+X_L^2}$ 에서
- 임피던스 $Z=\dfrac{V}{I}=\dfrac{200}{20}=10[\Omega]$
  $\therefore X_L=\sqrt{Z^2-R^2}=\sqrt{10^2-8^2}=6[\Omega]$

참고 SOLVE 사용 : $10=\sqrt{8^2+X_L^2}$
$\therefore$ 리액턴스 $X_L=6[\Omega]$

036 직렬 공진회로의 특성

- **공진조건**
  - $R-L-C$ 직렬회로에서 임피던스(Z)가 저항성분(R)만으로 이루어져 최소이면 전류(I)가 최대가 되고 직렬공진현상이 나타난다.
  - 공진조건
  $$X_L = X_C \Rightarrow \omega L = \frac{1}{\omega C} \quad \therefore \omega^2 LC = 1$$

- **공진주파수** resonance frequency
  $R-L-C$ 직렬회로에서 $X_L = X_C$가 될 때
  공진주파수 $f_o = \dfrac{1}{2\pi\sqrt{LC}}$ [Hz]

- **$R-L-C$ 공진회로의 값**

직렬 공진회로	임피던스(Z)는 최소, 전류(I)는 최대
병렬 공진회로	임피던스(Z)는 최대, 전류(I)는 최소

- **전압 확대율 = 선택도**
  $$Q = \frac{\omega L}{R} = \frac{1}{\omega RC} = \frac{1}{\frac{1}{\sqrt{LC}}RC} = \frac{1}{R}\sqrt{\frac{L}{C}}$$

  여기서, R : 저항[Ω], L : 인덕턴스[H],
  C : 정전용량[F]

□□□ 11③,15④

01 저항 $R=15[\Omega]$, 자체 인덕턴스 $L=35[mH]$, 정전용량 $C=300[\mu F]$의 직렬회로에서 공진주파수 f_o는 약 몇 [Hz]인가?

① 40 ② 50
③ 60 ④ 70

|해②| 직렬회로에서 공진주파수
$$f_o = \frac{1}{2\pi\sqrt{LC}} \text{[Hz]}$$
$$= \frac{1}{2\pi\sqrt{35 \times 10^{-3} \times 300 \times 10^{-6}}} = 49.11 \text{[Hz]}$$
($\because 1[mH]=10^{-3}[H]$, $1[\mu F]=10^{-6}[F]$)

□□□ 13①,23②

02 $R-L-C$ 직렬회로에서 전압과 전류가 동상이 되기 위한 조건은?

① $L = C$ ② $\omega LC = 1$
③ $\omega^2 LC = 1$ ④ $(\omega LC)^2 = 1$

|해③| 동상의 조건 = 공진조건
$$\omega L = \frac{1}{\omega C} \Rightarrow (\omega L) \times (\omega C) = 1$$
$$\therefore \omega^2 LC = 1$$

□□□ 06②③④,11①

03 직렬 공진회로에서 최대가 되는 것은?

① 전류 ② 임피던스
③ 리액턴스 ④ 저항

|해①| $R-L-C$ 공진회로의 값

직렬 공진회로	임피던스는 최소, 전류는 최대
병렬 공진회로	임피던스는 최대, 전류는 최소

□□□ 16②

04 $R=2[\Omega]$, $L=10[mH]$, $C=4[\mu F]$으로 구성되는 직렬 공진회로의 L과 C에서의 전압 확대율은?

① 3 ② 6
③ 16 ④ 25

|해④| 전압 확대율 = 공진도
$$Q = \frac{1}{R}\sqrt{\frac{L}{C}}$$
- $L = 10[mH] = 10 \times 10^{-3}[H]$
- $C = 4[\mu F] = 4 \times 10^{-6}[F]$
$$Q = \frac{1}{2}\sqrt{\frac{10 \times 10^{-3}}{4 \times 10^{-6}}} = 25$$

037 R-L-C 병렬회로

■ **R-L 병렬회로**

• 임피던스

$$Z = \frac{1}{\sqrt{\left(\frac{1}{R}\right)^2 + \left(\frac{1}{X_L}\right)^2}} = \frac{1}{\sqrt{\frac{R^2 + X_L^2}{R^2 \times X_L^2}}}$$

$$= \frac{R \cdot X_L}{\sqrt{R^2 + X_L^2}} [\Omega]$$

여기서, $X_L = \omega L$: 유도 리액턴스

• 위상 $\theta = \tan^{-1}\frac{R}{X_L} = \tan^{-1}\frac{R}{\omega L}$

• 역률 $\cos\theta = \frac{\frac{1}{R}}{\frac{1}{Z}} = \frac{Z}{R} = \frac{X_L}{\sqrt{R^2 + X_L^2}}$

■ **R-C 병렬회로**

• 임피던스

$$Z = \frac{1}{\sqrt{\left(\frac{1}{R}\right)^2 + \left(\frac{1}{X_C}\right)^2}} = \frac{R \cdot X_C}{\sqrt{R^2 + X_C^2}}$$

여기서, $X_C = \omega C$: 용량 리액턴스

• 위상 $\theta = \tan^{-1}\frac{R}{X_C} = \tan^{-1}\frac{R}{\omega C}$

• 역률 $\cos\theta = \frac{X_C}{\sqrt{R^2 + X_C^2}} = \frac{1}{\sqrt{1 + (\omega RC)^2}}$

■ **직·병렬 공진회로의 특성**

• 공진주파수

$$f_o = \frac{1}{2\pi}\sqrt{\frac{1}{LC} - \frac{R^2}{L^2}} [\text{Hz}]$$

• $wL = \frac{1}{wC}$ 일 때

공진주파수 $f_o = \frac{1}{2\pi\sqrt{LC}}[\text{Hz}]$

□□□ 12②,15①,23①

01 그림의 병렬 공진회로에서 공진주파수 $f_0 =$ [Hz]는?

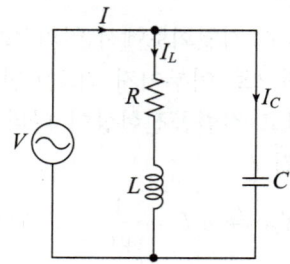

① $f_0 = \frac{1}{2\pi}\sqrt{\frac{R}{L} - \frac{1}{LC}}$

② $f_0 = \frac{1}{2\pi}\sqrt{\frac{L^2}{R^2} - \frac{1}{LC}}$

③ $f_0 = \frac{1}{2\pi}\sqrt{\frac{1}{LC} - \frac{L}{R}}$

④ $f_0 = \frac{1}{2\pi}\sqrt{\frac{1}{LC} - \frac{R^2}{L^2}}$

| 해④ | 직·병렬 공진회로의 공진주파수

$f_o = \frac{1}{2\pi}\sqrt{\frac{1}{LC} - \frac{R^2}{L^2}}[\text{Hz}]$

• $wL = \frac{1}{wC}$ 일 때

공진주파수 $f_o = \frac{1}{2\pi\sqrt{LC}}[\text{Hz}]$

□□□ 96,97,04,05,11②,15②

02 6[Ω]의 저항과 8[Ω]의 용량성 리액턴스의 병렬회로가 있다. 이 병렬회로의 임피던스는 몇 [Ω]인가?

① 1.5 ② 2.6
③ 3.8 ④ 4.8

| 해④ | 병렬회로의 합성 임피던스

$Z = \frac{RX_C}{\sqrt{R^2 + X_C^2}} = \frac{6 \times 8}{\sqrt{6^2 + 8^2}} = 4.8[\Omega]$

□□□ 96,97,04③,06③

03 $R-L$ 병렬회로에서 합성 임피던스는 어떻게 표현되는가?

① $\dfrac{R}{R^2+X_L^2}$ ② $\dfrac{X_L}{\sqrt{R^2-X_L^2}}$

③ $\dfrac{R+X_L}{\sqrt{R^2+X_L^2}}$ ④ $\dfrac{R \cdot X_L}{\sqrt{R^2+X_L^2}}$

| 해④ | $R-L$ 병렬회로의 합성 임피던스

$$Z=\dfrac{1}{\sqrt{\left(\dfrac{1}{R}\right)^2+\left(\dfrac{1}{X_L}\right)^2}}=\dfrac{1}{\sqrt{\dfrac{R^2+X_L^2}{R^2\times X_L^2}}}=\dfrac{R\cdot X_L}{\sqrt{R^2+X_L^2}}$$

□□□ 15③

04 그림과 같은 $R-L$ 병렬회로에서 $R=25[\Omega]$, $\omega L=\dfrac{100}{3}[\Omega]$일 때, 200[V]의 전압을 가하면 코일에 흐르는 전류 $I_L[A]$은?

① 3.0
② 4.8
③ 6.0
④ 8.2

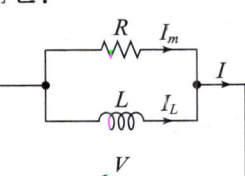

| 해③ | $R-L$ 병렬회로에서 전압이 일정

$$I_L=\dfrac{V}{X_L}=\dfrac{V}{\omega L}=\dfrac{200}{\dfrac{100}{3}}=6[A]$$

□□□ 03,05

05 다음 중 $L-C$ 병렬 공진 회로에서 최대가 되는 것은?

① 임피던스 ② 어드미턴스
③ 전압   ④ 전류

| 해① | $L-C$ 병렬 공진 회로

최소	어드미턴스
최대	임피던스

□□□ 03③,05①,06④,11③,15④

06 $R-L-C$ 병렬 공진회로에서 공진주파수는?

① $\dfrac{1}{\pi\sqrt{LC}}$ ② $\dfrac{1}{\sqrt{LC}}$

③ $\dfrac{2\pi}{\sqrt{LC}}$ ④ $\dfrac{1}{2\pi\sqrt{LC}}$

| 해④ |
- $R-L-C$ 병렬 공진회로 공진주파수

$$f_o=\dfrac{1}{2\pi}\sqrt{\dfrac{1}{LC}-\dfrac{R^2}{L^2}}[Hz]$$

- $\omega L=\dfrac{1}{\omega C}$ 일 때

공진주파수 $f_o=\dfrac{1}{2\pi\sqrt{LC}}[Hz]$

□□□ 03③,05①,07④,18①

07 $L[H]$, $C[F]$를 병렬로 결선하고 전압[V]를 가할 때 전류가 0이 되려면 주파수 f는 몇 [Hz]이어야 하는가?

① $f=2\pi\sqrt{LC}$ ② $f=\dfrac{2\pi}{\sqrt{LC}}$

③ $f=\dfrac{\sqrt{LC}}{2\pi}$ ④ $f=\dfrac{1}{2\pi\sqrt{LC}}$

| 해④ | 병렬 진공상태
- L, C 병렬회로에서 전류 $I=0$인 상태는 병렬 진공상태가 된다.
- $\omega L=\dfrac{1}{\omega C}$ 에서

$\omega^2=\dfrac{1}{LC}$, $(2\pi f)^2=\dfrac{1}{LC}$, $2\pi f=\dfrac{1}{\sqrt{LC}}$

∴ 주파수 $f=\dfrac{1}{2\pi\sqrt{LC}}[Hz]$

038 교류전력과 역률

1 교류전력의 표시

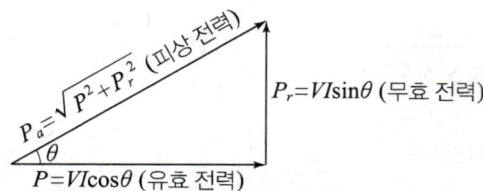

■ 피상 전력
- 교류 회로에서 전압의 실횻값 $V[V]$와 전류의 실횻값 $I[A]$의 곱

$$P_a = \sqrt{P^2 + P_r^2} = VI \, [VA]$$

- 피상 전력의 단위 : [볼트암페어 : VA]
- 교류의 부하나 전기기기의 용량을 표시하는 데 사용하는 전력
- 피상 전력으로 용량을 표시하는 기기 : 변압기, 인버터

■ 유효 전력 active power (1상 소비 전력)
- 부하에서 유효하게 이용되는 전력(실제 소비)

$$P = I^2 R = VI \cos\theta = P_a \cos\theta \, [\text{와트} : W]$$

■ 무효 전력 reactive current
- 부하에서 유효하게 이용할 수 없는 전력
  $P_r = VI \sin\theta \, [\text{바} : Var] = I^2 X$
- 리액턴스 $X = \dfrac{VI \sin\theta}{I^2}$

■ 역률 $\cos\theta$

$$\cos^2\theta + \sin^2\theta = 1$$
$$\cos\theta = \sqrt{1 - \sin^2\theta}$$

$$\cos\theta = \frac{\text{유효 전력}}{\text{피상 전력}} = \frac{P}{P_a} = \frac{P}{VI} = \frac{VI\cos\theta}{VI}$$

$\theta[rad]$: 교류 회로에서 전압과 전류의 위상차

■ 전력 단위

유효 전력	[와트 : W]	피상 전력	[볼트암페어 : VA]
무효 전력	[바 : Var]	최대 전력	[와트 : W]

2 3상 회로의 전력

■ 3상 회로의 전력 표시
- 3상 소비 전력(유효 전력) : $P = \sqrt{3} \, V_l I_l \cos\theta$
- 2전력계법의 3상 부하전력 : $P = P_1 + P_2$
  여기서, P_1 : 전력계 W_1의 지싯값
  P_2 : 전력계 W_2의 지싯값
- 3상 교류전압의 역률 : $\cos\theta = \dfrac{R}{Z} = \dfrac{R}{\sqrt{R^2 + X_L^2}}$

■ 전력계법
- 2전력계법
  $P = P_1$(전력계 W_1의 지싯값)$+ P_2$(W_2의 지싯값)
- 3전력계법
  $P = P_1 + P_2 + P_3$(전력계 W_3의 지싯값)

□□□ 06①,07②,14②,15②,22①
01 교류 회로에서 무효 전력의 단위는?
① [W]   ② [VA]
③ [Var]   ④ [V/m]

| 해③ | 교류 전력의 종류
- 유효 전력 $P = VI\cos\theta$ [W]
- 무효 전력 $Q = VI\sin\theta$ [Var]

□□□ 08①,10④,19②
02 교류 회로에서 전압과 전류의 위상차를 $\theta[rad]$이라 할 때 $\cos\theta$는 회로의 무엇인가?
① 전압 변동률   ② 파형률
③ 효율   ④ 역률

| 해④ |
역률 $\cos\theta = \dfrac{\text{유효 전력}}{\text{피상 전력}} = \dfrac{VI\cos\theta}{VI} = \dfrac{P}{P_a}$

☐☐☐ 00,11①,13②,14④

03 교류전력에서 일반적으로 전기기기의 용량을 표시하는 데 쓰이는 전력은?

① 피상 전력 ② 유효 전력
③ 무효 전력 ④ 기전력

| 해① | 피상 전력(P_a)
- 피상 전력의 단위 : [볼트암페어 ; VA]
- 교류의 부하나 전원의 용량을 나타내는 데 사용하는 값
- 피상 전력으로 용량을 표시하는 기기 : 변압기, 인버터

☐☐☐ 12④,13③,14④

04 200[V], 40[W]의 형광등에 전격 전압이 가해졌을 때 형광등 회로에 흐르는 전류는 0.42[A]이다. 형광등의 역률[%]은?

① 37.5 ② 47.6
③ 57.5 ④ 67.5

| 해② |
유효 전력 $P = VI\cos\theta$ [W]에서
- 역률 $\cos\theta = \dfrac{P}{VI}$
$\therefore \cos\theta = \dfrac{40}{200 \times 0.42} = 0.476 = 47.6[\%]$

☐☐☐ 10③,11①,16①②

05 전압 220[V], 전류 10[A], 역률 0.8인 3상 전동기 사용 시 소비 전력은?

① 약 1.5[kW] ② 약 3.0[kW]
③ 약 2.5[kW] ④ 약 7.1[kW]

| 해② | 3상 소비 전력
$P = \sqrt{3}\,VI\cos\theta$
$\quad = \sqrt{3} \times 220 \times 10 \times 0.8$
$\quad = 3,048[W] = 3.0 \times 10^3[W] = 3.0[kW]$
$(\because [kW] = 10^3[W])$

☐☐☐ 02,11①,13②,14④,21②

06 [VA]는 무엇의 단위인가?

① 피상 전력 ② 무효 전력
③ 유효 전력 ④ 역률

| 해① | 피상 전력(P_a)
- 피상 전력의 단위 : [볼트암페어 ; VA]
- 교류의 부하나 전원의 용량을 나타내는 데 사용하는 값
- 피상 전력으로 용량을 표시하는 기기 : 변압기, 인버터

☐☐☐ 11③,16③,20①,22①

07 평형 3상 회로에서 1상의 소비 전력이 P라면 3상 회로의 전체 소비 전력은?

① P ② $2P$
③ $3P$ ④ $\sqrt{3}\,P$

| 해③ |
- 1상 회로의 소비 전력
$P = V_P I_P \cos\theta$ [W]
- 3상 회로의 전체 소비 전력
$P' = 3V_P I_P \cos\theta$
$\quad = 3P$
$\therefore$ 1상의 소비 전력(P) 3배이다.

☐☐☐ 11②④,13③,14①,15③,16③,23②

08 2전력계법으로 3상 전력을 측정하였더니 전력계의 지싯값이 $P_1 = 450$[W], $P_2 = 450$[W]이었다. 이 부하의 전력[W]은 얼마인가?

① 450[W] ② 900[W]
③ 1,350[W] ④ 1,560[W]

| 해② | 2전력계법의 3상 전력일 때 부하 전력
$P = P_1 + P_2$
$\quad = 450 + 450 = 900$[W]

039 비정현파 교류 회로

1 비사인파 교류의 구성

■ 푸리에 series 급수
- 1항 직류분, 2항 기본파, 3항 고조파로 구성
- 주기함수를 삼각함수의 가중치로 분해한 급수

■ 비사인파의 실횻값
- 직류성분 및 각 고조파 실횻값의 제곱의 합의 제곱근과 같다.
- 비정현파(비사인파) 전류에서의 실횻값

$$I = \sqrt{I_0^2 + I_1^2 + I_2^2 + I_3^2 + \cdots + I_n^2}$$

- 비정현파(비사인파) 전압에서의 실횻값

$$V = \sqrt{V_0^2 + V_1^2 + V_2^2 + I_3^2 + \cdots + V_n^2}$$

■ 왜형률 distortion ratio

$$왜형률 = \frac{전\ 고조파의\ 실횻값}{기본파의\ 실횻값}$$

$$= \frac{\sqrt{I_2^2 + I_3^2 + I_4^3}}{I_1} = \frac{\sqrt{V_2^2 + V_3^2 + V_4^3}}{V_1}$$

■ 비사인파의 성분

구분	기본파	제3고조파
주파수	$f_0 = \dfrac{1}{T}[\text{Hz}]$	$f_3 = 3f_o$
진폭	$V_1 = \dfrac{4}{\pi}V$	$V_3 = \dfrac{V_1}{3}$

2 비선형 회로

■ 파고율과 파형률
- 파고율 = $\dfrac{최댓값}{실횻값}$, 파형률 = $\dfrac{실횻값(V)}{평균값(V_m)}$

■ 파형에 따른 파형률과 파고율

파형	실횻값	평균값	파고율	파형률
직사각형(구형)파	V_m	V_m	1	1
삼각파	$\dfrac{V_m}{\sqrt{3}}$	$\dfrac{V_m}{2}$	$\sqrt{3}$ = 1.732	$\dfrac{2}{\sqrt{3}}$ = 1.155

■ 비사인파 비정현파 의 전력
- 전압과 전류의 고조파 성분이 같을 때만 소비 전력이 발생한다.

■ 비사인파 교류 회로의 전력계산
- 직류 성분
- 기본파 성분
- 동일 주파수의 사인파의 곱
- 직류성분과 사인파 성분의 곱
- 각 고조파 성분에 대한 전압과 전류의 곱

□□□ 08②,09③,20②,22②

01 비정현파를 여러 개의 정현파의 합으로 표시하는 방법은?

① 키르히호프의 법칙 ② 노튼의 정리
③ 푸리에 분석   ④ 테일러의 분석

|해③| 푸리에 분석(Fourier analysis)
복잡한 주기 함수(비정현파)를 여러 개의 단순한 주기 함수(정현파)의 합으로 분해하는 수학적 기법이다.

□□□ 05,07③,09①③,10①,11④,14③,19①,24①

02 비사인파 교류의 일반적인 구성이 아닌 것은?

① 기본파   ② 직류분
③ 고조파   ④ 삼각파

|해④| 비사인파 교류
- 일반적인 구성 : 직류분+기본파+고조파
- 부하의 성질에 따라 파형이 일그러져 비사인 파형으로 되는 교류

□□□ 12①,15①,16③,24②
03 비정현파의 실횻값을 나타낸 것은?

① 최대파의 실횻값
② 각 고조파의 실횻값의 합
③ 각 고조파의 실횻값의 합의 제곱근
④ 각 고조파의 실횻값의 제곱의 합의 제곱근

| 해④ | 비정현파(비사인파) 전류에서의 실횻값
$I = \sqrt{I_0^2 + I_1^2 + I_2^2 + I_3^2 + \cdots + I_n^2}$
∴ 각 고조파의 실횻값의 제곱의 합의 제곱근

□□□ 01,12①,13③,15①,16③,23①
04 어느 회로의 전류가 다음과 같을 때, 이 회로에 대한 전류의 실횻값[A]은?

$$i = 3 + 10\sqrt{2}\sin\left(\omega t - \frac{\pi}{6}\right) + 5\sqrt{2}\sin\left(3\omega t - \frac{\pi}{3}\right)[A]$$

① 11.6
② 23.2
③ 32.2
④ 48.3

| 해① | 비정현파(비사인파) 전류에서의 실횻값
$I = \sqrt{I_0^2 + I_1^2 + I_3^2}$
$= \sqrt{3^2 + 10^2 + 5^2} = 11.6[A]$
(∵ $I_0 = 3$, $I_1 = 10$, $I_3 = 5$)

□□□ 98,06②,08④,18②
05 다음 중 삼각파의 파형률은 약 얼마인가?

① 1
② 1.155
③ 1.414
④ 1.732

| 해② | 삼각파
파형률 = $\dfrac{실횻값}{평균값} = \dfrac{2}{\sqrt{3}} = 1.155$
파고율 = $\dfrac{최댓값}{실횻값} = \sqrt{3} = 1.732$

□□□ 11①
06 기본파의 3[%]인 제3고조파와 4[%]인 제5고조파, 1[%]인 제7고조파를 포함하는 전압파의 왜형률은?

① 약 2.7[%]
② 약 5.1[%]
③ 약 7.7[%]
④ 약 14.1[%]

| 해② |
왜형률 = $\dfrac{\sqrt{V_3^2 + V_5^2 + V_7^2}}{V_1^2}$
$= \dfrac{\sqrt{3^2 + 4^2 + 1^2}}{1^2} = 5.1[\%]$

□□□ 04,06③,09①,12①,13④,22②
07 파형률은 어느 것인가?

① 평균값/실횻값
② 실횻값/최댓값
③ 실횻값/평균값
④ 최댓값/실횻값

| 해③ |
파형률 : 전압의 실횻값을 평균값으로 나눈 값
파형률 = $\dfrac{실횻값(V)}{평균값(V_m)}$

□□□ 06②,16①,19①
08 파고율, 파형률이 모두 1인 파형은?

① 사인파
② 고조파
③ 구형파
④ 삼각파

| 해③ | 구형파(직사각형파)

파형	실횻값	평균값	파고율	파형률
	V_m	V_m	1	1

- 파고율 = $\dfrac{최댓값(V_m)}{실횻값(V)}$
- 파형률 = $\dfrac{실횻값(V)}{평균값(V_m)}$
- 구형파는 파고율, 파형률이 모두 1이다.

040 3상 교류 회로

◎ 3상 교류는 크기와 주파수가 같고 위상만 120° 씩 서로 다른 단상 교류로 구성된다.

❶ 3상 교류의 표시법

■ 대칭 3상 교류
동시에 존재하는 3상의 크기 및 주파수(f)가 서로 같고 위상차(θ)가 $\left(\frac{2\pi}{3}[\text{rad}] = 120°\right)$의 간격을 가진 교류

■ 대칭 3상 교류의 조건
- 파형이 같을 것
- 주파수가 같을 것
- 기전력의 크기가 같을 것
- 위상차가 각각 $\frac{2}{3}\pi[\text{rad}]$ 일 것

❷ 3상 교류의 결선법

■ Y(성형)결선 방식
- 선간전압 $V_l = \sqrt{3}\,V_P$, 상전압 $V_P = \frac{V_l}{\sqrt{3}}$
- 선전류 $I_l = I_P = \frac{V_P}{Z} = \frac{V_P}{\sqrt{R^2 + X_L^2}}$
  $= \frac{V_P}{\sqrt{(\text{실수부})^2 + (\text{허수부})^2}}$
  여기서, V_P : 상전압, I_P : 상전류

■ △(환형) 결선 방식
- 선간전압 $V_l = V_P$(상전압)
- 선전류 $I_l = \sqrt{3}\,I_P$(상전류) $= \sqrt{3}\,\frac{V_P}{Z}$
  $= \sqrt{3}\,\frac{V_P}{\sqrt{(\text{실수부})^2 + (\text{허수부})^2}}$
- 상전류 $I_P = \frac{I_l}{\sqrt{3}}$ (선전류)
- 전체 소비 전력 $P = I^2 R = I_l^2 R = 3I_P^2 R$

■ 대칭 3상 △결선의 선전류와 상전류와의 위상관계
- 선전류(I_l)는 상전류(I_P)에 비해 위상이 $30°\left(\frac{\pi}{6}\text{rad}\right)$ 뒤진다.
- 상전류(I_P)는 선전류(I_l)에 비해 위상이 $30°\left(\frac{\pi}{6}\text{rad}\right)$ 앞선다.

■ Y 회로와 △ 회로의 임피던스 변환
- Y 부하를 △ 부하로의 임피던스 변환
  임피던스 $Z_\Delta = 3Z_Y[\Omega]$: Y 결선에 비해 임피던스 값의 3배로 증가
- △ 부하를 Y 부하로의 임피던스 변환
  임피던스 $Z_Y = \frac{1}{3}Z_\Delta[\Omega]$: △ 결선에 비해 임피던스 값의 $\frac{1}{3}$ 배로 감소

■ Y 회로와 △ 회로의 저항 변환
- Y 결선을 △ 결선회로의 저항 변환
  저항 $R_\Delta = 3R_Y$: Y 결선에 비해 저항값이 3배로 증가
- △ 결선을 Y 결선회로의 저항 변환
  저항 $R_Y = \frac{1}{3}R_\Delta$: △ 결선에 비해 저항값이 $\frac{1}{3}$ 배로 감소

■ V 결선 V connection
△ 결선된 3상 전원 중에서 1대가 고장이 나면 나머지 2대로 V 결선하여 3상을 공급하는 방식
- V 결선의 출력
  △ 결선 시 3상 출력 : $P_\Delta = 3P_1[\text{kVA}]$
  V 결선 시 3상 출력 : $P_V = \sqrt{3}\,P_1[\text{kVA}]$
- 이용률 $= \frac{\text{V 결선 용량}}{\text{변압기 2대 용량}} = \frac{\sqrt{3}\,P_1}{2P_1} = 0.866$
  여기서, P_1 : 단상변압기 출력

□□□ 12①②③,13②

01 Δ결선인 3상 유도 전동기의 상전압(V_P)과 상전류(I_P)를 측정하였더니 각각 200[V], 30[A]이었다. 이 3상 유도 전동기의 선간전압(V_l)과 선전류(I_l)의 크기는 각각 얼마인가?

① $V_l = 200$[V], $I_l = 30$[A]
② $V_l = 200\sqrt{3}$[V], $I_l = 30$[A]
③ $V_l = 200\sqrt{3}$[V], $I_l = 30\sqrt{3}$[A]
④ $V_l = 200$[V], $I_l = 30\sqrt{3}$[A]

|해④| Δ결선의 전압과 전류의 관계
- 선간전압 $V_l = V_P$ (상전압)
  ∴ 선간전압 $V_l = V_P = 200$[V]
- 선전류 $I_l = \sqrt{3} I_P$ (상전류)
  ∴ $I_l = \sqrt{3} \times 30 = 30\sqrt{3}$[A]

□□□ 09①,11③,12②,14①

02 출력 P[kVA]의 단상변압기 2대를 V결선할 때의 3상 출력[kVA]은?

① P ② $\sqrt{3} P$
③ $2P$ ④ $3P$

|해②|
V결선 시 3상 출력 : $P_V = \sqrt{3} P_1$[kVA]
Δ결선 시 3상 출력 : $P_\Delta = 3P_1$[kVA]

□□□ 13③,14③,22②

03 R[Ω]인 저항 3개가 Δ결선으로 되어 있는 것을 Y결선으로 환산하면 1상의 저항[Ω]은?

① $\frac{1}{3}R$ ② R
③ $3R$ ④ $\frac{1}{R}$

|해①| Δ결선을 Y결선으로 저항 변환
$R_\Delta = 3R_Y$ ∴ $R_Y = \frac{1}{3} R_\Delta = \frac{1}{3} R$

□□□ 06④,10①

04 대칭 3상 교류를 올바르게 설명한 것은?

① 3상의 크기 및 주파수가 같고 상차가 60°의 간격을 가진 교류
② 3상의 크기 및 주파수가 각각 다르고 상차가 60°의 간격을 가진 교류
③ 동시에 존재하는 3상의 크기 및 주파수가 같고 상차가 120°의 간격을 가진 교류
④ 동시에 존재하는 3상의 크기 및 주파수가 같고 상차가 90°의 간격을 가진 교류

|해③| 대칭 3상 교류
동시에 존재하는 3상의 크기 및 주파수(f)가 서로 같고 위상차(θ)가 $\left(\frac{2\pi}{3}[\text{rad}] = 120°\right)$의 간격을 가진 교류

□□□ 14④,16②

05 Δ결선에서 선전류가 $10\sqrt{3}$[A]이면 상전류는?

① 5[A] ② 10[A]
③ $10\sqrt{3}$[A] ④ 30[A]

|해②|
Δ결선의 선전류 $I_l = \sqrt{3} I_P$ (상전류)에서
∴ 상전류 $I_P = \frac{I_l}{\sqrt{3}} = \frac{10\sqrt{3}}{\sqrt{3}} = 10$[A]

□□□ 06③,09①,10④,15③,19①,21②

06 Y결선에서 상전압이 220[V]이면 선간전압은 약 몇 [V]인가?

① 110 ② 220
③ 380 ④ 440

|해③| Y결선의 선간전압
선간전압 $V_l = \sqrt{3} V_P$
∴ $V_l = \sqrt{3} \times 220 = 381$[V]

정답 040 01 ④ 02 ② 03 ① 04 ③ 05 ② 06 ③

☐☐☐ 06④,07①,12③④,13①,14③,15③④

07 Y - Y 결선 회로에서 선간전압이 200[V]일 때 상전압은 얼마인가?

① 100[V]　　　② 115[V]
③ 120[V]　　　④ 135[V]

> |해②| Y결선의 전압과 전류의 관계
> 선간전압 $V_l = \sqrt{3}\,V_P$에서
> ∴ 상전압 $V_P = \dfrac{V_l}{\sqrt{3}} = \dfrac{200}{\sqrt{3}} = 115[V]$

☐☐☐ 07②,14②,20①

08 선간전압 210[V], 선전류 10[A]의 Y 결선 회로가 있다. 상전압과 상전류는 각각 얼마인가?

① 121[V], 5.77[A]　　　② 121[V], 10[A]
③ 210[V], 5.77[A]　　　④ 210[V], 10[A]

> |해②| Y - Y 결선의 전압과 전류의 관계
> • 선간전압 $V_l = \sqrt{3}\,V_P$에서
> ∴ 상전압 $V_P = \dfrac{V_l}{\sqrt{3}} = \dfrac{210}{\sqrt{3}} = 121[V]$
> • 상전류 I_P = 선전류 I_l
> ∴ 상전류 $I_P = I_l = 10[A]$

☐☐☐ 12③④,13①,14③,15③④

09 평형 3상 Δ결선에서 선간전압 V_l과 상전압 V_P와의 관계가 옳은 것은?

① $V_l = \dfrac{1}{\sqrt{3}}V_P$　　　② $V_l = \dfrac{1}{3}V_P$
③ $V_l = V_P$　　　④ $V_l = \sqrt{3}\,V_P$

> |해③| 3상 교류의 Y결선과 Δ결선
>
> | Y결선 | Δ결선 |
> | --- | --- |
> | 선간전압 $V_l = \sqrt{3}\,V_P$ | 선간전압 $V_l = V_P$ |
> | 선전류 $I_l = I_P$(상전류) | 선전류 $I_l = \sqrt{3}\,I_P$ |

☐☐☐ 14④,16②,24①

10 3상 220[V], Δ결선에서 1상의 부하가 $Z = 8 + j6[\Omega]$이면 선전류[A]는?

① 11　　　② $22\sqrt{3}$
③ 22　　　④ $\dfrac{22}{\sqrt{3}}$

> |해②| Δ결선의 결선 방식
> • 선전류(I_l) = $\sqrt{3}$ 상전류(I_P)
> • $A = I_l = \sqrt{3}\,I_P = \sqrt{3}\,\dfrac{V_P}{Z}$
> • $Z = \sqrt{(실수부)^2 + (허수부)^2} = \sqrt{8^2 + 6^2} = 10$
> ∴ $A = I_l = \sqrt{3} \times \dfrac{220}{10} = 22\sqrt{3}[A]$

☐☐☐ 10②,11②,13③,14③,15②

11 부하의 결선 방식에서 Y결선에서 Δ결선으로 변환하였을 때의 임피던스는?

① $Z_\Delta = \sqrt{3}\,Z_Y$　　　② $Z_\Delta = \dfrac{1}{\sqrt{3}}Z_Y$
③ $Z_\Delta = 3Z_Y$　　　④ $Z_\Delta = \dfrac{1}{3}Z_Y$

> |해③|
> • Y부하를 Δ부하로 임피던스 변환
> 임피던스 $Z_\Delta = 3Z_Y$
> • Δ부하를 Y부하로 임피던스 변환
> 임피던스 $Z_Y = \dfrac{1}{3}Z_\Delta$

☐☐☐ 09①,11③,12②,14①,22②

12 1대의 출력이 100[kVA]인 단상 변압기 2대로 V결선하여 3상 전력을 공급할 수 있는 최대 전력은 몇 [kVA]인가?

① 100　　　② $100\sqrt{2}$
③ $100\sqrt{3}$　　　④ 200

> |해③| V결선 시 3상 출력(단상 변압기 2대 사용)
> $P_v = \sqrt{3}\,P_1 = \sqrt{3} \times 100 = 100\sqrt{3}$ [kVA]

□□□ 12④,13①,14③,15③,15④

13 평형 3상 Y결선에서 상전류 I_P와 선전류 I_l과의 관계는?

① $I_l = 3I_P$ ② $I_l = \sqrt{3} I_P$

③ $I_l = I_P$ ④ $I_l = \frac{1}{3} I_P$

| 해③ | 3상 교류의 Y결선과 △결선 |

Y결선	△결선
선간전압 $V_l = \sqrt{3} V_P$	선간전압 $V_l = V_P$
선전류 $I_l = I_P$(상전류)	선전류 $I_l = \sqrt{3} I_P$

□□□ 09④,12①③④,13①,14③,15③

14 평형 3상 성형 결선에 있어서 선간전압(V_l)과 상전압(V_P)의 관계는?

① $V_l = V_P$ ② $V_l = \frac{1}{\sqrt{3}} V_P$

③ $V_l = \sqrt{2} V_P$ ④ $V_l = \sqrt{3} V_P$

| 해④ | 성형(Y) 결선 |

성형(Y) 결선	△결선
선간전압 $V_l = \sqrt{3} V_P$	선간전압 $V_l =$ 상전압 V_P
선전류 $I_l =$ 상전류 I_P	선전류 $I_l = \sqrt{3}$ 상전류 I_P

□□□ 07③,10②,18①,22①

15 세 변의 저항 $R_a = R_b = R_c = 15[\Omega]$인 Y결선 회로가 있다. 이것과 등가인 △결선 회로의 각 변의 저항은 몇 [Ω]인가?

① 5 ② 10
③ 25 ④ 45

| 해④ |
- Y 결선을 △ 결선으로 저항 변환
  $R_\triangle = 3R_Y = 3 \times 15 = 45[\Omega]$
- △ 결선을 Y 결선으로 변환
  $R_Y = \frac{1}{3} R_\triangle$

□□□ 11②,15②

16 평형 3상 교류 회로에서 △부하의 한 상의 임피던스가 $Z_\triangle$일 때, 등가 변환한 Y부하의 한 상의 임피던스 Z_Y는 얼마인가?

① $Z_Y = \sqrt{3} Z_\triangle$ ② $Z_Y = 3 Z_\triangle$

③ $Z_Y = \frac{1}{\sqrt{3}} Z_\triangle$ ④ $Z_Y = \frac{1}{3} Z_\triangle$

| 해④ |
- △부하를 Y부하로 임피던스 변환
  임피던스 $Z_Y = \frac{1}{3} Z_\triangle$
- Y부하를 △부하로 임피던스 변환
  임피던스 $Z_\triangle = 3Z_Y$

□□□ 06④,10①,21①

17 대칭 3상 교류에서 기전력 및 주파수가 같을 경우 각 상간의 위상차는 얼마인가?

① π ② $\frac{\pi}{2}$

③ $\frac{2\pi}{3}$ ④ 2π

| 해③ | 대칭 3상 교류
동시에 존재하는 3상의 크기 및 주파수(f)가 서로 같고 위상차(θ)가 $\left(\frac{2\pi}{3}[\text{rad}] = 120°\right)$의 간격을 가진 교류

□□□ 13②

18 변압기 2대를 V결선 했을 때의 이용률은 몇 [%]인가?

① 57.7[%] ② 70.7[%]
③ 86.6[%] ④ 100[%]

| 해③ | 변압기 2대를 V결선했을 때 이용률

이용률 = $\frac{\text{V결선의 용량}}{\text{변압기 2대 용량}}$

$= \frac{\sqrt{3} V_p I_p}{2 V_p I_p} = \frac{\sqrt{3} P_1}{2 P_1} = \frac{\sqrt{3}}{2} = 0.866 = 86.6[\%]$

□□□ 11④,15④

19 대칭 3상 △결선에서 선전류와 상전류와의 위상 관계는?

① 상전류가 π/6[rad] 앞선다.
② 상전류가 π/6[rad] 뒤진다.
③ 상전류가 π/3[rad] 앞선다.
④ 상전류가 π/3[rad] 뒤진다.

> |해①| 대칭 3상 △결선의 선전류와 상전류
> - 선전류(I_l)는 상전류(I_p)에 비해 위상이 30° $\left(\dfrac{\pi}{6}[\text{rad}]\right)$ 뒤진다. (선 상 뒤)
> - 상전류(I_p)는 선전류(I_l)에 비해 위상이 30° $\left(\dfrac{\pi}{6}[\text{rad}]\right)$ 앞선다. (상 선 앞)

□□□ 07②,14②

20 선간전압 210[V], 선전류 10[A]의 Y결선 회로가 있다. 상전압과 상전류는 각각 얼마인가?

① 121[V], 5.77[A]
② 121[V], 10[A]
③ 210[V], 5.77[A]
④ 210[V], 10[A]

> |해②| Y-Y결선의 전압과 전류의 관계
> - 선간전압 $V_l = \sqrt{3}\,V_P$에서
>   ∴ 상전압 $V_P = \dfrac{V_l}{\sqrt{3}} = \dfrac{210}{\sqrt{3}} = 121[\text{V}]$
> - 상전류 I_P = 선전류 I_l
>   ∴ 상전류 $I_P = 10[\text{A}]$

□□□ 12①,17④,18④,19④,20①

21 그림과 같은 평형 3상 △회로를 등가 Y결선으로 환산하면 각 상의 임피던스는 몇 [Ω]이 되는가? (단, $Z = 12[\Omega]$이다.)

① 48[Ω]
② 36[Ω]
③ 4[Ω]
④ 3[Ω]

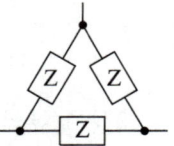

> |해③| △부하를 Y부하로 임피던스 환산
> 임피던스 $Z_Y = \dfrac{1}{3}Z_\Delta$
> ∴ $Z_Y = \dfrac{1}{3} \times 12 = 4[\Omega]$

2단계

과년도 / 기출문제 / 기출테스트

Pick Remember
CBT 과목별 스피드 마스터

■ 제1과목 **전기설비**

■ 제2과목 **전기기기**

■ 제3과목 **전기이론**

■ 부　록 **문제를 보면 답이 보인다**

1 과목

전기설비

01 제1회 과년도 기출 핵심문제
02 제2회 과년도 기출 핵심문제
03 제3회 과년도 기출 핵심문제
04 제4회 과년도 기출 핵심문제
05 제5회 과년도 기출 핵심문제

제2장

전기설비

01 제1회 과년도 기출 예상문제
02 제2회 과년도 기출 예상문제
03 제3회 과년도 기출 예상문제
04 제4회 과년도 기출 예상문제
05 제5회 과년도 기출 예상문제

01 과년도 기출 핵심문제

2단계 | 전기설비 스피드마스터

□□□ 16①

01 전선을 종단겹침용 슬리브에 의해 종단 접속할 경우 소정의 압축공구를 사용하여 보통 몇 개소를 압착하는가?

① 1 ② 2
③ 3 ④ 4

해② 전선을 종단겹침용 슬리브에 의해 종단접속할 경우 슬리브의 양단 2개소를 압착한다.

□□□ 06④,07①④,08①,09①③,12④,13③,18①

02 다음 중 과전류 차단기를 설치하는 곳은?

① 간선의 전원측 전선
② 접지 공사의 접지도체
③ 다선식 전로의 중성선
④ 접지 공사를 한 저압 가공전선로의 접지측 전선

해① 과전류 차단기 제한장소
• 접지 공사의 접지도체
• 다선식 전로의 중성선
• 전로의 일부에 접지 공사를 한 저압가공전선의 접지측 전선

□□□ 16①

03 3상 4선식 380/220[V] 전로에서 전원의 중성극에 접속된 전선을 무엇이라 하는가?

① 접지도체 ② 중성선
③ 전원선   ④ 접지측선

해② 중성선
다선식전로(3상 4선식 380/220[V])에서 전원의 중성극에 접속된 전선을 말한다.

□□□ 16①,24②

04 금속관 공사를 할 경우 케이블 손상방지용으로 사용하는 부품은?

① 부싱   ② 엘보
③ 커플링 ④ 로크 너트

해① 부싱
금속관 공사를 할 경우 금속관의 단면에 부싱을 설치하여 케이블 손상방지용으로 사용하는 부품

□□□ 14②,16①,22②,24②

05 부하의 역률이 규정값 이하인 경우 역률개선을 위하여 설치하는 것은?

① 저항   ② 리액터
③ 컨덕턴스 ④ 진상용 콘덴서

해④ 진상용 콘덴서의 설치목적
수·변전 설비 중에서 동력설비 회로의 역률을 개선할 목적으로 사용

□□□ 08④,11④

06 각 수용가의 최대 수용 전력이 각각 5[kW], 10[kW], 15[kW], 22[kW]이고, 합성 최대 수용 전력이 50[kW]이다. 수용가 상호간의 부등률은 얼마인가?

① 1.04 ② 2.34
③ 4.25 ④ 6.94

해①
$$부등률 = \frac{각각의\ 최대\ 수용\ 전력의\ 합[kW]}{합성\ 최대\ 수용\ 전력[kW]}$$
$$= \frac{5+10+15+22}{50} = 1.04$$

정답 01 ② 02 ① 03 ② 04 ① 05 ④ 06 ①

□□□ 16①

07 동전선의 종단접속 방법이 아닌 것은?

① 동선압착단자에 의한 접속
② 종단겹침용 슬리브에 의한 접속
③ C형 전선접속기 등에 의한 접속
④ 비틀어 꽂는 형의 전선접속기에 의한 접속

해③ 전선의 종단접속
- 동선압착단자 접속
- 비틀어 꽂음형 전선 접속기 접속
- 종단 겹침용 슬리브(E형) 접속
- 직접 겹침용 슬리브(P형) 접속
- 꽂음형 커넥터 접속
■ C형 전선접속기 : 직선·분기접속에 사용

□□□ 10③,12①,16①

08 접지전극의 매설 깊이는 몇 [m] 이상인가?

① 0.6   ② 0.65
③ 0.7   ④ 0.75

해④ 접지전극의 매설 깊이
동결 깊이를 감안하여 지표면으로부터 지하 0.75[m] 이상으로 한다.

□□□ 16②,24②

09 콘크리트 조영재에 볼트를 시설할 때 필요한 공구는?

① 파이프 렌치   ② 볼트 클리퍼
③ 녹아웃 펀치   ④ 드라이브 이트

해④ 드라이브 이트
콘크리트 조영재에 볼트를 시설할 때 필요한 공구

□□□ 06④,12②,15①,16①

10 합성 수지관 상호 접속 시에 관을 삽입하는 깊이는 관 바깥지름의 몇 배 이상으로 하여야 하는가? (단, 접착제는 사용하지 않는다.)

① 0.6   ② 0.8
③ 1.0   ④ 1.2

해④ 합성 수지관의 삽입 깊이
- 접착제를 사용하는 경우에는 0.8배 이상
- 접착제를 사용하지 않을 시 : 관을 삽입하는 깊이는 관 바깥지름의 1.2배 이상

□□□ 16③

11 옥내배선을 합성 수지관 공사에 의하여 실시할 때 사용할 수 있는 단선의 최대 굵기[mm²]는?

① 4   ② 6
③ 10   ④ 16

해③ 합성 수지관 공사에서
- 단선의 단면적은 10[mm²] 이하의 것
- 알루미늄선의 단면적은 16[mm²] 이하의 것

□□□ 16①

12 금속관 구부리기에 있어서 관의 굴곡이 3개소가 넘거나 관의 길이가 30[m]를 초과하는 경우 적용하는 것은?

① 커플링   ② 풀박스
③ 로크 너트   ④ 링 리듀서

해② 풀박스(Pull Box)
금속관 구부리기에 있어서 관의 굴곡이 3개소가 넘거나 관의 길이가 30[m]를 초과하는 경우 도중에 풀박스를 설치한다.

정답 07 ③ 08 ④ 09 ④ 10 ④ 11 ③ 12 ②

□□□ 07③④, 09①, 16①

13 셀룰로이드, 성냥, 석유류 등 기타 가연성 위험 물질을 제조 또는 저장하는 장소의 공사 방법으로 틀린 것은?

① 금속관 공사
② 케이블 공사
③ 플로어덕트 공사
④ 합성 수지관(CD관 제외) 공사

> |해③| 위험물 등이 존재하는 장소의 배선
> • 셀룰로이드·성냥·석유류 기타 타기 쉬운 위험한 물질을 제조하거나 저장하는 곳
> • 금속관 공사, 합성 수지관 공사, 케이블 공사를 한다.

□□□ 14①, 16①, 24②

14 옥내배선 공사할 때 연동선을 사용할 경우 전선의 최소 굵기[mm²]는?

① 1.5
② 2.5
③ 4
④ 6

> |해②| 옥내배선공사 시 연동선의 최소 굵기
> 옥내배선공사 시 연동선을 사용할 경우 최소 굵기는 2.5[mm²] 이상으로 한다.

□□□ 10①, 21②

15 코일 주위에 전기적 특성이 큰 에폭시 수지를 고진공으로 침투시키고, 다시 그 주위를 기계적 강도가 큰 에폭시 수지로 몰딩한 변압기는?

① 건식 변압기
② 유입 변압기
③ 몰드 변압기
④ 타이 변압기

> |해③| 몰드 변압기
> 코일 주위에 전기적 특성이 큰 에폭시 수지를 고진공으로 침투시키고, 다시 그 주위를 기계적 강도가 큰 에폭시 수지로 몰딩한 변압기

□□□ 16③, 23②

16 450/750[V] 일반용 단심 비닐 절연전선의 약호는?

① NRI
② NF
③ NFI
④ NR

> |해④| 전선의 약호
>
> | | |
> |---|---|
> | NR | 450/570[V] 일반용 단심 비닐 절연전선 |
> | NF | 450/750[V] 일반용 유연성 단심 비닐 절연전선 |
> | NFI | 300/500[V] 기기 배선용 유연성 단심 비닐 절연전선 |
> | NRI | 300/500[V] 기기 배선용 단심 비닐 절연전선 |

□□□ 10①, 16②

17 역률개선의 효과로 볼 수 없는 것은?

① 전력손실 감소
② 전압강하 감소
③ 감전사고 감소
④ 설비 용량의 이용률 증가

> |해③| 역률개선의 효과
> • 전압강하 감소
> • 전력손실 감소
> • 전력계통의 안정
> • 설비 용량의 이용률 증가

□□□ 16①, 19②

18 자동화재 탐지설비의 구성 요소가 아닌 것은?

① 비상 콘센트
② 발신기
③ 수신기
④ 감지기

> |해①| 자동화재 탐지설비의 구성 요소
> 수신기, 중계기, 감지기, 발신기 및 음향장치
> • 비상 콘센트 : 소화 활동 설비

정답 13 ③ 14 ② 15 ③ 16 ④ 17 ③ 18 ①

□□□ 08②,09③,16②,19②,23②,24②

19 전기설비기술기준의 판단기준에 의하여 애자공사를 건조한 장소에 시설하고자 한다. 사용전압이 400[V] 이하인 경우 전선과 조영재 사이의 간격은 최소 몇 [cm] 이상이어야 하는가?

① 2.5
② 4.5
③ 6.0
④ 12

해① 애자 공사의 전선과 조영재 사이의 간격

사용 전압	전선과 조영재 사이의 간격	건조한 장소
400[V] 이하	25[mm] 이상	25[mm] 이상
400[V] 초과	45[mm] 이상	
전선 상호간의 간격 : 60[mm] 이상		
전선을 조영재의 윗면 또는 옆면에 따라 붙일 경우 : 2[m] 이하		
사용전압이 400[V] 초과인 경우 전선의 지지점 간의 거리 : 6[m] 이하		

□□□ 09①,16②,21②

20 옥내배선 공사에서 절연전선의 피복을 벗길 때 사용하면 편리한 공구는?

① 드라이버
② 플라이어
③ 압착펜치
④ 와이어 스트리퍼

해④ 와이어 스트리퍼(wire stripper)
옥내배선 공사에서 절연전선의 피복을 벗길 때 사용하면 편리한 공구

□□□ 09②,16①,24①

21 금속관 절단구에 대한 다듬기에 쓰이는 공구는?

① 리머
② 홀소
③ 프레셔 툴
④ 파이프 렌치

해① 리머(Reamer)
금속관을 가공할 때 절단된 내부를 매끈하게 하기 위하여 사용하는 공구

□□□ 08③,10①,12③,16①

22 합성 수지관을 새들 등으로 지지하는 경우 지지점 간의 거리는 몇 [m] 이하인가?

① 1.5
② 2.0
③ 2.5
④ 3.0

해①
합성 수지관의 지지점 간의 거리는 1.5[m] 이하로 한다.

□□□ 08①,12③,16②

23 전선 접속 방법 중 트위스트 직선접속의 설명으로 옳은 것은?

① 연선의 직선접속에 적용된다.
② 연선의 분기접속에 적용된다.
③ 6[mm^2] 이하의 가는 단선인 경우에 적용된다.
④ 6[mm^2] 초과의 굵은 단선인 경우에 적용된다.

해③ 전선의 접속법

트위스트 접속	6[mm^2] 이하 가는 단선의 접속
브리타니아 접속	10[mm^2] 이상 굵은 단선의 접속

□□□ 16③

24 차단기 문자 기호 중 "OCB"는?

① 진공 차단기
② 기중 차단기
③ 자기 차단기
④ 유입 차단기

해④ 수변전실의 교류 차단기

종류	문자 기호
진공 차단기	VCB
공기 차단기	ABB
자기 차단기	MBB
유입 차단기	OCB

정답 19 ① 20 ④ 21 ① 22 ① 23 ③ 24 ④

□□□ 16②

25 건축물에 고정되는 본체부와 제거할 수 있거나 개폐할 수 있는 커버로 이루어지며 절연전선, 케이블 및 코드를 완전하게 수용할 수 있는 구조의 배선설비의 명칭은?

① 케이블 래더　　② 케이블 트레이
③ 케이블 트렁킹　④ 케이블 브라킷

해③ 케이블 트렁킹(cable trunking)에 대한 정의이다.

□□□ 07①,08③,09③,12①,14③,16②,18②,21①,23②

26 금속 전선관 공사에서 금속관에 나사를 내기 위해 사용하는 공구는?

① 리머　　　　　② 오스터
③ 프레셔 툴　　　④ 파이프 벤더

해② 오스터(Oster)
금속관 공사에서 금속 전선관 끝에 나사를 낼 때 사용하는 공구

□□□ 07③④,08③,09①,13②④,16①②,20①

27 성냥을 제조하는 공장의 공사방법으로 틀린 것은?

① 금속관 공사
② 케이블 공사
③ 금속 몰드 공사
④ 합성 수지관 공사(두께 2[mm] 미만 및 난연성이 없는 것은 제외)

해③ 위험물 등이 존재하는 장소의 배선
• 셀룰로이드·성냥·석유류 기타 타기 쉬운 위험한 물질을 제조하거나 저장하는 곳
• 금속관 공사, 합성 수지관 공사, 케이블 공사를 한다.

□□□ 07④,12②,16②

28 플로어 덕트 공사의 설명 중 틀린 것은?

① 덕트의 끝부분은 막는다.
② 전선은 옥외용 비닐 절연전선을 사용한다.
③ 덕트 상호간 접속은 견고하고 전기적으로 완전하게 접속하여야 한다.
④ 덕트 및 박스 기타 부속품은 물이 고이는 부분이 없도록 시설하여야 한다.

해② 전선은 절연전선(옥외용 비닐 절연전선을 제외한다)일 것

□□□ 16③

29 합성수지 전선관 공사에서 관 상호간 접속에 필요한 부속품은?

① 커플링　　　　② 커넥터
③ 리이머　　　　④ 노멀 밴드

해① 커플링
합성수지 전선관 공사에서 관 상호간 접속에 필요한 부속품

□□□ 09②,16①②,19①,21②

30 전기설비기술기준의 판단기준에 의한 고압 가공전선로 철탑의 지지물 간 거리는 몇 [m] 이하로 제한하고 있는가?

① 150　　　　　② 250
③ 500　　　　　④ 600

해④ 고압 및 특고압 가공전선로의 지지물 간 거리 제한

지지물의 종류	지지물 간 거리
A종 철근 콘크리트주	150[m] 이하
B종 철근 콘크리트주	250[m] 이하
철탑	600[m] 이하

정답 25 ③　26 ②　27 ③　28 ②　29 ①　30 ④

□□□ 16②

31 라이팅 덕트 공사에 의한 저압 옥내배선의 시설 기준으로 틀린 것은?

① 덕트의 끝부분은 막을 것
② 덕트는 조영재에 견고하게 붙일 것
③ 덕트의 개구부는 위로 향하여 시설할 것
④ 덕트는 조영재를 관통하여 시설하지 아니할 것

> |해③| 라이팅 덕트 공사
> 덕트의 개구부(開口部)는 아래로 향하여 시설할 것

□□□ 12③, 16②, 20①, 24②

32 전기설비기술기준의 판단기준에 의하여 가공전선에 케이블을 사용하는 경우 케이블은 조가선에 행거로 시설하여야 한다. 이 경우 사용전압이 고압인 때에는 그 행거의 간격은 몇 [cm] 이하로 시설하여야 하는가?

① 50   ② 60
③ 70   ④ 80

> |해①| 조가용 선의 행거 간격
> • 케이블은 조가용 선에 행거로 시설할 것
> • 이 경우에는 사용전압이 고압인 때에는 행거의 간격은 50[cm] 이하로 한다.

□□□ 16③

33 다음 중 배선기구가 아닌 것은?

① 배전반   ② 개폐기
③ 접속기   ④ 배선용 차단기

> |해①|
> • 배선기구
>   개폐기, 접속기, 점멸기, 차단기(배선용 차단기, 자동 차단기, 과전류 보호기)
> • 배전반 : 배전을 하기 위한 장치

□□□ 11②, 12④, 13③, 15④, 16②, 18③, 19③

34 A종 철근 콘크리트주의 길이가 9[m]이고, 설계하중이 6.8[kN]인 경우 땅에 묻히는 깊이는 최소 몇 [m] 이상이어야 하는가?

① 1.2   ② 1.5
③ 1.8   ④ 2.0

> |해②| 전주의 묻히는 매설 깊이
>
> | 전주의 전체 길이 16[m] 이하, 설계하중 6.8[kN] 이하 | |
> |---|---|
> | 길이 15[m] 초과인 전주 | 최소 깊이 2.5[m] 이상 |
> | 길이 15[m] 이하인 전주 | 최소 깊이 전체 길이의 $\frac{1}{6}$ 이상 |
>
> ∴ 최소 매설 깊이 = $\frac{1}{6} \times 9 = 1.5$[m]

□□□ 16②

35 전선의 접속법에서 두 개 이상의 전선을 병렬로 사용하는 경우의 시설기준으로 틀린 것은?

① 각 전선의 굵기는 구리인 경우 50[mm^2] 이상이어야 한다.
② 각 전선의 굵기는 알루미늄인 경우 70[mm^2] 이상이어야 한다.
③ 병렬로 사용하는 전선은 각각에 퓨즈를 설치할 것
④ 동극의 각 전선은 동일한 터미널 러그에 완전히 접속할 것

> |해③| 두 개 이상의 전선을 병렬로 사용하는 경우
> • 병렬로 사용하는 각 전선의 굵기는 동선 50[mm^2] 이상 또는 알루미늄 70[mm^2] 이상으로 한다.
> • 병렬로 사용하는 전선에는 각각에 퓨즈를 설치하지 말 것
> • 같은 극의 각 전선은 동일한 터미널 러그에 완전히 접속할 것

정답 31 ③ 32 ① 33 ① 34 ② 35 ③

□□□ 22②

36 전동기 제어회로에 사용되는 배선용 차단기의 기호는 어떤 것인가?

① MCCB ② ELB
③ DS   ④ PF

해① 약호의 명칭	
MCCB	배선용 차단기
ELB	누전 차단기
DS	단로기
PF	전력용 퓨즈

□□□ 10②,13④,14④,16②

37 무대·무대마루 및 오케스트라박스·영사실 기타 사람이나 무대 도구가 접촉할 우려가 있는 곳에 시설하는 저압 옥내배선·전구선 또는 이동전선은 사용 전압이 몇 [V] 이하이어야 하는가?

① 100[V] ② 200[V]
③ 300[V] ④ 400[V]

해④ 무대·무대마루 밑·오케스트라 박스·영사실 사용전압
• 저압 옥내배선, 전구선 또는 이동전선은 사용전압이 400[V] 이하이어야 한다.

□□□ 16③,18②

38 피뢰기의 약호는?

① LA   ② PF
③ SA   ④ COS

해① 피뢰기(LA ; Lightning Arrester)
피뢰기는 낙뢰 및 회로의 개폐 시 발생하는 과전압을 일시적으로 대지로 방류시켜 계통에 설치된 기기 및 선로를 보호하기 위하여 설치한다.

□□□ 07②,09①,11③,19①,23②

39 접지를 하는 목적이 아닌 것은?

① 이상전압의 발생
② 전로의 대지전압의 저하
③ 보호 계전기의 동작 확보
④ 감전의 방지

해① 접지의 목적
• 감전의 방지
• 이상전압의 억제
• 전로의 대지전압의 저하
• 보호 계전기의 동작 확보

□□□ 10③,15②,16③

40 전기설비기술기준의 판단기준에서 가공전선로의 지지물에 하중이 가하여지는 경우에 그 하중을 받는 지지물의 기초의 안전율은 얼마 이상인가?

① 0.5   ② 1
③ 1.5   ④ 2

해④ 지지물의 기초 안전율
가공전선로 지지물의 기초 안전율은 2.0 이상이어야 한다.

□□□ 16③,21①

41 누전 차단기의 설치목적은 무엇인가?

① 단락   ② 단선
③ 지락   ④ 과부하

해③ 누전 차단기(ELB)의 설치 목적
• 옥내배선 공사에서 대지 전압 150[V]를 초과하고 300[V] 이하 저압 전로의 인입구에 반드시 시설해야 하는 지락 차단장치
• 전로에 지락(누전)이 발생했을 때 이를 감지하고, 자동적으로 회로를 차단하는 장치

정답 36 ① 37 ④ 38 ① 39 ① 40 ④ 41 ③

□□□ 16③

42 최대 사용전압이 220[V]인 3상 유도 전동기가 있다. 이것의 절연내력 시험 전압은 몇 [V]로 하여야 하는가?

① 330   ② 500
③ 750   ④ 1,050

해② 회전기의 절연내력시험의 전압

대상	최대사용전압	시험전압
발전기 전동기 조상기의 회전기	7[kV] 이하	• 최대사용전압의 1.5배의 전압 • 최저 500[V]
	7[kV] 초과	• 최대사용전압의 1.25배의 전압 • 최저 10.5[kV]

• 시험전압 : 220×1.5=330[V]
• 최저 시험전압 : 500[V]

□□□ 16③

43 절연물 중에서 가교폴리에틸렌(XLPE)과 에틸렌프로필렌고무혼합물(EPR)의 허용온도[℃]는?

① 70(전선)   ② 90(전선)
③ 95(전선)   ④ 105(전선)

해② 절연전선·케이블의 허용온도

염화비닐(PVC)	70[℃]
가교폴리에틸렌(XLPE)과 에틸렌프로필렌고무혼합물(EPR)	90[℃]

□□□ 12④,16③

44 배전반을 나타내는 그림 기호는?

① ◣   ② ⊠
③ ◼⊠◼   ④ S

해② ① 분전반 ② 배전반 ③ 제어반 ④ 스위치

□□□ 16③

45 조명공학에서 사용되는 칸델라(cd)는 무엇의 단위인가?

① 광도   ② 조도
③ 광속   ④ 휘도

해① 칸델라(cd)
조명공학에서 광도를 정량화하는 데 사용되는 측정단위

□□□ 16③

46 케이블 공사에서 비닐 외장 케이블을 조영재의 옆면에 따라 붙이는 경우 전선의 지지점 간의 거리는 최대 몇 [m]인가?

① 1.0   ② 1.5
③ 2.0   ④ 2.5

해③ 케이블 공사
• 캡타이어 케이블은 전선의 지지점 간의 거리를 1[m] 이하로 한다.
• 전선을 조영재의 아랫면 또는 옆면에 따라 붙이는 경우에는 전선의 지지점 간의 거리를 케이블은 2[m] 이하로 한다.

□□□ 07④,10①,12②,14④,16③

47 흥행장의 저압 옥내배선, 전구선 또는 이동전선의 사용전압은 최대 몇 [V] 이하인가?

① 400   ② 440
③ 450   ④ 750

해① 흥행장의 사용 전압
전시회, 쇼 및 공연장(무대·무대마루 밑·오케스트라 박스·영사실) 기타 이들과 유사한 장소의 이동전선의 사용전압은 400[V] 이하이어야 한다.

정답 42 ② 43 ② 44 ② 45 ① 46 ③ 47 ①

□□□ 10④,16③,22①

48 금속 덕트를 조영재에 붙이는 경우에는 지지점 간의 거리는 최대 몇 [m] 이하로 하여야 하는가?

① 1.5
② 2.0
③ 3.0
④ 3.5

| 해 ③ | 지지점 간의 거리
덕트를 조영재에 붙이는 경우에는 덕트의 지지점 간의 거리를 3[m] 이하로 한다.

□□□ 06②,13③,14②,16③,20②,23②

49 금속 전선관 공사에서 사용되는 후강 전선관의 규격이 아닌 것은?

① 16
② 28
③ 36
④ 50

| 해 ④ | 금속 전선관 공사에서 사용되는 관

종류	규격[mm]
후강 전선관 (짝수)	16, 22, 28, 36, 42, 54, 70, 82, 92, 104
박강 전선관 (홀수)	19, 25, 31, 39, 51, 63, 75

□□□ 16③,21②

50 한국전기설비규정(KEC)에서 교통 신호등 회로의 사용전압이 몇 [V]를 넘는 경우에는 지락 발생 시 자동적으로 전로를 차단하는 장치를 시설하여야 하는가?

① 50
② 100
③ 150
④ 200

| 해 ③ | 교통 신호등의 누전 차단기 장치 시설
교통 신호등 회로의 사용전압이 150[V]를 넘는 경우는 전로에 지락이 생겼을 경우 자동적으로 전로를 차단하는 누전 차단기를 시설할 것

□□□ 16③

51 완전 확산면은 어느 방향에서 보아도 무엇이 동일한가?

① 광속
② 휘도
③ 조도
④ 광도

| 해 ② | 완전 확산면
어느 방향으로 보아도 동일한 휘도를 가진 면

□□□ 06④,07②③,10①③,12②④,16②③

52 구리 전선과 전기 기계기구 단자를 접속하는 경우에 진동 등으로 인하여 헐거워질 우려가 있는 곳에는 어떤 것을 사용하여 접속하여야 하는가?

① 정 슬리브를 끼운다.
② 평와셔 2개를 끼운다.
③ 코드 패스너를 끼운다.
④ 스프링 와셔를 끼운다.

| 해 ④ | 스프링 와셔(spring washer)
• 전선을 기구 단자에 접속할 때 진동 등의 영향으로 헐거워질 우려가 있는 경우에 사용
• 볼트와 너트 사이에 끼워 넣어 스프링의 반동력을 발생시켜 나사를 풀리기 어렵게 하는 것이 주요 역할

□□□ 14①,16①,20①,24②

53 연선 결정에 있어서 중심 소선을 뺀 층수가 3층이다. 전체 소선수는?

① 91
② 61
③ 37
④ 19

| 해 ③ | 연선의 소선 총수
$N = 3n(n+1) + 1$
$n = 3$(층)
$\therefore N = 3 \times 3(3+1) + 1 = 37$

정답 48 ③ 49 ④ 50 ③ 51 ② 52 ④ 53 ③

□□□ 16①

54 어느 가정집이 40[W] LED등 10개, 1[kW] 전자레인지 1개, 100[W] 컴퓨터 세트 2대, 1[kW] 세탁기 1대를 사용하고, 하루 평균 사용 시간이 LED등은 5시간, 전자레인지 30분, 컴퓨터 5시간, 세탁기 1시간이라면 1개월(30일)간의 사용 전력량[kWh]은?

① 115　　② 135
③ 155　　④ 175

해 ② 1개월의 사용전력량		
LED등	0.04[kW]×10[개]×5[시간]×30[일]	60[kWh]
전자레인지	1[kW]×1[개]×0.5[시간]×30[일]	15[kWh]
컴퓨터 세트	0.1[kW]×2[대]×5[시간]×30[일]	30[kWh]
세탁기	1[kW]×1[대]×1[시간]×30[일]	30[kWh]
합계	60+15+30+30=135[kWh]	

□□□ 16②

55 실내 면적 100[m²]인 교실에 전광속이 2,500[lm]인 40[W] 형광등을 설치하여 평균조도를 150[lx]로 하려면 몇 개의 등을 설치하면 되겠는가? (단, 조명률은 50[%], 감광보상률은 1.25로 한다.)

① 15개　　② 20개
③ 25개　　④ 30개

해 ①

광원의 등수 $N = \dfrac{A \cdot E \cdot D}{F \cdot U}$

- 실내의 면적 $A = 100[m^2]$
- 평균조도 $E = 150[lx]$
- 감광보상률 $D = 1.25$
- 등 1개의 광속 $F = 2,500[lm]$
- 조명률 $U = 50[\%]$

∴ $N = \dfrac{100 \times 150 \times 1.25}{2,500 \times 0.50} = 15$개

□□□ 16①, 19①, 21②

56 변압기 저압측 중성점에 접지 공사를 하는 이유는?

① 전류 변동의 방지　　② 전압 변동의 방지
③ 전력 변동의 방지　　④ 고저압 혼촉 방지

해 ④ 변압기 저압측 중성점에 접지하는 목적 고·저압 혼촉 시 저압측 전위 상승을 억제하기 위해서다.

□□□ 10①, 16③

57 금속관을 구부릴 때 그 안쪽의 반지름은 관 안지름의 최소 몇 배 이상이 되어야 하는가?

① 4　　② 6
③ 8　　④ 10

해 ② 금속 전선관 구부림 반지름
안쪽의 반지름은 관 안지름의 6배 이상으로 하여야 한다.

□□□ 09④, 12③, 16①, 21②

58 사람이 상시 통행하는 터널 내 배선의 사용전압이 저압일 때 공사방법으로 틀린 것은?

① 금속관 공사
② 금속 덕트 공사
③ 합성 수지관 공사
④ 금속제 가요 전선관 공사

해 ②

- 사람이 상시 통행하는 터널 내 배선은 저압 사용
- 저압의 경우 케이블 공사, 금속관 공사, 합성 수지관 공사, 금속제 가요 전선관 공사, 애자 공사에 의할 것
- 고압의 경우 케이블 공사

정답　54 ②　55 ①　56 ④　57 ②　58 ②

□□□ 16②
59 교류 배전반에서 전류가 많이 흘러 전류계를 직접 주회로에 연결할 수 없을 때 사용하는 기기는?

① 전류 제한기
② 계기용 변압기
③ 계기용 변류기
④ 전류계용 절환 개폐기

해 ③ 계기용 변류기(CT ; Current Transformer)
• 교류 배전반에서 전류가 많이 흘러 전류계를 직접 주회로에 연결할 수 없을 때 사용하는 기기
• 회로의 대전류를 소전류로 변성하여 계기나 계전기에 전원을 공급하기 위한 목적으로 사용

□□□ 06③,11①,18③,22②
60 조명용 백열전등을 호텔 또는 여관 객실의 입구에 설치할 때나 일반 주택 및 아파트 각 실의 현관에 설치할 때 사용되는 스위치는?

① 타임 스위치　② 누름버튼 스위치
③ 토글 스위치　④ 로터리 스위치

해 ① 타임 스위치(센서등)의 설치

관광 숙박업에 이용되는 객실의 입구등	1분 이내 소등
일반 주택 및 아파트 각 호실의 현관등	3분 이내 소등

02 2단계 | 전기설비 스피드마스터 — 과년도 기출 핵심문제

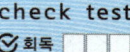

□□□ 10③,11①,15①,20②,23①
01 가공전선로의 지지물에 취급자가 철탑 및 전주를 오르고 내리는 데 사용하는 발판 볼트 등은 지표상 몇 [m] 미만에 설치하여서는 안 되는가?

① 1.2   ② 1.5
③ 1.6   ④ 1.8

| 해 ④ | 가공전선로 지지물의 발판 볼트
전주 승주용 발판 볼트는 지상 1.8[m]를 시작으로 0.45[m] 간격으로 서로 반대 방향에 엇갈리게 설치한다.

□□□ 15①
02 조명 기구를 배광에 따라 분류 하는 경우 특정한 장소만을 고조도로 하기 위한 조명 기구는?

① 직접 조명 기구   ② 전반확산 조명 기구
③ 광천장 조명 기구 ④ 반직접 조명 기구

| 해 ① | 직접 조명 기구
발산 광속 중 90~100[%]가 아래 방향으로 향하게 하여 작업면을 직접 조명하는 기구

□□□ 09④,15①
03 옥내배선의 접속함이나 박스 내에서 접속할 때 주로 사용하는 접속법은?

① 슬리브 접속   ② 쥐꼬리 접속
③ 트위스트 접속 ④ 브리타니아 접속

| 해 ② | 쥐꼬리 접속(종단접속)
• 굵기가 같은 가는 단선을 2, 3가닥 모아 서로 접속할 때 이용하는 접속법
• 접속방법 : 박스 내에서 가는 전선을 접속할 때 이용

□□□ 15①
04 금속관을 절단할 때 사용되는 공구는?

① 오스터   ② 녹 아웃 펀치
③ 파이프 커터   ④ 파이프 렌치

| 해 ③ | 파이프 커터(pipe cutter)
쇠톱처럼 금속관의 절단이나 프레임 파이프의 절단에 사용하는 공구

□□□ 15②
05 금속관 배관 공사를 할 때 금속관을 구부리는 데 사용하는 공구는?

① 히키(hickey)
② 파이프렌치(pipe wrench)
③ 오스터(oster)
④ 파이프 커터(pipe cutter)

| 해 ① | 히키(hickey)
금속관 배관 공사를 할 때 금속관을 구부리는 데 사용하는 공구

□□□ 08①,10②③,11③,12④,15①,24②
06 화약류의 가루가 전기설비가 발화원이 되어 폭발할 우려가 있는 곳에 시설하는 저압 옥내배선의 공사방법으로 가장 알맞은 것은?

① 금속관 공사   ② 애자 공사
③ 버스 덕트 공사   ④ 합성수지 몰드 공사

| 해 ① | 금속관 공사
폭연성 먼지 또는 화약류의 가루가 전기설비가 발화원이 되어 폭발할 우려가 있는 곳에 시설하는 저압 옥내전기설비의 시설 방법

정답 01 ④ 02 ① 03 ② 04 ③ 05 ① 06 ①

□□□ 15①

07 고압 이상에서 기기의 점검, 수리 시 무전압, 무전류 상태로 전로에서 단독으로 전로의 접속 또는 분리하는 것을 주목적으로 사용되는 수·변전 기기는?

① 기중부하 개폐기 ② 단로기
③ 전력 퓨즈 ④ 컷아웃 스위치

> **해 ②** 단로기(DS)
> 고압이상에서 기기의 보수, 점검 또는 선로로부터 기기를 분리, 회로를 변경할 때 사용하는 개폐장치이다.

□□□ 07①,15①,19①,23①

08 지중전선로 시설방식이 아닌 것은?

① 직접 매설식 ② 관로식
③ 트라이식 ④ 암거식

> **해 ③** 지중전선로의 매설방법
> 전선에 케이블을 사용하고 관로식, 암거식, 직접 매설식 방법에 의한다.

□□□ 15①

09 합성수지 몰드 공사에서 틀린 것은?

① 전선은 절연전선일 것
② 합성수지 몰드 안에는 접속점이 없도록 할 것
③ 합성수지 몰드는 홈의 폭 및 깊이가 6.5[cm] 이하일 것
④ 합성수지 몰드와 박스 기타의 부속품과는 전선이 노출되지 않도록 할 것

> **해 ③** 합성수지 몰드
> 합성수지 몰드는 홈의 폭 및 깊이가 3.5[cm] (3.5[mm]) 이하, 두께는 2[mm] 이상일 것

□□□ 11④,15①,19①

10 배전반 및 분전반을 넣은 강판제로 만든 함의 두께는 몇 [mm] 이상인가? (단, 가로, 세로의 길이가 30[cm] 초과한 경우이다.)

① 0.8 ② 1.2
③ 1.5 ④ 2.0

> **해 ②** 강판제로 만든 함
> • 배전반 및 분전반을 넣은 강판제로 만든 함의 두께는 1.2[mm] 이상이다.
> • 난연성 합성수지로 된 것은 두께 1.5[mm] 이상으로 내아크성인 것이어야 한다.

□□□ 15①,17③,22①,24①

11 실링·직접부착 등을 시설하고자 한다. 배선도에 표기할 그림 기호로 옳은 것은?

① ─(N) ② ◯
③ (CL) ④ (R)

> **해 ③**
> 일반용 조명 : 실링·직접부착
> • 그림 기호 : (CL)
> • 실링·직접부착 등은 천장에 직접 부착하는 조명

□□□ 15①

12 위험물 등이 있는 곳에서의 저압 옥내배선 공사 방법이 아닌 것은?

① 케이블 공사 ② 합성 수지관 공사
③ 금속관 공사 ④ 애자 공사

> **해 ④** 위험물 등이 존재하는 장소의 배선
> • 셀룰로이드·성냥·석유류 기타 타기 쉬운 위험한 물질을 제조하거나 저장하는 곳
> • 금속관 공사, 합성 수지관 공사, 케이블 공사를 한다.

□□□ 15①

13 금속 몰드의 지지점 간의 거리는 몇 [m] 이하로 하는 것이 가장 바람직한가?

① 1　　　　　② 1.5
③ 2　　　　　④ 3

> 해② 금속 몰드의 지지점 간의 거리
> 금속 몰드의 지지점 간의 거리는 1.5[m] 이하가 바람직하다.

□□□ 11②,12④,13③,15④,16②,18③,19③

14 전주를 건주할 경우에 A종 철근 콘크리트주의 길이가 10[m]이면 땅에 묻는 표준 깊이는 최저 약 몇 [m]인가? (단, 설계하중이 6.8[kN] 이하임.)

① 2.5　　　　② 3.0
③ 1.7　　　　④ 2.4

> 해③ 전주의 매설 깊이
>
> | 전주의 전체 길이 16[m] 이하, 설계하중 6.8[kN] 이하 | |
> |---|---|
> | 길이 15[m] 초과인 전주 | 최소 깊이 2.5[m] 이상 |
> | 길이 15[m] 이하인 전주 | 최소 깊이 전체 길이의 $\frac{1}{6}$ 이상 |
>
> ∴ 최소 매설 깊이 = $\frac{1}{6} \times 10 = 1.7$[m]

□□□ 15②,22②

15 접지저항값에 가장 큰 영향을 주는 것은?

① 접지도체 굵기　　② 접지전극 크기
③ 온도　　　　　　④ 대지저항

> 해④ 대지저항(soil resistivity)
> • 대지를 상대로 하여 나타내는 저항
> • 접지저항에 가장 중요하고 큰 영향을 미치는 저항이다.

□□□ 15②,22②

16 화재 시 소방대가 조명 기구나 파괴용 기구, 배연기 등 소화 활동 및 인명 구조 활동에 필요한 전원으로 사용하기 위해 설치하는 것은?

① 상용 전원 장치　② 유도등
③ 비상 콘센트　　④ 비상등

> 해③ 비상 콘센트
> 화재 시 소방대가 조명 기구나 파괴용 기구, 배연기 등 소화 활동 및 인명 구조 활동에 필요한 전원으로 사용하기 위해 설치하는 장치

□□□ 15②,18②

17 전주 외등 설치 시 백열전등 및 형광등의 조명 기구를 전주에 부착하는 경우 부착한 점으로부터 돌출되는 수평거리는 몇 [m] 이내로 하여야 하는가?

① 0.5　　　　② 0.8
③ 1.0　　　　④ 1.2

> 해③ 조명 기구를 전주에 부착하는 경우 부착한 점으로부터 돌출되는 수평거리는 1.0[m] 이내로 하여야 한다.

□□□ 15②

18 수변전 설비 구성기기의 계기용 변압기(PT) 설명으로 맞는 것은?

① 높은 전압을 낮은 전압으로 변성하는 기기이다.
② 높은 전류를 낮은 전류로 변성하는 기기이다.
③ 회로에 병렬로 접속하여 사용하는 기기이다.
④ 부족전압 트립코일의 전원으로 사용된다.

> 해① 계기용 변압기(PT)
> 고전압을 저전압으로 변성하여 계측기나 계전기 전압 측정을 위해 사용하는 기기

□□□ 06②,08③,09④,11②,15③

19 배선설계를 위한 전등 및 소형 전기 기계기구의 부하용량 산정 시 건축물의 종류에 대응한 표준부하에서 원칙적으로 표준부하를 20[VA/m²]으로 적용하여야 하는 건축물은?

① 교회, 극장
② 호텔, 병원
③ 은행, 상점
④ 아파트, 미용원

[해②] 건축물별 표준부하

건물명	표준부하
공장, 연회장, 교회, 극장	10[VA/m²]
학교, 호텔, 호스피털(병원), 병원	20[VA/m²]
은행, 상점, 이발소, 미용원	30[VA/m²]
주택, 아파트	40[VA/m²]

□□□ 96,99,03,15②,20①,24②

20 전선의 재료로써 구비해야 할 조건이 아닌 것은?

① 기계적 강도가 클 것
② 가요성이 풍부할 것
③ 고유저항이 클 것
④ 비중이 작을 것

[해③]
• 고유저항이 작을 것
• 고유저항이 작아야 전선에 전류가 잘 흐른다.

□□□ 07③,09②,15②

21 전선 약호가 VV인 케이블의 종류로 옳은 것은?

① 0.6/1[kV] 비닐 절연 비닐 시스 케이블
② 0.6/1[kV] EP 고무 절연 클로로프렌시스 케이블
③ 0.6/1[kV] EP 고무 절연 비닐 시스 케이블
④ 0.6/1[kV] 비닐 절연 비닐 캡타이어 케이블

[해①] 전선 약호가 VV
0.6/1[kV] 비닐 절연 비닐 시스 케이블

□□□ 15④

22 후강 전선관의 관 호칭은 (㉮) 크기로 정하여 (㉯)로 표시하는데, (㉮)과 (㉯)에 들어갈 내용으로 옳은 것은?

① (㉮)안지름 (㉯)홀수
② (㉮)안지름 (㉯)짝수
③ (㉮)바깥지름 (㉯)홀수
④ (㉮)바깥지름 (㉯)짝수

[해②] 금속 전선관 공사에서 사용되는 관

종류	관의 호칭	규격[mm]
박강 전선관	홀수(외경) 관의 바깥지름	15, 19, 25, 31, 39, 51, 63, 75
후강 전선관	짝수(내경) 관의 안지름	16, 22, 28, 36, 42, 54, 70, 82, 92, 104

□□□ 15③

23 연피 없는 케이블을 배선할 때 직각 구부리기(L형)는 대략 곡률 반지름은 케이블의 바깥지름의 몇 배 이상으로 하는가?

① 3
② 4
③ 6
④ 10

[해③] 연피 없는 케이블을 배선할 때 직각 구부리기는 굴곡 반지름은 케이블 바깥지름의 6배 이상이다.

□□□ 15④

24 ACSR 약호의 품명은?

① 경동연선
② 중공연선
③ 알루미늄선
④ 강심 알루미늄 연선

[해④] ACSR
강심 알루미늄 연선 약호의 품명

정답 19 ② 20 ③ 21 ① 22 ② 23 ③ 24 ④

□□□ 15③
25 사람이 쉽게 접촉하는 장소에 설치하는 누전 차단기의 사용전압 기준은 몇 [V] 초과인가?

① 50 ② 110
③ 150 ④ 220

| 해① | 누전 차단기의 사용전압 기준
사람이 쉽게 접촉하는 장소에 설치하는 누전 차단기의 사용전압 기준은 50[V] 초과하는 저압

□□□ 09①,11④,13①,14③,15③
26 저압 이웃연결 인입선의 시설규정으로 적합한 것은?

① 분기점으로부터 90[m] 지점에 시설
② 6[m] 도로를 횡단하여 시설
③ 수용가 옥내를 관통하여 시설
④ 지름 1.5[mm] 인입용 비닐 절연전선을 사용

| 해① | 저압 이웃연결 인입선의 제한사항
• 옥내를 통과하지 아니할 것
• 지름 2.6[mm] 이상의 인입용 비닐 절연전선일 것
• 폭 5[m]를 초과하는 도로를 횡단하지 아니할 것
• 인입선에서 분기하는 점으로부터 100[m]를 초과하는 지역에 미치지 아니할 것

□□□ 15③
27 큰 건물의 공사에서 콘크리트에 구멍을 뚫어 드라이브 핀을 경제적으로 고정하는 공구는?

① 스패너 ② 드라이브이트 툴
③ 오스터 ④ 록 아웃 펀치

| 해② | 드라이브이트 툴
큰 건물의 공사에서 콘크리트에 구멍을 뚫어 드라이브 핀(못)을 경제적으로 고정하는 공구

□□□ 07②,09④,11②,15③,19④,22①,24①
28 화약류 저장소에서 백열전등이나 형광등 또는 이들에 전기를 공급하기 위한 전기설비를 시설하는 경우 전로의 대지전압[V]은?

① 100[V] 이하 ② 150[V] 이하
③ 220[V] 이하 ④ 300[V] 이하

| 해④ | 화약류 저장소에서 전기설비의 시설 전로에 대한 대지전압은 300[V] 이하일 것

□□□ 15③,23①,24②
29 접지저항 측정방법으로 가장 적당한 것은?

① 절연저항계
② 전력계
③ 교류의 전압, 전류계
④ 콜라우시 브리지법

| 해④ | 콜라우시 브리지법
전극을 정삼각형 배치하고 극간 저항값에 의해 대지저항률을 구하는 방법

□□□ 15③
30 합성 수지관 공사의 설명 중 틀린 것은?

① 관의 지지점 간의 거리는 1.5[m] 이하로 할 것
② 합성 수지관 안에는 전선에 접속점이 없도록 할 것
③ 전선은 절연전선(옥외용 비닐 절연전선을 제외한다.)일 것
④ 관 상호간 및 박스와는 관을 삽입하는 깊이를 관의 바깥지름의 1.5배 이상으로 할 것

| 해④ |
• 접착제를 사용하지 않을 시 삽입하는 깊이를 관의 바깥지름의 1.2배 이상
• 접착제를 사용하는 경우에는 0.8배 이상

□□□ 15②,20①
31 애자 공사 시 사용할 수 없는 전선은?

① 고무 절연전선
② 폴리에틸렌 절연전선
③ 플루오르 수지 절연전선
④ 인입용 비닐 절연전선

|해④| 애자 공사 시 전선
옥외용 비닐 절연전선(OW) 및 인입용 비닐 절연전선(DV)은 제외한다.

□□□ 15③,19②
32 다음 중 버스 덕트가 아닌 것은?

① 플로어 버스 덕트
② 피더 버스 덕트
③ 트롤리 버스 덕트
④ 플러그인 버스 덕트

|해①| 버스 덕트(Bus Duct)의 종류
피더 버스 덕트(Feeder bus duct), 플러그인 버스 덕트(Plug in bus duct), 트롤리 버스 덕트(Trolly bus duct)

□□□ 15③
33 동전선의 직선접속에서 단선 및 연선에 적용되는 접속 방법은?

① 직선맞대기용슬리브에 의한 압착접속
② 가는 단선(2.6[mm] 이상)의 분기접속
③ S형 슬리브에 의한 분기접속
④ 터미널 러그에 의한 접속

|해①| 동전선의 단선 및 연선에 적용되는 접속 방법
직선맞대기용 슬리브에 의한 압착접속이 많이 사용된다.

□□□ 15②,19①
34 저압 2조의 전선을 설치 시, 크로스 완금의 표준 길이[mm]는?

① 900
② 1,400
③ 1,800
④ 2,400

|해①| 완금의 길이

전선 조수	특고압	고압	저압
2조	1,800[mm]	1,400[mm]	900[mm]
3조	2,400[mm]	1,800[mm]	1,400[mm]

□□□ 09④,10③④,15③
35 전자접촉기 2개를 이용하여 유도 전동기 1대를 정·역운전하고 있는 시설에서 전자접촉기 2개가 동시에 여자되어 상간 단락되는 것을 방지하기 위하여 구성하는 회로는?

① 자기유지회로
② 순차제어회로
③ Y-Δ 기동 회로
④ 인터록회로

|해④| 인터록(interlock)회로
• 단락사고를 예방하기 위해 인터록 장치를 한다.
• 회로에서 어떤 두 동작이 동시에 일어나지 않게 할 때 사용
• 2개의 입력 가운데 앞서 동작한 쪽이 우선하고, 다른 쪽은 동작을 금지시키는 회로

□□□ 09④,15④,18③,21①
36 합성 수지관 배선에서 경질 비닐 전선관의 굵기에 해당되지 않는 것은? (단, 관의 호칭을 말한다.)

① 14
② 16
③ 18
④ 22

|해③| 경질 비닐 전선관의 호칭
관 안지름 : 14, 16, 22, 28, 36, 42, 54, 70, 82, 100[mm]의 짝수

□□□ 86,99,00,05,08②,15④,19①

37 다음 중 특별고압은?

① 1,000[V] 이하
② 1,500[V] 이하
③ 1,000[V] 초과, 7,000[V] 이하
④ 7,000[V] 초과

|해④| 전압의 구분

구분	교류(AC)	직류(DC)
저압	1[kV] 이하 전압	1.5[kV] 이하 전압
고압	1[kV] 초과 전압	1.5[kV] 초과 전압
	AC, DC 모두 7[kV] 이하의 전압	
특고압	AC, DC 모두 7[kV] 초과의 전압	

□□□ 10②,15④,19④

38 주상 변압기의 1차측 보호 장치로 사용하는 것은?

① 컷아웃 스위치 ② 자동구분개폐기
③ 캐치홀더   ④ 리클로저

|해①| 컷아웃 스위치(COS : cut out switch)
과전류 차단용으로 주로 변압기의 1차측의 변압기 보호와 변압기 개폐를 위해 사용

□□□ 11③,12④,15④

39 일반적으로 정크션 박스 내에서 사용되는 전선 접속방식은?

① 슬리브   ② 코드 노트
③ 코드 패스너   ④ 와이어 커넥터

|해④| 와이어 커넥터(wire connector)
• 정크션 박스 내에서 사용되는 전선 접속방식
• 전선 접속 및 절연을 동시에 할 수 있는 접속기구

□□□ 14①,15③,20②

40 가공전선로의 지지물에서 다른 지지물을 거치지 아니하고 수용장소의 붙임점에 이르는 가공전선을 무엇이라 하는가?

① 이웃연결 인입선 ② 가공 인입선
③ 구내 전선로   ④ 구내 인입선

|해②| 가공 인입선
가공전선로의 지지물로부터 다른 지지물을 거치지 아니하고 수용장소의 붙임점에 이르는 가공선

□□□ 15②,22②

41 접지 공사에서 접지도체를 철주, 기타 금속체를 따라 시설하는 경우 접지극은 지중에서 그 금속체로부터 몇 [cm] 이상 떼어 매설하나?

① 30   ② 60
③ 75   ④ 100

|해④| 금속체를 따라 시설하는 경우 접지극
접지도체를 철주 기타의 금속체를 따라서 시설하는 경우에는 접지극을 지중에서 그 금속체로부터 1[m](100[cm]) 이상 떼어 매설하여야 한다.

□□□ 15④,22①

42 전로에 지락이 생겼을 경우에 부하기기, 금속제 외함 등에 발생하는 고장 전압 또는 지락 전류를 검출하는 부분과 차단기 부분을 조합하여 자동적으로 전로를 차단하는 장치는?

① 누전차단장치   ② 과전류 차단기
③ 누전경보장치   ④ 배선용 차단기

|해①| 누전 차단기(ELB)의 설치 목적
옥내배선 공사에서 대지 전압 150[V]를 초과하고 300[V] 이하 저압 전로의 인입구에 반드시 시설해야 하는 지락 차단장치

□□□ 15④

43 소맥분, 전분 기타 가연성의 먼지가 존재하는 곳의 저압 옥내배선 공사방법에 해당되는 것으로 짝지어진 것은?

① 케이블 공사, 애자 공사
② 금속관 공사, 콤바인 덕트관, 애자 공사
③ 케이블 공사, 금속관 공사, 애자 공사
④ 케이블 공사, 금속관 공사, 합성 수지관 공사

|해④| 가연성(소맥분, 전분 기타)의 먼지가 존재하는 곳의 저압 옥내배선 공사방법
합성수지 공사, 금속관 공사, 케이블 공사에 의할 것

□□□ 06①,15②④

44 화약고의 배선 공사 시 개폐기 및 과전류 차단기에서 화약고 인입구까지는 어떤 배선 공사에 의하여 시설하여야 하는가?

① 합성 수지관 공사로 지중선로
② 금속관 공사로 지중선로
③ 합성수지 몰드 지중선로
④ 케이블사용 지중선로

|해④| 화약류 저장장소의 배선 공사
케이블을 전기 기계기구에 인입할 때에는 인입구에서 케이블이 손상될 우려가 없도록 시설할 것

□□□ 15③

45 전기 난방 기구인 전기담요나 전기장판의 보호용으로 사용되는 퓨즈는?

① 플러그 퓨즈   ② 온도 퓨즈
③ 절연 퓨즈   ④ 유리관 퓨즈

|해②| 온도 퓨즈
전기 난방 기구인 전기담요나 전기장판의 보호용으로 사용되는 퓨즈

□□□ 06④,07①,14④,15④,19①

46 하나의 콘센트에 둘 또는 세 가지의 기계기구를 끼워서 사용할 때 사용되는 것은?

① 노출형 콘센트   ② 카이리스 소켓
③ 멀티탭   ④ 아이언 플러그

|해③| 멀티탭
하나의 콘센트에 2 또는 3가지의 기계기구를 끼워서 사용할 때 이용

□□□ 06①②,15④,18④

47 물탱크의 물의 양에 따라 동작하는 자동 스위치는?

① 부동 스위치   ② 압력 스위치
③ 타임 스위치   ④ 3로 스위치

|해①| 부동 스위치 ; floatless switch
• 물탱크의 물의 양에 따라 동작하는 자동 스위치
• 급·배수 회로 공사에서 탱크의 유량을 자동 제어하는 데 사용되는 수위조절 스위치

□□□ 15④

48 가로 20[m], 세로 18[m], 천장의 높이 3.85[m], 작업면의 높이 0.85[m], 간접조명 방식인 호텔 연회장의 실지수는 약 얼마인가?

① 1.16   ② 2.16
③ 3.16   ④ 4.16

|해③|
실지수 $K = \dfrac{X \cdot Y}{H(X+Y)}$
• $X = 20[m]$, $Y = 18[m]$
• $H = 3.85 - 0.85 = 3.0[m]$
∴ $K = \dfrac{20 \times 18}{3.0(20+18)} = 3.16$

□□□ 15①

49 정격전압 3상 24[kV], 정격차단전류 300[A]인 수전설비의 차단용량은 몇 [MVA]인가?

① 17.26　　② 28.34
③ 12.47　　④ 24.94

해 ③ 정격 차단용량
$P_s = \sqrt{3} \times 정격전압 \times 정격차단\ 전류$
$= \sqrt{3} \times 24 \times 10^3 \times 300 \times 10^{-6}$
$= 12.47[\text{MVA}]$

□□□ 14④,15①④,21①

50 저·고압 가공전선이 철도 또는 궤도를 횡단하는 경우 높이는 레일면상 몇 [m] 이상이어야 하는가?

① 10　　② 8.5
③ 7.5　　④ 6.5

해 ④ 저압·고압 가공전선의 높이

도로를 횡단하는 경우	지표상 6[m] 이상
철도 또는 궤도를 횡단하는 경우	레일면상 6.5[m] 이상
횡단보도교의 위에 시설하는 경우	노면상 3.5[m] 이상

□□□ 15②

51 22.9[kV-Y] 가공전선의 굵기는 단면적이 몇 [mm²] 이상이어야 하는가? (단, 동선의 경우다.)

① 22　　② 32
③ 40　　④ 50

해 ① 특고압 22.9[kV-Y]의 가공전선의 굵기 (경동선)
22.9[kV-Y] 가공전선의 굵기는 단면적 22[mm²] 이상이어야 한다.

□□□ 10④,13②,15④

52 전선의 도체 단면적이 2.5[mm²]인 전선 3본을 동일 관 내에 넣는 경우의 2종 가요 전선관의 최소 굵기[mm]는?

① 10　　② 15
③ 17　　④ 24

해 ② 도체단면적과 전선 본수에 따른 2종 가용 전선관 굵기 선정

도체 단면적	전선 본수(본)								
	1	2	3	4	5	6	7	8	9
2.5 [mm²]	2종 가요 전선관 굵기[mm]								
	10	15	15	17	24	24	24	30	30

□□□ 06③,12②,14①,15④,21①

53 굵은 전선이나 케이블을 절단할 때 사용되는 공구는?

① 클리퍼　　② 펜치
③ 나이프　　④ 플라이어

해 ① 클리퍼(Clipper)
펜치로 절단하기 힘든 굵은 전선이나 케이블을 절단할 때 사용되는 공구

□□□ 10③,15②,16③

54 가공전선 지지물의 기초 강도는 주체(主體)에 가하여지는 곡하중(曲荷重)에 대하여 안전율은 얼마 이상으로 하여야 하는가?

① 1.0　　② 1.5
③ 1.8　　④ 2.0

해 ④ 가공전선의 안전율

지지물 기초의 안전율	2.0 이상
지지선의 안전율	2.5 이상

□□□ 09③,12②,14②,15④,21②

55 노출장소 또는 점검 가능한 은폐장소에서 제2종 가요 전선관을 시설하고 제거하는 것이 부자유하거나 점검 불가능한 경우의 곡률 반지름은 안지름의 몇 배 이상으로 하여야 하는가?

① 2 　　　　　② 3
③ 5 　　　　　④ 6

해④ 가요 전선관 구부리기 곡선 반지름

1종 가요 전선관		관 안지름의 6배 이상
2종 가요 전선관	자유로운 경우	관 안지름의 3배 이상
	어려운 경우	관 안지름의 6배 이상

□□□ 08②④,09④,12②,15②③,18③,19①

56 전선의 접속에 대한 설명으로 틀린 것은?

① 접속부분의 전기저항을 20[%] 이상 증가되도록 한다.
② 접속부분의 인장강도를 80[%] 이상 유지되도록 한다.
③ 접속부분에 전선 접속 기구를 사용한다.
④ 알루미늄 전선과 구리선의 접속 시 전기적인 부식이 생기지 않도록 한다.

해① 전선 접속 시 주의점
• 접속부분의 전선의 세기(인장강도)를 20[%] 이상 감소시키지 않아야 한다.
• 접속부분의 전선의 세기(인장강도)를 80[%] 이상 유지되도록 한다.
• 전기적인 저항을 증가시키지 말 것

□□□ 15②

57 폭연성 먼지가 존재하는 곳의 저압 옥내 배선 공사 시 공사방법으로 짝지어진 것은?

① 금속관 공사, MI 케이블 공사, 개장된 케이블 공사
② CD 케이블 공사, MI 케이블 공사, 금속관 공사
③ CD 케이블 공사, MI 케이블 공사, 제1종 캡타이어 케이블 공사
④ 개장된 케이블 공사, CD 케이블 공사, 제1종 캡타이어 케이블 공사

해① 폭연성 먼지(분진)가 있는 장소의 공사
폭연성 먼지, 화약류 가루가 존재하는 곳의 저압 옥내배선 공사는 금속관 공사, 케이블 공사(미네럴 인슐레이션(MI)케이블 공사, 개장된 케이블 공사)

□□□ 06①,12②,15④,18①

58 화약류 저장장소의 배선 공사에서 전용 개폐기에서 화약류 저장소의 인입구까지 배선은 어떤 공사를 하여야 하는가?

① 케이블을 사용한 옥측전선로
② 금속관을 사용한 지중전선로
③ 케이블을 사용한 지중전선로
④ 금속관을 사용한 옥측전선로

해③ 화약류 저장장소의 배선 공사 전용 개폐기
• 전용 개폐기에서 화약류 저장소의 인입구까지는 케이블을 사용하여 지중전선로로 하여야 한다.
• 케이블을 전기 기계기구에 인입할 때에는 인입구에서 케이블이 손상될 우려가 없도록 시설할 것

정답 55 ④　56 ①　57 ①　58 ③

□□□ 10④, 11③, 14①, 15③, 15④

59 연피케이블을 직접 매설식에 의하여 차량 기타 중량물의 압력을 받을 우려가 있는 장소에 시설하는 경우 매설 깊이는 몇 [m] 이상이어야 하는가?

① 0.6　　② 1.0
③ 1.2　　④ 1.6

해② 지중전선로에서 직접 매설식의 매설 깊이

중량물의 압력을 받을 우려가 있는 장소	1.0[m] 이상
기타 장소	0.6[m] 이상

□□□ 08②④, 09④, 12②, 15②③, 18③, 19①, 21①, 24①

60 전선을 접속할 경우의 설명으로 틀린 것은?

① 접속부분의 전기저항이 증가되지 않아야 한다.
② 전선의 세기를 80[%] 이상 감소시키지 않아야 한다.
③ 접속부분은 접속 기구를 사용하거나 납땜을 하여야 한다.
④ 알루미늄 전선과 동선을 접속하는 경우, 전기적 부식이 생기지 않도록 해야 한다.

해② 전선 접속 시 주의점
- 접속부분의 전선의 세기(인장강도)를 20[%] 이상 감소시키지 않아야 한다.
- 접속부분의 전선의 세기(인장강도)를 80[%] 이상 유지해야 한다.

03 2단계 | 전기설비 스피드마스터 과년도 기출 핵심문제

□□□ 14①
01 자가용 전기설비의 보호 계전기의 종류가 아닌 것은?

① 과전류계전기   ② 과전압계전기
③ 부족전압계전기 ④ 부족전류계전기

> 해④ 자가용 전기설비의 보호 계전기 종류
> • 과전류계전기(OCR)
> • 과전압계전기(OVR)
> • 부족전압계전기(UVR)
> ■ 부족전류계전기(UCR) : 자가용 전기설비의 보호 목적보다는 제어 목적으로 사용

□□□ 11④,14①,18④
02 애자 공사에서 전선의 지지점 간의 거리는 전선을 조영재의 윗면 또는 옆면에 따라 붙이는 경우에는 몇 [m] 이하인가?

① 1   ② 2
③ 2.5 ④ 3

> 해② 애자공사 시설조건
> 전선의 지지점 간의 거리는 전선을 조영재의 윗면 또는 옆면에 따라 붙일 경우에는 2[m] 이하일 것

□□□ 07③,14①,19②
03 계기용 변류기의 약호는?

① CT   ② WH
③ CB   ④ DS

> 해① 계기용 변류기(CT ; Current Transformer)
> 회로의 대전류를 소전류로 변성하여 계기나 계전기에 공급하기 위한 목적으로 사용

□□□ 14③
04 화약고 등의 위험장소에서 전기설비 시설에 관한 내용으로 옳은 것은?

① 전로의 대지전압을 400[V] 이하일 것
② 전기 기계기구는 전폐형을 사용할 것
③ 화약고 내의 전기설비는 화약고 장소에 전용 개폐기 및 과전류 차단기를 시설할 것
④ 개폐기 및 과전류 차단기에서 화약고 인입구까지의 배선은 케이블 배선으로 노출로 시설할 것

> 해② 화약류 저장소 등의 위험장소
> • 전로의 대지전압을 300[V] 이하일 것
> • 전기 기계기구는 전폐형을 사용할 것
> • 화약류 저장소 안에는 전기설비를 시설해서는 안 된다.
> • 케이블을 전기 기계기구에 인입할 때에는 인입구에서 케이블이 손상될 우려가 없도록 시설할 것

□□□ 14③,15①
05 전선접속 시 S형 슬리브 사용에 대한 설명으로 틀린 것은?

① 전선의 끝은 슬리브의 끝에서 조금 나오는 것이 바람직하다.
② 슬리브는 전선의 굵기에 적합한 것을 선정한다.
③ 열린 쪽 홈의 측면을 고르게 눌러서 밀착시킨다.
④ 단선은 사용 가능하나 연선접속 시에는 사용 안 한다.

> 해④ S형 슬리브 접속
> 단선, 연선 어느 것에도 모두 사용할 수 있다.

정답 01 ④ 02 ② 03 ① 04 ② 05 ④

□□□ 14①, 23②

06 교류 차단기에 포함되지 않는 것은?

① GCB ② HSCB
③ VCB ④ ABB

> [해 ②] 직류 고속도 차단기
> • 기호 : HSCB(High Speed Circuit Breaker)
> • 직류전기철도의 급전계통에 사용된다.
> ■ 교류 차단기
>
> | GCB | 가스 차단기 |
> |---|---|
> | VCB | 진공 차단기 |
> | ABB | 공기 차단기 |

□□□ 11③, 12④, 14①, 15④

07 옥내배선 공사 작업 중 접속함에 쥐꼬리 접속을 할 때 필요한 것은?

① 커플링 ② 와이어 커넥터
③ 로크 너트 ④ 부싱

> [해 ②] 쥐꼬리 접속(종단접속)
> • 굵기가 같은 가는 단선을 2, 3가닥 모아 서로 접속할 때 이용하는 접속법
> • 박스용 커넥터, 와이어 커넥터를 사용하면 커넥터(접속기) 자체가 절연물이므로 테이프 감기가 필요 없다.

□□□ 14④

08 조명 기구를 반간접 조명방식으로 설치하였을 때 위(상방향)로 향하는 광속의 양[%]은?

① 0~10 ② 10~40
③ 40~60 ④ 60~90

> [해 ④] 광속의 양
>
> | 간접 조명 | 상방향 90~100[%], 하방향 10[%] |
> |---|---|
> | 반직접 조명 | 상방향 10~40[%], 하방향 60~90[%] |
> | 반간접 조명 | 상방향 60~90[%], 하방향 10~40[%] |

□□□ 07④, 09③, 11①, 14④, 20①

09 전선을 접속하는 경우 전선의 강도는 몇 [%] 이상 감소시키지 않아야 하는가?

① 10 ② 20
③ 40 ④ 80

> [해 ②] 전선 접속 시 주의점
> • 접속부분의 전선의 세기(인장강도)를 20[%] 이상 감소시키지 않아야 한다.
> • 접속부분의 전선의 세기(인장강도)를 80[%] 이상 유지되도록 한다.

□□□ 06②, 09①, 14①, 20②

10 불연성 먼지가 많은 장소에서 시설할 수 없는 옥내배선 공사방법은?

① 금속관 공사
② 금속제 가요 전선관 공사
③ 두께가 1.2[mm]인 합성 수지관 공사
④ 애자 공사

> [해 ③] 불연성 먼지가 많은 장소의 배선
> • 애자 공사, 금속 전선관 공사, 합성수지 전선관 공사
> • 합성수지 전선관은 두께가 2.0[mm] 이상일 것

□□□ 14②

11 가공 배전선로 시설에는 전선을 지지하고 각종 기기를 설치하기 위한 지지물이 필요하다. 이 지지물 중 가장 많이 사용되는 것은?

① 철주 ② 철탑
③ 강관 전주 ④ 철근 콘크리트주

> [해 ④] 철근 콘크리트주
> 66[kV] 이하의 배전선로에서 주로 가장 많이 사용

정답 06 ② 07 ② 08 ④ 09 ② 10 ③ 11 ④

□□□ 14①

12 저압 크레인 또는 호이스트 등의 트롤리선을 애자 공사에 의하여 옥내의 노출장소에 시설하는 경우 트롤리선의 바닥에서의 최소 높이는 몇 [m] 이상으로 설치하는가?

① 2
② 2.5
③ 3
④ 3.5

|해 ④| 옥내에 시설하는 저압 접촉전선 배선 전선의 바닥에서의 높이는 3.5[m] 이상으로 하고 또한 사람이 접촉할 우려가 없도록 시설할 것

□□□ 13④,14①

13 동전선의 직선접속(트위스트 조인트)은 몇 [mm²] 이하의 전선이어야 하는가?

① 2.5
② 6
③ 10
④ 16

|해 ②| 전선의 접속법

트위스트 접속	6[mm²] 이하 가는 단선의 접속
브리타니아 접속	10[mm²] 이상 굵은 단선의 접속

□□□ 09③,12②,14②,15④

14 관을 시설하고 제거하는 것이 자유롭고 점검 가능한 은폐장소에서 가요 전선관을 구부리는 경우 곡선 반지름은 2종 가요 전선관 안지름의 몇 배 이상으로 하여야 하는가?

① 10
② 9
③ 6
④ 3

|해 ④| 가요 전선관 구부리기 곡선 반지름

1종 가요 전선관		관 안지름의 6배 이상
2종 가요 전선관	자유로운 경우	관 안지름의 3배 이상
	어려운 경우	관 안지름의 6배 이상

□□□ 10④,11③,14①,15③,20②

15 차량, 기타 중량물의 하중을 받을 우려가 있는 장소에 지중선로를 직접 매설식으로 매설하는 경우 매설 깊이는?

① 60[cm] 미만
② 60[cm] 이상
③ 100[cm] 미만
④ 100[cm] 이상

|해 ④| 직접 매설식의 매설 깊이

중량물의 압력을 받을 우려가 있는 장소	1.0[m] 이상
기타 장소	0.6[m] 이상

□□□ 14①,19④,23②

16 토지의 상황이나 기타 사유로 인하여 보통지지선을 시설할 수 없을 때 전주와 전주 간 또는 전주와 지지기둥 간에 시설할 수 있는 지지선은?

① 보통지지선
② 수평지지선
③ Y지지선
④ 궁지지선

|해 ②| 수평지지선
토지의 상황이나 기타 사유로 인하여 보통지지선을 시설할 수 없을 때 전주와 전주 간 또는 전주와 지지기둥 간에 시설할 수 있는 지지선

□□□ 11④,14②,18④

17 지중에 매설되어 있는 금속제 수도관로는 대지와의 전기저항값이 얼마 이하로 유지되어야 접지극으로 사용할 수 있는가?

① 1[Ω]
② 3[Ω]
③ 4[Ω]
④ 5[Ω]

|해 ②| 수도관로 접지
지중에 매설되어 있고 대지와의 전기저항값이 3[Ω] 이하의 값을 유지되어야 접지극으로 사용할 수 있다.

□□□ 14②

18 가공케이블 시설 시 조가선에 금속테이프 등을 사용하여 케이블 외장을 견고하게 붙여 조가하는 경우 나선형으로 금속테이프를 감는 간격은 몇 [cm] 이하를 확보하여 감아야 하는가?

① 50　　② 30
③ 20　　④ 10

> 해③ 금속테이프를 감는 간격
> • 조가선에 접촉시키고 그 위에 쉽게 부식되지 아니하는 금속테이프 등을 20[cm] 이하의 간격을 유지시켜 나선형으로 감아 붙일 것
> • 조가선에 행거를 사용할 때 : 50[cm] 이하

□□□ 09④,10②,12③,13③,14②

19 일반적으로 저압 가공인입선이 도로를 횡단하는 경우 노면상 시설하여야 할 높이는?

① 4[m] 이상　　② 5[m] 이상
③ 6[m] 이상　　④ 6.5[m] 이상

> 해② 저압 가공인입선의 시설
>
> | 도로를 횡단하는 경우 | 노면상 5[m] 이상 |
> |---|---|
> | 철도 또는 궤도를 횡단하는 경우 | 레일면상 6.5[m] 이상 |
> | 횡단보도교의 위에 시설하는 경우 | 노면상 3[m] 이상 |

□□□ 14②,16①,22②,24②

20 수·변전 설비 중에서 동력설비 회로의 역률을 개선할 목적으로 사용되는 것은?

① 전력 퓨즈　　② MOF
③ 지락 계전기　　④ 진상용 콘덴서

> 해④ 진상용 콘덴서(SC)의 설치목적
> 수·변전 설비 중에서 동력설비 회로의 역률을 개선할 목적으로 사용

□□□ 06③,14②

21 조명설계 시 고려해야 할 사항 중 틀린 것은?

① 적당한 조도일 것
② 휘도 대비가 높을 것
③ 균등한 광속 발산도 분포일 것
④ 적당한 그림자가 있을 것

> 해② 조명설계 시 고려해야 할 사항
> • 적당한 조도일 것
> • 적당한 그림자가 있을 것
> • 휘도 차이에 따른 균제도(최소, 최대)를 확보할 것
> • 균등한 광속 발산도 분포일 것

□□□ 07③,09③,14②

22 다음 중 금속 덕트 공사의 시설방법 중 틀린 것은?

① 덕트 상호간은 견고하고 또한 전기적으로 완전하게 접속할 것
② 덕트 지지점 간의 거리는 3[m] 이하로 할 것
③ 덕트의 끝부분은 열어 둘 것
④ 덕트의 본체와 구분하여 뚜껑을 설치하는 경우에는 쉽게 열리지 아니하도록 시설할 것

> 해③
> 덕트의 끝부분은 막을 것

□□□ 14③

23 단선의 직선접속 시 트위스트 접속을 할 경우 적합하지 않은 전선규격[mm²]은?

① 2.5　　② 4.0
③ 6.0　　④ 10

> 해④ 전선의 접속법
>
> | 트위스트 접속 | 6[mm²] 이하 가는 단선의 접속 |
> |---|---|
> | 브리타니아 접속 | 10[mm²] 이상 굵은 단선의 접속 |

□□□ 11④,12②,14②,22①

24 저압 옥내배선 시설 시 캡타이어 케이블을 조영재의 아랫면 또는 옆면에 따라 붙이는 경우 전선의 지지점 간의 거리는 몇 [m] 이하로 하여야 하는가?

① 1
② 1.5
③ 2
④ 2.5

해① 캡타이어 케이블 공사
• 캡타이어 케이블은 전선의 지지점 간의 거리는 1[m] 이하로 한다.
• 전선을 조영재의 아랫면 또는 옆면에 따라 붙이는 경우에는 전선의 지지점 간의 거리를 케이블은 2[m] 이하로 한다.

□□□ 14②

25 전선 접속 시 사용되는 슬리브(Sleeve)의 종류가 아닌 것은?

① D형
② S형
③ E형
④ P형

해① 전선 접속 시 사용되는 슬리브의 종류
• S형 : 직선 접속용 슬리브
• E형 : 종단 겹침용 슬리브
• P형 : 직선 겹침용 슬리브

□□□ 14②,19①

26 가공전선로의 지지물에 시설하는 지지선은 지표상 몇 [cm]까지의 부분에 내식성이 있는 것 또는 아연도금을 한 철봉을 사용하여야 하는가?

① 15
② 20
③ 30
④ 50

해③ 가공전선로의 지지물에 시설하는 지지선 지중부분 및 지표상 0.3[m](30[cm])까지의 부분에는 내식성(아연도금 철봉)이 있는 것

□□□ 14②

27 접지저항 저감 대책이 아닌 것은?

① 접지봉의 연결개수를 증가시킨다.
② 접지판의 면적을 감소시킨다.
③ 접지극을 깊게 매설한다.
④ 토양의 고유저항을 화학적으로 저감시킨다.

해② 접지저항 저감 대책
• 접지극을 깊게 매설한다.
• 접지판의 면적을 증가시킨다.
• 접지봉의 연결개수를 증가시킨다.
• 토양의 고유저항을 화학적으로 저감시킨다.

□□□ 14④,15①④

28 저압 인입선 공사 시 저압 가공 인입선이 철도 또는 궤도를 횡단하는 경우 레일면상에서 몇 [m] 이상 시설하여야 하는가?

① 3
② 4
③ 5.5
④ 6.5

해④ 저압 가공인입선의 높이

도로를 횡단하는 경우	노면상 5[m] 이상
철도 또는 궤도를 횡단하는 경우	레일면상 6.5[m] 이상
횡단보도교의 위에 시설하는 경우	노면상 3[m] 이상

□□□ 08④,11②,14③,18②,23①

29 고압 가공전선로의 지지물 중 지지선을 사용해서는 안 되는 것은?

① 목주
② 철탑
③ A종 철주
④ A종 철근 콘크리트주

해② 지지물의 철탑
가공전선로의 지지물로 사용하는 철탑은 지지선을 사용하여 그 강도를 분담시켜서는 안 된다.

정답 24 ① 25 ① 26 ③ 27 ② 28 ④ 29 ②

□□□ 14③

30 사용전압 400[V] 초과, 건조한 장소로 점검할 수 있는 은폐된 곳에 저압 옥내배선 시 공사할 수 있는 방법은?

① 합성수지 몰드 공사
② 금속 몰드 공사
③ 버스 덕트 공사
④ 라이팅 덕트 공사

> |해③| 저압 옥내배선 시 공사
> 사용전압 400[V] 초과, 건조한 장소로 점검할 수 있는 은폐된 곳은 애자 공사, 금속 덕트 공사, 버스 덕트 공사로 하여야 한다.
> • [KEC] 애자 공사·합성수지 몰드 공사 또는 금속 몰드 공사

□□□ 10①,14③,20①

31 지지물의 지지선에 연선을 사용하는 경우 소선 몇 가닥 이상의 연선을 사용하는가?

① 1   ② 2
③ 3   ④ 4

> |해③| 지지선에 연선을 사용할 경우
> • 소선(素線) 3가닥 이상의 연선일 것
> • 소선의 지름이 2.6[mm] 이상의 금속선을 사용한 것일 것

□□□ 11③,14③

32 라이팅 덕트를 조영재에 따라 부착할 경우 지지점 간의 거리는 몇 [m] 이하로 하여야 하는가?

① 1.0   ② 1.2
③ 1.5   ④ 2.0

> |해④| 지지점 간의 거리
>
> | 라이팅 덕트 | 2[m] 이하 |
> |---|---|
> | 버스 덕트 | 3[m] 이하 |

□□□ 10①,14④,16③,20②

33 무대·오케스트라 박스·영사실 기타 사람이나 무대 도구가 접촉될 우려가 있는 장소에 시설하는 저압 옥내배선의 사용전압은?

① 400[V] 이하   ② 500[V] 이하
③ 600[V] 이하   ④ 700[V] 이하

> |해①| 이동 전압 400[V] 이하
> 전시회, 쇼 및 공연장(무대·무대마루 밑·오케스트라 박스·영사실) 기타 이들과 유사한 장소의 이동전선의 사용전압은 400[V] 이하이어야 한다.

□□□ 09③,11①③,14④,18④,22①

34 가연성 먼지에 전기설비가 발화원이 되어 폭발의 우려가 있는 곳에 시설하는 저압 옥내배선 공사방법이 아닌 것은?

① 금속관 공사   ② 케이블 공사
③ 애자 공사   ④ 합성 수지관 공사

> |해③| 가연성(소맥분, 전분 기타)의 먼지가 존재하는 곳의 저압 옥내배선 공사방법
> 합성수지 공사, 금속관 공사, 케이블 공사에 의할 것

□□□ 14④,24②

35 금속관 공사에 의한 저압 옥내배선에서 잘못된 것은?

① 전선은 절연전선일 것
② 금속관 안에서는 전선의 접속점이 없도록 할 것
③ 알루미늄 전선은 단면적 16[mm^2] 초과 시 연선을 사용할 것
④ 옥외용 비닐 절연전선을 사용할 것

> |해④| 금속관 공사
> 전선은 절연전선(옥외용 비닐 절연전선을 제외한다.)일 것

정답 30 ③ 31 ③ 32 ④ 33 ① 34 ③ 35 ④

□□□ 14③

36 알루미늄 전선과 전기 기계기구 단자의 접속 방법으로 틀린 것은?

① 전선을 나사로 고정하는 경우 나사가 진동 등으로 헐거워질 우려가 있는 장소는 2중 너트 등을 사용할 것
② 전선에 터미널 러그 등을 부착하는 경우는 도체에 손상을 주지 않도록 피복을 벗길 것
③ 나사 단자에 전선을 접속하는 경우는 전선을 나사의 홈에 가능한 한 밀착하여 3/4바퀴 이상 1바퀴 이하로 감을 것
④ 누름 나사단자 등에 전선을 접속하는 경우는 전선을 단자 깊이의 2/3 위치까지만 삽입할 것

> 해 ④ 누름 나사단자 등에 전선을 접속하는 경우 도체를 단자 끝까지 완전히 삽입한 후 견고하게 조여야 한다.

□□□ 07③, 14④

37 배선용 차단기의 심벌은?

① B   ② E
③ BE ④ S

> 해 ① 배선용 차단기
> • B로 표기
> • 그림 기호 : B

□□□ 14③, 20②, 23②

38 고압 전로에 지락사고가 생겼을 때 지락 전류를 검출하는 데 사용하는 것은?

① CT   ② ZCT
③ MOF   ④ PT

> 해 ② 영상 변류기(ZCT)
> 지락 전류를 감지하기 위해 설치된다.

□□□ 06③, 10①, 11①②, 14④, 24②

39 전선의 접속이 불완전하여 발생할 수 있는 사고로 볼 수 없는 것은?

① 감전   ② 누전
③ 화재   ④ 절전

> 해 ④ 불완전 접속(나사를 덜 죄었을 경우)
> 누전, 감전, 화재 위험, 전기저항이 증가하여 과열 발생, 전파 잡음

□□□ 14④

40 저압 구내 가공인입선으로 DV전선 사용 시 전선의 길이가 15[m] 이하인 경우 사용할 수 있는 최소 굵기는 몇 [mm] 이상인가?

① 1.5   ② 2.0
③ 2.6   ④ 4.0

> 해 ② 저압 가공인입선
> • 지름 2.6[mm] 이상의 인입용 비닐 절연전선(DV)일 것
> • 인장강도 2.30[kN] 이상의 것
> ■ 다만, 지지물 간 거리가 15[m] 이하인 경우
> • 인장강도 1.25[kN] 이상의 것
> • 지름 2[mm] 이상의 인입용 비닐 절연전선(DV)일 것

□□□ 14④

41 나전선 등의 금속선에 속하지 않는 것은?

① 경동선(지름 12[mm] 이하의 것)
② 연동선
③ 동합금선(단면적 35[mm^2] 이하의 것)
④ 경알루미늄선(단면적 35[mm^2] 이하의 것)

> 해 ③ 나전선
> 동합금선(단면적 25[mm^2] 이하의 것)에 한한다.

정답 36 ④ 37 ① 38 ② 39 ④ 40 ② 41 ③

□□□ 14④,20④

42 아래의 그림 기호가 나타내는 것은?

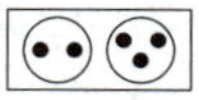

① 비상 콘센트
② 형광등
③ 점멸기
④ 접지저항 측정용 단자

해① 비상 콘센트
• 화재 시 소화활동을 용이하게 하기 위한 설비
• 그림 기호

비상 콘센트	형광등
 ⊡••	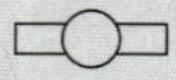 ⊂◯⊃
점멸기	접지저항 측정용 단자
 ●	 ⊗

□□□ 14④,23①

43 옥내의 건조하고 전개된 장소에서 사용전압이 400[V] 초과인 경우에는 사용할 수 없는 배선 공사는?

① 애자 공사
② 금속 덕트 공사
③ 버스 덕트 공사
④ 금속 몰드 공사

해④ 금속 몰드 공사
금속 몰드의 사용전압이 400[V] 이하로 옥내의 건조한 장소로 전개된 장소에 배선 공사

□□□ 06③,12②,14①,15④,21①

44 펜치로 절단하기 힘든 굵은 전선의 절단에 사용되는 공구는?

① 파이프 렌치
② 파이프 커터
③ 클리퍼
④ 와이어 게이지

해③ 클리퍼(Clipper)
펜치로 절단하기 힘든 굵은 전선이나 케이블을 절단할 때 사용되는 공구

□□□ 14④,19④

45 배전반 분전반과 연결된 배관을 변경하거나 이미 설치되어 있는 캐비닛에 구멍을 뚫을 때 필요한 공구는?

① 오스터
② 클리퍼
③ 토치 램프
④ 녹아웃 펀치

해④ 녹아웃 펀치(knockout punch)
배전반 및 분전반과 연결된 배관을 변경하거나 캐비닛에 구멍을 넓히기 위한 공구

□□□ 06①,14④

46 알루미늄 전선의 접속방법으로 적합하지 않은 것은?

① 직선접속
② 분기접속
③ 종단접속
④ 트위스트접속

해④ 알루미늄의 전선의 접속방법
• 직선접속, 분기접속, 종단접속
■ 서로 다른 도체(구리와 알루미늄 전선)의 접속은 전용 접속기를 이용할 것
• 알루미늄 전선의 접속방법은 트위스트 접속은 하지 않는다.

□□□ 14③

47 인입용 비닐 절연전선의 공칭 단면적 8[mm²] 되는 연선의 구성은 소선의 지름이 1.2[mm]일 때 소선수는 몇 가닥으로 되어 있는가?

① 3
② 4
③ 6
④ 7

해④ 소선수 $N = \dfrac{A}{a}$
• $A = 8[mm^2]$
• $a = \dfrac{\pi d^2}{4} = \dfrac{\pi \times 1.2^2}{4} = 1.13[mm^2]$
∴ 소선수 $N = \dfrac{8}{1.13} = 7$가닥

□□□ 14①

48 일반적으로 학교 건물이나 은행 건물 등의 간선의 수용률은 얼마인가?

① 50[%]   ② 60[%]
③ 70[%]   ④ 80[%]

해③ 간선의 수용률

건축물의 종류	수용률
주택, 기숙사, 여관, 호텔, 병원, 창고	50[%]
학교, 사무실, 은행	70[%]

□□□ 06③,12①,14①,15①,22①,22②

49 옥외용 비닐 절연전선의 약호는?

① OW   ② DV
③ NR   ④ FTC

해① 전선 약호

OW	옥외용 비닐 절연전선
DV	인입용 비닐 절연전선
NR	450/750[V] 일반용 단심 비닐 절연전선
FTC	300/300[V] 평형금사코드

□□□ 09③,12②,14②,15④

50 1종 가요 전선관을 구부릴 경우의 곡률 반지름은 관 안지름의 몇 배 이상으로 하여야 하는가?

① 3배   ② 4배
③ 6배   ④ 8배

해③ 가요 전선관 구부리기 곡선 반지름

1종 가요 전선관		관 안지름의 6배 이상
2종 가요 전선관	자유로운 경우	관 안지름의 3배 이상
	어려운 경우	관 안지름의 6배 이상

□□□ 14④

51 다음 ( ) 안에 알맞은 내용은?

고압 및 특고압용 기계기구의 시설에 있어 고압은 지표상 (㉮) 이상(시가지에 시설하는 경우), 특고압 지표상(㉯) 이상의 높이에 설치하고 사람이 접촉될 우려가 없도록 시설하여야 한다.

① ㉮ : 3.5[m], ㉯ : 4[m]
② ㉮ : 4.5[m], ㉯ : 5[m]
③ ㉮ : 5.5[m], ㉯ : 6[m]
④ ㉮ : 5.5[m], ㉯ : 7[m]

해② 고압 및 특고압용 기계기구의 시설
- 고압용 기계기구를 지표상 4.5[m](시가지 외에는 4[m]) 이상의 높이에 설치
- 특고압용 기계기구를 지표상 5[m] 이상의 높이에 설치

□□□ 14③

52 전기 공사 시공에 필요한 공구사용법 설명 중 잘못된 것은?

① 콘크리트의 구멍을 뚫기 위한 공구로 타격용 임팩트 전기드릴을 사용한다.
② 스위치박스에 전선관용 구멍을 뚫기 위해 녹아웃 펀치를 사용한다.
③ 합성수지 가요 전선관의 굽힘 작업을 위해 토치 램프를 사용 한다.
④ 금속 전선관의 굽힘 작업을 위해 파이프 벤더를 사용 한다.

해③
- 합성수지 가요 전선관의 특정한 굽힘 부품이 필요 없을 정도로 유연성이 있다.
- 합성 수지관의 굽힘 작업을 위해 토치 램프를 사용한다.

□□□ 14②,20①

53 다음 ( ) 안에 들어갈 내용으로 알맞은 것은?

> 사람의 접촉 우려가 있는 합성수지제 몰드는 홈의 폭 및 깊이가 (㉮)[mm] 이하로 두께는 (㉯)[mm] 이상의 것이어야 한다.

① ㉮ 35, ㉯ 1 ② ㉮ 50, ㉯ 1
③ ㉮ 35, ㉯ 2 ④ ㉮ 50, ㉯ 2

| 해③ | 합성수지 몰드 선정
- 합성수지 몰드는 홈의 폭 및 깊이가 35[mm] 이하, 두께는 2[mm] 이상의 것
- 사람이 쉽게 접촉할 우려가 없도록 시설하는 경우에는 폭이 50[mm] 이하, 두께 1[mm] 이상의 것을 사용할 수 있다.

□□□ 14④

54 150[kW]의 수전설비에서 역률을 80[%]에서 95[%]로 개선하려고 한다. 이때 전력용 콘덴서의 용량은 몇 [kVA]인가?

① 63.2 ② 126.4
③ 144.5 ④ 157.6

| 해① | 전력용 콘덴서의 용량

$$Q_c = P\left(\frac{\sqrt{1-\cos\theta_1^2}}{\cos\theta_1} - \frac{\sqrt{1-\cos\theta_2^2}}{\cos\theta_2}\right)$$

- 개선 전 역률 $\cos\theta_1 = 0.8$
- 개선 후 역률 $\cos\theta_2 = 0.95$

$$\therefore Q_c = 150\left(\frac{\sqrt{1-0.8^2}}{0.8} - \frac{\sqrt{1-0.95^2}}{0.95}\right)$$
$$= 63.2[\text{kVA}]$$

또는

$$Q_c = P\left(\sqrt{\frac{1}{\cos^2\theta_1}-1} - \sqrt{\frac{1}{\cos^2\theta_2}-1}\right)$$
$$= 150\left(\sqrt{\frac{1}{0.80^2}-1} - \sqrt{\frac{1}{0.95^2}-1}\right)$$
$$= 63.2[\text{kVA}]$$

□□□ 07④,10①,12②,14④,16③

55 무대, 오케스트라박스 등 흥행장의 저압 옥내배선 공사의 사용전압은 몇 [V] 이하인가?

① 200 ② 300
③ 400 ④ 600

| 해③ | 이동 전압 400[V] 이하
전시회, 쇼 및 공연장(무대·무대마루 밑·오케스트라 박스·영사실) 기타 이들과 유사한 장소의 이동전선의 사용전압은 400[V] 이하이어야 한다.

□□□ 14②,19②,23②

56 인입 개폐기가 아닌 것은?

① ASS ② LBS
③ LS ④ UPS

| 해④ | 인입 개폐기

ASS	자동 고장 구분 개폐기
LBS	부하 개폐기
LS	선로 개폐기

■ UPS(Uninterruptible Power Supply)
: 무정전 전원공급장치

□□□ 14②,23①

57 전기 배선용 도면을 작성할 때 사용하는 콘센트 도면 기호는?

① ◐ ② ●
③ ○ ④ ▢

| 해① | 전기 배선용 기초
① : 콘센트 기호
② : 점멸기 기호
③ : 백열등 기호
④ : 점검구 기호

정답 53 ③ 54 ① 55 ③ 56 ④ 57 ①

□□□ 09③, 11③④, 13③, 14④, 20②, 22①

58 전주의 길이가 16[m]이고, 설계하중이 6.8[kN] 이하의 철근 콘크리트주를 시설할 때 땅에 묻히는 깊이는 몇 [m] 이상이어야 하는가?

① 1.2
② 1.4
③ 2.0
④ 2.5

[해 ④] 전주의 지지물 매설 깊이

전주의 전체 길이 16[m] 이하, 설계하중 6.8[kN] 이하	
길이 15[m] 초과인 전주	최소 깊이 2.5[m] 이상
길이 15[m] 이하인 전주	최소 깊이 전체 길이의 $\frac{1}{6}$ 이상

□□□ 13①, 14②

59 저압 옥내배선에서 애자 공사를 할 때 올바른 것은?

① 전선 상호간의 간격은 6[cm] 이상
② 440[V] 초과하는 경우 전선과 조영재 사이의 간격은 2.5[cm] 미만
③ 전선의 지지점 간의 거리는 조영재의 윗면 또는 옆면에 따라 붙일 경우에는 3[m] 이상
④ 애자 공사에 사용되는 애자는 절연성·난연성 및 내수성과 무관

[해 ①] 애자 공사의 전선과 조영재 사이의 간격

사용전압	간격	건조한 장소
400[V] 이하	25[mm](2.5[cm])	25[mm] (2.5[cm])
400[V] 초과	45[mm](4.5[cm])	
전선 상호간의 간격 : 6[cm](60[mm], 0.06[m]) 이상		
윗면 또는 옆면에 따라 붙일 경우 : 2[m] 이하		

- 애자 공사에 사용되는 애자는 절연성·난연성 및 내수성의 것이어야 한다.

□□□ 14②

60 다음 중 300/500[V] 기기 배선용 유연성 단심 비닐 절연전선을 나타내는 약호는?

① NF
② NFI
③ NR
④ NRC

[해 ②] 전선의 약호

NF	450/750[V] 일반용 유연성 단심 비닐 절연전선
NFI	300/500[V] 기기 배선용 유연성 단심 비닐 절연전선
NR	450/570[V] 일반용 단심 비닐 절연전선
NRC	고무 절연 클로로프렌 외장 네온 전선

정답 58 ④ 59 ① 60 ②

04 과년도 기출 핵심문제

□□□ 13③, 20②

01 다음 보기 중 금속관, 애자, 합성수지 및 케이블 공사가 모두 가능한 특수 장소를 옳게 나열한 것은?

> ㉮ 화약고 등의 위험 장소
> ㉯ 부식성 가스가 있는 장소
> ㉰ 위험물 등이 존재하는 장소
> ㉱ 불연성 먼지가 많은 장소
> ㉲ 습기가 많은 장소

① ㉮, ㉯, ㉰
② ㉯, ㉰, ㉱
③ ㉯, ㉱, ㉲
④ ㉮, ㉱, ㉲

| 해 ③
- 애자 공사의 사용금지 : 화약고 등의 위험한 장소, 위험물 등의 위험한 장소
- 금속관, 애자, 합성수지, 케이블 공사에 필요한 장소 : 부식성 가스가 있는 장소, 불연성 먼지가 많은 장소, 습기가 많은 장소

□□□ 13②, 23④

02 그림의 전자 계전기 구조는 어떤 형의 계전기 인가?

① 힌지형
② 플런저형
③ 가동코일형
④ 스프링형

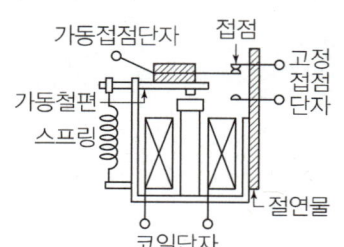

| 해 ① 힌지형(hinge type) 전자 계전기
코일에 흐르는 전류에 의해 발생한 자계에 의해 고정철심 및 가동철심이 자화되어 그 상호간에 흡인력이 생기며, 이 흡입력이 스프링의 반발력보다 커지면 동작한다.

□□□ 13①, 14②

03 애자 공사에 대한 설명 중 틀린 것은?

① 사용전압이 400[V] 이하이면 전선과 조영재의 간격은 25[mm] 이상일 것
② 사용전압이 400[V] 이하이면 전선 상호간에 간격은 60[mm] 이상일 것
③ 사용전압이 400[V] 초과이면 전선과 조영재 사이의 간격은 45[mm] 이상일 것
④ 전선을 조영재의 옆면을 따라 붙일 경우 전선 지지점 간의 거리는 3[m] 이하일 것

| 해 ④ 애자 공사의 전선과 조영재 사이의 간격

사용전압	간격	건조한 장소
400[V] 이하	25[mm](2.5[cm])	25[mm] (2.5[cm])
400[V] 초과	45[mm](4.5[cm])	

전선 상호간의 간격 : 6[cm](60[mm]) 이상
윗면 또는 옆면에 따라 붙일 경우 : 2[m] 이하
∴ 전선의 지지점 간의 거리는 전선을 조영재의 윗면 또는 옆면에 따라 붙일 경우에는 2[m] 이하일 것

□□□ 13③, 20②

04 주로 저압 가공전선로 또는 인입선에 사용되는 애자로서 주로 앵글베이스 스트랩과 스트랩볼트 인류바인드선(비닐 절연 바인드선)과 함께 사용하는 애자는?

① 고압 핀 애자
② 저압 인류 애자
③ 저압 핀 애자
④ 라인포스트 애자

| 해 ② 저압 인류 애자
- 주로 저압 가공전선로 또는 인입선에 사용되는 애자
- 주로 앵글베이스 스트랩과 스트랩볼트 인류바인드선(비닐 절연 바인드선)과 함께 사용하는 애자

정답 01 ③ 02 ① 03 ④ 04 ②

□□□ 13①

05 220[V] 옥내배선에서 백열전구를 노출로 설치할 때 사용하는 기구는?

① 리셉터클 ② 테이블 탭
③ 콘센트   ④ 코드 커넥터

|해①| 리셉터클(Receptacle)
- 220[V] 옥내배선에서 백열전구를 노출로 설치할 때 사용하는 기구
- 코드 없이 천장 조명이나 글로브 조명 시 안에 부착하여 사용

□□□ 13①

06 절연전선을 서로 접속할 때 사용하는 방법이 아닌 것은?

① 커플링에 의한 접속
② 와이어 커넥터에 의한 접속
③ 슬리브에 의한 접속
④ 압축 슬리브에 의한 접속

|해①| 커플링에 의한 접속
금속관이나 합성 수지관을 상호 연결할 더 사용

□□□ 13①,13③

07 60[cd]의 점광원으로부터 2[m]의 거리에서 그 방향과 직각인 면과 30° 기울어진 평면 위의 조도[lx]는?

① 7.5   ② 10.8
③ 13.0   ④ 13.8

|해③| 조도의 코사인 법칙
$$E = \frac{I}{r^2}\cos\theta$$
$I = 60[cd]$, $r = 2[m]$, $\theta = 30°$
$$\therefore E = \frac{60}{2^2}\cos 30° = 13.0[lx]$$

□□□ 08①,13①,18②,19①

08 가공전선로의 지지물이 아닌 것은?

① 목주   ② 지지선
③ 철근 콘크리트주   ④ 철탑

|해②| 가공전선로의 지지물
- 목주, 철주, 철근 콘크리트주, 철탑
- 지지선 : 지지물을 보강해 주는 선

□□□ 09①,11④,13①,14③,15③

09 저압 이웃연결 인입선의 시설 방법으로 틀린 것은?

① 인입선에서 분기되는 점에서 150[m]를 넘지 않도록 할 것
② 일반적으로 인입선 접속점에서 인입구장치까지의 배선은 중도에 접속점을 두지 않도록 할 것
③ 폭 5[m]를 넘는 도로를 횡단하지 않도록 할 것
④ 옥내를 통과하지 않도록 할 것

|해①| 저압 이웃연결 인입선의 제한사항
- 옥내를 통과하지 아니할 것
- 지름 2.6[mm] 이상의 인입용 비닐 절연전선일 것
- 폭 5[m]를 초과하는 도로를 횡단하지 아니할 것
- 인입선에서 분기하는 점으로부터 100[m]를 초과하는 지역에 미치지 아니할 것

□□□ 10③,13①

10 합성수지제 가요 전선관의 규격이 아닌 것은?

① 14   ② 22
③ 36   ④ 52

|해④| 합성수지제 가요 전선관
관 안지름 짝수 : 14, 16, 22, 28, 36, 42, 54, 70, 82[mm]

□□□ 13①

11 주위온도가 일정 상승률 이상이 되는 경우에 작동하는 것으로 일정한 장소의 열에 의하여 작동하는 화재 감지기는?

① 차동식 스포트형 감지기
② 차동식 분포형 감지기
③ 광전식 연기 감지기
④ 이온화식 연기 감지기

> |해①| 차동식 스포트형 감지기
> 주위온도가 일정 상승률 이상이 되는 경우에 작동하는 것으로 일정한 장소의 열에 의하여 작동하는 화재 감지기

□□□ 13①

12 아래 그림 기호가 나타내는 것은?

① 한시 계전기 접점
② 전자 접속기 접점
③ 수동 조작 접점
④ 조작 개폐기 잔류 접점

> |해③| 접점 기호
>
> | 수동 조작 접점 (복귀형) | | 한시 계전기 접점 (한시 동작형) | |
> |---|---|---|---|
> | a접점 | b접점 | a접점 | b접점 |

□□□ 13①

13 금속 덕트 배선에 사용하는 금속 덕트의 철판 두께는 몇 [mm] 이상이어야 하는가?

① 0.8   ② 1.2
③ 1.5   ④ 1.8

> |해②| 금속 덕트
> 폭이 40[mm] 이상이고, 두께가 1.2[mm] 이상인 철판(steel plate)

□□□ 13①,20①

14 논이나 기타 지반이 약한 곳에 전주 공사 시 전주의 넘어짐을 방지하기 위해 시설하는 것은?

① 완금   ② 전주 버팀대
③ 완목   ④ 행거 밴드

> |해②| 전주 버팀대(근가)
> 논이나 기타 지반이 약한 곳에 전주 공사 시 전주의 넘어짐을 방지하기 위해 시설하는 것

□□□ 13①

15 저압 가공전선로의 지지물이 목주인 경우 풍압 하중의 몇 배에 견디는 강도를 가져야 하는가?

① 2.5   ② 2.0
③ 1.5   ④ 1.2

> |해④| 지지물이 목주인 경우 강도
> 저압 가공전선로의 지지물은 목주인 경우에는 풍압하중의 1.2배의 하중을 가지는 것

□□□ 11②,12④,13③,15④,16②,18③,19③

16 설계하중 6.8[kN] 이하인 철근 콘크리트 전주의 길이가 7[m]인 지지물을 건주하는 경우 땅에 묻히는 깊이로 가장 옳은 것은?

① 1.2[m]   ② 1.0[m]
③ 0.8[m]   ④ 0.6[m]

> |해①| 전주의 묻히는 매설 깊이
>
> | 전주의 전체 길이 16[m] 이하, 설계하중 6.8[kN] 이하 | |
> |---|---|
> | 길이 15[m] 초과인 전주 | 최소 깊이 2.5[m] 이상 |
> | 길이 15[m] 이하인 전주 | 최소 깊이 전체 길이의 $\frac{1}{6}$ 이상 |
>
> ∴ 묻히는 깊이 = $\frac{1}{6} \times 7 = 1.2$[m]

□□□ 13①,14④,22①

17 수·변전 설비의 고압회로에 걸리는 전압을 표시하기 위해 전압계를 시설할 때 고압회로와 전압계 사이에 시설하는 것은?

① 관통형 변압기 ② 계기용 변류기
③ 계기용 변압기 ④ 권선형 변류기

|해③| 계기용 변압기(PT)
수·변전 설비의 고압회로에 걸리는 전압을 표시하기 위해 전압계를 시설할 때 고압회로와 전압계 사이에 시설하는 것

□□□ 09④,10①,12①,13②

18 금속 덕트 공사에 있어서 전광표시장치, 출퇴표시장치 등 제어회로용 배선만을 공사할 때 절연전선의 단면적은 금속 덕트 내 몇 [%] 이하이어야 하는가?

① 80 ② 70
③ 60 ④ 50

|해④| 금속 덕트 공사에서 제어회로 등에 배선만
• 넣는 경우 : 50[%] 이하
• 넣지 않는 경우 : 20[%] 이하

□□□ 07③,08②,10①,13②,19①

19 저압 가공인입선의 인입구에 사용하며 금속관 공사에서 끝부분의 빗물 침입을 방지하는 데 적당한 것은?

① 플로어 박스 ② 엔트런스 캡
③ 부싱 ④ 터미널 캡

|해②| 엔트런스 캡
저압 가공 인입선의 인입구에 사용하여 관내로 스며드는 빗물 침입을 방지한다.

□□□ 13④,20①,23①

20 전압의 구분에서 저압 직류전압은 몇 [V] 이하인가?

① 400 ② 600
③ 1,000 ④ 1,500

|해④| 전압의 구분

구분	교류(AC)	직류(DC)
저압	1[kV] 이하 전압	1.5[kV] 이하 전압
고압	1[kV] 초과 전압	1.5[kV] 초과 전압
	AC, DC 모두 7[kV] 이하의 전압	
특고압	AC, DC 모두 7[kV] 초과의 전압	

∴ 저압 : 직류전압 : 1.5[kV]=1,500[V] 이하 전압

□□□ 07③,13②,20②,24②

21 단선의 굵기가 6[mm²] 이하인 전선을 직선 접속할 때 주로 사용하는 접속법은?

① 트위스트 접속 ② 브리타니아 접속
③ 쥐꼬리 접속 ④ T형 커넥터 접속

|해①| 전선의 접속법

트위스트 접속	6[mm²] 이하 가는 단선의 접속
브리타니아 접속	10[mm²] 이상 굵은 단선의 접속

□□□ 13②,15④

22 저압 옥내 간선으로부터 분기하는 곳에 설치하여야 하는 것은?

① 지락 차단기 ② 과전류 차단기
③ 누전 차단기 ④ 과전압 차단기

|해②| 과전류 차단기
저압 옥내 간선으로부터 분기하는 곳에 설치하여야 하는 차단기로 전선과 기계 기구를 과전류로부터 보호한다.

□□□ 10④,12④,13③

23 한 개의 전등을 두 곳에서 점멸할 수 있는 배선으로 옳은 것은?

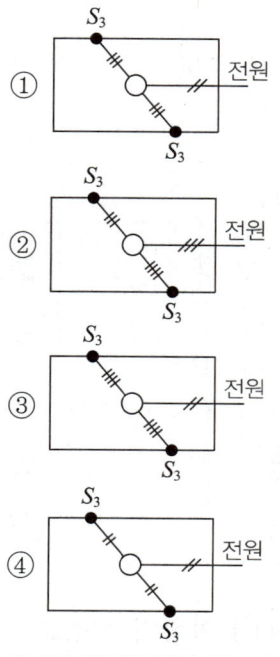

해① 3로 스위치(3 way switch)
1개 등을 2개소에서 점멸하기 위해서는 3로 스위치 2개가 필요하다. 전원선 외에 두 스위치를 연결하는 연락선(트래블러) 2가닥이 필요하므로, 스위치와 스위치 사이의 배관에는 최소 3가닥의 전선이 필요하다.

□□□ 09④,10②,12③,13③

24 저압 가공인입선이 횡단보도교 위에 시설되는 경우 노면상 몇 [m] 이상의 높이에 설치되어야 하는가?

① 3　　② 4
③ 5　　④ 6

해① 저압 가공인입선의 높이

도로를 횡단하는 경우	노면상 5[m] 이상
철도 또는 궤도를 횡단하는 경우	레일면상 6.5[m] 이상
횡단보도교의 위에 시설하는 경우	노면상 3[m] 이상

□□□ 13①,21②

25 사용전압이 35[kV] 이하인 특고압 가공전선과 220[V] 가공전선을 병행 설치할 때, 가공선로 간의 간격은 몇 [m] 이상이어야 하는가?

① 0.5　　② 0.75
③ 1.2　　④ 1.5

해③ 두 가공전선을 병행 설치할 때 간격
• 특고압 가공전선과 저압 또는 저·고압 가공전선 사이의 간격은 1.2[m] 이상일 것

참고 특고압 7[kV] 초과 전압, 저압 1,000[V] 이하, 고압 1,000[V] 초과

Remember

구분	교류(AC)	직류(DC)
저압	1[kV] 이하 전압	1.5[kV] 이하 전압
고압	1[kV] 초과 전압	1.5[kV] 초과 전압
	AC, DC 모두 7[kV] 이하의 전압	
특고압	AC, DC 모두 7[kV] 초과의 전압	

■ 두 가공전선을 병행 설치할 때 간격

전압	표준
저압·고압 병행 설치	0.5[m] 이상
35[kV] 이하 특고압	1.2[m] 이상
35[kV] 초과 60[kV] 이하	2[m] 이상

□□□ 13②

26 단면적 6[mm²]의 가는 단선의 직선접속 방법은?

① 트위스트 접속
② 종단접속
③ 종단 겹침용 슬리브 접속
④ 꽂음형 커넥터 접속

해① 전선의 접속법

트위스트 접속	6[mm²] 이하 가는 단선의 접속
브리타니아 접속	10[mm²] 이상 굵은 단선의 접속

정답 23 ①　24 ①　25 ③　26 ①

□□□ 06②, 09④, 10④, 13②

27 접착력은 떨어지나 절연성, 내온성, 내유성이 좋아 연피 케이블의 접속에 사용되는 테이프는?

① 고무 테이프 ② 리노 테이프
③ 비닐 테이프 ④ 자기 융착 테이프

|해② 리노 테이프
점착성은 없으나 절연성, 내온성, 내유성이 있으므로 연피 케이블 접속 시 사용

□□□ 13③

28 전선의 공칭 단면적에 대한 설명으로 옳지 않는 것은?

① 소선 수와 소선의 지름으로 나타낸다.
② 단위는 [mm²]로 표시한다.
③ 전선의 실제 단면적과 같다.
④ 연선의 굵기를 나타내는 것이다.

|해③ 공칭 단면적과 실제 단면적
전선의 공칭 단면적은 전선의 실제 단면적과 일치하지 않는다.

□□□ 07④, 08③, 10③, 13③, 18②, 19②, 21①

29 가스 차단기에 사용되는 가스인 SF_6의 성질이 아닌 것은?

① 같은 압력에서 공기의 2.5~3.5배의 절연내력이 있다.
② 무색, 무취, 무해 가스이다.
③ 가스 압력 3~4[kgf/cm²]에서 절연내력은 절연유 이상이다.
④ 소호능력은 공기보다 2.5배 정도 낮다.

|해④ 가스인 SF_6의 성질
소호능력은 공기보다 100배 정도 뛰어나다.

□□□ 10④, 13①

30 합성 수지관 공사의 특징 중 옳은 것은?

① 내열성 ② 내한성
③ 내부식성 ④ 내충격성

|해③ 합성 수지관의 특징
• 내부식성이 우수하다.
• 기계적 강도가 약하다.
• 중량이 가볍고 시공이 용이하다.

□□□ 07③④, 08③, 09①, 13②, 16①②

31 성냥을 제조하는 공장의 공사방법으로 적당하지 않는 것은?

① 금속관 공사 ② 케이블 공사
③ 합성 수지관 공사 ④ 금속 몰드 공사

|해④ 위험물 등이 존재하는 장소의 배선
• 셀룰로이드·성냥·석유류 기타 타기 쉬운 위험한 물질을 제조하거나 저장하는 곳
• 금속관 공사, 합성 수지관 공사, 케이블 공사를 한다.

□□□ 10④, 13②

32 전선 단면적 2.5[mm²], 접지도체 1본을 포함한 전선가닥 수 6본을 동일 관 내에 넣는 경우의 제2종 가요 전선관의 최소 굵기로 적당한 것은?

① 10[mm] ② 15[mm]
③ 17[mm] ④ 24[mm]

|해④ 2종 가요 전선관의 굵기 선정

전선본수	1	2	3	4	5	6
단면적 2.5[mm²] 일 때 굵기	10[mm]	15[mm]	15[mm]	17[mm]	24[mm]	24[mm]

□□□ 10④,13④

33 부식성 가스 등이 있는 장소에 전기설비를 시설하는 방법으로 적합하지 않은 것은?

① 애자 공사 시 부식성 가스의 종류에 따라 절연전선인 DV전선을 사용한다.
② 애자 공사에 의한 경우에는 사람이 쉽게 접촉될 우려가 없는 노출장소에 한한다.
③ 애자 공사 시 부득이 나전선을 사용하는 경우에는 전선과 조영재와의 거리를 4.5[cm] 이상으로 한다.
④ 애자 공사 시 전선의 절연물이 상해를 받는 장소는 나전선을 사용할 수 있으며, 이 경우는 바닥 위 2.5[m] 이상 높이에 시설한다.

| 해 ① | 부식성 가스 등이 있는 장소
애자 공사 시 절연전선인 DV전선(인입용 비닐 절연전선)을 사용해서는 안 된다.

□□□ 13②,20①

34 해안 지방의 송전용 나전선에 가장 적당한 것은?

① 철선   ② 강심 알루미늄선
③ 구리선 ④ 알루미늄합금선

| 해 ③ | 구리선
해안 지방의 송전용 나전선에 가장 적당한 전선이다.

□□□ 13②

35 지지선의 시설에서 가공전선로의 직선 부분이란 수평각도 몇 도까지인가?

① 2   ② 3
③ 5   ④ 6

| 해 ③ | 전선로의 직선 부분
5° 이하의 수평각도를 이루는 곳을 포함한다.

□□□ 13④

36 셀룰러 덕트 공사 시 덕트 상호간을 접속하는 것과 셀룰러 덕트 끝에 접속하는 부속품에 대한 설명으로 적합하지 않은 것은?

① 알루미늄 판으로 특수 제작할 것
② 부속품의 판 두께는 1.6[mm] 이상일 것
③ 덕트 끝과 내면은 전선의 피복이 손상하지 않도록 매끈한 것일 것
④ 덕트의 안쪽 면과 외관은 녹을 방지하기 위하여 도금 또는 도장을 한 것일 것

| 해 ① | 강판으로 제작한 것일 것

□□□ 13③,22②

37 옥내배선에서 주로 사용하는 직선접속 및 분기접속 방법은 어떤 것을 사용하여 접속하는가?

① 동선압착단자   ② 슬리브
③ 와이어 커넥터 ④ 꽂음형 커넥터

| 해 ② | 슬리브 접속방법
• 옥내배선에서 직선접속 및 분기접속에 주로 사용하는 방법
• 슬래브의 종류 : S형, E형, P형

□□□ 10③,13③,20①

38 코드 상호간 또는 캡타이어 케이블 상호간을 접속하는 경우 가장 많이 사용되는 기구는?

① T형 접속기   ② 코드 접속기
③ 와이어 커넥터 ④ 박스용 커넥터

| 해 ② | 코드 접속기
코드 상호간 또는 캡타이어 케이블 상호 또는 이들 상호를 접속하는 경우에는 코드 접속기·접속함 기타의 기구를 사용할 것

□□□ 13③

39 하향광속으로 직접 작업면에 직사하고 상부방향으로 향한 빛이 천장과 상부의 벽을 부분 반사하여 작업면에 조도를 증가시키는 조명 방식은?

① 직접 조명   ② 반직접 조명
③ 반간접 조명   ④ 전반확산 조명

|해 ④|
전반확산 조명에 대한 설명이다.

□□□ 13④

40 옥내배선 공사 중 금속관 공사에 사용되는 공구의 설명 중 잘못된 것은?

① 전선관의 굽힘 작업에 사용하는 공구는 토치램프나 스프링 벤더를 사용한다.
② 전선관의 나사를 내는 작업에 오스터를 사용한다.
③ 전선관을 절단하는 공구에는 쇠톱 또는 파이프 커터를 사용한다.
④ 아울렛 박스의 천공작업에 사용되는 공구는 녹아웃 펀치를 사용한다.

|해 ①|
• 벤더, 히키 : 금속관의 굽힘 작업에 사용
• 토치 램프 : 전선관의 굽힘 작업을 할 때 관을 가열하여 구부릴 때 사용한다.

□□□ 06④,13②,19①

41 간선에서 분기하여 분기 과전류 차단기를 거쳐서 부하에 이르는 사이의 배선을 무엇이라 하는가?

① 간선   ② 인입선
③ 중성선   ④ 분기회로

|해 ④| 분기회로
간선에서 분기하여 분기 과전류 차단기를 거쳐서 부하에 이르는 사이의 배선

□□□ 13④,18①,21②

42 DV전선을 사용하는 저압 구내 가공인입전선으로 전선의 길이가 15[m]를 초과하는 경우 그 전선의 지름은 몇 [mm] 이상을 사용하여야 하는가?

① 1.6   ② 2.0
③ 2.6   ④ 3.2

|해 ③| 저압 가공인입선
• 지름 2.6[mm] 이상의 인입용 비닐 절연전선(DV)일 것
• 인장강도 2.30[kN] 이상의 것
■ 다만, 지지물 간 거리가 15[m] 이하인 경우
• 인장강도 1.25[kN] 이상의 것
• 지름 2[mm] 이상의 인입용 비닐 절연전선(DV)일 것

□□□ 06③,13②,15②,21①

43 전등 1개를 2개소에서 점멸하고자 할 때 필요한 3로 스위치는 최소 몇 개인가?

① 1개   ② 2개
③ 3개   ④ 4개

|해 ②| 3로 스위치(3 way switch)
1개 등을 2개소에서 점멸하기 위해서는 3로 스위치 2개가 필요하다. 전원선 외에 두 스위치를 연결하는 연락선(트래블러) 2가닥이 필요하므로, 스위치와 스위치 사이의 배관에는 최소 3가닥의 전선이 필요하다.

□□□ 13③

44 다음 중 금속 전선관 부속품이 아닌 것은?

① 록너트   ② 노멀 밴드
③ 커플링   ④ 앵글 박스 커넥터

|해 ④| 앵글 박스 커넥터
건물의 직각 개소에서 가요 전선관을 박스에 연결할 때 필요한 접속용 공구

□□□ 13④

45 16[mm] 합성수지 전선관을 직각 구부리기를 할 경우 구부림 부분의 길이는 약 몇 [mm]인가? (단, 16[mm] 합성 수지관의 안지름은 18[mm], 바깥지름은 22[mm]이다.)

① 119　　　　② 132
③ 187　　　　④ 220

| 해 ③ | 합성수지관 구부리기
• 구부림 부분의 안쪽 반지름
$$r = 6d + \frac{D}{2} = 6 \times 18 + \frac{22}{2} = 119[mm]$$
• 구부림 부분의 길이
(직각 구부림은 원주의 $\frac{1}{4}$)
$$L = 2\pi r \times \frac{1}{4} = 2\pi \times 119 \times \frac{1}{4} = 187[mm]$$

□□□ 08④,10①,13③

46 물체의 두께, 깊이, 안지름 및 바깥지름 등을 모두 측정할 수 있는 공구의 명칭은?

① 버니어 캘리퍼스　② 마이크로미터
③ 다이얼 게이지　　④ 와이어 게이지

| 해 ① | 버니어 캘리퍼스(vernier calipers)
어미자와 아들자의 눈금을 이용하여 원형으로 된 것의 지름, 원통의 안지름 등을 측정하는 데 주로 사용

□□□ 13④

47 아래 심벌이 나타내는 것은?

① 저항
② 진상용 콘덴서
③ 유입 개폐기
④ 변압기

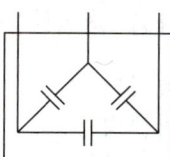

| 해 ② |
진상용 콘덴서의 복선도 심볼

□□□ 13④

48 다음 중 가요 전선관 공사로 적당하지 않은 것은?

① 옥내의 천장 은폐배선으로 8각 박스에서 형광 등기구에 이르는 짧은 부분의 전선관 공사
② 프레스 공작기계 등의 굴곡개소가 많아 금속관 공사가 어려운 부분의 전선관 공사
③ 금속관에서 전동기부하에 이르는 짧은 부분의 전선관 공사
④ 수변전실에서 배전반에 이르는 부분의 전선관 공사

| 해 ④ | 금속관 공사
수변전실에서 배전반에 이르는 부분의 배선은 금속관 공사

□□□ 10④

49 지중 또는 수중에 시설되는 금속체의 부식을 방지하기 위한 전기부식방지용 회로의 사용전압은?

① 직류 60[V] 이하　② 교류 60[V] 이하
③ 직류 750[V] 이하　④ 교류 600[V] 이하

| 해 ① | 전기부식방지 회로의 사용전압
전기부식방지 회로의 사용전압은 직류 60[V] 이하일 것

□□□ 11③,13③,22①

50 금속관 공사를 노출로 시공할 때 직각으로 구부러지는 곳에는 어떤 배선기구를 사용하는가?

① 유니온 커플링　② 아웃렛 박스
③ 픽스쳐 히키　　④ 유니버셜 엘보

| 해 ④ | 유니버셜 엘보
철근 콘크리트 건물에 노출 금속관 공사를 할 때 직각으로 굽히는 곳에 사용되는 금속관 재료

□□□ 13④,20①,21①,24②

51 교통 신호등의 제어장치로부터 신호등의 전구까지의 전로에 사용하는 전압은 몇 [V] 이하인가?

① 60
② 100
③ 300
④ 440

|해 ③| 교통 신호등 사용전압
교통 신호등 제어장치의 2차측 배선의 최대사용 전압은 300[V] 이하이어야 한다.

□□□ 13①③

52 60[cd]의 점광원으로 부터 2[m]의 거리에서 그 방향과 직각인 면과 30° 기울어진 평면위의 조도[lx]는?

① 11
② 13
③ 15
④ 19

|해 ②| 평면위의 조도(조도의 코사인 법칙)
$E = \dfrac{I}{r^2}\cos\theta$
• $I = 60[cd]$, $r = 2[m]$, $\theta = 30°$
∴ $E = \dfrac{60}{2^2}\cos 30° = 13.0[lx]$

□□□ 13②

53 옥내 분전반의 설치에 관한 내용 중 틀린 것은?

① 분전반에서 분기회로를 위한 배관의 상승 또는 하강이 용이한 곳에 설치한다.
② 분전반에 넣는 금속제의 함 및 이를 지지하는 구조물은 접지를 하여야 한다.
③ 각층마다 하나 이상을 설치하나, 회로수가 6 이하인 경우 2개층을 담당할 수 있다.
④ 분전반에서 최종 부하까지의 거리는 50[m] 이내로 하는 것이 좋다.

|해 ④|
분전반에서 최종 부하까지의 거리는 30[m] 이내로 하는 것이 좋다.

□□□ 13②

54 사용전압 415[V]의 3상 3선식 전선로의 전선과 대지 간에 필요한 절연저항값의 최솟값은? (단, 최대공급전류는 500[A]이다.)

① 2,560[Ω]
② 1,660[Ω]
③ 3,210[Ω]
④ 4,512[Ω]

|해 ②|
저항값 $R = \dfrac{V}{I}$
• I = 최대 공급전류 $\times \dfrac{1}{2,000}$
 $= 500 \times \dfrac{1}{2,000} = 0.25[\Omega]$
∴ 저항값 $R = \dfrac{V}{I} = \dfrac{415}{0.25} = 1,660[\Omega]$

□□□ 13②

55 합성수지제 전선관의 호칭은 관 굵기의 무엇으로 표시하는가?

① 홀수인 안지름
② 짝수인 바깥지름
③ 짝수인 안지름
④ 홀수인 바깥지름

|해 ③| 합성수지제(경질 비닐) 전선관의 호칭
관 안지름 : 14, 16, 22, 28, 36, 42, 54, 70, 82, 100[mm]의 짝수

□□□ 07③④,08③,09①,13②④,16①②

56 석유류를 저장하는 장소의 공사방법 중 틀린 것은?

① 케이블 공사
② 애자 공사
③ 금속관 공사
④ 합성 수지관 공사

|해 ②| 위험물 등이 존재하는 장소의 배선
• 셀룰로이드·성냥·석유류 기타 타기 쉬운 위험한 물질을 제조하거나 저장하는 곳
• 금속관 공사, 합성 수지관 공사, 케이블 공사를 한다.

정답 51 ③ 52 ② 53 ④ 54 ② 55 ③ 56 ②

□□□ 10②, 20②

57 철근콘크리트주가 원형의 것인 경우 갑종 풍압하중 [Pa]은? (단, 수직 투명면적 1[m²]에 대한 풍압 임)

① 588[Pa]　　② 882[Pa]
③ 1,039[Pa]　④ 1,412[Pa]

| 해① | 갑종 풍압하중 |

풍압을 받는 구분	1[m²]에 대한 풍압
목주	588[Pa]
철주(원형)	588[Pa]
철근콘크리트주(원형)	588[Pa]
철탑(원형)	588[Pa]

□□□ 09②, 10④

58 애자공사에 사용하는 애자가 갖추어야 할 성질과 가장 거리가 먼 것은?

① 절연성　　② 난연성
③ 내수성　　④ 유연성

| 해④ | 애자의 구비조건
사용하는 애자는 절연성, 난연성 및 내수성의 것이어야 한다.

■애자의 구비조건
• 절연내력이 클 것
• 누설전류가 작을 것
• 정전 용량이 작을 것
• 기계적 강도가 클 것
• 외부 오염물질에 대한 표면 저항이 충분할 것
• 전기 및 기계적 특성의 열화가 작을 것
• 온도의 변화에 강인하고 습기를 흡수하지 않을 것

□□□ 06③, 07④, 13④, 14③, 15④, 18①, 19①, 21②, 22②

59 다음 배전반 및 분전반의 설치장소로 적합하지 않은 곳은?

① 전기회로를 쉽게 조작할 수 있는 장소
② 개폐기를 쉽게 개폐할 수 있는 장소
③ 노출된 장소
④ 사람이 쉽게 조작할 수 없는 장소

| 해④ | 배전반 및 분전반의 설치장소
• 전기회로를 쉽게 조작할 수 있는 장소
• 개폐기를 쉽게 조작할 수 있는 장소
• 안정된 장소
• 노출된 장소

□□□ 11①, 13③, 21①, 22①

60 과전류에 대한 보호장치 중 분기회로의 과부하 보호장치는 전원측에서 보호장치의 분기점 사이에 다른 분기회로 또는 콘센트의 접속이 없고, 단락의 위험과 화재 및 인체에 대한 위험성이 최소화되도록 시설된 경우, 분기회로의 보호장치는 분기회로의 분기점으로부터 몇 ( )[m]까지 이동하여 설치할 수 있는가?

① 3[m]
② 4[m]
③ 5[m]
④ 8[m]

| 해① |
분기회로의 단락 보호장치 P_2는 분기점(O)으로부터 3[m]까지 이동하여 설치할 수 있다.

05 과년도 기출 핵심문제

□□□ 12①
01 저압 이웃연결 인입선은 인입선에서 분기하는 점으로부터 몇 [m]를 넘지 않는 지역에 시설하고 폭 몇 [m]를 넘는 도로를 횡단하지 않아야 하는가?

① 50[m], 4[m] ② 100[m], 5[m]
③ 150[m], 6[m] ④ 200[m], 8[m]

> 해② 저압 이웃연결 인입선의 시설
> • 인입선에서 분기하는 점으로부터 100[m]를 초과하는 지역에 미치지 아니할 것
> • 폭 5[m]를 초과하는 도로를 횡단하지 아니할 것

□□□ 12①
02 네온 검전기를 사용하는 목적은?

① 주파수 측정 ② 충전 유무조사
③ 전류 측정   ④ 조도를 조사

> 해② 네온 검전기
> 전력기기 또는 전로 등의 충전 유무를 조사하여 감전 사고를 예방하기 위해 사용

□□□ 07②, 12①
03 사람이 접촉될 우려가 있는 곳에 시설하는 경우 접지극은 지하 몇 [cm] 이상의 깊이에 매설하여야 하는가?

① 30   ② 45
③ 50   ④ 75

> 해④ 접지극의 매설 깊이
> 사람이 접촉될 우려가 있는 곳의 접지극의 매설 깊이는 지표면으로부터 지하 75[cm] 이상으로 한다.

□□□ 08②, 12①
04 진열장 안에 400[V] 미만인 저압 옥내배선 시 외부에서 보기 쉬운 곳에 사용하는 전선은 단면적이 몇 [mm²] 이상의 코드 또는 캡타이어 케이블이어야 하는가?

① 0.75[mm²] ② 1.25[mm²]
③ 2[mm²]   ④ 3.5[mm²]

> 해① 도체 공칭 단면적
> 캡타이어 케이블의 공칭 단면적은 최소 0.75[mm²]이다.

□□□ 12②, 14②
05 제1종 금속제 가요 전선관의 두께는 최소 몇 [mm] 이상이어야 하는가?

① 0.8   ② 1.2
③ 1.6   ④ 2.0

> 해① 가요 전선관 두께
> 제1종 금속제 가요 전선관의 두께는 0.8[mm] 이상일 것

□□□ 07③, 08①③④, 10②, 11④, 12③, 13①, 14②, 18②, 21①, 23①
06 폭발성 먼지가 있는 위험장소의 금속관 공사에 있어서 관상호 및 관과 박스 기타의 부속품이나 풀박스 또는 전기 기계기구는 몇 턱 이상의 나사조임으로 시공하여야 하는가?

① 2턱   ② 3턱
③ 4턱   ④ 5턱

> 해④ 5턱 이상의 나사조임으로 접속하는 방법 폭발성 먼지가 존재하는 곳

정답 01 ② 02 ② 03 ④ 04 ① 05 ① 06 ④

□□□ 12①

07 변압기의 보호 및 개폐를 위해 사용되는 특고압 컷아웃 스위치는 변압기 용량의 몇 [kVA] 이하에 사용되는가?

① 100[kVA]   ② 200[kVA]
③ 300[kVA]   ④ 400[kVA]

| 해③ | 특고압 컷아웃 스위치 변압기 용량
특고압 컷아웃 스위치(COS)는 변압기 용량의 300[kVA] 이하에서 사용된다.

□□□ 10①,12①

08 부식성 가스 등이 있는 장소에 시설할 수 없는 공사는?

① 애자 공사
② 제1종 금속제 가요 전선관 공사
③ 케이블 공사
④ 캡타이어 케이블 공사

| 해② | 부식성 가스 등이 있는 장소의 배선
부식우려로 제1종 금속제 가요 전선관을 사용할 수 없다.
■ 부식성 가스 등이 있는 장소의 배선
애자 공사, 금속관 공사, 합성 수지관 공사, 2종 금속제 가요 전선관 공사, 케이블 공사, 캡타이어 케이블 공사

□□□ 07③,11③,12②,13④,22②

09 금속 몰드의 사용전압은 몇 [V] 이하로 옥내의 건조한 장소로 시설할 수 있는가?

① 150   ② 220
③ 400   ④ 600

| 해③ |
금속 몰드의 사용전압이 400[V] 이하로 옥내의 건조한 장소로 시설할 수 있다.

□□□ 12①,14④,15④

10 480[V] 가공인입선이 철도를 횡단할 때 레일 면상의 최저 높이는 몇 [m]인가?

① 4[m]   ② 4.5[m]
③ 5.5[m] ④ 6.5[m]

| 해④ | 저압 가공인입선의 높이

도로를 횡단하는 경우	노면상 5[m] 이상
철도 또는 궤도를 횡단하는 경우	레일면상 6.5[m] 이상

| 참고 | 저압 : 1,000[V] 이하 전압

Remember

■ 전압의 구분

구분	교류(AC)	직류(DC)
저압	1[kV] 이하 전압	1.5[kV] 이하 전압
고압	1[kV] 초과 전압	1.5[kV] 초과 전압
	AC, DC 모두 7[kV] 이하의 전압	
특고압	AC, DC 모두 7[kV] 초과의 전압	

□□□ 10①,12②,20①

11 배전용 전기 기계기구인 COS(컷아웃 스위치)의 용도로 알맞은 것은?

① 배전용 변압기의 1차측에 시설하여 변압기의 단락 보호용으로 쓰인다.
② 배전용 변압기의 2차측에 시설하여 변압기의 단락 보호용으로 쓰인다.
③ 배전용 변압기의 1차측에 시설하여 배전 구역 전환용으로 쓰인다.
④ 배전용 변압기의 2차측에 시설하여 배전 구역 전환용으로 쓰인다.

| 해① | COS(컷아웃 스위치)의 용도
배전용 변압기의 1차측에 설치하여 단락사고나 지락사고 보호용으로 사용

정답 07 ③ 08 ② 09 ③ 10 ④ 11 ①

□□□ 08②④,09④,12②,15②③,18③,19①

12 전선을 접속하는 방법으로 틀린 것은?

① 전기저항이 증가되지 않아야 한다.
② 전선의 세기는 30[%] 이상 감소시키지 않아야 한다.
③ 접속부분은 와이어 커넥터 등 접속 기구를 사용하거나 납땜을 한다.
④ 알루미늄을 접속할 때는 고시된 규격에 맞는 접속관 등의 접속 기구를 사용한다.

| 해② | 전선 접속 시 주의점
접속 부분의 인장강도는 접속 전 인장강도의 80% 이상으로 유지해야 한다. 즉, 강도의 감소율이 20%를 초과해서는 안 된다.

□□□ 08③,10①,12③,16①,19①

13 합성 수지관 공사에서 관의 지지점 간 거리는 최대 몇 [m]인가?

① 1   ② 1.2
③ 1.5   ④ 2

| 해③ |
합성 수지관 공사에서 관의 지지점 간의 거리는 1.5[m] 이하로 한다.

□□□ 12②,17③,18③,19④,22②

14 다음의 심벌 명칭은 무엇인가?

① 파워 퓨즈
② 단로기
③ 피뢰기
④ 고압 컷아웃 스위치

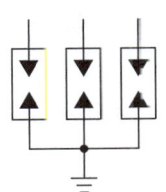

| 해③ | 피뢰기(LA)의 복선도
이상전압 발생 시 대지로 방전하여 설비를 보호하는 기기를 표시하는 심벌

□□□ 09④,12②

15 도로를 횡단하여 시설하는 지지선의 높이는 지표상 몇 [m] 이상이어야 하는가?

① 5[m]   ② 6[m]
③ 8[m]   ④ 10[m]

| 해① | 지지선의 높이

도로 횡단하는 경우	일반적인 경우	지표상 5[m] 이상
	교통에 지장의 우려가 없는 경우	지표상 4.5[m] 이상
	보도의 경우	지표상 2.5[m] 이상

□□□ 09④,12③,16①,23②

16 터널, 갱도 기타 이와 유사한 장소에서 사람이 상시 통행하는 터널 내의 배선방법으로 적절하지 않은 것은? (단, 사용전압은 저압이다.)

① 라이팅 덕트 공사
② 금속제 가요 전선관 공사
③ 합성 수지관 공사
④ 애자사용 공사

| 해① | 터널, 갱도 기타 이와 유사한 장소의 배선방법
저압의 경우 케이블 공사, 금속관 공사, 합성 수지관 공사, 금속제 가요 전선관 공사, 애지 공사에 의할 것

□□□ 12②

17 금속관 공사에 사용되는 부품이 아닌 것은?

① 새들   ② 덕트
③ 로크 너트   ④ 링 리듀서

| 해② | 덕트
주로 공장이나 빌딩 등에서 많은 전선이 입·출하는 곳에 사용된다.

정답 12 ② 13 ③ 14 ③ 15 ① 16 ① 17 ②

□□□ 07④,12②,16②

18 플로어 덕트 공사의 설명 중 옳지 않은 것은?

① 덕트 상호간 접속은 견고하고 전기적으로 완전하게 접속하여야 한다.
② 덕트의 끝부분은 막는다.
③ 덕트 및 박스 기타 부속품은 물이 고이는 부분이 없도록 시설하여야 한다.
④ 전선은 옥외용 비닐 절연전선으로 한다.

> |해④| 전선은 절연전선(옥외용 비닐 절연전선을 제외한다.)일 것

□□□ 12②

19 전로 이외를 흐르는 전류로서 전로의 절연체 내부 및 표면과 공간을 통하여 선간 또는 대지 사이를 흐르는 전류를 무엇이라 하는가?

① 지락 전류 ② 누설 전류
③ 정격 전류 ④ 영상 전류

> |해②| 누설 전류
> 전로 이외를 경로로 흐르는 전류로서 전로의 절연체의 내부 및 표면과 공간을 통하여 선간 또는 대지 사이를 흐르는 전류

□□□ 12②,14②,22①

20 캡타이어 케이블을 조영재의 옆면에 따라 시설하는 경우 지지점 간의 거리는 얼마 이하로 하는가?

① 2[m]   ② 3[m]
③ 1[m]   ④ 1.5[m]

> |해③| 캡타이어 케이블 공사
> • 캡타이어 케이블은 전선의 지지점 간의 거리는 1[m] 이하로 한다.
> • 전선을 조영재의 아랫면 또는 옆면에 따라 붙이는 경우에는 전선의 지지점 간의 거리를 케이블은 2[m] 이하로 한다.

□□□ 12①

21 합성수지제 가요 전선관으로 옳게 짝지어진 것은?

① 후강 전선관과 박강 전선관
② PVC 전선관과 PF 전선관
③ PVC 전선관과 제2종 가요 전선관
④ PF 전선관과 CD 전선관

> |해④| 합성수지제 가요 전선관(VE관) PF(Plastic Flexible conduit) 전선관과 CD(Combined Duct) 전선관이 있다.

□□□ 12③

22 500[V] 이하 옥내배선의 절연저항 측정에 가장 알맞은 절연저항계는?

① 250[V] 메거   ② 500[V] 메거
③ 1,000[V] 메거 ④ 1,500[V] 메거

> |해②| 전로의 절연 저항
>
> | 전로의 사용전압[V] | DC 시험전압[V] | 절연 저항[MΩ] |
> |---|---|---|
> | SELV 및 PELV | 250 | 0.5 |
> | PELV, 500[V] 이하 | 500 | 1.0 |
> | 500[V] 초과 | 1,000 | 1.0 |
>
> • PELV, 500[V] 이하의 옥내배선 절연저항계는 500[V] 절연 저항계를 사용한다.

□□□ 09①,12④,20②

23 케이블을 조영재에 지지하는 경우에 이용되는 것이 아닌 것은?

① 터미널 캡   ② 클리트(Cleat)
③ 스테이플러   ④ 새들

> |해①| 터미널 캡
> 전선관에서 애자 공사와 같은 노출 공사로 연결될 때 전선관 끝에서 꺼낼 전선의 피복 보호를 위해 사용하는 전선관 부속 재료

정답 18 ④ 19 ② 20 ③ 21 ④ 22 ② 23 ①

□□□ 11①,12①,22①

24 케이블을 구부리는 경우는 피복이 손상되지 않도록 하고 그 굽은 부분의 곡선 반지름은 원칙적으로 케이블이 단심인 경우 완성품 바깥지름의 몇 배 이상이어야 하는가?

① 4 ② 6
③ 8 ④ 10

|해③| 콘크리트 직매용 케이블 배선
케이블을 구부릴 때에는 피복이 손상되지 않도록 그 굽은 부분의 안쪽의 반지름은 케이블의 바깥지름의 6배(단심에 있어서는 8배) 이상으로 하여야 한다.

□□□ 10②,12③

25 옥내에 시설하는 사용전압이 400[V] 이상인 저압의 이동 전선을 0.6/1[kV] EP 고무 절연 클로로프렌 캡타이어 케이블로서 단면적이 몇 [mm²] 이상이어야 하는가?

① 0.75[mm²] ② 2[mm²]
③ 5.5[mm²] ④ 8[mm²]

|해①| 400[V] 이상인 저압의 이동 전선 단면적 0.75[mm²] 이상의 0.6/1[kV] EP 고무 절연 클로로프렌 캡타이어 케이블일 것

□□□ 12③,22②

26 폴리에틸렌 절연 비닐 시스 케이블의 약호는?

① DV ② EE
③ EV ④ OW

|해③| 전선 약호

DV	인입용 비닐 절연전선
EE	폴리에틸렌 절연 폴리에틸렌 외장 케이블
EV	폴리에틸렌 절연 비닐 외장 케이블
OW	옥외용 비닐 절연전선

□□□ 06④,09②,11④,12③

27 가요 전선관 공사에서 가요 전선관의 상호 접속에 사용하는 것은?

① 유니언 커플링
② 2초 커플링
③ 콤비네이션 커플링
④ 스플릿 커플링

|해④| 가요 전선관의 상호 접속

스플릿 커플링	가요 전선관 상호 접속
콤비네이션 커플링	가요 전선관과 금속관의 상호 접속

□□□ 08③,12②,18②

28 수·변전 설비에서 전력 퓨즈의 용단 시 결상을 방지하는 목적으로 사용하는 것은?

① 자동 고장 구분 개폐기
② 선로 개폐기
③ 부하 개폐기
④ 기중 부하 개폐기

|해③| 부하 개폐기(LBS ; Load Break Switch)
수·변전 설비의 인입구 개폐기로 많이 사용되며, 전력 퓨즈의 용단 시 결상을 방지하는 목적으로 사용되는 개폐기

□□□ 10④,12③,20①

29 금속 전선관과 비교한 합성수지 전선관 공사의 특징으로 거리가 먼 것은?

① 내식성이 우수하다.
② 배관 작업이 용이하다
③ 열에 강하다.
④ 절연성이 우수하다.

|해③| 합성수지 전선관 공사의 특징
합성수지 전선관은 열에 약하다.

□□□ 08①,10②③,11③,12③④,20②

30 가연성 가스가 새거나 체유하여 전기설비가 발화원이 되어 폭발할 우려가 있는 곳에 있는 저압 옥내전기설비의 시설 방법으로 가장 적합한 것은?

① 애자 공사
② 가요 전선관 공사
③ 셀룰러 덕트 공사
④ 금속관 공사

| 해 ④ | 금속관 공사
가연성 가스 및 인화성 물질이 있는 곳의 저압 옥내배선 공사방법

□□□ 12②

31 실내 전체를 균일하게 조명하는 방식으로 광원을 일정한 간격으로 배치하며 공장, 학교, 사무실 등에서 채용되는 조명 방식은?

① 국부 조명　② 전반 조명
③ 직접 조명　④ 간접 조명

| 해 ② | 전반 조명(General Lighting)
• 실내 전체를 균일하게 조명하는 방식
• 광원을 일정한 간격으로 배치하는 방식
• 공장, 학교, 사무실 등에서 채용되는 조명 방식

□□□ 06④,12②,15①,16①,23②

32 합성 수지관 상호간 및 박스와는 관을 삽입하는 깊이를 관 바깥지름의 몇 배 이상으로 하여야 하는가? (단, 접착제를 사용하지 않은 경우다.)

① 0.2　② 0.5
③ 1　④ 1.2

| 해 ④ | 접착제 사용여부
• 접착제를 사용하는 경우에는 0.8배 이상
• 접착제 사용하지 않을 시 : 삽입하는 깊이는 관의 바깥지름의 1.2배 이상

□□□ 12③

33 분전반에 대한 설명으로 틀린 것은?

① 배선과 기구는 모두 전면에 배치하였다.
② 두께 1.5[mm] 이상의 잔연성 합성수지로 제작하였다.
③ 강판제의 분전함은 두께 1.2[mm] 이상의 강판으로 제작하였다.
④ 배선은 모두 분전반 이면으로 하였다.

| 해 ④ |
분전반의 이면에는 배선 및 기구를 배치하지 말 것

□□□ 12④,15②

34 금속관을 구부리는 경우 곡률의 안측 반지름은?

① 전선관 안지름이 3배 이상
② 전선관 안지름의 6배 이상
③ 전선관 안지름의 8배 이상
④ 전선관 안지름의 12배 이상

| 해 ② | 금속관을 구부리는 경우 곡률 반지름은 안지름의 6배 이상이어야 한다.

□□□ 06①,09④,12③

35 비교적 장력이 적고 다른 종류의 지지선을 시설할 수 없는 경우에 적용하며 지지선용 전주 버팀대를 지지물 근원 가까이 매설하여 시설하는 지지선은?

① Y지지선　② 궁지지선
③ 공동지지선　④ 수평지지선

| 해 ② | 궁지지선
• 비교적 장력이 적고 다른 종류의 지지선을 사용할 수 없는 경우에 적용
• 지지선용 전주 버팀대를 지지물 근원 가까이 매설하여 시설하는 것

정답　30 ④　31 ②　32 ④　33 ④　34 ②　35 ②

□□□ 09④,10①,12③,13②

36 절연전선을 동일 금속 덕트 내에 넣을 경우 금속 덕트의 크기는 전선의 피복절연물을 포함한 단면적의 총합계가 금속 덕트 내 단면적의 몇 [%] 이하로 하여야 하는가?

① 10 ② 20
③ 32 ④ 48

해② 절연전선

| 금속 덕트 내 단면적 | 20[%] 이하 |
| 제어회로 등의 배선일 때 | 50[%] 이하 |

□□□ 06③,12①,14①,15①

37 옥외용 비닐 절연전선의 약호(기호)는?

① VV ② DV
③ OW ④ NR

해③ 전선 약호

VV	0.6/1[kV] 비닐 절연 비닐 시스 케이블
DV	인입용 비닐 절연전선
OW	옥외용 비닐 절연전선
NR	450/570[V] 일반용 단심 비닐 절연전선
NV	비닐 절연 네온전선

□□□ 12②

38 전선 약호가 CN-CV-W인 케이블의 품명은?

① 동심 중성선 수밀형 전력케이블
② 동심 중성선 차수형 전력케이블
③ 동심 중성선 수밀형 저독성 난연 전력케이블
④ 동심 중성선 차수형 저독성 난연 전력케이블

해① CN-CV-W
• 동심 중성선 수밀형(수분 침투 방지형) 전력 케이블
• CN-CV : 동심 중성선 케이블 치수형
• W : 수분 침투 방지형

□□□ 12④

39 손작업 쇠톱날의 크기(치수 : [mm])가 아닌 것은?

① 200 ② 250
③ 300 ④ 550

해④ 손작업 쇠톱날
규격 : 200[mm], 250[mm], 300[mm]의 3종류가 있다.

□□□ 12④

40 고압 보안공사 시 고압 가공전선로의 지지물 간 거리는 철탑의 경우 얼마 이하이어야 하는가?

① 100[m] ② 150[m]
③ 400[m] ④ 600[m]

해③ 고압 및 특고압 보안공사 시 지지물 간 거리 제한

지지물의 종류	지지물 간 거리[m]	
	가공전선로	보안공사
A종 철근 콘크리트주	150[m] 이하	100[m] 이하
B종 철근 콘크리트주	250[m] 이하	150[m] 이하
철탑	600[m] 이하	400[m] 이하

□□□ 10④,12④

41 저압 가공전선 또는 고압 가공전선이 도로를 횡단하는 경우 전선의 지표상 최소 높이는?

① 2[m] ② 3[m]
③ 5[m] ④ 6[m]

해④ 도로를 횡단하는 경우의 지표상 높이

지지선의 지표상 높이	지표상 5[m] 이상
저압 가공인입선의 노면상 높이	노면상 5[m] 이상
고압 가공인입선의 노면상 높이	노면상 6[m] 이상
저압/고압 가공전선의 지표상 높이	지표상 6[m] 이상

정답 36 ② 37 ③ 38 ① 39 ④ 40 ③ 41 ④

□□□ 12④

42 티탄을 제조하는 공장으로 먼지가 쌓여진 상태에서 착화된 때에 폭발할 우려가 있는 곳에 저압 옥내배선을 설치하고자 한다. 알맞은 공사방법은?

① 합성수지 몰드 공사
② 라이팅 덕트 공사
③ 금속 몰드 공사
④ 금속관 공사

> 해 ④ 금속관 공사
> 폭연성 먼지 또는 화약류의 가루가 전기설비가 발화원이 되어 폭발할 우려가 있는 곳에 시설하는 저압 옥내전기설비의 시설방법

□□□ 06④,07②③,10①③,12②④,16③,18①,21②

43 기구 단자에 전선 접속 시 진동 등으로 헐거워지는 염려가 있는 곳에 사용되는 것은?

① 스프링 와셔   ② 2중 볼트
③ 삼각 볼트   ④ 접속기

> 해 ① 스프링 와셔(spring washer)
> 전선을 기구 단자에 접속할 때 진동 등의 영향으로 헐거워질 우려가 있는 경우에 사용

□□□ 12④

44 저압 인입선의 접속점 선정으로 잘못된 것은?

① 인입선이 옥상을 가급적 통과하지 않도록 시설할 것
② 인입선은 약전류 전선로와 가까이 시설할 것
③ 인입선은 장력에 충분히 견딜 것
④ 가공 배전선로에서 최단거리로 인입선이 시설될 수 있을 것

> 해 ② 저압 인입선의 접속점
> 인입선은 약전류 전선로와 충분히 간격을 두어야 한다.

□□□ 09④,12③,22②

45 고압 가공인입선이 일반적인 도로 횡단 시 설치 높이는?

① 3[m] 이상   ② 3.5[m] 이상
③ 5[m] 이상   ④ 6[m] 이상

> 해 ④ 저·고압 가공 인입선의 시설
>
> | 구분 | 저압 | 고압 |
> |---|---|---|
> | 도로를 횡단하는 경우 | 노면상 5[m] 이상 | 6[m] 이상 |
> | 철도 또는 궤도를 횡단하는 경우 | 레일면상 6.5[m] 이상 | 6.5[m] 이상 |
> | 횡단보도교의 위에 시설하는 경우 | 노면상 3[m] 이상 | 3.5[m] 이상 |

□□□ 12④,16③

46 배전반을 나타내는 그림 기호는?

① ◺◿   ② ⊠
③ ◤◥   ④ [S]

> 해 ②
> ① 분전반 ② 배전반 ③ 제어반 ④ 스위치

□□□ 08①,12③,16②,20①

47 전선 접속 방법 중 트위스트 직선접속의 설명으로 옳은 것은?

① 6[mm^2] 이하의 가는 단선인 경우에 적용된다.
② 6[mm^2] 이상의 굵은 단선인 경우에 적용된다.
③ 연선의 직선접속에 적용된다.
④ 연선의 분기접속에 적용된다.

> 해 ① 전선의 접속법
>
> | 트위스트 접속 | 6[mm^2] 이하 가는 단선의 접속 |
> |---|---|
> | 브리타니아 접속 | 10[mm^2] 이상 굵은 단선의 접속 |

□□□ 12②

48 500[kW]의 설비 용량을 갖춘 공장에서 정격전압 3상 24[kV], 역률 80[%]일 때의 차단기 정격전류는 약 몇 [A]인가?

① 8[A]   ② 15[A]
③ 25[A] ④ 30[A]

> 해 ②
> 설비 용량 $P = \sqrt{3}\,VI\cos\theta$
> 정격 전류 $I = \dfrac{P}{\sqrt{3}\,V\cos\theta}$
> $= \dfrac{500{,}000}{\sqrt{3} \times 24{,}000 \times 0.8} = 15[A]$

□□□ 12③

49 권상기, 기중기 등으로 물건을 내릴 때와 같이 전동기가 가지는 운동에너지를 발전기로 동작시켜 발생한 전력을 반환시켜서 제동하는 방식은?

① 역전제동   ② 발전제동
③ 회생제동   ④ 와류제동

> 해 ③ 회생제동
> 권상기, 기중기 등으로 물건을 내릴 때와 같이 전동기가 가지는 운동에너지를 발전기로 동작시켜 발생한 전력을 반환시켜서 제동하는 방식

□□□ 12④

50 합성수지 몰드 공사의 시공에서 잘못된 것은?

① 사용전압이 400[V] 미만에 사용
② 점검할 수 있고 전개된 장소에 사용
③ 베이스를 조영재에 부착하는 경우 1[m] 간격마다 나사 등으로 견고하게 부착한다.
④ 베이스와 캡이 완전하게 결합하여 충격으로 이탈되지 않을 것

> 해 ③ 합성수지 몰드 공사
> 베이스를 조영재에 부착하는 경우 40~50[cm] 간격마다 나사 등으로 견고하게 부착해야 한다.

□□□ 10②③,12①,15①

51 애자 공사의 저압 옥내배선에서 전선 상호간의 간격은 얼마 이상으로 하여야 하는가?

① 2[cm]   ② 4[cm]
③ 6[cm]   ④ 8[cm]

> 해 ③
> 애자 공사에서 전선 상호간의 간격은 0.06[m] (6[cm]) 이상일 것

□□□ 11②,12④,13③,15④,16②,18③,19③

52 A종 철근 콘크리트주의 전장이 15[m]인 경우에 땅에 묻히는 깊이는 최소 몇 [m] 이상으로 해야 하는가? (단, 설계하중은 6.8[kN] 이하이다.)

① 2.5   ② 3.0
③ 3.5   ④ 4.0

> 해 ① 전주의 묻히는 매설 깊이
>
> | 전주의 전체 길이 16[m] 이하, 설계하중 6.8[kN] 이하 | |
> |---|---|
> | 길이 15[m] 초과인 전주 | 최소 깊이 2.5[m] 이상 |
> | 길이 15[m] 이하인 전주 | 최소 깊이 전체 길이의 $\dfrac{1}{6}$ 이상 |
>
> ∴ 최소 깊이 $= \dfrac{1}{6} \times 15 = 2.5[m]$

□□□ 11④,12①,14①

53 경질 비닐 전선관 1본의 표준 길이[m]는?

① 3   ② 3.6
③ 4   ④ 5.5

> 해 ③ 전선관 1본의 길이
>
> | 경질 비닐(PVC) 전선관 | 4[m] 표준 |
> |---|---|
> | 합성 수지관 | 4[m] 표준 |
> | 금속 전선관 | 3.6[m] 표준 |

정답 48 ② 49 ③ 50 ③ 51 ③ 52 ① 53 ③

□□□ 12④,20①

54 가요 전선관에 대한 설명으로 잘못된 것은?

① 가요 전선관의 상호 접속은 커플링으로 하여야 한다.
② 가요 전선관과 금속관 공사 등과 연결하는 경우 적당한 구조의 커플링으로 완벽하게 접속하여야 한다.
③ 가요 전선관을 조영재의 측면에 새들로 지지하는 경우 지지점 간의 거리는 1[m] 이하이어야 한다.
④ 1종 가요전선관을 구부리는 경우의 곡률 반지름은 관 안지름의 10배 이상으로 하여야 한다.

해 ④ 가요 전선관 구부리기 곡선 반지름

1종 가요전선관		관 안지름의 6배 이상
2종 가요전선관	자유로운 경우	관 안지름의 3배 이상
	어려운 경우	관 안지름의 6배 이상

□□□ 12①

55 설비 용량 600[kW], 부등률 1.2, 수용률 0.6일 때 합성 최대 전력[kW]은?

① 240[kW] ② 300[kW]
③ 432[kW] ④ 833[kW]

해 ②

합성 최대 전력 = $\dfrac{\text{최대 수용 전력의 합}}{\text{부등률}}$

• 부등률 = $\dfrac{\text{각 각의 최대 수용 전력의 합[kW]}}{\text{합성 최대 수용 전력[kW]}}$

• 수용률 = $\dfrac{\text{최대 수용 전력}}{\text{수용 설비 용량}}$

• 최대 수용 전력 = 수용률 × 수용 설비 용량
  $= 0.6 \times 600 = 360$[kW]

∴ 합성 최대 전력 = $\dfrac{360}{1.2} = 300$[kW]

□□□ 12③,21②

56 폭연성 먼지가 존재하는 곳의 금속관 공사 시 전동기에 접속하는 부분에서 가요성을 필요로 하는 부분의 배선에는 방폭형의 부속품 중 어떤 것을 사용하여야 하는가?

① 플렉시블 피팅
② 먼지 플렉시블 피팅
③ 먼지 방폭형 플렉시블 피팅
④ 안전 증가 플렉시블 피팅

해 ③ 먼지 방폭형 플렉시블 피팅
폭연성 먼지가 존재하는 곳의 금속관 공사 시 전동기에 접속하는 부분에서 가요성을 필요로 하는 부분의 배선에 사용

□□□ 06③,08①,09③,10④,11②,12④,15②,19④

57 금속전선관 공사 시 녹아웃 구멍이 금속관보다 클 때 사용되는 접속 기구는?

① 부싱 ② 링 리듀서
③ 로크 너트 ④ 엔트런스 캡

해 ② 링 리듀서
금속관을 박스에 고정할 때 녹아웃의 구멍이 금속관보다 커서 로크 너트만으로 고정하기 어려울 때 녹아웃 구멍을 작게 하기 위해 사용하는 공구

□□□ 09①,12③

58 다음 중 방수형 콘센트의 심벌은?

① ⬤E   ② ⬤
③ ⬤WP ④ ⬤

해 ③ 방수형 콘센트의 심벌

• ⬤WP
• WP(Water Proof ; 방수)

정답 54 ④ 55 ② 56 ③ 57 ② 58 ③

□□□ 06④, 07①④, 08①, 09①③, 12④, 13③, 18①, 24②

59 다음 중 과전류 차단기를 시설해야 하는 곳으로 가장 적당한 것은?

① 고압에서 저압으로 변성하는 2차측의 저압측 전선
② 전로의 일부에 접지 공사를 한 저압 가공전로의 접지측 전선
③ 다선식 전로의 중성선
④ 접지 공사의 접지도체

> | 해 ① | 과전류 차단기 제한장소
> • 접지 공사의 접지도체
> • 다선식 전로의 중성선
> • 전로의 일부에 접지 공사를 한 저압 가공전선의 접지측 전선

□□□ 10④, 12④, 13③, 17④, 18④, 19①, 20③, 21④, 23①

60 전등 한 개를 2개소에서 점멸하고자 할 때 옳은 배선은?

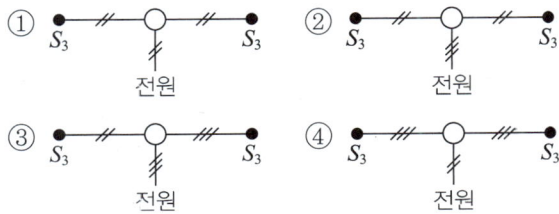

> | 해 ④ | 3로 스위치(3 way switch) 배선
> 1개 등을 2개소에서 점멸하기 위해서는 3로 스위치 2개가 필요하다. 전원선 외에 두 스위치를 연결하는 연락선(트래블러) 2가닥이 필요하므로, 스위치와 스위치 사이의 배관에는 최소 3가닥의 전선이 필요하다.

| memo |

2 과목

전기기기

01 제1회 과년도 기출 핵심문제
02 제2회 과년도 기출 핵심문제
03 제3회 과년도 기출 핵심문제
04 제4회 과년도 기출 핵심문제
05 제5회 과년도 기출 핵심문제

판단하기

01 제1장 판도 가동 예상면적
02 제2장 판도 가동 부하면적
03 제3장 개별도 가동 부하면적
04 제4장 판도 가동 부하면적
05 제5장 개별도 가동 부하면적

01 스피드마스터 — 2단계 | 전기기기
과년도 기출 핵심문제

□□□ 07①, 09①, 10④, 16②, 21①

01 동기 조상기의 계자를 부족여자로 하여 운전하면?

① 콘덴서로 작용　② 뒤진 역률 보상
③ 리액터로 작용　④ 저항손의 보상

해 ③	동기 조상기의 계자
부족 여자로 운전	리액터로 작용
과 여자로 운전	콘덴서(커패시터)로 작용

□□□ 07②, 12①, 13②, 15②, 16①

02 동기 전동기를 송전선의 전압 조정 및 역률 개선에 사용한 것을 무엇이라 하는가?

① 댐퍼　　　　　② 동기이탈
③ 제동 권선　　　④ 동기 조상기

해 ④	동기 조상기
동기 전동기의 특성을 이용하여 송전선로의 전압을 일정하게 하고 역률을 개선하기 위해 부하에 병렬로 접속한 무부하의 동기 전동기

□□□ 16①

03 3상 동기 발전기의 상간접속을 Y결선으로 하는 이유 중 틀린 것은?

① 중성점을 이용할 수 있다.
② 선간 전압이 상전압의 $\sqrt{3}$ 배가 된다.
③ 선간 전압에 제3고조파가 나타나지 않는다.
④ 같은 선간 전압의 결선에 비하여 절연이 어렵다.

해 ④	Y결선
같은 선간 전압의 결선에 비하여 절연이 용이하다.

□□□ 06④, 07④, 08③④, 09②, 11②, 19①, 21①

04 동기 발전기의 돌발 단락 전류를 주로 제한하는 것은?

① 누설 리액턴스　② 동기 임피던스
③ 권선 저항　　　④ 동기 리액턴스

해 ①	동기 발전기
돌발 단락 전류의 제한	누설 리액턴스
영구 단락 전류의 제한	동기 리액턴스

□□□ 16②

05 직류 전동기의 제어에 널리 응용되는 직류-직류 전압 제어장치는?

① 초퍼　　　　　② 인버터
③ 전파 정류 회로　④ 사이크로 컨버터

해 ①	초퍼(Chopper)
• 직류 전압을 입력하여 크기가 다른 직류 전압을 출력으로 얻는 데 사용 • 직류 전동기의 속도 제어에 널리 사용

□□□ 13①, 16②

06 전기기기의 철심 재료로 규소 강판을 많이 사용하는 이유로 가장 적당한 것은?

① 와류손을 줄이기 위해
② 구리손을 줄이기 위해
③ 맴돌이 전류를 없애기 위해
④ 히스테리시스손을 줄이기 위해

해 ④	전기자 철심의 특성
규소 강판 사용	히스테리시스손 감소
규소 강판 성층 사용	철손 감소
성층 철심	와류손 감소

□□□ 16①②, 22①

07 동기기의 손실에서 고정손에 해당되는 것은?

① 계자 철심의 철손
② 브러시의 전기손
③ 계자 권선의 저항손
④ 전기자 권선의 저항손

> |해①| 동기기의 손실
> • 고정손(무부하손) : 계자 철심의 철손, 베어링 마찰손, 브러시 마찰손, 풍손
> • 직접부하손 : 전기자 권선의 저항손, 회전 전기자형의 브러시 전기손
> • 여자손 : 계자 권선의 저항손, 브러시의 전기손
> • 부하손(가변손) : 와류손, 전기자 동손

□□□ 06①, 07③, 09②, 10①③④, 11②④, 15②③, 16①, 20②

08 발전기 권선의 층간 단락보호에 가장 적합한 계전기는?

① 차동 계전기
② 방향 계전기
③ 온도 계전기
④ 접지 계전기

> |해①| 차동 계전기
> • 유입 전류와 유출 전류의 차를 검출하여 동작하는 계전기
> • 발전기 권선의 층간 단락보호에 사용
> • 전력용 변압기, 동기기 등의 층간 단락의 전기적 내부 고장보호에 사용

□□□ 06④, 16①

09 직류 전압을 직접 제어하는 것은?

① 브리지형 인버터
② 단상 인버터
③ 3상 인버터
④ 초퍼형 인버터

> |해④| 초퍼형 인버터
> 직류 전압을 직접 제어한다.

□□□ 16①

10 회전 변류기의 직류측 전압을 조정하려는 방법이 아닌 것은?

① 직렬 리액턴스에 의한 방법
② 여자 전류를 조정하는 방법
③ 동기 승압기를 사용하는 방법
④ 부하 시 전압 조정 변압기를 사용하는 방법

> |해②|
> 회전 변류기는 구조적으로 권선수가 고정되어 있어 변압비가 일정하므로, 여자 전류를 조정하여 직류측 전압을 바꾸는 것은 불가능하다.

□□□ 07①, 12①, 14②, 16①, 22①

11 변압기의 규약 효율은?

① $\dfrac{출력}{입력}$
② $\dfrac{출력}{입력-손실}$
③ $\dfrac{출력}{출력+손실}$
④ $\dfrac{입력+손실}{입력}$

> |해③| 변압기의 규약 효율
> $\eta = \dfrac{출력}{출력+전체손실} \times 100$

□□□ 06③, 11③, 15④, 16②

12 3상 유도 전동기의 운전 중 급속 정지가 필요할 때 사용하는 제동방식은?

① 단상 제동
② 회생 제동
③ 발전 제동
④ 역상 제동

> |해④| 역상제동(유도 전동기의 제동방법)
> • 플러킹, 역회전 제동이라고도 불린다.
> • 전동기의 회전을 급속하게 정지시키는 경우에 사용

13 다음 중 권선 저항 측정 방법은?

① 메거
② 전압 전류계법
③ 캘빈 더블 브리지법
④ 휘스톤 브리지법

> 해 ③
> • 절연 저항 측정법 : 메거
> • 권선 저항 측정법 : 캘빈 더블 브리지법
> • 수천 옴의 가는 전선의 저항 측정 : 휘스톤 브리지법

14 직류 발전기의 병렬 운전 중 한쪽 발전기의 여자를 늘리면 그 발전기는?

① 부하 전류는 불변, 전압은 증가
② 부하 전류는 줄고, 전압은 증가
③ 부하 전류는 늘고, 전압은 증가
④ 부하 전류는 늘고, 전압은 불변

> 해 ③ 직류 발전기의 병렬 운전 중 여자를 늘리는 것은 계자 전류의 증가로 유기 기전력이 증가하게 되어 부하 전류는 늘고, 전압은 증가하게 된다.

15 전압을 일정하게 유지하기 위해서 이용되는 다이오드는?

① 발광 다이오드
② 포토 다이오드
③ 제너 다이오드
④ 바리스터 다이오드

> 해 ③ 제너 다이오드(zener diode)
> 다이오드의 역방향 기능을 이용한 소자이고 일정한 전압을 얻기 위한 것이다.

16 3상 유도 전동기의 속도 제어 방법 중 인버터(inverter)를 이용한 속도 제어법은?

① 극수 변환법
② 전압 제어법
③ 초퍼 제어법
④ 주파수 제어법

> 해 ④ 3상 유도 전동기 속도 제어방법
> • 주파수 제어법 : 벡터제어, 센서리스 벡터제어, VVVF제어
> • 가변 전압 가변 주파수(VVVF) 제어법 : 인버터를 이용한 가변 전압 가변 주파수를 변환하여 속도를 제어하는 법

17 동기 발전기의 병렬 운전 중 기전력의 크기가 다를 경우 나타나는 현상이 아닌 것은?

① 권선이 가열된다.
② 동기화 전력이 생긴다.
③ 무효 순환 전류가 흐른다.
④ 고압 측에 감자작용이 생긴다.

> 해 ②
> 동기 발전기의 병렬 운전 중 동기화 전류가 생기는 경우는 기전력의 위상에 차가 있을 때다.

18 계자 권선이 전기자와 접속되어 있지 않은 직류기는?

① 직권기
② 분권기
③ 복권기
④ 타여자기

> 해 ④ 타여자 발전기
> • 계자 권선이 전기자와 접속되어 있지 않은 직류기
> • 계자 철심에 잔류 자기가 없어도 발전되는 직류기

☐☐☐ 07③,10②,15②,16②,23②

19 전기기계의 효율 중 발전기의 규약 효율 η_G는 몇 [%]인가? (단, P는 입력, Q는 출력, L은 손실이다.)

① $\eta_G = \dfrac{P-L}{P} \times 100$ ② $\eta_G = \dfrac{P-L}{P+L} \times 100$

③ $\eta_G = \dfrac{Q}{P} \times 100$ ④ $\eta_G = \dfrac{Q}{Q+L} \times 100$

> |해 ④| 발전기의 규약 효율
> $$\eta_G = \dfrac{출력}{출력 + 손실} \times 100 = \dfrac{Q}{Q+L} \times 100$$

> **Remember**
> ■ 규약 효율
> • 직류 발전기의 규약 효율
> $$\eta_G = \dfrac{출력}{출력 + 손실} \times 100$$
> • 직류 전동기의 규약 효율
> $$\eta_M = \dfrac{입력}{입력 - 손실} \times 100$$

☐☐☐ 07②④,08③,13①③,15①②,16②,21②

20 변압기유의 구비 조건으로 틀린 것은?

① 냉각효과가 클 것
② 응고점이 높을 것
③ 절연내력이 클 것
④ 고온에서 화학 반응이 없을 것

> |해 ②| 변압기유의 구비 조건
> • 절연내력이 클 것
> • 인화점이 높을 것
> • 응고점이 낮을 것
> • 점도가 작을 것
> • 냉각효과가 클 것
> • 비열과 열전도도가 클 것
> • 고온에서 화학 반응이 없을 것

☐☐☐ 07③,13①,14①,16②,21①

21 3상 교류 발전기의 기전력에 대하여 $\dfrac{\pi}{2}$[rad] 뒤진 전기자 전류가 흐르면 전기자 반작용은?

① 횡축 반작용으로 기전력을 증가시킨다.
② 증자작용을 하여 기전력을 증가시킨다.
③ 감자작용을 하여 기전력을 감소시킨다.
④ 교차자화작용으로 기전력을 감소시킨다.

> |해 ③| 동기 발전기의 전기자 반작용
> • 증자작용 : 전기자 전류가 무부하 유도 기전력보다 $\pi/2$[rad] 앞서는 경우
> • 감자작용 : 전기자 전류가 무부하 유도 기전력보다 $\pi/2$[rad] 뒤지는 경우

☐☐☐ 16②

22 변압기의 결선에서 제3고조파를 발생시켜 통신선에 유도장애를 일으키는 3상 결선은?

① Y−Y ② Δ−Δ
③ Y−Δ ④ Δ−Y

> |해 ①| 변압기 Y−Y 결선의 단점
> • 중성점이 접지되어 있지 않으면 제3고조파 통로가 없어 기전력 파형은 제3고조파를 포함하는 왜형파가 된다.
> • 중성점이 접지되어 있으면 접지선을 통하여 제3고조파 전류가 흘러 통신장애를 일으킨다.

☐☐☐ 16①②

23 동기기 손실 중 무부하손(no load loss)이 아닌 것은?

① 풍손 ② 와류손
③ 전기자 동손 ④ 베어링 마찰손

> |해 ③| 동기기의 무부하손(고정손)
> • 철손 : 히스테리시스손, 와류손
> • 기계손 : 풍손, 베어링 마찰손, 브러시 마찰손

□□□ 07②③, 08②③④, 10③, 12①③, 14②, 16②, 20①

24 동기 발전기의 병렬 운전 조건이 아닌 것은?

① 유도기전력의 크기가 같을 것
② 동기 발전기의 용량이 같을 것
③ 유도기전력의 위상이 같을 것
④ 유도기전력의 주파수가 같을 것

> 해② 동기 발전기에 필요한 병렬 운전 조건
> • 기전력(전압)의 크기가 같아야 한다.
> • 기전력(전압)의 위상이 같아야 한다.
> • 기전력의 주파수가 같아야 한다.
> • 기전력의 파형이 같아야 한다.

□□□ 07③, 09④, 16②, 22②, 23①

25 동기와트 P_2, 출력 P_0, 슬립 s, 동기속도 N_s, 회전속도 N, 2차 동손 P_{2c}일 때 2차 효율 표기로 틀린 것은?

① $1-s$
② P_{2c}/P_2
③ P_0/P_2
④ N/N_s

> 해② 유도전동기의 2차 효율
> $$n_2 = \frac{P_o}{P_2} = \frac{(1-s)P_2}{P_2} = 1-s = \frac{N}{N_2} = \frac{P \cdot N}{120f}$$

□□□ 07④, 09②, 10①, 11②, 21①

26 변압기의 부하 전류 및 전압이 일정하고 주파수만 낮아지면?

① 철손이 증가한다. ② 동손이 증가한다.
③ 철손이 감소한다. ④ 동손이 감소한다.

> 해① 전압 일정 시 주파수와 철손과의 관계
>
> | 주파수 증가 | 주파수 감소 |
> |---|---|
> | • 철손 감소 | • 철손 증가 |
> | • 여자 전류 감소 | • 여자 전류 증가 |
> | • 히스테리시스손 감소 | • 히스테리시스손 증가 |

□□□ 10②, 13②④, 16③

27 고장 시의 불평형 차전류가 평형 전류의 어떤 비율 이상으로 되었을 때 동작하는 계전기는?

① 과전압 계전기   ② 과전류 계전기
③ 전압 차동 계전기 ④ 비율 차동 계전기

> 해④ 비율 차동 계전기
> • 변압기, 발전기 내부 고장에 대해 보호용으로 사용되는 계전기
> • 변압기나 발전기 고장으로 인해 입력 전류와 출력 전류에 차가 생기고 이 불평형 전류가 어떤 비율 이상이 되었을 때 동작하는 계전기

> **Remember**
> ■ 보호 계전기
> • 차동 계전기
> • 비율 차동 계전기
> • 부흐홀츠 계전기

□□□ 12④, 16①, 17④, 19②, 20②

28 반파 정류 회로에서 변압기 2차 전압의 실효치를 E(V)라 하면 직류 전류 평균치는? (단, 정류기의 전압 강하는 무시한다.)

① $\dfrac{E}{R}$
② $\dfrac{1}{2}\dfrac{E}{R}$
③ $\dfrac{2\sqrt{2}}{\pi}\dfrac{E}{R}$
④ $\dfrac{\sqrt{2}}{\pi}\dfrac{E}{R}$

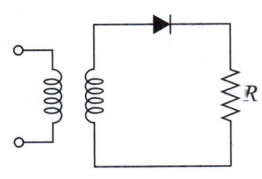

> 해④ 단상 반파 정류 회로
> • 직류 전압 평균치 $E_o = \dfrac{\sqrt{2}E}{\pi} = 0.45E$[V]
> • 직류 전류 평균치 $I_d = \dfrac{E_o}{R} = \dfrac{\frac{\sqrt{2}E}{\pi}}{R} = \dfrac{\sqrt{2}}{\pi}\dfrac{E}{R}$[A]

정답 24 ② 25 ② 26 ① 27 ④ 28 ④

□□□ 16③, 17①, 19③, 20④, 22③

29 교류 전동기를 기동할 때 그림과 같은 기동 특성을 가지는 전동기는? (단, 곡선 (1)~(5)는 기동 단계에 대한 토크 특성 곡선이다.)

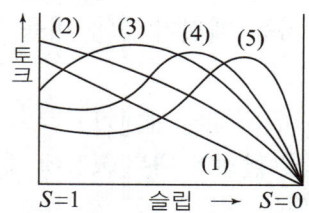

① 반발 유도 전동기
② 2중 농형 유도 전동기
③ 3상 분권 정류자 전동기
④ 3상 권선형 유도 전동기

| 해④ | 3상 권선형 유도 전동기의 속도-토크 특성
권선형 회전자를 이용하는 유도 전동기는 비례 추이의 원리를 이용하여 기동 시에 큰 토크를 얻고, 기동 전류도 안전하게 억제할 수 있다.

□□□ 06①, 09①, 11②④, 13③, 21②, 24②, 25①

30 직류 직권 전동기에서 벨트를 걸고 운전하면 안 되는 가장 큰 이유는?

① 벨트가 벗겨지면 위험 속도로 도달하므로
② 손실이 많아지므로
③ 직결하지 않으면 속도 제어가 곤란하므로
④ 벨트가 마멸 보수가 곤란하므로

| 해① | 직권 전동기의 주의할 점
• 직권 전동기는 무부하 시 속도가 위험할 정도로 상승하므로, 벨트가 벗겨질 경우 무부하 상태가 되어 매우 위험하기 때문이다.
• 따라서 직권 전동기는 무부하 운전이나 벨트가 풀리면 갑자기 고속으로 회전하기 때문에 벨트 운전을 해서는 안 되는 전동기다.

□□□ 12①④, 15④, 16②, 22①, 23①

31 부흐홀츠 계전기의 설치위치로 가장 적당한 곳은?

① 콘서베이터 내부
② 변압기 고압측 부싱
③ 변압기 주탱크 내부
④ 변압기 주탱크와 콘서베이터 사이

| 해④ | 부흐홀츠 계전기(변압기의 기계적 보호방식)
• 변압기 본체(주탱크)와 콘서베이터 사이에 설치
• 변압기의 내부에서 발생한 고장으로 인한 온도 상승 시 발생하는 유증기를 검출하여 경보 및 차단을 하기 위한 계전기

□□□ 06②, 16①, 19②

32 퍼센트 저항 강하 3[%], 리액턴스 강하 4[%]인 변압기의 최대 전압 변동률[%]은?

① 1   ② 5
③ 7   ④ 12

| 해② | 최대 전압 변동률
$$\epsilon_{max} = \sqrt{(\%저항\ 강하)^2 + (\%리액턴스\ 강하)^2}$$
$$= \sqrt{p^2 + q^2} = \sqrt{3^2 + 4^2} = 5\%$$

□□□ 08④, 16③

33 변압기의 무부하 시험, 단락 시험에서 구할 수 없는 것은?

① 동손   ② 철손
③ 절연내력   ④ 전압 변동률

| 해③ | 변압기의 시험

무부하 시험	철손, 여자 전류, 여자 어드미턴스
단락 시험	동손, 전압 변동률, 임피던스 전압

정답 29 ④ 30 ① 31 ④ 32 ② 33 ③

□□□ 16②

34 직류 분권전동기의 기동방법 중 가장 적당한 것은?

① 기동 토크를 작게 한다.
② 계자 저항기의 저항값을 크게 한다.
③ 계자 저항기의 저항값을 0으로 한다.
④ 기동저항기를 전기자와 병렬 접속한다.

| 해 ③ | 직류 분권전동기의 기동방법
• 계자 권선과 전기자 권선의 전원에 대하여 병렬로 연결된 구조
• 기동 토크를 크게 하기 위하여 계자 저항을 최솟값으로 한다.
∴ 계자 저항기의 저항값을 0으로 한다.

□□□ 12③,16③

35 직류 전동기의 최저 절연저항값[MΩ]은?

① 정격 전압[V]/(1,000+정격 출력[kW])
② 정격 출력[kW]/(1,000+정격 입력[kW])
③ 정격 입력[kW]/(1,000+정격 출력[kW])
④ 정격 전압[V]/(1,000+정격 입력[kW])

| 해 ① |
• 직류 전동기의 최저 절연저항값
$$R \geq \frac{정격\ 전압[V]}{1,000+정격\ 출력[kW]}[M\Omega]$$
• 직류기의 권선과 외함 사이의 절연 저항

□□□ 16①

36 전동기에 접지 공사를 하는 주된 이유는?

① 보안상   ② 미관상
③ 역률 증가   ④ 감전사고 방지

| 해 ④ | 전동기의 접지 공사
전동기 사용 중 감전사고와 누전 예방을 위해 전동기 사용전압에 따라 접지 공사를 한다.

□□□ 02,16③

37 3상 유도 전동기의 정격 전압을 $V_n[V]$, 출력을 $P[kW]$, 1차 전류를 $I_1[A]$, 역률을 $\cos\theta$라 하면 효율을 나타내는 식은?

① $\dfrac{P \times 10^3}{3 V_n I_1 \cos\theta} \times 100[\%]$

② $\dfrac{3 V_n I_1 \cos\theta}{P \times 10^3} \times 100[\%]$

③ $\dfrac{P \times 10^3}{\sqrt{3} V_n I_1 \cos\theta} \times 100[\%]$

④ $\dfrac{\sqrt{3} V_n I_1 \cos\theta}{P \times 10^3} \times 100[\%]$

| 해 ③ |
출력 $P = \sqrt{3} V_n I_1 \cos\theta \, \eta$

∴ 효율 $\eta = \dfrac{출력}{입력} \times 100 = \dfrac{P \times 10^3}{\sqrt{3} V_n I_1 \cos\theta} \times 100$

출력 $P = \sqrt{3} V_n I_1 \cos\theta \, \eta$ 에서

∴ 효율 $\eta = \dfrac{P \times 10^3}{\sqrt{3} V_n I_1 \cos\theta}$

□□□ 16③

38 그림은 트랜지스터의 스위칭작용에 의한 직류 전동기의 속도 제어회로이다. 전동기의 속도가 $N = K \dfrac{V - I_a R_a}{\phi}[rpm]$ 이라고 할 때, 이 회로에서 사용한 전동기의 속도 제어법은?

① 전압 제어법
② 계자 제어법
③ 저항 제어법
④ 주파수 제어법

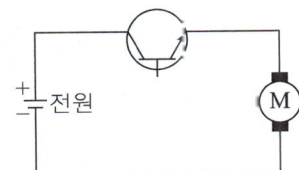

| 해 ① | 전압 제어법
단자 전압을 변화시켜 속도를 제어하는 방법
$$N = K \dfrac{V - I_a R_a}{\phi}[rpm]$$
• V 변화 : 전압 제어

정답 34 ③ 35 ① 36 ④ 37 ③ 38 ①

□□□ 16①

39 3상 교류 발전기의 기전력에 대하여 90° 늦은 전류가 흐를 때의 반작용 기자력은?

① 자극축과 일치하고 감자작용
② 자극축보다 90° 빠른 증자작용
③ 자극축보다 90° 늦은 감자작용
④ 자극축과 직교하는 교차자화작용

| 해 ① | 동기 발전기의 감자작용
- 동기 발전기에 리액터 부하를 연결하면, 전류가 기전력보다 90° 늦은 위상이 된다.
- 도체 코일의 중심축과 자극의 중심축과 일치할 때 발생한다.
- 자속이 감소한다는 뜻으로 전기자 자속이 계자 자속과 반대방향일 때 발생한다.

□□□ 16①

40 다음 중 ( ) 안에 들어갈 내용은?

유입 변압기에 많이 사용되는 목면, 명주, 종이 등의 절연재료는 내열등급 ( )으로 분류되고, 장시간 지속하여 최고 허용온도 ( )[℃]를 넘어서는 안 된다.

① Y종 – 90
② A종 – 105
③ E종 – 120
④ B종 – 130

| 해 ② | 유입 변압기 절연물의 종류와 허용온도

절연의 종류	절연재료	최고 허용온도
Y종	목면, 명주, 종이 등으로 유중에 함침되지 않은 것	90[℃]
A종 (유입 변압기)	목면, 명주, 종이 등으로 유중에 함침된 것	105[℃]
E종	플라스틱	120[℃]
B종	운모, 석면, 유리 등	130[℃]

□□□ 13②,16③,24②

41 6극 36슬롯 3상 동기 발전기의 매극 매상당 슬롯수는?

① 2
② 3
③ 4
④ 5

| 해 ① | 매상의 슬롯수

$$q = \frac{슬롯수}{극수(p) \times 상수(m)}$$

슬롯수=36, 극수=6, 상수 : 3상

$$\therefore q = \frac{36}{6 \times 3} = 2$$

□□□ 07④,09③,12④,16①,18②,20②

42 1차 전압 6,300[V], 2차 전압 210[V], 주파수 60[Hz]의 변압기가 있다. 이 변압기의 권수비는?

① 30
② 40
③ 50
④ 60

| 해 ① |
권수비(전압비)

$$a = \frac{V_1}{V_2} = \frac{N_1}{N_2} = \frac{E_1}{E_2} = \sqrt{\frac{Z_1}{Z_2}} = \sqrt{\frac{R_1}{R_2}} = \frac{I_2}{I_1}$$

$$\therefore 권수비\ a = \frac{V_1}{V_2} = \frac{6,300}{210} = 30$$

□□□ 16③

43 변압기의 철심에서 실제 철의 단면적과 철심의 유효 면적과의 비를 무엇이라고 하는가?

① 권수비
② 변류비
③ 변동률
④ 점적률

| 해 ④ | 점적률
- 철의 실제 단면적과 철심의 유효 단면적과의 비
- 보통 유효 단면적이 실제 단면적의 95[%] 정도 된다.

정답 39 ① 40 ② 41 ① 42 ① 43 ④

☐☐☐ 11①, 12②, 13①④, 16①

44 동기기를 병렬 운전할 때 순환 전류가 흐르는 원인은?

① 기전력의 저항이 다른 경우
② 기전력의 위상이 다른 경우
③ 기전력의 전류가 다른 경우
④ 기전력의 역률이 다른 경우

|해②|
동기 발전기를 병렬 운전할 때 동기 발전기에서 발생하는 전압(기전력)의 위상이 서로 다르면 각 발전기의 내부에 위상차에 해당하는 만큼의 순환 전류가 흐른다.

☐☐☐ 08②, 10①, 11②④, 13④, 15②, 16③, 19①, 21②, 23②

45 단상 유도 전동기의 기동 방법 중 기동 토크가 가장 큰 것은?

① 반발 기동형   ② 분상 기동형
③ 반발 유도형   ④ 콘덴서 기동형

|해①| 반발 기동형 유도 전동기
반발 기동형은 다른 단상 유도 전동기에 비해 기동 토크(300[%] 이상)를 가장 크게 할 수 있기 때문에 우물펌프용, 공기 압축기용으로 사용한다.

☐☐☐ 07③, 15②, 16③

46 직류기의 파권에서 극수에 관계없이 병렬 회로수 a는 얼마인가?

① 1   ② 2
③ 4   ④ 6

|해②| 중권과 파권의 비교

항목	중권(병렬권)	파권(직렬권)
전기자의 병렬 회로수	$a = P$	$a = 2$

☐☐☐ 12②, 16③

47 주파수 60[Hz]를 내는 발전용 원동기인 터빈 발전기의 최고 속도[rpm]는?

① 1,800   ② 2,400
③ 3,600   ④ 4,800

|해③|
최고 속도 $N_s = \dfrac{120f}{p}$[rpm]
· $p = 2$(최고 속도는 최소극수인 2극에서 발생)
· 주파수 $f = 60$[Hz]
∴ $N_s = \dfrac{120 \times 60}{2} = 3,600$[rpm]

☐☐☐ 16③

48 대전류·고전압의 전기량을 제어할 수 있는 자기소호형 소자는?

① FET   ② Diode
③ Triac   ④ IGBT

|해④| IGBT
· 스위칭 주파수가 높은 용도로 사용되는 전력용 반도체 소자
· 전력용 트랜지스터의 고전압·대전류 처리 능력을 모두 가지고 있는 소자

☐☐☐ 07②, 15④, 16②, 20①

49 슬립 4[%]인 유도 전동기의 등가 부하 저항은 2차 저항의 몇 배인가?

① 5   ② 19
③ 20   ④ 24

|해④| 등가 부하 저항
$R_2 = \left(\dfrac{1-s}{s}\right)r_2$
· 슬립 $s = 4[\%] = 0.04$
∴ $R_2 = \left(\dfrac{1-0.04}{0.04}\right)r_2 = 24r_2$

□□□ 16②

50 6극 직렬권 발전기의 전기자 도체수 300, 매극 자속 0.02[Wb], 회전수 900[rpm]일 때 유도기전력[V]은?

① 90 ② 110
③ 220 ④ 270

해 ④
- 직류 발전기의 유도기전력
$$E = p\phi \frac{N}{60} \cdot \frac{Z}{a}$$
- 병렬 회로수 $a = 2$ (직렬권)
$$\therefore E = 6 \times 0.02 \times \frac{900}{60} \times \frac{300}{2} = 270 [V]$$

□□□ 07④,11①,13④,15①,16②,18②,23②,24①

51 3상 유도 전동기의 회전방향을 바꾸기 위한 방법으로 옳은 것은?

① 전원의 전압과 주파수를 바꾸어 준다.
② Δ-Y 결선으로 결선법을 바꾸어 준다.
③ 기동 보상기를 사용하여 권선을 바꾸어 준다.
④ 전동기의 1차 권선에 있는 3개의 단자 중 어느 2개의 단자를 서로 바꾸어 준다.

해 ④ 3상 유도 전동기의 회전방향을 바꾸기 위한 방법
전동기의 1차 권선에 있는 3개의 단자 중 어느 2개의 단자를 서로 바꾸어 주면 회전방향이 반대가 되어 역회전된다.

□□□ 06②④,07④,13②,16①,23①,24①

52 역률과 효율이 좋아서 가정용 선풍기, 전기 세탁기, 냉장고 등에 주로 사용되는 것은?

① 분상 기동형 전동기
② 반발 기동형 전동기
③ 콘덴서 기동형 전동기
④ 셰이딩 코일형 전동기

해 ③ 콘덴서 기동형 전동기
구조가 간단하고 역률(90[%] 이상)과 효율이 좋기 때문에 큰 기동 토크를 요하지 않고 속도를 조정할 필요가 있는 가정용 선풍기, 세탁기, 냉동기 등에 사용된다.

□□□ 06①③,07②③,08③,09④,12④,16③,22①,24①

53 단락비가 큰 동기 발전기에 대한 설명으로 틀린 것은?

① 단락 전류가 크다.
② 동기 임피던스가 작다.
③ 전기자 반작용이 크다.
④ 공극이 크고 전압 변동률이 작다.

해 ③ 단락비가 큰 동기 발전기의 특징
- 단락 전류가 크다.
- 동기 임피던스가 작다.
- 전기자 반작용이 작다.
- 전압 변동률이 작다.
- 공극이 크다.
- 안정도가 좋다.

□□□ 08①②,09①,10①,13④,14③,16①

54 60[Hz], 4극 유도 전동기가 1,700[rpm]으로 회전하고 있다. 이 전동기의 슬립은 약 얼마인가?

① 3.42[%] ② 4.56[%]
③ 5.56[%] ④ 6.64[%]

해 ③
슬립 $s = \dfrac{N_s - N}{N_s} \times 100$

- 동기속도 $N_s = \dfrac{120f}{p} = \dfrac{120 \times 60}{4} = 1,800 [rpm]$

$$\therefore s = \frac{1,800 - 1,700}{1,800} \times 100 = 5.56 [\%]$$

정답 50 ④ 51 ④ 52 ③ 53 ③ 54 ③

□□□ 07①④,09③,16①③,19②,23①

55 1차 권수 6,000, 2차 권수 200인 변압기의 전압비는?

① 10 ② 30
③ 60 ④ 90

| 해② | 전압비(권수비)

$$a = \frac{V_1}{V_2} = \frac{N_1}{N_2} = \frac{E_1}{E_2} = \sqrt{\frac{Z_1}{Z_2}} = \sqrt{\frac{R_1}{R_2}} = \frac{I_2}{I_1}$$

$$a = \frac{N_1}{N_2} = \frac{6{,}000}{200} = 30$$

□□□ 16②,22①

56 20[kVA]의 단상 변압기 2대를 사용하여 V−V 결선으로 하고 3상 전원을 얻고자 한다. 이때 여기에 접속시킬 수 있는 3상 부하의 용량은 약 몇 [kVA]인가?

① 34.6 ② 44.6
③ 54.6 ④ 66.6

| 해① | V 결선의 출력(3상 부하용량)

$$P_V = \sqrt{3} \times P = \sqrt{3} \times 20 = 34.6[\text{kVA}]$$

□□□ 07①④,09③,16③,20②,24①

57 변압기의 권수비가 60일 때 2차측 저항이 0.1[Ω]이다. 이것을 1차로 환산하면 몇 [Ω]인가?

① 310 ② 360
③ 390 ④ 410

| 해② |

권수비 $a = \frac{V_1}{V_2} = \frac{N_1}{N_2} = \frac{E_1}{E_2} = \sqrt{\frac{Z_1}{Z_2}} = \sqrt{\frac{R_1}{R_2}} = \frac{I_2}{I_1}$

• 권수비 $a = \sqrt{\frac{R_1}{R_2}} = 60$

$a^2 = \frac{R_1}{R_2} = 60^2 = 3{,}600$

∴ $R_1 = 3{,}600 \times R_2 = 3{,}600 \times 0.1 = 360[\Omega]$

□□□ 08②,09③④,10②,12①,15①,16②

58 전압 변동률 ϵ의 식은? (단, 정격 전압 V_n[V] 무부하 전압 V_o[V]이다.)

① $\epsilon = \dfrac{V_o - V_n}{V_n} \times 100[\%]$

② $\epsilon = \dfrac{V_n - V_o}{V_n} \times 100[\%]$

③ $\epsilon = \dfrac{V_n - V_o}{V_o} \times 100[\%]$

④ $\epsilon = \dfrac{V_o - V_n}{V_o} \times 100[\%]$

| 해① | 전압 변동률

$$\epsilon = \frac{V_o - V_n}{V_n} \times 100[\%]$$

□□□ 10③,15①,16③

59 주파수 60[Hz]의 회로에 접속되어 슬립 3[%], 회전수 1,164[rpm]으로 회전하고 있는 유도 전동기의 극수는?

① 4 ② 6
③ 8 ④ 10

| 해② |

• 회전수 $N = (1-s)N_s = (1-s)\dfrac{120f}{p}[\text{rpm}]$ 에서

극수 $p = \dfrac{120f}{N_s}$, 동기속도 $N_s = \dfrac{N}{1-s}$

• $N_s = \dfrac{1{,}164}{1-0.03} = 1{,}200[\text{rpm}]$

∴ 극수 $p = \dfrac{120 \times 60}{1{,}200} = 6$

□□□ 09③,12④,16②

60 극수 10, 동기속도 600[rpm]인 동기 발전기에서 나오는 전압의 주파수는 몇 [Hz]인가?

① 50
② 60
③ 80
④ 120

| 해 ① |

- 동기속도 $N_s = \dfrac{120f}{p}$[rpm]

- p인 동기 발전기의 주파수
$f = \dfrac{N_s p}{120} = \dfrac{600 \times 10}{120} = 50$[Hz]

참고 SOLVE 사용

$600 = \dfrac{120f}{10}$[rpm] $X = f = 50$

02 과년도 기출 핵심문제

□□□ 06①, 15①

01 직류 스테핑 모터(DC stepping motor)의 특징이다. 다음 중 가장 옳은 것은?

① 교류 동기 서보 모터에 비하여 효율이 나쁘고 토크 발생도 작다.
② 입력되는 전기신호에 따라 계속하여 회전한다.
③ 일반적인 공작 기계에 많이 사용된다.
④ 출력을 이용하여 특수 기계의 속도, 거리, 방향 등을 정확하게 제어할 수 있다.

해④ 직류 스테핑 모터의 특징
• 교류 동기 서보 모터에 비하여 효율이 좋고 큰 토크를 발생한다.
• 각 전기 신호에 따라 규정된 각도 만큼씩 회전한다.
• 전동기의 출력을 이용하여 특수 기계의 속도, 거리, 방향 등을 정확하게 제어가 가능하다.
• 특수 전기기기로 공작기계, 로봇제어 등의 매우 정밀한 위치 제어에 사용된다.

□□□ 11④, 15①, 20①

02 직류 직권전동기의 특징에 대한 설명으로 틀린 것은?

① 부하 전류가 증가하면 속도가 크게 감소된다.
② 기동 토크가 작다.
③ 무부하 운전이나 벨트를 연결한 운전은 위험하다.
④ 계자 권선과 전기자 권선이 직렬로 접속되어 있다.

해② 직권 전동기
속도를 조절할 수 있는 전동기로서 기동 토크(회전력)가 크기 때문에 토크의 변동이 심한 부하에 많이 사용하고 있다.

□□□ 15③, 17④, 18③, 20②, 24①

03 그림은 전력제어 소자를 이용한 위상 제어회로이다. 전동기의 속도를 제어하기 위해서 '가' 부분에 사용되는 소자는?

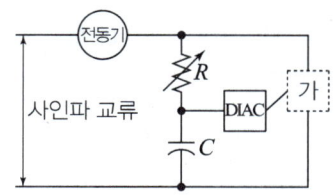

① 전력용 트랜지스터
② 제너 다이오드
③ 트라이액
④ 레귤레이터 78XX 시리즈

해③ 유도 전동기 속도 제어
• 트라이액(TRIAC)은 위상제어회로를 이용한 유도 전동기 속도 제어가 가능한 소자다.
• 위상 제어를 이용한 전동기 속도 제어회로에 사용되는 전력 제어 소자는 DIAC과 TRIAC이 이용되기 때문에 가에 사용되는 것은 TRIAC이다.

□□□ 15③

04 다음의 정류곡선 중 브러시의 후단에서 불꽃이 발생하기 쉬운 것은?

① 직선 정류
② 정현파 정류
③ 과 정류
④ 부족 정류

해④ 직류기의 정류곡선의 특징

직선 정류	이상적인 정류곡선
정현파 정류	이상적인 정류곡선
과 정류	정류 초기에 브러시 전단부에서 불꽃 발생
부족 정류	정류 말기에 불꽃이 브러시 후단에서 발생

정답 01 ④ 02 ② 03 ③ 04 ④

□□□ 08④, 09②, 10③, 15①
05 유도 전동기의 무부하 시 슬립은?

① 4 ② 3
③ 1 ④ 0

|해④| 유도 전동기의 특징
- 정지 상태 : $s=1$(전동기의 회전수 $N=0$)
- 무부하 시 슬립 : $s=0$ ($N_s=N$)
- 슬립의 범위 : $0<s<1$

Remember
- 유도 전동기의 무부하 시 슬립
$N=(1-s)N_s$에서 $N=N_s$일 때 무부하 슬립
$1-s=1$일 때 ∴ 슬립 $s=0$

□□□ 06②③, 07②③, 08②④, 11②③, 13①, 14①, 15①, 18①, 24①
06 동기기에 제동 권선을 설치하는 이유로 옳은 것은?

① 역률 개선 ② 출력 증가
③ 전압 조정 ④ 난조 방지

|해④| 동기 발전기의 난조 방지법
제동 권선을 자극면에 설치한다.

□□□ 15②
07 변압기의 효율이 가장 좋을 때의 조건은?

① 철손=동손 ② 철손=1/2동손
③ 동손=1/2철손 ④ 동손=2철손

|해①| 변압기의 규약 효율
$\eta = \dfrac{출력}{출력+전체\ 손실} \times 100$
- 변압기의 최대 효율 조건
전체 손실 : 무부하손(철손)과 부하손(동손)이 같을 때

□□□ 06①, 14④, 15②, 21②
08 변압기에서 2차측이란?

① 부하측 ② 고압측
③ 전원측 ④ 저압측

|해①| 변압기의 구조
- 1차측 : 전원이 공급되는 전원측
- 2차측 : 부하가 접속되는 부하측

□□□ 12①, 15①, 18①
09 3상 농형 유도 전동기의 Y-Δ 기동 시의 기동 전류를 전전압 기동 시와 비교하면?

① 전전압 기동 전류의 $\dfrac{1}{3}$로 된다.
② 전전압 기동 전류의 $\sqrt{3}$배로 된다.
③ 전전압 기동 전류의 3배로 된다.
④ 전저압 기동 전류의 9배로 된다.

|해①| 3상 농형 유도 전동기 Y-Δ 기동법
Y-Δ기동으로 하면 기동 전류는 전전압으로 기동할 때보다 $\dfrac{1}{3}$로 된다.

□□□ 06④, 15①, 22①
10 선풍기, 가정용 펌프, 헤어드라이기 등에 주로 사용되는 전동기는?

① 단상 유도 전동기
② 권선형 유도 전동기
③ 동기 전동기
④ 직류 직권 전동기

|해①| 단상 유도 전동기의 용도
대부분이 400[W] 이하인 소형기인데 가정용 전기기구인 선풍기, 전기 세탁기, 우물펌프 등은 단상 유도 전동기를 내장하고 있다.

□□□ 09④,13②,14②,15①,21②

11 3단자 사이리스터가 아닌 것은?

① SCS ② SCR
③ TRIAC ④ GTO

해①	사이리스터의 특성
사이리스터	사이리스터의 특성
SCS	4단자 단방향성(2단자 쌍방향성)
SCR	3단자 단방향성(정류작용)
GTO	3단자 단방향성(턴 오프 가능 소자)
DIAC	2단자 양방향성(교류제어)
TRIAC	3단자 양방향성(전류제어)

□□□ 07①④,11①,13④,15①,16②,20②

12 3상 유도 전동기의 회전방향을 바꾸려면?

① 전원의 극수를 바꾼다.
② 전원의 주파수를 바꾼다.
③ 3상 전원 3선 중 두 선의 접속을 바꾼다.
④ 기동 보상기를 이용한다.

| 해③ | 3상 유도 전동기의 바꾸기 위한 방법
전동기의 1차 권선에 있는 3개의 단자 중 어느 2개의 단자를 서로 바꾸어 주면 회전방향이 반대가 되어 역회전된다.

□□□ 14③,15①

13 주상 변압기의 고압측에 여러 개의 탭을 설치하는 이유는?

① 선로 고장대비 ② 선로 전압조정
③ 선로 역률개선 ④ 선로 과부하 방지

| 해② | 주변 변압기
주변 변압기에 여러 개의 탭을 만드는 것은 부하 변동에 따른 배전 선로 전압조정을 위해서다.

□□□ 15①

14 동기 전동기의 직류 여자 전류가 증가될 때의 현상으로 옳은 것은?

① 진상 역률을 만든다.
② 지상 역률을 만든다.
③ 동상 역률을 만든다.
④ 진상·지상 역률을 만든다.

| 해① | 동기 전동기
과 여자(여자 전류)가 증가되면 역률이 진상이 되고, 부족여자(여자 전류 감소)가 되면 역률이 지상이 된다.

□□□ 08①,09③④,15①,23①

15 정류자와 접촉하여 전기자 권선과 외부 회로를 연결하는 역할을 하는 것은?

① 계자 ② 전기자
③ 브러시 ④ 계자 철심

| 해③ | 브러시(brush)
회전하는 정류자 표면과 마찰 접촉을 하면서 전기자 권선과 외부 회로를 연결시켜 발전기에서 발생된 기전력을 외부 전기회로에 전달하는 역할을 한다.

□□□ 09②,11①,12②③,15①④,24①

16 동기 전동기에 관한 내용으로 틀린 것은?

① 기동 토크가 작다.
② 역률을 조정할 수 없다.
③ 난조가 발생하기 쉽다.
④ 여자기가 필요하다.

| 해② | 동기 전동기
• 계자 전류 고정 시 역률을 조정할 수 있다.
• 역률이 가장 좋은 전동기다.

정답 11 ① 12 ③ 13 ② 14 ① 15 ③ 16 ②

□□□ 08②,10④,15②

17 부하의 저항을 어느 정도 감소시켜도 전류는 일정하게 되는 수하 특성을 이용하여 정전류를 만드는 곳이나 아크 용접 등에 사용되는 직류 발전기는?

① 직권 발전기　　② 분권 발전기
③ 가동 복권 발전기　④ 차동 복권 발전기

> 해④ 차동 복권 발전기
> 부하의 저항을 어느 정도 감소시켜도 전류는 일정하게 되는 수하 특성을 이용하여 정전류를 만드는 곳이나 아크 용접 등에 사용되는 직류 발전기

□□□ 06①,15②,18①,22①,23①

18 동기 발전기의 전기자 권선을 단절권으로 하면?

① 고조파를 제거한다.
② 절연이 잘 된다.
③ 역률이 좋아진다.
④ 기전력을 높인다.

> 해① 동기 발전기의 단절권
> 코일의 사용량이 줄어들고 고조파를 제거하여 좋은 파형을 얻을 수 있다.

□□□ 14④,15②,22②

19 동기 전동기 중 안정도 증진법으로 틀린 것은?

① 전기자 저항 감소
② 관성 효과 증대
③ 동기 임피던스 증대
④ 속응 여자 채용

> 해③ 안정도 증진법
> 단락비가 큰 발전기의 특징은 단락비가 크게 되면 동기 임피던스(리액턴스)는 감소된다.

□□□ 08②,10①,11②④,13④,15②,16③,22②

20 다음 단상 유도 전동기 중 기동 토크가 큰 것부터 옳게 나열한 것은?

| (ㄱ) 반발 기동형 | (ㄴ) 콘덴서 기동형 |
| (ㄷ) 분상 기동형 | (ㄹ) 셰이딩 코일형 |

① (ㄱ) > (ㄴ) > (ㄷ) > (ㄹ)
② (ㄱ) > (ㄹ) > (ㄴ) > (ㄷ)
③ (ㄱ) > (ㄷ) > (ㄹ) > (ㄴ)
④ (ㄱ) > (ㄴ) > (ㄹ) > (ㄷ)

> 해① 단상 유도 전동기의 기동 토크의 크기
> 반발 기동형 > 반발 유도형 > 콘덴서 기동형 > 분상 기동형 > 셰이딩 코일형

□□□ 06②,11④,15③,19①,22②,23②

21 변압기의 임피던스 전압이란?

① 정격 전류가 흐를 때의 변압기 내의 전압 강하
② 여자 전류가 흐를 때의 2차측 단자 전압
③ 정격 전류가 흐를 때의 2차측 단자 전압
④ 2차 단락 전류가 흐를 때의 변압기 내의 전압 강하

> 해① 변압기의 임피던스 전압
> 정격 전류가 흐를 때 변압기 내부의 임피던스에 의한 전압 강하다.

□□□ 12①,15②,20①,21①

22 직류 전동기의 속도 제어법이 아닌 것은?

① 전압 제어법　　② 계자 제어법
③ 저항 제어법　　④ 주파수 제어법

> 해④ 직류 전동기의 속도 제어방법
> 계자 제어법, 저항 제어법, 전압 제어법

□□□ 08②,15②
23 동기 발전기의 병렬 운전에서 기전력의 크기가 다를 경우 나타나는 현상은?

① 주파수가 변한다.
② 동기화 전류가 흐른다.
③ 난조 현상이 발생한다.
④ 무효 순환 전류가 흐른다.

> |해 ④| 동기 발전기의 병렬 운전 조건
>
> | 조건이 다를 경우 | 발생 |
> |---|---|
> | 기전력의 크기가 | 무효 횡류(무효 순환 전류) |
> | 기전력의 위상이 | 유효 순환 전류(동기화 전류) |
> | 기전력의 주파수가 | 단자 전압의 진동 |
> | 기전력의 파형이 | 고조파 순환 전류 |

□□□ 08④,15③,19②
24 권선형에서 비례추이를 이용한 기동법은?

① 리액터 기동법 ② 기동 보상기법
③ 2차 저항기동법 ④ Y-Δ 기동법

> |해 ③| 권선형 유도 전동기의 기동법
> 2차 저항법 : 권선형 유도 전동기의 회전자 슬립 링을 통해 외부에 가감 저항기를 접속하여 기동 시에 비례추이 특성을 이용하는 기동법

□□□ 15③,20①
25 다음 중 병렬 운전 시 균압선을 설치해야 하는 직류 발전기는?

① 분권 ② 차동복권
③ 평복권 ④ 부족복권

> |해 ③| 균압선(균압 모선)
> 직류 복권 발전기의 브러시 손상을 막고 안정된 병렬 운전을 위해 직권, 복권, 평복권 발전기에 균압선을 설치한다.

□□□ 11④,15②
26 변압기의 절연내력 시험법이 아닌 것은?

① 유도 시험 ② 가압 시험
③ 단락 시험 ④ 충격 전압 시험

> |해 ③| 변압기의 절연내력 시험
> • 유도 시험 : 권선의 층간 절연내력 시험
> • 가압 시험 : 온도 상승 시험 직후에 해야 하며, 가압시간은 1분
> • 충격 시험 : 변압기에 충격파 전압 절연 파괴 시험

□□□ 15③
27 동기 발전기에서 역률각이 90° 늦을 때의 전기자 반작용은?

① 증자작용 ② 편자작용
③ 교차작용 ④ 감자작용

> |해 ④| 동기 발전기의 전기자 작용
>
> | 역률각이 90° 늦을 때 | 감자작용 |
> |---|---|
> | 역률각이 90° 앞설 때 | 증자작용 |

□□□ 06①,07③,09②,10①③④,11②④,15②③,16①,24①
28 변압기, 동기기 등의 층간 단락 등의 내부 고장 보호에 사용되는 계전기는?

① 차동 계전기 ② 접지 계전기
③ 과전압 계전기 ④ 역상 계전기

> |해 ①| 차동 계전기(differential relay)
> • 유입 전류와 유출 전류의 차를 검출하여 동작하는 계전기
> • 발전기 권선의 층간 단락보호에 사용
> • 전력용 변압기, 동기기 등의 층간 단락의 전기적 내부 고장보호에 사용

정답 23 ④ 24 ③ 25 ③ 26 ③ 27 ④ 28 ①

□□□ 10③,15③

29 슬립이 일정한 경우 유도 전동기의 공급 전압이 1/2로 감소되면 토크는 처음에 비해 어떻게 되는가?

① 2배가 된다. ② 1배가 된다.
③ 1/2로 줄어든다. ④ 1/4로 줄어든다.

> |해 ④|
> ■ 유도 전동기의 토크와 공급 전압의 관계
> $T \propto V^2$
> • 토크(T)는 공급 전압(V)의 제곱(V^2)에 비례한다.
> ∴ 토크 $T = \left(\frac{1}{2}\right)^2 = \frac{1}{4}$로 줄어든다.
> ■ 동기 전동기의 토크와 공급 전압의 관계
> $T \propto V$
> • 토크(T)는 공급 전압(V)에 비례한다.

□□□ 10④,15③

30 변압기를 △ - Y로 연결할 때 1, 2차 간의 위상차는?

① 30° ② 45°
③ 60° ④ 90°

> |해 ①| 변압기를 △-Y로 결선하면
> 1, 2차 전압 및 전류 간의 위상차는
> $\frac{\pi}{6}[\text{rad}] = \frac{180°}{6} = 30°$가 발생한다.

□□□ 07④,15④,24②

31 반도체 사이리스터에 의한 전동기의 속도 제어 중 주파수 제어는?

① 초퍼 제어 ② 인버터 제어
③ 컨버터 제어 ④ 브리지 정류 제어

> |해 ②| 인버터 제어
> 반도체 사이리스터(SCR)에 의한 전동기의 속도 제어 중 주파수 제어

□□□ 11①,12②③,15①④,23①

32 동기 전동기의 장점이 아닌 것은?

① 직류 여자가 필요하다.
② 전부하 효율이 양호하다.
③ 역률 1로 운전할 수 있다.
④ 동기속도를 얻을 수 있다.

> |해 ①| 동기 전동기의 단점
> 직류 여자방식인 직류 전원 장치가 필요하다.

□□□ 10③,15①,16③

33 슬립이 4[%]인 유도 전동기에서 동기속도가 1,200[rpm]일 때 전동기의 회전속도[rpm]은?

① 697 ② 1,051
③ 1,152 ④ 1,321

> |해 ③| 회전속도
> $N = (1-s)N_s = (1-s)\frac{120f}{p}[\text{rpm}]$
> ∴ $N = (1-0.04) \times 1,200 = 1,152[\text{rpm}]$

□□□ 15④,21①

34 직류 발전기 전기자 반작용의 영향에 대한 설명으로 틀린 것은?

① 브러시 사이에 불꽃을 발생 시킨다.
② 주 자속이 찌그러지거나 감소된다.
③ 전기자 전류에 의한 자속이 주 자속에 영향을 준다.
④ 회전방향과 반대방향으로 자기적 중성축이 이동된다.

> |해 ④| 전기자 반작용에 의한 중심축의 이동
> • 직류 발전기 : 회전방향과 같은 방향으로 이동
> • 직류 전동기 : 회전방향과 반대방향으로 이동

정답 29 ④ 30 ① 31 ② 32 ① 33 ③ 34 ④

□□□ 06③, 10②③, 11①, 15④

35 직류 분권 전동기에서 운전 중 계자 권선의 저항을 증가하면 회전속도의 값은?

① 감소한다. ② 증가한다.
③ 일정하다. ④ 관계없다.

[해 ②] 직류 분권 전동기의 계자 제어 방법
회전속도 $N = K\dfrac{V - I_a R_a}{\phi}$ [rpm]
- 전기자 계자 권선의 저항(R_a)을 증가시키면 계자 전류의 감소로 자속(ϕ)도 감소하므로 회전속도(N)는 반비례하여 증가한다.

□□□ 15④

36 변압기의 용도가 아닌 것은?

① 교류 전압의 변환 ② 주파수의 변환
③ 임피던스의 변환 ④ 교류 전류의 변환

[해 ②] 변압기의 용도
- 변압기는 주로 전압을 변동하고 싶을 때 사용
- 교류 전압의 변환, 교류 전류의 변환, 임피던스의 변환
- 발전기에서 주파수의 변환

□□□ 15④

37 변압기의 2차측을 개방하였을 경우 1차측에 흐르는 전류는 무엇에 의하여 결정되는가?

① 저항 ② 임피던스
③ 누설 리액턴스 ④ 여자 어드미턴스

[해 ④] 변압기의 여자 전류
- 변압기의 2차측을 개방하고, 1차측에 사인파 교류 전압을 인가하였을 때 1차측 권선에는 작은 무부하 전류를 여자 전류라 한다.
- 2차 개방 시 1차측에 흐르는 여자 전류는 여자 어드미턴스에 의해 결정된다.

□□□ 10④, 15①

38 3상 전파 정류 회로에서 전원 250[V]일 때 부하에 나타나는 전압[V]의 최댓값은?

① 약 177 ② 약 292
③ 약 354 ④ 약 433

[해 ③] 3상 전파 정류 회로의 출력 전압 최댓값
$E_m = \sqrt{2}\,E = \sqrt{2} \times 250 = 354$[V]

□□□ 15④, 20①

39 유도 전동기가 많이 사용되는 이유가 아닌 것은?

① 값이 저렴
② 취급이 어려움
③ 전원을 쉽게 얻음
④ 구조가 간단하고 튼튼함

[해 ②] 유도 전동기가 가정에서 널리 사용되는 이유
- 교류전류를 생활 주변에서 쉽게 얻을 수 있기 때문이다.
- 가정에서 사용하는 선풍기, 냉장고, 에어컨 등과 같이 작은 동력을 필요로 하는 곳에 주로 사용된다.
- 유도 전동기는 구조가 튼튼하고, 가격이 저렴하며 취급과 운전이 쉽다.

□□□ 15③, 18②, 23②

40 정격이 10,000[V], 500[A], 역률 90[%]의 3상 동기 발전기의 단락 전류 I_s[A]는? (단, 단락비는 1.3으로 하고, 전기자 저항은 무시한다.)

① 450 ② 550
③ 650 ④ 750

[해 ③] 단락비 $K_s = \dfrac{\text{단락 전류}(I_s)}{\text{정격 전류}(I_n)}$

∴ 단락 전류 $I_s = K_s \cdot I_n = 1.3 \times 500 = 650$[A]

정답 35 ② 36 ② 37 ④ 38 ③ 39 ② 40 ③

□□□ 06④,08②,09③④,10②,12①,15①,16②

41 직류 발전기의 정격 전압 100[V], 무부하 전압 109[V]이다. 이 발전기의 전압 변동률 ϵ[%]은?

① 1 ② 3
③ 6 ④ 9

|해④| 전압 변동률
$$\epsilon = \frac{V_o - V_n}{V_n} \times 100$$
- 무부하 단자 전압 $V_o = 109[V]$
- 전부하 단자 전압 $V_n = 100[V]$
$$\therefore \epsilon = \frac{109-100}{100} \times 100 = 9[\%]$$

□□□ 06②,07①,08②,09②③,13③④,15②,23①

42 회전자 입력 10[kW], 슬립 3[%]인 3상 유도 전동기의 2차 동손 [W]은?

① 300 ② 400
③ 500 ④ 700

|해①| 2차 동손
$P_{c2} = s P_2$
$\quad = 0.03 \times 10 = 0.3[\text{kW}] = 300[\text{W}]$

□□□ 15④,19①,20③

43 다음 그림은 직류 발전기의 분류 중 어느 것에 해당되는가?

① 분권 발전기
② 직권 발전기
③ 자석 발전기
④ 복권 발전기

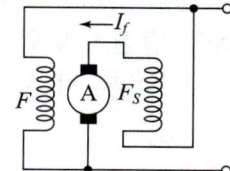

|해④| 복권 발전기
전기자(A), 분권 계자 권선(F)과 직권 계자 권선(F_S)을 가지고 있다.

□□□ 15③,23③

44 다음 그림은 단상 변압기 결선도이다. 1, 2차는 각각 어떤 결선인가?

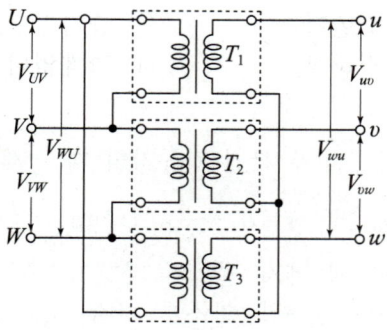

① Y – Y 결선 ② Δ – Y 결선
③ Δ – Δ 결선 ④ Y – Δ 결선

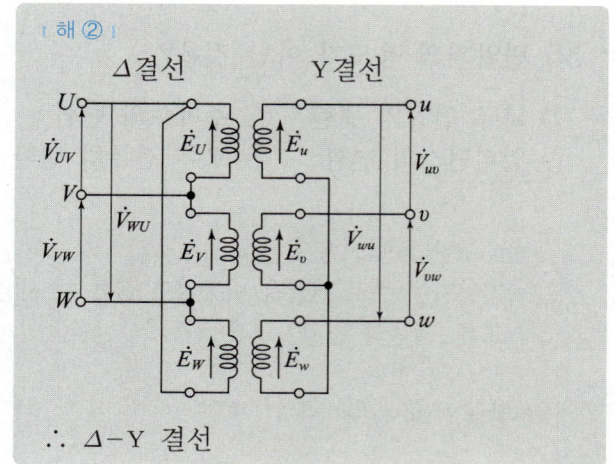

|해②| Δ결선   Y결선

$\therefore$ Δ – Y 결선

□□□ 07②,15④,16②,21②

45 슬립 $s = 5[\%]$, 2차 저항 $r_2 = 0.1[\Omega]$인 유도 전동기의 등가 저항 $R[\Omega]$은 얼마인가?

① 0.4 ② 0.5
③ 1.9 ④ 2.0

|해③| 유도 전동기의 등가 저항
$$R_2 = \left(\frac{1-s}{s}\right)r_2$$
- 슬립 $s = 5[\%] = 0.05$
$$R_2 = \left(\frac{1-0.05}{0.05}\right) \times 0.1 = 1.9[\Omega]$$

정답 41 ④ 42 ① 43 ④ 44 ② 45 ③

□□□ 15③

46 용량이 작은 유도 전동기의 경우 전부하에서의 슬립[%]은?

① 1~2.5   ② 2.5~4
③ 5~10   ④ 10~20

|해③| 유도 전동기의 전부하에서 슬립
- 소용량 유도 전동기 : 5~10[%]
- 중용량 및 대용량 유도 전동기 : 2.5~5[%]

□□□ 07①,15①

47 34극 60[MVA], 역률 0.8, 60[Hz], 22.9[kV] 수차 발전기의 전부하 손실이 1,600[kW]이면 전부하 효율은[%]은?

① 90   ② 95
③ 97   ④ 99

|해③| 전부하 효율
$$\eta = \frac{출력(P_2)}{입력(P_1)} = \frac{출력[kW]}{출력[kW]+전체손실[kW]} \times 100$$
- 출력 $P = 60 \times 10^3 \times 0.8 = 48,000[kW]$
- 손실 = 1,600[kW]
∴ $\eta = \frac{48,000}{48,000+1,600} \times 100 = 97[\%]$

□□□ 15④,19②

48 100[V], 10[A], 전기자 저항 1[Ω], 회전수 1,800[rpm]인 전동기의 역기전력은 몇 [V]인가?

① 90   ② 100
③ 110   ④ 186

|해①| 직류 전동기의 역기전력
$E = V - I_a R_a$
- 단자 전압 $V = 100[V]$, 전기자 전류 $I_a = 10[A]$
∴ $E = 100 - 10 \times 1 = 90[V]$

□□□ 12①,15③,17①,18①,19③,22③

49 그림과 같은 분상 기동형 단상 유도 전동기를 역회전시키기 위한 방법이 아닌 것은?

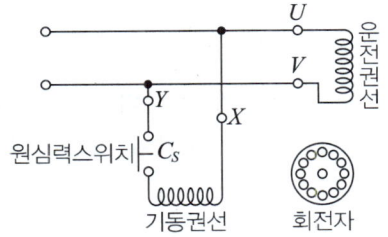

① 원심력 스위치를 개로 또는 폐로한다.
② 기동 권선이나 운전 권선의 어느 한 권선의 단자접속을 반대로 한다.
③ 기동 권선의 단자접속을 반대로 한다.
④ 운전 권선의 단자접속을 반대로 한다.

|해①| 분상 기동형 단상 유도 전동기
기동 권선이나 운전 권선의 어느 한 권선의 단자 접속을 반대로 하면 역회전한다.

□□□ 15②

50 전력 변환 기기가 아닌 것은?

① 변압기   ② 정류기
③ 유도 전동기   ④ 인버터

|해③| 전력 변환 기기
- 정류기   - 인버터   - 콘덴서   - 변압기

> **Remember**
> - 정류기 : 교류(AC) 전압을 직류(DC) 전압으로 변환하는 데 사용
> - 인버터 : 직류(DC) 전류를 교류(AC) 전류로 변환하는 데 사용
> - 콘덴서 : 전압을 평탄화하는 데 사용
> - 변압기 : 교류(AC) 전압을 다른 교류(AC) 전압으로 변환하는 데 사용

□□□ 15④

51 동기 발전기의 병렬 운전 중 주파수가 틀리면 어떤 현상이 나타나는가?

① 무효 전력이 생긴다.
② 무효 순환 전류가 흐른다.
③ 유효 순환 전류가 흐른다.
④ 출력이 요동치고 권선이 가열된다.

|해④| 동기 발전기의 병렬 운전
동기 발전기의 병렬 운전 중 주파수가 같지 않으면 동기화 전류가 주기적으로 흐르게 되어 난조의 원인이 되며, 출력이 요동치고 권선이 가열된다.

□□□ 15④

52 정격 속도로 운전하는 무부하 분권 발전기의 계자 저항이 60[Ω], 계자 전류가 1[A], 전기자 저항이 0.5[Ω]라 하면 유도기전력은 약 몇 [V]인가?

① 30.5
② 50.5
③ 60.5
④ 80.5

|해③| 유도기전력
$E = V + I_a \cdot R_a$
• 단자 전압 $V = I_f \cdot R = 1 \times 60 = 60[V]$
무부하 시 계자 전류 : $I_a = I_f = 1[A]$
∴ $E = 60 + 1 \times 0.5 = 60.5[V]$

□□□ 15①, 23②

53 사용 중인 변류기의 2차를 개방하면?

① 1차 전류가 감소한다.
② 2차 권선에 110[V]가 걸린다.
③ 개방단의 전압은 불변하고 안전하다.
④ 2차 권선에 고압이 유도된다.

|해④|
변류기(CT)의 사용 중 2차측을 개방하면 1차측 부하 전류가 모두 여자 전류가 되어 2차 권선에 고전압을 유기하여 변류기의 절연을 파괴할 수 있다.

□□□ 07③, 15②, 16②, 21②

54 직류 전동기의 규약 효율을 표시하는 식은?

① $\dfrac{출력}{출력+손실} \times 100[\%]$
② $\dfrac{출력}{입력} \times 100[\%]$
③ $\dfrac{입력-손실}{입력} \times 100[\%]$
④ $\dfrac{입력}{출력+손실} \times 100[\%]$

|해③|
• 직류 전동기의 규약 효율
$\eta_M = \dfrac{입력-손실}{입력} \times 100[\%]$
• 직류 발전기의 규약 효율
$\eta_G = \dfrac{출력}{출력+손실} \times 100[\%]$

□□□ 15③, 19④, 23④

55 다음 그림의 직류 전동기는 어떤 전동기인가?

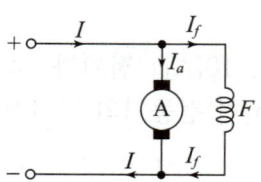

① 직권 전동기
② 타여자 전동기
③ 분권 전동기
④ 복권 전동기

|해③| 직류 전동기의 종류에 따른 접속도

분권 전동기	계자(I_f)와 전기자(I_a)의 병렬 연결
직권 전동기	계자(I_f)와 전기자(I_a)의 직렬 연결

정답 51 ④ 52 ③ 53 ④ 54 ③ 55 ③

□□□ 12②, 15②, 23①

56 단상 전파 정류 회로에서 전원이 220[V]이면 부하에 나타나는 전압의 평균값은 약 몇 [V]인가?

① 99
② 198
③ 257.4
④ 297

| 해② | 단상 전파 정류기의 전압 평균치
$$E_o = \frac{2\sqrt{2}}{\pi}E = 0.9E = 0.9 \times 220 = 198[V]$$

Remember

■ 단상 반파 정류기의 전압 평균치
$$E_o = \frac{\sqrt{2}}{\pi}E = 0.45E[V]$$

□□□ 15④, 24②

57 고압 전동기 철심의 강판 홈(slot)의 모양은?

① 반폐형
② 개방형
③ 반구형
④ 밀폐형

| 해② | 전동기의 강판 홈(slot) 모양
• 고압 전동기용 : 개방형
• 전압 전동기용 : 반폐형

□□□ 15③, 21②

58 다음의 변압기 극성에 관한 설명에서 틀린 것은?

① 우리나라는 감극성이 표준이다.
② 1차와 2차 권선에 유기되는 전압의 극성이 서로 반대이면 감극성이다.
③ 3상 결선 시 극성을 고려해야 한다.
④ 병렬 운전 시 극성을 고려해야 한다.

| 해② | 가극성 변압기
1차와 2차 권선에 유기되는 전압의 극성이 서로 반대이면 가극성이다.

□□□ 15③, 23①

59 2대의 동기 발전기 A, B가 병렬 운전하고 있을 때 A기의 여자 전류를 증가시키면 어떻게 되는가?

① A기의 역률은 낮아지고 B기의 역률은 높아진다.
② A기의 역률은 높아지고 B기의 역률은 낮아진다.
③ A, B 양 발전기의 역률이 높아진다.
④ A, B 양 발전기의 역률이 낮아진다.

| 해① | 동기 발전기의 병렬 운전
역률 $\cos\theta = \dfrac{1}{\text{여자 전류}(I_f)}$

A기의 여자 전류를 증가시키면 지상분 전류가 흘러 역률은 낮아지고, B기의 여자 전류는 감소되어 지상분 전류가 흘러 역률은 높아진다.

□□□ 15②

60 부하의 변동에 대하여 단자 전압의 변화가 가장 적은 직류 발전기는?

① 직권
② 분권
③ 평복권
④ 과복권

| 해③ | 직류 발전기의 평복권 발전기
무부하 전압과 전부하 전압이 같은 특성을 갖는 발전기로 부하의 변동에 대한 단자 전압의 변동이 가장 적은 직류 발전기

정답 56 ② 57 ② 58 ② 59 ① 60 ③

03 2단계 | 전기기기 스피드마스터 과년도 기출 핵심문제

□□□ 09②,14①

01 전압 변동률이 적고 자여자이므로 다른 전원이 필요 없으며, 계자 저항기를 사용한 전압조정이 가능하므로 전기 화학용, 전지의 충전용 발전기로 가장 적합한 것은?

① 타여자 발전기 ② 직류 복권 발전기
③ 직류 분권 발전기 ④ 직류 직권 발전기

> 해③ 직류 분권 발전기 용도
> - 타여자 발전기와 같이 전압 변동률이 작지만 자여자이므로 다른 여자 전원이 필요 없다.
> - 계자 저항기를 사용한 전압조정이 가능하므로 전기화학용 전원, 전지의 충전용, 동기기 여자용으로 적합하다.

□□□ 14②,17①,20①,21②,22①

02 그림의 전동기 제어회로에 대한 설명으로 잘못된 것은?

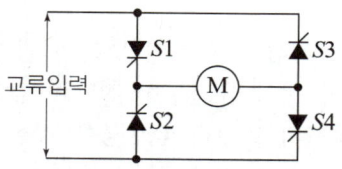

① 교류를 직류로 변환한다.
② 사이리스터 위상 제어회로이다.
③ 전파 정류 회로이다.
④ 주파수를 변환하는 회로이다.

> 해④ 사이리스터(다이오드) 위상 제어회로
> - 교류를 직류로 변환시키는 반도체로 전류는 항상 한 방향으로만 흐른다.
> - 전류의 방향 : $S1 \to M \to S4$ 방향, $S2 \to M \to S3$ 방향
> ∴ 전파 정류 회로에서는 주파수는 변환하지 않는다.

□□□ 08①,14①

03 3상 유도 전동기의 회전원리를 설명한 것 중 틀린 것은?

① 회전자의 회전속도가 증가하면 도체를 관통하는 자속수는 감소한다.
② 회전자의 회전속도가 증가하면 슬립도 증가한다.
③ 부하를 회전시키기 위해서는 회전자의 속도는 동기속도 이하로 운전되어야 한다.
④ 3상 교류 전압을 고정자에 공급하면 고정자 내부에서 회전 자기장이 발생된다.

> 해② 회전속도(N)와 슬립(s)
> - 슬립 $s = \dfrac{N_s - N}{N_s} \times 100$
> - 회전자의 회전속도(N)가 증가할수록 슬립(s)은 감소한다.

□□□ 06①,13④,14④,18①,24②

04 1차 전압 13,200[V], 2차 전압 220[V]인 단상 변압기의 1차에 6,000[V]의 전압을 가하면 2차 전압은 몇 [V]인가?

① 100   ② 200
③ 50   ④ 250

> 해① 권수비
> $a = \dfrac{V_1}{V_2} = \dfrac{N_1}{N_2} = \dfrac{E_1}{E_2} = \sqrt{\dfrac{Z_1}{Z_2}} = \dfrac{I_2}{I_1}$
> - $a = \dfrac{V_1}{V_2} = \dfrac{13,200}{220} = 60$
> - $a = \dfrac{V_1}{V_2} = \dfrac{6,000}{V_2} = 60$ 에서
> ∴ 2차 전압 $V_2 = \dfrac{V_1}{a} = \dfrac{6,000}{60} = 100[V]$
> 참고 SOLVE 사용

정답 01 ③ 02 ④ 03 ② 04 ①

□□□ 06②, 08②, 09④, 10③, 14①④, 21②, 23①

05 인버터(inverter)란?

① 교류를 직류로 변환
② 직류를 교류로 변환
③ 교류를 교류로 변환
④ 직류를 직류로 변환

> 해② 인버터
> 직류 전류를 교류 전류로 변환해 주는 전력 변환 장치

□□□ 14①

06 직류 분권 발전기를 동일 극성의 전압을 단자에 인가하여 전동기로 사용하면?

① 동일방향으로 회전한다.
② 반대방향으로 회전한다.
③ 회전하지 않는다.
④ 소손된다.

> 해① 전동기로 사용 시
> 플레밍의 왼손 법칙이 적용되므로 직류 발전기에서 동일 극성의 전압을 단자에 인가해도 회전방향은 변하지 않는다.

□□□ 14②

07 통전 중인 사이리스터를 턴 오프(turn off)하려면?

① 순방향 Anode 전류를 유지전류 이하로 한다.
② 순방향 Anode 전류를 증가시킨다.
③ 게이트 전압을 0 또는 −로 한다.
④ 역방향 Anode 전류를 통전한다.

> 해① 사이리스터(SCR) Turn off 조건
> • SCR에 흐르는 전류를 유지 전류 이하로 한다.
> • 순방향 Anode 극성을 부(−)로 한다.

□□□ 14①

08 변압기 절연물의 열화 정도를 파악하는 방법으로서 적절하지 않은 것은?

① 유전정접
② 유중 가스 분석
③ 접지 저항 측정
④ 흡수 전류나 잔류 전류 측정

> 해③ 변압기 절연물의 열화 측정 방법
> 유전정접, 유중 가스 분석, 절연 저항 시험, 흡수 전류나 잔류전류 측정법
> ■ 접지 저항 측정 : 접지전극과 대지 사이의 저항값을 측정하는 방법

□□□ 14①

09 직류 발전기에서 계자의 주된 역할은?

① 기전력을 유도한다.
② 자속을 만든다.
③ 정류작용을 한다.
④ 정류자면에 접촉한다.

> 해② 직류 발전기의 구조의 역할
>
> | 계자 | 자속(자기력선속)을 발생시키는 역할 |
> |---|---|
> | 전기자 | 기전력을 발생시키는 역할 |

□□□ 12①, 14②, 20②

10 전기기계의 철심을 규소 강판으로 성층하는 이유는?

① 동손 감소   ② 기계손 감소
③ 철손 감소   ④ 제작이 용이

> 해③ 전기자 철심의 특성
>
> | 규소 강판 사용 | 히스테리시스손 감소 |
> |---|---|
> | 규소 강판 성층 사용 | 철손 감소 |
> | 성층 철심 | 와류손 감소 |

정답 05 ② 06 ① 07 ① 08 ③ 09 ② 10 ③

□□□ 14②, 24②

11 동기 검정기로 알 수 있는 것은?

① 전압의 크기 ② 전압의 위상
③ 전류의 크기 ④ 주파수

> |해②| 동기 검정기(synchroscope)
> 두 계통의 전압의 위상을 측정 또는 표시하는 장치

□□□ 06②, 08④, 09②, 10③, 14②, 15①

12 유도 전동기에서 슬립이 가장 큰 경우는?

① 무부하 운전 시 ② 경부하 운전 시
③ 정격부하 운전 시 ④ 기동 시

> |해④| 유도 전동기의 슬립
> $$s = \frac{N_s - N}{N_s} \times 100$$
> • 기동 시는 회전자 속도 $N=0$일 때이며 슬립 $s=1$이 된다.

□□□ 11④, 12③, 14③

13 동기 전동기의 여자 전류를 변화시켜도 변하지 않는 것은? (단, 공급 전압과 부하는 일정하다.)

① 동기속도 ② 역기전력
③ 역률 ④ 전기자 전류

> |해①| 동기 전동기의 여자 전류
> • 동기 전동기는 공급주파수(f)와 극수(p)로 결정되는 동기속도로 회전하기 때문에 정상 운전 시 주파수가 변하지 않는 한 부하와 상관없이 항상 일정한 속도로 운전할 수 있다.
> • 동기속도 $N_s = \frac{120f}{p}$[rpm]
> 동기속도는 전류와 무관하다.

□□□ 06③, 13②, 14②, 18①

14 변압기 명판에 표시된 정격에 대한 설명으로 틀린 것은?

① 변압기의 정격 출력 단위는 [kW]이다.
② 변압기 정격은 2차측을 기준으로 한다.
③ 변압기의 정격은 용량, 전류, 전압, 주파수 등으로 결정된다.
④ 정격이란 정해진 규정에 적합한 범위 내에서 사용할 수 있는 한도다.

> |해①| 변압기 명판
> 정격 용량(출력) 단위 : [VA], [kVA], [MVA]
> • 유효 전력의 단위 : [kW]

□□□ 08②, 14②

15 직류 발전기에서 자속을 만드는 부분은 어느 것인가?

① 계자 철심 ② 정류자
③ 브러시 ④ 공극

> |해①| 직류 발전기에서 자속
> • 계자 : 자속을 발생시키는 역할을 하는 부분으로 계자 철심과 계자 권선으로 구성
> • 계자 철심 : 계자 권선을 고정시키는 역할과 함께 계자 권선에서 발생된 자속을 한곳으로 집중시키는 통로 역할을 한다.

□□□ 14③

16 전기 철도에 사용하는 직류 전동기로 가장 적합한 전동기는?

① 분권 전동기 ② 직권 전동기
③ 가동 복권 전동기 ④ 차동 복권 전동기

> |해②| 직권 전동기 용도
> 전기철도에 사용하는 직류 전동기는 모두 직권 전동기다.

□□□ 10③,14①,15③

17 3상 동기 전동기의 토크에 대한 설명으로 옳은 것은?

① 공급 전압 크기에 비례한다.
② 공급 전압 크기의 제곱에 비례한다.
③ 부하각 크기에 반비례한다.
④ 부하각 크기의 제곱에 비례한다.

|해①|
- 동기 전동기의 토크와 공급 전압의 관계
  $T \propto V$
  • 토크(T)는 공급 전압(V)에 비례한다.
- 유도 전동기의 토크와 공급 전압의 관계
  $T \propto V^2$
  • 토크(T)는 공급 전압(V)의 제곱(V^2)에 비례한다.

□□□ 10①,14③,23②

18 다음 그림에 대한 설명으로 틀린 것은?

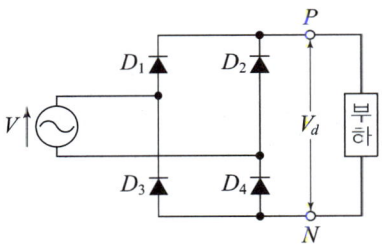

① 브리지(bridge) 회로라고도 한다.
② 실제의 정류기로 널리 사용된다.
③ 반파 정류 회로라고도 한다.
④ 전파 정류 회로라고도 한다.

|해③|
• 전파 정류 회로 : 다이오드 4개를 사용하는 회로로 브리지(bridge) 회로를 이용하는 방법
• 반파 정류 회로 : 다이오드 1개를 사용하는 정류 회로

□□□ 09④,13②,14②,15①,21②

19 다음 사이리스터 중 3단자 형식이 아닌 것은?

① SCR   ② GTO
③ DIAC   ④ TRIAC

|해③| 사이리스터의 특성

사이리스터	사이리스터의 특성
SCR	3단자 단방향성
GTO	3단자 단방향성
TRIAC	3단자 양방향성
DIAC	2단자 양방향성
SSS	2단자 양방향성

□□□ 09①,11①,14②,18②

20 다음 중 정속도 전동기에 속하는 것은?

① 유도 전동기
② 직권 전동기
③ 교류 정류자 전동기
④ 분권 전동기

|해④| 분권 전동기의 용도
분권 전동기는 부하에 의한 속도 변화가 적고 계자를 조정하여 광범위한 속도 제어가 가능하기 때문에 정속도 및 가감속도 전동기로 사용된다.

□□□ 13②,14④

21 직류기에서 정류를 좋게 하는 방법 중 전압 정류의 역할은?

① 보극   ② 탄소
③ 보상 권선   ④ 리액턴스 전압

|해①| 정류를 좋게 하는 방법
• 정류를 양호하게 하는 방법을 전압 정류라고 한다.
• 보극을 사용하는 방법이 있다.

정답 17 ① 18 ③ 19 ③ 20 ④ 21 ①

□□□ 07④,11③,12②,14③,15④,16②

22 변압기 내부 고장 시 급격한 유류 또는 gas의 이동이 생기면 동작하는 부흐홀츠 계전기의 설치 위치는?

① 변압기 본체
② 변압기의 고압측 부싱
③ 콘서베이터 내부
④ 변압기 본체와 콘서베이터를 연결하는 파이프

해④ 부흐홀츠 계전기
• 변압기 내부 고장 시 급격한 유류 또는 gas의 이동이 생기면 동작하는 계전기
• 변압기 주탱크과 콘서베이터 사이에 설치

□□□ 14④

23 변압기의 정격 출력으로 맞는 것은?

① 정격 1차 전압×정격 1차 전류
② 정격 1차 전압×정격 2차 전류
③ 정격 2차 전압×정격 1차 전류
④ 정격 2차 전압×정격 2차 전류

해④ 변압기의 정격 출력(용량)
=정격 2차 전압(V_{2n})×정격 2차 전류(I_{2n})

□□□ 06③,07②,14③,18①

24 다음 중 유도 전동기에서 비례추이를 할 수 있는 것은?

① 출력   ② 2차 동손
③ 효율   ④ 역률

해④ 유도 전동기
• 비례추이 할 수 없는 것 : 출력, 효율, 2차 구리손
• 비례추이 할 수 있는 것 : 토크, 1차 입력, 1차 전류, 역률

□□□ 09②,11④,14②

25 보호 계전기 시험을 하기 위한 유의 사항이 아닌 것은?

① 시험회로 결선 시 교류와 직류 확인
② 시험회로 결선 시 교류의 극성 확인
③ 계전기 시험 장비의 오차 확인
④ 영점의 정확성 확인

해② 보호 계전기 시험회로 결선 시 유의 사항 직류는 극성 확인이 적용되나 교류는 반주기마다 방향이 변화하므로 극성이 없어 극성 확인이 필요 없다.

□□□ 14④,20①

26 동기 조상기를 과 여자로 사용하려면?

① 리액터로 작용
② 저항손의 보상
③ 일반부하의 뒤진 전류 보상
④ 콘덴서로 작용

해④ 동기 조상기를 과 여자로 사용 동기 조상기의 계자를 과 여자로 하여 운전하면 동기 조상기는 콘덴서 역할로 선로에 진상 전류를 흘려 주어 역률을 높이게 된다.

□□□ 11③,14④

27 3상 유도 전동기의 토크는?

① 2차 유도 기전력의 2승에 비례한다.
② 2차 유도 기전력에 비례한다.
③ 2차 유도 기전력과 무관하다.
④ 2차 유도 기전력의 0.5승에 비례한다.

해① 3상 유도 전동기의 토크
토크 $\tau \propto E_2^2$
∴ 2차 유도기전력(E_2)의 2승(E_2^2)에 비례한다.

정답 22 ④ 23 ④ 24 ④ 25 ② 26 ④ 27 ①

□□□ 10①,14④,20②

28 동기 전동기의 공급 전압이 앞선 전류는 어떤 작용을 하는가?

① 역률작용　　② 교차자화작용
③ 증자작용　　④ 감자작용

> [해 ④] 동기 전동기의 전기자 반작용
> • 감자작용 : 공급 전압에 대한 앞선 전류
> • 증자작용 : 공급 전압에 대한 뒤진 전류

□□□ 14④

29 기중기, 전기 자동차, 전기 철도와 같은 곳에 가장 많이 사용되는 전동기는?

① 가동 복권 전동기　　② 차동 복권 전동기
③ 분권 전동기　　　　④ 직권 전동기

> [해 ④] 직권 전동기의 용도
> • 전동차, 크레인과 같이 부하 변동이 심하고 기동 토크가 큰 것을 요구하는 부하의 운전에 적합하다.
> • 전기 철도에 사용하는 직류 전동기는 모두 직권 전동기다.

□□□ 06②,07②,14④,20①

30 다음 중 변압기의 원리와 관계있는 것은?

① 전기자 반작용
② 전자유도작용
③ 플레밍의 오른손 법칙
④ 플레밍의 왼손 법칙

> [해 ②] 변압기의 작동 원리
> 변압기는 1개 또는 2개 이상의 회로에서 교류 전력을 받아, 전자유도작용에 의해 전압 및 전류를 변성하여 다른 1개 또는 2개 이상의 회로에 동일 주파수의 교류 전력을 공급하는 전기기기이다.

□□□ 06②③,07②③,08②④,11②③,13①,14①,15①

31 동기 발전기의 난조를 방지하는 가장 유효한 방법은?

① 회전자의 관성을 크게 한다.
② 제동 권선을 자극면에 설치한다.
③ X_s를 작게 하고 동기화력을 크게 한다.
④ 자극 수를 적게 한다.

> [해 ②] 동기 발전기의 난조 방지법
> 제동 권선(Damper Winding)을 자극면에 설치한다.

□□□ 14③

32 슬립이 0.05이고 전원 주파수가 60[Hz]인 유도 전동기의 회전자 회로의 주파수[Hz]는?

① 1　　② 2
③ 3　　④ 4

> [해 ③] 유도 전동기의 회전자 회로의 주파수
> $f_2 = sf_1 = 0.05 \times 60 = 3[Hz]$

□□□ 14①

33 직류 전동기의 특성에 대한 설명으로 틀린 것은?

① 직권 전동기는 가변 속도 전동기이다.
② 분권 전동기에서는 계자 회로에 퓨즈를 사용하지 않는다.
③ 분권 전동기는 정속도 전동기이다.
④ 가동 복권 전동기는 기동 시 역회전할 염려가 있다.

> [해 ④] 차동 복권 전동기
> • 기동 시 역회전할 염려가 있는 전동기다.
> • 과부하의 경우에는 속도가 상승하는 위험이 있어 거의 사용하지 않는다.

정답　28 ④　29 ④　30 ②　31 ②　32 ③　33 ④

□□□ 07①,10④,12④,14④

34 직류 분권 전동기의 회전방향을 바꾸기 위해 일반적으로 무엇의 방향을 바꾸어야 하는가?

① 전원   ② 주파수
③ 계자 저항   ④ 전기자 전류

|해④| 직류 전동기의 역회전
전기자 전류의 방향이나 계자의 극성을 반대로 하여 회전방향을 바꾼다.

□□□ 14③,20②,24①

35 전기기계에 있어 와전류손(eddy current loss)을 감소하기 위한 적합한 방법은?

① 규소 강판에 성층 철심을 사용한다.
② 보상 권선을 설치한다.
③ 교류 전원을 사용한다.
④ 냉각 압연한다.

|해①| 전기자 철심의 특성

규소 강판 사용	히스테리시스손 감소
규소 강판 성층 사용	철손 감소
규소 강판에 성층 철심	와류손 감소

□□□ 14③,19②,24①

36 어떤 변압기에서 임피던스 강하가 5[%]인 변압기가 운전 중 단락되었을 때 그 단락 전류는 정격 전류의 몇 배인가?

① 5   ② 20
③ 50   ④ 200

|해②| %동기 임피던스

$$\%Z_s = \frac{I_n}{I_s} \times 100$$

$$\therefore \frac{\text{단락 전류 } I_s}{\text{정격 전류 } I_n} = \frac{100}{\%Z_s} = \frac{100}{5} = 20$$

□□□ 14④

37 50[kW]의 농형 유도 전동기를 기동하려고 할 때, 다음 중 가장 적당한 기동 방법은?

① 분상기동법   ② 기동 보상기법
③ 권선형기동법   ④ 2차저항기동법

|해②|
■ 농형 유도 전동기의 기동법
• 전전압기동법 : 보통 5[kW] 이하
• Y−△ 기동법 : 보통 10~15[kW]
• 기동 보상기법 : 보통 15[kW] 이상
• 리액터기동법
■ 권선형 유도 전동기의 기동법
• 2차 저항기동법
• 게르게스법

□□□ 07①,08③,11②,14③④,21②

38 보극이 없는 직류기 운전 중 중성점의 위치가 변하지 않는 경우는?

① 과부하   ② 전부하
③ 중부하   ④ 무부하

|해④| 중성점의 위치
• 직류기의 운전 중 중성점의 위치가 변하지 않는 경우는 전기자 반작용이 없는 상태다.
• 전기자 반작용이 발생하지 않는 상태는 무부하 상태일 때이다.

□□□ 06①,14④,15②,20②

39 다음 중 변압기의 1차측이란?

① 고압측   ② 저압측
③ 전원측   ④ 부하측

|해③| 변압기의 구조
• 1차측 : 전원이 공급되는 전원측
• 2차측 : 부하가 접속되는 부하측

□□□ 14③

40 3상 동기 전동기의 출력(P)을 부하각으로 나타낸 것은? (단, V는 1상 단자 전압, E는 역기전력, X_s는 동기 리액턴스, δ는 부하각이다.)

① $P = 3VE\sin\delta[W]$ ② $P = \dfrac{3VE\sin\varepsilon}{X_s}[W]$

③ $P = \dfrac{3VE\cos\delta}{X_s}[W]$ ④ $P = 3VE\cos\delta[W]$

| 해 ② | 3상 동기 전동기의 출력

$P = \dfrac{3VE\sin\delta}{X_s}[W]$

□□□ 10①,13②,14①,20②

41 병렬 운전 중인 동기 임피던스 5[Ω]인 2대의 3상 동기 발전기의 유도기전력에 200[V]의 전압 차이가 있다면 무효 순환 전류[A]는?

① 5 ② 10
③ 20 ④ 40

| 해 ③ | 무효 순환 전류

$I_c = \dfrac{E}{2Z_s} = \dfrac{200}{2 \times 5} = 20[A]$

□□□ 14④

42 그림의 정류 회로에서 다이오드의 전압 강하를 무시할 때 콘덴서 양단의 최대 전압은 약 몇 [V]까지 충전되는가?

① 70
② 141
③ 280
④ 352

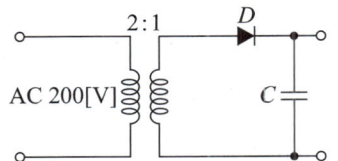

| 해 ② | 반파 정류 회로의 최대 전압

• $V_m = \sqrt{2}\, V_2$

$\dfrac{N_1}{N_2} = \dfrac{V_1}{V_2}$ 에서 $\dfrac{2}{1} = \dfrac{200}{V_2}$ ∴ $V_2 = 100[V]$

∴ $V_m = \sqrt{2} \times 100 = 141[V]$

□□□ 07③,09①,14③

43 동기기에서 사용되는 절연재료로 B종 절연물의 온도상승한도는 약 몇[℃] 인가? (단, 기준온도는 공기 중에서 40[℃]이다.)

① 65 ② 75
③ 90 ④ 120

| 해 ③ | 절연물의 최고 허용온도

절연물 종류	최고 허용온도
Y	90[℃]
A	105[℃]
E	120[℃]
B	130[℃]
F	155[℃]
H	180[℃]
C	180[℃] 초과

• 전기기기의 온도상승한도
절연재료의 최고 온도에서 40를 뺀 값 이내로 온도상승한도를 정하면 된다.
∴ 온도상승한도 = 130 − 40 = 90[℃]

□□□ 07③,08③,09①,10④,12①④,14④,15④,18②,21①,24①

44 농형 유도 전동기의 기동법이 아닌 것은?

① 전전압 기동
② $\Delta - \Delta$ 기동
③ 기동 보상기에 의한 기동
④ 리액터 기동

| 해 ②

■ 농형 유도 전동기의 기동법
• 전전압(직입)기동법
• $Y - \Delta$ 기동법
• 리액터 기동법
• 기동 보상기법

■ 권선형 유도 전동기의 기동법 : 2차 저항 기동법

정답 40 ② 41 ③ 42 ② 43 ③ 44 ②

□□□ 06①,07②,08③,14①,16①

45 다음 중 턴 오프(소호)가 가능한 소자는?

① GTO ② TRIAC
③ SCR ④ LASCR

> 해 ① : GTO(게이트 턴 오프) 사이리스터
> • 전력용 반도체 소자의 일종
> • 자기 소호(Turn-off) 제어용 소자
> • 고전압 및 전류 처리 기능이 뛰어남

□□□ 11③,14④,19②,24①

46 동기기의 전기자 권선법이 아닌 것은?

① 전절권 ② 분포권
③ 2층권   ④ 중권

> 해 ①
> • 동기 발전기의 권선법 : 단절권, 분포권, 이층권, 중권(병렬권), 고상권, 폐로권
> • 동기기의 권선법은 고조파를 제거하여 좋은 파형을 얻을 수 있어 전절권이 아닌 단절권을 사용한다.

□□□ 11①,14②

47 다음 설명 중 틀린 것은?

① 3상 유도 전압 조정기의 회전자 권선은 분로 권선이고, Y 결선으로 되어 있다.
② 디프 슬롯형 전동기는 냉각효과가 좋아 기동정지가 빈번한 중·대형 저속기에 적당하다.
③ 누설 변압기가 네온사인이나 용접기의 전원으로 알맞은 이유는 수하 특성 때문이다.
④ 계기용 변압기의 2차 표준은 110/220[V]로 되어 있다.

> 해 ④
> • 계기용 변압기(PT)의 2차 표준은 110[V]이다.
> • 계기용 변류기(CT)의 2차 표준은 5[A]이다.

□□□ 11②,14③,22②

48 직류 발전기에서 전기자 반작용을 없애는 방법으로 옳은 것은?

① 브러시 위치를 전기적 중성점이 아닌 곳으로 이동시킨다.
② 보극과 보상 권선을 설치한다.
③ 브러시의 압력을 조정한다.
④ 보극은 설치하되 보상 권선은 설치하지 않는다.

> 해 ② 전기장 반작용 해결방법
> • 계자 기자력을 크게 한다.
> • 보극과 보상권을 설치한다.
> • 브러시 위치를 전기적 중성점으로 이동시킨다.

□□□ 14①④,20①

49 자속밀도 0.8[Wb/m²]인 자계에서 길이 50[cm]인 도체가 30[m/s]로 회전할 때 유기되는 기전력[V]은?

① 8   ② 12
③ 15 ④ 24

> 해 ② 기전력 $e = Blv$
> • 자속밀도 $B = 0.8[\text{Wb/m}^2]$
> • 자계의 길이 $l = 50[\text{cm}] = 0.50[\text{m}]$
> • 도체의 속도 $v = 30[\text{m/s}]$
> ∴ $e = 0.80 \times 0.50 \times 30 = 12[\text{V}]$

□□□ 06②,08②,09④,10③,14①④,21②

50 직류를 교류로 변환하는 기기는?

① 변류기 ② 정류기
③ 초퍼   ④ 인버터

> 해 ④ 인버터
> 직류전류를 교류전류로 변환해 주는 전력변환장치

□□□ 14③

51 동기 발전기를 회전 계자형으로 하는 이유가 아닌 것은?

① 고전압에 견딜 수 있게 전기자 권선을 절연하기가 쉽다.
② 전기자 단자에 발생한 고전압을 슬립링 없이 간단하게 외부회로에 인가할 수 있다.
③ 기계적으로 튼튼하게 만드는 데 용이하다.
④ 전기자가 고정되어 있지 않아 제작비용이 저렴하다.

> 해④ 동기 발전기를 회전 계자형으로 하는 이유 복잡하게 권선된 전기자가 고정되어 있어 절연이 쉽고, 간단하게 외부 회로와 연결할 수 있다.

□□□ 10①,14③,21②,23②

52 동기 전동기의 자기 기동법에서 계자 권선을 단락하는 이유는?

① 기동이 쉽다.
② 기동 권선으로 이용
③ 고전압 유도에 의한 절연파괴 위험 방지
④ 전기자 반작용을 방지한다.

> 해③ 자기 기동법
> 동기 전동기의 자기 기동법에서 계자 권선을 단락하는 이유는 고전압 유도에 의한 절연 파괴 위험 방지를 위해서다.

□□□ 14①

53 권수비 30인 변압기의 저압측 전압이 8[V]인 경우 극성시험에서 가극성과 감극성의 전압 차이는 몇 [V]인가?

① 24 ② 16
③ 8   ④ 4

> 해②
> 변압기의 극성 : 고압측 V_H, 저압측 : V_L
> • 감극성 시 : $V_1 = V_H - V_L$
> • 가극성 시 : $V_2 = V_H + V_L$
> • 전압차 $V = V_2 - V_1 = V_H + V_L - V_H + V_L = 2V_H$
> ∴ $V = 2V_L = 2 \times 8 = 16[V]$

□□□ 14③

54 직권 발전기의 설명 중 틀린 것은?

① 계자 권선과 전기자 권선이 직렬로 접속되어 있다.
② 승압기로 사용되며 수전 전압을 일정하게 유지하고자 할 때 사용된다.
③ 단자 전압을 V, 유기 기전력을 E, 부하 전류를 I, 전기자 저항 및 직권 계자 저항을 각각 r_a, r_s라 할 때 $V = E + I(r_a + r_s)[V]$이다.
④ 부하 전류에 의해 여자되므로 무부하 시 자기 여자에 의한 전압확립은 일어나지 않는다.

> 해③ 직권 발전기의 특성
> • 단자 전압 $V = E - I(r_a + r_s)$
> • 유기 기전력 $E = V + I(r_a + r_s)$

□□□ 08①,09①,14③④,16①

55 회전수 1,728[rpm]인 유도 전동기의 슬립[%]은? (단, 동기속도는 1,800[rpm]이다.)

① 2 ② 3
③ 4 ④ 5

> 해③ 슬립
> $s = \dfrac{N_s - N}{N_s} \times 100$
> • 동기속도 $N_s = \dfrac{120f}{p} = 1,800[\text{rpm}]$
> ∴ $s = \dfrac{1,800 - 1,728}{1,800} \times 100 = 4[\%]$

□□□ 10③, 14②, 20①

56 전동기의 제동에서 전동기가 가지는 운동 에너지를 전기에너지로 변화시키고 이것을 전원에 환원시켜 전력을 회생시킴과 동시에 제동하는 방법은?

① 발전제동(dynamic braking)
② 역전제동(plugging braking)
③ 맴돌이전류제동(eddy current braking)
④ 회생제동(regenerative braking)

| 해④ | 직류 전동기의 회생제동
- 전동기의 운동 에너지를 전기에너지로 변환하고, 이것을 전원으로 반환하여 제동하는 방법
- 전동기의 유도기전력을 전원 전압보다 높게 하여 제동하는 방식이다.

□□□ 06②④, 08①③, 09③, 10①, 14②, 18①

57 직류 전동기의 출력이 50[kW], 회전수가 1,800[rpm]일 때 토크는 약 몇 [kg·m]인가?

① 12   ② 23
③ 27   ④ 31

| 해③ | 직류 전동기의 토크
$$T = 0.975 \frac{T_m[\text{W}]}{N[\text{rpm}]} = 0.975 \frac{50 \times 10^3[\text{W}]}{1,800[\text{rpm}]} = 27[\text{kg} \cdot \text{m}]$$

□□□ 14①

58 병렬 운전 중인 두 동기 발전기의 유도 기전력이 2,000[V], 위상차 60°, 동기 리액턴스 100[Ω]이다. 유효 순환 전류[A]는?

① 5   ② 10
③ 15   ④ 20

| 해② | 유효 순환 전류
$$I_s = \frac{2E}{2Z_s} \sin\frac{\theta}{2} = \frac{2 \times 2,000}{2 \times 100} \sin\frac{60°}{2} = 10[\text{A}]$$

□□□ 06③, 07④, 08①③④, 09①, 14③④, 16①

59 3상 380[V], 60[Hz], 4[P], 슬립 5[%], 55[kW] 유도 전동기가 있다. 회전자 속도는 몇 [rpm]인가?

① 1,200   ② 1,526
③ 1,710   ④ 2,280

| 해③ |
- 슬립 $s = \frac{N_s - N}{N_s} \times 100$
- 동기속도 $N_s = \frac{120f}{p} = \frac{120 \times 60}{4} = 1,800[\text{rpm}]$
- $s = \frac{1,800 - N}{1,800} \times 100 = 5[\%]$
- $N = N_s\left(1 - \frac{s}{100}\right) = 1,800\left(1 - \frac{5}{100}\right) = 1,710[\text{rpm}]$

참고 SOLVE 사용

∴ 전동기의 회전수 $N = 1,710[\text{rpm}]$

□□□ 14①, 19③, 21③, 22②, 23④

60 다음은 3상 유도 전동기 고정자 권선의 결선도를 나타낸 것이다. 맞는 사항을 고르시오.

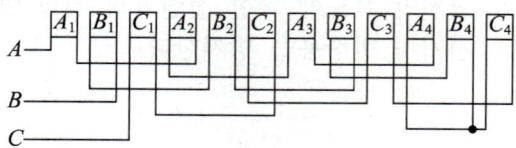

① 3상 2극, Y결선   ② 3상 4극, Y결선
③ 3상 2극, Δ결선   ④ 3상 4극, Δ결선

| 해② |
- 3상 : 입력 A, B, C
- 4극 : 1극(A_1, B_1, C_1), 2극(A_2, B_2, C_2), 3극(A_3, B_3, C_3), 4극(A_4, B_4, C_4)
- Y결선 : 인출선 A, B, C와 하나의 접점 N에 연결되어 있어 Y결선

∴ 3상 4극, Y결선

정답 56 ④ 57 ③ 58 ② 59 ③ 60 ②

04 2단계 | 전기기기 스피드마스터 과년도 기출 핵심문제

□□□ 06②③, 07②③, 08②④, 11②③, 13①, 14①, 15①

01 병렬 운전 중인 동기 발전기의 난조를 방지하기 위하여 자극면에 유도 전동기의 농형 권선과 같은 권선을 설치하는데 이 권선의 명칭은?

① 계자 권선 ② 제동 권선
③ 전기자 권선 ④ 보상 권선

> 해 ② 제동 권선
> 난조를 방지하기 위한 대책은 자극 면에 유도 전동기의 농형 권선과 같은 제동 권선을 설치한다.

□□□ 08①, 13①

02 단상 유도 전동기 기동장치에 의한 분류가 아닌 것은?

① 분상 기동형 ② 콘덴서 기동형
③ 셰이딩 기동형 ④ 회전 계자형

> 해 ④ 단상 유도 전동기의 기동방식
> • 반발 기동형 • 콘덴서 기동형
> • 분상 기동형 • 셰이딩 코일형

□□□ 06④, 09①, 13①, 15①, 22③

03 부흐홀츠 계전기로 보호되는 기기는?

① 발전기 ② 변압기
③ 전동기 ④ 회전 변류기

> 해 ② 부흐홀츠 계전기
> • 변압기 내부 고장으로 인한 온도 상승 시 발생하는 유증기를 검출하여 경보 및 차단을 하기 위한 계전기
> • 변압기 주탱크와 콘서베이터 사이에 설치

□□□ 13②

04 변압기의 권선 배치에서 저압 권선을 철심에 가까운 쪽에 배치하는 이유는?

① 전류 용량 ② 절연 문제
③ 냉각 문제 ④ 구조상 편의

> 해 ② 변압기의 권선 배치
> 권선을 감는 방법으로는 철심 쪽에 저압 권선을 감고, 이 권선의 표면을 사용전압에 견디도록 절연한 다음 그 위에 고압 권선을 감는다.

□□□ 13①, 21②

05 직류 발전기 전기자의 주된 역할은?

① 기전력을 유도한다.
② 자속을 만든다.
③ 정류작용을 한다.
④ 회전자와 외부회로를 접속한다.

> 해 ① 직류 발전기의 구조의 역할
> | | |
> |---|---|
> | 계자 | 자속(자기력선속)을 발생시키는 역할 |
> | 전기자 | 기전력을 발생시키는 역할 |

□□□ 13②, 14④

06 직류 발전기에서 전압 정류의 역할을 하는 것은?

① 보극 ② 탄소 브러시
③ 전기자 ④ 리액턴스 코일

> 해 ① 전압 정류
> 보극을 설치하면 정류를 개선하여 전압 정류의 역할을 한다.

정답 01 ② 02 ④ 03 ② 04 ② 05 ① 06 ①

□□□ 07③,09④,12②,13①,18②

07 복권 발전기의 병렬 운전을 안전하게 하기 위해서 두 발전기의 전기자와 직권 권선의 접촉점에 연결하여야 하는 것은?

① 집전환 ② 균압선
③ 안정 저항 ④ 브러시

> |해②| 균압선
> 직권과 복권의 경우 두 발전기의 직권 계자를 병렬로 접속하는 균압선을 설치한다.

□□□ 09①,13②

08 직류 전동기 운전 중에 있는 기동 저항기에서 정전이 되거나 전원 전압이 저하되었을 때 핸들을 기동 위치에 두어 전압이 회복될 때 재기동할 수 있도록 역할을 하는 것은?

① 무전압 계전기 ② 계자 제어기
③ 기동 저항기 ④ 과부하 개방기

> |해①| 무전압 계전기
> • 무전압 계전기의 역할에 대한 설명이다.
> • 전압이 회복될 때 재 가동할 수 있도록 전기자 권선의 소손을 방지하는 역할을 한다.

□□□ 13①,16②

09 전기기기의 철심 재료로 규소 강판을 많이 사용하는 이유로 가장 적당한 것은?

① 와류손을 줄이기 위해
② 맴돌이 전류를 없애기 위해
③ 히스테리시스손을 줄이기 위해
④ 구리손을 줄이기 위해

> |해③| 전기자 철심의 특성
>
> | 규소 강판 사용 | 히스테리시스손 감소 |
> |---|---|
> | 규소 강판 성층 사용 | 철손 감소 |
> | 성층 철심 | 와류손 감소 |

□□□ 07④,08①,13②

10 직류 전동기의 전기자에 가해지는 단자 전압을 변화하여 속도를 조정하는 제어법이 아닌 것은?

① 워드·레너드 방식 ② 일그너 방식
③ 직·병렬 제어 ④ 계자 제어

> |해④| 직류 전동기의 전압 제어법
> 워드·레너드 방식, 일그너 방식, 직·병렬 제어 방식, 정토크 제어, 초퍼 제어 방식

□□□ 06③,13②,14②

11 변압기를 운전하는 경우 특성의 악화, 온도 상승에 수반되는 수명의 저하, 기기의 소손 등의 이유 때문에 지켜야 할 정격이 아닌 것은?

① 정격 전류 ② 정격 전압
③ 정격 저항 ④ 정격 용량

> |해③| 지켜야 할 변압기의 정격
> • 변압기의 명판에 기재되어 있다.
> • 용량에 대한 사용 한도와 함께 전압, 전류, 주파수 및 역률을 지정한다.
> • 정격 용량, 정격 전압, 정격 전류, 정격 주파수, 정격 역률이라 결정한다.

□□□ 13③

12 수전단 발전소용 변압기 결선에 주로 사용하고 있으며 한쪽은 중성점을 접지할 수 있고 다른 한쪽은 제3고조파에 의한 영향을 없애 주는 장점을 가지고 있는 3상 결선 방식은?

① Y-Y ② Δ-Δ
③ Y-Δ ④ V

> |해③|
> 변압기의 3상 결선 방식 중 Y-Δ 결선 방식에 대한 설명이다.

□□□ 12③,13④

13 셰이딩 코일형 유도 전동기의 특징을 나타낸 것으로 틀린 것은?

① 역률과 효율이 좋고 구조가 간단하여 세탁기 등 가정용 기기에 많이 쓰인다.
② 회전자는 농형이고 고정자의 성층 철심은 몇 개의 돌극으로 되어 있다.
③ 기동 토크가 작고 출력이 수 10[kW] 이하의 소형 전동기에 주로 사용된다.
④ 운전 중에도 셰이딩 코일에 전류가 흐르고 속도 변동률이 크다.

| 해① | 셰이딩 코일형 유도 전동기의 특징
- 운전 중에도 셰이딩 코일에 전류가 흐르기 때문에 효율과 역률은 모두 낮고 속도 변동률이 크다.
- 콘덴서 기동형 : 역률과 효율이 좋고 구조가 간단하여 가정용 선풍기, 냉장고 등에 사용

□□□ 10③,11③,13①

14 권선 저항과 온도와의 관계는?

① 온도와는 무관하다.
② 온도가 상승함에 따라 권선 저항은 감소한다.
③ 온도가 상승함에 따라 권선 저항은 증가한다.
④ 온도가 상승함에 따라 권선의 저항은 증가와 감소를 반복한다.

| 해③ | 권선 저항(금속체)과 온도와의 관계

금속체	비례 관계	온도가 상승하면 저항값도 상승한다.
반도체	반비례 관계	온도가 상승하면 저항값은 작아진다.

- 온도 상승 시 저항의 변화된 크기
  $R_2 = R_1\{1+\alpha_o(t_2-t_1)\}[\Omega]$
- R_1, R_2 : 온도 변화 전·후의 저항
- t_1, t_2 : 온도 변화 전·후의 온도

□□□ 11②,13①,14①,16②,20①

15 동기기에서 전기자 전류가 기전력보다 90°만큼 위상이 앞설 때의 전기자 반작용은?

① 교차자화작용   ② 감자작용
③ 편차작용   ④ 증자작용

| 해④ | 동기 발전기의 전기자 반작용
- 증자작용 : 전기자 전류가 무부하 유도기전력보다 π/2[rad] 앞서는 경우
- 감자작용 : 전기자 전류가 무부하 유도기전력보다 π/2[rad] 뒤지는 경우

□□□ 09④,13②,14②,15①,20①,21②

16 다음 중 2단자 사이리스터가 아닌 것은?

① SCR   ② DIAC
③ SSS   ④ Diode

| 해① | 사이리스터의 특성

사이리스터	사이리스터의 특성
SCR	3단자 단방향성
GTO	3단자 단방향성
TRIAC	3단자 양방향성
DIAC	2단자 양방향성
SSS	2단자 양방향성

□□□ 09①,13③

17 P형 반도체의 전기 전도의 주된 역할을 하는 반송자는?

① 전자   ② 정공
③ 가전자   ④ 5가 불순물

| 해② | P형 반도체
- P형 반도체는 정공(hole)이 많이 존재하는 반도체다.
- 양의 전하를 가지는 정공이 다수 캐리어로써 이동해서 전류가 흐른다.

□□□ 13②

18 직류 복권 발전기의 직권 계자 권선은 어디에 설치되어 있는가?

① 주자극 사이에 설치
② 분권 계자 권선과 같은 철심에 설치
③ 주자극 표면에 홈을 파고 설치
④ 보극 표면에 홈을 파고 설치

해② 직류 복권 발전기의 직권 계자 권선(F_s) 분권 계자 권선(F)과 같은 철심에 설치한다.

□□□ 10②,13②④,16③

19 변압기 내부 고장에 대한 보호용으로 가장 많이 사용되는 것은?

① 과전류 계전기 ② 차동 임피던스
③ 비율 차동 계전기 ④ 임피던스 계전기

해③ 비율 차동 계전기
• 변압기, 발전기 내부 고장에 대해 보호용으로 사용되는 계전기
• 변압기나 발전기 고장으로 인해 입력전류와 출력전류에 차가 생기고 이 불평형 전류가 어떤 비율 이상이 되었을 때 동작하는 계전기

□□□ 13③

20 동기 발전기의 병렬 운전 시 원동기에 필요한 조건으로 구성된 것은?

① 균일한 각속도와 기전력의 파형이 같을 것
② 균일한 각속도와 적당한 속도 조정률을 가질 것
③ 균일한 주파수와 적당한 속도 조정률을 가질 것
④ 균일한 주파수와 적당한 파형이 같을 것

해② 원동기에 필요한 병렬 운전 조건
• 균일한 각속도를 가질 것
• 적당한 속도 조정률을 가질 것

□□□ 13③,22①

21 다음 중 전력 제어용 반도체 소자가 아닌 것은?

① LED ② TRIAC
③ GTO ④ IGBT

해①
■ 전력제어용 반도체 소자
SCR, TRIAC, GTO, SSS, IGBT, BJT(바이폴라 접합 트랜지스터)
■ LED(발광 다이오드) : 전류를 가하면 빛을 발하는 반도체

□□□ 08④,13③,21①

22 보호를 요하는 회로의 전류가 어떤 일정한 값(정정값) 이상으로 흘렀을 때 동작하는 계전기는?

① 과전류 계전기 ② 과전압 계전기
③ 차동 계전기 ④ 비율 차동 계전기

해① 과전류 계전기(OCR)
• 모터 등이 연결된 회로에서 구동 중에 과전류에 의해서 소손이 발생할 수 있을 때 과전류를 차단하는 기기
• 모터를 보호할 목적으로 설치

□□□ 13③

23 전기기기의 냉각 매체로 활용하지 않는 것은?

① 물 ② 수소
③ 공기 ④ 탄소

해④
• 전기기기의 냉각 매체로는 기체인 공기, 수소나 액체인 물, 절연유 등이 사용된다.
• 탄소는 브러시와 같은 전도성 부품 재료로 사용될 뿐, 냉각 매체로는 사용되지 않는다.

정답 18 ② 19 ③ 20 ② 21 ① 22 ① 23 ④

□□□ 13③

24 직류 분권 발전기의 병렬 운전의 조건에 해당되지 않는 것은?

① 극성이 같을 것
② 단자 전압이 같을 것
③ 외부 특성 곡선이 수하 특성일 것
④ 균압모선을 접속할 것

|해④| 직류 분권 발전기의 병렬 운전의 조건
두 대의 발전기 직권 계자를 병렬로 접속하는 균압선(균압모선)을 설치한다.

□□□ 13③

25 용량이 작은 전동기로 직류와 교류를 겸용할 수 있는 전동기는?

① 셰이딩 전동기
② 단상 반발 전동기
③ 단상 직권 정류자 전동기
④ 리니어 전동기

|해③| 단상 직권 정류자 전동기
직류와 교류 겸용 전동기로 만능 전동기라고도 한다.

□□□ 08①②,09①,10①,13④,14③,16①,18②

26 유도 전동기의 동기속도 n_s, 회전속도 n일 때 슬립은?

① $s = \dfrac{n_s - n}{n}$ ② $s = \dfrac{n - n_s}{n}$
③ $s = \dfrac{n_s - n}{n_s}$ ④ $s = \dfrac{n_s + n}{n_s}$

|해③|
슬립 $s = \dfrac{n_s - n}{n_s} \times 100[\%]$

□□□ 06①,09①,11②④,13③,22①

27 직류 전동기에서 무부하가 되면 속도가 대단히 높아져서 위험하기 때문에 무부하 운전이나 벨트를 연결한 운전을 해서는 안 되는 전동기는?

① 직권 전동기   ② 복권 전동기
③ 타여자 전동기 ④ 분권 전동기

|해①| 직권 전동기의 주의할 점
• 직권 전동기는 무부하 시 속도가 위험할 정도로 상승하므로, 벨트가 벗겨질 경우 무부하 상태가 되어 매우 위험하기 때문이다.
• 따라서 직권 전동기는 무부하 운전이나 벨트가 풀리면 안 되므로 벨트 운전을 해서는 안 되는 전동기다.

□□□ 13④,21①

28 다음 중 제동 권선에 의한 기동 토크를 이용하여 동기 전동기를 기동시키는 방법은?

① 저주파 기동법   ② 고주파 기동법
③ 기동 전동기법   ④ 자기 기동법

|해④| 동기 전동기의 기동법
자기 기동법 : 제동 권선에 의한 기동 토크를 이용하는 방법

□□□ 13④,16②

29 직류 전동기의 제어에 널리 응용되는 직류-직류 전압 제어장치는?

① 인버터   ② 컨버터
③ 초퍼   ④ 전파 정류

|해③| 초퍼(chopper) 제어
• 직류 전압을 입력하여 크기가 다른 직류 전압을 출력으로 얻는 데 사용
• 직류 전동기의 속도 제어에 널리 사용

정답 24 ④ 25 ③ 26 ③ 27 ① 28 ④ 29 ③

□□□ 11①, 13③

30 권선형 유도 전동기 기동 시 회전자 측에 저항을 넣는 이유는?

① 기동 전류 증가
② 기동 토크 감소
③ 회전수 감소
④ 기동 전류 억제와 토크 증대

해④ 권선형 유도 전동기의 기동법
권선형 회전자를 이용하는 유도 전동기 기동 시에 저항을 넣는 이유는 큰 토크를 얻고, 기동 전류도 안전하게 억제할 수 있다.

□□□ 13④

31 변압기에서 철손은 부하 전류와 어떤 관계인가?

① 부하 전류에 비례한다.
② 부하 전류에 자승에 비례한다.
③ 부하 전류에 반비례한다.
④ 부하 전류와 관계없다.

해④ 변압기의 손실
■ 변압기의 무부하손(철손)과 부하손(동손)
• 무부하손 : 철손(히스테리시스손+와전류손)
• 철손은 무부하손으로 부하 전류에 관계없이 발생하는 손실

□□□ 07④, 08④, 09①, 13③, 18②, 22②

32 단락비가 1.2인 동기 발전기의 %동기 임피던스는 약 몇 [%]인가?

① 68
② 83
③ 100
④ 120

해② %동기 임피던스
$\%Z_s = \dfrac{1}{K_s} \times 100[\%] = \dfrac{1}{1.2} \times 100 = 83.33[\%]$

□□□ 12③, 13④

33 직류 발전기 중 무부하 전압과 전부하 전압이 같도록 설계된 직류 발전기는?

① 분권 발전기
② 직권 발전기
③ 평복권 발전기
④ 차동 복권 발전기

해③ 평복권 발전기
무부하 전압과 전부하 전압이 같은 특성을 가지는 것을 평복권 발전기라 한다.

□□□ 10②, 13②④, 16③

34 보호구간에 유입하는 전류와 유출하는 전류의 차에 의해 동작하는 계전기는?

① 비율 차동 계전기
② 거리 계전기
③ 방향 계전기
④ 부족 전압 계전기

해① 비율 차동 계전기
• 변압기, 발전기 내부 고장에 대해 보호용으로 사용되는 계전기
• 변압기나 발전기 고장으로 인해 입력전류와 유출전류에 차가 생기고 이 불평형 전류가 어떤 비율 이상이 되었을 때 동작하는 계전기

□□□ 13①

35 직류기에서 전압 변동률이 (−)값으로 표시되는 발전기는?

① 분권 발전기
② 과복권 발전기
③ 타여자 발전기
④ 평복권 발전기

해② 전압 변동률
$\epsilon = \dfrac{V_o - V_n}{V_n} \times 100[\%]$

• 과복권 발전기, 직권 발전기
무부하 단자 전압(V_o) < 전부하 단자 전압(V_n)

□□□ 11①,13①④,19②,22②

36 동기 발전기의 병렬 운전 중에 기전력의 위상차가 생기면?

① 위상이 일치하는 경우보다 출력이 감소한다.
② 부하 분담이 변한다.
③ 무효 순환 전류가 흘러 자기자 권선이 과열된다.
④ 동기화력이 생겨 두 기전력의 위상이 동상이 되도록 작용한다.

해④ 동기 발전기의 병렬 운전 조건 중 유도기전력의 위상차가 생기면 : 위상차에 의해 유효 순환 전류(동기화 전류)가 흘러 동기화력에 의해 위상이 일치화된다.

Remember

■ 동기 발전기의 병렬 운전 조건 중

다를 경우	발생
기전력의 크기가	무효 횡류(무효 순환 전류)
기전력의 위상이	유효 횡류(동기화 전류)
기전력의 주파수가	단자 전압의 진동
기전력의 파형이	고조파 순환 전류

□□□ 13④

37 동기 전동기에 대한 설명으로 옳지 않는 것은?

① 정속도 전동기로 비교적 회전수가 낮고 큰 출력이 요구되는 부하에 이용한다.
② 난조가 발생하기 쉽고, 속도 제어가 간단하다.
③ 전력계통의 전류 세기, 역률 등을 조정할 수 있는 동기 조상기로 사용된다.
④ 가변 주파수에 의해 정밀 속도 제어 전동기로 사용된다.

해② 동기 전동기
동기 전동기는 난조가 발생하기 쉽고, 속도 제어가 어렵다.

□□□ 11④,13②

38 변압기 절연내력 시험 중 권선의 층간 절연시험은?

① 충격 전압 시험 ② 무부하 시험
③ 가압 시험 ④ 유도 시험

해④ 변압기의 절연내력 시험
• 가압 시험 : 온도 상승 시험 직후에 해야 하며, 가압시간은 1분
• 유도 시험 : 권선의 층간 절연내력 시험
• 충격 시험 : 변압기에 충격파 전압 절연 파괴 시험

□□□ 13③

39 아크 용접용 변압기가 일반 전력용 변압기와 다른 점은?

① 권선의 저항이 크다.
② 누설 리액턴스가 크다.
③ 효율이 높다.
④ 역률이 좋다.

해② 아크 용접용(누설) 변압기의 특징
• 누설 리액턴스가 크다.
• 전압 변동률이 크다.
• 역률($\cos\theta$)이 낮다.

□□□ 13④

40 직류 전동기의 속도 제어에서 자속을 2배로 하면 회전수는?

① 1/2로 줄어든다. ② 변함이 없다.
③ 2배로 증가한다. ④ 4배로 증가한다.

해① 직류 전동기의 속도
$N = K \dfrac{V - I_a R_a}{\phi} \times 60 [\text{rpm}]$에서
자속(ϕ)을 2배로 하면 회전수는 $\dfrac{1}{2}$배로 감소한다.

정답 36 ④ 37 ② 38 ④ 39 ② 40 ①

□□□ 07①,08①,13④

41 3상 변압기의 병렬 운전이 불가능한 결선 방식으로 짝지은 것은?

① Δ-Δ와 Y-Y
② Δ-Y와 Δ-Y
③ Y-Y와 Y-Y
④ Δ-Δ와 Δ-Y

해④ 병렬 운전 불가능 결선 방식
• Δ-Δ 결선과 Δ-Y 결선
• Y-Y 결선과 Δ-Y 결선
• 위상차가 30° 만큼 발생하므로 병렬 운전할 수 없다.

□□□ 13④

42 직류 발전기의 정류를 개선하는 방법 중 틀린 것은?

① 코일의 자기 인덕턴스가 원인이므로 접촉저항이 작은 브러시를 사용한다.
② 보극을 설치하여 리액턴스 전압을 감소시킨다.
③ 보극 권선은 전기자 권선과 직렬로 접속한다.
④ 브러시를 전기적 중성축을 지나서 회전방향으로 약간 이동시킨다.

해① 정류를 개선하는 방법
코일의 자기 인덕턴스가 원인이므로 접촉저항이 큰 브러시를 사용한다.

□□□ 10①,13②,14①,20②

43 동기 임피던스 5[Ω]인 2대의 3상 동기 발전기의 유도기전력에 100[V]의 전압 차이가 있다면 무효 순환 전류[A]는?

① 10
② 15
③ 20
④ 25

해① 무효 순환 전류
$I_c = \dfrac{E}{2Z_s} = \dfrac{100}{2 \times 5} = 10[A]$

□□□ 13③,20①,21②,22①,23①

44 그림과 같은 전동기 제어회로에서 전동기 M의 전류 방향으로 올바른 것은? (단, 전동기의 역률은 100[%]이고, 사이리스터의 점호각은 0°라고 본다.)

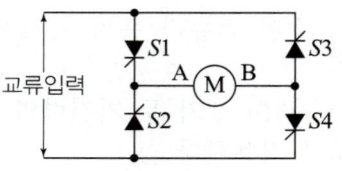

① 항상 "A"에서 "B"의 방향
② 항상 "B"에서 "A"의 방향
③ 입력의 반주기마다 "A"에서 "B"의 방향, "B"에서 "A"의 방향
④ $S1$과 $S4$, $S2$와 $S3$의 동작 상태에 따라 "A"에서 "B"의 방향, "B"에서 "A"의 방향

해① 사이리스터(다이오드)
• 다이오드는 전류를 한쪽 방향으로만 흐르게 하고 역방향으로 흐르지 못하게 하는 성질이 있다.
• 전류의 방향 : $S1 \to A \to M \to B \to S4$ 방향, $S2 \to A \to M \to B \to S3$ 방향
∴ 항상 "A" → "B" 방향으로 흐른다.

□□□ 06③④,07②,10①③,13④,14①,21①

45 변압기의 백분율 저항 강하가 2[%], 백분율 리액턴스 강하가 3[%]일 때 부하역률이 80[%]인 변압기의 전압 변동률[%]은?

① 1.2
② 2.4
③ 3.4
④ 3.6

해③ 변압기의 전압 변동률
$\epsilon = p\cos\theta \pm q\sin\theta$ (지상 : $+\sin\theta$, 진상 : $-\sin\theta$)
• 역률 $\cos\theta = 0.8$ 이면 $\theta = \cos^{-1}(0.8) = 36.87°$
∴ $\sin 36.87° = 0.6$
∴ $\epsilon = 2 \times 0.8 + 3 \times 0.6 = 3.4[\%]$

정답 41 ④ 42 ① 43 ① 44 ① 45 ③

□□□ 11①,13①

46 2차 전압 200[V], 2차 권선 저항 0.03[Ω], 2차 리액턴스 0.04[Ω]인 유도 전동기의 3[%]의 슬립으로 운전 중이라면 2차 전류[A]는?

① 20
② 100
③ 200
④ 254

해 ③ 유도 전동기의 2차 전류

$$I_2 = \frac{E_2}{\sqrt{\left(\frac{r_2}{s}\right)^2 + x_2^2}}$$

- $E_2 = 200[V]$, $r_2 = 0.03[\Omega]$, $s = 3[\%] = 0.03$
  $x_2 = 0.04[\Omega]$

$$\therefore I_2 = \frac{200}{\sqrt{\left(\frac{0.03}{0.03}\right)^2 + (0.04)^2}} = 200[A]$$

□□□ 06②,07①,08②,09②③,13③④,15②

47 슬립 4[%]인 3상 유도 전동기의 2차 동손이 0.4[kW]일 때 회전자의 입력[kW]은?

① 6
② 8
③ 10
④ 12

해 ③ 2차(회전자)의 입력

- 2차 동손 $P_{c2} = sP_2$에서
- P_{c2}=2차 동손=2차 저항손=0.4[kW]
- 슬립 $s = 4[\%] = 0.04$

$$\therefore 2차 입력 P_2 = \frac{P_{c2}}{s} = \frac{0.4}{0.04} = 10[kW]$$

Remember

■ 유도 전동기의 입출력 특성
- 1차 출력=2차 입력 $P_2 = P_o + P_{c2}[kW] = \frac{P_o}{1-s}$
- 2차 출력
  $P_o = (1-s)P_2 = (1-s)(1차 입력 - 1차 손실)[kW]$
- 2차 동손 $P_{c2} = sP_2[W]$

□□□ 13④

48 동기 발전기의 공극이 넓을 때의 설명으로 잘못된 것은?

① 안정도 증대
② 단락비가 크다.
③ 여자 전류가 크다.
④ 전압 변동이 크다.

해 ④ 단락비가 큰 동기 발전기의 특징
- 공극이 크다.
- 안정도가 좋다.
- 단락 전류가 크다.
- 전기자 반작용이 작다.
- 동기 임피던스가 작다.
- 전압 변동률이 작다.
- 여자 전류가 크다.

□□□ 08③,10③,13③,23①

49 상전압 300[V]의 3상 반파 정류 회로의 직류 전압은 약 몇 [V]인가?

① 520[V]
② 350[V]
③ 260[V]
④ 50[V]

해 ② 3상 반파 정류 회로의 직류 전압

- $E_d = \frac{3\sqrt{6}}{2\pi}V_P = \frac{3\sqrt{6}}{2\pi} \times 300 = 350.86[V]$
- $E_d = 1.17V_P = 1.17 \times 300 = 351[V]$

Remember

■ 3상 정류 회로
- 3상 반파 직류분 전압
  $E_d = \frac{3\sqrt{6}}{2\pi}V_P = 1.17V_P[V]$
- 3상 전파 직류분 전압
  $E_d = \frac{3\sqrt{2}}{\pi}V_l = 1.35V_l[V]$

정답 46 ③ 47 ③ 48 ④ 49 ②

50 직류 직권 전동기의 회전수(N)와 토크(τ)와의 관계는?

① $\tau \propto \dfrac{1}{N}$ ② $\tau \propto \dfrac{1}{N^2}$

③ $\tau \propto N$ ④ $\tau \propto N^{\frac{3}{2}}$

> | 해 ② | 직류 전동기의 속도, 토크 특성
> • 직권 전동기의 토크 속도 특성
> $\tau \propto I^2 \propto \dfrac{1}{N^2}$
> • 분권 전동기의 토크 속도 특성
> $\tau \propto I \propto \dfrac{1}{N}$

51 다음 중 거리 계전기의 설명으로 틀린 것은?

① 전압과 전류의 크기 및 위상차를 이용한다.
② 154[kV] 계통 이상의 송전선로 후비 보호를 한다.
③ 345[kV] 변압기의 후비 보호를 한다.
④ 154[kV] 및 345[kV] 모선 보호에 주로 사용한다.

> | 해 ④ |
> • 거리 계전기 : 송전선에 사고가 발생했을 때 고장구간의 전류를 차단하는 작용을 하는 계전기
> • 전압 차동 계전기 : 모선 보호용으로 사용된다.
> • 갑종 보호 계전기 : 345[kV] 및 154[kV] 계통 전력설비보호에 적용한 보호 계전기

52 전기자 저항이 0.2[Ω], 전류 100[A], 전압 120[V]일 때 분권 전동기의 발생 동력[kW]은?

① 5   ② 10
③ 14 ④ 20

> | 해 ② | 분권 전동기
> 동력(출력) $P_o = EI_a$
> • 전기자 전류 $I_a = 100$[A]
> • 역기전력 $E = V - I_a R_a = 120 - 100 \times 0.2 = 100$[V]
> ∴ $P_o = 100 \times 100 = 10,000$[W] $= 10$[kW]

53 그림은 교류 전동기 속도 제어회로이다. 전동기 M의 종류로 알맞은 것은?

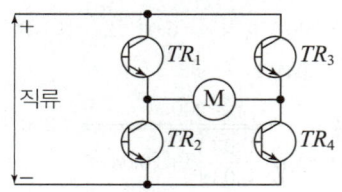

① 단상 유도 전동기   ② 2상 유도 전동기
③ 3상 동기 전동기   ④ 4상 스텝 전동기

> | 해 ① | 단상 유도 전동기의 속도 제어회로
> 교류 전동기 속도 제어 회로에서 가운데에 사용되는 전동기 M은 단상 유도 전동기다.

54 3상 66,000[kVA], 22,900[V] 터빈 발전기의 정격 전류는 약 몇[A]인가?

① 8,764   ② 3,367
③ 2,882   ④ 1,664

> | 해 ④ |
> ■ 3상 발전기 정격 용량 $P_a = \sqrt{3}\,VI$ [VA]에서
> ■ 터빈 발전기의 정격 전류 $I = \dfrac{P_a}{\sqrt{3}\,V}$
> • $P_a = 66,000$[kVA] $= 66,000 \times 10^3$[VA]
> • $V = 22,900$[V]
> $I = \dfrac{66,000 \times 10^3}{\sqrt{3} \times 22,900} = 1,664$[A]

□□□ 07①, 09①, 13①②, 15③

55 동기속도 30[rps]인 교류 발전기 기전력의 주파수가 60[Hz]가 되려면 극수는?

① 2
② 4
③ 6
④ 8

> **해 ②** 동기속도[rps]일 때
> $n_s = \dfrac{2f}{p}$ [rpm]에서
> 극수 $p = \dfrac{2f}{n_s}$
> • 주파수 $f = 60$[Hz]
> • 동기속도 $n_s = 30$[rps]
> • 단위[rps] : 회전기의 회전속도를 나타내는 단위로 1초 동안의 회전수
> ∴ 극수 $p = \dfrac{2 \times 60}{30} = 4$[극]

□□□ 13①

56 출력 10[kW], 슬립 4[%]로 운전되고 있는 3상 유도 전동기의 2차 동손은 약 몇 [W]인가?

① 250
② 315
③ 417
④ 620

> **해 ③**
> • 2차 동손 $P_{c2} = sP_2 = s \cdot \dfrac{P_o}{1-s}$ [kW]
> • $s = 4\% = 0.04$, $P_o = 10$[kW] $= 10 \times 10^3$[W]
> ∴ $P_{c2} = 0.04 \times \dfrac{10 \times 10^3}{1-0.04} = 417$[W]

> **Remember**
> ■ 유도 전동기의 입출력 특성
> • 1차 출력=2차 입력 $P_2 = P_o + P_{c2}$[kW] $= \dfrac{P_o}{1-s}$
> • 2차 출력
> $P_o = (1-s)P_2 = (1-s)(1차 입력 - 1차 손실)$[kW]
> • 2차 동손 $P_{c2} = sP_2 = s \cdot \dfrac{P_o}{1-s}$ [kW]

□□□ 06①, 13④, 14④, 18①

57 6,600/220[V]인 변압기의 1차에 2,850[V]를 가하면 2차 전압[V]은?

① 90
② 95
③ 120
④ 105

> **해 ②** 권수비
> $a = \dfrac{V_1}{V_2} = \dfrac{N_1}{N_2} = \dfrac{E_1}{E_2} = \sqrt{\dfrac{Z_1}{Z_2}} = \sqrt{\dfrac{R_1}{R_2}} = \dfrac{I_2}{I_1}$
> • $a = \dfrac{V_1}{V_2} = \dfrac{6,600}{220} = 30$
> • $a = \dfrac{V_1}{V_2} = \dfrac{2,850}{V_2} = 30$
> ∴ 2차 전압 $V_2 = \dfrac{V_1}{a} = \dfrac{2,850}{30} = 95$[V]
>
> **참고** SOLVE 사용
> $30 = \dfrac{2,850}{V_2}$ ∴ $V_2 = 95$[V]

□□□ 13③

58 동기 전동기의 계자 전류를 가로축에, 전기자 전류를 세로축으로 하여 나타낸 V곡선에 관한 설명으로 옳지 않은 것은?

① 위상 특성 곡선이라 한다.
② 부하가 클수록 V곡선은 아래쪽으로 이동한다.
③ 곡선의 최저점은 역률 1에 해당한다.
④ 계자 전류를 조정하여 역률을 조정할 수 있다.

> **해 ②** 동기 전동기의 위상 특성 곡선(V곡선)
>
>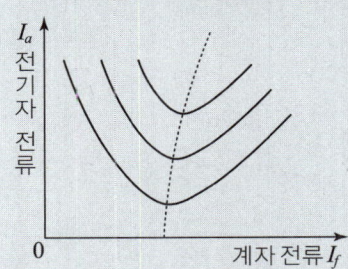
>
> 부하가 클수록 V곡선은 위쪽으로 이동한다.

☐☐☐ 11③,13②,23②

59 변압기의 자속에 관한 설명으로 옳은 것은?

① 전압과 주파수에 반비례한다.
② 전압과 주파수에 비례한다.
③ 전압에 반비례하고 주파수에 비례한다.
④ 전압에 비례하고 주파수에 반비례한다.

> |해 ④| 변압기의 유도기전력
> $E = 4.44fN\phi$ [V]에서
> - 자속 $\phi = \dfrac{E}{4.44fN}$ [Wb]
> ∴ 변압기의 자속(ϕ)은 전압(E)에 비례하고 주파수(f)에 반비례한다.

☐☐☐ 13①

60 직류 발전기의 전기자 반작용에 의하여 나타나는 현상은?

① 코일이 자극의 중심축에 있을 때도 브러시 사이에 전압을 유기시켜 불꽃을 발생한다.
② 주자속 분포를 찌그러뜨려 중성축을 고정시킨다.
③ 주자속을 감속시켜 유도 전압을 증가시킨다.
④ 직류 전압이 증가한다.

> |해 ①| 전기자 반작용의 영향
> - 전기적 중성축이 이동된다.
> - 주자속이 감소하여 기전력이 감소된다.
> - 브러시와 정류자 사이에 불꽃이 발생하여 정류 불량 원인

05 2단계 | 전기기기 스피드마스터 — 과년도 기출 핵심문제

□□□ 10③,12①

01 유도 전동기의 회전자에 슬립 주파수의 전압을 공급하여 속도 제어를 하는 것은?

① 2차 저항법
② 2차 여자법
③ 자극수 변환법
④ 인버터 주파수 변환법

> 해② 2차 여자법
> 권선형 유도 전동기의 속도 제어 방식으로 회전자 기전력과 같은 슬립 주파수 전압을 회전자에 가하여 속도를 제어하는 방식

□□□ 09④,12①

02 보호 계전기의 기능상 분류로 틀린 것은?

① 차동 계전기
② 거리 계전기
③ 저항 계전기
④ 주파수 계전기

> 해③ 보호 계전기의 기능상 분류
> 차동 계전기, 거리 계전기, 주파수 계전기, 과전류 계전기, 과전압 계전기, 방향 계전기

□□□ 08③,10②,12①

03 다음 중 SCR의 기호는?

①
②
③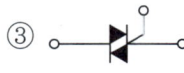
④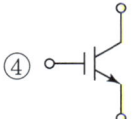

> 해①
> ① SCR ③ TRIAC ④ IGBT

□□□ 09①,12①

04 회전자 입력을 P_2, 슬립을 s라 할 때 3상 유도 전동기의 기계적 출력의 관계식은?

① sP_2
② $(1-s)P_2$
③ $s^2 P_2$
④ P_2/s

> 해② 기계적 출력(2차 출력)
> $P_o = (1-s)P_2 = (1-s)(1차 입력 - 1차 손실)[kW]$

□□□ 11①,12②,13①④

05 2대의 동기 발전기가 병렬 운전하고 있을 때 동기화 전류가 흐르는 경우는?

① 기전력의 크기에 차가 있을 때
② 기전력의 위상에 차가 있을 때
③ 부하분담에 차가 있을 때
④ 기전력의 파형에 차가 있을 때

> 해② 동기 발전기의 병렬 운전 조건 중

조건이 다를 경우	발생
기전력의 크기가	무효 횡류(무효 순환 전류)
기전력의 위상이	유효 순환 전류(동기화 전류)
기전력의 주파수가	단자 전압의 진동
기전력의 파형이	고조파 순환 전류

□□□ 10①,12①

06 동기 전동기의 전기자 전류가 최소일 때 역률은?

① 0.5
② 0.707
③ 0.886
④ 1.0

> 해④ 동기 전동기
> 전기자 전류(I_a)가 최소일 때 역률은 1이 된다.

정답 01 ② 02 ③ 03 ① 04 ② 05 ② 06 ④

□□□ 06①,09①,12①,19②

07 실리콘 제어 정류기(SCR)에 대한 설명으로 적합하지 않은 것은?

① 정류작용을 할 수 있다.
② P-N-P-N 구조로 되어 있다.
③ 정방향 및 역방향의 제어 특성이 있다.
④ 인버터 회로에 이용될 수 있다.

> 해③ 사이리스터(SCR)의 특성
> • P-N-P-N 접합의 4층 구조 반도체 소자의 총칭
> • 역저지 3단자 사이리스터 대표적이다.
> • 게이트 단자를 통해 고속도 스위칭작용을 할 수 있다.
> • 정류 기능이 있어 정방향의 전류는 제어할 수 있지만 역방향의 전류는 제어할 수 없다.

□□□ 06④,12①,18①

08 우산형 발전기의 용도는?

① 저속 대용량기   ② 저속 소용량기
③ 고속 대용량기   ④ 고속 소용량기

> 해① 우산형 발전기
> • 저속 발전기에 주로 사용된다.
> • 축방향 길이가 짧아 높이가 낮고 경제적이며 조립이 용이하다.

□□□ 12②

09 직류기의 손실 중 기계손에 속하는 것은?

① 풍손   ② 와전류손
③ 히스테리시스손   ④ 표유 부하손

> 해① 직류기의 손실
> • 무부하손 : 철손(히스테리시스손, 맴돌이 전류손(와전류손), 기계손(풍손)
> • 부하손 : 구리손(동손, 저항손), 표유 부하손

□□□ 07④,12①

10 다음 중 절연저항을 측정하는 것은?

① 켈빈 더블 브리지법 ② 전압전류계법
③ 휘트스톤 브리지법   ④ 메거

> 해④ 절연저항계(Megger ; 메거)
> • 절연저항 상태를 측정하기 위해 메거(Megger ; 절연저항계)라는 것을 사용한다.
> • 옥내에 시설하는 저압 전로와 대지 사이의 절연저항 측정한다.

□□□ 12②③

11 직류 발전기를 구성하는 부분 중 정류자란?

① 전기자와 쇄교하는 자속을 만들어 주는 부분
② 자속을 끊어서 기전력을 유기하는 부분
③ 전기자 권선에서 생긴 교류를 직류로 바꾸어 주는 부분
④ 계자 권선과 외부 회로를 연결시켜 주는 부분

> 해③ 정류자
> 직류 발전기에서 브러시와 접촉하여 전기자 권선에 유도되는 교류기전력을 정류해서 직류로 만드는 부분

□□□ 09②,12②,20①

12 동기 전동기를 자기 기동법으로 기동시킬 때 계자 회로는 어떻게 하여야 하는가?

① 단락시킨다.
② 개방시킨다.
③ 직류를 공급한다.
④ 단상 교류를 공급한다.

> 해① 자기 기동법
> 동기 전동기의 자기 기동법에서 계자 회로(계자 전선)를 단락하는 이유는 고전압 유도에 의한 절연 파괴 위험 방지를 위해서다.

□□□ 12②
13 직류 복권 발전기를 병렬 운전할 때 반드시 필요한 것은?

① 과부하 계전기
② 균압선
③ 용량이 같을 것
④ 외부 특성 곡선이 일치할 것

> 해② 균압선
> 직류 복권 발전기의 병렬 운전을 안전하게 하기 위해서 두 발전기의 전기자와 직권 권선의 접촉점에 반드시 균압선을 설치해야 한다.

□□□ 12③
14 직류 직권 전동기의 공급 전압의 극성을 반대로 하면 회전방향은 어떻게 되는가?

① 변하지 않는다.   ② 반대로 된다.
③ 회전하지 않는다. ④ 발전기로 된다.

> 해①
> 직권 전동기는 자기 여자 방식이므로 전원의 극성을 반대로 연결하면 전기자 전류와 계자 전류의 방향이 동시에 바뀌므로, 토크의 방향(회전 방향)은 변하지 않는다.

□□□ 12②
15 직류 발전기 전기자의 구성으로 옳은 것은?

① 전기자 철심, 정류자
② 전기자 권선, 전기자 철심
③ 전기자 권선, 계자
④ 전기자 철심, 브러시

> 해② 직류 발전기 전기자의 구성
>
> | 전기자 철심 | 슬롯을 구성하는 철심 |
> |---|---|
> | 전기자 권선 | 자속을 끊어 기전력을 발생 |
>
> • 전기자 : 기전력을 발생시키는 역할

□□□ 09②,12③,18②
16 인견 공업에 사용되는 포트 전동기의 속도 제어는?

① 극수 변환에 의한 제어
② 1차 회전에 의한 제어
③ 주파수 변환에 의한 제어
④ 저항에 의한 제어

> 해③ 주파수 변환에 의한 속도 제어
> 선박의 전기 추진용 유도 전동기, 인견 공장의 포터 모터 등에 이용

□□□ 11①,12②③,15①④
17 동기 전동기의 특징과 용도에 대한 설명으로 잘못된 것은?

① 진상, 지상의 역률 조정이 된다.
② 속도 제어가 원활하다.
③ 시멘트 공장의 분쇄기 등에 사용된다.
④ 난조가 발생하기 쉽다.

> 해② 동기 전동기의 특징
> • 난조가 발생하기 쉽다.
> • 속도가 변하지 않고 일정하다.
> • 필요시 지상·진상분으로 변환이 가능하다.

□□□ 12②③
18 직류 발전기에서 브러시와 접촉하여 전기자 권선에 유도되는 교류기전력을 정류해서 직류로 만드는 부분은?

① 계자   ② 정류자
③ 슬립링   ④ 전기자

> 해② 정류자
> 직류 발전기에서 브러시와 접촉하여 전기자 권선에 유도되는 교류 기전력을 정류해서 직류로 만드는 부분

□□□ 12③,13④

19 기동 토크가 대단히 작고 역률과 효율이 낮으며 전축, 선풍기 등 수 10[W] 이하의 소형 전동기에 널리 사용되는 단상 유도 전동기는?

① 반발 기동형 ② 셰이딩 코일형
③ 모노사이클릭형 ④ 콘덴서형

| 해② | 셰이딩 코일형 유도 전동기의 특징
- 운전 중에도 셰이딩 코일에 전류가 흐르기 때문에 효율과 역률은 모두 낮고 속도 변동률이 크다.
- 구조가 간단하고 견고하기 때문에 전축, 선풍기, 10[W] 이하의 소형 전동기에 널리 사용된다.

□□□ 12④

20 3상 동기 전동기의 특징이 아닌 것은?

① 부하의 변화로 속도가 변하지 않는다.
② 부하의 역률을 개선할 수 있다.
③ 전부하 효율이 양호하다.
④ 공극이 좁으므로 기계적으로 견고하다.

| 해④ | 동기 전동기의 장점
공극이 넓으므로 기계적으로 견고한다.

□□□ 12③,22①

21 농형 회전자에 비뚤어진 홈을 쓰는 이유는?

① 출력을 높인다.
② 회전수를 증가시킨다.
③ 소음을 줄인다.
④ 미관상 좋다.

| 해③ | 농형 회전자
회전자의 홈이 축 방향에 평행하지 않고, 조금씩 비뚤어져 있는 홈으로 만드는 것은 회전자는 고정자의 자속을 끊을 때 발생하는 소음을 억제하는 효과가 있다.

□□□ 09②,12③

22 직류 전동기의 속도 제어 방법 중 속도 제어가 원활하고 정토크 제어가 되며 운전 효율이 좋은 것은?

① 계자 제어 ② 병렬 저항 제어
③ 직렬 저항 제어 ④ 전압 제어

| 해④ | 전압 제어법
- 전기자에 가해지는 단자 전압을 변화시켜 속도를 조정하는 방법으로 정토크 제어다.
- 가장 광범위하고 효율이 좋으며 원활하게 속도 제어가 가능하다.

□□□ 12③,15④,21①,23②

23 변압기 V결선의 특징으로 틀린 것은?

① 고장 시 응급처치 방법으로 쓰인다.
② 단상 변압기 2대로 3상 전력을 공급한다.
③ 부하증가 시 예상되는 지역에 시설한다.
④ V결선 시 출력은 Δ결선 시 출력과 그 크기가 같다.

| 해④ | 변압기 V결선의 단점
V결선 시 출력은 Δ결선 시 출력의
$\dfrac{\sqrt{3}\,VI}{3\,VI}=0.577$로 57.7[%]밖에 안 된다.

□□□ 12④,20②,24①

24 계자 권선이 전기자에 병렬로만 접속된 직류기는?

① 타여자기 ② 직권기
③ 분권기 ④ 복권기

| 해③ | 분권 발전기
분권 발전기는 계자 권선과 전기자 권선이 병렬로 접속된 직류기다.

25 권선형 유도 전동기의 회전자에 저항을 삽입하였을 경우 틀린 사항은?

① 기동 전류가 감소된다.
② 기동 전압은 증가한다.
③ 역률이 개선된다.
④ 기동 토크는 증가한다.

> 해② 권선형 유도 전동기의 회전자에 저항을 삽입하면
> • 기동 토크가 증가하고, 기동 전류는 감소하며 기동 전압은 감소한다.
> • 운전점이 동기속도에서 멀어지기 때문에 역률이 개선된다.

26 동기 발전기의 병렬 운전에 필요한 조건이 아닌 것은?

① 유기기전력의 주파수
② 유기기전력의 위상
③ 유기기전력의 역률
④ 유기기전력의 크기

> 해③ 동기 발전기에 필요한 병렬 운전 조건
> • 기전력의 크기가 같을 것
> • 기전력의 위상이 같을 것
> • 기전력의 주파수가 같을 것
> • 기전력의 파형이 같을 것

27 동기 발전기의 전기자 반작용 현상이 아닌 것은?

① 포화작용
② 증자작용
③ 감자작용
④ 교차자화작용

> 해① 동기 발전기의 전기자 반작용
> • 교차자화작용 • 감자작용 • 증자작용

28 변압기의 절연내력 시험 중 유도 시험에서의 시험시간은? (단, 유도 시험의 계속시간은 시험 전압 주파수가 정격 주파수의 2배를 넘는 경우이다.)

① $60 \times \dfrac{2 \times 정격\ 주파수}{시험\ 주파수}$
② $120 - \dfrac{정격\ 주파수}{시험\ 주파수}$
③ $60 \times \dfrac{2 \times 시험\ 주파수}{정격\ 주파수}$
④ $120 + \dfrac{정격\ 주파수}{시험\ 주파수}$

> 해① 유도 시험의 시험시간
> $t = 60 \times \dfrac{2 \times 정격\ 주파수}{시험\ 주파수}[\sec]$

29 속도를 광범위하게 조정할 수 있으므로 압연기나 엘리베이터 등에 사용되는 직류 전동기는?

① 직권 전동기
② 분권 전동기
③ 타여자 전동기
④ 가동 복권 전동기

> 해③ 타여자 전동기
> 전원의 극성을 반대로 하면 회전방향을 바꿀 수 있고 속도를 광범위하게 조정할 수 있으므로 엘리베이터, 압연기 등에 널리 이용된다.

30 다음 중 특수 직류기가 아닌 것은?

① 고주파 발전기
② 단극 발전기
③ 승압기
④ 전기 동력계

> 해① 특수 직류기
> • 단극발전기, 승압기, 전기 동력계, 기등기

정답 25 ② 26 ③ 27 ① 28 ① 29 ③ 30 ①

□□□ 08③,12④,22①

31 직류 발전기의 무부하 특성 곡선은?

① 부하 전류와 무부하 단자 전압과의 관계이다.
② 계자 전류와 부하 전류와의 관계이다.
③ 계자 전류와 무부하 단자 전압과의 관계이다.
④ 계자 전류와 회전력과의 관계이다.

> |해③| 직류 발전기 특성 곡선
> • 부하 포화 곡선 : 단자 전압, 계자 전류의 관계
> • 무부하 포화 곡선 : 계자 전류, 기전력의 관계
> • 무부하 특성 곡선 : 계자 전류, 무부하 단자 전압의 관계
> • 외부 특성 곡선 : 단자 전압, 부하 전류의 관계

□□□ 08②,12④,18②,24②

32 용량이 작은 변압기의 단락보호용으로 주보호 방식으로 사용되는 계전기는?

① 차동 전류 계전 방식
② 과전류 계전 방식
③ 비율 차동 계전 방식
④ 기계적 계전 방식

> |해②| 과전류 계전 방식
> • 과전류를 검출 보호하는 방식
> • 용량이 작은 변압기의 단락보호용으로 주보호 방식으로 사용되는 계전기

□□□ 07④,08④,09②,12③,22②,23②

33 전기자 저항 0.1[Ω], 전기자 전류 104[A], 유도 기전력 110.4[V]인 직류 분권 발전기의 단자 전압 [V]은?

① 110   ② 106
③ 102   ④ 100

> |해④| 분권 발전기의 단자 전압
> $V = E - I_a R_a = 110.4 - 104 \times 0.1 = 100[V]$

□□□ 07①④,09③,16①

34 변압기의 2차 저항이 0.1[Ω]일 때 1차로 환산하면 360[Ω]이 된다. 이 변압기의 권수비는?

① 30   ② 40
③ 50   ④ 60

> |해④|
> 권수비 $a = \dfrac{V_1}{V_2} = \dfrac{N_1}{N_2} = \dfrac{E_1}{E_2} = \sqrt{\dfrac{Z_1}{Z_2}} = \sqrt{\dfrac{R_1}{R_2}} = \dfrac{I_2}{I_1}$
> $\therefore a = \sqrt{\dfrac{R_1}{R_2}} = \sqrt{\dfrac{360}{0.1}} = 60$

□□□ 10③,12①,20②

35 정격 전압 250[V], 정격 출력 50[kW]의 외분권 복권 발전기가 있다. 분권계자 저항이 25[Ω]일 때 전기자 전류는?

① 100[A]   ② 210[A]
③ 2,000[A] ④ 2,010[A]

> |해②| 외분권 복권 발전기
> 전기자 전류 $I_a = I + I_{fp}$
> • 부하 전류 $I = \dfrac{P}{V} = \dfrac{50 \times 10^3}{250} = 200[A]$
> • 분권 계자 전류 $I_{fp} = \dfrac{V}{R_{fp}} = \dfrac{250}{25} = 10[A]$
> $\therefore I_a = 200 + 10 = 210[A]$

□□□ 07②,12②③,15②,23①

36 단상 전파 정류 회로에서 교류 입력이 100[V]이면 직류 출력은 약 몇 [V]인가?

① 45   ② 67.5
③ 90   ④ 135

> |해③| 단상 정류 회로
> $E_o = \dfrac{2\sqrt{2}E}{\pi} = 0.90E[V] = 0.90 \times 100 = 90[V]$

정답 31 ③ 32 ② 33 ④ 35 ④ 35 ② 36 ③

□□□ 12②,15②

37 단상 전파 정류 회로에서 직류 전압의 평균값으로 가장 적당한 것은? (단, E는 교류 전압의 실횻값)

① $1.35E$[V]　　② $1.17E$[V]
③ $0.9E$[V]　　④ $0.45E$[V]

해 ③ 정류 회로 직류분 전압 평균치
- 단상 반파 $E_d = \dfrac{\sqrt{2}}{\pi}E = 0.45E$[V]
- 단상 전파 $E_d = \dfrac{2\sqrt{2}}{\pi}E = 0.9E$[V]

□□□ 06④,08②,09③④,10②,12①,15①,16②,23①

38 무부하에서 119[V] 되는 분권 발전기의 전압 변동률이 6[%]이다. 정격 전부하 전압은 약 몇 [V]인가?

① 110.2　　② 112.3
③ 122.5　　④ 125.3

해 ② 전압 변동률
$\epsilon = \dfrac{V_o - V_n}{V_n} \times 100 = \dfrac{119 - V_n}{V_n} \times 100 = 6[\%]$

$V_n = \dfrac{V_o}{1+\epsilon} = \dfrac{119}{1+0.06} = 112.3$[V]

참고 SOLVE 사용
∴ 정격 전압 $V_n = 112.3$[V]

□□□ 08③,10③,12③

39 60[Hz] 3상 반파 정류 회로의 맥동 주파수는?

① 60[Hz]　　② 120[Hz]
③ 180[Hz]　　④ 360[Hz]

해 ③ 맥동 주파수
f_o = 기본파의 주파수 × 상수 × k
- 정류상수 k(반파 : 1, 전파 : 2)
∴ $f_o = 60 \times 3 \times 1 = 180$[Hz]

□□□ 12①④

40 5.5[kW], 200[V] 유도 전동기의 전전압 가동 시의 기동 전류가 150[A]이었다. 여기에 Y-Δ 기동 시 기동 전류는 몇 [A]가 되는가?

① 50　　② 70
③ 87　　④ 95

해 ① Y-Δ 기동법
- 기동 전류 : $\dfrac{I_Y}{I_\Delta} = \dfrac{1}{3}$ 배 감소

∴ 기동 전류 : $\dfrac{I_Y}{I_\Delta} = \dfrac{1}{3} \times 150 = 50$[A]

Remember

■ Y-Δ 기동법
- 유도 전동기를 기동할 때 기동 전류와 기동 토크는 전전압 기동에 비해 $\dfrac{1}{3}$이 된다
- 기동 토크 : $\dfrac{1}{3}$ 배 감소
- 전력 소비 : $\dfrac{1}{3}$ 배 감소

□□□ 07③,08③,09①,10④,12①④,14④,15④

41 농형 유도 전동기의 기동법이 아닌 것은?

① Y-Δ 기동법
② 기동 보상기에 의한 기동법
③ 2차 저항기법
④ 전전압 기동법

해 ③
■ 농형 유도 전동기의 기동법
- 전전압(직입) 기동법
- Y-Δ 기동법
- 리액터 기동법
- 기동 보상기법
■ 권선형 유도 전동기의 기동법 : 2차 저항 기동법

□□□ 07③,11④,12③

42 단상 반파 정류 회로의 전원 전압 200[V], 부하 저항이 20[Ω]이면 부하 전류는 약 몇 [A]인가?

① 4
② 4.5
③ 6
④ 6.5

해② 단상 반파 정류 회로
- 직류 전압 평균치 $E_o = \dfrac{\sqrt{2}E}{\pi} = 0.45E$ [V]
- 직류 전류 평균치 $I_d = \dfrac{E_o}{R} = \dfrac{\frac{\sqrt{2}E}{\pi}}{R} = \dfrac{\sqrt{2}}{\pi}\dfrac{E}{R}$ [A]

∴ $I_d = \dfrac{\sqrt{2}}{\pi}\dfrac{200}{20} = 4.50$ [A]

□□□ 12①,14②

43 직류기의 전기자 철심을 규소 강판으로 성층하여 만드는 이유는?

① 가공하기 쉽다.
② 가격이 염가이다.
③ 철손을 줄일 수 있다.
④ 기계손을 줄일 수 있다.

해③ 전기자 철심의 특성

규소 강판 사용	히스테리시스손 감소
규소 강판 성층 사용	철손 감소
성층 철심	와류손 감소

□□□ 12④

44 유도 전동기의 슬립을 측정하는 방법으로 옳은 것은?

① 전압계법
② 전류계법
③ 평형 브리지법
④ 스트로보법

해④ 유도 전동기의 슬립 측정 방법
회전계법, 직류 밀리 볼트계법, 수화기법, 스트로보 스코우트법

□□□ 12④,15③

45 애벌런치 항복 전압은 온도 증가에 따라 어떻게 변화하는가?

① 감소한다.
② 증가한다.
③ 증가했다 감소한다.
④ 무관하다.

해② 애벌런치 항복(avalanche breakdown)
- 애벌런치 항복 전압은 온도 증가에 따라 증가한다.
- 일반적인 PN접합 다이오드에서 과도한 역방향 바이어스에 의해서 일어나는 현상

□□□ 07②,12①,13②,15②,16①,21①

46 전력계통에 접속되어 있는 변압기나 장거리 송전 시 정전 용량으로 인한 충전특성 등을 보상하기 위한 기기는?

① 유도 전동기
② 동기 전동기
③ 유도 발전기
④ 동기 조상기

해④ 동기 조상기
V곡선에서 위상 특성을 이용해서 전력계통의 전압 조정과 역률을 개선하기 위하여 송전계통에 접속한 무부하의 동기 전동기

□□□ 12②

47 분상 기동형 단상 유도 전동기 원심 개폐기의 작동 시기는 회전자 속도가 동기속도의 몇 [%] 정도인가?

① 10~30[%]
② 40~50[%]
③ 60~80[%]
④ 90~100[%]

해③ 분상 기동형 단상 유도 전동기의 동기속도 전동기가 동기속도의 약 60~80[%] 정도에 이르면 원심 개폐기가 작동되어 권선의 회로를 자동으로 개방시킨다.

정답 42 ② 43 ③ 44 ④ 45 ② 46 ④ 47 ③

48 출력 12[kW], 회전수 1140[rpm]인 유도 전동기의 동기와트는 약 몇 [kW]인가? (단, 동기속도 N_s는 1,200[rpm]이다.)

① 10.4　　② 11.5
③ 12.6　　④ 13.2

| 해 ③ |

동기와트(2차 입력) : $P_2 = \dfrac{N_s}{N} P_o = \dfrac{P_o}{1-s}$

• $P_o = 12[\text{kW}] = 12 \times 10^3[\text{W}]$
• $s = \dfrac{N_s - N}{N} = \dfrac{1,200 - 1,140}{1,140} \times 100 = 5[\%] = 0.05$

∴ $P_2 = \dfrac{12}{1-0.05} = 12.6[\text{kW}]$

또는 $P_2 = \dfrac{N_s}{N} P_o = \dfrac{1,200}{1,140} \times 12 = 12.6[\text{kW}]$

Remember

■ 유도 전동기의 입출력 특성
• 1차 출력=2차 입력 $P_2 = P_o + P_{c2}[\text{kW}]$
　　　　　$= \dfrac{N_s}{N} P_o = \dfrac{P_o}{1-s}$
• 2차 출력
　$P_o = (1-s)P_2 = (1-s)$
　(1차 입력−1차 손실)[kW]
• 2차 동손 $P_{c2} = sP_2[\text{W}]$

49 변압기 철심에는 철손을 적게 하기 위하여 철이 몇 [%]인 강판을 사용하는가?

① 약 50~55[%]　　② 약 60~70[%]
③ 약 76~86[%]　　④ 약 96~97[%]

| 해 ④ | 변압기의 철심
변압기의 철심에는 철손을 적게 하기 위하여 철이 96~97[%], 규소가 3~4[%] 정도가 되는 냉간 압연된 강판을 사용한다.

50 유도 전동기에 대한 설명 중 옳은 것은?

① 유도 발전기일 때의 슬립은 1보다 크다.
② 유도 전동기의 회전자 회로의 주파수는 슬립에 반비례한다.
③ 전동기 슬립은 2차 동손을 2차 입력으로 나눈 것과 같다.
④ 슬립은 크면 클수록 2차 효율은 커진다.

| 해 ③ |

2차 동손 $P_{c2} = sP_2[\text{W}]$

∴ 유도 전동기 슬립 $s = \dfrac{\text{2차 동손}(P_{c2})}{\text{2차 입력}(P_2)}$

51 단상 전파 사이리스터 정류 회로에서 부하가 큰 인덕턴스가 있는 경우, 점호각이 60°일 때의 정류 전압은 약 몇 [V]인가? (단, 전원측 전압의 실횻값은 100[V]이고 직류측 전류는 연속이다.)

① 141　　② 100
③ 85　　　④ 45

| 해 ④ | 단상 전파 정류 회로(유도성 부하)

정류 전압 $E_d = \dfrac{2\sqrt{2}E}{\pi}\cos\alpha = 0.9E\cos\alpha$
　　　　　$= 0.9 \times 100 \cos 60° = 45[\text{V}]$

52 반도체 정류 소자로 사용할 수 없는 것은?

① 게르마늄　　② 비스무트
③ 실리콘　　　④ 산화구리

| 해 ② | 반도체 정류 소자
게르마늄(Ge), 실리콘(Si), 산화구리(CuO), 셀렌(Se)

□□□ 12③

53 아래 회로에서 부하의 최대 전력을 공급하기 위해서 저항 R 및 콘덴서 C의 크기는?

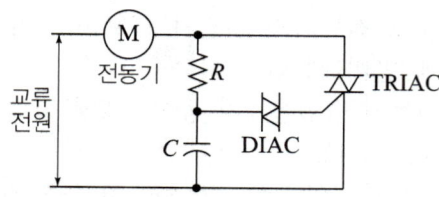

① R은 최대, C는 최대로 한다.
② R은 최소, C는 최소로 한다.
③ R은 최대, C는 최소로 한다.
④ R은 최소, C는 최대로 한다.

> **해②** 단상 유도 전동기 속도 제어회로
> • 시정수 $\tau = R \cdot C$
> 저항(R)과 정전용량(C)를 최소로 하면 TRIAC가 빨라지므로 전류가 최대로 흐르면서 부하의 전력이 최대가 된다.

□□□ 12②

54 직류 전동기에서 전부하 속도가 1,500[rpm], 속도 변동률이 3[%]일 때 무부하 회전속도는 몇 [rpm]인가?

① 1,455　　② 1,410
③ 1,545　　④ 1,590

> **해③**
> 속도 변동률 $\epsilon = \dfrac{N_o - N_n}{N_n} \times 100[\%]$
> • 전부하 시 회전수 $N_n = 1,500[\text{rpm}]$
> $N_o = N_n + \dfrac{N_n \cdot \epsilon}{100} = 1,500 + \dfrac{1,500 \times 3}{100}$
> $= 1,545[\text{rpm}]$
>
> **참고** SOLVE 사용
> $3 = \dfrac{N_o - 1,500}{1,500} \times 100$
> ∴ 무부하(회전속도 $N_o = 1,545[\text{rpm}]$)

□□□ 12③

55 보호 계전기의 배선 시험으로 옳지 않은 것은?

① 극성이 바르게 결선되었는가를 확인한다.
② 내부 단자와 각부 나사 조임 상태를 점검한다.
③ 회로의 배선이 정확하게 결선되었는지 확인한다.
④ 입력 배선 검사는 직류 전압으로 시험한다.

> **해②** 보호 계전기의 배선 시험
> 계전기 내부 단자와 각부 나사 조임 상태 점검은 해당되지 않는다.

□□□ 12②

56 전기자 반작용이란 전기자 전류에 의해 발생한 기자력이 주자속에 영향을 주는 현상으로 다음 중 전기자 반작용의 영향이 아닌 것은?

① 전기적 중성축 이동에 의한 정류의 약화
② 기전력의 불균일에 의한 정류자편간 전압의 상승
③ 주 자속 감소에 의한 기전력 감소
④ 자기 포화 현상에 의한 자속의 평균치 증가

> **해④** 전기자 반작용의 영향
> • 전기적 중성축이 이동된다.
> • 주자속이 감소하여 기전력이 감소된다.
> • 브러시와 정류자 사이에 불꽃이 발생하여 정류 불량 원인이 된다.

□□□ 12①

57 직류 전동기의 속도 제어 방법이 아닌 것은?

① 전압 제어　　② 계자 제어
③ 저항 제어　　④ 플러깅 제어

> **해④** 직류 전동기의 속도 제어 방법
> 계자 제어법, 저항 제어법, 전압 제어법

□□□ 12③

58 회전 계자형인 동기 전동기에 고정자인 전기자 부분도 회전자의 주위를 회전할 수 있도록 2중 베어링 구조로 되어 있는 전동기로 부하를 건 상태에서 운전하는 전동기는?

① 초동기 전동기
② 반작용 전동기
③ 동기형 교류 서보 전동기
④ 교류 동기 전동기

> 해① 초동기 전동기
> 동기 전동기에 고정자인 전기자 부분도 회전자의 주위를 회전할 수 있도록 2중 베어링 구조로 되어 있는 전동기로 부하를 건 상태에서 운전하는 전동기다.

□□□ 07①,10④,12④,14④

59 직류 전동기의 회전방향을 바꾸는 방법으로 옳은 것은?

① 전기자 회로의 저항을 바꾼다.
② 전기자 권속의 접속을 바꾼다.
③ 정류자 접속을 바꾼다.
④ 브러시의 위치를 조정한다.

> 해② 직류 전동기의 역회전
> • 전류의 방향과 계자의 극성 중 하나만 바뀔 때 힘의 방향이 바뀌기 때문에 전기자 전류나 계자 전류 중 하나만 방향을 바꿔주어야 역회전할 수 있다.
> • 자여자 전동기는 극성을 반대로 연결했을 때 전기자 전류의 방향과 계자 전류에 의한 자속의 방향이 동시에 바뀌면서 회전은 바뀌지 않는다.

□□□ 12②

60 3상 유도 전동기의 슬립의 범위는?

① $0 < s < 1$
② $-1 < s < 0$
③ $1 < s < 2$
④ $0 < s < 2$

> 해① 3상 유도 전동기의 슬립의 범위
> $0 < s < 1$

| memo |

3 과목

전기이론

01 제1회 과년도 기출 핵심문제
02 제2회 과년도 기출 핵심문제
03 제3회 과년도 기출 핵심문제
04 제4회 과년도 기출 핵심문제
05 제5회 과년도 기출 핵심문제

□□□ 11④, 16①

01 황산구리(CuSO₄) 전해액에 2개의 구리판을 넣고 전원을 연결하였을 때 음극에서 나타나는 현상으로 옳은 것은?

① 변화가 없다.
② 구리판이 두터워진다.
③ 구리판이 얇아진다.
④ 수소 가스가 발생한다.

해 ②
- 음극에서는 환원반응이 진행되어 구리판이 두터워진다.
- 양극에서는 산화반응이 진행되어 구리판이 얇아진다.

□□□ 16①

02 그림과 같은 회로에서 저항 R_1에 흐르는 전류는?

① $(R_1 + R_2)I$
② $\dfrac{R_2}{R_1 + R_2}I$
③ $\dfrac{R_1}{R_1 + R_2}I$
④ $\dfrac{R_1 R_2}{R_1 + R_2}I$

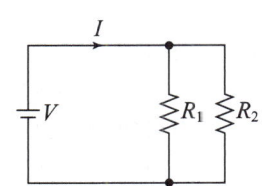

해 ② 병렬 회로의 전류 분배 법칙
- 전류(I)는 저항(R)에 반비례 배분한다.
- 저항(R)이 작은 쪽에 전류(I)가 더 많이 배분한다.
- R_1에 흐르는 전류 $I_1 = \dfrac{R_2}{R_1 + R_2}I$
- R_2에 흐르는 전류 $I_2 = \dfrac{R_1}{R_1 + R_2}I$

□□□ 16①

03 자체 인덕턴스가 1[H]인 코일에 200[V], 60[Hz]의 사인파 교류 전압을 가했을 때 전류와 전압의 위상차는? (단, 저항 성분은 무시한다.)

① 전류는 전압보다 위상이 $\dfrac{\pi}{2}$[rad]만큼 뒤진다.
② 전류는 전압보다 위상이 π[rad]만큼 뒤진다.
③ 전류는 전압보다 위상이 $\dfrac{\pi}{2}$[rad]만큼 앞선다.
④ 전류는 전압보다 위상이 π[rad]만큼 앞선다.

해 ①
- 저항이 없는 L만의 회로에서는 전류(I)가 전압(V)보다 $\dfrac{\pi}{2}(=90°)$만큼 뒤진다.
- 저항이 없는 L[H]만의 회로에서 코일에 흐르는 전류(I) 파형은 전압(V) 파형에 비해서 위상이 $\dfrac{\pi}{2}(90°)$[rad]만큼 뒤진다.

□□□ 06①,07③,10②,11①,12①②,15④,16①,20①

04 자기 인덕턴스에 축적되는 에너지에 대한 설명으로 가장 옳은 것은?

① 자기 인덕턴스 및 전류에 비례한다.
② 자기 인덕턴스 및 전류에 반비례한다.
③ 자기 인덕턴스와 전류의 제곱에 반비례한다.
④ 자기 인덕턴스에 비례하고 전류의 제곱에 비례한다.

해 ④ 코일에 축적되는 에너지
$$W = \dfrac{1}{2}LI^2 [J]$$
- 축적되는 에너지(W)는 자기 인덕턴스(L)에 비례한다.
- 축적되는 에너지(W)는 전류(I)의 제곱에 비례한다.

정답 01 ② 02 ② 03 ① 04 ④

□□□ 16①

05 $R-L$ 직렬 회로에서 서셉턴스는?

① $\dfrac{R}{R^2+X_L^2}$ ② $\dfrac{X_L}{R^2+X_L^2}$

③ $\dfrac{-R}{R^2+X_L^2}$ ④ $\dfrac{-X_L}{R^2+X_L^2}$

| 해 ④

- $R-L$ 직렬 회로의 임피던스
$Z[\Omega] = R+jX_L$
- 어드미턴스 $Y[\mho] = \dfrac{1}{Z}$

$$Y = \dfrac{1}{R+jX_L} = \dfrac{1}{R+jX_L} \times \dfrac{R-jX_L}{R-jX_L}$$
$$= \dfrac{R-jX_L}{R^2-(jX_L)^2} = \dfrac{R-jX_L}{R^2-(-X_L^2)} = \dfrac{R-jX_L}{R^2+X_L^2}$$
$$= \dfrac{R}{R^2+X_L^2} + j\dfrac{-X_L}{R^2+X_L^2}$$

∴ 컨덕턴스(실수부) : $\dfrac{R}{R^2+X_L^2}$

∴ 서셉턴스(허수부) : $\dfrac{-X_L}{R^2+X_L^2}$

□□□ 06②,16①,19①

06 파고율, 파형률이 모두 1인 파형은?

① 사인파 ② 고조파
③ 구형파 ④ 삼각파

| 해 ③ | 직사각형파(구형파)

파형	실횻값	평균값	파고율	파형률
(구형파 그래프)	V_m	V_m	1	1

- 파고율 = $\dfrac{최댓값(V_m)}{실횻값(V)}$
- 파형률 = $\dfrac{실횻값(V)}{평균값(V_m)}$
- 구형파는 파고율, 파형률이 모두 1이다.

□□□ 06④,07①③,10③,11②,15③,16①

07 전류에 의한 자기장과 직접적으로 관련이 없는 것은?

① 줄의 법칙
② 플레밍의 왼손 법칙
③ 비오-사바르의 법칙
④ 앙페르의 오른나사의 법칙

| 해 ① | 각 법칙의 목적

줄의 법칙	전류의 발열작용
플레밍의 왼손 법칙	전동기의 원리 (자기장과 힘)
플레밍의 오른손 법칙	발전기의 원리 (자기장과 유도 기전력)
비오-사바르의 법칙	자기장의 크기를 알아내 법칙
앙페르의 오른나사 법칙	자기장의 자기력선 방향을 알아내는 법칙

□□□ 16②

08 비사인파 교류 회로의 전력에 대한 설명으로 옳은 것은?

① 전압의 제3고조파와 전류의 제3고조파 성분 사이에서 소비 전력이 발생한다.
② 전압의 제2고조파와 전류의 제3고조파 성분 사이에서 소비 전력이 발생한다.
③ 전압의 제3고조파와 전류의 제5고조파 성분 사이에서 소비 전력이 발생한다.
④ 전압의 제5고조파와 전류의 제7고조파 성분 사이에서 소비 전력이 발생한다.

| 해 ① | 비사인파(비정현파)의 전력

- 같은 성분(고주파)끼리만 소비 전력이 발생한다.
- 전압과 전류가 같은 고조파 성분 사이에서만 소비 전력이 발생한다.
∴ 전압의 제3고조파와 전류의 제3고조파 성분 사이에서 소비 전력이 발생한다.

□□□ 16①,21③

09 자극 가까이에 물체를 두었을 때 자화되는 물체와 자석이 그림과 같은 방향으로 자화되는 자성체는?

① 상자성체
② 반자성체
③ 강자성체
④ 비자성체

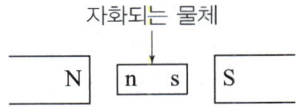

|해②|
- 자화되는 물체를 자성체
- 자화되는 물체와 자석의 방향에 따라 상자성체(자석에 자화되어 끌리는 물체)와 반자성체(자석에 반발하는 물체)로 분류

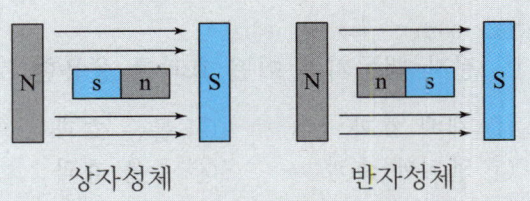

- 반자성체 : 물질에 따라 자석에 반발하는 물체

□□□ 16③

10 어떤 교류 회로의 순싯값이 $v = \sqrt{2}\,V\sin\omega t$ [V]인 전압에서 $\omega t = \dfrac{\pi}{6}$ [rad]일 때 $100\sqrt{2}\,V$이면 이 전압의 실횻값[V]은?

① 100
② $100\sqrt{2}$
③ 200
④ $200\sqrt{2}$

|해③|
- 전압 $v = \sqrt{2}\,V\sin\omega t$ [V]
- 위상 $\omega t = \dfrac{\pi}{6}$
- 순싯값 $v = \sqrt{2}\,V\sin\dfrac{\pi}{6} = \sqrt{2}\,V\sin 30°$

$100\sqrt{2} = \sqrt{2}\,V \times \dfrac{1}{2}$

$V = \dfrac{100\sqrt{2} \times 2}{\sqrt{2}} = 200$ [V]

∴ 전압의 실횻값 $V = 200$ [V]

□□□ 16①

11 다이오드의 정특성이란 무엇을 말하는가?

① PN 접합면에서의 반송자 이동 특성
② 소신호로 동작할 때의 전압과 전류의 관계
③ 다이오드를 움직이지 않고 저항률을 측정한 것
④ 직류전압을 걸었을 때 다이오드에 걸리는 전압과 전류의 관계

|해④| 다이오드의 정특성
직류 전압을 인가했을 때, 다이오드 양단에 걸리는 전압과 전류의 관계를 나타낸다.

□□□ 16①

12 알칼리 축전지의 대표적인 축전지로 널리 사용되고 있는 2차 전지는?

① 망간 전지
② 산화온 전지
③ 페이퍼 전지
④ 니켈 카드뮴 전지

|해④|
- 1차 전지 : 망간 전지, 알칼리 전지, 페이퍼 전지, 수은 전지, 산화은 전지
- 2차 전지 : 납전지, 니켈 카드뮴 전지, 리튬 이온 전지, 리튬 폴리머 전지

□□□ 16②

13 반자성체 물질의 특색을 나타낸 것은? (단, μ_s는 비투자율이다.)

① $\mu_s > 1$
② $\mu_s \gg 1$
③ $\mu_s = 1$
④ $\mu_s < 1$

|해④|
상자성체 : $\mu_s > 1$
강자성체 : $\mu_s \gg 1$
반자성체 : $\mu_s < 1$

□□□ 07③,08①,12①,16②

14 다음 ( ) 안에 들어갈 내용으로 옳은 것은?

> 회로에 흐르는 전류의 크기는 저항에 (㉮)하고, 가해진 전압에 (㉯)한다.

① ㉮ 비례, ㉯ 비례
② ㉮ 비례, ㉯ 반비례
③ ㉮ 반비례, ㉯ 비례
④ ㉮ 반비례, ㉯ 반비례

> 해③ 옴의 법칙
> 전류 $I = \dfrac{\text{전압}}{\text{저항}} = \dfrac{V}{R}$
> ∴ 전류는 저항(R)에 반비례하고, 전압(V)에 비례한다.

□□□ 10③,11③,14①②,16①②③

15 $+Q_1(C)$과 $-Q_2(C)$의 전하가 진공 중에서 r[m]의 거리에 있을 때 이들 사이에 작용하는 정전기력 F[N]는?

① $F = 9 \times 10^{-7} \times \dfrac{Q_1 Q_2}{r^2}$
② $F = 9 \times 10^{-9} \times \dfrac{Q_1 Q_2}{r^2}$
③ $F = 9 \times 10^{9} \times \dfrac{Q_1 Q_2}{r^2}$
④ $F = 9 \times 10^{10} \times \dfrac{Q_1 Q_2}{r^2}$

> 해③ 쿨롱의 법칙 : 정전기력
> $F = \dfrac{1}{4\pi\epsilon_o} \dfrac{Q_1 \cdot Q_2}{r^2}$ [N]
> • 진공의 유전율 $\epsilon_0 = 8.855 \times 10^{-12}$ [F/m]
> ∴ $F = \dfrac{1}{4\pi \times 8.855 \times 10^{-12}} \dfrac{Q_1 \cdot Q_2}{r^2}$
> $= 9 \times 10^9 \dfrac{Q_1 \cdot Q_2}{r^2}$ [N]

□□□ 16②

16 충전된 대전체를 대지(大地)에 연결하면 대전체는 어떻게 되는가?

① 방전한다.
② 반발한다.
③ 충전이 계속된다.
④ 반발과 흡인을 반복한다.

> 해① 접지
> 접지는 어떤 대전체에 들어 있는 전하를 없애려고 할 때에는 대전체와 대지를 도선으로 연결하면 방전되어 감전 재해가 발생하지 않도록 한다.

□□□ 10①④,11①,14②,15②,16①②

17 전자 냉동기는 어떤 효과를 응용한 것인가?

① 제벡 효과　　② 톰슨 효과
③ 펠티에 효과　④ 주울 효과

> 해③ 펠티에 효과
> • 두 종류의 금속 접합부에 전류를 흘리면 전류의 방향에 따라 줄열 이외의 열의 흡수 또는 발생하는 현상
> • 펠티에 효과는 전자 냉동 분야에 사용
> • 제벡 효과 : 용광로 속의 온도나 기름의 온도를 측정할 때 사용

□□□ 06③④,07④,08③,12④,14④,16③

18 전력량 1[Wh]와 그 의미가 같은 것은?

① 1[C]　　　　② 1[J]
③ 3,600[C]　　④ 3,600[J]

> 해④ 전력량 1[W·h]
> • 1[h](시간)= 60[m](분)×60[s](초)=3,600[s]
> ∴ 1[W·h] = 1[W]×3,600[sec] = 3,600[W·s]
> 　　　　= 3,600[J]

정답 14 ③　15 ③　16 ①　17 ③　18 ④

□□□ 16②,19②

19 전력과 전력량에 관한 설명으로 틀린 것은?

① 전력은 전력량과 다르다.
② 전력량은 와트로 환산된다.
③ 전력량은 칼로리 단위로 환산된다.
④ 전력은 칼로리 단위로 환산할 수 없다.

해 ②
- 전력량
$$W = H = I^2Rt = VIt = Pt[J]$$
$$\therefore 1[J] = 0.24[cal]$$
- 전력
$$P = \frac{W}{t} = \frac{VQ}{t} = \frac{VIt}{t} = VI[W : 와트]$$

□□□ 06③,11④,14①④,16③

20 공기 중에서 $m[Wb]$의 자극으로부터 나오는 자속수는?

① m ② $\mu_o m$
③ $1/m$ ④ m/μ_o

해 ①
- 공기 중에서 $m[Wb]$의 자극으로 나오는 자속수 : m
- 자기력선의 총수 $N = \dfrac{m}{\mu_o}$

□□□ 10②,11①,16①

21 $1[\Omega\cdot m]$는 몇 $[\Omega\cdot cm]$인가?

① 10^2 ② 10^{-2}
③ 10^6 ④ 10^{-6}

해 ① $1[\Omega\cdot m]$
$1[m] = 100[cm] = 10^2[cm]$
$\therefore 1[\Omega\cdot m] = 100[\Omega\cdot cm] = 10^2[\Omega\cdot cm]$

□□□ 06④,08①,11②,16②③

22 다음에서 나타내는 법칙은?

유도기전력은 자신이 발생 원인이 되는 자속의 변화를 방해하려는 방향으로 발생한다.

① 줄의 법칙 ② 렌츠의 법칙
③ 플레밍의 법칙 ④ 패러데이의 법칙

해 ② 렌츠의 법칙(유도기전력의 방향)
- 유도기전력의 방향을 정의한 법칙이다.
- 전류가 흐르려고 하면 코일은 전류의 흐름을 방해한다.
- 유도기전력은 자신이 발생 원인이 되는 자속의 변화를 방해하려는 방향으로 발생한다.

□□□ 06①,09①,15④,20①

23 콘덴서 중 극성을 가지고 있는 콘덴서로서 고류회로에 사용할 수 없는 것은?

① 마일러 콘덴서 ② 마이카 콘덴서
③ 세라믹 콘덴서 ④ 전해 콘덴서

해 ④ 전해 콘덴서
- 콘덴서 중 양극과 음극의 극성을 가지고 있는 콘덴서로서 직류 회로만 사용 가능하고 교류 회로에는 사용할 수 없다.
- 소형 대용량의 콘덴서를 얻을 수 있으나 고주파 특성과 온도 안정성이 나쁜 단점이 있다.

□□□ 12③,13①,16③,20①

24 1차 전지로 가장 많이 사용되는 것은?

① 니켈·카드뮴전지 ② 연료전지
③ 망간 건전지 ④ 납축전지

해 ③ 1차 건전지
망간 건전지가 가장 많이 사용된다.

□□□ 06④,08①,11②,16②,16③
25 다음은 어떤 법칙을 설명한 것인가?

> 전류가 흐르려고 하면 코일은 전류의 흐름을 방해한다. 또, 전류가 감소하면 이를 계속 유지하려고 하는 성질이 있다.

① 쿨롱의 법칙 ② 렌츠의 법칙
③ 패러데이의 법칙 ④ 플레밍의 왼손 법칙

| 해 ② | 렌츠의 법칙(유도기전력의 방향)
- 유도기전력의 방향을 정의한 법칙이다.
- 전류가 흐르려고 하면 코일은 전류의 흐름을 방해한다.
- 유도기전력은 자신이 발생 원인이 되는 자속의 변화를 방해하려는 방향으로 발생한다.

□□□ 06②,18①
26 어떤 회로의 부하 전류가 10[A], 역률이 0.8일 때 부하의 유효 전류는 몇 [A]인가?

① 6 ② 8
③ 10 ④ 12

| 해 ② |
유효 전류 $= I\cos\theta = 10 \times 0.8 = 8[A]$

□□□ 16③
27 영구자석의 재료로서 적당한 것은?

① 잔류자기가 적고 보자력이 큰 것
② 잔류자기와 보자력이 모두 큰 것
③ 잔류자기와 보자력이 모두 작은 것
④ 잔류자기가 크고 보자력이 작은 것

| 해 ② | 영구자석의 재료
잔류 자기와 보자력이 모두 큰 재료가 적합하다.

□□□ 16③
28 다음 설명 중 틀린 것은?

① 같은 부호의 전하끼리는 반발력이 생긴다.
② 정전 유도에 의하여 작용하는 힘은 반발력이다.
③ 정전 용량이란 콘덴서가 전하를 축적하는 능력을 말한다.
④ 콘덴서는 전압을 가하는 순간은 콘덴서는 단락 상태가 된다.

| 해 ② |
정전 유도에 의하여 작용하는 힘은 서로 반대의 극성인 전하에 의한 힘이므로 흡인력이다.

□□□ 09④,10③
29 계전기 접점의 불꽃 소거용 등으로 사용되는 것은?

① 서미스터 ② 바리스터
③ 터널 다이오드 ④ 제너 다이오드

| 해 ② | 반도체 소자인 바리스터(Varistor ; 서지 보호기)
- 계전기 접점의 불꽃 소거용으로 사용
- 인가된 전압의 크기에 따라 저항이 비직선적으로 변하는 소자로, 고압 송전용 피뢰침으로 사용되어 왔고 계전기의 접점 보호 장치에 사용되는 반도체 소자

□□□ 08④,09④,11②④,13③,14①,15③,16③
30 2전력계법으로 3상 전력을 측정할 때 지시값이 $P_1 = 200[W]$, $P_2 = 200[W]$이었다. 부하 전력 [W]은?

① 600 ② 500
③ 400 ④ 300

| 해 ③ | 2전력계법의 3상 전력일 때 부하 전력
$P = P_1 + P_2 = 200 + 200 = 400[W]$

□□□ 06①,08③,12①,16③

31 $R_1[\Omega]$, $R_2[\Omega]$, $R_3[\Omega]$의 저항 3개를 직렬 접속했을 때의 합성저항$[\Omega]$은?

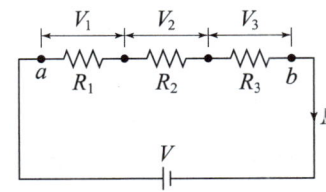

① $R = \dfrac{R_1 \cdot R_2 \cdot R_3}{R_1 + R_2 + R_3}$

② $R = \dfrac{R_1 + R_2 + R_3}{R_1 R_2 R_3}$

③ $R_1 \cdot R_2 \cdot R_3$

④ $R = R_1 + R_2 + R_3$

| 해④ | 직렬 합성저항
$R = R_1 + R_2 + R_3$

□□□ 16③

32 정상상태에서의 원자를 설명한 것으로 틀린 것은?

① 양성자와 전자의 극성은 같다.
② 원자는 전체적으로 보면 전기적으로 중성이다.
③ 원자를 이루고 있는 양성자의 수는 전자의 수와 같다.
④ 양성자 1개가 지니는 전기량은 전자 1개가 지니는 전기량과 크기가 같다.

| 해① | 원자의 구조
• 원자는 원자핵과 그 주위를 돌고 있는 여러 개의 전자로 이루어졌다.
• 원자핵 : 양성자와 중성자로 이루어져 있다.
• 양성자 : 영(+)전기를 띠고, 전자의 개수와 같다.
• 중성자 : 전기적으로 중성이다.
• 전자 : 음(-)전기를 띠고 양성자의 수와 같다.

□□□ 08④,11③④,13④,16③,23①

33 전기력선에 대한 설명으로 틀린 것은?

① 전기력선은 서로 흡인한다.
② 전기력선은 서로 교차하지 않는다.
③ 전기력선은 도체의 표면에 수직으로 출입한다.
④ 전기력선은 양전하의 표면에서 나와서 음전하의 표면에서 끝난다.

| 해① | 전기력선의 성질
전기력선은 같은 종류의 전하에서 나오므로 항상 서로 밀어내는 반발력이 작용한다.

□□□ 07①,09①,10①②,12②④,14②,15②,16③

34 플레밍의 왼손 법칙에서 전류의 방향을 나타내는 손가락은?

① 엄지   ② 검지
③ 중지   ④ 약지

| 해③ | 플레밍의 왼손 법칙
• 엄지 : 힘(전자력)의 방향 F
• 검지(집게손가락) : 자기장(자속밀도)의 방향 B
• 중지(가운데손가락) : 전류의 방향 I

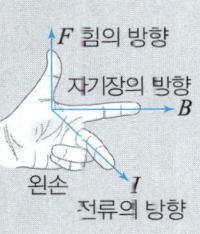

□□□ 02,16②

35 최대눈금 1[A], 내부 저항 10[Ω]의 전류계로 최대 101[A]까지 측정하려면 몇 [Ω]의 분류기가 필요한가?

① 0.01   ② 0.02
③ 0.05   ④ 0.1

| 해④ | 분류기의 저항
$R_S = \dfrac{R_A}{m-1} = \dfrac{10}{\dfrac{101}{1}-1} = \dfrac{10}{100} = 0.1[\Omega]$

□□□ 07④,09②,11②,21②

36 4[Ω], 6[Ω], 8[Ω]의 3개 저항을 병렬 접속할 때 합성저항은 약 몇 [Ω]인가?

① 1.8
② 2.5
③ 3.6
④ 4.5

[해 ①] 병렬 접속에서 합성저항

$$R_o = \frac{1}{\frac{1}{R_1}+\frac{1}{R_2}+\frac{1}{R_3}} = \frac{1}{\frac{1}{4}+\frac{1}{6}+\frac{1}{8}} = 1.8[\Omega]$$

□□□ 11③,16③,20①,22①

37 평형 3상 회로에서 1상의 소비 전력이 P[W]라면, 3상 회로 전체 소비 전력[W]은?

① $2P$
② $\sqrt{2}P$
③ $3P$
④ $\sqrt{3}P$

[해 ③]
- 1상 회로의 소비 전력
  $P = VI\cos\theta$[W]
- 3상 회로의 전체 소비 전력
  $P' = 3VI\cos\theta$
  $= 3P$
  ∴ 1상의 소비 전력(P) 3배다.

□□□ 09①,10③,20①

38 2[Ω]의 저항과 3[Ω]의 저항을 직렬로 접속할 때 합성 컨덕턴스는 몇 [℧]인가?

① 5
② 2.5
③ 1.5
④ 0.2

[해 ④]
합성 컨덕턴스 $G_o = \frac{1}{R_o}$[℧]
- 합성저항 $R_o = R_1 + R_2 = 2+3 = 5[\Omega]$
  ∴ $G_o = \frac{1}{5} = 0.2[℧]$

□□□ 14①,16②,19②

39 환상 솔레노이드에 감겨진 코일에 권회수를 3배로 늘리면 자체 인덕턴스는 몇 배로 되는가?

① 3
② 9
③ 1/3
④ 1/9

[해 ②] 환상 솔레노이드의 자체 인덕턴스

$$L = \frac{N\phi}{I} = \frac{NNI}{IR_m} = \frac{N^2}{R_m} = \frac{N^2}{\frac{l}{\mu A}} = \frac{\mu A N^2}{l}[\text{H}]$$

∴ $L \propto N^2$ ∴ $L = 3^2 = 9$배

□□□ 10③,16②,23②

40 초산은(AgNO₃) 용액에 1[A]의 전류를 2시간 동안 흘렸다. 이때 은의 석출량[g]은? (단, 은의 전기 화학당량은 1.1×10^{-3}[g/C]이다.)

① 5.44
② 6.08
③ 7.92
④ 9.84

[해 ③] 패러데이 법칙에서
- 석출량 $W = KQ = KIt$
- $t = 2$시간$\times 60$분$\times 60$초 $= 7,200$초
  ∴ $W = 1.1 \times 10^{-3} \times 1 \times 7,200 = 7.92$[g]

□□□ 06③,07③,09②③④,11①,12③,13②,15②,16②,20①

41 평균 반지름이 10[cm]이고 감은 횟수 10회의 원형 코일에 5[A]의 전류를 흐르게 하면 코일 중심의 자장의 세기[AT/m]는?

① 250
② 500
③ 750
④ 1,000

[해 ①]
■ 원형 코일 중심의 자장의 세기
  $H = \frac{NI}{2r}$[AT/m]
- 반지름 $r = 10$[cm] $= 0.1$[m]
  ∴ $H = \frac{10 \times 5}{2 \times 0.1} = 250$[AT/m]

□□□ 10③,11①,16①②

42 3상 교류 회로의 선간전압이 13,200[V], 선전류가 800[A], 역률 80[%] 부하의 소비 전력은 약 몇 [MW]인가?

① 4.88　　② 8.45
③ 14.63　　④ 25.34

[해 ③] 3상 교류 전력의 소비 전력
$P = \sqrt{3}\, V_l I_l \cos\theta\,[W]$
- 선간전압 $V_l = 13,200[V] = 13.2 \times 10^3[V]$
- 선전류 $I_l = 800[A] = 0.80 \times 10^3[A]$
- 역률 : $\cos\theta = 0.80$

$\therefore P = \sqrt{3} \times 13.2 \times 10^3 \times 0.80 \times 10^3 \times 0.80$
$= 14.63 \times 10^6[W] = 14.63[MW]$

참고　M[mega] : 10^6

□□□ 16③

43 그림과 같은 RC 병렬 회로의 위상각 θ는?

① $\tan^{-1}\dfrac{\omega C}{R}$
② $\tan^{-1}\omega CR$
③ $\tan^{-1}\dfrac{R}{\omega C}$
④ $\tan^{-1}\dfrac{1}{\omega CR}$

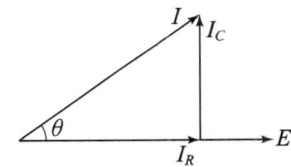

[해 ②]
$\tan\theta = \dfrac{I_C}{I_R}$

- $I_C = \dfrac{V}{X_C} = \dfrac{V}{\dfrac{1}{\omega C}} = \omega CV$
- $I_R = \dfrac{V}{R}$

$\therefore \theta = \tan^{-1}\dfrac{I_C}{I_R} = \tan^{-1}\dfrac{\omega CV}{\dfrac{V}{R}} = \tan^{-1}\omega CR$

□□□ 08②,10②,16①,20②

44 기전력 120[V], 내부 저항(r)이 15[Ω]인 전원이 있다. 여기에 부하 저항(R)을 연결하여 얻을 수 있는 최대 전력[W]은? (단, 최대 전력 전달조건은 $r = R$이다.)

① 100　　② 140
③ 200　　④ 240

[해 ④] 최대 전력의 전달조건
내부 저항(r) = 부하 저항(R)

$\therefore P_{max} = \dfrac{E^2}{4r} = \dfrac{120^2}{4 \times 15} = 240[W]$

□□□ 08②,10②,16①,20②

45 기전력 50[V], 내부 저항 $r = 5[Ω]$인 전원이 있다. 이 전원에 부하를 연결하여 얻을 수 있는 최대 전력은 몇 [W]인가?

① 50　　② 75
③ 100　　④ 125

[해 ④] 최대 전력
$P_{max} = \dfrac{E^2}{4r}[W] = \dfrac{50^2}{4 \times 5} = 125[W]$

(∵ 최대 전력 조건 : 내부 저항(r)과 부하 저항(R)이 같을 때)

□□□ 16②

46 임피던스 $Z = 6 + j8[Ω]$에서 서셉턴스[℧]는?

① 0.06　　② 0.08
③ 0.6　　④ 0.8

[해 ②]
- 임피던스 $Z = R + jX$
- 어드미턴스 $Y = G + jB$
- 허수부 : 서셉턴스

$B = \dfrac{X}{R^2 + X^2} = \dfrac{8}{6^2 + 8^2} = 0.08[℧]$

□□□ 08④,09③,14④,15①,16①

47 "회로의 접속점에서 볼 때, 접속점에 흘러 들어오는 전류의 합은 흘러 나가는 전류의 합과 같다."라고 정의되는 법칙은?

① 키르히호프의 제1법칙
② 키르히호프의 제2법칙
③ 플레밍의 오른손 법칙
④ 앙페르의 오른나사 법칙

> 해 ①
> • 키르히호프의 제1법칙 : 전류에 관한 법칙
>   유입되는 전류의 총합=유출되는 전류의 총합
> • 키르히호프의 제2법칙 : 전압에 관한 법칙
>   기전력의 합=전압 강하의 합

□□□ 06②,08④,10①③,11②,12③④,13③④,14①,15①,16②

48 $2[\mu F]$, $3[\mu F]$, $5[\mu F]$인 3개의 콘덴서가 병렬로 접속되었을 때의 합성 정전 용량$[\mu F]$은?

① 0.97   ② 3
③ 5   ④ 10

> 해 ④ 콘덴서의 병렬 연결
>
>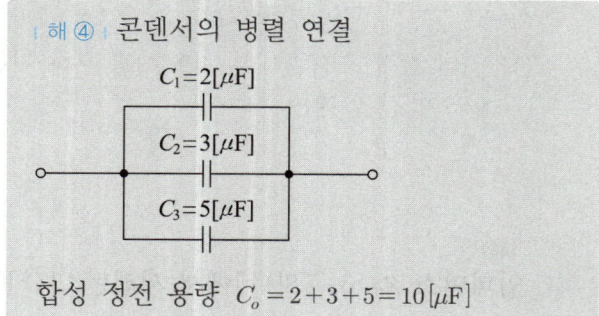
>
> 합성 정전 용량 $C_o = 2+3+5 = 10[\mu F]$

□□□ 16①

49 $C_1 = 5[\mu F]$, $C_2 = 10[\mu F]$의 콘덴서를 직렬로 접속하고 직류 30[V]를 가했을 때, C_1의 양단의 전압[V]은?

① 5   ② 10
③ 20   ④ 30

> 해 ③ 콘덴서의 직렬 접속
> • 전압은 정전용량에 반비례하여 분배
>
>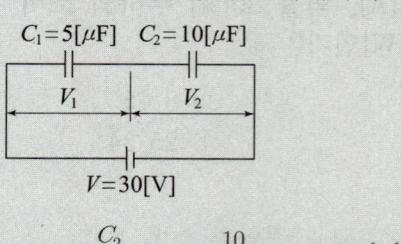
>
> $V_1 = \dfrac{C_2}{C_1 + C_2} V = \dfrac{10}{5+10} \times 30 = 20[V]$

□□□ 11①,14②,15②,16①②,21①

50 두 종류의 금속 접합부에 전류를 흘리면 전류의 방향에 따라 줄열 이외의 열의 흡수 또는 발생 현상이 생긴다. 이러한 현상을 무엇이라 하는가?

① 제벡 효과   ② 페란티 효과
③ 펠티에 효과   ④ 초전도 효과

> 해 ③ 펠티에 효과
> • 두 종류의 금속 접합부에 전류를 흘리면 전류의 방향에 따라 줄열 이외의 열의 흡수 또는 발생하는 현상
> • 펠티에 효과는 전자 냉동 분야에 사용
> • 제벡 효과 : 용광로 속의 온도나 기름의 온도를 측정할 때 사용

□□□ 07②,08①,10①,11②,13①,16②,24①

51 PN 접합 다이오드의 대표적인 작용으로 옳은 것은?

① 정류작용   ② 변조작용
③ 증폭작용   ④ 발진작용

> 해 ① PN 접합 다이오드의 특징
> • 하나의 결정체 속에서 일부분을 P형으로 다른 일부분을 N형으로 만든 것을 PN 접합이라 한다.
> • PN 접합 다이오드는 교류를 직류로 만드는 정류작용을 한다.

정답 47 ① 48 ④ 49 ③ 50 ③ 51 ①

□□□ 16①,23②

52 동일한 저항 4개를 접속하여 얻을 수 있는 최대 저항값은 최소 저항값의 몇 배인가?

① 2
② 4
③ 8
④ 16

해 ④
- 직렬 저항 시 합성저항 : 최대
  $R_{max} = R+R+R+R = 4R$
- 병렬 저항 시 합성저항 : 최소
  $R_{min} = \dfrac{1}{\frac{1}{R}+\frac{1}{R}+\frac{1}{R}+\frac{1}{R}} = \dfrac{1}{\frac{1}{R}\times 4} = \dfrac{1}{\frac{4}{R}} = \dfrac{R}{4}$

$\therefore \dfrac{R_{max}}{R_{min}} = \dfrac{4R}{\frac{R}{4}} = \dfrac{4\times 4R}{R} = 16$

□□□ 16②

53 $R=2[\Omega]$, $L=10[mH]$, $C=4[\mu F]$으로 구성되는 직렬 공진회로의 L과 C에서의 전압 확대율은?

① 3
② 6
③ 16
④ 25

해 ④ 전압 확대율 = 공진도

$Q = \dfrac{1}{R}\sqrt{\dfrac{L}{C}}$

- $L = 10[mH] = 10\times 10^{-3}[H]$
- $C = 4\mu F = 4\times 10^{-6}[F]$

$Q = \dfrac{1}{2}\sqrt{\dfrac{10\times 10^{-3}}{4\times 10^{-6}}} = 25$

□□□ 01,10②,16③

54 비유전율 2.5의 유전체 내부의 전속밀도가 $2\times 10^{-6}[C/m^2]$되는 점의 전기장의 세기는 약 몇 [V/m]인가?

① 18×10^4
② 9×10^4
③ 6×10^4
④ 3.6×10^4

해 ②

전속밀도 $D = \epsilon E = \epsilon_0 \epsilon_s E$ 에서
- 진공의 유전율 $\epsilon_o = 8.855\times 10^{-12}[F/m]$

$\therefore$ 전기장의 세기

$E = \dfrac{D}{\epsilon_o \epsilon_s} = \dfrac{2\times 10^{-6}}{8.855\times 10^{-12}\times 2.5}$
$= 90,344 = 9\times 10^4 [V/m]$

□□□ 06②,10①,15①,16②,21①

55 자속밀도가 2[Wb/m²]인 평등 자기장 중이 자기장과 30°의 방향으로 길이 0.5m인 도체에 8[A]의 전류가 흐르는 경우 전자력[N]은?

① 8
② 4
③ 2
④ 1

해 ② 전자력의 세기

$F = BIl\sin\theta = 2\times 8\times 0.5\sin 30° = 4[N]$

- 전자력의 크기
  자속밀도 B[Wb/m²]가 평등 자기장 내에 자기장과 직각 방향으로 길이 1[m]인 도체를 놓고 1[A]의 전류를 흘리면 도체에 작용하는 힘
  $F = BIl\sin\theta$

□□□ 14④,16②,24①

56 3상 220[V], Δ 결선에서 1상의 부하가 $Z=8+j6[\Omega]$이면 선전류[A]는?

① 11
② $22\sqrt{3}$
③ 22
④ $\dfrac{22}{\sqrt{3}}$

해 ②
- Δ결선의 선전류$(I_l) = \sqrt{3}$ 상 전류(I_P)
- $A = I_l = \sqrt{3}I_P = \sqrt{3}\dfrac{V_P}{Z}$
- $Z = \sqrt{(실수부)^2+(허수부)^2} = \sqrt{8^2+6^2} = 10$

$\therefore A = I_l = \sqrt{3}\times \dfrac{220}{10} = 22\sqrt{3}[A]$

정답 52 ④ 53 ④ 54 ② 55 ② 56 ②

□□□ 16②,19①

57 3[V]의 기전력으로 300[C]의 전기량이 이동할 때 몇 [J]의 일을 하게 되는가?

① 1,200   ② 900
③ 600   ④ 100

|해②|

전위차 $V = \dfrac{일[J]}{전기량[C]} = \dfrac{W}{Q}$ 에서

∴ 일 에너지

$W = QV = 300 \times 3 = 900[J]$

전기량의 $Q[C]$의 전하가 어느 두 점 사이를 이동해서 $W[J]$의 일을 하고, 이때 두 점 사이에 $V[V]$의 전위차가 생겼다면

· 전위차 : $V = \dfrac{일[J]}{전기량[C]} = \dfrac{W}{Q}$

· 전하가 한 일 : $W = QV$

□□□ 16③

58 0.2[℧]의 컨덕턴스 2개를 직렬로 접속하여 3[A]의 전류를 흘리려면 몇 [V]의 전압을 공급하면 되는가?

① 12   ② 15
③ 30   ④ 45

|해③| 컨덕턴스(G)는 저항(R)의 역수

$V = I \cdot R = I \cdot \dfrac{1}{G} = \dfrac{I}{G}$

· $G = \dfrac{G_1 G_2}{G_1 + G_2} = \dfrac{0.2 \times 0.2}{0.2 + 0.2} = 0.1[℧]$

· $I = 3[A]$

∴ $V = \dfrac{I}{G} = \dfrac{3}{0.1} = 30[V]$

□□□ 11①,16②

59 어떤 3상 회로에서 선간전압이 200[V], 선전류 25[A], 3상 전력이 7[kW]이었다. 이때의 역률은 약 얼마인가?

① 0.65   ② 0.73
③ 0.81   ④ 0.97

|해③|

3상 소비 전력 : $P[W] = \sqrt{3}\, VI\cos\theta$

· 역률 $\cos\theta = \dfrac{P}{\sqrt{3}\, VI}$

· 전력 $P = 7[kW] = 7 \times 10^3[W]$

∴ $\cos\theta = \dfrac{7 \times 10^3}{\sqrt{3} \times 200 \times 25} = 0.81$

□□□ 09③,10③,11③,14①②,16①②③,20①

60 공기 중에 10[μC]과 20[μC]를 1[m] 간격으로 놓을 때 발생되는 정전력[N]은?

① 1.8   ② 2.2
③ 4.4   ④ 6.3

|해①| 쿨롱의 법칙 : 정전력(전기력)

$F = \dfrac{1}{4\pi\epsilon_o} \dfrac{Q_1 \cdot Q_2}{r^2} = 9 \times 10^9 \dfrac{Q_1 \cdot Q_2}{r^2}[N]$

· 진공의 유전율 $\epsilon_0 = 8.855 \times 10^{-12}[F/m]$

· $Q_1 = 10[\mu C] = 10 \times 10^{-6}[C]$

· $Q_1 = 20\mu[C] = 20 \times 10^{-6}[C]$

∴ $F = 9 \times 10^9 \dfrac{10 \times 10^{-6} \times 20 \times 10^{-6}}{1^2} = 1.8[N]$

02 2단계 | 전기이론 스피드마스터 과년도 기출 핵심문제

□□□ 06③, 07③, 09②③④, 11①, 13②, 14②, 15①, 16②, 20①

01 평균 반지름이 r[m]이고, 감은 횟수가 N인 환상 솔레노이드에 전류 I[A]가 흐를 때 내부의 자기장의 세기 H[AT/m]는?

① $H = NI/2\pi r$ ② $H = NI/2r$
③ $H = 2\pi r/NI$ ④ $H = 2r/NI$

> 해 ① 환상 솔레노이드 내부의 자기장의 세기
> • 철심의 평균 반지름으로 계산한 평균 둘레
> $l = 2\pi r$
> $\therefore H = \dfrac{N \cdot I}{l} = \dfrac{N \cdot I}{2\pi r}$ [AT/m]
> ■ 원형 코일 중심의 자기장의 세기
> $H = \dfrac{NI}{2r}$ [AT/m]

□□□ 15②, 21①

02 실횻값 5[A], 주파수 f[Hz], 위상 60°인 전류의 순싯값 i[A]를 수식으로 옳게 표현한 것은?

① $i = 5\sqrt{2} \sin\left(2\pi ft + \dfrac{\pi}{2}\right)$
② $i = 5\sqrt{2} \sin\left(2\pi ft + \dfrac{\pi}{3}\right)$
③ $i = 5 \sin\left(2\pi ft + \dfrac{\pi}{2}\right)$
④ $i = 5 \sin\left(2\pi ft + \dfrac{\pi}{3}\right)$

> 해 ②
> $i = I_m \sin(\omega t + \theta)$
> • 최댓값 $I_m = \sqrt{2} I = \sqrt{2} \times 5 = 5\sqrt{2}$ [V]
> • 각속도 $\omega = 2\pi f$
> • 위상각 $\theta = 60° = \dfrac{\pi}{3}$
> $\therefore i = 5\sqrt{2} \sin\left(2\pi ft + \dfrac{\pi}{3}\right)$

□□□ 12②, 15①

03 기전력이 V_o[V], 내부 저항이 r[Ω]인 n개의 전지를 직렬 연결하였다. 전체 내부 저항을 옳게 나타낸 것은?

① r/n ② nr
③ r/n^2 ④ nr^2

> 해 ② 직렬로 연결 전체 내부 저항
> $r_o = r_1 + r_2 + r_3 \cdots r_n = n \times r = nr$

□□□ 06④, 15①, 19①, 21②, 23②

04 유효 전력의 식으로 옳은 것은? (단, E는 전압, I는 전류, θ는 위상각이다.)

① $EI\cos\theta$ ② $EI\sin\theta$
③ $EI\tan\theta$ ④ EI

> 해 ① 유효 전력
> $P = VI\cos\theta$ [W] $= EI\cos\theta$
> • 유효 전력 $P = VI\cos\theta$ [W]
> • 무효 전력 $Q = VI\sin\theta$ [Var]

□□□ 12④, 13④, 15①, 16②, 20①

05 4[F]와 6[F]의 콘덴서를 병렬 접속하고 10[V]의 전압을 가했을 때 축적되는 전하량 Q[C]는?

① 19   ② 50
③ 80   ④ 100

> 해 ④
> 전하량 $Q = C_o V$
> • 병렬 접속 시 합성 정전 용량
> $C_o = C_1 + C_2 = 4 + 6 = 10$ [F]
> $\therefore Q = 10 \times 10 = 100$ [C]

정답 01 ① 02 ② 03 ② 04 ① 05 ④

□□□ 08④, 09③, 14④, 15①, 16①

06 회로망의 임의의 접속점에 유입되는 전류는 $\Sigma I=0$ 라는 법칙은?

① 쿨롱의 법칙
② 패러데이의 법칙
③ 키르히호프의 제1법칙
④ 키르히호프의 제2법칙

> 해 ③
> • 키르히호프의 제1법칙 : 전류(I)에 관한 법칙
>   유입되는 전류의 총합=유출되는 전류의 총합
> • 키르히호프의 제2법칙 : 전압(V)에 관한 법칙
>   기전력의 합=전압 강하의 합

□□□ 03, 05, 07②, 15④

07 $R=6[\Omega]$, $X_C=8[\Omega]$일 때 임피던스 $Z=6-j8[\Omega]$으로 표시되는 것은 일반적으로 어떤 회로인가?

① RC 직렬 회로
② RL 직렬 회로
③ RC 병렬 회로
④ RL 병렬 회로

> 해 ①
> 임피던스 $Z=6-j8[\Omega]$
> • $R-C$ 직렬 회로 ; $\dot{Z}=R-jX_C$, $-j$: 용량성
> • $R-L$ 직렬 회로 ; $\dot{Z}=R+jX_L$, $+j$: 유도성

□□□ 06①, 07②, 14②, 15②, 22①

08 무효 전력에 대한 설명으로 틀린 것은?

① $P=VI\cos\theta$로 계산된다.
② 부하에서 소모되지 않는다.
③ 단위로는 Var를 사용한다.
④ 전원과 부하 사이를 왕복하기만 하고 부하에 유효하게 사용되지 않는 에너지이다.

> 해 ①
> • 무효 전력 $P_r=VI\sin\theta[\text{Var}]$
> • 유효 전력 $P=VI\cos\theta[\text{W}]$

□□□ 15①

09 전기 전도도가 좋은 순서대로 도체를 나열한 것은?

① 은 → 구리 → 금 → 알루미늄
② 구리 → 금 → 은 → 알루미늄
③ 금 → 구리 → 알루미늄 → 은
④ 알루미늄 → 금 → 은 → 구리

> 해 ① 20[℃]에서 전도도(전도율)
>
> | 물질 | 전도도[S/m] | 전도율[%] |
> |---|---|---|
> | 은 | 6.17×10^7 | 106 |
> | 구리 | 5.81×10^7 | 100 |
> | 금 | 4.10×10^7 | 71.8 |
> | 알루미늄 | 3.82×10^7 | 62.7 |

□□□ 15②

10 전지의 전압 강하 원인으로 틀린 것은?

① 국부작용
② 산화작용
③ 성극작용
④ 자기방전

> 해 ②
> • 전지의 내부 전압 강하 원인
>   국부작용, 성극(분극)작용 및 자기방전
> • 산화작용 : 음극에서 일어나는 정상적인 화학 반응으로 전압강하의 직접 원인으로 보지 않는다.

□□□ 06③④, 07①, 10④, 12③④, 13①, 14③, 15③④, 19①, 21②

11 Y결선의 전원에서 각 상전압이 100[V]일 때 선간전압은 약 몇 [V]인가?

① 100
② 150
③ 173
④ 195

> 해 ③ Y결선할 때 선간전압
> 선간전압(V_l)은 상전압(V_P)의 $\sqrt{3}$ 배다.
> $\therefore V_l=\sqrt{3}\times V_P=\sqrt{3}\times 100=173[\text{V}]$

정답 06 ③ 07 ① 08 ① 09 ① 10 ② 11 ③

□□□ 15③

12 다음 중 1[V]와 같은 값을 갖는 것은?

① 1[J/C] ② 1[Wb/m]
③ 1[Ω/m] ④ 1[A·sec]

|해 ①| 전압
$$V = \frac{W[J]}{Q[C]} = \frac{W}{Q}[V] = \frac{1[J]}{1[C]} = 1[J/C] = 1[V]$$

□□□ 15③

13 콘덴서의 정전 용량에 대한 설명으로 틀린 것은?

① 전압에 반비례한다.
② 이동 전하량에 비례한다.
③ 극판의 넓이에 비례한다.
④ 극판의 간격에 비례한다.

|해 ④| 콘덴서의 정전 용량(평행판 도체의 정전 용량)
$$C = \frac{Q}{V} = \epsilon \frac{A}{d}[F]$$
∴ 극판의 간격(d)에 반비례한다.

□□□ 15②

14 평등자계 $B[Wb/m^2]$ 속을 $V[m/s]$의 속도를 가진 전자가 움직일 때 받는 힘[N]은?

① $B2eV$ ② eV/B
③ BeV ④ BV/e

|해 ③| 로렌츠 힘
• 평등자계 내에 수직으로 돌입한 전자가 받는 힘
• 자계에서 받는 힘(구심력)
$$F_m = I \times Bl = IBl$$
$$= \frac{e}{t}Bl = eB\frac{l}{t} = eBV = BeV[N]$$
• 전자의 전기량

□□□ 06②,10④,15③

15 등전위면과 전기력선의 교차 관계는?

① 직각으로 교차한다.
② 30°로 교차한다.
③ 45°르 교차한다.
④ 교차하지 않는다.

|해 ①| 등전위면의 특징
등전위면은 전기력선과 수직(직각)으로 교차한다.

Remember

■ 등전위면의 특징
• 등전위면은 전기력선과 수직(직각)으로 고차한다.
• 전기장 안에서 도체의 내부와 표면은 등전위다.
• 등위전면의 간격이 좁을수록 전기장의 세기가 강하다.
• 전기장 안에서 전하는 등전위면과 수직으로 힘을 받는다.

□□□ 06①,C7③,10②,11①,12①②,15④,16①

16 정전 에너지 $W[J]$를 구하는 식으로 옳은 것은? (단. C는 콘덴서 용량$[\mu F]$, V는 공급전압 [V]이다.)

① $W = \frac{1}{2}CV^2$ ② $W = \frac{1}{2}CV$
③ $W = \frac{1}{2}C^2V$ ④ $W = 2CV^2$

|해 ①|

정전 에너지 $W = \frac{1}{2}\frac{Q^2}{C}$
• 콘덴서 용량 $C = \frac{Q}{V}$
• 콘덴서의 전하 $Q = CV$
∴ $W = \frac{1}{2}\frac{Q^2}{C} = \frac{1}{2}QV = \frac{1}{2}CV^2$

정답 12 ① 13 ④ 14 ③ 15 ① 16 ①

□□□ 12③,13④,15②

17 자기회로에 강자성체를 사용하는 이유는?

① 자기 저항을 감소시키기 위하여
② 자기 저항을 증가시키기 위하여
③ 공극을 크게 하기 위하여
④ 주자속을 감소시키기 위하여

> 해① 자기 저항 $R_m = \dfrac{l}{\mu A}$
> - 자석을 가까이 대기만 해도 자화되어 강한 힘으로 자석을 끌어당기게 되는 것을 강자성체라 한다.
> - 강자성체는 투자율(μ)이 가장 크기 때문에 자기 저항을 상당히 감소시킨다.

□□□ 11②,15④

18 다음 중 큰 값일수록 좋은 것은?

① 접지저항 ② 절연저항
③ 도체저항 ④ 접촉저항

> 해② 절연저항
> - 절연저항 $R = \dfrac{\text{전압}(V)}{\text{누설 전류}(I_l)}$
> - 절연저항은 전압에 비례하고, 누설 전류에 반비례하므로 절연저항은 크면 클수록 좋다.

□□□ 07③,15③

19 원자핵의 구속력을 벗어나서 물질 내에서 자유로이 이동할 수 있는 것은?

① 중성자 ② 양자
③ 분자 ④ 자유전자

> 해④ 자유전자
> - 하나의 원자에서 다른 원자로 자유롭게 이동하는 전자
> - 원자핵에서 구속에서 이탈하여 자유로이 이동할 수 있는 전자

□□□ 11②,15②

20 평형 3상 교류 회로에서 Δ부하의 한 상의 임피던스가 Z_Δ일 때, 등가 변환한 Y부하의 한 상의 임피던스 Z_Y는 얼마인가?

① $Z_Y = \sqrt{3}\, Z_\Delta$ ② $Z_Y = 3 Z_\Delta$
③ $Z_Y = \dfrac{1}{\sqrt{3}} Z_\Delta$ ④ $Z_Y = \dfrac{1}{3} Z_\Delta$

> 해④
> - Δ부하를 Y부하로 변환하면 임피던스 $Z_Y = \dfrac{1}{3} Z_\Delta$
> - Y부하를 Δ부하로 변환하면 임피던스 $Z_\Delta = 3 Z_Y$

□□□ 11②,15②

21 6[Ω]의 저항과, 8[Ω]의 용량성 리액턴스의 병렬 회로가 있다. 이 병렬 회로의 임피던스는 몇 [Ω]인가?

① 1.5 ② 2.6
③ 3.8 ④ 4.8

> 해④ 병렬 회로의 합성 임피던스
> $Z = \dfrac{V}{I} = \dfrac{RX_C}{\sqrt{R^2 + X_C^2}} = \dfrac{6 \times 8}{\sqrt{6^2 + 8^2}} = 4.8[\Omega]$

□□□ 15③

22 1[cm]당 권선수가 10인 무한길이 솔레노이드에 1[A]의 전류가 흐르고 있을 때 솔레노이드 외부 자계의 세기[AT/m]는?

① 0 ② 5
③ 10 ④ 20

> 해① 무한장 솔레노이드에 의한 자계
> 앙페르의 주회적분 법칙에 따라 자기장은 내부에만 균일하게 형성되고 외부 공간의 자기장 세기는 0이 된다.

정답 17 ① 18 ② 19 ④ 20 ④ 21 ④ 22 ①

□□□ 10①,15②

23 1[eV]는 몇 [J]인가?

① 1
② 1×10^{-10}
③ 1.16×10^4
④ 1.602×10^{-19}

> 해 ④ 전자볼트(electron Volt ; 1[eV])
> $1[J] = 6.25 \times 10^{18}[eV]$
> $\therefore 1[eV] = \dfrac{1}{6.25 \times 10^{18}} = 1.60 \times 10^{-19}[J]$

□□□ 06②,09②,13④,15③,24①

24 자기 인덕턴스가 각각 L_1과 L_2인 2개의 코일이 직렬로 가동접속되었을 때, 합성 인덕턴스는? (단, 자기력선에 의한 영향을 서로 받는 경우이다.)

① $L = L_1 + L_2 - M$
② $L = L_1 + L_2 - 2M$
③ $L = L_1 + L_2 + M$
④ $L = L_1 + L_2 + 2M$

> 해 ④
> • 합성 인덕턴스(가동접속 ; 같은 방향)
> $L = L_1 + L_2 + 2M[H]$
> • 합성 인덕턴스(차동접속 ; 반대방향)
> $L = L_1 + L_2 - 2M[H]$

□□□ 08②,10②,15②,21②

25 저항 50[Ω]인 전구에 $e = 100\sqrt{2}\sin\omega t$[V]의 전압을 가할 때 순시 전류[A]의 값은?

① $\sqrt{2}\sin\omega t$
② $2\sqrt{2}\sin\omega t$
③ $5\sqrt{2}\sin\omega t$
④ $10\sqrt{2}\sin\omega t$

> 해 ② 순시 전류
> $i = \dfrac{e}{R} = \dfrac{100\sqrt{2}\sin\omega t}{50} = 2\sqrt{2}\sin\omega t[A]$

□□□ 11④,15④

26 대칭 3상 △ 결선에서 선전류와 상전류와의 위상 관계는?

① 상전류가 π/3[rad] 앞선다.
② 상전류가 π/3[rad] 뒤진다.
③ 상전류가 π/6[rad] 앞선다.
④ 상전류가 π/6[rad] 뒤진다.

> 해 ③ 대칭 3상 △결선의 선전류와 상전류
> • 선전류(I_l)는 상전류(I_P)에 비해 위상이 30°
> $\left(\dfrac{\pi}{6}\text{rad}\right)$ 뒤진다.
> • 상전류(I_P)는 선전류(I_l)에 비해 위상이 30°
> $\left(\dfrac{\pi}{6}\text{rad}\right)$ 앞선다.

□□□ 15④,19②

27 가정용 전등 전압이 200[V]이다. 이 교류의 최댓값은 몇 [V]인가?

① 70.7
② 86.7
③ 141.4
④ 282.8

> 해 ④
> 실횻값 $V = \dfrac{V_m}{\sqrt{2}}$
> $\therefore$ 최댓값 $V_m = \sqrt{2}\,V = \sqrt{2} \times 200 = 282.8[V]$

□□□ 11①,13②,15③,21②

28 권수가 150인 코일에서 2초간 1[Wb]의 자속이 변화한다면, 코일에 발생 되는 유도기전력의 크기는 몇 [V]인가?

① 50
② 75
③ 100
④ 150

> 해 ② 유도기전력
> $e = N\dfrac{\Delta\phi}{\Delta t} = 150 \times \dfrac{1}{2} = 75[V]$

정답 23 ④ 24 ④ 25 ② 26 ③ 27 ④ 28 ②

□□□ 04,15③,23①

29 그림과 같은 회로의 저항값이 $R_1 > R_2 > R_3 > R_4$일 때 전류가 최소로 흐르는 저항은?

① R_1
② R_2
③ R_3
④ R_4

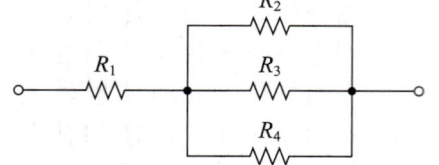

|해②|
- 전류는 저항의 크기에 반비례하여 흐름
- 병렬로 연결된 회로에 전압 V가 흐를 때
$I_2 = \dfrac{V}{R_2} < I_3 = \dfrac{V}{R_3} < I_4 = \dfrac{V}{R_4}$
$I = I_2 + I_3 + I_4$
∴ R_2가 가장 적다.
 (저항이 클수록 전류가 가장 작다.)
- R_1은 직렬로 연결, 따라서 가장 큰 전류가 흐른다.

□□□ 15③

30 $R-L$ 직렬 회로에 교류 전압 $v = V_m \sin\theta [V]$를 가했을 때 회로의 위상각 θ를 나타낸 것은?

① $\theta = \tan^{-1}\dfrac{R}{\omega L}$
② $\theta = \tan^{-1}\dfrac{\omega L}{R}$
③ $\theta = \tan^{-1}\dfrac{1}{R\omega L}$
④ $\theta = \tan^{-1}\dfrac{R}{\sqrt{R^2+(\omega L)^2}}$

|해②| $R-L$ 직렬 회로의 위상차(각)
$\theta = \tan^{-1}\dfrac{X_L}{R} = \tan^{-1}\dfrac{\omega L}{R}$

임피던스 삼각형

□□□ 06①,09①,15④

31 비유전율이 큰 산화티탄 등을 유전체로 사용한 것으로 극성이 없으며 가격에 비해 성능이 우수하여 널리 사용되고 있는 콘덴서의 종류는?

① 전해 콘덴서   ② 세라믹 콘덴서
③ 마일러 콘덴서 ④ 마이카 콘덴서

|해②|
- 세라믹 콘덴서 : 비유전율이 큰 산화티탄 등을 유전체로 사용한 것
- 전해 콘덴서 : 양극과 음극의 극성을 가지고 있는 콘덴서로서 직류 회로만 사용
- 마일러 콘덴서 : 얇은 폴리에스터 필름을 양측에서 금속으로 삽입하여 원통형으로 감은 것
- 마이카 콘덴서 : 운모(mica)와 금속 박막으로 되어있거나 운모 위에 은을 발라서 전극으로 만든 것

□□□ 15④

32 $10[\Omega]$의 저항과 $R[\Omega]$의 저항이 병렬로 접속되고 $10[\Omega]$의 전류가 $5[A]$, $R[\Omega]$의 전류가 $2[A]$이면 저항 $R[\Omega]$은?

① 10
② 20
③ 25
④ 30

|해③|
병렬 회로에서 전압(V)는 일정
$V_1 = RI = 10 \times 5 = 50[V]$
$V_2 = R_2 I = R_2 \times 2 = 2R_2$
$V_1 = V_2 =$ 일정 : $50 = 2R_2$
∴ $R_2 = \dfrac{50}{2} = 25[\Omega]$
∵ 저항(R)이 작은 회로에 전류(I)가 많이 흐른다.

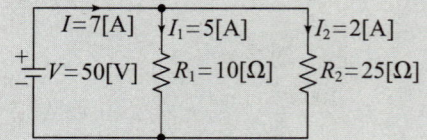

33 전원과 부하가 다같이 △결선된 3상 평형회로가 있다. 상전압이 200[V], 부하 임피던스가 $Z=6+j8[\Omega]$인 경우 선전류는 몇 [A]인가?

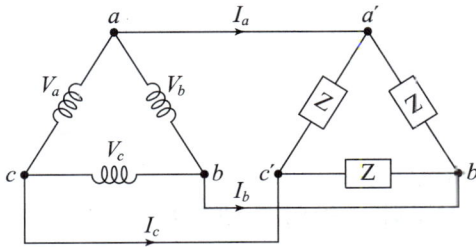

① 20
② $\frac{20}{\sqrt{3}}$
③ $20\sqrt{3}$
④ $10\sqrt{3}$

|해 ③| △결선된 3상 평형회로의 선전류
$I_l = \sqrt{3}\,I_P = \sqrt{3}\,\dfrac{V_P}{Z}$
• $Z = \sqrt{(실수부)^2+(허수부)^2} = \sqrt{6^2+8^2} = 10$
• 상전압 $V_P = 200[V]$
∴ 선전류 $I_l = \sqrt{3} \times \dfrac{200}{10} = 20\sqrt{3}\,[A]$

34 두 금속을 접속하여 여기에 전류를 흘리면, 줄열 외에 그 접점에서 열의 발생 또는 흡수가 일어나는 현상은?

① 줄 효과
② 홀 효과
③ 제벡 효과
④ 펠티에 효과

|해 ④| 펠티에 효과
• 두 종류의 금속 접합부에 전류를 흘리면 전류의 방향에 따라 줄열 이외의 열의 흡수 또는 발생하는 현상
• 펠티에 효과는 전자 냉동 분야에 사용
• 제벡 효과 : 용광로 속의 온도나 기름의 온도를 측정할 때 사용

35 저항이 10[Ω]인 도체에 1[A]의 전류를 10분간 흘렸다면 발생하는 열량은 몇 [kcal]인가?

① 0.62
② 1.44
③ 4.46
④ 6.24

|해 ②|
열량 $H = 0.24 I^2 R t$
• $t = 10(분) \times 60(초) = 600[sec]$
∴ $H = 0.24 \times 1^2 \times 10 \times 600 = 1,440[cal]$
$= 1.44[kcal]$
∵ $1[kcal] = 1,000[cal]$

36 공기 중 자장의 세기가 20[AT/m]인 곳에 8×10^{-3}[Wb]의 자극을 놓으면 작용하는 힘[N]은?

① 0.16
② 0.32
③ 0.43
④ 0.56

|해 ①|
$F = mH[N] = 8 \times 10^{-3} \times 20 = 0.16[N]$

37 다음 중 전동기의 원리에 적용되는 법칙은?

① 렌츠의 법칙
② 플레밍의 오른손 법칙
③ 플레밍의 왼손 법칙
④ 옴의 법칙

|해 ③| 플레밍의 법칙

구분	왼손 법칙	오른손 법칙
방향	힘(전자기력)의 방향 전동기의 회전방향	유도기전력의 방향 발전기의 유도전압의 방향
적용	전동기의 원리	발전기의 원리

정답 33 ③ 34 ④ 35 ② 36 ① 37 ③

□□□ 11②③,12④,15③④,20①

38 전기분해를 통하여 석출된 물질의 양은 통과한 전기량 및 화학당량과 어떤 관계인가?

① 전기량과 화학당량에 비례한다.
② 전기량과 화학당량에 반비례한다.
③ 전기량에 비례하고 화학당량에 반비례한다.
④ 전기량에 반비례하고 화학당량에 비례한다.

> [해①] 전기분해에 관한 패러데이의 법칙
> • 같은 전기량에 의해서 여러 가지 화합물이 전해될 때 석출되는 물질의 양은 각 물질의 화학당량(원자량/원자가K)에 비례한다.
> • 전기분해에 의해서 석출되는 물질의 양은 전해액을 통과한 총전기량에 비례한다.

□□□ 06④,07①③,10③,11②,15③,16①

39 저항이 있는 도선에 전류가 흐르면 열이 발생한다. 이와 같이 전류의 열작용과 가장 관계가 깊은 법칙은?

① 패러데이의 법칙
② 키르히호프의 법칙
③ 줄의 법칙
④ 옴의 법칙

> [해③] 줄의 법칙
> 도체에 전류를 흘렸을 때 도체에 발생하는 열량에 관한 법칙으로 어떤 도체에 일정 시간 동안 전류를 흘리면 도체에 열이 발생된다.

□□□ 15①

40 그림의 단자 1-2에서 본 노튼 등가회로의 개방단 컨덕턴스는 몇 [℧]인가?

① 0.5
② 1
③ 2
④ 5.8

> [해①]
> • 2[Ω]과 3[Ω]은 병렬, 0.8[Ω]은 직렬로 계산
> • 등가 저항 $R_o = \dfrac{2\times 3}{2+3} + 0.8 = 2[\Omega]$
> ∴ 컨덕턴스 $G = \dfrac{1}{R_0} = \dfrac{1}{2} = 0.5[\mho]$

□□□ 15④

41 삼각파 전압의 최댓값이 V_m일 때 실횻값은?

① V_m
② $\dfrac{V_m}{\sqrt{2}}$
③ $\dfrac{2V_m}{\pi}$
④ $\dfrac{V_m}{\sqrt{3}}$

> [해④] 교류 회로의 실횻값
>
> | 명칭 | 실횻값 | 평균값 |
> | --- | --- | --- |
> | 사인파 | $\dfrac{V_m}{\sqrt{2}} = 0.707 V_m$ | $\dfrac{2V_m}{\pi} = 0.637 V_m$ |
> | 삼각파 | $\dfrac{V_m}{\sqrt{3}}$ | $\dfrac{V_m}{2}$ |

□□□ 11②,15④

42 다음 설명 중에서 틀린 것은?

① 리액턴스는 주파수의 함수이다.
② 콘덴서는 직렬로 연결할수록 용량이 커진다.
③ 저항은 병렬로 연결할수록 저항값이 작아진다.
④ 코일은 직렬로 연결할수록 인덕턴스가 커진다.

> [해②] 콘덴서(커패시터)의 연결
> • 병렬 접속 시 합성 정전 용량은 콘덴서의 정전 용량을 모두 합한 값이 된다.
>   ∴ 콘덴서의 병렬 접속은 정전 용량이 크게 된다.
> • 직렬 접속 시 합성 정전 용량의 역수가 각 정전 용량의 역수의 합과 같다.
>   ∴ 콘덴서의 직렬 접속은 정전 용량이 감소된다.

정답 38 ① 39 ③ 40 ① 41 ④ 42 ②

□□□ 15①

43 정전 용량 $C[\mu F]$의 콘덴서에 충전된 전하가 $q = \sqrt{2}\,Q\sin\omega t\,[C]$와 같이 변화하도록 하였다면 이때 콘덴서에 흘러 들어가는 전류의 값은?

① $i = \sqrt{2}\,\omega\,Q\sin\omega t$
② $i = \sqrt{2}\,\omega\,Q\cos\omega t$
③ $i = \sqrt{2}\,\omega\,Q\sin(\omega t - 60°)$
④ $i = \sqrt{2}\,\omega\,Q\cos(\omega t - 60°)$

> 해 ② 충전된 전하
> $q = \sqrt{2}\,Q\sin\omega t\,[C]$를 시간에 대해 미분하면 전류
> $i = \dfrac{\Delta Q}{\Delta t} = \dfrac{dq}{\Delta t}$
> $= \dfrac{d\sqrt{2}\,Q\sin\omega t}{dt} = \sqrt{2}\,Q\cos\omega t$

□□□ 07④,08②④,10③,12③,15①

44 어떤 도체의 길이를 2배로 하고 단면적을 1/3로 했을 때의 저항은 원래 저항의 몇 배가 되는가?

① 3배   ② 4배
③ 6배   ④ 9배

> 해 ③
> 도체의 저항 : $R = \rho\dfrac{l}{A}$ 에서
> • 길이 : $2l$
> • 면적 : $\dfrac{1}{3}A$
> ∴ $R_o = \rho\dfrac{2l}{\dfrac{1}{3}A} = 6\rho\dfrac{l}{A}$
> ∴ 저항이 6배로 증가

□□□ 15②

45 사인파 교류 전압을 표시한 것으로 잘못된 것은? (단, θ는 회전각이며, ω는 각속도이다.)

① $v = V_m\sin\theta$ ② $v = V_m\sin\omega t$
③ $v = V_m\sin 2\pi t$ ④ $v = V_m\sin\dfrac{2\pi}{T}t$

> 해 ③ 사인파 교류 전압
> $v = V_m\sin\theta\,[V]$
> • 각속도 $\omega = 2\pi f = \dfrac{2\pi}{T}$
> • 회전각 $\theta = \omega t = 2\pi ft$
> ∴ $v = V_m\sin\omega t = V_m\sin 2\pi ft = V_m\sin\dfrac{2\pi}{T}t$

□□□ 11④,15②,22②

46 자기 인덕턴스가 0.01[H]인 코일에 100[V], 60[Hz]의 사인파 전압을 가할 때 유도 리액턴스는 약 몇 [Ω]인가?

① 3.77   ② 6.28
③ 12.28   ④ 37.68

> 해 ① 유도 리액턴스
> $X_L = wL = 2\pi fL$
> • 주파수 $f = 60[Hz]$
> • 인덕턴스 $L = 0.01[H]$
> ∴ $X_L = 2\pi \times 60 \times 0.01 = 3.77[\Omega]$

□□□ 13④,15④,24①

47 $i = I_m\sin\omega t\,[A]$인 사인파 교류에서 ωt가 몇 도일 때 순싯값과 실횻값이 같게 되는가?

① 30°   ② 45°
③ 60°   ④ 90°

> 해 ② 사인파 교류
> • 순싯값 $i = I_m\sin\omega t\,[A]$
> • 실횻값 $I = \dfrac{I_m}{\sqrt{2}} \rightarrow I_m = I\sqrt{2}$
> • 문제조건 : 순싯값 i = 실횻값 I
> $i = I_m\sin\omega t = \sqrt{2}\,I\sin\omega t = I$
> $\sin\omega t = \dfrac{1}{\sqrt{2}}$
> ∴ $\omega t = \sin^{-1}\dfrac{1}{\sqrt{2}} = 45°$

정답 43 ② 44 ③ 45 ③ 46 ① 47 ②

□□□ 09④,12①②,15④,21①

48 $m_1 = 4 \times 10^{-5}$[Wb], $m_2 = 6 \times 10^{-3}$[Wb], $r = 10$[cm]이면, 두 자극 m_1, m_2 사이에 작용하는 힘은 약 몇 [N]인가?

① 1.52　　② 2.4
③ 24　　④ 152

| 해 ① |

쿨롱의 법칙 : 자기력
$$F = \frac{1}{4\pi\mu_o} \times \frac{m_1 \cdot m_2}{r^2} = 6.33 \times 10^4 \frac{m_1 \cdot m_2}{r^2}$$
$$= 6.33 \times 10^4 \frac{4 \times 10^{-5} \times 6 \times 10^{-3}}{0.10^2}$$
$$= 1.52 [N]$$

□□□ 15②

49 다음 ( ) 안에 들어갈 알맞은 내용은?

자기 인덕턴스 1[H]는 전류의 변화율이 1[A/s]일 때, ( )가(이) 발생할 때의 값이다.

① 1[N]의 힘　　② 1[J]의 에너지
③ 1[V]의 기전력　　④ 1[Hz]의 주파수

| 해 ③ | 자기 인덕턴스 L
• 인덕턴스의 기호는 L이고, 단위는 헨리[H]다.
• 1[헨리 H] : 1초 동안에 1[A]의 전류가 변할 때 1[V]의 유도기전력을 발생시키는 코일의 자기인덕턴스 용량

□□□ 11④,15②

50 $R = 8[\Omega]$, $L = 19.1$[mH]의 직렬 회로에 5[A]가 흐르고 있을 때 인덕턴스(L)에 걸리는 단자 전압의 크기는 약 몇 [V]인가? (단, 주파수는 60[Hz]이다.)

① 12　　② 25
③ 29　　④ 36

| 해 ④ | 단자 전압 $V_L = X_L I$
• 유도 리액턴스 $X_L = \omega L = 2\pi f L [\Omega]$
• $V_L = X_L I = 2\pi f L I [V]$
• $L = 19.1$[mH] $= 19.1 \times 10^3$[H]
∴ $V_L = 2 \times \pi \times 60 \times 19.1 \times 10^{-3} \times 5 = 36[V]$

□□□ 15③

51 $R = 5[\Omega]$, $L = 30$[mH]의 $R-L$ 직렬 회로에 $V = 200$[V], $f = 60$[Hz]의 교류 전압을 가할 때 전류의 크기는 약 몇 [A]인가?

① 8.67　　② 11.42
③ 16.17　　④ 21.25

| 해 ③ |

전류 $I = \dfrac{V}{Z} = \dfrac{V}{\sqrt{R^2 + X_L^2}}$

• 유동 리액턴스 $X_L = \omega L = 2\pi f L$
$X_L = 2 \times \pi \times 60 \times (30 \times 10^{-3}) = 11.31[\Omega]$

∴ $I = \dfrac{V}{\sqrt{R^2 + X_L^2}} = \dfrac{200}{\sqrt{5^2 + 11.31^2}} = 16.17[A]$

□□□ 07④,15①

52 히스테리시스손은 최대 자속밀도 및 주파수의 각각 몇 승에 비례하는가?

① 최대 자속밀도 : 1.6, 주파수 : 1.0
② 최대 자속밀도 : 1.0, 주파수 : 1.6
③ 최대 자속밀도 : 1.0, 주파수 : 1.0
④ 최대 자속밀도 : 1.6, 주파수 : 1.6

| 해 ① | 히스테리시스 손실(스타인메츠의 실험식)
$P_h = \eta f B_m^{1.6} [W/m^2]$
• 히스테리시스상수 : η
• 지수 ; 최대 자속밀도(B_m) : 1.6
• 주파수(f) : 1.0

□□□ 03③, 05①, 06④, 11③, 15④

53 $R-L-C$ 병렬 공진회로에서 공진 주파수는?

① $\dfrac{1}{\pi\sqrt{LC}}$ ② $\dfrac{1}{\sqrt{LC}}$

③ $\dfrac{2\pi}{\sqrt{LC}}$ ④ $\dfrac{1}{2\pi\sqrt{LC}}$

해 ④

- $R-L-C$ 병렬 공진회로 공진 주파수
  $f_o = \dfrac{1}{2\pi}\sqrt{\dfrac{1}{LC}-\dfrac{R^2}{L^2}}$ [Hz]
- $wL = \dfrac{1}{wC}$ 일 때
  공진 주파수 $f_o = \dfrac{1}{2\pi\sqrt{LC}}$ [Hz]

□□□ 06①, 15④, 20①

54 $I = 8 + j6$ [A]로 표시되는 전류의 크기 I는 몇 [A]인가?

① 6 ② 8
③ 10 ④ 12

해 ③ 복소수의 전류
$I = \sqrt{(실수부)^2 + (허수부)^2} = \sqrt{8^2 + 6^2} = 10$ [Ω]

□□□ 08③, 11②, 12②, 13①②, 14①③, 15②

55 4[Ω]의 저항에 200[V]의 전압을 인가할 때 소비되는 전력은?

① 20[W] ② 400[W]
③ 2.5[kW] ④ 10[kW]

해 ④ 소비 전력
$P = V \cdot I = I^2 R = \dfrac{V^2}{R}$

백열전구, 전열기 등에 관한 전력, 전압에 관해 적용

$P = \dfrac{V^2}{R} = \dfrac{200^2}{4} = 10,000$ [W] $= 10$ [kW]

□□□ 14④, 15②

56 진공 중에서 같은 크기의 두 자극을 1[m] 거리에 놓았을 때, 그 작용하는 힘이 $6.33N \times 10^4$[N]이 되는 자극 세기의 단위는?

① 1[Wb] ② 1[C]
③ 1[A] ④ 1[W]

해 ① 자극의 세기
$F = k\dfrac{m_1 m_2}{r^2} = 6.33 \times 10^4 \dfrac{m^2}{r^2}$ [N] 에서

$6.33 \times 10^4 = 6.33 \times 10^4 \dfrac{m^2}{1^2}$ [N]

$\therefore m = \sqrt{\dfrac{1^2 \times 6.33 \times 10^4}{6.33 \times 10^4}} = 1$ [Wb]

참고 SOLVE 사용

$6.33 \times 10^4 = 6.33 \times 10^4 \dfrac{m^2}{1^2}$ [N]

$\therefore$ 자극의 세기 : $m = 1$ [Wb]

참고 자극(m)의 단위 : [Wb]

□□□ 15③

57 그림과 같은 $R-L$ 병렬 회로에서 $R = 25$[Ω], $\omega L = \dfrac{100}{3}$[Ω]일 때, 200[V]의 전압을 가하면 코일에 흐르는 전류 I_L[A]은?

① 3.0
② 4.8
③ 6.0
④ 8.2

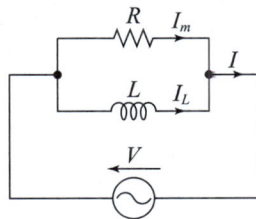

해 ③ $R-L$ 병렬 회로에서 전압이 일정
$I_L = \dfrac{V}{X_L} = \dfrac{V}{\omega L} = \dfrac{200}{\dfrac{100}{3}} = 6$ [A]

□□□ 15③

58 그림에서 $a-b$간의 합성저항은 $c-d$ 간의 합성저항보다 몇 배인가?

① 1배
② 2배
③ 3배
④ 4배

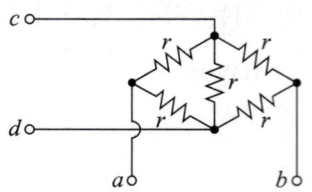

|해②|

- $a-b$간의 합성저항
- 휘트스톤 브리지 평형조건(4개의 다이아몬드)에 의해 중간 저항(r)은 무시
- 직렬 합성저항 $r_o = r + r = 2r$

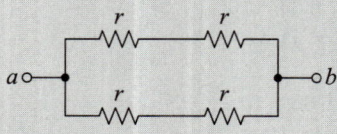

$$R_{ab} = \frac{2r \times 2r}{2r + 2r} = r[\Omega]$$

- $c-d$간의 합성저항

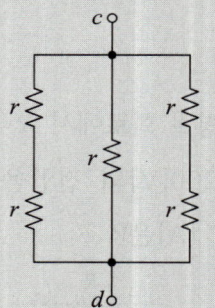

- 직렬 합성저항 $r_o = r + r = 2r$

$$R_{cd} = \frac{1}{\frac{1}{2r} + \frac{1}{r} + \frac{1}{2r}} = \frac{r}{2}[\Omega]$$

$$\therefore \frac{R_{ab}}{R_{cd}} = \frac{r}{\frac{r}{2}} = 2배$$

□□□ 13①,15④

59 저항과 코일이 직접 연결된 회로에서 직류 220[V]를 인가하면 20[A]의 전류가 흐르고, 교류 220[V]를 인가하면 10[A]의 전류가 흐른다. 이 코일의 리액턴스[Ω]는?

① 약 19.05[Ω]   ② 약 16.06[Ω]
③ 약 13.06[Ω]   ④ 약 11.04[Ω]

|해①|

- $R-L$ 직렬 회로의 임피던스
  $Z = \sqrt{R^2 + X_L^2}$ 에서
- 저항 $R = \dfrac{V}{I} = \dfrac{220}{20} = 11[\Omega]$
- 임피던스 $Z = \dfrac{V}{I} = \dfrac{220}{10} = 22[\Omega]$
  $\therefore X_L = \sqrt{Z^2 - R^2} = \sqrt{22^2 - 11^2}$
  $= 19.05[\Omega]$
- 참고 SOLVE 사용 : $22 = \sqrt{11^2 + X_L^2}$
  $\therefore$ 리액턴스 $X_L = 19.05[\Omega]$

□□□ 11②,15②

60 평행한 왕복 도체에 흐르는 전류에 의한 작용은?

① 흡인력   ② 반발력
③ 회전력   ④ 작용력이 없다.

|해②| 두 도체에 전류가 흐를 때
- 같은 전류방향으로 전류가 흐를 때 : 서로 끌어당기는 흡인력 작용
  $\oplus \rightarrow \leftarrow \ominus$
- 전류방향과 반대(왕복 도체) 방향으로 전류가 흐를 때 : 서로 밀어내는 반발력 작용
  $\leftarrow \oplus \quad \oplus \rightarrow$

03 2단계 | 전기이론 스피드마스터 과년도 기출 핵심문제

□□□ 08②,11①③11④,12①②,14②,15④,16①

01 어떤 콘덴서에 $V[V]$의 전압을 가해서 $Q[C]$의 전하를 충전할 때 저장되는 에너지[J]는?

① $2QV$ ② $2QV^2$
③ $\frac{1}{2}QV$ ④ $\frac{1}{2}QV^2$

> 해 ③ 콘덴서의 저장에너지
> $W = \frac{1}{2}QV = \frac{1}{2}CV^2[J]$

□□□ 08④,09④,11②④,13③,14①,15③,16③,20①,23①

02 단상 전력계 2대를 사용하여 2전력계법으로 3상 전력을 측정하고자 한다. 두 전력계의 지시값이 각각 P_1, $P_2[W]$이었다. 3상 전력 $P[W]$를 구하는 식으로 옳은 것은?

① $P = \sqrt{3}(P_1 \times P_2)$
② $P = P_1 - P_2$
③ $P = P_1 \times P_2$
④ $P = P_1 + P_2$

> 해 ④ 2전력계법의 3상 전력일 때 부하 전력
> $P = P_1 + P_2$

□□□ 09①,10①,11③,12②,14①

03 출력 $P[kVA]$의 단상 변압기 2개를 V결선한 때의 3상 출력[kVA]은?

① P ② $\sqrt{3}P$
③ $2P$ ④ $3P$

> 해 ②
> V결선 시 3상 출력 : $P_V = \sqrt{3}P_1[kVA]$
> △결선 시 3상 출력 : $P_\Delta = 3P_1[kVA]$

□□□ 14①

04 전자석의 특징으로 옳지 않은 것은?

① 전류의 방향이 바뀌면 전자석의 극도 바뀐다.
② 코일을 감은 횟수가 많을수록 강한 전자석이 된다.
③ 전류를 많이 공급하면 무한정 자력이 강해진다.
④ 같은 전류라도 코일 속에 철심을 넣으면 더 강한 전자석이 된다.

> 해 ③ 전자석의 특징
> • 전류의 방향이 바뀌면 전자석의 극도 바뀐다.
> • 코일의 감은 수가 많을수록 강한 자석이 된다.
> • 전류를 많이 공급하면 철심이 자기포화 상태에 도달하여 더 이상 자력이 증가하지 않고 일정해진다.

□□□ 10①④,11①,14②,15②,16①②

05 서로 다른 종류의 안티몬과 비스무트의 두 금속을 접속하여 여기에 전류를 통하면, 그 접점에서 열의 발생 또는 흡수가 일어난다. 줄열과 달리 전류의 방향에 따라 열의 흡수와 발생이 다르게 나타나는 이 현상은?

① 펠티에 효과   ② 제벡 효과
③ 제3금속의 법칙   ④ 열전 효과

> 해 ① 펠티에 효과
> • 두 종류의 금속 접합부에 전류를 흘리면 전류의 방향에 따라 줄열 이외의 열의 흡수 또는 발생하는 현상
> • 펠티에 효과는 전자 냉동 분야에 사용
> • 제벡 효과 : 용광로 속의 온도나 기름의 온도를 측정할 때 사용

정답 01 ③ 02 ④ 03 ② 04 ③ 05 ①

□□□ 07③, 12①, 14①④

06 그림과 같이 R_1, R_2, R_3의 저항 3개를 직·병렬 접속되었을 때 합성저항은?

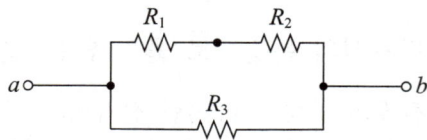

① $R = \dfrac{(R_1+R_2)R_3}{R_1+R_2+R_3}$

② $R = \dfrac{(R_2+R_3)R_1}{R_1+R_2+R_3}$

③ $R = \dfrac{(R_1+R_3)R_2}{R_1+R_2+R_3}$

④ $R = \dfrac{R_1 R_2 R_3}{R_1+R_2+R_3}$

| 해 ① | 직렬·병렬 접속
- 직렬 저항의 등가회로
  각 저항의 합 : $R = R_1 + R_2$

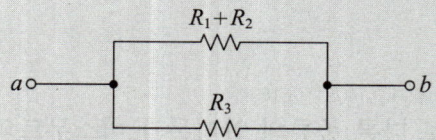

- 병렬 연결의 합성저항
  $R_o = \dfrac{곱}{합} = \dfrac{(R_1+R_2) \times R_3}{(R_1+R_2)+R_3}$

□□□ 06④, 07①③, 10③, 11②, 12②, 14①, 15③, 16①

07 전류의 발열작용과 관계가 있는 것은?

① 줄의 법칙 ② 키르히호프의 법칙
③ 옴의 법칙 ④ 플레밍의 법칙

| 해 ① | 줄의 법칙
- 도체에 전류를 흘렸을 때 도체에 발생하는 열량에 관한 법칙으로 어떤 도체에 일정 시간 동안 전류를 흘리면 도체에 열이 발생된다.
- 열에너지 $H = \dfrac{1}{4.2} I^2 R t = 0.24 I^2 R t$ [cal]

□□□ 11④, 14①④, 16③

08 공기 중에서 $+m$[Wb]의 자극으로부터 나오는 자기력선의 총수를 나타낸 것은?

① m ② μ_o/m
③ m/μ_o ④ $\mu_o m$

| 해 ③ |
- 자력선의 총수 $N = \dfrac{m}{\mu} = \dfrac{m}{\mu_o \mu_s} = \dfrac{m}{\mu_o}$
  (진공일 때 투자율 $\mu_s = 1$)
- 자력선의 총수 $N = \dfrac{1}{4\pi\mu_o} \cdot \dfrac{m}{r^2} \cdot 4\pi r^2 = \dfrac{m}{\mu_o}$
- 공기 중에서 m[Wb]의 자극으로 나오는 자속수 : m

□□□ 14①

09 자체 인덕턴스가 L_1, L_2인 두 코일을 직렬로 접속하였을 때 합성 인덕턴스를 나타내는 식은? (단, 두 코일 간의 상호 인덕턴스는 M이다.)

① $L_1 + L_2 \pm M$ ② $L_1 - L_2 \pm M$
③ $L_1 + L_2 \pm 2M$ ④ $L_1 - L_2 \pm 2M$

| 해 ③ |
- 합성 인덕턴스(가동접속 ; 같은 방향)
  가동 : $L_{가동} = L_1 + L_2 + 2M$ [H]
- 합성 인덕턴스(차동접속 ; 반대방향)
  차동 : $L_{차동} = L_1 + L_2 - 2M$ [H]
  $\therefore L = L_{가동} + L_{차동} = L_1 + L_2 \pm 2M$ [H]

□□□ 06①, 07②, 14②, 15②, 22①

10 교류 회로에서 무효 전력의 단위는?

① [W] ② [VA]
③ [Var] ④ [V/m]

| 해 ③ | 교류 전력의 종류
- 유효 전력 $P = VI\cos\theta$ [W]
- 무효 전력 $Q = VI\sin\theta$ [Var]

□□□ 07①,09①,10①②,12②④,14②,15②,16③

11 그림과 같은 자극 사이에 있는 도체에 전류(I)가 흐를 때 힘은 어느 방향으로 작용하는가?

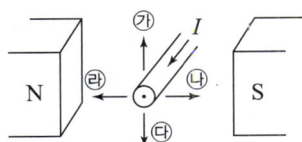

① 가
② 나
③ 다
④ 라

|해①| 플레밍의 왼손 법칙
• 엄지(F) : 힘(전자력)의 방향
• 검지(B) : 자기장의 방향
• 중지(I) : 전류의 방향

□□□ 08②,14①,18②

12 다음 중 비유전율이 가장 큰 것은?

① 종이
② 염화 비닐
③ 운모
④ 산화티탄 자기

|해④| 유전체의 비유전율

유전체의 종류	비유전율
산화티탄 자기	100
운모	5~9
염화 비닐	5~9
종이	1.2~3

□□□ 09②,14③

13 다음 중 전도율을 나타내는 단위는?

① [Ω]
② [Ω·m]
③ [℧·m](모·m)
④ [℧/m](모/m)

|해④| 전도율(전도도 ; conductivity)
• 전도율 $\sigma = \dfrac{1}{\rho[\Omega \cdot m]} = \dfrac{1}{\rho}[\mho/m]$
• 고유저항 : $\rho[\Omega \cdot m]$
• 전도율의 단위 : [℧·m]

□□□ 06④,08②③,09③,12②,14③,19①

14 자기력선에 대한 설명으로 옳지 않은 것은?

① 자기장의 모양을 나타낸 선이다.
② 자기력선이 조밀할수록 자기력이 세다.
③ 자석의 N극에서 나와 S극으로 들어간다.
④ 자기력선이 교차된 곳에서 자기력이 세다.

|해④| 자기력선의 특징
자기력선은 도중에서 나누어지지 않고 다른 자기력선과 교차하지 않는다.

Remember
■ 자기력선의 특징
• 자기력선은 N극에서 나와 S극으로 향한다.
• 자기력선의 밀도가 높은 곳이 그렇지 않은 곳보다 자기력이 강하다.
• 발생되는 자기력선은 아무리 사용해도 기본적으로 감소하지 않는다.
• 자기력선은 비자성체를 투과한다.
• 자기력선에는 고무줄과 같은 장력이 존재한다.

□□□ 06②,09④,10④,12①,13④,14②

15 도체가 운동하여 자속을 끊었을 때 기전력의 방향을 알아내는 데 편리한 법칙은?

① 렌츠의 법칙
② 패러데이의 법칙
③ 플레밍의 왼손 법칙
④ 플레밍의 오른손 법칙

|해④| 플레밍의 오른손 법칙(유도기전력의 방향)

구분	왼손 법칙	오른손 법칙
방향	자기장 내의 도체에 흐르는 전류에 의한 힘(전자력)의 방향	자기장 내의 도체운동에 의한 유도기전력의 방향
적용	전동기의 원리	발전기의 원리

정답 11 ① 12 ④ 13 ④ 14 ④ 15 ④

□□□ 11④, 14③, 22②

16 전기장 중에 단위전하를 놓았을 때 그것이 작용하는 힘은 어느 값과 같은가?

① 전장의 세기 ② 전하
③ 전위 ④ 전위차

> 해 ①
> • 전장의 세기(전계의 세기) : 전계 중에 단위 전하를 놓았을 때 그것에 작용하는 힘
> • 전기장의 세기 : 전기장이 작용하는 공간에 +1[C]의 단위전하를 놓았을 때, 이 단위전하가 전기장의 방향을 따라 받는 힘의 크기

□□□ 06④, 07①, 12③④, 13①, 14③, 15③④

17 Y 결선에서 선간전압 V_l과 상전압 V_P의 관계는?

① $V_l = V_P$ ② $V_l = \dfrac{1}{3} V_P$
③ $V_l = \sqrt{3}\, V_P$ ④ $V_l = 3 V_P$

> 해 ③ Y 결선할 때 선간전압
> 선간전압(V_l)은 상전압(V_p)의 $\sqrt{3}$ 배다.
> ∴ $V_l = \sqrt{3} \times$ 상전압
> $= \sqrt{3}\, V_p$

□□□ 07③, 09①③, 10①, 11④, 14③

18 비사인파 교류의 일반적인 구성이 아닌 것은?

① 순시파 ② 고조파
③ 기본파 ④ 직류분

> 해 ① 비사인파 교류
> • 일반적인 구성 : 직류분+기본파+고조파
> • 부하의 성질에 따라 파형이 일그러져 비사인 파형으로 되는 교류

□□□ 06①③, 07②, 08④, 09①, 11①, 12③, 13③, 14④

19 전류에 의한 자기장의 세기를 구하는 비오-사바르의 법칙을 옳게 나타낸 것은?

① $\Delta H = \dfrac{I \Delta l \sin\theta}{4\pi r^2}$ [AT/m]
② $\Delta H = \dfrac{I \Delta l \sin\theta}{4\pi r}$ [AT/m]
③ $\Delta H = \dfrac{I \Delta l \cos\theta}{4\pi r}$ [AT/m]
④ $\Delta H = \dfrac{I \Delta l \cos\theta}{4\pi r^2}$ [AT/m]

> 해 ① 비오-사바르의 법칙
> • I[A]의 전류가 흐르고 있는 도체의 미소 부분 Δl의 전류에 의해 이 부분에서 r[m] 떨어진 P점의 자장(자기장)의 세기를 알아내는 법칙
> • $\Delta H = \dfrac{I \Delta l \sin\theta}{4\pi r^2}$ [AT/m]

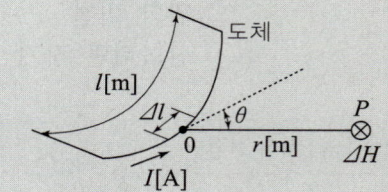

□□□ 14②

20 비사인파 교류 회로의 전력 성분과 거리가 먼 것은?

① 맥류 성분과 사인파와의 곱
② 직류 성분과 사인파와의 곱
③ 직류 성분
④ 주파수가 같은 두 사인파의 곱

> 해 ① 비사인파 교류 회로의 전력계산
> • 직류 성분
> • 기본파 성분
> • 직류 성분과 사인파 성분의 곱
> • 동일 주파수의 사인파의 곱
> • 각 고조파 성분에 대한 전압과 전류의 곱

정답 16 ① 17 ③ 18 ① 19 ① 20 ①

□□□ 09③,10③,11③,14①②,16①②③

21 진공 중의 두 점전하 Q_1[C], Q_2[C]가 거리 r [m] 사이에서 작용하는 정전력[N]의 크기를 옳게 나타낸 것은?

① $9 \times 10^9 \times \dfrac{Q_1 Q_2}{r^2}$

② $6.33 \times 10^4 \times \dfrac{Q_1 Q_2}{r^2}$

③ $9 \times 10^9 \times \dfrac{Q_1 Q_2}{r}$

④ $6.33 \times 10^4 \times \dfrac{Q_1 Q_2}{r}$

| 해 ① |

쿨롱의 법칙 : 정전기력

$F = \dfrac{1}{4\pi\epsilon_o} \dfrac{Q_1 \cdot Q_2}{r^2} = 9 \times 10^9 \dfrac{Q_1 \cdot Q_2}{r^2}$ [N]

• 진공의 유전율 $\epsilon_0 = 8.855 \times 10^{-12}$ [F/m]

$F = \dfrac{1}{4\pi \times 8.855 \times 10^{-12}} \dfrac{Q_1 \cdot Q_2}{r^2}$

$= 9 \times 10^9 \dfrac{Q_1 \cdot Q_2}{r^2}$ [N]

□□□ 07③,12①,14①④

22 2개의 저항 R_1, R_2를 병렬 접속하면 합성저항 [Ω]은?

① $\dfrac{1}{R_1 + R_2}$ ② $\dfrac{R_1}{R_1 + R_2}$

③ $\dfrac{R_1 \times R_2}{R_1 + R_2}$ ④ $\dfrac{R_2}{R_1 + R_2}$

| 해 ③ |

■ 병렬 연결의 합성저항

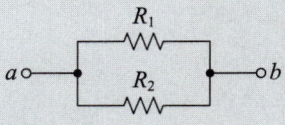

∴ $R_o = \dfrac{곱}{합} = \dfrac{R_1 \times R_2}{R_1 + R_2}$

□□□ 14②

23 동일 전압의 전지 3개를 접속하여 각각 다른 전압을 얻고자 한다. 접속 방법에 따라 몇 가지의 전압을 얻을 수 있는가? (단, 극성은 같은 방향으로 설정한다.)

① 1가지 전압 ② 2가지 전압
③ 3가지 전압 ④ 4가지 전압

| 해 ③ | 1.5[V] 전압인 전지 3개를 연결하는 방법

• 직렬 접속
전지를 직렬 연결하면 전체 전압은 각 전지의 전압의 합과 같다.
∴ $1.5 \times 4 = 4.5$[V]

• 병렬 접속
전지를 병렬 연결하면 전체 전압은 전지의 개수와 상관없이 전지 1개의 전압과 같다.
∴ 1.5[V]

• 직·병렬 혼합 접속
전지를 하나는 직렬에 전지 2개는 병렬 연결하면 2개의 전지의 전압과 같다.
∴ $1.5 + 1.5 = 3.0$[V]

□□□ 14②

24 그림에서 폐회로에 흐르는 전류는 몇 [A]인가?

① 1
② 1.25
③ 2
④ 2.5

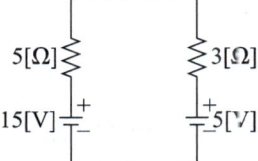

| 해 ② | 키르히호프의 제2법칙(KVL) : 전압(V)에 관한 법칙

• 기전력의 합 = 전압 강하의 합
• 기전력 : $E = 15 - 5 = 10$[V]
• 전압 강하 : $I \times 5 + I \times 3 = I(5+3)$
• $10 = I \times 8$ (∵ $R = 5+3 = 8$[Ω])
∴ $I = \dfrac{10}{8} = 1.25$[A]

□□□ 14①

25 $i = 3\sin\omega t + 4\sin(3\omega t - \theta)$[A]로 표시되는 전류의 등가 사인파 최댓값은?

① 2[A] ② 3[A]
③ 4[A] ④ 5[A]

> |해 ④| 등가 사인파 최댓값
> $I_m = \sqrt{I_{m1}^2 + I_{m3}^2}$
> • I_{m1} : 기본파(ωt)
> • I_{m3} : 제3고조파($3\omega t$)
> ∴ $I_m = \sqrt{3^2 + 4^2} = 5$[A]
> (∵ 두 최댓값의 벡터 합)

□□□ 13①,14①

26 24[C]의 전기량이 이동해서 144[J]의 일을 했을 때 기전력은?

① 2[V] ② 4[V]
③ 6[V] ④ 8[V]

> |해 ③|
> 기전력(전압) : V[V]
> • 에너지 W[J]$= Q$[C]$\times V$[V]에서
> ∴ $V = \dfrac{W}{Q} = \dfrac{144}{24} = 6$[V]

□□□ 06③,07③,08②,14④,16①

27 권선수 100회 감은 코일에 2[A]의 전류가 흘렀을 때 50×10^{-3}[Wb] 자속이 코일에 쇄교되었다면 자기 인덕턴스는 몇 [H]인가?

① 1.0 ② 1.5
③ 2.0 ④ 2.5

> |해 ④|
> 자기 인덕턴스 $L = \dfrac{N\phi}{I}$
> ∴ $L = \dfrac{100 \times 50 \times 10^{-3}}{2} = 2.5$[H]

□□□ 14③

28 정전 용량이 같은 콘덴서 2개를 병렬로 연결하였을 때의 합성 정전 용량은 직렬로 접속하였을 때의 몇 배인가?

① 1/4 ② 1/2
③ 2   ④ 4

> |해 ④|
> 콘덴서의 정전 용량이 C[F]이면
> • 콘덴서의 직렬 접속
>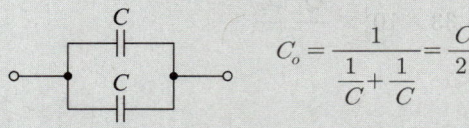
> $C_o = \dfrac{1}{\dfrac{1}{C}+\dfrac{1}{C}} = \dfrac{C}{2}$
> • 콘덴서의 병렬 접속
> $C_o = C + C = 2C$
> ∴ $\dfrac{2C}{\dfrac{C}{2}} = 4C$: 4배

□□□ 06②,14③

29 단상 100[V], 800[W], 역률 80[%]인 회로의 리액턴스는 몇 [Ω]인가?

① 10 ② 8
③ 6   ④ 2

> |해 ③|
> 무효 전력의 단위는 리액턴스(X)에서 소비되는 전력의 의미로 [Var]를 사용
> • 유효 전력 $P = VI\cos\theta$[W]에서
> $I = \dfrac{P}{V\cos\theta} = \dfrac{800}{100 \times 0.80} = 10$[A]
> • 역률 $\cos\theta = 0.80$
> $(\cos\theta)^2 + (\sin\theta)^2 = 1$에서
> $\sin\theta = \sqrt{1-(\cos\theta)^2} = 0.6$
> • 무효 전력 $P_r = I^2 X = VI\sin\theta$[Var]
> ∴ 리액턴스 $X = \dfrac{VI\sin\theta}{I^2} = \dfrac{100 \times 10 \times 0.6}{10^2}$
> $= 6[\Omega]$

정답 25 ④ 26 ③ 27 ④ 28 ④ 29 ③

□□□ 14③

30 자기회로에 기자력을 주면 자로에 자속이 흐른다. 그러나 기자력에 의해 발생되는 자속 전부가 자기회로 내를 통과하는 것이 아니라, 자로 이외의 부분을 통과하는 자속도 있다. 이와 같이 자기회로 이외의 부분을 통과하는 자속을 무엇이라 하는가?

① 종속자속 ② 누설자속
③ 주자속   ④ 반사자속

> 해② 누설자속(leakage flux)
> 공기 중에 분포하는 일부 자기장을 누설자속이라고 한다.

□□□ 09①,11③,14④

31 일반적으로 온도가 높아지게 되면 전도율이 커져서 온도 계수가 부(-)의 값을 가지는 것이 아닌 것은?

① 구리   ② 반도체
③ 탄소   ④ 전해액

> 해① 부의(-)의 온도 계수
> • 반도체와 같이 온도 상승에 따라 저항이 감소하는 것
> • 부(-)의 온도특성 : 반도체, 전해액, 반드체, 서머스터, 탄소

□□□ 14②

32 두 코일의 자체 인덕턴스를 $L_1(H)$, $L_2(H)$라 하고 상호 인덕턴스를 M이라 할 때, 두 코일을 자속이 동일한 방향과 역방향이 되도록 하여 직렬로 각각 연결하였을 경우, 합성 인덕턴스의 큰 쪽과 작은 쪽의 차는?

① M ② $2M$
③ $4M$ ④ $8M$

> 해③ 코일의 상호 인덕턴스
> • 합성 인덕턴스(가동접속 ; 같은 방향)
> 가동 : $L_{가동} = L_1 + L_2 + 2M[H]$
> • 합성 인덕턴스(차동접속 ; 반대방향)
> 차동 : $L_{차동} = L_1 + L_2 - 2M[H]$
> ∴ $L_{가동} - L_{차동} = 2M - (-2M) = 4M$

□□□ 03,12②,14①,14②

33 그림에서 평형조건이 맞는 식은?

① $C_1R_2 = C_2R_2$
② $C_1R_2 = C_2R_1$
③ $C_1C_2 = R_1R_2$
④ $1/(C_1C_2) = R_1R_2$

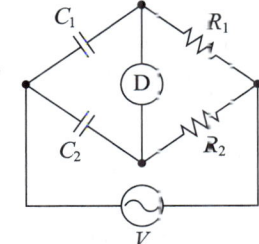

> 해①
> • 휘트스톤 브리지 평형조건(4개의 다이아몬드)
> $R_1 \times \dfrac{1}{jwC_2} = R_2 \times \dfrac{1}{jwC_1}$ 에서
> $\dfrac{R_1}{C_2} = \dfrac{R_2}{C_1}$
> ∴ $C_1R_1 = C_2R_2$ (∵ 콘덴서는 옆변의 곱)

□□□ 00,11①,13②,14④

34 교류 전력에서 일반적으로 전기기기의 용량을 표시하는 데 쓰이는 전력은?

① 피상 전력   ② 유효 전력
③ 무효 전력   ④ 기전력

> 해① 피상 전력(P_a)
> • 피상 전력의 단위 : [볼트암페어 ; VA]
> • 교류의 부하나 전원의 용량을 나타내는 데 사용하는 값
> • 피상 전력으로 용량을 표시하는 기기 : 변압기, 인버터

□□□ 13④,14②

35 묽은황산(H_2SO_4) 용액에 구리(Cu)와 아연(Zn) 판을 넣었을 때 아연판은?

① 수소기체를 발생한다.
② 음극이 된다.
③ 양극이 된다.
④ 황산아연으로 변한다.

> [해②] 화학 전지의 원리를 나타내는 볼타전지 묽은황산(H_2SO_4) 용액에 구리(Cu)와 아연(Zn) 판을 넣으면, 아연은 구리보다 이온이 되는 성질이 강하므로 전해액 중에 용해되어 양이온이 되며, 아연판은 음전기를 띠게 된다.

□□□ 06②,07①,09①,13④,14③

36 $\omega L = 5[\Omega]$, $1/\omega C = 25[\Omega]$의 $L-C$ 직렬 회로에서 100[V]의 교류를 가할 때 전류[A]는?

① 3.3[A], 유도성   ② 5[A], 유도성
③ 3.3[A], 용량성   ④ 5[A], 용량성

> [해④] $R-L$ 직렬 회로
> • 전류 $I = \dfrac{V}{Z} = \dfrac{V}{\left(\dfrac{1}{\omega C} - \omega L\right)} = \dfrac{100}{(25-5)} = 5[A]$
> • 합성리액턴스 : $\omega L < \dfrac{1}{\omega L}$; 용량성

□□□ 07②,09②,12③,14④,19①,21①

37 인덕턴스 0.5[H]에 주파수가 60[Hz]이고 전압이 220[V]인 교류 전압이 가해질 때 흐르는 전류는 약 몇 [A]인가?

① 0.59   ② 0.87
③ 0.97   ④ 1.17

> [해④] 코일(인덕터)에 흐르는 전류
> $I = \dfrac{V_L}{X_L} = \dfrac{V_L}{\omega L} = \dfrac{V_L}{2\pi f L} = \dfrac{220}{2\pi \times 60 \times 0.5} = 1.17[A]$

□□□ 10③,14①②,16①②③

38 진공 중에서 $10^{-4}C$과 $10^{-8}C$의 두 전하가 10[m]의 거리에 놓여 있을 때, 두 전하 사이에 작용하는 힘[N]은?

① 9×10^2 ② 1×10^4
③ 9×10^{-5} ④ 1×10^{-8}

> [해③] 쿨롱의 법칙 : 정전기력
> $F = 9 \times 10^9 \dfrac{Q_1 \cdot Q_2}{r^2}[N]$
> $= 9 \times 10^9 \dfrac{10^{-4} \times 10^{-8}}{10^2} = 9 \times 10^{-5}[N]$

□□□ 14①,16②,23②

39 코일의 자체 인덕턴스[L]와 권수[N]의 관계로 옳은 것은?

① $L \propto N$ ② $L \propto N^2$
③ $L \propto N^3$ ④ $L \propto 1/N$

> [해②] 자체(자기) 인덕턴스
> $L = \dfrac{N\phi}{I} = \dfrac{NNI}{IR_m} = \dfrac{N^2}{R_m} = \dfrac{N^2}{\dfrac{l}{\mu A}} = \dfrac{\mu A N^2}{l}[H]$
> ∴ $L \propto N^2$

□□□ 14②

40 △결선으로 된 부하에 각 상의 전류가 10[A]이고 각 상의 저항이 4[Ω], 리액턴스가 3[Ω]이라 하면 전체 소비 전력은 몇 [W]인가?

① 2,000   ② 18,000
③ 1,500   ④ 1,200

> [해④] △결선에서 전압과 전류 관계
> • 전체 소비 전력 $P = I^2 R$
> • 선전류 $I_l = \sqrt{3} I_p \to I_l^2 = 3 I_p^2$
> ∴ $P = I^2 R = I_l^2 R = 3 I_p^2 R$
> $= 3 \times 10^2 \times 4 = 1,200[W]$

정답 35 ② 36 ④ 37 ④ 38 ③ 39 ② 40 ④

□□□ 08④,09③,14④,15①,16①

41 임의의 폐회로에서 키르히호프의 제2법칙을 가장 잘 나타낸 것은?

① 기전력의 합 = 합성저항의 합
② 기전력의 합 = 전압 강하의 합
③ 전압 강하의 합 = 합성저항의 합
④ 합성저항의 합 = 회로 전류의 합

해 ②
• 키르히호프의 제1법칙 : 전류(I)에 관한 법칙
  유입되는 전류의 총합=유출되는 전류의 총합
• 키르히호프의 제2법칙 : 전압(V)에 관한 법칙
  기전력의 합=전압 강하의 합

□□□ 14④

42 코일의 성질에 대한 설명으로 틀린 것은?

① 공진하는 성질이 있다.
② 상호 유도작용이 있다.
③ 전원 노이즈 차단기능이 있다.
④ 전류의 변화를 확대시키려는 성질이 있다.

해 ④ 코일의 성질
• 상호 유도작용이 있다.
• 공진하는 성질이 있다.
• 전자석의 성질이 있다.
• 전원 노이즈(noise) 차단기능이 있다.
• 전류의 변화를 안정시키려고 하는 성질이 있다.

□□□ 08④,14①

43 30[μF]과 40[μF]의 콘덴서를 병렬로 접속한 후 100[V]의 전압을 가했을 때 전 전하량은 몇 [C]인가?

① 17×10^{-4}
② 34×10^{-4}
③ 56×10^{-4}
④ 70×10^{-4}

해 ④
전 전하량 $Q = C_o V = C_1 V + C_2 V$

[방법1]
$Q = 30 \times 10^{-6} \times 100 + 40 \times 10^{-6} \times 100 = 70 \times 10^{-4}$

[방법2]
$C_o = 30 + 40 = 70[\mu F] = 70 \times 10^{-6}[F]$
$\therefore Q = 70 \times 10^{-6} \times 100 = 70 \times 10^{-4}[C]$

□□□ 06③,13③,14③,18②,21①

44 다음 물질 중 강자성체로만 짝지어진 것은?

① 철, 니켈, 아연, 망간
② 구리, 비스무트, 코발트, 망간
③ 철, 구리, 니켈, 아연
④ 철, 니켈, 코발트

해 ④ 자성체의 종류
• 반자성체는 물, 수은, 은, 납(Pb), 구리(Cu), 안티몬(Sb), 비스무트(Bi), 아연(Zn), 크롬 등
• 상자성체는 액체 산소, 공기, 백금, 주석, 알루미늄 등
• 강자성체는 철, 코발트, 니켈, 망간 등

□□□ 13②,14④

45 납축전지가 완전히 방전되면 음극과 양극은 무엇으로 변하는가?

① $PbSO_4$
② $PbSO_2$
③ H_2SO_4
④ Pb

해 ① 납축전지
양극(PbO_2)+전해액($2H_2SO_4$)+음극(Pb)
        방전↓ ↑충전
양극($PbSO_4$)+물($2H_2O$)+음극($PbSO_4$)
• 황산납($PbSO_4$)

정답 41 ② 42 ④ 43 ④ 44 ④ 45 ①

□□□ 07②,14③

46 그림에서 $C_1 = 1[\mu F]$, $C_2 = 2[\mu F]$, $C_3 = 2[\mu F]$ 일 때 합성 정전 용량은 몇 $[\mu F]$인가?

① 1/2
② 1/5
③ 3
④ 5

| 해① | 콘덴서의 직렬 접속 시 합성 정전 용량

$$C_o = \frac{1}{\frac{1}{C_1} + \frac{1}{C_2} + \frac{1}{C_3}}$$

$$= \frac{1}{\frac{1}{1} + \frac{1}{2} + \frac{1}{2}} = \frac{1}{\frac{4}{2}} = \frac{2}{4} = \frac{1}{2}[\mu F]$$

□□□ 06②,08④,10①③,11②,12③④,13③④,14①,15①,16②,22②

47 $2[\mu F]$, $4[\mu F]$, $6[\mu F]$의 콘덴서 3개를 병렬로 접속했을 때의 합성 정전 용량은 몇 $[\mu F]$인가?

① 1.5
② 4
③ 8
④ 12

| 해④ | 콘덴서의 병렬 연결

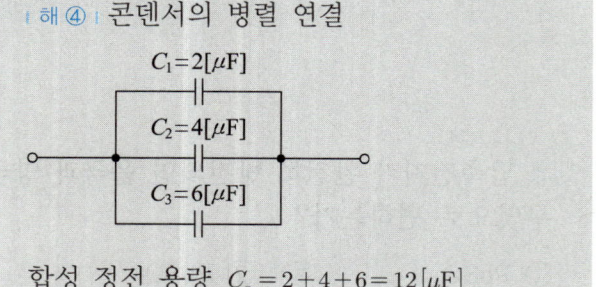

합성 정전 용량 $C_o = 2 + 4 + 6 = 12[\mu F]$

□□□ 07②,14④

48 자속밀도 $0.5[Wb/m^2]$의 자장 안에 자장과 직각으로 20[cm]의 도체를 놓고 이것에 10[A]의 전류를 흘릴 때 도체가 50[cm] 운동한 경우의 한 일은 몇 [J]인가?

① 0.5
② 1
③ 1.5
④ 5

| 해① |

운동한 일 $W = F \cdot r$

• 전자력의 세기
$F = BIl\sin\theta = 0.5 \times 10 \times 0.20 \sin 90° = 1[N]$

$\therefore W = 1 \times 0.50 = 0.50[J]$

□□□ 14③④,22①

49 공기 중에서 5[cm] 간격을 유지하고 있는 2개의 평행 도선에 각각 10[A]의 전류가 동일한 방향으로 흐를 때 도선 1[m]당 발생하는 힘의 크기 [N]는?

① 4×10^{-4}
② 2×10^{-5}
③ 4×10^{-5}
④ 2×10^{-4}

| 해① | 평형한 두 전류 간에 작용하는 힘

$$F = \frac{2I_1 I_2}{r} \times 10^{-7}[N/m]$$

간격 $r = 5[cm] = 0.05[m]$

$\therefore F = \frac{2 \times 10^2}{0.05} \times 10^{-7} \times 1[m] = 4 \times 10^{-4}[N]$

□□□ 06③,11④,14①④,16③

50 공기 중에서 $m[Wb]$의 자극으로부터 나오는 자력선의 총수는 얼마인가? (단, μ는 물체의 투자율이다.)

① m
② μm
③ m/μ
④ μ/m

| 해③ |

• 자력선의 총수 $N = \frac{m}{\mu} = \frac{m}{\mu_o \mu_s} = \frac{m}{\mu_o}$

(진공일 때 투자율 $\mu_s = 1$)

• 자기력선의 총수 $N = \frac{1}{4\pi\mu_o} \cdot \frac{m}{r^2} \cdot 4\pi r^2 = \frac{m}{\mu_o}$

• 공기 중에서 $m[Wb]$의 자극으로 나오는 자속 수 : m

□□□ 14④,15②

51 진공 중에서 같은 크기의 두 자극을 1[m] 거리에 놓았을 때 작용하는 힘이 6.33×10^4[N]이 되는 자극의 단위는?

① 1[N] ② 1[J]
③ 1[Wb] ④ 1[C]

| 해③ | 자기에 관한 쿨롱의 법칙

$F=k\dfrac{m_1 m_2}{r^2}=6.33\times10^4\dfrac{m^2}{r^2}$[N]에서

$m=\sqrt{\dfrac{F_r^2}{6.33\times10^4}}=1$[Wb]

| 참고 | SOLVE 적용

$6.33\times10^4=6.33\times10^4\dfrac{m^2}{1^2}$[N]

∴ 자극의 세기 : $m=1$[Wb]

| 참고 | 자극(m)의 단위 : [Wb]

□□□ 14②

52 다음 중 자기작용에 관한 설명으로 틀린 것은?

① 기자력의 단위는 [AT]를 사용한다.
② 자기회로의 자기 저항이 작은 경우는 누설 자속이 거의 발생되지 않는다.
③ 자기장 내에 있는 도체에 전류를 흘리면 힘이 작용하는데, 이 힘을 기전력이라 한다.
④ 평행한 두 도체 사이에 전류가 동일한 방향으로 흐르면 흡인력이 작용한다.

| 해③ |
• 전자력 : 자계 속에 도체를 놓고 전류를 흐르게 하면 힘이 발생한다. 이 힘을 전자력이라 한다.
• 자기장 내에서 전류가 흐르는 도체가 받는 힘은 기전력이 아닌 전자력이라 한다.
• 기전력은 도체가 자속을 끊을 때 발생하는 전압이다.

□□□ 14②

53 회로에서 $a-b$ 단자 간의 합성저항[Ω] 값은?

① 1.5
② 2
③ 2.5
④ 4

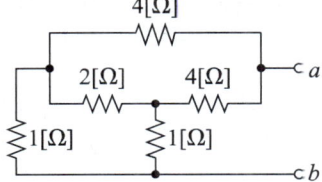

| 해③ | 등가회로를 휘트스톤 브리지 변형

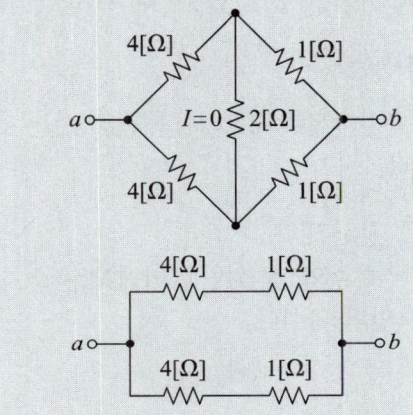

• 휘트스톤 브리지의 평형조건이 성립
$\dfrac{4}{1}=\dfrac{4}{1}$
∴ 2[Ω]에는 전류가 흐르지 않으므로 무시한다.
• 직렬 회로 (4+1)[Ω]를 병렬 회로로 연결
∴ $R_{ab}=\dfrac{(4+1)\times(4+1)}{(4+1)+(4+1)}=2.5$[Ω]

□□□ 07②,14③④,20②,23①

54 어떤 물질이 정상 상태보다 전자수가 많아져 전기를 띠게 되는 현상을 무엇이라 하는가?

① 충전 ② 방전
③ 대전 ④ 분극

| 해③ | 대전
• 물체가 정상 상태보다 전자수가 많아져 전기를 띠는 현상
• 절연체를 서로 마찰시키면 이들 물체에 전기를 띠게 되는 현상

□□□ 14②

55 어떤 회로의 소자에 일정한 크기의 전압으로 주파수를 2배로 증가시켰더니 흐르는 전류의 크기가 1/2로 되었다. 이 소자의 종류는?

① 저항　　　　② 코일
③ 콘덴서　　　④ 다이오드

> |해②| 코일(인덕터)에 흐르는 전류
> - 유도기전력 $V_L = X_L I$ 에서
>   전류 $I = \dfrac{V_L}{X_L} = \dfrac{V_L}{\omega L} = \dfrac{V_L}{2\pi f L}$
> - 주파수 f를 2배로 하면 전류(I)는 1/2배로 된다.
> $\dfrac{1}{2}I = \dfrac{V_L}{2\pi(2f)L}$
> ∴ 주파수와 전류가 반비례하는 소자 코일(인덕터)이다.

□□□ 09③,10③,11③,14①②,16①②③

56 4×10^{-5}[C]과 6×10^{-5}[C]의 두 전하가 자유공간에 2[m]의 거리에 있을 때 그 사이에 작용하는 힘은?

① 5.4[N], 흡입력이 작용한다.
② 5.4[N], 반발력이 작용한다.
③ 7/9[N], 흡인력이 작용한다.
④ 7/9[N], 반발력이 작용한다.

> |해②| 쿨롱의 법칙 : 정전기력
> $F = 9 \times 10^9 \dfrac{(+Q)_1 \cdot (+Q)_2}{r^2}$[N]
> - $Q_1 = 4 \times 10^{-5}$[C]
> - $Q_2 = 6 \times 10^{-5}$[C]
> ∴ $F = 9 \times 10^9 \dfrac{4 \times 10^{-5} \times 6 \times 10^{-5}}{2^2} = 5.4$[N]
> ∴ 두 전하($+Q$)의 부호가 같으므로 반발력이 작용

□□□ 14④,23④

57 그림에서 단자 A−B 사이의 전압은 몇 [V]인가?

① 1.5
② 2.5
③ 6.5
④ 9.5

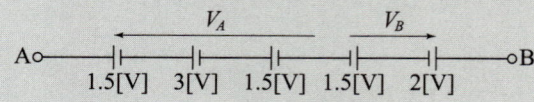

> |해②| 서로의 전류의 흐름이 반대방향
> - $V_A = 1.5 + 3 + 1.5 = 6$[V]
> - $V_B = 2 + 1.5 = 3.5$[V]
> ∴ $V_{AB} = V_A - V_B = 6 - 3.5 = 2.5$[V]

□□□ 14③④

58 평행한 두 도선의 간의 전자력은?

① 거리 r에 비례한다.
② 거리 r에 반비례한다.
③ 거리 r^2에 비례한다.
④ 거리 r^2에 반비례한다.

> |해②| 전자력
> - 자계 속에 도체를 놓고 전류를 흐르게 하면 힘이 발생하는데 이 힘을 전자력이라 한다.
> - 평형한 두 전류 간에 작용하는 힘
> $F = \dfrac{\mu I_1 I_2}{2\pi r} = \dfrac{4\pi \times 10^{-7} I_1 I_2}{2\pi r} = \dfrac{2 I_1 I_2}{r} \times 10^{-7}$[N]
> ∴ 전자력은 거리에 반비례한다.

□□□ 14①

59 어떤 저항[R]에 전압[V]를 가하니 전류[I]가 흘렀다. 이 회로의 저항[R]을 20[%] 줄이면 전류[I]는 처음의 몇 배가 되는가?

① 0.8
② 0.88
③ 1.25
④ 2.04

> **해 ③**
> $I = \dfrac{V}{R}$
> $I_1 = \dfrac{V}{(1-0.20)R} = \dfrac{V}{0.80R} = 1.25\dfrac{V}{R} = 1.25I$
> ∴ 전류는 처음의 1.25배

□□□ 08③,11②,12②,13①②,14①③,15②

60 정격 전압에서 1[kW]의 전력을 소비하는 저항에 정격의 90[%] 전압을 가했을 때, 전력은 몇 [W]가 되는가?

① 630[W]
② 780[W]
③ 810[W]
④ 900[W]

> **해 ③** 정격의 90[%] 전압일 때 전력 $P_{0.90}$
> $P = \dfrac{V^2}{R} = 1[\text{kW}] = 1,000[\text{W}]$
> • $P_{0.90} = \dfrac{(0.90V)^2}{R} = 0.81\dfrac{V^2}{R} = 0.81[P]$
> ∴ $P_{0.90} = 0.81P = 0.81 \times 1,000 = 810[\text{W}]$

04 과년도 기출 핵심문제

2단계 | 전기이론
스피드마스터

check test

□□□ 13①, 15①, 16②

01 평등 자장 내에 있는 도선에 전류가 흐를 때 자장의 방향과 어떤 각도로 되어 있으면 작용하는 힘이 최대가 되는가?

① 30° ② 45°
③ 60° ④ 90°

| 해 ④ | 자기장의 세기

$F = BIl\sin\theta$

θ : 자장의 방향과 직각일 때 가장 크다.

$\therefore \theta = 90°$

□□□ 13①, 23②

02 $R-L-C$ 직렬 회로에서 전압과 전류가 동상이 되기 위한 조건은?

① $L = C$ ② $\omega LC = 1$
③ $\omega^2 LC = 1$ ④ $(\omega LC)^2 = 1$

| 해 ③ |

동상의 조건 = 공진조건

$\omega L = \dfrac{1}{\omega C} \Rightarrow (\omega L) \times (\omega C) = 1$

$\therefore \omega^2 LC = 1$

□□□ 13①

03 1개의 전자 질량은 약 몇 [kg]인가?

① 1.679×10^{-31} ② 9.109×10^{-31}
③ 1.679×10^{-27} ④ 9.109×10^{-27}

| 해 ② |

- 전자의 질량 : 9.10956×10^{-31} [kg]
- 전자의 전하량 : -1.60219×10^{-19} [C]

□□□ 13④

04 대칭 3상 전압에 Δ결선으로 부하가 구성되어 있다. 3상 중 한 선이 단선되는 경우, 소비되는 전력은 끊어지기 전과 비교하여 어떻게 되는가?

① $\dfrac{3}{2}$으로 증가한다. ② $\dfrac{2}{3}$로 줄어든다.
③ $\dfrac{1}{3}$로 줄어든다. ④ $\dfrac{1}{2}$로 줄어든다.

| 해 ④ |

Δ결선 중 3상 중 1상이 단선되면 R과 $2R$은 선간전압 V에 병렬 연결

- 단선 전 전력 : $P_1 = 3 \times \dfrac{V^2}{R} = 3\dfrac{V^2}{R}$
- 단선 후 전력 : $P_2 = \dfrac{V^2}{R} + \dfrac{V^2}{2R} = \dfrac{3}{2}\dfrac{V^2}{R}$

$\therefore \dfrac{1}{2}$로 줄어든다.

□□□ 12①, 13②

05 임피던스 $Z_1 = 12 + j16[\Omega]$과 $Z_2 = 8 + j24[\Omega]$이 직렬로 접속된 회로에 전압 $V = 200[V]$를 가할 때 이 회로에 흐르는 전류[A]는?

① 2.35[A] ② 4.47[A]
③ 6.02[A] ④ 10.25[A]

| 해 ② |

- 전류 $I = \dfrac{V}{Z} = \dfrac{V}{\sqrt{R^2 + X_L^2}}$

$\therefore Z = R + jX_L$: 실수부는 저항, 허수부는 리액턴스

- 직렬 접속의 합성 임피던스

$Z = Z_1 + Z_2 = R + jX_L$
$ = (12+8) + j(16+24) = 20 + j40$

$\therefore I = \dfrac{200}{\sqrt{20^2 + 40^2}} = 4.47[A]$

정답 01 ④ 02 ③ 03 ② 04 ④ 05 ②

□□□ 13①

06 절연체 중에서 플라스틱, 고무, 종이, 운모 등과 같이 전기적으로 분극 현상이 일어나는 물체를 특히 무엇이라 하는가?

① 도체
② 유전체
③ 도전체
④ 반도체

|해②| 유전체(dielectrics)
- 절연체 중에서 플라스틱, 고무, 종이, 운모 등과 같이 전기적으로 분극 현상이 일어나는 물질
- 커패시터와 같이 전하를 저장할 필요가 있을 때 유전체를 사용

□□□ 07④,09①,10④,12②,13③

07 최댓값이 110[V]인 사인파 교류 전압이 있다. 평균값은 약 몇 [V]인가?

① 30[V]
② 70[V]
③ 100[V]
④ 110[V]

|해②| 평균값
$$V_{av} = \frac{2}{\pi}V_m = \frac{2}{\pi} \times 110 = 70[V]$$

□□□ 02,11①,13②,14④,21②

08 [VA]는 무엇의 단위인가?

① 피상 전력
② 무효 전력
③ 유효 전력
④ 역률

|해①| 피상 전력(P_a)
- 피상 전력의 단위 : [볼트암페어 ; VA]
- 교류의 부하나 전원의 용량을 나타내는 데 사용하는 값
- 피상 전력으로 용량을 표시하는 기기 : 변압기, 인버터

□□□ 13③,14③,22②

09 $R[\Omega]$인 저항 3개가 △결선으로 되어 있는 것을 Y결선으로 환산하면 1상의 저항[Ω]은?

① $\frac{1}{3}R$
② $\frac{1}{3R}$
③ $3R$
④ R

|해①| △결선된 것을 Y결선으로 환산
$R_\Delta = 3R_Y$
$\therefore R_Y = \frac{1}{3}R_\Delta = \frac{1}{3}R$

□□□ 08②,13①

10 다음 중 자장의 세기에 대한 설명으로 잘못된 것은?

① 자속밀도에 투자율을 곱한 것과 같다.
② 단위자극에 작용하는 힘과 같다.
③ 단위길이당 기자력과 같다
④ 수직 단면의 자력선 밀도와 같다.

|해①|
자속밀도 $B = \mu H$
자장의 세기 $H = \frac{자속밀도(B)}{투자율(\mu)}$
∴ 자속밀도를 투자율로 나눈 값과 같다.

□□□ 06④,09①,10②,11④,12②,13②

11 1[Ah]는 몇 [C]인가?

① 1,200
② 2,400
③ 3,600
④ 4,800

|해③|
전하량 : 단위 [h]를 단위 [sec]로 변환
$Q[C] = $ 전류 $I[A] \times$ 시간 $t[h] = I \cdot t[Ah]$
$= I[A] \times t[h] = I \cdot t[Ah]$
$= I \times 60[min]$
$= I \times 60[min] \times 60[sec]$
$= 3,600[C]$

□□□ 13④,20①,21①

12 같은 저항 4개를 그림과 같이 연결하여 $a-b$ 간에 일정전압을 가했을 때 소비 전력이 가장 큰 것은 어느 것인가?

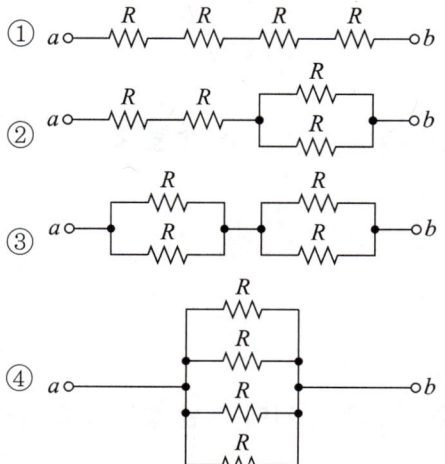

| 해 ④ |

소비 전력 $P = \dfrac{V^2}{R}$: 전압(V)은 일정, 저항(R)에 반비례

① $R+R+R+R = 4R$

② $R+R+\dfrac{R\,R}{R+R} = 2R+\dfrac{R}{2} = 2.5R$

③ $\dfrac{R \times R}{R+R}+\dfrac{R \times R}{R+R} = \dfrac{R}{2}+\dfrac{R}{2} = R$

④ $\dfrac{1}{\dfrac{1}{R} \times 4} = \dfrac{R}{4} = 0.25R$

∴ 저항값($0.25R$)이 가장 작은 회로

□□□ 01,08④,11③④,13④,16③,22①

13 전기력선의 성질 중 맞지 않는 것은?

① 전기력선은 양(+)전하에서 나와 음(-)전하에서 끝난다.
② 전기력선의 접선방향이 전장의 방향이다.
③ 전기력선은 도중에 만나거나 끊어지지 않는다.
④ 전기력선은 등전위면과 교차하지 않는다.

| 해 ④ |

전기력선은 등전위면과 수직(직각)으로 교차한다.

□□□ 13①

14 $V=200[V]$, $C_1=10[\mu F]$, $C_2=5[\mu F]$인 2개의 콘덴서가 병렬로 접속되어 있다. 콘덴서 C_1에 축적되는 전하$[\mu C]$는?

① $100[\mu C]$ ② $200[\mu C]$
③ $1,000[\mu C]$ ④ $2,000[\mu C]$

| 해 ④ | 콘덴서의 병렬 접속
• 전압(V)이 일정하다.

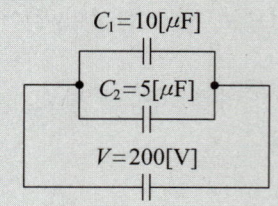

• $Q_1 = C_1 V = 10 \times 200 = 2,000[\mu C]$
• $Q_2 = C_1 V = 5 \times 200 = 1,000[\mu C]$

□□□ 13③

15 $100[V]$의 전압계가 있다. 이 전압계를 써서 $200[V]$의 전압을 측정하려면 최소 몇 $[\Omega]$의 저항을 외부에 접속해야 하는가? (단, 전압계의 내부 저항은 $5,000[\Omega]$이다.)

① 10,000   ② 5,000
③ 2,500   ④ 1,000

| 해 ② |

[방법1] m배 확대 시 배율기 저항

$R_m = (배율-1)r_v = \left(\dfrac{200}{100}-1\right) \times 5,000 = 5,000[\Omega]$

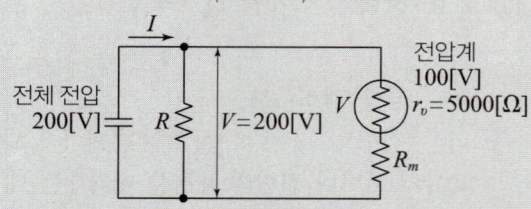

[방법2] 전압은 저항과 비례
배율기는 1배($200-100=100[V]$) 분담하면 된다. 따라서 저항도 1배 분담하면 된다.
$R_m = 1배 \times 5,000[\Omega] = 5,000[\Omega]$

□□□ 04①,06②,07②③,08④,10①,11④,13②,18①

16 히스테리시스 곡선에서 가로축과 만나는 점과 관계있는 것은?

① 보자력
② 잔류자기
③ 자속밀도
④ 기자력

| 해 ① | 히스테리시스 곡선에서
- 가로축과 만나는 점은 보자력
- 세로축과 만나는 점은 잔류자기

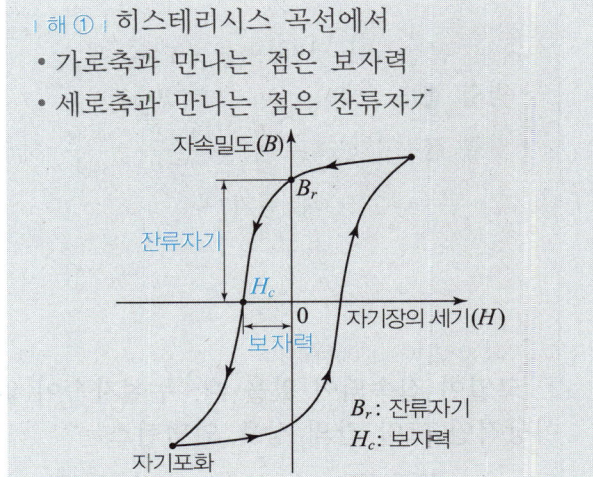

B_r : 잔류자기
H_c : 보자력

□□□ 13③,21①

17 20[Ω], 30[Ω], 60[Ω]의 저항 3개를 병렬로 접속하고 여기에 60[V]의 전압을 가했을 때, 이 회로에 흐르는 전체 전류는 몇 [A]인가?

① 3[A]
② 6[A]
③ 30[A]
④ 60[A]

| 해 ② | 병렬 접속
- 병렬 접속은 전원에서 흘러나온 전류(I)가 각 저항(R)에 반비례하여 배분한다.
- 병렬 접속의 전류(I)는 각각의 저항에 걸리는 전압(V)을 계산한 합한 값이다.

$I_1 = \dfrac{V}{R_1} = \dfrac{60}{20} = 3[V]$

$I_2 = \dfrac{V}{R_2} = \dfrac{60}{30} = 2[V]$

$I_3 = \dfrac{V}{R_3} = \dfrac{60}{60} = 1[V]$

- 전류 $I = I_1 + I_2 + I_3 = 3+2+1 = 6[A]$

□□□ 13②

18 도체가 자기장에서 받는 힘의 관계 중 틀린 것은?

① 자기력선속 밀도에 비례
② 도체의 길이에 반비례
③ 흐르는 전류에 비례
④ 도체가 자기장과 이루는 각도에 비례(0°~90°)

| 해 ② | 도체에 가해지는 자기장(전기장)의 세기
$F = BIl\sin\theta[V]$
∴ 도체의 길이(l)에 비례한다.

□□□ 06③,13③,14③,18②

19 다음 중 강자성체가 아닌 것은 어느 것인가?

① 철
② 코발트
③ 니켈
④ 텅스텐

| 해 ④ | 자성체의 종류
- 강자성체는 철, 코발트, 니켈, 망간 등
- 반자성체는 물, 수은, 은, 납(Pb), 구리(Cu), 안티몬(Sb), 비스무트(Bi), 아연(Zn), 크롬 등
- 상자성체는 액체 산소, 공기, 백금, 주석, 알루미늄 등

□□□ 13③

20 정전기 발생 방지책으로 틀린 것은?

① 대전 방지제의 사용
② 접지 및 보호구의 착용
③ 배관 내 액체의 흐름 속도 제한
④ 대기의 습도를 30[%] 이하로 하여 건조함을 유지

| 해 ④ |
대기의 상대습도를 70[%] 이상으로 유지하여 건조함을 방지할 수 있다.

정답 16 ① 17 ② 18 ② 19 ④ 20 ④

□□□ 07①,13③,18①

21 전선에 일정량 이상의 전류가 흘러서 온도가 높아지면 절연물을 열화하여 절연성을 극도로 악화시킨다. 그러므로 도체에는 안전하게 흘릴 수 있는 최대 전류가 있다. 이 전류를 무엇이라 하는가?

① 줄 전류 ② 불평형 전류
③ 평형 전류 ④ 허용 전류

| 해④ | 허용 전류
- 전선이나 케이블에 흘릴 수 있는 전류의 최댓값
- 전선에 따라 허용 전류를 반드시 지켜야 한다.

□□□ 03,05,13②,14①,17①,18②,19④,20④,21②,24②

22 그림과 같이 공기 중에 놓인 2×10^{-8}[C]의 전하에서 2[m] 떨어진 점 P와 1[m] 떨어진 점 Q와의 전위차는?

① 80[V]
② 90[V]
③ 100[V]
④ 110[V]

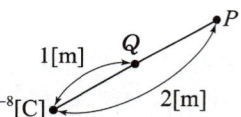

| 해② | 전위차(전압)

$$V_{QP} = 9 \times 10^9 \frac{Q}{r} = 9 \times 10^9 Q \left(\frac{1}{r_Q} - \frac{1}{r_P}\right)$$
$$= 9 \times 10^9 \times 2 \times 10^{-8} \left(\frac{1}{1} - \frac{1}{2}\right) = 90[V]$$

□□□ 13③

23 N형 반도체의 주반송자는 어느 것인가?

① 억셉터 ② 전자
③ 도너 ④ 정공

| 해② | 주반송자
- N형 반도체 : 전자
- P형 반도체 : 정공

□□□ 13①②,14②

24 정전 용량이 10[μF]인 콘덴서 2개를 병렬로 했을 때의 합성 정전 용량은 직렬로 했을 때의 합성 정전 용량보다 어떻게 되는가?

① 1/4로 줄어든다. ② 1/2로 줄어든다.
③ 2배로 늘어난다. ④ 4배로 늘어난다.

| 해④ | 콘덴서의 정전 용량 C[F]일 때
- 병렬 접속 : $C_{병렬} = 10 + 10 = 20[\mu F]$
- 직렬 접속 : $C_{직렬} = \frac{곱}{합} = \frac{10 \times 10}{10 + 10} = \frac{100}{20} = 5[\mu F]$

$$\therefore \frac{C_{병렬}}{C_{직렬}} = \frac{20}{5} = 4배 \ 증가$$

□□□ 06③,08②,10④,13③,15④

25 코일이 접속되어 있을 때, 누설자속이 없는 이상적인 코일 간의 상호 인덕턴스는?

① $M = \sqrt{L_1 + L_2}$ ② $M = \sqrt{L_1 - L_2}$
③ $M = \sqrt{L_1 L_2}$ ④ $M = \sqrt{\frac{L_1}{L_2}}$

| 해③ | 상호 인덕턴스
$M = k\sqrt{L_1 L_2}$
누설자속이 없는 경우 결합계수 $k = 1$
$\therefore M = \sqrt{L_1 L_2}[H]$

□□□ 12①,13③,15①,16③,23①

26 어느 회로의 전류가 다음과 같을 때, 이 회로에 대한 전류의 실횻값은?

$$i = 3 + 10\sqrt{2}\sin\left(\omega t - \frac{\pi}{6}\right) + 5\sqrt{2}\sin\left(3\omega t - \frac{\pi}{3}\right)[A]$$

① 11.6[A] ② 23.2[A]
③ 32.2[A] ④ 48.3[A]

| 해① | 비사인파(비정현파)의 실횻값
$I = \sqrt{I_0^2 + I_1^2 + I_3^2} = \sqrt{3^2 + 10^2 + 5^2} = 11.6[A]$

□□□ 06②,09④,10④,12①,13④,14②,22②

27 발전기의 유도 전압의 방향을 나타내는 법칙은?

① 패러데이의 법칙
② 렌츠의 법칙
③ 오른나사의 법칙
④ 플레밍의 오른손 법칙

해 ④	플레밍의 법칙	
구분	왼손 법칙	오른손 법칙
방향	자기장 내의 도체에 흐르는 전류에 의한 힘(전자력)의 방향	자기장 내의 도체운동에 의한 유도기전력의 방향
적용	전동기의 원리	발전기의 원리

□□□ 11①,13②,15③,20①

28 50회 감은 코일과 쇄교하는 자속이 0.5[sec] 동안 0.1[Wb]에서 0.2[Wb]로 변화하였다면 기전력의 크기는?

① 5[V]   ② 10[V]
③ 12[V] ④ 15[V]

| 해 ② | (유도)기전력
$e = N\dfrac{\Delta\phi}{\Delta t} = 50 \times \dfrac{0.2-0.1}{0.5} = 10[V]$

□□□ 13②,22①

29 100[V]의 전위차로 가속된 전자의 운동 에너지는 몇 [J]인가?

① $1.6 \times 10^{-20}[J]$ ② $1.6 \times 10^{-19}[J]$
③ $1.6 \times 10^{-18}[J]$ ④ $1.6 \times 10^{-17}[J]$

| 해 ④ |
전자의 운동 에너지 : $W = QV = eV$
• 전자 1개가 가지는 전하량의 크기
$e = 1.602 \times 10^{-19}[C]$
∴ $W = 1.602 \times 10^{-19}[C] \times 100[V]$
$= 1.602 \times 10^{-17}[J]$

□□□ 08③,11②,12②,13①②,14①③,15②

30 100[V], 300[W]의 전열선의 저항값은?

① 약 0.33[Ω]   ② 약 3.33[Ω]
③ 약 33.3[Ω]   ④ 약 333[Ω]

| 해 ③ |
소비전력 $P = V \cdot I = V \cdot \dfrac{V}{R} = \dfrac{V^2}{R}[W]$
∴ 저항값 $R = \dfrac{V^2}{P} = \dfrac{100^2}{300} = 33.3[\Omega]$

□□□ 06②,08①④,10①③,11②,12③④,13③④,14①,15①,16②

31 그림에서 $a-b$ 간의 합성 정전 용량은?

① C
② $2C$
③ $3C$
④ $4C$

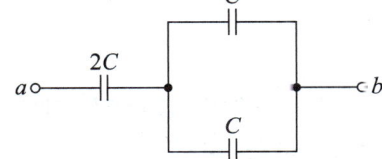

| 해 ① |
• 콘덴서의 병렬 연결 시 정전 용량
$C_o = C + C = 2C [F]$

a○—||—||—○b
   2C 2C

• 콘덴서의 직렬 연결 시 합성 정전 용량
$C_o = \dfrac{2C \times 2C}{2C + 2C} = \dfrac{4C^2}{4C} = C$

□□□ 06②,09①,13④,14③,20①

32 저항이 9[Ω]이고, 용량 리액턴스가 12[Ω]인 직렬 회로의 임피던스[Ω]는?

① 3[Ω]   ② 15[Ω]
③ 21[Ω]   ④ 108[Ω]

| 해 ② | $R-C$ 직렬 회로의 임피던스
$Z = \sqrt{(저항성분)^2 + (용량 리액턴스성분)^2}$
$= \sqrt{R^2 + X_C^2} = \sqrt{9^2 + 12^2} = 15[\Omega]$

정답 27 ④ 28 ② 29 ④ 30 ③ 31 ① 32 ②

□□□ 13③

33 (가), (나)에 들어갈 내용으로 알맞은 것은?

"2차 전지의 대표적인 것으로 납축전지가 있다. 전해액으로 비중 약 (㉮) 정도의 (㉯)을 사용한다."

① ㉮ 1.15~1.21, ㉯ 묽은황산
② ㉮ 1.25~1.36, ㉯ 질산
③ ㉮ 1.01~1.15, ㉯ 질산
④ ㉮ 1.23~1.26, ㉯ 묽은황산

| 해 ④ | 납축전지의 전해액
묽은황산(비중 1.23~1.26)을 사용한다.

□□□ 13③

34 저항의 병렬 접속에서 합성 저항을 구하는 설명으로 옳은 것은?

① 연결된 저항을 모두 합하면 된다.
② 각 저항값의 역수에 대한 합을 구하면 된다.
③ 저항값의 역수에 대한 합을 구하고 다시 그 역수를 취하면 된다.
④ 각 저항값을 모두 합하고 저항 숫자로 나누면 된다.

| 해 ③ | 병렬 접속에서 합성저항

$$R_o = \frac{1}{\frac{1}{R_1}+\frac{1}{R_2}} = \frac{R_1 R_2}{R_1 + R_2}$$

□□□ 13④

35 다음 중 가장 무거운 것은?

① 양성자의 질량과 중성자의 질량의 합
② 양성자의 질량과 전자의 질량의 합
③ 원자핵의 질량과 전자의 질량의 합
④ 중성자의 질량과 전자의 질량의 합

| 해 ③ |
■ 원자핵의 질량 : 양성자 질량+중성자 질량
∴ 원자핵의 질량+전자의 질량
· 전자의 질량 : 9.109×10^{-31}[kg]
· 양성자 질량 : 1.673×10^{-27}[kg]
· 중성자 질량 : 1.675×10^{-27}[kg]

□□□ 13②

36 Q_1으로 대전된 용량 C_1의 콘덴서에 용량 C_2를 병렬 연결할 경우 C_2가 분배 받는 전기량은?

① $\frac{C_1 + C_2}{C_2} Q_1$
② $\frac{C_1}{C_1 + C_2} Q_1$
③ $\frac{C_1 + C_2}{C_1} Q_1$
④ $\frac{C_2}{C_1 + C_2} Q_1$

| 해 ④ | 콘덴서의 병렬 접속
분배되는 전하량은 정전 용량에 비례하여 분배

$$\therefore Q_{C_2} = \frac{C_2}{C_1 + C_2} Q_1$$

□□□ 13②

37 $i_1 = 8\sqrt{2}\sin wt$[A], $i_2 = 4\sqrt{2}\sin(wt+180°)$[A]과의 차에 상당한 전류의 실횻값은?

① 4[A]
② 6[A]
③ 8[A]
④ 12[A]

| 해 ④ |
벡터를 복소수로 표시하는 방법 : 삼각함수형

$$i_1 = \frac{8\sqrt{2}(\cos 0° + j\sin 0°)}{\sqrt{2}} = 8[A]$$

$$i_2 = \frac{4\sqrt{2}(\cos 180° + j\sin 180°)}{\sqrt{2}} = -4[A]$$

$$\therefore i_1 - i_2 = 8 - (-4) = 12[A]$$

□□□ 09④,13②

38 어떤 사인파 교류 전압의 평균값이 191[V]이면 최댓값은?

① 150[V] ② 250[V]
③ 300[V] ④ 400[V]

| 해 ③ |

평균값 $V_{av} = \dfrac{2}{\pi} V_m \Rightarrow V_m = \dfrac{V_{av}\pi}{2}$ [V]

∴ 최댓값 $V_m = \dfrac{V_{av}\pi}{2} = \dfrac{191 \times \pi}{2} = 300$ [V]

참고 SOLVE 사용

$191 = \dfrac{2}{\pi} V_m$ ∴ $V_m = 300$ [V]

□□□ 13②

39 변압기 2대를 V결선 했을 때의 이용률은 몇 [%]인가?

① 57.7[%] ② 70.7[%]
③ 86.6[%] ④ 100[%]

| 해 ③ | 변압기 2대를 V결선 했을 때 이용률

이용률 = $\dfrac{V결선의 용량}{변압기\ 2대\ 용량}$

$= \dfrac{\sqrt{3}\,V_p I_p}{2\,V_p I_p} = \dfrac{\sqrt{3}\,P_1}{2P_1} = \dfrac{\sqrt{3}}{2} = 0.866 = 86.6$ [%]

□□□ 08④,09④,11②④,13③,14①,15③,16③

40 2전력계법에 의해 평형 3상 전력을 측정하였더니 전력계가 각각 800[W], 400[W]를 지시하였다면, 이 부하의 전력은 몇 [W]인가?

① 600[W] ② 800[W]
③ 1,200[W] ④ 1,600[W]

| 해 ③ | 2전력계법의 3상 전력일 때 부하 전력
$P = P_1 + P_2 = 800 + 400 = 1,200$ [W]

□□□ 13①

41 환상 철심의 평균자로길이 l[m], 단면적 A[m²], 비투자율 μ_s, 권선수 N_1, N_2인 두 코일의 상호 인덕턴스는?

① $\dfrac{2\pi \mu_s l N_1 N_2}{A} \times 10^{-7}$ [H]

② $\dfrac{A N_1 N_2}{2\pi^2 \mu_s l} \times 10^{-7}$ [H]

③ $\dfrac{4\pi^2 \mu_s A N_1 N_2}{l} \times 10^{-7}$ [H]

④ $\dfrac{4\pi^2 \mu_s N_1 N_2}{A l} \times 10^{-7}$ [H]

| 해 ③ | 환상 코일에서의 상호 인덕턴스

$M = \dfrac{N_1 N_2}{R_m} = \dfrac{\mu A N_1 N_2}{l} = \dfrac{\mu_o \mu_s A N_1 N_2}{l}$

$= \dfrac{4\pi \times 10^{-7} \mu_s A N_1 N_2}{l} = \dfrac{4\pi \mu_s A N_1 N_2}{l} \times 10^{-7}$ [H]

공기(진공)의 투자율 $\mu_o = 4\pi \times 10^{-7}$ [H/m]

□□□ 09④,13④

42 묽은황산(H_2SO_4)용액에 구리(Cu)와 아연(Zn) 판을 넣으면 전지가 된다. 이때 양극(+)에 대한 설명으로 옳은 것은?

① 구리판이며 수소 기체가 발생한다.
② 구리판이며 산소 기체가 발생한다.
③ 아연판이며 산소 기체가 발생한다.
④ 아연판이며 수소 기체가 발생한다.

| 해 ① | 전지의 원리

• 묽은황산 용액에 구리(Cu)와 아연(Zn) 판을 넣으면, 아연은 구리보다 이온이 되는 성질이 강하므로 전해액 중에 용해되어 양이온이 되며, 아연판은 음전기를 띠게 된다.

• 묽은황산 용액은 전리되어 수소이온 H^-의 일부는 구리판에 부착하여 수소 기체가 발생한다.

□□□ 11①,13③,15③,23②

43 2분간에 876,000[J]의 일을 하였다. 그 전력은 얼마인가?

① 7.3[kW] ② 29.2[kW]
③ 73[kW]   ④ 438[kW]

| 해 ① |

전력 $P = \dfrac{W}{t}$[W]

- $t = 2(\text{분}) \times 60(\text{초}) = 120[\sec]$
- $1[kW] = 1,000[W]$
- $1[W] = 10^{-3}[kW] = \dfrac{1}{1,000}[kW]$

∴ $P = \dfrac{876,000}{120} = 7,300[W]$
　　$= 7,300 \times 10^{-3} = 7.3[kW]$

□□□ 13④

44 전선의 길이를 4배로 늘렸을 때, 처음의 저항값을 유지하기 위해서는 도선의 반지름을 어떻게 해야 하는가?

① 1/4로 줄인다. ② 1/2로 줄인다.
③ 2배로 늘인다. ④ 4배로 늘인다.

| 해 ③ | 전기저항

- $R = \dfrac{l}{kA} = \rho\dfrac{l}{A} = \rho\dfrac{l}{\pi r^2} = \rho\dfrac{4l}{\pi D^2}$

∴ 길이가 4배로 늘리면, 반지름도 2배로 늘리면 저항값은 같다.

□□□ 06④,08②,10④,12③,13③

45 단위길이당 권수 100회인 무한장 솔레노이드에서 10[A]의 전류가 흐를 때 솔레노이드 내부의 자장[AT/m]은?

① 10   ② 100
③ 1,000   ④ 10,000

| 해 ③ | 무한장 솔레노이드 내부의 자장

- 무한장 솔레노이드 : 철심과 그것을 감은 코일이 일자로 무한히 긴 행태

$H = \dfrac{NI}{l} = n_0 I [AT/m]$

- 단위 길이당 권수 $n_o = 100$ 회

∴ $H = 100 \times 10 = 1,000[AT/m]$

∵ 원의 둘레 : $\pi d = 2\pi r = l$

□□□ 13③

46 $R = 4[\Omega]$, $X_L = 15[\Omega]$, $X_C = 12[\Omega]$의 $R-L-C$ 직렬 회로에서 100[V]의 교류 전압을 가할 때 전류와 전압의 위상차는 약 얼마인가?

① 0°   ② 37°
③ 53°   ④ 90°

| 해 ② |

- 위상차 $\theta = \tan^{-1}\dfrac{X_L - X_C}{R}$

∴ 위상차 $\theta = \tan^{-1}\dfrac{15-12}{4} = 37°$

□□□ 13④

47 역률 0.8, 유효 전력 4,000[kW]인 부하의 역률을 100[%]로 하기 위한 콘덴서의 용량[kVA]은?

① 3,200 ② 3,000
③ 2,800 ④ 2,400

| 해 ② | 전력용 콘덴서의 용량

$Q = P\tan\theta = P \times \dfrac{\sin\theta}{\cos\theta}$

- 역률 $\cos\theta = 0.8$
- $\sin\theta = \sqrt{1-(\cos\theta)^2} = \sqrt{1-0.8^2} = 0.6$
  (∵ $\cos^2\theta + \sin^2\theta = 1$)

$Q = 4,000 \times \dfrac{0.6}{0.8} = 3,000[kVA]$

□□□ 13①,20②,24②

48 키르히호프의 법칙을 이용하여 방정식을 세우는 방법으로 잘못된 것은?

① 키르히호프의 제1법칙을 회로망의 임의의 한 점에 적용한다.
② 각 폐회로에서 키르히호프의 제2법칙을 적용한다.
③ 각 회로의 전류를 문자로 나타내고 방향을 가정한다.
④ 계산결과 전류가 +로 표시된 것은 처음에 정한 방향과 반대방향임을 나타낸다.

해 ④
계산결과 전류가 (+)로 표시된 것은 처음에 정한 방향과 같은 방향이고, (−)로 되면 반대방향임을 나타낸다.

□□□ 07②,13④,15①

49 전기장의 세기에 관한 단위는?

① [H/m] ② [F/m]
③ [AT/m] ④ [V/m]

해 ④ 전기장의 세기
$E = \dfrac{V}{d}[\text{V/m}] = \dfrac{F}{Q}[\text{N/C}]$

· 전기장의 세기에 대한 단위거리당 전압을 의미[V/m]한다.

□□□ 06②,07①,09①,13④,14③

50 $R=15[\Omega]$인 $R-C$ 직렬 회로에 80[Hz], 100[V]의 전압을 가하니 4[A]의 전류가 흘렀다면 용량 리액턴스는?

① 10 ② 15
③ 20 ④ 25

해 ③
· $R-C$ 직렬 회로의 합성 임피던스
$Z = \sqrt{(\text{저항 성분})^2 + (\text{용량 리액턴스 성분})^2}$
$\quad = \sqrt{R^2 + X_C^2}$

· 전류 $I = \dfrac{V}{Z}$에서 $Z = \dfrac{V}{I} = \dfrac{100}{4} = 25[\Omega]$

참고 SOLVE 사용 $25 = \sqrt{15^2 + X_C^2}$
∴ 용량 리액턴스 $X_C = 20[\Omega]$

□□□ 13①

51 다음 내용에서 설명하는 것은?

금속 A와 B로 만든 열전쌍과 접점 사이에 임의의 금속 C를 연결해도 C의 양 끝의 접점의 온도를 똑같이 유지하면 회로의 열기전력은 변화하지 않는다.

① 제벡의 효과 ② 톰슨 효과
③ 제3금속의 법칙 ④ 펠티에 효과

해 ③ 제3금속 법칙(중간금속의 효과)
열전대를 구성하는 두 금속의 한쪽 접점은 서로 접해있고, 반대편 접점은 제3의 금속과 연결되어 있을 때, 두 접점이 같은 온도라면 기전력이 발생하지 않는다는 법칙

□□□ 12④,13①,14④

52 100[V]의 교류 전원에 선풍기를 접속하고 입력과 전류를 측정하였더니 500[W], 7[A]였다. 이 선풍기의 역률은?

① 0.61 ② 0.71
③ 0.81 ④ 0.91

해 ②
유효 전력 $P = VI\cos\theta[\text{W}]$에서
∴ 역률 $\cos\theta = \dfrac{P}{VI} = \dfrac{500}{100 \times 7} = 0.71$

정답 48 ④   49 ④   50 ③   51 ③   52 ②

□□□ 13④

53 10[℃], 5,000[g]의 물을 40[℃]로 올리기 위하여 1[kW]의 전열기를 쓰면 몇 분이 걸리게 되는가? (단, 여기서 효율은 80[%]라고 한다.)

① 약 13분 ② 약 15분
③ 약 25분 ④ 약 50분

> **해 ①**
> 열량 $H = 0.24P \cdot t \cdot \eta = C \cdot m \cdot \Delta t$
> • 물의 비열 $C = 1[\text{cal}]$
> • 질량 $m = 5,000[\text{g}]$
> • 전열기의 용량 $P = 1[\text{kW}] = 1,000[\text{W}]$
> • η(효율) : $80[\%] = 0.80$
> $\therefore t = \dfrac{C \cdot m \cdot \Delta t}{0.24 P \cdot \eta} = \dfrac{1 \times 5,000 \times (40-10)}{0.24 \times 1,000 \times 0.80}$
> $= 781.25[\text{sec}] = 13[분]$

□□□ 13②,17④,19④

54 그림과 같은 비사인파의 제3고조파 주파수는? (단, $V = 20[\text{V}]$, $T = 10[\text{ms}]$이다.)

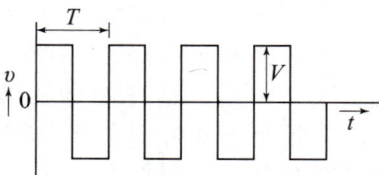

① 100[Hz] ② 200[Hz]
③ 300[Hz] ④ 400[Hz]

> **해 ③**
> • 3고조파 주파수 : 기본파 주기의 3배
> $f_s = 3f_o[\text{Hz}]$
> • 기본파의 주파수 $f_0 = \dfrac{1}{T} = \dfrac{1}{10 \times 10^{-3}} = 100[\text{Hz}]$
> ($\because T = 10[\text{ms}] = 10 \times 10^{-3}[\text{sec}]$)
> $\therefore$ 3고조파 주파수 $f_s = 3 \times 100 = 300[\text{Hz}]$

□□□ 07③,13④

55 Y－Y 평형 회로에서 상전압 V_P가 100[V], 부하 $Z = 8 + 6j[\Omega]$이면 선전류 I_l의 크기는 몇 [A]인가?

① 2 ② 5
③ 7 ④ 10

> **해 ④** Y결선의 전압과 전류의 관계
> • 선간전압 $V_l = \sqrt{3} V_p$
> • 선전류 $I_l = I_P$(상전류)
> • 선전류 $I_l = I_P = \dfrac{V_P}{Z}$
> $Z = \sqrt{(실수부)^2 + (허수부)^2} = \sqrt{8^2 + 6^2} = 10[\Omega]$
> $\therefore I_l = \dfrac{100}{10} = 10[\text{A}]$

□□□ 13①②,14②

56 정전 용량이 같은 콘덴서 10개가 있다. 이것을 병렬 접속할 때의 값은 직렬 접속할 때의 값보다 어떻게 되는가?

① 1/10로 감소한다.
② 1/100로 감소한다.
③ 10배로 증가한다.
④ 100배로 증가한다.

> **해 ④** 콘덴서의 정전 용량 $C[\text{F}]$일 때
> • 병렬 접속 : $C_{병렬} = 10C[\text{F}]$
> • 직렬 접속 : $C_{직렬} = \dfrac{1}{\dfrac{1}{C} \times 10} = \dfrac{C}{10}[\text{F}]$
> $\therefore \dfrac{C_{병렬}}{C_{직렬}} = \dfrac{10C}{\dfrac{C}{10}} = 100$배로 증가

정답 53 ① 54 ③ 55 ④ 56 ④

□□□ 10②,12①,13②

57 제벡 효과에 대한 설명으로 틀린 것은?

① 두 종류의 금속을 접속하여 폐회로를 만들고, 두 접속점에 온도의 차이를 주면 기전력이 발생하여 전류가 흐른다.
② 열기 전력의 크기와 방향은 두 금속 점의 온도 차에 따라서 정해진다.
③ 열전쌍(열전대)은 두 종류의 금속을 조합한 장치이다.
④ 전자 냉동기, 전자 온풍기에 응용된다.

| 해 ④ |
- 펠티에 효과는 전자 냉동 분야에 사용
- 제벡 효과 : 용광로 속의 온도나 기름의 온도를 측정할 때 사용

□□□ 13①

58 그림의 회로에서 전압 100[V]의 교류 전압을 가했을 때 전력은?

① 10[W]
② 60[W]
③ 100[W]
④ 600[W]

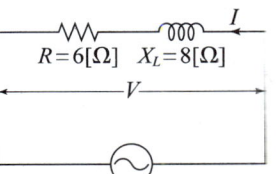

| 해 ④ |
전류 $I = \dfrac{V}{Z} = \dfrac{V}{\sqrt{R^2 + X_L^2}}$
- 합성 임피던스 $Z = \sqrt{R^2 + X_L^2}$
- $I = \dfrac{100}{\sqrt{6^2 + 8^2}} = 10[A]$
∴ 전력 $P = I^2 R = 10^2 \times 6 = 600[W]$

□□□ 13②,14④,20②,24②

59 납축전지의 전해액으로 사용되는 것은?

① H_2SO_4
② H_2O
③ PbO_2
④ $PbSO_4$

| 해 ① | 납축전지
양극(PbO_2) + 전해액($2H_2SO_4$) + 음극(Pb)
　　　　　방전↓↑충전
양극($PbSO_4$) + 물($2H_2O$) + 음극($PbSO_4$)
- 완전히 방전되면 음극과 양극은 황산납($PbSO_4$)으로 변한다.

□□□ 12①②③,13②

60 △결선 V_l(선간전압), V_P(상전압), I_l(선전류), I_P(상전류)의 관계식으로 옳은 것은?

① $V_l = \sqrt{3}\, V_P$, $I_l = I_P$
② $V_l = V_P$, $I_l = \sqrt{3}\, I_P$
③ $V_l = \dfrac{1}{\sqrt{3}} V_P$, $I_l = I_P$
④ $V_l = V_P$, $I_l = \dfrac{1}{\sqrt{3}} I_P$

| 해 ② | 3상 교류의 Y결선과 △결선

Y결선	△결선
선간전압 $V_l = \sqrt{3}\, V_P$ (상전압)	선간전압 $V_l = V_P$
선전류 $I_l = I_P$(상전류)	선전류 $I_l = \sqrt{3}\, I_P$

정답 57 ④ 58 ④ 59 ① 60 ②

05 2단계 | 전기이론 스피드마스터 과년도 기출 핵심문제

□□□ 12①

01 C_1, C_2를 직렬로 접속한 회로에 C_3를 병렬로 접속하였다. 이 회로의 합성 정전 용량[F]은?

① $C_3 + \dfrac{1}{\dfrac{1}{C_1}+\dfrac{1}{C_2}}$ ② $C_1 + \dfrac{1}{\dfrac{1}{C_2}+\dfrac{1}{C_3}}$

③ $\dfrac{C_1+C_2}{C_3}$ ④ $C_1 + C_2 + \dfrac{1}{C_3}$

| 해 ① | 콘덴서의 정전 용량 C[F]일 때

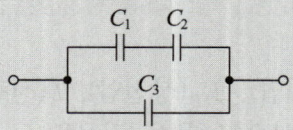

- 직렬 접속 : $C_{직렬} = \dfrac{곱}{합} = \dfrac{C_1 \times C_2}{C_1 + C_2} = \dfrac{1}{\dfrac{1}{C_1}+\dfrac{1}{C_2}}$

- 병렬 접속 : $C_{병렬} = C_3 + \dfrac{1}{\dfrac{1}{C_1}+\dfrac{1}{C_2}}$

□□□ 12②, 15①

02 그림의 병렬 공진회로에서 공진 임피던스 Z_0[Ω]은?

① L/CR
② CL/R
③ R/CL
④ CR/L

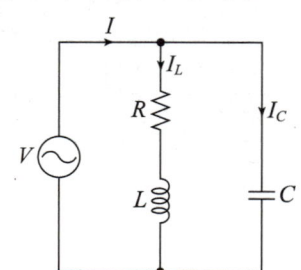

| 해 ① |
- 공진 임피던스 : $Z_o = \dfrac{1}{Y}$[Ω]
- 공진시 어드미턴스 : $Y = \dfrac{CR}{L}$[℧]
- ∴ $Z_o = \dfrac{1}{Y} = \dfrac{L}{CR}$[Ω]

□□□ 12①, 15①, 16③, 24②

03 비정현파의 실횻값을 나타내는 것은?

① 최대파의 실횻값
② 각 고조파의 실횻값의 합
③ 각 고조파의 실횻값의 합의 제곱근
④ 각 고조파의 실횻값의 제곱의 합의 제곱근

| 해 ④ | 비정현파(비사인파) 전류에서의 실횻값
$I = \sqrt{I_2^2 + I_3^2 + I_4^2 + \cdots + I_n^2}$
∴ 각 고조파의 실횻값의 제곱의 합의 제곱근

□□□ 06②, 09④, 10④, 12①, 13④, 14②

04 플레밍의 오른손 법칙에서 셋째 손가락의 방향은?

① 운동 방향
② 자속밀도의 방향
③ 유도기전력의 방향
④ 자력선의 방향

| 해 ③ | 플레밍의 오른손 법칙(유도기전력의 방향)
- 오른손 엄지 : 도체(전자력)의 운동방향
- 오른손 검지(둘째 손가락) : 자기장의 방향
- 오른손 중지(셋째 손가락) : 유도 기전력(전류)의 방향

□□□ 11③, 12②, 21②

05 용량을 변화시킬 수 있는 콘덴서는?

① 바리콘   ② 전해 콘덴서
③ 마일러 콘덴서   ④ 세라믹 콘덴서

| 해 ① | 바리콘(varicon)
바리콘이라고 불리는 가변 콘덴서는 전기 용량 값을 바꿀 수 있는 축전지

정답 01 ① 02 ① 03 ④ 04 ③ 05 ①

□□□ 12③

06 PN 접합의 순방향 저항은(㉠), 역방향 저항은 매우 (㉡), 따라서 (㉢) 작용을 한다. ( ) 안에 들어갈 말로 옳은 것은?

① ㉠ 크고, ㉡ 크다, ㉢ 정류
② ㉠ 작고, ㉡ 크다, ㉢ 정류
③ ㉠ 작고, ㉡ 작다, ㉢ 검파
④ ㉠ 작고, ㉡ 크다, ㉢ 검파

| 해② | PN 접합 다이오드(반도체-반도체)
순방향에서 전류가 잘 흐르고(저항이 작다), 역방향에서 전류가 흐르지 않는(저항이 크다) 특성을 가진 정류기이다.

□□□ 10②,12①,13②

07 두 개의 서로 다른 금속의 접속점에 온도차를 주면 열기 전력이 생기는 현상은?

① 홀 효과
② 줄 효과
③ 압전기 효과
④ 제벡 효과

| 해④ | 제벡 효과
용광로 속의 온도나 기름의 온도를 측정할 때 사용

□□□ 08①,09②,12④

08 전기장(電氣場)에 대한 설명으로 옳지 않은 것은?

① 대전된 무한장 원통의 내부 전기장은 0이다.
② 대전된 구(球)의 내부 전기장은 0이다.
③ 대전된 도체 내부의 전하 및 전기장은 모두 0이다.
④ 도체 표면의 전기장은 그 표면에 평행이다.

| 해④ |
도체 표면의 전기장은 그 표면에 수직이다.

□□□ 10④,12②

09 "물질 중의 자유전자가 과잉된 상태"란?

① (-) 대전상태
② (+) 대전상태
③ 발열상태
④ 중성상태

| 해① | 대전
• 어떤 물질이 전기적인 현상을 띠는 것으로 다찰, 박리, 유동, 접촉대전이 있다.
• 자유전자가 다른 물체로 이동하면 그 물체는 중성상태에서 (+) 대전상태가 되고 반대는 (-) 대전이 된다.
• 자유전자 과잉은 (-) 대전상태, 부족상태는 (+) 대전상태라 한다.

□□□ 07②,09③,11④,12③,13④

10 전압계의 측정 범위를 넓히는 데 사용되는 기기는?

① 배율기
② 분류기
③ 정압기
④ 정류기

| 해① | 배율기와 분류기

배율기	전압계의 측정	전압계와 직렬 접속
분류기	전류계의 측정	전류계와 병렬 접속

□□□ 11①③,12①②,15④,16①

11 자체 인덕턴스 2[H]의 코일에 25[J]의 에너지가 저장되어 있다면 코일에 흐르는 전류는?

① 2[A]
② 3[A]
③ 4[A]
④ 5[A]

| 해④ | 코일에 축적되는 에너지(전기 에너지)
$W = \frac{1}{2}LI^2[J]$에서 $I^2 = \frac{2W}{L}$
∴ 전류 $I = \sqrt{\frac{2W}{L}} = \sqrt{\frac{2 \times 25}{2}} = 5[A]$

정답 06 ② 07 ④ 08 ④ 09 ① 10 ① 11 ④

□□□ 07③,08①,12①

12 "회로에 흐르는 전류의 크기는 저항에 (㉮)하고, 가해진 전압에 (㉯)한다." ( ) 안에 알맞은 내용을 바르게 나열한 것은?

① ㉮- 비례, ㉯- 비례
② ㉮- 비례, ㉯- 반비례
③ ㉮- 반비례, ㉯- 비례
④ ㉮- 반비례, ㉯- 반비례

| 해③ | 옴의 법칙에서
- 전류의 힘 $I = \dfrac{V}{R}$
- 전류(I)의 크기는 전압(V)에 비례하고 저항(R)에 반비례한다.

□□□ 06④,07①,12③④,13①,14③,15③④

13 평형 3상 Δ결선에서 선간전압 V_l과 상전압 V_P와의 관계가 옳은 것은?

① $V_l = \dfrac{1}{\sqrt{3}} V_P$ ② $V_l = \dfrac{1}{3} V_P$
③ $V_l = V_P$ ④ $V_l = \sqrt{3} V_P$

| 해③ | 3상 교류의 Y결선과 Δ결선

Y결선	Δ결선
선간전압= $\sqrt{3} V_P$(상전압)	선간전압 $V_l = V_P$
선전류 $I_l = I_P$(상전류)	선전류 $I_l = \sqrt{3} I_P$

□□□ 10①④,12③

14 자화력(자기장의 세기)을 표시하는 식과 관계가 되는 것은?

① NI ② μIl
③ $\dfrac{NI}{\mu}$ ④ $\dfrac{NI}{l}$

| 해④ | 자화력(자기장의 세기)
$H = \dfrac{\text{코일의 감긴 수} \times \text{전류}}{\text{자기 회로의 평균 깊이}} = \dfrac{N \times I}{l}$ [AT/m]

□□□ 08③④,12②

15 줄의 법칙에서 발열량 계산식을 옳게 표시한 것은?

① $H = I^2 R$ [J] ② $H = I^2 R^2 t$ [J]
③ $H = I^2 R^2$ [J] ④ $H = I^2 R t$ [J]

| 해④ | 줄의 법칙
- 도체에 전류를 흘렸을 때 도체에 발생하는 열량에 관한 법칙으로 어떤 도체에 일정 시간 동안 전류를 흘리면 도체에 열이 발생된다.
- $H = I^2 R t$ [J]
- $H = \dfrac{1}{4.2} I^2 R t = 0.24 I^2 R t$ [cal]

□□□ 12②

16 2개의 코일을 서로 근접시켰을 때 한쪽 코일의 전류가 변화하면 다른 쪽 코일에 유도기전력이 발생하는 현상을 무엇이라고 하는가?

① 상호 결합 ② 자체 유도
③ 상호 유도 ④ 자체 결합

| 해③ | 상호 유도작용
- 철심에 2개의 코일을 배치하고 1차 코일에 변화하는 전류를 공급하면 변화하는 자기력선이 발생하여 다른 쪽 코일(2차 코일)에 유도기전력이 발생하는 현상
- 상호 유도작용은 변압기에 응용된다.

□□□ 12④

17 열의 전달 방법이 아닌 것은?

① 복사 ② 대류
③ 확산 ④ 전도

| 해③ | 열(에너지)의 전달 방법
복사, 대류, 전도

□□□ 11②,12④

18 다음 설명 중 틀린 것은?

① 앙페르의 오른나사 법칙 : 전류의 방향을 오른나사가 진행하는 방향으로 하면, 이때 발생되는 자기장의 방향은 오른나사의 회전방향이 된다.
② 렌츠의 법칙 : 유도기전력은 자신의 발생 원인이 되는 자속의 변화를 방해하려는 방향으로 발생한다.
③ 패러데이의 전자 유도 법칙 : 유도 기전력의 크기는 코일을 지나는 자속의 매초 변화량과 코일의 권수에 비례한다.
④ 쿨롱의 법칙 : 두 자극 사이에 작용하는 자력의 크기는 양 자극의 세기의 곱에 비례하며, 자극 간의 거리의 제곱에 비례한다.

| 해④ | 쿨롱의 법칙
두 자극 사이에 작용하는 자력의 크기는 양 자극의 세기의 곱에 비례하며, 양 자극 간의 거리의 제곱에 반비례한다.
$F = \dfrac{1}{4\pi\mu_o} \dfrac{m_1 \cdot m_2}{r^2}$ [N]

□□□ 06③,07①,08④,10④,11①②③,12③,13④,15②,16②,22①

19 자기 회로의 길이 l[m], 단면적 A[m²], 투자율 μ[H/m]일 때 자기 저항 R[AT/Wb]을 나타내는 것은?

① $R = \dfrac{\mu l}{A}$ [AT/Wb]

② $R = \dfrac{A}{\mu l}$ [AT/Wb]

③ $R = \dfrac{\mu A}{l}$ [AT/Wb]

④ $R = \dfrac{l}{\mu A}$ [AT/Wb]

| 해④ | 자기 저항
$R = \dfrac{F}{\phi} = \dfrac{l}{\mu A}$ [AT/Wb], 단위 : [AT/Wb]

□□□ 07③,11③,12④

20 저항 R_1, R_2의 병렬 회로에서 R_2에 흐르는 전류가 I일 때 전전류는?

① $\dfrac{R_1 + R_2}{R_1} I$

② $\dfrac{R_1 + R_2}{R_2} I$

③ $\dfrac{R_1}{R_1 + R_2} I$

④ $\dfrac{R_2}{R_1 + R_2} I$

| 해① |
전류는 저항에 반비례한다.
$I = \dfrac{R_1}{R_1 + R_2} I_{전전류}$
$\therefore I_{전전류} = \dfrac{R_1 + R_2}{R_1} I$

Remember

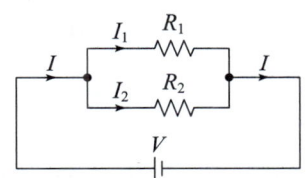

- $R_o = \dfrac{1}{\dfrac{1}{R_1} + \dfrac{1}{R_2}} = \dfrac{R_1 R_2}{R_1 + R_2}$

- $I_1 = \dfrac{R_2}{R_1 + R_2} \times I$, $I_2 = \dfrac{R_1}{R_1 + R_2} \times I$

□□□ 12③④,13①,14③,15③④

21 평형 3상 Y결선에서 상전류 I_P와 선전류 I_l과의 관계는?

① $I_l = 3I_P$
② $I_l = \sqrt{3} I_P$
③ $I_l = I_P$
④ $I_l = \dfrac{1}{3} I_P$

| 해③ | 3상 교류의 Y결선과 Δ결선

Y결선	Δ결선
선간전압= $\sqrt{3} V_P$(상전압)	선간전압 $V_l = V_P$
선전류 $I_l = I_P$(상전류)	선전류 $I_l = \sqrt{3} I_P$

정답 18 ④ 19 ④ 20 ① 21 ③

□□□ 12②

22 직류 250[V]의 전압에 두 개의 150[V]용 전압계를 직렬로 접속하여 측정하면 각 계기의 지시값 V_1, V_2는 각 각 몇 [V]인가? (단, 전압계의 내부 저항은 $V_1=15[\text{k}\Omega]$, $V_2=10[\text{k}\Omega]$이다.)

① $V_1=250$, $V_2=150$
② $V_1=150$, $V_2=100$
③ $V_1=100$, $V_2=150$
④ $V_1=150$, $V_2=250$

| 해② |

- 직렬 연결에서의 전류는 일정
  $V=IR$
- 직렬 연결에서 전압 분배법칙

$$V_1 = \frac{R_1}{R_1+R_2}V$$
$$= \frac{15\times 10^3}{15\times 10^3 + 10\times 10^3}\times 250 = 150[\text{V}]$$
$$V_2 = \frac{R_2}{R_1+R_2}V$$
$$= \frac{10\times 10^3}{15\times 10^3 + 10\times 10^3}\times 250 = 100[\text{V}]$$

□□□ 12③

23 5[Ω], 10[Ω], 15[Ω]의 저항을 직렬로 접속하고 전압을 가하였더니 10[Ω]의 저항 양단에 30[V]의 전압이 측정되었다. 이 회로에 공급되는 전전압은 몇 [V]인가?

① 30[V]　　② 60[V]
③ 90[V]　　④ 120[V]

| 해③ |

전전압 $V=I\cdot R_t$
($\because$ 직렬 접속이므로 전류(I)은 일정)
- $V_2=I\cdot R_2$에서
  $I = \dfrac{V_2}{R_2} = \dfrac{30}{10} = 3[\text{A}]$
- $R_t = 5+10+15 = 30[\Omega]$
  $\therefore V = 3\times 30 = 90[\text{V}]$

□□□ 07⑤,12①,23①

24 감은 횟수 200회의 코일 P와 300회의 코일 S를 가까이 놓고 P에 1[A]의 전류를 흘릴 때 S와 쇄교하는 자속이 4×10^{-4}[Wb]이었다면 이들 코일 사이의 상호 인덕턴스는?

① 0.12[H]　　② 0.12[mH]
③ 0.08[H]　　④ 0.08[mH]

| 해① | 상호 인덕턴스

$$M = \frac{N_2\phi_2}{I_1} = \frac{300\times 4\times 10^{-4}[\text{Wb}]}{1[\text{A}]} = 0.12[\text{H}]$$

□□□ 12①,17④,18④,19④,20①

25 그림과 같은 평형 3상 Δ회로를 등가 Y 결선으로 환산하면 각 상의 임피던스는 몇 [Ω]이 되는가? (단, $Z=12[\Omega]$이다.)

① 48[Ω]
② 36[Ω]
③ 4[Ω]
④ 3[Ω]

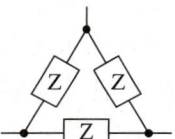

| 해③ | Δ부하를 Y부하로 임피던스 환산

임피던스 $Z_Y = \dfrac{1}{3}Z_\Delta$

$\therefore Z_Y = \dfrac{1}{3}\times 12 = 4[\Omega]$

□□□ 12①,21②,23①

26 10[A]의 전류로 6시간 방전할 수 있는 축전지의 용량은?

① 2[Ah]　　② 15[Ah]
③ 30[Ah]　　④ 60[Ah]

| 해④ | 축전지의 용량

$Q=$방전 전류$\times$방전 시간
$= A\cdot H = 10\times 6 = 60[\text{Ah}]$

정답　22 ②　23 ③　24 ①　25 ③　26 ④

□□□ 10①,12④

27 내부 저항이 0.1[Ω]인 전지 10개를 병렬 연결하면, 전체 내부 저항은?

① 0.01[Ω] ② 0.05[Ω]
③ 0.1[Ω]   ④ 1[Ω]

> |해①|
> - 전지 m개 병렬 연결될 때 기전력(전압)은 일정, 내부 저항은 $\frac{1}{m}$배로 감소, 용량은 m배로 증가
> - 전체 내부 저항 $r_o = \frac{r}{m} = \frac{0.1}{10} = 0.01[\Omega]$
> (∵ 직렬 : n개, 병렬 : m개)

□□□ 12①②③,15④

28 2개의 자극 사이에 작용하는 힘의 세기는 무엇에 반비례하는가?

① 전류의 크기
② 자극 간의 거리의 제곱
③ 자극의 세기
④ 전압의 크기

> |해②| 자기력에 의한 쿨롱의 법칙
> $F = \frac{1}{4\pi\mu_o} \frac{m_1 \cdot m_2}{r^2} = 6.33 \times 10^4 \frac{m_1 \cdot m_2}{r^2}[N]$
> 두 자극의 곱($m_1 \times m_2$)에 비례하고 거리의 제곱(r^2)에 반비례한다.

□□□ 07④,08③,12③,13①,15③④,20②

29 전류에 의해 만들어 지는 자기장의 자기력선 방향을 간단하게 알아내는 방법은?

① 플레밍의 왼손 법칙
② 렌츠의 자기유도 법칙
③ 앙페르의 오른나사 법칙
④ 패러데이의 전자 유도 법칙

> |해③| 법칙의 원리
>
> | 렌츠의 법칙 | 유도 기전력의 방향 |
> |---|---|
> | 패러데이의 법칙 | 유도 기전력의 크기 |
> | 플레밍의 오른손 법칙 | 자기장 내의 도체운동에 의한 유도기전력의 방향 |
> | 플레밍의 왼손 법칙 | 자기장 내의 도체에 흐르는 전류에 의한 힘(전자력)의 방향 |
> | 앙페르의 오른나사 법칙 | 자기장의 자기력선 방향 |

□□□ 06④,12④,20①

30 자체 인덕턴스가 각각 L_1, L_2[H]인 두 원통 코일이 서로 직교하고 있다. 두 코일 사이의 상호 인덕턴스[H]는?

① $L_1 + L_2$ ② $L_1 L_2$
③ 0   ④ $\sqrt{L_1 L_2}$

> |해③| 상호 인덕턴스
> $M = k\sqrt{L_1 L_2}$
> - 직각 교차하므로 자속이 없는 이상적인 결합 계수 $k = 0$
> ∴ $M = 0 \times \sqrt{L_1 L_2} = 0[H]$

□□□ 12①②③,13②

31 3상 교류를 Y 결선하였을 때 선간전압과 상전압, 선전류와 상전류의 관계를 바르게 나타낸 것은?

① 상전압 = $\sqrt{3}$ 선간전압
② 선간전압 = $\sqrt{3}$ 상전압
③ 선전류 = $\sqrt{3}$ 상전류
④ 상전류 = $\sqrt{3}$ 선전류

> |해②| 3상 교류의 Y결선과 Δ결선
>
> | Y결선 | Δ결선 |
> |---|---|
> | 선간전압 = $\sqrt{3}$ 상전압 | 선간전압 $V_l = V_P$ |
> | 선전류 I_l = 상전류 I_P | 선전류 $I_l = \sqrt{3} I_P$ |

□□□ 06②, 08④, 10①③, 11②, 12③④, 13③④, 14①, 15①, 16②

32 그림과 같이 $C=2[\mu F]$의 콘덴서가 연결되어 있다. A점과 B점 사이의 합성 정전 용량은 얼마인가?

① $1[\mu F]$
② $2[\mu F]$
③ $4[\mu F]$
④ $8[\mu F]$

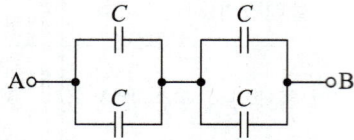

| 해 ② | 합성 정전 용량
- 병렬 회로 : $2C$
- $2C$가 직렬 회로

A○─┤├─┤├─○B
   $2C$ $2C$

$C_o = \dfrac{2C \times 2C}{2C+2C} = \dfrac{4C^2}{4C} = C$

∴ 합성 정전 용량 $C=2[\mu F]$

□□□ 06④, 07①②, 12③, 14③, 23①

33 $L=0.05[H]$의 코일에 흐르는 전류가 $0.05[sec]$ 동안에 $2[A]$가 변했다. 코일에 유도되는 기전력[V]은?

① $0.5[V]$
② $2[V]$
③ $10[V]$
④ $25[V]$

| 해 ② | 유도기전력

$e = L\dfrac{\Delta I}{\Delta t} = 0.05 \times \dfrac{2}{0.05} = 2[V]$

□□□ 12④

34 1[cm]당 권수가 10인 무한 길이 솔레노이드에 1[A]의 전류가 흐르고 있을 때 솔레노이드 외부 자계의 세기[AT/m]는?

① 0
② 10
③ 100
④ 1,000

| 해 ① | 무한장 솔레노이드
솔레노이드의 내부에는 자력선이 통과하지만 외부에는 자력선이 존재하지 않으므로 외부 자계의 세기는 없다.
∴ 코일 안쪽 철심 부분에서만 자계가 발생하고 솔레노이드의 외부자계의 세기 $H=0$이다.

□□□ 12④

35 어떤 도체에 5초간 4[C]의 전하가 이동했다면 이 도체에 흐르는 전류는?

① $0.12 \times 10^3[mA]$
② $0.8 \times 10^3[mA]$
③ $1.25 \times 10^3[mA]$
④ $8 \times 10^3[mA]$

| 해 ② |

전기량 $Q = I \cdot t[C]$에서

∴ $I = \dfrac{Q}{t} = \dfrac{4}{5} = 0.8[A] = 0.8 \times 10^3[mA]$

∵ $m = 10^{-3}$

□□□ 12④, 22①

36 그림의 회로에서 모든 저항값은 $2[\Omega]$이고, 전류 전체 I는 6[A]이다. I_1에 흐르는 전류는?

① 1[A]
② 2[A]
③ 3[A]
④ 4[A]

| 해 ④ |
■ 등가회로

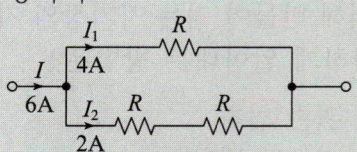

■ 전류분배법칙
- 저항비가 1 : 2이면 전류비는 2 : 1이다.
- $I_1 = \dfrac{2R}{2R+R} \times I = \dfrac{2R}{3R} \times 6 = 4[A]$

□□□ 06①,07③,10②,11①,12①②,15④,16①,22②

37 어떤 콘덴서에 전압 20[V]를 가할 때 전하 800[μC]이 축적되었다면 이때 축적되는 에너지는?

① 0.008[J]   ② 0.16[J]
③ 0.8[J]   ④ 160[J]

|해 ①| 콘덴서에 축적되는 에너지
$W = \frac{1}{2}QV$ [J]
• $Q = 800[\mu C] = 800 \times 10^{-6}$ [C]
∴ $W = \frac{1}{2} \times 800 \times 10^{-6} \times 20 = 0.008$ [J]

□□□ 12③

38 전계의 세기 50[V/m], 전속밀도 100[C/m²]인 유전체의 단위체적에 축적되는 에너지는?

① 2[J/m³]   ② 250[J/m³]
③ 2,500[J/m³]   ④ 5,000[J/m³]

|해 ③| 유전체의 단위체적에 축적되는 에너지
$W = \frac{1}{2}ED$ [J/m²]
• 전계의 세기 $E = 50$ [V/m]
• 전속 밀도 $D = 100$ [C/m²]
∴ $W = \frac{1}{2} \times 50 \times 100 = 2,500$ [J/m³]

□□□ 09②,12③

39 회로에서 검류계의 지시기가 0일 때 저항 X는 몇 [Ω]인가?

① 10[Ω]
② 40[Ω]
③ 100[Ω]
④ 400[Ω]

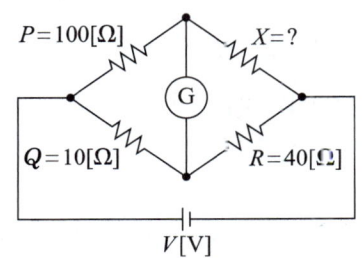

|해 ④| 휘트스톤 브리지 회로 평형상태
$P \times R = Q \times X$
∴ $X = \frac{P \times R}{Q} = \frac{100 \times 40}{10} = 400$ [Ω]

□□□ 06②③,11①,12④,23②

40 다음 전압과 전류의 위상차는 어떻게 되는가?

$$v = \sqrt{2}V\sin\left(wt - \frac{\pi}{3}\right) [V]$$
$$i = \sqrt{2}I\sin\left(wt - \frac{\pi}{6}\right) [A]$$

① 전류가 π/3만큼 앞선다.
② 전압이 π/3만큼 앞선다.
③ 전압이 π/6만큼 앞선다.
④ 전류가 π/6만큼 앞선다.

|해 ④| 위상차
$\theta = \theta_v - \theta_i = \frac{\pi}{3} - \frac{\pi}{6} = \frac{\pi}{6}$
∴ 전류(i)가 전압(v)보다 $\frac{\pi}{6}$(30°)만큼 앞선다.

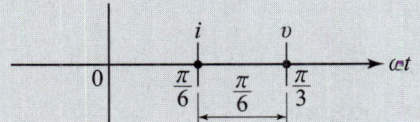

□□□ 06③④,07④,08③,12④,14④,16③,23②

41 1[kWh]는 몇 [J]인가?

① 3.6×10⁶   ② 860
③ 10³   ④ 10⁶

|해 ①|
$1[W \cdot s] = 1[J]$
• $1[kW] = 1 \times 10^3$ [W]
• $1[h] = 60 \times 60 = 3,600$ [sec]
∴ $1[kWh] = 1 \times 10^3 \times 3,600 = 3.6 \times 10^6$
$= 3.6 \times 10^6 [W \cdot sec] = 3.6 \times 10^6$ [J]

정답 37 ① 38 ③ 39 ④ 40 ④ 41 ①

□□□ 08②,12①,13①③

42 다음에서 자석의 일반적인 성질에 대한 설명으로 틀린 것은?

① N극과 S극이 있다.
② 자력선은 N극에서 나와 S극으로 향한다.
③ 자력이 강할수록 자기력선의 수가 많다.
④ 자석은 고온이 되면 자력이 증가한다.

|해 ④|
자석은 고온이 되면 자력이 감소되고 저온이 되면 자력이 증가한다.

Remember

■ 일반적인 자석의 특징
• 자석은 쇠붙이를 끌어당기는 성질이 있다.
• 자석은 남북을 가리키는 성질이 있다.
• 자석에는 N극과 S극이 있다.
• 자석의 자극으로부터 자기력선이 나온다.
• 자석의 같은 극끼리는 서로 반발하고 다른 극끼리는 끌어당긴다.
• 자석은 고온이 되면 자력이 감소되고 저온이 되면 자력이 증가된다.

□□□ 06③,10②,12④

43 다음은 정전 흡인력에 대한 설명이다. 옳은 것은?

① 정전 흡인력은 전압의 제곱에 비례한다.
② 정전 흡인력은 극판 간격에 비례한다.
③ 정전 흡인력은 극판 면적의 제곱에 비례한다.
④ 정전 흡인력은 쿨롱의 법칙으로 직접 계산한다.

|해 ①| 정전 흡인력
• 콘덴서의 두 극판 사이에서 작용하는 잡아당기는 흡인력이다.
• $F = \frac{1}{2}\epsilon E^2 = \frac{1}{2}\epsilon \frac{V^2}{d^2}$ [N/m²]
∴ 정전 흡인력(F)은 전압의 제곱(V^2)에 비례한다.

□□□ 11④,12④

44 그림과 같은 회로에서 a, b간에 E[V]의 전압을 가하여 일정하게 하고, 스위치 S를 닫았을 때의 전전류 I[A]가 닫기 전 전류의 3배가 되었다면 저항 R_X의 값은 약 몇 [Ω]인가?

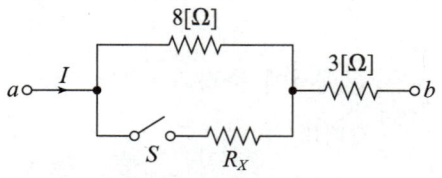

① 727[Ω]   ② 27[Ω]
③ 0.73[Ω]   ④ 0.27[Ω]

|해 ③|

전류 $I_o = \frac{E(전압)}{R(저항)}$

• S를 닫기 전의 전류
$I = \frac{E}{8+3} = \frac{E}{11}$ [A] (∵ $R = 8+3 = 11$[Ω])

• S를 닫은 후의 전류
$I = 3I_o = \frac{E}{R(병렬)} = \frac{E}{\frac{8 \times R_X}{8+R_X}+3} = 3 \times \frac{E}{11}$

(∵ 전류가 3배면 저항은 $\frac{1}{3}$이다.)

• 양변에 $\frac{1}{E}$을 곱하면
$\frac{1}{\frac{8 \times R_X}{8+R_X}+3} = \frac{3}{11}$

|참고| SOLVE 사용 ∴ $R_X = 0.73$[Ω]

□□□ 09①,10①,11③,12②,14①,21②,22②

45 100[kVA] 단상 변압기 2대를 V결선하여 3상 전력을 공급할 때의 출력은?

① 17.3[kVA]   ② 86.6[kVA]
③ 173.2[kVA]   ④ 346.8[kVA]

|해 ③| V결선의 3상 출력(단상 변압기 2대 사용)
$P_V = \sqrt{3} P_l = \sqrt{3} \times 100 = 173.2$[kVA]

□□□ 11②,12②,24①

46 $R=4[\Omega]$, $\omega L=3[\Omega]$의 직렬 회로에 $V=100\sqrt{2}\sin\omega t + 30\sqrt{2}\sin 3\omega t$ [V]의 전압을 가할 때 전력은 약 몇 [W]인가?

① 1,170[W] ② 1,563[W]
③ 1,637[W] ④ 2,116[W]

|해 ③|

전력 $P = I^2 R$

- 기본파 전류 $I_1 = \dfrac{V_1}{Z_1} = \dfrac{V_1}{\sqrt{R^2+(\omega L)^2}}$

$V_1 = \dfrac{100\sqrt{2}}{\sqrt{2}} = 100[V]$

$I_1 = \dfrac{100}{\sqrt{4^2+3^2}} = 20[A]$

- 3고조파 전류 $I_3 = \dfrac{V_3}{Z_3} = \dfrac{V_3}{\sqrt{R^2+(3\omega L)^2}}$

$V_3 = \dfrac{30\sqrt{2}}{\sqrt{2}} = 30[V]$

$I_3 = \dfrac{30}{\sqrt{4^2+(3\times 3)^2}} = 3.05[A]$

∴ 전류 $I = \sqrt{I_1^2+I_3^2} = \sqrt{20^2+(3.05)^2} = 20.23[A]$

$P = 20.23^2 \times 4 = 1,637[W]$

□□□ 12④

47 $R=6[\Omega]$, $X_C=8[\Omega]$이 직렬로 접속된 회로에 $I=10[A]$의 전류가 흐른다면 전압[V]은?

① $60+j80$ ② $60-j80$
③ $100+j150$ ④ $100-j150$

|해 ②|

- $R-C$ 직렬 회로의 합성 임피던스
$\dot{Z} = R - jX_c[\Omega]$

- $\dot{Z} = \dfrac{V}{I} \Rightarrow V = I \cdot \dot{Z}$

- 전압 $V = I(R-jX_c)$

∴ $V = 10(6-j8) = 60-j80$

□□□ 06④,03②,10③,11④,12①,12③,14④

48 각속도 $\omega=300[\text{rad/sec}]$인 사인파 교류의 주파수[Hz]는 얼마인가?

① $70/\pi$ ② $150/\pi$
③ $180/\pi$ ④ $360/\pi$

|해 ②|

각속도 $\omega = 2\pi f \rightarrow 300 = 2\pi f$

∴ 주파수 $f = \dfrac{\omega}{2\pi} = \dfrac{300}{2\times\pi} = \dfrac{150}{\pi}[Hz]$

□□□ 11④,12③,15①,16③,20①,22②

49 2[Ω]의 저항에 3[A]의 전류를 1분간 흘릴 때 이 저항에서 발생하는 열량은?

① 약 4[cal] ② 약 86[cal]
③ 약 259[cal] ④ 약 1,080[cal]

|해 ③| 줄의 법칙 : 열에너지

$H = \dfrac{I^2 Rt}{4.186} = 0.24 I^2 Rt[\text{cal}]$

$= 0.24 \times 3^2 \times 2 \times 60[\sec]$

$= 259.2[\text{cal}]$

□□□ 12③

50 1상의 $R=12[\Omega]$, $X_L=16[\Omega]$을 직렬로 접속하여 선간전압 200[V]의 대칭 3상 교류 전압을 가할 때의 역률은?

① 60[%] ② 70[%]
③ 80[%] ④ 90[%]

|해 ①| $R-L$ 직렬 회로일 때 역률

$\cos\theta = \dfrac{R}{Z} = \dfrac{R}{\sqrt{R^2+X_L^2}}$

∴ $\cos\theta = \dfrac{12}{\sqrt{12^2+16^2}} = 0.6$

∴ 60[%]

□□□ 12④,21②

51 다음 중 복소수의 값이 다른 것은?

① $-1+j$ ② $-j(1+j)$
③ $(-1-j)/j$ ④ $j(1+j)$

해②
- $-1+j = j-1$
- $-j(1+j) = -j+1$
- $\dfrac{-1-j}{j} = -\dfrac{1}{j}+1 = -1+j = j-1$
- $j(1+j) = j+j\times j = j-1$

□□□ 08③,11②,12②,13①②,14①③,15②,22①

52 220[V]용 100[W] 전구와 200[W] 전구를 직렬로 연결하여 220[V]의 전원에 연결하면?

① 두 전구의 밝기가 같다.
② 100[W]의 전구가 더 밝다.
③ 200[W]의 전구가 더 밝다.
④ 두 전구 모두 안 켜진다.

해②
직렬 연결에서 전류(I)가 일정하므로 저항(R)이 큰 쪽이 전력이 크다.
- 전력 $P = I^2 R = \dfrac{V^2}{R} \Rightarrow R = \dfrac{V^2}{P}[\Omega]$
- 저항 $R_{100} = \dfrac{220^2}{100} = 484[\Omega]$
- 저항 $R_{200} = \dfrac{220^2}{200} = 242[\Omega]$

∴ $R_{100} > R_{200}$ 이므로 100[W]의 전구가 더 밝다.

□□□ 06②,08④,10①③,11②,12③④,13③④,14①,15①,16②

53 정전 용량 C_1, C_2가 병렬 접속되어 있을 때의 합성 정전 용량은?

① $C_1 + C_2$ ② $\dfrac{1}{C_1} + \dfrac{1}{C_2}$
③ $\dfrac{C_1 C_2}{C_1 + C_2}$ ④ $\dfrac{1}{C_1 + C_2}$

해①
- 콘덴서의 병렬 접속 시 합성 정전 용량
$C_o = C_1 + C_2$
- 콘덴서의 직렬 접속
$C_o = \dfrac{1}{\dfrac{1}{C_1}+\dfrac{1}{C_2}} = \dfrac{C_1 C_2}{C_1 + C_2}$

□□□ 06③,09①,12①,13④,22②

54 다음 중 파형률을 나타내는 것은?

① 실횻값/평균값   ② 최댓값/실횻값
③ 평균값/실횻값   ④ 실횻값/최댓값

해①
파형률 : 전압의 실횻값을 평균값으로 나눈 값
- 파형률 = $\dfrac{\text{실횻값}(V)}{\text{평균값}(V_m)}$
- 파고율 = $\dfrac{\text{최댓값}}{\text{실횻값}}$

□□□ 12②,14①②

55 그림의 브리지 회로에서 평형이 되었을 때의 C_X는?

① $0.1[\mu F]$
② $0.2[\mu F]$
③ $0.3[\mu F]$
④ $0.4[\mu F]$

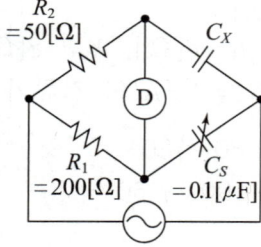

해④ 브리지 회로 평형상태
$R_1 \times \dfrac{1}{jwC_X} = R_2 \times \dfrac{1}{jwC_S}$ 에서
$\dfrac{R_1}{C_X} = \dfrac{R_2}{C_S}$
∴ $C_X = \dfrac{R_1}{R_2} \times C_S = \dfrac{200}{50} \times 0.1 = 0.4[\mu F]$

□□□ 12④

56 비정현파의 종류에 속하는 직사각형파의 전개식에서 기본파의 진폭[V]은? (단, $V_m = 20$[V], $t = 10$[ms])

① 23.47[V] ② 24.47[V]
③ 25.47[V] ④ 26.47[V]

해 ③ 직사각형파의 진폭(기본파)
$v_1 = \dfrac{4}{\pi} V_m = \dfrac{4}{\pi} \times 20 = 25.47$[V]

□□□ 06④,08②,10③,11④,12①③,14④,15④

59 $e = 100\sqrt{2}\sin\left(100\pi t - \dfrac{\pi}{3}\right)$[V]인 정현파 교류 전압의 주파수는 얼마인가?

① 50[Hz] ② 60[Hz]
③ 100[Hz] ④ 314[Hz]

해 ① 정현파 교전압의 주파수
각속도 $\omega = 2\pi f \rightarrow 100\pi = 2\pi f$
∴ 주파수 $f = \dfrac{\omega}{2\pi} = \dfrac{100\pi}{2 \times \pi} = 50$[Hz]

□□□ 06④,09①,10②④,11④,12②,13②,20①

57 어떤 전지에서 5[A]의 전류가 10분간 흘렀다면 이 전지에서 나온 전기량은?

① 0.83[C] ② 50[C]
③ 250[C] ④ 3,000[C]

해 ④
전기량 Q[C] $= I$[A]$\cdot t$[sec]
• $t = 10$분 $\times 60 = 600$초
∴ $Q = 5 \times 600 = 3,000$[C]

□□□ 09④,12①②,15④

60 진공 중에서 같은 크기의 두 자극을 1[m] 거리에 놓았을 때, 그 작용하는 힘은? (단, 자극의 세기는 1[Wb]이다.)

① 6.33×10^4[N] ② 8.33×10^4[N]
③ 9.33×10^5[N] ④ 9.09×10^9[N]

해 ① 자기에 관한 쿨롱의 법칙
$F = 6.33 \times 10^4 \times \dfrac{m_1 \cdot m_2}{r^2} = 6.33 \times 10^4 \times \dfrac{1 \times 1}{1^2}$
$= 63,300 = 6.33 \times 10^4$[N]

□□□ 11③,12②,15①,22①

58 자기 인덕턴스 200[mH], 450[mH]인 두 코일의 상호 인덕턴스는 60[mH]이다. 두 코일의 결합계수는?

① 0.1 ② 0.2
③ 0.3 ④ 0.4

해 ② 상호 인덕턴스
$M = k\sqrt{L_1 L_2}$[H]에서
∴ 결합계수 $k = \dfrac{M}{\sqrt{L_1 L_2}} = \dfrac{60}{\sqrt{200 \times 450}} = 0.20$

| memo |

부록 4

문제를 보면 답이 보인다

01 전기설비
02 전기기기
03 전기이론

01 2단계 | 전기설비 스피드마스터 문제를 보면 답이 보인다

□□□ 10④,12④,13③,17④,18④,19①,20③,21④,23①

01 전등 한 개를 2개소에서 점멸하고자 할 때 옳은 배선은?

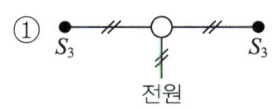
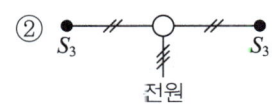
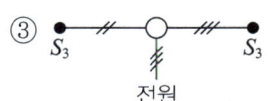
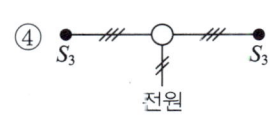

| 해 ④ | 3로 스위치(3 way switch) 배선도
1개 등을 2개소에서 점멸하기 위해서는 3로 스위치 2개가 필요하다. 전원선 외에 두 스위치를 연결하는 연락선(트래블러) 2가닥이 필요하므로, 스위치와 스위치 사이의 배관에는 최소 3가닥의 전선이 필요하다.

□□□ 13①

02 아래 그림 기호가 나타내는 것은?

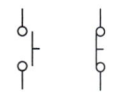

① 한시 계전기 접점
② 전자 접속기 접점
③ 수동 조작 접점
④ 조작 개폐기 잔류 접점

| 해 ③ | 접점 기호

수동 조작 접점 (복귀형)		한시 계전기 접점 (한시 동작형)	
a접점	b접점	a접점	b접점

□□□ 09①,12③

03 다음 중 방수형 콘센트의 심벌은?

① ⊃E   ② ●
③ ⊃WP   ④ ⊃

| 해 ③ | 방수형 콘센트의 심벌
• ⊃WP
• WP(Water Proof ; 방수)

□□□ 07④

04 다음 심벌의 명칭은?

⊃

① 과전압계전기   ② 환풍기
③ 콘센트   ④ 룸에어콘

| 해 ③ |
전기 배선용 기호 : 콘센트

□□□ 14②

05 전기 배선용 도면을 작성할 때 사용하는 콘센트 도면 기호는?

① ⊃   ② ●
③ ○   ④ ▢

| 해 ① | 전기 배선용 기초
① : 콘센트 기호
② : 점멸기 기호
③ : 백열등 기호
④ : 점검구 기호

정답 01 ④ 02 ③ 03 ③ 04 ③ 05 ①

□□□ 13④

06 아래 심벌이 나타내는 것은?

① 저항
② 진상용 콘덴서
③ 유입 개폐기
④ 변압기

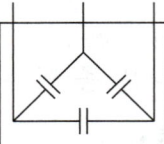

| 해② | 진상용 콘덴서의 복선도 심볼

□□□ 기 14④, 20④

07 아래의 그림 기호가 나타내는 것은?

① 비상 콘센트
② 형광등
③ 점멸기
④ 접지저항 측정용 단자

| 해① | 비상 콘센트
• 화재 시 소화활동을 용이하게 하기 위한 설비
• 그림 기호

비상 콘센트	형광등
◉◉	⌬
점멸기	접지저항 측정용 단자
●	⊗

□□□ 12②, 17③, 18③, 19④, 22②

08 다음의 심벌 명칭은 무엇인가?

① 파워퓨즈
② 단로기
③ 피뢰기
④ 고압 컷아웃 스위치

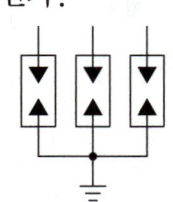

| 해③ | 피뢰기(LA)의 복선도
이상전압 발생 시 대지로 방전하여 설비를 보호하는 기기를 표시하는 심벌

□□□ 06①, 08④, 20③

09 교류 전등 공사에서 금속관 내에 전선을 넣어 연결한 방법 중 옳은 것은?

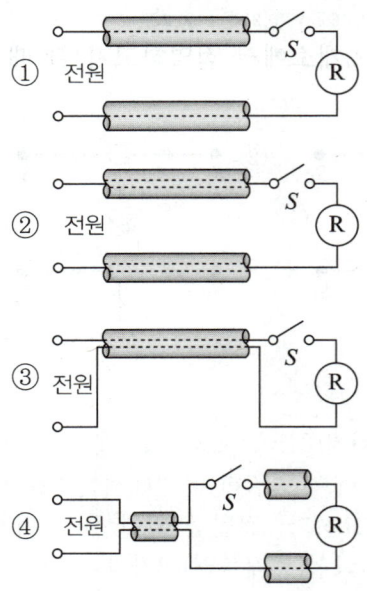

| 해③ | 교류 금속관 공사
전자적 불평형을 방지하기 위해 반드시 왕복선을 1개의 금속관 내에 넣어 전선관의 과열을 막아야 한다.

□□□ 10②, 20③

10 다음 중 교류 차단기의 단선도 심벌은?

| 해① | 차단기와 개폐기의 심벌
① 교류 차단기의 단선도 심벌
② 교류 차단기의 복선도 심벌
③ 유입 개폐기의 단선도 심벌
④ 유입 개폐기의 복선도 심벌

정답 06 ② 07 ① 08 ③ 09 ③ 10 ①

□□□ 99,01,05,06④,07②,08③,09①,09③,16⑤,19①
11 다음 그림 기호의 명칭은?

―――――

① 천장 은폐 배선   ② 바닥 은폐 배선
③ 노출 배선   ④ 바닥면 노출 배선

| 해 ① | 천장은폐 배선
―――――

□□□ 07③,14④,18④
12 배선용 차단기의 심벌은?

① B   ② E
③ BE   ④ S

| 해 ① | 배선용 차단기
그림 기호 : B

□□□ 13②,23④
13 그림의 전자 계전기 구조는 어떤 형의 계전기인가?

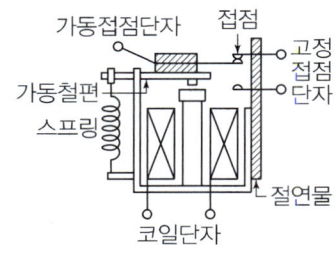

① 힌지형   ② 플런저형
③ 가동코일형   ④ 스프링형

| 해 ① | 힌지형(hinge type) 전자 계전기
코일에 흐르는 전류에 의해 발생한 자계에 의해 고정철심 및 가동철심이 자화되어 그 상호간에 흡인력이 생기며, 이 흡인력이 스프링의 반발력보다 커지면 동작한다.

□□□ 12④,16③
14 배전반을 나타내는 그림 기호는?

①   ②
③   ④ S

| 해 ② |
① 분전반   ② 배전반
③ 제어반   ④ 스위치

□□□ 14④,19②,20④,23④
15 아래의 그림 기호가 나타내는 것은?

① 비상 콘센트   ② 형광등
③ 점멸기   ④ 접지저항 측정용 단자

| 해 ① | 비상 콘센트
• 화재 시 소화활동을 용이하게 하기 위한 설비
• 비상 콘센트의 심벌

□□□ 15①,17③,22①,24①
16 실링·직접부착등을 시설하고자 한다. 배선도에 표기할 그림 기호로 옳은 것은?

① N   ②
③ CL   ④ R

| 해 ③ | 일반용 조명 : 실링·직접부착
• 그림 기호 : CL
• 실링·직접부착등은 천장에 직접 부착하는 조명

정답 11 ① 12 ① 13 ① 14 ② 15 ① 16 ③

02 2단계 | 전기기기 스피드마스터 — 문제를 보면 답이 보인다

□□□ 07④, 09③, 11③④

01 직류 발전기에서 유기기전력 E를 바르게 나타낸 것은? (단, 자속은 ϕ, 회전속도는 N이다.)

① $E \propto \phi N$ ② $E \propto \phi N^2$
③ $E \propto \dfrac{\phi}{N}$ ④ $E \propto \dfrac{N}{\phi}$

| 해 ① |

유기기전력 $E = \dfrac{PZ}{60a}\phi N$, $E \propto \phi N$

유기기전력 E는 자속 ϕ과 회전속도 N에 비례

□□□ 06②④, 08①③, 10①, 14②, 19①

02 다음 중 토크(회전력)의 단위는?

① [rpm] ② [W]
③ [N·m] ④ [N]

| 해 ③ | 직류 전동기의 토크(회전력)

$T = 0.975 \dfrac{P}{N}$ [kg·m]

$= 9.55 \dfrac{P}{N}$ [N·m]

□□□ 07③, 10②, 16②, 17③, 23②

03 전기 기계의 효율 중 발전기의 규약 효율 η_G는? (단, 입력 P, 출력 Q, 손실 L로 표현한다.)

① $\eta_G = \dfrac{P-L}{P} \times 100$ ② $\eta_G = \dfrac{P-L}{P+L} \times 100$
③ $\eta_G = \dfrac{Q}{P} \times 100$ ④ $\eta_G = \dfrac{Q}{Q+L} \times 100$

| 해 ④ | 발전기의 규약 효율

$\eta_G = \dfrac{출력}{출력 + 손실} \times 100 = \dfrac{Q}{Q+L} \times 100$

□□□ 07③, 10②, 15②, 16②, 19①, 21②, 24②

04 직류 전동기의 규약 효율을 표시하는 식은?

① $\dfrac{출력}{출력 + 손실} \times 100$ [%]
② $\dfrac{출력}{입력} \times 100$ [%]
③ $\dfrac{입력 - 손실}{입력} \times 100$ [%]
④ $\dfrac{입력}{출력 + 손실} \times 100$ [%]

| 해 ③ |

• 직류 전동기의 규약 효율
$\eta_M = \dfrac{입력 - 손실}{입력} \times 100$ [%]

• 직류 발전기의 규약 효율
$\eta_G = \dfrac{출력}{출력 + 손실} \times 100$ [%]

□□□ 02, 16③

05 3상 유도 전동기의 정격 전압을 V_n[V], 출력을 P[kW], 1차 전류를 I_1[A], 역률을 $\cos\theta$라 하면 효율을 나타내는 식은?

① $\dfrac{P \times 10^3}{3 V_n I_1 \cos\theta} \times 100$ [%]
② $\dfrac{3 V_n I_1 \cos\theta}{P \times 10^3} \times 100$ [%]
③ $\dfrac{P \times 10^3}{\sqrt{3}\, V_n I_1 \cos\theta} \times 100$ [%]
④ $\dfrac{\sqrt{3}\, V_n I_1 \cos\theta}{P \times 10^3} \times 100$ [%]

| 해 ③ |

출력 $P = \sqrt{3}\, V_n I \cos\theta\, \eta$

∴ 효율 $\eta = \dfrac{P \times 10^3}{\sqrt{3}\, V_n I \cos\theta} \times 100$

정답 01 ① 02 ③ 03 ④ 04 ③ 05 ③

□□□ 09④, 11③

06 비돌극형 동기 발전기의 단자 전압(1상)을 V, 유도기전력(1상)을 E, 동기 리액턴스 X_S, 부하각을 δ라고 하면, 1상의 출력(W)은? (단, 전기자 저항 등은 무시한다.)

① $\dfrac{EV}{X_S}\sin\delta$ ② $\dfrac{E^2}{2X_S}\cos\delta$

③ $\dfrac{EV}{X_S}\cos\delta$ ④ $\dfrac{E^2}{2X_S}\sin\delta$

|해①| 동기 발전기 1상의 출력
$P=\dfrac{VE}{X_S}\sin\delta\,[\text{W}]$
V : 단자 전압, E : 유기기전력(유도기전력)
X_S : 동기 리액턴스, δ : 부하각

□□□ 07①, 12①, 14②, 16①, 19①

07 변압기의 규약 효율은?

① $\dfrac{출력}{입력}$ ② $\dfrac{출력}{입력-손실}$

③ $\dfrac{출력}{출력+손실}$ ④ $\dfrac{입력+손실}{입력}$

|해③| 변압기의 규약 효율
$\eta=\dfrac{출력}{출력+전체\ 손실}\times 100$

□□□ 14④

08 변압기의 정격 출력으로 맞는 것은?

① 정격 1차 전압 × 정격 1차 전류
② 정격 1차 전압 × 정격 2차 전류
③ 정격 2차 전압 × 정격 1차 전류
④ 정격 2차 전압 × 정격 2차 전류

|해④| 변압기의 정격 출력(용량)
= 정격 2차 전압(V_{2n}) × 정격 2차 전류(I_{2n})

□□□ 11③, 20②, 21③

09 동기발전기의 무부하포화곡선을 나타낸 것이다. 포화계수에 해당하는 것은?

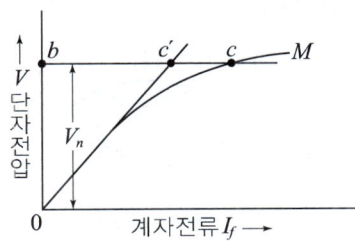

① $\dfrac{ob}{oc}$ ② $\dfrac{bc'}{bc}$

③ $\dfrac{cc'}{bc'}$ ④ $\dfrac{cc'}{bc}$

|해③| 무부하 포화곡선의 포화계수(σ)
• 계자전류에 비례해서 단자전압이 증가하는 구간(bc')에 대한 단자전압의 상승이 급격히 둔화되는 구간(cc')의 비무부하 포화곡선의 포화계수(σ)
• 계자전류에 비례해서 단자전압이 증가하는 구간(bc')에 대한 단자전압의 상승이 급격히 둔화되는 구간(cc')의 비
즉, $\sigma=\dfrac{cc'}{bc'}$

□□□ 14③

10 3상 동기 전동기의 출력(P)을 부하각으로 나타낸 것은? (단, V는 1상 단자 전압, E는 유기전력, X_s는 동기 리액턴스, δ는 부하각이다.)

① $P=3VE\sin\delta\,[\text{W}]$
② $P=\dfrac{3VE\sin\delta}{X_s}\,[\text{W}]$
③ $P=\dfrac{3VE\cos\delta}{X_s}\,[\text{W}]$
④ $P=3VE\cos\delta\,[\text{W}]$

|해②| 3상 동기 전동기의 출력
$P=\dfrac{3VE\sin\delta}{X_s}\,[\text{W}]$

정답 06 ① 07 ③ 08 ④ 09 ③ 10 ②

□□□ 16③,17①,19③,20④,21④,22③

11 교류 전동기를 기동할 때 그림과 같은 기동 특성을 가지는 전동기는? (단, 곡선 (1)~(5)는 기동 단계에 대한 토크 특성 곡선이다.)

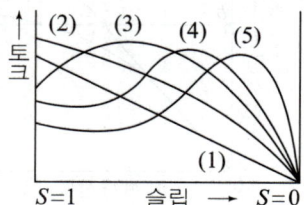

① 반발 유도 전동기
② 2중 농형 유도 전동기
③ 3상 분권 정류자 전동기
④ 3상 권선형 유도 전동기

| 해④ | 3상 권선형 유도 전동기의 속도-토크 특성
권선형 회전자를 이용하는 유도 전동기는 비례 추이의 원리를 이용하여 기동 시에 큰 토크를 얻고, 기동 전류도 안전하게 억제할 수 있다.

□□□ 07①,12①,14②,16①,18②

12 정격 2차 전압 및 정격 주파수에 대한 출력[kW]과 전체 손실[kW]이, 주어졌을 때 변압기의 규약 효율을 나타내는 식은?

① $\dfrac{입력[kW]}{입력[kW] - 전체\ 손실[kW]} \times 100[\%]$

② $\dfrac{출력[kW]}{출력[kW] + 전체\ 손실[kW]} \times 100[\%]$

③ $\dfrac{출력[kW]}{입력[kW] - 철손[kW] - 동손[kW]} \times 100[\%]$

④ $\dfrac{출력[kW] - 철손[kW] - 동손[kW]}{입력[kW]} \times 100[\%]$

| 해② | 변압기의 규약 효율
$\eta = \dfrac{출력[kW]}{출력[kW] + 전체\ 손실[kW]} \times 100[\%]$
$= \dfrac{출력}{출력 + 전체\ 손실(철손 + 동손)} \times 100[\%]$

□□□ 08①,09①,13④,14③,16①,18②

13 유도 전동기의 동기속도 N_s, 회전속도 N일 때 슬립은?

① $s = \dfrac{N_s - N}{N}$ ② $s = \dfrac{N - N_s}{n}$

③ $s = \dfrac{N_s - N}{N_s}$ ④ $s = \dfrac{N_s + N}{N_s}$

| 해③ |
슬립 $s = \dfrac{N_s - N}{N_s} \times 100[\%]$

□□□ 13②,18①,21①,22④

14 유도 전동기에 기계적 부하를 걸었을 때 출력에 따라 속도, 토크, 효율, 슬립 등이 변화를 나타낸 출력 특성 곡선에서 슬립을 나타내는 곡선은?

① 1
② 2
③ 3
④ 4

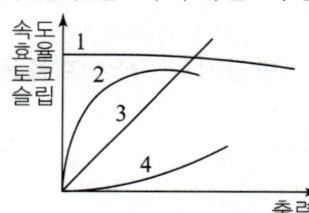

| 해④ | 유도 전동기의 출력 특성 곡선
• 속도(1), 효율(2), 토크(3), 슬립(4)

정답 11 ④ 12 ② 13 ③ 14 ④

03 2단계 | 전기이론
스피드마스터 — 문제를 보면 답이 보인다

□□□ 10①,15②,19③
01 1[eV]는 몇 [J]인가?

① 1
② 1×10^{-10}
③ 1.16×10^4
④ 1.602×10^{-19}

> 해 ④ 전자볼트(electron Volt ; 1[eV])
> · $1[J] = 6.25 \times 10^{18} [eV]$
> ∴ $1[eV] = \dfrac{1}{6.25 \times 10^{18}} = 1.60 \times 10^{-19} [J]$

□□□ 11③,14②,19①
02 진공 중의 두 점전하 $Q_1[C]$, $Q_2[C]$가 거리 $r[m]$ 사이에서 작용하는 정전력[N]의 크기를 옳게 나타낸 것은?

① $9 \times 10^9 \times \dfrac{Q_1 Q_2}{r^2}$
② $6.33 \times 10^4 \times \dfrac{Q_1 Q_2}{r^2}$
③ $9 \times 10^9 \times \dfrac{Q_1 Q_2}{r}$
④ $6.33 \times 10^4 \times \dfrac{Q_1 Q_2}{r}$

> 해 ① 쿨롱의 법칙(정전력)
> $F = \dfrac{1}{4\pi\epsilon_0} \times \dfrac{Q_1 Q_2}{r^2} = 9 \times 10^9 \times \dfrac{Q_1 Q_2}{r^2} [N]$

□□□ 96,05,06①,08①,20①
03 유전율 ϵ의 유전체 내에 있는 전하 $Q[C]$에서 나오는 전기력선 수는?

① Q
② $\dfrac{Q}{\epsilon_o}$
③ $\dfrac{Q}{\epsilon}$
④ $\dfrac{Q}{\epsilon_s}$

> 해 ③ 가우스의 법칙(Gauss's law)
> 전기력선의 수 $N = \dfrac{전하(Q)}{유전율(\epsilon)}$

□□□ 07②,13④,15①
04 전기장의 세기 단위로 옳은 것은?

① [H/m]
② [F/m]
③ [AT/m]
④ [V/m]

> 해 ④ 전기장의 세기
> $E = \dfrac{V}{d} [V/m] = \dfrac{F}{Q} [N/C]$
> 전기장의 세기에 대한 단위거리당 전압을 의미 [V/m]한다.

□□□ 10③,23②
05 진공 중에서 비유전율 ϵ_r의 값은?

① 1
② 6.33×10^4
③ 8.855×10^{-12}
④ 9×10^9

> 해 ①
> · 진공의 비유전율 $\epsilon_r = 1$
> · 진공의 유전율 $\epsilon_o = 8.854 \times 10^{-12} [F/m]$

□□□ 10④,22②
06 정전용량(electrostatic capacity)의 단위를 나타낸 것으로 틀린 것은?

① $1[pF] = 10^{-12}[F]$
② $1[nF] = 10^{-7}[F]$
③ $1[\mu F] = 10^{-6}[F]$
④ $1[mF] = 10^{-3}[F]$

> 해 ②
> 정전용량
> $C = \dfrac{Q}{V} [F]$
> · 정전용량 : 단위[패럿 F]
> $1[F] = 10^3[mF] = 10^6[\mu F] = 10^9[nF] = 10^{12}[pF]$

정답 01 ④ 02 ① 03 ③ 04 ④ 05 ① 06 ②

□□□ 06②,08④,10①③,11②,12③④,13③④,14①,15①,16②,23①

07 정전용량 C_1, C_2를 병렬로 접속하였을 때의 합성 정전용량은?

① $C_1 + C_2$
② $\dfrac{1}{C_1 + C_2}$
③ $\dfrac{1}{C_1} + \dfrac{1}{C_2}$
④ $\dfrac{C_1 C_2}{C_1 + C_2}$

| 해① | 합성 정전용량
- 콘덴서의 병렬 접속 시
  $C_o = C_1 + C_2$
- 콘덴서의 직렬 접속 시
  $C_o = \dfrac{1}{\dfrac{1}{C_1} + \dfrac{1}{C_2}} = \dfrac{C_1 C_2}{C_1 + C_2}$

□□□ 08②

08 유전율의 단위는?

① [F/m]
② [V/m]
③ [C/m²]
④ [H/m]

| 해① | 유전율
- $\epsilon_o = 8.854 \times 10^{-12}$ [F/m]
- 유전율의 단위 : [F/m]

□□□ 09④,11④,22①

09 표면 전하밀도 σ[C/m²]로 대전된 도체 내부의 전속밀도는 몇 [C/m²]인가?

① ϵ_o
② 0
③ σ
④ E/ϵ_o

| 해② | 전기력선
대전된 도체 내부에 존재하지 않는다. 따라서 도체 내부에서는 전계(E)가 0이다.
∴ 도체 내부의 전속밀도 $D = \epsilon_o E = 0$이다.

□□□ 07④,08④,09②,12①,15②

10 Q[C]의 전기량이 도체를 이동하면서 한 일을 W[J]이라 했을 때 전위차 V[V]를 나타내는 관계식으로 옳은 것은?

① $V = QW$
② $V = W/Q$
③ $V = Q/W$
④ $V = 1/(QW)$

| 해② |
$W = Q \cdot V$ [J]
∴ $V = \dfrac{W}{Q}$ [V]

□□□ 16③

11 공기 중에서 m[Wb]의 자극으로부터 나오는 자속수는?

① m
② $\mu_o m$
③ $1/m$
④ m/μ_o

| 해① |
- 공기 중에서 m[Wb]의 자극으로 나오는 자속수
  : $\phi = m$ [Wb]

□□□ 06③,07①,08①④,10④,11①③,12③,13④,15②,16②,22①

12 자기 회로의 길이 l[m], 단면적 A[m²], 투자율 μ[H/m]일 때 자기 저항 R[AT/Wb]을 나타내는 것은?

① $R = \dfrac{\mu l}{A}$ [AT/Wb]
② $R = \dfrac{A}{\mu l}$ [AT/Wb]
③ $R = \dfrac{\mu A}{l}$ [AT/Wb]
④ $R = \dfrac{l}{\mu A}$ [AT/Wb]

| 해④ |
자기 저항 $R = \dfrac{l}{\mu A}$ [AT/Wb]

정답 07 ① 08 ① 09 ② 10 ② 11 ① 12 ④

☐☐☐ 09④,12①②,15④,19②,21①

13 진공 중에 두 자극 m_1, m_2를 r[m]의 거리에 놓았을 때 작용하는 힘 F의 식으로 옳은 것은?

① $F = \dfrac{1}{4\pi\mu_o} \times \dfrac{m_1 m_2}{r}$ [N]

② $F = \dfrac{1}{4\pi\mu_o} \times \dfrac{m_1 m_2}{r^2}$ [N]

③ $F = 4\pi\mu_o \times \dfrac{m_1 m_2}{r}$ [N]

④ $F = 4\pi\mu_o \times \dfrac{m_1 m_2}{r^2}$ [N]

|해②| 자기에 관한 쿨롱의 법칙

$$F = \dfrac{1}{4\pi\mu_o} \dfrac{m_1 \cdot m_2}{r^2}[\text{N}] = 6.33 \times 10^4 \dfrac{m_1 \cdot m_2}{r^2}$$

- 진공의 투자율 $\mu_o = 4\pi \times 10^{-7}$[H/m]

☐☐☐ 06,09③,10②,12①

14 다음 중 전력량 1[J]과 같은 것은?

① 1[cal]   ② 1[W·s]
③ 1[kg·m]   ④ 1[N·m]

|해②| 전력량
$$W = P[\text{W}] \cdot t[\sec] = P \cdot t[\text{W} \cdot \sec] = P \cdot t[\text{J}]$$

☐☐☐ 06④,08②,10④,12③,13③,24②

15 자화력(자기장의 세기)을 표시하는 식과 관계가 되는 것은?

① NI ② $\mu I l$
③ $\dfrac{NI}{\mu}$ ④ $\dfrac{NI}{l}$

|해④| 자화력(자기장의 세기)

$$H = \dfrac{\text{코일의 감긴 수} \times \text{전류}}{\text{자기회로의 평균 깊이}} = \dfrac{N \times I}{l}[\text{AT/m}]$$

☐☐☐ 99,05,06③,07③,09②③④,11①,13②,16②

16 반지름 r, 권수 N인 원형 코일에 전류 I[A]가 흐를 때 그 중심의 자장의 세기의 식은?

① $\dfrac{N \cdot I}{2r}$ ② $\dfrac{I}{N}$

③ $\dfrac{N \cdot I}{4r}$ ④ $\dfrac{N \cdot I}{2}\pi r$

|해①| 원형코일 중심의 자장(자계)의 크기

$$H = \dfrac{N \cdot I}{2r}[\text{AT/m}]$$

r : 도체와 중심거리(원형 코일의 반경)[m]

☐☐☐ 07③,11③,12④

17 저항 R_1, R_2의 병렬회로에서 R_2에 흐르는 전류가 I일 때 전 전류는?

① $\dfrac{R_1 + R_2}{R_1}I$ ② $\dfrac{R_1 + R_2}{R_2}I$

③ $\dfrac{R_1}{R_1 + R_2}I$ ④ $\dfrac{R_2}{R_1 + R_2}I$

|해①|

전류는 저항에 반비례한다.

$$I = \dfrac{R_1}{R_1 + R_2}I_{\text{전전류}}$$

$$\therefore I_{\text{전전류}} = \dfrac{R_1 + R_2}{R_1}I$$

☐☐☐ 98,99,04,10②,11①,16①

18 1[Ω·m]는?

① 10^3[Ω·cm]   ② 10^6[Ω·cm]
③ 10^3[Ω·mm²/m]   ④ 10^6[Ω·mm²/m]

|해④|

- 1[Ω·m] = 10^2[Ω·cm] = 10^3[Ω·mm]
- 1[Ω·m] = 1[Ω·m²/m] = 10^6[Ω·mm²/m]

$\therefore$ 1[m] = 10^3[mm], 1[m²] = 10^6[mm²]

정답 13 ② 14 ② 15 ④ 16 ① 17 ① 18 ④

□□□ 09②,14③

19 다음 중 전도율을 나타내는 단위는?

① $[\Omega]$ ② $[\Omega \cdot m]$
③ $[\mho \cdot m](\text{모} \cdot m)$ ④ $[\mho/m](\text{모}/m)$

해④ 전도율(전도도 ; conductivity)
- 전도율 $\sigma = \dfrac{1}{\rho[\Omega \cdot m]} = \dfrac{1}{\rho}[\mho/m]$
- 고유저항 : $\rho[\Omega \cdot m]$
- 전도율의 단위 : $[\mho \cdot m]$

□□□ 11②,12③,13④,15②,21④

20 단면적 $A[m^2]$, 자로의 길이 $l[m]$, 투자율 μ, 권수 N회인 환상 철심의 자체 인덕턴스[H]는?

① $\dfrac{\mu A N^2}{l}$ ② $\dfrac{A l N^2}{4\pi \mu}$
③ $\dfrac{4\pi A N^2}{l}$ ④ $\dfrac{\mu l N^2}{A}$

해① 자체 인덕턴스
$L = \dfrac{N\phi}{I} = \dfrac{NNI}{IR_m} = \dfrac{N^2}{R_m} = \dfrac{N^2}{\dfrac{l}{\mu A}} = \dfrac{\mu A N^2}{l}[H]$

□□□ 02,11①,13②,14④,21②

21 [VA]는 무엇의 단위인가?

① 피상 전력 ② 무효 전력
③ 유효 전력 ④ 역률

해① 피상 전력(P_a)
- 피상 전력의 단위 : [볼트암페어 ; VA]
- 교류의 부하나 전원의 용량을 나타내는 데 사용하는 값
- 피상 전력으로 용량을 표시하는 기기 : 변압기, 인버터

□□□ 01,05,06①,08④

22 고유저항 ρ의 단위로 맞는 것은?

① $[\Omega]$ ② $[\Omega \cdot m]$
③ $[AT/Wb]$ ④ $[\Omega^{-1}]$

해②
도체의 저항 : $R = \rho \dfrac{l}{A}[\Omega]$
∴ 고유저항 $\rho = R[\Omega] \dfrac{A[m^2]}{l[m]} = R\dfrac{A}{l}[\Omega \cdot m]$

□□□ 03③,05①,06④,11③,15④

23 $R-L-C$ 병렬 공진회로에서 공진주파수는?

① $\dfrac{1}{\pi\sqrt{LC}}$ ② $\dfrac{1}{\sqrt{LC}}$
③ $\dfrac{2\pi}{\sqrt{LC}}$ ④ $\dfrac{1}{2\pi\sqrt{LC}}$

해④
- $R-L-C$ 병렬 공진회로 공진주파수
  $f_o = \dfrac{1}{2\pi}\sqrt{\dfrac{1}{LC} - \dfrac{R^2}{L^2}}[Hz]$
- $wL = \dfrac{1}{wC}$ 일 때
  공진주파수 $f_o = \dfrac{1}{2\pi\sqrt{LC}}[Hz]$

□□□ 06①,07③,10②,11①,12①②,15④,16①

24 $L[H]$의 코일에 $I[A]$의 전류가 흐를 때 저축되는 에너지[J]를 나타내는 것은?

① $\dfrac{1}{2}LI$ ② LI^2
③ LI ④ $\dfrac{1}{2}LI^2$

해④ 자기 인덕턴스의 축적에너지
$W = \dfrac{1}{2}LI^2[J]$
여기서, L : 자기 인덕턴스, I : 전류

정답 19 ④ 20 ① 21 ① 22 ② 23 ④ 24 ④

☐☐☐ 07③,12①,14①④

25 2개의 저항 R_1, R_2를 병렬 접속하면 합성저항 [Ω]은?

① $\dfrac{1}{R_1+R_2}$ ② $\dfrac{R_1}{R_1+R_2}$

③ $\dfrac{R_1 \times R_2}{R_1+R_2}$ ④ $\dfrac{R_2}{R_1+R_2}$

|해③| 병렬 연결의 합성저항

$$\therefore R_o = \dfrac{곱}{합} = \dfrac{R_1 \times R_2}{R_1+R_2}$$

☐☐☐ 06③④,07④,08③,12④,14④,16③

26 전력량 1[Wh]와 그 의미가 같은 것은?

① 1[C] ② 1[J]

③ 3,600[C] ④ 3,600[J]

|해④|

전력량 1[W·h]
- 1[h](시간) = 60[m](분) × 60[s](초) = 3,600[s]
- $\therefore$ 1[W·h] = 1[W] × 3,600[sec]
  = 3,600[W·s] = 3,600[J]

☐☐☐ 13①,23②

27 $R-L-C$ 직렬회로에서 전압과 전류가 동상이 되기 위한 조건은?

① $L=C$ ② $\omega LC=1$

③ $\omega^2 LC=1$ ④ $(\omega LC)^2=1$

|해③| 동상의 조건 = 공진조건

$\omega L = \dfrac{1}{\omega C} \Rightarrow (\omega L) \times (\omega C) = 1$

$\therefore \omega^2 LC = 1$

☐☐☐ 10②,12①

28 전력량의 단위는?

① [C] ② [W]

③ [W·s] ④ [Ah]

|해③|
- 전력량 = 전력 × 시간
  $W = P[W] \times t[\sec] = W \cdot t[W \cdot s]$
- $1[W \cdot s] = 1[J]$

☐☐☐ 07③,09②

29 1[cal]는 약 몇 [J]인가?

① 0.24 ② 0.4186

③ 2.4 ④ 4.186

|해④| 환산방법
- $1[cal] = 4.186[J] \approx 4.2[J]$
- $1[J] = \dfrac{1}{4.184} = 0.239[cal]$

☐☐☐ 03②,05①,09④

30 $R-L$ 직렬회로에서 전압과 전류의 위상차 $\tan\theta$는?

① $\dfrac{L}{R}$ ② ωRL

③ $\dfrac{\omega L}{R}$ ④ $\dfrac{R}{\omega L}$

|해③| $R-L$ 직렬회로에서 전압과 전류의 위상차

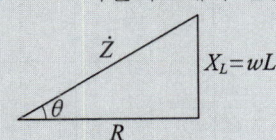

- $\tan\theta = \dfrac{X_L}{R} = \dfrac{\omega L}{R}$
- 위상차 $\theta = \tan^{-1}\left(\dfrac{X_L}{R}\right) = \tan^{-1}\left(\dfrac{\omega L}{R}\right)$

□□□ 04, 06③, 07①, 08①④, 10④, 11①③, 12③, 13④, 16②, 19①, 21①

31 자기 저항의 단위는?

① [AT/m]　　　　② [Wb/AT]
③ [AT/Wb]　　　④ [Ω/AT]

| 해 ③ |
자기 저항 : 자속(ϕ)의 흐름을 방해
$R_m[\text{AT/Wb}] = \dfrac{\text{기자력 } F[\text{AT}]}{\text{자속 } \phi[\text{Wb}]} = \dfrac{l}{\mu A}[\text{AT/Wb}]$

□□□ 06④, 09①, 10②, 11④, 12②, 13②

32 1[AH]는 몇 [C]인가?

① 7,200　　　　② 3,600
③ 1,200　　　　④ 60

| 해 ② |
[Ah] = 전류[A] × 시간[h]
전기량 $Q[\text{C}] = A[\text{A}] \cdot t[\text{sec}]$
∴ $Q = 1 \times 60 \times 60 = 3,600[\text{C}]$

□□□ 06②, 16①, 19①

33 파고율, 파형률이 모두 1인 파형은?

① 사인파　　　　② 고조파
③ 구형파　　　　④ 삼각파

| 해 ③ | 구형파(직사각형파)

파형	실횻값	평균값	파고율	파형률
(구형파 그림)	V_m	V_m	1	1

• 파고율 = $\dfrac{\text{최댓값}(V_m)}{\text{실횻값}(V)}$
• 파형률 = $\dfrac{\text{실횻값}(V)}{\text{평균값}(V_m)}$
• 구형파는 파고율, 파형률이 모두 1이다.

□□□ 07①④, 10③④, 18①, 21②

34 $R-L$ 직렬회로의 시정수 t[s]는?

① $\dfrac{R}{L}$[s]　　　　② $\dfrac{L}{R}$[s]
③ RL[s]　　　　　④ $\dfrac{1}{RL}$[s]

| 해 ② | $R-L$ 직렬회로의 시정수
$\tau = \dfrac{L(\text{인덕터})}{R(\text{저항})}$[s]

□□□ 14①, 22①

35 $\dfrac{\pi}{6}$[rad]는 몇 도인가?

① 30°　　　　② 45°
③ 60°　　　　④ 90°

| 해 ① |
$\pi[\text{rad}] = 180°$
∴ $\dfrac{\pi}{6}[\text{rad}] = \dfrac{180}{6} = 30°$

□□□ 06①, 07②, 14②, 15②, 22①

36 교류 회로에서 무효 전력의 단위는?

① [W]　　　　② [VA]
③ [Var]　　　 ④ [V/m]

| 해 ③ | 교류 전력의 종류
• 유효 전력 $P = VI\cos\theta$[W]
• 무효 전력 $Q = VI\sin\theta$[Var]

정답　31 ③　32 ②　33 ③　34 ②　35 ①　36 ③

3단계

CBT / 복원문제 / 실전테스트

Pick Remember
CBT 과년도 실전 테스트

01 OMR 연습용 답안지
02 2021년 과년도 출제문제
03 2022년 과년도 출제문제
04 2023년 과년도 출제문제
05 2024년 과년도 출제문제
06 2025년 과년도 출제문제

전기기능사 연습용 OMR답안지

전기기능사 연습용 OMR답안지

전기기능사 연습용 OMR답안지

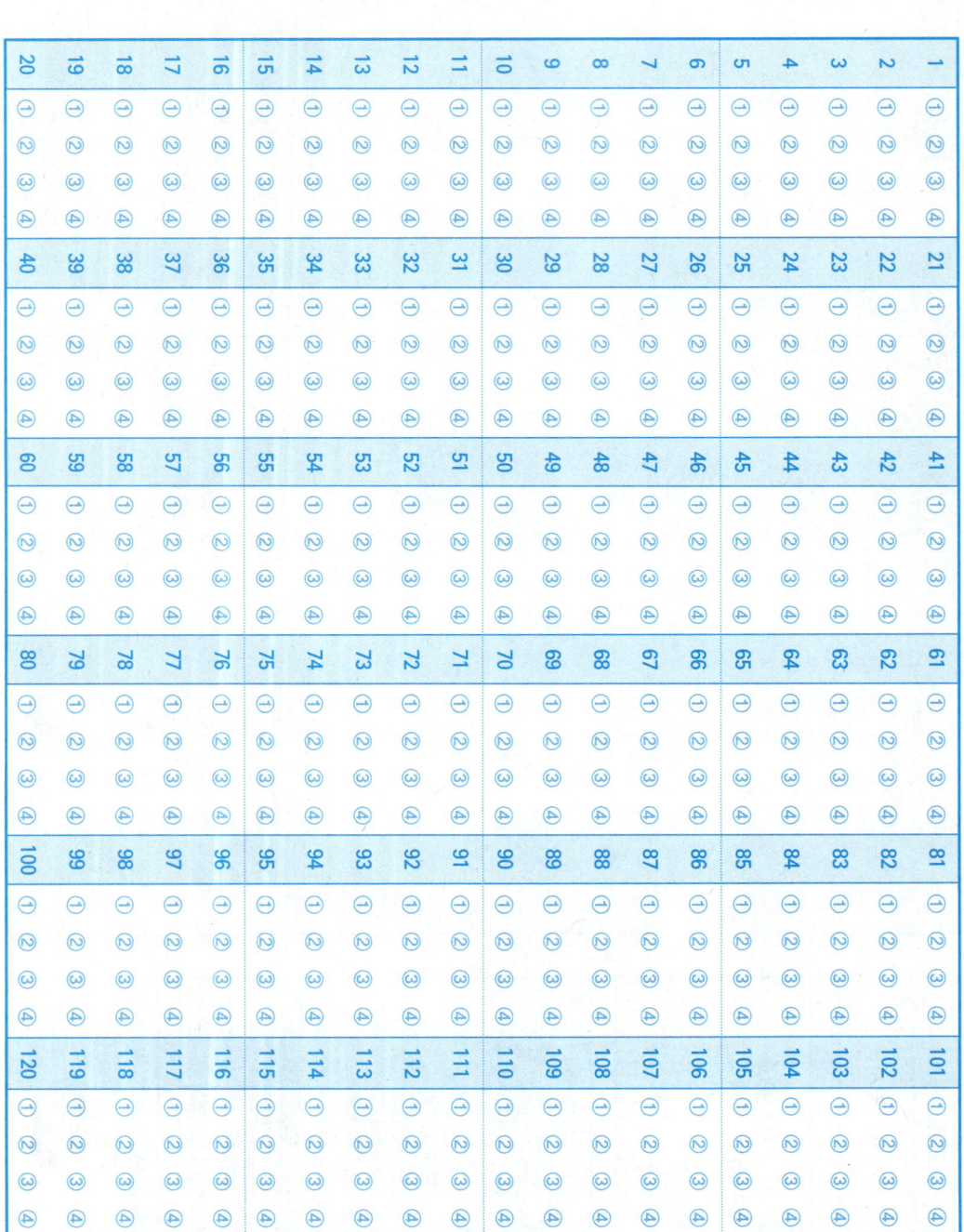

전기기능사 연습용 OMR답안지

전기기능사 연습용 OMR답안지

국가기술자격 CBT 필기시험문제

2021년도 기능사 1회 필기시험

종 목	시험시간	문제수		테스트 결과(개수)	
전기기능사	1시간	60	1회	2회	3회

전기설비

□□□ 06③,13③,14②,16③,21①
01 다음 중 금속 전선관의 호칭을 맞게 기술한 것은?

① 박강, 후강 모두 안지름으로 [mm]로 나타낸다.
② 박강은 안지름, 후강은 바깥지름으로 [mm]로 나타낸다.
③ 박강은 바깥지름, 후강은 안지름으로 [mm]로 나타낸다.
④ 박강, 후강 모두 바깥지름으로 [mm]로 나타낸다.

해 ③	금속 전선관 공사에서 사용되는 관	
종류	관의 호칭	규격[mm]
박강 전선관	홀수(바깥지름)	15, 19, 25, 31, 39, 51, 63, 75
후강 전선관	짝수(안지름)	16, 22, 28, 36, 42, 54, 70, 82, 92, 104

□□□ 09④,15④,18③,21①
02 합성 수지관 공사에서 경질 비닐 전선관의 굵기에 해당되지 않는 것은? (단, 관의 호칭을 말한다.)

① 14　　② 16
③ 18　　④ 22

| 해 ③ | 경질 비닐 전선관의 호칭
관 안지름 : 14, 16, 22, 28, 36, 42, 54, 70, 82, 100[mm]의 짝수

□□□ 07①,21①
03 조명용 전등을 관광진흥법과 공중위생법에 의한 관광 숙박업 또는 숙박업(여인숙업은 제외)에 이용되는 객실의 입구등은 최대 몇 분 이내에 소등되는 타임 스위치를 시설하여야 하는가?

① 1　　② 2
③ 3　　④ 4

해 ③	타임 스위치(센서등)의 설치	
관광 숙박업에 이용되는 객실의 입구등	1분 이내 소등
일반 주택 및 아파트 각 호실의 현관등	3분 이내 소등

□□□ 06③,12②,14①,15④,21①
04 펜치로 절단하기 힘든 굵은 전선을 절단할 때 사용하는 공구는?

① 스패너　　② 프레셔 툴
③ 파이프 바이스　　④ 클리퍼

| 해 ④ | 클리퍼(Clipper)
펜치로 절단하기 힘든 굵은 전선이나 케이블을 절단할 때 사용되는 공구

□□□ 09②,21①,23①
05 한국전기설비규정(KEC)에 의한 보호도체의 색상으로 알맞은 것은?

① 갈색　　② 검은색
③ 회색　　④ 녹색-노란색

| 해 ④ | 전선식별
보호도체의 색상은 [녹색-노란색]으로 표시하여야 한다.

정답　01 ③　02 ③　03 ③　04 ④　05 ④

□□□ 07③④,08③,09①,13②④,16①②,21①

06 셀룰로이드, 성냥, 석유류 등 기타 가연성 위험물질을 제조 또는 저장하는 장소에 시설해서는 안 되는 공사는?

① 애자 공사 ② 케이블 공사
③ 합성 수지관 공사 ④ 금속관 공사

| 해① | 위험물 등이 존재하는 장소의 공사
• 셀룰로이드·성냥·석유류 기타 타기 쉬운 위험한 물질을 제조하거나 저장하는 곳
• 금속관 공사, 합성 수지관 공사, 케이블 공사를 한다.

□□□ 10③,21①

09 수전설비의 저압 배전반은 배전반 앞에서 계측기를 판독하기 위하여 앞면과 최소 몇 [m] 이상 유지하는 것을 원칙으로 하고 있는가?

① 0.6 ② 1.2
③ 1.5 ④ 1.7

| 해③ | 수전설비의 배전반 등의 최소 유지 거리

구분	앞면 또는 조작 계측면
특고압 배전반	1.7[m]
고압 배전반	1.5[m]
저압 배전반	1.5[m]

□□□ 07④,08③,10③,13③,19②,21①

07 가스 절연 개폐기나 가스 차단기에 사용되는 가스인 SF₆의 성질이 아닌 것은?

① 같은 압력에서 공기의 2.5∼3.5배의 절연내력이 있다.
② 무색, 무취, 무해 가스이다.
③ 가스압력 3∼4[kgf/cm²]에서는 절연내력은 절연유 이상이다.
④ 소호능력은 공기보다 2.5배 정도 낮다.

| 해④ | 가스인 SF₆의 성질
소호능력은 공기보다 100배 정도 뛰어나다.

□□□ 09③,12②,14①,15④,21①

10 노출장소 또는 점검 가능한 은폐장소에서 제2종 가요 전선관을 시설하고 제거하는 것이 부자유하거나 점검 불가능한 경우의 곡률 반지름은 안지름의 몇 배 이상으로 하여야 하는가?

① 2 ② 3
③ 5 ④ 6

| 해④ | 가요 전선관 구부리기 곡선 반지름

1종 가요 전선관		관 안지름의 6배 이상
2종 가요 전선관	자유로운 경우	관 안지름의 3배 이상
	어려운 경우	관 안지름의 6배 이상

□□□ 09①,16②,21①

08 옥내배선 공사에서 절연전선의 피복을 벗길 때 사용하면 편리한 공구는?

① 드라이버 ② 플라이어
③ 압착펜치 ④ 와이어 스트리퍼

| 해④ | 와이어 스트리퍼(wire stripper)
옥내배선 공사에서 절연전선의 피복을 벗길 때 사용하면 편리한 공구

□□□ 16②,21①

11 전기설비기술기준의 판단기준에 의한 사용전압이 170[kV] 초과하는 특고압 가공전선로 철탑의 지지물 간 거리는 몇 [m] 이하로 제한하고 있는가?

① 150 ② 250
③ 500 ④ 600

| 해④ | 사용전압이 170[kV] 초과하는 전선로 철탑의 지지물 간 거리는 600[m] 이하일 것

정답 06 ① 07 ④ 08 ④ 09 ③ 10 ④ 11 ④

□□□ 07③,08①④,10②,11④,12③,13①,14②,18②,21①

12 폭발성 먼지가 있는 위험장소의 금속관 공사에 있어서 관 상호 및 관과 박스 기타의 부속품이나 풀박스 또는 전기 기계기구는 몇 턱 이상의 나사 조임으로 시공하여야 하는가?

① 2턱 ② 3턱
③ 4턱 ④ 5턱

해 ④ 5턱 이상의 나사조임으로 접속하는 방법 폭발(폭연)성 먼지가 존재하는 곳

□□□ 09④,10③,10④,15③,19②,21①

13 2개의 입력 가운데 앞서 동작한 쪽이 우선하고, 다른 쪽은 동작을 금지시키는 회로는?

① 자기유지회로 ② 한시운전회로
③ 인터록회로   ④ 비상운전회로

해 ③ 인터록(interlock)회로
• 회로에서 어떤 두 동작이 동시에 일어나지 않게 할 때 사용
• 2개의 입력 가운데 앞서 동작한 쪽이 우선하고, 다른 쪽은 동작을 금지시키는 회로

□□□ 09④,10②,12③,13③,14②,21①

14 일반적으로 저압 가공인입선이 도로를 횡단하는 경우 노면상 시설하여야 할 높이는?

① 4[m] 이상   ② 5[m] 이상
③ 6[m] 이상   ④ 6.5[m] 이상

해 ② 저압 가공인입선의 시설

도로를 횡단하는 경우	노면상 5[m] 이상
철도 또는 궤도를 횡단하는 경우	레일면상 6.5[m] 이상
횡단보도교의 위에 시설하는 경우	노면상 3[m] 이상

□□□ 08②④,09④,12②,15②③,18③,19①,21①

15 전선을 접속할 경우의 설명으로 틀린 것은?

① 접속부분의 전기저항이 증가되지 않아야 한다.
② 전선의 세기를 80[%] 이상 감소시키지 않아야 한다.
③ 접속부분은 접속기구를 사용하거나 납땜을 하여야 한다.
④ 알루미늄 전선과 구리선을 접속하는 경우, 전기적 부식이 생기지 않도록 해야 한다.

해 ② 전선 접속 시 주의점
• 접속부분의 전선의 세기(인장강도)를 20[%] 이상 감소시키지 않아야 한다.
• 접속부분의 전선의 세기(인장강도)를 80[%] 이상 유지되도록 한다.

□□□ 08②,19①,21①

16 목장의 전기울타리에 사용하는 경동선의 지름은 최소 몇 [mm] 이상이어야 하는가?

① 1.6 ② 2.0
③ 2.6 ④ 3.2

해 ② 전기울타리는 목장 논밭 등 옥외에서
• 전선은 지름 2[mm] 이상의 경동선일 것
• 전선은 인장강도 1.38[kN] 이상의 것

□□□ 07①,08③,09③,12①,14③,16②,18②,21①,23②

17 금속관 공사에서 금속 전선관의 나사를 낼 때 사용하는 공구는?

① 밴더   ② 커플링
③ 로크 너트 ④ 오스터

해 ④ 오스터(Oster)
금속관 공사에서 금속 전선관 끝에 나사를 낼 때 사용하는 공구

□□□ 08②,09③,18②,19①,21①

18 가공전선로의 지지물에 시설하는 지지선의 시설에서 맞지 않는 것은?

① 지지선의 안전율은 2.5 이상일 것
② 지지선의 허용 인장 하중의 최저는 4.31[kN]으로 할 것
③ 소선의 지름이 1.6[mm] 이상의 구리선을 사용한 것일 것
④ 지지선에 연선을 사용할 경우에는 소선 3가닥 이상의 연선일 것

> |해③| 지지선에 연선을 사용할 경우 소선의 지름이 2.6[mm] 이상의 금속선을 사용한 것일 것

□□□ 16③,21①

19 누전 차단기의 설치목적은 무엇인가?

① 단락   ② 단선
③ 지락   ④ 과부하

> |해③| 누전 차단기(ELB)의 설치 목적
> • 옥내배선 공사에서 대지 전압 150[V]를 초과하고 300[V] 이하 저압 전로의 인입구에 반드시 시설해야 하는 지락 차단장치
> • 전로에 지락(누전)이 발생했을 때 이를 감지하고, 자동적으로 회로를 차단하는 장치

□□□ 06③,13②,15②,21①

20 전등 1개를 2개소에서 점멸하고자 할 때 필요한 3로 스위치는 최소 몇 개인가?

① 1개   ② 2개
③ 3개   ④ 4개

> |해②| 3로 스위치(3 way switch)
> 1개의 전등을 서로 다른 2곳에서 자유롭게 점멸할 수 있는 3로 스위치는 2개가 필요하다.

전기기기

□□□ 15④,21①

21 직류 발전기 전기자 반작용의 영향에 대한 설명으로 틀린 것은?

① 브러시 사이에 불꽃을 발생시킨다.
② 주자속이 찌그러지거나 감소된다.
③ 전기자 전류에 의한 자속이 주자속에 영향을 준다.
④ 회전방향과 반대방향으로 자기적 중성축이 이동된다.

> |해④| 전기자 반작용에 의한 중성축의 이동
> • 직류 발전기 : 회전방향과 같은 방향으로 이동
> • 직류 전동기 : 회전방향과 반대방향으로 이동

□□□ 06④,07④,08③④,09②,11②,19①,21①

22 동기 발전기의 돌발 단락 전류를 주로 제한하는 것은?

① 누설 리액턴스   ② 역상 리액턴스
③ 동기 리액턴스   ④ 권선 저항

> |해①| 동기 발전기
>
> | 돌발 단락 전류의 제한 | 누설 리액턴스 |
> |---|---|
> | 영구 단락 전류의 제한 | 동기 리액턴스 |

□□□ 09①,12①,19②,21①

23 3상 유도 전동기의 1차 입력 60[kW], 1차 손실 1[kW], 슬립 3[%]일 때 기계적 출력[kW]은?

① 62   ② 60
③ 59   ④ 57

> |해④| 기계적 출력(2차 출력)
> $P_o = (1-s)P_2 = (1-s)(1차\ 입력 - 1차\ 손실)[kW]$
> $= (1-0.03) \times (60-1) = 57.23[kW]$

정답 18 ③ 19 ③ 20 ② 21 ④ 22 ① 23 ④

□□□ 06④, 07②, 10③, 13④, 14①, 21①

24 퍼센트 저항 강하 1.8[%] 및 퍼센트 리액턴스 강하 2[%]인 변압기가 있다. 부하의 역률이 1일 때의 전압 변동률은?

① 1.8[%]   ② 2.0[%]
③ 2.7[%]   ④ 3.8[%]

|해①| 변압기의 전압 변동률
$$\epsilon = \frac{V_{20} - V_{2n}}{V_{2n}} \times 100 = p\cos\theta \pm q\sin\theta$$
- 역률 $\cos\theta = 1$ 이면 $\theta = \cos^{-1}(1) = 0°$
  ∴ $\sin 0° = 0$
  ∴ $\epsilon = 1.8 \times 1 + 2 \times 0 = 1.8[\%]$

□□□ 07①, 08①, 13④, 21①

25 3상 변압기의 병렬 운전 시 병렬 운전이 불가능한 결선 조합은?

① $\Delta-\Delta$와 $Y-Y$ ② $\Delta-\Delta$와 $\Delta-Y$
③ $\Delta-Y$와 $\Delta-Y$ ④ $\Delta-\Delta$와 $\Delta-\Delta$

|해②| 병렬 운전 불가능 결선 방식
- $\Delta-\Delta$ 결선과 $\Delta-Y$ 결선
- $Y-Y$ 결선과 $\Delta-Y$ 결선
- 위상차가 30°만큼 발생하므로 병렬 운전을 할 수 없다.

□□□ 07③, 09①, 10④, 16②, 21①

26 동기 조상기의 계자를 부족 여자로 운전하면 어떻게 되는가?

① 콘덴서로 작용   ② 뒤진역률 보상
③ 리액터로 작용   ④ 저항손의 보상

|해③| 동기 조상기의 계자

과 여자로 운전	콘덴서(커패시터)로 작용
부족 여자로 운전	리액터로 작용

□□□ 07①④, 21①

27 동기 발전기의 권선을 분포권으로 하면 어떻게 되는가?

① 권선의 리액턴스가 커진다.
② 파형이 좋아진다.
③ 난조를 방지한다.
④ 집중권에 비하여 합성 유도기전력이 높아진다.

|해②| 동기 발전기의 권선을 분포권으로 하면
- 집중권에 비해 고조파를 제거하여 좋은 파형을 얻을 수 있다.
- 누설 리액턴스가 작다.
- 유도기전력이 집중권에 비해 적다.
- 열을 분산시켜 과열을 방지한다.

□□□ 08①, 11④, 21①

28 동기 발전기를 계통에 접속하여 병렬 운전 할 때 관계없는 것은?

① 전류   ② 전압
③ 위상   ④ 주파수

|해①| 동기 발전기에 필요한 병렬 운전 조건
- 기전력(전압)의 크기가 같을 것
- 기전력의 위상이 같을 것
- 기전력의 주파수가 같을 것
- 기전력의 파형이 같을 것

□□□ 13④, 21①

29 다음 중 제동 권선에 의한 기동 토크를 이용하여 동기 전동기를 기동시키는 방법은?

① 저주파 기동법   ② 고주파 기동법
③ 기동 전동기법   ④ 자기 기동법

|해④| 동기 전동기의 기동법
자기 기동법 : 제동 권선에 의한 기동 토크를 이용하는 방법

□□□ 06②,10④,21①

30 60[Hz], 4극, 슬립 5[%]이 유도 전동기의 회전수는?

① 1,710[rpm]　　② 1,746[rpm]
③ 1,800[rpm]　　④ 1,890[rpm]

> **해 ①**
> 슬립 $s = \dfrac{N_s - N}{N_s} \times 100$
>
> • 동기속도 $N_s = \dfrac{120f}{p} = \dfrac{120 \times 60}{4} = 1,800[\text{rpm}]$
>
> ∴ $N = N_s - \dfrac{N_s \cdot s}{100} = 1,800 - \dfrac{1,800 \times 5}{100}$
> $= 1,710[\text{rpm}]$
>
> **참고** SOLVE 사용
> • $s = \dfrac{1,800 - N}{1,800} \times 100 = 5[\%]$
> ∴ 전동기의 회전수 $N = 1,710[\text{rpm}]$

□□□ 07④,09②,10①,11②,21①

31 변압기의 부하 전류 및 전압이 일정하고 주파수만 낮아지면?

① 철손이 증가한다.　　② 구리손이 증가한다.
③ 철손이 감소한다.　　④ 구리손이 감소한다.

> **해 ①** 전압 일정 시 주파수와 철손과의 관계
>
> | 주파수 증가 | 주파수 감소 |
> |---|---|
> | • 철손 감소
• 여자 전류 감소
• 히스테리시스손 감소 | • 철손 증가
• 여자 전류 증가
• 히스테리시스손 증가 |

□□□ 08②,10④,15②,21①

32 다음 중 전기 용접기용 발전기로 가장 적당한 것은?

① 직류 분권형 발전기
② 차동 복권형 발전기
③ 가동 복권형 발전기
④ 직류 타여자식 발전기

> **해 ②** 차동 복권 발전기
> 전기 용접 시 전류가 일정하게 흘러야 하므로 부하에 관계없이 항상 일정한 전류를 흘려 주는 차동 복권 발전기가 적당하다.

□□□ 11②,21①

33 3상 전파 정류 회로에서 출력 전압의 평균 전압값은? (단, V는 선간 전압의 실횻값)

① $0.45 V$ [V]　　② $0.9 V$ [V]
③ $1.17 V$ [V]　　④ $1.35 V$ [V]

> **해 ④** 전파 정류 회로 전압
>
> | | |
> |---|---|
> | 단상 반파 | $E_o = \dfrac{\sqrt{2} E}{\pi} = 0.45 E[\text{V}]$ |
> | 단상 전파 | $E_o = \dfrac{2\sqrt{2} E}{\pi} = 0.9 E[\text{V}]$ |
> | 3상 반파 | $E_d = \dfrac{3\sqrt{6} V_P}{2\pi} = 1.17 V_P[\text{V}]$ |
> | 3상 전파 | $E_d = \dfrac{3\sqrt{2} V_l}{\pi} = 1.35 V_l[\text{V}]$ |

□□□ 07③,08③,09①,10④,12①④,15④,18②,21①

34 다음 중 농형 유도 전동기의 기동법이 아닌 것은?

① Y-Δ 기동법　　② 리액터 기동법
③ 2차 저항법　　④ 기동 보상법

> **해 ③**
> ■ 농형 유도 전동기의 기동법
> • 전전압(직입)기동법
> • Y-Δ 기동법
> • 리액터 기동법
> • 기동 보상기법
> ■ 권선형 유도 전동기의 기동법 : 2차 저항 기동법

정답 30 ① 31 ① 32 ② 33 ④ 34 ③

□□□ 09④,13②,14②,21①
35 다음 사이리스터 중 3단자 형식이 아닌 것은?

① SCR   ② GTO
③ DIAC   ④ TRIAC

| 해③ | 사이리스터의 특성 |
사이리스터	사이리스터의 특성
SCR	3단자 단방향성
GTO	3단자 단방향성
DIAC	2단자 양방향성
TRIAC	3단자 양방향성

□□□ 08④,13③,21①
36 보호를 요하는 회로의 전류가 어떤 일정한 값(정정값) 이상으로 흘렀을 때 동작하는 계전기는?

① 과전류 계전기   ② 과전압 계전기
③ 차동 계전기   ④ 비율 차동 계전기

| 해① | 과전류 계전기(OCR)
- 모터 등이 연결된 회로에서 구동 중에 과전류에 의해서 소손이 발생할 수 있을 때 과전류를 차단하는 기기
- 모터를 보호할 목적으로 설치

□□□ 07②,12①,13②,15②,16①,21①
37 전력 계통에 접속되어 있는 변압기나 장거리 송전 시 정전 용량으로 인한 충전특성 등을 보상하기 위한 기기는?

① 유도 전동기   ② 동기 전동기
③ 유도 발전기   ④ 동기 조상기

| 해④ | 동기 조상기
V곡선에서 위상 특성을 이용해서 전력 계통의 전압 조정과 역률을 개선하기 위하여 송전 계통에 접속한 무부하의 동기 전동기

□□□ 12①,15②,21①
38 직류 전동기의 속도 제어법이 아닌 것은?

① 전압 제어법   ② 계자 제어법
③ 저항 제어법   ④ 주파수 제어법

| 해④ | 직류 전동기의 속도 제어 방법
계자 제어법, 저항 제어법, 전압 제어법

□□□ 07②,09②,21①
39 변압기의 여자 전류가 일그러지는 이유는 무엇 때문인가?

① 와류(맴돌이 전류) 때문에
② 자기포화와 히스테리시스 현상 때문에
③ 누설 리액턴스 때문에
④ 선간의 정전 용량 때문에

| 해② |
변압기에는 철심의 자기포화와 히스테리시스 현상이 있기 때문에 변압기의 여자 전류가 일그러진다.

□□□ 07③,16②,21①
40 3상 교류 발전기의 기전력에 대하여 $\frac{\pi}{2}$[rad] 뒤진 전기자 전류가 흐르면 전기자 반작용은?

① 횡축 반작용으로 기전력을 증가시킨다.
② 증자작용을 하여 기전력을 증가시킨다.
③ 감자작용을 하여 기전력을 감소시킨다.
④ 교차 자화작용으로 기전력을 감소시킨다.

| 해③ | 동기(교류) 발전기의 전기자 반작용
3상 교류(동기) 발전기에 전기자 전류가 유기 기전력(무부하 전압)보다 위상이 $\frac{\pi}{2}$[rad](90°) 만큼 뒤지면 감자작용을 하여 기전력을 감소시킨다.

정답 35 ③ 36 ① 37 ④ 38 ④ 39 ② 40 ③

전기이론

□□□ 06②,10①,15①,16②,21①

41 자속밀도 2[Wb/m²]의 평등 자장 안에 길이 60[cm]의 도선을 자장과 30°의 각도로 놓고 5[A]의 전류를 흘리면 도선에 작용하는 힘은 몇 [N]인가?

① 0.1 ② 0.3
③ 1   ④ 3

해 ④ 전자력의 세기
$F = BIl\sin\theta = 2 \times 5 \times 0.60 \sin 30° = 3[N]$

□□□ 06③,07①,08①④,10④,11①③,12③,13④,16②,19①,21①

42 자기 저항의 단위는 어느 것인가?

① [H/m]   ② [AT/Wb]
③ [AT/m] ④ [Wb/m]

해 ②
자기 저항 : 자속 흐름을 방해
$R_m[AT/Wb] = \dfrac{기자력\,F[AT]}{전자속\,\phi[Wb]} = \dfrac{l}{\mu A}[AT/Wb]$

□□□ 06④,10①,21①

43 대칭 3상 교류에서 기전력 및 주파수가 같을 경우 각 상간의 위상차는 얼마인가?

① π ② $\dfrac{\pi}{2}$
③ $\dfrac{2\pi}{3}$ ④ 2π

해 ③ 대칭 3상 교류
동시에 존재하는 3상의 크기 및 주파수(f)가 서로 같고 위상차(θ)가 $\left(\dfrac{2\pi}{3}[rad] = 120°\right)$의 간격을 가진 교류

□□□ 07①,09③,21①

44 그림과 같은 회로에서 합성저항은 몇 [Ω]인가?

① 6.6
② 7.4
③ 8.7
④ 9.4

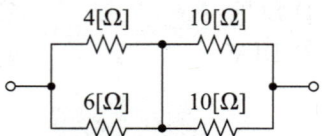

해 ②
$R = \dfrac{R_1 \cdot R_2}{R_1 + R_2} + \dfrac{R_3 \cdot R_4}{R_3 + R_4}$
$= \dfrac{4 \times 6}{4 + 6} + \dfrac{10 \times 10}{10 + 10} = 2.4 + 5 = 7.4[\Omega]$

□□□ 09①,10①,11③,12②,14①,21①

45 용량이 250[kVA]인 단상 변압기 3대를 △결선으로 운전 중 1대가 고장 나서 V결선으로 운전하는 경우 출력은 약 몇 [kVA]인가?

① 144[kVA] ② 353[kVA]
③ 433[kVA] ④ 525[kVA]

해 ③
V결선 시 3상 출력(단상 변압기 2대)
$P_V = \sqrt{3}\,P[kVA] = \sqrt{3} \times 250 = 433\,[kVA]$

□□□ 09①,21①

46 전류를 계속 흐르게 하려면 전압을 연속적으로 만들어 주는 어떤 힘이 필요하게 되는데, 이 힘을 무엇이라 하는가?

① 자기력   ② 전자력
③ 기전력   ④ 전기장

해 ③ 기전력
전류(전기 에너지)를 발생시키고 지속적으로 흐르게 하는 원인(원동력)으로써 전압과 같은 의미로 사용

정답 41 ④ 42 ② 43 ③ 44 ② 45 ③ 46 ③

□□□ 10①④,11①,14②,15②,16①②,21①

47 두 금속을 접속하여 여기에 전류를 통하면, 줄열 외에 그 접점에서 열의 발생 또는 흡수가 일어나는 현상은?

① 펠티에 효과   ② 제벡 효과
③ 홀 효과   ④ 줄 효과

[해 ①] 펠티에 효과
- 두 종류의 금속 접합부에 전류를 흘리면 전류의 방향에 따라 줄열 이외의 열의 흡수 또는 발생하는 현상
- 펠티에 효과는 전자 냉동 분야에 사용
- 제벡 효과 : 용광로 속의 온도나 기름의 온도를 측정할 때 사용

□□□ 07①②,08②,21①

48 $0.2[\mu F]$ 콘덴서와 $0.1[\mu F]$ 콘덴서를 병렬 연결하여 40[V]의 전압을 가할 때 $0.2[F]$에 축적되는 전하$[\mu C]$의 값은?

① 2   ② 4
③ 8   ④ 12

[해 ③] 축적되는 전하량
$Q = CV = 0.2[\mu F] \times 40[V] = 8[\mu C]$

□□□ 04①,06②,07②③,08④,10①,11④,13②,21①

49 히스테리시스 곡선에서 세로축과 만나는 점과 관계있는 것은?

① 보자력   ② 잔류 자기
③ 자속밀도   ④ 기자력

[해 ②] 히스테리시스 곡선에서
- 가로축(횡축)과 만나는 점은 보자력
- 세로축(종축)과 만나는 점은 잔류 자기

□□□ 13④,20②,21①

50 같은 저항 4개를 그림과 같이 연결하여 $a-b$ 간에 일정 전압을 가했을 때 소비 전력이 가장 큰 것은 어느 것인가?

①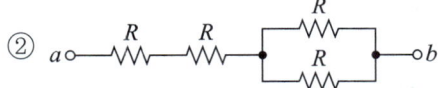

②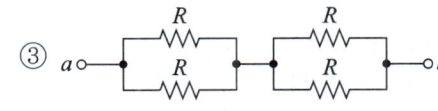

③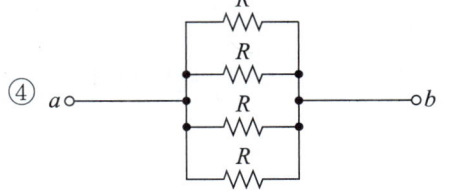

④
```
        R
    ┌──WWW──┐
    │   R   │
a ──┼──WWW──┼── b
    │   R   │
    ├──WWW──┤
    │   R   │
    └──WWW──┘
```

[해 ④] 소비 전력 $P = \dfrac{V^2}{R}$: 전압(V)은 일정, 저항(R)에 반비례

① $R+R+R+R = 4R$
② $R+R+\dfrac{RR}{R+R} = 2R+\dfrac{R}{2} = 2.5R$
③ $\dfrac{R \times R}{R+R}+\dfrac{R \times R}{R+R} = \dfrac{R}{2}+\dfrac{R}{2} = R$
④ $\dfrac{1}{\dfrac{1}{R} \times 4} = \dfrac{R}{4} = 0.25R$

∴ 저항값($0.25R$)이 가장 작은 회로

□□□ 07②,09②,12③,14④,19①,21①

51 인덕턴스 0.5[H]에 주파수가 60[Hz]이고 전압이 220[V]인 교류전압이 가해질 때 흐르는 전류는 약 몇 [A]인가?

① 0.59   ② 0.87
③ 0.97   ④ 1.17

[해 ④] 코일(인덕터)에 흐르는 전류
$I_L = \dfrac{V_L}{X_L} = \dfrac{V_L}{\omega L} = \dfrac{V_L}{2\pi f L} = \dfrac{220}{2\pi \times 60 \times 0.5} = 1.17[A]$

□□□ 06③,13③,14③,21①

52 다음 물질 중 강자성체로만 짝지어진 것은?

① 철, 니켈, 아연, 망간
② 구리, 비스무트, 코발트, 망간
③ 철, 구리, 니켈, 아연
④ 철, 니켈, 코발트

| 해 ④ | 자성체의 종류
- 반자성체는 물, 수은, 은, 납(Pb), 구리(Cu), 안티몬(Sb), 비스무트(Bi), 아연(Zn), 크롬 등
- 상자성체는 액체 산소, 공기, 백금, 주석, 알루미늄 등
- 강자성체는 철, 코발트, 니켈, 망간 등

□□□ 21①

53 교류 회로의 정현파 전압의 평균값이 100[V]일 때 실횻값은 몇 [V]인가?

① 63
② 100
③ 111
④ 314

| 해 ③ |

실횻값 $V = \dfrac{V_m}{\sqrt{2}}[V] = \dfrac{\pi}{2\sqrt{2}} V_m$

- $V_{av} = \dfrac{2}{\pi} V_m \rightarrow V_m = \dfrac{\pi}{2} V_{av}$

∴ $V = \dfrac{\pi}{2\sqrt{2}} \times 100 = 111[V]$

□□□ 07④,09①,10④,12②,13③,21①

54 최댓값 10[A]인 교류전류의 평균값은 약 몇 [A]인가?

① 0.2
② 0.5
③ 3.14
④ 6.37

| 해 ④ |

평균값 $I_{av} = \dfrac{2}{\pi} I_m = 0.637 \times 10 = 6.37[A]$

□□□ 13③,21①

55 20[Ω], 30[Ω], 60[Ω]의 저항 3개를 병렬로 접속하고 여기에 60[V]의 전압을 가했을 때, 이 회로에 흐르는 전체 전류는 몇 [A]인가?

① 3[A]
② 6[A]
③ 30[A]
④ 60[A]

| 해 ② | 병렬 접속
- 병렬 접속은 전원에서 흘러나온 전류(I)가 각 저항(R)에 반비례하여 배분한다.
- 병렬 접속은 각각의 저항에 걸리는 전압(V)에 모든 저항값에 일정하다.

$I_1 = \dfrac{V}{R_1} = \dfrac{60}{20} = 3[V]$

$I_2 = \dfrac{V}{R_2} = \dfrac{60}{30} = 2[Ω]$

$I_3 = \dfrac{V}{R_3} = \dfrac{60}{60} = 1[Ω]$

- 전류 $I = I_1 + I_2 + I_3 = 3+2+1 = 6[A]$

□□□ 15②,21①

56 실횻값 5[A], 주파수 f[Hz], 위상 60°인 전류의 순싯값 i[A]를 수식으로 옳게 표현한 것은?

① $i = 5\sqrt{2} \sin\left(2\pi ft + \dfrac{\pi}{2}\right)$
② $i = 5\sqrt{2} \sin\left(2\pi ft + \dfrac{\pi}{3}\right)$
③ $i = 5\sin\left(2\pi ft + \dfrac{\pi}{2}\right)$
④ $i = 5\sin\left(2\pi ft + \dfrac{\pi}{3}\right)$

| 해 ② |

$i = I_m \sin(\omega t + \theta)$

- 최댓값 $I_m = \sqrt{2} I = \sqrt{2} \times 5 = 5\sqrt{2}[V]$
- 각속도 $\omega = 2\pi f$
- 위상각 $\theta = 60° = \dfrac{\pi}{3}$

∴ $i = 5\sqrt{2} \sin\left(2\pi ft + \dfrac{\pi}{3}\right)$

57 전류에 의한 자기장의 방향을 결정하는 법칙은?

① 앙페르의 오른나사 법칙
② 플레밍의 오른손 법칙
③ 플레밍의 왼손 법칙
④ 렌츠의 법칙

해 ①	법칙의 원리
렌츠의 법칙	유도 기전력의 방향
플레밍의 오른손 법칙	유도 기전력의 방향
플레밍의 왼손 법칙	도체의 힘의 방향
앙페르의 오른나사 법칙	자기장의 자기력선 방향
비오-사바르의 법칙	자기장의 크기

58 자극의 세기가 m[Wb]인 길이 l[m]의 막대자석의 자기모멘트는 몇 [Wb·m]인가?

① ml ② ml^2
③ $\dfrac{l}{m}$ ④ $\dfrac{l^2}{m}$

해 ① 자기모멘트(자기 쌍극자 모멘트)
$M = m \cdot l$

59 공기 중 자장의 세기 20[AT/m]인 곳에 8×10^{-3}[Wb]의 자극을 놓으면 작용하는 힘 [N]은?

① 0.16   ② 0.32
③ 0.43   ④ 0.56

해 ①
기자력 $F = m \cdot H$[N]
$F = 8 \times 10^{-3} \times 20 = 0.16$[N]

60 진공 중에 두 자극 m_1, m_2를 r[m]의 거리에 놓았을 때 작용하는 힘 F의 식으로 옳은 것은?

① $F = \dfrac{1}{4\pi\mu_o} \times \dfrac{m_1 m_2}{r}$[N]

② $F = \dfrac{1}{4\pi\mu_o} \times \dfrac{m_1 m_2}{r^2}$[N]

③ $F = 4\pi\mu_o \times \dfrac{m_1 m_2}{r}$[N]

④ $F = 4\pi\mu_o \times \dfrac{m_1 m_2}{r^2}$[N]

해 ② 자기에 관한 쿨롱의 법칙
$F = \dfrac{1}{4\pi\mu_o} \dfrac{m_1 \cdot m_2}{r^2} = 6.33 \times 10^4 \dfrac{m_1 \cdot m_2}{r^2}$[N]
진공의 투자율 $\mu_o = 4\pi \times 10^{-7}$[H/m]

정답 57 ① 58 ① 59 ① 60 ②

국가기술자격 CBT 필기시험문제

2021년도 기능사 2회 필기시험

종 목	시험시간	문제수	테스트 결과(개수)		
전기기능사	1시간	60	1회	2회	3회

전기설비

☐☐☐ 06②,13③,14②,16③,21②

01 박강 전선관의 표준 굵기가 아닌 것은?

① 15[mm] ② 16[mm]
③ 25[mm] ④ 39[mm]

|해②| 금속 전선관 공사에서 사용되는 관

종류	관의 호칭	규격[mm]
박강 전선관	홀수 (바깥지름)	15, 19, 25, 31, 39, 51, 63, 75
후강 전선관	짝수 (안지름)	16, 22, 28, 36, 42, 54, 70, 82, 92, 104

☐☐☐ 11①,13③,21②,22①

02 과전류에 대한 보호장치 중 분기회로의 과부하 보호장치는 전원측에서 보호장치의 분기점 사이에 다른 분기회로 또는 콘센트의 접속이 없고, 단락의 위험과 화재 및 인체에 대한 위험성이 최소화되도록 시설된 경우, 분기회로의 보호장치는 분기회로의 분기점으로부터 몇 ( )[m]까지 이동하여 설치할 수 있는가?

① 3[m]
② 4[m]
③ 5[m]
④ 8[m]

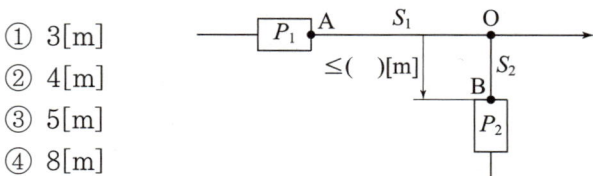

|해①|
분기회로의 단락 보호장치 P_2는 분기점(O)으로부터 3[m]까지 이동하여 설치할 수 있다.

☐☐☐ 13④,18①,21②

03 DV 전선을 사용하는 저압 구내 가공 인입전선으로 전선의 길이가 15[m]를 초과하는 경우 그 전선의 지름은 몇 [mm] 이상을 사용하여야 하는가?

① 1.6 ② 2.0
③ 2.6 ④ 3.2

|해③| 저압 가공인입선
• 지름 2.6[mm] 이상의 인입용 비닐 절연전선 (DV)일 것
• 인장강도 2.30[kN] 이상의 것
■ 다만, 지지물 간 거리가 15[m] 이하인 경우
• 인장강도 1.25[kN] 이상의 것
• 지름 2[mm] 이상의 인입용 비닐 절연전선 (DV)일 것
참고 OW : 옥외용 비닐 절연전선

☐☐☐ 12③,21②

04 폭연성 먼지가 존재하는 곳의 금속관 공사 시 전동기에 접속하는 부분에서 가요성을 필요로 하는 부분의 배선에는 방폭형의 부속품 중 어떤 것을 사용하여야 하는가?

① 플렉시블 피팅
② 먼지 플렉시블 피팅
③ 먼지 방폭형 플렉시블 피팅
④ 안전 증가 플렉시블 피팅

|해③| 먼지 방폭형 플렉시블 피팅
폭연성 먼지가 존재하는 곳의 금속관 공사 시 전동기에 접속하는 부분에서 가요성을 필요로 하는 부분의 배선에 사용

정답 01 ② 02 ① 03 ③ 04 ③

□□□ 21②

05 조명용 전등을 관광진흥법과 공중위생법에 의한 관광 숙박업 또는 숙박업(여인숙업은 제외)에 이용되는 객실의 입구등은 최대 몇 분 이내에 소등되는 타임 스위치를 시설하여야 하는가?

① 1 ② 2
③ 3 ④ 4

해 ① 센서등(타임 스위치)의 소등
- 일반 주택 및 아파트 각 호실의 현관등 : 3분 이내
- 관광 숙박업 또는 숙박업(여인숙 제외)에 이용되는 객실의 입구등 : 1분 이내

□□□ 21②

06 전기울타리용 전원 장치에 전원을 공급하는 전로의 사용전압은 얼마 이하인가?

① 200[V] ② 250[V]
③ 300[V] ④ 350[V]

해 ② 전기울타리 사용전압
전기울타리용 전원 장치에 전원을 공급하는 전로의 사용전압은 250[V] 이하이어야 한다.

□□□ 10④,21②

07 전자 개폐기에 부착하여 전동기의 소손 방지를 위하여 사용되는 것은?

① 퓨즈 ② 열동 계전기
③ 배선용 차단기 ④ 수온 계전기

해 ② 열동 계전기
- 전자 개폐기에 부착하여 전동기의 소손 방지를 위하여 사용되는 것
- 과부하나 단락 등으로 인한 과전류 발생 시 모터를 보호하기 위해 사용되는 것

□□□ 16③,21②

08 한국전기설비규정(KEC)에서 교통 신호등 회로의 사용전압이 몇 [V]를 넘는 경우에는 지락 발생 시 자동적으로 전로를 차단하는 장치를 시설하여야 하는가?

① 50 ② 100
③ 150 ④ 200

해 ③ 교통 신호등의 누전 차단기 장치 시설
교통 신호등 회로의 사용전압이 150[V]를 넘는 경우는 전로에 지락이 생겼을 경우 자동적으로 전로를 차단하는 누전 차단기를 시설할 것

□□□ 13①,21②

09 사용전압이 35[kV] 이하인 특고압 가공전선과 220[V] 가공전선을 병행 설치할 때, 가공선로 간의 간격은 몇 [m] 이상이어야 하는가?

① 0.5 ② 0.75
③ 1.2 ④ 1.5

해 ③ 두 가공전선을 병행 설치할 때 간격
- 특고압 가공전선과 저압 또는 저고압 가공전선 사이의 간격은 1.2[m] 이상일 것

참고 특고압 7[kV] 초과 전압, 저압 1,000[V] 이하, 고압 1,000[V] 초과

□□□ 06④,07②③,10①③,12②④,16②③,18①,21②

10 전선을 기구 단자에 접속할 때 진동 등의 영향으로 헐거워질 우려가 있는 경우에 사용하는 것은?

① 압착단자 ② 코드 패스너
③ 십자머리 볼트 ④ 스프링 와셔

해 ④ 스프링 와셔(spring washer)
전선을 기구 단자에 접속할 때 진동 등의 영향으로 헐거워질 우려가 있는 경우에 사용

□□□ 06③, 07④, 11③, 13④, 14③, 15④, 18①, 19①, 21②

11 배전반 및 분전반의 설치장소로 적합하지 않은 곳은?

① 접근이 어려운 장소
② 전기회로를 쉽게 조작할 수 있는 장소
③ 개폐기를 쉽게 개폐할 수 있는 장소
④ 안정된 장소

> |해①| 배전반 및 분전반의 설치장소
> • 전기회로를 쉽게 조작할 수 있는 장소
> • 개폐기를 쉽게 조작할 수 있는 장소
> • 안정된 장소
> • 노출된 장소

□□□ 09③, 11①③, 14④, 18④, 21②

12 가연성 먼지(소맥분, 전분, 유황 기타 가연성 먼지 등)로 인하여 폭발할 우려가 있는 저압 옥내 설비 공사로 적절하지 않은 것은?

① 케이블 공사
② 금속관 공사
③ 합성 수지관 공사
④ 플로어 덕트 공사

> |해④| 가연성(소맥분, 전분 기타)의 먼지가 존재하는 곳의 저압 옥내배선 공사 방법
> 합성수지 공사, 금속관 공사, 케이블 공사에 의할 것

□□□ 10③, 21②

13 특고압 수전설비의 결선 기호와 명칭으로 잘못된 것은?

① CB-차단기
② DS-단로기
③ LA-피뢰기
④ LF-전력 퓨즈

> |해④|
> 전력 퓨즈 : PF(Power Fuse)

□□□ 10①, 21②

14 코일 주위에 전기적 특성이 큰 에폭시 수지를 고진공으로 침투시키고, 다시 그 주위를 기계적 강도가 큰 에폭시 수지로 몰딩한 변압기는?

① 건식 변압기
② 유입 변압기
③ 몰드 변압기
④ 타이 변압기

> |해③| 몰드 변압기
> 코일 주위에 전기적 특성이 큰 에폭시 수지를 고진공으로 침투시키고, 다시 그 주위를 기계적 강도가 큰 에폭시 수지로 몰딩한 변압기

□□□ 09④, 12③, 16①, 21②

15 사람이 상시 통행하는 터널 내 배선의 사용전압이 저압일 때 공사 방법으로 틀린 것은?

① 금속관 공사
② 금속 덕트 공사
③ 합성 수지관 공사
④ 금속제 가요 전선관 공사

> |해②| 사람이 상시 통행하는 터널 내 공사
> 저압의 경우 케이블 공사, 금속관 공사, 합성 수지관 공사, 금속제 가요 전선관 공사, 애자 공사에 의할 것

□□□ 06③, 12①, 14①, 15①, 18③, 21②

16 인입용 비닐 절연전선을 나타내는 약호는?

① OW
② EV
③ DV
④ NV

> |해③| 전선 약호
>
> | | |
> |---|---|
> | OW | 옥외용 비닐 절연전선 |
> | EV | 폴리에틸렌 절연 비닐 시스 케이블 |
> | DV | 인입용 비닐 절연전선 |
> | NV | 비닐 절연 네온전선 |

정답 11 ① 12 ④ 13 ④ 14 ③ 15 ② 16 ③

□□□ 16①,19①,21②

17 변압기 저압측 중성점에 접지 공사를 하는 이유는?

① 전류 변동의 방지
② 전압 변동의 방지
③ 전력 변동의 방지
④ 고저압 혼촉 방지

> 해 ④ 변압기 저압측 중성점에 접지하는 목적
> 고·저압 혼촉 시 저압측 전위 상승을 억제하기 위해서다.

□□□ 09②,16①②,19①,21②

18 전기설비기술기준의 판단기준에 의한 사용전압이 170[kV] 초과하는 특고압 가공전선로 철탑의 지지물 간 거리는 몇 [m] 이하로 제한하고 있는가?

① 150
② 250
③ 500
④ 600

> 해 ④ 고압 및 특고압 가공전선로의 지지물 간 거리 제한

지지물의 종류	지지물 간 거리[m]	
	가공전선로	보안 공사 시
A종 철근 콘크리트주	150[m] 이하	100[m] 이하
B종 철근 콘크리트주	250[m] 이하	150[m] 이하
철탑	600[m] 이하	400[m] 이하

□□□ 09①,16②,21②

19 옥내배선 공사에서 절연전선의 피복을 벗길 때 사용하면 편리한 공구는?

① 드라이버
② 플라이어
③ 압착펜치
④ 와이어 스트리퍼

> 해 ④ 와이어 스트리퍼
> 절연전선의 피복을 벗길 때 사용하면 편리한 공구

□□□ 21②

20 교통 신호등 회로의 사용전압이 몇 [V]를 넘는 경우는 전로에 지락이 생겼을 경우 자동적으로 전로를 차단하는 누전 차단기를 시설하여야 하는가?

① 50
② 150
③ 300
④ 400

> 해 ② 누전 차단기
> 교통 신호등 회로의 사용전압이 150[V]를 넘는 경우는 전로에 지락이 생겼을 경우 자동적으로 전로를 차단하는 누전 차단기를 시설할 것

정답 17 ④ 18 ④ 19 ④ 20 ②

전기기기

□□□ 06①,10④,21②

21 권수비가 100인 변압기에 있어서 2차측의 전류가 1,000[A]일 때, 이것을 1차측으로 환산하면?

① 16[A]　　　　② 10[A]
③ 9[A]　　　　　④ 6[A]

| 해 ② |
권수비 $a = \dfrac{V_1}{V_2} = \dfrac{N_1}{N_2} = \dfrac{E_1}{E_2} = \sqrt{\dfrac{Z_1}{Z_2}} = \dfrac{I_2}{I_1}$

• 권수비 $a = \dfrac{I_2}{I_1} = \dfrac{1,000}{I_1} = 100$

∴ 1차측 전류 $I_1 = \dfrac{I_2}{a} = \dfrac{1,000}{100} = 10[A]$

□□□ 06①,09④,10②,21②

22 단상 유도 전압 조정기의 단락 권선의 역할은?

① 철손 경감　　　② 절연 보호
③ 전압 조정 용이　④ 전압 강하 경감

| 해 ④ | 단상 유도 전압 조정기의 단락 권선
직렬 권선에 부하 전류가 흐를 때 누설 리액턴스 때문에 발생하는 전압 강하 방지를 위해 분로 권선에 직각으로 감아 주는 3차 권선

□□□ 08②,10①,11②④,13④,15②,16③,19①,21②,23②

23 단상 유도 전동기를 기동하려고 할 때 다음 중 기동 토크가 가장 큰 것은?

① 셰이딩 코일형　② 반발 기동형
③ 콘덴서 기동형　④ 분상 기동형

| 해 ② | 반발 기동형
단상 유도 전동기 중 기동 토크가 가장 큰 방식의 기동법이다.

□□□ 06②,21②

24 3상 유도 전동기에서 2차측 저항을 2배로 하면 그 최대 토크는 어떻게 되는가?

① 변하지 않는다.　　② 2배로 된다.
③ $\sqrt{2}$ 배로 된다.　　④ $\dfrac{1}{2}$ 배로 된다.

| 해 ① | 권선형 전동기의 최대 토크
$$T_m = \dfrac{KE_{21}^2}{2x^2}$$
∴ 최대 토크는 권선형 전동기의 2차 저항(r_2)의 크기와는 무관하며 일정하다.

□□□ 07①,08③,11②,14④,21②

25 보극이 없는 직류기의 운전 중 중성점의 위치가 변하지 않는 경우는?

① 무부하일 때　　② 전부하일 때
③ 중부하일 때　　④ 과부하일 때

| 해 ① |
• 직류기의 운전 중 중성점의 위치가 변하지 않는 경우는 전기자 반작용이 없는 상태다.
• 전기자 반작용이 발생하지 않는 상태는 무부하 상태 시다.

□□□ 21②

26 직류 발전기의 단자 전압을 조정하려면 어느 것을 조정하여야 하는가?

① 기동 저항　　　② 계자 저항
③ 방전 저항　　　④ 전기자 저항

| 해 ② | 직류 분권 발전기 용도
계자 저항기를 사용한 전압 조정이 가능하므로 전기 화학용 전원, 전지의 충전용, 동기기 여자용으로 적합하다.

□□□ 07③,11②,16②,18②,21②,23①

27 동기 발전기에서 전기자 전류가 무부하 유도 기전력보다 $\frac{\pi}{2}$[rad] 앞서 있는 경우에 나타나는 전기자 반작용은?

① 증자작용   ② 감자작용
③ 교차자화작용   ④ 직축 반작용

> |해①| 동기 발전기의 전기자 반작용
> • 증자작용 : 전기자 전류(I)가 무부하 유도기전력(E)보다 π/2[rad] 앞서는 경우
> • 감자작용 : 전기자 전류가 무부하 유도기전력보다 π/2[rad] 뒤지는 경우

□□□ 09④,13②,14②,21②

28 다음 사이리스터 중 3단자 형식이 아닌 것은?

① SCR   ② GTO
③ DIAC   ④ TRIAC

> |해③| 사이리스터의 특성
>
> | 사이리스터 | 사이리스터의 특성 |
> |---|---|
> | SCR | 3단자 단방향성 |
> | GTO | 3단자 단방향성 |
> | TRIAC | 3단자 양방향성 |
> | DIAC | 2단자 양방향성 |
> | SSS | 2단자 양방향성 |

□□□ 06①,14④,15②,21②

29 변압기에서 2차측이란?

① 부하측   ② 고압측
③ 전원측   ④ 저압측

> |해①| 변압기의 구조
> • 1차측 : 전원이 공급되는 전원측
> • 2차측 : 부하가 접속되는 부하측

□□□ 11④,14③,21②

30 동기 전동기의 자기 기동에서 계자 권선을 단락하는 이유는?

① 기동이 쉽다.
② 기동 권선으로 이용
③ 고전압 유도에 의한 절연파괴 위험 방지
④ 전기자 반작용을 방지한다.

> |해③| 자기 기동법
> 동기 전동기의 자기 기동법에서 계자 권선을 단락하는 이유는 고전압 유도에 의한 절연 파괴 위험 방지를 위해서다.

□□□ 15③,21②

31 다음의 변압기 극성에 관한 설명에서 틀린 것은?

① 우리나라는 감극성이 표준이다.
② 1차와 2차 권선에 유기되는 전압의 극성이 서로 반대이면 감극성이다.
③ 3상 결선 시 극성을 고려해야 한다.
④ 병렬 운전 시 극성을 고려해야 한다.

> |해②| 가극성 변압기
> 1차와 2차 권선에 유기되는 전압의 극성이 서로 반대이면 가극성이다.

□□□ 06②,08②,09④,10③,14①④,21②

32 직류를 교류로 변환하는 기기는?

① 변류기   ② 정류기
③ 쵸퍼   ④ 인버터

> |해④| 인버터
> 직류전류를 교류전류로 변환해 주는 전력 변환 장치

정답 27 ① 28 ③ 29 ① 30 ③ 31 ② 32 ④

□□□ 11①,21②

33 주파수 60[Hz]의 회로에 접속되어 슬립 3[%], 회전수 1,164[rpm]으로 회전하고 있는 유도 전동기의 극수는?

① 5극 ② 6극
③ 7극 ④ 10극

| 해② |

■ 동기속도 $N_s = \dfrac{120f}{P}$: 극수 $P = \dfrac{120f}{N_s}$

• 슬립 $s = \dfrac{N_s - N}{N_s} \times 100$에서

∴ $N_s = \dfrac{N}{1-s} = \dfrac{1,164}{1-0.03} = 1,200\text{[rpm]}$

참고 SOLVE 사용

∴ $N_s = 1,200\text{[rpm]}$

$3 = \dfrac{N_s - 1,164}{N_s} \times 100$

∴ 극수 $P = \dfrac{120f}{N_s} = \dfrac{120 \times 60}{1,200} = 6$극

□□□ 06①,09①,11②④,13③,21②,25①

34 직류 직권 전동기에서 벨트를 걸고 운전하면 안 되는 가장 큰 이유는?

① 벨트가 벗겨지면 위험속도로 도달하므로
② 손실이 많아지므로
③ 직결하지 않으면 속도 제어가 곤란하므로
④ 벨트가 마멸 보수가 곤란하므로

| 해① | 직권 전동기의 주의할 점

• 직권 전동기는 무부하 시 속도가 위험할 정도로 상승하므로, 벨트가 벗겨질 경우 무부하 상태가 되어 매우 위험하기 때문이다.
• 따라서 직권 전동기는 무부하 운전이나 벨트가 풀리면 갑자기 고속으로 회전하기 때문에 벨트 운전을 해서는 안 되는 전동기다.

□□□ 09②,12②③,15④,21②

35 다음 중 역률이 가장 좋은 전동기는?

① 반발 기동 전동기
② 동기 전동기
③ 농형 유도 전동기
④ 교류 정류자 전동기

| 해② | 동기 전동기의 특징

계자 권선의 직류 여자 전류를 조정하여 역률을 조정할 수 있어서 역률=1로 운전할 수 있고 계통의 역률을 개선할 수 있다.

□□□ 07②,15④,16②,21②

36 슬립 $s=5[\%]$, 2차 저항 $r_2 = 0.1[\Omega]$인 유도 전동기의 등가 저항 $R[\Omega]$은 얼마인가?

① 0.4 ② 0.5
③ 1.9 ④ 2.0

| 해③ | 유도 전동기의 등가 저항

$R_2 = \left(\dfrac{1-s}{s}\right) r_2$

• 슬립 $s = 5[\%] = 0.05$

$R_2 = \left(\dfrac{1-0.05}{0.05}\right) \times 0.1 = 1.9[\Omega]$

□□□ 13①,21②

37 직류 발전기 전기자의 주된 역할은?

① 기전력을 유도한다.
② 자속을 만든다.
③ 정류작용을 한다.
④ 회전자와 외부회로를 접속한다.

| 해① | 직류 발전기의 구조의 역할

계자	자속(자기력선속)을 발생시키는 역할
전기자	기전력을 발생시키는 역할

정답 33 ② 34 ① 35 ② 36 ③ 37 ①

□□□ 07③,10②,15②,16②,21②
38 직류 전동기의 규약 효율을 표시하는 식은?

① $\dfrac{출력}{출력+손실} \times 100[\%]$

② $\dfrac{출력}{입력} \times 100[\%]$

③ $\dfrac{입력-손실}{입력} \times 100[\%]$

④ $\dfrac{입력}{출력+손실} \times 100[\%]$

|해 ③|
- 직류 전동기의 규약 효율
  $\eta_M = \dfrac{입력-손실}{입력} \times 100[\%]$
- 직류 발전기의 규약 효율
  $\eta_G = \dfrac{출력}{출력+손실} \times 100[\%]$

□□□ 07②④,08③,13③,15①②,16②,21②
39 변압기유의 구비해야 할 조건으로 틀린 것은?

① 점도가 낮을 것
② 인화점이 높을 것
③ 응고점이 높을 것
④ 절연내력이 클 것

|해 ③| 변압기유의 구비 조건
- 절연내력이 클 것
- 인화점이 높을 것
- 응고점이 낮을 것
- 점도가 작을 것
- 냉각 효과가 클 것
- 비열과 열전도도가 클 것
- 고온에서 화학 반응이 없을 것

□□□ 06③,07①,09④,11①,21②
40 계자 철심에 잔류 자기가 없어도 발전되는 직류기는?

① 분권기   ② 직권기
③ 복권기   ④ 타여자기

|해 ④| 타여자 발전기
- 계자 권선이 전기자와 접속되어 있지 않은 직류기
- 계자 철심에 전류 자기가 없어도 발전되는 직류기

전기이론

□□□ 02,11①,13②,14④,21②

41 [VA]는 무엇의 단위인가?

① 피상 전력   ② 무효 전력
③ 유효 전력   ④ 역률

> |해①| 피상 전력(P_a)
> • 피상 전력의 단위 : [볼트암페어 ; VA]
> • 교류의 부하나 전원의 용량을 나타내는 데 사용하는 값
> • 피상 전력으로 용량을 표시하는 기기 : 변압기, 인버터

□□□ 12④,21②

42 다음 중 복소수의 값이 다른 것은?

① $-1+j$ ② $-j(1+j)$
③ $(-1-j)/j$ ④ $j(1+j)$

> |해②|
> • $-1+j = j-1$
> • $-j(1+j) = -j+1$
> • $\dfrac{-1-j}{j} = -\dfrac{1}{j}+1 = -1+j = j-1$
> • $j(1+j) = j+j\times j = j-1$

□□□ 11③,12②,21②,24②

43 용량을 변화시킬 수 있는 콘덴서는?

① 바리콘   ② 마일러 콘덴서
③ 전해 콘덴서   ④ 세라믹 콘덴서

> |해①| 바리콘(varicon)
> 바리콘이라 불리는 가변 콘덴서는 전기 용량값을 바꿀 수 있는 축전지

□□□ 06②,21②

44 L[H]의 코일에 I[A]의 전류가 흐를 때 저축되는 에너지[J]를 나타내는 것은?

① $\dfrac{1}{2}LI$ ② LI^2
③ LI ④ $\dfrac{1}{2}LI^2$

> |해④| 콘덴서에 축적되는 에너지
> $W = \dfrac{1}{2}LI^2 = \dfrac{1}{2}QV$[J]

□□□ 06②,09④,10④,12①,13④,14②,21②

45 도체가 운동하는 경우 유도기전력의 방향을 알고자 할 때 유용한 법칙은?

① 렌츠의 법칙
② 플레밍의 오른손 법칙
③ 플레밍의 왼손 법칙
④ 비오-사바르의 법칙

> |해②| 플레밍의 오른손 법칙(유도기전력의 방향)
> • 오른손 엄지 : 도체(전자력)의 운동 방향
> • 오른손 검지(둘째 손가락) : 자기장의 방향
> • 오른손 중지(셋째 손가락) : 유도기전력(전류)의 방향

□□□ 11①,13②,15③,21②

46 권수가 200인 코일에서 0.1초 사이에 0.4[Wb]의 자속이 변화한다면, 코일에 발생되는 기전력은?

① 8[V]   ② 200[V]
③ 800[V]   ④ 2,000[V]

> |해③| (유도)기전력
> $e = N\dfrac{\Delta\phi}{\Delta t} = 200 \times \dfrac{0.4}{0.1} = 800$[V]

정답 41 ① 42 ② 43 ① 44 ④ 45 ② 46 ③

☐☐☐ 03, 05, 13②, 14①, 21②

47 그림과 같이 공기 중에 놓인 $2×10^{-8}$[C]의 전하에서 2[m] 떨어진 점 P와 1[m] 떨어진 점 Q와의 전위차는?

① 80[V]
② 90[V]
③ 100[V]
④ 110[V]

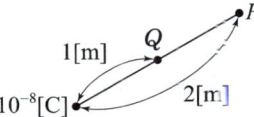

| 해② | 전위차(전압)

$$V_{QP} = 9×10^9 \frac{Q}{r} = 9×10^9 Q\left(\frac{1}{r_Q} - \frac{1}{r_P}\right)$$
$$= 9×10^9 × 2×10^{-8}\left(\frac{1}{1} - \frac{1}{2}\right) = 90[V]$$

☐☐☐ 07④, 09②, 11②, 21②

48 4[Ω], 6[Ω], 8[Ω]의 3개 저항을 병렬 접속할 때 합성저항은 약 몇 [Ω]인가?

① 1.8
② 2.5
③ 3.6
④ 4.5

| 해① | 병렬 접속에서 합성저항

$$R_o = \frac{1}{\frac{1}{R_1}+\frac{1}{R_2}+\frac{1}{R_3}} = \frac{1}{\frac{1}{4}+\frac{1}{6}+\frac{1}{8}} = 1.8[Ω]$$

☐☐☐ 07①, 21②

49 전기와 자기의 요소를 서로 대칭되게 나타내지 않은 것은?

① 전계-자계
② 전속-자속
③ 유전율-투자율
④ 전속밀도-자기량

| 해④ | 서로 대칭되는 요소
전속밀도-자속밀도

☐☐☐ 12③, 15④, 21②

50 쿨롱의 법칙에서 2개의 점전하 사이에 작용하는 정전력의 크기는?

① 두 전하의 곱에 비례하고 거리에 반비례한다.
② 두 전하의 곱에 반비례하고 거리에 비례한다.
③ 두 전하의 곱에 비례하고 거리의 제곱에 비례한다.
④ 두 전하의 곱에 비례하고 거리의 제곱에 반비례한다.

| 해④ |

• 쿨롱의 법칙 : 두 전하 사이에 작용하는 힘
• 정전력 $F = 9×10^9 \frac{Q_1 \cdot Q_2}{r^2}$
• 두 전하의 곱($Q_1 × Q_2$)에 비례하고 거리의 제곱(r^2)에 반비례한다.

☐☐☐ 07①④, 10③④, 18①, 21②

51 $R-L$ 직렬회로의 시정수 T[s]는 어떻게 되는가?

① $\frac{R}{L}$
② $\frac{L}{R}$
③ RL
④ $\frac{1}{RL}$

| 해② | $R-L$ 직렬회로의 시정수

$$\tau = \frac{L(인덕터)}{R(저항)}[s]$$

☐☐☐ 09①, 11③, 12②, 14①, 21②

52 100[kVA] 단상 변압기 2대를 V 결선하여 3상 전력을 공급할 때의 출력은?

① 17.3[kVA]
② 86.6[kVA]
③ 173.2[kVA]
④ 346.8[kVA]

| 해③ | V결선의 3상 출력(단상 변압기 2대 사용)
$P_V = \sqrt{3} P_1 = \sqrt{3} × 100 = 173.2$[kVA]

정답 47 ② 48 ① 49 ④ 50 ④ 51 ② 52 ③

□□□ 08②,10②,15②,21②

53 저항 50[Ω]인 전구에 $e=100\sqrt{2}\sin\omega t$[V]의 전압을 가할 때 순시 전류[A]의 값은?

① $\sqrt{2}\sin\omega t$ ② $2\sqrt{2}\sin\omega t$
③ $5\sqrt{2}\sin\omega t$ ④ $10\sqrt{2}\sin\omega t$

> 해 ② 순시 전류
> $i=\dfrac{e}{R}=\dfrac{100\sqrt{2}\sin\omega t}{50}=2\sqrt{2}\sin\omega t$[A]

□□□ 21②

54 도체계에서 임의의 도체를 일정전위(영전위)의 도체로 완전 포위하면 내외 공간의 전계를 완전히 차단할 수 있다. 이것을 무엇이라 하는가?

① 정전 차폐   ② 핀치 효과
③ 전자 차폐   ④ 표피 효과

> 해 ①
> 정전 차폐에 대한 설명이다.

□□□ 12①,21②

55 10[A]의 전류로 6시간 방전할 수 있는 축전지의 용량은?

① 2[Ah]   ② 15[Ah]
③ 30[Ah]   ④ 60[Ah]

> 해 ④ 축전지의 용량
> Q=방전 전류×방전 시간
> $=A\cdot H=10\times 6=60$[Ah]

□□□ 06①,07③,10②,11①,12①②,15④,16①,21②

56 자체 인덕턴스 0.1[H]의 코일에 5[A]의 전류가 흐르고 있다. 축적되는 전자 에너지는?

① 0.25[J]   ② 0.5[J]
③ 1.25[J]   ④ 2.5[J]

> 해 ③ 코일에 축적되는 에너지(전자 에너지)
> $W=\dfrac{1}{2}LI^2$[J]$=\dfrac{1}{2}\times 0.1\times 5^2=1.25$[J]

□□□ 08②,10④,21②

57 주파수 60[Hz]의 주기는 몇 초인가?

① 0.02   ② 0.026
③ 0.01   ④ 0.016

> 해 ④
> 주기 $T=\dfrac{1}{f[\text{Hz}]}$[sec]
> ∴ 주기 $T=\dfrac{1}{60}=0.0166$[sec]

□□□ 06③,09①,10④,15③,19①,21②

58 Y결선에서 상전압이 220[V]이면 선간 전압은 약 몇 [V]인가?

① 110   ② 220
③ 380   ④ 440

> 해 ③ Y결선의 선간 전압
> 선간 전압 $V_l=\sqrt{3}\,V_P$
> ∴ $V_l=\sqrt{3}\times 220=381$[V]

□□□ 06④,15①,19①,21②

59 전압 V[V]와 전류 I[A], 그리고 전압과 전류의 위상차 θ를 이용한 전력 중 유효 전력을 표현하는 식은 다음 중 어느 것인가?

① VI ② $VI\cos\theta$
③ $VI\sin\theta$ ④ $VI\tan\theta$

> 해 ②
> • 유효 전력 $P=VI\cos\theta$[W]$=EI\cos\theta$[W]
> • 무효 전력 $Q=VI\sin\theta$[Var]

정답 53 ② 54 ① 55 ④ 56 ③ 57 ④ 58 ③ 59 ②

□□□ 21②
60 두 개의 서로 다른 금속의 접속점에 온도차를 주면 열기전력이 생기는 현상으로 열전온도계에 응용되는 효과는 어떤 것인가?

① 홀 효과　　　② 줄 효과
③ 펠티에 효과　　④ 제벡 효과

해 ④ 제벡 효과
금속선 양쪽 끝을 접합하여 폐회로를 구성하고 한 접점에 열을 가하게 되면 두 접점에 온도차로 인해 생기는 전위차에 의해 전류가 흐르게 되는 현상

국가기술자격 CBT 필기시험문제

2022년도 기능사 1회 필기시험

종 목	시험시간	문제수	테스트 결과(개수)		
전기기능사	1시간	60	1회	2회	3회

전기설비

□□□ 09③, 11③④, 13④, 14④, 22①

01 전주의 길이별 땅에 묻히는 표준 깊이에 관한 사항이다. 전주의 길이가 16[m]이고, 설계하중이 6.8[kN] 이하의 철근 콘크리트주를 시설할 때 땅에 묻히는 표준 깊이는 최소 얼마 이상이어야 하는가?

① 1.2[m]   ② 1.4[m]
③ 2.0[m]   ④ 2.5[m]

|해④| 전주의 묻히는 매설 깊이

전주의 전체 길이 16[m] 이하, 설계하중 6.8[kN] 이하	
길이 15[m] 초과인 전주	최소 깊이 2.5[m] 이상
길이 15[m] 이하인 전주	최소 깊이 전체 길이의 $\frac{1}{6}$ 이상

□□□ 07④, 09③, 11①, 14④, 22①

02 나전선 상호를 접속하는 경우 일반적으로 전선의 세기를 몇 [%] 이상 감소시키지 아니하여야 하는가?

① 2[%]   ② 3[%]
③ 20[%]   ④ 80[%]

|해③| 전선 접속 시 주의점
- 접속부분의 전선의 세기(인장강도)를 20[%] 이상 감소시키지 않아야 한다.
- 접속부분의 전선의 세기(인장강도)를 80[%] 이상 유지되도록 한다.

□□□ 10④, 16③, 22①

03 금속 덕트를 조영재에 붙이는 경우에는 지지점 간의 거리는 최대 몇 [m] 이하로 하여야 하는가?

① 1.5   ② 2.0
③ 3.0   ④ 3.5

|해③|
덕트를 조영재에 붙이는 경우에는 덕트의 지지점 간의 거리를 3[m]로 한다.

□□□ 06③, 14①, 15①, 22①

04 옥외용 비닐 절연전선의 약호는?

① OW   ② DV
③ NR   ④ VV

|해①| 전선 약호

OW	옥외용 비닐 절연전선
DV	인입용 비닐 절연전선
NR	450/750[V] 일반용 단상 비닐 절연전선
VV	0.6/1[kV] 비닐 절연 비닐 시스 케이블

□□□ 06④, 07②③, 10①③, 12②④, 16②③, 18①, 21②, 22①

05 전선을 기구 단자에 접속할 때 진동 등의 영향으로 헐거워질 우려가 있는 경우에 사용하는 것은?

① 압착단자   ② 코드 패스너
③ 십자머리 볼트   ④ 스프링 와셔

|해④| 스프링 와셔(spring washer)
전선을 기구 단자에 접속할 때 진동 등의 영향으로 헐거워질 우려가 있는 경우에 사용

정답 01 ④ 02 ③ 03 ③ 04 ① 05 ④

□□□ 22①

06 과전류 차단기로 저압 전로에 사용하는 주택용 배선용 차단기의 정격 전류가 40[A]일 때 차단기의 동작 전류가 58[A]이었다면 차단기의 동작 시간은 몇 분이겠는가?

① 10분 ② 60분
③ 120분 ④ 180분

해 ② 주택용 배선 차단기

정격 전류의 구분	시간	정격 전류의 배수	
		부동작 전류	동작 전류
63[A] 이하	60분	1.13배	1.45배
63[A] 초과	120분	1.13배	1.45배

동작 전류 $= 40 \times 1.45 = 58[A]$
∴ 차단기의 동작시간은 60분

□□□ 07②,09④,10④,11②,12①,15③,19④,22①

07 화약류 저장소에서 백열전등이나 형광등 또는 이들에 전기를 공급하기 위한 전기설비를 시설하는 경우 전로의 대지 전압(V)은?

① 100[V] 이하 ② 150[V] 이하
③ 220[V] 이하 ④ 300[V] 이하

해 ④ 화약류 저장소에서 전기설비의 시설 전로에 대한 대지 전압은 300[V] 이하일 것

□□□ 21②,22①

08 변압기, 동기기 등의 층간 단락 등의 내부 고장 보호에 사용되는 계전기는?

① 비율 차동 계전기 ② 접지 계전기
③ 과전압 계전기 ④ 역상 계전기

해 ① 비율 차동 계전기
발전기, 변압기, 동기기 등 주요 전력설비의 내부 사고 보호용으로 사용되고 있다.

□□□ 11④,12②,14②,22①

09 캡타이어 케이블을 조영재의 옆면에 따라 시설하는 경우 지지점 간의 거리는 얼마 이하로 하는가?

① 2[m] ② 3[m]
③ 1[m] ④ 1.5[m]

해 ③ 케이블 공사
- 캡타이어 케이블은 전선의 지지점 간의 거리는 1[m] 이하로 한다.
- 전선을 조영재의 아랫면 또는 옆면에 따라 붙이는 경우에는 전선의 지지점 간의 거리를 케이블은 2[m] 이하로 한다.

□□□ 11④,14②,18④,22①

10 지중에 매설되어 있는 금속제 수도관로를 접지 공사의 접지극으로 사용할 수 있다. 이대 수도관로는 대지와의 전기저항치가 얼마 이하여야 하는가?

① 1[Ω] ② 2[Ω]
③ 3[Ω] ④ 4[Ω]

해 ③ 접지 공사의 접지극 사용
지중에 매설되어 있고 대지와의 전기저항값이 3[Ω] 이하의 값을 유지되어야 접지극으로 사용할 수 있다.

□□□ 11④,22①

11 엘리베이터장치를 시설할 때 승강기 내부에서 사용하는 전등 및 전기 기계기구에 사용할 수 있는 최대 전압은?

① 110[V] 이하 ② 220[V] 이하
③ 400[V] 이하 ④ 440[V] 초과

해 ③
엘리베이터·덤웨이터 등의 승강로 내에 시설하는 사용전압이 400[V] 이하인 저압 옥내배선

정답 06 ② 07 ④ 08 ① 09 ③ 10 ③ 11 ③

□□□ 15④,22①

12 전로에 지락이 생겼을 경우에 부하 기기, 금속제 외함 등에 발생하는 고장 전압 또는 지락 전류를 검출하는 부분과 차단기 부분을 조합하여 자동적으로 전로를 차단하는 장치는?

① 누전 차단장치 ② 과전류 차단기
③ 누전 경보장치 ④ 배선용 차단기

> 해① 누전 차단기(ELB)의 설치 목적
> 옥내배선 공사에서 대지 전압 150[V]를 초과하고 300[V] 이하 저압 전로의 인입구에 반드시 시설해야 하는 지락 차단장치

□□□ 22①

13 전선의 약호 중 형광 방전 등용 비닐 전선에 해당되는 것은 어떤 것인가?

① DV ② FL
③ MI ④ NR

> 해② FL(Fluorescent discharge Lamp vinyl wire)
> • 형광 방전 등용 비닐 전선
> • Fluorescent discharge : 형광 방전
> • Lamp vinyl wire : 등 비닐 전선

□□□ 09③,11①③,14④,18④,22①

14 가연성 먼지에 전기설비가 발화원이 되어 폭발의 우려가 있는 곳에 시설하는 저압 옥내배선 공사 방법이 아닌 것은?

① 금속관 공사 ② 케이블 공사
③ 애자 공사   ④ 합성 수지관 공사

> 해③ 가연성(소맥분, 전분 기타)의 먼지가 존재하는 곳의 저압 옥내배선 공사 방법
> 합성수지 공사, 금속관 공사, 케이블 공사에 의할 것

□□□ 08①,12①,22①

15 콘크리트 직매용 케이블 배선에서 일반적으로 케이블을 구부릴 때는 피복이 손상되지 않도록 그 굽은 부분 안쪽의 반지름은 케이블 바깥지름의 몇 배 이상으로 하여야 하는가? (단, 단심인 경우다.)

① 4   ② 8
③ 10 ④ 14

> 해② 콘크리트 직매용 케이블 배선
> 케이블을 구부릴 때에는 피복이 손상되지 않도록 그 굽은 부분 안쪽의 반지름은 케이블의 바깥지름의 6배(단심에 있어서는 8배) 이상으로 하여야 한다.

□□□ 11③,13③,22①

16 철근 콘크리트 건물에 노출 금속관 공사를 할 때 직각으로 굽히는 곳에 사용되는 금속관 재료는?

① 엔트런스 캡 ② 유니버셜 엘보
③ 4각 박스   ④ 터미널 캡

> 해② 유니버셜 엘보
> 철근 콘크리트 건물에 노출 금속관 공사를 할 때 직각으로 굽히는 곳에 사용되는 금속관 재료

□□□ 13①,14④,22①

17 수·변전 설비의 고압회로에 걸리는 전압을 표시하기 위해 전압계를 시설할 때 고압회로와 전압계 사이에 시설하는 것은?

① 수전용 변압기 ② 계기용 변류기
③ 계기용 변압기 ④ 권선형 변류기

> 해③ 계기용 변압기(PT)
> 수·변전 설비의 고압회로에 걸리는 전압을 표시하기 위해 전압계를 시설할 때 고압회로와 전압계 사이에 시설하는 것

정답 12 ① 13 ② 14 ③ 15 ② 16 ② 17 ③

□□□ 11②, 19②, 22①
18 다음 중 옥내에 시설하는 저압 전로와 대지 사이의 절연저항 측정에 사용되는 계기는?

① 멀티테스터 ② 메거
③ 어스테스터 ④ 훅 온 미터

해②	측정용 계기
절연저항 측정	메거(절연저항) 측정기
접지저항 측정	어스테스트(접지저항) 측정기

□□□ 07④, 09①, 22①
19 다음 중 단선의 브리타니아 직선접속에 사용되는 것은?

① 조인트선 ② 파라핀선
③ 바인드선 ④ 에나멜선

| 해① | 조인트선
단선의 브리타니아 직접접속 시 두 선을 포개고 그 위를 조인트선으로 감는다.

□□□ 13④, 20①, 22①, 24②
20 교통 신호등의 제어장치로부터 신호등의 전구까지의 전로에 사용하는 전압은 몇 [V] 이하인가?

① 60 ② 100
③ 300 ④ 440

| 해③ | 교통 신호등 사용전압
교통 신호등 제어장치의 2차측 배선의 최대 사용 전압은 300[V] 이하이어야 한다.

전기기기

□□□ 06①, 15②, 18①, 22①, 23①
21 동기 발전기의 전기자 권선을 단절권으로 하면?

① 역률이 좋아진다.
② 절연이 잘된다.
③ 고조파를 제거한다.
④ 기전력을 높인다.

| 해③ | 동기 발전기의 단절권
코일의 사용량이 줄어들고 고조파를 제거하여 좋은 파형을 얻을 수 있다.

□□□ 16②, 22①
22 20[kVA]의 단상 변압기 2대를 사용하여 V-V 결선으로 하고 3상 전원을 얻고자 한다. 이때 여기에 접속시킬 수 있는 3상 부하의 용량은 약 몇 [kVA]인가?

① 34.6 ② 44.6
③ 54.6 ④ 66.6

| 해① | V 결선의 출력(3상 부하용량)
$P_V = \sqrt{3} \times P = \sqrt{3} \times 20 = 34.6 [kVA]$

□□□ 12③, 22①
23 농형 회전자에 비뚤어진 홈을 쓰는 이유는?

① 출력을 높인다.
② 회전수를 증가시킨다.
③ 소음을 줄인다.
④ 미관상 좋다.

| 해③ | 농형 회전자
회전자의 홈이 축 방향에 평행하지 않고, 조금씩 비뚤어져 있는 홈으로 만드는 것은 회전자는 고정자의 자속을 끓을 때 발생하는 소음을 억지하는 효과가 있다.

정답 18 ② 19 ① 20 ③ 21 ③ 22 ① 23 ③

□□□ 07④,11③,12②,14③,22①

24 변압기 내부 고장 시 발생하는 기름의 흐름변화를 검출하는 부흐홀츠 계전기의 설치위치로 알맞은 것은?

① 변압기 본체
② 변압기의 고압측 부싱
③ 콘서베이터 내부
④ 변압기 본체와 콘서베이터를 연결하는 파이프

|해 ④| 부흐홀츠 계전기
• 변압기 내부 고장 시 급격한 유류 또는 gas의 이동이 생기면 동작하는 계전기
• 변압기 주탱크과 콘서베이터 사이에 설치

□□□ 06①,09④,19①,22①

25 변압기 2대를 V 결선 했을 때의 이용률은 몇 [%]인가?

① 57.7[%]   ② 70.7[%]
③ 86.6[%]   ④ 100[%]

|해 ③| 변압기 V결선의 이용률
$$\frac{\sqrt{3}\,VI}{2VI} = \frac{\sqrt{3}}{2} = 0.866 = 86.6[\%]$$

□□□ 11②,22①

26 일정한 주파수의 전원에서 운전하는 3상 유도 전동기의 전원 전압이 80[%]가 되었다면 토크는 약 몇 [%]가 되는가? (단, 회전수는 변하지 않은 상태로 한다.)

① 55   ② 64
③ 76   ④ 82

|해 ②| 3상 유도 전동기의 토크
• 토크 $\tau \propto E_2^2$ (공급 전압)
• $\tau = E_2^2 = (0.80E_2)^2 = 0.64E_2$
∴ 64[%]

□□□ 07①,22①

27 50[Hz]의 변압기에 60[Hz]의 같은 전압을 가했을 때 자속밀도는 50[Hz] 때의 몇 배인가?

① $\frac{6}{5}$ ② $\frac{5}{6}$

③ $\left(\frac{6}{5}\right)^2$ ④ $\left(\frac{6}{5}\right)^{1.6}$

|해 ②| 전압 일정 시 주파수(f)와 자속밀도(B)와 관계
$f \propto \frac{1}{B}$
∴ $\frac{1}{B} = \frac{1}{\frac{B_{50}}{B_{60}}} = \frac{1}{\frac{60}{50}} = \frac{50}{60} = \frac{5}{6}$

□□□ 12④,22①

28 속도를 광범위하게 조정할 수 있으므로 압연기나 엘리베이터 등에 사용되는 직류 전동기는?

① 직권 전동기   ② 분권 전동기
③ 타여자 전동기   ④ 가동 복권 전동기

|해 ③| 타여자 전동기
전원의 극성을 반대로 하면 회전방향을 바꿀 수 있고 속도를 광범위하게 조정할 수 있으므로 엘리베이터, 압연기 등에 널리 이용된다.

□□□ 07④,13②,20①,22①

29 전압 제어에 의한 속도 제어가 아닌 것은?

① 정지형 레오나드식
② 일그너식
③ 직병렬 제어
④ 회생제어

|해 ④| 직류 전동기의 전압 제어법
워드 레너드 방식, 일그너 방식, 직·병렬 제어 방식, 정토크 제어, 초퍼제어방식

□□□ 07①,07④,09③,11③④,19②,22①

30 10극의 직류 파권 발전기의 전기자 도체수 400, 매극의 자속수 0.02[Wb], 회전수 600[rpm]일 때 기전력은 몇 [V]인가?

① 200
② 220
③ 380
④ 400

|해④|

유도기전력 $E = \dfrac{PZ}{60a}\phi N$

• $P=10$, $Z=400$, $\phi=0.02[\text{Wb}]$, $N=600[\text{rpm}]$
• 파권 : $a=2$

$\therefore E = \dfrac{10 \times 400 \times 0.02 \times 600}{60 \times 2} = 400[\text{V}]$

□□□ 16①②,22①

31 동기기의 손실에서 고정손에 해당되는 것은?

① 계자 철심의 철손
② 브러시의 전기손
③ 계자 권선의 저항손
④ 전기자 권선의 저항손

|해①| 동기기의 손실

• 고정손(무부하손) : 계자 철심의 철손, 베어링 마찰손, 브러시 마찰손, 풍손
• 직접부하손 : 전기자 권선의 저항손, 회전 전기자형의 브러시 전기손
• 여자손 : 계자 권선의 저항손, 브러시의 전기손
• 부하손(가변손) : 와류손, 전기자 구리손

□□□ 08③,12④,22①

32 직류 발전기의 무부하 특성 곡선은?

① 부하 전류와 무부하 단자 전압과의 관계이다.
② 계자 전류와 부하 전류와의 관계이다.
③ 계자 전류와 무부하 단자 전압과의 관계이다.
④ 계자 전류와 회전력과의 관계이다.

|해③| 직류 발전기 특성 곡선

• 부하 포화 곡선 : 단자 전압, 계자 전류의 관계
• 무부하 포화 곡선 : 계자 전류, 기전력의 관계
• 무부하 특성 곡선 : 계자 전류, 무부하 단자 전압의 관계
• 외부 특성 곡선 : 단자 전압, 부하 전류의 관계

□□□ 06②,08②,09③,13③,15②,22①

33 15[kW], 60[Hz], 4극의 3상 유도 전동기가 있다. 전부하가 걸렸을 때의 슬립이 4[%]라면 이때의 2차(회전자)측 구리손은 약 [kW]인가?

① 1.2
② 1.0
③ 0.8
④ 0.6

|해④| 2차 동손(구리손)

$P_{c2} = s P_2 = s\dfrac{P_o}{1-s}$

• 2차 입력 $P_2 = \dfrac{P_o}{1-s}[\text{kW}]$

• $s = 4[\%] = \dfrac{4}{100} = 0.04$

$P_2 = \dfrac{15}{1-0.04} = 15.625[\text{kW}]$

$\therefore P_{c2} = 0.04 \times 15.625 = 0.625[\text{kW}]$

□□□ 12③,15④,22①,23②

34 변압기 V결선의 특징으로 틀린 것은?

① 고장 시 응급처치 방법으로도 쓰인다.
② 단상 변압기 2대로 3상 전력을 공급한다.
③ 부하증가가 예상되는 지역에 시설한다.
④ V결선 시 출력은 Δ결선 시 출력과 그 크기가 같다.

|해④| 변압기 V결선의 단점

V결선 시 출력은 Δ결선 시 출력의 $\dfrac{\sqrt{3}\,VI}{3VI} = 0.577$로 57.7[%]밖에 안 된다.

□□□ 12③, 22①

35 권선형 유도 전동기의 회전자에 저항을 삽입하였을 경우 틀린 사항은?

① 기동 전류가 감소된다.
② 기동 전압은 증가한다.
③ 역률이 개선된다.
④ 기동 토크는 증가한다.

> 해② 권선형 유도 전동기의 회전자에 저항을 삽입하면
> • 기동 토크가 증가하고, 기동 전류는 감소하며 기동 전압은 감소한다.
> • 운전점이 동기속도에서 멀어지기 때문에 역률이 개선된다.

□□□ 13③, 22①

36 다음 중 전력 제어용 반도체 소자가 아닌 것은?

① LED
② TRIAC
③ GTO
④ IGBT

> 해①
> ■ 전력 제어용 반도체 소자
>   SCR, TRIAC, GTO, SSS, IGBT, BJT(바이폴라 접합 트랜지스터)
> ■ LED(발광 다이오드) : 전류를 가하면 빛을 발하는 반도체

□□□ 06①, 09①, 11②④, 13③, 22①

37 직류 전동기에서 무부하가 되면 속도가 대단히 높아져서 위험하기 때문에 무부하 운전이나 벨트를 연결한 운전을 해서는 안 되는 전동기는?

① 직권 전동기
② 복권 전동기
③ 타여자 전동기
④ 분권 전동기

> 해① 직권 전동기의 주의할 점
> • 무부하 상태에서 진동기를 작용시키면 부하 전류가 0이 되기 때문에 회전속도 $N=\infty$이 되어 매우 위험하다.
> • 따라서 직권 전동기는 무부하 운전이나 벨트가 풀리면 갑자기 고속으로 회전하기 때문에 벨트 운전을 해서는 안 되는 전동기다.

□□□ 10③, 22①

38 다이오드를 사용한 정류 회로에서 다이오드를 여러 개 직렬로 연결하여 사용하는 경우의 설명으로 가장 옳은 것은?

① 다이오드를 과전류로부터 보호할 수 있다.
② 다이오드를 과전압으로부터 보호할 수 있다.
③ 부하 출력의 맥동률을 감소시킬 수 있다.
④ 낮은 전압 전류에 적합하다.

> 해② 다이오드의 직렬·병렬 접속
>
> | 다이오드의 직렬 | 전류 일정 | 과전압으로부터 보호 |
> | --- | --- | --- |
> | 다이오드의 병렬 | 전압 일정 | 과전류로부터 보호 |

□□□ 06④, 10①, 18②, 22①

39 분권 발전기의 회전방향을 반대로 하면?

① 전압이 유기된다.
② 발전기가 소손된다.
③ 고전압이 발생한다.
④ 잔류 자기가 소멸된다.

> 해④
> 분권 발전기의 회전방향을 역회전할 경우 계자 전류에 의한 자속이 잔류 자속과 반대방향으로 발생하여 잔류 자기(자속)을 소멸시키므로 역회전해서는 안 된다.

정답 35 ② 36 ① 37 ① 38 ② 39 ④

□□□ 06④,15①,20②,22①

40 선풍기, 가정용 펌프, 헤어드라이기 등에 주로 사용되는 전동기는?

① 단상 유도 전동기
② 권선형 유도 전동기
③ 동기 전동기
④ 직류 직권 전동기

|해①| 단상 유도 전동기의 용도
대부분이 400[W] 이하인 소형기인데 가정용 전기기구인 선풍기, 전기세탁기, 우물펌프 등은 단상 유도전기를 내장하고 있다.

전기이론

□□□ 11③,12②,15①,22①

41 자체 인덕턴스가 각각 160[mH], 250[mH]의 두 코일이 있다 두 코일 사이의 상호 인덕턴스가 150[mH]이면 결합계수는?

① 0.5
② 0.62
③ 0.75
④ 0.86

|해③| 상호 인덕턴스
$M = k\sqrt{L_1 L_2}$ [H]에서
∴ 결합계수 $k = \dfrac{M}{\sqrt{L_1 L_2}} = \dfrac{150}{\sqrt{160 \times 250}} = 0.75$

□□□ 06①,07②,14②,15②,22①

42 다음 중 무효 전력의 단위는 어느 것인가?

① W
② Var
③ kW
④ VA

|해②|
무효 전력 $P_r = VI\sin\theta$ [Var]

□□□ 07②,11①,12③,13④,15①,22①

43 평균 반지름 10[cm]이고 감은 횟수 10회의 원형 코일에 20[A]의 전류를 흐르게 하면 코일 중심의 자기장의 세기는?

① 10[AT/m]
② 20[AT/m]
③ 1,000[AT/m]
④ 2,000[AT/m]

|해③|
■ 원형 코일 중심의 자기장의 세기
$H = \dfrac{NI}{2r}$ [AT/m]
• 반지름 $r = 10$[cm] $= 0.1$[m]
∴ $H = \dfrac{10 \times 20}{2 \times 0.1} = 1,000$ [AT/m]

정답 40 ① 41 ③ 42 ② 43 ③

□□□ 09②,10②,15①,22①

44 물질에 따라 자석에 반발하는 물체를 무엇이라 하는가?

① 비자성체　　② 상자성체
③ 반자성체　　④ 강자성체

| 해 ③ |
• 반자성체의 자화

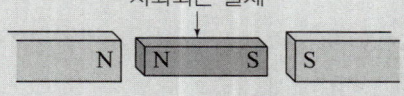

• 형성되는 자기력의 방향이 외부 자기장과 반대 방향으로 자석이 반발하는 성질
• 반자성체는 금, 은, 아연, 구리, 크롬 등이 있다.

□□□ 08④,22①

45 자기 히스테리시스 곡선의 횡축과 종축은 어느 것을 나타내는가?

① 자기장의 크기와 자속밀도
② 투자율과 자속밀도
③ 투자율과 잔류 자기
④ 자기장의 크기와 보자력

| 해 ① | 자기 히스테리시스 곡선
• 히스테리시스 곡선은 자성체의 자기장 세기(H)의 변위를 자속 밀도(B)의 변화로 나타낸 것
• 자속밀도(B) : 종축(세로방향)과 만나는 점 ; 잔류 자기
• 자기장(자계)의 세기(H) : 횡축(가로방향)과 만나는 점 ; 보자력(保磁力 ; coercive force)

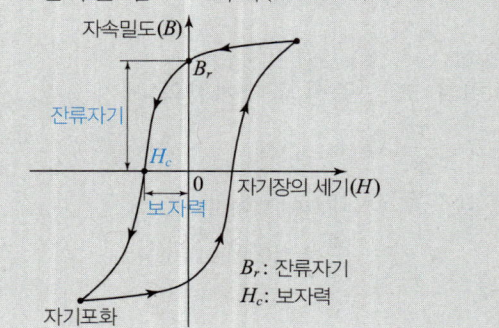

□□□ 07③,10②,18①,22①

46 세 변의 저항 $R_a = R_b = R_c = 15[\Omega]$인 Y결선 회로가 있다. 이것과 등가인 △결선 회로의 각 변의 저항은 몇 [Ω]인가?

① 5　　② 10
③ 25　　④ 45

| 해 ④ |
Y결선을 △결선으로 저항 변환
$R_\triangle = 3R_Y = 3 \times 15 = 45[\Omega]$

□□□ 13②,22①

47 100[V]의 전위차로 가속된 전자의 운동 에너지는 몇 [J]인가?

① 1.6×10^{-20}[J]　　② 1.6×10^{-19}[J]
③ 1.6×10^{-18}[J]　　④ 1.6×10^{-17}[J]

| 해 ④ |
• 전자의 운동 에너지 : $W = QV = eV$
• 전자 1개가 가지는 전하량의 크기 : $e = 1.602 \times 10^{-19}$[C]
∴ $W = 1.602 \times 10^{-19}$[C] $\times 100$[V] $= 1.602 \times 10^{-17}$[J]

□□□ 14③④,22①

48 공기 중에서 5[cm] 간격을 유지하고 있는 2개의 평행 도선에 각각 10[A]의 전류가 동일한 방향으로 흐를 때 도선 1[m]당 발생하는 힘의 크기 [N]는?

① 4×10^{-4}　　② 2×10^{-5}
③ 4×10^{-5}　　④ 2×10^{-4}

| 해 ① | 평형한 두 전류 간에 작용하는 힘
$F = \dfrac{2I_1 I_2}{r} \times 10^{-7}$[N/m]
• 간격 $r = 5$[cm] $= 0.05$[m]
∴ $F = \dfrac{2 \times 10^2}{0.05} \times 10^{-7} \times 1$[m] $= 4 \times 10^{-4}$[N]

정답　44 ③　45 ①　46 ④　47 ④　48 ①

□□□ 08③,11②,12②,13①②,14①③,15②,22①

49 220[V]용 100[W] 전구와 200[W] 전구를 직렬로 연결하여 220[V]의 전원에 연결하면?

① 두 전구의 밝기가 같다.
② 100[W]의 전구가 더 밝다.
③ 200[W]의 전구가 더 밝다.
④ 두 전구 모두 안 켜진다.

해 ②

직렬 연결에서 전류(I)가 일정하므로 저항(R)이 큰 쪽이 전력이 크다.

• 전력 $P = I^2 R = \dfrac{V^2}{R} \Rightarrow R = \dfrac{V^2}{P}[\Omega]$

• 저항 $R_{100} = \dfrac{220^2}{100} = 484[\Omega]$

• 저항 $R_{200} = \dfrac{220^2}{200} = 242[\Omega]$

∴ $R_{100} > R_{200}$ 이므로 100[W]의 전구가 더 밝다.

□□□ 11③,16③,20①,22①

50 평형 3상 회로에서 1상의 소비 전력이 P라면 3상 회로의 전체 소비 전력은?

① P ② $2P$
③ $3P$ ④ $\sqrt{3}\,P$

해 ③

• 1상 회로의 소비 전력
  $P = V_P I_P \cos\theta$ [W]
• 3상 회로의 전체 소비 전력
  $P' = 3 V_P I_P \cos\theta = 3P$
∴ 1상의 소비 전력(P) 3배다.

□□□ 09③,18②,22①

51 저항 8[Ω]과 유도 리액턴스 6[Ω]이 직렬로 접속된 회로에 200[V]의 교류전압을 인가하는 경우 흐르는 전류[A]와 역률[%]은 각각 얼마인가?

① 20[A], 80[%] ② 10[A], 60[%]
③ 20[A], 60[%] ④ 10[A], 80[%]

해 ①

전류 $I = \dfrac{V}{Z}$

• $\dot{Z} = R + jX_L = 8 + j6$
• $Z = \sqrt{R^2 + X_L^2} = \sqrt{8^2 + 6^2}$

∴ $I = \dfrac{V}{Z} = \dfrac{200}{\sqrt{8^2 + 6^2}} = 20[A]$

∴ 역률 $\cos\theta = \dfrac{R}{Z} = \dfrac{8}{\sqrt{8^2 + 6^2}} = 0.8 = 80[\%]$

□□□ 01,03④,11③④,13④,16③,22①

52 전기력선의 성질 중 맞지 않는 것은?

① 전기력선은 양(+)전하에서 나와 음(−)전하에서 끝난다.
② 전기력선의 접선방향이 전장의 방향이다.
③ 전기력선은 도중에 만나거나 끊어지지 않는다.
④ 전기력선은 등전위면과 교차하지 않는다.

해 ④
전기력선은 등전위면과 수직(직각)으로 교차한다.

□□□ 08③,11②,13①,14①,18②,22①

53 200[V]에서 1[kW]의 전력을 소비하는 전열기를 100[V]에서 사용하면 소비 전력은 몇 [W]인가?

① 150 ② 250
③ 400 ④ 1,000

해 ②

전력 $P = V \cdot I = I^2 R = \dfrac{V^2}{R}$ [W]에서

• 전력, 전압, 저항에(백열전구, 전열기)대한 공식적용

전력 $P = \dfrac{V^2}{R}$ [W]

• 저항 $R = \dfrac{V^2}{P} = \dfrac{200^2}{1 \times 10^3} = 40[\Omega]$

∴ $P = \dfrac{V^2}{R} = \dfrac{100^2}{40} = 250[W]$

정답 49 ② 50 ③ 51 ① 52 ④ 53 ②

□□□ 22①

54 가우스(Gauss)의 정리를 이용하여 구하는 것은?

① 자장의 세기   ② 전하간의 힘
③ 전장의 세기   ④ 전위

| 해 ③ | 가우스의 정리
자유 공간에 놓인 폐곡선을 이루고 있는 도체 표면에 전하가 대전된 경우, 도체 표면에서 발산된 전기력선의 밀도는 전장의 세기와 같다는 것을 표현한 것이다.

□□□ 10①④,11①,14②,15②,16①②,21①,22①

55 두 금속을 접속하여 여기에 전류를 통하면, 줄열 외에 그 접점에서 열의 발생 또는 흡수가 일어나는 현상은?

① 펠티에 효과   ② 제벡 효과
③ 홀 효과   ④ 줄 효과

| 해 ① | 펠티에 효과
• 두 종류의 금속 접합부에 전류를 흘리면 전류의 방향에 따라 줄열 이외의 열의 흡수 또는 발생하는 현상
• 펠티에 효과는 전자 냉동 분야에 사용
• 제벡 효과 : 용광로 속의 온도나 기름의 온도를 측정할 때 사용

□□□ 09④,11④,22①

56 표면 전하밀도 $\sigma[C/m^2]$로 대전된 도체 내부의 전속밀도는 몇 $[C/m^2]$인가?

① ϵ_o ② 0
③ σ ④ E/ϵ_o

| 해 ② |
전기력선은 도체 내부에 존재하지 않는다. 따라서 도체 내부에서는 전계(E)가 0이다.
∴ 도체 내부의 전속밀도 $D=\epsilon_o E=0$이다.

□□□ 12④,22①

57 그림의 회로에서 모든 저항값은 2[Ω]이고, 전체 전류 I는 6[A]이다. I_1에 흐르는 전류는?

① 1[A]
② 2[A]
③ 3[A]
④ 4[A]

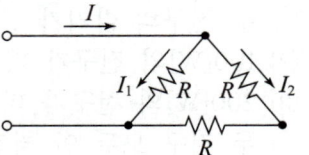

| 해 ④ | ■등가회로

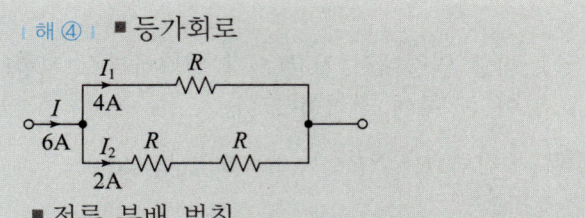

■ 전류 분배 법칙
• 저항비가 1 : 2이면 전류비는 2 : 1이다.
• $I_1 = \dfrac{2R}{2R+R} \times I = \dfrac{2R}{3R} \times 6 = 4[A]$

□□□ 22①

58 교류 회로에서 어드미턴스의 실수부를 무엇이라 하는가?

① 리액턴스   ② 컨덕턴스
③ 저항   ④ 서셉턴스

| 해 ② | 어드미턴스(Y)
$Y = G + jB[\mho]$
• G : 컨덕턴스(저항의 역수) ; 실수부
• B : 서셉턴스(리액턴스의 역수) ; 허수부

□□□ 14①,22①

59 $\dfrac{\pi}{6}[rad]$는 몇 도인가?

① 30°   ② 45°
③ 60°   ④ 90°

| 해 ① |
$\pi[rad] = 180°$
∴ $\dfrac{\pi}{6}[rad] = \dfrac{180}{6} = 30°$

정답 54 ③ 55 ① 56 ② 57 ④ 58 ② 59 ①

□□□ 06③, 07①, 08①④, 10④, 11①③, 12③, 13④, 15②, 16②, 22①

60 자기 회로의 길이 l[m], 단면적 A[m²], 투자율 μ[H/m]일 때 자기 저항 R[AT/Wb]을 나타내는 것은?

① $R = \dfrac{\mu l}{A}$[AT/Wb]

② $R = \dfrac{A}{\mu l}$[AT/Wb]

③ $R = \dfrac{\mu A}{l}$[AT/Wb]

④ $R = \dfrac{l}{\mu A}$[AT/Wb]

해 ④

자기 저항 $R = \dfrac{l}{\mu A}$[AT/Wb]

국가기술자격 CBT 필기시험문제

2022년도 기능사 2회 필기시험

종 목	시험시간	문제수	테스트 결과(개수)		
			1회	2회	3회
전기기능사	1시간	60			

전기설비

□□□ 09④,10③④,15③,22②

01 전자 접촉기 2개를 이용하여 유도 전동기 1대를 정·역운전하고 있는 시설에서 전자 접촉기 2개가 동시에 여자 되어 상간 단락되는 것을 방지하기 위하여 구성하는 회로는?

① 자기유지회로   ② 순차제어회로
③ Y-Δ 기동 회로   ④ 인터록회로

> |해 ④| 인터록(interlock)회로
> • 회로에서 어떤 두 동작이 동시에 일어나지 않게 할 때 사용
> • 2개의 입력 가운데 앞서 동작한 쪽이 우선하고, 다른 쪽은 동작을 금지시키는 회로

□□□ 07③,22②

02 금속 전선관 공사에 필요한 공구가 아닌 것은?

① 파이프 바이스   ② 와이어 스트리퍼
③ 리머   ④ 오스터

> |해 ②| 와이어 스트리퍼-전선 피복 벗기기
> ■ 금속관 공사용 공구
> • 파이프 바이스 : 금속관의 절단이나 나사 내기를 할 때 관을 단단히 물고 고정시켜 주기 위한 공구
> • 리머 : 금속관을 가공할 때 절단된 내부를 매끈하게 하기 위하여 사용
> • 오스터 : 금속 전선관 작업에서 나사를 낼 때 필요한 공구

□□□ 06③,11①,18③,22②

03 조명용 백열전등을 호텔 또는 여관 객실의 입구에 설치할 때나 일반 주택 및 아파트 각 실의 현관에 설치할 때 사용되는 스위치는?

① 타임 스위치   ② 누름버튼 스위치
③ 토글 스위치   ④ 로터리 스위치

> |해 ①| 타임 스위치(센서등)의 설치
> | 관광 숙박업에 이용되는 객실의 입구등 | 1분 이내 소등 |
> |---|---|
> | 일반 주택 및 아파트 각 호실의 현관등 | 3분 이내 소등 |

□□□ 06④,22②

04 저압 배전선로에서 전선을 수직으로 지지할 때 사용되는 장주용 자재명은?

① 경완철   ② 래크
③ LP애자   ④ 현수애자

> |해 ②| 래크(rack)
> 저압 가공 배전선로 전주의 수직 배선에 사용되는 전선 지지용 자재

□□□ 10②,12①,15①,22②

05 애자 공사의 저압 옥내배선에서 전선 상호간의 간격은 얼마 이상으로 하여야 하는가?

① 2[cm]   ② 4[cm]
③ 6[cm]   ④ 8[cm]

> |해 ③|
> 애자 공사에서 전선 상호간의 간격은 0.06[m] (6[cm]) 이상일 것

정답 01 ④ 02 ② 03 ① 04 ② 05 ③

□□□ 06④,12②,15①,16①,22②,23②

06 합성 수지관 상호 및 관과 박스와의 접속제에 삽입하는 깊이를 관 바깥지름의 몇 배 이상으로 하여야 하는가? (단, 접착제를 사용하지 않는다.)

① 0.8　　　② 1.2
③ 2.0　　　④ 2.5

| 해② | 접착제를 사용하지 않는 경우
• 삽입하는 깊이를 관의 바깥지름의 1.2배 이상
• 접착제를 사용하는 경우에는 0.8배 이상

□□□ 09④,12③,22②

07 고압 가공인입선이 일반적인 도로 횡단 시 설치 높이는?

① 3[m] 이상　　　② 3.5[m] 이상
③ 5[m] 이상　　　④ 6[m] 이상

| 해④ | 저·고압 가공인입선의 시설

구분	저압	고압
도로를 횡단하는 경우	노면상 5[m] 이상	6[m] 이상
철도 또는 궤도를 횡단하는 경우	레일면상 6.5[m] 이상	6.5[m] 이상
횡단보도교의 위에 시설하는 경우	노면상 3[m] 이상	3.5[m] 이상

□□□ 06③,12①,14①,15①,18③,21②,22②

08 인입용 비닐 절연전선을 나타내는 약호는?

① OW　　　② EV
③ DV　　　④ NV

| 해③ | 전선 약호

OW	옥외용 비닐 절연전선
EV	폴리에틸렌 절연 비닐 시스 케이블
DV	인입용 비닐 절연전선
NV	비닐 절연 네온전선

□□□ 15②,22②

09 화재 시 소방대가 조명 기구나 파괴용 기구, 배연기 등 소화 활동 및 인명 구조 활동에 필요한 전원으로 사용하기 위해 설치하는 것은?

① 상용전원 장치　　　② 유도등
③ 비상 콘센트　　　④ 비상등

| 해③ | 비상 콘센트
화재 시 소방대가 조명 기구나 파괴용 기구, 배연기 등 소화 활동 및 인명 구조 활동에 필요한 전원으로 사용하기 위해 설치하는 장치

□□□ 12③,22②

10 폴리에틸렌 절연 비닐 시스 케이블의 약호는?

① DV　　　② EE
③ EV　　　④ OW

| 해③ | 전선 약호

DV	인입용 비닐 절연전선
EE	폴리에틸렌 절연 폴리에틸렌 외장 케이블
EV	폴리에틸렌 절연 비닐 시스 케이블
OW	옥외용 비닐 절연전선

□□□ 12②,22②

11 다음의 심벌 명칭은 무엇인가?

① 파워 퓨즈
② 단로기
③ 피뢰기
④ 고압 컷아웃 스위치

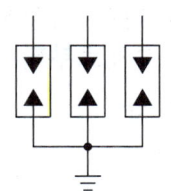

| 해③ | 피뢰기(LA)의 복선도
이상 전압 발생 시 대지로 방전하여 설비를 보호하는 기기를 표시하는 심벌

□□□ 22②

12 전동기 제어회로에 사용되는 배선용 차단기의 기호는 어떤 것인가?

① MCCB ② ELB
③ DS   ④ PF

해① 약호의 명칭

MCCB	배선용 차단기
ELB	누전 차단기
DS	단로기
PF	전력용 퓨즈

□□□ 13③, 22②

13 옥내배선에서 주로 사용하는 직선접속 및 분기 접속방법은 어떤 것을 사용하여 접속하는가?

① 동선압착단자 ② 슬리브
③ 와이어 커넥터 ④ 꽂음형 커넥터

해② 슬리브 접속방법
- 옥내배선에서 주로 사용하는 직선접속 및 분기 접속방법
- 슬리브의 종류 : S형, E형, P형

□□□ 15②, 22②

14 접지 공사에서 접지도체를 철주, 기타 금속체를 따라 시설하는 경우 접지극은 지중에서 그 금속체로부터 몇 [cm] 이상 떼어 매설하나?

① 30   ② 60
③ 75   ④ 100

해④ 접지극
접지도체를 철주 기타의 금속체를 따라서 시설하는 경우에는 접지극을 지중에서 그 금속체로부터 1[m](100[cm]) 이상 떼어 매설하여야 한다.

□□□ 06③, 07④, 11③, 13④, 14③, 15④, 18①, 22②

15 배전반 및 분전반의 설치장소로 적합하지 않는 곳은?

① 안정된 장소
② 밀폐된 장소
③ 개폐기를 쉽게 개폐할 수 있는 장소
④ 전기회로를 쉽게 조작할 수 있는 장소

해② 배전반 및 분전반의 설치장소
- 전기회로를 쉽게 조작할 수 있는 장소
- 개폐기를 쉽게 조작할 수 있는 장소
- 안정된 장소
- 노출된 장소

□□□ 15②, 22②

16 접지저항값에 가장 큰 영향을 주는 것은?

① 접지도체 굵기 ② 접지 전극 크기
③ 온도   ④ 대지 저항

해④ 대지 저항(soil resistivity)
- 대지를 상대로 하여 나타내는 저항
- 접지 저항에 가장 중요하고 큰 영향을 미치는 저항이다.

□□□ 11②, 22②

17 플로어 덕트 공사에서 금속제 박스는 강판의 몇 [mm] 이상되는 것을 사용하여야 하는가?

① 2.0   ② 1.5
③ 1.2   ④ 1.0

해① 플로어 덕트 공사
플로어 덕트 공사에 사용하는 금속제 박스는 두께가 2[mm] 이상인 강판으로 견고하게 제작되어야 한다.

□□□ 12②,13④,22②

18 금속 몰드의 사용전압은 몇 [V] 이하로 옥내의 건조한 장소로 시설할 수 있는가?

① 150 ② 220
③ 400 ④ 600

| 해 ③ |
금속 몰드의 사용전압이 400[V] 이하로 옥내의 건조한 장소로 시설할 수 있다.

□□□ 14②,16①,22②,24②

19 수·변전 설비 중에서 동력설비 회로의 역률을 개선할 목적으로 사용되는 것은?

① 전력 퓨즈 ② MOF
③ 지락 계전기 ④ 진상용 콘덴서

| 해 ④ | 진상용 콘덴서(SC)의 설치목적
수·변전 설비 중에서 동력설비 회로의 역률을 개선할 목적으로 사용

□□□ 22②

20 가공전선로의 지지물에 시설하는 지지선의 허용인장 하중은 몇 [kN] 이상이어야 하는가?

① 1.31 ② 2.31
③ 3.31 ④ 4.31

| 해 ④ | 지지선의 허용 인장 하중
지지선의 안전율은 2.5 이상일 것. 이 경우에 허용 인장 하중의 최저는 4.31[kN]으로 한다.

전기기기

□□□ 06④,09①,13①,15①,22②

21 부흐홀츠 계전기로 보호되는 기기는?

① 변압기 ② 유도 전동기
③ 직류 발전기 ④ 교류 발전기

| 해 ① | 부흐홀츠 계전기
• 변압기 내부 고장으로 인한 온도 상승 시 발생하는 유증기를 검출하여 경보 및 차단을 하기 위한 계전기
• 변압기 주탱크과 콘서베이터 사이에 설치

□□□ 08②,10①,11②,13④,15②,16③,22②

22 단상 유도 전동기 중 (ㄱ) 반발 기동형, (ㄴ) 콘덴서 기동형, (ㄷ) 분상 기동형, (ㄹ) 셰이딩 코일형이라 할 때, 기동 토크가 큰 것부터 옳게 나열한 것은?

① (ㄱ) > (ㄴ) > (ㄷ) > (ㄹ)
② (ㄱ) > (ㄹ) > (ㄴ) > (ㄷ)
③ (ㄱ) > (ㄷ) > (ㄹ) > (ㄴ)
④ (ㄱ) > (ㄴ) > (ㄹ) > (ㄷ)

| 해 ① | 단상 유도 전동기의 기동 토크의 크기
반발 기동형 > 반발 유도형 > 콘덴서 기동형 > 분상 기동형 > 셰이딩 코일형

□□□ 14④,15②,22②

23 동기기 운전 시 안정도 증진법이 아닌 것은?

① 단락비를 크게 한다.
② 회전부의 관성을 크게 한다.
③ 속응여자방식을 채용한다.
④ 역상 및 영상 임피던스를 작게 한다.

| 해 ④ |
역상 및 영상 임피던스를 크게 한다.

정답 18 ③ 19 ④ 20 ④ 21 ① 22 ① 23 ④

□□□ 06①,13④,14④,22②

24 변압기의 1차 권회수 80회, 2차 권회수 320회일 때 2차측의 전압이 100[V]이면 1차 전압[V]은?

① 15
② 25
③ 50
④ 100

해 ②
권수비 $a = \dfrac{V_1}{V_2} = \dfrac{N_1}{N_2} = \dfrac{E_1}{E_2} = \sqrt{\dfrac{Z_1}{Z_2}} = \dfrac{I_2}{I_1}$
• $a = \dfrac{N_1}{N_2} = \dfrac{80}{320} = 0.25$
• $a = \dfrac{V_1}{V_2} = \dfrac{V_1}{100} = 0.25$
∴ 1차 전압 $V_1 = aV_2 = 0.25 \times 100 = 25[V]$

□□□ 06②,10②,22②

25 분권 전동기에 대한 설명으로 옳지 않은 것은?

① 토크는 전기자 전류의 자승에 비례한다.
② 부하 전류에 따른 속도 변화가 거의 없다.
③ 계자 회로에 퓨즈를 넣어서는 안 된다.
④ 계자 권선과 전기자 권선이 전원에 병렬로 접속되어 있다.

해 ① 분권 전동기의 토크
$T = K\phi I_a$
토크($T[N \cdot m]$)는 전기자 전류(I_a)에 비례한다.

□□□ 07④,08④,09②,22②,23②

26 전기자 저항 0.1[Ω], 전기자 전류 104[A], 유도기전력 110.4[V]인 직류 분권 발전기의 단자 전압은 몇 [V]인가?

① 98[V]
② 100[V]
③ 102[V]
④ 105[V]

해 ② 발전기의 단자 전압
$E = V - I_a R_a = 110.4 - 104 \times 0.1 = 100[V]$

□□□ 07②,09④,10②,11①,22②

27 3상 유도 전동기의 원선도를 그리려면 등가회로의 정수를 구할 때 몇 가지 시험이 필요하다. 이에 해당하지 않는 것은?

① 무부하 시험
② 고정자 권선의 저항 측정
③ 회전수 측정
④ 구속 시험

해 ③ 원선도 작성 시험
• 저항 측정 시험 : 1차 구리손을 구할 수 있다.
• 무부하 시험 : 여자 전류, 철손을 구할 수 있다.
• 구속 시험(단락 시험) : 2차 구리손을 구할 수 있다.

□□□ 07①,13①②,15③,22②

28 동기속도 1,800[rpm], 주파수 60[Hz]인 동기 발전기의 극수는 몇 극인가?

① 2
② 4
③ 8
④ 10

해 ②
동기속도 $N_s = \dfrac{120f}{p}[rpm]$
• 주파수 $f = 60[Hz]$
• 동기속도 $N_s = 1,800[rpm]$
∴ $p = \dfrac{120f}{N_s} = \dfrac{120 \times 60}{1,800} = 4[극]$

□□□ 15①,22②

29 낮은 전압을 높은 전압으로 승압할 때 일반적으로 사용되는 변압기의 3상 결선 방식은?

① Δ-Δ
② Δ-Y
③ Y-Y
④ Y-Δ

해 ② Δ-Y 결선 방식
발전소용 변압기와 같이 낮은 전압을 높은 전압으로 올리는 승압용 변압기로 사용

☐☐☐ 08③④,10③,22②

30 4극 60[Hz], 200[kW]의 유도 전동기의 전부하 슬립이 2.5[%]일 때 회전수는 몇 [rpm]인가?

① 1,600
② 1,755
③ 1,800
④ 1,965

| 해 ② |
슬립 $s = \dfrac{N_s - N}{N_s} \times 100[\%]$

• 동기속도 $N_s = \dfrac{120f}{p} = \dfrac{120 \times 60}{4} = 1,800[\text{rpm}]$

∴ $N = N_s(1-s) = 1,800(1-0.025) = 1,755[\text{rpm}]$

참고 SOLVE 사용

• $s = \dfrac{1,800 - N}{1,800} \times 100 = 2.5[\%]$

∴ 전동기의 회전수 $N = 1,755[\text{rpm}]$

☐☐☐ 06②,11④,15③,22②

31 변압기의 임피던스 전압이란?

① 정격 전류가 흐를 때 변압기 내의 전압 강하
② 여자 전류가 흐를 때 2차측 단자 전압
③ 정격 전류가 흐를 때 2차측 단자 전압
④ 2차 단락 전류가 흐를 때 변압기 내의 전압 강하

| 해 ① | 변압기의 임피던스 전압
정격 전류가 흐를 때 변압기 내부의 임피던스에 의한 전압 강하

☐☐☐ 11②,22②

32 다음 중에서 초퍼나 인버터용 소자가 아닌 것은?

① TRIAC
② GTO
③ SCR
④ BJT

| 해 ① | TRIAC
• 자기 소호가 안 되고 쌍방향 동작하는 것이 특징으로 주로 교류 전력 제어에 사용된다.
• 초퍼나 인버터용 소자 : GTO, SCR, BJT

☐☐☐ 11①,13①④,19②,22②

33 동기 발전기의 병렬 운전 중에 기전력의 위상차가 생기면?

① 위상이 일치하는 경우보다 출력이 감소한다.
② 부하 분담이 변한다.
③ 무효 순환 전류가 흘러 자기자 권선이 과열된다.
④ 동기화력이 생겨 두 기전력의 위상이 동상이 되도록 작용한다.

| 해 ④ | 동기 발전기의 병렬 운전 조건 중 유도기전력의 위상차에 생기면 : 위상차에 의해 유효 순환 전류(동기화 전류)가 흘러 동기 화력에 의해 위상이 일치화된다.

☐☐☐ 16①,22②

34 3상 유도 전동기의 속도 제어 방법 중 인버터(inverter)를 이용한 속도 제어법은?

① 극수 변환법
② 전압 제어법
③ 초퍼 제어법
④ 주파수 제어법

| 해 ④ | 3상 유도 전동기 속도 제어 방법
• 주파수 제어법 : 벡터 제어, 센서리스 벡터 제어, VVVF 제어
• 가변 전압 가변 주파수(VVVF) : 인버터를 이용한 가변 전압 가변 주파수를 변환하여 속도를 제어하는 법

☐☐☐ 07④,08④,09①,13③,18②,22②

35 단락비가 1.2인 동기 발전기의 [%] 동기 임피던스는 약 몇 [%]인가?

① 68
② 83
③ 100
④ 120

| 해 ② | %동기 임피던스
$\%Z_s = \dfrac{1}{K_s} \times 100[\%] = \dfrac{1}{1.2} \times 100 = 83.33[\%]$

정답 30 ② 31 ① 32 ① 33 ④ 34 ④ 35 ②

□□□ 14①,21③,22②,23④

36 다음은 3상 유도 전동기 고정자 권선의 결선도를 나타낸 것이다. 맞는 사항을 고르시오.

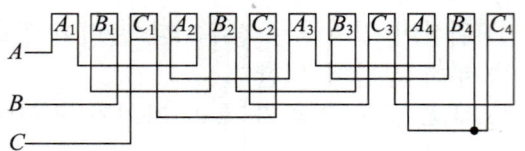

① 3상 2극, Y결선 ② 3상 4극, Y결선
③ 3상 2극, Δ결선 ④ 3상 4극, Δ결선

해 ②
- 3상 : 입력 A, B, C
- 4극 : 1극(A_1, B_1, C_1), 2극(A_2, B_2, C_2), 3극(A_3, B_3, C_3), 4극(A_4, B_4, C_4)
- Y결선 : 인출선 A, B, C와 하나의 접점 N에 연결되어 있어 Y결선
- ∴ 3상 4극, Y결선

□□□ 07③,09④,22②,23①

37 200[V], 50[Hz], 8극, 15[kW] 3상 유도 전동기에서 전부하 회전수가 720[rpm]이라면 이 전동기의 2차 효율은?

① 86[%] ② 96[%]
③ 98[%] ④ 100[%]

해 ② 2차 효율
$$\eta_2 = 1-s = \frac{N}{N_s} = \frac{N}{\frac{120f}{p}}$$
$$\therefore \eta_2 = \frac{720}{\frac{120 \times 50}{8}} = 0.96 = 96[\%]$$

□□□ 06②,09①,22②

38 직류기의 3대 요소가 아닌 것은?

① 전기자 ② 계자
③ 공극   ④ 정류자

해 ③ 직류기의 구성 3요소
- 계자 • 전기자 • 정류자

□□□ 08①,14②,22②

39 직류 발전기에서 급전선의 전압 강하 보상용으로 사용되는 것은?

① 분권기   ② 평복권기
③ 과복권기 ④ 차동복권기

해 ③ 과복권기
- 전부하 전압이 무부하 전압보다 높은 특성
- 직류 발전기에서 급전선의 전압 강하 보상으로 사용

□□□ 11②,14③,22②

40 직류 발전기에서 전기자 반작용을 없애는 방법으로 옳은 것은?

① 브러시 위치를 전기적 중성점이 아닌 곳으로 이동시킨다.
② 보극과 보상 권선을 설치한다.
③ 브러시의 압력을 조정한다.
④ 보극은 설치하되 보상 권선은 설치하지 않는다.

해 ② 전기장 반작용 해결 방법
- 계자 기자력을 크게 한다.
- 보극과 보상 권선을 설치한다.
- 브러시 위치를 전기적 중성점으로 이동시킨다.

전기이론

□□□ 06②,08④,10①③,11②,12③④,13③④,14①,15①,16②,22②

41 1[μF], 3[μF], 6[μF]의 콘덴서 3개를 병렬로 연결할 때 합성 정전 용량은?

① 1.5[μF] ② 5[μF]
③ 10[μF] ④ 18[μF]

해 ③ 콘덴서 병렬 연결의 합성 정전 용량

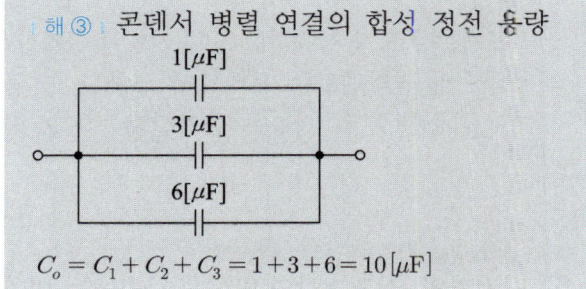

$C_o = C_1 + C_2 + C_3 = 1 + 3 + 6 = 10[\mu F]$

□□□ 06③,09①,12①,13④,22②

42 파형률은 어느 것인가?

① 평균값/실횻값 ② 실횻값/최댓값
③ 실횻값/평균값 ④ 최댓값/실횻값

해 ③ 파형률 : 전압의 실횻값을 평균값으로 나눈 값

파형률 = $\dfrac{\text{실횻값}(V)}{\text{평균값}(V_m)}$

□□□ 06③,07③,08②,14④,16①,22②

43 권선수 50인 코일에 5[A]의 전류가 흘렀을 때 10^{-3}의 자속이 코일 전체를 쇄교하였다면 이 코일의 자체 인덕턴스는?

① 10[mH] ② 20[mH]
③ 30[mH] ④ 40[mH]

해 ① 자기 인덕턴스 $L = \dfrac{N\phi}{I}$

$\therefore L = \dfrac{50 \times 10^{-3}}{5} = 0.01[H] = 0.01 \times 10^3 = 10[mH]$

□□□ 08②,09③,20②,22②

44 비정현파를 여러 개의 정현파의 합으로 표시하는 방법은?

① 키르히호프의 법칙 ② 노튼의 정리
③ 푸리에 분석 ④ 테일러의 분석

해 ③ 푸리에 분석(Fourier analysis)
복잡한 주기 함수(비정현파)를 여러 개의 단순한 주기 함수(정현파)의 합으로 분해하는 수학적 기법이다.

□□□ 11④,15②,22②

45 자기 인덕턴스가 0.01[H]인 코일에 100[V], 60[Hz]의 사인파 전압을 가할 때 유도 리액턴스는 약 몇 [Ω]인가?

① 3.77 ② 6.28
③ 12.28 ④ 37.68

해 ① 유도 리액턴스
$X_L = wL = 2\pi f L$
• 주파수 $f = 60[Hz]$
• 인덕턴스 $L = 0.01[H]$
$\therefore X_L = 2\pi \times 60 \times 0.01 = 3.77[\Omega]$

□□□ 15④,22②

46 3[kW]의 전열기를 정격 상태에서 20분간 사용하였을 때의 열량은 몇 [kcal]인가?

① 430 ② 520
③ 610 ④ 860

해 ④
열량 $H = C \cdot m \cdot \Delta t$
• 비열 $C = 1[kWh] = 860[kcal]$
• 질량 $m = 3[kW]$
• 온도 변화량 $\Delta t = \dfrac{20}{60}$ 시간
$\therefore H = 860 \times 3 \times \dfrac{20}{60} = 860[kcal]$

□□□ 06①,07①,09④,22②

47 기전력 1.5[V], 내부 저항 0.15[Ω]의 전지 10개를 직렬로 접속한 전원에 저항 4.5[Ω]의 전구를 접속하면 전구에 흐르는 전류는 몇 [A]가 되겠는가?

① 0.25
② 2.5
③ 5
④ 7.5

| 해② | 전지 n개 직렬 접속될 때
기전력 n배 증가, 내부 저항 n배 증가, 용량 일정
∴ 전류 $I = \dfrac{nE}{nr+R}[A] = \dfrac{10 \times 1.5}{10 \times 0.15 + 4.5} = 2.5[A]$

□□□ 06④,08②,10④,12③,13③,19②,22②

48 평균 길이 40[cm]의 환상 철심에 200회의 코일을 감고, 여기에 5[A]의 전류를 흘렸을 때 철심 내의 자기장의 세기는 몇 [AT/m]인가?

① 25×10^2[AT/m]
② 2.5×10^2[AT/m]
③ 200[AT/m]
④ 8,000[AT/m]

| 해① | 환상 솔레노이드의 자계의 크기
$H = \dfrac{\text{코일의 감긴 수} \times \text{전류}}{\text{자기 회로의 평균 깊이}}$
$= \dfrac{N \times I}{l} = \dfrac{N \times I}{2\pi r}$ [AT/m]
∴ $H = \dfrac{N \times I}{l} = \dfrac{200 \times 5}{0.40} = 2,500 = 25 \times 10^2$ [AT/m]

□□□ 09①,11③,12②,14①,22②

49 1대의 출력이 100[kVA]인 단상 변압기 2대로 V 결선하여 3상 전력을 공급할 수 있는 최대 전력은 몇 [kVA]인가?

① 100
② $100\sqrt{2}$
③ $100\sqrt{3}$
④ 200

| 해③ | V결선 시 3상 출력(단상 변압기 2대 사용)
$P_v = \sqrt{3} P_1 = \sqrt{3} \times 100 = 100\sqrt{3}$ [kVA]

□□□ 14④,22②

50 전구를 점등하기 전의 저항과 점등한 후의 저항을 비교하면 어떻게 되는가?

① 점등 후의 저항이 크다.
② 점등 전의 저항이 크다.
③ 변동 없다.
④ 경우에 따라 다르다.

| 해① |
• 도체는 온도가 상승하면 도체 저항이 증가한다.
• 전구의 필라멘트는 부하로서 도체다.
 ∴ 점등한 후의 저항은 증가한다.

□□□ 06②,09④,10④,12①,13④,14②,22②

51 발전기의 유도 전압의 방향을 나타내는 법칙은?

① 패러데이의 법칙
② 렌츠의 법칙
③ 오른나사의 법칙
④ 플레밍의 오른손 법칙

| 해④ | 플레밍의 법칙

구분	왼손 법칙	오른손 법칙
방향	도체에 흐르는 전류에 의한 힘(전자력)의 방향 전동기의 회전방향	유도기전력의 방향 발전기의 유도 전압의 방향
적용	전동기의 원리	발전기의 원리

□□□ 11②,22②

52 단상 전압 220[V]에 소형 전동기를 접속하였더니 2.5[A]의 전류가 흘렀다. 이때의 역률이 75[%]이었다. 이 전동기의 소비 전력[W]은?

① 187.5[W]
② 412.5[W]
③ 545.5[W]
④ 714.5[W]

| 해② | 단상의 소비 전력(유효 전력)
$P = VI\cos\theta = 220 \times 2.5 \times 0.75 = 412.5$[W]

□□□ 11③,12①②,15④,16①,22②

53 어떤 콘덴서에 전압 20[V]를 가할 때 전하 800[μC]이 축적되었다면 이때 축적되는 에너지는?

① 0.008[J] ② 0.16[J]
③ 0.8[J]   ④ 160[J]

|해①| 콘덴서에 축적되는 에너지
$W = \frac{1}{2}QV[J]$
• $Q = 800[\mu C] = 800 \times 10^{-6}[C]$
∴ $W = \frac{1}{2} \times 800 \times 10^{-6} \times 20 = 0.008[J]$

□□□ 09②,10②,15①,22②

54 다음 중 반자성체는?

① 안티몬   ② 알루미늄
③ 코발트   ④ 니켈

|해①| 자성체의 종류
• 반자성체는 물, 수은, 은, 납(Pb), 구리(Cu), 안티몬(Sb), 비스무트(Bi), 아연(Zn), 크롬 등
• 상자성체는 액체 산소, 공기, 백금, 주석, 알루미늄 등
• 강자성체는 철, 코발트, 니켈, 망간 등

□□□ 06③,07③,08②,14④①,16①,22②

55 권수 200회의 코일에 5[A]의 전류가 흘러서 0.025[Wb]의 자속이 코일을 지난다고 하면, 이 코일의 자체 인덕턴스는 몇 [H]인가?

① 2   ② 1
③ 0.5   ④ 0.1

|해②| 자체 인덕턴스 $L = \frac{N\phi}{I}$
∴ $L = \frac{200 \times 0.025}{5} = 1[H]$

□□□ 10④,22②

56 정전 용량(electrostatic capacity)의 단위를 나타낸 것으로 틀린 것은?

① $1[pF] = 10^{-12}[F]$
② $1[nF] = 10^{-7}[F]$
③ $1[\mu F] = 10^{-6}[F]$
④ $1[mF] = 10^{-3}[F]$

|해②| 대전량 $Q[C]$ = 정전 용량 × 전위 = C(cacitance) $\cdot V$
• 정전용량 C : 단위[패럿 F]
$1[F] = 10^3[mF] = 10^6[\mu F] = 10^9[nF] = 10^{12}[pF]$

□□□ 11②③,12④,15③④,22②

57 "같은 전기량에 의해서 여러 가지 화합물이 전해될 때 석출되는 물질의 양은 그 물질의 화학 당량에 비례한다." 이 법칙은?

① 렌츠의 법칙   ② 패러데이의 법칙
③ 앙페르의 법칙 ④ 줄의 법칙

|해②| 전기분해에 관한 패러데이의 법칙
같은 전기량에 의해서 여러 가지 화합물이 전해될 때 석출되는 물질의 양은 각 물질의 화학당량(원자량/원자가 K)에 비례한다.

□□□ 11④,14③,22②

58 전기장 중에 단위전하를 놓았을 대 그것이 작용하는 힘은 어느 값과 같은가?

① 전장의 세기   ② 전하
③ 전위   ④ 전위차

|해①|
• 전장의 세기(전계의 세기) : 전계 중에 단위 전하를 놓았을 때 그것에 작용하는 힘
• 전기장의 세기 : 전기장이 작용하는 공간에 +1[C]의 단위전하를 놓았을 때, 이 단위전하가 전기장의 방향을 따라 받는 힘의 크기

정답 53 ① 54 ① 55 ② 56 ② 57 ② 58 ①

☐☐☐ 13③,14③,22②

59 $R[\Omega]$인 저항 3개가 △결선으로 되어 있는 것을 Y결선으로 환산하면 1상의 저항$[\Omega]$은?

① $\frac{1}{3}R$ ② R
③ $3R$ ④ $\frac{1}{R}$

> [해 ①] △결선된 것을 Y결선으로 변환
> $R_\Delta = 3R_Y$
> $\therefore R_Y = \frac{1}{3}R_\Delta = \frac{1}{3}R$

☐☐☐ 12④,22②

60 열의 전달 방법이 아닌 것은?

① 복사 ② 대류
③ 확산 ④ 전도

> [해 ③]
> 열(에너지)의 전달 방법 : 복사, 대류, 전도

국가기술자격 CBT 필기시험문제

2023년도 기능사 1회 필기시험

종 목	시험시간	문제수	테스트 결과(개수)		
			1회	2회	3회
전기기능사	1시간	60			

전기설비

□□□ 13④,20①,23①

01 전압의 구분에서 저압 직류전압은 몇 [V] 이하인가?

① 400
② 600
③ 1,000
④ 1,500

[해 ④] 전압의 구분

구분	교류(AC)	직류(DC)
저압	1[kV] 이하 전압	1.5[kV] 이하 전압
고압	1[kV] 초과 전압	1.5[kV] 초과 전압
	AC, DC 모두 7[kV] 이하의 전압	
특고압	AC, DC 모두 7[kV] 초과의 전압	

□□□ 13④,18①,21②,23①

02 DV 전선을 사용하는 저압 구내 가공 인입전선으로 전선의 길이가 15[m]를 초과하는 경우 그 전선의 지름은 몇 [mm] 이상을 사용하여야 하는가?

① 1.6
② 2.0
③ 2.6
④ 3.2

[해 ③] 저압 가공인입선
- 지름 2.6[mm] 이상의 인입용 비닐 절연전선(DV)일 것
- 인장강도 2.30[kN] 이상의 것
- 다만, 지지물 간 거리가 15[m] 이하인 경우
- 인장강도 1.25[kN] 이상의 것
- 지름 2[mm] 이상의 인입용 비닐 절연전선(DV)일 것

□□□ 14④,23①

03 옥내의 건조하고 전개된 장소에서 사용전압이 400[V] 이상인 경우에는 사용할 수 없는 배선공사는?

① 애자 공사
② 금속 덕트 공사
③ 버스 덕트 공사
④ 금속 몰드 공사

[해 ④] 금속 몰드 공사
금속 몰드의 사용전압이 400[V] 이하로 옥내의 건조한 장소로 전개된 장소

□□□ 06①④,18①,19③,23①

04 점유 면적이 좁고 운전, 보수에 안전하므로 공장, 빌딩 등의 전기실에 많이 사용되며, 큐비클형(cubicle)이라고 불리는 배전방식은?

① 라이브 프런트식
② 데드 프런트식
③ 포스트형
④ 폐쇄식

[해 ④] 큐비클형(cubicle type : 폐쇄식 배전반)
점유 면적이 좁고, 운전 보수가 안전하여 공장 및 빌딩 등의 전기실에 많이 사용되는 배전반

□□□ 07②④,08④,10②,18②,23①

05 금속관 공사에서 관을 박스 내에 고정시킬 때 사용하는 것은?

① 부싱
② 로크 너트
③ 새들
④ 커플링

[해 ②] 로크 너트(Lock nut)
금속관 공사에서 관을 박스에 고정시킬 때 사용하는 공구

정답 01 ④ 02 ③ 03 ④ 04 ④ 05 ②

□□□ 23①

06 대지 전압 300[V] 이하의 조명기기를 배전선로의 지지물에 시설하는 전주 외등의 배선은 단면적 몇 [mm²] 이상의 절연전선을 사용하여야 하는가?

① 2.0[mm²]   ② 2.5[mm²]
③ 6.0[mm²]   ④ 16[mm²]

> 해② 전주 외등의 시설
> 배전선로의 지지물 등에 조명기기를 시설하는 경우에 대지 전압은 300[V] 이하로 하며 배선은 단면적 2.5[mm²] 이상의 절연전선을 사용하여야 한다.

□□□ 09②, 21①, 23①

07 한국전기설비규정(KEC)에서 규정하고 있는 보호도체의 전선 색상은?

① 갈색   ② 검은색
③ 파란색   ④ 녹색-노란색

> 해④ 전선의 색상
>
> | 상(문자) | 색상 |
> |---|---|
> | L1 | 갈색 |
> | L2 | 검은색 |
> | L3 | 회색 |
> | N(중성도체) | 파란색 |
> | 보호도체 | 녹색-노란색 |

□□□ 07③, 08①③④, 10②, 11④, 12③, 13①, 14②, 18②, 22①, 23①, 25②

08 폭연성 먼지가 존재하는 곳의 금속관 공사에 있어서 관 상호 및 관과 박스의 접속은 몇 턱 이상의 죔 나사로 시공하여야 하는가?

① 6턱   ② 5턱
③ 4턱   ④ 3턱

> 해② 5턱 이상의 나사조임으로 접속하는 방법
> 폭발성(폭연성) 먼지가 존재하는 곳

□□□ 09③, 19②, 23①

09 저압 가공전선과 고압 가공전선을 동일 지지물에 시설하는 경우 상호 간격은 몇 [cm] 이상이어야 하는가?

① 20[cm]   ② 30[cm]
③ 40[cm]   ④ 50[cm]

> 해④ 저압 고압 가공전선의 병행 설치 경우 간격
> 저압 가공전선과 고압 가공전선 사이의 간격은 0.5[m] 이상일 것

□□□ 07①, 09②④, 19②, 23①

10 다음 중 전선의 굵기를 측정하는 것은?

① 프레셔 툴   ② 스패너
③ 파이어포트   ④ 와이어 게이지

> 해④ 와이어 게이지
> 전선의 굵기를 측정할 때 사용하는 공구

□□□ 08①, 23①

11 버스 덕트 공사에 의한 저압 옥내배선 공사에 대한 설명으로 틀린 것은?

① 덕트 상호간 및 전선 상호간은 견고하고 또한 전기적으로 완전하게 접속할 것
② 덕트를 조영재에 붙이는 경우에는 덕트의 지지점 간의 거리를 6[m] 이하로 할 것
③ 덕트(환기형의 것을 제외한다.)의 끝부분은 막을 것
④ 습기가 많은 장소 또는 물기가 있는 장소에 시설하는 경우에는 옥외용 버스 덕트를 사용할 것

> 해② 버스 덕트 공사
> 덕트를 조영재에 붙이는 경우에는 덕트의 지지점 간의 거리를 3[m] 이하로 하고 또한 견고하게 부착해야 한다.

정답 06 ② 07 ④ 08 ② 09 ④ 10 ④ 11 ②

☐☐☐ 13④, 14①, 23①

12 단선의 직선 접속방법 중에서 트위스트 직선 접속을 할 수 있는 최대 단면적은 몇 [mm²] 이하인가?

① 2.5
② 4
③ 6
④ 10

해 ③	전선의 접속법
트위스트 접속	6[mm²] 이하 가는 단선의 접속
브리타니아 접속	10[mm²] 이상 굵은 단선의 접속

☐☐☐ 15③, 23①

13 접지저항 측정 방법으로 가장 적당한 것은?

① 절연저항계
② 전력계
③ 교류의 전압, 전류계
④ 콜라우시 브리지

| 해 ④ | 콜라우시 브리지법
전극을 정삼각형 배치하고 극간 저항값에 의해 대지 저항률을 구하는 방법

☐☐☐ 23①

14 저압 전로에서 정전이 어려운 경우 등 절연 저항 측정이 곤란한 경우에는 누설 전류를 몇 [mA] 이하로 유지해야 하는가?

① 1[mA]
② 2[mA]
③ 3[mA]
④ 4[mA]

| 해 ① | 전로의 절연저항
저압 전로에서 정전이 어려운 경우 등 절연저항 측정이 곤란한 경우 저항 성분의 누설 전류가 1[mA] 이하이면 그 전로의 절연 성능은 적합한 것으로 본다.

☐☐☐ 10⑤, 11①, 15①, 20②, 23①

15 일반적으로 가공전선의 지지물에 취급자가 오르고 내리는 데 사용하는 발판 볼트 등은 지표상 몇 [m] 미만에 시설하여서는 아니 되는가?

① 0.75[m]
② 1.2[m]
③ 1.8[m]
④ 2.0[m]

| 해 ③ | 가공전선로 지지물의 발판 볼트
가공전선로의 지지물에 취급자가 오르고 내리는 데 사용하는 발판 볼트 등을 지표상 1.8[m] 미만에 시설하여서는 아니 된다.

☐☐☐ 23①

16 과전류 차단기로서 저압 전로에 사용하는 100[A] 주택용 배선용 차단기를 120분 동안 시험할 때 부동작 전류와 동작 전류는 각각 정격 전류의 몇 배인가?

① 1.05배, 1.3배
② 1.05배, 1.45배
③ 1.13배, 1.3배
④ 1.13배, 1.45배

| 해 ④ | 주택용 배선용 차단기

정격 전류의 구분	시간	부동작 전류	동작 전류
63[A] 이하	60분	1.13배	1.45배
63[A] 초과	120분	1.13배	1.45배

☐☐☐ 08④, 11②, 14③, 18②, 23①

17 가공전선로의 지지물에 지지선을 사용해서는 안 되는 곳은?

① 목주
② A종 철근 콘크리트주
③ A종 철주
④ 철탑

| 해 ④ | 지지물의 철탑
가공전선로의 지지물로 사용하는 철탑은 지지선을 사용하여 그 강도를 분담시켜서는 안 된다.

□□□ 09④,10③④,15③,23①

18 전동기의 정·역 운전을 제어하는 회로에서 2개의 전자 개폐기의 작동이 동시에 일어나지 않도록 하는 회로는?

① Y−Δ 회로 ② 자기유지회로
③ 촌동회로 ④ 인터록회로

|해④| 인터록(Interlock)회로
회로에서 어떤 두 동작이 동시에 일어나지 않게 할 때 사용

□□□ 10④,12④,13③,17④,18④,19①,20③,21④,23①

19 전등 한 개를 2개소에서 점멸하고자 할 때 옳은 배선은?

①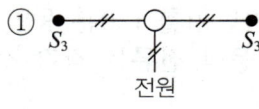
②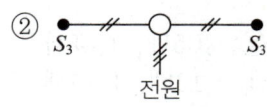
③
④ (그림)

|해④| 3로 스위치(3 way switch)
1개 등을 2개소에서 점멸하기 위해서는 3로 스위치 2개가 필요하다. 전원선 외에 두 스위치를 연결하는 연락선(트래블러) 2가닥이 필요하므로, 스위치와 스위치 사이의 배관에는 최소 3가닥의 전선이 필요하다.

□□□ 07①,15①,19①,23①

20 다음 중 지중전선로의 매설방법이 아닌 것은?

① 관로식 ② 암거식
③ 직접 매설식 ④ 행거식

|해④| 지중전선로의 매설방법
전선에 케이블을 사용하고 관로식, 암거식, 직접 매설식 방법에 의한다.

전기기기

□□□ 07②,08③,10②,12②③,13③,15①,23①

21 단상 전파 정류 회로에서 교류 입력이 100[V]이면 직류 출력은 약 몇 [V]인가?

① 45 ② 67.5
③ 90 ④ 135

해③ 단상 정류 회로
$E_d = \dfrac{2\sqrt{2}\,E}{\pi} = 0.90E[V] = 0.90 \times 100 = 90[V]$

□□□ 15③,23①

22 2대의 동기 발전기 A, B가 병렬 운전하고 있을 때 A기의 여자 전류를 증가시키면 어떻게 되는가?

① A기의 역률은 낮아지고 B기의 역률은 높아진다.
② A기의 역률은 높아지고 B기의 역률은 낮아진다.
③ A, B 양 발전기의 역률이 높아진다.
④ A, B 양 발전기의 역률이 낮아진다.

해① 동기 발전기의 병렬 운전
역률 $\cos\theta = \dfrac{1}{여자\ 전류(I_f)}$

A기의 여자 전류를 증가시키면 지상분 전류가 흘러 역률은 낮아지고, B기의 여자 전류는 감소되어 지상분 전류가 흘러 역률은 높아진다.

□□□ 06②,08②,09③,15②,23①

23 회전자 입력 10[kW], 슬립 3[%]인 3상 유도 전동기의 2차 구리손[W]은?

① 300 ② 400
③ 500 ④ 700

해① 2차 구리손
$P_{c2} = sP_2 = 0.03 \times 10 = 0.3[kW] = 300[W]$

□□□ 08②,09③④,12①,16②,23①

24 무부하에서 119[V]되는 분권 발전기의 전압 변동률이 6[%]이다. 정격 전부하 전압은 약 몇 [V]인가?

① 110.2 ② 112.3
③ 122.5 ④ 125.3

해② 전압 변동률
$\epsilon = \dfrac{V_o - V_n}{V_n} \times 100 = \dfrac{119 - V_n}{V_n} \times 100 = 6[\%]$

$\therefore V_n = \dfrac{V_o}{\epsilon + 1} = \dfrac{119}{0.06 + 1} = 112.3[V]$

참고 SOLVE 사용
∴ 정격 전압 $V_n = 112.3[V]$

□□□ 15③,19④,23①

25 다음 그림의 직류 전동기는 어떤 전동기인가?

① 직권 전동기
② 타여자 전동기
③ 분권 전동기
④ 복권 전동기

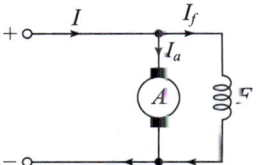

해③ 직류 전동기의 종류에 따른 접속도

분권 전동기	계자(I_f)와 전기자(I_a)의 병렬 연결
직권 전동기	계자(I_f)와 전기자(I_a)의 직렬 연결

□□□ 13②,16③,23①

26 전압을 일정하게 유지하기 위해서 이용되는 다이오드는?

① 발광 다이오드 ② 포토 다이오드
③ 제너 다이오드 ④ 바리스터 다이오드

해③ 제너 다이오드(zener diode)
다이오드의 역방향 기능을 이용한 소자이고 일정한 전압을 얻기 위한 것이다.

정답 21 ③ 22 ① 23 ① 24 ② 25 ③ 26 ③

□□□ 06①,15②,18①,22①,23①

27 동기 발전기의 전기자 권선을 단절권으로 하면?

① 고조파를 제거한다.
② 절연이 잘 된다.
③ 역률이 좋아진다.
④ 기전력을 높인다.

| 해① | 동기 발전기의 단절권
코일의 사용량이 줄어들고 고조파를 제거하여 좋은 파형을 얻을 수 있다.

□□□ 10②,12①,14②,20②,23①

28 전기 기계의 철심을 성층하는 가장 적절한 이유는?

① 기계손을 적게 하기 위하여
② 표유 부하손을 적게 하기 위하여
③ 히스테리시스손을 적게 하기 위하여
④ 와류손을 적게 하기 위하여

| 해④ | 전기자 철심의 특성

규소 강판 사용	히스테리시스손 감소
규소 강판 성층 사용	철손 감소
성층 철심	와류손 감소

□□□ 08①,09③④,15①,23①

29 정류자와 접촉하여 전기자 권선과 외부 회로를 연결하는 역할을 하는 것은?

① 계자   ② 전기자
③ 브러시   ④ 계자 철심

| 해③ | 브러시(brush)
회전하는 정류자 표면과 마찰 접촉을 하면서 전기자 권선과 외부 회로를 연결시켜 발전기에서 발생된 기전력을 외부 전기회로에 전달하는 역할을 한다.

□□□ 08②,14②,23①

30 철심에 권선을 감고 전류를 흘려서 공극(air gap)에 필요한 자속을 만드는 것은?

① 정류자   ② 계자
③ 회전자   ④ 전기자

| 해② |
• 계자 : 자속을 발생시키는 역할을 하는 부분으로 계자 철심과 계자 권선으로 구성
• 계자 철심 : 계자 권선을 고정시키는 역할과 함께 계자 권선에서 발생된 자속을 한곳으로 집중시키는 통로 역할을 한다.

□□□ 07③,09④,22②,23①

31 200[V], 50[Hz], 8극, 15[kW] 3상 유도 전동기에서 전부하 회전수가 720[rpm]이라면 이 전동기의 2차 효율은?

① 86[%]   ② 96[%]
③ 98[%]   ④ 100[%]

| 해② | 유도 전동기의 2차 효율

$$\eta_2 = \frac{P_o}{P_2} = \frac{(1-s)P_2}{P_2} = 1-s = \frac{N}{N_s} = \frac{N}{\frac{120f}{p}}$$

$$\therefore \eta_2 = \frac{720}{\frac{120 \times 50}{8}} = 0.96 = 96[\%]$$

□□□ 08②,09④,10③,14①④,21②,23①

32 인버터(inverter)란?

① 교류를 직류로 변환
② 직류를 교류로 변환
③ 교류를 교류로 변환
④ 직류를 직류로 변환

| 해② | 인버터
직류전류를 교류전류로 변환해 주는 전력 변환 장치

정답 27 ① 28 ④ 29 ③ 30 ② 31 ② 32 ②

□□□ 10②,13③,23①

33 상전압 300[V]의 3상 반파 정류 회로의 직류 전압은 약 몇 [V]인가?

① 520[V] ② 350[V]
③ 260[V] ④ 50[V]

|해②| 3상 반파 정류 회로의 직류전압
$E_d = 1.17 V_P = 1.17 \times 300 = 351[V]$

Remember
- 3상 정류 회로
- 3상 반파 직류분 전압
  $E_d = \dfrac{3\sqrt{6}}{2\pi} V_P = 1.17 V_P [V]$
- 3상 전파 직류분 전압
  $E_d = \dfrac{3\sqrt{2}}{\pi} V_l = 1.35 V_l [V]$

□□□ 09③,11②,23①

34 다음 중 변압기 무부하손의 대부분을 차지하는 것은?

① 유전체손 ② 구리손
③ 철손   ④ 저항손

|해③| 변압기의 손실
- 변압기의 무부하손(철손)과 부하손(구리손)
- 무부하손 : 철손(히스테리시스손+맴돌이 전류손)
- 부하손 : 구리손, 표유 부하손

□□□ 07③,16②,18②,23①

35 3상 동기 발전기에 무부하 전압보다 90° 뒤진 전기자 전류가 흐를 때 전기자 반작용은?

① 감자작용을 한다.
② 증자작용을 한다.
③ 교차 자화작용을 한다.
④ 자기 여자작용을 한다.

|해①| 동기(교류) 발전기의 전기자 반작용
3상 교류(동기) 발전기에 전기자 전류가 유기 기전력(무부하 전압)보다 위상이 $90°\left(\dfrac{\pi}{2}[\text{rad}]\right)$ 뒤지면 감자작용을 하여 기전력을 감소시킨다.

□□□ 06②④,07④,14④,16①,23①

36 역률과 효율이 좋아서 가정용 선풍기, 전기 세탁기, 냉장고 등에 주로 사용되는 것은?

① 분상 기동형 전동기
② 반발 기동형 전동기
③ 콘덴서 기동형 전동기
④ 셰이딩 코일형 전동기

|해③| 콘덴서 기동형 전동기
구조가 간단하고 역률(90[%] 이상)과 효율이 좋기 때문에 큰 기동 토크를 요하지 않고 속도를 조정할 필요가 있는 가정용 선풍기, 세탁기, 냉장고 등에 사용된다.

□□□ 12①④,15④,16②,18②,22①,23①

37 부흐홀츠 계전기의 설치위치로 가장 적당한 곳은?

① 콘서베이터 내부
② 변압기 고압측 부싱
③ 변압기 주탱크 내부
④ 변압기 주탱크와 콘서베이터 사이

|해④| 부흐홀츠 계전기(변압기의 기계적 보호방식)
- 변압기 본체(주탱크)와 콘서베이터 사이에 설치
- 변압기의 내부에서 발생한 고장으로 인한 가스의 부력과 절연유의 급속한 유속을 이용하여 변압기의 내부 고장을 신속하게 검출하는 계전기

□□□ 07②,09④,10②,11①,20①,23①

38 유도 전동기에서 원선도 작성 시 필요하지 않은 시험은?

① 무부하 시험　　② 구속 시험
③ 저항 측정　　　④ 슬립 측정

> 해④ 원선도 작성 시험
> • 저항 측정 시험 : 1차 구리손을 구할 수 있다.
> • 무부하 시험 : 여자 전류, 철손을 구할 수 있다.
> • 구속 시험(단락 시험) : 2차 구리손을 구할 수 있다.

□□□ 11①,12②③,15④,23①

39 동기 전동기의 장점이 아닌 것은?

① 직류 여자가 필요하다.
② 전부하 효율이 양호하다.
③ 역률 1로 운전할 수 있다.
④ 동기속도를 얻을 수 있다.

> 해① 동기 전동기의 단점
> 직류 여자 방식인 직류 전원 장치가 필요하다.

□□□ 07①④,09③,16①③,19②,23①

40 1차 권수 3,000, 2차 권수 100인 변압기에서 이 변압기의 전압비는 얼마인가?

① 20　　② 30
③ 40　　④ 50

> 해② 권수비(전압비)
> $a = \dfrac{V_1}{V_2} = \dfrac{N_1}{N_2} = \dfrac{E_1}{E_2} = \sqrt{\dfrac{Z_1}{Z_2}} = \sqrt{\dfrac{R_1}{R_2}} = \dfrac{I_2}{I_1}$
> ∴ 전압비 $a = \dfrac{N_1}{N_2} = \dfrac{3,000}{100} = 30$

전기이론

□□□ 06②,23①

41 0.2[℧]의 컨덕턴스를 가진 저항체에 3[A]의 전류를 흘리려면 몇 [V]의 전압을 가하면 되겠는가?

① 5　　② 10
③ 15　　④ 20

> 해③ 컨덕턴스(G)는 저항(R)의 역수
> 컨덕턴스 $G = \dfrac{1}{R} = \dfrac{I}{V}$
> ∴ $V = \dfrac{I}{G} = \dfrac{3(A)}{0.2(℧)} = 15[V]$

□□□ 07⑤,12①,23①

42 감은 횟수 200회의 코일 P와 300회의 코일 S를 가까이 놓고 P에 1[A]의 전류를 흘릴 때 S와 쇄교하는 자속이 4×10^{-4}[Wb]이었다면 이들 코일 사이의 상호 인덕턴스는?

① 0.12[H]　　② 0.12[mH]
③ 0.08[H]　　④ 0.08[mH]

> 해① 상호 인덕턴스
> $M = \dfrac{N_2 \phi_2}{I_1} = \dfrac{300 \times 4 \times 10^{-4}[Wb]}{1[A]} = 0.12[H]$

□□□ 06①,08④,10④,15②,23①

43 공기 중에서 자기장의 세기가 100[AT/m]인 점에 8×10^{-2}[Wb]의 자극을 놓을 때 이 자극에 작용하는 자기력은?

① 8×10^{-4}[N]　　② 8[N]
③ 125[N]　　④ 1,250[N]

> 해② 자기력
> $F = m \cdot H$[N]
> $= 8 \times 10^{-2} \times 100 = 8$[N]

정답　38 ④　39 ①　40 ②　41 ③　42 ①　43 ②

44 그림과 같은 회로의 저항값이 $R_1 > R_2 > R_3 > R_4$일 때 전류가 최소로 흐르는 저항은?

① R_1
② R_2
③ R_3
④ R_4

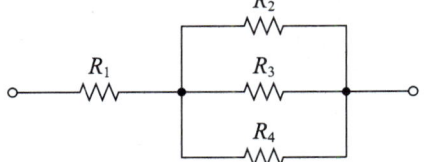

해 ②
• 전류는 저항의 크기에 반비례하여 흐름
• 병렬로 연결된 회로에 전압 V가 흐를 때
$I_2 = \dfrac{V}{R_2} < I_3 = \dfrac{V}{R_3} < I_4 = \dfrac{V}{R_4}$
$I = I_2 + I_3 + I_4$ ∴ R_2가 가장 적다.
(저항이 클수록 전류가 가장 작다.)
• R_1은 직렬로 연결, 따라서 가장 큰 전류가 흐른다.

45 10[V/m]의 전장에 어떤 전하를 놓으면 0.1[N]의 힘이 작용한다. 전하의 양은 몇 [C]인가?

① 10^2
② 10^{-4}
③ 10^{-2}
④ 10^4

해 ③ 전기장의 세기
$F = Q \cdot E$[N]
∴ 전하량 $Q = \dfrac{F}{E} = \dfrac{0.1}{10} = 0.01 = 10^{-2}$[C]

46 유효 전력의 식으로 맞는 것은? (단, 전압은 E, 전류는 I, 역률은 $\cos\theta$이다.)

① $EI\cos\theta$
② $EI\sin\theta$
③ $EI\tan\theta$
④ EI

해 ① 유효 전력
$P = VI\cos\theta$[W] $= EI\cos\theta$

47 △결선 V_l(선간전압), V_P(상전압), I_l(선전류), I_P(상전류)의 관계식으로 옳은 것은?

① $V_l = \sqrt{3}\,V_P$, $I_l = I_P$
② $V_l = V_P$, $I_l = \sqrt{3}\,I_P$
③ $V_l = \dfrac{1}{\sqrt{3}}V_P$, $I_l = I_P$
④ $V_l = V_P$, $I_l = \dfrac{1}{\sqrt{3}}I_P$

해 ② 3상 교류의 Y결선과 △결선		
	Y결선	△결선
선간전압	$=\sqrt{3}\,V_P$ (상전압)	선간전압 $V_l = V_P$
선전류	$I_l = I_P$ (상전류)	선전류 $I_l = \sqrt{3}\,I_P$

48 10[A]의 전류로 6시간 방전할 수 있는 축전지의 용량은?

① 2[Ah]
② 15[Ah]
③ 30[Ah]
④ 60[Ah]

해 ④ 축전지의 용량
Q = 방전 전류 × 방전 시간
$= A \cdot H = 10 \times 6 = 60$[Ah]

49 3[Ω]의 저항이 5개, 7[Ω]의 저항이 3개, 114[Ω]의 저항이 1개 있다. 이들을 모두 직렬로 접속할 때의 합성저항은 몇 [Ω]인가?

① 120
② 130
③ 150
④ 160

해 ③ 직렬 합성저항
$R_o = R_1 + R_2 + R_3$
$R_o = 3 \times 5 + 7 \times 3 + 114 \times 1 = 150$[Ω]

정답 44 ② 45 ③ 46 ① 47 ② 48 ④ 49 ③

□□□ 07①,19①,23①

50 무한장 직선 도체에 전류를 통했을 때 10[cm] 떨어진 점의 자계의 세기가 2[AT/m]라면 전류의 크기는 약 몇 [A]인가?

① 1.26   ② 2.16
③ 2.84   ④ 3.14

> 해① 직선(무한정)도체에 의한 자장(자계)의 세기
> $H = \dfrac{I}{2\pi r}[\text{AT/m}]$에서
> [방법1] 전류 $I = H \cdot 2\pi r$
> $\quad\quad\quad\quad = 2 \times 2\pi \times 0.10 = 1.26[\text{A}]$
> [방법2] SOLVE 사용
> $\dfrac{I(전류)}{2\pi \times 0.10} = 2[\text{AT/m}]$
> ∴ 전류 $I = 1.2566 = 1.26[\text{A}]$

□□□ 08④,11③④,13④,16③,23①

51 전기력선에 대한 설명으로 틀린 것은?

① 같은 전기력선은 흡인한다.
② 전기력선은 서로 교차하지 않는다.
③ 전기력선은 도체의 표면에 수직으로 출입한다.
④ 전기력선은 양전하의 표면에서 나와서 음전하의 표면에서 끝난다.

> 해① 전기력선의 성질
> 전기력선은 같은 종류의 전하에서 나오므로 항상 서로 밀어내는 반발력이 작용한다.

□□□ 08②,21①,23①

52 자극의 세기가 20[Wb]인 길이 15[cm]의 막대자석의 자기모멘트는 몇 [Wb·m]인가?

① 0.45   ② 1.5
③ 3.0   ④ 6.0

> 해③ 자기모멘트(자기 쌍극자 모멘트)
> $M = m \cdot l = 20 \times 0.15 = 3.0[\text{Wb} \cdot \text{m}]$

□□□ 07②,14③④,23①

53 일반적으로 절연체를 서로 마찰시키면 이들 물체는 전기를 띠게 된다. 이와 같은 현상은?

① 분극   ② 정전
③ 대전   ④ 코로나

> 해③ 대전(electrification)
> • 물체가 정상 상태보다 전자수가 많아져 전기를 띠는 현상
> • 절연체를 서로 마찰시키면 이들 물체에 전기를 띠게 되는 현상

□□□ 06④,07①,12③,14③,23①

54 자체 인덕턴스가 100[H]가 되는 코일에 전류를 1초 동안 0.1[A]만큼 변화시켰다면 유도기전력[V]은?

① 1[V]   ② 10[V]
③ 100[V]   ④ 1,000[V]

> 해② 유도기전력
> $e = L\dfrac{\Delta I}{\Delta t} = 100 \times \dfrac{0.1}{1} = 10[\text{V}]$

□□□ 10③,14③,15②,23①

55 전기저항 25[Ω]에 50[V]의 사인파 전압을 가할 때 전류의 순싯값은?
(단, 각속도 $\omega = 377[\text{rad/sec}]$임.)

① $2\sin 377t[\text{A}]$ ② $2\sqrt{2}\sin 377t[\text{A}]$
③ $4\sin 377t[\text{A}]$ ④ $4\sqrt{2}\sin 377t[\text{A}]$

> 해② 전류의 순싯값
> $i = I_m \sin \omega t$
> • $I_m = \sqrt{2}I$, $I = \dfrac{V}{R} = \dfrac{50[\text{V}]}{25[\Omega]} = 2[\text{A}]$
> ∴ $I_m = 2\sqrt{2}$
> ∴ $i = 2\sqrt{2}\sin 377t[\text{A}]$

정답 50 ① 51 ① 52 ③ 53 ③ 54 ② 55 ②

□□□ 06②,08④,10①③,11②,12③④,13③④,14①,15①,16②,23①

56 정전 용량 C_1, C_2가 병렬 접속되어 있을 때의 합성 정전 용량은?

① $C_1 + C_2$
② $\dfrac{1}{C_1} + \dfrac{1}{C_2}$
③ $\dfrac{C_1 C_2}{C_1 + C_2}$
④ $\dfrac{1}{C_1 + C_2}$

|해 ①|
- 콘덴서의 병렬 접속 시 합성 정전 용량
$C_o = C_1 + C_2$
- 콘덴서의 직렬 접속
$C_o = \dfrac{1}{\dfrac{1}{C_1} + \dfrac{1}{C_2}} = \dfrac{C_1 C_2}{C_1 + C_2}$

□□□ 08③,23①

57 진공의 투자율 μ_o[H/m]은?

① 6.33×10^4
② 8.55×10^{-12}
③ $4\pi \times 10^{-7}$
④ 9×10^9

|해 ③| 진공의 투자율
$\mu_o = 4\pi \times 10^{-7}$[H/m]

□□□ 12①,13③,15①,16③,23①

58 어느 회로의 전류가 다음과 같을 때, 이 회로에 대한 전류의 실횻값[A]은?

$$i = 3 + 10\sqrt{2}\sin\left(\omega t - \dfrac{\pi}{6}\right) + 5\sqrt{2}\sin\left(3\omega t - \dfrac{\pi}{3}\right)[\text{A}]$$

① 11.6[A]
② 23.2[A]
③ 32.2[A]
④ 48.3[A]

|해 ①| 비사인파의 실횻값
$I = \sqrt{I_0^2 + I_1^2 + I_3^2} = \sqrt{3^2 + 10^2 + 5^2} = 11.6$[A]

□□□ 10①④,11①,14②,15②,16①②,23①

59 서로 다른 종류의 안티몬과 비스무트의 두 금속을 접속하여 여기에 전류를 통하면, 그 접점에서 열의 발생 또는 흡수가 일어난다. 줄열과 달리 전류의 방향에 따라 열의 흡수와 발생이 다르게 나타나는 이 현상은?

① 펠티에 효과
② 제벡 효과
③ 제3금속의 법칙
④ 열전 효과

|해 ①| 펠티에 효과
- 두 종류의 금속 접합부에 전류를 흘리면 전류의 방향에 따라 줄열 이외의 열의 흡수 드는 발생하는 현상
- 펠티에 효과는 전자 냉동 분야에 사용
- 제벡 효과 : 용광로 속의 온도나 기름의 온도를 측정할 때 사용

□□□ 11②④,13③,14①,15③,16③,20①,23①

60 단상 전력계 2대를 사용하여 2전력계법으로 3상 전력을 측정하고자 한다. 두 전력계의 지싯값이 각각 P_1, P_2[W]이었다. 3상 전력 P[W]를 구하는 식으로 옳은 것은?

① $P = \sqrt{3}(P_1 \times P_2)$
② $P = P_1 - P_2$
③ $P = P_1 \times P_2$
④ $P = P_1 + P_2$

|해 ④| 2전력계법의 3상 전력일 때 부하 전력
$P = P_1 + P_2$

정답 56 ① 57 ③ 58 ① 59 ① 60 ④

국가기술자격 CBT 필기시험문제

2023년도 기능사 2회 필기시험

종 목	시험시간	문제수	테스트 결과(개수)		
전기기능사	1시간	60	1회	2회	3회

전기설비

□□□ 09④,12③,16①,23②

01 터널·갱도 기타 이와 유사한 장소에서 사람이 상시 통행하는 터널 내의 공사 방법으로 적절하지 않은 것은?

① 라이팅 덕트 공사
② 금속제 가요 전선관 공사
③ 합성 수지관 공사
④ 애자 공사

| 해 ① | 터널·갱도 기타 이와 유사한 장소의 공사 방법
저압의 경우 케이블 공사, 금속관 공사, 합성 수지관 공사, 금속제 가요 전선관 공사, 애자 공사에 의할 것

□□□ 09④,12③,22②,23②

02 고압 가공인입선이 일반적인 도로 횡단 시 설치 높이는?

① 3[m] 이상
② 3.5[m] 이상
③ 5[m] 이상
④ 6[m] 이상

| 해 ④ | 저·고압 가공인입선의 시설

구분	저압	고압
도로를 횡단하는 경우	노면상 5[m] 이상	6[m] 이상
철도 또는 궤도를 횡단하는 경우	레일면상 6.5[m] 이상	6.5[m] 이상
횡단보도교의 위에 시설하는 경우	노면상 3[m] 이상	3.5[m] 이상
기타 장소	4[m] 이상	5[m] 이상

□□□ 23②

03 발전기나 변압기의 내부 고장보호에 사용되는 계전기는?

① 차동 계전기
② 접지 계전기
③ 과전압 계전기
④ 역상 계전기

| 해 ① | 차동 계전기
발전기나 변압기의 내부 고장보호용에 사용되는 계전기

□□□ 06①④,18①,19③,23②

04 점유 면적이 좁고 운전, 보수에 안전하므로 공장, 빌딩 등의 전기실에 많이 사용되며, 큐비클형(cubicle)이라고 불리는 배전방식은?

① 라이브 프런트식
② 데드 프런트식
③ 포스트형
④ 폐쇄식

| 해 ④ | 큐비클형(cubicle type : 폐쇄식 배전반)
점유 면적이 좁고, 운전 보수가 안전하여 공장 및 빌딩 등의 전기실에 많이 사용되는 배전반

□□□ 06④,12②,15①,16①,22②,23②

05 합성 수지관 상호 접속 시에 관을 삽입하는 깊이는 관 바깥지름의 몇 배 이상으로 하여야 하는가? (단, 접착제는 사용하지 않는다.)

① 0.6
② 0.8
③ 1.0
④ 1.2

| 해 ④ |
• 삽입하는 깊이를 관의 바깥지름의 1.2배 이상
• 접착제를 사용하는 경우에는 0.8배 이상

정답 01 ① 02 ④ 03 ① 04 ④ 05 ④

□□□ 07②,09①,11③,19①,23②
06 접지를 하는 목적이 아닌 것은?

① 이상 전압의 발생
② 전로의 대지 전압의 저하
③ 보호 계전기의 동작 확보
④ 감전의 방지

|해①| 접지의 목적
- 감전의 방지
- 이상 전압의 억제
- 전로의 대지 전압의 저하
- 보호 계전기의 동작 확보

□□□ 06②,13③,14②,16②,23②
07 금속 전선관 공사에서 사용되는 후강 전선관의 규격이 아닌 것은?

① 16   ② 28
③ 36   ④ 50

|해④| 금속 전선관 공사에서 사용되는 관

종류	관의 호칭	규격[mm]
박강 전선관	홀수 (바깥지름)	15, 19, 25, 31, 39, 51, 63, 75
후강 전선관	짝수 (안지름)	16, 22, 28, 36, 42, 54, 70, 82, 92, 104

□□□ 09④,15④,18③,21①,23②
08 합성 수지관 공사에서 경질 비닐 전선관의 굵기에 해당되지 않는 것은? (단, 관의 호칭을 말한다.)

① 14   ② 16
③ 18   ④ 22

|해③| 경질 비닐 전선관의 호칭
관 안지름 : 14, 16, 22, 28, 36, 42, 54, 70, 82, 100[mm]의 짝수

□□□ 16③,23②
09 450/750[V] 일반용 단심 비닐 절연전선의 약호는?

① NRI   ② NF
③ NFI   ④ NR

|해④| 전선의 약호

NR	450/570[V] 일반용 단심 비닐 절연전선
NF	450/750[V] 일반용 유연성 단심 비닐 절연전선
NFI	300/500[V] 기기 배선용 유연성 단심 비닐 절연전선
NRI	300/500[V] 기기 배선용 단심 비닐 절연전선

□□□ 14①,19④,23②
10 토지의 상황이나 기타 사유로 인하여 보통지지선을 시설할 수 없을 때 전주와 전주 간 또는 전주와 지지기둥 간에 시설할 수 있는 지지선은?

① 보통지지선   ② 수평지지선
③ Y지지선   ④ 궁지지선

|해②| 수평지지선
토지의 상황이나 기타 사유로 인하여 보통지지선을 시설할 수 없을 때 전주와 전주 간 또는 전주와 지지기둥 간에 시설할 수 있는 지지선

□□□ 07①,08③,09③,12①,14③,16②,18②,21①,23②
11 금속 전선관 작업에서 나사를 낼 때 필요한 공구는 어느 것인가?

① 파이프 벤더   ② 볼트 클리퍼
③ 오스터   ④ 파이프 렌치

|해③| 오스터(Oster)
금속관 공사에서 금속 전선관 끝에 나사를 낼 때 사용하는 공구

□□□ 07④,10①②,12②,13④,14④,16③,23②

12 무대, 오케스트라 박스, 영사실, 기타 사람이나 무대 도구가 접촉할 우려가 있는 장소에 시설하는 저압 옥내배선, 전구선 또는 이동 전선은 사용 전압이 몇 [V] 이하이어야 하는가?

① 60[V]　　② 110[V]
③ 220[V]　　④ 400[V]

| 해 ④ | 이동 전압 400[V] 이하
전시회, 쇼 및 공연장(무대·무대마루 밑·오케스트라 박스·영사실) 기타 이들과 유사한 장소의 이동 전선의 사용전압은 400[V] 이하이어야 한다.

□□□ 08②,09③,16②,19②,23④

13 전기설비기술기준의 판단기준에 의하여 애자 공사를 건조한 장소에 시설하고자 한다. 사용전압이 400[V] 이하인 경우 전선과 조영재 사이의 간격은 최소 몇 [cm] 이상이어야 하는가?

① 2.5　　② 4.5
③ 6.0　　④ 12

| 해 ① | 애자 공사의 전선과 조영재 사이의 간격

사용전압	간격	건조한 장소
400[V] 이하	25[mm](2.5[cm])	25[mm] (2.5[cm])
400[V] 초과	45[mm](4.5[cm])	

□□□ 14③,20②,23②

14 고압 전로에 지락사고가 생겼을 때 지락 전류를 검출하는 데 사용하는 것은?

① CT　　② ZCT
③ MOF　　④ PT

| 해 ② | 영상 변류기(ZCT)
지락 전류를 감지하기 위해 설치된다.

□□□ 07①,23②

15 실내 전반 조명을 하고자 한다. 작업대로부터 광원의 높이가 2.4[m]인 위치에 조명 기구를 배치할 때 벽에서 한 기구 이상 떨어진 기구에서 기구 간의 거리는 일반적인 경우 최대 몇 [m]로 배치하여 설치하는가? (단, $S \leq 1.5[H]$를 사용하여 구하도록 한다.)

① 1.8　　② 2.4
③ 3.2　　④ 3.6

| 해 ④ | 전반 조명 시 광원간격
$S \leq 1.5[H] = 1.5 \times 2.4 = 3.6[m]$

□□□ 07①,21②,23②

16 조명등을 숙박업소의 입구에 설치할 때 현관등은 최대 몇 분 이내에 소등되는 타임 스위치를 시설하여야 하는가?

① 1　　② 2
③ 3　　④ 4

| 해 ① | 센서등(타임 스위치)의 소등
• 일반 주택 및 아파트 각 호실의 현관등 : 3분 이내
• 관광 숙박업 또는 숙박업(여인숙 제외)에 이용되는 객실의 입구등 : 1분 이내

□□□ 14②,19②,23②

17 인입 개폐기가 아닌 것은?

① ASS　　② LBS
③ LS　　④ UPS

| 해 ④ | ■ 인입 개폐기

ASS	자동 고장 구분 개폐기
LBS	부하 개폐기
LS	선로 개폐기
COS	컷아웃 스위치

■ UPS : 무정전 전원공급장치

정답　12 ④　13 ①　14 ②　15 ④　16 ①　17 ④

□□□ 14①, 23②

18 교류 차단기에 포함되지 않는 것은?

① GCB
② HSCB
③ VCB
④ ABB

|해②|
■ 직류 고속도 차단기
• 기호 : HSCB
• 직류전기철도의 급전계통에 사용된다.
■ 교류 차단기

GCB	가스 차단기
VCB	진공 차단기
ABB	공기 차단기

□□□ 07③④, 08③, 09①, 13②④, 16①②, 23②

19 셀룰로이드, 성냥, 석유류 등 기타 가연성 위험 물질을 제조 또는 저장하는 장소의 배선 공사로 잘못된 공사는?

① 금속관 공사
② 합성 수지관 공사
③ 플로어 덕트 공사
④ 케이블 공사

|해③| 위험물 등이 존재하는 장소의 공사
• 셀룰로이드·성냥·석유류 기타 타기 쉬운 위험한 물질을 제조하거나 저장하는 곳
• 금속관 공사, 합성 수지관 공사, 케이블 공사를 한다.

□□□ 10②, 23②

20 금속 덕트에 넣은 전선의 단면적(절연피복의 단면적 포함)의 합계는 덕트 내부 단면적의 몇 [%] 이하로 하여야 하는가? (단, 전광표시 장치·출퇴 표시 등 기타 이와 유사한 장치 또는 제어회로 등의 배선만을 넣는 경우가 아니다.)

① 20[%]
② 40[%]
③ 60[%]
④ 80[%]

|해①| 금속 덕트 공사에서 제어회로 등에 배선만
• 넣는 경우 : 50[%] 이하
• 넣지 않는 경우 : 20[%] 이하

정답 18 ② 19 ③ 20 ①

전기기기

□□□ 06②,08①,11④,18①,21①,23②

21 동기 발전기를 계통에 병렬로 접속시킬 때 관계없는 것은?

① 주파수 ② 위상
③ 전압   ④ 전류

> |해 ④| 동기 발전기에 필요한 병렬 운전 조건
> • 전압이 같을 것
> • 위상이 같을 것
> • 주파수가 같을 것
> • 파형이 같을 것

□□□ 12③,15④,22①,23②

22 변압기 V 결선의 특징으로 틀린 것은?

① 고장 시 응급처치 방법으로도 쓰인다.
② 단상 변압기 2대로 3상 전력을 공급한다.
③ 부하 증가가 예상되는 지역에 시설한다.
④ V 결선 시 출력은 Δ 결선 시 출력과 그 크기가 같다.

> |해 ④| 변압기 V결선의 단점
> V결선 시 출력은 Δ 결선 시 출력의
> $\frac{\sqrt{3}\,VI}{3VI}=0.577$로 57.7[%]밖에 안 된다.

□□□ 08②,10①,11②④,13④,15②,16③,19①,21②,23②

23 다음 중 단상 유도 전동기의 기동 방법 중 기동 토크가 가장 큰 것은?

① 분상 기동형   ② 반발 유도형
③ 콘덴서 기동형 ④ 반발 기동형

> |해 ④| 반발 기동형
> 단상 유도 전동기 중 기동 토크가 가장 큰 방식의 기동법이다.

□□□ 15③,18②,23②

24 정격이 10,000[V], 500[A], 역률 90[%]의 3상 동기 발전기의 단락 전류 I_s[A]는? (단, 단락비는 1.3으로 하고, 전기자 저항은 무시한다.)

① 450   ② 550
③ 650   ④ 750

> |해 ③|
> 단락비 $K_s = \dfrac{단락\ 전류(I_s)}{정격\ 전류(I_n)}$
> ∴ 단락 전류 $I_s = K_s \cdot I_n = 1.3 \times 500 = 650[A]$

□□□ 13②,23②

25 직류 직권 전동기의 회전수(N)와 토크(τ)와의 관계는?

① $\tau \propto \dfrac{1}{N}$ ② $\tau \propto \dfrac{1}{N^2}$
③ $\tau \propto N$ ④ $\tau \propto N^{\frac{3}{2}}$

> |해 ②| 직류 전동기의 속도, 토크 특성
> • 직권 전동기의 토크 속도 특성
> $\tau \propto I^2 \propto \dfrac{1}{N^2}$
> • 분권 전동기의 토크 속도 특성
> $\tau \propto I \propto \dfrac{1}{N}$
> • I 또는 I_a : 전기자 전류

□□□ 07④,08④,09②,12③,22②,23②

26 전기자 저항 0.1[Ω], 전기자 전류 104[A], 유도기전력 110.4[V]인 직류 분권 발전기의 단자 전압[V]은?

① 110   ② 106
③ 102   ④ 100

> |해 ④| 분권 발전기의 단자 전압
> $V = E - I_a R_a = 110.4 - 104 \times 0.1 = 100[V]$

정답 21 ④ 22 ④ 23 ④ 24 ③ 25 ② 26 ④

□□□ 23②

27 비투자율이 1인 환상 철심 중의 자장의 세기가 H[AT/m]이었다. 이때 비투자율이 10인 물질로 바꾸면 철심의 자속밀도[Wb/m²]는?

① $\frac{1}{10}$배로 줄어든다. ② 10배 커진다.
③ 50배 커진다.   ④ 100배 커진다.

|해②| 자속밀도 $B = \frac{\phi}{S} = \mu H = \mu_o \mu_s H$[Wb/m²]
- $\mu_s = 1, \mu'_s = 10$
- $\therefore B' = \frac{\mu'_s}{\mu_s} B = \frac{10}{1} B = 10B$ [Wb/m²]
- $(\because B : B' = \mu_s : \mu'_s ; B' = \frac{\mu'_s}{\mu_s} B)$

□□□ 06②,07③,08②④,11②③,13①,14①,15①,19②,23②

28 동기 발전기의 난조를 방지하는 가장 유효한 방법은?

① 회전자의 관성을 크게 한다.
② 제동 권선을 자극 면에 설치한다.
③ X_s를 작게 하고 동기화력을 크게 한다.
④ 자극수를 적게 한다.

|해②| 동기 발전기의 난조 방지법
- 제동 권선(Damper Winding)을 자극 면에 설치한다.
- 단락비를 크게 한다.
- 플라이휠을 설치한다.

□□□ 23②

29 다음 중 비선형 소자에 속하는 것은?

① 저항   ② 코일
③ 콘덴서   ④ 공진관

|해④| 선형소자의 종류
저항, 콘덴서(커패시터), 코일(인덕터)

□□□ 07②④,08③,13①③,15①②,16②,23②

30 변압기유로 쓰이는 절연유에 요구되는 성질이 아닌 것은?

① 점도가 클 것
② 비열이 커 냉각 효과가 클 것
③ 절연재료 및 금속재료에 화학작용을 일으키지 않을 것
④ 인화점이 높고 응고점이 낮을 것

|해①| 변압기유의 구비 조건
- 절연내력이 클 것
- 인화점이 높을 것
- 응고점이 낮을 것
- 점도가 작을 것
- 냉각 효과가 클 것
- 비열과 열전도도가 클 것
- 고온에서 화학 반응이 없을 것

□□□ 10①,14③,23②

31 다음 그림에 대한 설명으로 틀린 것은?

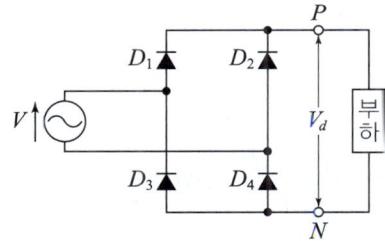

① 브리지(bridge) 회로라고도 한다.
② 실제의 정류기로 널리 사용된다.
③ 반파 정류 회로라고도 한다.
④ 전파 정류 회로라고도 한다.

|해③| 정류기
■ 전파 정류 회로
- 다이오드 4개를 사용하는 회로로 브리지(bridge) 회로를 이용하는 방법
- 실제 정류 회로로 널리 사용된다.
■ 반파 정류 회로
- 다이오드 1개를 사용하는 정류 회로

정답 27 ② 28 ② 29 ④ 30 ① 31 ③

□□□ 10①,14③,21②,23②

32 동기 전동기의 자기 기동법에서 계자 권선을 단락하는 이유는?

① 기동이 쉽다.
② 기동 권선으로 이용한다.
③ 고전압이 유도된다.
④ 전기자 반작용을 방지한다.

| 해③ | 자기 기동법
동기 전동기의 자기 기동법에서 계자 권선을 단락하는 이유는 고전압 유도에 의한 절연 파괴 위험 방지를 위해서다.

□□□ 11③,13②,23②

33 변압기의 자속에 관한 설명으로 옳은 것은?

① 전압과 주파수에 반비례한다.
② 전압과 주파수에 비례한다.
③ 전압에 반비례하고 주파수에 비례한다.
④ 전압에 비례하고 주파수에 반비례한다.

| 해④ |
- 변압기의 유도기전력
  $E = 4.44fN\phi$ [V]에서
- 자속 $\phi = \dfrac{E}{4.44fN}$ [Wb]
∴ 변압기의 자속(ϕ)은 전압(E)에 비례하고 주파수(f)에 반비례한다.

□□□ 15①,23②

34 사용 중인 변류기의 2차를 개방하면?

① 1차 전류가 감소한다.
② 2차 권선에 110[V]가 걸린다.
③ 개방단의 전압은 불변하고 안전하다.
④ 2차 권선에 고압이 유도된다.

| 해④ |
변류기(CT)의 사용 중 2차측을 개방하면 1차측 부하 전류가 모두 여자 전류가 되어 2차 권선에 고전압을 유기하여 변류기의 절연을 파괴할 수 있다.

□□□ 06①③④,07②③,08③,09④,12④,16③,23②

35 단락비가 큰 동기 발전기를 설명하는 일 중 틀린 것은?

① 동기 임피던스가 작다.
② 단락 전류가 크다.
③ 전기자 반작용이 크다.
④ 공극이 크고 전압 변동률이 작다.

| 해③ | 단락비가 큰 동기 발전기의 특징
- 전기자 반작용이 작다.
- 안정도가 좋다.
- 전압 변동률이 작다.
- 단락 전류가 크다.
- 동기 임피던스가 작다.
- 공극이 크다.

□□□ 06①②,08④,09②,10③,14②,15①,23②

36 유도 전동기에서 슬립이 0이란 것은 어느 것과 같은가?

① 유도 전동기가 동기속도로 회전한다.
② 유도 전동기가 정지상태이다.
③ 유도 전동기의 전부하 운전 상태이다.
④ 유도 제동기의 역할을 한다.

| 해① | 유도 전동기의 슬립(s) 범위
$0 < s < 1$
- $s=1$일 때 : 동기속도 $N=0$; 전동기 정지 상태
- $s=0$일 때 : 동기속도 $N=N_S$; 전동기 동기 속도로 회전상태

□□□ 07①,11①,13④,15①,16②,18②,23②

37 3상 유도 전동기의 회전방향을 바꾸기 위한 방법으로 옳은 것은?

① 전원의 전압과 주파수를 바꾸어 준다.
② ⊿-Y 결선으로 결선법을 바꾸어 준다.
③ 기동 보상기를 사용하여 권선을 바꾸어 준다.
④ 전동기의 1차 권선에 있는 3개의 단자 중 어느 2개의 단자를 서로 바꾸어 준다.

|해④| 3상 유도 전동기의 회전방향을 바꾸기 위한 방법
전동기의 1차 권선에 있는 3개의 단자 중 어느 2개의 단자를 서로 바꾸어 주면 회전능향이 반대가 되어 역회전된다.

□□□ 06②,23②

38 다극 중권 직류 발전기의 전기자 권선에 균압 고리를 설치하는 이유는?

① 브러시에서 불꽃을 방지하기 위하여
② 전기자 반작용을 방지하기 위하여
③ 정류 기전력을 높이기 위하여
④ 전압 강하를 방지하기 위하여

|해①| 균압 고리(균압선)
전기자 권선의 중권에서 기전력의 불평형에 의해 발생되는 브러시 불꽃과 온도 상승을 방지하기 위해 같은 전위가 되어야 할 점을 도선으로 묶는 선이다.

□□□ 06②,11④,15③,19①,22②,23②

39 변압기의 임피던스 전압에 대한 설명으로 옳은 것은?

① 여자 전류가 흐를 때의 2차측 단자 전압이다.
② 정격 전류가 흐를 때의 2차측 단자 전압이다.
③ 정격 전류에 의한 변압기 내부 전압 강하이다.
④ 2차 단락 전류가 흐를 때의 변압기 내의 전압 강하이다.

|해③| 변압기의 임피던스 전압
정격 전류가 흐를 때 변압기 내부의 임피던스에 의한 전압 강하

□□□ 10②,16②,23②

40 전기 기계의 효율 중 발전기의 규약 효율 r_G는 몇 [%]인가? (단, P는 입력, Q는 출력, L은 손실이다.)

① $\eta_G = \dfrac{P-L}{P} \times 100$

② $\eta_G = \dfrac{P-L}{P+L} \times 100$

③ $\eta_G = \dfrac{Q}{P} \times 100$

④ $\eta_G = \dfrac{Q}{Q+L} \times 100$

|해④| 발전기의 규약 효율
$\eta_G = \dfrac{출력}{출력+손실} \times 100 = \dfrac{Q}{Q+L} \times 100 [\%]$

전기이론

□□□ 06④,15①,19①,21②,23②

41 전압 V[V]와 전류 I[A], 그리고 전압과 전류의 위상차 θ를 이용한 전력 중 유효 전력을 표현하는 식은 다음 중 어느 것인가?

① VI
② $VI\cos\theta$
③ $VI\sin\theta$
④ $VI\tan\theta$

|해②| 유효 전력
$P = VI\cos\theta[\text{W}] = EI\cos\theta$

□□□ 23②

42 다음 중 정전기 현상이 발생하는 경우가 아닌 것은?

① 액체가 관을 통과하는 경우
② 건전지에 (+)전극과 (-)전극을 접속한 경우
③ 물체를 접촉했다가 뗀 경우
④ 물체를 마찰시킨 경우

|해②| 정전기 현상의 원인
• 물체를 마찰시킨 경우
• 배관 내에 액체가 흐르는 경우
• 물체를 접촉했다가 떼어 내는 경우
• 공기 중의 상대습도가 70[%] 이하로 저하하여 건조한 경우

□□□ 04①,06②,07②③,08④,10①,11④,13②,21①,23②

43 히스테리시스 곡선에서 세로축과 만나는 점과 관계있는 것은?

① 보자력
② 잔류 자기
③ 자속밀도
④ 기자력

|해②| 히스테리시스 곡선에서
• 가로축(횡축)과 만나는 점은 보자력
• 세로축(종축)과 만나는 점은 잔류 자기

□□□ 16①,23②

44 동일한 저항 4개를 접속하여 얻을 수 있는 최대 저항값은 최소 저항값의 몇 배인가?

① 2
② 5
③ 8
④ 25

|해④|
• 직렬 저항 시 합성저항 : 크다.
$R_{\max} = R + R + R + R = 4R$
• 병렬 저항 시 합성저항 : 작다.
$R_{\min} = \dfrac{1}{\dfrac{1}{R}+\dfrac{1}{R}+\dfrac{1}{R}+\dfrac{1}{R}}$
$= \dfrac{1}{\dfrac{1}{R}\times 4} = \dfrac{1}{\dfrac{4}{R}} = \dfrac{R}{4}$
∴ $\dfrac{R_{\max}}{R_{\min}} = \dfrac{4R}{\dfrac{R}{4}} = \dfrac{4\times 4R}{R} = 16$

□□□ 11②,23②

45 평균 반지름 r[m]의 환상 솔레노이드에서 I[A]의 전류가 흐를 때, 내부 자계가 H[AT/m]이었다. 권수 N은?

① $\dfrac{HI}{2\pi r}$
② $\dfrac{2\pi r}{HI}$
③ $\dfrac{2\pi rH}{I}$
④ $\dfrac{I}{2\pi rH}$

|해③| 철심의 평균 반지름으로 계산한 평균 둘레

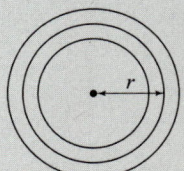

• $l = 2\pi r$
• $H = \dfrac{N\cdot I}{l} = \dfrac{N\cdot I}{2\pi r}$[AT/m]
∴ 권수 $N = \dfrac{2\pi rH}{I}$

정답 41 ② 42 ② 43 ② 44 ④ 45 ③

□□□ 06②③,11①,12④,23②

46 다음 전압과 전류의 위상차는 어떻게 되는가?

$$v = \sqrt{2}\,V\sin\left(wt - \frac{\pi}{3}\right)[V]$$
$$i = \sqrt{2}\,I\sin\left(wt - \frac{\pi}{6}\right)[A]$$

① 전류가 π/3만큼 앞선다.
② 전압이 π/3만큼 앞선다.
③ 전압이 π/6만큼 앞선다.
④ 전류가 π/6만큼 앞선다.

[해 ④] 위상차
$$\theta = |\theta_i - \theta_v| = \left|-\frac{\pi}{3} - \left(-\frac{\pi}{6}\right)\right| = \frac{\pi}{6}$$

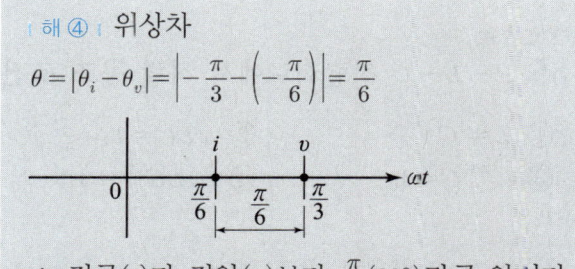

∴ 전류(i)가 전압(v)보다 $\frac{\pi}{6}$(30°)만큼 앞선다.

□□□ 12①,14①③,23②

47 기전력 1.5[V], 내부 저항 0.2[Ω]인 전지 5개를 직렬로 접속하여 단락시켰을 때의 전류[A]는?

① 1.5[A] ② 2.5[A]
③ 6.5[A] ④ 7.5[A]

[해 ④]
• 전지 5개 직렬 연결될 때
• 기전력 n배 증가, 내부 저항 n배 증가, 용량 일정
$$I_s = \frac{nE}{nr + R}[A]$$
• 직렬 연결 수 $n = 5$개
• 기전력 $E = 1.5[V]$
• 내부 저항 $r = 0.2[\Omega]$
• 단락된 경우 부하 저항 $R = 0$
$$\therefore I_s = \frac{5 \times 1.5}{5 \times 0.2 + 0} = 7.5[A]$$

□□□ 06③④,07④,08③,12④,14④,16③,23②

48 1[kWh]는 몇 [J]인가?

① 3.6×10^6 ② 860
③ 10^3 ④ 10^6

[해 ①]
• 1[W·s] = 1[J]
• 1[kW] = 1×10³[W]
• 1h = 60×60 = 3,600[sec]
∴ 1[kWh] = 1×10³ × 3,600 = 3.6×10⁶
 = 3.6×10⁶[W·sec] = 3.6×10⁶[J]

□□□ 23②

49 온도변화에도 용량의 변화가 적으며, 극성이 있고 비교적 가격이 비싸나 온도에 의한 용량변화가 엄격한 회로, 어느 정도 주파수가 높은 회로 등에 사용되고 있는 콘덴서는?

① 탄탈 콘덴서 ② 마일러 콘덴서
③ 세라믹 콘덴서 ④ 바리콘

[해 ①] 탄탈 콘덴서
• 어느 정도 주파수가 높은 회로 등에 사용된다.
• 용량의 변화가 적고 극성이 있으며 가격이 비싼 편이다.

□□□ 06③,07③,08②,14④,23②

50 권선수 100회 감은 코일에 2[A]의 전류가 흘렀을 때 50×10^{-3}[Wb] 자속이 코일에 쇄교되었다면 자기 인덕턴스는 몇 [H]인가?

① 1.0 ② 1.5
③ 2.0 ④ 2.5

[해 ④]
자기 인덕턴스 $L = \frac{N\phi}{I}$
$$\therefore L = \frac{100 \times 50 \times 10^{-3}}{2} = 2.5[H]$$

□□□ 11①,13③,15③,23②

51 2분간에 876,000[J]의 일을 하였다. 그 전력은 얼마인가?

① 7.3[kW] ② 29.2[kW]
③ 73[kW]   ④ 438[kW]

|해 ①|
전력 $P = \dfrac{W}{t}$[W]
- $t = 2(분) \times 60(초) = 120[\sec]$
- $1[kW] = 1,000[W]$
- $1[W] = 10^{-3}[kW] = \dfrac{1}{1,000}[kW]$
- $\therefore P = \dfrac{876,000}{120} = 7,300[W]$
  $= 7,300 \times 10^{-3} = 7.3[kW]$

□□□ 10③,16②,23②

52 초산은(AgNO₃) 용액에 1A의 전류를 2시간 동안 흘렸다. 이때 은의 석출량(g)은? (단, 은의 전기 화학당량은 1.1×10^{-3}g/C이다.)

① 5.44   ② 6.08
③ 7.92   ④ 9.84

|해 ③| 패러데이 법칙에서
- 석출량 $W = K \cdot Q = KIt$
- $t = 2(시간) \times 60(분) \times 60(초) = 7,200초$
- $\therefore W = 1.1 \times 10^{-3} \times 1 \times 7,200 = 7.92[g]$

□□□ 10③,23②

53 진공 중에서 비유전율 ϵ_r의 값은?

① 1   ② 6.33×10^4
③ 8.855×10^{-12} ④ 9×10^9

|해 ①|
- 진공의 비유전율 $\epsilon_r = 1$
- 진공의 유전율 $\epsilon_o = 8.854 \times 10^{-12}$[F/m]

□□□ 11②,13③,14①,15③,16③,23②

54 2전력계법으로 3상 전력을 측정하였더니 전력계의 지싯값이 $P_1 = 450$[W], $P_2 = 450$[W]이었다. 이 부하의 전력[W]은 얼마인가?

① 450[W]   ② 900[W]
③ 1,350[W]   ④ 1,560[W]

|해 ②| 2전력계법의 3상 전력일 때 부하 전력
$P = P_1 + P_2 = 450 + 450 = 900[W]$

□□□ 23②

55 $R-L-C$ 직렬회로에서 직렬 공조 조건은?

① $L = C$ ② $\omega LC = 1$
③ $\omega^2 LC = 1$ ④ $(\omega LC)^2 = 1$

|해 ③| 직렬회로 공조 조건
$\omega L - \dfrac{1}{\omega C} = 0, \quad \omega L = \dfrac{1}{\omega C}$
$\therefore \omega^2 LC = 1$

□□□ 06②,08④,10①③,11②,12③④,13③④,14①,15①,16②,23②

56 다음 회로의 합성 정전 용량[μF]은?

① 5
② 4
③ 3
④ 2

|해 ④| 콘덴서의 합성 정전 용량
- 콘덴서의 병렬 연결 시
  $C_o = 2 + 4 = 6[\mu F]$

- 콘덴서의 직렬 연결 시
  $C_o = \dfrac{3 \times 6}{3 + 6} = 2[\mu F]$

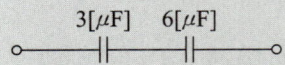
정답 51 ① 52 ③ 53 ① 54 ② 55 ③ 56 ④

□□□ 08③,11②,12②,13①②,14①③,15②,23②

57 200[V], 500[W]의 전열기를 220[V] 전원에 사용하였다면 이때의 전력은?

① 400[W]   ② 500[W]
③ 550[W]   ④ 605[W]

| 해 ④ |
전력 $P = V \cdot I = I^2 R = \dfrac{V^2}{R}$ 에서
- 백열전구, 전열기의 전력, 전압에 대해 적용
  전력 $P = \dfrac{V^2}{R}$[W]
- 저항 $R = \dfrac{V^2}{P} = \dfrac{200^2}{500} = 80[\Omega]$
∴ 전력 $P = \dfrac{V^2}{R} = \dfrac{220^2}{80} = 605[W]$

□□□ 06②,09②,23②

58 용량이 45[Ah]인 납축전지에서 3[A]의 전류를 연속하여 얻는다면 몇 시간 동안 이 축전지를 이용할 수 있는가?

① 10시간   ② 15시간
③ 30시간   ④ 45시간

| 해 ② | 축전지의 용량
Q = 방전 전류 × 방전 시간 = $A \cdot h$
∴ 방전 시간 $h = \dfrac{Q}{A} = \dfrac{45}{3} = 15$시간

□□□ 07①②,23②

59 1[μF]의 콘덴서에 100[V]의 전압을 가할 때 충전 전하량은 몇 [C]인가?

① 1×10^{-4} ② 1×10^{-5}
③ 1×10^{-8} ④ 1×10^{-9}

| 해 ① | 전하량
$Q = CV = 1 \times 10^{-6} \times 100 = 1 \times 10^{-4}$[C]
∵ 마이크로 $\mu = 10^{-6}$

□□□ 14①,16②,23②

60 코일의 자체 인덕턴스(L)와 권수(N)의 관계로 옳은 것은?

① $L \propto N$ ② $L \propto N^2$
③ $L \propto N^3$ ④ $L \propto 1/N$

| 해 ② | 자체(자기) 인덕턴스
$L = \dfrac{N\phi}{I} = \dfrac{NNI}{IR_m} = \dfrac{N^2}{R_m} = \dfrac{N^2}{\dfrac{l}{\mu A}} = \dfrac{\mu A N^2}{l}$[H]
∴ $L \propto N^2$

국가기술자격 CBT 필기시험문제

2024년도 기능사 1회 필기시험

종 목	시험시간	문제수	테스트 결과(개수)		
전기기능사	1시간	60	1회	2회	3회

전기설비

□□□ 21②, 24①

01 낙뢰, 수목 접촉, 일시적인 섬락 등 순간적인 사고로 계통에서 분리된 구간을 신속히 계통에 투입시킴으로써 계통의 안정도를 향상시키고 정전 시간을 단축시키기 위해 사용되는 계전기는?

① 차동 계전기　　② 과전류 계전기
③ 거리 계전기　　④ 재폐로 계전기

[해 ④] 재폐로 계전기
낙뢰, 수목 접촉, 일시적인 섬락 등 순간적인 사고로 계통에서 분리된 구간을 신속히 계통에 투입시킴으로써 계통의 안정도를 향상시키고 정전 시간을 단축시키기 위해 사용되는 계전기

□□□ 11②, 12④, 13③, 15④, 16②, 18③, 19③, 24①

02 A종 철근 콘크리트주의 전장이 12[m]인 경우에 땅에 묻히는 깊이는 최소 몇 [m] 이상으로 해야 하는가? (단, 설계하중은 6.8[kN] 이하이다.)

① 2.0　　② 3.0
③ 3.5　　④ 4.0

[해 ①] 전주의 묻히는 매설 깊이

전주의 전체 길이 16[m] 이하, 설계하중 6.8[kN] 이하	
길이 15[m] 초과인 전주	최소 깊이 2.5[m] 이상
길이 15[m] 이하인 전주	최소 깊이 전체 길이의 $\frac{1}{6}$ 이상

∴ 최소 깊이 $= \frac{1}{6} \times 12 = 2.0$[m]

□□□ 07②, 09④, 10④, 11②, 12①, 15③, 19④, 24①

03 화약류 저장장소 등의 위험장소의 배선 공사에서 전로의 대지 전압은 몇 [V] 이하로 하도록 되어 있는가?

① 300　　② 400
③ 500　　④ 600

[해 ①] 화약류 저장소에서 전기설비의 시설 전로에 대한 대지 전압은 300[V] 이하일 것

□□□ 10③, 13①, 24①

04 합성수지제 가요 전선관(PF관 및 CD관)의 호칭에 포함되지 않는 것은?

① 16　　② 28
③ 38　　④ 42

[해 ③] 합성수지제 가요 전선관
관 안지름 짝수 : 14, 16, 22, 28, 36, 42, 54, 70, 82[mm]

□□□ 18③, 24①

05 발·변전소나 개폐소의 모선, 단로기 기타의 기기를 지지하거나 연가용 철탑 등에서 점퍼선을 지지하기 위해서 사용되는 애자의 종류는 무엇인가?

① 지지애자　　② 현수애자
③ 핀애자　　　④ 구형애자

[해 ①] 지지애자
발전소, 변전소 등에서 모선이나 단로기 등을 지지하기 위한 애자

정답　01 ④　02 ①　03 ①　04 ③　05 ①

□□□ 06③,11①,18③,24①

06 조명용 백열전등을 호텔 또는 여관 객실의 입구에 설치할 때나 일반 주택 및 아파트 각 실의 현관에 설치할 때 사용되는 스위치는?

① 타임 스위치 ② 누름버튼 스위치
③ 토글 스위치 ④ 로터리 스위치

해①	타임 스위치(센서등)의 설치	
관광 숙박업에 이용되는 객실의 입구등		1분 이내 소등
일반 주택 및 아파트 각 호실의 현관등		3분 이내 소등

□□□ 07②,18③,24①

07 절연전선의 피복에 "15KV NRV"라고 표시되어 있다. 여기서 "NRV"는 무엇을 나타내는 약호인가?

① 형광방전등용 비닐 전선
② 고무 절연 클로로프렌 시스 네온전선
③ 고무 절연 비닐 시스 네온전선
④ 폴리에틸렌 절연 비닐 시스 네온전선

| 해③ | NRV |
- 고무 절연 비닐 시스 네온 전선
- N : 네온전선, R : 고무 절연, V : 비닐 외장

□□□ 14①,24①

08 합성수지 전선관의 표준 규격품 1본의 길이는 몇 [m]인가?

① 3.0[m] ② 3.6[m]
③ 4.0[m] ④ 4.5[m]

해③	표준 규격의 1본의 길이
합성수지(경질 비닐 ; PVC) 전선관	4[m]
금속 전선관	3.6[m]

□□□ 09②,16①,24①

09 금속관을 가공할 때 절단된 내부를 매끈하게 하기 위하여 사용하는 공구의 명칭은?

① 리머 ② 프레셔 툴
③ 오스터 ④ 녹아웃 펀치

| 해① | 리머(Reamer)
금속관을 가공할 때 절단된 내부를 매끈하게 하기 위하여 사용하는 공구

□□□ 16③,18②,24②

10 피뢰기의 약호는?

① LA ② PF
③ SA ④ COS

| 해① | 피뢰기(LA ; Lightning Arrester)
피뢰기는 낙뢰 및 회로의 개폐 시 발생하는 과전압을 일시적으로 대지로 방류시켜 계통에 설치된 기기 및 선로를 보호하기 위하여 설치한다.

□□□ 08②④,09④,12②,15②③,18③,19①,21①,24①

11 전선을 접속할 경우의 설명으로 틀린 것은?

① 접속부분의 전기저항이 증가되지 않아야 한다.
② 전선의 세기를 80[%] 이상 감소시키지 않아야 한다.
③ 접속부분은 접속기구를 사용하거나 납땜을 하여야 한다.
④ 알루미늄 전선과 구리선을 접속하는 경우, 전기적 부식이 생기지 않도록 해야 한다.

| 해② | 전선 접속 시 주의점
- 접속부분의 전선의 세기(인장강도)를 20[%] 이상 감소시키지 않아야 한다.
- 접속부분의 전선의 세기(인장강도)를 80[%] 이상 유지되도록 한다.

□□□ 18③, 24①

12 인체 보호용 누전 차단기의 정격 감도 전류 및 동작시간은 각각 어떻게 되는가?

① 10[mA] 이하, 0.3초 이내
② 30[mA] 이하, 0.3초 이내
③ 10[mA] 이하, 0.03초 이내
④ 30[mA] 이하, 0.03초 이내

| 해 ④ | 인체 감전 보호용 누전 차단기 정격 감도 전류는 30[mA] 이하, 동작시간은 0.03[초] 이하의 전류 동작형에 한한다.

□□□ 16②, 24①

13 건축물에 고정되는 본체부와 제거할 수 있거나 개폐할 수 있는 커버로 이루어지며 절연전선, 케이블 및 코드를 완전하게 수용할 수 있는 구조의 배선 설비의 명칭은?

① 케이블 래더   ② 케이블 트레이
③ 케이블 트렁킹   ④ 케이블 브라킷

| 해 ③ |
케이블 트렁킹(cable trunking)에 대한 정의이다.

□□□ 24①

14 옥측 또는 옥외에 시설하는 방전등에는 어떠한 형태의 장치를 하여야 되는가?

① 방수형   ② 방폭형
③ 내진형   ④ 내열형

| 해 ① | 방수형
• 옥측 또는 옥외에 시설하는 방전등은 방수형을 사용한다.
• 물기 등이 유입될 수 있는 곳에 시설하여 누전 예방 및 누전에 의한 감전사고 방지를 위한 형태의 장치

□□□ 11④, 14②, 18④, 24①

15 지중에 매설되어 있는 금속제 수도관로를 접지 공사의 접지극으로 사용할 수 있다. 이때 수도관로는 대지와의 전기저항치가 얼마 이하여야 하는가?

① 1[Ω]   ② 2[Ω]
③ 3[Ω]   ④ 4[Ω]

| 해 ③ | 접지 공사의 접지극 사용
지중에 매설되어 있고 대지와의 전기저항값이 3[Ω] 이하의 값을 유지되어야 접지극으로 사용할 수 있다.

□□□ 24①

16 저압 전선로의 누설 전류는 최대 공급 전류에 대하여 얼마로 제한하고 있는가?

① $\frac{1}{1,000}$ 이하   ② $\frac{1}{2,000}$ 이하
③ $\frac{1}{3,000}$ 이하   ④ $\frac{1}{4,000}$ 이하

| 해 ② | 저압 전선로의 누설 전류
절연 저항은 사용전압에 대한 누설 전류가 최대 공급 전류의 $\frac{1}{2,000}$ 을 넘지 않도록 한다.

□□□ 08④, 11②, 14③, 18②, 23①, 24①

17 가공전선로의 지지물을 지지선으로 보강하여서는 안 되는 것은?

① 목주
② A종 철근 콘크리트주
③ B종 철근 콘크리트주
④ 철탑

| 해 ④ | 지지물의 철탑
가공전선로의 지지물로 사용하는 철탑은 지지선을 사용하여 그 강도를 분담시켜서는 안 된다.

□□□ 11②④,19②,24①

18 다음 중 옥내에 시설하는 저압 전로와 대지 사이의 절연저항 측정에 사용되는 계기는?

① 멀티테스터 ② 메거
③ 어스테스터 ④ 훅 온 미터

|해②| 저항 측정용 계기

절연저항 측정	메거(절연저항) 측정기
접지저항 측정	어스테스트(접지저항) 측정기

□□□ 08①,23①,24①

19 버스 덕트 공사에 의한 저압 옥내배선 공사에 대한 설명으로 틀린 것은?

① 덕트 상호간 및 전선 상호간은 견고하고 또한 전기적으로 완전하게 접속할 것
② 덕트를 조영재에 붙이는 경우에는 덕트의 지지점 간의 거리를 6[m] 이하로 할 것
③ 덕트(환기형의 것을 제외한다)의 끝부분은 막을 것
④ 습기가 많은 장소 또는 물기가 있는 장소에 시설하는 경우에는 옥외용 버스 덕트를 사용할 것

|해②| 버스 덕트 공사
덕트를 조영재에 붙이는 경우에는 덕트의 지지점 간의 거리를 3[m] 이하로 하고 또한 견고하게 붙일 것

□□□ 14①,15①,22②,24①

20 인입용 비닐 절연전선을 나타내는 약호는?

① OW ② EV
③ DV ④ NV

|해③| 전선 약호

OW	옥외용 비닐 절연전선
EV	폴리에틸렌 절연 비닐 시스 케이블
DV	인입용 비닐 절연전선
NV	비닐 절연 네온전선

전기기기

□□□ 15③,17②,20②,24①

21 그림은 전력 제어 소자를 이용한 위상 제어회로이다. 전동기의 속도를 제어하기 위해서 '가' 부분에 사용되는 소자는?

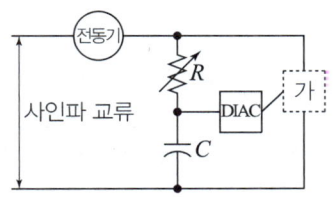

① 전력용 트랜지스터
② 제너 다이오드
③ 트라이액
④ 레귤레이터 78XX 시리즈

|해③| 유도 전동기 속도 제어
• 트라이액(TRIAC)은 위상 제어 회로를 이용한 유도 전동기 속도 제어가 가능한 소자다.
• 위상 제어를 이용한 전동기 속도 제어회로에 사용되는 전력 제어 소자는 DIAC과 TRIAC이 이용되기 때문에 가에 사용되는 것은 TRIAC 이다.

□□□ 07③,08③,09①,10④,12④,15④,18②,21①,24①

22 농형 유도 전동기의 기법과 가장 거리가 먼 것은?

① 기동보상형기법 ② 2차 저항 기동법
③ 전전압 기동법   ④ Y-Δ 기동법

|해②|
■ 농형 유도 전동기의 기동법
• 전전압(직입) 기동법
• Y-Δ 기동법
• 리액터 기동법
• 기동 보상기법
■ 권선형 유도 전동기의 기동법 : 2차 저항 기동법

☐☐☐ 11①, 12②③, 15①④, 24①

23 동기 전동기의 특징으로 잘못된 것은?

① 일정한 속도로 운전이 가능하다.
② 난조가 발생하기 쉽다.
③ 역률을 조정하기 힘들다.
④ 공극이 넓어 기계적으로 견고하다.

|해③| 동기 전동기의 특징
계자 권선의 직류 여자 전류를 조정하여 역률을 조정할 수 있어서 역률=1로 운전할 수 있고 계통의 역률을 개선할 수 있다.

Remember

■ 동기 전동기의 특징

장점	단점
• 효율이 좋다.	• 기동 토크가 작다.
• 속도가 일정하다.	• 속도 조정이 곤란하다.
• 역률조정이 가능하다.	• 직류 여자기가 필요하다.
• 공극이 크고 튼튼하다.	• 난조 발생이 빈번하다.
• 역률이 항상 1로 운전 할 수 있다.	

☐☐☐ 06①③④, 07②③, 08③, 09④, 12④, 16③, 23②, 24①

24 단락비가 큰 동기 발전기를 설명하는 특징 중 틀린 것은?

① 동기 임피던스가 작다.
② 단락 전류가 크다.
③ 전기자 반작용이 크다.
④ 공극이 크고 전압 변동률이 작다.

|해③| 단락비가 큰 동기 발전기의 특징
• 안정도가 좋다.
• 단락 전류가 크다.
• 전압 변동률이 작다.
• 전기자 반작용이 작다.
• 동기 임피던스가 작다.
• 공극이 크다.

☐☐☐ 06④, 07④, 08③④, 09②, 11②, 19①, 21①, 24①

25 동기 발전기의 돌발 단락 전류를 주로 제한하는 것은?

① 누설 리액턴스
② 동기 임피던스
③ 권선 저항
④ 동기 리액턴스

|해①| 동기 발전기

돌발 단락 전류의 제한	누설 리액턴스
영구 단락 전류의 제한	동기 리액턴스

☐☐☐ 11③, 14④, 19②, 24①

26 동기기의 전기자 권선법이 아닌 것은?

① 전절권
② 분포권
③ 2층권
④ 중권

|해①|
• 동기 발전기의 권선법 : 단절권, 분포권, 이층권, 중권(병렬권), 고상권, 폐로권
• 동기기의 권선법은 고조파를 제거하여 좋은 파형을 얻을 수 있어 전절권이 아닌 단절권을 사용한다.

☐☐☐ 06④, 08②, 09③④, 10②, 12①, 15①, 16②, 20①, 24①

27 무부하 전압 103[V], 정격 전압 100[V]인 발전기의 전압 변동률은 몇 [%]인가?

① 3[%]
② 4[%]
③ 5[%]
④ 6[%]

|해②| 전압 변동률
$$\epsilon = \frac{V_o - V_n}{V_n} \times 100$$
• 무부하 전압 $V_o = 103[V]$
• 정격 전압 $V_n = 100[V]$
∴ $\epsilon = \frac{103-100}{100} \times 100 = 3[\%]$

□□□ 07①④,09③,16①,24①

28 변압기의 권수비가 60일 때 2차측 저항이 0.1[Ω]이다. 이것을 1차로 환산하면 몇 [Ω]인가?

① 310   ② 360
③ 390   ④ 410

해 ② 권수비(변압비)

$$a = \frac{V_1}{V_2} = \frac{N_1}{N_2} = \frac{E_1}{E_2} = \sqrt{\frac{Z_1}{Z_2}} = \sqrt{\frac{R_1}{R_2}} = \frac{I_2}{I_1}$$

권수비 $a = \sqrt{\frac{R_1}{R_2}} = 60$

∴ $R_1 = a^2 R_2 = 60^2 \times 0.1 = 360 [\Omega]$

□□□ 08④,09①,10①,20①,24①

29 출력 10[kW], 효율 80[%]인 기기의 손실은 약 몇 [kW]인가?

① 0.6[kW]   ② 1.1[kW]
③ 2.0[kW]   ④ 2.5[kW]

해 ④

기기의 손실 = 입력 − 출력

• 효율 $\eta = \frac{출력}{입력} \times 100$ 에서

입력 = $\frac{출력}{효율} = \frac{10}{0.80} = 12.5 [kW]$

• 출력 = 10[kW]

∴ 손실 = 12.5 − 10 = 2.5 [kW]

□□□ 12④,20②,24①

30 계자 권선이 전기자에 병렬로만 접속된 직류기는?

① 타여자기   ② 직권기
③ 분권기   ④ 복권기

해 ③ 분권 발전기(shunt generator)
분권 발전기는 계자 권선과 전기자 권선이 병렬로 접속된 직류기다.

□□□ 07②,09④,24①

31 권수비 30의 변압기의 1차에 6,600[V]를 가할 때 2차 전압은 몇 [V]인가?

① 220   ② 380
③ 420   ④ 660

해 ①

• 권수비 $a = \frac{V_1}{V_2} = \frac{N_1}{N_2} = \frac{E_1}{E_2} = \sqrt{\frac{Z_1}{Z_2}} = \frac{I_2}{I_1}$

$a = \frac{V_1}{V_2} = \frac{6,600}{V_2} = 30$

∴ 2차 전압 $V_2 = \frac{V_1}{a} = \frac{6,600}{30} = 220 [V]$

참고 SOLVE 사용

□□□ 14③,19②,24①

32 어떤 변압기에서 임피던스 강하가 5[%]인 변압기가 운전 중 단락되었을 때 그 단락 전류는 정격 전류의 몇 배인가?

① 5   ② 20
③ 50   ④ 200

해 ②

%동기 임피던스 : $\%Z_s = \frac{I_n}{I_s} \times 100$

∴ $\frac{단락 전류\ I_s}{정격 전류\ I_n} = \frac{100}{\%Z_s} = \frac{100}{5} = 20$

□□□ 06②,03②④,11③,14①,15①,18①,24①

33 3상 전동기에 제동 권선을 설치하는 주된 목적은?

① 출력 증가   ② 효율 증가
③ 역률 개선   ④ 난조 방지

해 ④ 동기 발전기의 난조 방지법
제동 권선을 자극 면에 설치한다.

정답 28 ② 29 ④ 30 ③ 31 ① 32 ② 33 ④

□□□ 07②,24①

34 교류 동기 서보 모터에 비하여 효율이 훨씬 좋고 큰 토크를 발생하여 입력되는 각 전기 신호에 따라 규정된 각도만큼씩 회전하며 회전자는 축 방향으로 자화된 영구 자석으로서 보통 50개 정도의 톱니로 만들어져 있는 것은?

① 전기 동력계 ② 유도 전동기
③ 직류 스테핑 모터 ④ 동기 전동기

| 해③ | 직류 스테핑 모터
- 교류 동기 서보 모터에 비하여 효율이 좋고 큰 토크를 발생한다.
- 큰 토크를 발생하여 입력되는 각 전기 신호에 따라 규정된 각도만큼씩 회전한다.
- 축 방향으로 자화된 영구 자석으로서 보통 회전자 톱니가 50개인 것이 많이 사용된다.

□□□ 06①,07③,09②,10①③④,11②④,15③,24①

35 변압기 내부 고장보호에 쓰이는 계전기로서 가장 적당한 것은?

① 차동 계전기 ② 접지 계전기
③ 과전류 계전기 ④ 역상 계전기

| 해① | 차동 계전기
- 변압기, 동기 발전기 등의 층간 단락 등의 내부 고장보호에 사용되는 계전기
- 변압기 고장 시 유입 전류와 유출 전류가 같을 때는 동작하지 않으나 전류차가 발생하면 동작하는 계전기

□□□ 14②,24①

36 3상 100[kVA], 13,200/200[V] 변압기의 저압측 선전류의 유효분은 약 몇 [A]인가? (단, 역률은 80[%]이다.)

① 100 ② 173
③ 230 ④ 260

| 해③ |
저압측 선전류의 유효분 $I_{2e} = I_2 \cos\theta$ [A]
변압기의 용량 $P_a = \sqrt{3}\,VI$ [kVA]

- 선전류 $I_2 = \dfrac{P_a}{\sqrt{3}\,V_2} = \dfrac{100 \times 10^3}{\sqrt{3} \times 200} = 288.68$ [A]

$\therefore I_{2e} = 288.68 \times 0.80 = 230.94$ [A]

□□□ 10③,22①,24①

37 다이오드를 사용한 정류 회로에서 다이오드를 여러 개 직렬로 연결하여 사용하는 경우의 설명으로 가장 옳은 것은?

① 다이오드를 과전류로부터 보호할 수 있다.
② 다이오드를 과전압으로부터 보호할 수 있다.
③ 부하 출력의 맥동률을 감소시킬 수 있다.
④ 낮은 전압 전류에 적합하다.

| 해② | 다이오드의 직렬·병렬 접속

다이오드의 직렬	전류 일정	과전압으로부터 보호
다이오드의 병렬	전압 일정	과전류로부터 보호

□□□ 07①,11①,13④,15①,16②,18②,23②,24①

38 3상 유도 전동기의 회전방향을 바꾸기 위한 방법으로 옳은 것은?

① 전원의 전압과 주파수를 바꾸어 준다.
② $\Delta-Y$ 결선으로 결선법을 바꾸어 준다.
③ 기동 보상기를 사용하여 권선을 바꾸어 준다.
④ 전동기의 1차 권선에 있는 3개의 단자 중 어느 2개의 단자를 서로 바꾸어 준다.

| 해④ | 3상 유도 전동기의 바꾸기 위한 방법
전동기의 1차 권선에 있는 3개의 단자 중 어느 2개의 단자를 서로 바꾸어 주면 회전방향이 반대가 되어 역회전된다.

정답 34 ③ 35 ① 36 ③ 37 ② 38 ④

□□□ 06②, 07④, 14④, 16①, 23①, 24①

39 역률과 효율이 좋아서 가정용 선풍기, 전기세탁기, 냉장고 등에 주로 사용되는 것은?

① 분상 기동형 전동기
② 반발 기동형 전동기
③ 콘덴서 기동형 전동기
④ 셰이딩 코일형 전동기

| 해 ③ | 콘덴서 기동형 전동기
구조가 간단하고 역률(90[%] 이상)과 효율이 좋기 때문에 큰 기동 토크를 요하지 않고 속도를 조정할 필요가 있는 가정용 선풍기, 세탁기, 냉장고 등에 사용된다.

□□□ 14③, 20②, 24①

40 전기 기계에 있어 와전류손(eddy current loss)을 감소하기 위한 적합한 방법은?

① 규소 강판에 성층 철심을 사용한다.
② 보상 권선을 설치한다.
③ 교류 전원을 사용한다.
④ 냉각 압연한다.

| 해 ① | 전기자 철심의 특성

규소 강판 사용	히스테리시스손 감소
규소 강판 성층 사용	철손 감소
성층 철심	와류손 감소

전기이론

□□□ 09④, 14④, 20②, 24①

41 일반적으로 절연체를 서로 마찰시키면 이들 물체는 전기를 띠게 된다. 이와 같은 현상은?

① 분극   ② 정전
③ 대전   ④ 코로나

| 해 ③ | 대전(electrification)
• 물체가 정상 상태보다 전자수가 많아져 전기를 띠는 현상
• 절연체를 서로 마찰시키면 이들 물체에 전기를 띠게 되는 현상

□□□ 08④, 11②, 13③, 14①, 15③, 16③, 18②, 24①

42 3상 기전력을 2개의 전력계 W_1, W_2로 측정해서 W_1의 지싯값이 P_1, W_2의 지싯값이 P_2라고 하면 3상 전력은 어떻게 표현되는가?

① $P_1 - P_2$ ② $3(P_1 - P_2)$
③ $P_1 + P_2$ ④ $3(P_1 + P_2)$

| 해 ③ |
2전력계법의 3상 전력일 때 부하 전력
$P = P_1 + P_2$

□□□ 08②, 24①

43 $4[\mu F]$의 콘덴서를 $4,000[V]$로 충전하면 축적되는 에너지는 몇 [J]인가?

① 16   ② 32
③ 36   ④ 42

| 해 ② | 콘덴서의 저장 에너지
$$W = \frac{1}{2}CV^2 = \frac{1}{2}QV[J]$$
$$= \frac{1}{2} \times 4 \times 10^{-6} \times 4,000^2 = 32[J]$$

정답 39 ③ 40 ① 41 ③ 42 ③ 43 ②

□□□ 11②,12②,24①

44 $R=4[\Omega]$, $\omega L=3[\Omega]$의 직렬회로에 $V=100\sqrt{2}\sin\omega t + 30\sqrt{2}\sin 3\omega t$ [V]의 전압을 가할 때 전력은 약 몇 [W]인가?

① 1,170[W] ② 1,563[W]
③ 1,637[W] ④ 2,116[W]

| 해 ③ | 전력 $P=I^2R$

• 기본파 전류 $I_1 = \dfrac{V_1}{Z_1} = \dfrac{V_1}{\sqrt{R^2+(\omega L)^2}}$

$V_1 = \dfrac{100\sqrt{2}}{\sqrt{2}} = 100[V]$

$I_1 = \dfrac{100}{\sqrt{4^2+3^2}} = 20[A]$

• 3고조파 전류 $I_3 = \dfrac{V_3}{Z_3} = \dfrac{V_3}{\sqrt{R^2+(3\omega L)^2}}$

$V_3 = \dfrac{30\sqrt{2}}{\sqrt{2}} = 30[V]$

$I_3 = \dfrac{30}{\sqrt{4^2+(3\times 3)^2}} = 3.05[A]$

∴ 전류 $I = \sqrt{I_1^2 + I_3^2}$
$= \sqrt{20^2 + (3.05)^2} = 20.23[A]$

$P = 20.23^2 \times 4 = 1,637[W]$

□□□ 10②,11②,13③,14③,15②,24①

45 부하의 결선 방식에서 Y결선에서 △결선으로 변환하였을 때의 임피던스는?

① $Z_\Delta = \sqrt{3}\,Z_Y$ ② $Z_\Delta = \dfrac{1}{\sqrt{3}}Z_Y$
③ $Z_\Delta = 3Z_Y$ ④ $Z_\Delta = \dfrac{1}{3}Z_Y$

| 해 ③ |

• Y부하를 △부하로 변환하면
임피던스 $Z_\Delta = 3Z_Y$

• △부하를 Y부하로 변환하면
임피던스 $Z_Y = \dfrac{1}{3}Z_\Delta$

□□□ 07②,09③,11④,12③,13④,24①

46 전압계 및 전류계의 측정범위를 넓히기 위하여 사용하는 배율기와 분류기의 접속방법은?

① 배율기는 전압계와 병렬 접속, 분류기는 전류계와 직렬 접속
② 배율기는 전압계와 직렬 접속, 분류기는 전류계와 병렬 접속
③ 배율기 및 분류기 모두 전압계와 전류계에 직렬 접속
④ 배율기 및 분류기 모두 전압계와 전류계에 병렬 접속

| 해 ② |

• 배율기 : 전압계의 측정범위를 확대하기 위해 내부 저항(R_v)의 전압계에 직렬로 연결하는 저항(R_m)
• 분류기 : 전류계의 측정범위를 확대하기 위해 내부 저항(R_a)의 전류계에 병렬로 연결하는 저항(R_s)

□□□ 06④,07①,10③,11②,15③,16①,24①

47 전류에 의한 자기장과 직접적으로 관련이 없는 것은?

① 줄의 법칙
② 플레밍의 왼손 법칙
③ 비오-사바르의 법칙
④ 앙페르의 오른나사의 법칙

| 해 ① | 각 법칙의 목적

줄의 법칙	전류의 발열작용
플레밍의 왼손 법칙	전동기의 원리 (자기장과 힘)
플레밍의 오른손 법칙	발전기의 원리 (자기장과 유도 기전력)
비오-사바르의 법칙	자기장의 크기를 알아내 법칙
앙페르의 오른나사 법칙	자기장의 자기력선 방향을 알아내는 법칙

48 그림과 같은 회로 AB에서 본 합성저항은 몇 [Ω]인가?

① $\dfrac{r}{2}$
② r
③ $\dfrac{3r}{2}$
④ $2r$

해 ①

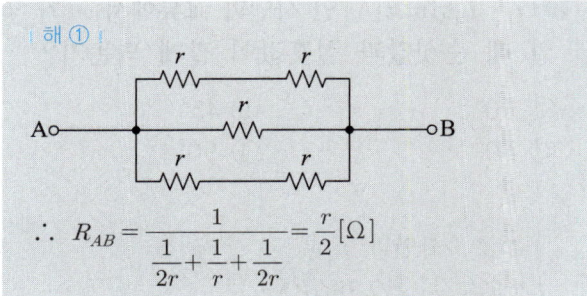

$$\therefore R_{AB} = \dfrac{1}{\dfrac{1}{2r} + \dfrac{1}{r} + \dfrac{1}{2r}} = \dfrac{r}{2}[\Omega]$$

49 서로 가까이 나란히 있는 두 도체에 전류가 반대방향으로 흐를 때 각 도체 간에 작용하는 힘은?

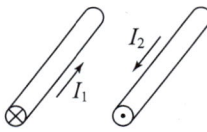

① 흡인한다.
② 반발한다.
③ 흡인과 반발을 되풀이한다.
④ 처음에는 흡인하다가 나중에는 반발한다.

해 ② 두 도체에 전류가 흐를 때
• 전류방향과 반대(왕복 도체)일 때 : 서로 밀어내는 반발력 작용
　←⊕　⊕→
• 같은 전류방향일 때 : 서로 끌어 당기는 흡인력 작용
　⊕→　←⊖
• 반대방향으로 흐를 때 서로 반발한다.
• 같은 방향으로 흐를 때 서로 흡인한다.

50 두 개의 서로 다른 금속의 접속점에 온도차를 주면 열기전력이 생기는 현상으로 열전 온도계에 응용되는 효과는 어떤 것인가?

① 홀 효과
② 줄 효과
③ 펠티에 효과
④ 제벡 효과

해 ④ 제벡 효과
금속선 양쪽 끝을 접합하여 폐회로를 구성하고 한 접점에 열을 가하게 되면 두 접점에 온도차로 인해 생기는 전위차에 의해 전류가 흐르게 되는 현상

51 비사인파의 일반적인 구성이 아닌 것은?

① 삼각파
② 고조파
③ 기본파
④ 직류분

해 ① 비사인파 교류
• 일반적인 구성 : 기본파 + 고조파 + 직류분
• 부하의 성질에 따라 파형이 일그러져 비사인 파형으로 되는 교류

52 전기 분해에서 석출한 물질의 양을 W, 시간을 t, 전기 화학당량을 K, 전류를 I 라고 하면 그 관계식은?

① $W = KIt$
② $W = \dfrac{KI}{t}$
③ $W = KI^2 t$
④ $W = \dfrac{Kt}{I}$

해 ① 패러데이 전기 분해 법칙
전기 분해에서 석출되는 물질의 양
$W = K \cdot Q = K \cdot I \cdot t$
(K : 전기 화학당량(g/C), Q : 총전기량(C))

□□□ 14②,15①,20①,24①

53 반지름 r[m], 권수 N회의 환상 솔레노이드에 I[A]의 전류가 흐를 때, 그 내부의 자장의 세기 H[AT/m]는 얼마인가?

① NI/r^2
② $NI/2\pi$
③ $NI/4\pi r^2$
④ $NI/2\pi r$

| 해 ④ | 환상 솔레노이드 내부의 자장의 세기
철심의 평균 반지름으로 계산한 평균 둘레

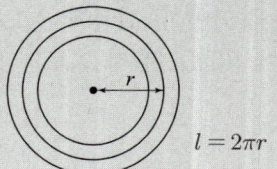

$\therefore H = \dfrac{N \cdot I}{l} = \dfrac{N \cdot I}{2\pi r}$ [AT/m]

□□□ 07④,10②,24①

54 평형 3상 교류 회로에서 △결선할 때 선전류 I_l과 상전류 I_P와의 관계 중 옳은 것은?

① $I_l = 3I_P$
② $I_l = 2I_P$
③ $I_l = \sqrt{3}\,I_P$
④ $I_l = I_P$

| 해 ③ | 3상 교류의 Y결선과 △결선

Y결선	△결선
선간전압= $\sqrt{3}\,V_P$ (상전압)	선간전압 $V_l = V_P$
선전류 $I_l = I_P$ (상전류)	선전류 $I_l = \sqrt{3}\,I_P$

□□□ 10③,14③,15②,23①,24①

55 전기저항 25[Ω]에 50[V]의 사인파 전압을 가할 때 전류의 순싯값은?
(단, 각속도 $\omega = 377$[rad/sec]임.)

① $2\sin 377t$ [A]
② $2\sqrt{2}\sin 377t$ [A]
③ $4\sin 377t$ [A]
④ $4\sqrt{2}\sin 377t$ [A]

| 해 ② | 전류의 순싯값
$i = I_m \sin\omega t$
$I_m = \sqrt{2}\,I,\ \ I = \dfrac{V}{R} = \dfrac{50[V]}{25[\Omega]} = 2$[A]
$\therefore I_m = 2\sqrt{2}$
$\therefore i = 2\sqrt{2}\sin 377t$ [A]

□□□ 13④,15④,24①

56 $i = I_m\sin\omega t$ [A]인 사인파 교류에서 ωt가 몇 도일 때 순싯값과 실횻값이 같게 되는가?

① 30°
② 45°
③ 60°
④ 90°

| 해 ② | 사인파 교류
- 순싯값 $i = I_m\sin\omega t$ [A]
- 실횻값 $I = \dfrac{I_m}{\sqrt{2}} \to I_m = I\sqrt{2}$
- 문제 조건 : 순싯값 $i =$ 실횻값 I
$i = I_m\sin\omega t = \sqrt{2}\,I\sin\omega t = I$
$\sin\omega t = \dfrac{1}{\sqrt{2}}$ $\therefore \omega t = \sin^{-1}\dfrac{1}{\sqrt{2}} = 45°$

□□□ 07②,08①,10①,11②,13①,16②,24①

57 반도체로 만든 PN 접합은 무슨 작용을 하는가?

① 정류작용
② 발진작용
③ 증폭작용
④ 변조작용

| 해 ① | PN 접합 다이오드의 특징
- 하나의 결정체 속에서 일부분을 P형으로 다른 일부분을 N형으로 만든 것을 PN 접합이라 한다.
- PN 접합에는 한쪽 편에는 전류를 통하나 다른 쪽에는 전류를 통하지 않는 정류작용을 한다.
- 정류작용을 정류기로 사용한 것이 게르마늄 다이오드다.

정답 53 ④ 54 ③ 55 ② 56 ② 57 ①

□□□ 07④,08②,10①③,12③,15①,24②

58 길이 1[m]인 도선의 저항값이 20[Ω]이었다. 이 도선을 고르게 2[m]로 늘렸을 때 저항값은?

① 10[Ω]   ② 40[Ω]
③ 80[Ω]   ④ 140[Ω]

| 해 ③ |

도체의 저항 : $R = \rho \dfrac{l}{A}$ 에서

• 길이 : $2l$
• 전선의 체적이 일정할 때, 전선의 길이를 2배로 늘리면 면적은 $\dfrac{1}{2}A$로 준다.

$R' = \rho \dfrac{2l}{\frac{A}{2}} = \rho \dfrac{4l}{A} = 4\left(\rho \dfrac{l}{A}\right) = 4R$

∴ $R' = 4 \times 20 = 80[\Omega]$

□□□ 06②,09②,13④,15③,19②,24①

59 자체 인덕턴스 L_1, L_2, 상호 인덕턴스 M인 두 코일을 같은 방향으로 직렬 연결한 경우 합성 인덕턴스는?

① $L_1 + L_2 + M$ ② $L_1 + L_2 - M$
③ $L_1 + L_2 + 2M$ ④ $L_1 + L_2 - 2M$

| 해 ③ |

• 합성 인덕턴스(가동접속 ; 같은 방향)
  가동 : $L_{가동} = L_1 + L_2 + 2M [H]$
• 합성 인덕턴스(차동접속 ; 반대방향)
  차동 : $L_{차동} = L_1 + L_2 - 2M [H]$

□□□ 14④,16②,24①

60 3상 220[V], Δ결선에서 1상의 부하가 $Z = 8 + j6[\Omega]$이면 선전류[A]는?

① 11   ② $22\sqrt{3}$
③ 22   ④ $\dfrac{22}{\sqrt{3}}$

| 해 ② | Δ결선의 결선 방식

• 선전류(I_l) = $\sqrt{3}$ 상전류(I_p)
• $A = I_l = \sqrt{3}\, I_p = \sqrt{3}\,\dfrac{V_p}{Z}$
• $Z = \sqrt{(실수부)^2 + (허수부)^2} = \sqrt{8^2 + 6^2} = 10$
• ∴ $A = I_l = \sqrt{3} \times \dfrac{220}{10} = 22\sqrt{3}[A]$

국가기술자격 CBT 필기시험문제

2024년도 기능사 2회 필기시험

종목	시험시간	문제수	테스트 결과(개수)		
전기기능사	1시간	60	1회	2회	3회

전기설비

□□□ 12③,16②,21①,24②

01 전기설비기술기준의 판단기준에 의하여 가공전선에 케이블을 사용하는 경우 케이블은 조가선에 행거로 시설하여야 한다. 이 경우 사용전압이 고압인 때에는 그 행거의 간격은 몇 [cm] 이하로 시설하여야 하는가?

① 50 ② 60
③ 70 ④ 80

> 해① 조가선의 행거 간격
> • 케이블은 조가선에 행거로 시설할 것
> • 이 경우에는 사용전압이 고압인 때에는 행거의 간격은 50[cm] 이하로 한다.

□□□ 08①,10②③,11③,12③,12④,15①,24②

02 화약류의 가루가 전기설비가 발화원이 되어 폭발할 우려가 있는 곳에 시설하는 저압 옥내배선의 공사 방법으로 가장 알맞은 것은?

① 금속관 공사
② 애자 공사
③ 버스 덕트 공사
④ 합성수지 몰드 공사

> 해① 금속관 공사
> 폭연성 먼지 또는 화약류의 가루가 전기설비가 발화원이 되어 폭발할 우려가 있는 곳에 시설하는 저압 옥내 전기설비의 시설 방법

□□□ 16①,24②

03 금속관 공사를 할 경우 케이블 손상방지용으로 사용하는 부품은?

① 부싱 ② 엘보
③ 커플링 ④ 로크 너트

> 해① 부싱
> 금속관 공사를 할 경우 금속관의 관 끝에 부싱을 설치하여 케이블 손상방지용으로 사용하는 부품

□□□ 13④,20①,22①,24②

04 교통 신호등의 제어장치로부터 신호등의 전구까지의 전로에 사용하는 전압은 몇 [V] 이하인가?

① 60 ② 100
③ 300 ④ 440

> 해③ 교통 신호등의 사용전압
> 교통 신호등 제어장치의 2차측 배선의 최대 사용전압은 300[V] 이하이어야 한다.

□□□ 14②,16①,22②,24②

05 수·변전 설비 중에서 동력설비 회로의 역률을 개선할 목적으로 사용되는 것은?

① 전력 퓨즈 ② MOF
③ 지락 계전기 ④ 진상용 콘덴서

> 해④ 진상용 콘덴서(SC)의 설치목적
> 수·변전 설비 중에서 동력설비 회로의 역률을 개선할 목적으로 사용

정답 01 ① 02 ① 03 ① 04 ③ 05 ④

□□□ 07④, 08③, 10③, 13③, 19②, 21①, 24②

06 가스 절연 개폐기나 가스 차단기에 사용되는 가스인 SF₆의 성질이 아닌 것은?

① 같은 압력에서 공기의 2.5~3.5배의 절연내력이 있다.
② 무색, 무취, 무해 가스다.
③ 가스 압력 3~4[kgf/cm²]에서는 절연내력은 절연유 이상이다.
④ 소호능력은 공기보다 2.5배 정도 낮다.

[해 ④] 가스인 SF₆의 성질
소호능력은 공기보다 100배 정도 뛰어나다.

□□□ 10②, 23②, 24②

07 금속 덕트에 넣은 전선의 단면적(절연피복의 단면적 포함)의 합계는 덕트 내부 단면적의 몇 [%] 이하로 하여야 하는가? (단, 전광표시장치·출퇴표시등 기타 이와 유사한 장치 또는 제어회로 등의 배선만을 넣는 경우가 아니다.)

① 20[%]   ② 40[%]
③ 60[%]   ④ 80[%]

[해 ①] 금속 덕트 공사에서 제어회로 등에 배선만
• 넣는 경우 : 50[%] 이하
• 넣지 않는 경우 : 20[%] 이하

□□□ 06③, 10①, 11①, 14④, 24②

08 전선의 접속이 불완전하여 발생할 수 있는 사고로 볼 수 없는 것은?

① 감전   ② 누전
③ 화재   ④ 절전

[해 ④] 불완전 접속(나사를 덜 죄었을 경우)
누전, 감전, 화재 위험, 전기저항이 증가하여 과열 발생, 전파 잡음

□□□ 96, 99, 03, 15②, 20①, 24②

09 전선의 재료로서 구비해야 할 조건이 아닌 것은?

① 기계적 강도가 클 것
② 가요성이 풍부할 것
③ 고유저항이 클 것
④ 비중이 작을 것

[해 ③]
• 고유저항이 작을 것
• 고유저항이 작아야 전선에 전류가 잘 흐른다.

□□□ 07④, 09③, 11①, 14④, 20①, 24②

10 전선을 접속하는 경우 전선의 강도는 몇 [%] 이상 감소시키지 않아야 하는가?

① 10   ② 20
③ 40   ④ 80

[해 ②] 전선 접속 시 주의점
• 접속부분의 전선의 세기(인장강도)를 20[%] 이상 감소시키지 않아야 한다.
• 접속부분의 전선의 세기(인장강도)를 80[%] 이상 유지되도록 한다.

□□□ 06④, 07①④, 08①, 09①, 12④, 13③, 18①, 24②

11 다음 중 과전류 차단기를 시설해야 할 곳은?

① 접지 공사의 접지도체
② 인입선
③ 다선식 전로의 중성선
④ 저압 가공전선로의 접지측 전선

[해 ②] 과전류 차단기 제한 장소
• 접지 공사의 접지도체
• 다선식 전로의 중성선
• 전로의 일부에 접지 공사를 한 저압 가공전선로의 접지측 전선

정답 06 ④ 07 ① 08 ④ 09 ③ 10 ② 11 ②

□□□ 07③,13②,24②

12 단면적 6[mm²] 이하의 가는 전선을 직선접속할 때 어느 방법으로 하여야 하는가?

① 브리타니아 접속   ② 트위스트 접속
③ 슬리브 접속   ④ 우산형 접속

해② 전선의 접속법

트위스트 접속	6[mm²] 이하 가는 단선의 접속
브리타니아 접속	10[mm²] 이상 굵은 단선의 접속

□□□ 15③,23①,24②

13 접지저항 측정방법으로 가장 적당한 것은?

① 절연저항계
② 전력계
③ 교류의 전압, 전류계
④ 콜라우시 브리지

해④ 콜라우시 브리지법
전극을 정삼각형 배치하고 극간 저항값에 의해 대지 저항률을 구하는 방법

□□□ 14④,24②

14 금속관 공사에 의한 저압 옥내배선에서 잘못된 것은?

① 전선은 절연전선일 것
② 금속관 안에서는 전선의 접속점이 없도록 할 것
③ 알루미늄 전선은 단면적 16[mm²] 초과 시 연선을 사용할 것
④ 옥외용 비닐 절연전선을 사용할 것

해④ 금속관 공사
전선은 절연전선(옥외용 비닐 절연전선을 제외한다.)일 것

□□□ 07④,08④,24②

15 가공전선로의 지지물에 시설하는 지지선의 안전율은 얼마 이상이어야 하는가?

① 3.5   ② 3.0
③ 2.5   ④ 1.0

해③ 가공전선로의 안전율

지지물 기초의 안전율	2.0 이상
지지선의 안전율	2.5 이상

□□□ 24②

16 래크(rack) 배선을 사용하는 전선로는?

① 저압 지중전선로
② 저압 가공전선로
③ 고압 지중전선로
④ 고압 가공전선로

해② 래크(rack)
저압 가공 배전선로 전주의 수직 배선에 사용되는 전선 지지용 자재

□□□ 08②,09③,16②,19②,23②,24②

17 전기설비기술기준의 판단기준에 의하여 애자 공사를 건조한 장소에 시설하고자 한다. 사용전압이 400[V] 이하인 경우 전선과 조영재 사이의 간격은 최소 몇 [cm] 이상이어야 하는가?

① 2.5   ② 4.5
③ 6.0   ④ 12

해① 애자 공사의 전선과 조영재 사이의 간격

사용전압	간격	건조한 장소
400[V] 이하	25[mm](2.5[cm])	25[mm](2.5[cm])
400[V] 초과	45[mm](4.5[cm])	

정답 12 ② 13 ④ 14 ④ 15 ③ 16 ② 17 ①

□□□ 16①,19①,24②

18 옥내배선 공사할 때 연동선을 사용할 경우 전선의 최소 굵기[mm²]는?

① 1.5 ② 2.5
③ 4   ④ 6

|해②| 옥내배선공사 시 연동선의 최소 굵기
옥내배선 공사 시 연동선을 사용할 경우 최소 굵기는 2.5[mm²] 이상으로 한다.

□□□ 14①,16①,20①,24②

19 연선 결정에 있어서 중심 소선을 뺀 층수가 3층이다. 전체 소선수는?

① 91   ② 61
③ 37   ④ 19

|해③| 연선의 소선 총수
$N = 3n(n+1) + 1$
- $n = 3$(층)
∴ $N = 3 \times 3(3+1) + 1 = 37$

□□□ 16②,24②

20 콘크리트 조영재에 볼트를 시설할 때 필요한 공구는?

① 파이프 렌치   ② 볼트 클리퍼
③ 녹아웃 펀치   ④ 드라이브 이트

|해④| 드라이브 이트
콘크리트 조영재에 볼트를 시설할 때 필요한 공구

전기기기

□□□ 15①,22②,24②

21 낮은 전압을 높은 전압으로 승압할 때 일반적으로 사용되는 변압기의 3상 결선 방식은?

① $\Delta - \Delta$ ② $\Delta - Y$
③ $Y - Y$ ④ $Y - \Delta$

|해②| $\Delta - Y$ 결선 방식
발전소용 변압기와 같이 낮은 전압을 높은 전압으로 올리는 승압용 변압기로 사용

□□□ 08④,09②,10②,24②

22 동기 전동기의 용도로 적당하지 않는 것은?

① 분쇄기   ② 압축기
③ 선풍기   ④ 크레인

|해④| 동기 전동기 용도
비교적 저속이고, 대용량인 동기 전동기는 시멘트 공장의 분쇄기, 각종 압축기 및 송풍기, 제지용 쇄목기 등에 사용되고 있다.

□□□ 08②,12④,18②,24②

23 용량이 작은 변압기의 단락 보호용으로 주 보호 방식으로 사용되는 계전기는?

① 차동 전류 계전 방식
② 과전류 계전 방식
③ 비율 차동 계전 방식
④ 기계적 계전 방식

|해②| 과전류 계전 방식
- 과전류를 검출 보호하는 방식
- 용량이 작은 변압기의 단락 보호용으로 주 보호방식으로 사용되는 계전기

□□□ 07③,09②,24②
24 변압기유의 열화방지와 관계가 가장 먼 것은?

① 브리이더　　② 콘서베이터
③ 불활성 질소　④ 부싱

> **해④** 변압기유의 열화방지(劣化防止) 방법
> • 콘서베이터 설치 : 기름의 열화방지 위해 설치
> • 질소봉입기 : 대용량 변압기에 사용
> • 브리이더(흡습 호흡기) : 실리카겔 같은 흡습제 사용

□□□ 07③,10②,15②,16②,21②,24②
25 직류 전동기의 규약 효율을 표시하는 식은?

① $\dfrac{출력}{출력+손실} \times 100[\%]$

② $\dfrac{출력}{입력} \times 100[\%]$

③ $\dfrac{입력-손실}{입력} \times 100[\%]$

④ $\dfrac{입력}{출력+손실} \times 100[\%]$

> **해③**
> • 직류 전동기의 규약 효율
> $\eta_M = \dfrac{입력-손실}{입력} \times 100[\%]$
> • 직류 발전기의 규약 효율
> $\eta_G = \dfrac{출력}{출력+손실} \times 100[\%]$

□□□ 08①,24②
26 반도체 내에서 정공은 어떻게 생성되는가?

① 결합 전자의 이탈　② 자유 전자의 이동
③ 접합 불량　　　　④ 확산 용량

> **해①** 정공(hole)
> 결합 전자의 이탈로 전자의 빈자리를 정공이라 한다.

□□□ 15④,19②,24②
27 100[V], 10[A], 전기자 저항 1[Ω], 회전수 1,800[rpm]인 전동기의 역기전력은 몇 [V]인가?

① 90　　② 100
③ 110　④ 186

> **해①** 직류 전동기의 역기전력
> $E = V - I_a R_a$
> • 단자 전압 $V=100[V]$, 전기자 전류 $I_a=10[A]$
> ∴ $E = 100 - 10 \times 1 = 90[V]$

□□□ 07④,15④,24②
28 반도체 사이리스터에 의한 유도 전동기와 속도 제어 중 주파수 제어는?

① 초퍼 제어　　② 인버터 제어
③ 컨버터 제어　④ 브리지 정류 제어

> **해②** 인버터 제어
> 반도체 사이리스터(SCR)에 의한 전동기의 속도 제어 중 주파수 제어

□□□ 07②④,08③,13③,15①②,16②,21②,24②
29 변압기유가 구비해야 할 조건으로 틀린 것은?

① 점도가 낮을 것
② 인화점이 높을 것
③ 응고점이 높을 것
④ 절연내력이 클 것

> **해③** 변압기유의 구비 조건
> • 절연내력이 클 것
> • 인화점이 높을 것
> • 응고점이 낮을 것
> • 점도가 작을 것
> • 냉각 효과가 클 것
> • 비열과 열전도도가 클 것
> • 고온에서 화학 반응이 없을 것

□□□ 13②,16③,24②

30 6극 36슬롯 3상 동기 발전기의 매극 매상당 슬롯수는?

① 2
② 3
③ 4
④ 5

| 해① | 매극 매상의 슬롯수 $q = \dfrac{슬롯수(Q)}{극수(p) \times 상수(m)}$
- 슬롯수$(Q) = 36$, 극수 $= 6$, 상수 : 3상
∴ $q = \dfrac{36}{6 \times 3} = 2$

□□□ 10④,13③,24②

31 비례추이를 이용하여 속도 제어가 되는 전동기는?

① 권선형 유도 전동기
② 농형 유도 전동기
③ 직류 분권 전동기
④ 동기 전동기

| 해① | 권선형 유도 전동기의 기동법
권선형 회전자를 이용하는 유도 전동기는 비례추이의 원리를 이용하여 기동 시에 큰 토크를 얻고, 기동 전류도 안전하게 억제할 수 있다.

□□□ 06④,09①,13①,15①,22②,24②

32 부흐홀츠 계전기로 보호되는 기기는?

① 변압기
② 유도 전동기
③ 직류 발전기
④ 교류 발전기

| 해① | 부흐홀츠 계전기
- 변압기 내부 고장으로 인한 온도 상승 시 발생하는 유증기를 검출하여 경보 및 차단을 하기 위한 계전기
- 변압기 주탱크과 콘서베이터 사이에 설치

□□□ 11④,14③,21②,24②

33 동기 전동기의 자기 기동법에서 계자 권선을 단락하는 이유는?

① 기동이 쉽다.
② 기동 권선으로 이용
③ 고전압 유도에 의한 절연파괴 위험 방지
④ 전기자 반작용을 방지한다.

| 해③ | 자기 기동법
동기 전동기의 자기 기동법에서 계자 권선을 단락하는 이유는 고전압 유도에 의한 절연 파괴 위험 방지를 위해서다.

□□□ 06②,08①,11④,18①,24②

34 동기 발전기의 병렬 운전에서 같지 않아도 되는 것은?

① 위상
② 주파수
③ 용량
④ 전압

| 해③ | 동기 발전기에 필요한 병렬 운전 조건
- 전압이 같을 것
- 위상이 같을 것
- 주파수가 같을 것
- 파형이 같을 것

□□□ 07①,11①,13④,16②,24②

35 3상 유도 전동기의 회전방향을 바꾸기 의한 방법은?

① 3상의 3선 접속을 모두 바꾼다.
② 3상의 3선 중 2선의 접속을 바꾼다.
③ 3상의 3선 중 1선에 리액턴스를 연결한다.
④ 3상의 3선 중 2선에 같은 리액턴스를 연결한다.

| 해② | 3상 유도 전동기의 회전방향을 바꾸기 위한 방법
전동기의 1차 권선에 있는 3개의 단자 중 어느 2개의 단자를 서로 바꾸어 주면 회전방향이 반대가 되어 역회전된다.

정답 30 ① 31 ① 32 ① 33 ③ 34 ③ 35 ②

□□□ 06①,09①,11②④,13③,21②,24②

36 직류 직권 전동기에서 벨트를 걸고 운전하면 안 되는 이유는?

① 벨트가 벗겨지면 위험속도로 도달하므로
② 손실이 많아지므로
③ 직결하지 않으면 속도 제어가 곤란하므로
④ 벨트의 마찰 보수가 곤란하므로

> | 해 ① | 직권 전동기의 주의할 점
> • 무부하 상태에서 진동기를 작용시키면 부하 전류가 0이 되기 때문에 회전속도 $N=\infty$이 되어 매우 위험하다.
> • 따라서 직권 전동기는 무부하 운전이나 벨트가 풀리면 갑자기 고속으로 회전하기 때문에 벨트 운전을 해서는 안 되는 전동기다.

□□□ 15④,24②

37 고압 전동기 철심의 강판 홈(slot)의 모양은?

① 반폐형   ② 개방형
③ 반구형   ④ 밀폐형

> | 해 ② | 전동기의 강판 홈(slot) 모양
> • 고압 전동기용 : 개방형
> • 저압 전동기용 : 반폐형

□□□ 14②,24②

38 동기 검정기로 알 수 있는 것은?

① 전압의 크기   ② 전압의 위상
③ 전류의 크기   ④ 주파수

> | 해 ② | 동기 검정기(synchroscope)
> 두 계통의 전압의 위상을 측정 또는 표시하는 장치

□□□ 07④,10②,24②

39 2극 3,600[rpm]인 동기 발전기와 병렬 운전하려는 12극 발전기의 회전수는 몇 [rpm]인가?

① 600   ② 1,200
③ 1,800   ④ 3,600

> | 해 ① |
> [방법1]
> • 동기 발전기를 병렬 운전하려면 주파수(f)가 같아야 한다.
> 동기속도 $N_s = \dfrac{120f}{P}$에서
> • 주파수 $f = \dfrac{N_s P}{120} = \dfrac{3,600 \times 2}{120} = 60$[rpm]
> ∴ 12극 발전기의 회전수
> $N_s = \dfrac{120f}{P} = \dfrac{120 \times 60}{12} = 600$[rpm]
>
> [방법2]
> • 동기 발전기를 병렬 운전하려면 주파수(f)가 같아야 한다.
> 동기속도 $N_s = \dfrac{120f}{P}$에서
> • $3,600 = \dfrac{120 \times f}{120}$
> 참고 SOLVE 사용 $f = 60$[rpm]
> ∴ 12극 발전기의 회전수
> $N_s = \dfrac{120f}{P} = \dfrac{120 \times 60}{12} = 600$[rpm]

□□□ 06①,13④,14④,18①,24②

40 1차 전압이 13,200[V], 2차 전압 220[V]의 단상 변압기의 1차에 6,000[V]의 전압을 가하면 2차 전압은 몇 [V]인가?

① 100   ② 200
③ 1,000   ④ 2,000

> | 해 ① |
> 권수비 $a = \dfrac{V_1}{V_2} = \dfrac{N_1}{N_2} = \dfrac{E_1}{E_2} = \sqrt{\dfrac{Z_1}{Z_2}} = \dfrac{I_2}{I_1}$
> • $a = \dfrac{V_1}{V_2} = \dfrac{13,200}{220} = 60$
> • $a = \dfrac{V_1}{V_2} = \dfrac{6,000}{V_2} = 60$
> ∴ 2차 전압 $V_2 = \dfrac{V_1}{a} = \dfrac{6,000}{60} = 100$[V]
> 참고 SOLVE 사용

정답 36 ① 37 ② 38 ② 39 ① 40 ①

전기이론

□□□ 09①, 11③, 12②, 14①, 22②, 24②

41 1대의 출력이 100[kVA]인 단상 변압기 2대로 V결선하여 3상 전력을 공급할 수 있는 최대 전력은 몇 [kVA]인가?

① 100
② $100\sqrt{2}$
③ $100\sqrt{3}$
④ 200

> **해 ③** V결선 시 3상 출력(단상 변압기 2대 사용)
> $P_v = \sqrt{3}\,P_1 = \sqrt{3} \times 100 = 100\sqrt{3}$ [kVA]

□□□ 08②, 09③, 20②, 22②, 24②

42 비정현파를 여러 개의 정현파의 합으로 표시하는 방법은?

① 키르히호프의 법칙
② 노튼의 정리
③ 푸리에 분석
④ 테일러의 분석

> **해 ③** 푸리에 분석(Fourier analysis)
> 복잡한 주기 함수(비정현파)를 여러 개의 단순한 주기 함수(정현파)의 합으로 분해하는 수학적 기법이다.

□□□ 24②

43 전자유도에 의한 법칙으로 유도기전력의 크기에 관한 법칙은?

① 패러데이의 법칙
② 앙페르의 오른나사의 법칙
③ 비오-사바르의 법칙
④ 렌츠의 법칙

> **해 ①** 패러데이의 전자 유도 법칙
> • 유도기전력 : $e = -N\dfrac{\Delta\phi}{\Delta t}$
> • 자속(ϕ)의 시간적 변화율($\Delta\phi/\Delta t$)에 비례한다.

□□□ 10③, 16②, 20②, 24②

44 황산구리 용액에 10[A]의 전류를 60분간 흘린 경우 이때 석출되는 구리의 양은? (단, 구리의 전기 화학당량은 0.3293×10^{-3}[g/C]임.)

① 약 1.97[g]
② 약 5.93[g]
③ 약 7.82[g]
④ 약 11.86[g]

> **해 ④** 석출되는 구리의 양
> $W = K \cdot Q = K \cdot I \cdot t$
> $= 0.3293 \times 10^{-3} \times 10 \times 60 \times 60 = 11.86$ [g]

□□□ 08①, 24②

45 어떤 도체에 10[V]의 전위를 주었을 때 1[C]의 전하가 축적되었다면 이 도체의 정전 용량 C는?

① 0.1[μF]
② 0.1[F]
③ 0.1[pF]
④ 10[F]

> **해 ②** 전하량 $Q = CV$[C]에서
> ∴ 정전 용량
> $C = \dfrac{Q}{V} = \dfrac{1[C]}{10[V]} = 0.1[F] = 1 \times 10^{-5}[\mu F]$

□□□ 06①, 18①, 24②

46 다음 설명 중 잘못된 것은?

① 양전하를 많이 가진 물질은 전위가 낮다.
② 1초 동안에 1[C]의 전기량이 이동하면 전류는 1[A]이다.
③ 전위차가 높으면 높을수록 전류는 잘 흐른다.
④ 전류의 방향은 전자의 이동방향과는 반대방향으로 정한다.

> **해 ①** 전하의 성질
> 전위란 전기적인 에너지이므로 양전하를 많이 가진 물질은 전위가 높다.

□□□ 10④,20②,24②

47 도체의 전기저항에 대한 설명으로 옳은 것은?

① 길이와 단면적에 비례한다.
② 길이와 단면적에 반비례한다.
③ 길이에 비례하고 단면적에 반비례한다.
④ 길이에 반비례하고 단면적에 비례한다.

| 해③ | 도체의 전기저항

$$R = \rho \frac{l}{A} [\Omega]$$

- 도체에서 전류의 흐름을 방해하는 정도를 나타내는 물리량
- l : 도체의 길이, A : 도체의 단면적, ρ : %도전율

∴ 길이(l)에 비례하고 단면적(A)에 반비례한다.

□□□ 09③,24②

48 자기 인덕턴스가 각각 50[mH]와 80[mH]이고, 상호 인덕턴스가 60[mH]인 2개의 코일이 직렬로 가동 접속되었을 때, 합성 인덕턴스는?
(단, 자기력선에 의한 영향을 서로 받는 경우이다.)

① 200 ② 10
③ 30   ④ 250

| 해④ |

합성 인덕턴스(가동접속 ; 같은 방향)

$L_{가동} = L_1 + L_2 + 2M [mH]$
$= 50 + 80 + 2 \times 60 = 250 [mH]$

□□□ 09③,20②,24②

49 두 코일이 있다. 한 코일에 매초 전류가 150[A]의 비율로 변할 때 다른 코일에 60[V]의 기전력이 발생하였다면, 두 코일의 상호 인덕턴스는 몇 [H]인가?

① 0.4[H] ② 2.5[H]
③ 4.0[H] ④ 25[H]

| 해① | 유도기전력(상호 인덕턴스)

$$e = M \frac{\Delta I}{\Delta t}$$

[방법1] 수학적

$$M = e \times \frac{\Delta t}{\Delta I} = 60[V] \times \frac{1[sec]}{150[A]} = 0.4[H]$$

[방법2] 참고 SOLVE 사용

$$e = M \frac{150[A]}{1[sec]} = 60[V]$$

∴ 코일의 상호 인덕턴스 $M = 0.4[H]$

□□□ 07④,08③,12③,13①,15③④,21①,24①

50 전류에 의한 자기장의 방향을 결정하는 법칙은?

① 앙페르의 오른나사 법칙
② 플레밍의 오른손 법칙
③ 플레밍의 왼손 법칙
④ 렌츠의 법칙

| 해① | 법칙의 원리

렌츠의 법칙	유도 기전력의 방향
플레밍의 오른손 법칙	자기장 내의 도체운동에 의한 유도기전력의 방향 (발전기의 원리)
플레밍의 왼손 법칙	자기장 내의 도체에 흐르는 전류에 의한 힘의 방향(전동기의 원리)
앙페르의 오른나사 법칙	자기장의 자기력선 방향
비오-사바르의 법칙	자기장의 크기

□□□ 11③,12②,21②,24②

51 용량을 변화시킬 수 있는 콘덴서는?

① 바리콘   ② 전해 콘덴서
③ 마일러 콘덴서 ④ 세라믹 콘덴서

| 해① | 바리콘(varicon)

바리콘이라고 불리는 가변 콘덴서는 전기 용량 값을 바꿀 수 있는 축전지

정답 47 ③ 48 ④ 49 ① 50 ① 51 ①

□□□ 11④,14①④,16③,24②

52 공기 중에 +1[Wb]의 자극에서 나오는 자력선의 수는 몇 개인가?

① 6.33×10^4
② 7.958×10^5
③ 8.855×10^3
④ 1.256×10^6

| 해 ② | 자력선의 총수

$N = \dfrac{m}{\mu} = \dfrac{m}{\mu_o \mu_s}$

• 자극의 세기 $m = 1[Wb]$
• 진공중의 투자율 $\mu_o = 4\pi \times 10^{-7}[H/m]$
• 비투자율 $\mu_s = 1$

∴ $N = \dfrac{1}{4\pi \times 10^{-7} \times 1} = 795,774 = 7.958 \times 10^5$

□□□ 21①,24②

53 교류 회로의 정현파 전압의 평균값이 100[V]일 때 실횻값은 몇 [V]인가?

① 63
② 100
③ 111
④ 314

| 해 ③ |

실횻값 $V = \dfrac{V_m}{\sqrt{2}} = \dfrac{\pi}{2\sqrt{2}} V_{av}$

($\because V_{av} = \dfrac{2}{\pi} V_m \rightarrow V_m = \dfrac{\pi}{2} V_{av}$)

∴ $V = \dfrac{\pi}{2\sqrt{2}} \times 100 = 111[V]$

□□□ 06④,08②,10④,12③,13③,24②

54 자화력(자기장의 세기)을 표시하는 식과 관계가 되는 것은?

① NI
② μIl
③ $\dfrac{NI}{\mu}$
④ $\dfrac{NI}{l}$

| 해 ④ | 자화력(자기장의 세기)

$H = \dfrac{코일의\ 감긴\ 수 \times 전류}{자기회로의\ 평균\ 깊이} = \dfrac{N \times I}{l}[AT/m]$

□□□ 03,05,13②,14①,21②,24②

55 그림과 같이 공기 중에 놓인 $2 \times 10^{-8}[C]$의 전하에서 2[m] 떨어진 점 P와 1[m] 떨어진 점 Q와의 전위차는?

① 80[V]
② 90[V]
③ 100[V]
④ 110[V]

| 해 ② | 전위차(전압)

$V_{QP} = 9 \times 10^9 \dfrac{Q}{r} = 9 \times 10^9 Q \left(\dfrac{1}{r_Q} - \dfrac{1}{r_P} \right)$

$= 9 \times 10^9 \times 2 \times 10^{-8} \left(\dfrac{1}{1} - \dfrac{1}{2} \right) = 90[V]$

□□□ 13②,14④,20②,24②

56 납축전지의 전해액으로 사용되는 것은?

① H_2SO_4
② H_2O
③ PbO_2
④ $PbSO_4$

| 해 ① | 납축전지

양극(PbO_2) + 전해액($2H_2SO_4$) + 음극(Pb)

방전 ↓↑ 충전

양극($PbSO_4$) + 물($2H_2O$) + 음극($PbSO_4$)

• 납축전지의 전해액은 묽은황산(H_2SO_4)으로 사용된다.

□□□ 12①,15①,16③,24②

57 비정현파의 실횻값을 나타낸 것은?

① 최대파의 실횻값
② 각 고조파의 실횻값의 합
③ 각 고조파의 실횻값의 합의 제곱근
④ 각 고조파의 실횻값의 제곱의 합의 제곱근

| 해 ④ | 비정현파(비사인파) 전류에서의 실횻값

$I = \sqrt{I_2^2 + I_3^2 + I_4^2 + \cdots I_n^2}$

∴ 각 고조파의 실횻값의 제곱의 합의 제곱근

□□□ 13①,20②,24②

58 키르히호프의 법칙을 이용하여 방정식을 세우는 방법으로 잘못된 것은?

① 키르히호프의 제1법칙을 회로망의 임의의 한 점에 적용한다.
② 각 폐회로에서 키르히호프의 제2법칙을 적용한다.
③ 각 회로의 전류를 문자로 나타내고 방향을 가정한다.
④ 계산 결과 전류가 +로 표시된 것은 처음에 정한 방향과 반대방향임을 나타낸다.

| 해 ④ |

계산 결과 전류가 (+)로 표시된 것은 처음에 정한 방향과 같은 방향이고, (−)로 되면 반대방향임을 나타낸다.

□□□ 06②③,11①,12④,20②,24②

59 $v = V_m \sin\left(\omega t + \dfrac{\pi}{6}\right)$[V], $i = I_m \sin\left(\omega t + \dfrac{\pi}{3}\right)$[A] 일 때 전압과 전류의 위상관계는 어떻게 되는가?

① 전류의 위상이 전압보다 $\dfrac{\pi}{6}$[rad]만큼 앞선다.
② 전류의 위상이 전압보다 $\dfrac{\pi}{6}$[rad]만큼 뒤진다.
③ 전류의 위상이 전압보다 $\dfrac{\pi}{3}$[rad]만큼 앞선다.
④ 전류의 위상이 전압보다 $\dfrac{\pi}{3}$[rad]만큼 뒤진다.

| 해 ① | 위상차

$\theta = |\theta_i - \theta_v| = \left|-\dfrac{\pi}{3} - \left(-\dfrac{\pi}{6}\right)\right| = \dfrac{\pi}{6}$

∴ 전류(i)가 전압(v)보다 $\dfrac{\pi}{6}$[rad] 만큼 앞선다.

□□□ 08④,09③,14④,15①,16①,24②

60 회로망의 임의의 접속점에 유입되는 전류는 $\Sigma I = 0$ 라는 법칙은?

① 쿨롱의 법칙
② 패러데이의 법칙
③ 키르히호프의 제1법칙
④ 키르히호프의 제2법칙

| 해 ③ |

• 키르히호프의 제1법칙 : 전류(I)에 관한 법칙
유입되는 전류의 총합 = 유출되는 전류의 총합
• 키르히호프의 제2법칙 : 전압(V)에 관한 법칙
기전력의 합 = 전압 강하의 합

국가기술자격 CBT 필기시험문제

2025년도 기능사 1회 필기시험

종 목	시험시간	문제수	테스트 결과(개수)		
전기기능사	1시간	60	1회	2회	3회

전기설비

☐☐☐ 06②,13③,14②,16③,21②,25①

01 박강 전선관의 표준 굵기가 아닌 것은?

① 16[mm]   ② 19[mm]
③ 25[mm]   ④ 39[mm]

해①	금속 전선관 공사에서 사용되는 관
종류	규격[mm]
박강 전선관	19, 25, 31, 39, 51, 63, 75 (바깥지름)
후강 전선관	16, 22, 28, 36, 42, 54, 70, 82, 92, 104 (안지름)

☐☐☐ 13④,18①,21②,25①

02 DV 전선을 사용하는 저압 구내 가공 인입전선으로 전선의 길이가 15[m]를 초과하는 경우 그 전선의 지름은 몇 [mm] 이상을 사용하여야 하는가?

① 1.6   ② 2.0
③ 2.6   ④

해③ 저압 가공인입선
- 지름 2.6[mm] 이상의 인입용 비닐 절연전선(DV)일 것
- 인장강도 2.30[kN] 이상의 것
- 다만, 지지물 간 거리가 15[m] 이하인 경우
- 인장강도 1.25[kN] 이상의 것
- 지름 2[mm] 이상의 인입용 비닐 절연전선(DV)일 것

참고 OW : 옥외용 비닐 절연전선

☐☐☐ 25①

03 한국전기설비규정에 의한 중성점 접지용 접지도체는 공칭단면적 몇 [mm²] 이상의 연동선을 사용하여야 하는가? (단, 25[kV] 이하인 중성선 다중접지식으로서 전로에 지락이 생겼을 때 2초 이내에 자동적으로 이를 전로로부터 차단하는 장치가 되어 있는 경우이다.)

① 6[mm²]   ② 10[mm²]
③ 16[mm²]   ④ 25[mm²]

해① 접지도체의 굵기
- 중성점 접지용 접지도체는 공칭단면적 16[mm²] 이상의 연동선이어야 한다.
- 아래의 경우에는 공칭단면적 6[mm²] 이상의 연동선을 사용
  - 7[kV] 이하의 전로
  - 사용접압이 25[kV] 이하인 중성선 다중접지식의 것으로 전로에 지락이 생겼을 때 2초 이내에 자동적으로 이를 전로로부터 차단하는 장치가 되어 있는 특고압 가공전선로

☐☐☐ 07③,08②,10①,13②,19①,25①

04 저압 가공인입선의 인입구에 사용하며 금속관 공사에서 끝 부분의 빗물 침입을 방지하는데 적당한 것은?

① 플로어 박스   ② 엔트런스 캡
③ 부싱   ④ 터미널 캡

해② 엔트런스 캡의 역할
저압 인입선 공사 시 전선관 공사로 넘어갈 때 빗물 침입을 방지하기 위해 전선관 끝부분에 사용하는 부품

정답 01 ① 02 ③ 03 ① 04 ②

□□□ 16③,21②,25①

05 한국전기설비규정(KEC)에서 교통 신호등 회로의 사용전압이 몇 [V]를 넘는 경우에는 지락 발생 시 자동적으로 전로를 차단하는 장치를 시설하여야 하는가?

① 50
② 100
③ 150
④ 200

| 해③ | 교통 신호등의 누전 차단기 장치 시설
교통 신호등 회로의 사용전압이 150[V]를 넘는 경우는 전로에 지락이 생겼을 경우 자동적으로 전로를 차단하는 누전 차단기를 시설할 것

□□□ 06③,07④,11③,13④,14③,15④,18①,19①,21②,22②,25①

06 배전반 및 분전반의 설치 장소로 적합하지 않은 곳은?

① 전기회로를 쉽게 조작할 수 있는 장소
② 개폐기를 쉽게 조작할 수 있는 장소
③ 안정된 장소
④ 은폐된 장소

| 해④ | 배전반 및 분전반의 설치 장소
노출된 장소

□□□ 06④,07①④,08①,09①,12④,13③,18①,25①

07 과전류 차단기를 꼭 설치해야 하는 곳은?

① 접지 공사의 접지도체
② 저압 옥내 간선의 전원측 전로
③ 다선식 전로의 중성선
④ 전로의 일부에 접지 공사를 한 저압 가공 전로의 접지측 전선

| 해② | 과전류 차단기 제한 장소
• 접지 공사의 접지도체
• 다선식 전로의 중성선
• 전로의 일부에 접지 공사를 한 저압 가공전선의 접지측 전선

□□□ 10④,12④,25①

08 저압 가공전선 또는 고압 가공전선이 도로를 횡단하는 경우 전선의 지표상 최소 높이는?

① 2[m]
② 3[m]
③ 5[m]
④ 6[m]

| 해④ | 도로를 횡단하는 경우의 지표상 높이

지지선의 지표상 높이	지표상 5[m] 이상
저압 가공인입선의 노면상 높이	노면상 5[m] 이상
고압 가공인입선의 노면상 높이	노면상 6[m] 이상
저압/고압 가공전선의 지표상 높이	지표상 6[m] 이상

□□□ 10③,21②,25①

09 특고압 수전설비의 결선 기호와 명칭으로 잘못된 것은?

① CB-차단기
② DS-단로기
③ LA-피뢰기
④ LF-전력 퓨즈

| 해④ |
전력 퓨즈 : PF(Power Fuse)

□□□ 02,25①

10 저압 수전의 단상 3선식에서 중성선과 각 전압측 전선간의 부하는 평형이 되게 하는 것을 원칙으로 한다. 다만, 부득이 한 경우 설비 불평형률을 몇 [%]까지로 하는가?

① 20
② 30
③ 40
④ 50

| 해③ | 설비 평형률의 제한

단상 3선식	40[%]
3상 3선식, 3상 4선식	30[%]

정답 05 ③ 06 ④ 07 ② 08 ④ 09 ④ 10 ③

□□□ 08②,09③,16②,19②,23②,24①,25①

11 애자 공사를 건조한 장소에 시설하고자 한다. 사용전압이 400[V] 이하인 경우 전선과 조영재 사이의 간격은 최소 몇 [mm] 이상이어야 하는가?

① 25[mm] 이상 ② 45[mm] 이상
③ 60[mm] 이상 ④ 120[mm] 이상

|해①| 애자 공사의 전선과 조영재 사이의 간격

사용전압	간격	건조한 장소
400[V] 이하	25[mm]	25[mm]
400[V] 초과	45[mm]	

□□□ 07①,21①,25①

12 조명용 전등을 관광 진흥법과 공중위생법에 의한 관광 숙박업 또는 숙박업(여인숙업은 제외)에 이용되는 객실의 입구등은 최대 몇 분 이내에 소등되는 타임 스위치를 시설하여야 하는가?

① 1 ② 2
③ 3 ④ 4

|해①| 타임 스위치

관광숙박업, 숙박업	1분 이내
일반주택, 아파트	3분 이내

□□□ 06①②,25①

13 10[mm²] 이상 굵은 단선의 분기접속은 어떤 접속을 하여야 하는가?

① 브리타니아 접속 ② 쥐꼬리 접속
③ 트위스트 접속   ④ 슬리브 접속

|해①| 전선의 접속법

트위스트 접속	6[mm²] 이하 가는 단선의 접속
브리타니아 접속	10[mm²] 이상 굵은 단선의 접속

□□□ 11④,12②,14②,22①,25①

14 저압 옥내배선 시설 시 캡타이어 케이블을 조영재의 아랫면 또는 옆면에 따라 붙이는 경우 전선의 지지점 간의 거리는 몇 [m] 이하로 하여야 하는가?

① 1   ② 1.5
③ 2   ④ 2.5

|해①| 캡타이어 케이블 공사
- 캡타이어 케이블은 전선의 지지점 간의 거리는 1[m] 이하로 한다.
- 전선을 조영재의 아랫면 또는 옆면에 따라 붙이는 경우에는 전선의 지지점 간의 거리를 케이블은 2[m] 이하로 한다.

□□□ 06④,07① 08②,19①,25①

15 배전선로 공사에서 충전되어 있는 활선을 움직이거나 작업권 밖으로 밀어 낼 때 또는 활선을 다른 장소로 옮길 때 사용하는 활선 공구는?

① 피박기   ② 활선커버
③ 데드 엔드 커버 ④ 와이어 통

|해④| 와이어 통(wire tong)
배전선로 공사에서 충전되어 있는 활선을 움직이거나 작업권 밖으로 밀어낼 때 또는 활선을 다른 장소로 옮길 때 사용하는 절연봉(활선공구)

□□□ 06③,10①,11①,14④,24②,25①

16 전선과 기구단자 접속 시 누름 나사를 덜 죌 때 발생할 수 있는 현상과 거리가 먼 것은?

① 과열 ② 화재
③ 절전 ④ 전파잡음

|해③| 불완전 접속(나사를 덜 죄었을 경우)
누전, 감전, 화재 위험, 전기저항이 증가하여 과열 발생, 전파 잡음

정답 11 ① 12 ① 13 ① 14 ① 15 ④ 16 ③

☐☐☐ 08①,10②③,11③,12③④,15④,20②,25①

17 가연성 가스가 존재하는 저압 옥내전기설비 공사 방법으로 옳은 것은?

① 가요 전선관 공사 ② 애자 공사
③ 금속관 공사   ④ 금속 몰드 공사

> |해③| 금속관 공사
> 가연성 가스 및 인화성 물질이 있는 곳의 저압 옥내배선 공사 방법

☐☐☐ 17①,25①

18 표준 연동선의 고유저항은 몇 [Ω·mm²/m]인가?

① $\dfrac{1}{58}$ ② $\dfrac{1}{56}$
③ $\dfrac{1}{55}$ ④ $\dfrac{1}{35}$

> |해①| 전선의 고유저항(비저항, 저항률)
>
> | 표준 연동선 | $\rho = \dfrac{1}{58}[\Omega \cdot mm^2/m]$ |
> |---|---|
> | 경동선 | $\rho = \dfrac{1}{55}[\Omega \cdot mm^2/m]$ |
> | 알루미늄(Al)선 | $\rho = \dfrac{1}{35}[\Omega \cdot mm^2/m]$ |

☐☐☐ 06②,09④,10④,13②,25①

19 연피 케이블의 접속에 반드시 사용되는 테이프는?

① 고무 테이프   ② 비닐 테이프
③ 리노 테이프   ④ 자기융착 테이프

> |해③| 리노 테이프
> 점착성은 없으나 절연성, 내온성, 내유성이 있음으로 연피 케이블 접속 시 사용

☐☐☐ 06②③,10④,18①,19③,25①

20 피시 테이프(fish tape)의 용도는?

① 전선을 테이핑하기 위해서 사용
② 전선관의 끝마무리를 위해서 사용
③ 전선관에 전선을 넣을 때 사용
④ 합성 수지관을 구부릴 때 사용

> |해③| 피시 테이프(fish tape)
> 전선관에 전선을 넣을 때 사용하는 평각강철선

정답 17 ③ 18 ① 19 ③ 20 ③

전기기기

□□□ 06①,09①,11②④,13③,21②,24②,25①

21 직류 직권 전동기에서 벨트를 걸고 운전하면 안 되는 가장 큰 이유는?

① 벨트가 벗겨지면 위험 속도로 도달하므로
② 손실이 많아지므로
③ 직결하지 않으면 속도 제어가 곤란하므로
④ 벨트가 마멸 보수가 곤란하므로

> 해① 직권 전동기의 주의할 점
> • 직권 전동기는 무부하 시 속도가 위험할 정도로 상승하므로, 벨트가 벗겨질 경우 무부하 상태가 되어 매우 위험하기 때문이다.
> • 따라서 직권 전동기는 무부하 운전이나 벨트가 풀리면 갑자기 고속으로 회전하기 때문에 벨트 운전을 해서는 안 되는 전동기이다.

□□□ 06①,15①,25①

22 직류 스테핑 모터(DC stepping motor)의 특징이다. 다음 중 가장 옳은 것은?

① 교류 동기 서보 모터에 비하여 효율이 나쁘고 토크 발생도 작다.
② 입력되는 전기신호에 따라 계속하여 회전한다.
③ 일반적인 공작 기계에 많이 사용된다.
④ 출력을 이용하여 특수 기계의 속도, 거리, 방향 등을 정확하게 제어할 수 있다.

> 해④ 직류 스테핑 모터의 특징
> • 교류 동기 서보 모터에 비하여 효율이 좋고 큰 토크를 발생한다.
> • 각 전기 신호에 따라 규정된 각도 만큼씩 회전한다.
> • 전동기의 출력을 이용하여 특수 기계의 속도, 거리, 방향 등을 정확하게 제어가 가능하다.
> • 특수 전기기기로 공작기계, 로봇제어 등의 매우 정밀한 위치 제어에 사용된다.

□□□ 10④,25①

23 직류기에 있어서 불꽃 없는 정류를 얻는 게 가장 유효한 방법은?

① 보극과 탄소 브러시
② 탄소 브러시와 보상 권선
③ 보극과 보상 권선
④ 자기 포화와 브러시 이동

> 해① 직류 발전기의 정류 품질의 향상
> • 전압 정류 : 보극을 설치하면 정류를 개선하여 전압 정류의 역할을 한다.
> • 저항 정류 : 탄소질 브러시와 같이 접촉저항이 큰 브러시를 사용한다.

□□□ 15④,19①,20③,25①

24 다음 그림은 직류 발전기의 분류 중 어느 것에 해당되는가?

① 분권 발전기
② 직권 발전기
③ 자석 발전기
④ 복권 발전기

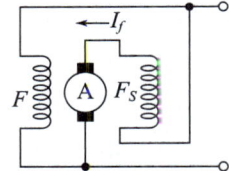

> 해④ 복권 발전기(compound generator)
> 전기자(A), 분권 계자 권선(F)과 직권 계자 권선(F_S)을 가지고 있다.

□□□ 12④,25①

25 3상 동기 전동기의 특징이 아닌 것은?

① 부하의 변화로 속도가 변하지 않는다.
② 부하의 역률을 개선 할 수 있다.
③ 전부하 효율이 양호하다.
④ 공극이 좁으므로 기계적으로 견고하다.

> 해④ 동기 전동기의 장점
> 공극이 넓으므로 기계적으로 견고한다.

□□□ 08②,10①,11②④,13④,15②,16③,25①

26 다음 단상 유도 전동기 중 기동 토크가 큰 것부터 옳게 나열한 것은?

> (ㄱ) 반발 기동형   (ㄴ) 콘덴서 기동형
> (ㄷ) 분상 기동형   (ㄹ) 셰이딩 코일형

① (ㄱ) > (ㄴ) > (ㄷ) > (ㄹ)
② (ㄱ) > (ㄹ) > (ㄴ) > (ㄷ)
③ (ㄱ) > (ㄷ) > (ㄹ) > (ㄴ)
④ (ㄱ) > (ㄴ) > (ㄹ) > (ㄷ)

|해①| 단상 유도 전동기의 기동 토크의 크기
반발 기동형 > 반발 유도형 > 콘덴서 기동형 > 분상 기동형 > 셰이딩 코일형

□□□ 06②,07②,14④,20①,25①

27 변압기의 원리는 어느 작용을 이용한 것인가?

① 전자유도작용   ② 정류작용
③ 발열작용   ④ 화학작용

|해①| 변압기의 작동 원리
변압기는 1개 또는 2개 이상의 회로에서 교류 전력을 받아, 전자유도작용에 의해 전압 및 전류를 변성하여 다른 1개 또는 2개 이상의 회로에 동일 주파수의 교류 전력을 공급하는 전기기기이다.

□□□ 06①,15②,18①,22①,23①,25①

28 동기 발전기의 전기자 권선을 단절권으로 하면?

① 고조파를 제거한다.
② 절연이 잘 된다.
③ 역률이 좋아진다.
④ 기전력을 높인다.

|해①| 동기 발전기의 단절권
코일의 사용량이 줄어 들고 고조파를 제거하여 좋은 파형을 얻을 수 있다.

□□□ 15③,23①,25①

29 2대의 동기 발전기 A, B가 병렬 운전하고 있을 때 A기의 여자 전류를 증가시키면 어떻게 되는가?

① A기의 역률은 낮아지고 B기의 역률은 높아진다.
② A기의 역률은 높아지고 B기의 역률은 낮아진다.
③ A, B 양 발전기의 역률이 높아진다.
④ A, B 양 발전기의 역률이 낮아진다.

|해①| 동기 발전기의 병렬 운전
역률 $\cos\theta = \dfrac{1}{\text{여자 전류}(I_f)}$
A기의 여자 전류를 증가시키면 지상분 전류가 흘러 역률은 낮아지고, B기의 여자 전류는 감소되어 지상분 전류가 흘러 역률은 높아진다.

□□□ 07③,09④,16②,22②,23①,25①

30 동기와트 P_2, 출력 P_0, 슬립 s, 동기속도 N_s, 회전 속도 N, 2차 동손 P_{2c}일 때 2차 효율 표기로 틀린 것은?

① $1-s$
② P_{2c}/P_2
③ P_0/P_2
④ N/N_s

|해②| 유도 전동기의 2차 효율
$$n_2 = \dfrac{P_0}{P_2} = \dfrac{(1-s)P_2}{P_2} = 1-s = \dfrac{N}{N_s} = \dfrac{P \cdot N}{120f}$$

□□□ 12②,25①

31 변압기 철심에는 철손을 적게 하기 위하여 철이 몇 [%]인 강판을 사용하는가?

① 약 50~55[%]   ② 약 60~70[%]
③ 약 76~86[%]   ④ 약 96~97[%]

|해④| 변압기의 철심
변압기의 철심에는 철손을 적게 하기 위하여 철이 96~97[%], 규소가 3~4[%] 정도가 되는 냉간 압연된 강판을 사용한다.

□□□ 06④,08②,09③④,10②,12①,16②,23①,25①

32 무부하에서 119[V]되는 분권 발전기의 전압 변동률이 6[%]이다. 정격 전부하 전압은 약 몇 [V]인가?

① 110.2
② 112.3
③ 122.5
④ 125.3

|해②| 전압 변동률

$\epsilon = \dfrac{V_o - V_n}{V_n} \times 100 = \dfrac{119 - V_n}{V_n} \times 100 = 6[\%]$

$\therefore V_n = \dfrac{V_o}{\epsilon + 1} = \dfrac{119}{0.06 + 1} = 112.3[V]$

|참고| SOLVE 사용
$\therefore$ 정격 전압 $V_n = 112.3[V]$

□□□ 25①

33 효율 80[%], 출력 10[kW]일 때 입력은 몇 [kW]인가?

① 7.5
② 10
③ 12.5
④ 20

|해③| 전기 기기의 효율(η)

$\eta = \dfrac{출력}{입력} \times 100$에서

$\therefore 입력 = \dfrac{출력}{\eta} \times 100 = \dfrac{10}{80} \times 100 = 12.50[kW]$

□□□ 06③,07①,09④,11①,21②,25①

34 계자 철심에 잔류 자기가 없어도 발전되는 직류 기는?

① 분권기
② 직권기
③ 복권기
④ 타여자기

|해④| 타여자 발전기
• 계자 권선이 전기자와 접속되어 있지 않은 직류기
• 계자 철심에 전류 자기가 없어도 발전되는 직류기

□□□ 10③,15①,16③,25①

35 주파수 60[Hz]의 회로에 접속되어 슬립 3[%], 회전수 1,164[rpm]으로 회전하고 있는 유도 전동기의 극수는?

① 4
② 6
③ 8
④ 10

|해②|

• 회전수 $N = (1-s)N_s = (1-s)\dfrac{120f}{p}[rpm]$에서

  극수 $p = \dfrac{120f}{N_s}$, 동기속도 $N_s = \dfrac{N}{1-s}$

• $N_s = \dfrac{1,164}{1-0.03} = 1,200[rpm]$

$\therefore$ 극수 $p = \dfrac{120 \times 60}{1,200} = 6$

□□□ 06③,07①②,09④,10②,11①,14③,20①,23①,25①

36 유도 전동기에서 원선도 작성 시 필요하지 않은 시험은?

① 구속 시험
② 무부하 시험
③ 저항 측정
④ 슬립 측정

|해④| 원선도 작성 시험
• 저항 측정 시험 : 1차 동손을 구할 수 있다.
• 무부하 시험 : 여자 전류, 철손을 구할 수 있다.
• 구속 시험(단락 시험) : 2차 동손을 구할 수 있다.

□□□ 10①,12①,25①

37 그림은 동기기의 위상 특성 곡선을 나타낸 것이다. 전기자 전류가 가장 작게 흐를 때의 역률은?

① 1
② 0.9[진상]
③ 0.9[지상]
④ 0

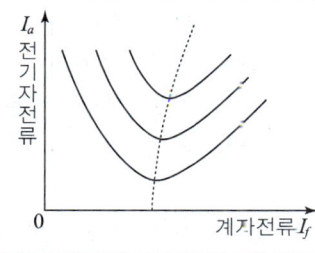

|해①| 동기 전동기
전기자 전류(I_a)가 최소일 때 역률은 $\cos\theta = 1$이 된다.

□□□ 10②,12①,14②,20②,23①,25①

38 전기 기계의 철심을 성층하는 가장 적절한 이유는?

① 기계손을 적게 하기 위하여
② 표유부하손을 적게 하기 위하여
③ 히스테리시스손을 적게 하기 위하여
④ 와류손을 적게 하기 위하여

[해 ④] 전기자 철심의 특성

규소 강판 사용	히스테리시스손 감소
규소 강판 성층 사용	철손 감소
성층 철심	와류손 감소

□□□ 07①④,09③,16①,25①

39 변압기의 2차 저항이 0.1[Ω]일 때 1차로 환산하면 360[Ω]이 된다. 이 변압기의 권수비는?

① 30　　② 40
③ 50　　④ 60

[해 ④]
권수비
$$a = \frac{V_1}{V_2} = \frac{N_1}{N_2} = \frac{E_1}{E_2} = \sqrt{\frac{Z_1}{Z_2}} = \sqrt{\frac{R_1}{R_2}} = \frac{I_2}{I_1}$$
$$\therefore a = \sqrt{\frac{R_1}{R_2}} = \sqrt{\frac{360}{0.1}} = 60$$

□□□ 09①,11①,14②,25①

40 정속도 전동기로 공작기계 등에 주로 사용되는 전동기는?

① 직류 분권 전동기
② 직류 직권 전동기
③ 직류 차동 복권 전동기
④ 단상 유도 전동기

[해 ①] 분권 전동기의 용도
분권 전동기는 부하에 의한 속도 변화가 적고 계자를 조정하여 광범위한 속도 제어가 가능하기 때문에 정속도 및 가감 속도 전동기로 사용된다.

전기이론

□□□ 07①,09③,21①,25①

41 그림과 같은 회로에서 합성저항은 몇 [Ω]인가?

① 6.6
② 7.4
③ 8.7
④ 9.4

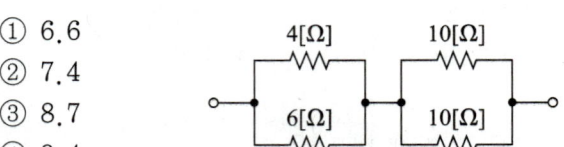

[해 ②] 합성저항
$$R = \frac{R_1 \cdot R_2}{R_1 + R_2} + \frac{R_3 \cdot R_4}{R_3 + R_4}$$
$$= \frac{4 \times 6}{4+6} + \frac{10 \times 10}{10+10} = 2.4 + 5 = 7.4[\Omega]$$

□□□ 08②,10②,16①,20②,25①

42 기전력 120[V], 내부 저항(r)이 15[Ω]인 전원이 있다. 여기에 부하 저항(R)을 연결하여 얻을 수 있는 최대 전력[W]은? (단, 최대 전력 전달조건은 $r = R$이다.)

① 100　　② 140
③ 200　　④ 240

[해 ④] 최대 전력의 전달 조건
내부 저항(r)=부하 저항(R)
$$\therefore P_{\max} = \frac{E^2}{4r} = \frac{120^2}{4 \times 15} = 240[\mathrm{W}]$$

□□□ 08②,11①③④,12①②,14②,15④,16①,25①

43 어떤 콘덴서에 $V[\mathrm{V}]$의 전압을 가해서 $Q[\mathrm{C}]$의 전하를 충전할 때 저장되는 에너지[J]는?

① $2QV$　　② $2QV^2$
③ $\frac{1}{2}QV$　　④ $\frac{1}{2}QV^2$

[해 ③] 콘덴서의 저장에너지
$$W = \frac{1}{2}QV = \frac{1}{2}CV^2[\mathrm{J}]$$

정답 38 ④　39 ④　40 ①　41 ②　42 ④　43 ③

□□□ 08④,09④,11②④,13③,14①,15③,16③,20①,23①,25①

44 단상 전력계 2대를 사용하여 2전력계법으로 3상 전력을 측정하고자 한다. 두 전력계의 지싯값이 각각 P_1, P_2[W]이었다. 3상 전력 P[W]를 구하는 식으로 옳은 것은?

① $P = \sqrt{3}(P_1 \times P_2)$
② $P = P_1 - P_2$
③ $P = P_1 \times P_2$
④ $P = P_1 + P_2$

해 ④ 2전력계법의 3상 전력일 때 부하 전력
$P = P_1 + P_2$

□□□ 12④,25①

45 비정현파의 종류에 속하는 직사각형파의 전개식에서 기본파의 진폭[V]은? (단, $V_m = 20$[V], $t = 10$[ms])

① 23.47[V]   ② 24.47[V]
③ 25.47[V]   ④ 26.47[V]

해 ③ 직사각형파의 진폭(기본파)
$v_1 = \frac{4}{\pi}V_m = \frac{4}{\pi} \times 20 = 25.47$[V]

□□□ 25①

46 어드미턴스 Y_1[℧], Y_2[℧]가 병렬로 접속되어 있을 때 합성어드미턴스[℧]는?

① $Y_1 Y_2$ ② $\frac{Y_1 Y_2}{Y_1 + Y_2}$
③ $Y_1 + Y_2$ ④ $\frac{Y_1 + Y_2}{Y_1 Y_2}$

해 ③ 합성 어드미턴스
• 직렬접속 : $Y_o = \frac{Y_1 Y_2}{Y_1 + Y_2}$[℧]
• 병렬접속 : $Y_o = Y_1 + Y_2$[℧]

□□□ 14④,15②,25①

47 진공 중에서 같은 크기의 두 자극을 1[m] 거리에 놓았을 때 작용하는 힘이 6.33×10^4[N]이 되는 자극의 단위는?

① 1[N]   ② 1[J]
③ 1[Wb]   ④ 1[C]

해 ③ 자극의 세기
[방법1]
$F = k\frac{m_1 m_2}{r^2} = 6.33 \times 10^4 \frac{m^2}{r^2}$[N]에서
$m = \sqrt{\frac{Fr^2}{6.33 \times 10^4}}$
$= \sqrt{\frac{6.33 \times 10^4 \times 1^2}{6.33 \times 10^4}} = 1$[Wb]

참고 SOLVE 사용

[방법2]
$6.33 \times 10^4 = 6.33 \times 10^4 \frac{m^2}{1^2}$[N]
∴ 자극의 세기 : $m = 1$[Wb]
자극(m)의 단위 : Wb

□□□ 25①

48 전기회로에서 일어나는 과도현상은 그 회로의 시정수와 관계가 있다. 이 사이의 관계를 옳게 표현한 것은?

① 시정수가 짧을수록 과도현상은 길어진다.
② 시정수가 짧을수록 과도현상은 짧아진다.
③ 시정수가 클수록 과도현상은 짧아진다.
④ 시정수는 지속시간과 무관하다.

해 ② 과도현상과 시정수
• 정상값의 63.2[%]에 도달하는 시간이다.
• 시정수가 클수록 과도현상은 빨라진다.
• 시정수는 과도현상의 지속시간과는 무관하다.
• 시정수가 클수록 과도현상은 오래동안 지속된다.

정답 44 ④ 45 ③ 46 ③ 47 ③ 48 ②

□□□ 07②,13④,15①,25①

49 전기장의 세기 단위로 옳은 것은?

① [H/m] ② [F/m]
③ [AT/m] ④ [V/m]

> 해 ④ 전기장의 세기
> $E = \dfrac{V}{d}[\text{V/m}] = \dfrac{F}{Q}[\text{N/C}]$
> 전기장의 세기에 대한 단위 거리당 전압을 의미 [V/m]한다.

□□□ 11④,16①,25①

50 황산구리($CuSO_4$) 전해액에 2개의 구리판을 넣고 전원을 연결하였을 때 음극에서 나타나는 현상으로 옳은 것은?

① 변화가 없다.
② 구리판이 두터워진다.
③ 구리판이 얇아진다.
④ 수소 가스가 발생한다.

> 해 ②
> • 음극에서는 환원반응이 진행되어 구리판이 두터워진다.
> • 양극에서는 산화반응이 진행되어 구리판이 얇아진다.

□□□ 07③,18②,23①,25①

51 10[V/m]의 전장에 어떤 전하를 놓으면 0.1[N]의 힘이 작용한다. 전하의 양은 몇 [C]인가?

① 10^2 ② 10^{-4}
③ 10^{-2} ④ 10^4

> 해 ③ 전기장의 세기
> $E = \dfrac{F}{Q}[\text{N/C}]$에서
> ∴ 전하량 $Q = \dfrac{F}{E} = \dfrac{0.1}{10} = 0.01 = 10^{-2}[\text{C}]$

□□□ 06③,08②,13③,15④,25①

52 L_1, L_2 두 코일이 접속되어 있을 때, 누설자속이 없는 이상적인 코일 간의 상호 인덕턴스는?

① $M = \sqrt{L_1 + L_2}$ ② $M = \sqrt{L_1 - L_2}$
③ $M = \sqrt{L_1 L_2}$ ④ $M = \sqrt{\dfrac{L_1}{L_2}}$

> 해 ③ 상호 인덕턴스
> $M = k\sqrt{L_1 L_2}$
> • 누설자속이 없는 결합계수 $k = 1$
> ∴ $M = \sqrt{L_1 L_2}[\text{H}]$

□□□ 11①,16②,25①

53 어떤 3상 회로에서 선간전압이 200[V], 선전류 25[A], 3상 전력이 7[kW]이었다. 이때의 역률은 약 얼마인가?

① 0.65 ② 0.73
③ 0.81 ④ 0.97

> 해 ③
> 3상 소비 전력 : $P[\text{W}] = \sqrt{3}\,VI\cos\theta$
> • 역률 $\cos\theta = \dfrac{P}{\sqrt{3}\,VI}$
> • 전력 $P = 7[\text{kW}] = 7 \times 10^3[\text{W}]$
> ∴ $\cos\theta = \dfrac{7 \times 10^3}{\sqrt{3} \times 200 \times 25} = 0.81$

□□□ 25①

54 코일의 자체 인덕턴스는 어느 것에 따라 변하는가?

① 투자율 ② 유전율
③ 도전율 ④ 저항율

> 해 ① 자체 인덕턴스
> $L = \dfrac{N\phi}{I} = \dfrac{NNI}{IR_m} = \dfrac{N^2}{R_m} = \dfrac{N^2}{\dfrac{l}{\mu A}} = \dfrac{\mu A N^2}{l}[\text{H}]$
> ∴ 자체인덕턴스(L)는 투자율(μ)에 따라 변화한다.

□□□ 06③,07③,09②③④,11①,13②,16②,25①

55 환상 솔레노이드 내부의 자기장의 세기에 관한 설명으로 옳은 것은?

① 자장의 세기는 권수에 반비례한다.
② 자장의 세기는 권수, 전류, 평균 반지름과는 관계가 없다.
③ 자장의 세기는 평균 반지름에 비례한다.
④ 자장의 세기는 전류에 비례한다.

| 해 ④ |

- 환상 솔레노이드의 자기장(자계)의 크기

$$H = \frac{코일의 감긴 수 \times 전류}{자기회로의 평균 깊이}$$
$$= \frac{N \times I}{l} = \frac{N \times I}{2\pi r} [\text{AT/m}]$$

- r : 원 중심에서 철심부분의 중심까지의 거리
- 자장의 세기(H)는 전류(I)와 권수(N)에 비례한다.

□□□ 09④,12①②,15④,21①,25①

56 진공 중에 두 자극 m_1, m_2를 r[m]의 거리에 놓았을 때 작용하는 힘 F의 식으로 옳은 것은?

① $F = \frac{1}{4\pi\mu_o} \times \frac{m_1 m_2}{r}$ [N]
② $F = \frac{1}{4\pi\mu_o} \times \frac{m_1 m_2}{r^2}$ [N]
③ $F = 4\pi\mu_o \times \frac{m_1 m_2}{r}$ [N]
④ $F = 4\pi\mu_o \times \frac{m_1 m_2}{r^2}$ [N]

| 해 ② | 자기에 관한 쿨롱의 법칙

$$F = \frac{1}{4\pi\mu_o} \frac{m_1 \cdot m_2}{r^2} = 6.33 \times 10^4 \frac{m_1 \cdot m_2}{r^2} [\text{N}]$$

- 진공의 투자율 $\mu_o = 4\pi \times 10^{-7}$ [H/m]

□□□ 06①,07③,10②,11①,12①②,15④,16①,25①

57 정전 에너지 W[J]를 구하는 식으로 옳은 것은? (단, C는 콘덴서 용량[μF], V는 공급 전압[V]이다.)

① $W = \frac{1}{2} CV^2$
② $W = \frac{1}{2} CV$
③ $W = \frac{1}{2} C^2 V$
④ $W = 2CV^2$

| 해 ① |

정전 에너지 $W = \frac{1}{2} \frac{Q^2}{C}$

- 콘덴서 용량 $C = \frac{Q}{V}$
- 콘덴서의 전하 $Q = CV$

$$\therefore W = \frac{1}{2} \frac{Q^2}{C} = \frac{1}{2} QV = \frac{1}{2} CV^2 [\text{J}]$$

□□□ 08①,18②,25①

58 100[V], 5[A]의 전열기를 사용하여 2[l]의 물을 20[℃]에서 100[℃]로 올리는데 필요한 시간 [sec]은 약 얼마인가? (단, 열량은 전부 유효하게 사용됨)

① 1.33×10^3
② 1.34×10^4
③ 1.35×10^5
④ 1.36×10^6

| 해 ① | 열량

$$H = 0.24 P \cdot t = 0.24 V \cdot I \cdot t = C \cdot m \cdot (t_2 - t_1)$$

- 물의 비열 $C = 1$
- 질량 $m = 2[l] = 2[\text{kg}] = 2,000[\text{g}]$

$$\therefore t = \frac{C \cdot m \cdot (t_2 - t_1)}{0.24 V \cdot I} = \frac{1 \times 2,000 \times (100 - 20)}{0.24 \times 100 \times 5}$$
$$= 1,333 = 1.33 \times 10^3 [\text{sec}]$$

정답 55 ④ 56 ② 57 ① 58 ①

□□□ 07④,09②,11②,25①

59 10[Ω] 저항 5개를 가지고 얻을 수 있는 가장 작은 합성저항값은?

① 1[Ω]   ② 2[Ω]
③ 4[Ω]   ④ 5[Ω]

해 ② 합성저항값
- 모두 병렬로 연결하면 가장 작은 합성저항값을 얻는다.

$$\therefore R_o = \frac{1}{\frac{1}{R_1}+\frac{1}{R_2}+\cdots+\frac{1}{R_n}} = \frac{1}{\left(\frac{1}{10}\right)\times 5} = 2[\Omega]$$

또는 $R_o = \frac{저항}{저항 개수} = \frac{10}{5} = 2[\Omega]$

- 직렬 저항 $R_o = 10 \times 5 = 50[\Omega]$

□□□ 14③④,22①,25①

60 공기 중에서 5[cm] 간격을 유지하고 있는 2개의 평행 도선에 각각 10[A]의 전류가 동일한 방향으로 흐를 때 도선 1[m]당 발생하는 힘의 크기 [N]는?

① 4×10^{-4} ② 2×10^{-5}
③ 4×10^{-5} ④ 2×10^{-4}

해 ① 평형한 두 전류 간에 작용하는 힘

$$F = \frac{2I_1 I_2}{r} \times 10^{-7} [\text{N/m}]$$

간격 $r = 5[\text{cm}] = 0.05[\text{m}]$

$$\therefore F = \frac{2 \times 10^2}{0.05} \times 10^{-7} \times 1[\text{m}] = 4 \times 10^{-4}[\text{N}]$$

국가기술자격 CBT 필기시험문제

2025년도 기능사 2회 필기시험

종 목	시험시간	문제수	테스트 결과(개수)		
전기기능사	1시간	60	1회	2회	3회

전기설비

□□□ 07③,08①③④,10②,11④,12③,13①,14②,18②,22①,23①,25②

01 폭연성 먼지가 존재하는 곳의 금속관 공사에 있어서 관 상호 및 관과 박스의 접속은 몇 턱 이상의 죔 나사로 시공하여야 하는가?

① 6턱   ② 5턱
③ 4턱   ④ 3턱

[해②] 5턱 이상의 나사조임으로 접속하는 방법
폭발성(폭연성) 먼지가 존재하는 곳

□□□ 06③,12①,14①,15①,18③,21②,25②

02 인입용 비닐 절연전선을 나타내는 약호는?

① OW   ② EV
③ DV   ④ NV

[해③] 전선 약호

OW	옥외용 비닐 절연전선
EV	폴리에틸렌 절연 비닐 시스 케이블
DV	인입용 비닐 절연전선
NV	비닐 절연 네온전선

□□□ 06③,12②,14①,15④,21①,25②

03 펜치로 절단하기 힘든 굵은 전선의 절단에 사용되는 공구는?

① 파이프 렌치   ② 파이프 커터
③ 클리퍼   ④ 와이어 게이지

[해③] 클리퍼(clipper)
펜치로 절단하기 힘든 굵은 전선이나 케이블을 절단할 때 사용되는 공구

□□□ 07③④,08③,09①,13②④,16①②,21①,25②

04 셀룰로이드, 성냥, 석유류 등 기타 가연성 위험 물질을 제조 또는 저장하는 장소에 시설해서는 안 되는 공사는?

① 애자 공사   ② 케이블 공사
③ 합성 수지관 공사   ④ 금속관 공사

[해①] 위험물 등이 존재하는 장소의 공사
• 셀룰로이드·성냥·석유류 기타 타기 쉬운 위험한 물질을 제조하거나 저장하는 곳
• 금속관 공사, 합성 수지관 공사, 케이블 공사를 한다.

□□□ 07③,13②,20②,24②,25②

05 단선의 굵기가 6[mm^2] 이하인 전선을 직선접속할 때 주로 사용하는 접속법은?

① 트위스트 접속   ② 브리타니아 접속
③ 쥐꼬리 접속   ④ T형 커넥터 접속

[해①] 전선의 접속법

| 트위스트 접속 | 6[mm^2] 이하 가는 단선의 접속 |
| 브리타니아 접속 | 10[mm^2] 이상 굵은 단선의 접속 |

□□□ 07④,08④,25②

06 가공전선로의 지지물에 설치하는 지지선의 안전율은 얼마 이상이어야 하는가?

① 2   ② 2.5
③ 3   ④ 3.5

[해②] 가공전선로의 안전율

| 지지물 기초의 안전율 | 2.0 이상 |
| 지지선의 안전율 | 2.5 이상 |

정답 01 ② 02 ③ 03 ③ 04 ① 05 ① 06 ②

□□□ 25②

07 전기 배선용 도면을 작성할 때 사용하는 매입형 콘센트 도면 기호는?

① ◐   ② ●
③ ○   ④ ◻

해①	도면 기호의 명칭
	① 벽붙이 콘센트(매입형)
	② 개폐기(스위치)
	③ 백열등
	④ 점검구

□□□ 07④,09③,11①,14④,20①,24②,25②

08 전선을 접속하는 경우 전선의 강도는 몇 [%] 이상 감소시키지 않아야 하는가?

① 10   ② 20
③ 40   ④ 80

해②	전선 접속 시 주의점
	• 접속부분의 전선의 세기(인장강도)를 20[%] 이상 감소시키지 않아야 한다.
	• 접속부분의 전선의 세기(인장강도)를 80[%] 이상 유지되도록 한다.

□□□ 15①,25②

09 정격전압 3상 24[kV], 정격차단전류 300[A]인 수전설비의 차단용량은 몇 [MVA]인가?

① 17.26   ② 28.34
③ 12.47   ④ 24.94

해③	정격 차단용량
	$P_s = \sqrt{3} \times$ 정격전압 $\times$ 정격차단
	$= \sqrt{3} \times 24 \times 10^3 \times 300 \times 10^{-6}$
	$= 12.47 [MVA]$

□□□ 11②,12④,13③,15④,16②,18③,19③,25②

10 A종 철근 콘크리트주의 길이가 9[m]이고, 설계하중이 6.8[kN]인 경우 땅에 묻히는 깊이는 최소 몇 [m] 이상이어야 하는가?

① 1.2   ② 1.5
③ 1.8   ④ 2.0

해②	전주의 묻히는 매설 깊이
	전주의 전체 길이 16[m] 이하, 설계하중 6.8[kN] 이하
길이 15[m] 초과인 전주	최소 깊이 2.5[m] 이상
길이 15[m] 이하인 전주	최소 깊이 전체 길이의 $\frac{1}{6}$ 이상
	$\therefore$ 최소 깊이 $= \frac{1}{6} \times 9 = 1.5[m]$

□□□ 12①,14④,15④,25②

11 480[V] 가공인입선이 철도를 횡단할 때 레일 면상의 최저 높이는 몇 [m]인가?

① 4[m]   ② 4.5[m]
③ 5.5[m]   ④ 6.5[m]

해④	저압 가공인입선의 높이
도로를 횡단하는 경우	노면상 5[m] 이상
철도 또는 궤도를 횡단하는 경우	레일면상 6.5[m] 이상
참고	저압 : 1,000[V] 이하 전압

Remember

■ 전압의 구분

구분	교류(AC)	직류(DC)
저압	1[kV] 이하 전압	1.5[kV] 이하 전압
고압	1[kV] 초과 전압	1.5[kV] 초과 전압
	AC, DC 모두 7[kV] 이하의 전압	
특고압	AC, DC 모두 7[kV] 초과의 전압	

정답 07 ① 08 ② 09 ③ 10 ② 11 ④

□□□ 12②,25②

12 실내 전체를 균일하게 조명하는 방식으로 광원을 일정한 간격으로 배치하며 공장, 학교, 사무실 등에서 채용되는 조명 방식은?

① 국부 조명   ② 전반 조명
③ 직접 조명   ④ 간접 조명

| 해② | 전반 조명(General Lighting)
- 실내 전체를 균일하게 조명하는 방식
- 광원을 일정한 간격으로 배치하는 방식
- 공장, 학교, 사무실 등에서 채용되는 조명 방식

□□□ 25②

13 사용전압 15[kV] 이하의 특고압 가공전선로의 중성선의 접지도체를 중성선으로부터 분리하였을 경우 1[km] 마다의 중성선과 대지 사이의 합성전기저항값은 몇 [Ω] 이하로 하여야 하는가?

① 30   ② 100
③ 150   ④ 300

| 해① | 25[kV] 이하의 특고압 가공전선로의 시설

사용전압	각 접지점의 대지 전기저항치	1[km] 마다의 합성전기저항치
15[kV] 이하	300[Ω]	30[Ω]
25[kV] 이하	300[Ω]	15[Ω]

□□□ 15③,19②,25②

14 다음 중 버스 덕트가 아닌 것은?

① 플로어 버스 덕트   ② 피더 버스 덕트
③ 트롤리 버스 덕트   ④ 플러그인 버스 덕트

| 해① | 버스 덕트(Bus Duct)의 종류
피더 버스 덕트(Feeder bus duct), 플러그인 버스 덕트(Plug in bus duct), 트롤리 버스 덕트(Trolly bus duct)

□□□ 13③,25②

15 용량이 작은 전동기로 직류와 교류를 겸용할 수 있는 전동기는?

① 셰이딩 전동기
② 단상 반발 전동기
③ 단상 직권 정류자 전동기
④ 리니어 전동기

| 해③ | 단상 직권 정류자 전동기
직류와 교류 겸용 전동기로 만능 전동기라고도 한다.

□□□ 06④,08④,18①,25②

16 고압 전기회로의 전기 사용량을 적산하기 위한 계기용 변압 변류기의 약자는?

① ZPCT   ② MOF
③ DCS   ④ DSPF

| 해② | 계기용 변압 변류기(MOF)
계기용 변압기(PT)와 변류기(CT)를 조합한 것으로 전력 수급용 전력량을 측정하기 위해 사용한다.

□□□ 25②

17 옥내에 시설하는 금속 덕트 공사에서 덕트를 취급자 이외의 자가 출입할 수 없도록 설비한 곳에서 수직으로 붙이는 경우 덕트의 지지점 간격은 몇 [m] 이하로 하여야 하는가?

① 1   ② 2
③ 3   ④ 6

| 해④ | 금속 덕트의 시설
- 덕트를 조영재에 붙이는 경우에는 덕트의 지지점 간의 거리를 3[m] 이하
- 취급자 이외의 자가 출입할 수 없도록 설비한 곳에서 수직으로 붙이는 경우에는 6[m] 이하

정답 12 ② 13 ① 14 ① 15 ③ 16 ② 17 ④

□□□ 25②

18 한국전기설비규정에서 정하는 저압 가공전선로의 시설방법 중 틀린 것은?

① 사용전압이 400[V]를 초과하는 경우 인입용 비닐절연전선을 사용하였다.
② 사용전압이 400[V] 이하일 때 절연전선인 경우 지름 2.6[m] 이상의 경동선을 사용하였다.
③ 나전선의 사용은 중성선 또는 다중접지된 접지측 전선으로 사용하는 경우에만 가능하다.
④ 사용전압이 400[V]를 초과할 때 시가지 외에 시설하는 경우 지름 4[mm] 이상의 경동선을 사용하였다.

> |해①| 저압 가공전선의 굵기 및 종류
> 사용전압이 400[V] 초과인 저압 가공전선에는 인입용 비닐절연전선을 사용하여서는 안 된다.

□□□ 08①,11①,20②,25②

19 절연전선으로 가설된 배전선로에서 활선 상태인 경우 전선의 피복을 벗기는 것은 매우 곤란한 작업이다. 이런 경우 활선 상태에서 전선의 피복을 벗기는 공구는?

① 전선 피박기   ② 애자 커버
③ 와이이 통   ④ 데드 엔드 커버

> |해①| 전선 피박기
> 활선 상태에서 전선의 피복을 벗기는 공구

□□□ 25②

20 전기저항이 작으며 부드러운 성질이 있고, 구부리기가 용이하여 주로 옥내배선에 사용하는 구리선의 명칭은?

① 경동선   ② 연동선
③ 합성연선   ④ 중동연선

> |해②| 연동선
> • 전선으로 가요성이 크고 전기저항이 작다.
> • 부드러운 성질이 있어서 일반적으로 가정용, 옥내용 전선으로 저압 옥내배선에 사용된다.

전기기기

□□□ 06①②,08④,09②,10③,14②,15①,25②

21 유도 전동기에서 슬립이 가장 큰 상태는?

① 무부하 운전시   ② 경부하 운전시
③ 정격부하 운전시 ④ 기동시

> |해④| 유도 전동기의 슬립
> $s = \dfrac{N_s - N}{N_s} \times 100[\%]$
> • 기동시는 회전자 속도 $N=0$일 때 이며 슬립 $s=1$이 된다.

□□□ 06②④,10④,11②,19①,25②

22 60[Hz]의 동기 전동기가 2극일 때 동기속도는 몇 [rpm]인가?

① 7,200   ② 4,800
③ 3,600   ④ 2,400

> |해③| 1분당 회전수 $N_s = \dfrac{120f}{p}[\text{rpm}]$
> • 주파수 $f=60[\text{Hz}]$
> • 극수 $p=2$극
> ∴ $N_s = \dfrac{120 \times 60}{2} = 3,600[\text{rpm}]$

□□□ 25②

23 정밀한 위치제어가 필요한 부하에 적당한 전동기로서 자동제어 장치의 특수 전기기기 속도제어 및 위치제어에 사용되는 전동기는 무엇인가?

① 전기동력계   ② 유도 전동기
③ 직류서보모터 ④ 동기 전동기

> |해③| 직류서보모터(DC servomotor)
> 자동제어 장치의 특수전동기로서 정확한 속도제어 및 위치제어에 사용되며 로봇, 공작기계 등에 응용되고 있다.

□□□ 06②,11④,15③,19①,23②,25②

24 변압기의 임피던스 전압에 대한 설명으로 옳은 것은?

① 여자 전류가 흐를 때의 2차측 단자 전압이다.
② 정격 전류가 흐를 때의 2차측 단자 전압이다.
③ 정격 전류에 의한 변압기 내부 전압 강하이다.
④ 2차 단락 전류가 흐를 때의 변압기 내의 전압 강하이다.

| 해 ③ | 변압기의 임피던스 전압이란
정격 전류가 흐를 때 변압기 내부의 임피던스에 의한 전압 강하

□□□ 07②③,08②③④,10③,12①③,14②,16②,25②

25 동기 발전기의 병렬 운전 조건이 아닌 것은?

① 기전력의 주파수가 같은 것
② 기전력의 크기가 같을 것
③ 기전력의 위상이 같을 것
④ 발전기의 회전수가 같을 것

| 해 ④ | 동기 발전기에 필요한 병렬 운전 조건
• 기전력의 크기가 같을 것
• 기전력의 위상이 같을 것
• 기전력의 주파수가 같을 것
• 기전력의 파형이 같을 것

□□□ 12①④,15④,16②,18②,23①,25②

26 부흐홀츠 계전기의 설치위치는?

① 변압기 주탱크 내부
② 콘서베이터 내부
③ 변압기의 고압측 부싱
④ 변압기 본체와 콘서베이터 사이

| 해 ④ | 부흐홀츠 계전기
변압기 본체(주 탱크)와 콘서베이터 사이에 설치

□□□ 11②,13①,14①,16②,20①,25②

27 3상 동기 발전기에서 전기자 전류가 무부하 유도기전력보다 π/2[rad] 앞선 경우(X_C 만의 부하)의 전기자 반작용은?

① 횡축반작용
② 증자작용
③ 감자작용
④ 편자작용

| 해 ② | 동기 발전기의 전기자 반작용
• 증자작용 : 전기자 전류가 무부하 유도기전력보다 π/2[rad] 앞서는 경우
• 감자작용 : 전기자 전류가 무부하 유도기전력보다 π/2[rad] 뒤지는 경우

□□□ 06②,08④,18①,25②

28 역저지 3단자에 속하는 것은?

① SCR
② SSS
③ SCS
④ TRIAC

| 해 ① | 실리콘 제어 정류기(SCR)
역저지 3단자 사이리스터의 대표적이다.

□□□ 07①,11①,13④,15①,16②,18②,23②,24①,25②

29 3상 유도 전동기의 회전방향을 바꾸기 위한 방법으로 옳은 것은?

① 전원의 전압과 주파수를 바꾸어 준다.
② Δ-Y결선으로 결선법을 바꾸어 준다.
③ 기동 보상기를 사용하여 권선을 바꾸어 준다.
④ 전동기의 1차 권선에 있는 3개의 단자 중 어느 2개의 단자를 서로 바꾸어 준다.

| 해 ④ | 3상 유도 전동기의 회전방향을 바꾸기 위한 방법
전동기의 1차 권선에 있는 3개의 단자 중 어느 2개의 단자를 서로 바꾸어 주면 회전방향이 반대가 되어 역회전 된다.

정답 24 ③ 25 ④ 26 ④ 27 ② 28 ① 29 ④

□□□ 06①,10④,21②,25②

30 권수비가 100인 변압기에 있어서 2차측의 전류가 1,000[A]일 때, 이것을 1차측으로 환산하면?

① 16[A]   ② 10[A]
③ 9[A]   ④ 6[A]

해② 권수비
$$a = \frac{V_1}{V_2} = \frac{N_1}{N_2} = \frac{E_1}{E_2} = \sqrt{\frac{Z_1}{Z_2}} = \frac{I_2}{I_1}$$

• 권수비 $a = \frac{I_2}{I_1} = \frac{1,000}{I_1} = 100$

∴ 1차측 전류 $I_1 = \frac{I_2}{a} = \frac{1,000}{100} = 10[A]$

□□□ 12②,16③,25②

31 계자 권선이 전기자와 접속되어 있지 않은 직류기는?

① 직권기   ② 분권기
③ 복권기   ④ 타여자기

해④ 타여자 발전기
• 계자 권선이 전기자와 접속되어 있지 않은 직류기
• 계자 철심에 전류 자기가 없어도 발전되는 직류기

□□□ 13②,18①,21①,22④,25②

32 유도 전동기에 기계적 부하를 걸었을 때 출력에 따라 속도, 토크, 효율, 슬립 등이 변화를 나타낸 출력 특성 곡선에서 슬립을 나타내는 곡선은?

① 1
② 2
③ 3
④ 4

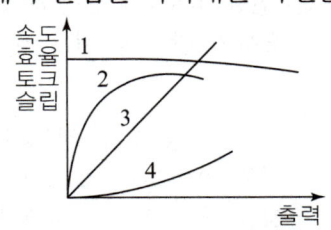

해④ 유도 전동기의 출력 특성 곡선
속도(1), 효율(2), 토크(3), 슬립(4)

□□□ 13③,25②

33 동기 전동기의 부하각(load angle)은?

① 공급 전압 V와 역기 전압 E와의 위상각
② 역기 전압 E와 부하 전류 I와의 위상각
③ 공급 전압 V와 부하 전류 I와의 위상각
④ 3상 전압의 상전압과 선간 전압과의 위상각

해① 1상 동기 전동기의 출력
$$P = \frac{VE \sin\delta}{X_s}[W]$$

위상각 δ : 공극전압(V)과 역기 전압(E)과의 위상각

□□□ 25②

34 전력변환 기기가 아닌 것은?

① 초퍼   ② 컨버터
③ 유도 전동기 ④ 인버터

해③ 전력변환장치

컨버터	교류 AC를 직류 DC로 변환하는 장치
인버터	직류 DC를 교류 AC로 변환하는 장치
초퍼	직류 DC를 다른 직류 DC로 변환하는 장치

□□□ 12③,16③,25②

35 직류 전동기의 최저 절연 저항값[MΩ]은?

① 정격 전압[V] / (1,000+정격 출력[kW])
② 정격 출력[kW] / (1,000+정격 입력[kW])
③ 정격 입력[kW] / (1,000+정격 출력[kW])
④ 정격 전압[V] / (1,000+정격 입력[kW])

해① 직류 전동기의 최저 절연 저항값
$$R \geq \frac{\text{정격 전압[V]}}{1,000 + \text{정격 출력[kW]}}[M\Omega]$$

직류기의 권선과 외함 사이의 절연 저항

정답 30 ② 31 ④ 32 ④ 33 ① 34 ③ 35 ①

□□□ 08②,10④,15②,25②

36 부하의 저항을 어느 정도 감소시켜도 전류는 일정하게 되는 수하 특성을 이용하여 정전류를 만드는 곳이나 아크 용접 등에 사용되는 직류 발전기는?

① 직권 발전기　　② 분권 발전기
③ 가동 복권 발전기　④ 차동 복권 발전기

|해 ④| 차동 복권 발전기
부하의 저항을 어느 정도 감소시켜도 전류는 일정하게 되는 수하 특성을 이용하여 정전류를 만드는 곳이나 아크 용접 등에 사용되는 직류 발전기

□□□ 14③,19②,24①,25②

37 어떤 변압기에서 임피던스 강하가 5[%]인 변압기가 운전 중 단락되었을 때 그 단락 전류는 정격 전류의 몇 배인가?

① 5　　　　② 20
③ 50　　　 ④ 200

|해 ②|
%동기 임피던스 : $\%Z_s = \dfrac{I_n}{I_s} \times 100$

∴ $\dfrac{\text{단락 전류 } I_s}{\text{정격 전류 } I_n} = \dfrac{100}{\%Z_s} = \dfrac{100}{5} = 20$

□□□ 07③,08②,13①,15②,25②

38 유도 전동기의 제동법이 아닌 것은?

① 3상 제동　　② 발전 제동
③ 회생 제동　　④ 역상 제동

|해 ①| 유도 전동기의 제동법
• 발전 제동
• 역상 제동(플러깅 제동)
• 회생 제동

□□□ 07①,15①,25②

39 34극 60[MVA], 역률 0.8, 60[Hz], 22.9[kV] 수차 발전기의 전부하 손실이 1,600[kW]이면 전부하 효율은[%]은?

① 90　　　② 95
③ 97　　　④ 99

|해 ③| 전부하 효율
$\eta = \dfrac{\text{출력}(P_2)}{\text{입력}(P_1)} = \dfrac{\text{출력[kW]}}{\text{출력[kW]} + \text{전체손실[kW]}} \times 100$

• 출력 $P = 60 \times 10^3 \times 0.8 = 48{,}000$[kW]
• 손실 = 1,600[kW]
∴ $\eta = \dfrac{48{,}000}{48{,}000 + 1{,}600} \times 100 = 97$[%]

□□□ 25②

40 최소 동작값 이상의 구동 전기량이 주어지면 일정 시한으로 동작하는 계전기는?

① 반한시 계전기
② 정한시 계전기
③ 순한시 계전기
④ 반한시-정한시 계전기

|해 ②| 보호 계전기의 동작시간 분류
• 순한시 계전기 : 최소 동작 전류 이상의 전류가 흐르면 즉시 동작하는 계전기
• 정한시 계전기 : 정해진 값 이상의 전류가 흘렀을 때 동작 전류의 크기에는 관계없이 정해진 시간이 경과한 후에 동작하는 계전기
• 반한시 계전기 : 정해진 값 이상의 전류가 흘렀을 때 동작하는 시간과 전륫값이 서로 반비례하여 동작하는 계전기

정답　36 ④　37 ②　38 ①　39 ③　40 ②

전기이론

□□□ 06②③④,11①,25②

41 직렬공진회로에서 최대가 되는 것은?

① 전류　　② 임피던스
③ 리액턴스　④ 저항

해①	$R-L-C$ 공진회로의 값
직렬 공진회로	임피던스는 최소, 전류는 최대
병렬 공진회로	임피던스는 최대, 전류는 최소

□□□ 06④,07①,12③④,13①,14③,15③④,25②

42 Y−Y결선 회로에서 선간전압이 200[V]일 때 상전압은 얼마인가?

① 100[V]　② 115[V]
③ 120[V]　④ 135[V]

해② Y결선의 전압과 전류의 관계
선간전압 $V_l = \sqrt{3}\, V_P$에서
∴ 상전압 $V_P = \dfrac{V_l}{\sqrt{3}} = \dfrac{200}{\sqrt{3}} = 115[V]$

□□□ 09①,10③,20①,25②

43 저항 2[Ω]과 3[Ω]을 직렬로 접속했을 때의 합성 컨덕턴스는?

① 0.2[℧]　② 1.5[℧]
③ 5[℧]　　④ 6[℧]

해①
합성 컨덕턴스 $G_o = \dfrac{1}{R_o}[℧]$
합성저항 $R_o = R_1 + R_2 = 2 + 3 = 5[Ω]$
∴ $G_o = \dfrac{1}{5} = 0.20[℧]$

□□□ 25②

44 전위의 단위가 아닌 것은?

① J/C　　② N·m/C
③ V/m　　④ V

해③
• 전위의 단위
　[V] = [J/C] = [N·m/C]
• 전기장의 세기 : [V/m]

□□□ 09①,20①,25②

45 기전력 4[V], 내부 저항 0.2[Ω]의 전지 10개를 직렬로 접속하고 두 극 사이에 부하 저항을 접속하였더니 4[A]의 전류가 흘렀다. 이 때 외부 저항은 몇 [Ω]이 되겠는가?

① 6　　② 7
③ 8　　④ 9

해③ 전지 n개 직렬 접속될 때
기전력 n배 증가, 내부 저항 n배 증가, 용량 일정
∴ 전류 $I = \dfrac{nE}{nr + R}[A]$에서
또는 $R = \dfrac{nE}{I} - nr = \dfrac{10 \times 4}{4} - 10 \times 0.2 = 8[Ω]$
$I = \dfrac{4 \times 10}{10 \times 0.2 + R} = 4[A]$

참고 SOLVE 사용 ∴ $R = 8[Ω]$

□□□ 12②,15①,25②

46 기전력이 V_0[V], 내부 저항이 r[Ω]인 n개의 전지를 직렬 연결하였다. 전체 내부 저항은 얼마인가?

① r/n　　② nr
③ r/n^2　④ nr^2

해② 직렬로 연결 전체 내부 저항
$r_o = r_1 + r_2 + r_3 \cdots r_n = n \times r = nr$

정답　41 ①　42 ②　43 ①　44 ③　45 ③　46 ②

□□□ 25②

47 물질에 따라 자석이 자화되는 물체를 무엇이라 하는가?

① 비자성체　② 반도체
③ 반자성체　④ 강자성체

|해④| **강자성체**
자석을 가까이 대기만 해도 자화되어 강한 힘으로 자석을 끌어당기게 되는 것을 강자성체라 한다.

□□□ 10①④,11①,14②,15②,16①②,21①,25②

48 두 금속을 접속하여 여기에 전류를 흘리면, 줄열 외에 그 접점에서 열의 발생 또는 흡수가 일어나는 현상은?

① 펠티에 효과　② 제벡 효과
③ 홀 효과　④ 줄 효과

|해①| **펠티에 효과**
- 두 종류의 금속 접합부에 전류를 흘리면 전류의 방향에 따라 줄열 이외의 열의 흡수 또는 발생하는 현상
- 펠티에 효과는 전자 냉동 분야에 사용
- 제벡 효과 : 용광로 속의 온도나 기름의 온도를 측정할 때 사용

□□□ 15③,25②

49 1[cm] 당 권선수가 10인 무한 길이 솔레노이드에 1[A]의 전류가 흐르고 있을 때 솔레노이드 외부 자계의 세기[AT/m]는?

① 0　② 5
③ 10　④ 20

|해①| **무한길이 솔레노이드에 의한 자계**
- 외부자계 $H=0$[AT/m]
- 내부자계 $H=n_0 I$[AT/m]

□□□ 06①③,07②,08④,09①,11①,12③,13③,14④,25②

50 전류에 의한 자기장의 세기를 구하는 비오-사바르의 법칙을 옳게 나타낸 것은?

① $\Delta H = \dfrac{I \Delta l \sin\theta}{4\pi r^2}$[AT/m]

② $\Delta H = \dfrac{I \Delta l \sin\theta}{4\pi r}$[AT/m]

③ $\Delta H = \dfrac{I \Delta l \cos\theta}{4\pi r}$[AT/m]

④ $\Delta H = \dfrac{I \Delta l \cos\theta}{4\pi r^2}$[AT/m]

|해①| **비오-사바르의 법칙**
- I[A]의 전류가 흐르고 있는 도체의 미소 부분 Δl의 전류에 의해 이 부분에서 r[m] 떨어진 P점의 자장(자기장)의 세기를 알아내는 법칙
- $\Delta H = \dfrac{I \Delta l \sin\theta}{4\pi r^2}$[AT/m]

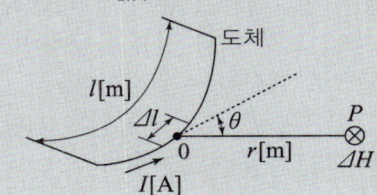

□□□ 25②

51 그림과 같이 중성 상태인 도체 B의 근처에 대전체 A를 접근시켰을 때 A 도체에 가까운 B 도체 표면에는 A 도체와 반대의 전하가 유도되고 B 도체의 반대 표면에는 A 도체와 같은 전하가 유도되는 현상을 무엇이라 하는가?

① 전자유도현상
② 페란티현상
③ 정전유도현상
④ 자화현상

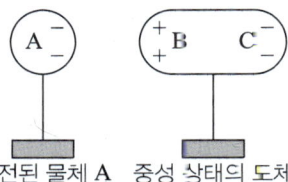

|해③| **정전 유도 현상**
그림과 같이 전기적으로 중성 상태인 도체에 음(-)으로 대전된 물체 A를 가까이하면 A에 가까운 부분 B에는 양(+)의 전하가 나타나고, 그 반대쪽 C부분에는 음(-)의 전하가 나타나는 현상을 정전 유도현상이라 한다.

□□□ 25②

52 아래의 설명은 회로망의 중첩의 원리에 대한 설명이다. ( ) 안에 들어갈 알맞은 내용은 무엇인가?

> 회로망 내에 전압원과 전류원이 동시에 접속되어 있을 때 전압원과 전류원은 각각 (㉠) 상태와 (㉡)상태로 두어야 한다.

① ㉠ 단락상태, ㉡ 단락상태
② ㉠ 개방상태, ㉡ 개방상태
③ ㉠ 단락상태, ㉡ 개방상태
④ ㉠ 개방상태, ㉡ 단락상태

|해③| 중첩의 원리
- 하나의 회로망에 전압원과 전류원이 동시에 존재할 경우 전압원과 전류원 각각 단독으로 존재하는 조건으로 회로 전류를 구하여 전류의 대수합으로 계산하는 원리이다.
- 이 때 전압원은 단락하고, 전류원은 개방하여 회로망에서 각 전원을 소거한다.

□□□ 25②

53 $R=3[\Omega]$, $L=10.6[mH]$의 직렬회로에 교류 500[V]의 전압을 인가시 회로에 흐르는 전류[A]는? (단, 주파수는 60[Hz]이다.)

① 25
② 50
③ 80
④ 100

|해④|

전류 $I=\dfrac{V}{Z}[A]$

- $V=500[V]$, $f=60[Hz]$, $L=10.6\times10^{-3}[H]$
- $Z=\sqrt{R^2+X_L^2}\,[\Omega]$
- $X_L=2\pi fL=2\pi\times60\times10.6\times10^{-3}=4[\Omega]$
- $\therefore I=\dfrac{V}{Z}=\dfrac{500}{\sqrt{3^2+4^2}}=100[A]$

□□□ 07①,09①,10①②,12②④,14②,15②,16③,19②,25②

54 다음 중 전동기의 원리에 적용되는 법칙은?

① 렌츠의 법칙
② 플레밍의 오른손 법칙
③ 플레밍의 왼손 법칙
④ 옴의 법칙

|해③| 플레밍의 법칙

구분	왼손 법칙	오른손 법칙
방향	힘(전자기력)의 방향 전동기의 회전방향	유도기전력의 방향 발전기의 유도전압의 방향

□□□ 25②

55 평형 3상 교류 회로에서 △결선할 때 선전류 I_l과 상전류 I_P와의 관계 중 옳은 것은?

① $I_l=3I_P$
② $I_l=2I_P$
③ $I_l=\sqrt{3}\,I_P$
④ $I_l=I_P$

|해③| △결선의 전압, 전류의 관계

전압 관계	$V_l=V_P$ [V]
전류 관계	$I_l=\sqrt{3}\,I_P$ [A]

□□□ 13②,14④,25②

56 납축전지가 완전히 방전되면 음극과 양극은 무엇으로 변하는가?

① $PbSO_4$
② $PbSO_{42}$
③ H_2SO_4
④ Pb

|해①| 납축전지

양극(PbO_2) + 전해액($2H_2SO_4$) + 음극(Pb)

방전 ↓ ↑ 충전

양극($PbSO_4$) + 물($2H_2O$) + 음극($PbSO_4$)

- 황산납($PbSO_4$) : 완전히 방전되면 음극과 양극은 황산납으로 변한다.

□□□ 25②

57 그림과 같은 회로 AB에서 본 합성저항은 몇 [Ω]인가?

① $\frac{r}{2}$
② r
③ $\frac{3r}{2}$
④ $2r$

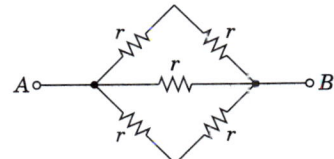

|해①| 저항의 직·병렬 접속

$$R_{AB} = \frac{1}{\frac{1}{2r}+\frac{1}{r}+\frac{1}{2r}} = \frac{r}{2}[\Omega]$$

□□□ 06③,10②,12④,25②

58 정전 흡인력에 대한 설명 중 옳은 것은?

① 정전 흡인력은 전압의 제곱에 비례한다.
② 정전 흡인력은 극판 간격에 비례한다.
③ 정전 흡인력은 극판 면적의 제곱에 비례한다.
④ 정전 흡인력은 쿨롱의 법칙으로 직접 계산한다.

|해①| 정전 흡인력
• 콘덴서의 두 극판 사이에서 작용하는 잡아당기는 흡인력이다.
• $F = \frac{1}{2}\epsilon E^2 = \frac{1}{2}\epsilon \frac{V^2}{d^2}[N/m^2]$
∴ 정전 흡인력(F)은 전압의 제곱(V^2)에 비례한다.

□□□ 14①,16②,19②,25②

59 환상 솔레노이드에 감겨진 코일에 권회수를 3배로 늘리면 자체 인덕턴스는 몇 배로 되는가?

① 3
② 9
③ 1/3
④ 1/9

|해②| 환상 솔레노이드의 자체 인덕턴스

$$L = \frac{N\phi}{I} = \frac{NNI}{IR_m} = \frac{N^2}{R_m} = \frac{N^2}{\frac{l}{\mu A}} = \frac{\mu A N^2}{l}[H]$$

∴ $L \propto N^2$ ∴ $L = 3^2 = 9$배

□□□ 06③,13③,14③,18②,21①,25②

60 다음 물질 중 강자성체로만 짝지어진 것은?

① 철, 니켈, 아연, 망간
② 구리, 비스무트, 코발트, 망간
③ 철, 구리, 니켈, 아연
④ 철, 니켈, 코발트

|해④| 자성체의 종류
• 반자성체는 물, 수은, 은, 납(Pb), 구리(Cu), 안티몬(Sb), 비스무트(Bi), 아연(Zn), 크롬 등
• 상자성체는 액체 산소, 공기, 백금, 주석, 알루미늄 등
• 강자성체는 철, 코발트, 니켈, 망간 등

2026 CBT시험대비
전기기능사 3단계 핵심 및 과년도문제해설

定價 28,000원

저 자 김승철 · 신면순
       오용환 · 이승원
발행인 이 종 권

2025年 9月 18日 초 판 인 쇄
2025年 9月 24日 초 판 발 행

發行處 (주) 한솔아카데미

(우)06775 서울시 서초구 마방로10길 25 트윈타워 A동 2002호
TEL : (02)575-6144/5   FAX : (02)529-1130
〈1998. 2. 19 登錄 第16-1608號〉

※ 본 교재의 내용 중에서 오타, 오류 등은 발견되는 대로 한솔아카데미 인터넷 홈페이지를 통해 공지하여 드리며 보다 완벽한 교재를 위해 끊임없이 최선의 노력을 다하겠습니다.

※ 파본은 구입하신 서점에서 교환해 드립니다.

www.inup.co.kr / www.bestbook.co.kr

ISBN 979-11-6654-724-9 13560

한솔아카데미 발행도서

건축기사시리즈
①건축계획
이종석, 이병억 공저
432쪽 | 27,000원

건축기사시리즈
②건축시공
김형중, 한규대, 이명철 공저
570쪽 | 27,000원

건축기사시리즈
③건축구조
안광호, 홍태화, 고길용 공저
796쪽 | 27,000원

건축기사시리즈
④건축설비
오병칠, 권영철, 오호영 공저
564쪽 | 27,000원

건축기사시리즈
⑤건축법규
현정기, 조영호, 한웅규, 김주석 공저
622쪽 | 27,000원

건축기사 필기 10개년
핵심 과년도문제해설
안광호, 백종엽, 이병억 공저
1,028쪽 | 45,000원

건축기사 4주완성
남재호, 송우용 공저
1,412쪽 | 47,000원

건축산업기사 4주완성
남재호, 송으용 공저
1,136쪽 | 44,000원

7개년 기출문제
건축산업기사 필기
한솔아카데미 수험연구회
868쪽 | 38,000원

건축설비기사 4주완성
남재호 저
1,088쪽 | 46,000원

건축설비산업기사
4주완성
남재호 저
824쪽 | 40,000원

10개년 핵심
건축설비기사 과년도
남재호 저
1,148쪽 | 40,000원

건축기사 실기
한규대, 김형중, 안광호, 이병억 공저
1,708쪽 | 53,000원

건축기사 실기
(The Bible)
안광호, 백종엽, 이병억 공저
1,000쪽 | 41,000원

건축기사 실기 14개년
과년도
안광호, 백종엽, 이병억 공저
688쪽 | 34,000원

건축산업기사 실기
한규대, 김형중, 안광호, 이병억 공저
696쪽 | 33,000원

건축산업기사 실기
(The Bible)
안광호, 백종엽, 이병억 공저
300쪽 | 30,000원

실내건축기사 4주완성
남재호 저
1,320쪽 | 39,000원

실내건축산업기사
4주완성
남재호 저
1,096쪽 | 32,000원

시공실무
실내건축(산업)기사 실기
안동훈, 이병억 공저
422쪽 | 30,000원

Hansol Academy

건축사 과년도출제문제
1교시 대지계획
한솔아카데미 건축사수험연구회
346쪽 | 33,000원

건축사 과년도출제문제
2교시 건축설계1
한솔아카데미 건축사수험연구회
192쪽 | 33,000원

건축사 과년도출제문제
3교시 건축설계2
한솔아카데미 건축사수험연구회
436쪽 | 33,000원

건축물에너지평가사
①건물 에너지 관계법규
건축물에너지평가사 수험연구회
852쪽 | 32,000원

건축물에너지평가사
②건축환경계획
건축물에너지평가사 수험연구회
516쪽 | 30,000원

건축물에너지평가사
③건축설비시스템
건축물에너지평가사 수험연구회
708쪽 | 32,000원

건축물에너지평가사
④건물 에너지효율설계·평가
건축물에너지평가사 수험연구회
648쪽 | 32,000원

건축물에너지평가사
2차실기(상)
건축물에너지평가사 수험연구회
940쪽 | 45,000원

건축물에너지평가사
2차실기(하)
건축물에너지평가사 수험연구회
905쪽 | 50,000원

토목기사시리즈
①응용역학
안광호, 김창원, 염창열, 정용욱 공저
540쪽 | 28,000원

토목기사시리즈
②측량학
남수영, 정경동, 고길용 공저
392쪽 | 28,000원

토목기사시리즈
③수리학 및 수문학
심기오, 노재식, 한웅규 공저
396쪽 | 28,000원

토목기사시리즈
④철근콘크리트 및 강구조
정경동, 정용욱, 고길용, 김지우 공저
464쪽 | 28,000원

토목기사시리즈
⑤토질 및 기초
안진수, 박광진, 김창원, 홍성협 공저
588쪽 | 28,000원

토목기사시리즈
⑥상하수도공학
노재식, 이상도, 한웅규, 정용욱 공저
544쪽 | 28,000원

10개년 핵심 토목기사
과년도문제해설
김창원 외 5인 공저
1,076쪽 | 46,000원

토목기사 4주완성
핵심 및 과년도문제해설
이상도, 고길용, 안광호, 한웅규, 홍성협, 김지우 공저
1,054쪽 | 45,000원

토목산업기사 4주완성
과년도문제해설
이상도, 정경동, 고길용, 안광호, 한웅규, 홍성협 공저
752쪽 | 42,000원

토목기사 실기
김태선, 박광진, 홍성협, 김창원, 김상욱, 이상도, 한웅규 공저
1,540쪽 | 52,000원

토목기사 실기
과년도문제해설
김태선, 이상도, 한웅규, 홍성협, 김상욱, 김지우 공저
892쪽 | 38,000원

www.bestbook.co.kr

콘크리트기사·산업기사 4주완성(필기)
정용욱, 고길용, 전지현, 김지우 공저
856쪽 | 39,000원

콘크리트기사 과년도(필기)
정용욱, 고길용, 김지우 공저
684쪽 | 30,000원

콘크리트기사·산업기사 3주완성(실기)
정용욱, 한웅규, 홍성협, 전지현 공저
784쪽 | 33,000원

건설재료시험기사 4주완성(필기)
박광진, 이상도, 김지우, 전지현 공저
742쪽 | 39,000원

건설재료시험기사 과년도(필기)
고길용, 정용욱, 홍성협, 전지현 공저
692쪽 | 32,000원

건설재료시험기사 3주완성(실기)
고길용, 홍성협, 전지현, 김지우 공저
728쪽 | 33,000원

콘크리트기능사 3주완성(필기+실기)
정용욱, 고길용, 염창열, 전지현 공저
538쪽 | 27,000원

지적기능사(필기+실기) 3주완성
염창열, 정병노 공저
640쪽 | 30,300원

측량기능사 3주완성
염창열, 정병노, 고길용 공저
580쪽 | 29,000원

전산응용토목제도기능사 필기 3주완성
김지우, 최진호, 전지현 공저
632쪽 | 28,000원

건설안전기사 4주완성 필기
지준석, 조태연 공저
1,388쪽 | 38,000원

산업안전기사 4주완성 필기
지준석, 조태연 공저
1,560쪽 | 38,000원

공조냉동기계기사 필기
조성안, 이승원, 강희중 공저
1,358쪽 | 41,000원

공조냉동기계산업기사 필기
조성안, 이승원, 강희중 공저
1,236쪽 | 36,000원

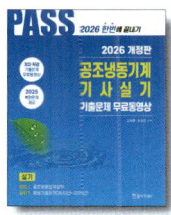
공조냉동기계기사 실기
조성안, 강희중 공저
1,040쪽 | 38,000원

조경기사·산업기사 필기
이윤진 저
1,464쪽 | 49,000원

조경기사·산업기사 실기
이윤진 저
784쪽 | 45,000원

조경기능사 필기
이윤진 저
682쪽 | 29,000원

조경기능사 실기
이윤진 저
360쪽 | 29,000원

조경기능사 필기
한상엽 저
712쪽 | 28,000원

Hansol Academy

조경기능사 실기
한상엽 저
823쪽 | 30,000원

산림기사·산업기사 1권
이윤진 저
888쪽 | 27,000원

산림기사·산업기사 2권
이윤진 저
974쪽 | 27,000원

전기기사시리즈(전6권)
대산전기수험연구회
2,240쪽 | 131,000원

전기기사 5주완성
전기기사수험연구회
2,140쪽 | 43,000원

전기산업기사 5주완성
전기산업기사수험연구회
1,964쪽 | 43,000원

전기공사기사 5주완성
전기공사기사수험연구회
2,096쪽 | 43,000원

전기공사산업기사 5주완성
전기공사산업기사수험연구회
1,606쪽 | 43,000원

전기(산업)기사 실기
대산전기수험연구회
766쪽 | 43,000원

전기기사 실기 20개년 과년도문제해설
대산전기수험연구회
992쪽 | 38,000원

전기기사시리즈(전6권)
김대호 저
3,230쪽 | 136,000원

전기기사 실기 기본서
김대호 저
964쪽 | 39,000원

전기기사 실기 기출문제
김대호 저
1,340쪽 | 43,000원

전기산업기사 실기 기본서
김대호 저
920쪽 | 39,000원

전기산업기사 실기 기출문제
김대호 저
1,076쪽 | 41,000원

전기기사/전기산업기사 실기 마인드 맵
김대호 저
232 | 15,000원

CBT 전기기사 단기완성
이승원, 김승철, 윤종식 공저
1,244쪽 | 42,000원

전기기능사 3단계 핵심 및 과년도
김승철, 신면순, 오용환, 이승원 공저
876쪽 | 28,000원

전기기능사 3주완성
이승원, 김승철, 윤종식 공저
532쪽 | 27,000원

소방설비기사 기계분야 필기
김흥준, 윤중오 공저
1,212쪽 | 40,000원

www.bestbook.co.kr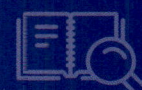

소방설비기사
전기분야 필기
김홍준, 신면순 공저
1,148쪽 | 40,000원

공무원 건축계획
이병억 저
800쪽 | 37,000원

7·9급 토목직
응용역학
정경동 저
1,192쪽 | 42,000원

응용역학개론 기출문제
정경동 저
686쪽 | 40,000원

측량학(9급 기술직/
서울시·지방직)
정병노, 염창열, 정경동 공저
756쪽 | 29,000원

응용역학(9급 기술직/
서울시·지방직)
이국형 저
628쪽 | 23,000원

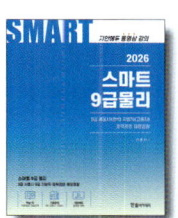
스마트 9급 물리
(서울시·지방직)
신용찬 저
422쪽 | 23,000원

7급 공무원
스마트 물리학개론
신용찬 저
996쪽 | 45,000원

1종 운전면허
도로교통공단 저
110쪽 | 13,000원

2종 운전면허
도로교통공단 저
110쪽 | 13,000원

지게차 운전기능사
건설기계수험연구회 편
216쪽 | 15,000원

굴삭기 운전기능사
건설기계수험연구회 편
224쪽 | 15,000원

지게차 운전기능사
3주완성
건설기계수험연구회 편
338쪽 | 12,000원

굴삭기 운전기능사
3주완성
건설기계수험연구회 편
356쪽 | 12,000원

초경량 비행장치
무인멀티콥터
권희춘, 김병구 공저
258쪽 | 22,000원

시각디자인 산업기사
4주완성
김영애, 서정술, 이원범 공저
1,102쪽 | 36,000원

시각디자인
기사·산업기사 실기
김영애, 이원범 공저
508쪽 | 35,000원

토목 BIM 설계활용서
김영휘, 박형순, 송윤상, 신현준,
안서현, 박진훈, 노기태 공저
388쪽 | 30,000원

BIM 전문가
토목 2급자격(필기+실기)
BIM전문가 토목연구회 공저
324쪽 | 32,000원

BIM 구조편
(주)알피종합건축사사 무소
(주)동양구조안전기술 공저
536쪽 | 32,000원

Hansol Academy

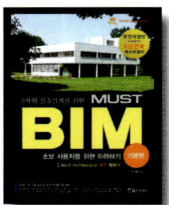
BIM 기본편
(주)알피종합건축사사무소
402쪽 | 32,000원

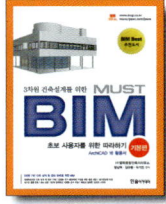
BIM 기본편 2탄
(주)알피종합건축사사무소
380쪽 | 28,000원

BIM 건축계획설계 Revit 실무지침서
BIMFACTORY
607쪽 | 35,000원

전통가옥에서 BIM을 보며
김요한, 함남혁, 유기찬 공저
548쪽 | 32,000원

BIM 주택설계편
(주)알피종합건축사사무소
박기백, 서창석, 함남혁, 유기찬 공저
514쪽 | 32,000원

BIM 활용편 2탄
(주)알피종합건축사사무소
380쪽 | 30,000원

BIM 건축전기설비설계
모델링스토어, 함남혁
572쪽 | 32,000원

BIM 토목편
송현혜, 김동욱, 임성순, 유자영, 심창수 공저
278쪽 | 25,000원

디지털모델링 방법론
이나래, 박기백, 함남혁, 유기찬 공저
380쪽 | 28,000원

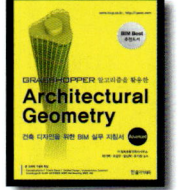
건축디자인을 위한 BIM 실무 지침서
(주)알피종합건축사사무소
박기백, 오정우, 함남혁, 유기찬 공저
516쪽 | 30,000원

BIM 전문가 건축 2급자격(필기+실기)
모델링스토어
760쪽 | 36,000원

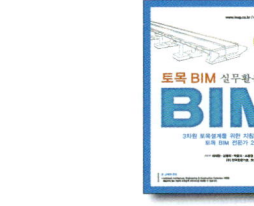
BIM 전문가 토목 2급 실무활용서
채재현, 김영휘, 박준오, 소광영, 김소희, 이기수, 조수연
614쪽 | 35,000원

BE Architect
유기찬, 김재준, 차성민, 신수진, 홍유찬 공저
282쪽 | 20,000원

BE Architect 라이노&그래스호퍼
유기찬, 김재준, 조준상, 오주연 공저
288쪽 | 22,000원

BE Architect AUTO CAD
유기찬, 김재준 공저
400쪽 | 25,000원

건축관계법규(전3권)
최한석, 김수영 공저
3,544쪽 | 110,000원

건축법령집
최한석, 김수영 공저
1,490쪽 | 60,000원

건축법해설
김수영, 이종석, 김동화, 김용환, 조영호, 오호영 공저
918쪽 | 32,000원

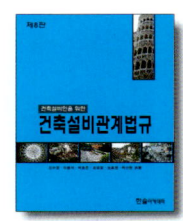
건축설비관계법규
김수영, 이종석, 박호준, 조영호, 오호영 공저
790쪽 | 34,000원

건축계획
이순희, 오호영 공저
422쪽 | 23,000원

www.bestbook.co.kr

건축시공학
이찬식, 김선국, 김예상, 고성석, 손보식, 유정호, 김태완 공저
776쪽 | 30,000원

현장실무를 위한 토목시공학
남기천, 김상환, 유광호, 강도순, 김종민, 최준성 공저
1,212쪽 | 45,000원

알기쉬운 토목시공
남기천, 유광호, 류경찬, 윤영철, 최준성, 고준영, 김연덕 공저
818쪽 | 28,000원

Auto CAD 오토캐드
김수영, 정기범 공저
364쪽 | 25,000원

친환경 업무매뉴얼
정보현, 장동원 공저
352쪽 | 30,000원

건축시공기술사 기출문제
배용환, 서갑성 공저
1,146쪽 | 69,000원

합격의 정석 건축시공기술사
조민수 저
904쪽 | 67,000원

건축시공기술사 용어해설
조민수 저
1,438쪽 | 70,000원

건축전기설비기술사 (상,하)
서학범 저
1,532쪽 | 65,000원(각권)

디테일 기본서 PE 건축시공기술사
백종엽 저
730쪽 | 62,000원

디테일 마법지 PE 건축시공기술사
백종엽 저
504쪽 | 50,000원

용어설명1000 PE 건축시공기술사(상,하)
백종엽 저
2,148쪽 | 70,000원(각권)

역학의 정석
김성민, 김성범 공저
788쪽 | 52,000원

합격의 정석 토목시공기술사
김무섭, 조민수 공저
874쪽 | 60,000원

건설안전기술사
이태엽 저
776쪽 | 60,000원

소방기술사 上
윤정득, 박견용 공저
656쪽 | 55,000원

소방기술사 下
윤정득, 박견용 공저
730쪽 | 55,000원

소방시설관리사 1차 (상,하)
김흥준 저
1,630쪽 | 63,000원

건축에너지관계법해설
조영호 저
614쪽 | 27,000원

ENERGYPULS
이광호 저
236쪽 | 25,000원

Hansol Academy

수학의 마술(2권)
아서 벤저민 저, 이경희, 윤미선, 김은현, 성지현 옮김
206쪽 | 24,000원

스트레스, 과학으로 풀다
그리고리 L. 프리키온, 애너이브 코비치, 앨버트 S.융 저
176쪽 | 20,000원

행복충전 50Lists
에드워드 호프만 저
272쪽 | 16,000원

지치지 않는 뇌 휴식법
이시카와 요시키 저
188쪽 | 12,800원

지능형홈관리사
김일진, 이의신, 송한춘, 황준호, 장우성 공저
500쪽 | 35,000원

스마트 건설, 스마트 시티, 스마트 홈
김선근 저
436쪽 | 19,500원

e-Test 엑셀 ver.2016
임창인, 조은경, 성대근, 강현권 공저
268쪽 | 17,000원

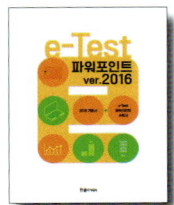
e-Test 파워포인트 ver.2016
임창인, 권영희, 성대근, 강현권 공저
206쪽 | 15,000원

e-Test 한글 ver.2016
임창인, 이권일, 성대근, 강현권 공저
198쪽 | 13,000원

e-Test 엑셀 2010(영문판)
Daegeun-Seong
188쪽 | 25,000원

e-Test 한글+엑셀+파워포인트
성대근, 유재룡, 강현권 공저
412쪽 | 28,000원

재미있고 쉽게 배우는 포토샵 CC2020
이영주 저
320쪽 | 23,000원

전기산업기사 5주완성

전기산업기사수험연구회
1,964쪽 | 43,000원

소방설비기사 전기분야 필기

김흥준, 신면순 공저
1,148쪽 | 40,000원

※ 구입처는 **전국대형서점**에서 구매하실 수 있습니다.